U0519421

高等数学（上）

主　编 ○ 杜先云
副主编 ○ 任秋道　祝丽萍

西南财经大学出版社
Southwestern University of Finance & Economics Press
中国 · 成都

图书在版编目(CIP)数据

高等数学:上、下/杜先云主编;任秋道,祝丽萍
副主编.--成都:西南财经大学出版社,2024.8
ISBN 978-7-5504-5957-1

Ⅰ.①高… Ⅱ.①杜…②任…③祝… Ⅲ.①高等
数学—高等职业教育—教材 Ⅳ.①O13

中国国家版本馆 CIP 数据核字(2023)第 195156 号

高等数学(上、下)

GAODENG SHUXUE(SHANG、XIA)

主 编 杜先云
副主编 任秋道 祝丽萍

策划编辑:李邓超
责任编辑:植 苗
责任校对:廖 韧
封面设计:何东琳设计工作室
责任印制:朱曼丽

出版发行	西南财经大学出版社(四川省成都市光华村街 55 号)
网 址	http://cbs.swufe.edu.cn
电子邮件	bookcj@swufe.edu.cn
邮政编码	610074
电 话	028-87353785
照 排	四川胜翔数码印务设计有限公司
印 刷	郫县犀浦印刷厂
成品尺寸	185 mm×260 mm
印 张	43.75
字 数	1077 千字
版 次	2024 年 8 月第 1 版
印 次	2024 年 8 月第 1 次印刷
印 数	1—2000 册
书 号	ISBN 978-7-5504-5957-1
定 价	88.00 元(上、下册)

编委会

▶▶ 绪言

一百多年前，恩格斯指出：数学是研究现实世界中的数量关系与空间形式的科学。随着数学的发展，"数量关系"和"空间形式"已经具备了更丰富的内涵和更广泛的外延，数学内容更加丰富，方法更加综合，应用更加广泛。也就是说，数学是研究抽象结构及其规律、特性的学科，具有高度的抽象性、严密的逻辑性和应用的广泛性。数学不但是一种文化，更是现代理性文化的核心。现代数学是自然科学的基本语言，是应用模式探索现实世界物质运动机理的主要手段，更是现代技术与工程必不可少的工具。我们针对社会实践中的问题建立数学模型，利用数学的严谨性和精确性可以更加准确地认识世界。

数学不仅是一种科学，而且是一种思维模式，是"思维的体操"；不仅是一种知识，而且是一种素养。如今，能否运用数学观点定量分析问题是衡量民族科学文化素质的一个重要标志。数学教育在培养高素质科学技术人才中具有独特的、不可替代的重要作用。我们在传授知识的同时，还要努力培养学生较强的自主学习能力、抽象思维和逻辑推理的理性思维能力，以及综合运用所学的知识分析问题和解决问题的能力，逐步培养并塑造学生的创新能力和创新精神。

微积分起源的四大问题包括：如何确定运动物体的速度，曲线在某一点处的切线，连续函数的最大（小）值，曲边梯形的面积。初等数学与高等数学的区别在于：初等数学研究的是常量，解决实际问题常常只能在有限的范围内运用孤立的、静止的观点来研究，有很多问题不能得到最终答案，无法加以解决。高等数学研究的是变量，主要运用运动的、辨正的观点研究变量及其依赖关系。由于客观世界错综复杂，人们认识事物不是一两次就能完成，而是经过无数次的近似认识，才慢慢接近客观世界的本质——精确值。于是产生了极限的方法，它是近似值与精确值之间的桥梁，是研究变量的一种基本方法，贯穿高等数学的始终。用高等数学解决实际问题，计算往往比较简单，通常能获得最终的结果。

关于数学与微积分的相关评价如下：

马克思：一门学科只有当它达到了能够成功地应用数学的程度时，才算真正发展了。

恩格斯：在一切理论成就中，未必再有像 17 世纪下叶微积分的发现那样被看作人类的最高胜利了。如果在某个地方我们看到人类精神的、纯粹的和唯一的功绩，那就正是这里。

华罗庚：宇宙之大，粒子之微，火箭之速，化工之巧，地球之变，生物之迷，日用之繁，无处不用数学。

张顺燕：微积分是人类的伟大结晶，它给出了一整套科学方法，开创了科学的新纪元，并因此加强、加深了数学的作用……有了微积分，人类才有能力把握运动和过程；有了微积分，就有了工业革命，有了大工业生产，也就有了现代的社会。航天飞机、宇宙飞船等现代化交通工具都是微积分的直接结果。数学一下子到了台前，在人类社会的第二次浪潮中的作用比在第一次浪潮中要明显多了。

在本书编写过程中，我们综合了许多高等学校教师的教学经验和教学改革方案，借鉴了他们优秀的教案；同时注重知识的灵活运用，降低了一些知识的抽象性，减少了一些定理的推理过程，积极争取创新。本书特点是从实际生活与学生已学过的知识中引入新概念、新知识，适时复习中学学习过的概念或知识，把它们与新知识进行类比，使学生易于理解和吸收；采用简单灵活的方法证明一些定理，在逻辑推理中详细注明引入结论的来源，便于同学们查阅，起到温故而知新的作用；反复强调重要的知识内容，注重知识的理解应用，有利于同学们理解掌握所学知识。此外，我们还给出由浅入深的配套练习题和复习题，以及每章学习要点，供同学们参考、复习。可以说，本书是相对浅显易懂、重视理解运用的高等数学课程教材，降低了学生的学习难度，适用于本科及专科学生学习数学知识。希望同学们愉快学习高等数学，健康快乐地成长。

学习《高等数学》应注意的方法：上课认真听讲（最好能预习），积极参与讨论，课后及时复习、理解、消化、吸收、巩固所学知识；透彻理解基本概念，掌握重要定理、公式、运算法则，领会一些基本方法与技巧，甚至理解一些重要例题，学会利用它们的结论；同时，要做一些练习，眼过千遍，不如手过一遍；要学会思考问题，应用所学知识解决实际问题，以及归纳、总结学过的知识，不断提高自己的学习能力，建构起数学知识体系。

编　者

2024 年 3 月

▶▶ 目录

第一章

函数的极限与连续性

　　用初等数学解决实际问题,常常只能在小范围内研究孤立、静止的对象(表现为常量),有些问题甚至不能得到很好的结果.而高等数学较全面地研究变动的对象(反映为变量及其依赖关系),发现它们的变化规律,建立起函数关系.极限的方法是研究变量的一种基本方法,贯穿高等数学的始终.本章介绍函数、极限和函数的连续性等基本概念及它们的基本性质.

第一节　函数的基本概念及性质

一、实数集

1.集合

　　集合是数学中的一个基本概念,它是指具有某种特定性质的事物的总体.组成这个集合的事物称为集合的**元素**或**元**.集合通常用大写字母表示,如 A,B,C;用小写字母表示元素,即 x,y,a,b.生活中集合的例子很多,如一个班的全部学生,一个学校的全体共青团员,一个 QQ 群的全部成员等.如果 x 是集合 C 中的元素,就说 x 属于 C,记作 $x \in C$;如果 x 不是集合 C 中的元素,就说 x 不属于 C,记作 $x \notin C$ 或 $x \bar{\in} C$.

　　集合的表示方法包括:

　　①**列举法**.列举法是把集合中的全体元素列举出来,放在大括号里面.用左右大括号把元素括起来,表示它们是一个整体,如全体非负整数即**自然数**的集合记作 N,即

$$N = \{0,1,2,\cdots,n,\cdots\}$$

全体**正整数**的集合为

$$N_+ = \{1,2,\cdots,n,\cdots\}$$

全体**整数**的集合记作 Z,即

$$Z = \{\cdots -n, \cdots, -2, -1, 0, 1, 2, \cdots, n, \cdots\}$$

②**描述法**.描述法是把集合中的每一个元素具有的某种共同性质描述出来,放在大括号里,即

$$C = \{x \mid x \text{ 具有共同性质 } P\}$$

经常用它来表示不等式的解集,如 $2x-4<0$ 的解集记作

$$\{x \mid 2x-4<0\} = \{x \mid x<2\}$$

如全体有理数(整数、有限小数或无限循环小数)的集合记作 Q,即

$$Q = \left\{ \frac{q}{p} \,\middle|\, p \in N_+, q \in Z \text{ 且 } p, q \text{ 互质} \right\}$$

其中 p, q 互质,表示整数 p 与 q 无大于 1 的公约数.比如,1,2 互质,而 4,8 有公约数 2 与 4,因而它们不互质.

③**图示法**.图示法是把集合中的元素列举出来放在圆圈或长方形等几何图形里面.

2. 区间与邻域

有理数与无理数统称为**实数**.全体实数所组成的集合称为**实数集**. 实数集记作 R,用 R^* 表示排除数 0 的实数集.在几何上用数轴上的点来表示实数,实数与数轴上的点有一一对应关系. 我们将一个实数 a 和数轴上坐标为 a 的点不加区别地看待. 实数这种能与数轴上的点一一对应的特点称为实数的**连续性**.

设 a 和 b 都是实数,且 $a<b$.数集

$$\{x \mid a<x<b\}$$

由数轴上介于点 a 和 b 之间的"一段"连续点构成的数集,称为开区间,记作 (a,b),即

$$(a,b) = \{x \mid a<x<b\}$$

数集

$$\{x \mid a \leq x \leq b\}$$

称为**闭区间**,记作 $[a,b]$,即

$$[a,b] = \{x \mid a \leq x \leq b\}$$

a 和 b 分别称为区间的左、右端点,其中 $a, b \notin (a,b)$,而 $a, b \in [a,b]$. 同样,

$$[a,b) = \{x \mid a \leq x<b\}, (a,b] = \{x \mid a<x \leq b\}$$

称为**半开区间**. 有限区间的左、右端点之间的距离 $b-a$ 称为**区间长度**.

为了方便,我们引入记号 $+\infty$(正无穷大)和 $-\infty$(负无穷大),可以类似地表示另一些无穷区间,如

$$[a,+\infty) = \{x \mid x \geq a\}, (-\infty,b) = \{x \mid x<b\}, R = (-\infty,+\infty)$$

设实数 $\delta>0$,以 a 为中点的开区间 $(a-\delta, a+\delta)$ 称为点 a 的 δ 邻域,记作 $U(a,\delta)$,点 a 叫作**邻域的中心**,δ 叫作**邻域的半径**,即

$$U(a,\delta) = \{x \mid |x-a|<\delta\} = \{x \mid a-\delta<x<a+\delta\} = (a-\delta, a+\delta)$$

它表示所有与 a 的距离小于 δ 的点的集合,是一个以点 a 为中点,长度为 2δ 的开区间的点表示的实数集.

例如,以 1 为中心,0.1 为半径的邻域:$U(1,0.1) = \{x \mid |x-1|<0.1\} = (0.9, 1.1)$.

在实际应用中,我们通常认为 δ 是一个非常小的正数,有时不指明 δ 的具体数值. 点

a 的某个邻域就是指点 a 以及点 a 左右邻近的一些点组成一个很小范围. 有时只考虑点 a 的邻近点, 不考虑点 a, 我们称点集 $\{x \mid a-\delta<x<a$ 且 $a<x<a+\delta\}$ 为点 a 的**去心(无心)δ 邻域**, 记作 $\mathring{U}(a,\delta)$, 即

$$\mathring{U}(a,\delta)=U(a,\delta)\setminus\{a\}=(a-\delta,a)\cup(a,a+\delta)$$

同时称开区间 $(a-\delta,a)$ 为点 a 的**左邻域**, 称开区间 $(a,a+\delta)$ 为点 a 的**右邻域**.

二、函数的定义及性质

1. 映射

假设我们每个人衣兜里都有几把钥匙, 一把钥匙只能开一扇门, 而不能开其他的门. 这就是通常所说, 一把钥匙开一把锁. 这个问题是数学中的映射问题.

定义 1 设 X 和 Y 是两个非空集合, f 是一个对应法则. 对于 X 中任一个元素 x, 按照对应法则 f, 在 Y 中都有唯一(至少有一个, 且只有一个)确定的元素 y 和 x 对应, 则称 f 为从 X 到 Y 的**映射**, 记作

$$f:X\rightarrow Y$$

其中 Y 中的元素 y 称为 X 中的元素 x(在映射 f 下)的**像**, 并记作 $f(x)$, 即

$$y=f(x)$$

而 x 称为 y(在映射 f 下)的一个**原像**.

映射 f 就是 X 中的每个元素 x 都要经过对应法则 f 的作用变成 Y 中某一确定元素 y, 即 $y=f(x)$. 集合 X 称为映射 f 的**定义域**, X 中所有元素的像所组成的集合称为映射 f 的**值域**, 记作 $f(X)$, 即

$$f(X)=\{f(x)\mid x\in X\}$$

注 (1) 映射 f 是 1 对 1 或多对 1 的对应. 也就是说, 对于每一个 $x\in X$, 元素 x 的像存在, 且只有一个 y 与之对应, 即唯一; 而对于每一个 $y\in f(X)$, 元素 y 的原像 x 一定存在, 通常不只一个, 可能存在 2~3 个.

(2) 值域 $f(X)$ 是 Y 的一个子集, 即 $f(X)\subset Y$, 不一定满足 $f(X)=Y$; 在非空集合 $Y\setminus f(X)$ 中的元素就没有原像.

例 1 数 18 级 1 班的全体学生为定义域, 以"我的同桌"为对应法则构成映射的条件是什么?

解 构成映射的定义域 X 与值域的范围 Y 均为数 18 级 1 班的全体学生. 要构成映射, 像必须要存在: 我的同桌是实实在在的人, 必须有同学, 且至少有一个同学, 因而没有一人坐一桌的情况, 课桌必须是 2 人桌或 3 人桌等. 要构成映射, 像必须唯一: 同桌只能是一人, 因而一张课桌只能坐 2 人, 因而全班学生人数是偶数. 当"我"取遍班上每一个人, 同桌就得到一个映射. 因此, 构成的映射条件为: 教室的课桌为两人座, 全班学生人数是偶数.

下面, 我们对映射进行简单分类.

设 f 为从 X 到 Y 的映射, 若值域 $f(X)=Y$, 则称 f 为从 X **到 Y 上的映射**或**满映射**, 简称**满射**. 也就是说, 在对应法则 f 作用下, 非空集合 X 中的每一个元素都有唯一一个像, 并且集合 Y 中每一个元素都存在原像, 即任意一个元素 y 都是 X 中某些元素的像, Y 中没有

多余的无原像的元素.简单来说,函数值$f(x)$充满了集合Y,没有空余.因此,若f是从X到Y上的映射或满射,则$Y-f(X)=\Phi$(空集);反过来,若$Y-f(X)\neq\Phi$,则f不是从X到Y的满射.因为在非空集合$Y-f(X)$里的元素都没有原像,所以f不是满射.

设f为从X到Y的映射,如果X中任意两个不同元素的像也不相同,即若$x_1\neq x_2$,则$f(x_1)\neq f(x_2)$,那么称f为从X到Y的**单映射**,简称**单射**. 也就是说,元素不同,它们的像就不同.反过来就是说,要使$f(x_1)=f(x_2)$,只有$x_1=x_2$,即若Y中的两个元素相同,则它们的原像也相同,即原像唯一. 因而对于单射,如果Y中元素有原像,那么该元素的原像有且只有一个,即原像唯一. 因此,若X中至少存在两个不同的元素$x_1,x_2(x_1\neq x_2)$,使得$f(x_1)=f(x_2)$(多个元素有共同的像),则f不是从X到Y的单射.

若映射f既是满映射又是单映射,则称f为一一**对应**或**双映射**,简称**双射**.也就是说,X中的每一个元素x都有唯一像$f(x)$,而Y中每一个元素y都存在原像,且原像只有一个$[x$,使得$y=f(x)]$,即原像是唯一. 因此,双射f是1对1的对应.

例2 映射$y=x^2$是①$f:R\rightarrow R$的既非单射也非满映射,②$f:R\rightarrow[0,+\infty)$上非单的满映射,③$f:(-\infty,0)\rightarrow R$非满的单射,④$f:(-\infty,0)\rightarrow[0,+\infty)$双射,为什么?

解 任一实数$x\in R$,按照对应法则$f:x\rightarrow x^2$(每一个元素x与自己相乘所得的积为x^2,这个积存在,且唯一),x与x^2对应,记作$y=x^2$.它是一个映射,如图1-1所示.

(1)对于映射$f:R\rightarrow R$,定义域$X=R$,值域$f(X)=[0,+\infty)$,值域的取值范围$Y=R$.由于集合$Y-f(X)=(-\infty,0)$中的负数没有原像,f非满映射;同时值域中的元素y,除$y=0$外,它的原像不唯一,如4的原像有两个(±2).故$f:R\rightarrow R$既非单映射也非满映射.

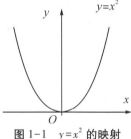
图1-1 $y=x^2$的映射

(2)$f:R\rightarrow[0,+\infty)$,定义域$X=R$,值域的范围$Y=[0,+\infty)$.因为值域$f(X)=[0,+\infty)=Y$,所以$f$是满映射;值域中的元素$y$的原像通常不唯一.故$f:R\rightarrow[0,+\infty)$是非映单射的满映射.

(3)$f:(-\infty,0)\rightarrow R$,定义域$X=(-\infty,0)$,值域$f(X)=[0,+\infty)$,值域的范围$Y=R$.由于$Y-f(X)=(-\infty,0)\neq\Phi$(空集),$f$是非满映射;值域中的元素$y$的原像唯一,即原像$x=-\sqrt{y},y\in[0,+\infty)$.故$f:(-\infty,0)\rightarrow R$是非满映射的单映射.

(4)$f:(-\infty,0)\rightarrow[0,+\infty)$,定义域$X=(-\infty,0)$,值域$f(X)=[0,+\infty)$.值域的范围$Y=[0,+\infty)=f(X)$,$f$是满映射;值域中的元素$y$的原像唯一,即$x=-\sqrt{y}$.故$f:(-\infty,0)\rightarrow[0,+\infty)$是一一对应的.

由本题可以看出,对于同一个对应法则f,随着定义域X与值域的范围Y不同,映射$f:X\rightarrow Y$就要发生改变.因此,构成一个映射必须具备三个条件:定义域X,值域的范围Y,对应法则f.根据对应法则f,使得对于每一个$x\in X$,都有唯一确定的元素$y=f(x)$和x对应.

2. 函数的概念

用数学方法对某个自然现象或社会现象进行研究时,要先对这个现象进行量化描述,即找到与它有关的量.有些量在所考虑问题过程中始终不变,保持定值,称之为**常量**;而有些量在所考虑问题过程中是变化的,它们可在一定范围内取不同的值,称之为**变量**.

高等数学研究的主要对象是几个变量之间的某种确定的依赖关系,而变量之间具有的这种依赖关系,通常我们称之为**函数关系**.下面我们给出函数的定义.

定义 2 实数集的非空子集 D 到实数集 R 的映射 $f:D \rightarrow R$,称为定义在 D 上的**函数**,记作

$$y=f(x), x \in D$$

其中 x 为**自变量**,y 为**因变量**,数集 $D(D \subset R)$ 为函数的**定义域**,记作 D_f,即 $D_f=D$.

在函数定义中,对于任一给定 $x \in D$,按照对应法则 f,总有唯一确定的值 y 与之对应,这个值称为函数 f 在 x 处的**函数值**,记作 $f(x)$,即 $y=y(x)$.因变量 y 与自变量 x 之间的这种依赖关系,通常称为**函数关系**.函数值 $f(x)$ 的全体所构成的集合称为函数 f 的**值域**,记作 $f(D)$,即

$$f(D)=\{y \mid y=f(x), x \in D\}$$

按照定义,符号 f 和 $f(x)$ 的含义是有区别的:前者表示自变量 x 与因变量 y 之间的对应法则,而后者表示与自变量 x 对应的函数值.定义在 D 上的函数可记为"$f(x), x \in D$"或"$y=f(x), x \in D$".表示函数的符号可以任意选取,y 为因变量的函数也可表示为 $y=\varphi(x), y=F(x), y=y(x), \cdots\cdots$

函数是从实数集(或实数集的子集)到实数集的映射,其值域总在实数集 R 内.因此,构成函数的要素只有两个:定义域和对应法则.如果两个函数的定义域相同,对应法则也相同,那么这两个函数就是相同的函数;否则,就是不相同的函数.

函数的定义域的确定通常有两种方法:一种是对有实际背景的函数,根据实际背景中变量的实际意义确定函数的定义域.例如,在自由落体运动中,设物体下落的时间为 t,下落的距离为 s,开始下落的时刻为 $t=0$,落地的时刻为 $t=T$,则 s 与 t 之间的函数关系为

$$s=\frac{1}{2}gt^2, t \in [0, T]$$

这个函数的定义域就是闭区间 $[0, T]$.另一种是抽象地用算式表达的函数,通常规定这种函数的定义域是使算式有意义的全体实数组成的集合,这种定义域称为函数的自然定义域.一般这种函数可用"$y=f(x)$"表示,不必特别再标出定义域 D.

在函数的三种表示法中,**列表法**是把一系列自变量 x 和因变量 y 对应的值用表格列出来表示函数 $y=f(x)$ 的方法,如三角函数表、对数表;**解析法(公式法)**是用数学公式表示自变量 x 和因变量 y 之间的对应法则的方法;**图像法**是在坐标平面系中用自变量 x 和因变量 y 为坐标 (x, y) 表示的点的轨迹,即用函数 $y=f(x), x \in D$ 的图形(一般为曲线)来表示函数的方法.坐标平面的点集

$$C=\{(x, y) \mid y=f(x), x \in D\}$$

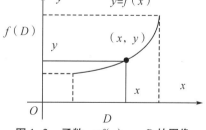

图 1-2 函数 $y=f(x), x \in D$ 的图像

称为函数 $y=f(x), x \in D$ 的**图像**,如图 1-2 所示.

我们常常用公式法表示函数.有些函数不是用一个解析式来表示,而是在自变量 x 的不同取值范围内,因变量 y 与自变量 x 的对应法则要用不同的公式来表示,这类函数叫作**分段函数**.它是用多个解析式表示同一个函数.由数轴上的若干个点将其定义域分成若干个不同集合的并集,这些不同集合内的对应法则不相同.我们称这些点为分段函数的

分段点(或分界点).

例 3 绝对值函数 $y=|x|=\begin{cases} x, & x \geqslant 0 \\ -x, & x<0 \end{cases}$ 是 $f:R \rightarrow [0,+\infty)$ 的非单、满映射,定义域为 $(-\infty,+\infty)$,值域为 $[0,+\infty)$.它是偶函数,也是分段函数,分段点为 $x=0$,其图形如图 1-3 所示.

绝对值常用的性质包括:

$$|-x|=|x|; \quad |xy|=|x||y|; \quad -|x| \leqslant x \leqslant |x|;$$

$$\big||x|-|y|\big| \leqslant |x-y| \leqslant |x|+|y| \quad (三角不等式);$$

$$|x|<a \Leftrightarrow -a<x<a, \quad |x|>a \Leftrightarrow -a>x \text{ 或 } x>a \, (a>0).$$

例 4 符号函数 $y=sgn(x)=\begin{cases} 1, & x>0 \\ 0, & x=0 \\ -1, & x<0 \end{cases}$ 是 $f:R \rightarrow R$ 的非单、非满映射,定义域是 $x \in R$,值域为 $\{-1,0,1\}$.它是奇函数,也是分段函数,分段点为 $x=0$,其图形如图 1-4 所示.

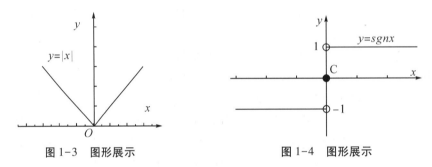

图 1-3 图形展示   图 1-4 图形展示

注 分段函数是用几个解析式合起来共同表示同一个函数,而不是表示几个函数.分段函数的定义域是各段中自变量 x 取值范围的并集.

3. 函数的性质

下面我们讨论函数的常见性质:

(1)有界性

有时候,我们想要对函数 $f(x)$ 在定义域 D 上的取值范围有一个大概了解,即要了解 $f(x)$ 的取值是否在某一个范围内,于是引入有界性的定义.

定义 3 设 $y=f(x)$ 在区间 I 上有定义.若存在正数 M,使得对于任意 $x \in I$,恒有

$$|f(x)| \leqslant M$$

成立,则称函数 $f(x)$ 在 I 上**有界**,称 M 为 $f(x)$ 的一个界.若这样的 M 不存在,则称 $f(x)$ 在 I 上无界.也就是说,对于任意一个无论多么大的正数 M,总存在 $x_0 \in I$,使得

$$|f(x_0)|>M$$

成立,$f(x)$ 就在 I 上**无界**[①].同样地,若存在实数 K_1(或 K_2),对于任何 $x \in I$,恒有 $f(x) \geqslant K_1$ [或 $f(x) \leqslant K_2$],则称函数 $f(x)$ 在 I 上有下界(或上界).

函数 $f(x)$ 在闭区间 $[a,b]$ 上有界是指当自变量 x 在闭区间 $[a,b]$ 上取值时,相应的

---

① 在逻辑学中,任何一个或者全部的否定说法是至少存在一个或存在;反过来,至少存在一个或存在的否定说法是任何一个或者全部.

函数值$f(x)$不会无限增大趋于正无穷大,也不会无限减小趋于负无穷大,至少能找到一个正数M,使得$-M \leqslant f(x) \leqslant M$.在图形上就是$y=f(x)$在$[a,b]$上的图像不会向上无限延伸,也不会向下无限延伸,至少能找到两条水平直线$y=\pm M$,使得$f(x)$在闭区间$[a,b]$上的图像夹在这两条直线之间,如图1-5所示.

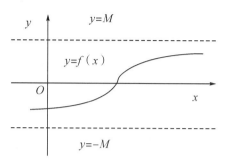

图1-5 图形展示

例如,正弦函数$f(x)=\sin x$在$(-\infty,+\infty)$内是有界的,因为当x在$(-\infty,+\infty)$内取值时,相应的函数值$-1 \leqslant \sin x \leqslant 1$都能成立,这里假设$M=1$(当然也可以取大于1的任何数作为$M$).

反比例函数$f(x)=\dfrac{1}{x}$在开区间$(0,1)$内是无界的.(反证法)当x在$(0,1)$内取值时,假设存在一个正数M,使得相应的函数值满足$\left|\dfrac{1}{x}\right| \leqslant M$,即$x \geqslant \dfrac{1}{M}$,这与$x \in (0,1)$矛盾.更确切地说,它有下界1,而无上界.因此,该函数在区间$(0,1)$内无界.从图形上看,函数$f(x)=\dfrac{1}{x}$当x充分接近0时,其图像可以向上无限延伸,永无止境.但是该函数在闭区间$[1,2]$上是有界的,因为当$1 \leqslant x \leqslant 2$时,相应的函数值满足$-1 < \dfrac{1}{2} \leqslant \dfrac{1}{x} \leqslant 1$,即$\left|\dfrac{1}{x}\right| \leqslant 1$,这里$M=1$.

其实我们有结论:函数$f(x)$在I上有界的充要条件是它既有下界又有上界.

(2)单调性

有时候,我们想要了解函数$f(x)$随x变化的大概情况,是随x的增大而增大还是相反的情形.

定义4 设函数$y=f(x)$在区间I上有定义.若对于任意$x_1,x_2 \in I$,当$x_1 < x_2$时,恒有
$$f(x_1) < f(x_2)$$
成立,则称$f(x)$在I上**单调增加**,区间I称为函数**单调增区间**;当$x_1 < x_2$时,恒有
$$f(x_1) > f(x_2)$$
成立,则称函数$f(x)$在I上**单调减少**,区间I称为函数**单调减区间**.

函数单调增区间和减区间统称为函数的**单调区间**.如果函数$f(x)$在整个定义域内单调增加(或单调减少),那么称$f(x)$为**单调增**(或**单调减**)**函数**.单调增函数与单调减函数统称为**单调函数**.

单调增函数是自变量大对应的函数值就大,图像是一条沿着x轴正向上升的曲线;单调减函数是自变量大对应的函数值反而小,图像是一条沿着x轴正向下降的曲线,如

图 1-6 所示.例如,指数函数 $y=a^x$ 在 $(-\infty,+\infty)$ 内有定义, $a>1$ 为增函数, $0<a<1$ 为减函数,如图 1-7 所示.

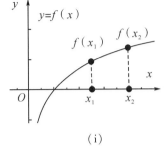 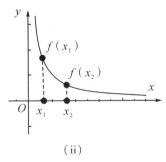

| (i) | (ii) |

图 1-6　图形展示

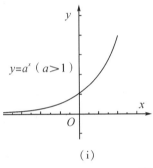 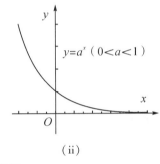

| (i) | (ii) |

图 1-7　图形展示

一般来讲,函数的单调性与自变量 x 的区间有关.

用反证法容易得到单调函数的性质:设 $f(x)$ 是单调函数.如果 $f(x_1)=f(x_2)$,那么 $x_1=x_2$.由此可知,单调函数值的原像唯一.确定单调函数的映射是一一对应.

(3)奇偶性(对称性)

在函数 $f(x)$ 的定义域 D 内,是否由一部分区间内的情况就可推知 $f(x)$ 在另一部分区间内的情况? 有些函数具有这种性质.

定义 5　设函数 $y=f(x)$ 的定义域 D 是关于原点对称的,即 $x \in D$,有 $-x \in D$.若对于任意 $x \in D$,恒有

$$f(-x)=f(x)$$

成立,则称 $f(x)$ 为**偶函数**;若对于任意 $x \in D$,恒有

$$f(-x)=-f(x)$$

成立,则称 $f(x)$ 为**奇函数**.

在坐标平面上,偶函数的图形关于 y 轴对称.因为 $f(x)$ 是偶函数,有 $f(-x)=f(x)$,所以如果 $A[x,f(x)]$ 是图形上的点,那么它关于 y 轴对称的点 $A'(-x,f(x))$ 也在图形上,如图 1-8 所示.奇函数的图形关于原点中心对称.因为 $f(x)$ 是奇函数,有 $f(-x)=-f(x)$,所以若 $A[x,f(x)]$ 是图形上的点,则它关于原点对称的点 $A''[-x,f(-x)]$ 也在图形上,如图 1-9 所示.若奇函数 $f(x)$ 在原点有定义,则有 $f(x)=0$.例如, $y=x^2$, $y=\cos x$ 都是偶函数; $y=x^3$, $y=\sin x$ 都是奇函数.此外,有些函数具有周期性,称为**周期函数**.

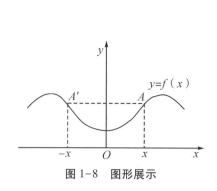

图 1-8　图形展示

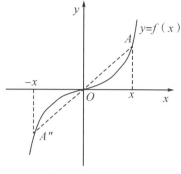

图 1-9　图形展示

例5　指出下列函数的界:

(1) $x^2+2x+3a(-2\leqslant x\leqslant 5)$;　(2) $\dfrac{2n^2-5n+7}{n^2+2}(n\in N_+)$.

解　(1) 设 $f(x)=x^2+2x+3a=(x+1)^2-1+3a$,为二次函数,对称轴为 $x=-1$,顶点 $(-1,-1+3a)$.当 $-2\leqslant x\leqslant -1$ 时,$f(x)$ 为减函数,可得 $f(-2)\geqslant f(x)\geqslant f(-1)$,即 $3a\geqslant f(x)\geqslant -1+3a$;当 $-1\leqslant x\leqslant 5$ 时,$f(x)$ 为增函数,可得 $f(5)\geqslant f(x)\geqslant f(-1)$,即 $35+3a\geqslant f(x)\geqslant -1+3a$.由此可得,当 $-2\leqslant x\leqslant 5$ 时,$-1+3a\leqslant f(x)\leqslant 35+3a$,即有该函数下界 $-1+3a$,又有上界 $35+3a$,从而有界 $|35+3a|$.

(2) 利用三角不等式 $|x-y|\leqslant|x|+|y|$ 及分式的性质,可得

$$\left|\dfrac{2n^2-5n+7}{n^2+2}\right|<\left|\dfrac{2n^2-5n+7}{n^2}\right|<\left|\dfrac{2n^2+5n+7}{n^2}\right|$$

$$=\left|2+\dfrac{5}{n}+\dfrac{7}{n^2}\right|\leqslant 2+5+7=14$$

因此,该函数的界为 14.

三、函数的运算

1. 反函数与复合函数

对于一个函数 $y=f(x)$,已知自变量的一个取值 x_0,可以求出函数值 $f(x_0)$.有时我们可能会遇到相反的问题:知道了函数值 y_0,求 x_0 的值.如果对于任意一个因变量的取值 y_0,方程 $y_0=f(x)$ 都有唯一一个解 x_0,那么因变量的任意一个值 y_0 都有唯一自变量的值 x_0 与之对应.此时形成了 x_0 与 y_0 的对应关系,这种关系符合函数的定义,这样由函数 $y=f(x)$ 确定了另一个函数.于是,我们给出反函数的定义.

定义6　设函数 $f:D\to f(D)$ 是单映射(也是一一映射).对任一个 $y\in f(D)$,根据一一映射 f,总有唯一确定的原像 $x\in D$ 与之对应,即 $y=f(x)$.从而我们定义了一个从集合 $f(D)$ 到 D 的**逆映射**,即

$$f^{-1}:f(D)\to D$$

对每个 $y\in f(D)$,规定 x 与之对应,记作 $x=f^{-1}(y)$,这个 x 满足 $f(x)=y$.此映射 f^{-1} 确定的函数 $x=f^{-1}(y)$ 称为 $y=f(x)$ 的**反函数**.

反函数的定义域为 $f(D)$，值域为 D. 相对于反函数 $x=f^{-1}(y)$ 而言，称原来的函数 $y=f(x)$ 为直接函数. 从习惯上看，函数的自变量都用 x 表示，因变量都用 y 表示，所以反函数通常记为 $y=f^{-1}(x)$. 例如，一次函数 $y=5x-2$ 的反函数为 $x=\dfrac{y+2}{5}$，通常写作 $y=\dfrac{x+2}{5}$. 指数函数 $y=e^x$ 的反函数为 $y=\ln x$.

并不是所有的函数 $y=f(x)$ 在定义域内都存在反函数. 因为 $f(x)$ 可能会在不同的两个点 x_1,x_2 处有相同的函数值 y_0（y_0 有两个原像 x_1,x_2），即

$$y_0=f(x_1) \text{ 和 } y_0=f(x_2)$$

这样，对于 $y_0\in f(D)$，按照对应法则 f 就会有两个 x 的值 x_1,x_2 与之对应，也就存在不确定性，像就不唯一，不符合函数的定义，如函数 $y=x^2$ 在 $(-\infty,+\infty)$ 内就没有反函数.

注 只有 f 为一一对应（或单调函数），才能定义逆映射（或反函数）.

例6 （1）正弦函数 $y=\sin x$ 是 $f:\left[-\dfrac{\pi}{2},\dfrac{\pi}{2}\right]\rightarrow[-1,1]$ 上的增函数，一一映射. 因为 f 是单映射，满映射 y 的原像存在唯一，所以存在反函数，即

$$x=\arcsin y,y\in[-1,1]$$

主值范围的**反正弦函数**，简称反正弦函数，记作 $y=\arcsin x,x\in[-1,1]$，其值域为

$$\arcsin([-1,1])=\left[-\dfrac{\pi}{2},\dfrac{\pi}{2}\right]$$

（2）$y=\tan x$ 是 $g:\left(-\dfrac{\pi}{2},\dfrac{\pi}{2}\right)\rightarrow(-\infty,+\infty)$ 内的增函数，一一映射. 其反函数为

$$x=\arctan y,y\in(-\infty,\infty)$$

主值范围的**反正切函数**，简称反正切函数，记作 $y=\arctan x,x\in(-\infty,\infty)$，其值域为

$$\arctan[(-\infty,\infty)]=\left(-\dfrac{\pi}{2},\dfrac{\pi}{2}\right)$$

反函数的性质如下：

（1）反函数的定义域和值域分别是直接函数的值域和定义域.

（2）设 $y=f^{-1}(x)$ 是函数 $x=f(y)$ 的反函数，则有 $f[f^{-1}(x)]=x$. 例如：

$$\sin(\arcsin x)=x,\ a^{\log_a N}=N$$

（3）反函数 $y=f^{-1}(x)$ 和直接函数 $y=f(x)$ 的图像在同一直角坐标系中关于直线 $y=x$ 对称.

函数 $x=f(y)$ 与反函数 $y=f^{-1}(x)$ 本来是同一个函数关系，只是表示形式不同，在 xOy 平面内是同一条曲线，点 (x,y) 都在直接函数与反函数的曲线上. 函数 $x=f(y)$[也是 $y=f^{-1}(x)$ 的反函数]的变量 x 与 y 交换位置后，变为 $y=f(x)$，同一坐标系下曲线 $y=f(x)$ 上点的坐标为 (y,x)，同时点 (x,y) 关于直线 $y=x$ 的对称点是 (y,x). 因为 (x,y) 在反函数 $y=f^{-1}(x)$ 曲线上，而 (y,x) 在直接函数 $y=f(x)$ 的曲线上，所以反函数 $y=f^{-1}(x)$ 的图像与直接函数 $y=f(x)$ 的图像就关于直线 $y=x$ 对称，如图1-10所示.

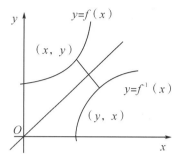

图 1-10　图形展示

（4）直接函数 $y=f(x)$ 在数集 D 上单调增加（减少），其反函数 $y=f^{-1}(x)$ 在 $f(D)$ 上也单调增加（减少）. 例如，指数函数 $y=\mathrm{e}^x$ 为增函数，其反函数 $y=\ln x$ 也为增函数.

下面仅证明性质（4），其余性质同学们自己思考.

证　函数 $y=f(x)$ 在数集 D 上单调增加（减少），因而 $f:D\to f(D)$ 是单映射（也是一一映射）. 由定义 6 可以定义反函数 $x=f^{-1}(y)$. 这里仅对单调增加的情况进行证明. 设任意 $y_1,y_2\in f(D)$，且 $y_1<y_2$. 按照一一映射 f 的性质，对于函数值 y_1，在 D 内存在唯一的原像 x_1，使得 $f(x_1)=y_1$，可得 $f^{-1}(y_1)=x_1$；对取值 y_2，在 D 内存在唯一的原像 x_2，使得 $f(x_2)=y_2$，便得 $f^{-1}(y_2)=x_2$. 接下来，我们用反证法证明 $x_1<x_2$：若 $x_1>x_2$，根据函数单调增加的定义，则必有 $f(x_1)>f(x_2)$，即 $y_1>y_2$；若 $x_1=x_2$，根据映射 f 的像唯一的性质，则必有 $f(x_1)=f(x_2)$，即 $y_1=y_2$. 这两种情况都与假设 $y_1<y_2$ 不相符. 因此，必有 $x_1<x_2$，即 $f^{-1}(y_1)<f^{-1}(y_2)$. 由此可得，反函数 $x=f^{-1}(y)$ 单调增加. 证毕.

下面讨论复合函数. 根据函数的定义和计算知道，函数 $y=u^2$ 可将任何 $u\in(-\infty,+\infty)$ 对应于 $[0,+\infty)$ 上的某一点 y，如果取 $u=\cos x\,[x\in(-\infty,+\infty)]$，由 $u=\cos x$ 与 $y=u^2$ 可得到对应的点 $y=(\cos x)^2$，这样就形成了变量 $y\in[0,1]$ 与 $x\in(-\infty,+\infty)$ 的一种对应法则 $y=(\cos x)^2$. 它符合函数的定义，我们称 $y=(\cos x)^2$ 是由 $y=u^2\,[u\in(-\infty,+\infty)]$ 和 $u=\cos x\,[x\in(-\infty,+\infty)]$ 构成的复合函数.

定义 7　如果 y 是 u 的函数 $y=f(u)$，定义域为 D_f，而 u 是 x 的函数 $u=\varphi(x)$，定义域为 D_φ，通过变量 u 的关系，变量 y 也是 x 的函数，那么称这个函数是由 $u=\varphi(x)$ 与 $y=f(u)$ 构成的**复合函数**，记作

$$y=f[\varphi(x)]=(f\circ\varphi)(x)$$

其中 y 是因变量，x 是自变量，u 叫作**中间变量**，$\varphi(x)$ 叫作**中间函数**.

$\varphi(x)$ 与 $f(u)$ 构成的复合函数 $f[\varphi(x)]$，是按照先"先 $\varphi(x)$ 后 $f(u)$"的次序复合的函数.

注　（1）如果 $u=\varphi(x)$ 的函数值全部属于函数 $y=f(u)$ 的定义域，那么复合函数 $y=f[\varphi(x)]$ 的定义域与 $u=\varphi(x)$ 的定义域相同，即 $D_{f\circ\varphi}=D_\varphi$. 如 $u=x-3$ 与 $y=\sqrt[3]{u}$ 的复合函数 $y=\sqrt[3]{x-3}$ 的定义域 R.

（2）如果 $u=\varphi(x)$ 的函数值部分属于 $y=f(u)$ 的定义域，那么复合函数 $y=f[\varphi(x)]$ 的定义域是 $u=\varphi(x)$ 的定义域的真子集，即 $D_{f\circ\varphi}\subset D_\varphi$. 如 $u=\cos x$ 与 $y=\sqrt{u}$ 的复合函数 $y=\sqrt{\cos x}$ 的定义域 $\left[2k\pi-\dfrac{\pi}{2},2k\pi+\dfrac{\pi}{2}\right]\,(k\in Z)$.

（3）如果 $u=\varphi(x)$ 的函数值全部不属于 $y=f(u)$ 的定义域，则映射的条件不成立，不能构成复合函数.此时，我们认为复合函数的定义域为空集，即 $D_{f\circ\varphi}=\Phi$. 如 $u=-x^2$ 与 $y=\ln u$ 的复合函数 $y=\ln(-x^2)$ 的定义域为空集 Φ.

例7 设函数 $f(x)=\begin{cases}1+x, & x<0 \\ 1, & x\geqslant 0\end{cases}$，求复合函数 $f[f(x)]$.

解 设中间（函数）变量为 $u=\begin{cases}1+x, & x<0 \\ 1, & x\geqslant 0\end{cases}$，则有

$$y=f(u)=\begin{cases}1+u, & u<0 \\ 1, & u\geqslant 0\end{cases}=\begin{cases}1+(1+x), & 1+x<0 \\ 1, & 1+x\geqslant 0 \\ 1, & x\geqslant 0\end{cases}=\begin{cases}2+x, & x<-1 \\ 1, & x\geqslant -1\end{cases}$$

在函数的复合过程中，中间函数为分段函数，有两种取值 $1+x$ 和 1.中间变量 u 为非负数（$u\geqslant 0$）对应的像为 1，中间函数 1 符合条件 $u\geqslant 0$，因而对应的复合函数值为 1；而中间函数 $1+x$ 为非负数，即 $1+x\geqslant 0$，可得 $x\geqslant -1$，也满足中间变量 u 为非负数（$u\geqslant 0$），此时对应的像也为 1；中间变量 u 为负数（$u<0$）对应的像为 $1+u$，当 $u=1+x<0$，即 $x<-1$ 时，其函数值为 $1+u=1+(1+x)=1+2x$.

2. 函数的四则运算

设函数 $f(x)$ 和 $g(x)$ 的定义域分别是 D_1 与 D_2，且 $D=D_1\cap D_2\neq\Phi$，则可以定义这两个函数的下列运算：

和（差） $f\pm g:(f\pm g)(x)=f(x)\pm g(x)$，$x\in D$

积 $f\cdot g:(f\cdot g)(x)=f(x)\cdot g(x)$，$x\in D$

商 $\dfrac{f}{g}:\left(\dfrac{f}{g}\right)(x)=\dfrac{f(x)}{g(x)}$，$x\in D\setminus\{x\mid g(x)=0, x\in D\}$

四、初等函数

1. 基本初等函数

在初等数学中我们已经学过以下五类函数：

（1）幂函数

幂函数 $y=x^\mu$（μ 为实常数），其定义域随着 μ 的不同而有所不同，图像也随着 μ 的不同而有不同的形状.当 $\mu=1$ 时，一次函数 $y=x$，定义域为 $(-\infty,+\infty)$，图形是一条直线；当 $\mu=-1$ 时，反比例函数 $y=\dfrac{1}{x}$，定义域为 $(-\infty,0)\cup(0,+\infty)$，图形是等轴双曲线.当 $\mu=\dfrac{1}{2}$ 时，$y=\sqrt{x}$ 定义域为 $[0,+\infty)$；当 $\mu=\dfrac{1}{3}$ 时，$y=\sqrt[3]{x}$ 定义域为 $(-\infty,+\infty)$.

（2）指数函数

指数函数 $y=a^x$（$a>0,a\neq 1,a$ 为常数），其定义域为 $(-\infty,+\infty)$，值域为 $(0,+\infty)$.当 $a>1$ 时，$y=a^x$ 是单调增加的函数；当 $0<a<1$ 时，$y=a^x$ 是单调减少的函数.例如，$y=e^x$（$e=2.71828\cdots$，是无理数），$y=10^x$ 都是单调增加的函数.

(3)对数函数

对数函数 $y=\log_a x$($a>0$,$a\neq 1$,a 为常数),定义域为$(0,+\infty)$.当 $a>1$ 时,$y=\log_a x$ 是单调增加的函数;当 $0<a<1$ 时,$y=\log_a x$ 是单调减少的函数.

指数函数 $y=a^x$ 与对数函数 $y=\log_a x$ 互为反函数,如 $y=e^x$ 与 $y=\ln x$ 互为反函数.

(4)三角函数

正弦函数 $y=\sin x$,定义域为$(-\infty,+\infty)$,值域为$[-1,1]$,是以 2π 为周期的奇函数;余弦函数 $y=\cos x$,定义域为$(-\infty,+\infty)$,值域为$[-1,1]$,是以 2π 为周期的偶函数;正切函数 $y=\tan x=\dfrac{\sin x}{\cos x}$,$x\in\left[\left(k-\dfrac{1}{2}\right)\pi,\left(k+\dfrac{1}{2}\right)\pi\right]$($k\in Z$),值域$(-\infty,+\infty)$,是周期为 π 的奇函数;余切函数 $y=\cot x=\dfrac{\cos x}{\sin x}$,$x\in(k\pi,(k+1)\pi)$($k\in Z$),值域$(-\infty,+\infty)$,是周期为 π 的奇函数.

此外,还有正割函数 $y=\sec x=\dfrac{1}{\cos x}$,余割函数 $y=\csc x=\dfrac{1}{\sin x}$.

(5)反三角函数

反正弦函数:将正弦函数 $y=\sin x$ 的定义域限制在区间$\left[-\dfrac{\pi}{2},\dfrac{\pi}{2}\right]$上.此时,这是一个单调增加的函数,故它存在反函数,称为主值范围的**反正弦函数**,简称**反正弦函数**,记为 $y=\arcsin x$,定义域为$[-1,1]$,值域为$\left[-\dfrac{\pi}{2},\dfrac{\pi}{2}\right]$.

反余弦函数:将余弦函数 $y=\cos x$ 的定义域限制在区间$[0,\pi]$上.此时,这是一个单调减少的函数,故它存在反函数,称为**反余弦函数**,记为 $y=\arccos x$,定义域为$[-1,1]$,值域为$[0,\pi]$.反正切函数:将正切函数 $y=\tan x$ 的定义域限制在区间$\left(-\dfrac{\pi}{2},\dfrac{\pi}{2}\right)$内.此时,这是一个单调增加的函数,故存在**反正切函数**,记为 $y=\arctan x$,定义域为$(-\infty,+\infty)$,值域为$\left(-\dfrac{\pi}{2},\dfrac{\pi}{2}\right)$.

类似地,**反余切函数** $y=\text{arccot}\,x$,其定义域为$(-\infty,+\infty)$,值域为$(0,\pi)$.

我们把幂函数、指数函数、对数函数、三角函数和反三角函数统称为**基本初等函数**.

2. 初等函数

由常数和基本初等函数经过有限次的四则运算构成的函数称为**简单函数**,把简单函数经过有限次的复合运算,并且可以用一个式子表示的函数称为**初等函数**.如 $y=\sqrt{x^2+3}$,$y=\dfrac{4-x}{\sin x+1}$ 都是初等函数.

又如,双曲正弦函数 $y=\text{sh}x=\dfrac{e^x-e^{-x}}{2}$ 是奇函数,双曲余弦函数 $y=\text{ch}x=\dfrac{e^x+e^{-x}}{2}$ 是偶函数,双曲正切函数 $y=\text{th}x=\dfrac{e^x-e^{-x}}{e^x+e^{-x}}$ 是奇函数,它们都是初等函数,如图 1-11、图 1-12 所示.

注 初等函数是可以用一个式子表示的函数,由于分段函数至少有两个不同的解析式,大多数分段函数都不是初等函数,但也有一部分分段函数是初等函数.例如,绝对值函数

$$y = |x| = \begin{cases} x, & x \geq 0 \\ -x, & x < 0 \end{cases} = \sqrt{x^2}$$

是初等函数,因为这两个解析式 x 和 $-x$ 可以用一个式子 $\sqrt{x^2}$ 来表示.$\sqrt{x^2}$ 是两个幂函数的复合函数.

例8 设 x 为任一实数,不超过 x 的最大整数称为 x 的整数部分,记作 $[x]$.如 $[0.6]=0$,$[3.1]=3$,$[-3.1]=-4$.把 x 看作变量,函数 $y=[x]=n$,$n \leq x < n+1$,$n \in Z$.这个函数称为**取整函数**,是非初等函数,其图形称为阶梯曲线.在 x 为整数值处,图形发生跳跃,跳跃度为1,如图 1-13 所示.

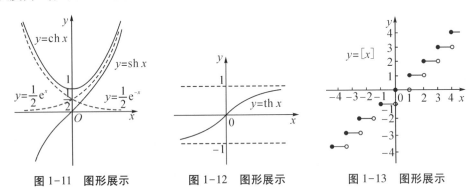

图 1-11　图形展示　　　　图 1-12　图形展示　　　　图 1-13　图形展示

例9 写出下列初等函数的复合过程:

$(1) y = \sin x^2$;$(2) y = \sin^2 x$;$(3) y = \ln(x + \sqrt{1+x^2})$.

解 $(1) y = \sin x^2$ 是由幂函数 $u = x^2$ 与正弦函数 $y = \sin u$ 构成的复合函数.

$(2) y = \sin^2 x$ 是由正弦函数 $u = \sin x$ 与幂函数 $y = u^2$ 构成的复合函数.

$(3) y = \ln(x + \sqrt{1+x^2})$ 是由对数函数 $y = \ln u$ 与简单函数 $u = x + \sqrt{v}$ 构成的复合函数,u 是两个幂函数 x 与 $\sqrt{v}$ 的和,而 $v = 1 + x^2$ 是常数1与幂函数 x^2 的和.

在分解复合函数的过程中,最终分解成常数和基本初等函数经过有限次的四则运算构成的函数,也就是分解成为简单函数的复合.

此外在学习过程中,我们经常用到一些初等数学公式,列举如下:

三角不等式:　　　　　$||x|-|y|| \leq |x-y| \leq |x|+|y|$

平方差:　　　　　　　$x^2 - y^2 = (x-y)(x+y)$

立方差:　　　　　　　$x^3 - y^3 = (x-y)(x^2+xy+y^2)$

高次方差:　　　$x^n - y^n = (x-y)(x^{n-1}+x^{n-2}y+\cdots+y^{n-1})$

完全平方和(差):　　　$(x \pm y)^2 = x^2 \pm 2xy + y^2$

二项式定理:　　$(x+y)^n = C_n^0 x^n + C_n^1 x^{n-1} y + \cdots + C_n^r x^{n-r} y^r + \cdots + C_n^n y^n$

其中 $C_n^r = \dfrac{n(n-1)\cdots(n-r+1)}{r!}$.

三角函数公式中的平方关系:

$$\sin^2 x + \cos^2 x = 1, 1 + \tan^2 x = \sec^2 x$$

正弦加法定理:

$$\sin(x+y) = \sin x \cos y + \cos x \sin y$$

$$\sin 2x = 2\sin x\cos x$$

余弦加法定理：

$$\cos(x+y) = \cos x\cos y - \sin x\sin y$$
$$\cos 2x = \cos^2 x - \sin^2 x = 1 - 2\sin^2 x = 2\cos^2 x - 1$$

和差化积定理：

$$\sin x - \sin y = 2\cos\frac{x+y}{2}\sin\frac{x-y}{2}$$

$$\cos x - \cos y = -2\sin\frac{x+y}{2}\sin\frac{x-y}{2}$$

习题 1-1

1. 在一个毕业班的学生中,以"我的工作单位"为对应法则,构成映射的条件是什么?

2. 求下列函数的自然定义域.

(1) $y = \sqrt{x-2} + \sqrt[3]{x-4}$；

(2) $y = \dfrac{2}{\sqrt{4-x^2}}$

(3) $y = \tan(x-2)$；

(4) $y = \dfrac{1}{x-2} + \sin\sqrt{x}$；

(5) $y = \ln(x^2-1)$；

(6) $y = \sec x - \csc x$；

(7) $y = \arctan\dfrac{1}{2x-4}$；

(8) $y = \arcsin(x-1)$.

3. 指出下列函数的奇偶性.

(1) $y = x^2 - x^3$；

(2) $y = \dfrac{\sin x}{x}$；

(3) $y = x(x-4)(x+4)$；

(4) $y = \dfrac{e^x - e^{-x}}{2}$；

(5) $y = \ln|x| - \sec x$；

(6) $y = \ln\dfrac{1-x}{1+x}$.

4. 下列哪些函数是有界函数? 哪些函数是无界函数? 如果是有界函数,指出上下界,并画图.

(1) $f(x) = ax+3\,(1\leqslant x\leqslant 2)$；

(2) $f(x) = \dfrac{1}{x-1}$；

(3) $f(x) = x^2 + 2x + 3$；

(4) $f(n) = \dfrac{2n+7}{n^2}\ (n\in N_+)$.

5. 指出下列函数的单调区间.

(1) $y = x^2 - 1$；

(2) $y = x + \ln x\,(x>0)$；

(3) $y = x^3 + x$；

(4) $y = x^4$.

6. 指出下列函数的反函数.

(1) $y = 4x - 1$；

(2) $y = \sqrt[3]{x-2}$；

(3) $y = \ln(3x-4)$；

(4) $y = 3\cos\dfrac{x}{2}\,(0\leqslant x\leqslant 2\pi)$.

7. 设函数 $f(x) = \begin{cases} 1+|\sin x|, & |x|<\pi \\ 2, & |x|\geqslant \pi \end{cases}$,求函数值 $f\left(-\dfrac{\pi}{2}\right), f(0), f\left(\dfrac{\pi}{4}\right), f(\pi), f(2\pi)$,

并画图.

8. 在下列各题中,求由所给函数构成的复合函数,并求这个函数分别对应于给定自变量的函数值.

(1) $y=u^2$, $u=\sin x$, $x_1=\dfrac{\pi}{4}$, $x_2=\dfrac{2\pi}{3}$;

(2) $y=\sqrt[3]{u}$, $u=2x+1$, $x_1=-1$, $x_2=2$;

(3) $y=\ln\sqrt{2u+1}$, $u=2x$, $x_1=1$, $x_4=6$;

(4) $y=\arctan u$, $u=\sin x$, $x_1=\dfrac{\pi}{4}$, $x_1=\dfrac{\pi}{2}$.

9. 设 $f(x)$ 的定义域为 $D=(-1,1)$,求下列函数的定义域.

(1) $f(2x-1)$;

(2) $f(2\sin x)$;

(3) $f[\ln(x-4)]$;

(4) $f(x+a)+f(x-a)$ $(a>0)$.

10. 在下列各题中,求由所给函数构成的复合函数.

(1) 设 $f(x)=x^2$, $g(x)=e^x$, 求 $f[g(x)]$;

(2) 设 $f(x)=\dfrac{1-x}{1+x}$, 求 $f[f(x)]$;

(3) 设 $f(x)=\begin{cases} x^2+x+1, & x\geq 0 \\ x^2+1, & x<0 \end{cases}$, 求 $f[f(x)]$.

11. 证明函数 $f(x)$ 在 I 内有界的充要条件是它既有上界又有下界.

12. 设函数 $y=f(x)$ 的定义域为 D.若存在常数 T,使得对于任一 $x\in D$ 有 $(x\pm T)\in D$,且 $f(x\pm T)=f(x)$ 恒成立,称 $f(x)$ 为**周期函数**,T 称为 $f(x)$ 的**周期**,通常所说周期函数的周期是指最小正周期.证明设 a 与 b 是周期函数 $f(x)$ 的周期,则 $b-a$ 也是 $f(x)$ 的周期.

13. 修建一个容积为 V 的水池,设它的底面为正方形,已知池底所用材料单位面积的造价是四壁单位面积的造价的 2 倍,试将总造价表示为底边边长的函数.

14. 某厂生产某种产品 1 000 吨,每吨定价 130 元,销售量在 700 吨以内时,按照原价销售,超过 700 吨时超过部分打九折出售,试将销售收益与销售量的函数关系表示出来.

第二节　数列的极限

由于客观事物的复杂性,人们认识事物需要经过多次反复认识,才能越来越接近客观世界的本质,在数量上表现为从近似值到精确值,而函数极限是由近似值到精确值的桥梁.

一、数列极限的定义

如果按照某一对应法则,每个正整数 $n\in N_+$ 都对应着一个确定的实数 x_n,将这些实数 x_n 按照下标从小到大排列得到的一个序列,即

$$x_1,x_2,x_3,\cdots,x_n,\cdots$$

就叫作**数列**,记作 $\{x_n\}$.数列 $\{x_n\}$ 中的每一个数叫作数列的项,第 n 项 x_n 叫作数列的**一般项**.

实质上它是函数

$$x_n = f(n), n \in N_+$$

这里的数列有无穷多项.有些不同数列具有不同的性质,此前我们已经认识了等差与等比数列,本节主要讨论数列的变化趋势.当自变量 n 越来越大,趋于无穷大时,对应的函数值有没有变化规律? 变化规律是什么? 用数学语言如何表示?

数列 $x_n = (-1)^{n-1}: 1, -1, 1, -1, \cdots, (-1)^{n-1}, \cdots$,是在 1 与 -1 之间摆动不确定的有界数列.

数列 $x_n = 2^n: 2, 4, 8, 16, \cdots, 2^n, \cdots$,当自变量 n 越来越大时,对应的函数值 x_n 越来越大,没有上界.我们就说,当 n 趋于无穷大时,数列 $\{2^n\}$ 趋于无穷大.

数列 $x_n = 1 - \dfrac{1}{10^n}: 0.9, 0.99, 0.999, \cdots, \underbrace{0.99\cdots9}_{n}, \cdots$,单调递增有界,且 $|x_n| < 1$.随着自变量 n 越来越大,对应的函数值 x_n 也越来越大,越来越接近 1,并且数列从第二项起,后一项与前一项的变化越来越微小,即 $x_n - x_{n-1} = 9 \times 10^{-n}$,自变量 n 越大,越接近 0.可以说,数列 $\{x_n\}$ 与常数 1"亲密无间",同时将循环小数 $0.999\cdots$ 化为分数也是 1.我们就说,数列 $\left\{1 - \dfrac{1}{10^n}\right\}$ 的极限为 1.

描述性定义 设 $\{x_n\}$ 为给定的一个已知数列.如果当自变量 n 越来越大,趋于无穷大时,对应的函数值 x_n **越来越**(无限)**接近**确定的常数 a,那么常数 a 就叫作数列 $\{x_n\}$ 的**极限**(或**极限值**),或称数列 $\{x_n\}$ 收敛于 a,记作

$$\lim_{n \to +\infty} x_n = a \ \text{或} \ x_n \to a (n \to +\infty)$$

简记为

$$\lim_{n \to \infty} x_n = a \ \text{或} \ x_n \to a (n \to \infty)$$

值得一提的是,两个数 a 与 b 的接近程度通常用它们的距离 $|b-a|$ 来表示,a 与 b 的距离越小,a 与 b 就越接近.当自变量 n 越来越大时,对应的函数值 x_n 就越来越接近确定常数 a,即只要 n 足够大,x_n 与 a 的距离 $|x_n - a|$ 就可以任意小.

数列 $x_n = 1 + \dfrac{1}{n}: 2, \dfrac{3}{2}, \dfrac{4}{3}, \cdots, 1 + \dfrac{1}{n}, \cdots$. 由于 $x_n - 1 = \dfrac{1}{n}$,自变量 n 越大,$\dfrac{1}{n}$ 越小,从而 x_n 越接近 1.并且数列后一项与前一项的变化更微小,即

$$|x_n - x_{n-1}| = \left| \dfrac{1}{n} - \dfrac{1}{n-1} \right| = \dfrac{1}{n(n-1)}$$

其中 n 越大,x_n 越接近 0.

我们来讨论这个数列,由 $|x_n - 1| = \dfrac{1}{n}$ 可得,当 n 越来越大时,$\dfrac{1}{n}$ 越来越小,可以认为它要有多小有多小. 因为只要 n 足够大,$|x_n - 1| = \dfrac{1}{n}$ 就可以小于预先任意给定多么小的正数,所以当 n 无限增大时,有 x_n 无限接近 1. 例如,若预先给定较小的正数 0.01,要使 $|x_n - 1| < 0.01$,只要 $n > 100$,即从第 101 项、第 102 项……后面所有的项都能使不等式 $|x_n - 1| < 0.01$ 恒成立;若给定更小的正数 0.001,要使 $|x_n - 1| < 0.001$,只要 $n > 1\,000$,即从第 1001 项起后面所有的项能使不等式 $|x_n - 1| < 0.001$ 恒成立;若给定更小的正数 0.000 1,要使 $|x_n - 1| < 0.000\,1$,只要 $n > 10\,000$,即从第 10001 项起后面所有的项都能使不等式

$|x_n-1|<0.000\ 1$ 恒成立……

一般来讲,不论事先给定多么微小的正数 ε,总是存在着一个正整数(充分大的正整数)N,使得当自变量 $n>N$ 时所对应的一切函数值 x_n,不等式 $|x_n-1|<\varepsilon$ 恒成立,即数列从第 $N+1$ 项开始所有的项:$x_{N+1},x_{N+2},\cdots$ 都满足这个不等式.这就是数列 $x_n=1+\dfrac{1}{n}$ 当 $n\to\infty$ (趋于无穷大)时无限接近于 1 的实质.于是,我们给出数列精确的定义.

定义 如果一个数列 $\{x_n\}$ 与确定的常数 a 有如下的关系:任意给定的正数 ε(无论它多么小),相应地存在正整数 N,使得当自变量 $n>N$ 时所对应的一切函数值 x_n 均有不等式,即

$$|x_n-a|<\varepsilon$$

成立,那么称常数 a 为数列 $\{x_n\}$ 的**极限**或**极限值**,或者说,数列 $\{x_n\}$ 收敛于 a.记为

$$\lim_{n\to+\infty}x_n=a \text{ 或 } x_n\to a(n\to+\infty)$$

简记为

$$\lim_{n\to\infty}x_n=a \text{ 或 } x_n\to a(n\to\infty)$$

从定义可以看出,一个已知数列 $\{x_n\}$ 与已知常数 a 存在一定联系:对于任意给定(无论它多么小)的正数 ε,一定存在正整数 N,使得从 $N+1$ 项(x_{N+1})开始,数列后面的全部无穷多项都满足不等式 $|x_n-a|<\varepsilon$,而只有有限(至多 N)个项 x_n 不满足这个不等式,即 x_1,$x_2,\cdots,x_N$ 这 N 项可能不满足这个不等式,数列其余的所有项都满足该不等式.具有这样性质的数列就收敛,a 就是数列 $\{x_n\}$ 的极限值;反过来,如果不等式 $|x_n-a|\geqslant\varepsilon$ 只有有限个正整数解,该数列也收敛.

通过解 ε 为参数的绝对值不等式 $|x_n-a|<\varepsilon$,可求得较小的自然数 N. 我们不难理解:n 越大,极限值 a 的大小越能代表数列各项 x_n 的大小.我们可以认为:一系列近似值 x_n 逼近精确值 a,绝对误差为 ε.当 $n>N$ 时,有 $x_n\approx a$.

定义中最重要的是正数 ε 是可以**任意**给定的,可以认为 ε 是可以任意(变)小的正数,因为只有这样,不等式 $|x_n-a|<\varepsilon$ 才能表达出 x_n 与 a **无限接近**的意思. 如果不存在这样的常数 a,就称数列 $\{x_n\}$ 没有极限,或者说**数列 $\{x_n\}$ 发散**,习惯上也称 $\lim\limits_{n\to\infty}x_n$ 不存在.

我们给"数列 $\{x_n\}$ 的极限为常数 a"一个几何解释:在数轴上将常数 a 与数列 x_1,x_2,$x_3,\cdots,x_n,\cdots$ 用它们的对应点表示出来,再做点 a 为中心、ε 为半径的邻域,即开区间 $(a-\varepsilon,a+\varepsilon)$,如图 1-14 所示.因为不等式 $|x_n-a|<\varepsilon$ 等价于 $a-\varepsilon<x_n<a+\varepsilon$,所以当 $n>N$ 时的全部的点 x_n 都落在开区间 $(a-\varepsilon,a+\varepsilon)$ 内,x_n 密切聚集在点 a 周围,只有有限项 $x_1,x_2,\cdots,x_N$ 可能在区间外面.该区间外面的项的个数 N 与区间 $(a-\varepsilon,a+\varepsilon)$ 的长度 2ε 有关,长度越长,即 ε 越大,落在区间内的项 x_n 就越多,外面剩余的项就越少,这时 N 相对较小;若 ε 越小,区间 $(a-\varepsilon,a+\varepsilon)$ 越短,落在区间内的项 x_n 就较少,比较多的点会剩余在区间外面,这时 N 就会较大.因此,N 是与 ε 有关的数,ε 一旦取定后,落在区间外的项数就会确定,这些项的最大下标就是 N.

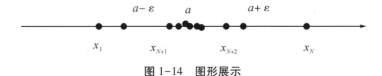

图 1-14　图形展示

为了方便,引入记号"∀"表示"对于任意给定的"或"对于每一个",记号"∃"表示"存在".于是,"对于任意给定的 $\varepsilon > 0$"写成"$\forall \varepsilon > 0$","存在正整数 N"写成"$\exists$ 正整数 N".因此,数列极限 $\lim\limits_{n \to \infty} x_n = a$ 的定义可表达为:$\lim\limits_{n \to \infty} x_n = a \Leftrightarrow \forall \varepsilon > 0$,$\exists$ 正整数 N,当 $n > N$ 时,$|x_n - a| < \varepsilon$ 恒成立.

对于任意给定的 $\varepsilon > 0$,要证明某个数 a 是已知数列 $\{x_n\}$ 的极限时,其关键是寻找使不等式 $|x_n - a| < \varepsilon$ 成立的较小正整数 N.也就是求解以 n 为未知数,ε 为参数的绝对值不等式 $|x_n - a| < \varepsilon$,就可以找出自然数 N.现在举例说明极限的概念.

例 1 证明 数列 $2, \dfrac{1}{2}, \dfrac{4}{3}, \dfrac{3}{4}, \cdots, \dfrac{n + (-1)^{n+1}}{n}, \cdots$ 的极限是 1.

证 $x_n = \dfrac{n + (-1)^{n+1}}{n}$,$a = 1$.化简可得

$$|x_n - a| = \left| \frac{n + (-1)^{n+1}}{n} - 1 \right| = \frac{1}{n}$$

$\forall \varepsilon > 0$,要使 $|x_n - a| = \dfrac{1}{n} < \varepsilon$,只要 $n > \dfrac{1}{\varepsilon}$.虽然 ε 是任意给定的,但 ε 一旦取定后,$\dfrac{1}{\varepsilon}$ 就是一个确定的实数,而对于任何一个实数 $\dfrac{1}{\varepsilon}$ 都有无穷多个大于它的正整数存在,这些正整数是 $\left[\dfrac{1}{\varepsilon}\right] + 1$,$\left[\dfrac{1}{\varepsilon}\right] + 2$,$\cdots$,我们任意选取其中一个正整数作为 N 就行了.若选取 $N = \left[\dfrac{1}{\varepsilon}\right] + 1$,当 $n \geq N$ 时,恒有 $\left| \dfrac{n + (-1)^{n+1}}{n} - 1 \right| < \varepsilon$.通常取较小的 $N = \left[\dfrac{1}{\varepsilon}\right]$,当 $n > N$ 时,恒有 $\left| \dfrac{n + (-1)^{n+1}}{n} - 1 \right| < \varepsilon$,故 $\lim\limits_{n \to +\infty} \dfrac{n + (-1)^{n+1}}{n} = 1$.

根据例 1 的证明,可得 $\lim\limits_{n \to \infty} \dfrac{\alpha}{n} = 0$,其中 α 为常数.由此可得

$$\lim_{n \to +\infty} \frac{n-5}{n+1} = \lim_{n \to +\infty} \frac{(n+1)-6}{n+1} = \lim_{n \to +\infty} \left(1 - \frac{6}{n+1}\right) = 1$$

例 2 已知 $x_n = \dfrac{\sin n}{(n+1)^2}$,证明 $\lim\limits_{n \to +\infty} x_n = 0$.

证 这里 $x_n = \dfrac{\sin n}{(n+1)^2}$,$a = 0$.由于

$$|x_n - a| = \left| \frac{\sin n}{(n+1)^2} - 0 \right| = \frac{|\sin n|}{(n+1)^2} \leqslant \frac{1}{(n+1)^2} < \frac{1}{n+1}$$

$\forall \varepsilon > 0$(设 $\varepsilon < 1$),要使 $|x_n - a| = \dfrac{1}{n+1} < \varepsilon$,只要 $n > \dfrac{1}{\varepsilon} - 1$.如果 ε 一旦给定后,$\dfrac{1}{\varepsilon} - 1$ 就是一个确定的实数,而对于任何一个实数 $\dfrac{1}{\varepsilon} - 1$ 都有无穷多个大于它的正整数存在,这些正整数是 $\left[\dfrac{1}{\varepsilon} - 1\right] + 1$,$\left[\dfrac{1}{\varepsilon} - 1\right] + 2$,$\cdots$,任意选取其中一个正整数作为 N 就行了,通常取较小的 $N = \left[\dfrac{1}{\varepsilon} - 1\right]$,当 $n > N$ 时,就满足 $\left| \dfrac{\sin n}{(n+1)^2} - 0 \right| < \varepsilon$.故 $\lim\limits_{n \to \infty} \dfrac{\sin n}{(n+1)^2} = 0$.

在利用数列极限的定义来证明某个数 a 是数列 $\{x_n\}$ 的极限时,其关键是对于任意给定的正数 ε,要能够指出定义中的正整数 N 确实存在,没必要去求最小的自然数 N. 对于复杂的数列 $\{x_n\}$,通常将 $|x_n-a|$ 放大成某个量(这个量是 n 的比较简单的函数),当这个较大量小于 ε 时,$|x_n-a|<\varepsilon$ 也成立(大的量小于 ε,则小的量就小于 ε). 这样求出的 N 比实际要大.

例 3 设 $|q|<1$,证明数列 $1, q, q^2, \cdots q^{n-1}, \cdots$ 的极限是 0.

证 这里 $x_n=q^{n-1}$,$a=0$. 由于

$$|q^{n-1}-0|=|q^{n-1}|=|q|^{n-1}$$

$\forall \varepsilon>0$(设 $\varepsilon<1$),要使 $|x_n-a|<\varepsilon$,只要 $|q|^{n-1}<\varepsilon$. 因为未知数 n 位于指数上,不等式两端取自然对数(类似求其反函数),根据对数函数 $y=\ln x$ 单调增加的性质,可得 $(n-1)\ln|q|<\ln\varepsilon$. 又 $|q|<1$,$\ln|q|<0$,因而 $n-1>\dfrac{\ln\varepsilon}{\ln|q|}$,即 $n>\dfrac{\ln\varepsilon}{\ln|q|}+1$,取 $N=\left[\left|\dfrac{\ln\varepsilon}{\ln|q|}\right|+1\right]$. 当 $n>N$ 时,恒有 $|q^{n-1}-0|<\varepsilon$,故 $\lim\limits_{n\to+\infty}q^{n-1}=0$ $(|q|<1)$.

根据例 3 可得,$\lim\limits_{n\to\infty}\dfrac{1}{3^n}=0$,可求无穷等比数列的和,即

$$1+\frac{1}{3}+\frac{1}{3^2}+\cdots+\frac{1}{3^{n-1}}+\cdots=\frac{1-\dfrac{1}{3^n}}{1-\dfrac{1}{3}}(n\to+\infty)=\frac{3}{2}$$

通过上述的例子,收敛的数列有什么特征?如果数列 $\{x_n\}$ 收敛,任意给定的正数 ε(无论它多么小),相应地存在正整数 N,使得当 $n>N$ 时的一切项 x_n 均有不等式 $|x_n-a|<\varepsilon$ 成立.令 $y_n=x_n-a$,当 $n>N$ 时,有不等式 $|y_n|=|x_n-a|<\varepsilon$,$y_n$ 为绝对值微小变量,从而可得

$$x_n=a+x_n-a=a+y_n$$

因此,我们可以说,数列 $\{x_n\}$ 收敛,从某一项起所有的项 x_n 等于一个常数 a 与一个绝对值微小变量 y_n 之和;反过来,如果从某一项起数列所有的项 x_n 等于一个常数与一个绝对值微小变量之和,那么该数列就收敛.

例如,数列 $\left\{\dfrac{3n+5}{n-1}\right\}$,其通项公式为 $x_n=\dfrac{3(n-1)-3+5}{n-1}=3+\dfrac{2}{n-1}$. 根据例 1 可知,当 n 趋于无穷大时,变量 $\dfrac{2}{n-1}$ 很微小,可以判定数列 $\left\{\dfrac{3n+5}{n-1}\right\}$ 收敛,极限为 3.

又如数列 $\left\{\dfrac{3n^2+1}{n}\right\}$,其通项公式为 $x_n=\dfrac{3n^2+5}{n}+\dfrac{1}{n}=3n+\dfrac{1}{n}$,尽管当 $n\to\infty$ 时,变量 $\dfrac{1}{n}$ 很微小,但 $3n$ 不是常数,可以证明该数列发散。

二、收敛数列的性质

性质 1(极限唯一性定理) 如果数列 $\{x_n\}$ 收敛,那么它的极限值唯一.

性质 1 的证明过程与第三节性质 1 类似,这里不再进行证明. 性质 1 说明:如果数列 $\{x_n\}$ 收敛,它的极限值只能有一个,不能有两个不相同的极限值.

例4 证明 数列 $x_n = (-1)^{n+1} (n=1,2,\cdots)$ 发散.

证(用反证法证明） 假设这个数列收敛.根据性质1,它有唯一极限值.设极限值为 a, 即 $\lim\limits_{n\to\infty} x_n = a$. 按照数列极限的定义,取 $\varepsilon = \dfrac{1}{4}$, 存在正整数 N, 当 $n>N$ 时的一切项 x_n 均有

不等式 $|x_n - a| < \dfrac{1}{4}$ 成立. 也就是说,当 $n>N$ 时数列的所有项 x_n 都在开区间 $\left(a - \dfrac{1}{4}, a + \dfrac{1}{4}\right)$ 里面,只有有限(至多 N)项在这个区间外面. 但这是不可能的,因为数列 x_n 不间断在 -1 和 1 之间重复出现,-1(正偶数项)和 1(正奇数项)都是有无穷多项,它们的距离是 2,而这个区间的长度为

$$\left(a + \frac{1}{4}\right) - \left(a + \frac{1}{4}\right) = \frac{1}{2}$$

这个长度为 $\dfrac{1}{2}$ 的区间较小,不能同时容纳距离为 2 的两个数 -1 和 1. 这两个数 -1 和 1 至多只有一个在区间里面,即要么 $-1 \in \left(a - \dfrac{1}{4}, a + \dfrac{1}{4}\right)$, 要么 $1 \in \left(a - \dfrac{1}{4}, a + \dfrac{1}{4}\right)$, 不可能有 $\{1, -1\} \subseteq \left(a - \dfrac{1}{4}, a + \dfrac{1}{4}\right)$; 至少一个数在这个区间外面,即 1 或 -1 或 1 与 -1 都在这个区间外面,就有无穷多项在这个区间外面. 这与数列极限的定义矛盾,故假设不成立,这个数列发散.

性质2(有界性定理） 如果数列 $\{x_n\}$ 收敛,那么这个数列一定有界.

证 因为数列 $\{x_n\}$ 收敛,设 $\lim\limits_{n\to+\infty} x_n = a$. 取 $\varepsilon = 2$, 存在正整数 N, 当 $n>N$ 时,有不等式 $|x_n - a| < 2$ 恒成立. 根据三角不等式($|a \pm b| \leqslant |a| + |b|$), 可得

$$|x_n| = |x_n - a + a| \leqslant |x_n - a| + |a| < 2 + |a|.$$

取

$$M = \max\{|x_1|, |x_2|, \cdots, |x_N|, |a|+2\}$$

表示 $|x_1|, |x_2|, \cdots, |x_N|, |a|+2$ 这 $N+1$ 个数的最大者. 也就是说,当 $n \geqslant N+1$ 时,有 $|x_n| < |a|+2 \leqslant M$; 当 $n=1,2,\cdots,N$ 时,也有 $|x_n| \leqslant M$. 从而当 $n \in N_+$ 时,$|x_n| \leqslant M$. 根据第一节函数有界的定义,可得数列 $\{x_n\}$ 有界.

注 性质2的逆否命题成立,则无界数列必发散. 如无界数列 $\{n^2\}$ 发散,而逆命题不成立,则有界数列不一定收敛.

性质3(保号性定理） 如果存在极限 $\lim\limits_{n\to\infty} x_n = a$, 且 $a>0$(或 $a<0$）, 那么存在正整数 N, 当 $n>N$ 时,数列的所有项都满足 $x_n > 0$(或 $x_n < 0$）.

证 仅对 $a>0$ 的情形证明. 由数列极限的定义,取 $\varepsilon = \dfrac{a}{2} > 0$, 存在正整数 N, 当 $n>N$ 时,有不等式 $|x_n - a| < \dfrac{a}{2}$ 成立,因而

$$-\frac{a}{2} < x_n - a < \frac{a}{2}$$

从而

$$x_n > a - \frac{a}{2} = \frac{a}{2} > 0$$

性质 3 说明,若一个数列收敛于正数(或负数),则从某一项起所有的项都是正数(或负数).它的逆命题不成立.如数列 $\left\{\frac{1}{n}\right\}$,每一项 $\frac{1}{n}$ 均为正,而极限为 0.

推论 如果数列 $\{x_n\}$ 从某一项起所有的项都满足 $x_n \geq 0$(或 $x_n \leq 0$),且 $\lim\limits_{n \to \infty} x_n = a$,那么这个极限值 $a \geq 0$(或 $a \leq 0$).

下面,我们介绍子数列的概念:在数列 $\{x_n\}$ 中任意选取无限多项,并按照序号 n 从小到大排列得到的一个新数列称为原数列 $\{x_n\}$ 的**子数列**(或子列),记作 $\{x_{n_k}\}$,即

$$x_{n_1}, x_{n_2}, x_{n_3}, \cdots, x_{n_k}, \cdots (n_k < n_{k+1}, k = 1, 2, 3, \cdots)$$

在子数列 $\{x_{n_k}\}$ 中,一般项 x_{n_k} 是子列第 k 项,而在原数列 $\{x_n\}$ 中却是第 n_k 项.例如,数列 $\{n\}$ 的子列 $\{x_{2k}\}$:$2, 4, 6, \cdots, 2k, \cdots$;子列 $\{x_{5k}\}$:$5, 10, 15, \cdots, 5k, \cdots$

性质 4 一个收敛数列 $\{x_n\}$ 的任何子列 $\{x_{n_k}\}$ 均收敛,且它们极限值均相等.

性质 4 在这里不进行证明.例如,若数列 $\{x_n\}$ 收敛于 a,则子列 $\{x_{k+3}\}$、$\{x_{2k}\}$ 与 $\{x_{4k}\}$ 等均收敛,它们极限都是 a.

三、收敛数列的判定

什么样的数列可能收敛?根据数列收敛的定义,数列是否收敛与数列的前有限项没有关系,只要后面所有的无穷多项大小一致,各项变化微小,在数轴上聚成一堆,该数列就可能收敛.可以证明:

判定定理 设 $\{x_n\}$ 为有界数列,若 $\forall \varepsilon > 0$,$\exists N \in N_+$,当 $n > N$ 时,所有的相邻两项的距离都满足

$$|x_n - x_{n-1}| < \varepsilon$$

则数列 $\{x_n\}$ 收敛.

利用数列收敛的定义与判定定理,我们可以知道:数列 $\{x_n\}$ 收敛的充要条件为数列 $\{x_n\}$ 有界,并且 $\forall \varepsilon > 0$,$\exists N \in N_+$,当 $n > N$ 时,有 $|x_n - x_{n-1}| < \varepsilon$.

推论 如果数列 $\{x_n\}$ 满足 $\lim\limits_{n \to \infty}(x_n - x_{n-1}) \neq 0$,那么数列 $\{x_n\}$ 发散.

例如,数列 $x_n = (-1)^n (n = 1, 2, 3, \cdots)$,由于 $|x_n - x_{n-1}| = 2 (n \to \infty)$,该数列没有极限.

例 5 判断数列 $x_n = \frac{n+1}{n^2} (n = 1, 2, \cdots)$ 是否收敛.

解 因为 $|x_n| \leq \frac{n}{n} + \frac{1}{n^2} = 1 + 1 \leq 2$,所以数列 $\{x_n\}$ 有界.又

$$|x_n - x_{n-1}| = \left| \frac{n+1}{n^2} - \frac{(n-1)+1}{(n-1)^2} \right| = \left| \frac{-n^2 - n + 1}{n^2(n-1)^2} \right| \leq \frac{n^2 + n}{n^2(n-1)^2}$$

$$\leq \frac{n+1}{n(n-1)^2} < \frac{n+n}{n(n-1)^2} < \frac{2}{(n-1)^2} \to 0 (n \to \infty)$$

根据数列收敛的判定定理可知,该数列收敛.

习题 1-2

1.下列各题中,写出数列的前六项,观察 $\{x_n\}$ 的变化趋势,指出哪些数列收敛,哪些数列发散.对于收敛的数列,写出它们的极限.

(1) $\left\{\dfrac{1}{2^n}\right\}$;   (2) $\left\{(-1)^n\dfrac{1}{n+1}\right\}$;   (3) $\left\{\dfrac{2n}{n+1}\right\}$;   (4) $\{n-1\}$;

(5) $\left\{1+\dfrac{1}{n^2}\right\}$;   (6) $\{(-1)^{n+1}+3(-1)^n\}$;   (7) $\left\{n-\dfrac{1}{n+1}\right\}$;   (8) $\left\{\dfrac{2^n-2}{3^n}\right\}$.

2.判断下面命题的正确或错误,若是对的,说明理由;若是错的,举一个反例.

(1)如果任意给定的正数 ε,存在正整数 N,当 $n>N$ 时,有无穷多项 x_n,使不等式 $|x_n-a|<\varepsilon$ 成立,那么数列 $\{x_n\}$ 的极限为 a;

(2)如果任意给定的正数 ε,存在正整数 N,当 $n>N$ 时,对于某个正常数 m,不等式 $|x_n-a|<m\varepsilon$ 恒成立,那么数列 $\{x_n\}$ 的极限为 a.

3.(1)数列的有界性是数列收敛的什么条件?(2)无界数列是否一定发散?(3)有界数列是否一定收敛?

4.利用无穷递缩等比数列的求和公式 $a_1+a_1q+a_1q^2+\cdots a_1q^{n-1}+\cdots=\dfrac{a_1}{1-q}(|q|<1)$,分别化循环小数 $0.777\cdots$ 与 $0.101010\cdots$ 为分数.

*5.根据数列极限的定义证明下列算式.

(1) $\lim\limits_{n\to+\infty}\dfrac{n+3}{2n+1}=\dfrac{1}{2}$;   (2) $\lim\limits_{n\to+\infty}\dfrac{\cos n}{n^2+1}=0$;

(3) $\lim\limits_{n\to+\infty}\left(1+\dfrac{1}{3^n}\right)=1$;   (4) $\lim\limits_{n\to+\infty}\dfrac{\sqrt{n^2+1}}{n}=1$.

6.证明若 $\lim\limits_{n\to+\infty}x_n=a$,则 $\lim\limits_{n\to+\infty}(x_n-x_{n-1})=0$.

7.用判定定理证明设 $\lim\limits_{n\to+\infty}x_n=a$,$\lim\limits_{n\to+\infty}y_n=b$,则 $\lim\limits_{n\to+\infty}(x_n-y_n)$ 存在.

*8.对于数列 $\{x_n\}$,若 $\lim\limits_{k\to+\infty}x_{2k}=a$,$\lim\limits_{k\to+\infty}x_{2k+1}=a$,证明 $\lim\limits_{n\to+\infty}x_n=a$.

*9.设 $n_k=g(k)$,$x_{n_k}=f(n_k)$,利用函数的复合关系证明:若 $\lim\limits_{n\to+\infty}x_n=a$,则 $\lim\limits_{k\to+\infty}x_{n_k}=a$.

10.设 $\lim\limits_{n\to+\infty}x_n=a$,在坐标平面 xOy 上,点列 $(n,x_n)(n=1,2,3,\cdots)$ 与水平直线 $y=a$ 是什么关系?

11.用圆内接正 n 边形的面积 S_n 作为圆的面积近似值,并说明当 $n\to\infty$ 时,S_n 的极限的存在性.

第三节   函数的极限

我们知道了函数 $y=f(x)$ 可以计算定义域内任意一点的 x_0 函数值 $f(x_0)$,但当 $x=\infty(\in D_f)$ 时,有没有函数值?如果有函数值,如何定义?这就是 x 趋于无穷大时,函数

$f(x)$ 有没有极限的问题.

数列 $\{x_n\}$ 实质上是函数 $x_n = f(n)$，$n \in N_+$，因而数列 $\{x_n\}$ 的极限为 a，也就是当自变量 n 取正整数而无限增大($n \to \infty$)时，对应的函数值 $f(n)$ 无限接近确定的常数 a. 对函数 $y = f(x)$ 来说，若知道了当 $n \to \infty$ 时，$f(n)$ 存在的极限，即知道了函数 $f(x)$ 当 x "跳跃地"取正整数 n 时的变化趋势. 显然，n 只是取到 x 的一部分值，所以函数值 $f(n)$ 的变化趋势一般不能完全刻画 $f(x)$ 当 x 连续趋于正无穷大的变化趋势. 为此，我们讨论有类似性质的函数，$f(x)$ 的函数值要发生一系列微小的变化，自变量 x 应该怎样变化? 满足什么条件?

一、函数极限的定义

1. 自变量趋于无穷大时函数的极限

引例 1 反比例函数 $y = \dfrac{1}{x}$ 的图像：在第一象限 x 无限增大时，图像无限接近 x 轴，记作当 $x \to +\infty$ 时，$y \to 0$. 在第三象限 x 无限减小时，图像也无限接近 x 轴，记作当 $x \to -\infty$ 时，$y \to 0$. 总之当 x 无限远离原点时，即当 $|x|$ 越来越大时，函数 $\dfrac{1}{x}$ 越来越接近常数 0. 我们就说当 $x \to \infty$ 时，$y \to 0$. 也就是说，$\forall \varepsilon > 0$，要使函数值 y 在原点附近很小的范围 $(-\varepsilon, \varepsilon)$ 内发生变化，自变量 x 只能在相应确定的范围内变动，这个范围是 $\exists X > 0$（根据 $\left|\dfrac{1}{x} - 0\right| < \varepsilon$ 可求得 X），使得 $|x| > X$. 因此，记作 $\forall \varepsilon > 0$，$\exists X > 0$，当 $x \in (-\infty, -X) \cup (X, +\infty)$，即 $|x| > X$ 时，有 $y \in (-\varepsilon, \varepsilon)$，即 $|y - 0| < \varepsilon$ 恒成立.

一般来讲，函数 $f(x)$ 与常数 a 有如下关系：函数 $f(x)$ 当 x 大于某一正数时有定义. 如果存在常数 a，对于任意给定多么小的正数 ε，总存在正数 X，使得在无穷区间 $(X, +\infty)$ 内的一切自变量 x(x 无限增大)，对应的函数值 $f(x)$ 都满足不等式 $|f(x) - a| < \varepsilon$，那么称 a 为函数 $f(x)$ 当 $x \to +\infty$ 时的极限，记作

$$\lim_{x \to +\infty} f(x) = a \quad \text{或} \quad f(x) \to a\,(\text{当}\,x \to +\infty)$$

函数 $f(x)$ 当 x 小于某一负数时有定义. 如果存在常数 a，对于任意给定多么小的正数 ε，总存在正数 X，使得在区间 $(-\infty, -X)$ 内的一切自变量 x(x 可以趋于负无穷大)，相应的函数值 $f(x)$ 都满足不等式 $|f(x) - a| < \varepsilon$，称 a 为函数 $f(x)$ **当 $x \to -\infty$ 时的极限**，记作

$$\lim_{x \to -\infty} f(x) = a \quad \text{或} \quad f(x) \to a\,(\text{当}\,x \to -\infty)$$

综合上面两种情况可得极限的定义：

描述性定义 设函数 $f(x)$ 当 $|x|$ 大于某一正数时有定义. 如果当 x 的绝对值无限增大(记作 $x \to \infty$)时，对应的函数值 $f(x)$ 无限接近某确定的常数 a(记作 $f(x) \to a$)，则称 a 为函数 $f(x)$ **当 $x \to \infty$ 时的极限**(或极限值).

定义 1 设函数 $f(x)$ 当 $|x|$ 大于某一正数时有定义. 如果存在常数 a，对于任意给定的正数 ε(无论它多么小)，总存在正数 X，使得满足不等式 $|x| > X$ 的一切自变量 x，对应的函数值 $f(x)$ 就满足不等式 $|f(x) - a| < \varepsilon$，则称常数 a 为函数 $f(x)$ **当 $x \to \infty$ 时的极限**(或**极限值**)，记作

$$\lim_{x\to\infty}f(x)=a \text{ 或 } f(x)\to a(\text{当 }x\to\infty) \tag{1-1}$$

该定义简单地表示为

$$\lim_{x\to\infty}f(x)=a \Leftrightarrow \forall \varepsilon>0, \exists X>0, \text{当 }|x|>X \text{ 时}, |f(x)-a|<\varepsilon \text{ 恒成立}$$

极限的几何意义:不等式 $|f(x)-a|<\varepsilon$ 等价于 $a-\varepsilon<f(x)<a+\varepsilon$. 于是作平行 x 轴的两条直线 $y=a-\varepsilon$ 和 $y=a+\varepsilon$,这两条直线之间形成一条"带状"型区域. 总存在正数 X 及区域 $x<-X$ 或 $x>X$,只要当 $y=f(x)$ 的图形上的点横坐标 x 落在区间 $(-\infty,-X)$ 或 $(X,+\infty)$ 内,这些点的纵坐标 $f(x)$ 就满足不等式

$$a-\varepsilon<f(x)<a+\varepsilon \tag{1-2}$$

因此,$y=f(x)$ 的图形就位于这两条直线之间的一条"带状"型区域内,如图 1-15 所示. 这里的关键是,当 ε 很小时,这个"带状"形区域会很窄,函数图像既然落在里面,就会与区域的中轴线 $y=a$ 靠近,这就反映了 $f(x)\to a$. 一般来说,ε 越小,这个"带状"形区域会越窄,函数 $y=f(x)$ 图像就会有更多的部分延伸到这个区域的外面,这时需要 $|x|$ 更大,才能使相应的部分落在这个区域的里面,这就反映了"当 $x\to\infty$ 时"满足的"$f(x)\to a$"条件. 也就是说,在 $|x|$ 无限增大的过程中,相应的函数值 $f(x)$ 只能在点 a 附近的范围 $(a-\varepsilon,a+\varepsilon)$ 内发生微小变化,我们就说当 $x\to\infty$ 时的函数 $f(x)$ 极限为 a.

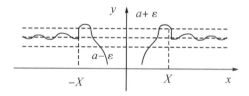

图 1-15 图形展示

在中学里已经学习过函数的渐近线:如果曲线 $y=f(x)$ 上一动点 M 沿着曲线无限地远离原点时,该点 M 与某一固定直线的距离趋于零,则称此直线为该曲线的**渐近线**. 如果 $\lim_{x\to\infty}f(x)=a$,曲线 $y=f(x)$ 上的动点 $M[x,f(x)]$ 到直线 $y=a$ 的距离,即

$$d=|f(x)-a|\to 0(x\to\infty)$$

那么称 $y=a$ 是**曲线 $y=f(x)$ 的水平渐近线**.

例1 证明 $\lim_{x\to\infty}\dfrac{1}{x}=0$.

证 这里 $f(x)=\dfrac{1}{x}, a=0. \forall \varepsilon>0$,要使

$$|f(x)-a|=\left|\dfrac{1}{x}-0\right|=\left|\dfrac{1}{x}\right|<\varepsilon$$

求解可得 $|x|>\dfrac{1}{\varepsilon}$,取 $X=\dfrac{1}{\varepsilon}>0$. 当 $x>X$ 或 $x<-X$ 时,$\left|\dfrac{1}{x}\right|<\varepsilon$ 恒成立,故 $\lim_{x\to\infty}\dfrac{1}{x}=0$. 因而函数 $y=\dfrac{1}{x}$ 有水平渐近线 $y=1$.

例2 证明 $\lim_{x\to-\infty}(4^x+1)=1$.

证 这里 $f(x)=4^x+1, a=1$. 由于

$$|f(x)-a|=|4^x+1-1|=4^x$$

$\forall \varepsilon > 0$(设 $\varepsilon < 1$),要使 $|f(x)-a| < \varepsilon$,只需 $4^x < \varepsilon$. 为了解出 x,两端取对数,$\ln 4^x < \ln \varepsilon$,$(2\ln 2)$ $x < \ln \varepsilon$,只要 $x < \dfrac{\ln \varepsilon}{2\ln 2}$. 由于 $\varepsilon < 1$,有 $\ln \varepsilon < 0$,取 $X = -\dfrac{\ln \varepsilon}{2\ln 2} > 0$. 当 $x < -X$ 时,$|4^x + 1 - 1| < \varepsilon$ 恒成立,故 $\lim\limits_{x \to -\infty}(4^x + 1) = 1$. 从而函数 $y = 4^x + 1$ 有水平渐近线 $y = 1$.

一般来讲,指数函数 $y = a^x$ 有水平渐近线 $y = 0$.

对于 $y = \sin x$,当 $x \to +\infty$ 时,取数列 $x'_n = 2n\pi + \dfrac{\pi}{2} \to \infty (n \to \infty)$,则有

$$\sin x'_n = \sin\left(2n\pi + \dfrac{\pi}{2}\right) = 1$$

取 $x''_n = 2n\pi - \dfrac{\pi}{2} \to \infty (n \to \infty)$,有

$$\sin x''_n = \sin\left(2n\pi - \dfrac{\pi}{2}\right) = -1$$

因此,当 $x \to +\infty$ 时,函数值始终在 1 和 -1 之间来回变动,不能无限地接近某一确定的数. 这时我们说 $\sin x$ 在 $x \to +\infty$ 时极限不存在;同样在 $x \to -\infty$ 时,$\sin x$ 极限也不存在,因此在 $x \to \infty$ 时,$\sin x$ 不存在.

2. 自变量趋于有限值时函数的极限

引例 2 在测量圆的面积过程中,半径的精确值为 r_0,测得的近似值为 r,面积的精确值为 a,要求测得的面积绝对误差小于 ε,即 $|\pi r^2 - a| < \varepsilon$. 为了满足此要求,只有半径达到一定的精确度,要求测得的误差小于 δ,即 $|r - r_0| < \delta$. 因此,如果半径达到精确度 $|r - r_0| < \delta$,那么圆的面积符合要求 $|\pi r^2 - a| < \varepsilon$. 也就是说,只有当半径 r 充分接近精确值 r_0 时,对应的面积才无限接近常数 a.

引例 3 设函数 $f(x) = \dfrac{2(x^2-1)}{x-1}$. 当 $x \neq 1$ 时,$f(x) = 2x+2$. 取 $x_n = 1 + \dfrac{1}{n} \to 1 (n \to \infty)$ 时,$f(x_n) = 4 + \dfrac{2}{n} \to 4 (n \to \infty)$.

由此可得,当 x 越来越接近 1 时,对应的函数值 $f(x)$ 越来越接近 4. 也就是说,当 $|x-1|$ 充分小时,$|f(x)-4|$ 可以任意地小. 由于

$$|f(x)-4| = \left|\dfrac{2(x^2-1)}{x-1} - 4\right| = 2|x-1|$$

若要使 $|f(x)-4| < 0.01$,只需 $|x-1| < 0.005$ 即可;若要使 $|f(x)-4| < 0.000\ 1$,只需 $|x-1| < 0.000\ 05$ 即可……一般来说,对于事先给定任意小的正数 ε,要使 $|f(x)-4| < \varepsilon$,即 $2|x-1| < \varepsilon$,只要 $|x-1| < \dfrac{\varepsilon}{2}$ 即可. 记 $\dfrac{\varepsilon}{2} = \delta$,只要当 $0 < |x-1| < \delta$ 时,就一定有 $|f(x)-4| < \varepsilon$ 的结果.

更准确地说,当 $x \to 1$ 而 $x \neq 1$ 时,$f(x) \to 4$,即 $\forall \varepsilon > 0$,要使函数值 $f(x)$ 在点 4 的附近范围 $(4-\varepsilon, 4+\varepsilon)$ 内进行微小变化,x 只能在相应确定的范围内变化,这个范围是 $\exists \delta > 0$(根据 $|f(x)-4| < \varepsilon$ 可求得 δ),x 满足 $0 < |x-1| < \delta$. 因此,记作 $\forall \varepsilon > 0$,$\exists \delta > 0$,使得当 $0 < |x-1| < \delta$ 时,不等式 $|f(x)-4| < \varepsilon$ 恒成立.

下面,我们给出极限的定义。

描述性定义 设函数 $f(x)$ 在 x_0 的某一去心邻域内有定义. 如果当 x 无限接近 x_0（记作 $x \to x_0$）时，对应的函数值 $f(x)$ 无限接近某确定的常数 a [记作 $f(x) \to a$]，那么称 a 为函数 $f(x)$ 当 $x \to x_0$ 时的**极限**或**极限值**.

定义 2 设函数 $f(x)$ 在 x_0 的某一去心邻域内有定义. 如果存在常数 a，对于任意给定的正数 ε（不论它多么小），相应存在正数 δ，使得满足不等式 $0 < |x - x_0| < \delta$ 的一切自变量 x，对应的函数值 $f(x)$ 就满足不等式 $|f(x) - a| < \varepsilon$，那么称常数 a 为**函数 $f(x)$ 当 $x \to x_0$ 时的极限**（或**极限值**），记作

$$\lim_{x \to x_0} f(x) = a \quad \text{或} \quad f(x) \to a \,(\text{当 } x \to x_0) \tag{1-3}$$

简单地表示为 $\lim\limits_{x \to x_0} f(x) = a \Leftrightarrow \forall \varepsilon > 0, \exists \delta > 0$，当 $0 < |x - x_0| < \delta$ 时，$|f(x) - a| < \varepsilon$ 恒成立.

$x \to x_0$ 有两种情形：x 既从 x_0 的左侧（小于 x_0）趋于 x_0，又从 x_0 的右侧（大于 x_0）趋于 x_0. $0 < |x - x_0|$ 表示 $x \neq x_0$，因而当 $x \to x_0$ 时，函数 $f(x)$ 有没有极限与 $f(x)$ 在点 x_0 有定义没有关系. 定义 2 表明：对于 $\forall \varepsilon > 0, \exists \delta > 0$，在很小的去心邻域 $(x_0 - \delta, x_0) \cup (x_0, x_0 + \delta)$ 内的一切 x，对应的函数值 $f(x)$ 属于微小邻域 $(a - \varepsilon, a + \varepsilon)$.

极限的几何意义：对于任意给定的正数 ε，作平行 x 轴的两条直线 $y = a - \varepsilon$ 和 $y = a + \varepsilon$，这两条直线构成一条"带状"形区域. 总存在 δ 的邻域 $(x_0 - \delta, x_0 + \delta)$，当 $y = f(x)$ 的图形上的点横坐标 x 进入邻域 $(x_0 - \delta, x_0 + \delta)$ 内，且 $x \neq x_0$ 时，这些点的纵坐标 $f(x)$ 就一定满足不等式 $|f(x) - a| < \varepsilon$ 或 $a - \varepsilon < f(x) < a + \varepsilon$，即这些点 $[x, f(x)]$ 落这个"带状"形区域内，如图 1-16 所示. 这里的关键是，当 ε 很小时，这个"带状"形区域会很窄，函数图像既然落在里面，就会与区域的中轴线 $y = a$ 靠近，这就反映了 $f(x) \to a$. 一般来说，ε 越小，这个"带状"型区域会越窄，函数 $y = f(x)$ 图像就会有更多的部分延伸到这个区域的外面，这时需要 δ 更小，才能使相应的部分落在这个区域里面，这就反映了"当 $x \to x_0$ 时"满足的"$f(x) \to a$"条件. 因此，一般来说，在 x_0 的某个去心邻域内，当自变量发生微小的变化，相应的函数值也只有微小的变化，极限才可能存在.

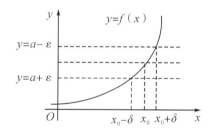

图 1-16 图形展示

如何证明 $\lim\limits_{x \to x_0} f(x) = a$，其关键是寻找正数 δ，就是解以 $|x - x_0|$ 为未知数，ε 为参数的绝对值不等式 $|f(x) - a| < \varepsilon$. 若不等式的解集是非空邻域，则有 $\lim\limits_{x \to x_0} f(x) = a$.

例 3 证明下列极限：(1) $\lim\limits_{x \to x_0} C = C$；(2) $\lim\limits_{x \to x_0} x = x_0$.

证 (1) 这里的 $f(x) = C$ 为常值函数，$a = C$. $\forall \varepsilon > 0$，如何解以 $|x - x_0|$ 为未知数不等式 $|f(x) - a| < \varepsilon$. 由于

$$|f(x) - a| = |C - C| = 0 = 0 \cdot |x - x_0| < \varepsilon$$

任取一个正数 δ. 当 $0 < |x - x_0| < \delta$ 时，$|f(x) - a| = |C - C| < \varepsilon$ 恒成立. 因此，$\lim\limits_{x \to x_0} C = C$.

（2）这里 $f(x)=x, a=x_0$. $\forall \varepsilon>0$，求解以 $|x-x_0|$ 为未知数不等式 $|f(x)-a|<\varepsilon$，即 $|f(x)-a|=|x-x_0|<\varepsilon$，解得 $|x-x_0|<\varepsilon$. 取 $\delta=\varepsilon$. 当 $0<|x-x_0|<\delta$ 时，有 $|f(x)-a|=|x-x_0|<\delta=\varepsilon$ 成立. 故 $\lim\limits_{x\to x_0}x=x_0$.

由例3可得，$\lim\limits_{x\to 10}6=6, \lim\limits_{x\to 2}100=100; \lim\limits_{x\to 10}x=10, \lim\limits_{x\to 20}x=20$ 等.

例4 证明 $\lim\limits_{x\to \frac{1}{2}}\dfrac{1-4x^2}{2x+1}=2$.

证 由于 $x\to -\dfrac{1}{2}, x\neq -\dfrac{1}{2}$，即 $2x+1\neq 0$，于是

$$|f(x)-2|=\left|\frac{1-4x^2-4x-2}{2x+1}\right|=\left|\frac{-(2x+1)^2}{2x+1}\right|=|2x+1|$$

$\forall \varepsilon>0$，欲使 $|f(x)-2|<\varepsilon$，只要 $|2x+1|<\varepsilon$，即 $2\left|x-\left(-\dfrac{1}{2}\right)\right|<\varepsilon$，解得 $\left|x+\dfrac{1}{2}\right|<\dfrac{\varepsilon}{2}$，取 $\delta=\dfrac{\varepsilon}{2}$. 当 $0<\left|x-\left(-\dfrac{1}{2}\right)\right|<\delta$ 时，有

$$|f(x)-2|=\left|\frac{1-4x^2}{2x+1}-2\right|=2\left|x+\frac{1}{2}\right|<2\delta<\varepsilon$$

恒成立，因此结论成立.

例5 证明 $\quad\lim\limits_{x\to x_0}(cx+b)=cx_0+b$. $\hspace{2cm}$ (1-4)

证 这里 $f(x)=cx+b, a=cx_0+b$. 当 $c=0$ 时，由例1的（1）可得结论. 当 $c\neq 0$ 时，

$$|f(x)-a|=|cx+b-(cx_0+b)|=|c(x-x_0)|=|c||x-x_0|.$$

$\forall \varepsilon>0$，要使 $|f(x)-a|<\varepsilon$，即 $|c||x-x_0|<\varepsilon$，解得 $|x-x_0|<\dfrac{\varepsilon}{|c|}$，取 $\delta=\dfrac{\varepsilon}{|c|}$. 当 $0<|x-x_0|<\delta$ 时，则

$$|f(x)-a|=|c(x-x_0)|<|c|\delta=|c|\cdot\frac{\varepsilon}{|c|}<\varepsilon$$

恒成立，故结论成立.

事实上，我们证明了：一次函数在某一点的极限等于该点的函数值. 例如，

$$\lim\limits_{x\to 1}(2x+5)=2\times 1+5=7, \lim\limits_{x\to 4}(2x+5)=2\times 4+5=9.$$

例6 证明 $\lim\limits_{x\to 0}\sin x=0$.

证 $\forall \varepsilon>0$，要使 $|f(x)-a|<\varepsilon$，只要 $|\sin x|<\varepsilon$，即

$$-\varepsilon<\sin x<\varepsilon, -\arcsin\varepsilon<x<\arcsin\varepsilon \text{（类似求反正函数）}$$

由此可得，$0<|x-0|<\arcsin\varepsilon$，取 $\delta=\arcsin\varepsilon$. 当 $0<|x|<\delta$ 时，$|\sin x-0|<\varepsilon$ 恒成立. 故结论成立.

例7 证明极限 $\lim\limits_{x\to 2}(x^2-1)=3$.

证 为了方便解出未知数 $|x-2|$，缩小它的取值范围. 不妨设 $1<x<3$（$|x-2|<1$），可得 $3<x+2<5, -1<x-2<1$，即 $|x+2|<5, |x-2|<1$. $\forall \varepsilon>0$，欲使

$$|(x^2-1)-3|=|x^2-4|=|x+2|\cdot|x-2|<5|x-2|<\varepsilon$$

求解可得 $|x-2|<\dfrac{\varepsilon}{5}$. 在 $|x-2|<1$ 的条件下来求解集，取 $\delta=\min\left\{1,\dfrac{\varepsilon}{5}\right\}$. 当 $0<|x-2|<\sigma$ 时，

有 $|(x^2-1)-3| < \varepsilon$ 恒成立,故结论成立.

定义 2 中 $x \to x_0$ 表示:x 既是从 x_0 的左边小于 x_0 趋于 x_0 的,又是从 x_0 的右边大于 x_0 趋于 x_0 的.但是有时只能或只需考虑 x 仅从 x_0 的左边趋于 x_0 的情形,记作 $x \to x_0^-$,或 x 仅从 x_0 的右边趋于 x_0 的情形,记作 $x \to x_0^+$.因此定义如下:

设函数 $f(x)$ 在 x_0 的某一左邻域内有定义.任意给定的正数 ε,总存在正数 δ,使得满足不等式 $x_0-\delta < x < x_0$ 的一切自变量 x,对应的函数值 $f(x)$ 都满足不等式 $|f(x)-a| < \varepsilon$,则称常数 a 为函数 $f(x)$ **当 $x \to x_0$ 时的左极限**,记作

$$\lim_{x \to x_0^-} f(x) = a \quad \text{或} \quad f(x_0^-) = f(x_0-0) = a \tag{1-5}$$

设 $f(x)$ 在 x_0 的某一右邻域内有定义.任意给定的正数 ε,总存在正数 δ,使得满足不等式 $x_0 < x < x_0+\delta$ 的一切自变量 x,函数值 $f(x)$ 都满足不等式 $|f(x)-a| < \varepsilon$,则称常数 a 为函数 $f(x)$ **当 $x \to x_0$ 时的右极限**,记作

$$\lim_{x \to x_0^+} f(x) = a \quad \text{或} \quad f(x_0^+) = f(x_0+0) = a \tag{1-6}$$

我们把函数在某一点的左极限与右极限统称**单侧极限**.

定理 当 $x \to x_0$ 时,函数 $f(x)$ 的极限存在的充要条件是左极限与右极限都存在且相等,即

$$\lim_{x \to x_0} f(x) = a \Leftrightarrow f(x_0^-) = f(x_0^+) \tag{1-7}$$

例 8 当 $x \to 0$ 时,讨论函数 $f(x) = \begin{cases} 2x-3, & x<0 \\ 0, & x=0 \\ x+2, & x>0 \end{cases}$ 的极限.

解 利用式(1-4)可得

$$\lim_{x \to 0^-} f(x) = \lim_{x \to 0^-} (2x-3) = 2\times0-3 = -3$$
$$\lim_{x \to 0^+} f(x) = \lim_{x \to 0^+} (x+2) = 0+2 = 2$$

我们也可以从图 1-17 观察:如果横坐标 x 从 0 的左侧(小于 0)单调递增地趋于 0,即 $x \to 0^-$,那么纵坐标 $f(x) = 2x-3$ 单调递增地趋于 -3,即 $f(0^-) = \lim_{x \to 0^-} (2x-3) = -3$;如果横坐标 x 从 0 的右侧(大于 0)单调递减地趋于 0,即 $x \to 0^+$,那么纵坐标 $f(x) = x+2$ 单调递减地趋于 2,即 $f(0^+) = \lim_{x \to 0^+} (x+2) = 2$.由于左极限与右极限存在但不相等,即 $f(0^-) \neq f(0^+)$,故 $\lim_{x \to 0} f(x)$ 不存在.

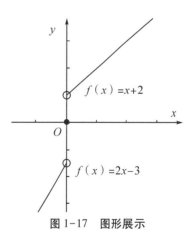

图 1-17 图形展示

二、极限的性质

由于函数极限的定义按自变量的变化过程有多种形式:$\lim_{x \to \infty} f(x)$,$\lim_{x \to +\infty} f(x)$,$\lim_{x \to -\infty} f(x)$,$\lim_{x \to x_0} f(x)$,$\lim_{x \to x_0^-} f(x)$ 及 $\lim_{x \to x_0^+} f(x)$.下面,我们仅以"$\lim_{x \to x_0} f(x)$"这种形式为代表给出关于函数极限的一些定理,并进行证明.至于其他形式的极限性质及证明,只要相应地做一些修改即可得出.

性质 1(函数极限的唯一性)　如果极限$\lim\limits_{x \to x_0}f(x)$存在,那么这个极限值唯一.

证(反证法)　假设极限值不唯一,至少有两个不相等的极限值. 不妨设$\lim\limits_{x \to x_0}f(x)=a$,$\lim\limits_{x \to x_0}f(x)=b$,且$b \neq a$. 对于$\lim\limits_{x \to x_0}f(x)=a$,根据极限的定义,取$\varepsilon=\dfrac{1}{2}|b-a|>0$,$\exists\delta_1>0$,使得当$0<|x-x_0|<\delta_1$时,有

$$|f(x)-a|<\frac{1}{2}|b-a| \tag{1-8}$$

对于$\lim\limits_{x \to x_0}f(x)=b$,$\varepsilon=\dfrac{1}{2}|b-a|$,$\exists\delta_2>0$,使得当$0<|x-x_0|<\delta_2$时,有

$$|f(x)-b|<\frac{1}{2}|b-a| \tag{1-9}$$

若要将式(1-8)与式(1-9)联系起来,则需要在x_0的共同邻域内来讨论.于是,取$\delta=\min\{\delta_1,\delta_2\}$(表示两个正数$\delta_1,\delta_2$中取较小者),当$0<|x-x_0|<\delta$时,式(1-8)与式(1-9)同时成立,由三角不等式($|a \pm b| \leqslant |a|+|b|$,可得

$$|b-a|=|[f(x)-a]-[f(x)-b]| \leqslant |f(x)-a|+|f(x)-b|$$
$$<\frac{1}{2}|b-a|+\frac{1}{2}|b-a|=|b-a|$$

这是一个矛盾.故假设不成立,结论成立.

性质 2[函数极限的(局部)有界性]　如果极限$\lim\limits_{x \to x_0}f(x)$存在,那么存在$x_0$的某个去心邻域内,函数$f(x)$有界.亦即存在常数$M>0$和$\delta>0$,使得当$x \in \overset{\circ}{U}(x_0,\delta)$时,有$|f(x)| \leqslant M$恒成立.

证　令$\lim\limits_{x \to x_0}f(x)=a$. 根据极限的定义,取$\varepsilon=1$,$\exists\delta>0$,使得当$x \in \overset{\circ}{U}(x_0,\delta)$时,不等式$|f(x)-a|<1$恒成立. 利用三角不等式$|a \pm b| \leqslant |a|+|b|$,可得

$$|f(x)|=|f(x)-a+a| \leqslant |f(x)-a|+|a|<1+|a|$$

令$M=1+a$,有$|f(x)| \leqslant M$恒成立. 根据第一节函数有界的定义,结论成立.

推论　收敛数列必有界,无界数列必发散.

性质 3[函数极限的(局部)保号性]　如果存在极限$\lim\limits_{x \to x_0}f(x)=a$,且$a>0$(或$a<0$),那么存在常数$\delta>0$,使得当$0<|x-x_0|<\delta$时,有$f(x)>0$或$f(x)<0$恒成立.

证　仅对$a>0$的情形证明. 根据函数极限的定义,取$\varepsilon=\dfrac{a}{2}>0$,存在常数$\delta>0$,当$0<|x-x_0|<\delta$时,有不等式$|f(x)-a|<\dfrac{a}{2}$,可得$-\dfrac{a}{2}<f(x)-a<\dfrac{a}{2}$,从而有

$$f(x)>a-\frac{a}{2}=\frac{a}{2}>0$$

根据性质 2、性质 3 可知,若自变量趋于无穷大的极限存在,函数就在某个区间有界和保号.从性质 3 的证明中可知,在性质 3 的条件下,可得到更强的结论,即性质 3'.

性质 3'　如果存在极限$\lim\limits_{x \to x_0}f(x)=a(a \neq 0)$,那么存在常数$\delta>0$,使得当$0<|x-x_0|<\delta$时,有$|f(x)|>\dfrac{|a|}{2}$恒成立.

性质 3 的逆否命题成立.

推论 在点 x_0 的某个去心邻域内,如果函数 $f(x) \geq 0$ 或 $f(x) \leq 0$,且存在极限 $\lim\limits_{x \to x_0} f(x) = a$,那么极限值 $a \geq 0$ 或 $a \leq 0$.

证(反证法) 不妨假设在 x_0 的某个去心邻域内,函数 $f(x) \geq 0$,但是 $\lim\limits_{x \to x_0} f(x) = a < 0$. 根据极限的定义,取 $\varepsilon = -\dfrac{a}{2}$,$\exists \delta > 0$,使得当 $x \in \mathring{U}(x_0, \delta)$ 时,有

$$|f(x) - a| < \varepsilon, \text{即} \ a - \varepsilon < f(x) < a + \varepsilon$$

从而可得

$$f(x) < a + \varepsilon = a - \frac{a}{2} = \frac{a}{2} < 0$$

与假设 $f(x) \geq 0$ 矛盾,故结论成立.

性质 3 说明:若一个函数以正数(或负数)为极限,则在某个去心邻域内所有函数值都是正数(或负数). 后面我们经常用到这个推论:在某个去心邻域内所有函数值非负(或非正),若极限存在,则极限也非负(或非正).

性质 4(函数极限与数列极限的关系) 如果极限 $\lim\limits_{x \to x_0} f(x)$ 存在,$\{x_n\}$ 是函数 $f(x)$ 的定义域内任一收敛于 x_0 的数列,且满足 $x_n \neq x_0 \ (n \in N_+)$,那么相应的函数值构成的数列 $\{f(x_n)\}$ 必收敛,且 $\lim\limits_{n \to \infty} f(x_n) = \lim\limits_{x \to x_0} f(x)$.

证 设 $\lim\limits_{x \to x_0} f(x) = a$,$\forall \varepsilon > 0$,$\exists \delta > 0$,当 $x \in \mathring{U}(x_0, \delta)$ 时,恒有 $|f(x) - a| < \varepsilon$,即 $f(x) \in U(a, \varepsilon)$,又由于 $\lim\limits_{n \to \infty} x_n = x_0$,对于 $\delta > 0$,$\exists N > 0$,当 $n > N$ 时,有 $|x_n - x_0| < \delta$. 根据数列极限的几何意义,由 $x_n \neq x_0 \ (n \in N_+)$,数列 $\{x_n\}$ 中只有有限多项在邻域 $\mathring{U}(x_0, \delta)$ 之外,其余全部的项 x_n 都在这个邻域内. 既在数列 $\{x_n\}$ 中又在 $\mathring{U}(x_0, \delta)$ 内的无穷多项 x_n 的函数值 $f(x_n)$ 都在邻域 $U(a, \varepsilon)$ 内,从而数列 $\{f(x_n)\}$ 只有有限多项在 $U(a, \varepsilon)$ 之外,其余的项都在这个邻域里面。根据函数极限的几何意义,可得

$$\lim\limits_{n \to \infty} f(x_n) = a = \lim\limits_{x \to x_0} f(x)$$

性质 4 称为**海因(Heine)归结原理**. 该原理建立了数列极限与函数极限之间的联系,常常用于证明函数极限不存在.

例 9 证明当 $x \to 0$ 时,函数 $\sin \dfrac{1}{x}$ 没有极限.

证 取两个收敛于 0 的数列:一个数列是 $x_n = \dfrac{1}{n\pi} \to 0 \ (n \to \infty)$,则有

$$\lim\limits_{n \to \infty} \sin \frac{1}{x_n} = \lim\limits_{n \to \infty} \sin n\pi = 0$$

另一个数列是 $t_n = \dfrac{1}{\left(2n + \dfrac{1}{2}\right)\pi} \to 0 \ (n \to \infty)$,则有 $\lim\limits_{n \to \infty} \sin \dfrac{1}{t_n} = \lim\limits_{n \to \infty} \sin\left(2n\pi + \dfrac{\pi}{2}\right) = 1$.

这两个数列 $\{x_n\}$ 与 $\{t_n\}$ 均收敛于 0,一个数列对应的函数值的数列 $\{\sin x_n\}$ 收敛于 0,另一个函数值数列 $\{\sin t_n\}$ 收敛于 1,它们不相等,根据归结原理(性质 4),$\lim\limits_{n \to \infty} \sin \dfrac{1}{x} = 0$ 不存在.

1.对图 1-18 所示的函数 $f(x)$,下列陈述中哪些是对的,哪些是错的?

(1) $\lim\limits_{x\to 0^-}f(x)=0$; (2) $\lim\limits_{x\to 0^+}f(x)=0$; (3) $\lim\limits_{x\to 0}f(x)=1$; (4) $\lim\limits_{x\to 0}f(x)=0$;

(5) $\lim\limits_{x\to 1}f(x)$ 不存在; (6) $\lim\limits_{x\to 1^+}f(x)=1$; (7) $\lim\limits_{x\to 1^-}f(x)=1$; (8) $\lim\limits_{x\to 1.5}f(x)$ 不存在.

2.对图 1-19 所示的函数,求下列极限,如极限不存在,说明理由.

(1) $\lim\limits_{x\to -1}f(x)$; (2) $\lim\limits_{x\to 0}f(x)$; (3) $\lim\limits_{x\to 1}f(x)$; (4) $\lim\limits_{x\to 2}f(x)$.

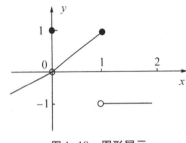

图 1-18 图形展示

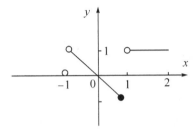

图 1-19 图形展示

3.求下列函数当 $x\to 0$ 时的左右极限,指出它们当 $x\to 0$ 时的极限是否存在.

(1) $f(x)=\begin{cases}-x+1, & x<0 \\ 2x+1, & x>0\end{cases}$; (2) $f(x)=\dfrac{|x|}{x}$.

*4.用性质 4 说明下列极限不存在.

(1) $\lim\limits_{x\to\infty}\sin x$; (2) $\lim\limits_{x\to 0}\cos\dfrac{1}{x}$.

*5.根据函数极限的定义证明下列函数.

(1) $\lim\limits_{x\to 0}(5x-1)=-1$; (2) $\lim\limits_{x\to 0}\tan x=0$; (3) $\lim\limits_{x\to 2}\dfrac{x^2-4}{x-2}=4$;

(4) 当 $x_0>0$ 时, $\lim\limits_{x\to x_0}\sqrt{x}=\sqrt{x_0}$; (5) $\lim\limits_{x\to\infty}\dfrac{2x^2-1}{x^2}=2$; (6) $\lim\limits_{x\to+\infty}\dfrac{\cos x^2}{\sqrt{x}}=0$.

*6.当 $x\to 2$ 时, $y=x^2\to 4$,问 δ 等于多少,使得当 $|x-1|<\delta$ 时, $|y-4|<0.001$.

*7.当 $x\to\infty$ 时, $y=\dfrac{1}{3x-1}\to 0$,问 X 等于多少,使得当 $|x|>X$ 时, $|y|<0.001$.

*8.证明当 $x\to x_0$ 时函数 $f(x)$ 极限存在的充要条件是左极限与右极限都存在且相等.

*9.证明若当 $x\to-\infty$ 及 $x\to+\infty$ 时, $f(x)$ 的极限都存在且都等于 a,则 $\lim\limits_{x\to\infty}f(x)=a$.

第四节　无穷小的定义及性质

　　我们在前两节中给出了极限这个重要概念,由于极限 $\lim\limits_{x\to x_0}f(x)=a$ 可以转化为极限 $\lim\limits_{x\to x_0}[f(x)-a]=0$,研究以零为极限的问题是最重要与最基本的问题.本节讨论重要极限无穷小量及其性质.

一、无穷小与无穷大

定义 1 在 $x \to x_0$(x 无限接近 x_0)或 $x \to \infty$($|x|$ 无限增大)的过程中,若 $f(x)$ 的极限为零($\lim\limits_{x \to x_0} f(x) = 0$ 或 $\lim\limits_{x \to \infty} f(x) = 0$),则称函数 $f(x)$ 为当 $x \to x_0$ 或 $x \to \infty$ 时的**无穷小量**,简称无穷小.简单地说,极限为零的量叫无穷小量. 也就是 $f(x)$ 为无穷小量 $\Leftrightarrow \forall \varepsilon > 0$,$\exists \delta > 0$(或 $X > 0$),当 $0 < |x - x_0| < \delta$ 或 $|x| > X$ 时,$|f(x)| < \varepsilon$ 恒成立.

例如:①由于 $\lim\limits_{x \to 1}(x - 1) = 0$,称函数 $x - 1$ 为 $x \to 1$ 时的无穷小量;②由于 $\lim\limits_{x \to \infty} \dfrac{1}{x} = 0$,称函数 $\dfrac{1}{x}$ 为 $x \to \infty$ 时的无穷小量;③由于 $\lim\limits_{n \to \infty} \dfrac{1}{2^n} = 0$,称函数 $\dfrac{1}{2^n}$ 为 $n \to \infty$ 时的无穷小量.

注 不要把无穷小量与很小的数混淆,因为无穷小量是一种趋势:在 $x \to x_0$(x 无限接近 x_0)或 $x \to \infty$($|x|$ 无限增大)的过程中,这个函数的绝对值小于任意给定的正数 ε,而很小的数如 $\dfrac{1}{100\ 000\ 000}$,就不能小于任意给定的正数 ε,如取 ε 等于 $\dfrac{1}{1\ 000\ 000\ 000}$,则有 $\dfrac{1}{100\ 000\ 000}$ 就不能小于这个给定的正数 ε. 但是零是可以作为无穷小量的唯一常数,因为 $f(x) = 0$,对于任意给定的正数 ε,总有 $|f(x)| = 0 < \varepsilon$.

下面我们讨论无穷大量.在 $x \to 0$(x 无限接近 0)的过程中,函数 $f(x) = \dfrac{1}{|x|}$ 无限地增大. 只要 x 充分接近坐标原点,即 $|x|$ 充分地小,它的图形向上无限延伸,对应的函数值 $f(x)$ 就足够大,可以大于事先给定的任何正数 M. 例如,事先给定的正数 $M = 10^3$,只要 $|x| < 10^3$,就有 $\dfrac{1}{|x|} > 10^3$,即 $f(x) > M$;若取 $M = 10^8$,只要 $|x| < 10^{-8}$,就有 $\dfrac{1}{|x|} > 10^8$,即 $f(x) > M$;…… 我们就说,当 $x \to 0$ 时,函数值 $f(x)$ 无限地增大,称为**无穷大量**.

一般来讲,如果当自变量 $x \to x_0$(x 无限接近 x_0)时,对应的函数值 $f(x)$ 的绝对值无限地增大,那么称 $f(x)$ 为**当 $x \to x_0$ 时的无穷大量**.

定义 2 设函数 $f(x)$ 在 x_0 的某一去心邻域内有定义. 如果对于任意给定的正数 M(无论它多么大),总存在正数 δ,只要满足不等式 $0 < |x - x_0| < \delta$ 的一切自变量 x,对应的函数值 $f(x)$ 都满足不等式

$$|f(x)| > M$$

那么称函数 $f(x)$ 为 $x \to x_0$ 时的无穷大量,简称无穷大.

当 $x \to x_0$ 时的无穷大量 $f(x)$ 的极限值不存在,为了方便,我们仍说,该函数的极限值为无穷大量,并记为

$$\lim\limits_{x \to x_0} f(x) = \infty$$

在无穷大的定义中,将 $|f(x)| > M$ 换成 $f(x) > M$ 或 $f(x) < -M$,就记作

$$\lim\limits_{x \to x_0} f(x) = +\infty \text{ 或 } \lim\limits_{x \to x_0} f(x) = -\infty$$

我们来考察一次函数 $y = 3x + 5$.在 $x > 0$ 无限增大过程中,它从 5 开始单调递增,没有

上界,而图像向上无限延伸. 因此,当 $x \to +\infty$ 时,函数值 $f(x)$ 无限地增大,是正无穷大;在 $x<0$ 无限递减过程中,它从 5 开始单调递减,没有下界,而图像向下无限延伸. 也就是说,当 $x \to -\infty$ 时,函数值 $f(x)$ 无限地减小,是负无穷大.

一般来讲,如果当自变量 $x \to \infty$($|x|$ 无限增大)时,对应的函数值 $f(x)$ 的绝对值无限地增大,那么称 $f(x)$ 为**当 $x \to \infty$ 时的无穷大量**.

定义 2′   设函数 $f(x)$ 在 $|x|$ 大于某一正数时有定义. 如果对于任意给定的正数 M(无论它多么大),总存在正数 X,只要满足不等式 $|x|>X$ 的一切自变量 x,对应的函数值 $f(x)$ 都满足不等式

$$|f(x)|>M$$

则称函数 $f(x)$ 为**当 $x \to \infty$ 时的无穷大量**,简称**无穷大**,并记为

$$\lim_{x \to \infty} f(x) = \infty$$

在无穷大的定义中,将 $|f(x)|>M$ 换成 $f(x)>M$ 或 $f(x)<-M$,就记作

$$\lim_{x \to \infty} f(x) = +\infty \text{ 或 } \lim_{x \to \infty} f(x) = -\infty$$

无穷大的定义简单记为

$$\lim_{\substack{x \to x_0 \\ (x \to \infty)}} f(x) = \infty \Leftrightarrow \forall M>0 (\text{不论它多么大}), \exists \delta>0 (\text{或} \exists X>0), \text{当} |0<x-x_0|<\delta (\text{或} |x|>X) \text{时,恒有} |f(x)|>M \text{成立}.$$

注   无穷大量是一个函数、一种趋势或一种状态,不是一个数,不要与很大的数(如一万、一亿)混淆.

例 1   证明 $\lim\limits_{x \to x_0} \dfrac{1}{x-x_0} = \infty$

证   任意给定的正数(无论它多么大)$M>0$,要使

$$|f(x)| = \left| \frac{1}{x-x_0} \right| > M$$

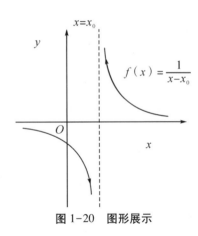

求解可得 $|x-x_0| < \dfrac{1}{M}$. 于是取 $\delta = \dfrac{1}{M} > 0$,当 $0<|x-x_0|<\delta$ 时,$|f(x)|>M$ 恒成立,故 $\lim\limits_{x \to x_0} \dfrac{1}{x-x_0} = \infty$.

根据渐近线的定义可知,$x=x_0$ 是函数 $y = \dfrac{1}{x-x_0}$ 的图形的铅直渐近线,如图 1-20 所示.

图 1-20   图形展示

一般来讲,若 $\lim\limits_{x \to x_0} f(x) = \infty$,则直线 $x=x_0$ 是函数 $y = f(x)$ 的图形的铅直渐近线.

二、无穷小的性质

性质 1   在自变量同一变化过程,两个无穷小量之和仍是无穷小量.

证   设当 $x \to x_0$ 时的两个无穷小量为 $\alpha(x)$ 与 $\beta(x)$,且

$$\gamma(x) = \alpha(x) + \beta(x)$$

由 $\lim\limits_{x\to x_0}\alpha(x)=0$,根据极限的定义,$\forall\varepsilon>0$,$\exists\delta_1>0$,当 $0<|x-x_0|<\delta_1$ 时,有不等式 $|\alpha(x)|<\dfrac{\varepsilon}{2}$ 恒成立;又 $\lim\limits_{x\to x_0}\beta(x)=0$,对于 $\varepsilon>0$,$\exists\delta_2$,当 $0<|x-x_0|<\delta_2$ 时,有不等式 $|\beta(x)|<\dfrac{\varepsilon}{2}$ 成立.寻找这两个不等式同时成立的条件,即 x_0 的共同邻域. 于是取 $\delta=\min\{\delta_1,\delta_2\}$(表示两个正数 δ_1,δ_2 中取较小者).当 $0<|x-x_0|<\delta$ 时,不等式 $|\alpha(x)|<\dfrac{\varepsilon}{2}$ 与 $|\beta(x)|<\dfrac{\varepsilon}{2}$ 均成立,由此可得

$$|\gamma(x)|=|\alpha(x)+\beta(x)|\leqslant|\alpha(x)|+|\beta(x)|<\frac{\varepsilon}{2}+\frac{\varepsilon}{2}=\varepsilon$$

无穷小量 $\alpha(x)$ 与 $\beta(x)$ 之和 $\gamma(x)$ 是在 $x\to x_0$ 的过程中仍为无穷小,故结论成立.

用数学归纳法可以证明:在自变量同一变化过程中,有限个无穷小量之和仍是无穷小量.

性质2 在自变量同一变化过程中,有界函数与无穷小量之积仍是无穷小量.

证 设函数 $u(x)$ 在 x_0 的某一去心邻域 $\mathring{U}(x_0,\delta_1)$ 内有界. 根据第一节有界函数的定义,$\exists M>0$,使得当 $\forall x\in\mathring{U}(x_0,\delta_1)$ 时,有不等式 $|u(x)|\leqslant M$ 成立. 又设 $\alpha(x)$ 是当 $x\to x_0$ 时的无穷小量,即 $\lim\limits_{x\to x_0}\alpha(x)=0$. $\forall\varepsilon>0$,$\delta_2>0$,当 $0<|x-x_0|<\delta_2$ 时,有不等式 $|\alpha(x)|<\dfrac{\varepsilon}{M}$ 成立.寻找这两个不等式同时成立的条件,即 x_0 的共同邻域.取 $\delta=\min\{\delta_1,\delta_2\}$(表示两个正数 δ_1,δ_2 中取较小者).当 $0<|x-x_0|<\delta$ 时,上面这两个不等式同时成立,由此可得

$$|u(x)\alpha(x)|=|u(x)||\alpha(x)|<M\cdot\frac{\varepsilon}{M}=\varepsilon$$

即 $u(x)\alpha(x)$ 当 $x\to x_0$ 时的无穷小量,故结论成立.

推论1 在自变量同一变化过程中,常数与无穷小量之积仍是无穷小量.

推论2 在自变量同一变化过程中,有限个无穷小量的乘积仍为无穷小量.

例2 求极限 $\lim\limits_{x\to 0}x\sin\dfrac{1}{x}=0$.

解 由于 $\lim\limits_{x\to 0}x=0$(无穷小),$\left|\sin\dfrac{1}{x}\right|\leqslant1$(有界函数),根据性质2,$\lim\limits_{x\to 0}x\sin\dfrac{1}{x}=0$.

性质3(无穷小与函数极限的关系) 在自变量同一变化过程 $x\to x_0$ 或 $x\to\infty$ 中,函数 $f(x)$ 具有极限 a 的充分必要条件是 $f(x)=a+\alpha(x)$,其中 $\alpha(x)$ 是无穷小量.

证 证 $x\to x_0$ 的情形.

【必要性】设 $\lim\limits_{x\to x_0}f(x)=a$,则有 $\forall\varepsilon>0$,$\delta>0$,当 $0<|x-x_0|<\delta$ 时,有不等式

$$|f(x)-a|<\varepsilon$$

令 $\alpha(x)=f(x)-a$,有 $|\alpha(x)|<\varepsilon$,即 $\lim\limits_{x\to x_0}\alpha(x)=0$,也就是 $\alpha(x)$ 是当 $x\to x_0$ 时的无穷小. 并且

$$f(x)=a+\alpha(x)$$

这就证明了 $f(x)$ 等于它的极限 a 与一个无穷小 $\alpha(x)$ 之和.

【充分性】设 $f(x)=a+\alpha(x)$,其中 a 是常数,$\alpha(x)$ 是当 $x\to x_0$ 时的无穷小.于是

$$|f(x)-a|=|\alpha(x)|$$

因为 $\alpha(x)$ 是当 $x\to x_0$ 时的无穷小,所以 $\forall\varepsilon>0$,$\delta>0$,当 $0<|x-x_0|<\delta$ 时,有不等式

$$|\alpha(x)|<\varepsilon$$

即 $|f(x)-a|<\varepsilon$.这就证明了 a 是 $f(x)$ 当 $x\to x_0$ 时的极限.

根据性质 3,我们可以简单认为:若 $\lim\limits_{x\to x_0}f(x)=a$,则在 x_0 的较小范围内,$f(x)$ 等于极限值 a 加上误差函数 $\alpha(x)$,即 $f(x)$ 有近似值 a.

例 3 求下列极限:(1) $\lim\limits_{x\to 4}\dfrac{x^2-2x-8}{x-4}$;$(2)$ $\lim\limits_{n\to\infty}\dfrac{2n-1}{n+1}$.

解 (1) 函数 $x-4$ 为 $x\to 4$ 时的无穷小量,且 $x-4\neq 0$.根据性质 3,可得

$$原式=\lim\limits_{x\to 4}\frac{(x+2)(x-4)}{x-4}=\lim\limits_{x\to 4}(x+2)=\lim\limits_{x\to 4}\big[(x-4)+6\big]=6$$

(2) 函数 $\dfrac{3}{n+1}$ 为 $n\to\infty$ 时的无穷小量.根据性质 3,可得

$$原式=\lim\limits_{n\to\infty}\frac{2(n+1)-3}{n+1}=\lim\limits_{n\to\infty}\left(2-\frac{3}{n+1}\right)=2$$

性质 4(无穷小与无穷大的关系) 在自变量的同一变化过程中,若 $f(x)$ 是无穷小量,且 $f(x)\neq 0$,则 $\dfrac{1}{f(x)}$ 是无穷大量;反之,若 $f(x)$ 是无穷大量,则 $\dfrac{1}{f(x)}$ 是无穷小量.

证明 设 $f(x)\neq 0$ 且 $f(x)$ 是 $x\to x_0$ 时的无穷小,即 $\lim\limits_{x\to x_0}f(x)=0$,从而对于任意大的正数 M,取 $\varepsilon=\dfrac{1}{M}$,$\exists\delta>0$,当 $0<|x-x_0|<\delta$ 时,则有 $|f(x)|<\varepsilon$,即

$$\left|\frac{1}{f(x)}\right|>\frac{1}{\varepsilon}=M$$

表明 $\dfrac{1}{f(x)}$ 是 $x\to x_0$ 时的无穷大.

反之,$f(x)$ 为无穷大量,设 $\lim\limits_{x\to x_0}f(x)=\infty$.任给 $\varepsilon>0$,根据无穷大的定义,取 $M=\dfrac{1}{\varepsilon}$,$\exists\delta>0$,当 $0<|x-x_0|<\delta$ 时,则有 $|f(x)|>M=\dfrac{1}{\varepsilon}$,即 $\left|\dfrac{1}{f(x)}\right|<\varepsilon$,故 $\dfrac{1}{f(x)}$ 是 $x\to x_0$ 时的无穷小量.

类似地,可证明当 $x\to\infty$ 时的情形.

性质 4 表明,无穷小量与无穷大量可以相互转化.要证明函数 $f(x)$ 是无穷大量,只需说明 $\dfrac{1}{f(x)}$ 是无穷小量就行了.

例如,当 $x\to\infty$ 时,函数 $f(x)=x+1$ 是无穷大,因而它的倒数为无穷小,即 $\lim\limits_{x\to\infty}\dfrac{1}{x+1}=0$.又因为 $\lim\limits_{x\to 0}(x-1)=0$,所以它的倒数为无穷大,即 $\lim\limits_{x\to 0}\dfrac{1}{x-1}=\infty$.

例 4 求极限:(1) $\lim\limits_{x\to 2}\dfrac{x-2}{x^2-4x+4}$;$(2)$ $\lim\limits_{x\to\infty}\dfrac{x^3-3x+1}{x^2}$.

解 (1) 原式 $=\lim\limits_{x\to 2}\dfrac{x-2}{(x-2)^2}=\lim\limits_{x\to 2}\dfrac{1}{x-2}$.因为 $\lim\limits_{x\to 2}(x-2)=0$,根据性质 4,所以原式为无穷大.

（2）因为 $\lim\limits_{x\to\infty}x=\lim\limits_{x\to\infty}x^2=\infty$，所以 $\lim\limits_{x\to\infty}\dfrac{1}{x}=\lim\limits_{x\to\infty}\dfrac{1}{x^2}=0$. 因此，

$$原式=\lim\limits_{x\to\infty}\left(x-\dfrac{3}{x}+\dfrac{1}{x^2}\right)=\lim\limits_{x\to\infty}x=\infty$$

例 5 证明 $\lim\limits_{x\to0}\cos x=1$.

证 设 $t=\dfrac{x}{2}\to0\,(x\to0)$. 根据第三节的例 6 证明了 $:\lim\limits_{x\to0}\sin x=0$，可得 $\lim\limits_{t\to0}\sin t=0$，从而

$$\lim\limits_{x\to0}\sin^2\dfrac{x}{2}=\lim\limits_{t\to0}\sin^2 t=\left(\lim\limits_{t\to0}\sin t\right)^2=0$$

于是

$$|f(x)-a|=|1-\cos x|=2\sin^2\dfrac{x}{2}\to0\,(x\to0)$$

（利用了倍角公式 $\cos2x=\cos^2x-\sin^2x=1-2\sin^2x$）

可得 $\cos x-1$ 为当 $x\to0$ 时的无穷小，根据性质 3 可得，$\lim\limits_{x\to0}\cos x=1$.

什么样的函数才能是无穷大量？我们有下面结论：

例 6 如果函数 $f(x)$ 在区间 $[a,+\infty)$ 内单调递增而无界，那么 $\lim\limits_{x\to+\infty}f(x)=+\infty$.

证 因为 $f(x)$ 在区间 $[a,+\infty)$ 内单调递增，所以 $f(a)$ 为函数 $f(x)$ 的下界，从而它无上界. 根据第一节函数无上界的定义，$\forall M>0$，$\exists x_0\in[a,+\infty)$，使得 $f(x_0)>M$. 对于 $x>x_0$，$f(x)$ 为单调递增函数，可得 $f(x)>f(x_0)>M$. 取 $X=x_0$，当 $x>X$ 时，不等式 $f(x)>M$ 恒成立. 根据无穷大量的定义，可得结论.

根据例 6 可得 $\lim\limits_{x\to+\infty}(x^2+1)=\lim\limits_{x\to+\infty}2^x=\infty$.

习题 1-4

1.求下列极限，并说明理由.

（1）$\lim\limits_{x\to1}(x+5)$；   （2）$\lim\limits_{x\to1}\dfrac{x^2+x-2}{x-1}$；   （3）$\lim\limits_{n\to\infty}\dfrac{2n^2-3n+1}{n^2}$；   （4）$\lim\limits_{x\to1}\dfrac{x-1}{x^2-2x+1}$.

2.求下列极限.

（1）$\lim\limits_{x\to0}x\cos\dfrac{1}{x}$；   （2）$\lim\limits_{x\to\infty}\dfrac{1+\cos x}{x^2}$；   （3）$\lim\limits_{x\to\infty}\dfrac{\arctan x}{x}$.

3.求下列函数的图形渐近线.

（1）$y=\dfrac{2}{x+7}$；   （2）$y=a^x\,(a>0,a\neq0)$；   （3）$y=\dfrac{x}{x^2-1}$.

*4. 用极限的定义证明.

（1）$y=\dfrac{x^2-4}{x-2}$ 为当 $x\to-2$ 时的无穷小；   （2）$y=x\cos\dfrac{1}{x}$ 为当 $x\to0$ 时的无穷小.

5.填空.

（1）$\lim\limits_{x\to x_0}f(x)=a\Leftrightarrow\forall\varepsilon>0$，$\exists\delta>0$，当 $0<|x-x_0|<\delta$ 时，（   ）恒成立；

(2) $\lim\limits_{x \to x_0} f(x) = a \Leftrightarrow \forall \varepsilon > 0, \exists \delta > 0,$ 当（　　　　）时，$|f(x) - a| < \varepsilon$ 恒成立；

(3) $\lim\limits_{x \to \infty} f(x) = a \Leftrightarrow \forall \varepsilon > 0, \exists X > 0,$ 当（　　　　）时，$|f(x) - a| < \varepsilon$ 恒成立；

(4) $\lim\limits_{x \to -\infty} f(x) = a \Leftrightarrow \forall \varepsilon > 0, \exists X > 0,$ 当（　　　　）时，$|f(x) - a| < \varepsilon$ 恒成立；

(5) $\lim\limits_{x \to x_0} f(x) = \infty \Leftrightarrow \forall M > 0, \exists \delta > 0,$ 当 $0 < |x - x_0| < \delta$ 时，恒有（　　　　）成立；

(6) $\lim\limits_{x \to x_0^+} f(x) = +\infty \Leftrightarrow \forall M > 0, \exists \delta > 0,$ 当（　　　　）时，恒有 $f(x) > M$；

(7) $\lim\limits_{x \to -\infty} f(x) = -\infty \Leftrightarrow \forall M > 0, \exists x > 0,$ 当（　　　　）时，（　　　　）恒成立.

6. 举例说明，两个无穷小的商是否一定为无穷小？

7. 讨论极限 $\lim\limits_{n \to \infty} (1 + \sin x)^n$.

8. 函数 $y = x\sin x$ 在区间 $(-\infty, +\infty)$ 内是否有界？是否为 $x \to +\infty$ 的无穷大？为什么？

9. 证明若函数 $f(x)$ 在区间 $[a, b)$ 内单调递增而无上界，则 $\lim\limits_{x \to b^-} f(x) = +\infty$.

第五节　极限的四则运算法则及有理函数的极限

本节讨论极限的加、减、乘、除四则运算，利用它们可以求某些简单函数的极限. 在下文的讨论中，记号"lim"没有标明自变量的变化过程，实际上下面的定理对 $x \to x_0$ 及 $x \to \infty$ 都成立. 在证明时，只证明了 $x \to x_0$ 的情形，只要将 δ 改成 X，把 $0 < |x - x_0| < \delta$ 改成 $|x| > X$，就可得 $x \to \infty$ 情形的证明.

一、极限的四则运算法则

定理1　自变量的同一变化过程中，若函数 $f(x)$，$g(x)$ 都存在极限，$\lim f(x) = a$，$\lim f(x) = b$，则它们的和、差、积、商（$b \neq 0$）都存在极限，且

(1) $\lim[f(x) \pm g(x)] = \lim f(x) \pm \lim g(x) = a \pm b$；

(2) $\lim[f(x) \cdot g(x)] = \lim f(x) \cdot \lim g(x) = a \cdot b$；

(3) 当 $b \neq 0$ 时，$\lim \dfrac{f(x)}{g(x)} = \dfrac{\lim f(x)}{\lim g(x)} = \dfrac{a}{b}$.

证　仅证明(1)和(3). 考虑极限过程为 $x \to x_0$，即 $\lim\limits_{x \to x_0} f(x) = a$，$\lim\limits_{x \to x_0} g(x) = b$，由第四节性质3（极限与无穷小的关系）有

$$f(x) = a + \alpha(x), g(x) = b + \beta(x)$$

其中 $\alpha(x)$ 与 $\beta(x)$ 均为 $x \to x_0$ 时的无穷小量.

下证法则(1). 于是

$$f(x) \pm g(x) = [a + \alpha(x)] \pm [b + \beta(x)] = [a \pm b] + [\alpha(x) \pm \beta(x)]$$

由第四节性质1有 $\alpha(x) \pm \beta(x)$ 仍是无穷小量 $[\alpha(x) - \beta(x)$ 可看作 $\alpha(x) + (-1)\beta(x)$，由第四节性质2的推论1，$(-1)\beta(x)$ 是无穷小，因而 $\alpha(x) - \beta(x)$ 也可看作两个无穷小的和]，从而再利用第四节性质3，可得结论：

$$\lim[f(x)\pm g(x)]=a\pm b=\lim f(x)\pm\lim g(x)$$

下证法则(3). 设 $\gamma(x)=\dfrac{f(x)}{g(x)}-\dfrac{a}{b}$,则有

$$\gamma(x)=\frac{a+\alpha(x)}{b+\beta(x)}-\frac{a}{b}=[b\alpha(x)-a\beta(x)]\cdot\frac{1}{b[b+\beta(x)]}$$

因而 $\gamma(x)$ 是两个函数的积,一个函数 $b\alpha(x)-a\beta(x)$ 是无穷小量(第四节性质 1 及性质 2 的推论 1),下面证明另一个函数 $\dfrac{1}{b[b+\beta(x)]}$ 在点 x_0 的某一去心邻域内有界.

根据第三节性质 $3'$,由于 $\lim g(x)=b\neq 0$,存在 x_0 的某一去心邻域 $\mathring{U}(x_0,\delta)$,使得当 $x\in\mathring{U}(x_0,\delta)$ 时,有 $|g(x)|>\dfrac{|b|}{2}$,从而 $\left|\dfrac{1}{g(x)}\right|<\dfrac{2}{|b|}$. 于是

$$\frac{1}{|b[b+\beta(x)]|}=\frac{1}{|b|}\cdot\frac{1}{|g(x)|}<\frac{1}{|b|}\cdot\frac{2}{|b|}=\frac{2}{b^2}$$

即函数 $\dfrac{1}{b[b+\beta(x)]}$ 在去心邻域 $\mathring{U}(x_0,\delta)$ 内有界. 由第四节性质 2(有界函数与无穷小的积仍为无穷小)可得 $\gamma(x)$ 为无穷小量. 因此,$\dfrac{f(x)}{g(x)}=\dfrac{a}{b}+\gamma(x)$,再根据第四节性质 3 可得结论:

$$\lim\frac{f(x)}{g(x)}=\frac{a}{b}=\frac{\lim f(x)}{\lim g(x)}$$

对定理 1 中的(1)和(2)进行推广可得

如果 $\lim f(x)$、$\lim g(x)$ 与 $\lim h(x)$ 都存在,那么

$$\lim[f(x)+g(x)-h(x)]=\lim f(x)+\lim g(x)-\lim h(x)$$
$$\lim[f(x)\cdot g(x)\cdot h(x)]=\lim f(x)\cdot\lim g(x)\cdot\lim h(x)$$

推论 1 如果 $\lim f(x)$ 存在,C 为常数,那么 $\lim[Cf(x)]=C\lim f(x)$.

推论 1 表明,在极限计算过程中,常数因子可以提到极限符号外面去. 这是因为 $\lim C=C$.

由此可得,极限具有线性运算(函数的加减法、实数的乘法)性质:

$$\lim[\alpha f(x)+\beta g(x)]=\alpha\lim f(x)+\beta\lim g(x)$$

其中 α 与 β 为常数.

推论 2 如果 $\lim f(x)$ 存在,那么 $\lim[f(x)]^k=[\lim f(x)]^k(k\in N_+)$.

这是因为

$$\lim[f(x)]^k=\lim[f(x)\cdot f(x)\cdots f(x)]$$
$$=\lim f(x)\cdot\lim f(x)\cdots\lim f(x)=[\lim f(x)]^k$$

利用定理 1,我们容易得到数列极限的运算法则.

定理 2 设有数列 $\{x_n\}$ 和 $\{y_n\}$.如果存在极限 $\lim\limits_{n\to\infty}x_n=a$,$\lim\limits_{n\to\infty}y_n=b$,那么

(1) $\lim\limits_{n\to\infty}(x_n\pm y_n)=\lim\limits_{n\to\infty}x_n\pm\lim\limits_{n\to\infty}y_n=a\pm b$;

(2) $\lim\limits_{n\to\infty}(x_n\cdot y_n)=\lim\limits_{n\to\infty}x_n\cdot\lim\limits_{n\to\infty}y_n=a\cdot b$;

(3) 当 $y_n \neq 0 (n=1,2,\cdots)$ 且 $b \neq 0$ 时, $\lim\limits_{n\to\infty}\dfrac{x_n}{y_n}=\dfrac{\lim\limits_{n\to\infty}x_n}{\lim\limits_{n\to\infty}y_n}=\dfrac{a}{b}.$

定理 3（极限的保序性） 若函数 $f(x) \geqslant g(x)$，且存在极限 $\lim f(x)=a$，$\lim g(x)=b$，则 $a \geqslant b$.

证 设函数 $h(x)=f(x)-g(x) \geqslant 0$，根据定理 1 有

$$\lim h(x)=\lim f(x)-\lim g(x)=a-b$$

由第三节性质 3 推论，有 $\lim h(x) \geqslant 0$，即 $a-b \geqslant 0$，故 $a \geqslant b$.

二、有理函数的极限

有理函数分为有理整函数（多项式）与分式函数（多项式除以多项式）. 下面利用极限的运算法则，讨论有理函数的极限.

例 1 求极限 $\lim\limits_{x\to-4}(x^3+6x+10)$.

解 原式 $=\lim\limits_{x\to-4}x^3+\lim\limits_{x\to-4}6x+\lim\limits_{x\to-4}10=\left(\lim\limits_{x\to-4}x\right)^3+6\lim\limits_{x\to-4}x+\lim\limits_{x\to-4}10$

$$=(-4)^3+6\times(-4)+10=-78$$

这是利用了第三节例 3 的极限 $\lim\limits_{x\to x_0}x=x_0$ 与 $\lim C=C$.

例 2 求极限 $\lim\limits_{x\to1}\dfrac{6x}{4x^2-1}$.

解 因为 $\lim\limits_{x\to1}(4x^2-1)=4\left(\lim\limits_{x\to1}x\right)^2-1=3\neq0$，分母的极限不为零. 由定理 1 的法则（3）可得

$$\text{原式}=\frac{\lim\limits_{x\to1}6x}{\lim\limits_{x\to1}(4x^2-1)}=\frac{6\lim\limits_{x\to1}x}{4\left(\lim\limits_{x\to1}x\right)^2-1}=\frac{6}{4\times1-1}=2$$

从上面的例子可以看出，求有理函数 $x\to x_0$ 的极限时，只要将 x_0 代替函数中的 x 就可以了（对于有理分式函数，需假定这样代入后分母不等于零），即极限就等于函数值. 事实上，

设有理整函数（多项式）$P(x)=x^n+a_1x^{n-1}+\cdots+a_{n-1}x+a_0$，则有 $\lim\limits_{x\to x_0}P(x)=P(x_0)$.

这是根据定理 1 及推论 1 与推论 2，可得到

$$\lim\limits_{x\to x_0}P(x)=\lim\limits_{x\to x_0}x^n+\lim\limits_{x\to x_0}a_1x^{n-1}+\cdots+\lim\limits_{x\to x_0}a_{n-1}x+\lim\limits_{x\to x_0}a_0$$

$$=\left(\lim\limits_{x\to x_0}x\right)^n+a_1\left(\lim\limits_{x\to x_0}x\right)^{n-1}+\cdots+a_{n-1}\lim\limits_{x\to x_0}x+a_0$$

$$=x_0^n+a_1x_0^{n-1}+\cdots+a_{n-1}x_0+a_0=P(x_0)$$

又设有理分式函数 $f(x)=\dfrac{P(x)}{Q(x)}$，其中 $P(x)$，$Q(x)$ 均是多项式. 于是 $\lim\limits_{x\to x_0}P(x)=P(x_0)$，$\lim\limits_{x\to x_0}Q(x)=Q(x_0)$，当 $Q(x_0)\neq0$ 时，利用商的极限运算法则，便得

$$\lim\limits_{x\to x_0}f(x)=\frac{\lim\limits_{x\to x_0}P(x)}{\lim\limits_{x\to x_0}Q(x)}=\frac{P(x_0)}{Q(x_0)}=f(x_0)$$

注 在求有理函数 $\dfrac{P(x)}{Q(x)}$ 的极限时,当 $Q(x_0)=0$ 时,商的极限运算法则不能应用,需根据具体情况进行讨论. 在求商的极限时,如果分母的极限为零,而分子的极限也为零,把这样的极限称为未定式,记作 $\dfrac{0}{0}$ 型. 我们通常采用约去相同零因子的方法处理 $\dfrac{0}{0}$ 型的极限.

例 3 求极限 $\lim\limits_{x\to 3}\dfrac{x-3}{x^2-9}$.

解 分母的极限 $\lim\limits_{x\to 3}(x^2-9)=0$,且分子的极限 $\lim\limits_{x\to 3}(x-3)=0$,原式属于 $\dfrac{0}{0}$ 型的极限.分子和分母都是无穷小量,到底谁更小? 只有消去分子和分母中相同的无穷小量,才能比较大小,计算出极限.由于分子与分母有公因子 $x-3$,当 $x\to 3$ 时,$x\ne 3$,即 $x-3\ne 0$,可约去这个不为零的因子.当 $x\to 3$ 时,$x-3\to 0$,我们称 $(x-3)$ 为 $x\to 3$ 时的**零因子**.于是

$$原式=\lim\limits_{x\to 3}\dfrac{x-3}{(x-3)(x+3)}=\lim\limits_{x\to 3}\dfrac{1}{x+3}=\dfrac{1}{6}$$

例 4 求极限 $\lim\limits_{x\to 1}\dfrac{x^2-6x-8}{x^2-5x+4}$.

解 因为

$$\dfrac{x^2-6x+8}{x^2-5x+4}=\dfrac{(x-2)(x-4)}{(x-1)(x-4)}=\dfrac{x-2}{x-1}$$

其中分母 $\lim\limits_{x\to 1}(x-1)=0$,而分子 $\lim\limits_{x\to 1}(x-2)=-1\ne 0$. 先计算原式倒数的极限,则

$$\lim\limits_{x\to 1}\dfrac{x^2-5x+4}{x^2-6x+8}=\lim\limits_{x\to 1}\dfrac{x-1}{x-2}=0\text{(无穷小)}$$

根据第四节性质 4(无穷小与无穷大的关系),可得 $\lim\limits_{x\to 1}\dfrac{x^2-6x+8}{x^2-5x+4}=\infty$(无穷大)

例 5 求极限 $\lim\limits_{x\to\infty}\dfrac{5x^5+3x^2+4x-1}{3x^5-2x^4+x^3-2}$.

解 计算有理函数当 $x\to\infty$ 时的极限,一般分子和分母都是无穷大量,到底谁更大?只有消去分子和分母的多项式中共同的无穷大量,才能比较大小.先找出分子与分母的多项式中的最高次数项 x^5,再用 x^5 去除分子和分母,然后才计算极限.

$$原式=\lim\limits_{x\to\infty}\dfrac{x^5\left(5+\dfrac{3}{x^3}+\dfrac{4}{x^4}-\dfrac{1}{x^5}\right)}{x^5\left(3-\dfrac{2}{x}+\dfrac{1}{x^2}-\dfrac{2}{x^5}\right)}=\dfrac{\lim\limits_{x\to\infty}\left(5+\dfrac{3}{x^3}+\dfrac{4}{x^4}-\dfrac{1}{x^5}\right)}{\lim\limits_{x\to\infty}\left(3-\dfrac{2}{x}+\dfrac{1}{x^2}-\dfrac{2}{x^5}\right)}=\dfrac{5}{3}$$

这是因为第三节例 1 的极限 $\lim\limits_{x\to\infty}\dfrac{1}{x}=0$,可得

$$\lim\limits_{x\to\infty}\dfrac{\alpha}{x^k}=\alpha\lim\limits_{x\to\infty}\dfrac{1}{x^k}=\alpha\left(\lim\limits_{x\to\infty}\dfrac{1}{x}\right)^k=0$$

其中 α 为实常数,k 为正整数.

例6　求极限 $\lim\limits_{x\to\infty}\dfrac{x^3+2x^2+10x}{3x^4-2x^3+7x-2}$.

解　先找出分子与分母的多项式中的最高次数项 x^4,再用 x^4 去除以分子和分母,消去分子和分母中相同的无穷大量,然后计算极限,则

$$\text{原式}=\lim_{x\to\infty}\frac{x^4\left(\dfrac{1}{x}+\dfrac{2}{x^2}+\dfrac{10}{x^3}\right)}{x^4\left(3-\dfrac{2}{x}+\dfrac{7}{x^3}-\dfrac{2}{x^4}\right)}=\frac{\lim\limits_{x\to\infty}\left(\dfrac{1}{x}+\dfrac{2}{x^2}+\dfrac{10}{x^3}\right)}{\lim\limits_{x\to\infty}\left(3-\dfrac{2}{x}+\dfrac{7}{x^3}-\dfrac{2}{x^4}\right)}=\frac{0}{3}=0$$

注　在利用商的极限法则时,如果分子与分母的极限都为无穷大,把这样的极限也称为未定式,记作 $\dfrac{\infty}{\infty}$ 型.通常采用约去分子与分母中相同的无穷大量的方法求 $\dfrac{\infty}{\infty}$ 型极限.把分子与分母中的最高次项找出来,提出分子与分母中的这个最高次项,约去它,再来计算极限.这个方法称为"抓大头".

对于计算有理分式函数的极限,要先约去分子与分母中的公因式,化为最简分式,再求极限. 最简分式的极限如下:

设多项式 $P(x)=a_m x^m+a_{m-1}x^{m-1}+\cdots+a_1 x+a_0$, $Q(x)=b_n x^n+b_{n-1}x^{n-1}+\cdots+b_1 x+b_0$ $(a_m b_n\neq 0)$,且 $P(x)$ 与 $Q(x)$ 无公因式,则有

$$(1)\ \lim_{x\to x_0}\frac{P(x)}{Q(x)}=\begin{cases}\dfrac{P(x_0)}{Q(x_0)}, & Q(x_0)\neq 0\\[2mm] \infty, & P(x_0)\neq 0,Q(x_0)=0\end{cases}$$

$$(2)\ \lim_{x\to\infty}\frac{P(x)}{Q(x)}=\begin{cases}0, & \text{当 } m<n \text{ 时}\\[2mm] \dfrac{a_m}{b_n}, & \text{当 } m=n \text{ 时}\\[2mm] \infty, & \text{当 } m>n \text{ 时}\end{cases}$$

我们仅证明(2)式. 当 $m<n$ 时,$n-m$ 为正整数,当 $x\to\infty$ 时,则有 $\dfrac{1}{x}$,$\dfrac{1}{x^2}$,$\cdots$,$\dfrac{1}{x^{n-m}}$,$\dfrac{1}{x^{n-m+1}}$,$\cdots$,$\dfrac{1}{x^n}$ 均为无穷小.于是

$$\lim_{x\to\infty}\frac{P(x)}{Q(x)}=\lim_{x\to\infty}\frac{x^n\left(\dfrac{a_m}{x^{n-m}}+\dfrac{a_{m-1}}{x^{n-m+1}}+\cdots+\dfrac{a_1}{x^{n-1}}+\dfrac{a_0}{x^n}\right)}{x^n\left(b_n+\dfrac{b_{n-1}}{x}+\cdots+\dfrac{b_1}{x^{n-1}}+\dfrac{b_0}{x^n}\right)}$$

$$=\lim_{x\to\infty}\frac{\dfrac{a_m}{x^{n-m}}+\dfrac{a_{m-1}}{x^{n-m+1}}+\cdots+\dfrac{a_1}{x^{n-1}}+\dfrac{a_0}{x^n}}{b_n+\dfrac{b_{n-1}}{x}+\cdots+\dfrac{b_1}{x^{n-1}}+\dfrac{b_0}{x^n}}=\frac{0}{b_n}=0$$

当 $m=n$ 时,$\lim\limits_{x\to\infty}\dfrac{P(x)}{Q(x)}=\lim\limits_{x\to\infty}\dfrac{x^n\left(a_m+\dfrac{a_{m-1}}{x}+\cdots+\dfrac{a_1}{x^{n-1}}+\dfrac{a_0}{x^n}\right)}{x^n\left(b_n+\dfrac{b_{n-1}}{x}+\cdots+\dfrac{b_1}{x^{n-1}}+\dfrac{b_0}{x^n}\right)}=\dfrac{a_m}{b_n}$;

当 $m>n$ 时,根据第一种情形有 $\lim\limits_{x\to x_0}\dfrac{Q(x)}{P(x)}=0$(无穷小),根据第四节性质 4 无穷大与无穷小的关系,可得 $\lim\limits_{x\to x_0}\dfrac{P(x)}{Q(x)}=\infty$(无穷大).

对于(2)式类型的极限,均可以直接写出结果.例如:

$$\lim_{x\to\infty}\frac{x^2+x}{x^4-3x^2+1}=0,\qquad \lim_{n\to\infty}\frac{n^2+1}{n^2+n}=1,\qquad \lim_{x\to\infty}\frac{8x^7+3x^5-1}{4x^6-2x^4-2}=\infty$$

*例 7 (1)证明极限 $\lim\limits_{x\to a}\sqrt[3]{x}=\sqrt[3]{a}$;(2)设 $a\neq 0$,求极限 $\lim\limits_{x\to a}\dfrac{\sqrt[3]{x}-\sqrt[3]{a}}{x-a}$.

(1)证 利用极限定义证明.(1)当 $a=0$ 时,$\forall\varepsilon>0$,要使 $|\sqrt[3]{x}-0|<\varepsilon$,解得 $|\sqrt[3]{x}|<\varepsilon$,即 $|x-0|<\varepsilon^3$.取 $\delta=\varepsilon^3$,当 $0<|x-x_0|<\delta$ 时,有 $|\sqrt[3]{x}-0|<\varepsilon$,故 $\lim\limits_{x\to a}\sqrt[3]{x}=\sqrt[3]{a}$.(2)当 $a\neq 0$ 时,利用立方差公式有理化分子,找出未知数 $|x-a|$.

$$\left|\sqrt[3]{x}-\sqrt[3]{a}\right|=\frac{\left|(\sqrt[3]{x})^3-(\sqrt[3]{a})^3\right|}{(\sqrt[3]{x})^2+\sqrt[3]{xa}+(\sqrt[3]{a})^2}=\frac{|x-a|}{\left[(\sqrt[3]{x})^2+\sqrt[3]{ax}+\dfrac{1}{4}(\sqrt[3]{a})^2\right]+\dfrac{3}{4}\sqrt[3]{a^2}}$$

$$=\frac{|x-a|}{\left(\sqrt[3]{x}+\dfrac{1}{2}\sqrt[3]{a}\right)^2+\dfrac{3}{4}\sqrt[3]{a^2}}<\frac{|x-a|}{\dfrac{3}{4}\sqrt[3]{a^2}}$$

$\forall\varepsilon>0$,要使 $|\sqrt[3]{x}-\sqrt[3]{a}|<\varepsilon$,只需 $\dfrac{|x-a|}{\dfrac{3}{4}\sqrt[3]{a^2}}<\varepsilon$,解得 $|x-a|<\dfrac{3\varepsilon}{4}\sqrt[3]{a^2}$.取 $\delta=\dfrac{3\varepsilon}{4}\sqrt[3]{a^2}$,当 $0<|x-x_0|<\delta$ 时,有 $|\sqrt[3]{x}-\sqrt[3]{a}|<\varepsilon$.故 $\lim\limits_{x\to a}\sqrt[3]{x}=\sqrt[3]{a}$.

(2)解 利用(1)的结果计算极限,则

$$原式=\lim_{x\to a}\frac{(\sqrt[3]{x})^3-(\sqrt[3]{a})^3}{(x-a)(\sqrt[3]{x^2}+\sqrt[3]{ax}+\sqrt[3]{a^2})}=\lim_{x\to a}\frac{x-a}{(x-a)(\sqrt[3]{x^2}+\sqrt[3]{ax}+\sqrt[3]{a^2})}$$

$$=\lim_{x\to a}\frac{1}{\sqrt[3]{x^2}+\sqrt[3]{ax}+\sqrt[3]{a^2}}=\frac{1}{(\lim\limits_{x\to a}\sqrt[3]{x})^2+\sqrt[3]{a}\lim\limits_{x\to a}\sqrt[3]{x}+\lim\limits_{x\to a}\sqrt[3]{a^2}}=\frac{1}{3\sqrt[3]{a^2}}$$

本题利用立方差公式 $x^3-y^3=(x-y)(x^2+xy+y^2)$ 有理化分子,即将分子的无理式转化为有理式(去掉分子中的根号).

习题 1-5

1.计算下列极限.

(1) $\lim\limits_{x\to 1}(x^2-10x+5)$;

(2) $\lim\limits_{x\to 0}(x-4)\sin x$;

(3) $\lim\limits_{x\to 0}\dfrac{(x+2)\cos x}{x^2-6}$;

(4) $\lim\limits_{x\to 1}\dfrac{x^2-2x+1}{x^2-1}$;

(5) $\lim\limits_{h\to 0}\dfrac{(x-h)^2-x^2}{h}$;

(6) $\lim\limits_{x\to\infty}\left(2-\dfrac{2}{x}+\dfrac{6}{x^2+1}\right)$;

(7) $\lim\limits_{x\to\infty}\dfrac{2x^2-1}{x^2+x-1}$;

(8) $\lim\limits_{x\to\infty}\dfrac{2x^2-x}{x^3+5x^2-1}$;

(9) $\lim\limits_{n\to\infty}\left(1+\dfrac{1}{2}+\dfrac{1}{4}+\cdots+\dfrac{1}{2^n}\right)$;

$(10)\lim\limits_{n\to\infty}\dfrac{1+2+3+\cdots+n}{n^2}$;　　　$(11)\lim\limits_{x\to1}\left(\dfrac{1}{1-x}-\dfrac{2}{1-x^2}\right)$;　　　$(12)\lim\limits_{x\to1}\dfrac{1-x^3}{1-x^4}$.

2. 计算下列极限.

$(1)\lim\limits_{x\to0}\tan x$;　　　　$(2)\lim\limits_{x\to0}(\sec x-\cos x)$;　　　　$(3)\lim\limits_{x\to\infty}\dfrac{x^3+x+3}{x-1}$;

$(4)\lim\limits_{x\to\infty}(x^2+x)$;　　　　$(5)\lim\limits_{x\to\infty}\dfrac{\sqrt{1+\cos x}}{x-1}$.

3. 下列陈述中,哪些是对的,哪些是错的? 如果是对的,说明理由;如果是错的,试举一个反例.

(1) 如果$\lim\limits_{x\to a}f(x)$存在,但$\lim\limits_{x\to a}g(x)$不存在,那么$\lim\limits_{x\to a}[f(x)+g(x)]$不存在;

(2)如果$\lim\limits_{x\to a}f(x)$与$\lim\limits_{x\to a}g(x)$都不存在,那么$\lim\limits_{x\to a}[f(x)+g(x)]$不存在;

(3)如果$\lim\limits_{x\to a}f(x)$存在,但$\lim\limits_{x\to a}g(x)$不存在,那么$\lim\limits_{x\to a}[f(x)\cdot g(x)]$不存在.

*4.证明设$\lim f(x)=a$,$\lim g(x)=b$,则它们的积存在极限,且
$$\lim[f(x)\cdot g(x)]=\lim f(x)\cdot\lim g(x)=a\cdot b.$$

5.证明设多项式$P(x)=a_mx^m+a_{m-1}x^{m-1}+\cdots+a_1x+a_0$,$Q(x)=b_nx^n+b_{n-1}x^{n-1}+\cdots+b_1x+b_0$ $(a_mb_n\neq0)$,且$P(x)$与$Q(x)$无公因式,则有
$$\lim\limits_{x\to x_0}\dfrac{P(x)}{Q(x)}=\begin{cases}\dfrac{P(x_0)}{Q(x_0)},&Q(x_0)\neq0\\[2mm]\infty,&P(x_0)\neq0,Q(x_0)=0\end{cases}$$

6.若函数$f(x)\geqslant g(x)\geqslant0$,$u(x)\geqslant v(x)\geqslant0$,且存在极限 $\lim f(x)=a$,$\lim g(x)=b$,$\lim u(x)=c$,$\lim v(x)=d$,则 $ac\geqslant bd$.

7.若函数$f(x)\geqslant g(x)\geqslant0$,且存在极限 $\lim f(x)=a$,$\lim g(x)=b$,则 $a^n\geqslant b^n$,$n\in N_+$.

第六节　极限存在定理及两个重要极限

前面我们给出了极限的定义与运算法则.利用极限的定义可以判定某一个常数是不是某一函数极限,极限的运算法则利用已有函数的极限,可以求出新的未知函数的极限.对于一个已知的函数,如何探索发现它的极限? 数列在什么条件下一定有极限? 本节给出极限存在四个定理,同时讨论两个重要极限$\lim\limits_{x\to0}\dfrac{\sin x}{x}=1$ 及 $\lim\limits_{x\to\infty}\left(1+\dfrac{1}{x}\right)^x=e$.

一、夹逼定理

定理1　如果函数$f(x)$、$g(x)$与$h(x)$满足下列条件:

(1) 当$x\in\overset{\circ}{U}(x_0,\delta)$ 或$|x|>X$ 时,有$g(x)\leqslant f(x)\leqslant h(x)$;

(2) $\lim\limits_{\substack{x\to x_0\\(x\to\infty)}}g(x)=\lim\limits_{\substack{x\to x_0\\(x\to\infty)}}h(x)=a.$

那么极限 $\lim\limits_{\substack{x \to x_0 \\ (x \to \infty)}} f(x)$ 存在,且等于 a.

证 仅对 $x \to x_0$ 证明. 由 $g(x) \leqslant f(x) \leqslant h(x)$,可得

$$g(x) - g(x) \leqslant f(x) - g(x) \leqslant h(x) - g(x)$$

根据第三节性质 3 极限的保号性的推论、第五节定理 3 极限的保序性及极限四则运算法则,可得

$$0 \leqslant \lim_{x \to x_0} [f(x) - g(x)] \leqslant \lim_{x \to x_0} [h(x) - g(x)] = \lim_{x \to x_0} h(x) - \lim_{x \to x_0} g(x) = a - a = 0$$

即

$$\lim_{x \to x_0} [f(x) - g(x)] = 0$$

因此,

$$\lim_{x \to x_0} f(x) = \lim_{x \to x_0} \{[f(x) - g(x)] + g(x)\} = \lim_{x \to x_0} [f(x) - g(x)] + \lim_{x \to x_0} g(x) = a$$

故结论成立.

推论 1 如果数列 $\{x_n\}$、$\{y_n\}$ 与 $\{z_n\}$ 满足下列条件:

(1) 从某一项起,即 $\exists n_0 \in N_+$,当 $n > n_0$ 时,有不等式 $y_n \leqslant x_n \leqslant z_n$ 成立;

(2) $\lim\limits_{n \to \infty} y_n = a$,$\lim\limits_{n \to \infty} z_n = a$.

那么数列 $\{x_n\}$ 的极限存在,且 $\lim\limits_{n \to \infty} x_n = a$.

推论 2 如果数列 $\{x_n\}$ 对于常数 a 满足 $|x_n - a| \leqslant \varphi(n)$,且 $\lim\limits_{n \to \infty} \varphi(n) = 0$,那么 $\lim\limits_{n \to \infty} x_n = a$.

推论 3 如果数列 $\{x_n\}$ 对于常数 a 满足 $|x_n - a| > \varphi(n)$,且 $\lim\limits_{n \to \infty} \varphi(n) > 0$,那么常数 a 不是列 $\{x_n\}$ 的极限.

数列是特殊的函数,由定理 3 可得推论 1,由推论 1 可得推论 2,利用反证法可证明推论 3,因为推论 3 是推论 2 的逆否命题.定理 3(或推论 1)说明,要求一个函数 $f(x)$(或数列 $\{x_n\}$)的极限,将它同时放大和缩小,夹在两个函数(或数列)中间.当放大和缩小后的函数(或数列)极限同时存在,且都等于 a 时,此函数(或数列)的极限就是 a.推论 2 说明,要证明 $\lim\limits_{n \to \infty} x_n = a$,可以适当放大 $|x_n - a|$,使简单的、放大了的函数 $\varphi(n)$ 的极限为 0 就可以了.第二节的例 2 就是利用推论 2 的方法.要证明数列 $\{x_n\}$ 发散,只需适当放小 $|x_n - a|$,使简单的、放小了的函数 $\varphi(n)$ 的极限不为 0 就行了.

定理 1 与推论 1 称为**夹逼准则**.

例 1 求极限 $\lim\limits_{x \to 0} \sqrt[n]{1+x}$($n$ 为正整数).

解 设指数函数 $f(t) = (1+x)^t = a^t$,①当 $x > 0$ 时,底数 a 大于 1,函数 $f(t)$ 单调增加.取 $t_1 = \dfrac{1}{n}$,$t_2 = 1 (t_1 < t_2)$,根据增函数的性质,有 $f(t_1) < f(t_2)$,即 $1 < \sqrt[n]{1+x} < 1 + x$,根据夹逼准则可得 $\lim\limits_{x \to 0^+} \sqrt[n]{1+x} = 1$.②当 $-1 < x < 0$ 时,底数 a 小于 1,$f(t)$ 单调减少.由减函数的性质可得 $1 + x < \sqrt[n]{1+x} < 1$.根据夹逼准则可得,$\lim\limits_{x \to 0^-} \sqrt[n]{1+x} = 1$.根据第三节极限的充分条件,可得 $\lim\limits_{x \to 0} \sqrt[n]{1+x} = 1$(同时利用了幂函数 $g(t) = \sqrt[n]{t} = \sqrt[n]{1+x}$ 为增函数的性质).

第一个重要极限 $\lim\limits_{x \to 0} \dfrac{\sin x}{x} = 1$.

在图 1-21 所示单位圆中,设圆心角 $\angle AOB = x\left(0 < x < \dfrac{\pi}{2}\right)$,则弧 AB 长度为 x.点 A 的切线与 OB 长线相交于 D,又作 $BC \perp OA$ 于 C.由此可得,在 $Rt\triangle OBC$ 中,$\sin x = \dfrac{BC}{OB} = BC$,因而 $0 < \sin x = BC < AB < $ 弧 $AB = x$,即 $\sin x < x \ (x > 0)$.在 $Rt\triangle OAD$ 中,$\tan x = \dfrac{AD}{OA} = AD$.根据图形的面积大小关系,有

$$S_{\triangle AOB} < S_{\text{扇形}OAB} < S_{\triangle AOD}$$

即

$$\frac{1}{2} \cdot 1 \cdot \sin x < \frac{\pi \cdot 1^2}{2\pi} \cdot x < \frac{1}{2} \cdot 1 \cdot \tan x$$

由此可得

$$\sin x < x < \tan x$$

将不等式各边都除以 $\sin x$,就有

$$1 < \frac{x}{\sin x} < \frac{1}{\cos x}, \quad \text{即} \ \cos x < \frac{\sin x}{x} < 1. \ \left(0 < x < \frac{\pi}{2}\right)$$

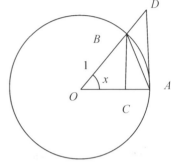

图 1-21　图形展示

因为当 $-x$ 代替 x 时,$\cos x$ 与 $\dfrac{\sin x}{x}$ 都不变,所以上面的不等式对于开区间 $\left(-\dfrac{\pi}{2}, 0\right)$ 内的一切 x 也成立.根据第四节例 5 可得 $\lim\limits_{x \to 0} \cos x = 1$.由夹逼准则定理我们就得到非常重要的极限公式

$$\lim_{x \to 0} \frac{\sin x}{x} = 1$$

此极限应理解为 $\dfrac{\sin \ \text{无穷小}}{\text{该无穷小}} \to 1$,即当 $\varphi(x) \to 0$ 时,$\dfrac{\sin \varphi(x)}{\varphi(x)} \to 1$.以正弦的角度 $\varphi(x)$ 为标准,硬配分母中角为 $\varphi(x)$,就能正确利用该极限公式,如

$$\lim_{x \to 0} \frac{\sin 2x}{x} = 2 \lim_{2x \to 0} \frac{\sin 2x}{2x} = 2 \lim_{\phi(x) \to 0} \frac{\sin \phi(x)}{\phi(x)} = 2 \ [\phi(x) = 2x]$$

对于一些分子或分母中含有三角函数的 $\dfrac{0}{0}$ 型的极限,将三角函数转化为正弦函数,分母中硬配正弦函数的角度,利用这个重要极限,可以求出未定式的值.

例 2　求下列极限:(1) $\lim\limits_{x \to 0} \dfrac{\tan 4x}{x}$;(2) $\lim\limits_{x \to \infty} x \sin \dfrac{1}{x}$.

解　(1) 复合函数 $y = \tan 4x$ 分解为 $y = \tan t, t = 4x$.当 $x \to 0$ 时,有 $t \to 0$.

原式 $= \lim\limits_{x \to 0} \left(\dfrac{\sin 4x}{4x} \cdot \dfrac{4}{\cos 4x} \right) = \lim\limits_{4x \to 0} \dfrac{\sin 4x}{4x} \cdot \lim\limits_{4x \to 0} \dfrac{4}{\cos 4x} = 4 \lim\limits_{t \to 0} \dfrac{\sin t}{t} \cdot \dfrac{1}{\lim \cos t} = 4 \cdot 1 \cdot 1 = 4$

(2) 设 $t = \dfrac{1}{x} \to 0$(当 $x \to \infty$).于是

$$\text{原式} = \lim_{x \to \infty} \frac{\sin \dfrac{1}{x}}{\dfrac{1}{x}} = \lim_{t \to 0} \frac{\sin t}{t} = 1.$$

类似例 2（1），我们可以得到 $\lim\limits_{x\to 0}\dfrac{\tan x}{x}=1$.

二、有界数列的收敛性

如果数列 $\{x_n\}$ 满足条件 $x_n \leqslant x_{n+1}(n=1,2,3,\cdots)$，即
$$x_1 \leqslant x_2 \leqslant x_3 \leqslant \cdots \leqslant x_n \leqslant x_{n+1} \leqslant \cdots$$
就称数列 $\{x_n\}$ 为**单调增加的数列**；如果数列 $\{x_n\}$ 满足条件 $x_n \geqslant x_{n+1}(n=1,2,3,\cdots)$，即
$$x_1 \geqslant x_2 \geqslant x_3 \geqslant \cdots \geqslant x_n \geqslant x_{n+1} \geqslant \cdots$$
就称数列 $\{x_n\}$ 为**单调减少的数列**. 单调增加与单调减少的数列统称为**单调数列**.

由本章第二节可知：收敛的数列一定有界，有界是数列收敛的必要条件. 在有界的条件上增加一些什么条件就能使数列收敛？下面我们讨论有界数列收敛性问题.

定理 2 单调递增（或递减）的有界数列必有极限.

由定理 2 可得

如果存在常数 M，对于任意 $n \in N_+$，有不等式 $x_n \leqslant x_{n+1} < M$ 成立，那么数列 $\{x_n\}$ 收敛.

如果存在常数 m，对于任意 $n \in N_+$，有不等式 $x_n \geqslant x_{n+1} > m$ 成立，那么数列 $\{x_n\}$ 收敛.

本节不对定理 2 进行证明，只做一个几何解释. 从数轴上看，对应于单调增加（或减少）数列的点 x_n，只可能向一个方向移动，并且只有两种可能情形：x_n 沿数轴移向无穷远处（$x_n \to +\infty$ 或 $x_n \to -\infty$）；x_n 在最小的上界（或最大下界）附近聚成一堆，即无穷多个点 x_n 都落在数轴上某一个很小区间内，无限接近最小的上界（或最大下界）这一个定点，从而数列 $\{x_n\}$ 有极限. 现在假设数列有界，第一种情形不可能发生，只能发生第二种可能. 因而这个数列存在极限.

例如，数列 $x_n = \dfrac{n}{n+1}:\dfrac{1}{2},\dfrac{2}{3},\dfrac{3}{4},\cdots$ 是单调增加的有界数列，有极限 1；又如，$x_n = \dfrac{n+1}{n}$：$2,\dfrac{3}{2},\dfrac{4}{3},\dfrac{5}{4},\cdots$ 是单调减少的有界数列，有极限 1.

相对于单调有界数列必有极限的定理 2，函数极限也有类似定理. 对于自变量的不同变化过程（$x\to x_0^-,x\to x_0^+,x\to-\infty,x\to+\infty$），各定理有不同的形式. 现以 $x\to x_0^-$ 为例，将相应的定理叙述如下：

定理 2′ 设函数 $f(x)$ 在点 x_0 的某个左邻域内单调有界，则 $f(x)$ 在 x_0 的左极限 $f(x_0^-)$ 必定存在.

定理 3（变化微小性定理） 有界数列 $\{x_n\}$ 收敛的充分条件是 $\forall \varepsilon > 0$，$\exists N \in N_+$，当 $n > N$ 时，不等式 $|x_n - x_{n-1}| < \varepsilon$ 恒成立.

根据数列极限的定义，收敛数列后面的项变化是相当小的；反过来，定理 3 指出，对于有界数列 $\{x_n\}$，如果对于任意给定的正数 ε，序号 n 足够大的任意相邻两项的距离都要小于 ε，那么该数列收敛.

例 3 设 $\lim\limits_{n\to\infty} a_n = a$，证明极限 $\lim\limits_{n\to\infty}\dfrac{a_1+a_1+\cdots+a_n}{n}$ 存在.

证 设 $x_n = \dfrac{a_1+a_2+\cdots+a_n}{n}$. 由于 $\lim\limits_{n\to\infty} a_n = a$，根据第二节极限的有界性质，存在 $M > 0$，使

得 $|a_n| \leqslant M (n \in N_+)$，可得

$$|x_n| \leqslant \frac{|a_1| + |a_2| + \cdots + |a_n|}{n} \leqslant \frac{nM}{n} = M$$

因而数列 $\{x_n\}$ 有界.

又根据三角不等式（$|a \pm b| \leqslant |a| + |b|$），可得

$$|a_n - a_i| \leqslant |a_n| + |a_i| \leqslant 2M (i = 1, 2, 3, \cdots, n)$$

$$|x_n - x_{n-1}| = \left| \frac{a_1 + a_2 + \cdots + a_n}{n} - \frac{a_1 + a_2 + \cdots + a_{n-1}}{n-1} \right|$$

$$= \frac{|(n-1)(a_1 + a_2 + \cdots + a_n) - n(a_1 + a_2 + \cdots + a_{n-1})|}{n(n-1)}$$

$$= \frac{|(n-1)a_n - (a_1 + a_2 + \cdots + a_{n-1})|}{n(n-1)}$$

$$\leqslant \frac{|a_n - a_1| + |a_n - a_2| + \cdots + |a_n - a_{n-1}|}{n(n-1)}$$

$$\leqslant \frac{2M(n-1)}{n(n-1)} = \frac{2M}{n} \to 0 (n \to \infty)$$

根据定理 3 可知，该数列收敛.

定理 4（变化均匀性定理） 有界数列 $\{x_n\}$ 收敛的充分必要条件是 $\lim\limits_{n \to \infty} \frac{x_{n+1}}{x_n} = 1$ 或 $\exists n_0 \in N_+$，当 $n > n_0$ 时，$\left| \frac{x_{n+1}}{x_n} \right| \leqslant r < 1$.

推论 若 $\exists n_0 \in N_+$，当 $n > n_0$ 时，$-1 < l < \frac{x_{n+1}}{x_n} \leqslant 1$，则数列 $\{x_n\}$ 收敛.

定理 4 说明：有些收敛数列后面的相邻两项变化是比较均匀的，它们比值接近 1.

第二个重要极限 $\lim\limits_{x \to \infty} \left(1 + \frac{1}{x}\right)^x = e (1^\infty$ 型$)$

仅考虑 x 取正整数 n 而趋于 $+\infty$ 的情形，有下面的结论：

设数列 $x_n = \left(1 + \frac{1}{n}\right)^n$，则存在极限 $\lim\limits_{n \to \infty} x_n = e$

证 根据二项式公式，有

$$x_n = C_n^0 + C_n^1 \frac{1}{n} + C_n^2 \frac{1}{n^2} + C_n^3 \frac{1}{n^3} + \cdots + C_n^n \frac{1}{n^n}$$

$$= 1 + \frac{n}{1!} \cdot \frac{1}{n} + \frac{n(n-1)}{2!} \cdot \frac{1}{n^2} + \frac{n(n-1)(n-2)}{3!} \cdot \frac{1}{n^3} + \cdots + \frac{n(n-1) \cdots [n-(n-1)]}{n!} \cdot \frac{1}{n^n}$$

$$= 1 + 1 + \frac{1}{2!}\left(1 - \frac{1}{n}\right) + \frac{1}{3!}\left(1 - \frac{1}{n}\right)\left(1 - \frac{2}{n}\right) + \cdots + \frac{1}{n!}\left(1 - \frac{1}{n}\right)\left(1 - \frac{2}{n}\right) \cdots \left(1 - \frac{n-1}{n}\right)$$

$$\leqslant 1 + \left(1 + \frac{1}{2!} + \frac{1}{3!} + \cdots + \frac{1}{n!}\right) \leqslant 1 + \left(1 + \frac{1}{2} + \frac{1}{2^2} + \cdots + \frac{1}{2^{n-1}}\right)$$

$$\leqslant 1 + \frac{1 - \frac{1}{2^n}}{1 - \frac{1}{2}} = 3 - \frac{1}{2^{n-1}} < 3$$

$\left[\text{利用了不等式} \frac{1}{k!} = \frac{1}{1 \cdot 2 \cdot 3 \cdots k} < \frac{1}{1 \cdot 2 \cdot 2 \cdots 2} = \frac{1}{2^{k-1}} (k = 2, 3, \cdots, n)\right]$

因而数列有界. 又

$$0 < \frac{x_{n+1}}{x_n} = \frac{\left(1 + \frac{1}{n+1}\right)^{n+1}}{\left(1 + \frac{1}{n}\right)^n} < \frac{\left(1 + \frac{1}{n}\right)^{n+1}}{\left(1 + \frac{1}{n}\right)^n} = \left(1 + \frac{1}{n}\right) \rightarrow 1 (n \rightarrow \infty)$$

由此可得 $0 < \frac{x_{n+1}}{x_n} < r < 1$ 或 $\lim\limits_{n \to \infty} \frac{x_{n+1}}{x_n} = 1$. 根据定理 4, 该数列收敛. 这个数列也单调递增. 通过近似计算可得

$$x_1 = 2, x_2 = \left(1 + \frac{1}{2}\right)^2 = 2.25, x_3 = \left(1 + \frac{1}{3}\right)^3 = 2.37, \cdots$$

$$\lim_{n \to \infty} \left(1 + \frac{1}{n}\right)^n = e = 2.718281828\cdots$$

我们可以证明, 当 x 取实数而趋于 $+\infty$ 或 $-\infty$, 函数 $\left(1 + \frac{1}{x}\right)^x$ 的极限都存在, 且都等于 e, 于是获得重要的极限公式, 即

$$\lim_{x \to \infty} \left(1 + \frac{1}{x}\right)^x = e$$

设 $z = \frac{1}{x} \rightarrow 0 (x \rightarrow \infty)$, 代入上式中, 可得

$$\lim_{z \to 0} (1 + z)^{\frac{1}{z}} = \lim_{x \to \infty} \left(1 + \frac{1}{x}\right)^x = e$$

因而获得极限

$$\lim_{x \to 0} (1 + x)^{\frac{1}{x}} = e$$

此极限的一般形式为 $\lim(1 + 无穷小)^{\frac{1}{该无穷小}} = e$, 即当 $\phi(x) \rightarrow 0$ 时, $[1 + \phi(x)]^{\frac{1}{\phi(x)}} \rightarrow e$; 或当 $\phi(x) \rightarrow \infty$ 时, 有 $\left[1 + \frac{1}{\phi(x)}\right]^{\phi(x)} \rightarrow e$. 也就是说, 该公式的底数的极限 1, 指数为无穷大的幂指函数 (幂的底数与指数均含有自变量的函数). 首先要找到 1, 以底数 $1 + \frac{1}{\phi(x)}$ 或 $1 + \phi(x)$ 的加数 $\frac{1}{\phi(x)}$ 或 $\phi(x)$ 为标准, 硬配指数 $\phi(x)$ 或 $\frac{1}{\phi(x)}$, 加数与指数互为倒数, 注意加数与指数前面必须同为正号 "+", 或同为负号 "−", 才能正确利用公式.

一般地, 在一个幂指函数值 (底数与指数均含有自变量) 中, 求底数的极限为 1, 指数的极限为无穷大的 1^∞ 型极限, 就可以考虑利用该极限公式, 要求底数中的无穷小与指数中的无穷大互为倒数关系.

例 4 求下列极限 $(1) \lim\limits_{x \to \infty}\left(1 - \dfrac{1}{x}\right)^{x}$; $(2) \lim\limits_{x \to 0}(1+6x)^{\frac{1}{x}}$.

解 (1) 设 $t = -x$. 当 $x \to +\infty$ 时, $t \to -\infty$; 当 $x \to -\infty$ 时, $t \to +\infty$. 因而当 $x \to \infty$ 时, $t \to \infty$. 于是

$$原式 = \lim\limits_{t \to \infty}\left(1 + \dfrac{1}{t}\right)^{-t} = \dfrac{1}{\lim\limits_{t \to \infty}\left(1 + \dfrac{1}{t}\right)^{t}} = \dfrac{1}{\mathrm{e}}$$

(2) 原式 $= \lim\limits_{x \to 0}(1+6x)^{\frac{1}{6x} \cdot 6} = \left[\lim\limits_{6x \to 0}(1+6x)^{\frac{1}{6x}}\right]^{6} = \mathrm{e}^{6}$（可以把 $6x$ 看作 t, 就可以利用公式了）.

例 5 （连续复利问题）设有一笔本金 A_0 存入银行, 年利率为 r, 则一年末结算时, 其本利和为

$$A_1 = A_0 + rA_0 = (1+r)A_0$$

如果一年分两期计息, 每期利率为 $\dfrac{r}{2}$, 且前一期的本利和作为后一期的本金, 则一年末本利和为

$$A_2 = A_0\left(1 + \dfrac{r}{2}\right) + A_0\left(1 + \dfrac{r}{2}\right)\dfrac{r}{2} = A_0\left(1 + \dfrac{r}{2}\right)^{2}$$

$$\cdots\cdots$$

如果一年分 n 期计息, 每期利率为 $\dfrac{r}{n}$, 且前一期的本利和作为后一期的本金, 则一年末本利和为

$$A_n = A_0\left(1 + \dfrac{r}{n}\right)^{n}$$

于是, 到 t 年末共计复利 nt 次, 其本利和为

$$A_n(t) = A_0\left(1 + \dfrac{r}{n}\right)^{nt}$$

令 $n \to \infty$, 则表示利息随时计入本金, 这样 t 年末的本利和为

$$A(t) = \lim\limits_{n \to \infty}A_n(t) = \lim\limits_{n \to \infty}A_0\left(1 + \dfrac{r}{n}\right)^{nt} = A_0\lim\limits_{n \to \infty}\left[\left(1 + \dfrac{r}{n}\right)^{\frac{n}{r}}\right]^{rt} = A_0\mathrm{e}^{rt}$$

定理 5（柯西审理定理） 数列 $\{x_n\}$ 收敛的充分必要条件是对于任意给定的正数 ε, 存在正整数 N, 使得当 $m > N, n > N$ 时, 有

$$|x_n - x_m| < \varepsilon$$

定理 5 说明: 数列 $\{x_n\}$ 收敛的充分必要条件是对于任意给定的正数 ε, 序号 n 足够大的任意两项的距离都要小于 ε. 也就是说, 收敛数列后面的项 x_n 变化是微小的.

习题 1-6

1.计算下列极限.

$(1) \lim\limits_{x \to 0}\dfrac{\sin 6x}{x}$;

$(2) \lim\limits_{x \to 0}\dfrac{\sin x}{\sin 4x}$;

$(3) \lim\limits_{x \to 0}x\cot 2x$;

$(4) \lim\limits_{n \to \infty}n\sin\dfrac{\pi}{n}$;

$(5) \lim\limits_{x \to 0}\dfrac{1 - \cos 2x}{x\sin x}$;

$(6) \lim\limits_{x \to \frac{\pi}{2}}\dfrac{\cos x}{\pi - 2x}$;

(7) $\lim\limits_{x \to 0} \dfrac{3x+\sin x}{x+\sin x}$;　　　　　　(8) $\lim\limits_{x \to 0} \tan 4x \csc 2x$.

2.计算下列极限.

(1) $\lim\limits_{x \to 0} (1-x)^{\frac{1}{2x}}$;　　　(2) $\lim\limits_{x \to 0} (1+3x)^{\frac{2}{x}}$;　　　(3) $\lim\limits_{x \to \infty} \left(\dfrac{x+3}{x}\right)^{x}$;

(4) $\lim\limits_{x \to \infty} \left(\dfrac{x}{x+3}\right)^{x}$;　　　(5) $\lim\limits_{x \to 1} (2-\cos 2x)^{\csc^2 x}$;　　　(6) $\lim\limits_{x \to 0} (\sec^2 x)^{3\cot^2 x}$.

3.利用极限存在定理证明.

(1) $\lim\limits_{n \to \infty} \sqrt{1+\dfrac{1}{n}} = 1$;　(2) $\lim\limits_{a \to 1} \sqrt[n]{a} = 1$;　(3) $\lim\limits_{n \to \infty} n\left(\dfrac{1}{n^2+1}+\dfrac{1}{n^2+2}+\cdots+\dfrac{1}{n^2+n}\right) = 1$;

(4) 数列 $\sqrt{1}$, $\sqrt{1+\sqrt{1}}$, $\cdots$, $\sqrt{1+\sqrt{1+\cdots+\sqrt{1}}}$, $\cdots$ 的极限.

4.利用单位圆内的三角函数关系证明 $\lim\limits_{x \to 0} \sin x = 0$, $\lim\limits_{x \to 0} \cos x = 1$.

5.利用定理 3 证明数列 $\left\{\ln \dfrac{2n+1}{n}\right\}$ 收敛.

第七节　近似函数

在小学,我们学过近似数及运算. 第三节我们指出一些函数在 x_0 的某邻域内发生微小的变化,现在给出其中部分函数在 $x_0 = 0$ 处的近似函数及相关运算,同时给出 $\dfrac{0}{0}$ 型未定式的极限存在的条件.

一、无穷小的比较

在第四节中,两个无穷小量的和、差与积仍是无穷小量,但它们的商会出现多种情况,如

$$\lim\limits_{x \to 0} \dfrac{x^2}{2x} = \lim\limits_{x \to 0} \dfrac{x}{2} = 0, \quad \lim\limits_{x \to 0} \dfrac{2x^2}{3x^2} = \dfrac{2}{3}, \quad \lim\limits_{x \to 0} \dfrac{2x^2}{x^4} = \lim\limits_{x \to 0} \dfrac{2}{x^2} = \infty$$

无穷小量之比的极限的多种情况,反映了不同的无穷小量趋于零的"快慢"程度. 如在 $x \to 0$ 的过程中,$x^2 \to 0$ 比 $2x \to 0$ "快些",而 $2x^2 \to 0$ 与 $3x^2 \to 0$ "快慢相仿".下面,我们主要对无穷小量之比的极限存在时,来说明两个无穷小量的比较.

定义　设在自变量 x 同一变化过程中,$\alpha(x)$ 与 $\beta(x)$ 均为无穷小量,且 $\alpha(x) \neq 0$,$\lim \dfrac{\beta(x)}{\alpha(x)}$ 也是在这个变化过程中的极限.

若 $\lim \dfrac{\beta(x)}{\alpha(x)} = 0$,则称 $\beta(x)$ 是比 $\alpha(x)$ **高阶的无穷小量**,记为 $\beta(x) = o[\alpha(x)]$.

若 $\lim\dfrac{\beta(x)}{\alpha(x)}=\infty$,则称 $\beta(x)$ 是比 $\alpha(x)$ **低阶的无穷小量**.

若 $\lim\dfrac{\beta(x)}{\alpha^k(x)}=C\neq0,k>0$(通常 k 为正整数),则称 $\beta(x)$ 是关于 $\alpha(x)$ 的 k 阶无穷小量.

若 $\lim\dfrac{\beta(x)}{\alpha(x)}=C\neq0$,则称 $\beta(x)$ 与 $\alpha(x)$ 是**同阶无穷小量**;当 $C=1$ 时,称 $\beta(x)$ 与 $\alpha(x)$ 是**等价无穷小量**,记为 $\alpha(x)\sim\beta(x)$(等价无穷小量是同阶无穷小量的特殊情况).

例如,因为 $\lim\limits_{x\to0}\dfrac{x^2}{2x}=0$,所以当 $x\to0$ 时,x^2 是比 $2x$ 高阶的无穷小,记作

$$x^2=o(2x)\ (x\to0)$$

因为 $\lim\limits_{n\to\infty}\dfrac{\frac{1}{n}}{\frac{1}{n^3}}=\infty$,所以当 $n\to\infty$ 时,$\dfrac{1}{n}$ 是比 $\dfrac{1}{n^3}$ 低阶的无穷小. 对于 $\lim\limits_{x\to0}\dfrac{\sin x}{x}=1$,当 $x\to0$ 时,$\sin x$ 是比 x 等阶的无穷小,记作

$$\sin x\sim x\ (x\to0)$$

又 $\lim\limits_{x\to0}\dfrac{1-\cos x}{x^2}=\lim\limits_{x\to0}\dfrac{1-\cos^2 x}{x^2(1+\cos x)}=\lim\limits_{x\to0}\dfrac{\sin^2 x}{x^2(1+\cos x)}=\lim\limits_{x\to0}\dfrac{\sin^2 x}{x^2}\cdot\lim\limits_{x\to0}\dfrac{1}{1+\cos x}=\dfrac{1}{2}$

因而当 $x\to0$ 时,$1-\cos x$ 是关于 x 的二阶无穷小,是关于 x^2 的同阶无穷小,是关于 $\dfrac{1}{2}x^2$ 的等价无穷小.

下面,我们给出一些常见的等价无穷小的例子.

例 1 证明 当 $x\to0$ 时,(1) $(1+x)^3-1\sim3x$;(2) $\sqrt{1+x}-1\sim\dfrac{1}{2}x$.

证 (1) $\lim\limits_{x\to0}\dfrac{(1+x)^3-1}{3x}=\lim\limits_{x\to0}\dfrac{x[(1+x)^2+(1+x)+1]}{3x}=\lim\limits_{x\to0}\dfrac{x^2+3x+3}{3}=1.$

属于 $\dfrac{0}{0}$ 型极限,利用立方差公式消去分母的零因子 x.

(2) $\lim\limits_{x\to0}\dfrac{\sqrt{1+x}-1}{\frac{1}{2}x}=\lim\limits_{x\to0}\dfrac{2[(\sqrt{1+x})^2-1]}{x(\sqrt{1+x}+1)}=\lim\limits_{x\to0}\dfrac{2x}{x(\sqrt{1+x}+1)}=1.$

为了消去零因子 x,利用了平方差公式有理化分子;应用第六节例 1 结论 $\lim\limits_{x\to0}\sqrt{1+x}=1$.

事实上,当 $x\to0$ 时,$(1+x)^n-1\sim nx$,$\sqrt[n]{1+x}-1\sim\dfrac{1}{n}x\ (n\in N^+)$;一般地,$(1+x)^\alpha-1\sim\alpha x$($\alpha$ 为常数).

二、等价无穷小的性质

性质 1 $\alpha(x)$ 与 $\beta(x)$ 是等价无穷小的充分必要条件为 $\beta(x)=\alpha(x)+o[\alpha(x)]$.

证 【必要性】设 $\beta(x) \sim \alpha(x)$，根据等价无穷小的定义，有 $\lim \dfrac{\beta(x)}{\alpha(x)} = 1$. 于是

$$\lim \frac{\beta(x) - \alpha(x)}{\alpha(x)} = \lim \frac{\beta(x)}{\alpha(x)} - \lim \frac{\alpha(x)}{\alpha(x)} = \lim \frac{\beta(x)}{\alpha(x)} - 1 = 0$$

因此，$\beta(x) - \alpha(x)$ 是比 $\alpha(x)$ 的高阶无穷小，即 $\beta(x) - \alpha(x) = o[\alpha(x)]$，可得

$$\beta(x) = \alpha(x) + o[\alpha(x)]$$

【充分性】设 $\beta(x) = \alpha(x) + o[\alpha(x)]$，根据高价无穷小的定义，有 $\lim \dfrac{o[\alpha(x)]}{\alpha(x)} = 0$.
于是

$$\lim \frac{\beta(x)}{\alpha(x)} = \lim \frac{\alpha(x) + o[\alpha(x)]}{\alpha(x)} = \lim \frac{\alpha(x)}{\alpha(x)} + \lim \frac{o[\alpha(x)]}{\alpha(x)} = 1$$

因此，$\beta(x)$ 是比 $\alpha(x)$ 的等价无穷小，即 $\beta(x) : \alpha(x)$.

在 $\beta(x) = \alpha(x) + o[\alpha(x)]$ 条件下，我们称无穷小 $\alpha(x)$ 是无穷小 $\beta(x)$ 的**主要部分**. 在互为等价的两个无穷小量中，复杂的无穷小量可以用简单的无穷小量来近似表示. 如根据 $\lim\limits_{x \to 0} \dfrac{\sin x}{x} = 1$，可得 $\sin x \approx x (x \to 0)$. 事实上，$y = \sin x$ 在原点附近可以用其切线 $y = x$ 来近似表示.

例 2 因为当 $x \to 0$ 时，$\sin x \sim x$，$\tan x \sim x$，$1 - \cos x \sim \dfrac{1}{2}x^2$，$(1+x)^\alpha - 1 \sim \alpha x$，所以当 $x \to 0$ 时，有

$$\sin x = x + o(x), \ \tan x = x + o(x), \ 1 - \cos x = \frac{1}{2}x^2 + o(x^2), \ (1+x)^\alpha - 1 = \alpha x + o(x)$$

性质 2 设 $\alpha(x), \bar{\alpha}(x), \beta(x), \bar{\beta}(x)$ 均是无穷小，且 $\alpha(x) \sim \bar{\alpha}(x)$，$\beta(x) \sim \bar{\beta}(x)$. 如果 $\lim \dfrac{\bar{\beta}(x)}{\bar{\alpha}(x)} = a$，那么 $\lim \dfrac{\beta(x)}{\alpha(x)} = a$.

证
$$\lim \frac{\beta(x)}{\alpha(x)} = \lim \left[\frac{\beta(x)}{\bar{\beta}(x)} \cdot \frac{\bar{\beta}(x)}{\bar{\alpha}(x)} \cdot \frac{\bar{\alpha}(x)}{\alpha(x)} \right]$$

$$= \lim \frac{\beta(x)}{\bar{\beta}(x)} \cdot \lim \frac{\bar{\beta}(x)}{\bar{\alpha}(x)} \cdot \lim \frac{\bar{\alpha}(x)}{\alpha(x)}$$

$$= \lim \frac{\bar{\beta}(x)}{\bar{\alpha}(x)}$$

$$= a$$

性质 1 说明，在互为等价的两个无穷小量中，复杂的无穷小量可以用简单的无穷小量来近似地代替. 性质 2 说明，当无穷小用作乘法、除法运算时，简单的等价无穷小可以代替复杂无穷小，化繁为简，结果不变. 在加减运算中的各项一般不能进行等价无穷小代换；否则会产生较大的误差，得出错误的结果.

当 $x \to 0$ 时，常见的等价无穷小量有：① $\sin x \sim x$；② $\tan x \sim x$；③ $1 - \cos x \sim \dfrac{1}{2}x^2$；④ $(1+x)^\alpha - 1 \sim \alpha x$.

在利用这些等价代换公式时，x 可以换成任意无穷小量的函数，结论也成立.

例3 求下列极限.

(1) $\lim\limits_{x\to 0}\dfrac{\sin 2x}{x^3+3x}$; (2) $\lim\limits_{x\to 0}\dfrac{(1+5x^2)^3-1}{\tan^2(-3x)}$; (3) $\lim\limits_{x\to 0}\dfrac{\tan x-\sin x}{x^3}$.

解 (1)当 $x\to 0$ 时,由 $\sin x\sim x$,可得 $\sin 2x\sim 2x$.代入原式,可得

$$原式=\lim\limits_{x\to 0}\dfrac{2x}{x^3+3x}=\lim\limits_{x\to 0}\dfrac{2x}{x(x^2+3)}=\lim\limits_{x\to 0}\dfrac{2}{x^2+3}=\dfrac{2}{3}$$

(2)当 $x\to 0$ 时,由 $(1+x)^\alpha-1\sim\alpha x$,可得 $(1+5x^2)^3-1\sim 15x^2$;由 $\tan x\sim x$,可得 $\tan(-3x)\sim -3x$. 代入原式,可得

$$原式=\lim\limits_{x\to 0}\dfrac{15x^2}{(-3x)^2}=\dfrac{5}{3}$$

(3)当 $x\to 0$ 时,$\tan x\sim x$,$1-\cos x\sim\dfrac{1}{2}x^2$. 于是

$$原式=\lim\limits_{x\to 0}\dfrac{\tan x(1-\cos x)}{x^3}=\lim\limits_{x\to 0}\dfrac{\tan x}{x}\cdot\lim\limits_{x\to 0}\dfrac{1-\cos x}{x^2}=\dfrac{1}{2}$$

由第五节可知:应用商的极限法则要求分母的极限不能为零. 在商的极限中,如果分母的极限为零,但分子的极限存在且不为零,根据第四节性质4无穷大与无穷小的关系,该商的极限为无穷大. 因此,如果分母的极限为零,那么商的极限存在的必要条件是分子极限也为零,也就是 $\dfrac{0}{0}$ 型未定式才可能存在极限.由本节的定义可得:分母的极限为零的商的极限存在的充分必要条件分子是比分母的高阶无穷小,或同阶无穷小. 同样,如果分子的极限为零,而商的极限存在又不为零,那么分母的极限必为零,且分母是分子的同阶无穷小.

例4 已知 $\lim\limits_{x\to 1}\dfrac{x^2+ax+b}{\sin(x^2-1)}=3$,求参数 a 与 b 的值.

解 当 $x\to 0$ 时,由 $\sin x\sim x$,可得当 $x\to 1$ 时,$\sin(x^2-1)\sim x^2-1$.所求极限的分母极限为零,而分式的极限又存在,根据无穷小与无穷大的关系,可得分子极限必为零,因而 $\lim\limits_{x\to 1}(x^2+ax++b)=0$,即 $1^2+a\cdot 1+b=0$,$b=-a-1$.于是

$$\dfrac{x^2+ax+b}{x^2-1}=\dfrac{x^2+ax-(a+1)}{(x-1)(x+1)}=\dfrac{(x-1)(x+a+1)}{(x-1)(x+1)}=\dfrac{x+a+1}{x+1}$$

从而可得

$$\lim\limits_{x\to 1}\dfrac{x^2+ax+b}{x^2-1}=\lim\limits_{x\to 1}\dfrac{x+a+1}{x+1}=\dfrac{a+2}{2}=3$$

由此可得 $a=4,b=-5$.

习题 1-7

1.当 $x\to 0$ 时,$2x-x^2$ 与 x^3-4x^4 相比,哪一个是高阶无穷小?

2.当 $x\to 0$ 时,$(1-\cos x)^2$ 与 x^3 相比,哪一个是高阶无穷小?

3.当 $x\to 1$ 时,无穷小 $1-x$ 与下列无穷小是否同阶,是否等阶?

(1)$\dfrac{1}{2}(1-x^2)$; (2)$2(\sqrt{x}-1)$; (3)$1-x^3$.

4.计算下列极限.

（1）$\lim\limits_{x\to 0}\dfrac{\tan 3x}{4x}$；   （2）$\lim\limits_{x\to 0}\dfrac{\tan 6x}{\sin 2x}$；   （3）$\lim\limits_{x\to 0}\dfrac{\tan x-\sin x}{x^2\tan x}$；

（4）$\lim\limits_{x\to 0}\dfrac{\sqrt{1+x^2}-1}{1-\cos x}$；   （5）$\lim\limits_{n\to\infty}2^{n+1}\sin\dfrac{x}{2^n}$；

（6）$\lim\limits_{x\to 0}\dfrac{\sin(x^m)}{(\tan x)^n}$（$m$，$n$ 为正整数）；   （7）$\lim\limits_{x\to 0}\dfrac{\sqrt{1+\tan x}-\sqrt{1-\sin x}}{x}$.

5.若 $\lim\limits_{x\to 2}\dfrac{x^2+ax+b}{x-2}=1$，求 a 与 b 的值.

6.证明当 $x\to 0$ 时，（1）$\arcsin x\sim x$；（2）$\sec x\sim x$；（3）$\arctan x\sim x$.

7.证明当 $x\to 0$，$n\in N^+$ 时，（1）$(1+x)^n-1\sim nx$，（2）$\sqrt[n]{1+x}-1\sim\dfrac{1}{n}x$.

第八节　初等函数的连续性

前面我们主要讨论一些函数在某一点的变化情况,本节研究函数在一个区间上的整体性质,也就是利用函数极限研究函数的几何形态——函数的连续性. 这里所说的"连续"与日常生活中所说的连续（连接延续不间断）是类似的. 比如,温度是连续变化的, 它是时间的函数,当时间有微小的变化,温度只能有微小的变化,不可能有很大波动. 如何用数学语言来刻画函数的这种性质是本节研究的重点.

一、函数的连续性

引例 函数 $f(x)=\dfrac{x^2-1}{x-1}=x+1(x\neq 1)$ 的图像是不相连、断开的两条射线,见图 1-22,能不能连接这两条射线？只要补充一点 $A[1,f(1)]$ 定义,就能连接左右两边的射线.由于
$$f(1^-)=\lim\limits_{x\to 1^-}(x+1)=2=f(1^+)，$$
即 $f(x)$ 在 $x=1$ 这点的左右极限都存在,且相等.因此,我们补充定义 $f(1)=2$,该函数的图形就是一条连续的直线.

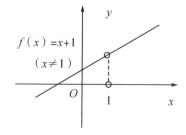

图 1-22　图形展示

一般地,一个图像要成连续曲线,通常其每一点既要连接左边的图形,又要连接右边的图形.于是,我们有定义1.

定义1 设函数 $y=f(x)$ 在点 x_0 的某一邻域内有定义.若极限 $\lim\limits_{x \to x_0} f(x)$ 存在,且极限值等于函数值 $f(x_0)$,即

$$\lim_{x \to x_0} f(x) = f(x_0)$$

则称函数 $f(x)$ 在点 x_0 处**连续**,x_0 称为函数 $y=f(x)$ 的**连续点**.

根据定义可得,函数 $f(x)$ 在点 x_0 处连续的充要条件:

$\lim\limits_{x \to x_0} f(x) = f(x_0) \Leftrightarrow f(x)$ 在点 x_0 有定义,$\lim\limits_{x \to x_0} f(x)$ 存在,且等于函数值 $f(x_0)$.

用"ε-δ"语言表达如下:$f(x)$ 在点 x_0 处连续 $\Leftrightarrow \forall \varepsilon > 0, \exists \delta > 0$,当 $|x-x_0| < \delta$ 时,恒有 $|f(x)-f(x_0)| < \varepsilon$ 成立.

如果变量 u 从初值 u_1 变到终值 u_2,那么终值与初值的差 u_2-u_1 叫作变量 u 的**改变量**(或**增量**),记作 Δu,即

$$\Delta u = u_2 - u_1$$

当改变量 Δu 是正数,变量 u 从初值 u_1 变到终值 $u_2 = u_1 + \Delta u$ 时是增大的;当改变量 Δu 是负数时,变量 u 是减小的.记号 Δu 是一个整体不可分割的记号,不是某个量 Δ 与变量 u 的乘积.

如果函数 $y=f(x)$ 在点 x_0 的某一邻域内有定义,则自变量 x 在这个邻域内从 x_0 变到 $x_0 + \Delta x$ 时,函数值或因变量 $f(x)$ 相应地从初值 $f(x_0)$ 变到终值 $f(x_0 + \Delta x)$,$f(x)$ 的对应增量为

$$\Delta y = f(x_0 + \Delta x) - f(x_0)$$

习惯上也称 Δy 为函数的**增量**(或**改变量**),其几何解释如图1-23所示。

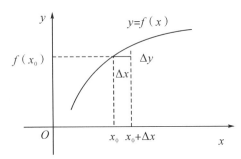

图1-23 Δy 的几何解释

经过观察发现,如果函数 $y=f(x)$ 的图形在某一点 x_0 是连接着的,那么当自变量 x 在 x_0 处发生微小的变化 Δx 时,函数值的变化 Δy 也很微小,即 $\Delta x \to 0$,有 $\Delta y \to 0$;反过来,若在 x_0 处发生微小的变化时,函数值的变化也很微小,即 $\Delta x \to 0$,有 $\Delta y \to 0$,则函数的图形在点 x_0 处一定是连接着的.事实上,记

$$x = x_0 + (x-x_0) = x_0 + \Delta x$$
$$\Delta y = f(x_0 + \Delta x) - f(x_0) = f(x) - f(x_0)$$

由此可见,若 $\lim\limits_{x \to x_0} f(x) = f(x_0)$,则有 $\lim\limits_{\Delta x \to 0} \Delta y = 0$.于是我们得到连续的另一定义:

定义1' 设函数 $y=f(x)$ 在点 x_0 的某个邻域内有定义.如果自变量 x 在 x_0 处的增量

Δx 趋近于零时, 相应的函数增量 Δy 也趋近于零, 即

$$\lim_{\Delta x \to 0} \Delta y = \lim_{\Delta x \to 0} [f(x_0 + \Delta x) - f(x_0)] = 0$$

则称函数 $y = f(x)$ 在点 x_0 处**连续**.

下面给出左右连续的定义:

若 $f(x)$ 在 x_0 处的左极限存在且等于函数值, 即

$$f(x_0^-) = \lim_{x \to x_0^-} f(x) = f(x_0)$$

则称 $f(x)$ 在 x_0 处**左连续**; 若 $f(x)$ 在 x_0 处的右极限存在且等于函数值, 即

$$f(x_0^+) = \lim_{x \to x_0^+} f(x) = f(x_0)$$

则称 $f(x)$ 在 x_0 处**右连续**.

我们知道, 函数 $f(x)$ 在 x_0 处连续是指在 x_0 处的左右极限存在且等于函数值, 即

$$\lim_{x \to x_0^-} f(x) = \lim_{x \to x_0^+} f(x) = f(x_0) \tag{1-10}$$

因此, 连续点是既左连续又右连续, 能连接图形左右两边的点.

如果函数 $f(x)$ 在开区间 (a,b) 内的每一点处连续, 那么称 $f(x)$ 为**在开区间 (a,b) 内的连续函数**, 或者说函数 $f(x)$ 在开区间 (a,b) 内连续, (a,b) 称为函数 $f(x)$ 的**连续区间**. 如果 $f(x)$ 在开区间 (a,b) 内的每一点处连续, 且在左端点 a 处右连续, 在右端点 b 处左连续, 那么称 $f(x)$ 为**闭区间 $[a,b]$ 上的连续函数**.

在几何中, 连续函数的图形是一条连续而不间断的曲线.

根据定义, 要判断函数 $y = f(x)$ 在点 x_0 处是否连续, 一种方法是算出极限 $\lim_{x \to x_0} f(x)$. 如果极限存在, 且等于函数值 $f(x_0)$, 那么函数 $f(x)$ 在点 x_0 处连续; 如果 $f(x_0)$ 没有定义, 或者极限不存在, 或者极限存在但不等于函数值 $f(x_0)$, 那么 $f(x)$ 在点 x_0 不连续. 另一种方法是我们需给出自变量的初值 x_0 的一个增量 Δx, 求出函数 $f(x)$ 的增量 Δy, 再求极限 $\lim_{\Delta x \to 0} \Delta y$, 看其是否为零: 如果 $\lim_{\Delta x \to 0} \Delta y = 0$, 那么函数 $f(x)$ 在点 x_0 处连续; 否则, 函数 $f(x)$ 在点 x_0 处不连续.

根据第五节可知: 多项式函数 $P(x) = x^n + a_1 x^{n-1} + \cdots + a_{n-1} x + a_0$ 有 $\lim_{x \to x_0} P(x) = P(x_0)$, 因而有理整函数 (多项式) 在区间 $(-\infty, +\infty)$ 内是连续的. 又设有理分式函数 $f(x) = \dfrac{P(x)}{Q(x)}$, 当 $Q(x_0) \neq 0$ 时, 则 $\lim_{x \to x_0} f(x) = f(x_0)$, 从而有理分式函数在其定义域内每一点都是连续的.

第五节的例 7 证明了 $\lim_{x \to a} \sqrt[3]{x} = \sqrt[3]{a}$, 可得幂函数 $y = \sqrt[3]{x}$ 在区间 $(-\infty, +\infty)$ 内连续. 一般地, 幂函数在定义域内连续.

例 1 证明正弦函数 $y = \sin x$ 在区间 $(-\infty, +\infty)$ 内连续.

证 利用正弦的两角和公式: $\sin(\alpha + \beta) = \sin\alpha\cos\beta + \cos\alpha\sin\beta$. 设 x 是区间 $(-\infty, +\infty)$ 内任意给定的一点. 当 x 有增量 Δx 时, 对应的函数的增量为

$$\begin{aligned}
\Delta y &= \sin(x + \Delta x) - \sin x = \sin x \cos \Delta x + \cos x \sin \Delta x - \sin x \\
&= \sin x (\cos \Delta x - 1) + \cos x \sin \Delta x
\end{aligned}$$

在第三节的例 5 证明了 $\lim_{x \to 0} \sin x = 0$, 有 $\lim_{\Delta x \to 0} \sin \Delta x = 0$; 第四节的例 5 也证明了 $\lim_{x \to 0} \cos x = 1$, 可得 $\lim_{\Delta x \to 0} (\cos \Delta x - 1) = 0$. 于是

$$\lim_{\Delta x \to 0} \Delta y = \sin x \lim_{\Delta x \to 0} (\cos \Delta x - 1) + \cos x \lim_{\Delta x \to 0} \sin \Delta x = 0.$$

根据连续的定义 1′ 可得结论.

类似地可以证明, 余弦函数 $y = \cos x$ 在区间 $(-\infty, +\infty)$ 内连续.

二、函数的间断点

对函数 $f(x)$ 在点 x_0 连续进行否定, 就是不连续. 设函数 $f(x)$ 在点 x_0 的某去心邻域内有定义. 如果函数 $f(x)$ 满足下列三种情形之一:

（1）在点 x_0 处无定义, 即 $f(x_0)$ 不存在;

（2）虽在点 x_0 有定义, 但 $\lim_{x \to x_0} f(x)$ 不存在;

（3）$\lim_{x \to x_0} f(x)$ 及 $f(x_0)$ 都存在, 但 $\lim_{x \to x_0} f(x) \neq f(x_0)$.

那么我们就称函数 $f(x)$ 在点 x_0 处**不连续**, 称 x_0 为 $f(x)$ 的**不连续点**或**间断点**.

注 A 且 B 的否定说法是非 A 或非 B, 即否定 A 或否定 B; 反过来, A 或者 B 的否定说法是非 A 且非 B, 即既否定 A 又否定 B.

下面举例来说明函数间断点的几种类型.

例 2 研究下列函数的连续性:

（1）$f(x) = \dfrac{x(x-1)}{x-1}$,

（2）$f(x) = \begin{cases} x^2 + 1, & x < 0 \\ x - 1, & x \geq 0 \end{cases}$.

解 （1）因为 $f(x)$ 在 $x_0 = 1$ 处无定义, 满足间断点的定义的第一个条件, 所以 $x_0 = 1$ 为函数的间断点. 但 $\lim_{x \to 1} f(x) = \lim_{x \to 1} x = 1$, 即在 $x_0 = 1$ 处极限存在, 如图 1-24 所示. 若补充函数 $f(x)$ 在 $x_0 = 1$ 处的定义: $f(1) = 1$, 则 $f(x)$ 在 $x_0 = 1$ 成为连续函数. 因而 $x_0 = 1$ 称为函数 $f(x)$ 的**可去间断点**.

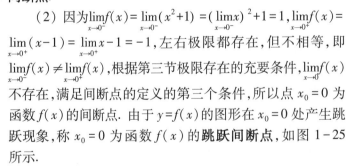

图 1-24　图形展示

（2）因为 $\lim_{x \to 0^-} f(x) = \lim_{x \to 0^-} (x^2 + 1) = (\lim_{x \to 0^-} x)^2 + 1 = 1$, $\lim_{x \to 0^+} f(x) = \lim_{x \to 0^+} (x - 1) = \lim_{x \to 0^+} x - 1 = -1$, 左右极限都存在, 但不相等, 即 $\lim_{x \to 0^-} f(x) \neq \lim_{x \to 0^+} f(x)$, 根据第三节极限存在的充要条件, $\lim_{x \to 0} f(x)$ 不存在, 满足间断点的定义的第三个条件, 所以点 $x_0 = 0$ 为函数 $f(x)$ 的间断点. 由于 $y = f(x)$ 的图形在 $x_0 = 0$ 处产生跳跃现象, 称 $x_0 = 0$ 为函数 $f(x)$ 的**跳跃间断点**, 如图 1-25 所示.

例 3 讨论正切函数 $y = \tan x$ 的连续性.

解 在 $x = \dfrac{\pi}{2}$ 无意义, 且 $\lim_{x \to \frac{\pi}{2}^-} f(x) = +\infty$, $\lim_{x \to \frac{\pi}{2}^+} f(x) = -\infty$, 可得 $\lim_{x \to \frac{\pi}{2}} f(x) = \infty$, 在 $x = \dfrac{\pi}{2}$ 处的极

图 1-25　图形展示

限不存在, 且为无穷大, 称点 $x = \dfrac{\pi}{2}$ 为该函数的**无穷间断点**, 如图 1-26 所示.

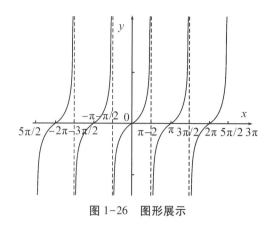

图 1-26   图形展示

例 4   讨论函数 $f(x) = \sin\dfrac{1}{x}$ 的连续性.

解   在 $x = 0$ 无意义,取两个数列 $x_n = \dfrac{1}{2n\pi \pm \dfrac{\pi}{2}} \to 0(n \to \infty)$,对应的函数值为

$$f(x_n) = \sin\left(2n\pi \pm \frac{\pi}{2}\right) = \pm 1$$

可见,$f(x)$ 在点 $x = 0$ 附近有无穷多个 1 和 -1,在 1 和 -1 之间上下来回跳跃,变动无数多次,趋势不稳定,因而 $f(x)$ 在点 $x = 0$ 的极限不存在,称点 $x = 0$ 为该函数的**振荡间断点**,如图 1-27 所示.

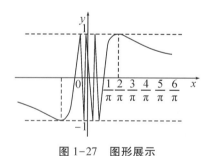

图 1-27   图形展示

通常把函数间断点的分成**两种类型**:若 x_0 是函数 $f(x)$ 的间断点,且左极限 $\lim\limits_{x \to x_0^-} f(x)$ 右极限 $\lim\limits_{x \to x_0^+} f(x)$ 都存在,则称 x_0 为函数 $f(x)$ 的**第一类间断点**. 不是第一类间断点的任何间断点称为**第二类间断点**. 第一类间断点中,左极限与右极限存在且相等称为函数的**可去间断点**,不相等称为函数**跳跃间断点**.无穷间断点与振荡间断点都是第二类间断点.

三、连续函数的运算

根据函数在某一点连续的定义与第五节极限的四则运算可得定理 1.

定理 1   如果函数 $f(x)$ 与 $g(x)$ 在点 x_0 处连续,那么它们的和(差)$f \pm g$、积 $f \cdot g$、商 $\dfrac{f}{g}$

[当 $g(x_0) \neq 0$ 时]也都在点 x_0 处连续.

前面证明了 $\sin x$ 和 $\cos x$ 都在区间 $(-\infty, +\infty)$ 内连续,根据定理 1 可知:

$$\tan x = \frac{\sin x}{\cos x}, \quad \cot x = \frac{\cos x}{\sin x}, \quad \sec x = \frac{1}{\cos x}, \quad \csc x = \frac{1}{\sin x}$$

在它们的定义域内是连续的.

根据第一节可知:直接函数 $x = f(y)$ 与反函数 $y = f^{-1}(x)$ 本来是同一个函数关系,在 xOy 平面内是同一条曲线. 函数 $x = f(y)$ [也是 $y = f^{-1}(x)$ 的反函数]的变量 x 与 y 交换位置后,变为 $y = f(x)$,就与反函数 $y = f^{-1}(x)$ 的图像就关于直线 $y = x$ 对称.

设直接函数 $y = f(x)$ 在定义域内单调连续,它的图形是一条上升(或下降)的连续曲线.它关于直线 $y = x$ 的对称曲线,也是一条上升(或下降)的连续曲线,而这条曲线就是反函数 $y = f^{-1}(x)$ 的图形. 因此,我们获得定理 2.

定理 2 如果函数 $y = f(x)$ 在某区间内单调连续,那么它的反函数 $y = f^{-1}(x)$ 在对应区间内也单调连续.

例如,$y = \sin x$ 在闭区间 $\left[-\frac{\pi}{2}, \frac{\pi}{2}\right]$ 上单调增加且连续,因而它的反函数 $y = \arcsin x$ 在闭区间 $[-1.1]$ 上单调增加且连续. 根据定理 2,我们知道反三角函数 $\arcsin x$、$\arccos x$、$\arctan x$ 和 $\mathrm{arccot} x$ 在定义域内连续. 同样,指数函数 $y = e^x$ 在区间 $(-\infty, +\infty)$ 内单调增加且连续,它的反函数 $y = \ln x$ 在区间 $(0, +\infty)$ 内单调增加且连续. 根据幂函数的图形,它在其定义内也连续. 总之,五类基本初等函数都在定义域内连续.

接下来,我们讨论复合函数的连续性.

定理 3 设 $y = f[\varphi(x)]$ 是函数 $u = \varphi(x)$ 与 $y = f(u)$ 的复合函数,$f[\varphi(x)]$ 在点 x_0 的某去心邻域内有定义. 若 $\lim\limits_{x \to x_0} \varphi(x) = u_0$,$\lim\limits_{u \to u_0} f(u) = a$,且存在 $\delta_0 > 0$,当 $\in \mathring{U}(x_0, \delta_0)$ 时,有 $\varphi(x) \neq u_0$,则

$$\lim_{x \to x_0} f[\varphi(x)] = \lim_{u \to u_0} f(u) = a \tag{1-11}$$

证 按第三节函数极限的定义,我们只需证明:$\forall \varepsilon > 0$,$\exists \delta > 0$,当 $0 < |x - x_0| < \delta$ 时,$|f[\varphi(x)] - a| < \varepsilon$ 恒成立.利用函数的复合关系来证明.

由于 $\lim\limits_{u \to u_0} f(u) = a$,根据极限的定义,$\forall \varepsilon > 0$,$\exists \eta > 0$,当 $0 < |u - u_0| < \eta$ 时,$|f(u) - a| < \varepsilon$ 成立.又由于 $\lim\limits_{u \to x_0} \varphi(x) = u_0$,对于上面得到的 $\eta > 0$,$\exists \delta_1 > 0$,当 $0 < |x - x_0| < \delta_1$ 时,$|\varphi(x) - u_0| < \eta$ 成立.

根据已知条件,当 $x \in \mathring{U}(x_0, \delta_0)$ 时,有 $\varphi(x) \neq u_0$. 令 $\delta = \min\{\delta_0, \delta_1\}$,则有当 $0 < |x - x_0| < \delta$ 时,$|\varphi(x) - u_0| \neq 0$ 和 $|\varphi(x) - u_0| < \eta$ 同时成立,即 $0 < |\varphi(x) - u_0| < \eta$ 成立,从而可得

$$|f[\varphi(x)] - a| = |f(u) - a| < \varepsilon$$

成立.

事实上,我们已经证明,$\forall \varepsilon > 0$,存在 $\delta = \min\{\delta_0, \delta_1\} > 0$,当 $0 < |x - x_0| < \delta$ 时,有 $0 < |\varphi(x) - u_0| < \eta$ 成立.又由当 $0 < |u - u_0| < \eta$ 时,有 $|f(u) - a| < \varepsilon$ 成立,即 $|f[\varphi(x)] - a| = |f(u) - a| < \varepsilon$.故结论成立. 证毕.

推论 1 设 $y = f[\varphi(x)]$ 是函数 $u = \varphi(x)$ 与 $y = f(u)$ 的复合函数,在点 x_0 的某去心邻

域内有定义. 若 $\lim\limits_{x \to x_0} \varphi(x) = u_0$, 而函数 $y = f(u)$ 在点 $u = u_0$ 处连续,则

$$\lim_{x \to x_0} f[\varphi(x)] = \lim_{u \to u_0} f(u) = f(u_0) \tag{1-12}$$

在定理 3 中,由于 $y = f(u)$ 在点 u_0 连续,令 $f(u_0) = a$,取消 "存在 $\delta_0 > 0$,当 $x \in \mathring{U}(x_0, \delta_0)$ 时,有 $\varphi(x) \neq u_0$" 这个条件,便得到推论 1. 不要条件 $\varphi(x) \neq u_0$ 的理由: $\forall \varepsilon > 0$,使 $\varphi(x) = u_0$ 成立的那些点 x,显然也使 $|f[\varphi(x)] - f(u_0)| < \varepsilon$ 成立. 因而附加 $\varphi(x) \neq u_0$ 这条件就没有必要了.

因为在推论 1 中,$y = f(u)$ 在点 $u = u_0$ 处连续,则有 $\lim\limits_{u \to u_0} f(u) = f(u_0)$. 又 $\lim\limits_{x \to x_0} \varphi(x) = u_0$,所以根据定理 3,可得

$$\lim_{x \to x_0} f[\varphi(x)] = \lim_{u \to u_0} f(u) = f(u_0) = f\left[\lim_{x \to x_0} \varphi(x)\right]$$

即

$$\lim_{x \to x_0} f[\varphi(x)] = f\left[\lim_{x \to x_0} \varphi(x)\right] \tag{1-13}$$

定理 3 的式(1-11)说明:在计算复合函数 $y = f[\varphi(x)]$ 的极限时,通过变量替换 $u = \varphi(x)$,求极限 $\lim\limits_{x \to x_0} f[\varphi(x)]$ 就转化为求两个函数的极限 $\lim\limits_{x \to x_0} \varphi(x)$ 与 $\lim\limits_{u \to u_0} f(u)$,即先求中间变量 $u = \varphi(x)$ 的极限,再求函数 $y = f(u)$ 的极限. 而式(1-13)表明,当 $y = f(u)$ 连续时,可将极限符号 $\lim\limits_{x \to x_0}$ 写到函数符号 f 的里面去. 这个性质在求函数的极限中是经常用到的,如例 5. 同时把推论 1 中的 $x \to x_0$ 换成 $x \to \infty$,可得类似结论.

例 5 求极限 $\lim\limits_{x \to 1} e^{\frac{x^2 - 2x + 1}{x - 1}}$.

解 $y = e^{\frac{x^2 - 2x + 1}{x - 1}}$ 是由 $u = \dfrac{x^2 - 2x + 1}{x - 1}$ 与 $y = e^u$ 复合而成的. 先计算中间函数的极限:

$$\lim_{x \to 1} u = \lim_{x \to 1} \frac{x^2 - 2x + 1}{x - 1} = \lim_{x \to 1} (x - 1) = 0$$

而指数函数 $y = e^u$ 在点 $u = 0$ 连续,根据定理 3 的推论 1,可得

$$\lim_{x \to 1} e^{\frac{x^2 - 2x + 1}{x - 1}} = e^{\lim_{x \to 1} \frac{x^2 - 2x + 1}{x - 1}} = e^0 = 1$$

在推论 1 条件下,若函数 $u = \varphi(x)$ 在点 $x = x_0$ 处连续,即 $\lim\limits_{x \to x_0} \varphi(x) = \varphi(x_0) = u_0$,代入式(1-13),可得

$$\lim_{x \to x_0} f[\varphi(x)] = f\left[\lim_{x \to x_0} \varphi(x)\right] = f[\varphi(x_0)] \tag{1-14}$$

这表示是复合函数 $y = f[\varphi(x)]$ 在点 $x = x_0$ 处连续. 于是我们得到结论:

推论 2 设 $y = f[\varphi(x)]$ 是 $u = \varphi(x)$ 与 $y = f(u)$ 的复合函数,在点 x_0 的某邻域内有定义. 如果函数 $u = \varphi(x)$ 在点 $x = x_0$ 处连续,且 $u_0 = \varphi(x_0)$,$y = f(u)$ 在点 $u = u_0$ 处连续,那么复合函数 $y = f[\varphi(x)]$ 在点 $x = x_0$ 处也连续,即式(1-14)成立.

例 6 讨论函数 $y = \ln\cos x$ 的连续性.

解 $y = \ln\cos x$ 是由 $u = \cos x$ 和 $y = \ln u$ 复合而成的. $y = \ln u$ 当 $(0, +\infty)$ 时是连续的,而 $u = \cos x$ 当 $(-\infty, +\infty)$ 时是连续的. 根据定理 3 的推论 2,$y = \ln\cos x$ 在 $\cos x > 0$ 时连续,即在区间 $\left(2k\pi - \dfrac{\pi}{2}, 2k\pi + \dfrac{\pi}{2}\right)$ $(k \in Z)$ 内连续.

根据上面的叙述,我们知道:**基本初等函数在其定义区间内连续**. 根据定理 1,它们经过四则运算(商的运算分母不能为零)后仍然连续,即简单函数在定义域内连续;根据定理 3 的推论 2,简单函数的复合运算得到的函数在定义域内连续. 从第一节中我们可以知道,由常数和基本初等函数经过有限次的四则运算构成的函数称为简单函数,把简单函数经过有限次的复合运算,并且可以用一个式子表示的函数称为初等函数.因此,我们获得初等函数的连续性,见定理 4.

定理 4 一切初等函数在其定义区间内都是连续的.

这里定义区间是指定义域内的任何部分区间. 对于初等函数 $f(x)$ 求极限,若 x_0 是 $f(x)$ 的定义区间内的点,根据定理 4,$f(x)$ 在 x_0 处连续,根据连续定义 1,则有极限等于函数值:$\lim\limits_{x \to x_0} f(x) = f(x_0)$,即求极限转化为求该点的函数值 $f(x_0)$. 如果 x_0 不是定义区间内的点,通常情况下对 $f(x)$ 进行有理化、消去零因子、无穷小的等价代换、变量代换及二个重要极限公式运用等变形后,得到一个新的初等函数 $F(x)$,使得 x_0 是 $F(x)$ 的定义区间内的点,再利用定理 4,即 $\lim\limits_{x \to x_0} F(x) = F(x_0)$ 获得结论(见本节例 7、例 8 与例 9).

例如,$x_0 = 4$ 是初等函数 $f(x) = \sqrt{x^2 - 3x + 2}$ 的定义区域 $(-\infty, 1) \cup (2, +\infty)$ 内的点.求极限就是求该点的函数值:

$$\lim_{x \to 4} \sqrt{x^2 - 3x + 2} = \sqrt{4^2 - 3 \cdot 4 + 2} = \sqrt{6}$$

又如 $x_0 = \dfrac{\pi}{3}$ 是初等函数 $f(x) = \ln\tan x$ 的定义区间 $\left(k\pi, k\pi + \dfrac{\pi}{2}\right)$ $(k \in Z)$ 内的点,因而

$$\lim_{x \to \frac{\pi}{3}} \ln\tan x = \ln\tan \frac{\pi}{3} = \ln\sqrt{3} = \frac{1}{2}\ln 3$$

例 7 求极限 $\lim\limits_{x \to 1} \dfrac{\sqrt{5x - 4} - 1}{x - 1}$.

解 $x = 1$ 不是函数定义域内的点,不能直接利用定理 4 求极限.又分子与分母的极限均为 0,属于 $\dfrac{0}{0}$ 型极限,为了消去零因子 $x - 1$,利用平方差公式有理化分子,再求极限.

$$原式 = \lim_{x \to 1} \frac{\left(\sqrt{5x - 4}\right)^2 - 1^2}{(x - 1)\left(\sqrt{5x - 4} + 1\right)} = \lim_{x \to 1} \frac{5(x - 1)}{(x - 1)\left(\sqrt{5x - 4} + 1\right)}$$

$$= \lim_{x \to 1} \frac{5}{\sqrt{5x - 4} + 1} = \frac{5}{\sqrt{5 \times 1 - 4} + 1} = \frac{5}{2}$$

例 8 求下列 $\dfrac{0}{0}$ 型极限:(1) $\lim\limits_{x \to 0} \dfrac{\log_a(1 + x)}{x}$ $(a > 0, a \neq 1)$,(2) $\lim\limits_{x \to 0} \dfrac{a^x - 1}{x}$ $(a > 0)$.

解 (1)原式 $= \lim\limits_{x \to 0} \dfrac{1}{x} \cdot \log_a(1 + x) = \lim\limits_{x \to 0} \log_a(1 + x)^{\frac{1}{x}}$,又函数 $y = \log_a(1 + x)^{\frac{1}{x}}$ 由 $y = \log_a u$

与 $u = (1 + x)^{\frac{1}{x}}$ 复合而成,而 $y = \log_a u$ 在定义域内连续,根据定理 3 的推论 1,可得

$$\text{原式} = \log_a \left[\lim_{x \to 0} (1+x)^{\frac{1}{x}} \right] = \log_a \mathrm{e} = \frac{\ln \mathrm{e}}{\ln a} = \frac{1}{\ln a}$$

（2）令 $t = a^x - 1 \to 0 (x \to 0)$，其反函数 $x = \log_a(1+t)$，利用本题（1）的结果，可得

$$\text{原式} = \lim_{t \to 0} \frac{t}{\log_a(1+t)} = \lim_{t \to 0} \frac{1}{\frac{\log_a(1+t)}{t}} = \frac{1}{\lim_{t \to 0} \frac{\log_a(1+t)}{t}} = \frac{1}{\frac{1}{\ln a}} = \ln a$$

根据例 8 的结论与第七节等价无穷小的定义，可得两个等价无穷小，即

$$\log_a(1+x) \sim \frac{x}{\ln a}, \quad a^x - 1 \sim x\ln a (x \to 0)$$

例如，在后一公式中，取 $a = 3$ 就有

$$3^x - 1 \sim x\ln 3 (x \to 0)$$

在上式中，取 $x = \frac{1}{n} \to 0 (n \to \infty)$ 就有

$$3^{\frac{1}{n}} - 1 \sim \frac{1}{n}\ln 3 (n \to +\infty)$$

同时还可得到

$$\lim_{x \to 0} a^x = 1, \quad \lim_{n \to \infty} a^{\frac{1}{n}} = 1 (a > 0)$$

在这两个等价无穷小中，当 $a = \mathrm{e}$ 时，获得两个常见等价无穷小，即

$$\ln(1+x) \sim x, \quad \mathrm{e}^x - 1 \sim x (x \to 0)$$

例 9　求极限 $\lim_{x \to 0} (1+\sin 2x)^{\frac{5}{x}}$.

解　（方法一）原式 $= \lim_{x \to 0} \left[(1+\sin 2x)^{\frac{1}{\sin 2x}} \right]^{\sin 2x \cdot \frac{5}{x}} = \lim_{x \to 0} \left[(1+\sin 2x)^{\frac{1}{\sin 2x}} \right]^{\frac{5\sin 2x}{x}}$，

利用公式 $\lim_{x \to 0} (1+x)^{\frac{1}{x}} = \mathrm{e}$，可得

$$\lim_{x \to 0} (1+\sin 2x)^{\frac{1}{\sin 2x}} = \mathrm{e}$$

由公式 $\lim_{x \to 0} \frac{\sin x}{x} = 1$，可得

$$\lim_{x \to 0} \frac{5\sin 2x}{x} = \lim_{x \to 0} \frac{10\sin 2x}{2x} = 10$$

从而可得

$$\text{原式} = \mathrm{e}^{\lim_{x \to 0} \frac{5\sin 2x}{x}} = \mathrm{e}^{10}$$

（方法二）根据例 8 得到的结果可得

$$\ln(1+\sin 2x) \sim \sin 2x \sim 2x (x \to 0)$$

再利用对数恒等式（$a^{\log_a N} = N$）和定理 3 的推论 1，可得

$$\text{原式} = \lim_{x \to 0} \mathrm{e}^{\ln(1+\sin 2x)^{\frac{5}{x}}} = \mathrm{e}^{\lim_{x \to 0} \frac{5}{x} \cdot \ln(1+\sin 2x)} = \mathrm{e}^{\lim_{x \to 0} \frac{5\sin 2x}{x}} = \mathrm{e}^{10}$$

幂指函数是指一个幂的底数与指数均含有自变量的函数. 对于幂指函数的极限我们在第六节中给了一个重要公式，一般地，设 $y = u(x)^{v(x)} [u(x) > 0, u(x) \neq 1]$. 如果 $\lim u(x) = a > 0, \lim v(x) = b$，那么 $\lim u(x)^{v(x)} = a^b$，其中 $\lim$ 表示同一自变量变化过程中的极限.

设 $y = u(x)^{v(x)}$，取对数得 $\ln y = \ln u(x)^{v(x)} = v(x)\ln u(x)$，根据定理 3 的推论 1，可得

$$\lim \ln y = \lim [v(x) \cdot \ln u(x)] = \lim v(x) \cdot \ln \lim u(x) = b \ln a = \ln a^b$$

即 $\lim \ln y = a^b$. 根据对数函数的单调性可得, $\lim u(x)^{v(x)} = a^b$.

习题 1-8

1.确定下列函数的连续性与连续区间,并指出间断点的类型.

（1）$f(x) = \begin{cases} x, & 0 \leq x \leq 2 \\ 2, & x<0 \ \text{或} \ x>2 \end{cases}$；
（2）$f(x) = \begin{cases} 3x-1, & -1 \leq x \leq 2 \\ x^2+1, & x>2 \end{cases}$.

2.求函数 $f(x) = \dfrac{x^3-x^2-x-2}{x^2-5x+6}$ 的连续区间,并求极限 $\lim\limits_{x \to 0} f(x)$, $\lim\limits_{x \to 2} f(x)$ 及 $\lim\limits_{x \to 3} f(x)$.

3.下列函数在给出点处间断,指出间断点的类型,如果是可去间断点,改变函数的定义使它连续.

（1）$y = \dfrac{x^2-x-2}{x^2+4x+3}, x=-1, x=-3$；
（2）$y = \dfrac{\sin(x-1)}{x(x-1)}, x=0, x=1$；

（3）$y = x \cos \dfrac{1}{x}, x=0$；
（4）$y = \dfrac{x}{\tan x}, x=k\pi, k\pi+\dfrac{\pi}{2} (k=0, \pm 1, \pm 2, \cdots)$；

（5）$y = \cos \dfrac{1}{x}, x=0$.

4.计算下列极限.

（1）$\lim\limits_{x \to 1} \sqrt{x^2-4x+5}$；
（2）$\lim\limits_{x \to \frac{\pi}{3}} \ln(\sin 2x)$；
（3）$\lim\limits_{x \to \infty} e^{\frac{1}{x-1}}$；

（4）$\lim\limits_{x \to \infty} e^{x \sin \frac{1}{x}}$；
（5）$\lim\limits_{x \to 1} \dfrac{\sqrt{6x-5}-\sqrt{x}}{x-1}$；
（6）$\lim\limits_{x \to \alpha} \dfrac{\cos x - \cos \alpha}{x-\alpha}$；

（7）$\lim\limits_{x \to +\infty} \dfrac{\sqrt{x^2+1}-1}{x}$；
（8）$\lim\limits_{x \to \infty} x \ln \dfrac{x+5}{x}$；
（9）$\lim\limits_{x \to \infty} \left(\dfrac{x+5}{x+3}\right)^x$.

5.计算下列极限.

（1）$\lim\limits_{x \to 0} \dfrac{3^x+5^x-2}{x}$；
（2）$\lim\limits_{x \to 0} \dfrac{x^2}{\sec x - \cos x}$；
（3）$\lim\limits_{x \to 0} \dfrac{x \tan x}{\ln(1+x^2)}$；

（4）$\lim\limits_{x \to 0} \dfrac{(1-2\sin^2 x)^{\frac{2}{3}}-1}{x(e^x-1)}$；
（5）$\lim\limits_{x \to 1} \dfrac{e^x-e}{x-1}$；
（6）$\lim\limits_{x \to 0} (\cos 2x)^{\frac{1}{x^2}}$.

6.求参数 a 与 b 的值.

（1）设函数 $f(x) = \begin{cases} 1+\ln(1+x), & x<0 \\ a+2x, & x \geq 0 \end{cases}$, 在 $(-\infty, +\infty)$ 内连续；
（2）设 $\lim\limits_{x \to 1} \dfrac{x^2+ax+b}{\ln x} = 2$.

7.讨论函数 $f(x) = \lim\limits_{n \to \infty} \dfrac{x+1}{x^{2n}+1}$ 的间断点.

8.证明 $\lim\limits_{x \to 0} \dfrac{(1+x)^\alpha-1}{x} = \alpha$ （α 为常数）.

9.下列陈述中,哪些是对的,哪些是错的? 如果是对的,说明理由;如果是错的,给出一个反例.

（1）如果函数 $f(x)$ 在 a 点处连续,那么 $|f(x)|$ 也在 a 点处连续.

（2）如果函数 $|f(x)|$ 在 a 点处连续,那么 $f(x)$ 也在 a 点处连续.

第九节　闭区间上连续函数的性质及二分法

一、最大值(最小值)

先给出函数的最大值(最小值)的定义.

定义1　设函数 $f(x)$ 在区间 I 上有定义. 如果存在 $x_0 \in I$, 使得对于任一 $x \in I$ 都有

$$f(x) \leqslant f(x_0) [f(x) \geqslant f(x_0)]$$

那么称 $f(x_0)$ 是函数 $f(x)$ 在区间 I 上的**最大值(最小值)**, x_0 称为函数 $f(x)$ 在区间 I 上的**最大值(最小值)点**.

最大值与最小值统称为最值. 定义中的等号表示最值的存在性, 还可表示最值可能不一定唯一.显然, $f(x)$ 在区间 I 上的全体函数值中, 其中最大(小)者是最大(小)值, 最大(小)值是没有比它更大(小)函数值, 分别记作 M,m, 即

$$M = \max_{x \in I} \{f(x)\}, m = \min_{x \in I} \{f(x)\}$$

例如, 函数 $f(x) = 3 + \cos x$ 在区间 $[0, 2\pi]$ 上的最大值为4, 最小值为2. 函数 $f(x) = \dfrac{2}{x}$ 在区间 $(0,2]$ 上没有最大值, 只有最小值1.

如果函数 $f(x)$ 在区间 (a,b) 内的每一点处连续, 且在左端点 a 处右连续, 在右端点 b 处左连续, 那么 $f(x)$ 在闭区间 $[a,b]$ 上连续. 设 $y = f(x)$ 在闭区间 $[a,b]$ 上连续, 它的图像是两端被固定在点 $[a, f(a)]$ 和 $[b, f(b)]$ 处的一条连续不断的曲线, 就像两端被固定的一根绳子. 根据第八节连续的概念可得: 若 $f(x)$ 在点 x_0 处连续, 则有 $\lim\limits_{x \to x_0} f(x) = f(x_0)$. 也就是说, 在 x_0 的某邻域中的自变量 x 的函数值 $f(x)$ 就要受到 $f(x_0)$ 的约束, 它们相差应该不大; 根据第三节极限的局部有界性, 可保证在 x_0 的该邻域内 $f(x)$ 有界. 若 $f(x)$ 在 (a,b) 内处处连续, 则可保证它在 (a,b) 内的每一点的邻域内有界, 并且在区间端点连续, 可以保证它在端点有界, 从而 $f(x)$ 在闭区间 $[a,b]$ 上有界. 在闭区间上的连续函数有几个重要性质, 仅叙述其内容.

定理1[最大(小)值定理]　在闭区间上的连续函数在该区间上一定有最大值和最小值.

若 $f(x)$ 在区间 $[a,b]$ 上连续, 则存在两点 $\xi, \eta \in [a,b]$, 使得 ξ 与 η 分别是最大值与最小值点, 如图1-28所示, 记作

$$M = \max_{x \in [a,b]} \{f(x)\} = f(\xi)$$
$$m = \min_{x \in [a,b]} \{f(x)\} = f(\eta)$$

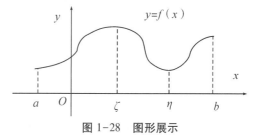

图1-28　图形展示

推论(有界性)　闭区间上的连续函数在该区间上一定有界.

因为 $f(x)$ 在闭区间 $[a,b]$ 上连续, 存在最大值 M 与最小值 m, 即

$$m \leqslant f(x) \leqslant M$$

所以 $f(x)$ 有最小的上界 M 和最大的下界 m. 根据第一节函数有界的定义，$f(x)$ 在 $[a,b]$ 上有界.

如果函数在开区间内连续，或函数在闭区间上有间断点，那么函数在该区间上不一定有界，也不一定有最大值和最小值. 例如，函数 $y=\ln x$ 在开区间 $(0,10)$ 内连续，但它在开区间 $(0,10)$ 内无下界，从而无界，且无最大值和最小值.

又如，函数

$$y=\begin{cases} 2x+3, & -1 \leqslant x < 0 \\ 0, & x=0 \\ -x+1, & 0 < x \leqslant 1 \end{cases}$$

在闭区间 $[-1,1]$ 上有间断点 $x=0$. 这个函数在闭区间 $[-1,1]$ 上有界，虽有最小值 0，但无最大值，如图 1-29 所示.

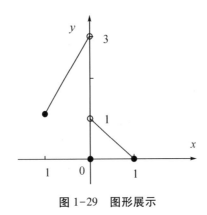

图 1-29　图形展示

二、介值定理

若 $f(x)$ 在闭区间 $[a,b]$ 上连续，则存在最小值 m 与最大值 M，且对于任一 $x \in [a,b]$，均有 $m \leqslant f(x) \leqslant M$. 事实上，当 $m \neq M$ 时，对于任一常数 μ，$m < \mu < M$，至少存在一点 x_0，$x_0 \in [a,b]$，使得 $f(x_0)=\mu$ 成立. 也就是说，若 $f(x)$ 在闭区间 $[a,b]$ 上连续，则它必能取得在该区间的最小值与最大值之间的一切值. 于是有定理 2.

定理 2　在闭区间 $[a,b]$ 上的连续函数 $f(x)$ 的值域也是一个闭区间 $[m,M]$，其中 m 与 M 依次为函数最小值与最大值.

其几何解释为：当 $m=M$ 时，$f(x)$ 为常值函数，值域只有一个元素 m，我们认为它也是一个闭区间，结论成立. 当 $m \neq M$ 时，设 ξ 与 η 分别是在 $[a,b]$ 上的连续函数 $f(x)$ 最大值点与最小值点，即

$$M=f(\xi) \neq m=f(\eta)$$

$f(x)$ 在闭区间 $[\xi,\eta]$ $(\xi<\eta)$ 或 $[\eta,\xi]$ $(\eta<\xi)$ 上连续. 作函数 $y=f(x)$ 与直线 $y=\mu$ 的图像. 由于 $f(x)$ 是连续曲线，图形从最低点 $A(\eta,m)$ 上升到最高点 $B(\xi,M)$，必须经过直线 $y=\mu$，因而曲线 $y=f(x)$ 与直线 $y=\mu$ 至少有一个交点. 这个交点的横坐标 x_0 就是方程 $f(x)=\mu$ 的解，能使 $f(x_0)=\mu$ 成立，如图 1-30 所示. 因此，在闭区间 $[a,b]$ 上的连续函数 $f(x)$ 的

值域也是一个闭区间 $[m,M]$.

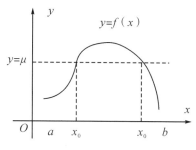

图 1-30　图形展示

推论 1（介值定理）　设函数 $f(x)$ 在闭区间 $[a,b]$ 上连续，且 $f(a) \neq f(b)$，则对介于 $f(a)$ 与 $f(b)$ 之间的任何实数 μ，在开区间 (a,b) 内至少存在一点 x_0，使得 $f(x_0) = \mu$ 成立.

这是因为在 $[a,b]$ 上的连续函数 $f(x)$ 必有最大值 M 与最小值 m，对介于 $f(a)$ 与 $f(b)$ 之间的任何实数 μ，有 $m \leqslant \mu \leqslant M$，即 $\mu \in [m,M]$. 根据定理 2，在 (a,b) 内至少存在一点 x_0，使得 $f(x_0) = \mu$ 成立.

若存在实数 x_0 满足方程 $f(x) = 0$，则称 x_0 为该**方程的根**，也称 x_0 为函数 $f(x)$ 的**零点**.

推论 2（零点定理）　若函数 $f(x)$ 在闭区间 $[a,b]$ 上连续，且 $f(a)$ 和 $f(b)$ 异号，则 $f(x)$ 在开区间 (a,b) 内至少有一个零点.

简单表示：$f(x)$ 在 $[a,b]$ 上连续，且 $f(a) \cdot f(b) < 0 \Rightarrow \exists x_0 \in (a,b)$，使得 $f(x_0) = 0$.

几何解释：因为点 $A[a,f(a)]$ 与 $B[b,f(b)]$ 分别位于 x 轴的上下两侧，所以连接 A 和 B 的连续曲线 $y = f(x)$ 必须经过 x 轴，与 x 轴至少有一个交点，如图 1-31 所示. 这个交点的横坐标 x_0 就是函数 $f(x)$ 的零点.

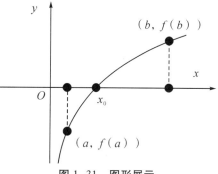

图 1-31　图形展示

例 1　证明方程 $x + e^x = 0$ 在区间 $[-1,1]$ 内有唯一的实根.

证　函数 $f(x) = x + e^x$ 在闭区间 $[-1,1]$ 上连续，且

$$f(-1) = -1 + \frac{1}{e} < 0, \quad f(1) = 1 + e > 0$$

从而 $f(-1)f(1) < 0$，根据定理 2 的推论 2，该方程在区间 $(-1,1)$ 内至少有一的根.

设 $x_1, x_2 \in R$，$x_1 < x_2$. 函数 $y = e^x$ 在定义域单调增加，有 $e^{x_2} > e^{x_1}$. 因而，

$$f(x_2) - f(x_1) = x_2 - x_1 + e^{x_2} - e^{x_1} > 0$$

故 $f(x)$ 在区间 $(-\infty, +\infty)$ 内有单调增加，至多有一个零点. 由此可得，方程有唯一的实根.

例 2　证明方程 $\dfrac{1}{x-1} + \dfrac{1}{x-2} + \dfrac{1}{x-3} = 0$ 有分别包含于 $(1,2)$ 和 $(2,3)$ 的两个实根.

证　由方程可知 $x \neq 1$，$x \neq 2$，$x \neq 3$，故原方程的同解方程为

$$(x-2)(x-3) + (x-1)(x-3) + (x-1)(x-2) = 0$$

引入辅助函数

$$F(x) = (x-2)(x-3) + (x-1)(x-3) + (x-1)(x-2)$$

易知多项式 $F(x)$ 在 $(-\infty,\infty)$ 上连续,在闭区间 $[1,2]$ 与 $[2,3]$ 上连续,且
$$F(1)=(1-2)(1-3)=2, F(2)=(2-1)(2-3)=-1$$
$$F(3)=(3-1)(3-2)=2$$
可得
$$F(1)F(2)=-2<0, F(2)F(3)=-2<0$$
根据零点定理,$F(x)$ 分别在 $(1,2)$ 和 $(2,3)$ 内有一实根. 故结论成立.

三、二分法

如果函数 $f(x)$ 在区间 $[a,b]$ 上连续,$f(a)\cdot f(b)<0$,方程 $f(x)=0$ 在 (a,b) 内至少有一根 ξ. 如果方程 $f(x)=0$ 在 (a,b) 内有唯一实根 ξ,称区间 $[a,b]$ 为所求根的隔离区间.

下面,我们用二分法求方程 $f(x)=0$ 在隔离区间 $[a,b]$ 内的实根 ξ.

取 $[a,b]$ 的中点 $\xi_1=\dfrac{a+b}{2}$,计算 $f(\xi_1)$. 如果 $f(\xi_1)=0$,那么 $\xi=\xi_1$;如果 $f(\xi_1)$ 与 $f(a)$ 同号,那么取 $a_1=\xi_1,b_1=b$,有 $f(a_1)\cdot f(b_1)<0$,即知道 $a_1<\xi<b_1$,且 $b_1-a_1=\dfrac{1}{2}(b-a)$;如果 $f(\xi_1)$ 与 $f(b)$ 同号,那么取 $a_1=a,b_1=\xi_1$,也有 $a_1<\xi<b_1$ 及 $b_1-a_1=\dfrac{1}{2}(b-a)$. 总之,当 $\xi\neq\xi_1$ 时,可求得 $a_1<\xi<b_1$,且 $b_1-a_1=\dfrac{1}{2}(b-a)$. 以 $[a_1,b_1]$ 作为新的区间,重复上述做法,当 $\xi\neq\xi_2=\dfrac{1}{2}(a_1+b_1)$ 时,可求得 $a_2<\xi<b_2$,且 $b_2-a_2=\dfrac{1}{2^2}(b-a)$.

如此重复 n 次,可求得 $a_n<\xi<b_n$,且 $b_n-a_n=\dfrac{1}{2^n}(b-a)$. 由此可知,如果以 a_n 或 b_n 作为 ξ 的近似值,那么其误差小于 $\dfrac{1}{2^n}(b-a)$.

例3 用二分法求方程 $x^3+x+3=0$ 的实根近似值,使误差不超过 10^{-2}.

解 令 $f(x)=x^3+x+3$,显然 $f(x)$ 在 $(-\infty,+\infty)$ 内连续;容易证明该函数为单调增函数,因而至多有一零点. 由 $f(-2)=-7<0,f(-1)=1>0$,可知 $f(x)$ 在 $(-2,-1)$ 内有唯一零点. 取 $a=-2,b=-1$.

计算得
$$\xi_1=-1.5, f(\xi_1)=-2.25<0,\ \text{故}\ a_1=-1.5, b_1=-1$$
$$\xi_2=-1.25, f(\xi_2)=-0.203<0,\ \text{故}\ a_2=-1.25, b_2=-1$$
$$\xi_3=-1.125, f(\xi_3)=0.451>0,\ \text{故}\ a_3=-1.25, b_3=-1.125$$
$$\xi_4=-1.1875, f(\xi_4)=0.138>0,\ \text{故}\ a_4=-1.25, b_4=-1.1875$$
$$\xi_5=-1.2187, f(\xi_5)=-0.287<0,\ \text{故}\ a_5=-1.2187, b_5=-1.1875$$
$$\xi_6=-1.2031, f(\xi_6)=0.055>0,\ \text{故}\ a_6=-1.2187, b_6=-1.2031$$
$$\xi_7=-1.2109, f(\xi_7)=0.0214>0,\ \text{故}\ a_7=-1.2187, b_7=-1.2019$$
$$\xi_8=-1.2103, f(\xi_8)=0.017>0,\ \text{故}\ a_8=-1.2187, b_8=-1.2103$$

因而
$$-1.218\ 7 < \xi < -1.210\ 3$$
即 $-1.218\ 7$ 作为根的不足近似值, $-1.210\ 3$ 作为根的过剩近似值, 其误差不超过 10^{-2}.

*四、一致连续

设函数 $f(x)$ 在区间 I 上连续, 任一 $x_0 \in I$, 根据连续的定义, $\forall \varepsilon > 0$, $\exists \delta > 0$, 使得当 $|x - x_0| < \delta$ 时, 就有 $|f(x) - f(x_0)| < \varepsilon$. 通常这个 δ 不仅与 ε 有关, 还与所取定的 x_0 有关, 即使 ε 不变, 若选取区间上的其他点作为 x_0 时, 这个 δ 就不一定适用了. 但是对于某些函数, 却有一个重要情形: 存在着只与 ε 有关, 而对区间 I 上任何点 x_0 都能适用的正数 δ, 即对任何 $x_0 \in I$, 只要 $|x - x_0| < \delta$ 时, 就有 $|f(x) - f(x_0)| < \varepsilon$. 如果函数 $f(x)$ 在区间 I 上能使这种情形发生, 就说函数 $f(x)$ 在区间 I 上一致连续.

定义 2 函数 $f(x)$ 在区间 I 上有定义. 如果对于任意给定正数 ε, 总存在着正数 δ, 使得对于在区间 I 上任意两点 x_1 与 x_2, 当 $|x_1 - x_2| < \delta$ 时, 就有
$$|f(x_1) - f(x_2)| < \varepsilon$$
那么称函数 $f(x)$ 在区间 I 上**一致连续**.

一致连续表明: 不论在区间 I 的任何部分, 只要自变量的两个取值接近到一定程度, 就可使对应的函数值达到所指定的接近程度.

根据上述定义可知, 如果函数 $f(x)$ 在区间 I 上一致连续, 那么函数 $f(x)$ 在区间 I 上连续. 但反过来不一定成立, 见例 4.

例 4 证明函数 $f(x) = \dfrac{1}{x}$ 在区间 $(0,1]$ 上连续, 但非一致连续.

证 因为 $f(x) = \dfrac{1}{x}$ 是初等函数, 它在区间 $(0,1]$ 上有定义, 根据第八节初等函数连续的性质可知, 它在 $(0,1]$ 上是连续的.

下面用反证法证非一致连续. 任意给定正数 $\varepsilon (0 < \varepsilon < 1)$, 假定 $f(x) = \dfrac{1}{x}$ 在区间 $(0,1]$ 上一致连续, 应该存在正数 δ, 使得对于在区间 $(0,1]$ 上任意两点 x_1 与 x_2, 当 $|x_1 - x_2| < \delta$ 时, 就有 $|f(x_1) - f(x_2)| < \varepsilon$. 现在取原点附近的两点:
$$x_1 = \frac{1}{n}, \quad x_2 = \frac{1}{n+2} \quad (n \in N_+)$$
显然这样的 x_1 与 x_2 在 $(0,1]$ 上. 由于
$$x_1 - x_2 = \frac{1}{n} - \frac{1}{n+2} = \frac{2}{n(n+2)}$$
因而只要 n 取得足够大, 总能使 $|x_1 - x_2| < \delta$, 然而,
$$|f(x_1) - f(x_2)| = \left| \frac{1}{\frac{1}{n}} - \frac{1}{\frac{1}{n+2}} \right| = |n - (n+2)| = 2 > \varepsilon$$
这与一致连续的定义矛盾, 故 $f(x) = \dfrac{1}{x}$ 在区间 $(0,1]$ 上非一致连续.

本例说明:在半区间上连续的函数非一致连续. 但是,有定理 3.

定理 3(一致连续性定理) 如果函数 $f(x)$ 在闭区间 $[a,b]$ 上连续,那么它在该区间上一致连续.

高等数学
上册

习题 1-9

1. 证明方程 $x^3+2x-1=0$ 有不超过 1 的唯一正根.

2. 证明方程 $x^4+x-40=0$ 在区间 $[-3,3]$ 上有两个实根.

3. 证明方程 $a\cos x=x(a>0)$ 有一个不超过 a 的正实根.

4. 证明方程 $mx^3+x-1=0$ 至少有一个实根.

5. 设 a_1,a_2,a_3 为正数,$\lambda_1<\lambda_2<\lambda_3$. 证明方程 $\dfrac{a_1}{x-\lambda_1}+\dfrac{a_2}{x-\lambda_2}+\dfrac{a_3}{x-\lambda_3}=0$ 在区间 (λ_1,λ_2) 与 (λ_2,λ_3) 内各有一个实根.

6. 证明设函数 $f(x)$ 在区间 $[0,1]$ 上连续,并且对 $[0,1]$ 上任一点 x 有 $0\leqslant f(x)\leqslant1$,则在 $[0,1]$ 中至少有一点 ξ,使得 $f(\xi)=\xi[\xi$ 称为函数 $f(x)$ 的不动点$]$.

7. 设函数 $f(x)$ 在区间 $[a,b]$ 上连续,$a<x_1<x_2<\cdots<x_n<b(n\geqslant3)$,则在 (x_1,x_n) 内至少有一点 ξ,使得 $f(\xi)=\dfrac{f(x_1)+f(x_2)+\cdots+f(x_n)}{n}$.

8. 证明方程 $x^3-3x^2+6x-1=0$ 区间 $(0,1)$ 内有唯一实根,求这个根的近似值,其误差不超过 10^{-2}.

*9. 在什么条件下,在区间 (a,b) 内连续函数 $f(x)$ 为一致连续?

学习要点

一、基本概念

1. 数列极限

如果一个数列 $\{x_n\}$ 与确定的常数 a 有如下的关系:任意给定的正数 ε(无论它多么小),相应地存在正整数 N,使得当 $n>N$ 时的一切项 x_n 均有不等式 $|x_n-a|<\varepsilon$ 成立,那么称常数 a 为数列 $\{x_n\}$ 的极限,或者说,数列 $\{x_n\}$ 收敛于 a.记为 $\lim\limits_{n\to\infty}x_n=a$ 或 $x_n\to a(n\to\infty)$.

2. 函数极限

设函数 $f(x)$ 当 $|x|$ 大于某一正数时有定义. 如果存在常数 a,对于任意给定的正数 ε(无论它多么小),总存在正数 X,满足不等式 $|x|>X$ 的一切自变量 x,对应的函数值 $f(x)$ 都满足不等式 $|f(x)-a|<\varepsilon$,则称 a 为函数 $f(x)$ 当 $x\to\infty$ 时的极限. 记为 $\lim\limits_{x\to\infty}f(x)=a$ 或 $f(x)\to a$(当 $x\to\infty$).

设函数 $f(x)$ 在 x_0 的某一去心邻域内有定义. 如果对于任意给定的正数 ε(无论它多么小),相应存在正数 δ,使得只要满足不等式 $0<|x-x_0|<\delta$ 的一切自变量 x,对应的函数值 $f(x)$ 都满足不等式 $|f(x)-a|<\varepsilon$,则称 a 为函数 $f(x)$ 当 $x\to x_0$ 时的极限,记作

$$\lim_{x\to\infty}f(x)=a \text{ 或 } f(x)\to a \text{ （当 } x\to x_0\text{ ）}$$

3. 无穷小

如果函数 $f(x)$ 当 $x\to x_0$（或 $x\to\infty$）时极限为零，称函数 $f(x)$ 为当 $x\to x_0$（或当 $x\to\infty$）时的无穷小量，简称无穷小.

4. 无穷大

设函数 $f(x)$ 在 x_0 的某一去心邻域内有定义. 如果对于任意给定的正数 M（无论它多么大），总存在正数 δ，只要满足不等式 $0<|x-x_0|<\delta$ 一切自变量 x，对应的函数值 $f(x)$ 都满足不等式 $|f(x)|>M$，则称 $f(x)$ 为当 $x\to x_0$ 时的无穷大量，简称无穷大. 记为 $\lim_{x\to x_0}f(x)=\infty$.

设函数 $f(x)$ 在 $|x|$ 大于某一正数时有定义. 如果对于任意给定的正数 M（无论它多么大），总存在正数 X，只要满足不等式 $|x|>X$ 的一切自变量 x，对应的函数值 $f(x)$ 都满足不等式 $|f(x)|>M$，则称 $f(x)$ 为当 $x\to\infty$ 时的无穷大量，简称无穷大，并记为 $\lim_{x\to\infty}f(x)=\infty$.

5. 连续

设函数 $y=f(x)$ 在点 x_0 的某一邻域内有定义. 若 $\lim_{x\to x_0}f(x)$ 存在，且其极限值等于函数值 $f(x_0)$，即 $\lim_{x\to x_0}f(x)=f(x_0)$，称函数 $f(x)$ 在点 x_0 处连续，x_0 称为函数 $y=f(x)$ 的连续点.

如果自变量的增量 Δx 趋近于零时，相应的因变量增量 Δy 也趋近于零，即 $\lim_{\Delta x\to 0}\Delta y=\lim_{\Delta x\to 0}[f(x_0+\Delta x)-f(x_0)]=0$，则函数 $y=f(x)$ 在点 x_0 处连续.

二、基本定理

1. 极限的性质

性质 1（唯一性） 如果极限 $\lim_{x\to x_0}f(x)$ 存在，则极限值唯一.

性质 2（局部有界性） 如果极限 $\lim_{x\to x_0}f(x)$ 存在，则在点 x_0 的某个去心邻域内，函数 $f(x)$ 有界.

推论 收敛数列必有界，无界数列必发散.

性质 3（局部保号性） 如果极限 $\lim_{x\to x_0}f(x)=a$，且 $a>0$（或 $a<0$），那么存在常数 $\delta>0$，使得当 $0<|x-x_0|<\delta$ 时，有 $f(x)>0$（或 $f(x)<0$）恒成立.

推论 在点 x_0 的某个去心邻域内，如果函数 $f(x)\geq 0$（或 $f(x)\leq 0$），且 $\lim_{x\to x_0}f(x)=a$，则 $a\geq 0$（或 $a\leq 0$）.

2. 极限的四则运算法则

定理 设在同一变化过程中，函数 $f(x)$，$g(x)$ 存在极限，且 $\lim f(x)=A$，$\lim g(x)=B$. 则它们的和、差、积与商（$B\neq 0$）存在极限，

(1) $\lim[f(x)\pm g(x)]=\lim f(x)\pm\lim g(x)=A\pm B$；

(2) $\lim[f(x)\cdot g(x)]=\lim f(x)\cdot\lim g(x)=A\cdot B$；

(3) 当 $B\neq 0$ 时，$\lim\dfrac{f(x)}{g(x)}=\dfrac{\lim f(x)}{\lim g(x)}=\dfrac{A}{B}$.

推论 1 如果 $\lim f(x)$ 存在，C 为常数，那么 $\lim[Cf(x)]=C\lim f(x)$.

推论 2 如果 $\lim f(x)$ 存在，那么 $\lim[f(x)]^k=[\lim f(x)]^k$（$k\in N^+$）.

3. 极限的存在定理

定理 1 当 $x \to x_0$ 时,函数 $f(x)$ 极限存在的充要条件是左极限与右极限都存在且相等,即 $\lim\limits_{x \to x_0} f(x) = a \Leftrightarrow f(x_0^-) = f(x_0^+)$.

定理 2 如果函数 $f(x)$、$g(x)$ 与 $h(x)$ 满足下列条件:①当 $x \in \overset{\circ}{U}(x_0, \delta)$(或 $|x| > X$)时,有 $g(x) \leqslant f(x) \leqslant h(x)$;② $\lim\limits_{\substack{x \to x_0 \\ (x \to \infty)}} g(x) = \lim\limits_{\substack{x \to x_0 \\ (x \to \infty)}} h(x) = a$,那么极限 $\lim\limits_{\substack{x \to x_0 \\ (x \to \infty)}} f(x)$ 存在,且等于 a.

推论 如果数列 $\{x_n\}$、$\{y_n\}$ 与 $\{z_n\}$ 满足下列条件:

①从某一项起,即 $\exists n_0 \in N_+$,当 $n > n_0$ 时,有不等式 $y_n \leqslant x_n \leqslant z_n$ 成立;② $\lim\limits_{n \to \infty} y_n = a$,$\lim\limits_{n \to \infty} z_n = a$;那么数列 $\{x_n\}$ 的极限存在,且 $\lim\limits_{n \to \infty} x_n = a$

定理 3 单调递增(或递减)的有界数列必有极限.

定理 4(变化微小性定理) 有界数列 $\{x_n\}$ 收敛的充分条件是 $\forall \varepsilon > 0$,$\exists N \in N_+$,当 $n > N$ 时,不等式 $|x_n - x_{n-1}| < \varepsilon$ 恒成立.

定理 5(柯西审理定理) 数列 $\{x_n\}$ 收敛的充分必要条件是对于任意给定的正数 ε,存在正整数 N,使得当 $m > N, n > N$ 时,有 $|x_n - x_m| < \varepsilon$.

4. 连续函数的性质

定理 1 如果函数 $f(x)$ 与 $g(x)$ 在点 x_0 处连续,那么它们的和、差、积、商(分母不为零)也都在点 x_0 处连续.

定理 2 设 $y = f[\varphi(x)]$ 是函数 $y = f(u)$ 与 $u = \varphi(x)$ 的复合函数,$f[\varphi(x)]$ 在点 x_0 的某去心邻域内有定义.若 $\lim\limits_{x \to x_0} \varphi(x) = u_0$,$\lim\limits_{u \to u_0} f(u) = a$,且存在 $\delta_0 > 0$,当 $x \in \overset{\circ}{U}(x_0, \delta_0)$ 时,有 $\varphi(x) \neq u_0$,则 $\lim\limits_{x \to x_0} f[\varphi(x)] = \lim\limits_{u \to u_0} f(u) = a$.

推论 设 $y = f[\varphi(x)]$ 是函数 $y = f(u)$ 与 $u = \varphi(x)$ 的复合函数,$f[\varphi(x)]$ 在点 x_0 的某去心邻域内有定义.若 $\lim\limits_{x \to x_0} \varphi(x) = u_0$,函数 $y = f(u)$ 在点 $u = u_0$ 处连续,则

$$\lim\limits_{x \to x_0} f[\varphi(x)] = f(\lim\limits_{u \to u_0} u) = f(u_0)$$

定理 3 一切初等函数在其定义域内的区间都是连续的.

5. 闭区间连续函数的性质

定理 1(最大值最小值定理) 在闭区间上的连续函数在该区间上一定有最大值和最小值.

推论(有界性) 闭区间上的连续函数在该区间上一定有界.

定理 2 在闭区间 $[a, b]$ 上的连续函数 $f(x)$ 的值域也是一个闭区间 $[m, M]$,其中 m 与 M 依次为函数最小值与最大值.

推论 1(介值定理) 设函数 $f(x)$ 在闭区间 $[a, b]$ 上连续,且 $f(a) \neq f(b)$,则对介于 $f(a)$ 与 $f(b)$ 之间的任何实数 μ,在区间 (a, b) 内至少存在一点 x_0,使得 $f(x_0) = \mu$.

推论 2(零点定理) 若函数 $f(x)$ 在闭区间 $[a, b]$ 上连续,且 $f(a)$ 和 $f(b)$ 异号,则 $f(x)$ 在开区间 (a, b) 内至少有一个零点.

三、重要的结果

1. 两个重要极限

$$\lim_{x \to 0}\frac{\sin x}{x}=1, \lim_{x \to \infty}\left(1+\frac{1}{x}\right)^{x}=\mathrm{e} \text{ 及 } \lim_{x \to 0}(1+x)^{\frac{1}{x}}=\mathrm{e}$$

2. 常用的极限

$$\lim_{n \to \infty}q^{n}=0(\,|\,q\,|<1\,), \lim_{n \to \infty}a^{\frac{1}{n}}=1\,(a>0)$$

当 $x \to \infty$ 时有理分式的极限:当 $a_m b_n \neq 0$ 时,有

$$\lim_{x \to \infty}\frac{a_{m}x^{m}+a_{m-1}x^{m-1}+\cdots+a_{1}x+a_{0}}{b_{n}x^{n}+b_{n-1}x^{n-1}+\cdots+b_{1}x+b_{0}}=\begin{cases} 0 & \text{当 } m<n \text{ 时} \\ \dfrac{a_{m}}{b_{n}} & \text{当 } m=n \text{ 时} \\ \infty & \text{当 } m>n \text{ 时} \end{cases}$$

3.常用的等价代换

当 $x \to 0$ 时,①$\sin x \sim x$;②$\tan x \sim x$;③$1-\cos x \sim \dfrac{1}{2}x^2$;④$(1+x)^{\alpha}-1 \sim \alpha x$;⑤$\ln(1+x) \sim x$;⑥$\mathrm{e}^{x}-1 \sim x$;⑦$\arcsin x \sim x$.

复习题一

1.在"充分""必要"与"充分必要"三者中选择一个正确的填入下列空格内:

(1)数列 $\{x_n\}$ 有界是数列 $\{x_n\}$ 收敛的( )条件,数列 $\{x_n\}$ 收敛是数列 $\{x_n\}$ 有界的( )条件.

(2)函数 $f(x)$ 在 x_0 的某一去心邻域内有界是 $\lim\limits_{x \to x_0}f(x)$ 存在的( )条件,$\lim\limits_{x \to x_0}f(x)$ 存在是 $f(x)$ 在 x_0 的某一去心邻域内有界的( )条件.

(3)$f(x)$ 当 $x \to x_0$ 时的右极限 $f(x_0^+)$ 及左极限 $f(x_0^-)$ 都存在且相等是 $\lim\limits_{x \to x_0}f(x)$ 存在的( )条件.

2.填空.

(1)$\lim\limits_{n \to \infty}q^{n}=$( ).

(2)设当 $x \to 1$ 时,$(x^2+4x-5)\ln x$ 与 $a(x-1)^n$ 是等价无穷小,则常数 $a=$( ),$n=$( ).

(3)设 $\lim\limits_{x \to 1}\dfrac{x-1}{x^3+2x+a}=b \neq 0$,则常数 $a=$( ),$b=$( ).

3.下列题中给出了四个结论,从中选出一个正确的结论.

(1)若函数 $f(x)=\begin{cases} \dfrac{1-\cos\sqrt{x}}{ax}, & x>0 \\ b, & x \leq 0 \end{cases}$,在 $x=0$ 处连续,则( ).

A. $ab=\dfrac{1}{2}$　　　　B. $ab=-\dfrac{1}{2}$　　　　C. $ab=0$　　　　D. $ab=2$

(2)若函数 $f(x)=\dfrac{x-x^{3}}{\sin\pi x}$ 的可去间断点的个数(　　　　).

A. 1　　　　B. 2　　　　C. 3　　　　D. 无穷多个

(3)下列命题中错误的是(　　　　).

A. 两个偶函数的复合函数仍是偶函数

B. 两个奇函数的复合函数仍是奇函数

C. 两个单调递增函数的复合函数仍是单调递增函数

D. 两个单调递减函数的复合函数仍是单调递减函数

(4)设函数 $f(x)$ 在 $(-\infty,+\infty)$ 上连续, $f(x)\neq 0$,函数 $g(x)$ 在 $(-\infty,+\infty)$ 上有定义且有间断点,则必有间断点的函数(　　　　).

A. $f\left[g(x)\right]$　　　　B. $g\left[f(x)\right]$　　　　C. $g^{2}(x)$　　　　D. $\dfrac{g(x)}{f(x)}$

4.求下列极限.

(1) $\lim\limits_{x\to-1}\dfrac{x^{2}+5x+4}{x^{2}+2x+1}$;　　(2) $\lim\limits_{x\to\infty}\dfrac{x^{3}-2x^{2}}{x^{2}+x+1}$;　　(3) $\lim\limits_{x\to0}\dfrac{\sec x-1}{x\ln(x+1)}$;

(4) $\lim\limits_{n\to\infty}\left(\dfrac{n-2}{n+1}\right)^{n}$;　　(5) $\lim\limits_{x\to0}\dfrac{\left(\sqrt[3]{8+6x^{2}}-2\right)\arcsin x}{\left(\mathrm{e}^{x^{2}}-1\right)\tan x}$;　　(6) $\lim\limits_{x\to+\infty}x\left(\sqrt{x^{2}-1}-x\right)$;

(7) $\lim\limits_{x\to \mathrm{e}}\dfrac{\ln x-1}{x-\mathrm{e}}$;　　(8) $\lim\limits_{x\to0}\left(\dfrac{\sin x}{x}\right)^{2x}$;　　(9) $\lim\limits_{x\to0}\dfrac{(2^{x}-1)\left[(1+x^{2})^{\frac{3}{2}}-1\right]}{\tan x-\sin x}$.

5.设 $f(x)$ 的定义域为 $D=[0,3]$,求下列函数的定义域.

(1) $f(2x-3)-f(x^{2}-1)$;　　　　(2) $f(\tan^{2}x)$.

6.求函数 $f(x)=\lim\limits_{n\to\infty}\dfrac{x-x^{2n+1}}{1+x^{2n}}$ 的间断点,并指出间断点的类型.

7.证明 $\lim\limits_{n\to\infty}\left(\dfrac{1}{n^{2}+n+1}+\dfrac{2}{n^{2}+n+2}+\cdots+\dfrac{n}{n^{2}+n+n}\right)=\dfrac{1}{2}$.

8.证明若 $r>0$,则存在唯一正数 x_{0} ,使得 $x_{0}^{3}=r$.

9.设函数 $f(x)$ 对于闭区间 $[a,b]$ 上任意二点 x,y ,恒有 $|f(x)-f(y)|\leqslant L(x-y)$,其中 L 为正常数,且 $f(a)\cdot f(b)<0$.证明在 $[a,b]$ 内至少有一点 ξ ,使得 $f(\xi)=0$.

10.设函数 $x_{1}=10x_{n+1}=\sqrt{x_{n}+6}(n=1,2,\cdots)$,试证数列 $\{x_{n}\}$ 极限存在,并求极限.

第二章

导数与微分

在研究函数的极限基础之上,我们学习了曲线的连续性.第二章和第三章讨论曲线的优美性质——光滑性,即曲线处处有切线.微积分学包括微分学与积分学两大组成部分.微分学中最重要的两个概念就是导数与微分.从本质上看,导数是一类特殊形式的极限,是函数变化率的度量——刻画函数对于自变量变化的快慢程度的数学抽象,它描述了非均匀变化的现象在某瞬间的变化快慢;而微分是函数增量的线性主部——函数增量的近似表示,讨论函数在某一点附近能否用线性函数来逼近的可能性.但微分与导数又密切相关——存在着等价关系,它们所涉及的内容统称为微分学.导数与微分都有实际背景,都可以给出几何解释,因而它们都会有广泛的实际应用.它们能计算曲线的切线,函数值的近似计算.

第一节　导数的概念

我们先通过两个实例来看导数概念的由来.

一、引例

1. 直线运动的瞬时速度

设一个质点做变速直线运动,S 表示质点从某一时刻开始到时刻 t 所走过的路程,是 t 的函数,即 $s=s(t)$,这个函数关系称为质点的运动方程(位置函数),是连续函数.现在我们考虑在时刻 t_0 时质点的瞬时速度.

在中学,用公式"速度 $=\dfrac{路程}{时间}$"可以得到在该时段里质点运动的平均速度.最简单的情形,无论取哪一段时间,经过的路程与所用的时间的比值总是相同的.这个比值称为该质点的**速度**,并说该质点做匀速运动.如果运动不是匀速的,那么在运动的不同时间间隔内,这个比值会有不同的值.从整体来说速度是变动的,但从局部来说可以近似看成是不变的.当时间间隔 Δt 很小时,认为从 t_0 到 $t_0+\Delta t$ 这段时间内,近似看成匀速运动.在时间间隔 $[t_0,t_0+\Delta t]$ 内质点走过的路程为

$$\Delta s = s(t_0+\Delta t) - s(t_0)$$

在此间隔内的平均速度为

$$\bar{v} = \frac{\Delta s}{\Delta t} = \frac{s(t_0+\Delta t) - s(t_0)}{\Delta t}$$

如果时间间隔 Δt 选得很小,这段时间内质点的运动速度可望来不及有很大的变化,这个比值 $\bar{v}$ 能近似地反映质点运动的快慢,在实践中可用来说明质点在时刻 t_0 的速度.显然 Δt 越小,平均速度越接近时刻 t_0 的速度.我们可以得到:当 $\Delta t \to 0$ 时平均速度的极限,也就是行驶的路程 Δs 与所用时间 Δt 之比当 $\Delta t \to 0$ 时的极限,如果这个极限存在,记为 $v(t_0)$,即

$$v(t_0) = \lim_{\Delta t \to 0} \bar{v} = \lim_{\Delta t \to 0} \frac{\Delta s}{\Delta t} = \lim_{\Delta t \to 0} \frac{s(t_0+\Delta t) - s(t_0)}{\Delta t}$$

此时,我们把这个极限值称为质点在时刻 t_0 的(**瞬时**)**速度**.

2. 曲线的切线斜率

在中学,**圆的切线**可定义为与圆只有一个交点的直线.一般曲线的切线是什么?如图 2-1 所示,设连续曲线 l 方程为 $y=f(x)$,经过曲线上两点 $M[x_0,f(x_0)]$ 与 $N[x_0+\Delta x,f(x_0+\Delta x)]$ 的割线 MN 的斜率为

$$K_{MN} = \frac{f(x_0+\Delta x) - f(x_0)}{\Delta x} = \frac{\Delta y}{\Delta x} = \tan\phi$$

当点 N 沿曲线 l 向点 M 移动时,割线 MN 就绕着 M 旋转,点 N 与 M 最终重合,通常把重合后的割线 MN 称为曲线 l 在点 M 的切线,记作 MT.当 N 沿曲线 l 趋于 $M(N \to M)$ 时,有 $\Delta x \to 0$,且割线的倾斜角 ϕ 接近于切线 MT 的倾斜角 α,即 $\phi \to \alpha$.因此,曲线上点 M 的纵坐标 y 的增量 Δy 与横坐标 x 的增量 Δx 之比,若当 $\Delta x \to 0$ 时这个比值的极限存在,则此极限值为曲线在点 M 处的切线斜率:

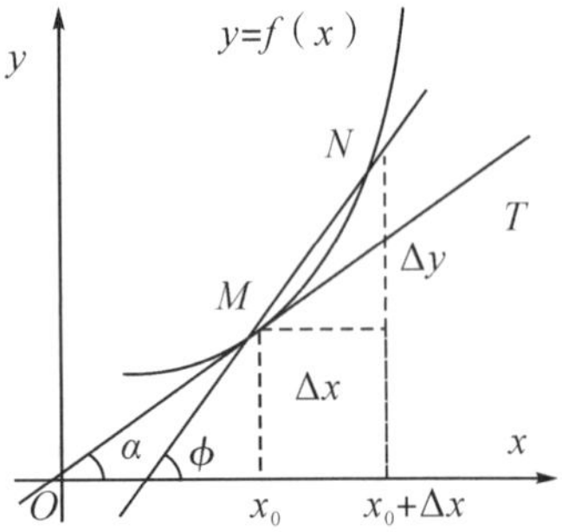

图 2-1 图形展示

$$k = \tan\alpha = \lim_{\phi \to \alpha} \tan\phi = \lim_{\Delta x \to 0} \frac{\Delta y}{\Delta x} = \lim_{\Delta x \to 0} \frac{f(x_0+\Delta x) - f(x_0)}{\Delta x}.$$

于是,通过点 $M[x_0,f(x_0)]$ 且以 k 为斜率的直线 MT,便是曲线 l 在点 M 处的切线.

二、导数定义

1. 函数的导数与导函数

上面两个问题:非匀速直线运动的速度与切线的斜率,都可以归结为如下的极限:

$$\lim_{\Delta x \to 0} \frac{f(x_0+\Delta x) - f(x_0)}{\Delta x} \tag{2-1}$$

其中 $f(x_0+\Delta x)-f(x_0)$ 是函数 $y=f(x)$ 的增量 Δy,即

$$\Delta y = f(x_0+\Delta x)-f(x_0)$$

记 $x=x_0+\Delta x$,$\Delta x \to 0$ 相当于 $x \to x_0$,故式($2-1$)也可以写成

$$\lim_{\Delta x \to 0}\frac{\Delta y}{\Delta x} \text{ 或 } \lim_{x \to x_0}\frac{f(x)-f(x_0)}{x-x_0}$$

有许多实际问题,如角速度、线密度及电流强度,都可以归结为形如式($2-1$)的数学形式.现在舍弃其实际背景,抽象出共同的数学形式——变化率问题加以研究,就得到了导数的概念.

定义 1 设函数 $y=f(x)$ 在 x_0 的某邻域内有定义.当自变量 x 在 x_0 处取得增 $\Delta x(\Delta x \neq 0$,点 $x=x_0+\Delta x_0$ 仍在该邻域内)时,相应地函数取得增量 $\Delta y=f(x)-f(x_0)$.如果函数增量 Δy 与自变量 Δx 增量的比值当 $\Delta x \to 0$ 时的极限存在,那么称函数 $y=f(x)$ 在 x_0 处可导,并称此极限值为 $f(x)$ 在 x_0 处的导数,记为 $f'(x_0)$,即

$$f'(x_0) = \lim_{\Delta x \to 0}\frac{\Delta y}{\Delta x} = \lim_{x \to x_0}\frac{f(x)-f(x_0)}{x-x_0} \tag{2-2}$$

也可以记为,$y'\big|_{x=x_0}$,$\dfrac{\mathrm{d}y}{\mathrm{d}x}\Big|_{x=x_0}$ 或 $\dfrac{\mathrm{d}f(x)}{\mathrm{d}x}\Big|_{x=x_0}$.

函数 $f(x)$ 在点 x_0 处可导有时也说成 $f(x)$ 在点 x_0 **具有导数**或**导数存在**.如果极限($2-2$)不存在,称函数 $y=f(x)$ 在点 x_0 处不可导.如果不可导的原因是极限 $\lim\limits_{\Delta x \to 0}\dfrac{\Delta y}{\Delta x}=\infty$,为了方便,习惯上仍说函数 $f(x)$ 在点 x_0 处的导数为无穷大.

导数有如下形式的定义:当自变量 x 在 x_0 处取得增量 Δx 时,即 $x=x_0+\Delta x$,函数的增量为

$$\Delta y = f(x)-f(x_0)=f(x_0+\Delta x)-f(x_0)$$

导数的定义式($2-2$)可写成

$$f'(x_0) = \lim_{\Delta x \to 0}\frac{f(x_0+\Delta x)-f(x_0)}{\Delta x} \tag{2-3}$$

该式可以简单记为

$$f'(x_0) = \lim_{h \to 0}\frac{f(x_0+h)-f(x_0)}{h}$$

在实际问题中,需要讨论各种具有不同意义的变量的变化"快慢"问题,在数学上统称为**函数的变化率问题**.导数概念就是函数变化率这一概念的精确描述.因变量增量 Δy 与自变量 Δx 增量的比值 $\dfrac{\Delta y}{\Delta x}$ 称为函数 $y=f(x)$ 在以 x_0 和 $x_0+\Delta x$ 为端点的区间上的**平均变化率**,又称为**差商**,而导数 $f'(x_0)$ 为因变量 y 在点 x_0 处的变化率.它反映的是因变量在某点随自变量的变化而变化的快慢程度.

根据导数的定义,切线斜率 $k_{切}=f'(x_0)$,速度 $v(t_0)=s'(t_0)$.

定义 2 若函数 $f(x)$ 在开区间 (a,b) 内的每一点均可导,则称 $f(x)$ 在开区间 (a,b) 内可导.对任意 $x \in (a,b)$,都有唯一确定导数值 $f'(x)$ 与之对应,这构成了区间 (a,b) 内的一个新的函数,称该函数为 $y=f(x)$ 的**导函数**,简称**导数**,记为

$$y', f'(x), \frac{dy}{dx} \text{ 或 } \frac{df(x)}{dx}$$

并且

$$f'(x) = \lim_{\Delta x \to 0} \frac{f(x+\Delta x) - f(x)}{\Delta x} \tag{2-4}$$

显然，$f(x)$ 在点 x_0 处的导数 $f'(x_0)$ 就是导函数 $f'(x)$ 在点 $x=x_0$ 处的函数值，即

$$f'(x_0) = f'(x)\big|_{x=x_0}, \text{而非 } f'(x_0) = [f(x_0)]' = 0$$

在式（2-4）中，虽然可以取区间 (a,b) 内的任何数值，但在求极限过程中，x 是常量，Δx 才是变量. 同时，我们称函数 $f(x)$ 为导函数 $f'(x)$ 的**原函数**.

关于导数的存在性问题，导数的定义式（2-4）是一种 $\frac{0}{0}$ 型的极限. 根据第一章第七节高阶无穷小量与同阶无穷小量的意义，我们容易知道：函数 $f(x)$ 在 x_0 处可导的充分必要条件是当 $\Delta x \to 0$ 时，因变量的增量 Δy 是比自变量的增量 Δx 的高阶无穷小量或同阶无穷小量. 又根据分母为无穷小量的商的极限存在必要条件：函数可导的必要条件是当 $\Delta x \to 0$ 时，在 x_0 处因变量的增量 Δy 是无穷小量. 因此，利用导数定义求导数或计算极限，是求 $\frac{0}{0}$ 型极限，常常用到上一章的等价代换来化简运算.

例如，分段函数 $y = \begin{cases} 1, & x>0 \\ 0, & x \leq 0 \end{cases}$，在 $x=0$ 处 $\Delta x > 0$ 的增量为

$$\Delta y = f(\Delta x) - f(0) = 1 - 0 = 1$$

不是无穷小量. 在 $x=0$ 处函数不满足可导的必要条件，故函数在跳跃间断点 $x=0$ 处一定不可导.

2. 基本导数公式

（1）常值函数 $f(x) = C$ 的导数 $(C)' = 0$.

$$f'(x) = \lim_{\Delta x \to 0} \frac{f(x+\Delta x) - f(x)}{\Delta x} = \lim_{\Delta x \to 0} \frac{C-C}{\Delta x} = 0.$$

（2）幂函数 $f(x) = x^\mu (\mu \in R)$ 的导数是 $(x^\mu)' = \mu x^{\mu-1}$.

由第一章第七节等价代换：$(1+x)^\mu - 1 \sim \mu x (x \to 0)$，可得

$$\left(1 + \frac{\Delta x}{x}\right)^\mu - 1 \sim \mu \frac{\Delta x}{x} (\Delta x \to 0)$$

于是可得

$$f'(x) = \lim_{\Delta x \to 0} \frac{f(x+\Delta x) - f(x)}{\Delta x} = \lim_{\Delta x \to 0} \frac{(x+\Delta x)^\mu - x^\mu}{\Delta x}$$

$$= \lim_{\Delta x \to 0} \frac{x^\mu \left[\left(1+\frac{\Delta x}{x}\right)^\mu - 1\right]}{\Delta x} = x^\mu \lim_{\Delta x \to 0} \frac{\mu \cdot \frac{\Delta x}{x}}{\Delta x} = \mu x^{\mu-1}$$

例如

$$(x^5)' = 5x^{5-1} = 5x^4, \left(\frac{1}{x}\right)' = (x^{-1})' = -1 \cdot x^{-1-1} = \frac{-1}{x^2}, (\sqrt{x})' = (x^{\frac{1}{2}})' = \frac{1}{2}x^{\frac{1}{2}-1} = \frac{1}{2\sqrt{x}}$$

（3）正弦函数 $f(x) = \sin x$ 的导数是 $(\sin x)' = \cos x$.

由等价代换：$\sin x \sim x$，$1 - \cos x \sim \dfrac{1}{2}x^2 (x \to 0)$，可得

$$\sin \Delta x \sim \Delta x，1 - \cos \Delta x \sim \frac{1}{2}(\Delta x)^2 (\Delta x \to 0)$$

于是可得

$$\begin{aligned}
f'(x) &= \lim_{\Delta x \to 0} \frac{f(x + \Delta x) - f(x)}{\Delta x} = \lim_{\Delta x \to 0} \frac{\sin(x + \Delta x) - \sin x}{\Delta x} \\
&= \lim_{\Delta x \to 0} \frac{\sin x \cos \Delta x + \cos x \sin \Delta x - \sin x}{\Delta x} \\
&= \lim_{\Delta x \to 0} \frac{\sin x(\cos \Delta x - 1)}{\Delta x} + \lim_{\Delta x \to 0} \frac{\cos x \sin \Delta x}{\Delta x} \\
&= -\lim_{\Delta x \to 0} \frac{(\Delta x)^2 \sin x}{2\Delta x} + \cos x = \cos x
\end{aligned}$$

类似方法可得 $(\cos x)' = -\sin x$

（4）指数函数 $f(x) = a^x$ 的导数是 $(a^x)' = a^x \ln a$.

根据第一章第八节例 8 获得的等价代换：$a^x - 1 \sim x \ln a (x \to 0)$，可得

$$a^{\Delta x} - 1 \sim \Delta x \ln a (\Delta x \to 0)$$

从而可得

$$f'(x) = \lim_{\Delta x \to 0} \frac{a^{x + \Delta x} - a^x}{\Delta x} = a^x \lim_{\Delta x \to 0} \frac{a^{\Delta x} - 1}{\Delta x} = a^x \lim_{\Delta x \to 0} \frac{\Delta x \ln a}{\Delta x} = a^x \ln a$$

如 $(2^x)' = 2^x \ln 2$，$(10^x)' = 10^x \ln 10$.

特别地，当 $a = e$ 时，$\ln e = 1$，由指数函数的导数公式，可得

$$(e^x)' = e^x$$

（5）对数函数 $f(x) = \ln x$ 的导数是 $(\ln x)' = \dfrac{1}{x}$.

根据第一章第八节例 8 获得的等价代换：$\ln(1 + x) - 1 \sim x(x \to 0)$，可得

$$\ln\left(1 + \frac{\Delta x}{x}\right) - 1 \sim \frac{\Delta x}{x}(\Delta x \to 0)$$

从而可得

$$f'(x) = \lim_{\Delta x \to 0} \frac{\ln(x + \Delta x) - \ln x}{\Delta x} = \lim_{\Delta x \to 0} \frac{\ln\left(1 + \dfrac{\Delta x}{x}\right)}{\Delta x} = \lim_{\Delta x \to 0} \frac{\dfrac{\Delta x}{x}}{\Delta x} = \frac{1}{x}$$

例 1　已知 $f(x)$ 在 x_0 处可导，求极限 $\lim\limits_{\Delta x \to 0} \dfrac{f(x_0 + a\Delta x) - f(x_0)}{\Delta x}$，其中 $a(a \neq 0)$ 与 x_0 和 Δx 均无关.

解　利用导数的定义式（2-2），可得

$$原式 = a \lim_{\Delta x \to 0} \frac{f(x_0 + a\Delta x) - f(x_0)}{a\Delta x} = af'(x_0)(a \neq 0)$$

特别地，

$$\lim_{\Delta x \to 0} \frac{f(x_0 + \Delta x) - f(x_0)}{\Delta x} = -f'(x_0).$$

3. 单侧导数

根据函数 $f(x)$ 在 x_0 处的导数的定义,导数

$$f'(x_0) = \lim_{h \to 0} \frac{f(x_0 + h) - f(x_0)}{h}$$

是一种极限,而极限有左极限和右极限之分. 于是有定义 3.

定义 3　设函数 $y = f(x)$ 在点 x_0 及 x_0 的某左邻域或右邻域内有定义. 若左极限

$$\lim_{\Delta x \to 0^-} \frac{\Delta y}{\Delta x} = \lim_{\Delta x \to 0^-} \frac{f(x_0 + \Delta x) - f(x_0)}{\Delta x}$$

存在,则称这个极限为 $y = f(x)$ 在点 x_0 处的**左导数**,记为 $f'_-(x_0)$;或右极限

$$\lim_{\Delta x \to 0^+} \frac{\Delta y}{\Delta x} = \lim_{\Delta x \to 0^+} \frac{f(x_0 + \Delta x) - f(x_0)}{\Delta x}$$

存在,则称这个极限为 $y = f(x)$ 在点 x_0 处的**右导数**,记为 $f_+'(x_0)$;即

$$f'_-(x_0) = \lim_{\Delta x \to 0^-} \frac{f(x_0 + \Delta x) - f(x_0)}{\Delta x} = \lim_{x \to x_0^-} \frac{f(x) - f(x_0)}{x - x_0}$$

$$f'_+(x_0) = \lim_{\Delta x \to 0^+} \frac{f(x_0 + \Delta x) - f(x_0)}{\Delta x} = \lim_{x \to x_0^+} \frac{f(x) - f(x_0)}{x - x_0}$$

左导数和右导数统称**单侧导数**.

根据第一章第三节,极限存在的充分必要条件为左右极限都存在且相等,可得定理 1.

定理 1　函数 $f(x)$ 在点 x_0 处可导的充要条件是左导数 $f'_-(x_0)$ 和右导数 $f'_+(x_0)$ 都存在且相等,即

$$f'(x_0) \Leftrightarrow f'_-(x_0) = f'_+(x_0)$$

若函数 $f(x)$ 在开区间 (a, b) 内每一点均可导,且左端点的右导数 $f'_+(a)$ 与右端点的左导数 $f'_-(b)$ 都存在,则称 $f(x)$ 在**闭区间** $[a, b]$ **上可导**.

例 2　求绝对值函数 $f(x) = |x|$ 的导数.

解　如图 2-2 所示,去掉绝对值符号:

$$f(x) = \begin{cases} x, & x > 0 \\ 0, & x = 0 \\ -x, & x < 0 \end{cases}$$

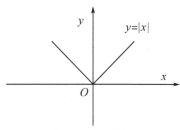

图 2-2　图形展示

当 $x > 0$ 时, $f(x) = x$, $f'(x) = 1$;当 $x < 0$ 时, $f(x) = -x$, $f'(x) = -1$(此时用幂函数公式计算). 当 $x = 0$ 时(在分段函数的分界点一定要用左右导数的定义来讨论),则

$$f'_-(0) = \lim_{\Delta x \to 0^-} \frac{f(0 + \Delta x) - f(0)}{\Delta x} = \lim_{\Delta x \to 0^-} \frac{-\Delta x}{\Delta x} = -1$$

$$f'_+(0) = \lim_{\Delta x \to 0^+} \frac{f(0 + \Delta x) - f(0)}{\Delta x} = \lim_{\Delta x \to 0^+} \frac{\Delta x}{\Delta x} = 1$$

尽管左右导数都存在,但 $f'_-(0) \neq f'_+(0)$,故 $f'(0)$ 不存在,即 $f(x)$ 在 $x=0$ 处不可导.

注 ①此题易犯的典型错误为"因为 $f(0)=0$,所以 $f'(0)=(f(0))'=0$".②对于分段函数求导数,应考虑两部分内容:其一,函数在每一个子区间内的导数,利用导数公式或导数运算法则计算;其二,在分界点处的导数,用定义计算左右导数,再进行讨论.

三、函数可导性与连续性的关系

根据第一章第八节连续性定义,$y=f(x)$ 在 x_0 处连续在几何上表示曲线在点 $[x_0,f(x_0)]$ 处连续不间断,当 $x \to x_0$ 时,在 x_0 处因变量的增量 Δy 与自变量的增量 Δx 都是无穷小量. 而 $y=f(x)$ 在 x_0 处可导在几何上表示曲线在点 $[x_0,f(x_0)]$ 有切线,且可导必要条件是当 $x \to x_0$ 时,因变量的增量 Δy 与自变量的增量 Δx 也都是无穷小量. 那么 $f(x)$ 在 x_0 处可导与连续有什么关系?

定理 2 若函数 $f(x)$ 在 x_0 处可导,则 $f(x)$ 必在 x_0 处连续.

证 由于 $f(x)$ 在 x_0 处可导,存在极限 $\lim\limits_{\Delta x \to 0} \dfrac{\Delta y}{\Delta x} = f'(x_0)$.根据极限的四则运算法则,有

$$\lim_{\Delta x \to 0} \Delta y = \lim_{\Delta x \to 0} \left(\frac{\Delta y}{\Delta x} \cdot \Delta x \right) = \lim_{\Delta x \to 0} \frac{\Delta y}{\Delta x} \cdot \lim_{\Delta x \to 0} \Delta x = f'(x_0) \cdot 0 = 0$$

由连续性的定义可得,$f(x)$ 在 x_0 处连续.

简单地说,**可导必连续**,即若导数 $f'(x_0)$ 存在,则 $\lim\limits_{x \to x_0} f(x) = f(x_0)$.

定理 2 的逆命题不成立,即函数 $f(x)$ 在 x_0 处连续,不能保证 $f(x)$ 在 x_0 处可导.例 2 中 $f(x) = |x|$ 在 $x=0$ 处连续,但它在 $x=0$ 处是不可导的. 在原点处图像出现尖点,不光滑点.因此,在几何上连续是可导的必要条件.

例 3 讨论 $y=f(x)=\sqrt[3]{x^2}$ 在 $x=0$ 处的连续性与可导性.

解 在 $x=0$ 处的函数的增量

$$\Delta y = f(0+\Delta x) - f(0) = \sqrt[3]{\Delta x^2} \to 0, (\text{当 } \Delta x \to 0)$$

根据第一章第八节连续的定义可知,$f(x)$ 在 $x=0$ 处连续.

$$\lim_{\Delta x \to 0} \frac{\Delta y}{\Delta x} = \lim_{\Delta x \to 0} \frac{\sqrt[3]{\Delta x^2}}{\Delta x} = \lim_{\Delta x \to 0} \frac{1}{(\Delta x)^{\frac{1}{3}}} = \infty$$

即导数为无穷大(不存在),故 $f(x)$ 在 $x=0$ 处不可导.这个事实在图形中表现为曲线 $y=\sqrt[3]{x^2}$ 在原点具有垂直于 x 轴的切线 $x=0$,如图 2-3 所示.

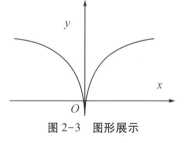

图 2-3 图形展示

四、导数的几何意义

根据前面的讨论,函数 $f(x)$ 在点 x_0 处的导数 $f'(x_0)$,在几何上表示曲线 $y=f(x)$ 在点 $M[x_0,f(x_0)]$ 处的切线斜率,即 $k=f'(x_0)=\tan\alpha$,其中 α 是切线的倾斜角,如图 2-4 所示.

由于在 x_0 处 $f(x)$ 的左导数确定一条切线,右导数确定一条切线,若这两条切线重合,称曲线 $f(x)$ 在点 M 处光滑,曲线上每一点处都具有切线,切线随切点的移动而连续转动,这样的曲线称为光滑曲线.

如果 $f(x)$ 在点 x_0 处的导数为无穷大量,那么曲线在点 M 处有垂直于 x 轴的切线 $x=x_0$.若 $f'(x_0) \neq \infty$,应用直线的点斜式方程,可得曲线在点 $M(x_0, f(x_0))$ 处的切线方程为

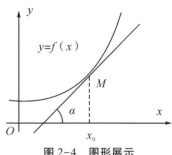

图 2-4　图形展示

$$y - f(x_0) = f'(x_0)(x - x_0)$$

经过点 M 且与切线垂直的直线叫作曲线 $y=f(x)$ 在点 M 处的法线.若 $f'(x_0) \neq 0$,法线的斜率为 $-\dfrac{1}{f'(x_0)}$,从而曲线的法线方程为

$$y - f(x_0) = -\frac{1}{f'(x_0)}(x - x_0)$$

例 4　求曲线 $y = \cos x$ 在点 $\left(\dfrac{\pi}{3}, \dfrac{1}{2} \right)$ 的切线及法线方程.

解　$y' = -\sin x$.根据导数的几何意义,曲线在点 $\left(\dfrac{\pi}{3}, \dfrac{1}{2} \right)$ 切线与法线斜率分别是

$$k_{切} = -\sin x \Big|_{x = \frac{\pi}{3}} = -\frac{\sqrt{3}}{2}, \quad k_{法} = \frac{2\sqrt{3}}{3}$$

于是,切线方程为

$$y - \frac{1}{2} = -\frac{\sqrt{3}}{2}\left(x - \frac{\pi}{3} \right), \quad 即 \ 3\sqrt{3}x + 6y - 3 - \sqrt{3}\pi = 0$$

法线方程为

$$y - \frac{1}{2} = \frac{\sqrt{3}}{2}\left(x - \frac{\pi}{3} \right), \quad 即 \ 12\sqrt{3}x - 18y + 9 - 4\sqrt{3}\pi = 0$$

例 5　求与直线 $y = 3x - 1$ 平行的曲线 $y = x^{\frac{3}{2}}$ 的切线方程.

解　设该曲线切点为 (x_0, y_0),切线斜率为

$$k = \left(x^{\frac{3}{2}} \right)' \Big|_{x = x_0} = \frac{3}{2} x_0^{\frac{1}{2}}$$

依题意得,$\dfrac{3}{2} x_0^{\frac{1}{2}} = 3$,解得 $x_0 = 4, y_0 = 8, k = 3$.故切线方程为 $y - 8 = 3(x - 4)$,即 $3x - y - 4 = 0$.

习题 2-1

1.计算下列函数在给定点处的导数 $f'(x_0)$.

（1）$y = x^4, x_0 = 2$；　　　　　　（2）$y = \dfrac{1}{\sqrt{x}}, x_0 = 9$；　　　　　　（3）$y = \sin x, x_0 = \dfrac{\pi}{3}$；

（4）$y=\cos x$，$x_0=\dfrac{\pi}{4}$；　　　　（5）$y=\ln x$，$x_0=4$；　　　　（6）$y=5^x$，$x_0=3$.

2.下列各题中均假定导数 $f'(x_0)$ 存在，计算极限.

（1）$\lim\limits_{\Delta x\to 0}\dfrac{f(x_0-2\Delta x)-f(x_0)}{\Delta x}$；　　　　（2）$\lim\limits_{h\to 0}\dfrac{f(x_0+h^2)-f(x_0)}{h^2}$；

（3）$\lim\limits_{h\to 0}\dfrac{f(x_0+h^2)-f(x_0)}{h}$；　　　　（4）$\lim\limits_{h\to 0}\dfrac{f(x_0+h)-f(x_0-h)}{h}$；

（5）已知 $f(0)=0$，$f'(0)$ 存在，$\lim\limits_{x\to 0}\dfrac{f(x)}{x}$.

3.用导数的定义计算下列函数在给定点处的导数 $f'(x_0)$.

（1）$y=x^3$，$x_0=1$；　　　　（2）$y=\mathrm{e}^x$，$x_0=5$；　　　　（3）$y=\cos x$，$x_0=a$；

（4）$y=\tan x$，$x_0=a$；　　　　（5）$y=\sin^4 x$，$x_0=a$；　　　　（6）$y=\ln(1+x^2)$，$x_0=a$.

4.求曲线 $y=\cos x$ 在具有下列横坐标的各点处切线：$x=\dfrac{1}{4}\pi$，$x=\pi$.

5.求曲线 $y=\mathrm{e}^x$ 在点 $(0,1)$ 的切线方程及法线方程.

6.求与直线 $y=2x-1$ 平行的曲线 $y=\ln x$ 的切线方程.

7.讨论下列函数在 $x=0$ 处的连续性与可导性.

（1）$y=|\sin x|$；　　　　（2）$y=\begin{cases}x^{1+\alpha}\cos\dfrac{1}{x}, & x\neq 0\,(\alpha>0) \\ 0, & x=0\end{cases}$.

8.设函数 $f(x)=\sqrt[3]{x}$，讨论 $f(x)$ 在 $x=0$ 处的连续性与可导性.

9.下列函数在定义域内连续且可导，求参数 a 与 b 的值.

（1）$f(x)=\begin{cases}\cos x+2, & x\geqslant 0 \\ ax+b, & x<0\end{cases}$；　　　　（2）$f(x)=\begin{cases}\ln x+2b, & x\geqslant 1 \\ ax^2+1, & x<1\end{cases}$.

10.已知 $f(x)=\begin{cases}\sin x+2, & x\geqslant 0 \\ x^2-1, & x<0\end{cases}$，求 $f'(x)$.

11.已知物体的运动规律 $s=3t^4 m$，求物体在 $t=1s$ 时的速度与加速度.

12.设物体绕定轴旋转，在时间间隔 $[0,t]$ 上转过了角度 φ，从而转角 φ 是 t 的函数 $\varphi=\varphi(t)$.如果旋转是匀速的，那么称 $\omega=\dfrac{\varphi}{t}$ 为该物体旋转的角速度.如果旋转是非匀速的，应该怎样确定物体在时刻 t_0 的角速度？

13.设某工厂生产 x 件产品的成本为 $C(x)=1\,500+300x-0.2x^2$（元），这个函数 $C(x)$ 称为成本函数，成本函数 $C(x)$ 的导数 $C'(x)$ 在经济学中称为边际成本.试求：

（1）当生产50件产品时的边际成本；

（2）生产第51件产品的成本，并与（1）中求得的边际成本做比较，说明边际成本的实际意义.

第二节　函数的和、差、积与复合函数的求导法则

本节主要给出函数的和、差、积运算与复合函数的求导法则.利用这些法则和一些基本初等函数的导数公式,就能比较容易求出一些简单的初等函数的导数.

一、函数的和、差、积的求导法则

定理 1　若函数 $u=u(x)$ 和 $v=v(x)$ 均在点 x 处可导,则它们的和、差、积都在点 x 具有导数,且

$$[u(x)\pm v(x)]'=u'(x)\pm v'(x) \tag{2-5}$$

$$[u(x)v(x)]'=u'(x)v(x)+u(x)v'(x) \tag{2-6}$$

证　为了便于理解,我们证函数在 x_0 处的四则运算公式,由 x_0 的任意性,便得到函数四则运算法则.

(1) 设 $F(x)=u(x)\pm v(x)$,利用导数的定义式(2-3),可得

$$
\begin{aligned}
F'(x_0) &= \lim_{\Delta x\to 0}\frac{F(x_0+\Delta x)-F(x_0)}{\Delta x} \\
&= \lim_{\Delta x\to 0}\frac{[u(x_0+\Delta x)\pm v(x_0+\Delta x)]-[u(x_0)\pm v(x_0)]}{\Delta x} \\
&= \lim_{\Delta x\to 0}\frac{u(x_0+\Delta x)-u(x_0)}{\Delta x}\pm\lim_{\Delta x\to 0}\frac{v(x_0+\Delta x)-v(x_0)}{\Delta x}=u'(x_0)+v'(x_0)
\end{aligned}
$$

于是法则(2-5)获得证明,简记为

$$(u\pm v)'=u'\pm v'$$

(2)设 $F(x)=u(x)v(x)$,利用导数的定义式(2-3),可得

$$
\begin{aligned}
F'(x_0) &= \lim_{\Delta x\to 0}\frac{F(x_0+\Delta x)-F(x_0)}{\Delta x}=\lim_{\Delta x\to 0}\frac{u(x_0+\Delta x)v(x_0+\Delta x)-u(x_0)v(x_0)}{\Delta x} \\
&= \lim_{\Delta x\to 0}\frac{1}{\Delta x}[u(x_0+\Delta x)v(x_0+\Delta x)-u(x_0)v(x_0+\Delta x)+u(x_0)v(x_0+\Delta x)-u(x_0)v(x_0)] \\
&= \lim_{\Delta x\to 0}\left[\frac{u(x_0+\Delta x)-u(x_0)}{\Delta x}v(x_0+\Delta x)+u(x_0)\frac{v(x_0+\Delta x)-v(x_0)}{\Delta x}\right] \\
&= \lim_{\Delta x\to 0}\frac{u(x_0+\Delta x)-u(x_0)}{\Delta x}\cdot\lim_{\Delta x\to 0}v(x_0+\Delta x)+u(x_0)\lim_{\Delta x\to 0}\frac{v(x_0+\Delta x)-v(x_0)}{\Delta x} \\
&= u'(x_0)v(x_0)+u(x_0)v'(x_0)
\end{aligned}
$$

其中 $v=v(x)$ 在点 x_0 处可导,根据第一节定理 2 可知,它在点 x_0 处连续,有

$$\lim_{\Delta x\to 0}v(x_0+\Delta x)=v(x_0)$$

于是法则(2-6)获得证明,简记为

$$(uv)'=u'v+uv'$$

这个法则可以理解为:两个函数乘积的导数等于前面一个函数导数与后面一个函数(不变)的乘积加上前一个函数(不变)与后一个函数导数的乘积的和. 要注意$(uv)'\neq u'v'$.

根据定理1,我们容易获得

(1) $(u+v-w)'=(u+v)'-w'=u'+v'-w'$.

几个函数和、差的导数等于每一个函数的导数的和、差. 也就是,先求函数和、差,再求导,等于先求导,再求函数和、差.

(2) 在法则(2-6)中,令$v=C$可得,若C是常数,则$(Cu)'=Cu'$.

(3) $(uvw)'=(uv)'w+uvw'=u'vw+uv'w+uvw'$.

几个函数乘积的导数等于对其中一个函数的导数与其余函数(不变)的积,把它们的结果相加.

利用函数加法、减法与乘法法则和已有的导数公式,就可以进行简单的求导运算. 如

$$(\log_a x)'=\left(\frac{\ln x}{\ln a}\right)'=\frac{1}{x\ln a}$$

$$(x^3-2x+10)'=(x^3)'-2(x)'+(10)'=3x^2-2$$

例1 设原函数$f(x)=2\sqrt{x}\sin x+3\tan\dfrac{\pi}{8}$,求$f'(1)$与$f'\left(\dfrac{\pi}{2}\right)$.

解 利用和与积的导数公式(2-5)与公式(2-6),可得

$$f'(x)=2(\sqrt{x}\sin x)'+\left(3\tan\frac{\pi}{8}\right)'=2\left[(x^{\frac{1}{2}})'\sin x+\sqrt{x}(\sin x)'\right]=\frac{1}{\sqrt{x}}\sin x+2\sqrt{x}\cos x$$

于是$f'(1)=\sin 1+2\cos 1$,$f'\left(\dfrac{\pi}{2}\right)=\dfrac{\sqrt{2\pi}}{\pi}$.

注 $\tan\dfrac{\pi}{8}$是常数,其导数等于零;$f'(1)\neq[f(1)]'=0$,$f'\left(\dfrac{\pi}{2}\right)\neq\left[f\left(\dfrac{\pi}{2}\right)\right]'=0$.

例2 设原函数$f(x)=a^x\cos x+x^2\log_a x$,求$f'(x)$.

解 $f'(x)=(a^x)'\cos x+a^x(\cos x)'+(x^2)'\log_a x+x^2(\log_a x)'$

$$=a^x\ln a\cos x-a^x\sin x+2x\log_a x+x^2\cdot\frac{1}{x\ln a}$$

$$=a^x\ln a\cos x-a^x\sin x+2x\log_a x+\frac{x}{\ln a}$$

二、复合函数的求导法则

对于复合函数$\sin^4 x$与$\ln(1+x^2)$,利用导数的定义求导数比较复杂,下面给出复合函数的求导法则.

定理2(复合函数求导法则) 如果函数$u=\varphi(x)$在点x处可导,而函数$y=f(u)$在相应的点$u=\varphi(x)$处可导,那么复合函数$y=f[\varphi(x)]$在x点可导,且

$$\frac{dy}{dx}=\frac{dy}{du}\cdot\frac{du}{dx}\quad\text{或}\quad\frac{dy}{dx}=f'(u)\cdot\varphi'(x) \tag{2-7}$$

证 因为 $u=\varphi(x)$ 在点 x 可导,对于 x 的增量 $\Delta x \neq 0$,有函数的增量

$$\Delta u=\varphi(x+\Delta x)-\varphi(x)\to 0(\Delta x\to 0)$$

且 $\lim\limits_{\Delta x\to 0}\dfrac{\Delta u}{\Delta x}=\varphi'(x)$. 我们做如下的讨论:

(1) 如果 $\Delta u\neq 0$,对于函数 $y=f(u)$ 有相应的增量,即

$$\Delta y=f(u+\Delta u)-f(u)$$

又函数 $y=f(u)$ 在点 u 处可导,则 $\lim\limits_{\Delta u\to 0}\dfrac{\Delta y}{\Delta u}=f'(u)$.

根据导数的定义及极限的乘法运算法则,有

$$\frac{dy}{dx}=\lim_{\Delta x\to 0}\frac{\Delta y}{\Delta x}=\lim_{\Delta x\to 0}\left(\frac{\Delta y}{\Delta u}\cdot\frac{\Delta u}{\Delta x}\right)(\Delta u\neq 0)$$

$$=\lim_{\Delta u\to 0}\frac{\Delta y}{\Delta u}\cdot\lim_{\Delta x\to 0}\frac{\Delta u}{\Delta x}=f'(u)\cdot\varphi'(x)$$

(2) 如果 $\Delta u\equiv 0$(恒为零),在 x 一定范围内,$u=\varphi(x)$ 为常值函数,$u'=\varphi'(x)=0$,同时 $y=f[\varphi(x)]$ 为常值函数,$y'=\{f[\varphi(x)]\}'=0$,此时式(2-7)仍然成立.

(3) 如果 Δu 不恒为零,$u=\varphi(x)$ 在点 x 连续,$\Delta u\to 0(\Delta x\to 0)$. 我们选择最小 $|\Delta x|>0$,使得在相应区间内,要么 $\Delta u\neq 0$(恒不为零),要么 $\Delta u=0$[①],利用(1)与(2)可得结论.

综合上述结论成立. 证毕.

在式(2-7)中,$\dfrac{dy}{dx}$ 表示复合函数 $y=f[\varphi(x)]$ 对其自变量 x 的导数,可以简写为:$\dfrac{dy}{dx}=\{f[\varphi(x)]\}'$,添加括号后的导数表示复合函数对自变量的导数;同时,记 $f'(u)=f'[\varphi(x)]$,没有添加括号的导数表示复合函数对中间变量的导数. 因而式(2-7)可记为

$$\{f[\varphi(x)]\}'=f'(u)\cdot\varphi'(x)=f'[\varphi(x)]\cdot\varphi'(x)$$

定理 2 表明:一个复函数对自变量的导数等于因变量对中间变量的导数乘以中间变量(函数)对自变量的导数(中间函数的导数). 定理 2 比较重要,要学会理解应用,关键要找到复合函数的中间变量.

例 3 求复合函数 $y=\sin x^2$ 和 $y=\sin^2 x$ 的导数.

解 (1)$y=\sin x^2$ 是由函数 $y=\sin u$ 与 $u=x^2$ 复合而成,利用式(2-7),可得

$$\frac{dy}{dx}=\frac{dy}{du}\cdot\frac{du}{dx}=(\sin u)'\cdot(x^2)'=\cos u\cdot 2x=2x\cos x^2$$

也可以写作 $(\sin x^2)'=(\sin u)'\cdot(x^2)'=\cos u\cdot 2x=2x\cos x^2$.

(2)$y=(\sin x)^2$ 是由函数 $y=u^2$ 与 $u=\sin x$ 复合而成,可得

$$\frac{dy}{dx}=\frac{dy}{du}\cdot\frac{du}{dx}=(u^2)'\cdot(\sin x)'=2u\cos x=2\sin x\cos x=\sin 2x$$

---

① 若在点 x_0 的某一个邻域内,有限个点 x 使得 $\Delta u=0$,其余点不为零,则存在 $|\Delta x|>0$,使得在相应邻域内,$\Delta u\neq 0$(恒不为零);或者若在 x_0 的某一个邻域内,有限个点 x 使得 $\Delta u\neq 0$,其余点不零,则存在 $|\Delta x|>0$,使得在相应邻域内,$\Delta u\equiv 0$.否则,在点 x_0 的某一个邻域内,存在无穷多个点 x 使得 $\Delta u=0$,其余点不为零;或者存在无穷多个点 x 使得 $\Delta u\neq 0$,其余点为零.我们认为点 x_0 为函数 Δu 的振荡间断点,与存在极限 $\Delta u\to 0(\Delta x\to 0)$ 矛盾.

例 4 求复合函数 $y = e^{3x+1}$ 的导数.

解 $y = e^{3x+1}$ 分解为 $y = e^u$（基本初等函数），$u = 3x+1$（简单函数）.

$$\frac{du}{dx} = (3x+1)' = (3x)' + (1)' = 3$$

利用式(2-7)，可得

$$\frac{dy}{dx} = \frac{dy}{du} \cdot \frac{du}{dx} = (e^u)' \cdot (u)' = 3e^{3x+1}$$

从以上的例子可以看出，求复合函数的导数时，要分析所给函数可看作由哪些函数复合而成，或者说，所给函数分解成哪些简单函数（或基本初等函数）的复合函数，利用导数的基本公式与四则运算法则可以求一些简单函数的导数，再利用复合函数求导公式(2-7)来进行计算，便可获得结论.

定理 2 的结论可以推广到有限个函数构成的复合函数. 我们以两个中间变量为例.

如果可导函数 $u = f(u)$，$u = g(v)$，$v = \varphi(x)$ 构成复合函数：$y = f\{g[\varphi(x)]\}$，则有

$$\frac{dy}{dx} = \frac{dy}{du} \cdot \frac{du}{dx} = \frac{dy}{du} \cdot \frac{du}{dv} \cdot \frac{dv}{dx} = f'(u) \cdot g'(v) \cdot \varphi'(x)$$

其中 $f'(u)$ 表示 $y = f(u)$ 对中间变量 u 求导，$g'(v)$ 表示 $u = g(v)$ 对中间变量 v 求导.

例 5 求复合函数 $f(x) = (\cos e^x)^2$ 的导数.

解 $f(x) = (\cos e^x)^2$ 分解为基本初等函数：$f(x) = u^2$，$u = \cos v$，$v = e^x$. 于是

$$\frac{df}{dx} = \frac{df}{du} \cdot \frac{du}{dv} \cdot \frac{dv}{dx} = (u^2)' \cdot (\cos v)' \cdot (e^x)' = 2u \cdot (-\sin v) \cdot e^x = -2e^x \sin e^x \cos e^x$$

例 6 求函数 $y = \ln(x + \sqrt{1+x^2})$ 的导数.

解 该函数分解为 $y = \ln u$，$u = x + v$（简单函数），$v = \sqrt{w}$，$w = x^2 + 1$. 于是

$$\frac{dv}{dx} = (\sqrt{w})' \cdot w' = \frac{1}{2}w^{\frac{1}{2}} \cdot (x^2+1)' = \frac{x}{\sqrt{x^2+1}},$$

$$y' = \frac{1}{x+v} \cdot (x+v)' = \frac{1}{x+\sqrt{1+x^2}} \cdot (1+v') = \frac{1}{x+\sqrt{1+x^2}} \cdot (1 + \frac{x}{\sqrt{1+x^2}})$$

$$= \frac{1}{x+\sqrt{1+x^2}} \cdot \frac{\sqrt{1+x^2}+x}{\sqrt{1+x^2}} = \frac{1}{\sqrt{1+x^2}}$$

当运算熟悉后，可不必引入中间变量，只把中间变量记在心里，直接写出求导结果. 重要的是必须清楚每一次求导是对哪一个变量求导.

下面我们讨论对数函数的导数.

函数 $y = \ln x$，定义域为 $x > 0$，有 $(\ln x)' = \frac{1}{x}$；当 $x < 0$ 时，$y = \ln(-x)$ 有定义，由复合函数的求导法则，不难得出：

$$[\ln(-x)]' = \frac{1}{-x} \cdot (-1) = \frac{1}{x}$$

因此，只要 $x \neq 0$，就有公式

$$(\ln|x|)' = \frac{1}{x}$$

并且对数函数的导数具有性质：

$$(\ln u^a)' = \alpha(\ln u)', \quad [\ln(uv)]' = (\ln u)' + (\ln v)', \quad \left(\ln\frac{u}{v}\right)' = (\ln u)' - (\ln v)'$$

在涉及对数函数的求导问题时，利用这些性质简化计算. 如

$$f(x) = \ln(1-x)(2-x) = \ln|1-x| + \ln|2-x|$$

从而可得

$$f(x)' = \frac{(1-x)'}{1-x} + \frac{(2-x)'}{2-x} = \frac{2x-3}{(x-1)(x-2)}$$

例 7 求函数 $y = \ln\dfrac{1-x^2}{x^2+2x+2}$ 的导数.

解
$$y' = \left(\ln\frac{1-x^2}{x^2+2x+2}\right)' = (\ln|1-x^2| - \ln|x^2+2x+2|)'$$

$$= \frac{(1-x^2)'}{1-x^2} - \frac{(x^2+2x+2)'}{x^2+2x+2} = \frac{-2x}{1-x^2} - \frac{2(x+1)}{x^2+2x+2}$$

$$= \frac{2(x^2+3x+1)}{(x^2-1)(x^2+2x+2)}$$

下面讨论利用导数求一些函数的极限.

我们知道，在求商的极限时，如果分子和分母极限都为零，这样的极限称为 $\dfrac{0}{0}$ 型未定式.有些 $\dfrac{0}{0}$ 型可以用某些函数在某点的导数直接消去零因子.

例 8 求 $\dfrac{0}{0}$ 型极限 $\lim\limits_{x\to 1}\dfrac{e^{x^2}-e}{x^2-1}$.

解 由导数的定义 $\lim\limits_{x\to x_0}\dfrac{f(x)-f(x_0)}{x-x_0} = f'(x_0)$，可得

$$\lim_{x\to 1}\frac{e^{x^2}-e^{1^2}}{x-1} = (e^{x^2})'\big|_{x=1} = (x^2)'e^{x^2}\big|_{x=1} = 2xe^{x^2}\big|_{x=1} = 2e$$

$$原式 = \lim_{x\to 1}\left(\frac{e^{x^2}-e}{x-1}\cdot\frac{x-1}{x^2-1}\right) = \lim_{x\to 1}\frac{e^{x^2}-e}{x-1}\cdot\lim_{x\to 1}\frac{1}{x+1} = e$$

例 9 证明若在点 a 的某个邻域内，函数 $f(x)$ 和 $g(x)$ 均可导，且

$$f(a) = g(a) = 0, \quad [f'(a)]^2 + [g'(a)]^2 \neq 0$$

则有

$$\lim_{x\to a}\frac{f(x)}{g(x)} = \frac{f'(a)}{g'(a)}$$

证 利用导数定义来证明.

$$\lim_{x \to a} \frac{f(x)}{g(x)} = \lim_{x \to a} \frac{f(x)-f(a)}{g(x)-g(a)} = \frac{\lim\limits_{x \to a} \dfrac{f(x)-f(a)}{x-a}}{\lim\limits_{x \to a} \dfrac{g(x)-g(a)}{x-a}} = \frac{f'(a)}{g'(a)}$$

又 $[f'(a)]^2 + [g'(a)]^2 \neq 0$. 如果 $f'(a) = 0$, 则 $g'(a) \neq 0$, 从而可得

$$\lim_{x \to a} \frac{f(x)}{g(x)} = \frac{f'(a)}{g'(a)} = 0$$

如果 $g'(a) = 0$, 则 $f'(a) \neq 0$, 从而可得 $\lim\limits_{x \to a} \dfrac{f(x)}{g(x)} = \dfrac{f'(a)}{g'(a)} = \infty$; 如果 $g'(a)f'(a) \neq 0$, 显然极限存在. 因此 $\dfrac{f'(a)}{g'(a)}$ 不再是新的 $\dfrac{0}{0}$ 型未定式, 这样能算出具体结果.

习题 2-2

1. 求下列函数的导数.

(1) $y = x^3 + \dfrac{3}{x} + \ln 2$;　　　　(2) $y = x \ln x + \sqrt{x}$;　　　　(3) $y = \mathrm{e}^x \sin x + 1$;

(4) $y = 3\sqrt[3]{x} - 5^x$;　　　　(5) $y = x^2 \log_a x + \log_a 10$;　　　　(6) $y = (x+1)\mathrm{e} - x\cos x$.

2. 求下列函数的导数.

(1) $y = (x^2 + 1)^4$;　　　　(2) $y = \ln \cos x$;　　　　(3) $y = \mathrm{e}^{-x^2 + 2x}$;

(4) $y = (x^2 + x + 1)\mathrm{e}^{-x}$;　　　　(5) $y = \sin^2(1-3x)$;　　　　(6) $3\sqrt[3]{x + 4\sqrt{x}}$;

(7) $y = \sqrt{x^2 + 1}$;　　　　(8) $y = \ln \dfrac{x^3 + 2}{x^2 + 1}$;　　　　(9) $y = \ln \sqrt{\dfrac{1 + \sin x}{1 - \sin x}}$;

(10) $y = \sin^2 x \sin(x^2)$;　　　　(11) $y = \ln(x + \sqrt{x^2 + a^2})$;　　　　(12) $y = \mathrm{e}^{\cos x^2}$.

3. 求曲线 $y = \sin^2 + 3x$ 在点 $(0,0)$ 的切线方程及法线方程.

4. 曲线 $y = \dfrac{1}{\sqrt{x}}$ 的切线与 x 轴和 y 轴围成一个图形, 切点的横坐标为 a, 求切线和这个图形的面积.

5. 证明 (1) 若 $f(x)$ 是偶函数且可导, 则 $f'(x)$ 是奇函数; (2) 若 $f(x)$ 是奇函数且可导, 则 $f'(x)$ 是偶函数.

6. 求下列函数的导数.

(1) $y = \ln \ln x$;　　　　(2) $y = \mathrm{e}^{-\frac{x}{2}} \cos \dfrac{x}{2}$;　　　　(3) $y = x^2 \cos^2 2x$;

(4) $y = \dfrac{4\sqrt{x}}{\sqrt{2x-1} - \sqrt{2x+1}}$;　　　　(5) $y = \ln(x\sqrt{x^2 + x + 1})$;　　　　(6) $y = \mathrm{e}^{\sin^2 \frac{1}{x}}$.

7. 已知 $f(x)$ 可导, 求下列函数的导数.

(1) $y = f(x^3)$;　　　　(2) $y = f(\sqrt{x+1})$;

(3) $y = f(\sin^2 x) + f(\cos^2 x)$;　　　　(4) $y = \log_a \cos[f(2x)]$.

8.利用例 9 的方法求以下极限.

（1）$\lim\limits_{x\to\frac{\pi}{2}}\dfrac{\cos x}{x-\dfrac{\pi}{2}}$；

（2）$\lim\limits_{x\to 1}\dfrac{e^x-e}{x^3-1}$；

（3）$\lim\limits_{x\to 0}\dfrac{3^x+5^x-2}{x}$；

（4）$\lim\limits_{x\to 0}\dfrac{a^{x^2+1}-a}{\ln(1+x^2)}$.

9.证明若函数 $f(x)$ 和 $g(x)$ 均在点 a 的某个邻域内有定义，$f(x)$ 在点 a 处可导，$f(a)=0$，且 $g(x)$ 在点 a 处连续，$g(a)\neq 0$，则 $\dfrac{f(x)}{g(x)}$ 在点 a 处可导.

第三节　隐函数的导数与商的求导法则

一、隐函数的导数

我们知道可用解析法表示函数，但也有不同的表示形式. 因变量 y 可以用含自变量 x 的算式表示，如 $y=\tan x$、$y=2x+1$ 等. 这种函数表达式的特点为：等号左端是因变量的符号，右端是含有自变量的式子，当自变量取定义域内任一值时，这式子比较方便确定对应的函数值. 用这种方式表达的函数叫**显函数**. 前面我们所遇到的函数大多是显函数，然而有些函数的表达式却不是这样的，如方程 $3x+y^3-1=0$ 所表示的函数，因为当变量 x 在 $(-\infty,+\infty)$ 内取任一值时，变量 y 都有唯一确定的值与之对应. 例如，当变量 $x=0$ 时，$y=1$；当 $x=2$ 时，$y=-\sqrt[3]{5}$；等等. 这样的函数称为**隐函数**.

一般地，如果变量 x 和 y 满足一个方程 $F(x,y)=0$，对于变量 x 在某一区间内任取一值时，相应地总有满足此方程的唯一 y 值存在，那么我们就说方程 $F(x,y)=0$ 在该区间上确定了 x 的隐函数.

对于方程 $F(x,y)=0$ 在一定条件可以确定的隐含函数 $y=y(x)$，将隐含函数化为显函数常常比较困难. 我们假定 $F(x,y)=0$ 的隐含函数存在、可导的条件下，来求隐含函数 $y=y(x)$ 的导数. 如果能由方程 $F(x,y)=0$ 解出 $y=y(x)$，隐函数化为显函数，其求导问题就能解决，但计算过程可能较复杂. 如果只知 $y=y(x)$ 的存在性，但无法求出 $y=y(x)$ 的解析表达式时，如何求导数？ 例如，由方程 $3x+2y=1$，解得 $y=-\dfrac{3}{2}x+\dfrac{1}{2}$，求导得 $y'=-\dfrac{3}{2}$；若在该方程中视 y 为 x 的函数 $y=y(x)$，对方程两边求导得 $3+2y'=0$，即 $y'=-\dfrac{3}{2}$. 这两种算法结果一样. 后一种算法的关键是在方程两端对自变量 x 求导时，将 y 视为 x 的函数 $y(x)$，把 y 看作方程 $F(x,y)=0$ 左端的函数［即 $F(x,y)$］的中间变量，x 作为自变量. 这种方法就是隐函数求导法.

隐函数求导法　设 $y=y(x)$ 是由方程 $F(x,y)=0$ 所确定的隐含函数，方程两边对自变量 x 求导，遇到 y 时将其看成的 x 的函数，即把 y 看作函数 $F(x,y)$ 的**中间变量**，对自变

量 x 求导,即 $\dfrac{\mathrm{d}y}{\mathrm{d}x}$(或 y'),利用四则运算与复合函数的求导法则就会得到一个含有导数 $\dfrac{\mathrm{d}y}{\mathrm{d}x}$

(或 y')的方程,从中解出 $\dfrac{\mathrm{d}y}{\mathrm{d}x}$(或 y'),便可得到结果.

例 1 求由方程 $y^3+3y+x^2=1$ 所确定的隐函数的导数 y' 及在 $x=1$ 时的导数 $y'(1)$.

解 假设该方程确定了隐函数 $y=y(x)$,把 $y=y(x)$ 代入方程,可得

$$y^3(x)+3y(x)+x^2=1 \tag{2-8}$$

利用复合函数的求导法则:$y=f(u),u=\varphi(x)$ 的复合函数 $y=f[\varphi(x)]$ 的导数为

$$\frac{\mathrm{d}y}{\mathrm{d}x}=\frac{\mathrm{d}y}{\mathrm{d}u}\cdot\frac{\mathrm{d}u}{\mathrm{d}x}=f'(u)\varphi'(x)$$

把 y 看作中间变量,有

$$\frac{\mathrm{d}y^3}{\mathrm{d}x}=\frac{\mathrm{d}y^3}{\mathrm{d}y}\cdot\frac{\mathrm{d}y}{\mathrm{d}x}=3y^2y'(x)$$

式(2-8)两端对 x 求导,便得

$$3y^2(x)\cdot y'(x)+3y'(x)+2x=0[\text{常数 1 的导数}(1)'\text{为 }0]$$

从此方程解出 $y'(x)=-\dfrac{2x}{3+3y^2(x)}$.一般可以写作

$$y'=-\frac{2x}{3x^2+3y^2}$$

将 $x=1$ 代入原方程可得 $y^3+3y+1=1$,解得 $y=0$.代入上式,可得 $y'(1)=-\dfrac{2}{3}$.

注 当 y 是自变量 x 的函数 $y=y(x)$ 时,就要把 y 看作方程的中间变量,要区别于把 y 看作自变量的导数.例如,由 $\dfrac{\mathrm{d}x^3}{\mathrm{d}x}=3x^2$,容易得到 $\dfrac{\mathrm{d}y^3}{\mathrm{d}y}=3y^2$(把 y 看作自变量).

例 2 求由方程 $xe^y+x^3y^2-e^3=0$ 所确定的隐函数的导数 y'.

解 方程两端对 x 求导,即

$$\frac{\mathrm{d}}{\mathrm{d}x}(xe^y)+\frac{\mathrm{d}}{\mathrm{d}x}(x^3y^2)-(e^3)'=0$$

y 是自变量 x 的函数 $y=y(x)$,利用乘积导数法则:$(uv)'=u'v+uv'$. 可得

$$(x)'e^y+x(e^y)'+(x^3)'y^2+x^3(y^2)'=0$$

即

$$e^y+x\cdot e^y\cdot y'+3x^2y^2+x^3\cdot 2y\cdot y'=0$$

解得

$$y'=-\frac{3x^2y^2+e^y}{2x^3y+xe^y}$$

例 3 证明 $(\arcsin x)'=\dfrac{1}{\sqrt{1-x^2}}(-1<x<1)$.

证 设 $y=\arcsin x$,即 $\sin y=\sin\arcsin x=x,-\dfrac{\pi}{2}\leqslant y\leqslant\dfrac{\pi}{2}$.对隐函数求导,即

$$\cos y\cdot y'=1$$

当 $y = \pm\dfrac{\pi}{2}$ 时，有 $\cos y = 0$，可得导数 y' 不存在；当 $-\dfrac{\pi}{2} < y < \dfrac{\pi}{2}$ 时，则

$$y' = \frac{1}{\cos y} = \frac{1}{\sqrt{1 - \sin^2 y}} = \frac{1}{\sqrt{1 - x^2}}$$

因此，反正弦函数的导数公式为

$$(\arcsin x)' = \frac{1}{\sqrt{1 - x^2}}, x \in (-1, 1) \tag{2-9}$$

同理，可得反余弦函数的导数公式，即

$$(\arccos x)' = -\frac{1}{\sqrt{1 - x^2}}, x \in (-1, 1) \tag{2-10}$$

二、商的求导法则

定理（商的求导法则） 若函数 $u = u(x)$ 和 $v = v(x)$ 均在点 x 处可导，则它们的商（除分母为零的点外）在点 x 具有导数，且

$$\left[\frac{u(x)}{v(x)}\right]' = \frac{u'(x)v(x) - u(x)v'(x)}{v^2(x)}, v(x) \neq 0 \tag{2-11}$$

证 设函数 $y = \dfrac{u(x)}{v(x)}$，即 $u(x) = y(x) \cdot v(x)$，$v(x) \neq 0$. 根据 $u(x)$，$v(x)$ 在点 x 处可导，利用证明二个函数乘积导数法则类似方法，可得函数 $y(x)$ 在点 x 处可导. 于是

$$u'(x) = y(x)' \cdot v(x) + y(x) \cdot v(x)'$$

$$y'(x) = \frac{u'(x) - y(x) \cdot v'(x)}{v(x)} = \frac{u'(x)v(x) - u(x) \cdot v'(x)}{v^2(x)}$$

由此可得商的运算法则（2-11），简记为

$$\left(\frac{u}{v}\right)' = \frac{u'v - uv'}{v^2}$$

该公式表示：两个函数商的导数等于分母的平方做分母，分子的导数乘分母的积减去分子乘分母的导数的积的差做分子的商.

我们容易获得：$\left(\dfrac{1}{v}\right)' = -\dfrac{v'}{v^2}$，$v \neq 0$. 要注意 $\left(\dfrac{u}{v}\right)' \neq \dfrac{u'}{v'}$.

利用函数四则运算法则和已有的导数公式，就可以进行简单的求导运算. 如

$$(e^{-x})' = \left(\frac{1}{e^x}\right)' = \frac{0 \cdot e^x - e^x \cdot 1}{e^{2x}} = \frac{-1}{e^x} = -e^{-x}$$

例 4 设原函数 $f(x) = \tan x$，求导数 $f'(x)$ 及 $f'\left(\dfrac{\pi}{4}\right)$.

解 利用商的导数公式（2-11），可得

$$f'(x) = (\tan x)' = \left(\frac{\sin x}{\cos x}\right)' = \frac{(\sin x)'\cos x - \sin x(\cos x)'}{\cos^2 x} = \frac{\cos^2 x + \sin^2 x}{\cos^2 x} = \sec^2 x$$

于是 $f'\left(\dfrac{\pi}{4}\right) = 2$.

正切函数的导数公式

$$(\tan x)' = \sec^2 x$$

同理可得余切函数的导数公式

$$(\cot x)' = -\csc^2 x$$

例如,$(\ln x\tan x)' = (\ln x)'\tan x + (\tan x)'\ln x = \dfrac{\tan x}{x} + \sec^2 x\ln x$.

例 5　设原函数 $f(x) = \sec x$,求导数 $f'(x)$.

证　$(\sec x)' = \left(\dfrac{1}{\cos x}\right)' = \dfrac{(1)'\cos x - 1 \cdot (\cos x)'}{\cos^2 x} = \dfrac{\sin x}{\cos^2 x} = \sec x\tan x.$

正割函数的导数公式为

$$(\sec x)' = \sec x\tan x$$

同理,余割函数的导数公式为

$$(\csc x)' = -\csc x\cot x$$

例 6　证明 $(\arctan x)' = \dfrac{1}{1+x^2}(-\infty < x < \infty)$.

证　设 $y = \arctan x$,即 $\tan y = \tan(\arctan x) = x$,$-\dfrac{\pi}{2} < y < \dfrac{\pi}{2}$.对隐函数求导,$\sec^2 y \cdot y' = 1$,则

$$y' = \dfrac{1}{\sec^2 y} = \dfrac{1}{1+\tan^2 y} = \dfrac{1}{1+x^2}$$

即反正切函数的导数公式为

$$(\arctan x)' = \dfrac{1}{1+x^2}, x \in (-\infty, +\infty)$$

同理,可得反余切函数的导数公式,即

$$(\operatorname{arccot} x)' = -\dfrac{1}{1+x^2}, x \in (-\infty, +\infty)$$

例 7　设原函数 $y = \left(\dfrac{x^2}{1+x}\right)^2$,求 y'.

解　该函数分解为 $y = u^2$,$u = \dfrac{x^2}{1+x}$. 于是

$$\dfrac{\mathrm{d}u}{\mathrm{d}x} = \left(\dfrac{x^2 - 1 + 1}{x+1}\right)' = \left(x - 1 + \dfrac{1}{x+1}\right)' = (x-1)' + \left(\dfrac{1}{x+1}\right)'$$

$$= 1 + \dfrac{1' \cdot (x+1) - 1 \cdot (x+1)'}{(x+1)^2} = 1 - \dfrac{1}{(x+1)^2} = \dfrac{x^2 + 2x}{(x+1)^2}$$

$$y' = (u^2)'u' = 2\left(\dfrac{x^2}{1+x}\right)\left(\dfrac{x^2}{1+x}\right)' = \dfrac{2x^3(x+2)}{(x+1)^3}$$

三、基本导数公式与求导法则

基本初等函数的导数公式与本章第二节、第三节讨论的求导法则,在初等函数的求导运算中起着重要作用,我们必须掌握并熟练运用它们.为了便于查阅,将它们归纳如下:

1. 常数和基本初等的导数公式

常数：$(C)' = 0$；幂函数：$(x^\mu)' = \mu x^{\mu-1}$.

对数函数：$(\log_a x)' = \dfrac{1}{x \ln a}(a>0, a \neq 1)$，$\quad (\ln x)' = \dfrac{1}{x}$.

指数函数：$(a^x)' = a^x \ln a (a>0, a \neq 1)$，$\qquad (e^x)' = e^x$.

三角函数：$(\sin x)' = \cos x$，$\quad (\cos x)' = -\sin x$，$\quad (\tan x)' = \sec^2 x$，

$\qquad\qquad (\cot x)' = -\csc^2 x$，$\quad (\sec x)' = \sec x \tan x$，$\quad (\csc x)' = -\csc x \cot x$.

反三角函数：$(\arcsin x)' = \dfrac{1}{\sqrt{1-x^2}}$，$\quad (\arccos x)' = -\dfrac{1}{\sqrt{1-x^2}}$，

$\qquad\qquad (\arctan x)' = \dfrac{1}{1+x^2}$，$\quad (\text{arccot} x)' = -\dfrac{1}{1+x^2}$.

2. 导数的四则运算公式

若函数 $u = u(x)$ 和 $v = v(x)$ 均在点 x 处可导,则有

$$(u \pm v)' = u' \pm v'; \quad (uv)' = u'v + uv', \quad (Cu)' = Cu';$$

$$\left(\frac{u}{v}\right)' = \frac{u'v - uv'}{v^2}, \left(\frac{1}{v}\right)' = -\frac{v'}{v^2}, v \neq 0.$$

3. 复合函数的求导法则

如果函数 $u = \varphi(x)$ 在点 x 处可导,而函数 $y = f(u)$ 在相应的点 $u = \varphi(x)$ 处可导,那么复合函数 $y = f[\varphi(x)]$ 在 x 点可导,且

$$\frac{dy}{dx} = \frac{dy}{du} \cdot \frac{du}{dx} \quad 或 \quad \frac{dy}{dx} = f'(u) \cdot \varphi'(x)$$

例 8 求原函数 $y = \sqrt{1-x^2} \arcsin x$ 的导数 y'.

解
$$y' = (\sqrt{1-x^2})' \arcsin x + \sqrt{1-x^2}(\arcsin x)'$$

$$= \frac{1}{2} \cdot \frac{1}{\sqrt{1-x^2}}(1-x^2)' \arcsin x + \sqrt{1-x^2} \cdot \frac{1}{\sqrt{1-x^2}}$$

$$= -\frac{1}{\sqrt{1-x^2}} \arcsin x + 1$$

例 9 求原函数 $y = \sin[\cos^2(ax+b)]$ 的导数 y'.

解
$$y' = \cos[\cos^2(ax+b)] \cdot [\cos^2(ax+b)]'$$

$$= \cos[\cos^2(ax+b)] \cdot 2\cos(ax+b) \cdot [\cos(ax+b)]'$$

$$= 2\cos[\cos^2(ax+b)] \cdot \cos(ax+b) \cdot [-\sin(ax+b)] \cdot [(ax+b)]'$$

$$= -a\sin 2(ax+b) \cos[\cos^2(ax+b)]$$

四、对数求导方法

例 7 中求商的导数比较麻烦,我们给一个简便算法.一般地,幂指函数是指幂的底数

和指数均含有自变量的函数.对于幂指函数求导,既不能用幂函数求导公式,也不能用指数函数求导公式. 在求复杂的乘积型与商型函数或者幂指函数 $y=f(x)$ 的导数时,先对 $y=f(x)$ 的两边取对数,将乘法、除法运算转化为加、减运算,将乘方、开方运算转化为乘积运算,将显函数转化为隐函数,再利用四则运算与复合函数求导法则,求出函数 y 的导数,称这个方法为**对数求导法**.

例 10 设函数 $y=(2x)^x$,求导数 y'.

解 这个函数是幂指函数,等式两边取对数,可得

$$\ln y = \ln(2x)^x = x\ln(2x) = x(\ln 2 + \ln x)$$

利用隐函数求导法则,上式两端对自变量 x 求导,注意到 $y=y(x)$,便得

$$\frac{y'}{y} = \left[x(\ln 2 + \ln x)\right]' = \ln 2 + \ln x + \frac{x}{x} = 1 + \ln 2 + \ln x$$

由此可得

$$y' = y(1 + \ln 2 + \ln x) = (1 + \ln 2 + \ln x)(2x)^x$$

例 11 设函数 $y=(\tan x + \sec x)^{\cos x}$,求导数 y'.

解 这个函数是幂指函数,等式两边取对数,可得

$$\ln y = \ln(\tan x + \sec x)^{\cos x} = \cos x \ln(\tan x + \sec x)$$

对上式两端对自变量 x 求导,注意到 $y=y(x)$,便得

$$\frac{y'}{y} = -\sin x \ln(\tan x + \sec x) + \frac{\cos x}{\tan x + \sec x} \cdot (\tan x + \sec x)'$$

即

$$y' = y\left[-\sin x \ln(\tan x + \sec x) + \frac{\cos x}{\tan x + \sec x} \cdot (\sec^2 x + \sec x \tan x)\right]$$

$$= \cos x \ln(\tan x + \sec x)\left[-\sin x \ln(\tan x + \sec x) + \cos x \cdot \sec x\right]$$

$$= (\tan x + \sec x)^{\cos x}\left[-\sin x \ln(\tan x + \sec x) + 1\right].$$

对于一般幂指函数

$$y = [f(x)]^{\phi(x)}, \quad f(x) > 0$$

如果 $f(x)$ 与 $\phi(x)$ 都可导,两边取对数得,$\ln y = \phi(x)\ln f(x)$,利用隐函数求导法则,可得

$$\frac{1}{y} \cdot y' = \phi'(x)\ln f(x) + \phi(x) \cdot \frac{f'(x)}{f(x)}$$

于是

$$y' = y\left[\phi'(x)\ln f(x) + \phi(x) \cdot \frac{f'(x)}{f(x)}\right]$$

$$= f(x)^{\phi(x)}\phi'(x)\ln f(x) + \phi(x)f(x)^{\phi(x)-1}f'(x)$$

该表达式前一项表示指数函数的导数,即把底数 $f(x)$ 看作常数,视作指数函数 $a^{\phi(x)}$ 的导数;后一项表示幂函数的导数,即把指数 $\phi(x)$ 看作常数,视作幂函数 $f(x)^\mu$ 的导数.

例 12 设函数 $y = \sqrt[3]{\sin x\sqrt{1-x^2}}$,求导数 y'.

解 函数的定义域 $1-x^2 \geqslant 0$,即 $-1 \leqslant x \leqslant 1$.当 $-1 < x < 0$ 时,取对数,可得

$$\ln|y| = \frac{1}{3}\left[\ln|\sin x| + \frac{1}{2}\ln|1-x^2|\right]$$

利用公式：$(\ln|x|)'=\dfrac{1}{x}$，对两边求导可得

$$\frac{1}{y}y'=\frac{1}{3}\left[\frac{\cos x}{\sin x}+\frac{1}{2}\left(\frac{-2x}{1-x^2}\right)\right]=\frac{1}{3}\left(\cot x+\frac{x}{x^2-1}\right)$$

因而

$$y'=\frac{y}{3}\left(\cot x+\frac{x}{x^2-1}\right)=\frac{1}{3}\sqrt[3]{\sin x\sqrt{1-x^2}}\left(\cot x+\frac{x}{x^2-1}\right)$$

当 $0<x<1$ 时，可得同样的结果.

讨论当 $x=0$ 时，函数的可导性. 利用无穷小量的等价代换：$\sin x\sim x(x\to 0)$. 根据导数的定义，

$$f'(0)=\lim_{x\to 0}\frac{f(x)-f(0)}{x-0}=\lim_{x\to 0}\frac{\sqrt[3]{x}\sqrt[6]{1-x^2}}{x}=\lim_{x\to 0}\frac{1}{\sqrt[3]{x^2}}=\infty$$

即当 $x=0$ 时，该函数不可导.

习题 2-3

1.求下列函数的导数.

$(1)\,y=\tan x-\sec x$；

$(2)\,y=\arcsin x\arccos x$；

$(3)\,y=(x^2+1)\arctan x$；

$(4)\,y=\dfrac{x}{1+x^2}$；

$(5)\,y=\dfrac{\sin x}{1+\cos x}$；

$(6)\,y=x^2\operatorname{arccot}x-\dfrac{2x}{1+x^2}$；

$(7)\,y=\arctan e^{-x}$；

$(8)\,y=\arcsin\dfrac{2x+1}{3}$；

$(9)\,y=\dfrac{x}{\sqrt{1-x^2}}$；

$(10)\,y=\left(\dfrac{\csc^2 x+3}{\cot^2 x+1}\right)^2$；

$(11)\,y=\tan^2 x^2$；

$(12)\,y=\dfrac{x}{2}\sqrt{a^2-x^2}+\dfrac{a^2}{2}\arcsin\dfrac{x}{a}$；

$(13)\,y=\ln^2(\csc x-\cot x)$；

$(14)\,y=\sqrt{1-x^2}\arcsin\sqrt{1-x^2}$.

2.求由下列方程所确定的隐函数的导数 $\dfrac{\mathrm{d}y}{\mathrm{d}x}$.

$(1)\,y^2-4x^2y+x=0$；

$(2)\,y=1+x\sin y$；

$(3)\,\ln y+xy=e^{-x+y}$；

$(4)\,x\cot y=\cos(xy)$.

3.求下列函数的导数.

$(1)\,y=\dfrac{(2x+3)^4\sqrt{x-6}}{\sqrt[3]{x+1}}$；

$(2)\,y=\sqrt{\dfrac{x(x+1)}{(1+x^2)e^{2x}}}$；

$(3)\,y=x^{x^2}$；

$(4)\,y=(\sin x)^{\cos x}$.

4.求曲线 $x^{\frac{2}{3}}+y^{\frac{2}{3}}=1$ 上点 $\left(\dfrac{1}{8},\dfrac{3\sqrt{3}}{8}\right)$ 处的切线方程和法线方程.

5.设 $y=f^{-1}(x)$ 是 $x=f(y)$ 的反函数，且 $f(y)$ 可导，$f'(y)\neq 0$，则 $\dfrac{\mathrm{d}y}{\mathrm{d}x}=\dfrac{1}{f'(y)}=\dfrac{1}{\dfrac{\mathrm{d}x}{\mathrm{d}y}}$.

第四节　反函数与参数式函数的求导法则及相关变化率

一、反函数的求导法则

由第一章第一节、第八节我们知道,直接函数 $x=\phi(y)$ 单调、连续,它的反函数 $y=f(x)$ 存在,也单调、连续.本节讨论反函数的可导性问题.

定理1　设函数 $x=\phi(y)$ 在区间 (a,b) 内可导,且 $\phi'(y)\neq0$,则其反函数 $y=f(x)$ 在对应的区间内也可导,其导数为

$$\frac{\mathrm{d}y}{\mathrm{d}x}=\frac{1}{\dfrac{\mathrm{d}x}{\mathrm{d}y}},\text{ 或 }f'(x)=\frac{1}{\phi'y} \tag{2-12}$$

公式推导:对于 $x=\phi(y)$ 以 x 为自变量,y 看作中间变量,利用隐函数求导法,可得

$$\frac{\mathrm{d}x}{\mathrm{d}x}=\frac{\mathrm{d}}{\mathrm{d}x}\phi(y)=\frac{\mathrm{d}}{\mathrm{d}y}\phi(y)\cdot\frac{\mathrm{d}y}{\mathrm{d}x},\quad\text{即 }1=\phi'(y)\cdot\frac{\mathrm{d}y}{\mathrm{d}x}$$

由 $\phi'(y)\neq0$,可得

$$f'(x)=\frac{\mathrm{d}y}{\mathrm{d}x}=\frac{1}{\phi'(y)}=\frac{1}{\dfrac{\mathrm{d}x}{\mathrm{d}y}}$$

证　在假定的条件下,任意 $y\in(a,b)$ 满足 $\phi'(y)>0$ 或 $\phi'(y)<0$ 恒成立.(反证法)假设定义区间分解成 $(a,b)=(a,c]\cup(c,b)$,使得 $\forall y\in(a,c]$,$\forall z\in(c,b)$ 有 $\phi'(y)\phi'(z)<0$. 不妨设 $\phi'(y)>0$,$\phi'(z)<0$,根据左右导数的定义,有

$$\phi'_-(c)=\lim_{y\to c^-}\frac{\phi(y)-\phi(c)}{y-c}\geqslant0,\phi'_+=\lim_{y\to c^+}\frac{\phi(y)-\phi(c)}{y-c}\leqslant0$$

因而 $\phi'(c)=0$,与已知条件 $\phi'(y)\neq0$ 矛盾.故结论成立.

在区间 (a,b) 内恒有 $\phi'(y)>0$ 或 $\phi'(y)<0$,根据第三章第四节定理 2 可知,$\phi(y)$ 单调增加(或单调减少),再根据第一章第一节可知,它的反函数 $y=f(x)$ 存在,且单调.又直接函数 $x=\phi(y)$ 在区间 (a,b) 内可导,由本章第一节定理 2,可得此函数连续,根据第一章第八节定理 2,反函数 $y=f(x)$ 也连续.于是对于单调连续函数 $y=f(x)$ 的自变量 x 有增量 Δx,当 $\Delta x\neq0$ 时,则

$$\Delta y=f(x+\Delta x)-f(x)\neq0,\text{且}\lim_{x\to0}\Delta y=0$$

又函数 $x=\phi(y)$ 可导,则有

$$\frac{\mathrm{d}x}{\mathrm{d}y}=\lim_{\Delta y\to0}\frac{\Delta x}{\Delta y}=\phi'(y)\neq0,(\Delta y\neq0)$$

从而可得反函数的导数为

$$f'(x) = \frac{\mathrm{d}y}{\mathrm{d}x} = \lim_{\Delta x \to 0} \frac{\Delta y}{\Delta x} (\Delta x \neq 0, \Delta y \neq 0)$$

$$= \lim_{x \to 0} \frac{1}{\dfrac{\Delta x}{\Delta y}} = \frac{1}{\dfrac{\mathrm{d}x}{\mathrm{d}y}} = \frac{1}{\phi'(y)}$$

定理 1 表明:反函数的导数等于直接函数导数的倒数. 要注意:定理中的 $\left[\phi(y)\right]'$ 是直接函数 $x = \phi(y)$ 对其自变量 y 的导数,而 $f'(x)$ 是反函数 $y = f(x)$ 对其自变量 x 的导数. 求反函数的导数的最终结果,要将因变量 y 的表达式转化为自变量 x 的表达式.

例如:直接函数 $x = \sin y$ 在 $\left(-\dfrac{\pi}{2}, \dfrac{\pi}{2}\right)$ 内可导,且 $(\sin y)' = \cos y > 0$,即导数不为零,满足定理 1 的条件.因而反函数 $y = \arcsin x$ 可导,由式(2-12)可得

$$\frac{\mathrm{d}x}{\mathrm{d}y} = \frac{1}{\dfrac{\mathrm{d}x}{\mathrm{d}y}} = \frac{1}{(\sin y)'} = \frac{1}{\cos y} = \frac{1}{\sqrt{1 - \sin^2 y}} = \frac{1}{\sqrt{1 - x^2}}$$

二、参数式函数的求导法则

我们知道单位上半圆周可以表示为 $x = \cos t, y = \sin t (0 \leqslant t \leqslant \pi)$. 该式中变量 x 和 y 都与 t 存在函数关系. 如果把对应于同一个 t 值的 x 和 y 的值看作是对应的,这样就得到 x 和 y 之间的函数关系. 消去参数 t,有 $y = \sqrt{1 - x^2}$. 这就是因变量 y 与自变量 x 直接联系的式子,也是该参数方程所确定的函数的显示表示.

一般地,如果两个变量 x 和 y 都是同一变量 t 的函数: $x = \varphi(t), y = \theta(t)(\alpha \leqslant t \leqslant \beta)$,那么在一定条件下,通过中间变量 t 使 x 和 y 之间形成函数关系. 我们称由表达式

$$\begin{cases} x = \varphi(t) \\ y = \theta(t) \end{cases}, \alpha \leqslant t \leqslant \beta$$

确定的函数 $y = y(x)$ 为参数方程确定的函数,简称为**参数式函数**,称 t 为**参变量**.

定理 2 设参数方程 $\begin{cases} x = \varphi(t) \\ y = \theta(t) \end{cases}, (\alpha \leqslant t \leqslant \beta), \varphi(t)$ 与 $\theta(t)$ 均可导,且 $\varphi'(t) \neq 0$,则有

$$\frac{\mathrm{d}y}{\mathrm{d}x} = \frac{\theta'(t)}{\varphi'(t)} \quad \text{或} \quad \frac{\mathrm{d}y}{\mathrm{d}x} = \frac{\dfrac{\mathrm{d}y}{\mathrm{d}t}}{\dfrac{\mathrm{d}x}{\mathrm{d}t}} \tag{2-13}$$

证 对于函数 $x = \varphi(t), \varphi'(t) \neq 0$,根据定理 1,它存在可导反函数 $t = \varphi^{-1}(x)$,且

$$\frac{\mathrm{d}t}{\mathrm{d}x} = \frac{1}{\dfrac{\mathrm{d}x}{\mathrm{d}t}} = \frac{1}{\varphi'(t)}$$

$y = \theta(t)$ 与 $t = \varphi^{-1}(x)$ 的复合函数为 $y = \theta(t) = \theta\left[\varphi^{-1}(x)\right]$,利用本章第二节定理 2 复合函数的求导法则,

$$\frac{dy}{dx}=\frac{dy}{dt}\cdot\frac{dt}{dx}=\frac{\dfrac{dy}{dt}}{\dfrac{dx}{dt}}=\frac{\theta'(t)}{\varphi'(t)}$$

故结论成立.

式(2-13)称为**参数式函数的导数公式**. 在求导过程中,不必将 $x=\varphi(t)$ 的反函数算出来,就可以直接利用式(2-13)求出导数. 并且公式便于记忆,通过本章第六节将会知道,式(2-13)是将左端 $\dfrac{dy}{dx}$ 的分子 dy 与分母 dx 同除以 dt,即参数式函数的导数 $\dfrac{dy}{dx}$ 是 y 对 t 的导数除以 x 对 t 的导数.

例1 设参数式函数 $\begin{cases}x=\ln(1+t^2)\\y=t-\arctan t\end{cases}$,$(t\neq0)$,求导数 $\dfrac{dy}{dx}$.

解 由于 $\dfrac{dy}{dt}=1-\dfrac{1}{1+t^2}=\dfrac{t^2}{1+t^2}$,$\dfrac{dx}{dt}=\dfrac{2t}{1+t^2}$. 利用式(2-13)可得

$$\frac{dy}{dt}=\frac{\dfrac{dy}{dt}}{\dfrac{dx}{dt}}=\frac{\dfrac{t^2}{1+t^2}}{\dfrac{2t}{1+t^2}}=\frac{t^2}{2t}=\frac{t}{2}$$

例2 设参数式函数 $\begin{cases}x=2(1-\cos\theta)\\y=4\sin\theta\end{cases}$,$(0<t<\pi)$,求导数 $\dfrac{dy}{dx}$,并写出曲线在 $\theta=\dfrac{\pi}{4}$ 处的切线方程与法线方程(见图2-5).

解 由于 $\dfrac{dy}{d\theta}=4\cos\theta$,$\dfrac{dx}{d\theta}=2\sin\theta$. 利用式(2-13)可得

$$\frac{dy}{dx}=\frac{4\cos\theta}{2\sin\theta}=2\cot\theta$$

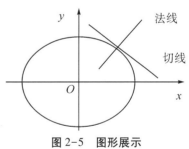

图 2-5 图形展示

从而可得切线的斜率为

$$k=\frac{dy}{dx}\bigg|_{\theta=\frac{\pi}{4}}=2\cot\frac{\pi}{4}=2$$

又 $\theta=\dfrac{\pi}{4}$ 对应的点为 $(2-\sqrt{2},2\sqrt{2})$,故切线方程为

$$y-2\sqrt{2}=2(x-2+\sqrt{2})\text{,即 }2x-y-4+4\sqrt{2}=0$$

法线方程为

$$y-2\sqrt{2}=-\frac{1}{2}(x-2+\sqrt{2})\text{,即 }x+2y-2-3\sqrt{2}=0$$

注 此参数方程也可以改写为 $4(x-2)^2+y^2=16$,利用隐函数求导,可得到导数:

$$8(x-2)+2yy'=0\text{,即 }y'=-\frac{4(x-2)}{y}$$

例3 如图2-6所示,以初速度为 v 抛射物体,速度 v 分解成水平方向的速度 v_1 和竖

直方向的速度 v_2. 以抛射点为坐标原点,水平方向为 x 轴,竖直向上的方向为 y 轴建立坐标系,物体的运动时间为 t(物体在刚射出时 $t=0$). 根据物体运动规律可得,物体运动轨迹的参数方程为

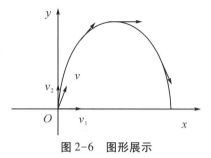

$$\begin{cases} x = v_1 t \\ y = v_2 t - \dfrac{1}{2} g t^2 \end{cases},$$

图 2-6　图形展示

其中 g 为重力加速度. 求时刻 t 物体的运动速度 v.

解　先计算速度的大小.速度水平方向的分量
$\dfrac{\mathrm{d}x}{\mathrm{d}t} = x'_t = v_1$,竖直方向的分量为

$$\frac{\mathrm{d}y}{\mathrm{d}t} = y'_t = v_2 - gt$$

根据向量加法法则,物体的运动速度的大小为

$$|v| = \sqrt{{x'_t}^2 + {y'_t}^2} = \sqrt{v_1^2 + (v_2 - gt)^2}$$

运动速度的方向是轨迹在该点处的切线方向.设 α 为切线的倾斜角,根据第一节导数的意义,有

$$k = \tan\alpha = \frac{\mathrm{d}y}{\mathrm{d}x} = \frac{y_t'}{x_t'} = \frac{v_2 - gt}{v_1}$$

在物体刚射出,即 $t=0$ 时,有

$$\tan\alpha \Big|_{t=0} = \frac{\mathrm{d}y}{\mathrm{d}x} \Big|_{t=0} = \frac{v_2}{v_1}$$

当 $t = \dfrac{v_2}{g}$ 时,$\tan\alpha \Big|_{t=\frac{v_2}{g}} = \dfrac{\mathrm{d}y}{\mathrm{d}x} \Big|_{t=\frac{v_2}{g}} = 0$,可得 $\alpha = 0$,切线平行 x 轴,这时运动方向是水平的,斜抛体达到最高点.

三、相关变化率

如果函数 $x = x(t)$ 与 $y = y(t)$ 都可导,且变量 x,y 之间存在某种关系,那么其变化率(导数)$\dfrac{\mathrm{d}x}{\mathrm{d}t}$ 与 $\dfrac{\mathrm{d}y}{\mathrm{d}t}$ 之间必然存在一定关系.这两个相互依赖的变化率称为相关变化率.它是研究这两个变化率之间的关系,从其中一个变化率可以求出另一个变化率. 求解此类问题一般分作三步:首先,找出函数 $x = x(t)$ 与 $y = y(t)$ 之间的关系;其次,求导后得到导数之间的关系;最后,利用已知函数的导数,确定未知函数的导数.

例 4　距离观察员 500m 处一个孔明灯从地面铅直上升,其速度为 140m/min.当孔明灯高度为 1 000m 时,观察员视线的仰角增加率是多少?

解　设孔明灯上升 t min 后,离地面高度为 h m,观察员视线的仰角为 α rad,根据在直角三角形中正切函数的定义,有

$$\tan\alpha = \frac{h}{500}$$

其中 α 及 h 都与 t 存在函数关系.上式两边对 t 求导,可得

$$\sec^2\alpha \cdot \frac{d\alpha}{dt} = \frac{1}{500} \cdot \frac{dh}{dt}$$

已知 $\frac{dh}{dt} = 140\text{m/min}$;又当 $h = 1\,000$ 时,$\tan\alpha = 2$,$\sec^2\alpha = 1 + \tan^2\alpha = 5$. 代入上式,得

$$5\frac{d\alpha}{dt} = \frac{140}{500}$$

可得,

$$\frac{d\alpha}{dt} = 0.056\text{rad/min}$$

即观察员视线的仰角增加率是 0.056rad/min.

例5 梯长 10 米,上端靠墙,下端置地.当梯的下端位于离墙 6m 处以速度 2m/min 离开墙时,问上端沿墙下降的速度是多少?

解 如图 2-7 所示,以墙角为坐标原点,水平方向为 x 轴,竖直向上的方向为 y 轴建立坐标系.设梯的上端 $A(0,y)$,下端 $B(x,0)$,当梯子下滑时,x,y 均为时间 t 的函数,即 $x = x(t)$,$y = y(t)$. 因为 A,B 两点的距离保持不变,即等于梯长,因而 $x^2(t) + y^2(t) = 10^2$,两边关于时间 t 求导数:

$$2x(t)x'(t) + 2y(t)y'(t) = 0$$

即

$$y'(t) = -\frac{x(t)}{y(t)}x'(t) = -\frac{x(t)x'(t)}{\sqrt{100 - x^2(t)}}$$

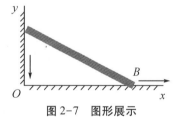

图 2-7　图形展示

根据题意,当 $x(t) = 6$,$x'(t) = 2$ 时,则

$$y'(t) = -\frac{x(t)x'(t)}{\sqrt{100 - x^2(t)}}\bigg|_{x=6,x'=2} = -\frac{6 \times 2}{\sqrt{100 - 6^2}} = -\frac{12}{8} = -\frac{3}{2}(\text{m/min})$$

其中负号表示 A 端的运动方向与 y 轴的正向相反.

习题 2-4

1.求由下列参数式方程所确定的函数的一阶导数 $\frac{dy}{dx}$.

$(1) \begin{cases} x = t^2 + 1 \\ y = t^4 + 3t^2 \end{cases};$　　　　$(2) \begin{cases} x = \arctan 2\theta \\ y = 2\theta + a \end{cases};$　　　　$(3) \begin{cases} x = a(t - \sin t) \\ y = a(1 - \cos t) \end{cases};$

$(4) \begin{cases} x = \tan\theta \\ y = \sin^2\theta\sec\theta \end{cases};$　　　　$(5) \begin{cases} x = \arcsin\theta \\ y = \sqrt{\dfrac{1}{\theta^2} - 1} \end{cases}.$

2. 在椭圆曲线 $x = 2\cos\theta, y = \sin\theta$ 上,求切线平行于直线 $y = \dfrac{1}{2}x$ 的点.

3. 溶液从深 18cm,顶部直径 12cm 的正圆锥形漏斗中漏入一直径为 10cm 的圆柱形桶中.开始时漏斗中盛满了溶液.已知当溶液在漏斗中深为 12cm 时,其表面下降的速率为 1cm/min,如图 2-8 所示.问此时圆柱形桶中溶液表面上升的速率为多少?

4. 用反函数求导法则证明.

(1) $(a^x)' = a^x\ln a$;

(2) $(\arctan x)' = \dfrac{1}{1+x^2}$.

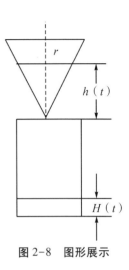

图 2-8   图形展示

第五节　高阶导数

若函数 $y = f(x)$ 在点 x_0 的某个邻域内处处可导,即在该邻域内任何点处,都有导数 $f'(x)$,构成了 x 的函数.对这个导函数 $f'(x)$,我们仍可考虑它的可导性.

例如,设一质点做变速直线运动,其路程函数为 $s = s(t)$,则速度为

$$v(t) = s'(t) = \lim_{\Delta t \to 0}\frac{s(t+\Delta t)-s(t)}{\Delta t} \text{ 或 } v(t) = \frac{\mathrm{d}s}{\mathrm{d}t}$$

加速度 $a(t)$ 又是速度 $v(t)$ 对时间的变化率,即

$$a(t) = \lim_{\Delta t \to 0}\frac{\Delta v}{\Delta t} = v'(t) = [s'(t)]' \text{ 或 } a(t) = \frac{\mathrm{d}}{\mathrm{d}t}\left(\frac{\mathrm{d}s}{\mathrm{d}t}\right)$$

这种导数的导数 $\dfrac{\mathrm{d}}{\mathrm{d}t}\left(\dfrac{\mathrm{d}s}{\mathrm{d}t}\right)$ 或 $[s'(t)]'$ 叫作函数 $s(t)$ 对 t 的二阶导数,记作

$$\frac{\mathrm{d}^2 s}{\mathrm{d}t^2} \text{ 或 } s''(t)$$

因此,直线运动的加速度 $a(t)$ 是路程 $s(t)$ 对 t 的二阶导数.

定义　设函数 $y = f(x)$ 在点 x 的某邻域内一阶导函数 $f'(x)$ 存在.如果极限

$$\lim_{\Delta x \to 0}\frac{f'(x+\Delta x)-f'(x)}{\Delta x}$$

存在,那么称函数 $f(x)$ 在点 x 处**二阶可导**,并称此极限值为 $f(x)$ 在点 x 处的**二阶导函数**,记作 y'' 或 $f''(x)$,即

$$y'' = (y')' \text{ 或 } \frac{\mathrm{d}^2 y}{\mathrm{d}x^2} = \frac{\mathrm{d}}{\mathrm{d}x}\left(\frac{\mathrm{d}y}{\mathrm{d}x}\right)$$

相应地,我们把函数 $f(x)$ 的导函数 $f'(x)$ 叫作函数 $f(x)$ 的**一阶导数**.

如果将二阶导数 $f''(x)$ 作为函数,它的导数称为**三阶导数**,类似地,可以定义四阶导数,五阶导数,$\cdots$,n 阶导数.一般地,函数 $y = f(x)$ 的 $n-1$ 阶导数 $\dfrac{\mathrm{d}^{n-1}y}{\mathrm{d}x^{n-1}}$ 的导数称为 **n 阶导**

数,依次记作

$$y''', y^{(4)}, \cdots, y^{(n)} \ \text{或} \ \frac{\mathrm{d}^3 y}{\mathrm{d}x^3}, \frac{\mathrm{d}^4 y}{\mathrm{d}x^4}, \cdots, \frac{\mathrm{d}^n y}{\mathrm{d}x^n}$$

函数 $y = f(x)$ 具有 n 阶导数,也常说成 $f(x)$ 为 **n 阶可导**.如果函数 $f(x)$ 在点 x 处具有 n 阶导数,那么 $f(x)$ 在点 x 的某一邻域内必定具有一切低于 n 阶的导数.我们把函数的二阶及其二阶以上的导数统称为**高阶导数**.

由此可见,求函数的高阶导数就是按照第二、三、四节学过的求导法则多次接连地求函数导数,并化简结果.

例 1 证明函数 $y = \sin\omega x$ 满足关系式 $y'' + \omega^2 y = 0$,ω 为常数.

证
$$y' = \cos\omega x \cdot (\omega x)' = \omega\cos\omega x$$
$$y'' = (\omega\cos\omega x)' = \omega(-\sin\omega x) \cdot (\omega x)' = -\omega^2\sin\omega x$$

由此可得,$y'' + \omega^2 y = 0$.

例 2 求函数 $y = x\sqrt{x^2 - 1}$ 的二阶导数 y''.

解 此题可转化隐含数求导.原方程两端平方,消去根式,可得
$$y^2 = x^4 - x^2$$

方程两端对 x 求导,$2yy' = 4x^3 - 2x$,即
$$y' = \frac{2x^3 - x}{y} = \frac{2x^2 - 1}{\sqrt{x^2 - 1}}$$

对方程 $yy' = 2x^3 - x$ 求导,$y' \cdot y' + yy'' = 6x^2 - 1$,解得

$$y'' = \frac{6x^2 - 1 - (y')^2}{y} = \frac{6x^2 - 1 - \dfrac{(2x^2-1)^2}{(\sqrt{x^2-1})^2}}{x\sqrt{x^2-1}} = \frac{(6x^2-1)(x^2-1) - (2x^2-1)^2}{x(x^2-1)\sqrt{x^2-1}} = \frac{x(2x^2-3)}{\sqrt{(x^2-1)^3}}$$

参数方程为 $x = \varphi(t)$,$y = \theta(t)$,且 $\varphi(t)$ 与 $\theta(t)$ 二阶可导,$\varphi'(t) \neq 0$,$\dfrac{\mathrm{d}y}{\mathrm{d}x} = \dfrac{\theta'(t)}{\varphi'(t)}$. 根据本章第四节反函数的求导法则可知,$x = \varphi(t)$ 的反函数 $t = \varphi^{-1}(x)$ 的导数为

$$\frac{\mathrm{d}t}{\mathrm{d}x} = \frac{\mathrm{d}\varphi^{-1}(x)}{\mathrm{d}t} = \frac{1}{\dfrac{\mathrm{d}x}{\mathrm{d}t}} = \frac{1}{\varphi'(t)}$$

二阶导数 $\dfrac{\mathrm{d}^2 y}{\mathrm{d}x^2}$ 是 $\dfrac{\mathrm{d}y}{\mathrm{d}x}$ 对自变量 x 求导,不是对参数 t 求导,而 $\dfrac{\mathrm{d}y}{\mathrm{d}x}$ 是以 t 作为中间变量的复合函数. 根据复合函数求导法则,它是 $\dfrac{\mathrm{d}y}{\mathrm{d}x}$ 对中间变量 t 的导数乘以 t 对自变量 x 的导数,即

$$\frac{\mathrm{d}^2 y}{\mathrm{d}x^2} = \frac{\mathrm{d}}{\mathrm{d}x}\left(\frac{\mathrm{d}y}{\mathrm{d}x}\right) = \frac{\mathrm{d}}{\mathrm{d}x}\left(\frac{\theta'(t)}{\varphi'(t)}\right) = \frac{\mathrm{d}}{\mathrm{d}t}\left(\frac{\theta'(t)}{\varphi'(t)}\right) \cdot \frac{\mathrm{d}t}{\mathrm{d}x}$$

$$= \frac{\theta''(t)\varphi'(t) - \theta'(t)\varphi''(t)}{[\varphi'(t)]^2} \cdot \frac{1}{\varphi'(t)} = \frac{\theta''(t)\varphi'(t) - \theta'(t)\varphi''(t)}{[\varphi'(t)]^3}$$

$\dfrac{\mathrm{d}^2 y}{\mathrm{d}x^2}$ 不能把 t 作为自变量,对 t 求导,即

$$\frac{d^2y}{dx^2} \neq \left(\frac{\theta'(t)}{\varphi'(t)}\right)' (\text{表示对 } t \text{ 求导})$$

例如,方程 $x=t^2,y=t^3+3.$ 一阶导数 $\dfrac{dy}{dx}=\dfrac{y'}{x'}=\dfrac{(t^3+3)'}{(t^2)'}=\dfrac{3t^2}{2t}=\dfrac{3}{2}t,$ 二阶导数

$$\frac{d^2y}{dx^2}=\frac{d}{dx}\left(\frac{dy}{dx}\right)=\frac{d}{dt}\left(\frac{y'}{x'}\right) \cdot \frac{dt}{dx}=\frac{d}{dt}\left(\frac{3}{2}t\right) \cdot \frac{1}{x'}=\left(\frac{3}{2}t\right)' \cdot \frac{1}{(t^2)'}=\frac{3}{2} \cdot \frac{1}{2t}=\frac{3}{4t}$$

例3 设椭圆的参数式方程 $\begin{cases} x=a\cos t, \\ y=b\sin t. \end{cases} (0<t<\pi),$ 求二阶导数 $\dfrac{d^2y}{dx^2}.$

解 一阶导数为: $\dfrac{dy}{dx}=\dfrac{\dfrac{dy}{dt}}{\dfrac{dx}{dt}}=\dfrac{b\cos t}{-a\sin t}=-\dfrac{b}{a}\cot t.$

二阶导数为: $\dfrac{d^2y}{dx^2}=\dfrac{d\left(\dfrac{dy}{dx}\right)}{dx}=\dfrac{d\left(\dfrac{dy}{dx}\right)}{dt} \cdot \dfrac{dt}{dx}=\dfrac{-\dfrac{b}{a}(-\csc^2 t)}{-a\sin t}=-\dfrac{b}{a^2}\csc^3 t.$

注 在求二阶导数之前,应该将一阶导数作适当的化简与整理.

下面介绍几个基本初等函数的 n 阶导数:

例4 已知 $y=x^3+a_0x^2+a_1x+a_2,$ 求三阶导数 $y'''.$

解 $y'=3x^2+2a_0x+a_1, y''=3 \cdot 2x+2 \cdot 1a_0, y'''=3 \cdot 2 \cdot 1=3!.$

于是,$(x^2)''=2!,(x^3)'''=3!.$ 由此可归纳得出:

$$(x^n)^{(n)}=n!,(x^n)^{(n+1)}=0,n \in N_+$$

这个结论说明:对于变量 x 的正整数幂的基本初等函数,若求导的阶等于幂函数的次数,则这个高阶导数是常数;若求导的阶大于幂函数的次数,则这个高阶导数为零.

例5 已知 $y=\sin x,$ 求 n 阶导数 $y^{(n)}.$

解
$$y'=\cos x=\sin\left(x+\frac{\pi}{2}\right)$$

$$y''=\cos\left(x+\frac{\pi}{2}\right)=\sin\left(x+\frac{\pi}{2}+\frac{\pi}{2}\right)=\sin\left(x+2 \cdot \frac{\pi}{2}\right)$$

$$y'''=\cos\left(x+2 \cdot \frac{\pi}{2}\right)=\sin\left(x+3 \cdot \frac{\pi}{2}\right)$$

$$y^{(4)}=\cos\left(x+3 \cdot \frac{\pi}{2}\right)=\sin\left(x+4 \cdot \frac{\pi}{2}\right)$$

$$\cdots\cdots$$

由此归纳得出

$$y^{(n)}=\sin\left(x+n \cdot \frac{\pi}{2}\right)$$

即

$$(\sin x)^{(n)}=\sin\left(x+n \cdot \frac{\pi}{2}\right)$$

同理可得

$$(\cos x)^{(n)} = \cos\left(x + n \cdot \frac{\pi}{2}\right)$$

本题逆用了三角函数的诱导公式: $\sin\left(\frac{\pi}{2} + \alpha\right) = \cos\alpha$. 将 $y = \sin x$ 的一阶导数余弦函数转变为正弦函数,角度就要增加 $\frac{\pi}{2}$; 这样求一次导数,正弦函数变为余弦函数,再把它变为正弦函数一次,角度就要继续增加 $\frac{\pi}{2}$; 这样求导的次数就转变为角度增加 $\frac{\pi}{2}$ 倍数.

一般地,求函数 $f(x)$ 的高阶导数,在逐次求导过程中,借助一些变形,归纳总结它的规律,其规律通常是求导次数的函数.也就是说,二阶导数里面要反映出二次求导的 2,三阶导数里面要反映出三次求导的 3,……,n 阶导数要出现 n 次求导的 n.

例6 已知 $y = \ln(1+x)$, 求 n 阶导数 $y^{(n)}$.

解
$$y' = \frac{1}{1+x} = (1+x)^{-1}, \quad y'' = -1 \times (1+x)^{-2} (1+x)' = -1 \times (1+x)^{-2},$$
$$y''' = (-1) \times (-2)(1+x)^{-3}, \quad y^{(4)} = (-1) \times (-2) \times (-3)(1+x)^{-4}, \cdots$$

求高阶导数时,底数 $(1+x)$ 不变,求一次导数系数增加一个因素,指数减少一次,归纳可得

$$y^{(n)} = (-1) \times (-2) \times \cdots \times [-(n-1)](1+x)^{-n} = (-1)^{n-1}\frac{(n-1)!}{(1+x)^n}$$

例7 试求函数 $y = (ax+b)^{\alpha}$ 的 n 阶导数.

解
$$y' = \alpha(ax+b)^{\alpha-1}(ax+b)' = a\alpha(ax+b)^{\alpha-1},$$
$$y'' = a\alpha(a-1)[(ax+b)]^{a-2}(ax+b)' = a^2\alpha(a-1)[(ax+b)]^{\alpha-2},$$
$$y''' = a^3\alpha(a-1)(a-2)(ax+b)^{\alpha-3}, \cdots$$

函数 $y = (ax+b)^{\alpha}$ 分解为 $y = u^{\alpha}, u = ax+b$. 对于幂函数 $y = u^{\alpha}$, 每一次因变量 y 对中间变量 u 的导数在结果中都要增加一个因数, u 的指数要降低 1 次.设第 k 次求导时,增加的因数从 $\alpha, (\alpha-1), \cdots$ 到 $\alpha-k+1$, u 的指数要降低 k 次,从 $\alpha-1, \alpha-2$ 到变为 $\alpha-k$; 而中间变量 $u = ax+b$ 对自变量 x 的导数为 a, 在结果中也增加一个因数 a, 共增加因数 a^k. 同时比较导数 y^{k-1} 与 $y^{(k)}$, 就能发现规律.由此可归纳得出:

$$y^{(n)} = a^n\alpha(\alpha-1)\cdots(\alpha-n+1)(ax+b)^{\alpha-n}.$$

当 $a = 1, b = 0$ 时, $(x^{\alpha})^{(n)} = \alpha(\alpha-1)\cdots(\alpha-n+1)x^{\alpha-n}$.

下面,我们讨论二个函数和、差与乘积的高阶导数.

如果函数 $u = u(x)$ 与 $v = v(x)$ 都在点 x 处具有 n 阶导数,那么显然 $u(x) + v(x)$ 及 $u(x) - v(x)$ 也在点 x 处具有 n 阶导数,且

$$(u \pm v)^{(n)} = (u)^{(n)} \pm (v)^{(n)}$$

而乘积 $u(x) \cdot v(x)$ 的 n 阶导数比较复杂:

$$(u \cdot v)' = u'v + uv', \quad (u \cdot v)'' = (u'v + uv')' = u''v + 2u'v' + uv'',$$
$$(u \cdot v)''' = (u''v + 2u'v' + uv'')' = u'''v + 3u''v' + 3u'v'' + uv''', \cdots$$

用数学归纳法可以证明

$$(u \cdot v)^{(n)} = C_n^0 u^{(n)} v + C_n^1 u^{(n-1)} v' + C_n^2 u^{(n-2)} v'' + \cdots + C_n^{n-1} u' v^{(n-1)} + C_n^n u v^{(n)}$$

其中组合数为

$$C_n^k = \frac{n(n-1)\cdots(n-k+1)}{k!} = \frac{n!}{k!\ (n-k)!}$$

若记 $u = u^{(0)}, v = v^{(0)}$, 可获得两个函数乘积的高阶导数公式——莱布尼兹公式：

$$(u \cdot v)^{(n)} = \sum_{k=0}^{n} C_n^k u^{(n-k)} v^{(k)}$$

这个公式类似于二项式定理

$$(u+v)^n = C_n^0 u^n + C_n^1 u^{n-1} v + C_n^2 u^{n-2} v^2 + \cdots + C_n^n v^n = \sum_{k=0}^{n} C_n^k u^{n-k} v^k$$

把上式右端中 k 次幂换成 k 阶导数, $n-k$ 次幂换成 $n-k$ 阶导数(零阶导数理解为函数本身), 在左端的 $u+v$ 的和换成 $u \cdot v$ 的积, n 次幂换成 n 阶导数. 这样就得到二个函数乘积的高阶导数公式.

利用此公式可以解决某些乘积的高阶导数问题.

例 8 设函数 $u = x^2 \sin 2x$, 求 10 阶导数 $y^{(10)}$.

解
$$(x^2)' = 2x, (x^2)'' = 2, (x^2)^{(k)} = 0, k \geq 3$$

$$(\sin 2x)' = 2\cos 2x = 2\sin\left(2x + \frac{\pi}{2}\right)$$

$$(\sin 2x)'' = 2^2 \cos\left(2x + \frac{\pi}{2}\right) = 2^2 \sin\left(2x + \frac{\pi}{2} \cdot 2\right)$$

由此归纳, 可得

$$(\sin 2x)^{(k)} = 2^k \sin\left(2x + \frac{\pi}{2} \cdot k\right), k = 3, 4, \cdots, 10$$

取 $v = x^2, u = \sin 2x$, 利用莱布尼兹公式,

$$y^{(10)} = (x^2 \sin 2x)^{(10)} = C_{10}^0 x^2 (\sin 2x)^{(10)} + C_{10}^1 (x^2)' (\sin 2x)^{(9)} + C_{10}^8 (x^2)'' (\sin 2x)^{(8)}$$

$$= 2^{10} x^2 \sin\left(2x + \frac{10}{2}\pi\right) + 10 \cdot 2x \cdot 2^9 \sin\left(2x + \frac{9}{2}\pi\right) + 45 \cdot 2 \cdot 2^8 \sin\left(2x + \frac{8}{2}\pi\right)$$

$$= 2^{10} x^2 \sin(2x + \pi) + 10 \cdot 2^{10} x \sin\left(2x + \frac{1}{2}\pi\right) + 45 \cdot 2^9 \sin(2x)$$

$$= -2^{10} x^2 \sin 2x + 10 \cdot 2^{10} x \cos 2x + 45 \cdot 2^9 \sin 2x$$

$$= 2^9(-2x^2 \sin 2x + 20x \cos 2x + 45 \sin 2x)$$

习题 2-5

1. 求下列函数的二阶导数.

$(1) y = x^2 + \ln x$;

$(2) y = \cos 2x$;

$(3) y = x^2 e^{-x}$;

$(4) y = (x^3+1)^2$;

$(5) y = x\sqrt{1+x^2}$;

$(6) y = x^2 \arctan x$;

$(7) y = \tan x$;

$(8) y = \ln(x - \sqrt{x^2-1})$;

$(9) y = \arctan\dfrac{a+x}{1-ax}$;

$(10) y = \sin^{10} x \cos 10x$;

$(11) y = \dfrac{1}{x^2+1}$.

2.验证方程.

(1) $y = e^{\sqrt{x}} + e^{-\sqrt{x}}$ 满足方程 $4xy'' + 2y' - y = 0$;

(2) $y = e^x \sin x$ 满足方程 $y'' - 2y' + 2y = 0$;

(3) $y = x^n [C_1 \cos(\ln x) + C_2 \sin(\ln x)]$ 满足方程 $x^2 y'' + (1 - 2n)xy' + (1 + n^2)y = 0$,其中 C_1, C_2 为常数.

3.求由下列方程所确定的隐函数的二阶导数 $\dfrac{d^2 y}{dx^2}$.

(1) $y^2 - x^3 = 5$;   (2) $bx^2 + a^2 y^2 = a^2 b^2$;

(3) $y + e^y = x + e^x$;   (4) $\sin(x + y) = \sec x$.

4.求由下列参数式方程所确定的函数的一阶导数 $\dfrac{dy}{dx}$ 和二阶导数 $\dfrac{d^2 y}{dx^2}$:

(1) $\begin{cases} x = t^2 \\ y = t^4 + 2t^3 \end{cases}$;   (2) $\begin{cases} x = t - \ln(1 + t) \\ y = t^3 + t^2 \end{cases}$;   (3) $\begin{cases} x = a(\cos t + t \sin t) \\ y = a(\sin t - t \cos t) \end{cases}$;

(4) $\begin{cases} x = e^t \cos t \\ y = e^{-t} \sin t \end{cases}$;   (5) $\begin{cases} x = g(t) \\ y = tg(t) - g(t) \end{cases}$,其中 $g(t)$ 二阶可导,$g'(t) \neq 0$.

5.已知 $f''(x)$ 存在,求下列函数的二阶导数 $\dfrac{d^2 y}{dx^2}$.

(1) $y = f(x^4)$;   (2) $y = \ln f(x)$;

(3) $y = f(e^{-x})$;   (4) $y = x^2 f(\ln x)$.

6.求下列函数的 n 阶导数.

(1) $y = e^{ax+2}$;   (2) $y = \sqrt[3]{x}$;

(3) $y = \dfrac{1}{3x + 4}$;   (4) $y = \dfrac{1}{x(x + 1)}$.

7.求下列函数所指定阶的导数.

(1) $y = e^x \sin x$,求 $y^{(4)}$;   (2) $y = x^2 \sin 2x$,求 $y^{(50)}$.

8.试利用导数 $\dfrac{dx}{dy} = \dfrac{1}{y'}$,验证高阶导数.

(1) $\dfrac{d^2 x}{dy^2} = -\dfrac{y''}{(y')^3}$;   (2) $\dfrac{d^3 x}{dy^3} = \dfrac{3(y'')^2 - y'y'''}{(y')^5}$.

第六节　函数的微分

一、微分的定义

在用函数去解决实际问题时,常常需要估算函数 $y = f(x)$ 的增量
$$\Delta y = f(x_0 + \Delta x) - f(x_0)$$

本节讨论函数的增量的近似表示及近似计算,即导数在近似计算中的应用.

引例 如图 2-9 所示,一个正方形的物体,受热后均匀膨胀,边长由 a 变为 $a+\Delta a$,现在需要估算一下物体的面积改变了多少.

正方形面积的计算公式:$s(a)=a^2$,可得面积的增量为
$$\Delta s = s(a+\Delta a)-s(a)=(a+\Delta a)^2-a^2=2a\Delta a+(\Delta a)^2.$$

可以看出,Δs 由两部分构成:一部分是两个相同矩形面积 $2a\Delta a$,是关于 Δa 的线性函数;另一部分是一个正方形面积 $(\Delta a)^2$.由于 Δa 是很小的数,这个高次项 $(\Delta a)^2$ 就更小了.例如,$\Delta a=0.01$,而 $(\Delta a)^2=0.0001$.并且

$$\lim_{\Delta a \to 0}\frac{(\Delta a)^2}{\Delta a}=\lim_{\Delta a \to 0}\Delta a=0$$

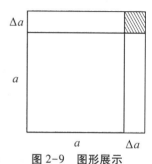

图 2-9 图形展示

根据第一章第七节高阶无穷小的定义,$(\Delta a)^2$ 是比 Δa 高阶的无穷小,记为 $(\Delta a)^2=o(\Delta a)$.因而可以将高阶无穷小 $o(\Delta a)$ 忽略不计,就有面积的改变量 $\Delta s \approx 2a\Delta a$.我们称 $2a\Delta a$ 为函数 $s(a)$ 的微分.

一般地,函数 $y=f(x)$ 在点 x_0 的某个邻域内有定义,在 x_0 的增量 $\Delta y=f(x_0+\Delta x)-f(x_0)$.我们对 $f(x_0+\Delta x)-f(x_0)$ 的结果进行整理化简,发现增量 Δy 可以近似表示为 $A\Delta x$,误差为 Δx 的高次幂,记作

$$\Delta y = A\Delta x+o(\Delta x)$$

这里 A 是与 Δx 无关的常数,$o(\Delta x)$ 是比 Δx 高阶的无穷小(当 $\Delta x \to 0$ 时).因此,当 $A \neq 0$,$|\Delta x|$ 很小时,我们就可以用 Δx 的线性函数 $A\Delta x$ 来近似地代替函数的增量 Δy.

定义 设函数 $y=f(x)$ 在点 x_0 的某邻域 $U(x_0)$ 内有定义,$x_0+\Delta x \in U(x_0)$,函数增量为
$$\Delta y = f(x_0+\Delta x)-f(x_0)$$

如果该增量 Δy 能够表示为

$$\Delta y = A\Delta x+o(\Delta x)$$

其中 A 是只与 x_0 有关,与 Δx 无关的常数,那么称函数 $y=f(x)$ 在点 x_0 处可微,并称 $A\Delta x$ 为函数 $f(x)$ 在点 x_0 相应于自变量增量 Δx 的**微分**,记作 $\mathrm{d}y|_{x=x_0}$ 或 $\mathrm{d}f|_{x=x_0}$,即
$$\mathrm{d}y|_{x=x_0}=A\Delta x \quad \text{或} \quad \mathrm{d}f|_{x=x_0}=A\Delta x$$

接下来,我们讨论函数可微的条件.函数 $f(x)$ 的微分是与函数的增量 Δy 以及自变量的增量 Δx 有关系的概念,而函数 $f(x)$ 的导数也是与 Δy 及 Δx 有关系的概念,那么导数与微分之间有什么关系?

定理 函数 $y=f(x)$ 在点 x_0 处可微的充分必要条件是 $f(x)$ 在点 x_0 处可导,且
$$\mathrm{d}y|_{x=x_0}=f'(x_0)\Delta x$$

证【必要性】 设 $y=f(x)$ 在 x_0 处可微,由定义有 $\Delta y=A\Delta x+o(\Delta x)$,当 $\Delta x \neq 0$ 时,等式两边同除以 Δx,可得

$$\frac{\Delta y}{\Delta x}=A+\frac{o(\Delta x)}{\Delta x}$$

根据第一章第七节高阶无穷小的定义,有 $\lim_{\Delta x \to 0}\frac{o(\Delta x)}{\Delta x}=0$;上式两端存在极限 $\lim_{\Delta x \to 0}\frac{\Delta y}{\Delta x}=A$.由第一节导数的定义可知,$f(x)$ 在点 x_0 处可导,且 $f'(x_0)=A$.故 $\mathrm{d}y|_{x=x_0}=f'(x_0)\Delta x$.

【充分性】设函数 $y=f(x)$ 在点 x_0 处可导,则存在极限

$$\lim_{\Delta x \to 0}\frac{\Delta y}{\Delta x}=f'(x_0)$$

根据第一章第四节性质 3 函数极限与无穷小的关系 $[\lim f(x)=a \Leftrightarrow f(x)=a+\alpha]$,有

$$\frac{\Delta y}{\Delta x}=f'(x_0)+\alpha$$

其中 α 是 $\Delta x \to 0$ 时的无穷小量. 由上式可得 $\Delta y=f'(x_0)\Delta x+\alpha \Delta x.$ 又因为

$$\lim_{\Delta x \to 0}\frac{\alpha \Delta x}{\Delta x}=\lim_{\Delta x \to 0}\alpha=0$$

所以 $\alpha \Delta x$ 是比 Δx 高阶的无穷小,记作 $\alpha \Delta x=o(\Delta x)$;$f'(x_0)$ 是不依赖 Δx 的常数,可记 $f'(x_0)=A$,从而 $\Delta y=A\Delta x+o(\Delta x)$,表明 $y=f(x)$ 在点 x_0 处可微. 证毕.

该定理表明:$y=f(x)$ 在点 x_0 可微与可导是**等价的概念**,而且有 $A=f'(x_0)$,即

$$dy\big|_{x=x_0}=f'(x_0)\Delta x \text{ 或 } df\big|_{x=x_0}=f'(x_0)\Delta x$$

由本章第一节可导函数必连续可知:

若函数 $f(x)$ 在点 x_0 处可微,则 $f(x)$ 在点 x_0 处连续,即 $\lim_{x \to x_0}f(x)=f(x_0)$ 或 $\lim_{\Delta x \to 0}\Delta y=0.$

例如,$y=x^2+1$ 在 $x=2$ 处的微分为

$$dy\big|_{x=2}=f'(x_0)\Delta x=(x^2+1)'\big|_{x=2}\Delta x=2x\big|_{x=2}\Delta x=4\Delta x$$

在 $x=10, \Delta x=0.02$ 处的微分为

$$dy\big|_{x=2}=(x^2+1)'\Delta x\big|_{x=1,\Delta x=0}=2x\Delta x\big|_{x=10,\Delta x=0.02}=2 \times 10=0.02$$

若函数 $y=f(x)$ 在区间 (a,b) 内处处可微,则说函数 $f(x)$**在区间 (a,b) 内可微**. $f(x)$ 在区间 (a,b) 内任意一点 x 处的微分,称为函数 $f(x)$ 的**微分**,记为 dy 或 df,即

$$dy=f'(x)\Delta x$$

例如,$d[\sin(x+1)]=[\sin(x+1)]'dx=\cos(x+1)\Delta x, d(x^4)=4x^3\Delta x.$

对于函数 $y=x$,变量 y 的微分就是变量 x 的微分,任意一点 x 处的微分为 $dy=dx=1 \cdot \Delta x=\Delta x.$ 通常把自变量 x 的增量 Δx 称为**自变量的微分**,记作 $dx=\Delta x.$ 于是在微分公式 $dy=f'(x)\Delta x$ 中,将 Δx 换成 dx,有

$$dy=f'(x)dx$$

如果 $dx \neq 0$,在上式两端用 dx 去除,可得

$$\frac{dy}{dx}=f'(x)$$

即函数的微分 dy 除以自变量的微分 dx 等于函数的导数. 因此,导数也称为**微商**(微分之商). 在此之前,我们把导数符号 "$\frac{dy}{dx}$" 看作整体记号,现在 dy 与 dx 都有了各自独立的意义,所以可将 "$\frac{dy}{dx}$" 看成分式.

有些函数的增量 Δy 可以近似表示为 $f'(x_0)\Delta x$,其误差有多大? 当 $\Delta x \to 0$ 时,dy 与 Δy 同为无穷小量,它们有什么联系?

设 $y=f(x)$ 在点 x_0 的微分为 $dy=f'(x_0)\Delta x$,且 $f'(x_0) \neq 0$,则有

$$\frac{\Delta y}{dy}=\frac{\Delta y}{f'(x_0)\Delta x}=\frac{1}{f'(x_0)} \cdot \frac{\Delta y}{\Delta x} \to 1 (\Delta x \to 0)$$

根据第一章第七节等价无穷小的定义及性质可知,当 $\Delta x \to 0$ 时,Δy 与 $\mathrm{d}y$ 是等价无穷小,即 $\Delta y \sim \mathrm{d}y$,从而可得 $\Delta y = \mathrm{d}y + o(\mathrm{d}y)$,故 $\mathrm{d}y$ 是 Δy 的**主要部分**,简称**主部**;又若 $\mathrm{d}y = f'(x_0)\Delta x$ 是 Δx 的线性函数,当 $f'(x_0) \neq 0$ 时,我们就称微分 $\mathrm{d}y$ 是函数增量 Δy 的**线性主部**(当 $\Delta x \to 0$ 时).因此,我们获得结论:

当 $f'(x_0) \neq 0$ 时,用微分 $\mathrm{d}y = f'(x_0)\Delta x$ 近似代替增量 $\Delta y = f(x_0 + \Delta x) - f(x_0)$ 时,其误差为 $o(\mathrm{d}y)$.也就是在 $|\Delta x|$ 很小时,有近似公式

$$\Delta y \approx \mathrm{d}y$$

由此可得,$\Delta y \approx f'(x_0)\Delta x$,从而可得

$$f(x_0 + \Delta x) \approx f(x_0) + f'(x_0)\Delta x \text{ 或 } f(x) \approx f(x_0) + f'(x_0)(x - x_0)$$

例 1 求函数 $f(x) = x^4$ 在当 $x = 2$,$\mathrm{d}x = 0.03$ 时的增量与微分.

解 根据二项式定理:

$$(a+b)^4 = C_4^0 a^4 + C_4^1 a^3 b + C_4^2 a^2 b^2 + C_4^3 ab + C_4^4 b^4$$
$$= a^4 + 4a^3 b + \frac{4 \times 3}{2!} a^2 b^2 + \frac{4 \times 3 \times 2}{3!} ab + b^4$$

利用该公式,可得

$$\Delta f = (x_0 + \mathrm{d}x)^4 - x_0^4 = (2 + 0.03)^4 - 2^4$$
$$= 2^4 + 4 \times 2^3 \times 0.003 + 6 \times 2^2 \times 0.003^2 + 4 \times 2 \times 0.003^3 + 0.003^4 - 2^4 = 0.962$$
$$\mathrm{d}f = 4x_0^3 \mathrm{d}x = 4 \cdot 2^3 \cdot 0.003 = 0.960$$

由此可见微分与增量非常接近.

几何意义 为了更好理解微分定义,我们来说明微分的几何意义.在直角坐标系中,函数 $y = f(x)$ 的图像是一条曲线,如图 2-10 所示.对于某一固定的 x_0 值,曲线上有一个确定点 $M(x_0, y_0)$,当自变量 x 在有微小增量 $\Delta x (= MQ)$ 时,相应的函数的增量为 $\Delta y (= NQ)$,且得到曲线上另一个点 $N[x_0 + \Delta x, f(x_0 + \Delta x)]$.过 M 作曲线的切线 MT,切线的倾斜角记为 α.在直角三角形 $\triangle MPQ$ 中,可以看到,

$$k = f'(x_0) = \tan\alpha = \frac{QP}{MQ} = \frac{QP}{\Delta x}$$

由此可得

$$QP = f'(x_0)\Delta x = \mathrm{d}y$$

而 QP 正好是曲线的切线 MT 上点 P 的纵坐标的增量,即过 $M(x_0, y_0)$ 的切线上 $x = x_0 + \Delta x$ 处纵坐标与 x_0 处纵坐标之差.

由此可得微分的几何意义:对于可微函数 $f(x)$,当 Δy 是曲线上点的纵坐标的增量时,在点 x_0 处的微

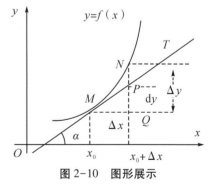

图 2-10 图形展示

分 $\mathrm{d}y$ 等于曲线 $y = f(x)$ 在该点处的切线上点的纵坐标的相应增量.此外,从图上也可以看出,当 $|\Delta x|$ 很小时,$|\Delta y - \mathrm{d}y|$ 比 $|\Delta x|$ 小得多,即曲线上的点的纵坐标的增量 $\Delta y(NQ)$ 与微分 $\mathrm{d}y(PQ)$ 相差微小,可以用 $\mathrm{d}y$ 近似地表示 Δy.因而在点 M 附近,可以用切线段来近似代替曲线段,即在局部范围内用线性函数近似代替非线性函数.这就是我们通常所说的"化曲为直"的思想方法.

二、基本初等函数的微分公式和运算法则

从函数的微分表达式

$$dy = f'(x)dx$$

可以看出,要计算函数的微分 dy,只需要计算函数的导数 $f'(x)$,再乘以自变量的微分 dx 就可以了.由微分的表达式及导数的基本公式,不难得出微分的基本公式.

1. 微分基本公式

常数:$d(C) = 0$.　　　幂函数:$d(x^\mu) = \mu x^{\mu-1}dx$.

对数函数:$d(\log_a x) = \dfrac{1}{x\ln a}dx$, 　$d(\ln x) = \dfrac{1}{x}dx$.

指数函数:$d(a^x) = a^x \ln a dx$, 　　　$d(e^x) = e^x dx$.

三角函数:$d(\sin x) = \cos x dx$, 　　$d(\cos x) = -\sin x dx$, 　　$d(\tan x) = \sec^2 x dx$,

　　$d(\cot x) = -\csc^2 x dx$, 　$d(\sec x) = \sec x \tan x dx$, 　$d(\csc x) = -\csc x \cot x dx$.

反三角函数:$d(\arcsin x) = \dfrac{1}{\sqrt{1-x^2}}dx$, 　$d(\arccos x) = -\dfrac{1}{\sqrt{1-x^2}}dx$,

　　$d(\arctan x) = \dfrac{1}{1+x^2}dx$, 　　$d(\operatorname{arccot} x) = -\dfrac{1}{1+x^2}dx$.

2. 微分的四则运算法则

设 $u = u(x)$,$v = v(x)$ 都可导,利用导数的四则运算法则及微分的表达式,可以得到相应的微分法则,即

$$d(u \pm v) = du \pm dv; d(uv) = vdu + udv; d(Cu) = Cdu; \quad d\left(\frac{u}{v}\right) = \frac{vdu - udv}{v^2}.$$

我们以乘积的微分法则为例进行证明.

由于 $(uv)' = u'v + v'u$,$u'dx = du$,$v'dx = dv$,于是

$$d(uv) = (uv)'dx = (u'v + v'u)dx = v(u'dx) + u(v'dx) = udv + vdu$$

3. 复合函数微分的形式不变性

与复合函数的求导法则相应的是复合函数的微分法则.

设 $y = f(u)$ 与 $u = \varphi(x)$ 构成复合函数 $y = f[\varphi(x)]$,且 $f'(u)$ 与 $\varphi'(x)$ 存在,$\varphi'(x)dx = du$,则复合函数 $y = f[\varphi(x)]$ 的微分为

$$dy = d\{f[\varphi(x)]\} = \{f[\varphi(x)]\}'dx = f'(u)\varphi'(x)dx = f'(u)du$$

即

$$dy = f'(u)du \text{ 或 } dy = y'_u du$$

由此可知,当 u 是自变量时,显然有 $dy = f'(u)du$;当 u 为中间变量 $u = \varphi(x)$ 时,该微分公式仍然成立.即不论对于中间变量 u 还是自变量 x,微分的形式总是一样的,称此性质为微分形式不变性.但是此时 du 的内容不一样,当 u 是自变量时,$du = \Delta u$(因为 $dx = \Delta x$);当 u 为中间变量 $u = \varphi(x)$ 时,$du = \varphi'(x)dx \neq \Delta u$.

微分法则都是由相应的求导法则推出来的,因而在计算函数的微分时,既可用微分法则,又可用求导法则,其结果都是一样的.

例 2 设 $y = \tan x^2$,求微分 $\mathrm{d}y$.

解 把 x^2 看成中间变量 u,于是

$$\mathrm{d}y = (\tan x^2)'\mathrm{d}x = \sec^2 x^2 (x^2)'\mathrm{d}x = 2x\sec^2 x^2 \mathrm{d}x$$

或者利用微分的形式不变性,有

$$\mathrm{d}y = \sec^2 x^2 \mathrm{d}x^2 = 2x\sec^2 x^2 \mathrm{d}x$$

在熟练后,求复合函数的微分时,可以不写出中间变量.

例 3 设 $y = \sin 4x \cos x^4$,求微分 $\mathrm{d}y$.

解

$$
\begin{aligned}
\mathrm{d}y &= \mathrm{d}(\sin 4x \cos^4 x) = \cos^4 x \mathrm{d}(\sin 4x) + \sin 4x \mathrm{d}(\cos^4 x) \\
&= \cos^4 x \cos 4x \mathrm{d}(4x) + 4\sin 4x \cos^3 x (d\cos x) \\
&= 4\cos^4 x \cos 4x \mathrm{d}x + 4\sin 4x \cos^3 x (-\sin x)\mathrm{d}x \\
&= 4\cos^3 x (\cos x \cos 4x - \sin 4x \sin x)\mathrm{d}x \\
&= 4\cos^3 x \cos(x+4x)\mathrm{d}x = 4\cos^3 x \cos 5x \mathrm{d}x
\end{aligned}
$$

最后一步利用了余弦的加法法则:

$$\cos(\alpha + \beta) = \cos\alpha\cos\beta - \sin\alpha\sin\beta$$

例 4 设 $y = \arctan \dfrac{1-\mathrm{e}^x}{1+\mathrm{e}^x}$,求微分 $\mathrm{d}y$

解

$$
\begin{aligned}
\mathrm{d}y &= \frac{1}{1+\left(\dfrac{1-\mathrm{e}^x}{1+\mathrm{e}^x}\right)^2}\mathrm{d}\left(\frac{1-\mathrm{e}^x}{1+\mathrm{e}^x}\right) = \frac{(1+\mathrm{e}^x)^2}{(1+\mathrm{e}^x)^2+(1-\mathrm{e}^x)^2} \cdot \frac{-\mathrm{e}^x(1+\mathrm{e}^x)-(1-\mathrm{e}^x)\mathrm{e}^x}{(1+\mathrm{e}^x)^2}\mathrm{d}x \\
&= \frac{(1+\mathrm{e}^x)^2}{(1+2\mathrm{e}^x+\mathrm{e}^{2x})+(1-2\mathrm{e}^x+\mathrm{e}^{2x})} \cdot \frac{-2\mathrm{e}^x}{(1+\mathrm{e}^x)^2}\mathrm{d}x = -\frac{\mathrm{e}^x}{1+\mathrm{e}^{2x}}\mathrm{d}x
\end{aligned}
$$

例 5 求由方程 $\ln(x+y)+xy = 1$ 确定的隐函数的微分 $\mathrm{d}y$.

解 方程两边微分,可得

$$\frac{1}{x+y}\mathrm{d}(x+y)+\mathrm{d}(xy) = 0$$

即

$$\frac{1}{x+y}(\mathrm{d}x+\mathrm{d}y)+y\mathrm{d}x+x\mathrm{d}y = 0$$

解得

$$\mathrm{d}y = -\frac{\dfrac{1}{x+y}+y}{\dfrac{1}{x+y}+x}\mathrm{d}x = -\frac{xy+y^2+1}{x^2+xy+1}\mathrm{d}x$$

例 6 设参数式函数 $\begin{cases} x = \arcsin t, \\ y = \sqrt{1-t^2} \end{cases}$,求微分 $\mathrm{d}y$.

解 由 $x = \arcsin t$ 得,$t = \sin x$. 于是

$$\mathrm{d}y = \frac{\frac{\mathrm{d}y}{\mathrm{d}t}}{\frac{\mathrm{d}x}{\mathrm{d}t}} \cdot \mathrm{d}x = \frac{\frac{(1-t^2)'}{2\sqrt{1-t^2}}}{\frac{1}{\sqrt{1-t^2}}} \cdot \mathrm{d}x = -t\mathrm{d}x = -\sin x\mathrm{d}x$$

例 7 在下列等式左端的括号中填入适当的函数,使等式成立.

（1）d( ) = $x^2\mathrm{d}x$, （2）d( ) = $\sin\omega x\mathrm{d}x (\omega \neq 0)$.

解 （1）由于 $\mathrm{d}(x^3) = (x^3)'\mathrm{d}x = 3x^2\mathrm{d}x$,可得

$$x^2\mathrm{d}x = \frac{1}{3}\mathrm{d}(x^3) = \mathrm{d}\left(\frac{1}{3}x^3\right)$$

一般地,$\mathrm{d}\left(\frac{1}{3}x^3 + C\right) = x^2\mathrm{d}x$（$C$ 为任意常数）.

（2）由于 $\mathrm{d}(\cos\omega x) = (\cos\omega x)'\mathrm{d}x = -\omega\sin\omega x\mathrm{d}x$,可得

$$\sin\omega x\mathrm{d}x = -\frac{1}{\omega}\mathrm{d}(\cos\omega x) = \mathrm{d}\left(-\frac{1}{\omega}\cos\omega x\right)$$

一般地,$\sin\omega x\mathrm{d}x = \mathrm{d}\left(-\frac{1}{\omega}\cos\omega x + C\right)$ （C 为任意常数）.

三、微分在近似计算中的应用

在工程问题中,经常会遇到一些复杂的计算公式.如果直接利用这些公式进行计算,往往比较复杂,利用微分常常可以把一些复杂的计算转化为简单的近似计算.

在 $|\Delta x|$ 很小时,有近似公式 $\Delta y \approx \mathrm{d}y$,可得近似计算函数的增量

$$\Delta y = f(x_0 + \Delta x) - f(x_0) \approx f'(x_0)\Delta x, \text{或} \Delta y = f(x) - f(x_0) \approx f'(x_0)(x - x_0)$$

近似计算一点的函数值

$$f(x_0 + \Delta x) \approx f(x_0) + f'(x_0)\Delta x, \text{或} f(x) \approx f(x_0) + f'(x_0)(x - x_0)$$

根据导数的几何意义知道,这些公式是用曲线 $y = f(x)$ 在点 $[x_0, f(x_0)]$ 处的切线来近似代替该曲线（对切点邻近部分来说）.也就是说,在局部范围内用线性函数近似代替非线性函数.

例 8 用微分计算 $\sqrt[3]{996}$ 的近似值.

解 设 $f(x) = \sqrt[3]{x}$, $f'(x) = \frac{1}{3\sqrt[3]{x^2}}$.取 $x_0 = 1\,000, \Delta x = -4, x_0 + \Delta x = 996$.于是

$$f(x_0) = f(1\,000) = \sqrt[3]{1\,000} = 10, f'(x_0) = f'(1\,000) = \frac{1}{3\sqrt[3]{1\,000^2}} = \frac{1}{300}$$

利用公式 $f(x_0 + \Delta x) \approx f(x_0) + f'(x_0)\Delta x$,可得

$$f(996) \approx f(1\,000) + f'(1\,000)(-4), \text{即} \sqrt[3]{996} \approx 10 + \frac{1}{300}(-4) = 10 - \frac{4}{300} \approx 9.99$$

例 9 一个半径为 1cm 的球,为了提高表面的光洁度,需要镀上一层铜.镀层厚度为 0.01cm.估计每只球需要用铜多少 g？（铜的密度为 $8.9\mathrm{g/cm^3}$）

解 球的体积 $V=\dfrac{4}{3}\pi r^3$,镀铜后,球的半径由 1cm 变为 1.01cm,故所镀铜的体积为

$$\Delta V=\frac{4}{3}\pi\left[(r+\Delta r)^3-r^3\right]$$

利用近似计算公式,即

$$\Delta V\approx V'\Delta r=4\pi r^2\Delta r$$

取 $r=1,\Delta r=0.01$,则 $\Delta V\approx 4\pi r^2\Delta r\approx 0.13(\mathrm{cm})^3$.因此每只球需要用铜约为 $0.13\times 8.9=1.16$ 克.

下面我们来了解在工程上常用的近似公式.为此,令 $x_0=0$,代入公式 $f(x)\approx f(x_0)+f'(x_0)(x-x_0)$,可得 $f(x)\approx f(0)+f'(0)x$.由此可得

(1) $\sqrt[n]{1+x}\approx 1+\dfrac{1}{n}x$;

(2) $\sin x\approx x$(x 用弧度作单位来表示);

(3) $\tan\approx x$(x 用弧度作单位来表示);

(4) $\mathrm{e}^x\approx 1+x$;

(5) $\ln(1+x)\approx x$.

习题 2-6

1.已知 $y=x^2+5x$,计算在 $x=1$ 处当 Δx 分别等于 $1,0.1,0.01$ 时的 $\mathrm{d}y$ 及 Δy.

2.设函数 $y=f(x)$ 的图形如图 2-11 所示,试在两个图中分别标出在点 x_0 处的 $\mathrm{d}y$、Δy 及 $\Delta y-\mathrm{d}y$,并说明其正负.

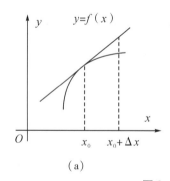
(a)

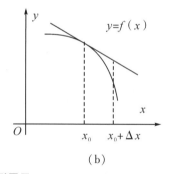
(b)

图 2-11　图形展示

3.微求下列函数的微分.

(1) $y=x+\ln(1-x)$; 　　(2) $y=x^3\cos 3x$; 　　(3) $y=(x^2+3x)\mathrm{e}^{-x}$;

(4) $y=\dfrac{x+1}{\sqrt{x^2-1}}$; 　　(5) $y=\arcsin\sqrt{1-2x}$; 　　(6) $y=\mathrm{e}^x\sin(3-2x)$;

(7) $y=(\sin x^2)^2$; 　　(8) $y=\tan^2(x+\mathrm{e}^{-x})$;

(9) $x=\dfrac{1}{1+t^2},y=t^2\arctan t$; 　　(10) $y=x^{\frac{1}{y}}$.

4.在下列等式左端的括号中填入适当的函数,使等式成立.

(1) $\mathrm{d}(\quad)=2x\mathrm{d}x$; 　　(2) $\mathrm{d}(\quad)=\cos 2x\mathrm{d}x$; 　　(3) $\mathrm{d}(\quad)=\sin(5x+2)\mathrm{d}x$;

$(4)\mathrm{d}(\quad)=\dfrac{1}{1-x}\mathrm{d}x;$ $(5)\mathrm{d}(\quad)=\mathrm{e}^{-3x}\mathrm{d}x;$ $(6)\mathrm{d}(\quad)=\dfrac{1}{\sqrt{x}}\mathrm{d}x;$

$(7)\mathrm{d}(\quad)=\sec x\tan x\mathrm{d}x;$ $(8)\mathrm{d}(\quad)=\dfrac{1}{\sqrt{1-x^2}}\mathrm{d}x;$

$(9)\mathrm{d}(\quad)=\tan x\mathrm{d}x;$ $(10)\mathrm{d}(\quad)=\sqrt{a+bx}\mathrm{d}x.$

5.设 $f(x)$ 在点 x_0 处可导,讨论 $f(x)$ 在点 x_0 的某邻域内的增量 Δy 的正负性.

6.计算下列函数的近似值.

$(1)\sqrt[3]{1.02}$; $(2)\sqrt[6]{65}$; $(3)\sin 29°$; $(4)\ln 1.01.$

7.设扇形的圆心角 $\gamma=60°$,半径 $R=100\mathrm{cm}$.如果 R 不变, γ 减少 $30'$,问扇形面积大约改变了多少? 如果 γ 不变, R 增加 $1\mathrm{cm}$,问扇形面积大约改变了多少?

8.商品的需求的价格弹性是指需求量变动的百分比除以价格变动的百分比.设商品的价格为 P,需求量为 $Q(p)$,则价格弹性为

$$\frac{\Delta Q}{Q}\div\frac{\Delta p}{p}=\frac{\Delta Q}{\Delta p}\frac{P}{Q}\to\frac{P}{Q}\frac{\mathrm{d}Q}{\mathrm{d}p}(\Delta p\to 0)$$

已知某商品的需求函数为 $Q=\dfrac{1\,200}{p^2}$,求 $p=20$ 的需求弹性,并给出适当经济学解释.

学习要点

一、基本定义与基本公式

1. 定义

设 $f(x)$ 在点 x_0 的某邻域有定义,则有

导数

$$f'(x_0)=\lim_{\Delta x\to 0}\frac{f(x_0+\Delta x)-f(x_0)}{\Delta x}=\lim_{x\to x_0}\frac{f(x)-f(x_0)}{x-x_0}$$

左导数

$$f'_-(x_0)=\lim_{\Delta x\to 0^-}\frac{f(x_0+\Delta x)-f(x_0)}{\Delta x}=\lim_{x\to x_0^-}\frac{f(x)-f(x_0)}{x-x_0}$$

右导数

$$f'_+(x_0)=\lim_{\Delta x\to 0^+}\frac{f(x_0+\Delta x)-f(x_0)}{\Delta x}=\lim_{x\to x_0^+}\frac{f(x)-f(x_0)}{x-x_0}$$

微分

若 $\Delta y=f(x_0+\Delta x)-f(x_0)=A\Delta x+o(\Delta x)$,则称函数 $y=f(x)$ 在点 x_0 处存在微分 $\mathrm{d}y\big|_{x=x_0}=A\Delta x.$

二阶导数

$$f''(x_0)=\lim_{\Delta x\to 0}\frac{f'(x_0+\Delta x)-f'(x_0)}{\Delta x}=\lim_{x\to x_0}\frac{f'(x)-f'(x_0)}{x-x_0}$$

2. 概念间的关系

（1）可导与单侧导数的关系

函数 $f(x)$ 在点 x_0 处可导的充分必要条件是左导数和右导数都存在且相等，即

$$f'(x_0) \Leftrightarrow f'_-(x_0) = f'_+(x_0)$$

（2）可导与连续的关系

若函数 $f(x)$ 在 x_0 处可导，则 $f(x)$ 必在 x_0 处连续。即若 $f'(x_0)$ 存在，则

$$\lim_{x \to x_0} f(x) = f(x_0) \text{ 或 } \lim_{\Delta x \to 0} \Delta y = 0$$

可导的必要条件：当 $\Delta x \to 0$ 时，Δy 与 Δx 都是无穷小量。在几何上，它就是函数 $f(x)$ 在 x_0 处连续。

（3）可导与可微的关系

函数 $y = f(x)$ 在点 x_0 处可微的充分必要条件是函数 $y = f(x)$ 在点 x_0 处可导。且

$$dy \big|_{x=x_0} = f'(x_0) \Delta x$$

3. 导数与微分的几何意义

（1）导数的几何意义

若 $f'(x_0)$ 存在，则 $f'(x_0)$ 是曲线 $y = f(x)$ 在点 $M(x_0, f(x_0))$ 处的切线的斜率。

切线方程为

$$y - f(x_0) = f'(x_0)(x - x_0)$$

法线方程为

$$y - f(x_0) = -\frac{1}{f'(x_0)}(x - x_0) \quad [f'(x_0) \neq 0]$$

（2）导数与微分的几何意义

若 $f'(x_0)$ 存在，则微分 $dy = f'(x_0)\Delta x$ 是曲线 $y = f(x)$ 的切线上点的纵坐标的增量，即过点 $M(x_0, y_0)$ 的切线上点 $x = x_0 + \Delta x$ 处纵坐标与 x_0 处纵坐标之差。

4. 基本求导公式与微分公式

（1）基本求导公式

常数：$(C)' = 0$。幂函数：$(x^\mu)' = \mu x^{\mu-1}$。

对数函数：$(\log_a x)' = \dfrac{1}{x \ln a}(a > 0, a \neq 1)$，　$(\ln x)' = \dfrac{1}{x}$。

指数函数：$(a^x)' = a^x \ln a(a > 0, a \neq 1)$，　$(e^x)' = e^x$；

三角函数：$(\sin x)' = \cos x$，　$(\cos x)' = -\sin x$，　$(\tan x)' = \sec^2 x$，
　　　　$(\cot x)' = -\csc^2 x$，　$(\sec x)' = \sec x \tan x$，　$(\csc x)' = -\csc x \cot x$。

反三角函数：$(\arcsin x)' = \dfrac{1}{\sqrt{1-x^2}}$，　$(\arccos x)' = -\dfrac{1}{\sqrt{1-x^2}}$，

　　　　$(\arctan x)' = \dfrac{1}{1+x^2}$，　$(\text{arccot} x)' = -\dfrac{1}{1+x^2}$。

（2）基本微分公式

常数：$dC = 0$。幂函数：$dx^\mu = \mu x^{\mu-1} dx$；对数函数：$d\log_a x = \dfrac{1}{x \ln a} dx$，　$d\ln x = \dfrac{1}{x} dx$。

指数函数：$da^x = a^x \ln a \, dx$，　　　$de^x = e^x dx$。

三角函数：$\mathrm{d}\sin x=\cos x\mathrm{d}x$，　$\mathrm{d}\cos x=-\sin x\mathrm{d}x$，　$\mathrm{d}\tan x=\sec^2 x\mathrm{d}x$，

$\qquad\mathrm{d}\cot x=-\csc^2 x\mathrm{d}x$，$\mathrm{d}\sec x=\sec x\tan x\mathrm{d}x$，$\mathrm{d}\csc x=-\csc x\cot x\mathrm{d}x$；

反三角函数：$\mathrm{d}\arcsin x=\dfrac{1}{\sqrt{1-x^2}}\mathrm{d}x$，　$\mathrm{d}\arccos x=-\dfrac{1}{\sqrt{1-x^2}}\mathrm{d}x$，

$\qquad\qquad\mathrm{d}\arctan x=\dfrac{1}{1+x^2}\mathrm{d}x$，　$\qquad\mathrm{d}\operatorname{arccot}x=-\dfrac{1}{1+x^2}\mathrm{d}x$.

注　所有的求导公式中，只有当 x 为自变量时才正确，x 不能是函数；而所有的微分公式中，x 为自变量或者其他变量的可导函数，即 $x=\varphi(t)$，也是正确的，即微分的形式不变性. 要熟悉这些公式，要记住常用的公式.

二、基本法则

1. 导数的四则运算公式

若函数 $u=u(x)$ 和 $v=v(x)$ 均在点 x 处可导，则有

$$(u\pm v)'=u'\pm v'；\ (uv)'=u'v+uv'，(Cu)'=Cu'；$$

$$\left(\frac{u}{v}\right)'=\frac{u'v-uv'}{v^2}，\left(\frac{1}{v}\right)'=-\frac{v'}{v^2}，v\neq 0.$$

2. 复合函数的求导法则

如果函数 $u=\varphi(x)$ 在点 x 处可导，而函数 $y=f(u)$ 在相应的点 $u=\varphi(x)$ 处可导，那么复合函数 $y=f[\varphi(x)]$ 在点 x 可导，且

$$\frac{\mathrm{d}y}{\mathrm{d}x}=\frac{\mathrm{d}y}{\mathrm{d}u}\cdot\frac{\mathrm{d}u}{\mathrm{d}x}\quad\text{或}\quad\frac{\mathrm{d}y}{\mathrm{d}x}=f'(u)\cdot\varphi'(x)$$

(1) 参数式函数的导数：

设参数方程 $x=\phi(t)$，$y=\psi(t)$；$\phi(t)$ 与 $\psi(t)$ 均可导，且 $\phi'(t)\neq 0$，则有

$$\frac{\mathrm{d}y}{\mathrm{d}x}=\frac{\psi'(t)}{\phi'(t)}，\text{或}\frac{\mathrm{d}y}{\mathrm{d}x}=\frac{\dfrac{\mathrm{d}y}{\mathrm{d}t}}{\dfrac{\mathrm{d}y}{\mathrm{d}t}}$$

(2) 隐函数的导数：

由方程 $F(x,y)=0$ 所确定的隐含函数 $y=y(x)$，方程两边对 x 求导，遇到 y 时将其看成 x 的函数，把 y 看作中间变量，利用复合函数求导法则求导.

3. 反函数的求导法则

设 $x=\phi(y)$ 在区间 (a,b) 内可导，且 $\phi'(y)\neq 0$，则其反函数 $y=f(x)$ 在对应的区间内也可导，且

$$\frac{\mathrm{d}y}{\mathrm{d}x}=\frac{1}{\dfrac{\mathrm{d}x}{\mathrm{d}y}}，\text{或}f'(x)=\frac{1}{\phi'(y)}.$$

此外，分段函数在各个子区间内，利用公式与求导法则求导，在各个子区间的分界点利用导数的定义计算左、右导数，再进行判定可导性. 幂指函数或复杂积商函数导数，常采用先取对数，再利用隐函数求导法求导.

复习题二

1. 填空题

(1) 设函数 $y=f(x)$ 在 $x=a$ 处可导,则 $f'(a)=$ _____ $=$ _____.

(2) 设参数方程 $x=\phi(t)$,$y=\psi(t)$;$\phi(t)$ 与 $\psi(t)$ 均可导,且 $\phi'(t)\neq 0$,则有 $\dfrac{\mathrm{d}y}{\mathrm{d}x}=$ _____.

(3) 若函数 $u=u(x)$ 在点 x 处可导,$u\neq 0$,则 $\left(\dfrac{1}{u}\right)'=$ _____.

(4) $(\cos x)'=$ _____,$(\mathrm{e}^{-x})'=$ _____.

(5) $\lim\limits_{x\to 1}\dfrac{\cos x^2-\cos 1}{\ln(2x+1)-\ln 3}=$ _____.

(6) 设 $y=f(x)$ 在 $x=1$ 处连续,且 $\lim\limits_{x\to 1}\dfrac{f(x)}{x-1}=2$,则有 $f'(1)=$ _____.

(7) 设函数 $f(x)=x(x-1)(x-2)\cdots(x-n)$,$n\geqslant 2$,$k\in N$,$k\leqslant n$,则 $f'(k)=$ _____.

2. 以下题中给出四个结论,从中选择一个正确的结论.

(1) 当 $x\to x_0$ 时,$\Delta y=f(x)-f(x_0)$ 是 $\Delta x=x-x_0$ 的(　　),则 $y=f(x)$ 在 x_0 一定不可导.

A. 低阶无穷小 　　　　　　　　　B. 高阶无穷小

C. 同阶无穷小而不等阶无穷小 　　D. 等阶无穷小

(2) 下列函数中,在 $x=0$ 处不可导的是(　　).

A. $y=x\sin x$ 　　B. $y=\cos\sqrt{|x|}$ 　　C. $y=\cos x$ 　　D. $y=x\sin\sqrt{|x|}$

(3) 设函数 $y=f(u)$,$u=g(\sin x)$,其中 f,g 都是可导函数,下列表达式中错误的是(　　).

A. $\mathrm{d}y=f'(u)\mathrm{d}u$ 　　　　　　　　　B. $\mathrm{d}y=f'(u)g'(v)\mathrm{d}v$,$v=\sin x$

C. $\mathrm{d}y=f'(u)g'(\sin x)\mathrm{d}x$ 　　　　D. $\mathrm{d}y=f'(u)g'(\sin x)\cos x\mathrm{d}x$

(4) 设函数 $y=f(x)$ 在 $x=0$ 处连续,下列命题错误的是(　　).

A. 若 $\lim\limits_{x\to 0}\dfrac{f(x)}{x}$ 存在,则 $f(0)=0$ 　　B. 若 $\lim\limits_{x\to 0}\dfrac{f(x)}{x}$ 存在,则 $f'(0)$ 存在

C. 若 $\lim\limits_{x\to 0}\dfrac{f(x)+f(-x)}{x}$ 存在,则 $f(0)=0$ 　　D. 若 $\lim\limits_{x\to 0}\dfrac{f(x)-f(-x)}{x}$ 存在,则 $f'(0)$ 存在

(5) 设函数 $y=f(x)$ 在 $x=a$ 处可导,则 $|f(x)|$ 在 $x=a$ 处不可导的充分条件是(　　).

A. $f(a)=0$,$f'(a)\neq 0$ 　　　　　B. $f(a)=0$,$f'(a)=0$

C. $f(a)>0$,$f'(a)>0$ 　　　　　　D. $f(a)<0$,$f'(a)<0$

(6) 若函数 $u=u(x)$ 在点 x_0 处可导,而 $v=v(x)$ 在点 x_0 处不可导,则在点 x_0 处有(　　).

A. $u+v$ 与 uv 都可导 　　　　　　　　B. $u+v$ 可导,uv 必不可导

C. $u-v$ 不可导, uv 可能可导   D. $u-v$ 与 uv 必不可导

3.求下列函数的导数.

（1）$y=\arccos(\sin x)$；

（2）$y=\cos^2 2x\tan 2x$；

（3）$y=\ln\dfrac{2\tan x+1}{\tan x+2}$；

（4）$y=\dfrac{x+2\sqrt{x}}{\sqrt{4x-1}}$.

4.求下列函数的二阶导数.

（1）$y=4\sqrt{x}\arcsin\sqrt{x}$；

（2）$y=\arctan\dfrac{x}{1-x^2}$；

（3）$y=2x\arctan 2x-\ln\sqrt{1+4x^2}$；

（4）$y=(\cot 2x)^{\sin 2x}$.

5.求参数式函数的一阶导数 $\dfrac{\mathrm{d}y}{\mathrm{d}x}$ 及二阶导数 $\dfrac{\mathrm{d}^2 y}{\mathrm{d}x^2}$.

（1）$x=\arctan 2t,y=\ln(4t^2+1)$；（2）$x=\sin\theta-\theta\cos\theta,y=\theta\sin\theta$.

6.求曲线 $(x^2+1)y^3+\ln(1+3x)-8=0$ 在点 $(0,2)$ 处的切线与法线方程.

7.设曲线 $f(x)=x^n,n\in N_+$ 在点 $(1,1)$ 处的切线与 x 轴的交点为 $(x_n,0)$，求极限 $\lim\limits_{n\to\infty}f(x_n)$.

第三章

微分中值定理与导数的应用

第二章从分析实际问题中因变量相对于自变量的变化快慢出发,引出了导数的概念,并讨论了多种函数导数的计算方法.本章将在研究函数的导数的基础上,应用导数来研究函数及曲线的某些性态——单调性与凹凸性,并应用它们来解决一些实际问题——函数最值问题.同时给出一些初等函数的高阶近似公式——泰勒公式,一些 $\dfrac{0}{0}$ 型与 $\dfrac{\infty}{\infty}$ 型等未定式极限的简便算法——洛必达法则.

第一节　微分中值定理

微分中值定理是微分学的基本定理,它们建立了函数与导数之间的联系,提供了导数应用的理论基础.本节介绍费马定理、罗尔定理、拉格朗日中值定理和柯西定理的内容和几何意义,重点放在应用上.

一、费马定理和罗尔定理

设函数 $y=f(x)$ 在闭区间 $[a,b]$ 上连续,其图形通常是一条连续曲线弧 $\overset{\frown}{AB}$,如图 3-1 所示.当图形向上弯曲(或向下弯曲)时,在曲线上形成较高点 C(或较低点 D),记点 C(或 D)的坐标为 $[x_0,f(x_0)]$.较高点(或较低点)的函数值 $f(x_0)$,既比左边的点函数值 $f(x)$ 大(或小),又比右边的点函数值 $f(x)$ 大(或小),我们就称 $f(x_0)$ 为函数 $f(x)$ **极大值**(或**极小值**).

定义　设函数 $f(x)$ 在点 x_0 的某邻域 $U(x_0)$(左右邻域)有定义.若对该去心邻域内的任何一点 x,有

$$f(x) < f(x_0) \quad (x \neq x_0)$$

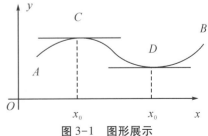

图 3-1　图形展示

恒成立,则称 $f(x_0)$ 为函数 $f(x)$ 的**极大值**,x_0 称为 $f(x)$ 的**极大值点**.若对该去心邻域内的任何一点 x,有

$$f(x) > f(x_0) \quad (x \neq x_0)$$

恒成立,则称 $f(x_0)$ 是函数 $f(x)$ 的**极小值**,x_0 称为 $f(x)$ 的**极小值点**.

函数的极大值和极小值统称为**函数极值**,也称为函数局部最大值与最极小值;使函数取得极值的点称为**极值点**,极大值点和极小值点均是函数极值点.要注意,当 x_0 是函数的极大(小)值点时,$f(x)$ 必须在 x_0 的左、右邻域都有定义;而当 x_0 是函数的最大(小)值点时,$f(x)$ 只需在 x_0 的左或右邻域有定义就可以[第一章第九节定义的最大(小)值点].

1. 费马定理

设 $f(x)$ 在区间 $[a,b]$ 上连续,在 (a,b) 内可导,即除端点外每一点都有不垂直 x 轴的切线.如果在曲线的较高点 C(或较低点 D)有一条水平的切线,如图 3-1 所示,点 C(或 D)的横坐标为 x_0,那么就有 $f'(x_0) = 0$.现在,我们来研究这种现象.

费马(Fermat)定理 设函数 $f(x)$ 满足条件:①在点 x_0 的某邻域 $U(x_0)$ 有定义;②在 x_0 处可导;③$f(x_0)$ 为极大值(或极小值),则有 $f'(x_0) = 0$.

证 不妨设 $f(x_0)$ 是函数 $f(x)$ 的极大值,即对任意的 $x \in \mathring{U}(x_0)$ 时,有 $f(x) < f(x_0)$[如果 $f(x_0)$ 为极小值证明类似].令 $x = x_0 + \Delta x$,有 $f(x_0 + \Delta x) < f(x_0)$.于是,当 $\Delta x < 0$ 时,

$$\frac{f(x_0 + \Delta x) - f(x_0)}{\Delta x} > 0$$

当 $\Delta x > 0$ 时,

$$\frac{f(x_0 + \Delta x) - f(x_0)}{\Delta x} < 0$$

根据第一章第三节函数极限的保号性(性质 3)的推论,可得

$$f'_-(x_0) = \lim_{\Delta x \to 0^-} \frac{f(x_0 + \Delta x) - f(x_0)}{\Delta x} \geq 0$$

$$f'_+(x_0) = \lim_{\Delta x \to 0^+} \frac{f(x_0 + \Delta x) - f(x_0)}{\Delta x} \leq 0$$

由第二章第一节函数在 x_0 的可导的充分条件,有

$$0 \leq f'_-(x_0) = f'(x_0) = f'_+(x_0) \leq 0$$

因此 $f'(x_0) = 0$.证毕.

费马定理也可推广为:设 $f(x)$ 在点 x_0 的某邻域 $U(x_0)$ 有定义,且在点 x_0 处可导.若对任意的 $x \in U(x_0)$,有 $f(x) \leq f(x_0)$(或 $f(x) \geq f(x_0)$),则有 $f'(x_0) = 0$.

该定理条件要弱一些,函数 $f(x)$ 在邻域 $U(x_0)$ 内为常值函数,该结论也成立.

2. 罗尔定理

什么样的函数具有极值? 不单调的连续函数具有极值.由第一章第九节定理 1 可知,闭区间上的连续函数一定有最大(小)值,而最大(小)值不一定是极值.但是如果函数的最大值或最小值在区间内部取得时,那么最值一定为极值.从图 3-1 可以看出,非常值函数 $f(x)$ 在区间 (a,b) 内取得极大(小)值,图形必须向上弯曲(或向下弯曲).因此,只要满

足条件:在闭区间$[a,b]$上连续,$f(a)=f(b)$的非常值函数$f(x)$的图形就会弯曲,就有极值.例如,一个条形物体受力发生弹性形变可能要向上弯曲(或向下弯曲小)成"弓"形.于是有罗尔定理:

罗尔定理 若函数$f(x)$满足条件:①在闭区间$[a,b]$上连续;②在开区间(a,b)内可导;③在区间端点的函数值相等,即$f(a)=f(b)$,则在(a,b)内至少存在一点ξ,使得$f'(\xi)=0$成立.

证 根据第一章第九节定理1闭区间上连续函数的性质,函数$f(x)$在闭区间$[a,b]$上一定有最大值M和最小值m.分类讨论如下:

当$M=m$时,$f(x)$一定是常值函数$f(x)=M$.因此,$\forall \xi \in (a,b)$,都有$f'(\xi)=0$成立.

当$M>m$时,又分三种情形:①对于$M=f(a)>m$,函数图像只能是向下弯曲(向下凹),至少有一个极小值是最小值,即存在$\xi \in (a,b)$,使得极小值$f(\xi)=m$,由费马定理有$f'(\xi)=0$.②对于$M>f(a)=m$,函数图像只能是向上弯曲(向上凸),至少有一个极大值是最大值,即存在$\xi \in (a,b)$,使得极大值$f(\xi)=M$,有$f'(\xi)=0$.③对于$M>f(a)>m$,函数图像有一部分是向上弯曲的,还有一部分是向下弯曲的,至少有一个极大值与极小值是最大值与最小值,即存在$\xi_1,\xi_2 \in (a,b)$,使$f(\xi_1)=M$,$f(\xi_2)=m$,有$f'(\xi_1)=f'(\xi_2)=0$.故结论成立.证毕.

几何意义 若函数$f(x)$是在闭区间$[a,b]$上的一条连续非水平的曲线,且在区间两端点的纵坐标又相等,即$f(a)=f(b)$,表明函数不单调,图像就要向上弯曲(或向下弯曲).这两个条件保证了$f(x)$在开区间(a,b)内有极大值或极小值,即曲线有较高点或较低点.$f(x)$在开区间(a,b)内可导,表明在曲线上除了端点外每一点都存在不垂直于x轴的切线.这三个条件保证了曲线在较高点(或较低点)处有水平的切线.也就是说,曲线$f(x)$在开区间(a,b)内至少存在一点$P[\xi,f(\xi)]$,使得在P点处的切线与x轴平行,即$f'(\xi)=0$.

注 (1)函数$f(x)$必须同时满足这三个条件,才能使罗尔定理的结论成立;如果不满足任何一个条件,罗尔定理就不一定成立.因此,在应用此定理前要先验证这三个条件是否都满足.例$y=|x|$,$-1 \leq x \leq 1$,不满足第二个条件,就没有水平的切线.

(2)我们把ξ可以看作方程$f'(x)=0$的根.因此,罗尔定理有一个重要的应用:通常用来证明导数方程$f'(x)=0$在某个开区间(a,b)内至少存在一个实数根这一类问题.

例1 验证函数$f(x)=x^2-2x-3$在$[-1,3]$上是否满足罗尔定理? 如满足,求出ξ.

解 $f(x)$在闭区间$[-1,3]$上连续可导,又$f(-1)=f(3)=0$,因而$f(x)$在$[-1,3]$上满足罗尔定理的条件.因此,存在$\xi \in (-1,3)$,使得$f'(\xi)=0$,即$2\xi-2=0$,$\xi=1 \in (-1,3)$.

二、拉格朗日中值定理

我们在利用罗尔定理时,常常遇到困难:这个$f(a)=f(b)$的条件较难满足,而且这个条件往往与坐标系的选取有关.但是罗尔定理反映的几何事实与坐标系的选取无关,因而与条件$f(a)=f(b)$无关.现在把它去掉,其余两个条件不变,并相应地改变结论,就得到微分学中十分重要的拉格朗日中值定理.

拉格朗日定理 如果函数$f(x)$满足条件:①在闭区间$[a,b]$上连续;②在开区间(a,b)

内可导,那么在(a,b)内至少存在一点ξ,使得

$$f(b)-f(a)=f'(\xi)(b-a) \tag{3-1}$$

成立,或写成

$$f'(\xi)=\frac{f(b)-f(a)}{b-a}$$

此公式也叫拉格朗日公式.

几何意义 若$f(x)$是在闭区间$[a,b]$上的一条连续曲线(非直线),在曲线上除了端点外每一点都存在不垂直于x轴的切线;经过端点$A[a,f(a)]$与$B[b,f(b)]$作割线AB,斜率为$k=\dfrac{f(b)-f(a)}{b-a}$,则在曲线$f(x)$上至少存在一点$C[\xi,f(\xi)]$,使曲线在C点处切线平行于联结两端点A与B的弦,如图3-2所示.

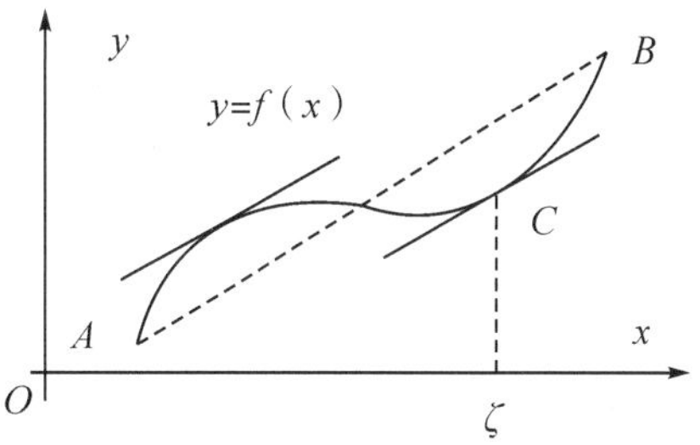

图3-2　图形展示

在罗尔定理中,由于$f(a)=f(b)$,弦AB是平行x轴的,因而C点处的切线实际上也平行于弦AB.由此可见,罗尔定理是拉格朗日中值定理的特殊情形.下面,我们利用罗尔定理来证明该定理.

证(构造法) 所要寻找的ξ是导数方程$f'(x)-\dfrac{f(b)-f(a)}{b-a}=0$的根,为了利用罗尔定理寻找该方程左端的原函数,最简单的原函数为$f(x)-\dfrac{f(b)-f(a)}{b-a}x$,因而构造辅助函数

$$\varphi(x)=f(x)-\frac{f(b)-f(a)}{b-a}x$$

由于一次函数$\dfrac{f(b)-f(a)}{b-a}x$在$[a,b]$上连续可导,由第一章第八节定理1连续函数的运算性质,$\varphi(x)$在闭区间$[a,b]$上连续;第二章第二节定理1可导函数的运算性质,它在开区间(a,b)内可导,且

$$\varphi(a)=f(a)-\frac{a[f(b)-f(a)]}{b-a}=\frac{bf(a)-af(b)}{b-a}=\varphi(b)$$

从而函数$\varphi(x)$满足罗尔定理的三个条件.于是存在$\xi\in(a,b)$,使得$\varphi'(\xi)=0$,即

$$\varphi'(\xi)=f'(\xi)-\frac{f(b)-f(a)}{b-a}=0$$

由此可得结论.证毕.

当$b<a$时,拉格朗日公式也是成立的.若$b<a$,则定理中的条件应是$f(x)$在$[a,b]$上连续,在(b,a)内可导,结论则是$f(a)-f(b)=f'(\xi)(a-b)$,此式也可以写成:$f(b)-f(a)=f'(\xi)(b-a)$.也就是说,不管a与b哪个大,拉格朗日公式总是相同的.

拉格朗日公式的其他形式

在拉格朗日公式中由于ξ介于a与b之间,令$\theta=\dfrac{\xi-a}{b-a},0<\theta<1$,有$\xi=a+\theta(b-a)$.这时便得到拉格朗日公式的另外一种常用形式:

$$f(b)-f(a)=f'[a+\theta(b-a)](b-a) \quad (0<\theta<1) \tag{3-2}$$

在上面的公式中,如果用 x 代替 a,$x+\Delta x$ 代替 b,就得到拉格朗日公式的又一种常用形式:

$$f(x+\Delta x)-f(x)=f'(x+\theta\Delta x)\Delta x \quad (0<\theta<1) \tag{3-3}$$

这里数值 θ 在 0 与 1 之间,因而 $x+\theta\Delta x$ 是在 x 与 $x+\Delta x$ 之间.

如果记 $f(x)$ 为 y,那么式(3-3)又可写成

$$\Delta y=f'(x+\theta\Delta x)\Delta x \quad (0<\theta<1) \tag{3-4}$$

也就是说,在自变量取得有限增量 Δx($|\Delta x|$ 不一定很小)时,函数增量 Δy 的准确表达式为 $f'(x+\theta\Delta x)\Delta x$,因而式(3-4)称为**有限增量公式**,这个定理也叫作**有限增量定理**.拉格朗日公式的这一形式给出了函数增量的一个准确表达式,表达了函数在一个区间上的增量与函数在这个区间内某点处的导数之间的关系,在函数值与导数之间建立了一种相等关系.我们知道:函数的微分是增量 Δy 的近似表达式,即

$$dy=f'(x)\Delta x\approx\Delta y$$

一般来说,以微分 dy 近似代替 Δy 时所产生的误差只有当 $\Delta x\to 0$ 时才趋于零.因此,拉格朗日中值定理在微分学中占有十分重要的地位,有时也叫作**微分中值定理**.

证明一些不等式成立是拉格朗日中值定理的一个重要的应用.

例 2 证明当 $x_1,x_2\in\left(-\dfrac{\pi}{2},\dfrac{\pi}{2}\right)$ 时,且 $x_1\le x_2$,不等式 $\sin x_2-\sin x_1\le x_2-x_1$ 成立.

证 设 $f(x)=\sin x$,则 $f'(x)=\cos x$.由于 $f(x)$ 和 $f'(x)$ 都在定义域 $(-\infty,+\infty)$ 内连续,因而 $f(x)$ 在 $[x_1,x_2]$ 上满足拉格朗日中值定理条件.根据式(3-1),有

$$\sin x_2-\sin x_1=(x_2-x_1)\cos\xi$$

其中 ξ 在 x_1 与 x_2 之间.由 $\xi\in\left(-\dfrac{\pi}{2},\dfrac{\pi}{2}\right)$,可得 $0<\cos\xi\le 1$;又 $x_2-x_1\ge 0$,上式右端为正,从而

$$0\le\sin x_2-\sin x_1\le x_2-x_1$$

特别取 $x_1=0,x_2=x$,获得:当 $x\in\left[0,\dfrac{\pi}{2}\right)$ 时,不等式 $\sin x\le x$,当 $x=0$ 时,等号成立.

我们知道,常数的导数为零.反过来,一个函数的导数恒为零,这个函数是否为常数?

推论 若函数 $f(x)$ 在开区间 (a,b) 内的导数恒等于零,则此函数在区间 (a,b) 内为常数.

证 在 (a,b) 内任取两点 x_1 与 $x_2(x_1<x_2)$,由题意得,$f(x)$ 在 $[x_1,x_2]$ 上连续,在 (x_1,x_2) 内可导.由式(3-1)可得

$$f(x_2)-f(x_1)=f'(\xi)(x_2-x_1), \quad x_1<\xi<x_2$$

由于 $f'(\xi)=0$,可得 $f(x_2)=f(x_1)$.因为 x_1,x_2 是区间 (a,b) 内任意的两点,所以 $f(x)$ 在区间 (a,b) 内为常数.证毕.

例 3 证明当 $x>0$ 时,$\arctan x+\arctan\dfrac{1}{x}=\dfrac{\pi}{2}$.

证 令 $f(x)=\arctan x+\arctan\dfrac{1}{x},x\in(0,+\infty)$,有

$$f'(x) = \frac{1}{1+x^2} + \frac{1}{1+\frac{1}{x^2}} \cdot \left(\frac{1}{x}\right)' = \frac{1}{1+x^2} - \frac{x^2}{1+x^2} \cdot \frac{1}{x^2} \equiv 0$$

即 $f'(x)$ 在 $(0,+\infty)$ 内每一点处都为零. 由推论可得 $f(x)$ 在 $(0,+\infty)$ 内是一个常数. 令

$$\arctan x + \arctan \frac{1}{x} = C$$

不妨取 $x=1$, 则 $\arctan x + \arctan \frac{1}{x} = \frac{\pi}{2}$, 因而 $C = \frac{\pi}{2}$. 故结论成立.

注 拉格朗日中值定理建立了自变量的增量、函数的增量及导数值之间的关系, 即自变量、函数值及导数值之间的联系. 如何正确应用拉格朗日中值定理? 对要证每一个具体函数的等式或不等式, 要分析这些式子的形式: 若结论中不出现导数 $f'(\xi)$ 的不等式, 只能靠分析函数的增量 $f(b)-f(a)$ 及自变量的增量 $b-a$ 来猜想出具体函数 $f(x)$ 及 a 与 b; 若结论是含有常数的等式, 常常通过变形转化为证明某一个函数为常值函数, 只需证这个函数的导数为零. 对要证一个抽象函数的等式或不等式, 对于不同的题 a 与 b 的形式可能不同, 就要充分利用导数 $f'(\xi)$ 的关系来证明. 同学们需要有多做这方面的题, 慢慢领会.

三、柯西定理

根据前文我们知道, 如果连续曲线弧 $\overset{\frown}{AB}$ 上除了端点外每一点都存在不垂直于 x 轴的切线, 那么这段弧上至少存在一点 C, 使曲线在 C 点处的切线平行于联结 A 与 B 的弦. 若 $\overset{\frown}{AB}$ 由参数方程给出, 有什么样的结论?

柯西定理 如果函数 $f(x)$ 与 $g(x)$ 满足: ①在闭区间 $[a,b]$ 上连续; ②在开区间 (a,b) 内可导; ③ $g'(x)$ 在 (a,b) 内每一点都不等于零 $[g'(x)\neq 0]$, 那么在 (a,b) 内至少有一点 ξ, 使得

$$\frac{f(b)-f(a)}{g(b)-g(a)} = \frac{f'(\xi)}{g'(\xi)} \tag{3-5}$$

成立.

几何意义 在柯西定理中, 若把 x 看成参数, 则可将 $\begin{cases} Y=f(x) \\ X=g(x) \end{cases}(a \leqslant x \leqslant b)$ 看作一条曲线的参数方程. 根据第二章第四节参数方程的导数, 有 $\dfrac{\mathrm{d}Y}{\mathrm{d}X} = \dfrac{\frac{\mathrm{d}Y}{\mathrm{d}x}}{\frac{\mathrm{d}X}{\mathrm{d}x}} = \dfrac{f'(x)}{g'(x)}$, 只有参数式的导数才出现导数的商. 这时 $\dfrac{f(b)-f(a)}{g(b)-g(a)}$ 表示连接曲线两个端点 $A[g(a),f(a)]$ 和 $B[g(b),f(b)]$ 的割线的斜率, 而 $\dfrac{f'(\xi)}{g'(\xi)}$ 表示该曲线上某一点 $C[g(\xi),f(\xi)]$ 处切线的斜率. 因此, 柯西定理的几何意义就表示: 在连续且除端点外处处有不垂直于 x 轴的切线的

曲线弧 $\overset{\frown}{AB}$ 上,至少存在一点 C,在该点处的切线平行于两端点的连线 AB.

证 先说明 $g(b)-g(a)\neq0$.因为 $g(x)$ 在闭区间 $[a,b]$ 上满足拉格朗日中值定理的条件,可得

$$g(b)-g(a)=g'(\omega)(b-a),\quad a<\omega<b$$

又有 $g'(x)\neq0$,从而可得 $g'(\omega)\neq0$,根据上式可得 $g(b)-g(a)\neq0$.

与拉格朗日中值定理证明类似,构造辅助函数

$$\varphi(x)=f(x)-\frac{[f(b)-f(a)]}{g(b)-g(a)}g(x)$$

根据连续及可导函数的运算性质,$\varphi(x)$ 在闭区间 $[a,b]$ 上连续,在开区间 (a,b) 内可导,且

$$\varphi(a)=f(a)-\frac{g(a)[f(b)-f(a)]}{g(b)-g(a)}=\frac{g(b)f(a)-g(a)f(b)}{g(b)-g(a)}=\varphi(b)$$

因而函数 $\varphi(x)$ 满足罗尔定理的三个条件.于是存在 $\xi\in(a,b)$,使得 $\varphi'(\xi)=0$,即

$$\varphi'(\xi)=f'(\xi)-\frac{[f(b)-f(a)]}{g(b)-g(a)}g'(\xi)=0$$

由此可得

$$\frac{f(b)-f(a)}{g(b)-g(a)}=\frac{f'(\xi)}{g'(\xi)}$$

证毕.

注 定理中的三个条件缺一不可,因而在应用柯西定理前要先验证条件是否满足. $f'(\xi)$ 与 $g'(\xi)$ 中的 ξ 是同一个值.令 $g(x)=x$,则 $g(b)-g(a)=b-a$,$g'(x)=1$,这时式(3-5)就可以写成 $f'(\xi)=\frac{f(b)-f(a)}{b-a}$.因此,拉格朗日中值定理是柯西定理当 $g(x)=x$ 时的特殊情形.

例4 设 $f(x)$ 在 $[a,b]$ 上连续,在 (a,b) 内可导,且 $-\frac{\pi}{2}\leqslant a<b\leqslant\frac{\pi}{2}$,证明在 (a,b) 内至少存在一点 ξ,使得 $\cos\xi[f(b)-f(a)]=(\sin b-\sin a)f'(\xi)$ 成立.

证 将结论变为 $\frac{f(b)-f(a)}{\sin b-\sin a}=\frac{f'(\xi)}{\cos\xi}$,就容易想到柯西定理.令 $g(x)=\sin x$,则 $f(x)$ 和 $g(x)$ 在 $[a,b]$ 上连续,在 (a,b) 内可导,且当 $-\frac{\pi}{2}<x<\frac{\pi}{2}$ 时,$g'(x)=\cos x\neq0$,满足柯西定理条件,于是存在 $\xi\in(a,b)$,使

$$\frac{f(b)-f(a)}{g(b)-g(a)}=\frac{f'(\xi)}{g'(\xi)},即\frac{f(b)-f(a)}{\sin b-\sin a}=\frac{f'(\xi)}{\cos\xi}$$

由此可得,$\cos\xi[f(b)-f(a)]=(\sin b-\sin a)f'(\xi)$.

习题 3-1

1.下列各函数在给定区间上满足萝尔定理的条件的是(　　).

A. $f(x)=\frac{3}{2x^2+1}$,$[-1,1]$　　　　　　　B. $f(x)=xe^x$,$[0,1]$

C. $f(x)=|x|,[-1,1]$ D. $f(x)=\dfrac{1}{\ln x},[1,e]$

2.验证拉格朗日定理对函数 $y=\ln x$ 在区间 $[1,e]$ 上的正确性.

3.对函数 $f(x)=\sin x$ 及 $g(x)=x+\cos x$ 在区间 $\left[0,\dfrac{\pi}{2}\right]$ 上验证柯西定理的正确性.

4.不用求出函数 $f(x)=x(x-1)(x-3)(x-5)$ 的导数,指出方程 $f'(x)=0$ 与 $f''(x)=0$ 有几个根,并说明理由.

5.证明若 $a>b>0,m>1$,则有 $mb^{m-1}(a-b)<a^m-b^m<ma^{m-1}(a-b)$.

6.证明(1)当 $e<x_1<x_2$ 时,则有 $\dfrac{\ln x_1}{x_1}>\dfrac{\ln x_2}{x_2}$;(2)当 $0<x_1<x_2$ 时,则有 $\dfrac{x_2^2}{x_2+1}>\dfrac{x_1^2}{x_1+1}$.

7.证明下列不等式.

(1)若 $a>b>0$,则 $\dfrac{a-b}{a}<\ln\dfrac{a}{b}<\dfrac{a-b}{b}$;

(2)若 $x>0$,则 $\dfrac{x}{1+x}<\ln(1+x)<x$;

(3)若 $x>0$,则 $\ln\left(1+\dfrac{1}{x}\right)>\dfrac{1}{1+x}$.

8.证明下列等式.

(1)$\arctan x+\text{arccot}x=\dfrac{\pi}{2}$;

(2)当 $x>1$ 时,$2\arctan x+\arcsin\dfrac{2x}{1+x^2}=\pi$;

(3)若 $f(x)$ 满足 $f(x)=f'(x)$,则 $f(x)=Ce^x$(C 为常数).

9.证明方程 $x^3+x-1=0$ 有且仅有一个实根.

10.求证大于 n^2 的两个连续自然数的平方根的差小于 $\dfrac{1}{2n}$.

11.设 $f(x)$ 在 $[a,b]$ 上连续,在 (a,b) 内可导,证明在 (a,b) 内至少存在一点 ξ,使

$$\dfrac{bf(b)-af(a)}{b-a}=f(\xi)+\xi f'(\xi)$$

12.设 $f(x)$ 在 $[0,1]$ 上连续,在 $(0,1)$ 内可导,且 $f(0)=0$,$f(1)=1$,证明存在不同 ξ_1, $\xi_2\in(0,1)$,使得 $\dfrac{1}{f'(\xi_1)}+\dfrac{1}{f'(\xi_2)}=2$.

13.设函数 $f(x)$ 在 $[0,3]$ 上连续,在 $(0,3)$ 内可导,且 $f(0)+f(1)+f(2)=3$, $f(3)=1$,证明存在 $\xi\in(0,3)$,使 $f'(\xi)=0$.

14.设 $f(x)$ 在 $[a,b]$ 上连续,在 (a,b) 内可导,且 $0\leqslant a<b\leqslant\dfrac{\pi}{2}$,证明在 (a,b) 内至少存在一点 ξ,使得 $\cos\xi[b^3-a^3]=3\xi^2(\sin b-\sin a)$ 成立.

15.利用柯西定理证明下列等式.

(1)$\cos x=1-\dfrac{1}{2}x^2\cos\xi$($\xi$ 在 0 与 x 之间);(2)$\sin x=x-\dfrac{x^3}{3!}\cos\xi$($\xi$ 在 0 与 x 之间).

第二节　洛必达法则

第一章第五节计算商的极限时,如果在 $\lim\dfrac{f(x)}{g(x)}$ 中,$\lim f(x)=\lim g(x)=0$ 或者 $\lim f(x)=\lim g(x)=\infty$,那么就不能用商的极限法则来计算极限,而要采用其他的方法.极限 $\lim\dfrac{f(x)}{g(x)}$ 可能存在,也可能不存在,因而我们称 $\lim\dfrac{f(x)}{g(x)}$ 为 $\dfrac{0}{0}$ 型或 $\dfrac{\infty}{\infty}$ 型**未定式**.前面已经介绍过一些计算未定式的方法.例如:用因式分解法、有理化分子或分母法、无穷小量的等价代换、导数的定义法来消去零因子、分子分母同时除以自变量的最高次幂及两个重要极限等,但是用这些方法只能求出一部分未定式的值,计算过程还比较复杂,还有一些未定式的值用上面的方法求不出来.下面介绍的洛必达法则,可以求出较多未定式的值.

此处先讨论 $x\to a$ 时 $\dfrac{0}{0}$ 型未定式的情形,有定理1.

定理1　若函数 $f(x)$ 和 $g(x)$ 满足条件:① $\lim\limits_{x\to a}f(x)=\lim\limits_{x\to a}g(x)=0$;② 在点 a 的某个空心邻域内它们都可导,且 $g'(x)\neq0$;③ $\lim\limits_{x\to a}\dfrac{f'(x)}{g'(x)}$ 存在(或为无穷大),则

$$\lim_{x\to a}\frac{f(x)}{g(x)}=\lim_{x\to a}\frac{f'(x)}{g'(x)}$$

这就是说,当 $\lim\limits_{x\to a}\dfrac{f'(x)}{g'(x)}$ 存在时,$\lim\limits_{x\to a}\dfrac{f(x)}{g(x)}$ 也存在且等于 $\lim\limits_{x\to a}\dfrac{f'(x)}{g'(x)}$;当 $\lim\limits_{x\to a}\dfrac{f'(x)}{g'(x)}$ 为无穷大时,$\lim\limits_{x\to a}\dfrac{f(x)}{g(x)}$ 也是无穷大.这种在一定条件下通过分子与分母求导后再求极限来确定未定式的值的方法称为**洛必达法则**.

证　由于 $\lim\limits_{x\to a}\dfrac{f(x)}{g(x)}$ 存在与否与函数 $f(x)$ 和 $g(x)$ 在点 a 处的状态无关,根据 $\lim\limits_{x\to a}f(x)=\lim\limits_{x\to a}g(x)=0$,可设 $f(a)=g(a)=0$.由前面两个条件可得,存在一个邻域 $U(a,\delta)$,对于 $\forall x\in U(a,\delta)$,不妨设 $a<x$,使得 $f(t)$ 和 $g(t)$ 满足:在闭区间 $[a,x]$ 上连续,在开区间 (a,x) 内可导,且 $g'(t)\neq0$.由柯西定理,存在 $\xi\in(a,x)$,使得

$$\frac{f(x)}{g(x)}=\frac{f(x)-f(a)}{g(x)-g(a)}=\frac{f'(\xi)}{g'(\xi)},\quad a<\xi<x$$

当 $x\to a$ 时,有 $\xi\to a$,从而

$$\lim_{x\to a}\frac{f(x)}{g(x)}=\lim_{\xi\to a}\frac{f'(\xi)}{g'(\xi)}=\lim_{x\to a}\frac{f'(x)}{g'(x)}$$

特别地,可以证明若把定理中的 $x\to a$ 换成 $x\to a^+$,$x\to a^-$,或 $x\to+\infty$,$x\to-\infty$,$x\to\infty$,定理仍然成立.

利用这个定理求 $\dfrac{0}{0}$ 型未定式的值,要注意以下三个问题:

（1）定理 1 只适用于求 $\dfrac{0}{0}$ 型未定式的值,因而在应用时要先验证是不是 $\dfrac{0}{0}$ 型未定式,每用一次都要检验.

（2）洛必达法则可以重复使用,一直到不是未定式为止,即

$$\lim\frac{f(x)}{g(x)}=\lim\frac{f'(x)}{g'(x)}=\lim\frac{f''(x)}{g''(x)}=\cdots$$

（3）在计算过程中,如果分子和分母中含有明显的公因式,可以将此公因式约去;如果有极限不为零的因式,可以将此因式的极限算出来,再利用洛必达法则,以便简化运算.

例 1 求 $\lim\limits_{x\to1}\dfrac{x^3-3x+2}{x^3-x^2-x+1}$.

解 原式 $=\lim\limits_{x\to1}\dfrac{3x^2-3}{3x^2-2x-1}=\lim\limits_{x\to1}\dfrac{6x}{6x-2}=\dfrac{\lim\limits_{x\to1}6x}{\lim\limits_{x\to1}(6x-2)}=\dfrac{3}{2}$.

注意,$\lim\limits_{x\to1}\dfrac{6x}{6x-2}$ 已经不是未定式,不能再用洛必达法则,否则要导致错误.

例 2 求 $\lim\limits_{x\to0}\dfrac{3^x-2^x}{\sin x}$.

解 原式 $=\lim\limits_{x\to0}\dfrac{3^x\ln3-2^x\ln2}{\cos x}=\dfrac{3^0\ln3-2^0\ln2}{\cos0}=\ln3-\ln2$.

例 3 求 $\lim\limits_{x\to0}\dfrac{\ln(1+x)}{x^2}$.

解 原式 $=\lim\limits_{x\to0}\dfrac{\dfrac{1}{1+x}}{2x}=\dfrac{1}{2}\lim\limits_{x\to0}\dfrac{1}{x}\cdot\lim\limits_{x\to0}\dfrac{1}{1+x}=\dfrac{1}{2}\lim\limits_{x\to0}\dfrac{1}{x}=\infty$.

本题用到第一章第四节性质 4 无穷小量与无穷大量的关系.

例 4 求 $\lim\limits_{x\to0}\dfrac{e^x-e^{-x}-2x}{x-\sin x}$.

解 原式 $=\lim\limits_{x\to0}\dfrac{e^x+e^{-x}-2}{1-\cos x}=\lim\limits_{x\to0}\dfrac{e^x-e^{-x}}{\sin x}=\lim\limits_{x\to0}\dfrac{e^x+e^{-x}}{\cos x}=2$.

例 5 求 $\lim\limits_{x\to\infty}\dfrac{\operatorname{arccot}x}{\dfrac{1}{x}}$.

解 原式 $=\lim\limits_{x\to\infty}\dfrac{-\dfrac{1}{1+x^2}}{-\dfrac{1}{x^2}}=\lim\limits_{x\to\infty}\dfrac{x^2}{1+x^2}=\lim\limits_{x\to\infty}\dfrac{x^2}{x^2\left(\dfrac{1}{x^2}+1\right)}=\lim\limits_{x\to\infty}\dfrac{1}{\left(\dfrac{1}{x^2}+1\right)}=1$.

对于 $x\to a$（或者 $x\to\infty$）时的未定式 $\dfrac{\infty}{\infty}$,也有相应洛必达法则.如对于 $x\to\infty$ 时的未定式 $\dfrac{\infty}{\infty}$ 有定理 2.

定理 2 若函数 $f(x)$ 和 $g(x)$ 满足条件:①$\lim\limits_{x\to\infty}f(x)=\lim\limits_{x\to\infty}g(x)=\infty$;②在 $|x|$ 大于某一正

高等数学
上册

数时它们都可导,且 $g'(x) \neq 0$;③$\lim\limits_{x \to \infty} \dfrac{f'(x)}{g'(x)}$ 存在(或为无穷大),则

$$\lim_{x \to \infty} \frac{f(x)}{g(x)} = \lim_{x \to \infty} \frac{f'(x)}{g'(x)}$$

利用这个定理求 $\dfrac{\infty}{\infty}$ 型未定式的值,要注意是否满足定理的条件.此外,在计算过程中,若有极限不是无穷大的因式,可以将此因式的极限算出来,再利用洛必达法则,以减少运算.

例 6 求 $\lim\limits_{x \to +\infty} \dfrac{\ln x}{x^n} (n > 0)$.

解 原式 $= \lim\limits_{x \to +\infty} \dfrac{\dfrac{1}{x}}{nx^{n-1}} = \lim\limits_{x \to +\infty} \dfrac{1}{nx^n} = 0$.

例 7 求 $\lim\limits_{x \to +\infty} \dfrac{x^4}{e^x}$.

解 原式 $= \lim\limits_{x \to +\infty} \dfrac{4x^3}{e^x} = \lim\limits_{x \to +\infty} \dfrac{4 \cdot 3x^2}{e^x} = \lim\limits_{x \to +\infty} \dfrac{4 \cdot 3 \cdot 2x}{e^x} = \lim\limits_{x \to +\infty} \dfrac{4 \cdot 3 \cdot 2 \cdot 1}{e^x} = 0$.

对数函数 $\ln x$、幂函数 $x^n (n > 0)$ 与指数函数 $e^{\lambda x} (\lambda > 0)$ 均为当 $x \to \infty$ 时的无穷大量.从例 6 与例 7 可以看出,这三个函数增大的"速度"是不一样的,幂函数增大的"速度"比对数快得多,而指数函数增大的"速度"又比幂函数快得多.

例 8 求 $\lim\limits_{x \to \frac{\pi}{2}} \dfrac{\tan x}{\tan 3x}$.

解 原式 $= \lim\limits_{x \to \frac{\pi}{2}} \dfrac{\sec^2 x}{3 \sec^2 3x} = \lim\limits_{x \to \frac{\pi}{2}} \dfrac{\cos^2 3x}{3 \cos^2 x} = \lim\limits_{x \to \frac{\pi}{2}} \dfrac{2\cos 3x \, (\cos 3x)'}{3 \cdot 2\cos x \, (\cos x)'} \quad \left(\sec x = \dfrac{1}{\cos x}\right)$

$\quad\quad = \lim\limits_{x \to \frac{\pi}{2}} \dfrac{2\cos 3x (-\sin 3x) \cdot 3}{6\cos x(-\sin x)} = \lim\limits_{x \to \frac{\pi}{2}} \dfrac{\sin 3x}{\sin x} \cdot \lim\limits_{x \to \frac{\pi}{2}} \dfrac{\cos 3x}{\cos x}$

$\quad\quad = \dfrac{\sin \dfrac{3\pi}{2}}{\sin \dfrac{\pi}{2}} \cdot \lim\limits_{x \to \frac{\pi}{2}} \dfrac{-3\sin 3x}{-\sin x} = -\dfrac{3\sin \dfrac{3\pi}{2}}{\sin \dfrac{\pi}{2}} = 3$.

对于 $0 \cdot \infty$ 与 $\infty - \infty$ 的未定式转化成 $\dfrac{0}{0}$ 或 $\dfrac{\infty}{\infty}$ 的未定式,然后再用洛必达法则求极限.

例 9 求 $\lim\limits_{x \to 0^+} \tan x \ln x$.

解 这是未定式 $0 \cdot \infty$.由于 $\tan x \ln x = \dfrac{\ln x}{\cot x}$,转化为 $\dfrac{\infty}{\infty}$ 的未定式.

$$\text{原式} = \lim_{x \to 0^+} \frac{\ln x}{\cot x} = \lim_{x \to 0^+} \frac{\dfrac{1}{x}}{-\csc^2 x} \quad\quad \left(\csc x = \frac{1}{\sin x}\right)$$

$$= -\lim_{x \to 0^+} \frac{\sin^2 x}{x} = -\lim_{x \to 0^+} \frac{x^2}{x} = -\lim_{x \to 0^+} x = 0$$

本题利用了等价代换 $\sin x \sim x \, (x \to 0)$.

例 10 求 $\lim\limits_{x \to 0}\left(\dfrac{1}{x} - \dfrac{1}{e^x - 1}\right)$.

解 这是未定式 $\infty - \infty$. 只有通过通分转化为 $\dfrac{0}{0}$ 的未定式.

$$原式 = \lim_{x \to 0}\frac{e^x - 1 - x}{x(e^x - 1)} = \lim_{x \to 0}\frac{e^x - 1 - x}{x^2} = \lim_{x \to 0}\frac{e^x - 1}{2x} = \frac{1}{2}\lim_{x \to 0}\frac{x}{x} = \frac{1}{2}$$

本题利用等价代换 $e^x - 1 \sim x \, (x \to 0)$.

由此看出,洛必达法则是求未定式的一种有效方法,但最好能与其他求极限方法结合使用.通常与等价无穷小代换或重要极限联合使用,尽可能先化简,再利用洛必达法则,这样可以使运算简捷.

对于 0^0、1^∞ 和 ∞^0 等幂指函数型未定式取对数转化成 $0 \cdot \infty$ 的未定式,再转化成 $\dfrac{0}{0}$ 或 $\dfrac{\infty}{\infty}$ 的未定式,然后用洛必达法则求极限.

例 11 求极限 $\lim\limits_{x \to 0^+} x^x$.

解 这是未定式 0^0. 设 $y = x^x$,取对数,可得

$$\ln y = \ln x^x = x \ln x = \frac{\ln x}{\dfrac{1}{x}}$$

当 $x \to 0^+$ 时,上式中间是未定式 $0 \cdot \infty$,转化为未定式 $\dfrac{\infty}{\infty}$. 可利用洛必达法则,于是

$$\lim_{x \to 0^+} \ln y = \lim_{x \to 0^+}\frac{\dfrac{1}{x}}{-\dfrac{1}{x^2}} = -\lim_{x \to 0^+}\frac{x^2}{x} = 0$$

根据对数恒等式,可得 $\lim\limits_{x \to 0^+} y = \lim\limits_{x \to 0^+} e^{\ln y} = e^0 = 1$.

例 12 * 求极限 $\lim\limits_{x \to 0^+}\left(\dfrac{\sin x}{x}\right)^{\frac{3}{x^2}}$.

解 这是未定式 1^∞. 设 $y = \left(\dfrac{\sin x}{x}\right)^{\frac{3}{x^2}}$,取对数,可得

$$\ln y = \frac{3}{x^2}\ln\frac{\sin x}{x} = \frac{3(\ln \sin x - \ln x)}{x^2}$$

当 $x \to 0^+$ 时,上式中间是未定式 $0 \cdot \infty$,转化为未定式 $\dfrac{0}{0}$. 于是

$$\lim_{x \to 0^+}\ln y = \lim_{x \to 0^+}\frac{3\left(\dfrac{\cos x}{\sin x} - \dfrac{1}{x}\right)}{2x} = \frac{3}{2}\lim_{x \to 0^+}\frac{x\cos x - \sin x}{x^2 \sin x} = \frac{3}{2}\lim_{x \to 0^+}\frac{x\cos x - \sin x}{x^3}$$

$$= \frac{3}{2}\lim_{x \to 0^+}\frac{\cos x - x\sin x - \cos x}{3x^2} = -\frac{1}{2}\lim_{x \to 0^+}\frac{\sin x}{x} = -\frac{1}{2}$$

由此可得

$$\lim_{x\to 0^+}y = \lim_{x\to 0^+}e^{\ln y} = e^{-\frac{1}{2}} = \frac{1}{\sqrt{e}}$$

洛必达法则的条件是充分但非必要. 也就是说, 对于 $\lim\dfrac{f(x)}{g(x)}$ 为 $\dfrac{0}{0}$ 型或 $\dfrac{\infty}{\infty}$ 型不定式,

若 $\lim\dfrac{f'(x)}{g'(x)}$ 不存在或不能确定其极限是否存在时, 则不能用洛必达法则来求 $\lim\dfrac{f(x)}{g(x)}$,

而要采用其他的方法. 例如, 求极限 $\lim\limits_{x\to\infty}\dfrac{x+2\cos x}{x+\sin x}$ 就不能应用洛比达法则.

习题 3-2

1. 用洛必达法则求极限.

$(1)\ \lim\limits_{x\to 0}\dfrac{\ln(1+x)}{\sin x}$;

$(2)\ \lim\limits_{x\to 0}\dfrac{2^x+5^{-x}-2}{\sin x}$;

$(3)\ \lim\limits_{x\to 1}\dfrac{x^2-1}{\sqrt{x}-1}$;

$(4)\ \lim\limits_{x\to 0}\dfrac{e^{2x}-2\sin x-1}{x\sin x}$;

$(5)\ \lim\limits_{x\to 0}\dfrac{\ln(1+x^2)}{\sec x-\cos x}$;

$(6)\ \lim\limits_{x\to 0}\dfrac{e^x+\ln(1-x)-1}{x-\arctan x}$;

$(7)\ \lim\limits_{x\to 0}\dfrac{\tan x-x}{\sin x-x}$;

$(8)\ \lim\limits_{x\to 0^+}\dfrac{\ln\sin 3x}{\ln\sin x}$;

$(9)\ \lim\limits_{x\to 1}\left(\dfrac{3}{1-x^3}-\dfrac{2}{1-x^2}\right)$;

$(10)\ \lim\limits_{x\to+\infty}\dfrac{(\ln x)^n}{x}\ (n>0)$;

$(11)\ \lim\limits_{x\to 0^+}xe^{\frac{1}{x^2}}$;

$(12)\ \lim\limits_{x\to 0^+}x^{\sin x}$.

2. 用洛必达法则求极限.

$(1)\ \lim\limits_{x\to 0^+}x^\alpha\ln x\quad(\alpha>0)$;

$(2)\ \lim\limits_{x\to 1^+}\left(\dfrac{x}{x-1}-\dfrac{1}{\ln x}\right)$;

$(3)\ \lim\limits_{x\to+\infty}\left(\dfrac{2}{\pi}\arctan x\right)^x$;

$(4)\ \lim\limits_{n\to\infty}n(3^{\frac{1}{n}}-1)$;

$(5)\ \lim\limits_{x\to 0^+}(\cot x)^{\sin x}$;

$(6)\ \lim\limits_{x\to 0}\left(\dfrac{\arcsin x}{x}\right)^{\frac{1}{x^2}}$.

3. 试说明求下列极限不能应用洛比达法则.

$(1)\ \lim\limits_{x\to\infty}\dfrac{x-\sin x}{x+\sin x}$;

$(2)\ \lim\limits_{x\to+\infty}\dfrac{x}{\sqrt{1+x^2}}$.

4. 利用洛必达法则及高阶无穷小的定义证明.

$(1)\ \tan x=x+o(x^2)$;

$(2)\ \ln(1+x)=x-\dfrac{1}{2}x^2+o(x^3)$.

第三节　泰勒公式

我们在科学研究过程和生活实践中, 一些复杂的函数常常需要利用简单的函数来近似表示. 由于用多项式表示的函数, 只需对自变量进行有限次的加、减与乘三种运算, 便能求出它的函数值, 因而我们经常用多项式来表示复杂的函数.

在第二章第五节的近似计算中,我们已经知道:当$|x|$很小时,有近似计算公式:

$$\Delta y = f(x) - f(x_0) \approx \mathrm{d}y = f'(x_0)\Delta x \text{ 或 } f(x) \approx f(x_0) + f'(x_0)(x-x_0)$$

例如,$\sin x \approx x$,$\mathrm{e}^x \approx 1+x$.像这样用一次多项式

$$P_1(x) = f(x_0) + f'(x_0)(x-x_0)$$

近似表示复杂函数$f(x)$,并且$P_1(x)$在x_0处与$f(x)$有相同的函数值及一阶导数值.但这样表示存在缺点:近似表示精确度不高,误差太大,无法估计误差的范围.因此,可以考虑用高次多项式来近似地表示函数$f(x)$,同时解决误差估计的问题.为此,我们推广这个近似公式.

我们先看一个简单的近似公式$\mathrm{e}^x \approx 1+x$的误差估计.设用$1+x$近似表示e^x的误差为$R(x) = \mathrm{e}^x - 1 - x$,将它与$x$进行比较,利用洛必达法则,有

$$\lim_{x\to 0}\frac{R(x)}{x} = \lim_{x\to 0}\frac{\mathrm{e}^x-1-x}{x} = \lim_{x\to 0}\frac{\mathrm{e}^x-1}{1} = 0$$

由此可得$\mathrm{e}^x = 1+x+o(x)$,即它的误差是关于x的高阶无穷小.

将$R(x)$与x^2进行比较,令$G(x) = x^2$,在0与x之间,利用柯西定理,可得

$$\frac{R(x)}{G(x)} = \frac{R(x)-R(0)}{G(x)-G(0)} = \frac{(\mathrm{e}^x-1-x)-(\mathrm{e}^0-1-0)}{x^2-0^2} = \left.\frac{\mathrm{e}^x-1}{2x}\right|_{x=\xi_1} = \frac{\mathrm{e}^{\xi_1}-1}{2\xi_1}$$

在0与ξ_1之间,再利用柯西定理有

$$\frac{\mathrm{e}^{\xi_1}-1}{2\xi_1} = \frac{1}{2}\frac{(\mathrm{e}^{\xi_1}-1)-(\mathrm{e}^0-1)}{\xi_1-0} = \left.\frac{1}{2}\mathrm{e}^{\xi_1}\right|_{\xi_1=\xi} = \frac{1}{2}\mathrm{e}^{\xi}$$

ξ在0与ξ_1之间.由这两个式子可得$\mathrm{e}^x-1-x = \frac{1}{2}x^2\mathrm{e}^{\xi}$.因此,$\mathrm{e}^x \approx 1+x$的绝对误差为$\frac{1}{2}x^2\mathrm{e}^{\xi}$,其中$\xi$在$0$与$x$之间.

下面用高次多项式来近似表示函数$f(x)$,其误差估计的方法与前面两个例子的方法类似.

一、泰勒公式

假定函数$f(x)$在x_0处的某邻域内具有n阶导数,试图找到一个关于$(x-x_0)$的n次多项式

$$P_n(x) = a_0 + a_1(x-x_0) + a_2(x-x_0)^2 + \cdots + a_n(x-x_0)^n \tag{3-6}$$

来近似表达复杂函数$f(x)$,要求满足条件:$P_n(x)$在x_0处的函数值及它直到n阶导数在x_0处的值依次与$f(x_0)$,$f'(x_0)$,$\cdots$,$f^{(n)}(x_0)$相等,即满足

$$P_n(x_0) = f(x_0), P_n^{(k)}(x_0) = f^{(k)}(x_0)(k=1,2,\cdots,n) \tag{3-7}$$

按照这些等式来确定$P_n(x)$的系数$a_0,a_1,a_2,\cdots,a_n$.于是,对待定系数多项式$P_n(x)$求导:

$$P_n'(x) = a_1 + 2a_2(x-x_0) + \cdots + na_n(x-x_0)^{n-1}$$

$$P_n''(x) = 2\cdot 1 a_2 + 3\cdot 2 a_3(x-x_0) + \cdots + n(n-1)a_n(x-x_0)^{n-2}$$

······

$$P_n^{(n)}(x_0) = n!\, a_n$$

代入已知条件式(3-7),可得多项式的系数:

$$a_0=P_n(x_0)=f(x_0), a_1=P'_n(x_0)=f'(x_0), a_2=\frac{1}{2!}f''(x_0), \cdots, a_n=\frac{1}{n!}f^{(n)}(x_0)$$

代入式(3-6),可得近似多项式:

$$P_n(x)=f(x_0)+f'(x_0)(x-x_0)+\frac{1}{2!}f''(x_0)(x-x_0)^2+\cdots+\frac{1}{n!}f^{(n)}(x_0)(x-x_0)^n$$

由此,函数 $f(x)$ 被简单多项式 $P_n(x)$ 近似表达后的误差是多少? 于是,我们给出定理 1.

定理 1(Taylor **中值定理**) 若函数 $f(x)$ 在 x_0 处的某邻域 $U(x_0)$ 内具有 n 阶的导数,则对此邻域内的任意 x 都有

$$f(x)=f(x_0)+f'(x_0)(x-x_0)+\frac{1}{2!}f''(x_0)(x-x_0)^2+\cdots+$$

$$\frac{1}{n!}f^{(n)}(x_0)(x-x_0)^n+o[(x-x_0)^n] \tag{3-8}$$

证 (构造法)设 $f(x)$ 被多项式 $P_n(x)$ 近似表示后的误差函数为

$$g(x)=f(x)-P_n(x)=f(x)-f(x_0)-f'(x_0)(x-x_0)-\cdots-\frac{f^{(n)}(x_0)}{n!}(x-x_0)^n$$

在邻域 $U(x_0)$ 内具有 n 阶的导数,且 $g(x_0)=0$.根据第二章第一节定理 2 可导函数必连续,及第一章第八节在点 x_0 处连续定义可得,$\lim\limits_{x \to x_0} g(x)=g(x_0)=0$,即当 $x \to x_0$ 时,$g(x)$ 为无穷小量.由第一章第七节高阶无穷小量定义,只需证明

$$\lim_{x \to x_0}\frac{g(x)}{(x-x_0)^n}=0$$

为了方便,令 $G(x)=(x-x_0)^n$.函数 $G(x)$ 与 $g(x)$ 在以 x 与 x_0 为端点的区间上都具有 n 阶导数:

$$G^{(k)}(x)=n(n-1)\cdots(n-k+1)(x-x_0)^{n-k}$$

$$g^{(k)}(x)=f^{(k)}(x)-f^{(k)}(x_0)\frac{[(x-x_0)^k]^{(k)}}{k!}-f^{(k+1)}(x_0)\frac{[(x-x_0)^{k+1}]^{(k)}}{(k+1)!}-\cdots-$$

$$\frac{f^{(n)}(x_0)}{n!}[(x-x_0)^n]^{(k)}$$

$$=f^{(k)}(x)-f^{(k)}(x_0)-\frac{f^{(k+1)}(x_0)}{1!}(x-x_0)-\cdots-\frac{f^{(n)}(x_0)}{(n-k)!}(x-x_0)^{(n-k)}$$

$$k=1,2,\cdots,n$$

因而它们在 x_0 处直到 $n-1$ 阶的导数均为零,即

$$G^{(k)}(x_0)=g^{(k)}(x_0)=0, \quad k=1,2,\cdots,n-1$$

及 $G^{(n)}(x_0)=n!, g^{(n)}(x_0)=f^{(n)}(x_0)-f^{(n)}(x_0)=0$

于是当 $x \in \mathring{U}(x_0), x \to x_0$ 时,连续使用洛必达法则 n 次,可得

$$\lim_{x \to x_0}\frac{g(x)}{G(x)}=\lim_{x \to x_0}\frac{g'(x)}{G'(x)}=\lim_{x \to x_0}\frac{g'(x)}{n(x-x_0)^{n-1}}$$

$$= \lim_{x \to x_0} \frac{f'(x) - f'(x_0) - \frac{f''(x_0)}{1!}(x-x_0) - \cdots - \frac{f^{(n)}(x_0)}{(n-1)!}(x-x_0)^{n-1}}{n(x-x_0)^{n-1}}$$

$$= \lim_{x \to x_0} \frac{g''(x)}{n(n-1)(x-x_0)^{n-2}}$$

$$\cdots\cdots$$

$$= \lim_{x \to x_0} \frac{g^{(n-1)}(x)}{n(n-1)\cdots 2(x-x_0)}$$

$$= \frac{1}{n!} \lim_{x \to x_0} \frac{f^{(n-1)}(x) - f^{(n-1)}(x_0) - f^{(n)}(x_0)(x-x_0)}{x-x_0}$$

$$= \frac{1}{n!} \lim_{x \to x_0} [f^{(n)}(x) - f^{(n)}(x_0)] = \frac{1}{n!} [f^{(n)}(x_0) - f^{(n)}(x_0)] = 0$$

即 $g(x) = o[(x-x_0)^n]$, 由此可得结论. 证毕.

我们称式(3-8)为 $f(x)$ 在 x_0 处[或按 $(x-x_0)$ 的幂展开]的带有**佩亚诺(Peano)余项**的 n **阶泰勒公式**, 而称多项式

$$P_n(x) = f(x_0) + f'(x_0)(x-x_0) + \frac{f''(x_0)}{2!}(x-x_0)^2 + \cdots + \frac{f^{(n)}(x_0)}{n!}(x-x_0)^n \qquad (3-9)$$

为 $f(x)$ 在 x_0 处[或按 $(x-x_0)$ 的幂展开]的 n **阶泰勒多项式**, 并称余项

$$R_n(x) = g(x) = f(x) - P_n(x) = o[(x-x_0)^n] \qquad (3-10)$$

为 n 阶泰勒公式的**佩亚诺型余项**. 它是用 n 次泰勒多项式[式(3-9)]来近似表达复杂函数 $f(x)$ 所产生的误差, 这一误差当 $x \to x_0$ 时比 $(x-x_0)^n$ 高价的无穷小, 但它不能具体估计出误差的大小. 下面给出的具有另一种余项形式的泰勒定理解决了这一问题.

定理 2(Taylor 中值定理) 若函数 $f(x)$ 在 x_0 处的某邻域 $U(x_0)$ 内具有 $n+1$ 阶的导数, 则对该邻域内的任意 x 都有

$$f(x) = f(x_0) + f'(x_0)(x-x_0) + \frac{1}{2!}f''(x_0)(x-x_0)^2 + \cdots + \frac{1}{n!}f^{(n)}(x_0)(x-x_0)^n + R_n(x) \quad (3-11)$$

其中 $R_n(x) = \frac{f^{(n+1)}(\xi)}{(n+1)!}(x-x_0)^{n+1}$, ξ 是 x_0 与 x 之间的某一个值.

证(构造法) 设 $f(x)$ 被多项式 $P_n(x)$ 函数近似表示后的余项为

$$g(x) = f(x) - P_n(x) = f(x) - f(x_0) - f'(x_0)(x-x_0) - \cdots - \frac{f^{(n)}(x_0)}{n!}(x-x_0)^n$$

在邻域 $U(x_0)$ 内具有 $n+1$ 阶的导数. 根据定理 1, $g(x)$ 是 $(x-x_0)^n$ 的高阶无穷小, 于是我们猜想 $g(x)$ 是 $(x-x_0)^{n+1}$ 的同阶无穷小或高阶无穷小. 根据题意要证明

$$g(x) = R_n(x) = \frac{f^{(n+1)}(\xi)}{(n+1)!}(x-x_0)^{n+1}, \xi \text{ 是在点 } x_0 \text{ 与 } x \text{ 之间的某个值}$$

由第一章第七节同阶无穷小定义, 只需证明当 $x \to x_0$ 时, 无穷小量 $g(x)$ 与 $(x-x_0)^{n+1}$ 为同阶无穷小, 即

$$\lim_{x \to x_0} \frac{g(x)}{(x-x_0)^{n+1}} = \frac{f^{(n+1)}(\xi)}{(n+1)!}$$

为了方便,设 $G(x)=(x-x_0)^{n+1}$.

与定理 1 证明类似,有

$$g(x_0)=g'(x_0)=g''(x_0)=\cdots=g^{(n)}(x_0)=0$$

$$G^{(k)}(\xi_k)=(n+1)n\cdots(n-k+1)(\xi_k-x_0)^{n+1-k},k=1,2,\cdots,n$$

$$G(x_0)=G'(x_0)=G''(x_0)=\cdots=G^{(n)}(x_0)=0,G^{(n+1)}(x_0)=(n+1)!$$

在以 x_0 与 x 为端点的区间上,应用柯西定理,可得

$$\frac{g(x)}{G(x)}=\frac{g(x)-g(x_0)}{G(x)-G(x_0)}=\frac{g(x)-g(x_0)}{(x-x_0)^{n+1}-0}$$

$$=\frac{g'(\xi_1)}{(n+1)(\xi_1-x_0)^n}=\frac{g'(\xi_1)}{G'(\xi_1)}(\xi_1\ 在\ x_0\ 与\ x\ 之间)$$

再对 $g'(\xi_1)$ 与 $G'(\xi_1)=(n+1)(\xi_1-x_0)^n$ 在以 x_0 与 ξ_1 为端点的区间上,应用柯西定理,可得

$$\frac{g'(\xi_1)}{G'(\xi_1)}=\frac{g'(\xi_1)-g'(x_0)}{(n+1)(\xi_1-x_0)^n-0}=\frac{g''(\xi_2)}{(n+1)n\ (\xi_2-x_0)^{n-1}}=\frac{g''(\xi_2)}{G''(\xi_2)}$$

照此方法继续下去,经过 $n+1$ 次可得

$$\frac{g(x)}{G(x)}=\frac{g^{(n+1)}(\xi)}{G^{(n+1)}(\xi)}$$

其中 ξ 在 x_0 与 ξ_n 之间,因而也介于 x_0 与 x 之间的某个值.注意到 $g^{(n+1)}(x)=f^{(n+1)}(x)$ [因 $P_n^{(n+1)}(x)=0$],从而可得

$$\frac{g(x)}{(x-x_0)^{n+1}}=\frac{g^{(n+1)}(\xi)}{G^{(n+1)}(\xi)}=\frac{f^{(n+1)}(\xi)}{(n+1)!}$$

即 $g(x)=\dfrac{f^{(n+1)}(\xi)}{(n+1)!}(x-x_0)^{n+1}$,故余项为

$$R_n(x)=g(x)=\frac{f^{(n+1)}(\xi)}{(n+1)!}(x-x_0)^{n+1}(\xi\ 在\ x_0\ 与\ x\ 之间) \tag{3-12}$$

由此可得结论.证毕.

我们称式(3-11)为 $f(x)$ 在 x_0 处 [或按 $(x-x_0)$ 的幂展开] 的**带有拉格朗日余项的 n 阶泰勒公式**,称式(3-12)为 n 阶泰勒公式的**拉格朗日型余项**.

当 $n=0$ 时式(3-11)变为拉格朗日公式:

$$f(x)=f(x_0)+f'(\xi)(x-x_0),在\ \xi\ 点\ x_0\ 与\ x\ 之间的某一个值$$

因此,泰勒定理是拉格朗日中值定理的推广.

根据泰勒中值定理,以多项式 $P_n(x)$ 近似表示函数 $f(x)$ 时,其误差函数为 $|R_n(x)|$.若对于某个固定的 n,当 $x\in U(x_0)$ 时,$|f^{(n+1)}(x)|\leqslant M$,则有估计式:

$$|R_n(x)|=\left|\frac{f^{(n+1)}(\xi)}{(n+1)!}(x-x_0)^{n+1}\right|\leqslant\frac{M}{(n+1)!}|x-x_0|^{n+1} \tag{3-13}$$

特别地,在 n 阶泰勒公式中,取 $x_0=0$ 时,ξ 在 0 与 x 之间,可令 $\xi=\theta x(0<\theta<1)$,泰勒公式变为

$$f(x)=f(0)+f'(0)x+\frac{f''(0)}{2!}x^2+\cdots+\frac{f^{(n)}(0)}{n!}x^n+o(x^n) \tag{3-14}$$

或

$$f(x) = f(0) + f'(0)x + \frac{f''(0)}{2!}x^2 + \cdots + \frac{f^{(n)}(0)}{n!}x^n + \frac{f^{(n+1)}(\theta x)}{(n+1)!}x^{n+1} \quad (0 < \theta < 1) \qquad (3\text{-}15)$$

这两个公式都称为 n 阶麦克劳林(Maclaurin)公式. 由此可得近似公式

$$f(x) = f(0) + f'(0)x + \frac{f''(0)}{2!}x^2 + \cdots + \frac{f^{(n)}(0)}{n!}x^n$$

误差估计式(3-13)相应地变为

$$|R_n(x)| \leqslant \frac{M}{(n+1)!}|x|^{n+1} \qquad (3\text{-}16)$$

注 用式(3-11)与式(3-15)作近似计算时,不再要求 $|x-x_0|$ 足够小,其精度可以通过增大 n 来弥补.

二、泰勒公式的应用

利用泰勒公式可以求出五个函数的近似公式,便于近似计算与求极限.

例1 写出函数 $f(x) = e^x$ 的 n 阶麦克劳林公式.

解 (1)计算各阶导数: $f^{(k)}(x) = e^x, k = 0, 1, 2, \cdots$.

(2)计算在 $x_0 = 0$ 直到 $n+1$ 阶的导数值:

$$f^{(k)}(0) = e^0 = 1, k = 0, 1, 2, \cdots, n, f^{(n+1)}(\theta x) = e^{\theta x} \quad (0 < \theta < 1)$$

(3)将计算的结果带入公式(10),可得

$$e^x = 1 + x + \frac{1}{2!}x^2 + \cdots + \frac{1}{n!}x^n + \frac{e^{\theta x}}{(n+1)!}x^{n+1} \quad (0 < \theta < 1)$$

此时,若把 e^x 用它的 n 次泰勒多项表达为

$$e^x \approx 1 + x + \frac{1}{2!}x^2 + \cdots + \frac{1}{n!}x^n$$

由此产生的误差为

$$|R_n(x)| = \frac{e^\xi}{(n+1)!}|x|^{n+1} \leqslant \frac{e^{|\theta x|}}{(n+1)!}|x|^{n+1} < \frac{e^{|x|}}{(n+1)!}|x|^{n+1}$$

若取 $x = 1$,可得无理数 e 的近似表示为

$$e \approx 1 + 1 + \frac{1}{2!} + \cdots + \frac{1}{n!}$$

如果需要近似计算 e 的值,且要求误差不超过 10^{-3}. 上式的绝对误差为

$$|R_n(1)| < \frac{e}{(n+1)!} < \frac{3}{(n+1)!} \leqslant 10^{-3}$$

经计算,当 $n = 5$ 时, $\frac{3}{6!} \approx 0.004 > 10^{-3}$;当 $n = 6$ 时, $\frac{3}{7!} \approx 0.000\ 57 < 10^{-3}$. 故

$$e \approx 1 + 1 + \frac{1}{2!} + \cdots + \frac{1}{6!}$$

则有 $|R_n(1)| < 10^{-3}$.

例2 求函数 $f(x) = \sin x$ 的 $2m$ 阶麦克劳林公式.

解 （1）根据第二章第三节例4，可得

$$f'(x) = \cos x, f''(x) = -\sin x, f'''(x) = -\cos x, f^{(4)}(x) = \sin x \cdots$$

$$f^{(n)}(x) = \sin\left(x + \frac{n\pi}{2}\right) = \begin{cases} \sin(x+m\pi), & n = 2m \\ \sin\left(x + m\pi + \dfrac{\pi}{2}\right), & n = 2m+1 \end{cases}$$

（2）$f(0) = 0, f'(0) = 1, f''(0) = 0, f'''(0) = -1, f^{(4)}(0) = 0, 1, 0, -1, 0, \cdots$.

（3）令 $n = 2m$，则 $f(x) = \sin x$ 的 $2m$ 阶麦克劳林公式：

$$f(x) = x - \frac{1}{3!}x^3 + \frac{1}{5!}x^5 - \cdots + \frac{(-1)^{m-1}}{(2m-1)!}x^{2m-1} + R_{2m}(x)$$

其中

$$R_{2m}(x) = \frac{1}{(2m+1)!}\sin\left[\theta x + \frac{(2m+1)\pi}{2}\right]x^{2m+1} = \frac{(-1)^m \cos\theta x}{(2m+1)!}x^{2m+1}(0 < \theta < 1)$$

当 $m = 1$ 时，$\sin x \approx x$；

当 $m = 2$ 时，$\sin x \approx x - \dfrac{x^3}{3!}$；

当 $m = 3$ 时，$\sin x \approx x - \dfrac{x^3}{3!} + \dfrac{x^5}{5!}$.

这就是 $\sin x$ 的 1 次、3 次和 5 次泰勒多项式，其误差的绝对值依次不超过 $\dfrac{1}{3!}|x^3|$，$\dfrac{1}{5!}|x^5|$ 与 $\dfrac{1}{7!}|x^7|$，如图 3-3 所示.

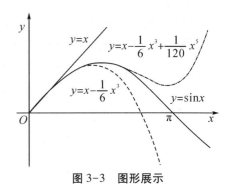

图 3-3　图形展示

类似可得

$$\cos x = 1 - \frac{1}{2!}x^2 + \frac{1}{4!}x^4 - \cdots + (-1)^m\frac{1}{(2m)!}x^{2m} +$$

$$(-1)^{m+1}\frac{\cos\theta x}{(2m+2)!}x^{2m+2}(0 < \theta < 1)$$

例3　求下列函数的麦克劳林公式

（1）$f(x) = \ln(1+x)$；（2）$f(x) = (1+x)^\alpha$（α 为常数）.

解　（1）根据第二章第三节例5，可得

$$f^{(k)}(x) = (-1)^{k-1}\frac{(k-1)!}{(1+x)^k}, f^{(k)}(0) = (-1)^k(k-1)!, k = 1, 2, \cdots, n$$

由麦克劳林公式，得

$$\ln(1+x) = x - \frac{x^2}{2} + \frac{x^3}{3} - \cdots + (-1)^{n-1}\frac{x^n}{n} + R_n(x)$$

其中 $R_n(x) = \dfrac{(-1)^n}{(n+1)(1+\theta x)^{n+1}}x^{n+1}$，$0 < \theta < 1$.

（2）根据第二章第三节例6，可得

$$f^{(k)}(x) = \alpha(\alpha-1)\cdots(\alpha-k+1)(1+x)^{\alpha-k}$$

$$f^{(k)}(0) = \alpha(\alpha-1)\cdots(\alpha-k+1), k = 1, 2, \cdots, n$$

因此

$$(1+x)^\alpha = 1 + \alpha x + \frac{\alpha(\alpha-1)}{2!}x^2 + \cdots + \frac{\alpha(\alpha-1)\cdots(\alpha-n+1)}{n!}x^n + R_n(x)$$

其中

$$R_n(x) = \frac{\alpha(\alpha-1)\cdots(\alpha-n+1)(\alpha-n)}{(n+1)!}(1+\theta x)^{\alpha-n-1}x^{n+1} \quad (0<\theta<1)$$

我们经常用到六个常用函数的麦克劳林公式:

$$e^x = 1 + x + \frac{1}{2!}x^2 + \cdots + \frac{1}{n!}x^n + \frac{e^\xi}{(n+1)!}x^{n+1}$$

$$\sin x = x - \frac{1}{3!}x^3 + \cdots + (-1)^n \frac{1}{(2n-1)!}x^{2n-1} + \frac{\sin\left[\xi + n\pi + \frac{\pi}{2}\right]}{(2n+1)!}x^{2n+1}$$

$$\cos x = 1 - \frac{1}{2!}x^2 + \cdots + (-1)^n \frac{1}{(2n)!}x^{2n} + \frac{\cos\left[\xi + (n+1)\pi\right]}{(2n+2)!}x^{2n+2}$$

$$\ln(1+x) = x - \frac{x^2}{2} + \frac{x^3}{3} - \cdots + (-1)^{n-1}\frac{x^n}{n} + \frac{(-1)^n}{(n+1)(1+\xi)^{n+1}}x^{n+1}$$

$$(1+x)^\alpha = 1 + \alpha x + \frac{\alpha(\alpha-1)}{2!}x^2 + \cdots + \frac{\alpha(\alpha-1)\cdots(\alpha-n+1)}{n!}x^n +$$

$$\frac{\alpha(\alpha-1)\cdots(\alpha-n+1)(\alpha-n)}{(n+1)!}(1+\xi)^{\alpha-n-1}x^{n+1}$$

$$\frac{1}{1+x} = 1 - x + x^2 - x^3 + \cdots + (-1)^n x^n + \frac{(-1)^{n+1}}{(1+\xi)^{n+2}}x^{n+1}$$

其中 ξ 介于 0 与 x 之间.

例4 写出函数 $f(x) = \arctan x$ 在 $x_0 = 0$ 的二阶麦克劳林公式.

解 $f'(x) = \dfrac{1}{1+x^2}, f''(x) = \dfrac{-2x}{(1+x^2)^2}, f'''(x) = \dfrac{2(3x^2-1)}{(1+x^2)^3}$.

有

$$f(0) = 0, f'(0) = 1, f''(0) = 0, f'''(\xi) = \frac{2(3\xi^2-1)}{(1+\xi^2)^3}$$

二阶泰勒公式:

$$\arctan x = x + \frac{2}{3!}\left[\frac{3\xi^2-1}{(1+\xi^2)^3}\right]x^3 = x + \frac{3\xi^2-1}{3(1+\xi^2)^3}x^3, \xi \text{ 介于 0 与 } x \text{ 之间}$$

例5 用 Taylor 公式求极限 $\lim\limits_{x\to 0} \dfrac{\cos x - \dfrac{1}{2}(e^{-x^2}+1)}{x^3\sin x}$.

解 由于所求极限的分母 $x^3\sin x \sim x^4 (x\to 0)$(四阶无穷小),因而分子只需用佩亚诺型余项的四阶麦克劳林公式即可. 于是

$$\cos x = 1 - \frac{1}{2}x^2 + \frac{x^4}{4!} + o(x^4)$$

由 $e^x = 1 + x + \dfrac{1}{2!}x^2 + o(x^2)$,可得

$$e^{-x^2} = 1 - x^2 + \frac{(-x^2)^2}{2!} + o(x^4) = 1 - x^2 + \frac{x^4}{2} + o(x^4)$$

因此，

$$原式 = \lim_{x \to 0} \frac{\left[1 - \frac{x^2}{2!} + \frac{x^4}{4!} + o(x^4)\right] - \frac{1}{2}\left[1 - x^2 + \frac{x^4}{2} + o(x^4) + 1\right]}{x^4}$$

$$= \lim_{x \to 0} \frac{\frac{x^4}{24} - \frac{x^4}{4} + o(x^4)}{x^4} = \lim_{x \to 0}\left[-\frac{5}{24} + \frac{o(x^4)}{x^4}\right] = -\frac{5}{24}.$$

习题 3-3

1.按 $(x-1)$ 的幂展开多项式 $f(x) = x^3 + 5x^2 + x - 1$.

2.应用麦克劳林公式，按 x 的幂展开多项式 $f(x) = (x^2 - x + 1)^3$.

3.求函数 $f(x) = \sqrt{x}$ 在 $x_0 = 4$ 的二阶泰勒公式.

4.求函数 $f(x) = xe^x$ 的佩亚诺型余项的 n 阶麦克劳林公式.

5.确定常数 a, b, c，使得 $\ln x = a + b(x-1) + c(x-1)^2 + o((x-1)^3)$.

6.求下列各数的近似值.

(1) e 准确到 10^{-6}；   (2) $\sin 18°$ 准确到 10^{-3}.

7.利用泰勒公式求极限.

(1) $\lim\limits_{x \to 0} \dfrac{e^x \sin x - x(1+x)}{x^3}$；   (2) $\lim\limits_{x \to 0} \dfrac{e^{x^2} - 1 - \sin x^2}{x^2 \sin x^2}$；

(3) $\lim\limits_{x \to +\infty} (\sqrt[6]{x^6 + x^5} - \sqrt[6]{x^6 - x^5})$；   (4) $\lim\limits_{x \to 0} \dfrac{\cos x - e^{-\frac{x^2}{2}}}{x^2[x + \ln(1-x)]}$.

8.利用洛必达法则验证 $\sin x = x - \dfrac{1}{3!}x^3 + o(x^3)$.

第四节 函数的单调性与极值

一、函数的单调性

第一章第一节我们给出函数的单调性的定义，可以判别一个函数在某个区间上是单调增加的还是单调减小的.但是这种方法比较麻烦，对于一些复杂函数来说甚至是不可能的.下面介绍利用导数来判别函数的单调性.

若可导函数 $f(x)$ 在 (a, b) 内单调增加（减小），则它的图形是一条沿 x 轴正向上升（下降）的曲线.这时曲线上各点处的切线斜率是非负（非正）的，即 $f'(x) \geq 0 (f'(x) \leq 0)$，如图 3-4 所示.我们有定理 1.

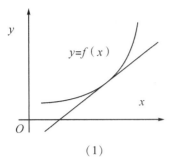 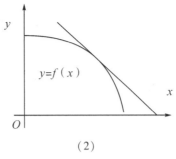

$$(1) \qquad\qquad\qquad (2)$$

图 3-4　图形展示

定理 1（必要条件）　设 $f(x)$ 是在区间 (a,b) 内的可导函数.如果在区间 (a,b) 内单调递增,那么 $f'(x) \geqslant 0$;如果在区间 (a,b) 内单调递减,那么 $f'(x) \leqslant 0$.

证　设 $f(x)$ 在 (a,b) 内是单调递增的.固定 x_0,$\forall x \in (a,b)$,由于 $f(x)$ 在 (a,b) 内递增,当 $x > x_0$ 时,有 $f(x) > f(x_0)$;当 $x < x_0$ 时,有 $f(x) < f(x_0)$.因而 $x - x_0$ 与 $f(x) - f(x_0)$ 符号相同,即

$$\frac{f(x) - f(x_0)}{x - x_0} > 0$$

根据第一章第三节性质 3 函数极限的保号性(性质 3)的推论,可得

$$f'(x_0) = \lim_{x \to x_0} \frac{f(x) - f(x_0)}{x - x_0} \geqslant 0$$

即 $f'(x_0) \geqslant 0$,由于 x_0 的任意性,结论成立.同理可证 $f(x)$ 在 (a,b) 内递减的情形.证毕.

从这个定理可以看出,函数的单调性与导数的符号关系密切,那么,反过来能不能用导数的符号来判定函数的单调性呢?

定理 2（充分条件）　设函数 $f(x)$ 在 $[a,b]$ 上连续,在 (a,b) 内可导.如果在 (a,b) 内 $f'(x) > 0$,那么在 $[a,b]$ 上 $f(x)$ 单调递增;如果在 (a,b) 内 $f'(x) < 0$,那么在 $[a,b]$ 上 $f(x)$ 单调递减.

证　设在 (a,b) 内 $f'(x) > 0$,任取两点 $x_1, x_2 \in [a,b]$,不妨设 $x_1 < x_2$.由定理条件可知,$f(x)$ 在 $[x_1, x_2]$ 上连续,在 (x_1, x_2) 内可导,故满足拉格朗日中值定理条件.于是,

$$f(x_2) - f(x_1) = f'(\xi)(x_2 - x_1) \qquad (x_1 < \xi < x_2)$$

又因为在 (a,b) 内恒有 $f'(x) > 0$,而 $\xi \in (a,b)$,所以 $f'(\xi) > 0$,可得 $f(x_2) - f(x_1) > 0$,即 $f(x_2) > f(x_1)$,故在 $[a,b]$ 上 $f(x)$ 单调递增.同理可证在 (a,b) 内 $f'(x) < 0$ 的情形.证毕.

此外,若导函数 $f'(x)$ 在 (a,b) 内的某一点 x_0 处等于零,而其余各点处均为正(负),则 $f(x)$ 在区间 $[a, x_0]$ 和 $[x_0, b]$ 上都是单调增加(减小)的,因而 $f(x)$ 在 $[a,b]$ 上仍是单调增加(减小)的.比如,函数 $y = x^3$ 在 $(-\infty, +\infty)$ 上是递增的,但 $f'(0) = 0$.由此可知,若 $f'(x)$ 在 (a,b) 内的有限个点处为零,在其余点处均为**保持定号**,则 $f(x)$ 在区间 $[a,b]$ 上仍是递增(或递减)的.故定理 2 的逆定理不成立,利用它就能判别出 $f(x)$ 在 (a,b) 上的单调性.

通常称函数 $f(x)$ 的导数等于零的点 [方程 $f'(x) = 0$ 的实根] 为**函数 $f(x)$ 的驻点**(或**稳定点、临界点**).

例 1　判定函数 $y = x - \tan x$ 在 $\left(-\dfrac{\pi}{2}, \dfrac{\pi}{2}\right)$ 上的单调性.

解　求导数:$y' = 1 - \sec^2 x = -\tan^2 x \leqslant 0$.

当 $x=0$ 时, $y'=0$; 当 $x \in \left(-\frac{\pi}{2},0\right) \cup \left(0,\frac{\pi}{2}\right)$ 时, $y'<0$. 因而 $y=x-\tan x$ 在 $\left(-\frac{\pi}{2},\frac{\pi}{2}\right)$ 上的单调减少.

在例 1 中, 驻点 $x=0$ 的左右两边邻域内导数没有改变符号, 函数的单调性没有改变. 因而它不是单调区间的分界点.

如何判别一个函数在其定义域上的单调性? 有些函数在其定义域内单调性是一致的, 如 $y=\ln x$ 在定义域内单调增加; 而有些函数在其定义域的不同区间上单调性是不一样的, 如 $y=x^2$. 这就要求我们在判别函数的单调性时, 先将定义域划分成不同区间, 然后判别 $f'(x)$ 在这些区间上的符号, 从而得出 $f(x)$ 在各个区间上的单调性.

例 2 求函数 $f(x)=x^3-6x+5$ 的单调区间.

解 函数 $f(x)$ 的定义域是 $(-\infty,+\infty)$. 于是
$$f'(x)=3x^2-6=6(x-1)(x+1)$$
由 $f'(x)=0$, 得驻点为 $x=-1,x=1$.

当 $-\infty<x<-1$ 时, $f'(x)>0$, 因而 $f(x)$ 在 $(-\infty,-1)$ 内是递增的; 当 $-1<x<1$ 时, $f'(x)<0$, $f(x)$ 在 $(-1,1)$ 内是递减的; 当 $1<x<+\infty$ 时, $f'(x)>0$, $f(x)$ 在 $(1,+\infty)$ 内是递增的, 如图 3-5 所示.

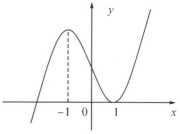

图 3-5　图形展示

在例 2 中, 函数 $f(x)$ 的单调区间是 $(-\infty,-1)$、$(-1,1)$ 和 $(1,+\infty)$, 它们恰好是由 $x=\pm 1$ 将定义域 $(-\infty,+\infty)$ 划分成的三个区间, 而 $x=\pm 1$ 正好是 $f'(x)=0$ 的根. 由此可见, 驻点可能是划分函数单调区间的分界点. 除了驻点外, 还有没有其他划分函数单调区间的点呢?

例 3 求函数 $f(x)=\sqrt[5]{x^2}$ 的单调区间.

解 函数 $f(x)$ 的定义域是 $(-\infty,+\infty)$, $f'(x)=\dfrac{2}{5\sqrt[5]{x^3}}$. 由 $\sqrt[5]{x^3}=0$, 得不可导点 $x=0$.

当 $-\infty<x<0$ 时, $f'(x)<0$, 因而 $f(x)$ 在 $(-\infty,0)$ 内是递减的; 当 $0<x<+\infty$ 时, $f'(x)>0$, $f(x)$ 在 $(0,+\infty)$ 内是递增的, 如图 3-6 所示.

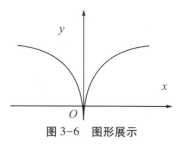

图 3-6　图形展示

在例 3 中, 单调区间是 $(-\infty,0)$ 与 $(0,+\infty)$, 是由 $x=0$ 将函数 $f(x)$ 的定义域 $(-\infty,+\infty)$ 划分成的两个区间, 而在点 $x=0$ 处导数 $f'(x)$ 不存在. 因而使导数 $f'(x)$ 不存在的点也可能是划分函数单调区间的分界点. 因此, 在划分单调区间时也必须将函数的不可导点考虑进去.

对于在定义域的不同区间内单调性不一致的函数, 若在定义域内每一点均可导的函数, 我们用函数的驻点来划分函数的定义域后, 就能够判定出函数在各个部分区间上的单调性; 若在定义域内的某些点处不可导, 在其余点均为可导函数, 划分函数的定义域的分界点, 还包括导数不存在的点. 因此, 如果函数 $f(x)$ 在定义区间上连续, 除去有限个导数不存在的点外导数都存在, 且在此区间内只有一个驻点, 那么只要用函数的驻点与导数不存在的点来划分函数的定义区间, 就能保证导数 $f'(x)$ 在各个部分区间内保持固定的符号, 因而能确定函数 $f(x)$ 在每个部分区间上单调性.

利用函数的单调性,可以证明不等式,详见例4.

例4 证明当 $x>1$ 时,不等式 $x\ln x>\arctan(x-1)$ 成立.

证 设 $f(x)=x\ln x-\arctan(x-1)(x>1)$,则

$$f'(x)=\ln x+x\cdot\frac{1}{x}-\frac{1}{1+(x-1)^2}\cdot(x-1)'=\ln x+\frac{(x-1)^2}{1+(x-1)^2}$$

因为当 $x>1$ 时,$f'(x)>0$,所以 $f(x)$ 在区间 $(1,+\infty)$ 上单调增加.故当 $x>1$ 时,有 $f(x)>f(1)=0$,由此可得结论.

注 在利用函数的单调性证明不等式时,要对所证不等式进行去分母、移项等变形,将不等式右端变为零,此时该不等式的左端就是要构造的函数 $f(x)$.仅由 $f'(x)>0$ 推不出 $f(x)>0$,必须验证某一个端点的函数值,才能得到结论.

二、函数的极值

第一节,我们给出函数 $f(x)$ 在点 x_0 的某邻域 $U(x_0)$ 极大值和极小值的定义,且极大值 $M=\max\limits_{x\in U(x_0)}f(x)$,极小值 $m=\min\limits_{x\in U(x_0)}f(x)$.注意函数的极值与最值的区别:极值描述的是函数的局部性质,它只限于 x_0 的某个邻域内相互比较,而最值则是对整个区间而言的,因而极大值不一定是最大值,极小值不一定是最小值.一个函数在它的定义域内可能没有极值,也可能有几个极大值和几个极小值,而且极小值的值可能比极大值的值大.

在图 3-7 中,函数 $f(x)$ 有两个极大值 $f(x_1)$ 与 $f(x_3)$,有一个极小值 $f(x_2)$.在整个区间 $[a,b]$ 上,极大值 $f(x_3)$ 也是最大值,而极小值 $f(x_2)$ 不是最小值.取得极值的点 $x=x_1,x_2$ 处有水平的切线,而极值点 $x=x_3$ 是函数的不可导点.

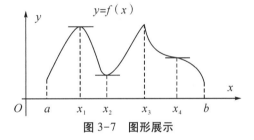

图 3-7 图形展示

从图中还可以看到,如果曲线在极值点处有切线,那么切线是水平的,即它的斜率 $k=f'(x_0)=0$.但曲线上有水平切线的地方,函数 $f(x)$ 不一定取得极值.如在 $x=x_4$ 处,曲线有水平切线,但 $f(x_4)$ 不是极值.

根据第一节**费马定理**:如果函数 $f(x)$ 在点 x_0 处可导,且在 x_0 取得极值,那么 $f'(x_0)=0$.

费马定理告诉我们,可导函数 $f(x)$ 的极值点一定是驻点.函数取得极值的必要条件是导数为零,即 $f'(x_0)=0$.这个条件不充分,即若 $f'(x_0)=0$,但点 x_0 不一定是极值点.例如,$y=x^3$,$f'(0)=0$,而 $x=0$ 不是极值点.这说明:可导函数的极值点只可能取自于导数为零的点,而驻点只是可能的极值点.除了驻点外,函数还在哪些地方取得极值?对于导数不存在的点,函数也可能取得极值.例如,$f(x)=|x|$,在 $x=0$ 处导数不存在,但在 $x=0$ 处取得极小值.这说明函数的极值点还可能来源于**不可导点**.

综合上面的分析得出:函数 $f(x)$ 在定义区间上连续,除去有限个导数不存在的点外导数都存在,函数的极值点只可能取自于导数为零的点和不可导点.

我们把函数的驻点与导数不存在的点统称为函数的**临界点**.因此,要求一个函数的极值点,先求出它所有的临界点,然后一个个地来判断这些临界点是不是极值点,如何来判断一个临界点是不是极值点呢? 从图 3-8 上可以看出:当 x 从小到大经过极大值点时,

相应地函数 $f(x)$ 由增函数变成了减函数,即 $f'(x)$ 的符号由正变为负;当 x 从小到大经过极小值点时,相应地函数 $f(x)$ 由减函数变为增函数,即 $f'(x)$ 的符号由负变为正;当 x 从小到大经过不是极值点的临界点时,函数 $f(x)$ 的增减性不变,即 $f'(x)$ 的符号不变.因此,我们有定理 3.

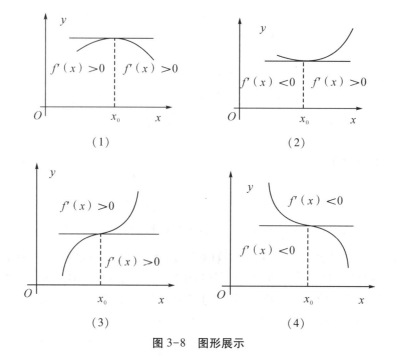

图 3-8　图形展示

定理 3(极值的第一充分条件)　设函数 $f(x)$ 在 x_0 处连续,且在 x_0 处的某个去心邻域 $\overset{\circ}{U}(a,\delta)$ 内可导.

(1)若当 $x \in (x_0-\delta, x_0)$ 时,$f'(x)>0$,而 $x \in (x_0, x_0+\delta)$ 时,$f'(x)<0$,则函数值 $f(x_0)$ 为极大值;

(2)若当 $x \in (x_0-\delta, x_0)$ 时,$f'(x)<0$,而 $x \in (x_0, x_0+\delta)$ 时,$f'(x)>0$,则函数值 $f(x_0)$ 为极小值;

(3)若当 $x \in (x_0-\delta, x_0)$ 和 $x \in (x_0, x_0+\delta)$ 时,$f'(x)$ 不改变符号,则函数值 $f(x_0)$ 不是极值.

证　(1)在 x_0 的左邻域内取一点 x_1.因为当 $x_1<x<x_0$ 时,$f'(x)>0$,由定理 2 可知,$f(x)$ 在 $[x_1, x_0]$ 单调递增,所以 $f(x)<f(x_0)$.同样,在 x_0 的右邻域内取一点 x_2.因为当 $x_2>x>x_0$ 时,$f'(x)<0$,故知 $f(x)$ 在 $[x_0, x_2]$ 单调递减,所以 $f(x)<f(x_0)$.又函数 $f(x)$ 在 x_0 处连续,当 $x \in [x_1, x_0) \cup (x_0, x_2]$ 时,总有 $f(x)<f(x_0)$.根据第一节极值的定义可得,$f(x)$ 在 x_0 处取得极大值 $f(x_0)$.

(2)证法与(1)相同.

(3)因为当 $x \in (x_0-\delta, x_0)$ 和 $x \in (x_0, x_0+\delta)$ 时,$f'(x)$ 不改变符号.不妨设 $f'(x)<0$,$f(x)$ 在 x_0 处连续,所以函数在 x_0 左、右邻域内单调递减,从而 $f(x)$ 在 x_0 不取得极值.对于 $f'(x)>0$,可同样证明.证毕.

根据前面的定理,如果 $f(x)$ 在所讨论区间内连续,除个别点外处处可导,可按照下列

步骤求函数 $f(x)$ 的极值点和极值:

①求出函数 $f(x)$ 的导数 $f'(x)$;

②求出 $f'(x)=0$ 的驻点以及使 $f'(x)$ 不存在的点,即临界点.

③判断导数 $f'(x)$ 在临界点的左、右邻域的符号,以确定该点是否为极值点;如果是极值点,进一步确定是极大值点还是极小值点,求出极值.

在例 2 中,当 $-\infty<x<-1$ 时, $f'(x)>0$, $f(x)$ 在 $(-\infty,-1)$ 内是递增的;当 $-1<x<1$ 时, $f'(x)<0$, $f(x)$ 在 $(-1,1)$ 内是递减的;当 $1<x<+\infty$ 时, $f'(x)>0$, $f(x)$ 在 $(1,+\infty)$ 内是递增的.因此, $f(x)$ 在 $x=-1$ 处取得极大值 $f(-1)=10$,在 $x=1$ 处取得极小值 $f(1)=0$.

例 5 求函数 $f(x)=x\sqrt[3]{x-2}$ 的极值.

解 $f(x)$ 在 $(-\infty,+\infty)$ 内连续,除 $x=2$ 外处处可导,且

$$f'(x)=\sqrt[3]{x-2}+\frac{x}{3\sqrt[3]{(x-2)^2}}=\frac{3(\sqrt[3]{x-2})^3+x}{3\sqrt[3]{(x-2)^2}}=\frac{2(2x-3)}{3\sqrt[3]{(x-2)^2}}$$

令 $f'(x)=0$,得驻点 $x_1=\dfrac{3}{2}$; $x_2=2$ 为 $f(x)$ 的不可导点.

当 $-\infty<x<\dfrac{3}{2}$ 时, $f'(x)<0$, $f(x)$ 单调递减;当 $\dfrac{3}{2}<x<2$ 时, $f'(x)>0$, $f(x)$ 单调递增;当 $2<x<+\infty$ 时, $f'(x)>0$, $f(x)$ 单调递增.故 $f(x)$ 在 $x=\dfrac{3}{2}$ 处取得极小值 $f\left(\dfrac{3}{2}\right)=-\dfrac{3}{4}\sqrt[3]{4}$,在 $x=2$ 处左右邻域内导数不改变符号,没有极值.

极值的第一充分条件是利用函数 $f(x)$ 的一阶导数来计算函数的极值.如果函数在驻点的二阶导数 $f''(x)$ 存在且不为零,我们还可以用二阶导数来确定极值.

定理 4(极值的第二充分条件) 设函数 $f(x)$ 在 x_0 处具有二阶导数,且 $f'(x_0)=0$, $f''(x_0)\neq0$.若 $f''(x_0)<0$,则 $f(x)$ 在 x_0 处取得极大值;若 $f''(x_0)>0$,则 $f(x)$ 在 x_0 处取得极小值.

证 由于 $f''(x_0)<0$,根据二阶导数的定义,利用 $f'(x_0)=0$,可得

$$f''(x_0)=\lim_{x\to x_0}\frac{f'(x)-f'(x_0)}{x-x_0}=\lim_{x\to x_0}\frac{f'(x)}{x-x_0}<0$$

利用第一章第三节性质 3 函数极限的保号性,存在 x_0 的某个空心邻域 $\mathring{U}(x_0)$,使得当 $x\in\mathring{U}(x_0)$ 时,

$$\frac{f'(x)}{x-x_0}<0$$

因而 $f'(x)$ 与 $x-x_0$ 的符号相反,当 $x-x_0<0$,即 $x<x_0$ 时, $f'(x)>0$;而 $x-x_0>0$,即 $x>x_0$ 时, $f'(x)<0$.根据第一充分条件,函数 $f(x)$ 在 x_0 处取得极大值.

同理可以证明另一种情形.证毕.

定理 4 表明,如果函数 $f(x)$ 在驻点 x_0 处的二阶导数 $f''(x_0)\neq0$,那么该驻点一定是极值点,并且可以按二阶导数 $f''(x_0)$ 的符号来判定 $f(x_0)$ 是极大值还是极小值.但是如果 $f''(x_0)=0$,那么定理 4 不能应用.事实上,当 $f''(x_0)=0$ 时, $f(x)$ 在驻点 x_0 处可能有极大值或极小值,也可能没有极值.例如,函数 $y=x^3$ 和 $y=x^4$ 在 $x=0$ 点的二阶导数都等于零,但

由极值的第一充分条件可知，$y=x^3$ 在 $x=0$ 无极值，$y=x^4$ 在 $x=0$ 取得极小值.

为了帮助理解极值的第二充分条件，我们给出一个例子：二次函数 $y=x^2$ 的二阶导数 $y''=2>0$（大于零），抛物线开口向上，有极小值；$y=-x^2$ 的二阶导数 $y''=-2<0$（小于零），抛物线开口向下，有极大值.

例 6 求函数 $f(x)=x^4-2x^2$ 的极值.

解
$$f'(x)=4x^3-4x=4x(x^2-1)$$

令 $f'(x)=0$，得驻点 $x_1=-1,x_2=0,x_3=1$，且没有不可导点.

$$f''(x)=4[(x^2-1)+x(x^2-1)']=4(3x^2-1)$$

根据定理 4，因为 $f''(\pm1)=4[3(\pm1)^2-1]=8>0$，所以 $f(x)$ 在 $x=\pm1$ 处取得极小值 $f(\pm1)=-1$；又 $f''(0)=-4<0$，$f(x)$ 在 $x=0$ 处取得极大值 $f(0)=0$.

注 函数极值的两个充分条件的比较：第一充分条件可以判别驻点和不可导点是不是极值点，而第二充分条件只能判别二阶导数不等于零的驻点是不是极值点. 若导数 $f'(x)$ 在临界点的左、右邻域的符号容易判定，可用第一充分条件，否则用第二充分条件判别. 但对于不可导点只能用第一充分条件判别.

三、最大值与最小值

许多生产活动及科学技术实践中常常遇到这样一类问题：在一定条件下，怎样才能使"产量最大""用料最省""成本最低""效益最大"等. 这类问题在数学上往往可以归结为求某个函数（通常称为目标函数）的最大值或最小值.

第一章第九节给出了函数 $f(x)$ 在区间 $[a,b]$ 上最大值和最小值的定义. 我们知道，最大值 $M=\max\limits_{a\leqslant x\leqslant b}f(x)$，最小值 $m=\min\limits_{a\leqslant x\leqslant b}f(x)$，因而最大值和最小值是一个整体概念，是对整个区间 $[a,b]$ 而言的，并且闭区间上的连续函数一定有最大值和最小值. 假定 $f(x)$ 在 $[a,b]$ 上连续，在 (a,b) 内除有限个点外均可导，且至多有有限个驻点. 在这个条件下，如何来求 $f(x)$ 的最大值和最小值呢？

从图形上可以看出，如果 $f(x)$ 在 $[a,b]$ 上的最大值（最小值）在开区间 (a,b) 内某点取得，那么它一定同时是极大值（极小值），而最大值（最小值）也可能在区间的端点上取得. 因此，$f(x)$ 在 $[a,b]$ 上的最大（小）值只可能取自于极大（小）值和区间端点的函数值，而函数的极值只可能取自于驻点和不可导点. 因此，求 $f(x)$ 在 $[a,b]$ 上的最大值和最小值，先求出 $f(x)$ 在 (a,b) 内所有的驻点及不可导点，算出函数在这些点的函数值以及端点的函数值 $f(a)$ 和 $f(b)$，再比较这些函数值的大小，其中最大者就是最大值，最小者就是最小值. 此外，如果求开区间上函数的最值，在区间端点函数的极限作为端点的函数值.

例 7 设函数 $f(x)=(x^2-3)e^x$，分别求 $f(x)$ 在区间 $[-5,2]$ 和 $(-\infty,2]$ 上的最大（小）值.

解 $f(x)$ 在 $(-\infty,2]$ 上连续可导. 于是
$$f'(x)=2xe^x+(x^2-3)e^x=(x+3)(x-1)e^x$$

由 $f'(x)=0$，得驻点 $x=-3,1$. 计算驻点与端点的函数值：

$$f(-5)=\frac{22}{e^5},f(-3)=\frac{6}{e^3},f(1)=-2e,f(2)=e^2$$

$$\lim_{x \to -\infty} (x^{2-3})e^x = \lim_{x \to -\infty} \frac{x^2-3}{e^{-x}} = \lim_{x \to -\infty} \frac{2x}{-e^{-x}} = \lim_{x \to -\infty} \frac{2}{e^{-x}} = 0 \ (洛必达法则)$$

因此, $f(x)$ 在区间 $[-5,2]$ 和 $(-\infty,2]$ 上的最大值都是 $f(2) = e^2$, 最小值也都是 $f(1) = -2e$.

实际上, 除了上面介绍的方法外, 有时侯我们还可以根据函数的一些具体特征来求函数的最值. 例如, 单调连续函数的最大值和最小值一定在闭区间的端点上. 当在 $[a,b]$ 上可导函数 $f(x)$ 只有一个驻点 x_0, 且 $f(x_0)$ 是函数的极值, 若 $f(x_0)$ 是极大值, 它就是最大值; 若 $f(x_0)$ 是极小值, 它就是最小值. 我们在应用问题中常常遇到这样的情形.

例8 要做一个容积为 V 的圆柱形罐头筒, 怎样设计才能使所用材料最省?

解 设罐头筒的底半径为 r, 高为 h, 表面积为 S. 由题意得

$$S = 2\pi r^2 + 2\pi rh, h = \frac{V}{\pi r^2}, r \in (0, +\infty)$$

由此可得

$$S = 2\pi r^2 + \frac{2V}{r}, r \in (0, +\infty)$$

$$S' = 4\pi r - \frac{2V}{r^2}, S'' = 4\pi + \frac{4V}{r^3} > 0$$

令 $S' = 0$, 得 $r = \sqrt[3]{\dfrac{V}{2\pi}}, h = 2\sqrt[3]{\dfrac{V}{2\pi}}$. 当 $r = \sqrt[3]{\dfrac{V}{2\pi}}$ 时, S 取得极小值, 驻点唯一, 极小值也就是最小值. 因此, 当底半径为 $\sqrt[3]{\dfrac{V}{2\pi}}$ 时, 高为 $2\sqrt[3]{\dfrac{V}{2\pi}}$ 时, 圆柱的所用材料最省.

在实际问题中, 我们往往根据问题的性质可以断定可导函数 $f(x)$ 确有最大值或最小值, 而且一定在定义区间内部取得. 此时, 若 $f(x)$ 在定义区间只有一个驻点 x_0, 则不必讨论 $f(x_0)$ 是不是极值, 就可以断定 $f(x_0)$ 是最大值或最小值.

例9 某工厂生产某产品 x 万件的成本是 $P(x) = x^3 - 6x^2 + 15x$ 亿元, 售出该产品 x 万件的收入是 $Q(x) = 6x+5$ 亿元, 问是否存在一个取得最大利润的生产水平?

解 设售出该产品 x 万件的利润为 $R(x)$. 由题意得

$$R(x) = Q(x) - P(x) = 6x + 5 - (x^3 - 6x^2 + 15x) = -x^3 + 6x^2 - 9x + 5 \ (x>0)$$

于是

$$R'(x) = -3x^2 + 12x - 9 = -3(x-1)(x-3), R''(x) = -6x + 12$$

由 $R'(x) = 0$, 得驻点 $x_1 = 1, x_2 = 3$. 当 $x_1 = 1$ 时, $R''(x) = 6 > 0$, 根据极值的第二判别法, $R(x)$ 取得极小值 $R(1) = 1$, 即工厂生产某产品 1 万件, 获得最小利润 1 亿元; 当 $x_1 = 3$ 时, $R''(x) = -6 < 0$, $R(x)$ 取得极大值 $R(3) = 5$, 即工厂生产某产品 3 万件, 获得最大利润 5 亿元.

习题 3-4

1. 对于连续函数 $f(x)$, 若导数 $f'(x_0) = 0$, 能否说 $x = x_0$ 是极值点? 反过来, 若 $f(x)$ 在 x_0 点取极值, 能否断定 $f'(x_0) = 0$, 试举例说明.

2.求下列函数的单调区间与极值.

(1) $y=x^3-3x^2-24x+3$;　　　(2) $y=(x^2-1)^3$;　　　(3) $y=x-\sqrt{2x-1}$;

(4) $y=\dfrac{\ln x}{x}$;　　　(5) $y=e^{-x}\sin x$;　　　(6) $y=x+\tan x$;

(7) $y=(x-4)\sqrt[3]{(x+1)^2}$;　　　(8) $y=x|x^2-1|+2$.

3.求下列函数的最大值与最小值.

(1) $y=x^4-4x^2+3,-2\leqslant x\leqslant 2$;　　　(2) $y=x+\sqrt{1-x},-5\leqslant x\leqslant 1$;

(3) $y=\dfrac{2x-4}{1+x^2},-3\leqslant x\leqslant 5$;　　　(4) $y=2\tan x-\tan^2 x,0\leqslant x\leqslant\dfrac{\pi}{3}$;

(5) $y=\sqrt{x^2+2x}-\sqrt{x^2-2x},x\geqslant 2$;　　　(6) $y=x^2e^x,x\leqslant 1$.

4.证明不等式.

(1) 当 $x>1$ 时,$2x+1<3\sqrt[3]{x^2}$;　　　(2) 当 $-\dfrac{\pi}{2}<x<\dfrac{\pi}{2}$ 时,$\cos x\geqslant 1-\dfrac{1}{2}x^2$;

(3) 当 $x>1$ 时,$2\arctan x+1>3x-x^2$;　　　(4) 当 $x>0$ 时,$x\ln(x+\sqrt{1+x^2})>\sqrt{1+x^2}-1$;

(5) 当 $-1<x<1$ 时,$x\ln\dfrac{1+x}{1-x}+\cos x\geqslant 1+\dfrac{1}{2}x^2$;

(6) 当 $b>a>0$ 时,$\ln\dfrac{b}{a}>\dfrac{2(b-a)}{a+b}$.

5.证明函数 $f(x)=\left(1+\dfrac{1}{x}\right)^x$ 在区间 $(0,+\infty)$ 内单调增加.

6.证明当 $3a^2-5b<0$ 时,方程 $x^5+2ax^3+3bx+4c=0$ 只有一个实根.

7.讨论曲线 $y=x\ln x$ 与直线 $y=a(a<0)$ 的交点的个数.

8.设函数 $f(x)$ 在 x_0 处有四阶导数,且 $f'(x_0)=f''(x_0)=f'''(x_0)=0$,$f^{(4)}(x_0)\neq 0$,证明 $f(x)$ 在 x_0 处取得极值,且当 $f^{(4)}(x_0)<0$ 时,$f(x_0)$ 为极大值,当 $f^{(4)}(x_0)>0$ 时,$f(x_0)$ 为极小值.

9.设有一边长为 a 的正方形,试证在内接于它的所有正方形中,以边长为 $\dfrac{a}{\sqrt{2}}$ 的面积最小.

10.求在内接于椭圆 $\dfrac{x^2}{a^2}+\dfrac{y^2}{b^2}=1$,边平行于坐标轴的矩形中最大者的面积.

11.某工厂生产某产品 x 万件的成本是 $P(x)=x^3-6x^2+9x+10$ 万元,问是否存在一个取得最小成本的生产水平?

12.某建筑公司欲用围墙围成面积为 216m^2 的一块矩形土地,并在正中用一堵墙将其隔成两块,问这块土地的长和宽选取多大的尺寸,才能使所用建筑材料最省?

13.将边长为 a 的一块正方形铁皮,四角各截去一个大小相同的小正方形,然后将四边折起做成一个无盖的方盒,问截掉的小正方形的边长为多大时,所得方盒的容积最大?

14.从半径为 R 的圆形铁皮上割去一块中心角为 α 的扇形,将剩下部分围成一个圆锥形漏斗,当 α 多大时,漏斗的体积最大?

15.铁路线上 AB 的距离为 100km,工厂 C 距 A 处为 20km,AC 垂直于 AB,今要在 AB 线上选定一点 D 向工厂修筑一条公路,已知铁路与公路每 km 货物运费之比为 $3:5$,问 D 选在何处,才能使从 B 到 C 的运费最省?

第五节　函数的凹凸性及图像

一、曲线的凹凸性和拐点

第四节我们利用导数研究了函数的单调性,根据导数符号,可以判断一个函数在某个区间上是单调增加、曲线上升的,还是单调减小、曲线下降的.但是曲线在上升或下降的过程中,还有一个弯曲方向问题.在图 3-9 中有两条曲线弧,都是上升的,但是图形却明显不同,弧$\overset{\frown}{MQN}$是向下凹的(向下弯曲),弧$\overset{\frown}{MPN}$向上凸的(向上弯曲).我们就说它们的凹凸性不同.

从几何上可以看出,在向下凹的曲线弧上任取两点,联结这二点间的线段总位于这二点间的弧的上方,这样的弧称为**凹弧**,如图 3-10(1)所示;然而在向上凸的曲线弧上任取两点,联结这二点间的线段总位于这二点间的弧的下方,这样的弧称为**凸弧**,如图 3-10(2)所示.曲线的这种性质就是曲线的凹凸性.因此,曲线的**凹凸性**,可以用联结曲线弧上任意二点间的弦的中点与曲

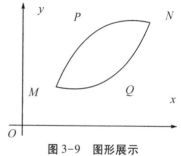

图 3-9　图形展示

线弧上相应点(具有相同横坐标的点)的位置关系来判定,下面我们给出曲线凹凸性定义(定义 1).

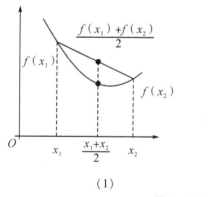

(1)

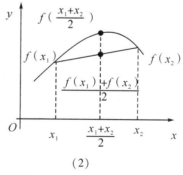

(2)

图 3-10　图形展示

定义 1　设函数 $f(x)$ 在闭区间 $[a,b]$ 上连续.如果对于在 $[a,b]$ 上任意二点 x_1 与 x_2,恒有

$$f\left(\frac{x_1+x_2}{2}\right) < \frac{f(x_1)+f(x_2)}{2}$$

那么称 $f(x)$ 在 $[a,b]$ 上的图形是**凹弧**[或**(向上)凹的**];如果恒有

$$f\left(\frac{x_1+x_2}{2}\right) > \frac{f(x_1)+f(x_2)}{2}$$

那么称 $f(x)$ 在 $[a,b]$ 上的图形是**凸弧**[或**(向上)凸的**].

例如,二次函数 $y=ax^2+bx+c(a\neq0)$,当 $a>0$ 时,抛物线开口向上,图形是凹弧,二阶导数 $y''=2a>0$;当 $a<0$ 时,抛物线开口向下,图形是凸弧,$y''=2a<0$.一般地,如果函数 $f(x)$ 在 (a,b) 内具有二阶导数,可以用二阶导数的符号来判定函数曲线的凹凸性.

定理 设函数 $f(x)$ 在闭区间 $[a,b]$ 上连续,在开区间 (a,b) 内具有二阶导数 $f''(x)$.若在 (a,b) 内 $f''(x)>0$,则 $f(x)$ 在 $[a,b]$ 上的图形是凹弧;若在 (a,b) 内 $f''(x)<0$,则 $f(x)$ 在 $[a,b]$ 上的图形是凸弧.

证 仅证明第一种情形.对于在 $[a,b]$ 上任意二点 x_1 与 $x_2(x_1<x_2)$.令

$$x_0=\frac{x_1+x_2}{2},\quad t=x_0-x_1=x_2-x_0(t\text{ 是}[x_1,x_2]\text{的长度的一半})$$

由此可得,$x_1=x_0-t$,$x_1=x_0+t$.$f(x)$ 分别在区间 $[x_1,x_0]$ 和 $[x_0,x_2]$ 上满足拉格朗日中值定理的条件,利用拉格朗日中值公式,可得

$$f(x_0+t)-f(x_0)=f'(x_0+\theta_1 t)t,\ f(x_0)-f(x_0-t)=f'(x_0-\theta_2 t)t$$

其中 $0<\theta_1<1$,$0<\theta_2<1$.这两式相减,可得

$$f(x_0+t)+f(x_0-t)-2f(x_0)=[f'(x_0+\theta_1 t)-f'(x_0-\theta_2 t)]t$$

导函数 $f'(x)$ 在区间 $[x_0-\theta_2 t,x_0+\theta_1 t]$ 上满足拉格朗日中值定理的条件,可得

$$f'(x_0+\theta_1 t)-f'(x_0-\theta_2 t)=f''(\xi)[(x_0+\theta_1 t)-(x_0-\theta_2 t)]=f''(\xi)(\theta_1+\theta_2)t$$

其中 $x_0-\theta_2 t<\xi<x_0+\theta_1 t$.按假设,$f''(x)>0$,有 $f''(\xi)>0$,由上面两个式子可得

$$f''(\xi)(\theta_1+\theta_2)t>0$$

从而可得

$$f(x_0+t)+f(x_0-t)-2f(x_0)>0,\text{有 }\frac{f(x_0+t)+f(x_0-t)}{2}>f(x_0)$$

即

$$\frac{f(x_1)+f(x_2)}{2}>f\left(\frac{x_1+x_2}{2}\right)$$

根据定义 1,曲线弧 $f(x)$ 在 $[a,b]$ 上是凹弧.

同理可证第二种情形.证毕.

从这个定理可以看出,利用函数 $f(x)$ 在区间 (a,b) 内的二阶导数的符号,就能判别出 $f(x)$ 在 (a,b) 上的凹凸性.

例 1 判定曲线 $y=(1+x)e^{-x}$ 在 $(1,+\infty)$ 上的凹凸性.

解 $y'=e^{-x}-(1+x)e^{-x}=-xe^{-x}$,$y''=-(e^{-x}-xe^{-x})=e^{-x}(x-1)$.
当 $x\in(1,+\infty)$ 时,$y''=e^{-x}(x-1)>0$,因而该曲线在 $(1,+\infty)$ 上是凹弧.

例 2 判定曲线 $y=x^3+1$ 的凹凸性.

解 $y'=3x^2$,$y''=6x$.由 $y''=0$ 可得,$x=0$.当 $-\infty<x<0$ 时,$f''(x)<0$,因而 $f(x)$ 在 $(-\infty,0)$ 上是凸弧;当 $0<x<+\infty$ 时,$f''(x)>0$,从而 $f(x)$ 在 $(0,+\infty)$ 上是凹弧.

怎样判别一个函数在其定义域内的凹凸性? 有些函数在其定义域内凹凸性是一样的,如 $y=\ln x$ 在定义域内是凸弧,因为 $y''=-\dfrac{1}{x^2}<0$;但是有些函数在其定义域的不同区间内凹凸性是各不相同的.在例 2 中,由 $x=0$ 将函数的定义域 $(-\infty,+\infty)$ 划分成的两个区间,

在$(-\infty,0)$上$f(x)$是凸弧,在$(0,+\infty)$上是凹弧,而$x=0$恰好是方程$f''(x)=0$的根.因此,方程$f''(x)=0$的根可能是划分曲线凹弧与凸弧横坐标的分界点.

定义2 在区间$[a,b]$上连续曲线$f(x)$的凹弧与凸弧之间的交点(分界点)称为曲线的拐点.

曲线$f(x)$在从左向右经过点$[x_0,f(x_0)]$时,由凹弧变凸弧或凸弧变凹弧,曲线的凹凸性就发生改变了,曲线上的点$[x_0,f(x_0)]$就是曲线$f(x)$的拐点.拐点必须是曲线上的点.例如,$y=\dfrac{1}{x}$在$(-\infty,0)$是凸的,在$(0,+\infty)$是凹的,但是$x=0$不是拐点,因为$y=\dfrac{1}{x}$在$x=0$没有定义.

根据凹凸性的判定定理,我们容易得到:若$f(x)$在(a,b)内二阶可导,$f''(x)$在x_0的左、右两侧邻近异号,点$[x_0,f(x_0)]$前后曲线的凹凸就发生了变化,是$f(x)$的拐点.因而要寻找拐点,只要找出$f''(x)$符号发生变化的分界点就可以了,即求出方程$f''(x)=0$的根;反过来,结论不成立.若$f''(x)=0$,$[x_0,f(x_0)]$不一定是拐点.如$y=x^4$,有$y''=12x^2$,在$x=0$时,$f''(x)=0$,但是在$x=0$左右邻域内二阶导数没有改变符号,因而它不是拐点的横坐标.因此,对于二阶可导函数来说,拐点的横坐标一定是二阶导数为零的点;反之,结论不成立.

此外,二阶导数不存在的点,也可能是$f''(x)$符号发生变化的分界点,可能是拐点的横坐标.

曲线全部拐点的横坐标将函数的定义区间分成几个部分区间,在这些区间上曲线要么是凹弧,要么是凸弧.这样的区间分别称为**凹区间或凸区间**.

例3 判定$y=x+(x-1)^{\frac{1}{3}}$的凹凸性,指出拐点.

解 $y'=1+\dfrac{1}{3}(x-1)^{-\frac{2}{3}}$,$y''=\dfrac{1}{3}\cdot\left(-\dfrac{2}{3}\right)\cdot(x-1)^{-\frac{5}{3}}=-\dfrac{2}{9\sqrt[3]{(x-1)^5}}$.

当$x=1$时,$y''=\infty$,不存在.当$-\infty<x<1$时,$y''>0$,因而$f(x)$在$(-\infty,1)$上是凹弧;当$1<x<+\infty$时,$y''<0$,$f(x)$在$(1,+\infty)$上是凸弧.故$(1,1)$为曲线的拐点.

由此看出,要求一个函数的拐点,先求出所有二阶导数等于零的点和二阶导数不存在的点,然后一个一个地来判断这些点是不是拐点.求函数的拐点的步骤如下:

(1)求出函数$f(x)$的一阶与二阶导数$f'(x)$和$f''(x)$;

(2)求出方程$f''(x)=0$的根,以及使$f''(x)$不存在的点;

(3)对于(2)求出的每一个实根或二阶导数不存在的点x_0,判断$f''(x)$在x_0的左、右两侧邻近的符号,当两侧的符号相反时,点$[x_0,f(x_0)]$是曲线$f(x)$的拐点;当两侧的符号相同时,点$[x_0,f(x_0)]$不是曲线$f(x)$的拐点;进一步确定凹凸区间、图形的凹凸性.

例4 讨论$y=f(x)=\dfrac{x^2}{x+1}$的单调性、极值、凹凸性及拐点.

解 (1)$y=\dfrac{x^2}{x+1}$的定义域是$(-\infty,-1)\cup(-1,+\infty)$.

(2)$y'=\dfrac{2x(x+1)-x^2}{(x+1)^2}=\dfrac{x^2+2x}{(x+1)^2}$,

$$y'' = \frac{(2x+2)(x+1)^2 - (x^2+2x) \cdot 2(x+1)}{(x+1)^4} = \frac{2(x+1)^2 - 2(x^2+2x)}{(x+1)^3} = \frac{2}{(x+1)^3}.$$

（3）令 $y'=0$，得 $x_1=0,x_2=-2$；当 $x_3=-1$ 时，y' 不存在，y'' 不存在.

（4）列表判断图形的极值、凹凸性及拐点，即

x	$(-\infty,-2)$	-2	$(-2,-1)$	-1	$(-1,0)$	0	$(0,+\infty)$
y'	$+$	0	$-$	不存在	$-$	0	$+$
y''	$-$	$-$	$-$	不存在	$+$	$+$	$+$
y	$\uparrow \cap$	极大值	$\downarrow \cap$	不存在	$\downarrow \cup$	极小值	$\uparrow \cup$

因此，函数 $f(x)$ 的单调增区间为 $(-\infty,-2) \cup (0,+\infty)$，单调减区间为 $(-2,-1) \cup (-1,0)$，故极大值为 $f(-2)=-4$，极小值为 $f(0)=0$；$f(x)$ 在 $(-\infty,-1)$ 上是凸弧，在 $(-1,+\infty)$ 上是凹弧；尽管在 $x=-1$ 的左右邻域二阶导数的符号发生了改变，但它不属于定义域，故曲线没有拐点.

二、函数的渐近线

通过中学的学习，我们知道：若曲线 $y=f(x)$ 上一动点沿着曲线无限地远离原点时，该点与某一固定直线的距离趋于零，则称此直线为该曲线的渐近线.因而渐近线是用来描述曲线在无穷远处的变化趋势（性态）.如双曲线 $\frac{x^2}{a^2} - \frac{y^2}{b^2} = 1$ 有渐近线 $\frac{x}{a} \pm \frac{y}{b} = 0$；$y = \frac{1}{x}$ 有渐近线 x 轴与 y 轴等.

根据第一章第三节与第四节知道：如果 $\lim\limits_{x \to \infty} f(x) = b [$ 或 $\lim\limits_{x \to +\infty} f(x) = b]$，那么直线 $y=b$ 是函数 $y=f(x)$ 的水平渐近线.若 $\lim\limits_{x \to x_0} f(x) = \infty [$ 或 $\lim\limits_{x \to x_0} f(x) = \infty]$，则 $x=x_0$ 是 $y=f(x)$ 的铅直渐近线.

例 5 求 $y = \frac{1}{2x-8}$ 的水平渐近线、铅直渐近线.

解 由于 $\lim\limits_{x \to \infty} \frac{1}{2x-8} = 0$，$\lim\limits_{x \to 4} \frac{1}{2x-8} = \infty$，因而 $y=0$ 是水平渐近线，$x=4$ 是铅直渐近线.

下面给出斜渐近线的算法：

如果曲线 $f(x)$ 在 $|x|$ 大于某一正数时有定义，$\lim\limits_{x \to \infty} \frac{f(x)}{x} = a \neq 0$，且 $\lim\limits_{x \to \infty} [f(x) - ax] = b$，那么直线 $y = ax + b$ 是函数 $y=f(x)$ 的**斜渐近线**.

证 设曲线为 $y=f(x)$，固定直线为 $y=ax+b(a \neq 0)$.由渐近线的定义可得，曲线一点 $(x_0, f(x_0))$ 到该直线的距离

$$d = \frac{|y-ax-b|}{\sqrt{1+a^2}} \bigg|_{(x_0,f(x_0))} = \frac{|f(x_0)-ax_0-b|}{\sqrt{1+a^2}} \to 0 (x_0 \to \infty)$$

由此可得

$$\lim\limits_{x_0 \to \infty} [f(x_0) - ax_0 - b] = \lim\limits_{x_0 \to \infty} x_0 \left[\frac{f(x_0)}{x_0} - a - \frac{b}{x_0} \right] = 0$$

从而可得

$$\lim_{x_0\to\infty}\left[\frac{f(x_0)}{x_0}-a-\frac{b}{x_0}\right]=\lim_{x_0\to\infty}\left[\frac{f(x_0)}{x_0}-a\right]-\lim_{x_0\to\infty}\frac{b}{x_0}=\lim_{x_0\to\infty}\left[\frac{f(x_0)}{x_0}-a\right]=0$$

即

$$\lim_{x_0\to\infty}\left[\frac{f(x_0)}{x_0}-a\right]=0,可得\ a=\lim_{x_0\to\infty}\frac{f(x_0)}{x_0}=\lim_{x\to\infty}\frac{f(x)}{x}$$

代入距离公式,得

$$b=\lim_{x_0\to\infty}\left[f(x_0)-ax_0\right]=\lim_{x\to\infty}\left[f(x)-ax\right]$$

注 上面两个极限中只要有一个不存在,函数 $y=f(x)$ 就没有斜渐近线.

例 6 求函数 $y=\dfrac{x^3}{x^2+2x-3}$ 的渐近线.

解 因为

$$\lim_{x\to\infty}\frac{x^3}{x^2+2x-3}=\lim_{x\to\infty}\frac{x^3}{x^2\left(1+\dfrac{2}{x}-\dfrac{3}{x^2}\right)}=\lim_{x\to\infty}x=\infty$$

所以无水平渐近线;

$$\lim_{x\to1}\frac{x^3}{x^2+2x-3}=\infty,\ \lim_{x\to-3}\frac{x^3}{x^2+2x-3}=\infty$$

$x=1$ 与 $x=-3$ 是铅直渐近线;又

$$a=\lim_{x\to\infty}\frac{\dfrac{x^3}{x^2+2x-3}}{x}=\lim_{x\to\infty}\frac{x^2}{x^2\left(1+\dfrac{2}{x}-\dfrac{3}{x^2}\right)}=1$$

$$b=\lim_{x\to\infty}\left(\frac{x^3}{x^2+2x-3}-x\right)=\lim_{x\to\infty}\frac{-2x^2+3x}{x^2+2x-3}=-2$$

因而 $y=x-2$ 是斜渐近线.

三、函数图型的描绘

利用一阶导数的符号,我们知道函数图像在哪个区间上上升,在哪个区间上下降,在什么地方有极值;借助于二阶导数的符号,可以确定函数图像的凹凸性及拐点;借助于渐近线,可知道函数在无穷远的性态.我们知道函数这些性质后,就能掌握函数大致的形态,把函数的图形画得比较准确.因而函数作图的主要步骤:

(1)确定函数 $y=f(x)$ 的定义域,考察函数是否具有对称性、周期性、奇偶性等特性,求出一阶 $f'(x)$ 与二阶导函数 $f''(x)$.

(2)求出下列各点:由 $f'(x)=0$ 及 $f'(x)$ 不存在的点,得出临界点;由 $f''(x)=0$ 及 $f''(x)$ 不存在的点,得出可疑拐点以及函数的间断点;用这些点把函数的定义域分割为若干个部分区间.

(3)逐一检查各个部分区间内一阶与二阶导函数 $f'(x)$、$f''(x)$ 的符号,以确定这些区间上函数的增减性和曲线的凹凸性,进一步确定函数的极值点与曲线的拐点.

（4）检查是否有渐近线（主要掌握水平渐近线与铅直渐近线）.

（5）计算出第 2 步所得的各点函数值,以确定极值点、拐点的位置,找出曲线与坐标轴交点,确定定义域端点的函数值或性态,以及另外一些重要点的函数值.在坐标系中将这些点标出来,然后再根据第 3 步和第 4 步的结果,将上述点光滑连接,画出函数 $y=f(x)$ 的图形.

例 7　做出函数 $y=x^3-3x+1$ 的图形.

解　（1）函数定义域 $(-\infty,+\infty)$,有
$$y'=3x^2-3=3(x+1)(x-1),y''=6x$$

（2）由 $y'=0$ 得,$x=-1,x=1$;由 $y''=0$,得 $x=0$;没有 y',y'' 不存在的点.将点 $x=-1,0,1$ 由小到大排列,依次把定义域划分成四个区间,即
$$(-\infty,-1],(-1,0],(0,1],(1,+\infty)$$

（3）在 $(-\infty,-1)$ 内,$y'>0,y''<0$,因而在 $(-\infty,-1]$ 上的曲线弧上升且是凸弧;在 $(-1,0)$ 内,$y'<0,y''<0$,因而在 $(-1,0]$ 上的曲线弧下降且是凸弧.同样,可讨论在 $(0,1]$ 与 $(1,+\infty)$ 上相应曲线的升降性与凹凸性.为了方便,讨论列表如下:

x	$(-\infty,-1)$	-1	$(-1,0)$	0	$(0,1)$	1	$(1,+\infty)$
y'	$+$	0	$-$	$-$	$-$	0	$+$
y''	$-$	$-$	$-$	0	$+$	$+$	$+$
y	↑凸弧	极大	↓凸弧	拐点	↓凹弧	极小	↑凹弧

（4）当 $x\rightarrow+\infty$ 时,$y\rightarrow+\infty$;当 $x\rightarrow-\infty$ 时,$y\rightarrow-\infty$;无渐近线.

（5）算出极值与拐点:

极大值 $f(-1)=3$,极小值 $f(1)=-1$;$f(0)=1$;可得曲线上的三个点 $A(-1,3)$,拐点 $C(0,1)$,$B(1,-1)$.适当补充一些点.取点 $(-2,-1)$,$(2,1)$.结合（3）与（4）中得到的结果,就可以画出 $y=x^3-3x+1$ 的图形（见图 3-11）.

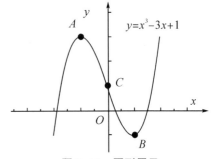

图 3-11　图形展示

例 8　描绘函数 $y=e^{-x^2}$ 的图形.

解　（1）函数 $f(x)=e^{-x^2}$ 定义域 $(-\infty,+\infty)$.由于
$$f(-x)=e^{-(-x)^2}=e^{x^2}=f(x)$$
因而函数 $f(x)$ 为偶函数,它的图形关于 y 轴对称.因此,只讨论 $[0,+\infty)$ 上该函数的图形.

计算一阶导数、二阶导数
$$f'(x)=e^{-x^2}(-x^2)'=-2xe^{-x^2}$$
$$f''(x)=-2(e^{-x^2}-x\cdot 2xe^{-x^2})=2e^{-x^2}(2x^2-1)$$

（2）由 $f'(x)=0$ 得,$x=0$;由 $f''(x)=0$,得 $x=\pm\dfrac{\sqrt{2}}{2}$.用点 $x=\dfrac{\sqrt{2}}{2}$ 把区间 $[0,+\infty)$ 划分成两个区间 $\left[0,\dfrac{\sqrt{2}}{2}\right]$ 和 $\left[\dfrac{\sqrt{2}}{2},+\infty\right)$.

(3)在$\left(0,\dfrac{\sqrt{2}}{2}\right)$内，$f'(x)<0$，$f''(x)<0$，因而在$\left[0,\dfrac{\sqrt{2}}{2}\right]$上的曲线弧下降且是凸弧；在

$\left(\dfrac{\sqrt{2}}{2},+\infty\right)$内，$f'(x)<0$，$f''(x)>0$，因而在$\left[\dfrac{\sqrt{2}}{2},+\infty\right)$上的曲线弧下降且是凹弧.可以列成下表：

x	0	$\left(0,\dfrac{\sqrt{2}}{2}\right)$	$\dfrac{\sqrt{2}}{2}$	$\left(\dfrac{\sqrt{2}}{2},+\infty\right)$
y'	0	$-$	$-$	$-$
y''	$-$	$-$	0	$+$
y	极大	↓凸弧	拐点	↓凹弧

(4)由于$\lim\limits_{x\to+\infty}f(x)=0$，有水平渐近线$y=0$.

(5)算出$x=0,\dfrac{\sqrt{2}}{2},1$处的函数值：

$$f(0)=1(\text{极大值})，f\left(\dfrac{\sqrt{2}}{2}\right)=\dfrac{1}{\sqrt{e}}，f(1)=\dfrac{1}{e};$$

从而得到图形上的点$A(0,1)$，拐点$B\left(\dfrac{\sqrt{2}}{2},\dfrac{1}{\sqrt{e}}\right)$，

$C\left(1,\dfrac{1}{e}\right)$.结合(3)与(4)中得到的结果，先做出

函数$f(x)=e^{-x^2}$在$[0,+\infty)$上的图形，再利用对

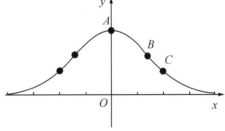

图 3-12　图形展示

称性做出$(-\infty,+\infty)$上的图形，其图形像寺庙中的钟的纵扑面图，故称为钟形图像，如图3-12所示.

*例9　做出函数$y=\dfrac{1+x^2}{x}$的图形.

解　(1)函数$y=x+\dfrac{1}{x}$的定义域$(-\infty,0)\cup(0,+\infty)$，是奇函数，故只要在区间$(0,+\infty)$上讨论即可.求导数

$$y'=1-\dfrac{1}{x^2}，y''=\dfrac{2}{x^3}$$

(2)令$y'=0$，$x=1$，在$(0,+\infty)$上$y''>0$.用点$x=1$把区间$(0,+\infty)$划分成二个区间$(0,1]$和$[1,+\infty)$.

(3)列表讨论如下：

x	$(0,1)$	1	$(1,+\infty)$
y'	$-$	0	$+$
y''	$+$	$+$	$+$
y	↓凹弧	极小	↑凹弧

（4）渐近线

因为 $\lim\limits_{x\to 0}f(x)=\lim\limits_{x\to 0}\left(x+\dfrac{1}{x}\right)=\infty$，所以 $x=0$ 为铅直渐近线；$\lim\limits_{x\to\infty}f(x)=\lim\limits_{x\to\infty}\left(x+\dfrac{1}{x}\right)=\infty$，故无水平渐近线；又

$$k=\lim_{x\to\infty}\frac{f(x)}{x}=\lim_{x\to\infty}\frac{1+x^2}{x^2}=1$$

$$b=\lim_{x\to\infty}[f(x)-kx]=\lim_{x\to\infty}\left[\frac{1+x^2}{x}-x\right]=\lim_{x\to\infty}\frac{1}{x}=0$$

所以 $y=x$ 为斜渐近线.

（5）算出一些点的坐标：$A\left(\dfrac{1}{2},\dfrac{5}{2}\right)=(0.5,$

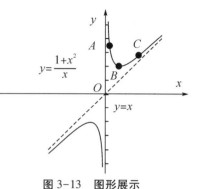

图 3-13　图形展示

$2.5),B(1,2),C\left(2,\dfrac{5}{2}\right)=(2,2.5)$. 结合（3）与（4）中

所得到的结果，先做出函数 $y=\dfrac{1+x^2}{x}$ 在 $(0,+\infty)$ 上的图形，再利用对称性做出 $(-\infty,+\infty)$ 上的图形（见图 3-13）.

习题 3-5

1. 求下列函数图形的拐点及凹凸的区间.

（1）$y=x^3-9x^2+24x+1$；　　　（2）$y=(x^2+1)^2$；　　　（3）$y=\ln(x^2-4x)$；

（4）$y=(x-2)e^{2x}$；　　　（5）$y=x\sqrt[3]{x-1}$；　　　（6）$y=e^{\arctan x}$.

2. 求下列函数的渐近线.

（1）$y=\dfrac{3}{x^2+6x}$；　　　（2）$y=\dfrac{x^2}{x+1}$；　　　（3）$y=e^{\frac{1}{x^2}}\arctan\dfrac{x^2+x-1}{(x+1)(x-2)}$.

3. 已知曲线 $y=x^3+ax^2+bx+c$ 在 $x=1$ 处有水平切线，$(-2,30)$ 为拐点，求参数 a,b,c.

4. 利用函数的凹凸性，证明下列不等式.

（1）$\dfrac{1}{2}(\sin a+\sin b)\leqslant\sin\dfrac{a+b}{2}$，$a,b\in(0,\pi)$；

（2）$\dfrac{1}{2}(a^4+b^4)\geqslant\left(\dfrac{a+b}{2}\right)^4$；

（3）$a\ln a+b\ln b>(a+b)\ln\dfrac{a+b}{2}$ $(a>0,b>a,a\neq b)$.

5. 设函数 $f(x)$ 在 (a,b) 内的二阶导数 $f''(x)>0$，证明对任意 $x_1,x_2\in(a,b)$，$x_1\neq x_2$，及 $\lambda(0<\lambda<1)$，恒有 $f[\lambda x_1+(1-\lambda)x_2]<\lambda f(x_1)+(1-\lambda)f(x_2)$.

6. 作出曲线 $y=x^3-3x+1$ 的图形.

7. 作出曲线 $y=(x^2-3)e^x$ 的图形.

8. 作出曲线 $y=1+\dfrac{1-2x}{x^2}$ 的图形.

第六节 曲 率

一、概念

我们直观地认识到:直线不弯曲,半径较小的圆弯曲程度比半径较大的圆大,而其他曲线的不同部分有不同的弯曲程度.在实际生活中,有许多问题都是与弯曲相关联的.如设计高速公路时,要求速度不低于 80 公里/小时,对于弯道的弯曲程度就必须进行充分的考虑.因为在一定的速度下,弯曲的程度越大,转弯时所产生的离心力也就越大,使得汽车更容易冲出跑道;如果降低速度,会影响到高速公路运输能力,造成资源浪费.因此设计时必须考虑道路的弯曲程度.在数学上,这样一类问题就归结为对曲线弯曲程度的研究,即**曲率问题**.

在图 3-14 中可以看出,弧段 $\widehat{M_1M_2}$ 比较平直,当动点沿这段弧从 M_1 移动到 M_2 时,切线转过的角度 α_1 不大,而弧段 $\widehat{M_2M_3}$ 弯曲程度较大,切线转过的角度 α_2 比较大.但是切线转过的角度大小还不能完全反映曲线的弯曲程度.在图 3-15 中可以看出,两端曲弧段 $\widehat{M_1M_2}$ 及 $\widehat{N_1N_2}$ 尽管切线转过的角度都是 α,而弯曲程度并不相同,短弧段比长弧段的弯曲程度大些.因而曲线弧的弯曲程度还与弧段的长度有关.

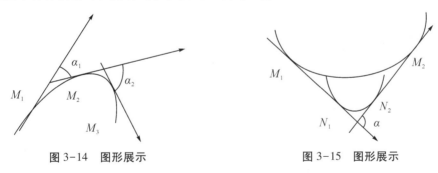

图 3-14 图形展示   图 3-15 图形展示

根据前面的分析,引入描述曲线弯曲程度的曲率概念如下:

如果平面曲线每一点处都具有切线,切线随切点的移动而连续转动,称这样的曲线为光滑曲线.在平面坐标系 xOy 中的光滑曲线 L 上选定一点 M_0 作为度量弧 s 的起点.设曲线上点 M 对应弧 s,在点 M 处切线的倾斜角为 α,曲线上另外一点 N 对应弧 $s+\Delta s$,点 N 处切线的倾斜角为 $\alpha+\Delta\alpha$,如图 3-16 所示,弧段 $\widehat{MN}$ 的长度为 $|\Delta s|$,当动点从 M 移动到 N 时,切线转过的角度为 $|\Delta\alpha|$.我们把切线转过的角度 $|\Delta\alpha|$ 称为**转角**.

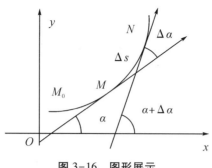

图 3-16　图形展示

从前面图形观察可知,转角的大小与弧段的弯曲程度有关:长度相同的弧段,弯曲程度越大的弧段其转角就越大.事实上,当弧长 $|\Delta s|$ 一定时,弯曲的程度与曲线的切线转角 $|\Delta \alpha|$ 成正比.同时有相同转角的两个弧段,弧段长一些的弯曲程度要小些.并且当曲线的切线转角 $|\Delta \alpha|$ 一定时,弯曲的程度与弧长 $|\Delta s|$ 成反比.因此,通常用比值 $\left|\dfrac{\Delta \alpha}{\Delta s}\right|$,即单位弧段上切线转过的角度的大小来反映曲线在弧段 $\overset{\frown}{MN}$ 的平均弯曲程度,把这个比值称为弧段 $\overset{\frown}{MN}$ 的**平均曲率**,记作 $\overline{K}$,即

$$\overline{K} = \left|\frac{\Delta \alpha}{\Delta s}\right|$$

类似于从平均速度引进瞬时速度的方法,当点 N 沿曲线 L 逼近 M,即 $\Delta s \to 0$ 时,上述平均曲率的极限称为曲线 L 在 M 点处的**曲率**,记作 K,即

$$K = \lim_{\Delta s \to 0} \left|\frac{\Delta \alpha}{\Delta s}\right|$$

在 $\lim\limits_{\Delta s \to 0} \dfrac{\Delta \alpha}{\Delta s} = \dfrac{\mathrm{d}\alpha}{\mathrm{d}s}$ 存在的条件下,K 也可以表示为

$$K = \left|\frac{\mathrm{d}\alpha}{\mathrm{d}s}\right| \tag{3-17}$$

它是曲线切线的倾斜角相对于弧长的变化率.

对于直线而言,切线与直线本身重合,当点沿直线移动时,切线的倾斜角为 α 不变,$\Delta \alpha = 0$,$\dfrac{\Delta \alpha}{\Delta s} = 0$,从而 $K = \left|\dfrac{\mathrm{d}\alpha}{\mathrm{d}s}\right| = 0$.也就是说,直线上任意一点处的曲率等于零,与我们直觉认识到的"直线不弯曲"一致.

二、曲率的计算公式

根据式(3-17),要计算曲线的曲率,需要分别算出切线倾斜角的微分 $\mathrm{d}\alpha$ 与弧长的微分 $\mathrm{d}s$,再算出它们的比值.

设曲线 $y = f(x)$ $(a < x < b)$,且 $f(x)$ 二阶导数存在(此时 $f'(x)$ 连续,从而曲线光滑).根据第二章第一节导数的几何意义有 $y' = \tan \alpha$,两边对 x 求导(右端利用复合求导法则)

$$y'' = \sec^2 \alpha \frac{\mathrm{d}\alpha}{\mathrm{d}x}, \quad \frac{\mathrm{d}\alpha}{\mathrm{d}x} = \frac{y''}{\sec^2 \alpha} = \frac{y''}{1 + \tan^2 \alpha} = \frac{y''}{1 + y'^2},$$

于是

$$d\alpha = \frac{1}{1+y'^2}y''dx \qquad (3-18)$$

下面我们求弧长的微分 ds.设在曲线 $y=f(x)$ 上任取一点 M_0,并以此为起点度量弧长,并规定依 x 增大的方向作为曲线的正向.对曲线上任一点 $M(x,y)$,规定有向弧 $\overparen{M_0M}$ 的值 s(简称为弧 s)如下:s 的绝对值等于这弧段的长度,当有向弧 $\overparen{M_0M}$ 的方向与曲线的正向一致时 $s>0$,相反时 $s<0$.显然弧 s 与 x 存在函数关系:$s=s(x)$,而且 $s(x)$ 是 x 的单调增函数.

设 x 与 $x+\Delta x$ 为区间 (a,b) 内两个邻近的点,它们在曲线上的对应点为 $M(x,y)$ 和 $M'(x+\Delta x,y+\Delta y)$(见图3-17),对应于 x 的增量为 Δx,弧 s 的增量 Δx 为 Δs,因而

$$\Delta s = \overparen{M_0M'} - \overparen{M_0M} = \overparen{MM'}$$

由于 $\Delta x \to 0$ 时,$M' \to M$.此时弧 $\overparen{MM'}$ 的长度与弦 $|MM'|$ 的长度近似相等,从而可得

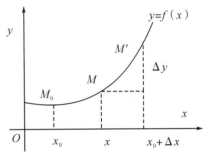

图3-17 图形展示

$$\left(\frac{\Delta s}{\Delta x}\right)^2 = \left(\frac{\overparen{MM'}}{\Delta x}\right)^2 \approx \frac{|MM'|^2}{(\Delta x)^2} = \frac{(\Delta x)^2 + (\Delta y)^2}{(\Delta x)^2} = 1 + \left(\frac{\Delta y}{\Delta x}\right)^2$$

由此可得,$\left(\dfrac{\Delta s}{\Delta x}\right)^2 \approx 1 + \left(\dfrac{\Delta y}{\Delta x}\right)^2$,取极限后可得等式:

$$\lim_{\Delta x \to 0}\left(\frac{\Delta s}{\Delta x}\right)^2 = 1 + \lim_{\Delta x \to 0}\left(\frac{\Delta y}{\Delta x}\right)^2, \text{即}\left(\frac{ds}{dx}\right)^2 = 1 + y'^2$$

又因为 $s=s(x)$ 是 x 的增函数,根据第三章第四节定理1可得,$s'(x) \geq 0$,从而可得

$$\frac{ds}{dx} = \sqrt{1+y'^2} \quad \text{或} \quad ds = \sqrt{1+y'^2}\,dx \qquad (3-19)$$

将式(3-18)与式(3-19)代入式(3-17),有曲率计算公式:

$$K = \left|\frac{d\alpha}{ds}\right| = \left|\frac{\dfrac{y''}{1+y'^2}dx}{\sqrt{1+y'^2}\,dx}\right| = \frac{|y''|}{(1+y'^2)^{3/2}} \qquad (3-20)$$

注 在曲线的驻点处有 $y'=0$,则驻点处的曲率为 $K=|y''|$.而且曲率 $K=0 \Leftrightarrow y''=0$.

如果曲线参数方程为

$$\begin{cases} x = \phi(t) \\ y = \psi(t) \end{cases}$$

根据第二章第四节参数方程的求导法则,可得

$$y' = \frac{dy}{dx} = \frac{\psi'(t)}{\phi'(t)}, y'' = \frac{d^2y}{dx^2} = \frac{\psi''(t)\phi'(t) - \phi''(t)\psi'(t)}{\phi'^3(t)}$$

代入式(3-20),可得

$$K = \left| \frac{d\alpha}{ds} \right| = \frac{|\psi''(t)\phi'(t) - \phi''(t)\psi'(t)|}{|\phi'^3(t)| \left[1 + \frac{\psi'^2(t)}{\phi'^2(t)} \right]^{3/2}} = \frac{|\psi''(t)\phi'(t) - \phi''(t)\psi'(t)|}{[\phi'^2(t) + \psi'^2(t)]^{3/2}} \frac{[\phi'^2(t)]^{\frac{3}{2}}}{|\phi'^3(t)|}$$

$$= \frac{|\phi'(t)\psi''(t) - \phi''(t)\psi'(t)|}{[\phi'^2(t) + \psi'^2(t)]^{3/2}}$$

即

$$K = \left| \frac{d\alpha}{ds} \right| = \frac{|\phi'(t)\psi''(t) - \phi''(t)\psi'(t)|}{[\phi'^2(t) + \psi'^2(t)]^{3/2}} \tag{3-21}$$

例1 研究下列曲线上任意一点处的曲率：（1）$y = kx + b$，（2）$x^2 + y^2 = R^2$.

解 （1）由曲线 $y = kx + b$ 可得，$y' = k$，$y'' = 0$；根据式（3-20），可得

$$K = \frac{|y''|}{(1 + y'^2)^{3/2}} = 0$$

表明直线的弯曲程度等于零.

（2）对隐函数 $x^2 + y^2 = R^2$ 求导：

$$2x + 2yy' = 0, \quad y' = -\frac{x}{y}; \quad y'' = -\frac{y - xy'}{y^2} = -\frac{y - x\left(-\frac{x}{y}\right)}{y^2} = -\frac{R^2}{y^3}$$

利用式（3-20），可得

$$K = \frac{|y''|}{(1 + y'^2)^{3/2}} = \frac{\left| -\frac{R^2}{y^3} \right|}{\left[1 + \left(-\frac{x}{y} \right)^2 \right]^{3/2}} = \frac{R^2}{(x^2 + y^2)^{3/2}} = \frac{1}{R}$$

该式表明：圆上任意一点处的曲率都相等，即圆上任意一点处的弯曲程度都相同，且曲率等于圆的半径的倒数，半径越小曲率越大，即圆弯曲程度越大.

例2 求曲线 $y = \frac{4(x+1)}{x^2}$ 在极值点处的曲率.

解 $y = 4\left(\frac{1}{x} + \frac{1}{x^2} \right)$，定义域 $(-\infty, 0) \cup (0, +\infty)$. 求导数

$$y' = 4\left(-\frac{1}{x^2} - \frac{2}{x^3} \right) = -\frac{4(x+2)}{x^3}, \quad y'' = 4\left(\frac{2}{x^3} + \frac{6}{x^4} \right) = \frac{8(x+3)}{x^4}$$

令 $y' = 0$，$x = -2$；可得 $y''(-2) = \frac{1}{2} > 0$，根据第四节极值的第二判别法可得，$x = -2$ 是极小值点，在极小值点的曲率为 $K = |y''(-2)| = \frac{1}{2}$.

例3 选择 a, b, c，使曲线 $y = ax^2 + bx + c$ 与 $y = e^x$ 在 $x = 0$ 点相切并且有相同的曲率.

解 当 $x = 0$ 时，代入 $y = e^x$ 得 $y = 1$；从而切点为 $(0, 1)$. 由两曲线共切点，代入方程

$$y = ax^2 + bx + c$$

可得 $c = 1$；由 $y' = e^x$ 得，$y'(0) = 1$，代入 $y' = 2ax + b$，有 $b = 1$.

又在 $x = 0$ 时两曲线的曲率相同，且 y' 相等，因而 $|y''|$ 相等. 于是由 $y'' = e^x$，可得

$y''(0)=1$，代入 $y''=2a$，有 $|2a|=1$，即 $a=\pm\dfrac{1}{2}$，故所求曲线为 $y=\pm\dfrac{1}{2}x^2+x+1$.

在有些实际问题中，$|y'|$ 同 1 相比是很小的（有的工程技术书上把这种关系记成 $|y'|\ll 1$），可以忽略不计. 这时，$1+y'^2\approx 1$，从而曲率的近似计算公式为

$$K=\frac{|y''|}{(1+y'^2)^{3/2}}\approx|y''| \tag{3-22}$$

即当 $|y'|\ll 1$ 时，曲率 K 近似于 $|y''|$. 经过这样的化简之后，对一些复杂问题的计算和讨论就更加方便了.

三、曲率半径与曲率圆

设曲线 $y=f(x)$ 在点 $M(x,y)$ 处的曲率为 $K(K\neq 0)$. 过点 M 作曲线的法线 MA，在法线 MA 上曲线凹的一侧取一点 D，使 $|DM|=\dfrac{1}{K}=\rho$. 以 D 为圆心，ρ 为半径作圆，如图 3-18 所示. 这个圆叫作曲线在点 M 处的**曲率圆**，曲率圆的圆心 D 叫作曲线在点 M 处的**曲率中心**，曲率圆的半径 ρ 叫作曲线在点 M 处的**曲率半径**.

由此定义，曲线在点 M 处的曲率 $K(K\neq 0)$ 与曲线在点 M 处的曲率半径 ρ 有如下关系：

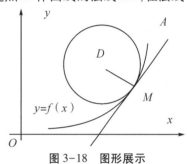

图 3-18　图形展示

$$\rho=\frac{1}{K}, \quad K=\frac{1}{\rho} \tag{3-23}$$

即曲线在某一点处的曲率与在该点处的曲率半径互为倒数关系. 也就是说，曲率半径越大，曲率则越小，相应的曲线就越平缓.

例 4　曲线 $y=ax^2+bx+c$ 上哪一点曲率半径最小.

解　$y'=2ax+b$，$y''=2a$. 于是

$$K=\frac{|y''|}{(1+y'^2)^{\frac{3}{2}}}=\frac{2|a|}{\left[1+(2ax+b)^2\right]^{\frac{3}{2}}}，\rho=\frac{1}{K}=\frac{\left[1+(2ax+b)^2\right]^{\frac{3}{2}}}{2|a|}$$

显然，当 $2ax+b=0$ 时，即在 $x=-\dfrac{b}{2a}$ 处（顶点），曲率 K 最大，曲率半径 ρ 最小.

习题 3-6

1. 求抛物线 $y=x^2-6x+4$ 在其顶点处的曲率及曲率半径.

2. 求椭圆 $4x^2+y^2=1$ 在点 $(0,1)$ 处的曲率.

3. 求正弦曲线 $y=\sin x$ 上哪些点处的曲率最大？哪些点处的曲率最小？求出该点处的曲率.

4. 求曲线 $x=a\cos^3 t$，$y=a\sin^3 t$ 在 $t=t_0$ 相应的点处的曲率.

*5. 求曲线 $y=\tan x$ 在 $\left(\dfrac{\pi}{4},1\right)$ 处的曲率圆方程.

学习要点

一、基本定理

1. 微分中值定理

费马引理　设函数 $f(x)$ 在点 x_0 的某邻域 $U(x_0)$ 有定义,且在 x_0 处可导,x_0 为极大值(或极小值),则有 $f'(x_0)=0$.

罗尔定理　如果函数 $f(x)$ 满足条件:在闭区间 $[a,b]$ 上连续,在开区间 (a,b) 内可导,且在区间端点处函数值相等,即 $f(a)=f(b)$,那么至少存在一点 $\xi(a<\xi<b)$,使得 $f'(\xi)=0$ 成立.

拉格朗日中值定理　如果函数 $f(x)$ 在闭区间 $[a,b]$ 上连续,在开区间 (a,b) 内可导,那么在 (a,b) 内至少存在一点 ξ,使得 $f(b)-f(a)=f'(\xi)(b-a)$ 或 $f'(\xi)=\dfrac{f(b)-f(a)}{b-a}$ 成立.

柯西定理　如果函数 $f(x)$ 与 $g(x)$ 在闭区间 $[a,b]$ 上连续,在开区间 (a,b) 内可导,且 $g'(x)$ 在 (a,b) 内每一点都不等于零 $(g'(x)\neq0)$,那么在 (a,b) 内至少有一点 ξ,使得

$$\frac{f(b)-f(a)}{g(b)-g(a)}=\frac{f'(\xi)}{g'(\xi)}$$

成立.

2. 洛必达法则

$\dfrac{0}{0}$ 型与 $\dfrac{\infty}{\infty}$ 型未定式的洛必达法则若函数 $f(x)$ 和 $g(x)$ 满足条件: $\lim\limits_{x\to a}f(x)=\lim\limits_{x\to a}g(x)=0$(或 ∞);在点 a 的某个空心邻域内都可导,且 $g'(x)\neq0$; $\lim\limits_{x\to a}\dfrac{f'(x)}{g'(x)}$ 存在(或为无穷大);则

$$\lim_{x\to a}\frac{f(x)}{g(x)}=\lim_{x\to a}\frac{f'(x)}{g'(x)}$$

其他型未定式 $0\cdot\infty$ 型、$\infty-\infty$ 型、0^0 型、1^∞ 型、∞^0 型等转化 $\dfrac{0}{0}$ 型与 $\dfrac{\infty}{\infty}$ 型来计算.

3. 泰勒公式

定理 1　若函数 $f(x)$ 在 x_0 处的某邻域 $U(x_0)$ 内具有 n 阶的导数,则对邻域内的任意 x 都有

$$f(x)=f(x_0)+f'(x_0)(x-x_0)+\frac{1}{2!}f''(x_0)(x-x_0)^2+\cdots+\frac{1}{n!}f^{(n)}(x_0)(x-x_0)^n+o[(x-x_0)^n]$$

定理 2　若函数 $f(x)$ 在 x_0 处的某邻域 $U(x_0)$ 内具有 $n+1$ 阶的导数,则对该邻域内的任意 x 都有

$$f(x)=f(x_0)+f'(x_0)(x-x_0)+\frac{1}{2!}f''(x_0)(x-x_0)^2+\cdots+\frac{1}{n!}f^{(n)}(x_0)(x-x_0)^n+R_n(x)$$

其中 $R_n(x)=\dfrac{f^{(n+1)}(\xi)}{(n+1)!}(x-x_0)^{n+1}$,$\xi$ 在点 x_0 与点 x 之间的某一个值.

二、函数的性态

1. 函数的单调性

定理 设函数 $f(x)$ 在 $[a,b]$ 上连续,在 (a,b) 内可导.如果在 (a,b) 内 $f'(x)>0$,那么在 $[a,b]$ 上 $f(x)$ 是递增的;如果在 (a,b) 内 $f'(x)<0$,则在 $[a,b]$ 上 $f(x)$ 是递减的.

2. 函数的极值与最值

极大值与极小值的定义 设函数 $f(x)$ 在点 x_0 的某邻域 $U(x_0)$(左右邻域)有定义.若对该去心邻域内的任何一点 x,有 $f(x)<f(x_0)$ 恒成立,则称 $f(x_0)$ 为函数 $f(x)$ 的极大值,x_0 称为 $f(x)$ 的极大值点.若对该去心邻域内的任何一点 x,有 $f(x)>f(x_0)$ 恒成立,则称 $f(x_0)$ 是函数 $f(x)$ 的极小值,x_0 称为 $f(x)$ 的极小值点.

函数的**极大值**和**极小值**统称为函数极值,也称为函数局部**最大值**与**最极小值**;使函数取得极值的点称为极值点,极大值点和极小值点是函数极值点.

极值的必要条件 如果连续函数 $f(x)$ 在点 x_0 处取得极值,那么 x_0 必为 $f(x)$ 的驻点或不可导点,亦即 $f'(x_0)=0$ 或 $f'(x_0)$ 不存在.

极值的第一充分条件 设函数 $f(x)$ 在 x_0 处连续,且在 x_0 的某个去心邻域 $\overset{\circ}{U}(x_0,\delta)$ 内可导.

(1)若当 $x \in (x_0-\delta,x_0)$ 时,$f'(x)>0$,而 $x \in (x_0,x_0+\delta)$ 时,$f'(x)<0$,则函数值 $f(x_0)$ 为极大值;

(2)若当 $x \in (x_0-\delta,x_0)$ 时,$f'(x)<0$,而 $x \in (x_0,x_0+\delta)$ 时,$f'(x)>0$,则函数值 $f(x_0)$ 极小值;

(3)若当 $x \in (x_0-\delta,x_0)$ 和 $x \in (x_0,x_0+\delta)$ 时,$f'(x)$ 不改变符号,则函数值 $f(x_0)$ 不是极值.

极值的第二充分条件 设函数 $f(x)$ 在点 x_0 的某个邻域内二阶可导,且 $f'(x_0)=0$,$f''(x_0) \neq 0$.若 $f''(x_0)>0$,则 $f(x_0)$ 为极小值;若 $f''(x_0)<0$,则 $f(x_0)$ 为极大值.

3. 函数凹凸性与拐点

曲线的凹凸性的定义 设函数 $f(x)$ 在闭区间 $[a,b]$ 上连续.如果对于在 $[a,b]$ 上任意两点 x_1 与 x_2,恒有 $f\left(\dfrac{x_1+x_2}{2}\right)<\dfrac{f(x_1)+f(x_2)}{2}$,那么称 $f(x)$ 在 $[a,b]$ 上的图形是(向上)凹的(或凹弧);如果恒有 $f\left(\dfrac{x_1+x_2}{2}\right)>\dfrac{f(x_1)+f(x_2)}{2}$,那么称 $f(x)$ 在 $[a,b]$ 上的图形是(向上)凸的(或凸弧).

拐点的定义 在区间 $[a,b]$ 上连续曲线 $f(x)$ 的凹弧与凸弧之间的交点(分界点)称为曲线的拐点.

曲线的凹凸性判别定理 设 $f(x)$ 在 $[a,b]$ 上连续,在 (a,b) 内具有二阶导数 $f''(x)$.若当 $f''(x)>0$ 时,则 $f(x)$ 在 $[a,b]$ 上的图形是凹弧;若当 $f''(x)<0$ 时,$f(x)$ 在 $[a,b]$ 上的图形是凸弧.

4. 曲线的渐近线

渐近线有水平渐近线、铅直渐近线和斜渐近线.

复习题三

1.下列题中给出了四个结论,从中选出一个正确的结论.

(1)设函数 $f(x)$ 在 $[0,1]$ 上 $f''(x)>0$,则 $f'(0)$,$f'(1)$,$f(1)-f(0)$ 或 $f(0)-f(1)$ 这三个数的大小顺序为(　　).

A. $f'(1)>f'(0)>f(1)-f(0)$　　　　　　B. $f'(1)>f(1)-f(0)>f'(0)$

C. $f(1)-f(0)>f'(1)>f'(0)$　　　　　　D. $f'(1)>f(0)-f(1)>f'(0)$

(2)设函数 $y=f(x)$ 在闭区间 $[a,b]$ 上有定义,(a,b) 上可导,则(　　).

A. 当 $f(a)f(b)<0$ 时,存在 $\xi\in(a,b)$,使 $f(\xi)=0$

B. 对任何 $\xi\in(a,b)$,有 $\lim\limits_{x\to 0}[f(x)-f(\xi)]=0$

C. 当 $f(a)=f(b)$ 时,存在 $\xi\in(a,b)$,使 $f'(\xi)=0$

D. 存在 $\xi\in(a,b)$,使 $f(b)-f(a)=f'(\xi)(b-a)$

(3)设 $f(x)$ 的导数在 $x=a$ 的某邻域内连续,且 $f(a)=0$,$\lim\limits_{x\to a}\dfrac{f(x)}{(x-a)^2}=2$,则在点 $x=a$ 处 $f(x)$(　　).

A. 取得极小值　　　　　　　　　　　B. $f'(a)\neq 0$

C. 取得极大值　　　　　　　　　　　D. $(a,f(a))$ 是曲线的拐点

(4)设函数 $y=f(x)$ 二阶可导,且 $f'(x)>0$,$f''(x)<0$,Δx 为自变量 x 在 a 处的增量,Δy 与 $\mathrm{d}y$ 分别为 $f(x)$ 在 a 处对应的增量与微分,若 $\Delta x>0$,则(　　).

A. $0>\Delta y>\mathrm{d}y$　　　B. $\Delta y>\mathrm{d}y>0$　　　C. $0>\mathrm{d}y>\Delta y$　　　D. $\mathrm{d}y>\Delta y>0$

(5)设函数 $f(x)$ 可导,且 $f(x)f'(x)>0$,则(　　).

A. $f(1)>f(-1)$　　　　　　　　　　B. $f(1)<f(-1)$

C. $|f(1)|>|f(-1)|$　　　　　　　　D. $|f(1)|<|f(-1)|$

2.证明不等式.

(1)对任意 x 都有 $x-x^2<\dfrac{1}{e}$;

(2)设 $0\leqslant x\leqslant 1$,$p>1$,则有 $2^{1-p}\leqslant x^p+(1-x)^p\leqslant 1$;

(3)设 $0<a<b<1$,则有 $\arctan b-\arctan a<\dfrac{b-a}{2ab}$;

(4)对任意正数 a,b,c,有 $\left(1+\dfrac{a}{b}\right)^{a+b}\geqslant\left(1+\dfrac{a}{b+c}\right)^{a+b+c}$.

3.求极限.

(1)$\lim\limits_{x\to 0}\dfrac{\cos\left(\dfrac{\pi}{2}\cos x\right)}{x\sin x}$;　　　(2)$\lim\limits_{x\to 0}\dfrac{1}{x^2}\ln\dfrac{\sin x}{x}$;　　　(3)$\lim\limits_{x\to\infty}\left[x-x^2\ln\left(1+\dfrac{1}{x}\right)\right]$;

(4)$\lim\limits_{x\to 0}\dfrac{\sqrt{1+2\sin x}-x-1}{x\ln(1+x)}$;　　　(5)$\lim\limits_{x\to 0}\dfrac{e^{x^2}-e^{2-2\cos x}}{x^4}$;　　　(6)$\lim\limits_{x\to\frac{\pi}{4}}(\tan x)^{\frac{1}{\cos x-\sin x}}$.

4.求曲线 $y=\dfrac{1}{x}+\ln(1+e^x)$ 的渐近线.

5.求椭圆 $2x^2-xy+y^2=14$ 上纵坐标最大和最小的点.

6.设函数 $f(x)$ 在 $[0,1]$ 上连续,$(0,1)$ 内可导,且 $f(0)=f(1)=0$,$f\left(\dfrac{1}{2}\right)=1$,证明至少存在一点 $\xi\in(0,1)$,使 $f'(\xi)=1$.

7.设函数 $f(x)$,$g(x)$ 在 $[a,b]$ 上连续,(a,b) 内二阶可导,且存在相同的最大值,$f(a)=g(a)$,$f(b)=g(b)$,证明:①存在一点 $\xi\in(a,b)$,使 $f(\xi)=g(\xi)$;②存在一点 $\eta\in(a,b)$,使 $f''(\eta)=g''(\eta)$.

8.证明设函数 $f(x)$ 在 $[0,1]$ 上连续,$(0,1)$ 内存在二阶导数,且 $f(0)=f(1)$,则存在 $\xi\in(0,1)$,使 $2\xi f'(\xi)+\xi^2 f''(\xi)=0$.

9.设奇函数 $f(x)$ 在 $[-1,1]$ 上存在二阶导数,且 $f(1)=1$,证明:①存在 $\xi\in(0,1)$,使 $f'(\xi)=1$;②存在 $\eta\in(-1,1)$,使 $f''(\eta)+f'(\eta)=1$.

10.试确定参数 a 和 b,使得 $f(x)=x-(a+b\cos x)\sin x$ 为当 $x\to0$ 时关于 x 的 5 阶无穷小.

11.作出曲线 $y=\dfrac{\sin x}{1-\sin x}$ 在 $[-\pi,\pi]$ 上的图形.

12.设函数 $f(x)$ 在 (a,b) 内可导,不是单调函数,证明存在一点 $\xi\in(a,b)$,使 $f'(\xi)=0$.

13.设函数 $f(x)$,$g(x)$ 在 $[a,b]$ 上连续,在 (a,b) 内可导数,且 $g(x)\neq0$,$f(a)=f(b)=0$,则 $f'(\xi)g(\xi)-f(\xi)g'(\xi)=0$,$a<\xi<b$.

第四章

不定积分

第二章我们讨论了如何求已知一个函数的导数问题.本章开始讨论这个问题的逆向问题——积分问题.一元函数积分学将研究两个基本问题——不定积分与定积分.由于许多实际问题需要解决与求导问题相反的问题,即已知某个函数的导数,来求这个函数,由此引出了原函数和不定积分的概念.同时,在许多实际问题中,有些量的计算,往往可以归结为其微小量的无穷累加问题,由此引出定积分的概念与计算.本章介绍不定积分的概念及计算方法.

第一节 不定积分的概念及性质

一、原函数与不定积分的概念

第二章第五节我们学习了函数的微分:$y=f(x)$ 的微分 $\mathrm{d}y=f'(x)\mathrm{d}x$.如对数函数 $\ln x$ 的微分

$$\mathrm{d}(\ln x)=(\ln x)'\mathrm{d}x=\frac{1}{x}\mathrm{d}x$$

现在我们讨论函数的导数(或微分)的相反问题——原函数问题.也就是求一个可导函数,使它的导函数等于已知函数.

定义 1 设 $f(x)$ 是定义在区间 I 上的一个函数.如果存在区间 I 上的一个可导函数 $F(x)$,使得对任意的 $x\in I$ 均有

$$F'(x)=f(x)\quad\text{或}\quad \mathrm{d}F(x)=f(x)\mathrm{d}x$$

那么 $F(x)$ 称为 $f(x)$ [或 $f(x)\mathrm{d}x$] 在区间 I 上的一个**原函数**.

例如,因为对任意 $x\in(-\infty,+\infty)$ 均有 $(x^2)'=2x$,所以 x^2 是 $2x$ 在区间 $(-\infty,+\infty)$ 内的一个原函数,并且

$$(x^2+1)'=(x^2+2)'=(x^2-\sqrt{3})'=\cdots=2x$$

即 $x^2+1, x^2+2, x^2-\sqrt{3}, \cdots$ 都是 $2x$ 在区间 $(-\infty, +\infty)$ 内的原函数. 因而它的原函数不是唯一的, 有无穷多个.

又如, 对任意 $x \in (-\infty, +\infty)$ 均有 $(\cos x)' = -\sin x$, 从而 $\cos x$ 是 $-\sin x$ 在区间 $(-\infty, +\infty)$ 内的一个原函数. 同样, 它有无穷多个原函数.

一个函数具备什么条件, 它的原函数一定存在? 这个问题将在第五章讨论. 现在介绍结论:

原函数的存在定理 如果函数 $f(x)$ 在某区间 I 上连续, 那么 $f(x)$ 在该区间上一定有原函数. 即一定存在区间 I 上的可导函数 $F(x)$, 使得任意 $x \in I$ 都有

$$F'(x) = f(x) \quad 或 \quad \mathrm{d}F(x) = f(x)\mathrm{d}x$$

简单地说, **连续函数一定存在原函数**.

初等函数在定义区间内连续, 故初等函数在其定义区间内一定有原函数.

原函数的一般表达式: 如果 $f(x)$ 一旦存在原函数, 它的原函数就不唯一, 那么这些原函数之间有什么差异? 能否写成统一的表达式呢? 对此有如下结论:

定理 1 若 $F(x)$ 是 $f(x)$ 的一个原函数, 则 $F(x)+C$ 是 $f(x)$ 的全部原函数, 其中 C 为任意常数.

证 若 $f(x)$ 有一个原函数 $F(x)$, 则有 $F'(x) = f(x)$. 根据第二章第二节定理 1 导数的四则运算法则, 对于任意常数 C, 有

$$[F(x)+C]' = F'(x) + C' = f(x) \quad (x \in I)$$

即 $F(x)+C$ 也是 $f(x)$ 的原函数. 也就是说, 如果 $f(x)$ 有一个原函数 $F(x)$, 那么就有无穷多个原函数.

此外, 设 $G(x)$ 是 $f(x)$ 的另一个原函数, 即 $G'(x) = f(x)$. 下证 $F(x)$ 与 $G(x)$ 之间只相差一个常数. 事实上, 根据第二章第二节导数的四则运算可知, 有

$$[F(x)-G(x)]' = F'(x) - G'(x) = f(x) - f(x) = 0 \quad (x \in I)$$

根据第三章第一节拉格朗日中值定理的推论: 在一个区间上导数恒为零的函数为常数. 因而可设

$$F(x) - G(x) = C_0 \ (C_0 \text{ 为某一个常数})$$

或者设

$$G(x) = F(x) + C_0$$

因此, 对于任意常数 C, 表达式 $F(x)+C$ 就可以表示 $f(x)$ 的任何一个原函数. $f(x)$ 的全体原函数所构成的集合, 是一个函数族, 记为

$$\{F(x)+C \ \ -\infty < C < +\infty\}$$

为了书写方便, 简记为 $F(x)+C$. 证毕.

定义 2 如果函数 $f(x)$ 在区间 I 上有原函数, 那么 $f(x)$ 在区间 I 上的全体原函数所组成的集合称为 $f(x)$ [或 $f(x)\mathrm{d}x$] 在区间 I 上的不定积分. 也就是说, $f(x)$ 在 I 上含有任意常数的原函数 $[F(x)+C]$ 是 $f(x)$ [或 $f(x)\mathrm{d}x$] 在区间 I 上的不定积分, 记为

$$\int f(x)\mathrm{d}x$$

其中符号 $\int$ 叫作**积分号**, x 叫作**积分变量**, $f(x)$ 叫作**被积函数**, $f(x)\mathrm{d}x$ 叫作**被积表达式**.

根据定义 2,若 $F(x)$ 是 $f(x)$ 的一个原函数,则 $F(x)+C$ 就是 $f(x)$ 的不定积分,即

$$\int f(x)\,\mathrm{d}x = F(x) + C,\text{其中 } F'(x) = f(x)$$

不定积分通常也说成积分. 如何计算不定积分,见例 1.

例 1 求下列不定积分.

(1) $\int \sin x\,\mathrm{d}x$; (2) $\int x^2\,\mathrm{d}x$; (3) $\int \dfrac{1}{x}\,\mathrm{d}x$.

解 (1) 因为 $(-\cos x)' = \sin x$,所以 $-\cos x$ 是函数 $\sin x$ 的一个原函数. 故

$$\int \sin x\,\mathrm{d}x = -\cos x + C$$

(2) 因为 $\left(\dfrac{1}{3}x^3\right)' = x^2$,所以 $\dfrac{1}{3}x^3$ 是幂函数 x^2 的一个原函数. 故 $\int x^2\,\mathrm{d}x = \dfrac{1}{3}x^3 + C$.

一般地,幂函数 $x^\mu(\mu \neq -1)$ 的原函数为 $\dfrac{1}{\mu+1}x^{\mu+1}$,其不定积分为

$$\int x^\mu\,\mathrm{d}x = \frac{1}{\mu+1}x^{\mu+1} + C(\mu \neq -1)$$

(3) 当 $x>0$ 时,$(\ln x)' = \dfrac{1}{x}$;又当 $x<0$ 时,也有 $[\ln(-x)]' = \dfrac{1}{-x}(-x)' = \dfrac{1}{x}$;因而 $\ln|x|$ 是 $\dfrac{1}{x}$ 在 $(-\infty,0) \cup (0,+\infty)$ 上的一个原函数. 故 $\int \dfrac{1}{x}\,\mathrm{d}x = \ln|x| + C$.

例 2 设一条曲线过点 $(1,2)$,其上任一点处的切线斜率为 $2x$,求曲线方程.

解 设曲线方程为 $y = y(x)$. 根据第二章第一节导数的几何意义,可得

$$k = \frac{\mathrm{d}y}{\mathrm{d}x} = 2x$$

即 $y(x)$ 是 $2x$ 的一个原函数. 因为

$$(x^2)' = 2x$$

所以

$$y = \int 2x\,\mathrm{d}x = x^2 + C$$

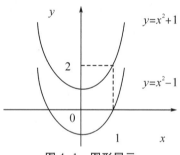

图 4-1 图形展示

又因曲线过点 $(1,2)$,代入上式得,$1^2 + C = 2$,$C = 1$. 因此所求曲线方程为 $y = x^2 + 1$. 函数 $f(x)$ 在区间 I 上的原函数的图形称为 $f(x)$ 的积分曲线. 例 2 所求的是函数 $2x$ 的积分曲线经过点 $(1,2)$ 的那一条. 显然,这条积分曲线可以由另一条**积分曲线**(如 $y = x^2 - 1$)经 y 轴方向平移而得到. 由定义 2 知,如果 $y = F(x)$ 和 $y = G(x)$ 都是 $f(x)$ 的积分曲线,那么 $F'(x) = G'(x) = f(x)$,即积分曲线 $y = F(x)$ 和 $y = G(x)$ 在自变量 x 的对应点处的切线斜率相等,从而切线平行,如图 4-2 所示.

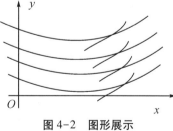

图 4-2 图形展示

二、不定积分的性质

性质 1 函数的不定积分与导数(微分)的关系如下:

$(1) \dfrac{\mathrm{d}}{\mathrm{d}x}\left[\displaystyle\int f(x)\,\mathrm{d}x\right] = f(x),\qquad\qquad \mathrm{d}\left[\displaystyle\int f(x)\,\mathrm{d}x\right] = f(x)\,\mathrm{d}x.$

$(2) \displaystyle\int F'(x)\,\mathrm{d}x = F(x) + C,\qquad\qquad \int \mathrm{d}F(x) = F(x) + C.$

证 设 $F'(x) = f(x)$,有 $\displaystyle\int f(x)\,\mathrm{d}x = F(x) + C$.利用导数与微分的运算法则,可得

$$\frac{\mathrm{d}}{\mathrm{d}x}\left[\int f(x)\,\mathrm{d}x\right] = \left[F(x) + C\right]' = F'(x) + C' = f(x)$$

$$\mathrm{d}\left[\int f(x)\,\mathrm{d}x\right] = \mathrm{d}\left[F(x) + C\right] = \mathrm{d}F(x) + \mathrm{d}C = f(x)\,\mathrm{d}x$$

$$\int F'(x)\,\mathrm{d}x = \int f(x)\,\mathrm{d}x = F(x) + C,\ \int \mathrm{d}F(x) = \int F'(x)\,\mathrm{d}x = F(x) + C$$

性质 1 表明:符号 $\displaystyle\int$ 表示积分运算,d 表示微分运算.当积分运算 $\displaystyle\int$ 与微分运算 d 结合在一起(它们中间没有任何函数)时,相互抵消,或者抵消后剩余一个常数.因此,在忽略任意常数的基础上,积分与微分互为逆运算.与加减乘除四则运算类似,要求逆运算积分,开始的时候常常要借助顺运算微分来求不定积分.尽管不定积分 $\displaystyle\int f(x)\,\mathrm{d}x$ 是一个整体记号,但也可以拆开来理解:符号 $\displaystyle\int$ 表示积分运算,dx 也可以看作变量 x 的微分,而 $f(x)\,\mathrm{d}x$ 表示一个函数的微分,寻找原函数的微分,即求出 $\mathrm{d}F(x)$.计算不定积分 $\displaystyle\int f(x)\,\mathrm{d}x$ 就是寻找原函数的微分后,再作积分.也就是

$$\int f(x)\,\mathrm{d}x = \int \mathrm{d}F(x) = F(x) + C$$

例如

$$\int \mathrm{d}x = x + C,\ \int \mathrm{d}(\sin x) = \sin x + C,\ \int \mathrm{d}(\mathrm{e}^{2x}) = \mathrm{e}^{2x} + C$$

此外,我们也要理解公式: $\displaystyle\int F'(x)\,\mathrm{d}x = \int \mathrm{d}F(x) = F(x) + C.$ 如

$$\int k\,\mathrm{d}x = \int (kx)'\,\mathrm{d}x = kx + C,\ \int \sec^2 x\,\mathrm{d}x = \int (tan x)'\,\mathrm{d}x = tan x + C$$

$$\int \frac{1}{\sqrt{1-x^2}}\,\mathrm{d}x = \int (\arcsin x)'\,\mathrm{d}x = \arcsin x + C$$

注 (1) 对于性质 $\displaystyle\int F'(x)\,\mathrm{d}x = F(x) + C$,但不能写成 $\displaystyle\int F'(x)\,\mathrm{d}x = F(x)$.

(2) 当导函数 $F'(x)[f(x)]$ 已知,求原函数 $F(x)$ 时,有 $F(x) = \displaystyle\int F'(x)\,\mathrm{d}x - C$.又因为不定积分 $\displaystyle\int F'(x)\,\mathrm{d}x$ 中本身包含了任意常数,故常常写作 $F(x) = \displaystyle\int F'(x)\,\mathrm{d}x = \int f(x)\,\mathrm{d}x.$

性质 2 两个函数的和(或差)的不定积分等于这两个函数的不定积分的和(或差),即

$$\int [f(x) \pm g(x)] \, \mathrm{d}x = \int f(x) \, \mathrm{d}x \pm \int g(x) \, \mathrm{d}x$$

证 设 $F(x)$,$G(x)$ 分别是 $f(x)$,$g(x)$ 的原函数,则有

$$\int f(x) \, \mathrm{d}x = F(x) + C_1, \quad \int g(x) \, \mathrm{d}x = G(x) + C_2$$

其中 C_1,C_2 为任意常数.因而

$$\int f(x) \, \mathrm{d}x \pm \int g(x) \, \mathrm{d}x = [F(x) + C_1] \pm [G(x) + C_2] = F(x) \pm G(x) + C$$

其中 $C = C_1 + C_2$ 为任意常数.

又根据导数的运算有

$$[F(x) \pm G(x)]' = F'(x) \pm G'(x) = f(x) \pm g(x)$$

该式表明,$F(x) \pm G(x)$ 是 $f(x) \pm g(x)$ 的一个原函数,根据不定积分的定义,可得

$$\int [f(x) \pm g(x)] \, \mathrm{d}x = F(x) \pm G(x) + C = \int f(x) \, \mathrm{d}x \pm \int g(x) \, \mathrm{d}x$$

性质 3 在计算不定积分的过程中,被积函数中非零常数因子可以提到积分号外面来,即

$$\int kf(x) \, \mathrm{d}x = k \int f(x) \, \mathrm{d}x \, (k \neq 0 \text{ 为常数})$$

证 设 $F(x)$ 是 $f(x)$ 的原函数,则有

$$F'(x) = f(x), \quad kf(x) = kF'(x) = [kF(x)]'$$

即 $kF(x)$ 也是 $kf(x)$ 的一个原函数.由不定积分定义可得,若 $\int f(x) \, \mathrm{d}x = F(x) + C_1$,则有

$$\int kf(x) \, \mathrm{d}x = kF(x) + C_2 = k \left[\int f(x) \, \mathrm{d}x - C_1 \right] + C_2$$

可以取 $C_2 = kC_1$,就有 $\int kf(x) \, \mathrm{d}x = kF(x) + C_2 = k \int f(x) \, \mathrm{d}x$.

性质 2 与性质 3 称为不定积分的**线性性质**,利用线性性质可以求函数的不定积分.

三、基本积分公式及推广

根据性质 1 积分与微分运算是互为逆运算,由导数公式可以相应地得出下列基本积分公式:

(1) $\int k \mathrm{d}x = kx + C(k \text{ 为常数})$,$\left(\int 0 \mathrm{d}x = C \right)$.

(2) $\int x^{\mu} \mathrm{d}x = \dfrac{1}{\mu+1} x^{\mu+1} + C(\mu \neq -1)$.

(3) $\int \dfrac{1}{x} \mathrm{d}x = \ln |x| + C$.

(4) $\int \dfrac{1}{1+x^2} \mathrm{d}x = \arctan x + C$ $\left(\text{或} \int \dfrac{1}{1+x^2} \mathrm{d}x = -\operatorname{arccot} x + C \right)$.

（5）$\int \dfrac{1}{\sqrt{1-x^2}}\mathrm{d}x = \arcsin x + C$（或 $\int \dfrac{1}{\sqrt{1-x^2}}\mathrm{d}x = -\arccos x + C$）.

（6）$\int \cos x\,\mathrm{d}x = \sin x + C$.

（7）$\int \sin x\,\mathrm{d}x = -\cos x + C$.

（8）$\int \dfrac{1}{\cos^2 x}\mathrm{d}x = \int \sec^2 x\,\mathrm{d}x = tanx + C$.

（9）$\int \dfrac{1}{\sin^2 x}\mathrm{d}x = \int \csc^2 x\,\mathrm{d}x = -\cot x + C$.

（10）$\int \sec x tan x\,\mathrm{d}x = \sec x + C$.

（11）$\int \csc x \cot x\,\mathrm{d}x = -\csc x + C$.

（12）$\int \mathrm{e}^x\,\mathrm{d}x = \mathrm{e}^x + C$.

（13）$\int a^x\,\mathrm{d}x = \dfrac{a^x}{\ln a} + C$.

以上这 13 个基本积分公式是求不定积分的基础,其他函数的不定积分常常经过运算变形后,最终都归结为这些类型的不定积分.因此,同学们只有记住了这些基本积分公式,才能对其熟练运用.直接利用基本积分公式与线性性质来求解不定积分的方法常常称为**直接积分法**,见例 3.

例 3 求下列不定积分.

（1）$\int \dfrac{3}{x^2\sqrt{x}}\mathrm{d}x$；　　　　　　（2）$\int \left(\dfrac{5}{\sqrt{1-x^2}} - 3\sec x tan x\right)\mathrm{d}x$.

解 （1）原式 $= 3\int \dfrac{1}{x^2\sqrt{x}}\mathrm{d}x = 3\int x^{-\frac{5}{2}}\mathrm{d}x = \dfrac{3x^{-\frac{5}{2}+1}}{-\frac{5}{2}+1} + C = -\dfrac{2}{x\sqrt{x}} + C$.

（2）原式 $= 5\int \dfrac{1}{\sqrt{1-x^2}}\mathrm{d}x - 3\int \sec x tan x\,\mathrm{d}x$

$\qquad = 5\arcsin x - 3\sec x + C$（或 $-5\arccos x - 3\sec x + C$）.

例 4 求下列不定积分.

（1）$\int \dfrac{(x-1)(3-x^2)}{x}\mathrm{d}x$；　（2）$\int \dfrac{x^4+2x^2}{1+x^2}\mathrm{d}x$；　（3）$\int (2^x + \mathrm{e}^x)^2\,\mathrm{d}x$.

解 （1）原式 $= \int \dfrac{-x^3+x^2+3x-3}{x}\mathrm{d}x = \int \left(-x^2+x+3-\dfrac{3}{x}\right)\mathrm{d}x$

$\qquad = -\int x^2\,\mathrm{d}x + \int x\,\mathrm{d}x + 3\int \mathrm{d}x - 3\int \dfrac{1}{x}\mathrm{d}x = -\dfrac{1}{3}x^3 + \dfrac{1}{2}x^2 + 3x - 3\ln + C$.

（2）原式 $= \int \dfrac{(x^4+x^2)+(x^2+1)-1}{1+x^2}\mathrm{d}x = \int \left(x^2+1-\dfrac{1}{1+x^2}\right)\mathrm{d}x = \dfrac{1}{3}x^3 + x - \arctan x + C$.

(3)原式$=\int(2^{2x}+e^{2x}+2\cdot2^xe^x)dx=\int[4^x+(e^2)^x+2\cdot(2e)^x]dx$

$$=\frac{1}{\ln4}4^x+\frac{1}{\ln e^2}(e^2)^x+\frac{2}{\ln2e}(2e)^x+C$$

$$=\frac{1}{2\ln2}4^x+\frac{1}{2}e^{2x}+\frac{2}{1+\ln2}(2e)^x+C.$$

例5　求下列不定积分.

$(1)\int\tan^2xdx;$　　$(2)\int\sin^2\frac{x}{2}dx;$　　$(3)\int\frac{dx}{\sin^2x\cos^2x}.$

解　(1)原式$=\int\frac{1-\cos^2x}{\cos^2x}dx=\int(\sec^2x-1)dx=\int\sec^2xdx-\int dx=\tan x-x+C.$

(2)原式$=\int\frac{1-\cos(2\cdot\frac{x}{2})}{2}dx=\frac{1}{2}\int(1-\cos x)dx=x-\frac{1}{2}\sin x+C.$

(3)原式$=\int\frac{\cos^2x+\sin^2x}{\sin^2x\cos^2x}dx=\int\frac{1}{\sin^2x}dx+\int\frac{1}{\cos^2x}dx$

$$=\int\csc^2xdx+\int\sec^2xdx=-\cot x+\tan x+C.$$

例6　已知$(1)f'(\sin^2x)=\cos^2x;(2)\int f(x)dx=e^x+\cot x+C;$分别求函数$f(x).$

解　(1)由于$f'(\sin^2x)=1-\sin^2x,$可得$f'(x)=1-x,$因而$f(x)$是$1-x$的原函数.由性质1,可得

$$f(x)=\int(1-x)dx=x-\frac{x^2}{2}+C$$

(2)根据性质1,可得

$$f(x)=\frac{d}{dx}\left[\int f(x)dx\right]=(e^x+\cot x+C)'=e^x-\csc^2x$$

注　利用基本积分公式时,必须严格按照公式的形式.如已知$\int\sin xdx=-\cos x+C,$但$\int\sin2xdx\neq-\cos2x+C.$

我们知道,基本积分公式只有13个,这些公式不能很好地解决大量初等函数的原函数问题,需要加以推广.于是,有定理2.

定理2　如果$\int f(x)dx=F(x)+C,u=\varphi(x)$是$x$的可导函数,那么

$$\int f[\varphi(x)]\varphi'(x)dx=\int f(u)du=[F(u)+C]_{u=\varphi(x)}$$

证　由于$\int f(x)dx=F(x)+C,$有$F'(x)=f(x).$又$u=\varphi(x)$是x的可导函数,则有$u'=\varphi'(x),$由第二章第二节定理2可导函数的复合运算性质,函数$F[\varphi(x)]$可导,并且

$$\frac{d}{dx}F[\varphi(x)]=\frac{dF}{du}\cdot\frac{du}{dx}=F'[\varphi(x)]\varphi'(x)=f[\varphi(x)]\varphi'(x)$$

因此,$F[\varphi(x)]$ 是 $f[\varphi(x)]\varphi'(x)$ 的一个原函数,从而可得

$$\int f[\varphi(x)]\varphi'(x)\,\mathrm{d}x = F[\varphi(x)] + C$$

根据第二章第五节微分的意义,有 $\varphi'(x)\,\mathrm{d}x = \mathrm{d}u$,可得

$$\int f[\varphi(x)]\varphi'(x)\,\mathrm{d}x = \int f[\varphi(x)]\,\mathrm{d}\varphi(x) \overset{\varphi(x)=u}{=\!=\!=} \int f(u)\,\mathrm{d}u = [F(u)+C]_{u=\varphi(x)}$$

定理 2 表明:若 $F(x)$ 是 $f(x)$ 的一个原函数,$u=\varphi(x)$ 是任一可导函数,则有

$$\int f(u)\,\mathrm{d}u = F(u)+C,\ 即\ \int f[\varphi(x)]\varphi'(x)\,\mathrm{d}x = \int f[\varphi(x)]\,\mathrm{d}\varphi(x) = F[\varphi(x)]+C$$

也就是说,在不定积分的等式中,将积分变量换成任一可导函数等式仍然成立.因此,在基本积分公式中,把自变量 x 换成任一可微函数 $u=\varphi(x)$ 后,公式仍成立.例如,

$$\int \mathrm{e}^{x^2}\,\mathrm{d}(x^2) = \mathrm{e}^{x^2}+C, u=x^2;$$

$$\int \frac{1}{1+x}\,\mathrm{d}(1+x) = \ln|1+x|+C, u=x+1;$$

$$\int \frac{1}{1+x^2}\,\mathrm{d}(1+x^2) = \ln(1+x^2)+C, u=x^2+1;$$

$$\int \frac{1}{\cos x}\,\mathrm{d}(\cos x) = \ln|\cos x|+C, u=\cos x.$$

这个定理极大地丰富了基本积分公式的内容,扩大了公式的使用范围.

习题 4-1

1.在不定积分的性质 $\int kf(x)\,\mathrm{d}x = k\int f(x)\,\mathrm{d}x$ 中,为何要求 $k \neq 0$?

2.已知 $\int f(x)\,\mathrm{d}x = \sin x \tan x + C$,求 $f(x)$.

3.填空题.

(1) $\int \mathrm{d}\cos x = (\qquad)$;　　　　　　(2) $\int \mathrm{d}\arctan x = (\qquad)$;

(3) $\int (\sqrt{\cos x + a})'\,\mathrm{d}x = (\qquad)$;　　(4) $\int (\tan x)'\,\mathrm{d}x = (\qquad)$;

(5) $\mathrm{d}\left(\int \sec x^5\,\mathrm{d}x\right) = (\qquad)$;　　(6) $\dfrac{\mathrm{d}}{\mathrm{d}x}\left(\int x^{\frac{2}{3}} + 2\ln 3^x\,\mathrm{d}x\right) = (\qquad)$.

4.计算下列不定积分.

(1) $\int (x^2-1)\,\mathrm{d}x$;　　　(2) $\int (\sin x - 3\cos x)\,\mathrm{d}x$;　　(3) $\int \left(\cos\dfrac{x}{2} - \sin\dfrac{x}{2}\right)^2\,\mathrm{d}x$;

(4) $\int \dfrac{\cos x}{\sin^2 x}\,\mathrm{d}x$;　　(5) $\int \left(\dfrac{3}{1+x^2} - \dfrac{2}{\sqrt{1-x^2}}\right)\,\mathrm{d}x$;　　(6) $\int \dfrac{(\sqrt{x}-2)^2}{x}\,\mathrm{d}x$;

(7) $\int (2^x-1)\mathrm{e}^x\,\mathrm{d}x$;　　(8) $\int \sec x(\sec x - \tan x)\,\mathrm{d}x$;　　(9) $\int \dfrac{2\cos^3 x + 3}{\cos^2 x}\,\mathrm{d}x$;

(10) $\int \dfrac{x^2}{1+x^2}\,\mathrm{d}x$;　　(11) $\int \cos^2\dfrac{x}{2}\,\mathrm{d}x$;　　(12) $\int \dfrac{x^2+x+1}{x(1+x^2)}\,\mathrm{d}x$.

5.计算下列不定积分.

(1) $\int (1-\dfrac{5}{x^2})\dfrac{1}{\sqrt{x^3}}dx$; 　　(2) $\int \dfrac{1-e^{2x}}{1-e^{x}}dx$; 　　(3) $\int \dfrac{(x-1)^2}{\sqrt{x}}dx$;

(4) $\int \dfrac{1}{1-\cos x}dx$; 　　(5) $\int \dfrac{2x^3+2x+3}{1+x^2}dx$; 　　(6) $\int \dfrac{x^3+3x^2+x+3}{x(1+x^2)}dx$;

(7) $\int \tan^2 x dx$; 　　(8) $\int \dfrac{\cos 2x}{\sin^2 2x}dx$; 　　(9) $\int \sqrt{1+\sin 2x}\,dx$;

(10) $\int \cot^2 x dx$; 　　(11) $\int \dfrac{\cos 2x}{\sin x-\cos x}dx$; 　　(12) $\int \dfrac{1}{1+\cos 2x}dx$.

6.填空题.

(1) $\int (3x+5)d(3x+5)=(\quad\quad)$; 　　(2) $\int \sin^4 x d\sin x=(\quad\quad)$;

(3) $\int \dfrac{1}{x-4}d(x-4)=(\quad\quad)$; 　　(4) $\int \cos(x^2-1)d(x^2-1)=(\quad\quad)$;

(5) $\int e^{x^2}d(x^2)=(\quad\quad)$; 　　(6) $\int \dfrac{1}{\sqrt{1-4x^2}}d(2x)=(\quad\quad)$;

(7) $\int \sec^2 x^2 d(x^2)=(\quad\quad)$; 　　(8) $\int \dfrac{1}{\tan\frac{x}{2}}d\left(\tan\frac{x}{2}\right)=(\quad\quad)$.

7.设 $f(x)$ 的一个原函数为 $\dfrac{5}{2}x\sqrt{x}$,求 $f'(x)$.

8.设 $F(x)$ 为 e^{-x^2} 一个原函数,求 $\dfrac{dF(\sqrt{x})}{dx}$.

9.曲线 $y=f(x)$ 在点 (x,y) 处的切线的斜率为 $k=\dfrac{3}{1+x^2}$,点 $(0,1)$ 在曲线上,试求曲线的方程.

10.一个质量为 m 的物体,自100m 高处以初速度 $v_0=0$ 自由下落,假设不计空气阻力,问经过多长时间物体能到达地面? 到达地面时的速度是多少?

11.含未知函数的导数(或微分)的方程称为微分方程,如 $\dfrac{dy}{dx}=f(x)$,其中 $\dfrac{dy}{dx}$ 为未知函数的导数,$f(x)$ 为已知函数.如果将函数 $y=\varphi(x)$ 代入微分方程,使微分方程成为恒等式,那么就称函数 $y=\varphi(x)$ 为该微分方程的解.求下列微分方程的解:

(1) $\dfrac{dy}{dx}=x^3+2x+1$; 　　(2) $\dfrac{dy}{dx}=x\sin(x-1)^2$.

第二节　换元积分法

利用基本积分公式和不定积分的性质,只能计算一些简单的积分,而要解决大量初等函数的积分,需要较多的方法和技巧. 本节把复合函数的微分法反过来使用,利用中间变量的代换,得到复合函数的积分,这种积分法称为换元积分法,简称换元法. 一些被积函数是复合函数及中间函数的导数的相关因式的积,从中辨别出复合函数,找出中间函数,凑出中间函数的微分,新变量代替中间函数,然后利用基本公式的推广形式,得到积分的方法,称为第一类换元法. 对于一些无法凑出中间函数的微分的被积函数,有时把积分变量换成新的可导函数,从而得到积分的方法,称为第二类换元法.

一、第一类换元法(凑微分法)

这里先讨论凑中间变量的微分. 第二章第五节讨论了函数的微分及其运算,$y = f(x)$ 的微分为 $dy = df(x) = f'(x)dx$.例如,

$$d(x^4) = (x^4)'dx = 4x^3dx, d(\sqrt{x}) = (\sqrt{x})'dx = \frac{1}{2\sqrt{x}}dx$$

下面我们把微分的定义公式反过来使用:设 $u = \varphi(x)$ 是一个可导函数,则有

$$\varphi'(x)dx = d\varphi(x) = du$$

利用这个公式可以凑出复合函数中间变量 u 的微分 du. 我们经常用到下列凑微分公式:

$$dx = \frac{1}{a}d(ax+b)(a \neq 0), \quad xdx = \frac{1}{2}d(x^2), \quad \cos x dx = d(\sin x),$$

$$\sin x dx = -d(\cos x), \quad \frac{1}{x}dx = d(\ln|x|), \quad \frac{dx}{\sqrt{x}} = 2d(\sqrt{x}),$$

$$e^x dx = d(e^x), \quad \frac{dx}{1+x^2} = d(\arctan x), \quad \frac{1}{\sqrt{1-x^2}}dx = d(\arcsin x).$$

如何计算不定积分? 第一节定理 2 表明:在不定积分的公式中,将积分变量换成任一可导函数公式仍然成立. 也就是说,如果 $F(x)$ 是 $f(x)$ 的一个原函数,$u = \varphi(x)$ 是可导函数,那么

$$\int f(u)du = F(u) + C$$

由此可得

$$\int f[\varphi(x)]\varphi'(x)dx = \int f[\varphi(x)]d\varphi(x) = \int f(u)du = F[u] + C = F[\varphi(x)] + C$$

因此,根据这个公式,对于含有复合函数 $f[\varphi(x)]$ 的被积函数,若能够凑出中间函数的导数 $\varphi'(x)$,利用基本公式的推广形式,即 $f(u)$ 的原函数,就能求出被积函数的不定积分.

例 1　求积分 $\int 3\mathrm{e}^{3x}\mathrm{d}x$.

解　被积函数中 e^{3x} 是复合函数,常数因子 3 恰好是中间函数 $3x$ 的导数.设中间变量 $u=3x,u'=(3x)'=3$,中间函数的微分 $(3x)'\mathrm{d}x=\mathrm{d}(3x)$.不能直接利用基本公式 $\int \mathrm{e}^x\mathrm{d}x=\mathrm{e}^x+C$,但作变换 $u=3x$,就可用此公式的推广形式 $\int \mathrm{e}^u\mathrm{d}u=\mathrm{e}^u+C$. 我们把原积分做下列变形:

$$原式=\int \mathrm{e}^{3x}\cdot 3\mathrm{d}x=\int \mathrm{e}^{3x}(3x)'\mathrm{d}x=\int \mathrm{e}^{3x}\mathrm{d}(3x)\xlongequal{u=3x}\int \mathrm{e}^u\mathrm{d}u=\mathrm{e}^u+C\xlongequal{回代}\mathrm{e}^{3x}+C$$

例 2　求积分 $\int \sin 5x\mathrm{d}x$.

解　被积函数 $\sin 5x$ 是复合函数,中间函数为 $5x$,它的导数为 5,微分 $(5x)'\mathrm{d}x=\mathrm{d}(5x)$,可设中间变量 $u=5x$.原积分不能直接利用公式 $\int \sin x\mathrm{d}x=-\cos x+C$,但作变换 $u=5x$,就与基本公式 $\int \sin u\mathrm{d}u=-\cos u+C$ 相似. 我们把原积分做变形:

$$原式=\int \sin 5x\cdot\frac{1}{5}\cdot 5\mathrm{d}x=\frac{1}{5}\int \sin 5x(5x)'\mathrm{d}x=\frac{1}{5}\int \sin 5x\mathrm{d}(5x)$$

$$\xlongequal{u=5x}\frac{1}{5}\int \sin u\mathrm{d}u=-\frac{1}{5}\cos u+C\xlongequal{回代}-\frac{1}{5}\cos 5x+C$$

上述解法的特点是把复合函数的中间变量 u 作为新的积分变元,从而把原积分转化为以 u 为变元的一个基本初等函数或简单函数的积分,再利用基本积分公式的推广形式得到结果.这种方法的计算程序为

$$\int f[\varphi(x)]\varphi'(x)\mathrm{d}x\xlongequal{凑微分}\int f[\varphi(x)]\mathrm{d}\varphi(x)\xlongequal{令\ \varphi(x)=u}$$

$$\int f(u)\mathrm{d}u=F(u)+C\xlongequal{回代\ u=\varphi(x)}F[\varphi(x)]+C.$$

这种先"凑"复合函数的中间函数的微分 $\varphi'(x)\mathrm{d}x$,再做变量代换 $\varphi(x)=u$,然后利用基本积分公式的推广形式,求出原函数的方法叫**第一换元积分法**,也称**凑微分法**.

如何利用这种方法来求不定积分? 这要求被积函数含有一个复合函数及中间函数的导数的一些相关因式.在这些相关因式中,先找到最简单的中间函数的导数,凑出相应的中间函数的微分,再一步一步地凑合出较复杂的中间函数的微分,代换最终的中间函数,给出中间变量,对积分进行换元,最后利用基本积分公式得到原函数.凑微分法的关键是从被积函数众多因式中辨认出最复杂的函数 $f[\varphi(x)]$,找到中间函数 $\varphi(x)$,凑出其微分 $\varphi'(x)\mathrm{d}x$,得到中间变量 $u[=\varphi(x)]$.

例如,

$$\mathrm{d}x=\frac{1}{a}(ax+b)'\mathrm{d}x=\frac{1}{a}\mathrm{d}(ax+b)\ (a\neq 0)$$

对于积分 $\int g(x)\mathrm{d}x$,将 $g(x)$ 转化为复合函数 $f(u)$ 与中间函数的导数 $\varphi'(x)$ 的乘积的形式,即

$$ag(x)=f[\varphi(x)]\varphi'(x)\ (a\neq 0\ 的常数)$$

于是

$$\frac{1}{a}\int ag(x)\,\mathrm{d}x=\frac{1}{a}\int f[\varphi(x)]\varphi'(x)\,\mathrm{d}x=\frac{1}{a}\left[\int f(u)\,\mathrm{d}u\right]_{u=\varphi(x)}$$

$$=\frac{1}{a}F(u)+C\xrightarrow{\text{回代 }u=\varphi(x)}\frac{1}{a}F[\varphi(x)]+C$$

例 3 求下列积分：(1) $\int(3x+5)^2\,\mathrm{d}x$；(2) $\int(3x+5)^{-1}\,\mathrm{d}x$.

解 (1)被积函数是复合函数 u^2，而 $u=3x+5$，并且 $\mathrm{d}u=\mathrm{d}(3x+5)=3\mathrm{d}x$. 只能利用基本公式

$$\int u^\mu\,\mathrm{d}u=\frac{1}{\mu+1}u^{\mu+1}+C\,(\mu\neq-1)$$

于是

$$原式=\frac{1}{3}\int(3x+5)^2(3x+5)'\,\mathrm{d}x=\frac{1}{3}\int(3x+5)^2\,\mathrm{d}(3x+5)$$

$$=\frac{1}{3}\int u^2\,\mathrm{d}u=\frac{1}{3\cdot3}u^{2+1}+C=\frac{1}{9}(3x+5)^3+C$$

(2)被积函数是复合函数 u^{-1}，而 $u=3x+5$，且 $\mathrm{d}u=\mathrm{d}(3x+5)=3\mathrm{d}x$. 只能利用基本公式 $\int\frac{1}{u}\,\mathrm{d}u=\ln|u|+C$，于是

$$原式=\frac{1}{3}\int\frac{1}{3x+5}(3x+5)'\,\mathrm{d}x=\frac{1}{3}\int\frac{1}{3x+5}\,\mathrm{d}(3x+5)=\frac{1}{3}\ln|3x+5|+C$$

类似可得

$$\int(ax+b)^m\,\mathrm{d}x=\frac{1}{a(m+1)}(ax+b)^{m+1}+C\,(a\neq0,m\neq-1)$$

$$\int\frac{1}{ax+b}\,\mathrm{d}x=\frac{1}{a}\ln|ax+b|+C\,(a\neq0)$$

练习 1 求不定积分：

(1) $\int\cos(2x+1)\,\mathrm{d}x$； (2) $\int\sqrt[3]{3x+4}\,\mathrm{d}x$； (3) $\int\frac{2x+8}{x+6}\,\mathrm{d}x$； (4) $\int x\,(x^2+1)^3\,\mathrm{d}x$.

例 4 求积分：$\int\frac{1}{(x+a)(x+b)}\,\mathrm{d}x\,(a\neq b)$.

解
$$原式=\frac{1}{b-a}\int\frac{(x+b)-(x+a)}{(x+b)(x+a)}\,\mathrm{d}x=\frac{1}{b-a}\int\left(\frac{1}{x+a}-\frac{1}{x+b}\right)\mathrm{d}x$$

$$=\frac{1}{b-a}\left[\int\frac{\mathrm{d}(x+a)}{x+a}-\int\frac{\mathrm{d}(x+b)}{x+b}\right]=\frac{1}{b-a}[\ln|x+a|-\ln|x+b|]+C$$

$$=\frac{1}{b-a}\ln\left|\frac{x+a}{x+b}\right|+C$$

说明 本例利用了真分式可以化为部分分式之和，也可以利用待定系数法来拆分真分式：

设

$$\frac{1}{(x+a)(x+b)}=\frac{A}{x+a}+\frac{B}{x+b}=\frac{A(x+b)+B(x+a)}{(x+a)(x+b)}=\frac{(A+B)x+bA+aB}{(x+a)(x+b)}$$

从而

$$(A+B)x+bA+aB \equiv 1$$

根据恒等式的性质,可得 $\begin{cases} A+B=0 \\ bA+aB=1 \end{cases}$,即 $\begin{cases} A=\dfrac{1}{b-a} \\ B=-\dfrac{1}{b-a} \end{cases}$.

在计算有理函数的积分中,分子是一元一次多项式,而分母是能进行因式分解的一元二次多项式,常常将分式拆成两个真分式的和,再利用基本公式求积分.如

$$\int \frac{2x}{x^2-4}dx = \int \frac{(x+2)+(x-2)}{(x+2)(x-2)}dx = \int \frac{1}{x-2}+\frac{1}{x+2}dx = \left[\int \frac{d(x-2)}{x-2}+\int \frac{d(x+2)}{x+2}\right]$$

$$= \left[\ln|x-2|+\ln|x+2|\right]+C = \ln|x^2-4|+C$$

例5 求积分:(1) $\int \dfrac{dx}{1+9x^2}$;(2) $\int \dfrac{dx}{a^2+x^2}(a>0)$.

解 这两个积分与基本公式 $\int \dfrac{du}{1+u^2}=\arctan u+C$ 接近.于是

$$(1)\ 原式 = \frac{1}{3}\int \frac{d(3x)}{1+(3x)^2} \xrightarrow{u=3x} \frac{1}{3}\int \frac{du}{1+u^2} = \frac{1}{3}\arctan u+C = \frac{1}{3}\arctan 3x+C.$$

$$(2)\ 原式 = \int \frac{dx}{a^2\left[1+\left(\dfrac{x}{a}\right)^2\right]} = \frac{1}{a^2}\int \frac{a d\left(\dfrac{x}{a}\right)}{1+\left(\dfrac{x}{a}\right)^2} \xrightarrow{u=\frac{x}{a}} \frac{1}{a}\int \frac{du}{1+u^2}$$

$$= \frac{1}{a}\arctan u+C = \frac{1}{a}\arctan \frac{x}{a}+C.$$

在计算有理分式函数的积分中,分子是常数,而分母是不能进行因式分解的二次多项式,将分母配成一次因式的完全平方与一个正数的和或者它们的相反数,就能利用基本公式(4)求积分.

例6 求积分:(1) $\int \dfrac{dx}{\sqrt{a^2-x^2}}(a>0)$;(2) $\int \dfrac{dx}{\sqrt{2x-x^2}}$.

解 这两个积分与基本公式 $\int \dfrac{du}{\sqrt{1-u^2}}=\arcsin u+C$ 相似.于是

$$(1)\ 原式 = \int \frac{dx}{\sqrt{a^2\left[1-\left(\dfrac{x}{a}\right)^2\right]}} = \int \frac{a d\left(\dfrac{x}{a}\right)}{a\sqrt{1-\left(\dfrac{x}{a}\right)^2}} = \arcsin \frac{x}{a}+C.$$

$$(2)\ 原式 = \int \frac{dx}{\sqrt{1-(x^2-2x+1)}} = \int \frac{d(x-1)}{\sqrt{1-(x-1)^2}} = \arcsin(x-1)+C.$$

在计算无理式函数的积分中,分子是常数,而分母是二次根式,被开方数能配成一个正数与一次因式的完全平方的差,就能利用基本公式(5)求积分.

因此,当被积函数是基本初等函数或简单函数与一次函数的复合时,中间变量为一

次函数,即

$$\int f(ax+b)\,\mathrm{d}x = \frac{1}{a}\int f(ax+b)\,\mathrm{d}(ax+b)\ (a\neq0)$$

练习2 求下列不定积分:

(1) $\int \dfrac{5x}{x^2-3x-4}\mathrm{d}x$;(2) $\int \dfrac{1}{x^2+4x+4}\mathrm{d}x$;(3) $\int \dfrac{1}{9+4x^2}\mathrm{d}x$;(4) $\int \dfrac{1}{\sqrt{9-16x^2}}\mathrm{d}x$.

例7 求积分:(1) $\int \cos^2 x\sin x\,\mathrm{d}x$;(2) $\int \tan x\,\mathrm{d}x$.

解 (1)被积函数中的复合函数为 u^2,而 $u=\cos x$,可得 $\mathrm{d}u=-\sin x\mathrm{d}x$,于是

$$原式 = -\int \cos^2 x(\cos x)'\mathrm{d}x = -\int \cos^2 x\mathrm{d}(\cos x) = -\int u^2\mathrm{d}u$$

$$= -\frac{1}{3}u^3+C = -\frac{1}{3}\cos^3 x+C$$

(2)被积函数中的复合函数为 u^{-1},而 $u=\cos x$,可得 $\mathrm{d}u=-\sin x\mathrm{d}x$,于是

$$原式 = \int \frac{\sin x}{\cos x}\mathrm{d}x = -\int \frac{\mathrm{d}(\cos x)}{\cos x} = -\ln|\cos x|+C$$

类似得

$$\int \cot x\,\mathrm{d}x = \int \frac{\cos x}{\sin x}\mathrm{d}x = \int \frac{\mathrm{d}(\sin x)}{\sin x} = \ln|\sin x|+C$$

当被积函数是正弦(余弦)的复合函数与余弦(正弦)之积时,中间变量为正弦(余弦)函数,即

$$\int f(\sin x)\cos x\mathrm{d}x = \int f(\sin x)\mathrm{d}(\sin x),\ \int f(\cos x)\sin x\mathrm{d}x = -\int f(\cos x)\mathrm{d}(\cos x)$$

对此方法熟悉后,可略去中间的换元步骤,直接凑出基本积分公式的推广形式.凑微分法的难点在于原题并未指明应该把哪一部分凑成中间变量的微分 $\mathrm{d}\varphi(x)$,这需要多分析、多尝试,不断总结和体会,积累解题经验.

例8 求积分:(1) $\int \sec x\,\mathrm{d}x$;(2) $\int \csc x\,\mathrm{d}x$.

解 (构造法,类似于分析法) 利用第二章第二节公式 $(\ln|x|)'=\dfrac{1}{x}$.

(1) 因为

$$(\ln|\sec x+\tan x|)' = \frac{1}{\sec x+\tan x}(\sec x+\tan x)'$$

$$= \frac{1}{\sec x+\tan x}(\sec^2 x+\sec x\tan x) = \sec x$$

所以

$$原式 = \int \frac{\sec x(\sec x+\tan x)}{\sec x+\tan x}\mathrm{d}x = \int \frac{\sec^2 x+\sec x\tan x}{\sec x+\tan x}\mathrm{d}x$$

$$= \int \frac{1}{\sec x+\tan x}\mathrm{d}(\sec x+\tan x) = \ln|\sec x+\tan x|+C$$

（2）由于

$$(\ln|\csc x - \cot x|)' = \frac{1}{\csc x - \cot x}(\csc x - \cot x)'$$

$$= \frac{1}{\csc x - \cot x}(-\csc x \cot x + \csc^2 x) = \csc x$$

$$原式 = \int \frac{\csc x(\csc x - \cot x)}{\csc x - \cot x}dx = \int \frac{\csc^2 x - \csc x \cot x}{\csc x - \cot x}dx$$

$$= \int \frac{1}{\csc x - \cot x}d(\csc x - \cot x) = \ln|\csc x - \cot x| + C$$

例 9   求下列积分:

（1）$\displaystyle\int \cot^2 2x \, dx$;   （2）$\displaystyle\int \frac{1}{1+\cos x}dx$.

解   对于三角函数的积分,常常需要利用三角变换对被积函数做适当变形.

（1）原式 $= \displaystyle\int \frac{\cos^2 2x}{\sin^2 2x}dx = \int \frac{1-\sin^2 2x}{\sin^2 2x}dx = \int \csc^2 2x - 1 \, dx = \int \csc^2 2x \, dx - \int dx$

$$= \frac{1}{2}\int \csc^2 2x \, d(2x) - x = -\frac{1}{2}\cot 2x - x + C.$$

（2）由倍角公式 $\cos^2 x = \dfrac{1}{2}(1+\cos 2x)$,可得 $1+\cos x = 2\cos^2 \dfrac{x}{2}$.因而

$$原式 = \int \frac{dx}{2\cos^2\left(\dfrac{x}{2}\right)} = \int \frac{1}{\cos^2\left(\dfrac{x}{2}\right)}d\left(\dfrac{x}{2}\right) = \int \sec^2\left(\dfrac{x}{2}\right)d\left(\dfrac{x}{2}\right) = \tan \frac{x}{2} + C$$

例 10   求积分 $\displaystyle\int \sin 5x \cos 3x \, dx$.

解   本题利用三角函数积化和（或差）公式 $\sin\alpha\cos\beta = \dfrac{1}{2}[\sin(\alpha+\beta)+\sin(\alpha-\beta)]$,

可得

$$\sin 5x \cos 3x = \frac{1}{2}[\sin(5x+3x)+\sin(5x-3x)] = \frac{1}{2}[\sin 8x + \sin 2x]$$

从而可得

$$原式 = \frac{1}{2}\int (\sin 8x + \sin 2x)dx = \frac{1}{2}\left[\frac{1}{8}\int \sin 8x \, d(8x) + \frac{1}{2}\int \sin 2x \, d(2x)\right]$$

$$= -\frac{1}{16}\cos 8x - \frac{1}{4}\cos 2x + C$$

积分中降低被积函数因式的次幂是常用的方法.对于三角函数可用倍角公式降次,如

$$\sin^2 x = \frac{1}{2}(1-\cos 2x), \cos^2 x = \frac{1}{2}(1+\cos 2x)$$

不同角的三角函数的乘积要用积化和（或差）公式进行分项,再利用基本公式积分;还可以统一三角函数等方法.

练习3 求下列不定积分：

(1) $\int (\sin^2 x + 1)\cos x\, dx$； (2) $\int \dfrac{\sin x}{1+\cos x}dx$； (3) $\int \cos^2 x\, dx$； (4) $\int \sec^4 x\, dx$.

例11 求积分：(1) $\int x^3 \sin x^4\, dx$；(2) $\int x\sqrt{1-x^2}\, dx$.

解 (1) 原式 $=\dfrac{1}{4}\int \sin x^4\, d(x^4) = -\dfrac{1}{4}\cos x^4 + C$.

(2) 原式 $=\dfrac{1}{2}\int \sqrt{1-x^2}\, d(x^2) = -\dfrac{1}{2}\int \sqrt{1-x^2}\, d(1-x^2) = -\dfrac{1}{2}\cdot\dfrac{2}{3}(1-x^2)^{\frac{3}{2}} + C$

$\qquad = -\dfrac{1}{3}(1-x^2)^{\frac{3}{2}} + C$.

我们常常用到万能凑幂法：

$$\int f(x^n)\, x^{n-1}\, dx = \dfrac{1}{n}\int f(x^n)\, d(x^n)$$

$$\int f(x^n)\dfrac{1}{x}dx = \int f(x^n)\dfrac{x^{n-1}}{x^n}dx = \dfrac{1}{n}\int f(x^n)\dfrac{1}{x^n}d(x^n)$$

例12 求积分 $\int \dfrac{\sin\sqrt{x}}{\sqrt{x}}dx$.

解 原式 $=2\int \sin\sqrt{x}\, d(\sqrt{x}) = -2\cos\sqrt{x} + C$.

例13 计算积分 $\int \dfrac{1}{1+e^x}dx$.

解 原式 $=\int \dfrac{1+e^x-e^x}{1+e^x}dx = \int \left(1-\dfrac{e^x}{1+e^x}\right)dx = \int dx - \int \dfrac{1}{1+e^x}d(1+e^x) = x - \ln(1+e^x) + C$.

例14 求积分：(1) $\int \dfrac{\arctan x\, dx}{1+x^2}$；(2) $\int \dfrac{dx}{x\sqrt{1-\ln^2 x}}$.

解 (1) 原式 $=\int \arctan x\, d(\arctan x) = \dfrac{1}{2}\arctan^2 x + C$.

(2) 原式 $=\int \dfrac{dx}{x\sqrt{1-\ln^2 x}} = \int \dfrac{1}{\sqrt{1-\ln^2 x}}\left(\dfrac{dx}{x}\right) = \int \dfrac{d(\ln x)}{\sqrt{1-(\ln x)^2}} = \arcsin(\ln x) + C$.

我们常常用到以下变形：

$$\int f(x^\mu)\, x^{\mu-1}\, dx = \dfrac{1}{\mu}\int f(x^\mu)\, d(x^\mu)\ (\mu\neq 0)$$

$$\int \dfrac{1}{x}f(\ln x)\, dx = \int f(\ln x)\, d(\ln x),\ \int f(e^x)e^x\, dx = \int f(e^x)\, d(e^x)$$

练习4 求下列不定积分：

(1) $\int x\sqrt{1+x^2}\, dx$； (2) $\int \dfrac{e^{\sqrt{x}}}{\sqrt{x}}dx$； (3) $\int \dfrac{1}{e^x+e^{-x}}dx$； (4) $\int \dfrac{4\ln^3 x + 1\, dx}{x}$.

二、第二类换元积分法

第一换元法是根据复合函数及复合过程,凑中间函数(有些复杂的题的中间函数越凑越复杂)的导数,选择中间函数为新的积分变量 $u[=\varphi(x)]$,把中间变量 u 作为新的积分变元,再利用基本积分公式得出积分. 也就是将 $\int f[\varphi(x)]\varphi'(x)\mathrm{d}x$ 变为积分 $\int f(u)\mathrm{d}u$,直接利用 $f(u)$ 的原函数求出积分. 但是有些积分,尽管被积函数含有复合函数,无论怎样都不能凑出中间变量的微分,如 $\int \sqrt{1-x^2}\mathrm{d}x$. 若仍然采用代换 $u=\varphi(x)$,就无法算出积分. 因此,我们必须寻求新的积分方法,需要通过相反方式的换元,即令 $x=\phi(t)$,把 t 作为新积分变量,才能算出结果. 有下面的定理:

定理 设函数 $x=\phi(t)$ 可导,$\phi'(t)\neq0$,且 $f[\phi(t)]\phi'(t)$ 存在原函数为 $F(t)$,则有换元公式

$$\int f(x)\mathrm{d}x=\left[\int f[\phi(t)]\phi'(t)\mathrm{d}t\right]_{t=\phi^{-1}(x)}=F[\phi^{-1}(x)]+C$$

其中 $t=\phi^{-1}(x)$ 是 $x=\phi(t)$ 的反函数.

证 根据第二章四节定理 1 的证明过程可知,如果 $x=\phi(t)$ 可导,$\phi'(t)\neq0$,那么存在反函数 $t=\phi^{-1}(x)$.已知 $f[\phi(t)]\phi'(t)$ 存在原函数为 $F(t)$,可得 $F'(t)=f[\phi(t)]\phi'(t)$,而 $F[\phi^{-1}(x)]$ 是由函数 $F(t)$ 与 $t=\phi^{-1}(x)$ 的复合函数.利用复合函数及反函数的求导法则,可得

$$\frac{\mathrm{d}F}{\mathrm{d}x}=\frac{\mathrm{d}F}{\mathrm{d}t}\cdot\frac{\mathrm{d}t}{\mathrm{d}x}=F'(t)[\phi^{-1}(x)]'=f[\phi(t)]\phi'(t)\cdot\frac{1}{\phi'(t)}=f[\phi(t)]=f(x)$$

即 $F[\phi^{-1}(x)]$ 是 $f(x)$ 的原函数,可得

$$\int f(x)\mathrm{d}x=F(t)+C=F[\phi^{-1}(x)]+C$$

因此,

$$\int f(x)\mathrm{d}x=\left[\int f[\phi(t)]\phi'(t)\mathrm{d}t\right]_{t=\phi^{-1}(x)}=F(t)+C=F[\phi^{-1}(x)]+C$$

定理表明:做变量代换 $x=\phi(t)$,把 t 作为新积分变元.如果 $f[\phi(t)]\phi'(t)$ 的原函数存在,且 $x=\phi(t)$ 的反函数也存在,那么有

$$\int f(x)\mathrm{d}x\xrightarrow[\text{换元}]{x=\phi(t)}\int f[\phi(t)]\phi'(t)\mathrm{d}t\xrightarrow{\text{积分}}F(t)+C\xrightarrow[\text{回代}]{t=\phi^{-1}(x)}F[\phi^{-1}(x)]+C$$

在积分 $\int f(x)\mathrm{d}x$ 中,我们利用可导函数 $\phi(t)=x$ 做代换,将积分变量换元,通过计算 $\int f[\phi(t)]\phi'(t)\mathrm{d}t$ 来求不定积分的方法称为**第二换元法**. 使用第二换元法的关键是恰当地选择变换函数 $\phi(t)$,使得新的被积函数 $f[\phi(t)]\phi'(t)$ 比较简单,用已有的方法能够求出原函数,从而算出不定积分.要做到"两换一还原":换积分变元与被积函数,积分后还原成旧变元.

例 15 求不定积分 $\int 1+\sqrt{x-4}\,\mathrm{d}x$.

解 为了消去根式，令 $t=\sqrt{x-4}\ (x>4)$. 有 $x=t^2+4\ (t>0)$，导数不为零，则 $\mathrm{d}x=2t\mathrm{d}t$. 于是

$$原式=\int(1+t)\cdot 2t\mathrm{d}t=2\int t^2+t\mathrm{d}t=2\left(\frac{1}{3}t^3+\frac{1}{2}t^2\right)+C=\frac{1}{3}(2t^3+3t^2)+C$$

$$=\frac{1}{3}\left[2\sqrt{(x-4)^3}+3x-12\right]+C$$

在被积函数中含有被开方数是一次多项式的根式 $\sqrt[n]{ax+b}$ 时，令 $\sqrt[n]{ax+b}=t$ 可以消去根号从而求得积分. 下面重点讨论被积函数中含有二次多项式为被开方数的根式的情况.

例 16 求不定积分 $\int\sqrt{1-x^2}\,\mathrm{d}x$.

解 这个积分含有二次根式 $\sqrt{1-x^2}$，没有类似的基本积分公式，只有消去根式. 想到三角函数的平法关系：$\sin^2 t+\cos^2 t=1$ 来消去根式. 于是做三角变换，

$$x=\sin t\left(-\frac{\pi}{2}<t<\frac{\pi}{2}\right),\frac{\mathrm{d}x}{\mathrm{d}t}=\cos t>0$$

由此可得

$$\sqrt{1-x^2}=\sqrt{1-\sin^2 t}=\cos t,\mathrm{d}x=\cos t\mathrm{d}t$$

根据前面的定理，可得

$$原式=\int\cos^2 t\mathrm{d}t=\int\frac{1+\cos 2t}{2}\mathrm{d}t=\frac{1}{2}t+\frac{1}{4}\sin 2t+C=\frac{1}{2}t+\frac{1}{2}\sin t\cos t+C$$

下面求 $x=\sin t$ 的反函数及 t 的有关表达式，把 t 回代成 x 的函数. 在直角三角形中正弦函数的定义如下：

$$\sin t=\frac{对边}{斜边}\triangleq\frac{x}{1}$$

即以斜边为 1，对边为 x 做直角三角形，如图 4-3 所示，从而可得

$$\cos t=\frac{邻边}{斜边}=\frac{\sqrt{1-x^2}}{1}=\sqrt{1-x^2}$$

于是所求积分为

$$原式=\frac{1}{2}\arcsin x+\frac{1}{2}x\sqrt{1-x^2}+C$$

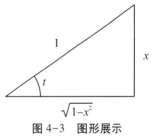

图 4-3 图形展示

由此可得，当 $a>0$ 时，则

$$\int\sqrt{a^2-x^2}\,\mathrm{d}x=a\int\sqrt{a^2\left[1-\left(\frac{x}{a}\right)^2\right]}\,\mathrm{d}\left(\frac{x}{a}\right)\triangleq a^2\int\sqrt{1-u^2}\,\mathrm{d}u$$

$$=a^2\left[\frac{1}{2}\arcsin u+\frac{1}{2}u\sqrt{1-u^2}+C_1\right]\quad\left(u=\frac{x}{a}\right)$$

$$=\frac{a^2}{2}\arcsin\frac{x}{a}+\frac{1}{2}x\sqrt{a^2-x^2}+C\quad(C=a^2 C_1)$$

例 17　求不定积分 $\int \dfrac{1}{\sqrt{x^2+1}}\mathrm{d}x$.

解　利用三角函数的平法关系 $1+\tan^2 t=1+\dfrac{\sin^2 t}{\cos^2 t}=\dfrac{\cos^2 t+\sin^2 t}{\cos^2 t}=\sec^2 t$ 来消去被积函数的二次根式 $\sqrt{1+x^2}$，做三角变换，则

$$x=\tan t\left(-\dfrac{\pi}{2}<t<\dfrac{\pi}{2}\right),\ \mathrm{d}x=\sec^2 t\mathrm{d}t$$

于是所求积分为

$$\text{原式}=\int \dfrac{1}{\sqrt{1+\tan^2 t}}\cdot \sec^2 t\mathrm{d}t=\int \dfrac{1}{\sec t}\cdot \sec^2 t\mathrm{d}t=\int \sec t\mathrm{d}t=\ln|\sec t+\tan t|+C$$

再求 $x=\tan t$ 反函数及 t 的有关表达式，把 t 回代成 x 的函数. 根据在直角三角形中正切函数的定义：$\tan t=\dfrac{\text{对边}}{\text{邻边}}\triangleq\dfrac{x}{1}$，即以邻边为 1，对边为 x 可做直角三角形，如图 4-4 所示，可得

$$\cos t=\dfrac{\text{邻边}}{\text{斜边}}=\dfrac{1}{\sqrt{1+x^2}},\ \sec t=\sqrt{1+x^2}$$

$$\text{原式}=\ln\left|\sqrt{1+x^2}+x\right|+C=\ln\left(\sqrt{1+x^2}+x\right)+C$$

本题利用了例 8 的结果 $\int \sec x\mathrm{d}x=\ln|\sec x+\tan x|+C$.

由此可得，当 $a>0$ 时，则

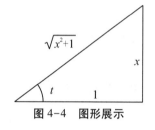

图 4-4　图形展示

$$\int \dfrac{1}{\sqrt{x^2+a^2}}\mathrm{d}x=\int \dfrac{a}{\sqrt{a^2\left[1+\left(\dfrac{x}{a}\right)^2\right]}}\mathrm{d}\left(\dfrac{x}{a}\right)\triangleq\int \dfrac{1}{\sqrt{1+u^2}}\mathrm{d}u$$

$$=\ln\left(\sqrt{1+u^2}+u\right)+C_1\left(u=\dfrac{x}{a}\right)$$

$$=\ln\left(\dfrac{\sqrt{a^2+x^2}}{a}+\dfrac{x}{a}\right)+C_1=\ln\left(x+\sqrt{a^2+x^2}\right)+C$$

其中 $C=C_1-\ln a$.

例 18　求不定积分 $\int \dfrac{1}{\sqrt{x^2-a^2}}\mathrm{d}x\ (a>0)$.

解　为了消去被积函数的根式 $\sqrt{x^2-a^2}$，只好利用例 17 中三角函数的平法关系：$\sec^2 t-1=\tan^2 t$. 注意到被积函数的定义域是 $x>a$ 或 $x<a$，在这两个区间内分别求不定积分. 于是当 $x>a$ 时，做三角变换，则有

$$x=a\sec t\left(0<t<\dfrac{\pi}{2}\right),\ \mathrm{d}x=a\sec t\tan t\mathrm{d}t$$

根据正割函数的定义：$\sec t=\dfrac{\text{斜边}}{\text{邻边}}\triangleq\dfrac{x}{a}$，即以邻边为 a，

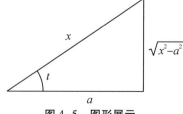

图 4-5　图形展示

斜边为 x 做直角三角形,如图 4-5 所示,可得 $\tan t = \dfrac{\sqrt{x^2-a^2}}{a}$. 从而可得

$$原式 = \int \frac{1}{\sqrt{a^2(\sec^2 t - 1)}} a\sec t \tan t \, dt$$

$$= \int \frac{1}{a\tan t} a\sec t \tan t \, dt = \int \sec t \, dt$$

$$= \ln|\sec t + \tan t| + C_1 = \ln\left|\frac{x}{a} + \frac{\sqrt{x^2-a^2}}{a}\right| + C_1 = \ln\left|x + \sqrt{x^2-a^2}\right| + C$$

其中 $C = C_1 - \ln a$. 本题利用了例 8 的结果 $\int \sec x \, dx = \ln|\sec x + \tan x| + C$.

当 $x < a$ 时,令 $x = -u$,有 $dx = -du$,$u > a$. 利用上面的结果,可得

$$\int \frac{1}{\sqrt{x^2-a^2}}dx = -\int \frac{1}{\sqrt{u^2-a^2}}du = -\ln\left|u + \sqrt{u^2-a^2}\right| + C_1$$

$$= -\ln\left|-x + \sqrt{x^2-a^2}\right| + C_1 = -\ln\left|\frac{(-x+\sqrt{x^2-a^2})(x+\sqrt{x^2-a^2})}{(x+\sqrt{x^2-a^2})}\right| + C_1$$

$$= -\ln\left|\frac{-a^2}{x+\sqrt{x^2-a^2}}\right| + C_1 = \ln\left|\frac{x+\sqrt{x^2-a^2}}{a^2}\right| + C_1$$

$$= \ln\left|x+\sqrt{x^2-a^2}\right| + C_1 - 2\ln a = \ln\left|x+\sqrt{x^2-a^2}\right| + C$$

其中 $C = C_1 - 2\ln a$.

因此,把 $x > a$ 及 $x < a$ 内的结果合起来,可写作

$$\int \frac{1}{\sqrt{x^2-a^2}}dx = \ln\left|x+\sqrt{x^2-a^2}\right| + C$$

一般地,当被积函数含有二次根式 $\sqrt{a^2-x^2}$,可做代换 $x = a\sin t$;含有 $\sqrt{a^2+x^2}$,可做代换 $x = a\tan t$;含有 $\sqrt{x^2-a^2}$,可做代换 $x = a\sec t$. 通常称以上代换为三角代换,是第二换元法的重要组成部分.使用三角代换去掉被积函数中的二次根式后,还应该结合凑微分法或直接积分法完成整个积分.在使用三角代换变量回代过程中,利用直角三角形中三角函数的定义,做相应的变换三角形,得出需要的三角函数表达式,使运算简便.但在具体解题时,是否使用三角代换,还要具体分析.例如 $\int x\sqrt{x^2-a^2}\,dx$ 就不必用三角代换,而用凑微分法更为方便.

在本节例题中,有些积分是以后经常用到的,常常当作公式来使用.补充的基本积分公式如下:

(14) $\displaystyle\int \frac{1}{a^2+x^2}dx = \frac{1}{a}\arctan\frac{x}{a} + C \ (a > 0)$.

(15) $\displaystyle\int \frac{1}{(x+a)(x+b)}dx = \frac{1}{b-a}\ln\left|\frac{x+a}{x+b}\right| + C \ (a \neq b)$.

(16) $\displaystyle\int \frac{1}{\sqrt{a^2-x^2}}dx = \arcsin\frac{x}{a} + C \ (a > 0)$.

(17) $\displaystyle\int \tan x \, dx = -\ln|\cos x| + C$.

(18) $\int \cot x \mathrm{d}x = \ln |\sin x| + C.$

(19) $\int \sec x \mathrm{d}x = \ln |\sec x + \tan x| + C.$

(20) $\int \csc x \mathrm{d}x = \ln |\csc x - \cot x| + C.$

(21) $\int \dfrac{1}{\sqrt{x^2 \pm a^2}} \mathrm{d}x = \ln |x + \sqrt{x^2 \pm a^2}| + C \ (a>0).$

(22) $\int \sqrt{a^2 - x^2} \mathrm{d}x = \dfrac{a^2}{2} \arcsin \dfrac{x}{a} + \dfrac{1}{2} x\sqrt{a^2 - x^2} + C \ (a>0).$

例 19　计算积分 $\int \dfrac{1}{x\sqrt{9-4x^2}} \mathrm{d}x.$

解　原式 $= \int \dfrac{1}{3x\sqrt{1-\left(\dfrac{2}{3}x\right)^2}} \mathrm{d}x,$

为了消去根式 $\sqrt{1-\left(\dfrac{2}{3}x\right)^2}$，因而设 $\sin u = \dfrac{2x}{3} \left(-\dfrac{\pi}{2} < u < \dfrac{\pi}{2}\right)$，

$x = \dfrac{3}{2}\sin u, \mathrm{d}x = \dfrac{3}{2}\cos u \mathrm{d}u$，做变换三角形，如图 4-6 所示，可得

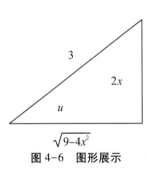

$\cot u = \dfrac{\sqrt{9-4x^2}}{2x}.$ 于是

图 4-6　图形展示

$$原式 = \int \dfrac{1}{3 \cdot \dfrac{3}{2}\sin u \cdot \cos u} \cdot \dfrac{3}{2}\cos u \mathrm{d}u$$

$$= \dfrac{1}{3} \int \csc u \mathrm{d}u$$

$$= \dfrac{1}{3}\ln |\csc u - \cot u| + C = \dfrac{1}{3}\ln \left| \dfrac{3}{2x} - \dfrac{\sqrt{9-4x^2}}{2x} \right| + C$$

本题利用了补充公式 (20) $\int \csc x \mathrm{d}x = \ln |\csc x - \cot x| + C.$

例 20　求积分 $\int \dfrac{1}{x^2\sqrt{1+x^2}} \mathrm{d}x.$

解　[方法一（三角代换）] 设 $x = \tan u \left(-\dfrac{\pi}{2} < u < \dfrac{\pi}{2}\right)$，$\mathrm{d}x =$

$\sec^2 u \mathrm{d}u.$ 作变换三角形，如图 4-7 所示，可得 $\sin u = \dfrac{x}{\sqrt{1+x^2}}.$ 于是

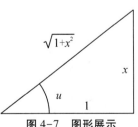

$$原式 = \int \dfrac{1}{\tan^2 u \cdot \sqrt{1+\tan^2 u}}\sec^2 u \mathrm{d}u = \int \dfrac{1}{\tan^2 u \cdot \sec u}\sec^2 u \mathrm{d}u$$

图 4-7　图形展示

$$= \int \dfrac{\cos u}{\sin^2 u} \mathrm{d}u = \int \dfrac{1}{\sin^2 u} \mathrm{d}(\sin u) = -\dfrac{1}{\sin u} + C = -\dfrac{\sqrt{1+x^2}}{x} + C$$

[方法二(倒代换)]设 $x=\dfrac{1}{u}$,$dx=-\dfrac{1}{u^2}du$.

$$\text{原式}=\int\frac{1}{\dfrac{1}{u^2}\sqrt{1+\dfrac{1}{u^2}}}\left(-\frac{1}{u^2}du\right)=\mp\int\frac{u}{\sqrt{1+u^2}}du=\mp\frac{1}{2}\int\frac{1}{\sqrt{1+u^2}}d(1+u^2)$$

$$=\mp\sqrt{1+u^2}+C=\mp\frac{\sqrt{1+x^2}}{x}+C.$$

注 方法二有两个不同的结果,容易验证 $-\dfrac{\sqrt{1+x^2}}{x}+C$ 的导数是被积函数,而 $\dfrac{\sqrt{1+x^2}}{x}+C$ 的导数不是被积函数,应该舍去,可设 $x=\dfrac{1}{u}(u>0)$,就可以不产生增解.倒代换可以降低分母的次数,而提高分子的次数,便于积分.

习题 4-2

1.在下列各式的括号内填入适当的系数,使等式成立.

(1) $dx=(\quad)d(5x+2)$;　　　　　　(2) $xdx=(\quad)d(x^2-1)$;

(3) $xdx=(\quad)d(1-3x^2)$;　　　　　(4) $\sin\dfrac{1}{2}xdx=(\quad)d\left(\cos\dfrac{1}{2}x\right)$;

(5) $\dfrac{1}{x}dx=(\quad)d(3\ln|x|-1)$;　　　(6) $e^{-x}dx=(\quad)d(4e^{-x}+1)$;

(7) $\dfrac{1}{1+x^2}dx=(\quad)d(\arctan x)$;　　(8) $\dfrac{dx}{\sqrt{x}}=(\quad)d(\sqrt{x})$;

(9) $\dfrac{dx}{\sqrt{1-x^2}}=(\quad)d(\arcsin x)$;　　(10) $\dfrac{xdx}{\sqrt{1-x^2}}=(\quad)d(\sqrt{1-x^2})$.

2.填空题.

(1) $\displaystyle\int\cos x^2+1d(x^2)=(\quad)$;　　　(2) $\displaystyle\int\frac{d(x^2)}{1+4x^4}=(\quad)$;

(3) $\displaystyle\int\frac{d(\cos x)}{\sqrt{1-\cos^2 x}}=(\quad)$;　　　(4) $\displaystyle\int\frac{1}{x^2}\sin\frac{1}{x}dx=(\quad)$;

(5) $\displaystyle\int\frac{1}{\sqrt{x}}\cos\sqrt{x}\,dx=(\quad)$;　　　(6) $\displaystyle\int\frac{dx}{\cos^2 x(1+\tan x)}=(\quad)$;

(7)设 $f(x)=e^{-x}$,则 $\displaystyle\int\frac{f'(2\ln x)}{x}dx=(\quad)$;

(8)设 $F(x)$ 是 $f(x)$ 的一个原函数,则 $\displaystyle\int\frac{f(\sqrt{x})}{\sqrt{x}}dx=(\quad)$.

3.计算不定积分.

(1) $\displaystyle\int(5x+2)^2dx$;　　(2) $\displaystyle\int\frac{dx}{3x+7}$;　　(3) $\displaystyle\int\frac{dx}{\sqrt{9-4x^2}}$;

(4) $\displaystyle\int\sin(\omega t+\varphi)dt$;　　(5) $\displaystyle\int\frac{1}{x^2-3x+2}dx$;　　(6) $\displaystyle\int\cos^3 x\,dx$;

(7) $\int \dfrac{dx}{\tan^2 x+1}$; (8) $\int \dfrac{x^2+\ln^2 x}{x}dx$; (9) $\int \tan 3x\,dx$;

(10) $\int \dfrac{4x^3}{2+x^4}dx$; (11) $\int \dfrac{dx}{x^2+2x+5}$; (12) $\int \dfrac{2x}{x^4+1}dx$;

(13) $\int \dfrac{dx}{\sqrt{e^{2x}-1}}$; (14) $\int \dfrac{dx}{\sqrt{1-x^2}\arcsin^3 x}$; (15) $\int \sqrt{4-x^2}\,dx$;

(16) $\int e^{x+x}dx$; (17) $\int \dfrac{1-\dfrac{1}{x^2}}{x+\dfrac{1}{x}}dx$; (18) $\int \dfrac{dx}{x\sqrt{x^2+1}}$.

4. 计算三角函数的不定积分.

(1) $\int \sin^2 2x\,dx$; (2) $\int \cos^4 x\,dx$; (3) $\int \sec 2x\,dx$;

(4) $\int \dfrac{\sin 2x}{\sqrt{\sin^3 x}}dt$; (5) $\int \dfrac{\sin x+\cos x}{\sqrt[3]{\sin x-\cos x}}dx$; (6) $\int \sin^2 2x\cos^3 x\,dx$;

(7) $\int \sin 3x\sin 5x\,dx$; (8) $\int \sin 2x\cos 3x\,dx$; (9) $\int \tan^3 x\,\sec x\,dx$;

(10) $\int \dfrac{\sec^2(\ln x)}{x}dx$; (11) $\int \dfrac{2-\sin x}{2x+\cos x}dx$; (12) $\int \dfrac{4\ln\tan x}{\sin 2x}dx$.

5. 计算不定积分(其中 $a>0$).

(1) $\int \dfrac{x^2}{1-x^3}dx$; (2) $\int \dfrac{dx}{x(1+x^4)}$; (3) $\int \dfrac{dx}{\sqrt[3]{x+2}+1}$;

(4) $\int \dfrac{1+\ln x}{x\ln x}dx$; (5) $\int \dfrac{1}{\sqrt{e^x-1}}dx$; (6) $\int \dfrac{x+1}{\sqrt{x^2-1}}dx$;

(7) $\int \dfrac{dx}{x\sqrt{4-x^2}}$; (8) $\int \dfrac{dx}{(a^2+x^2)^{\frac{3}{2}}}$; (9) $\int \dfrac{\sqrt{a^2-x^2}\,dx}{x^4}$;

(10) $\int \dfrac{dx}{x^2\sqrt{x^2-a^2}}$; (11) $\int \dfrac{dx}{1+\sqrt{1-x^2}}$; (12) $\int \dfrac{dx}{x+\sqrt{1-x^2}}$.

6. 证明当 $a>0$ 时,则

$$\int \sqrt{a^2-x^2}\,dx=-\dfrac{a^2}{2}\arccos\dfrac{x}{a}+\dfrac{1}{2}x\sqrt{a^2-x^2}+C$$

第三节　分部积分法

我们知道基本初等函数有五类:幂函数、指数函数、对数函数、三角函数和反三角函数.对于两个不同类型基本初等函数乘积的不定积分,如何计算? 如 $\int xe^x dx$ 与 $\int e^x\sin x\,dx$,无论怎样换元均无法求出其原函数.本节学习计算积分的另一种方法——分部积分法,此方法是把乘积的微分公式反过来使用,适用于被积函数是两个不同类型的基本初等函数及复合函数的乘积的积分.

定理　如果函数 $u=u(x),v=v(x)$ 在区间 I 上具有连续导数,那么

$$\int u(x)\,\mathrm{d}v(x)=u(x)v(x)-\int v(x)\,\mathrm{d}u(x),\text{即}\int u\mathrm{d}v=uv-\int v\mathrm{d}u$$

证　由第二章第二节定理 1 导数的运算可得,函数 $u(x)v(x)$ 在区间 I 上可导,有

$$(uv)'=u'v+v'u,\text{或}\ uv'=(uv)'-u'v$$

两端对 x 积分,得

$$\int uv'\mathrm{d}x=\int(uv)'\mathrm{d}x-\int u'v\mathrm{d}x$$

根据本章第一节不定积分性质 1 可知: $\int F'(x)\,\mathrm{d}x=F(x)+C$,可得 $\int(uv)'\mathrm{d}x=uv+C$. 又函数 $u(x),v(x)$ 在区间 I 上都有连续导数,由第二章第一节函数可导的必要条件, $u(x),v(x)$ 都连续,由第一章第八节连续函数的运算可得, $u(x)v'(x),u'(x)v(x)$ 都连续, 根据第一节连续函数存在原函数定理,不定积分为

$$\int u(x)\,\mathrm{d}v(x)=\int u(x)v'(x)\,\mathrm{d}x,\ \int v(x)\,\mathrm{d}u(x)=\int v(x)u'(x)\,\mathrm{d}x$$

均存在.因此,

$$\int u(x)v'(x)\,\mathrm{d}x=\int u(x)\,\mathrm{d}v(x)=\int(u(x)v(x))'\mathrm{d}x-\int u'(x)v(x)\,\mathrm{d}x$$

$$=u(x)v(x)-\int v(x)\,\mathrm{d}u(x)$$

由此可得

$$\int u(x)\,\mathrm{d}v(x)=u(x)v(x)-\int v(x)\,\mathrm{d}u(x),\text{即}\int u\mathrm{d}v=uv-\int v\mathrm{d}u$$

这个公式称为**分部积分公式**,利用分部积分公式求解积分的方法称为**分部积分法**.它可以将求积分 $\int u\mathrm{d}v$ 转化为求积分 $\int v\mathrm{d}u$.当积分 $\int v\mathrm{d}u$ 较容易计算时,分部积分公式就起到了化难为易的作用,从而便于算出结果.它表明:当被积函数是两个不同类型函数的乘积时,先将一个函数的导数 v' 转化为微分 $\mathrm{d}v$,它们的积分 $\int u\mathrm{d}v$ 等于另一个函数 u 乘以函数 v 的积,减去这个函数的微分 $\mathrm{d}u$ 与函数 v 的积分,也就是等于被积函数 u 乘以微分函数 v 的积,减去被积函数 u 与微分函数 v 交换位置的积分.

例 1　求积分 $\int x\mathrm{e}^x\mathrm{d}x$.

分析:如果被积函数 $x\mathrm{e}^x$ 中没有 x 或 e^x,那么这些积分都容易计算出来.怎样才能消去 x 或 e^x 呢? 如果取 $u=x,u'=1$,利用分部积分就可以消去 x.

解　设 $u=x,\mathrm{d}v=\mathrm{e}^x\mathrm{d}x=\mathrm{d}(\mathrm{e}^x)$,则 $\mathrm{d}u=\mathrm{d}x,v=\mathrm{e}^x$,利用分部积分公式,可得

$$原式=\int x(\mathrm{e}^x\mathrm{d}x)=\int x\mathrm{d}\mathrm{e}^x\qquad\left(\int u\mathrm{d}v=uv-\int v\mathrm{d}u\right)$$

$$=x\mathrm{e}^x-\int\mathrm{e}^x\mathrm{d}x=\mathrm{e}^x(x-1)+C$$

如果令 $u=\mathrm{e}^x,\mathrm{d}v=x\mathrm{d}x$,那么 $\mathrm{d}u=\mathrm{e}^x\mathrm{d}x,v=\dfrac{1}{2}x^2$,利用分部积分公式,则

$$原式 = \int e^x(xdx) = \int e^x d\left(\frac{1}{2}x^2\right) \qquad \left(\int udv = uv - \int vdu\right)$$

$$= \frac{1}{2}x^2 e^x - \int \frac{1}{2}x^2 e^x dx$$

但是,上式右端的不定积分比原积分更复杂,说明这样 u 和 v 的选取方法不可行.

积分 $\int udv$ 等于积分符号"$\int$"与微分符号"d"去掉的函数,减去微分符号"d"的前后函数交换位置的积分.

求积分 $\int x\cos x dx$.

解 设 $u = x, dv = \cos x dx = d(\sin x)$,则 $du = dx, v = \sin x$.代入分部积分公式,可得

$$原式 = \int x(\cos x dx) = \int x d(\sin x) \qquad \left(\int udv = uv - \int vdu\right)$$

$$= x\sin x - \int \sin x dx = x\sin x + \cos x + C$$

若令 $u = \cos x, dv = xdx$,则有 $du = -\sin x dx$ 及 $v = \frac{1}{2}x^2$,代入公式后,得到

$$原式 = \int \cos x(xdx) = \int \cos x d\left(\frac{1}{2}x^2\right) = \frac{1}{2}x^2\cos x - \frac{1}{2}\int x^2\sin x dx$$

新得到的积分 $\int x^2\sin x dx$ 反而比原积分更复杂,说明这样选 u 与 dv 是不合适的,不仅不能将问题化简,反而使问题变得更复杂.由此可见,利用分部积分法关键是恰当地选择好 u 和 v'(或 dv),一般要考虑如下两点:

(1)函数 v 要容易求得(可用凑微分法求出);

(2)积分 $\int vdu$ 要比 $\int udv$ 简单,更容易积出原函数.

例3 求积分 $\int x^2\sin x dx$.

解 令 $u = x^2, v' = \sin x$,则 $u' = 2x, v = -\cos x$.于是

$$原式 = \int x^2(\sin x dx) = -\int x^2 d(\cos x) = -\left[x^2\cos x - \int \cos x d(x^2)\right]$$

$$= -x^2\cos x + 2\int x\cos x dx = -x^2\cos x + 2\int x d(\sin x)$$

$$= -x^2\cos x + 2\left(x\sin x - \int \sin x dx\right) = -x^2\cos x + 2x\sin x + 2\cos x + C$$

例4 求积分 $\int x\ln x dx$.

解 令 $u = \ln x, v' = x$,则 $u' = \frac{1}{x}, v = \frac{1}{2}x^2$.于是

$$原式 = \int \ln x(xdx) = \int \ln x d\left(\frac{x^2}{2}\right) = \frac{1}{2}x^2\ln x - \int \frac{x^2}{2}d(\ln x)$$

$$= \frac{1}{2}x^2\ln x - \frac{1}{2}\int x dx = \frac{1}{2}x^2\ln x - \frac{1}{4}x^2 + C$$

练习:

(1) $\int xe^{-x}dx$; (2) $\int x\sin\frac{x}{2}dx$; (3) $\int \ln x dx$; (4) $\int x^2 e^x dx$.

当被积函数是两个不同类型的基本初等函数及复合函数的乘积时,如果被积函数含有三角函数因式,就将三角函数作为函数的导数 v';如果被积函数不含有三角函数而含有指数函数因式,就将指数函数作为函数的导数 v';如果被积函数不含有三角函数和指数函数因式,而含有幂函数因式,就将幂函数作为函数的导数 v'.可归纳为:三角函数、指数函数和幂函数位置可变动(转化为 dv),反三角函数和对数函数位置不变动(作为 u).用一句话来概括:反对不动,幂指三动.下述三种类型积分,均可用分部积分公式来求解:

(1) $\int x^n \cos ax \, dx$,$\int x^n \sin ax \, dx$,$\int x^n e^{ax} \, dx$,分别设 $v' = \cos ax$,$\sin ax$,e^{ax},而设 $u = x^n$;

(2) $\int x^n \ln x \, dx$,$\int x^n \arcsin x \, dx$,$\int x^n \arctan x \, dx$,可设 $v' = x^n$,而分别设 $u = \ln x$,$\arcsin x$,$\arctan x$;

(3) $\int e^{ax} \sin bx \, dx$,$\int e^{ax} \cos bx \, dx$,分别设 $v' = \sin bx$,$\cos bx$,也可设 $v' = e^{ax}$,即被积函数是三角函数与指数函数的积时,函数 u 与 v 可以任意选取.

上述三情况的幂函数 x^n 换成多项式函数时,仍然使用同样的方法.

例 5 求积分 $\int \arcsin x \, dx$.

解 令 $u = \arcsin x$,$v' = 1$,则 $u' = \dfrac{1}{\sqrt{1-x^2}}$,$v = x$. 于是

$$原式 = x \arcsin x - \int x \, d(\arcsin x) = x \arcsin x - \int \frac{x}{\sqrt{1-x^2}} \, dx$$

$$= x \arcsin x + \frac{1}{2} \int \frac{1}{\sqrt{1-x^2}} \, d(1-x^2) = x \arcsin x + \sqrt{1-x^2} + C.$$

例 6 求积分 $I = \int e^x \sin x \, dx$.

解
$$I = \int \sin x (e^x \, dx) = \int \sin x \, d(e^x) = e^x \sin x - \int e^x \cos x \, dx$$

等式右端后一个积分与左端的积分是同一类型.对右端的积分再用一次分部积分法,可得

$$I = e^x \sin x - \int \cos x \, d(e^x) = e^x \sin x - e^x \cos x + \int e^x \, d(\cos x)$$

$$= e^x \sin x - e^x \cos x - \int e^x \sin x \, dx$$

上式最后一项正是要求的积分,因而在积分过程中出现了**循环**,进行移项处理,把再次出现的 $\int e^x \sin x \, dx$ 移至左端,合并后除以 2 得所求积分. 即

$$I = e^x \sin x - e^x \cos x - I, \quad I = \int e^x \sin x \, dx = \frac{1}{2} e^x (\sin x - \cos x) + C$$

因上式右端已不包含积分项,所以要加上任意常数 C.

例 7 求积分 $I = \int \sec^3 x \, dx$

解
$$I = \int \sec x \cdot (\sec^2 x \, dx) = \int \sec x \, d(\tan x) = \sec x \tan x - \int \tan x \, d(\sec x)$$

$$= \sec x \tan x - \int \tan x \cdot \sec x \tan x \, dx = \sec x \tan x - \int \sec x (\sec^2 x - 1) \, dx$$

$$= \sec x \tan x - \int \sec^3 x \mathrm{d}x + \int \sec x \mathrm{d}x$$

$$= \sec x \tan x - \int \sec^3 x \mathrm{d}x + \ln |\sec x + \tan x|$$

上式利用了第二节补充的基本公式(19): $\int \sec x \mathrm{d} = \ln |\sec x + \tan x| + C$. 上式中间一项正是要求的积分, 在积分过程中, 出现了循环. 即

$$I = \sec x \tan x - I + \ln |\sec x + \tan x|,$$

求解可得

$$I = \int \sec^3 x \mathrm{d}x = \frac{1}{2}(\sec x \tan x + \ln |\sec x + \tan x|) + C$$

例 8 求积分 $\int \dfrac{x}{1+\cos x} \mathrm{d}x$.

解 (方法一) 原式 $= \int \dfrac{x}{2\cos^2 \dfrac{x}{2}} \mathrm{d}x = \dfrac{1}{2}\int x \sec^2 \dfrac{x}{2} \mathrm{d}x = \int x \mathrm{d}(\tan \dfrac{x}{2})$

$$= x \tan \frac{x}{2} - \int \tan \frac{x}{2} \mathrm{d}x = x \tan \frac{x}{2} + 2\ln \left| \cos \frac{x}{2} \right| + C$$

(方法二) 原式 $= \int \dfrac{x(1-\cos x)}{\sin^2 x} \mathrm{d}x = \int x \csc^2 x \mathrm{d}x - \int x \csc x \cdot \cot \mathrm{d}x$

$$= -\int x \mathrm{d}\cot x + \int x \mathrm{d}\csc x$$

$$= -(x \cot x - \int \cot x \mathrm{d}x) + (x \csc x - \int \csc x \mathrm{d}x)$$

$$= -x \cot x + \ln |\sin x| + x \csc x - \ln |\csc x - \cot x| + C$$

本题利用第二节补充的基本公式:

(17) $\int \tan x \mathrm{d}x = -\ln |\cos x| + C$.

(18) $\int \cot x \mathrm{d}x = \ln |\sin x| + C$.

(20) $\int \csc x \mathrm{d}x = \ln |\csc x - \cot x| + C$.

例 9 求积分 $I_n = \int \tan^n x \mathrm{d}x$ (n 是大于 1 的正整数).

解 $I_n = \int \tan^{n-2} x \tan^2 x \mathrm{d}x = \int \tan^{n-2} x (\sec^2 x - 1) \mathrm{d}x$

$$= \int \tan^{n-2} x (\sec^2 x \mathrm{d}x) - \int \tan^{n-2} x \mathrm{d}x$$

$$= \int \tan^{n-2} x \mathrm{d}(\tan x) - I_{n-2} = \frac{1}{n-1} \tan^{n-1} x - I_{n-2}$$

由此可得

$$I_n = \frac{1}{n-1} \tan^{n-1} x - I_{n-2}$$

这是一般项 I_n 与下标更小的项 I_{n-2} 之间的等式关系,一个关于 n 的**递推公式**(数列).

由 $I_0 = \int \tan^0 x \, \mathrm{d}x = x + C$,可得

$$I_2 = \frac{1}{2-1}\tan^{2-1}x - I_0 = \tan x - x - C$$

再由 I_2 可得 I_4;……同样由 $I_1 = \int \tan x \, \mathrm{d}x = -\ln|\cos x| + C$,可得 I_3;再由 I_3 可得 I_5;……从而求出所要不定积分.

例 10 设函数 $f(x)$ 的一个原函数是 $\ln^2 x$,求积分 $\int xf'(x)\mathrm{d}x$.

解 由不定积分的定义,可得 $\int f(x)\mathrm{d}x = \ln^2 x + C$,从而

$$f(x) = \left[\int f(x)\mathrm{d}x\right]' = (\ln^2 x + C)' = \frac{2}{x}\ln x$$

因此,利用分部积分公式,有

$$\int xf'(x)\mathrm{d}x = \int x\mathrm{d}(f(x)) = xf(x) - \int f(x)\mathrm{d}x$$

$$= x \cdot \frac{2\ln x}{x} - \ln^2 x - C = 2\ln x - \ln^2 x - C$$

习题 4-3

1.计算不定积分.

(1) $\displaystyle\int x\sin x\,\mathrm{d}x$;

(2) $\displaystyle\int x\mathrm{e}^{-2x}\,\mathrm{d}x$;

(3) $\displaystyle\int \arctan x\,\mathrm{d}x$;

(4) $\displaystyle\int \cos\sqrt{x}\,\mathrm{d}x$;

(5) $\displaystyle\int \mathrm{e}^x\cos 3x\,\mathrm{d}x$;

(6) $\displaystyle\int \arccos x\,\mathrm{d}x$;

(7) $\displaystyle\int x\ln(x^2+1)\,\mathrm{d}x$;

(8) $\displaystyle\int \mathrm{e}^{-x}\cos^2 x\,\mathrm{d}x$;

(9) $\displaystyle\int x\arctan x\,\mathrm{d}x$;

(10) $\displaystyle\int \mathrm{e}^{\sqrt{2x+1}}\,\mathrm{d}x$;

(11) $\displaystyle\int \ln^2 x\,\mathrm{d}x$;

(12) $\displaystyle\int x\tan^2 x\,\mathrm{d}x$;

(13) $\displaystyle\int \frac{\ln(\ln x)}{x}\mathrm{d}x$;

(14) $\displaystyle\int \frac{\arcsin x}{\sqrt{(1-x^2)^3}}\mathrm{d}x$;

(15) $\displaystyle\int \frac{\arccos x}{\sqrt{1-x}}\mathrm{d}x$;

(16) $\displaystyle\int \frac{x\cos x}{\sin^2 x}\mathrm{d}x$;

(17) $\displaystyle\int \ln(x+\sqrt{x^2+1})\,\mathrm{d}x$;

(18) $\displaystyle\int \frac{x\mathrm{e}^x}{\sqrt{\mathrm{e}^x-1}}\mathrm{d}x$.

2.设 $x\mathrm{e}^{-x}$ 是 $f(x)$ 的一个原函数,求下列积分.

(1) $\displaystyle\int f(x)\mathrm{d}x$;

(2) $\displaystyle\int xf'(x)\mathrm{d}x$;

(3) $\displaystyle\int xf(x)\mathrm{d}x$.

3.利用 $\displaystyle\int \sec^3 x\,\mathrm{d}x$ 的结果,计算积分:(1) $\displaystyle\int \sqrt{x^2+a^2}\,\mathrm{d}x$;(2) $\displaystyle\int \frac{x^2}{\sqrt{x^2+a^2}}\mathrm{d}x$.

4.利用分部积分法,计算不定积分:(1) $\displaystyle\int \sqrt{x^2-a^2}\,\mathrm{d}x$;(2) $\displaystyle\int (\sqrt{x^2-a^2})^3\,\mathrm{d}x$.

5.利用递推公式求积分:$\displaystyle I_n = \int \frac{\mathrm{d}x}{(x^2+a^2)^n}$($n$ 是大于 1 的正整数).

第四节　有理函数及可化为有理函数的积分

前面,我们给出了计算不定积分的三种方法:直接法、换元法与分部积分法.本节利用这三种方法来讨论有理函数及可化为有理函数的积分.

一、有理函数的积分

由两个多项式的商所构成的函数称为**有理函数**,或**有理分式函数**,即

$$R(x)=\frac{P(x)}{Q(x)}=\frac{a_0x^n+a_1x^{n-1}+\cdots+a_{n-1}x+a_n}{b_0x^m+b_1x^{m-1}+\cdots+b_{m-1}x+b_m}\ (a_0b_0\neq0)$$

我们总假定分子多项式 $P(x)$ 与分母多项式 $Q(x)$ 之间没有公因式.若分子多项式 $P(x)$ 的次数小于分母多项式 $Q(x)$ 的次数,即 $n<m$,则称上式为**真分式**;若多项式 $P(x)$ 的次数不小于 $Q(x)$ 的次数,即 $n\geq m$,则上式为假分式.利用多项式的除法,总可以将一个假分式转化为一个多项式与一个真分式的和.如

$$\frac{x^4-2x^2+3}{x^2-1}=x^2-1+\frac{2}{x^2-1}$$

对于有理函数的积分,多项式部分利用直接法可以逐项积分,而真分式部分的积分比较复杂.通常把真分式按分母的因式,分解成若干**简单分式**(称为**部分分式**)之和.

对于真分式 $R(x)=\dfrac{P(x)}{Q(x)}$,如果分母 $Q(x)$ 可分解为两个多项式的乘积

$$Q(x)=Q_1(x)Q_2(x)$$

且 $Q_1(x)$ 与 $Q_2(x)$ 没有公因子,那么它可拆成两个真分式之和

$$\frac{P(x)}{Q(x)}=\frac{P_1(x)}{Q_1(x)}+\frac{P_2(x)}{Q_2(x)}$$

这个过程称为将真分式化为**部分分式之和**.如果 $Q_1(x)$ 或 $Q_2(x)$ 还能再分解成两个没有公因子的多项式的乘积,那么就可再拆成更简单的部分分式.因此,最后有理函数的分解式中只出现多项式、真分式 $\dfrac{P_1(x)}{(x-a)^k}$ 及 $\dfrac{P_2(x)}{(x^2+px+q)^s}$ 三类函数,其中 $p^2-4q<0$,$P_1(x)$ 为次数小于 k 的多项式,$P_2(x)$ 为次数小于 $2s$ 的多项式.

我们举例说明化真分式为部分分式之和:

(1)当分母 $Q(x)$ 含有单因式 $x-a$ 时,拆成部分分式之和的分解式中有对应项 $\dfrac{A}{x-a}$ (真分式),其中 A 为**待定系数**.比如

$$\frac{P(x)}{(x-a)(x-b)}=\frac{A}{x-a}+\frac{B}{x-b}(b\neq a)$$

其中 $P(x)$ 为一次多项式.比如

$$\frac{2x+3}{x^3+x^2-2x}=\frac{2x+3}{x(x-1)(x+2)}=\frac{A}{x}+\frac{B}{x-1}+\frac{C}{x+2}$$

为了确定系数 A、B、C，用 $x(x-1)(x+2)$ 乘等式两边，去分母得

$$2x+3\equiv A(x-1)(x+2)+Bx(x+2)+Cx(x-1)$$

因为这是一个恒等式，x 取任何值都相等，故可令 $x=0$，得 $3=-2A$，即 $A=-\frac{3}{2}$. 类似地，

令 $x=1$，得 $5=3B$，$B=\frac{5}{3}$；令 $x=-2$，得 $-1=6C$，$C=-\frac{1}{6}$. 于是得到

$$\frac{2x+3}{x(x-1)(x+2)}=\frac{1}{6}\left(-\frac{9}{x}+\frac{10}{x-1}-\frac{1}{x+2}\right)$$

（2）当分母 $Q(x)$ 含有重因式 $(x-a)^k$ 时，拆成部分分式后有对应 k 个项. 比如

$$\frac{P(x)}{(x-a)^k}=\frac{A_1}{x-a}+\frac{A_2}{(x-a)^2}+\cdots+\frac{A_k}{(x-a)^k}$$

其中 $P(x)$ 为次数小于 k 的多项式. 比如

$$\frac{x^2+1}{x^3-2x^2+x}=\frac{x^2+1}{x(x-1)^2}=\frac{A}{x}+\frac{B}{(x-1)^2}+\frac{C}{x-1}$$

为了确定系数 A、B、C，我们将上式两边同乘以 $x(x-1)^2$，得

$$x^2+1\equiv A(x-1)^2+Bx+Cx(x-1)$$

令 $x=0$，得 $A=1$；令 $x=1$，得 $B=2$；令 $x=2$，得 $5=A+2B+2C$，由此可得 $C=0$. 因此，

$$\frac{x^2+1}{x^3-2x^2+x}=\frac{1}{x}+\frac{2}{(x-1)^2}$$

（3）当分母 $Q(x)$ 中含有质因式 $x^2+px+q\,(p^2-4q<0)$，这时分解式中有相应一项

$\frac{Ax+B}{x^2+px+q}$（不能忽略 Ax 这个一次项）. 比如

$$\frac{P(x)}{Q_1(x)(x^2+Px+q)}=\frac{P_1(x)}{Q_1(x)}+\frac{Ax+B}{x^2+Px+q}$$

其中多项式 $P(x)$ 次数小于 $Q_1(x)$ 的次数加 2，$P_1(x)$ 次数小于 $Q_1(x)$ 的次数. 比如

$$\frac{x+4}{x^3+2x-3}=\frac{x+4}{(x-1)(x^2+x+3)}=\frac{A}{x-1}+\frac{Bx+C}{x^2+x+3}$$

等式两边同乘以 $(x-1)(x^2+x+3)$，得

$$x+4\equiv A(x^2+x+3)+(Bx+C)(x-1)$$

令 $x=1$，得 $5=5A$，$A=1$；再令 $x=0$，得 $4=3A-C$，$C=-1$；令 $x=2$，得 $6=9A+2B+C$，可得 $B=-1$. 因此，

$$\frac{x+4}{x^3+2x-3}=\frac{1}{x-1}+\frac{-x-1}{x^2+x+3}$$

现在主要讨论真分式的积分. 在第二节，我们已经知道下列积分：

$$\int\frac{A}{x-a}\mathrm{d}x=A\ln|x-a|+C \tag{4-1}$$

$$\int\frac{A}{(x-a)^k}\mathrm{d}x=\frac{A}{1-k}\cdot\frac{1}{(x-a)^{k-1}}+C\,(k\neq-1) \tag{4-2}$$

$$\int \frac{1}{(x+c)^2+d^2}dx = \frac{1}{d}\arctan\frac{x+c}{d}+C\,(d>0) \qquad (4-3)$$

接下来,我们重点讨论积分 $\int \frac{Ax+B}{x^2+px+q}dx\,(p^2-4q<0)$.

例1 计算积分:(1) $\int \frac{2x+7}{x^2+6x+5}dx$;(2) $\int \frac{2x+7}{x^2+6x+25}dx$.

解 (1) 由于 $x^2+6x+5=(x+5)(x+1)$,用待定系数法将被积函数化为最简分式之和:

$$\frac{2x+7}{x^2+6x+5}=\frac{A}{x+5}+\frac{B}{x+1}$$

去分母得恒等式,则

$$2x+7\equiv A(x+1)+B(x+5)$$

令 $x=-1$,得 $4B=5,B=\frac{5}{4}$;令 $x=-5$,得 $-4A=-3,A=\frac{3}{4}$.于是

$$\frac{2x+7}{x^2+6x+5}=\frac{1}{4}\left(\frac{3}{x+5}+\frac{5}{x+1}\right)$$

$$原式=\frac{1}{4}\int \frac{3}{x+5}+\frac{5}{x+1}dx=\frac{3}{4}\int \frac{d(x+5)}{x+5}+\frac{5}{4}\int \frac{d(x+1)}{x+1}$$

$$=\frac{3}{4}\ln|x+5|+\frac{5}{4}\ln|x+1|+C$$

(2)方程 $x^2+6x+25=0$ 的判别式 $\Delta=36-4\times25=-64<0$,分母不能进行因式分解,其解法:分母是二次质因式,其导数则是一次多项式,而分子含一次项 $2x+7$,为了消去分母的一次项 $2x$,在分子上凑出分母的导数.由于

$$(x^2+6x+25)'=2x+6$$

将分子部分可以写为 $2x+7=(2x+6)+1$.于是

$$原式=\int \frac{2x+6}{x^2+6x+25}dx+\int \frac{1}{x^2+6x+25}dx=\int \frac{d(x^2+6x+25)}{x^2+6x+25}dx+\int \frac{1}{x^2+6x+25}dx$$

$$=\ln(x^2+6x+25)+\int \frac{1}{x^2+6x+25}dx$$

对于积分 $\int \frac{1}{x^2+6x+25}dx$,分母是二次质因式而分子是常数,其解法:将分母配成完全平方与常数之和,即 $x^2+6x+25=(x+3)^2+16\triangleq u^2+16$,换元后,利用式(4-3)来积分.

$$\int \frac{1}{x^2+6x+25}dx = \int \frac{1}{(x+3)^2+16}d(x+3)^2 = \frac{1}{4}\int \frac{1}{1+\left(\frac{x+3}{4}\right)^2}d\left(\frac{x+3}{4}\right)$$

$$=\frac{1}{4}\arctan\frac{x+3}{4}+C$$

综合以上两步,可得

$$原式=\ln(x^2+6x+25)+\frac{1}{4}\arctan\frac{x+3}{4}+C$$

对于积分 $\int \dfrac{Ax+B}{x^2+px+q}\mathrm{d}x$，根据分母是否可以进行因式分解，讨论如下：如果能进行因式分解，就转化为部分分式之和，再积分；如果不能进行因式分解，当 $A=0$ 时，利用式（4-3）来积分，就能算出结果；当 $A\neq0$ 时，将分子配出分母的导数，再利用公式 $\int \dfrac{1}{u}\mathrm{d}u=\ln|u|+C$ 来积分，就能消去分子中一次项 Ax，从而转化为 $A=0$ 的情形．这样就能算出结果．具体算法如下：

$$x^2+px+q=\left(x+\frac{p}{2}\right)^2+q-\frac{p^2}{4}\quad(p^2-4q<0)$$

令 $x+\dfrac{p}{2}=t,a=\sqrt{q-\dfrac{p^2}{4}}$，则有 $x^2+px+q=t^2+a^2$．

$$
\begin{aligned}
\int \frac{Ax+B}{x^2+px+q}\mathrm{d}x &= \int \frac{\dfrac{A}{2}(x^2+px+q)'+B-\dfrac{Ap}{2}}{x^2+px+q}\mathrm{d}x\\
&= \frac{A}{2}\int \frac{(x^2+px+q)'\mathrm{d}x}{x^2+px+q}+\left(B-\frac{Ap}{2}\right)\int \frac{1}{x^2+px+q}\mathrm{d}x\\
&= \frac{A}{2}\ln(x^2+px+q)+\left(B-\frac{Ap}{2}\right)\int \frac{1}{t^2+a^2}\mathrm{d}t\\
&= \frac{A}{2}\ln(x^2+px+q)+\frac{2B-Ap}{2a}\arctan\frac{t}{a}+C\\
&= \frac{A}{2}\ln(x^2+px+q)+\frac{2B-Ap}{2a}\arctan\frac{2x+p}{2a}+C
\end{aligned}
$$

事实上，对于 x^2+px+q 能够进行因式分解，且 $A\neq0$，也可以用配分母的导数的积分方法来消去分子中的一次项 Ax，剩下分子中只含常数项的真分式的部分，用配方法更容易凑成简单分式之和．如

$$
\begin{aligned}
\int \frac{2x+7}{x^2+6x+5}\mathrm{d}x &= \int \frac{(x^2+6x+5)'}{x^2+6x+5}\mathrm{d}x+\int \frac{1}{x^2+6x+5}\mathrm{d}x\\
&= \ln|x^2+6x+5|+\frac{1}{4}\int \frac{(x+5)-(x+1)}{(x+1)(x+5)}\mathrm{d}x\\
&= \ln x^2+6x+5+\frac{1}{4}\int \frac{1}{x+1}-\frac{1}{x+5}\mathrm{d}x\\
&= \ln|x^2+6x+5|+\frac{1}{4}(\ln|x+1|-\ln|x+5|)+C\\
&= \frac{3}{4}\ln|x+5|+\frac{5}{4}\ln|x+1|+C
\end{aligned}
$$

例 2 求不定积分 $\int \dfrac{3}{x^3+1}\mathrm{d}x$．

解 分母因式分解：$x^3+1=(x+1)(x^2-x+1)$，拆成部分分式之和：

$$\frac{3}{x^3+1}=\frac{A}{x+1}+\frac{Bx+C}{x^2-x+1}$$

去分母后得到恒等式

$$A(x^2-x+1)+(Bx+C)(x+1)\equiv 3$$

即

$$(A+B)x^2+(-A+B+C)x+(A+C)\equiv 3$$

比较等式两端 x 的同次幂的系数,可得

$$\begin{cases} A+B=0 \\ -A+B+C=0 \\ A+C=3 \end{cases}$$

解得,$A=1,B=-1,C=2$. 从而

$$\begin{aligned} 原式 &= \int \frac{1}{x+1}-\frac{x-2}{x^2-x+1}dx = \ln|x+1|-\frac{1}{2}\int \frac{(x^2-x+1)'-3}{x^2-x+1}dx \\ &= \ln|x+1|-\frac{1}{2}\int \frac{(x^2-x+1)'}{x^2-x+1}dx+\frac{3}{2}\int \frac{1}{x^2-x+1}dx \\ &= \ln|x+1|-\frac{1}{2}\int \frac{d(x^2-x+1)}{x^2-x+1}dx+\frac{3}{2}\int \frac{1}{\left(x-\frac{1}{2}\right)^2+\frac{3}{4}}d\left(x-\frac{1}{2}\right) \\ &= \ln|x+1|-\frac{1}{2}\ln(x^2-x+1)+\frac{3}{2}\cdot\frac{2}{\sqrt{3}}\arctan\left(\frac{x-\frac{1}{2}}{\frac{\sqrt{3}}{2}}\right)+C \\ &= \ln|x+1|-\frac{1}{2}\ln(x^2-x+1)+\sqrt{3}\arctan\left(\frac{2x-1}{\sqrt{3}}\right)+C \end{aligned}$$

例 3 计算不定积分 $\int \frac{x^5-x^4-2}{x(x-1)^2}dx$.

解 被积函数为假分式,利用多项式的除法变成整式部分与真分式之和,再把真分式拆成部分分式之和:

$$\begin{aligned} \frac{x^5-x^4-2}{x(x-1)^2} &= x^2+x+1+\frac{x^2-x-2}{x(x-1)^2} = x^2+x+1+\frac{x(x-1)-2[x-(x-1)]}{x(x-1)^2} \\ &= x^2+x+1+\frac{1}{x-1}-\frac{2}{(x-1)^2}+\frac{2}{x(x-1)} \\ &= x^2+x+1+\frac{1}{x-1}-\frac{2}{(x-1)^2}+\frac{2[x-(x-1)]}{x(x-1)} \\ &= x^2+x+1-\frac{2}{x}+\frac{3}{x-1}-\frac{2}{(x-1)^2} \end{aligned}$$

于是

$$\begin{aligned} 原式 &= \int \left(x^2+x+1-\frac{2}{x}+\frac{3}{x-1}-\frac{2}{(x-1)^2}\right)dx \\ &= \frac{1}{3}x^3+\frac{1}{2}x^2+x-2\ln|x|+3\ln|x-1|+\frac{2}{x-1}+C \end{aligned}$$

当真分式的分母的次数比分子的大很多时,利用代换 $x = \dfrac{1}{t}$,就能增加分子的次数, 而减少分母的次数,便于积分,这个方法称为**倒代换**.

例4 求不定积分 $\displaystyle\int \dfrac{1}{x(x^5+6)}\mathrm{d}x$.

解 设 $x = \dfrac{1}{t}$,$\mathrm{d}x = -\dfrac{1}{t^2}\mathrm{d}t$,可得

$$\text{原式} = \int \dfrac{1}{\dfrac{1}{t}\left(\dfrac{1}{t^5}+6\right)} \cdot \left(-\dfrac{1}{t^2}\right)\mathrm{d}t = -\int \dfrac{t^4}{1+6t^5}\mathrm{d}t = -\dfrac{1}{30}\int \dfrac{1}{1+6t^5}\mathrm{d}(6t^5)$$

$$= -\dfrac{1}{30}\ln|1+6t^5| + C = -\dfrac{1}{30}\ln\left|\dfrac{x^5+6}{x^5}\right| + C$$

事实上,也可用恒等变形来求解积分:

$$\dfrac{1}{x(x^5+6)} = \dfrac{(x^5+6)-x^5}{6x(x^5+6)} = \dfrac{1}{6x} - \dfrac{x^4}{6(x^5+6)}$$

对于有理函数的积分,常常用到万能凑幂法:

$$\int f(x^n) x^{n-1}\mathrm{d}x = \dfrac{1}{n}\int f(x^n)\mathrm{d}(x^n)$$

$$\int f(x^n)\dfrac{1}{x} x^{n-1}\mathrm{d}x = \int f(x^n)\dfrac{x^{n-1}}{x^n}\mathrm{d}x = \dfrac{1}{n}\int f(x^n)\dfrac{1}{x^n}\mathrm{d}(x^n)$$

例5 求不定积分:(1) $\displaystyle\int \dfrac{x^2}{1+x^6}\mathrm{d}x$;(2) $\displaystyle\int \dfrac{1}{x+x^3}\mathrm{d}x$.

解 (1) 原式 $= \dfrac{1}{3}\displaystyle\int \dfrac{1}{1+(x^3)^2}\mathrm{d}x^3 = \dfrac{1}{3}\arctan x^3 + C$;

(2) 原式 $= \displaystyle\int \dfrac{1}{x^3\left(\dfrac{1}{x^2}+1\right)}\mathrm{d}x = \int \dfrac{x^{-3}}{\dfrac{1}{x^2}+1}\mathrm{d}t = -\dfrac{1}{2}\int \dfrac{1}{\dfrac{1}{x^2}+1}\mathrm{d}\left(\dfrac{1}{x^2}+1\right) = -\dfrac{1}{2}\ln\left(\dfrac{1}{x^2}+1\right) + C$.

例6 求不定积分 $\displaystyle\int \dfrac{x^4+4x^3-2x^2-6x+1}{x^4-2x^2+1}\mathrm{d}x$.

解 原式 $= \displaystyle\int 1 + \dfrac{4x^3-4x}{x^4-2x^2+1}\mathrm{d}x - \int \dfrac{2x}{x^4-2x^2+1}\mathrm{d}x = x + \int \dfrac{(x^4-2x^2)'}{x^4-2x^2+1}\mathrm{d}x - \int \dfrac{1}{(x^2-1)^2}\mathrm{d}(x^2-1)$

$$= x + \ln|x^4-2x^2+1| + \dfrac{1}{x^2-1} + C.$$

二、三角函数有理式的积分

由 $\sin x$ 和 $\cos x$ 以及常数经过有限次四则运算所构成的函数,称为**三角函数有理式**, 记作 $R(\sin x, \cos x)$.积分 $\displaystyle\int R(\sin x, \cos x)\mathrm{d}x$ 称为三角函数有理式的积分.

设 $u = \tan\dfrac{x}{2}(-\pi < x < \pi)$,有三角函数万能公式:

$$\sin x = \sin\left(2 \cdot \frac{x}{2}\right) = 2\sin\frac{x}{2}\cos\frac{x}{2} = 2\tan\frac{x}{2}\cos^2\frac{x}{2} = \frac{2\tan\frac{x}{2}}{\sec^2\frac{x}{2}} = \frac{2\tan\frac{x}{2}}{1+\tan^2\frac{x}{2}} = \frac{2u}{1+u^2}$$

$$\cos x = \cos\left(2 \cdot \frac{x}{2}\right) = \cos^2\frac{x}{2} - \sin^2\frac{x}{2} = \cos^2\frac{x}{2}\left(1 - \tan^2\frac{x}{2}\right) = \frac{1-\tan^2\frac{x}{2}}{1+\tan^2\frac{x}{2}} = \frac{1-u^2}{1+u^2}$$

由 $u = \tan\frac{x}{2}\ (-\pi < x < \pi)$,可得反函数 $x = 2\arctan u, \mathrm{d}x = \dfrac{2}{1+u^2}\mathrm{d}u$. 因此,

$$\int R(\sin x, \cos x)\,\mathrm{d}x = \int R\left(\frac{2u}{1+u^2}, \frac{1-u^2}{1+u^2}\right)\frac{2}{1+u^2}\mathrm{d}u$$

这种代换将三角函数有理式积分变为有理函数的积分,称为**万能代换**.

同时,令 $u = \sin x$,则有 $\displaystyle\int R(\sin x)\cos x\,\mathrm{d}x = \int R(u)\,\mathrm{d}u$;令 $u = \cos x$,则有

$$\int R(\cos x)\sin x\,\mathrm{d}x = -\int R(u)\,\mathrm{d}u$$

令 $u = \tan x$,则有

$$\int R(\sin^2 x, \cos^2 x, \tan x)\,\mathrm{d}x = \int R\left(\frac{u^2}{1+u^2}, \frac{1}{1+u^2}, u\right)\frac{1}{1+u^2}\mathrm{d}u$$

其中 $\cos^2 x = \dfrac{1}{\sec^2 x} = \dfrac{1}{1+u^2}, \sin^2 x = 1 - \cos^2 x = \dfrac{u^2}{1+u^2}$.

经过这些代换后,三角函数有理式的积分变为有理函数的积分,理论上可以求出其原函数,从而计算出三角函数有理式积分.

例 7 计算不定积分 $\displaystyle\int\frac{1}{2+\cos x}\mathrm{d}x$.

解 万能代换:$u = \tan\dfrac{x}{2}, \cos x = \dfrac{1-u^2}{1+u^2}, \mathrm{d}x = \dfrac{2}{1+u^2}\mathrm{d}u$. 于是

$$原式 = \int\frac{1}{2+\frac{1-u^2}{1+u^2}} \cdot \frac{2}{1+u^2}\mathrm{d}u = \int\frac{2}{3+u^2}\mathrm{d}u = \frac{2}{\sqrt{3}}\int\frac{1}{1+\left(\frac{u}{\sqrt{3}}\right)^2}\mathrm{d}\left(\frac{u}{\sqrt{3}}\right)$$

$$= \frac{2}{\sqrt{3}}\arctan\frac{u}{\sqrt{3}} + C = \frac{2}{\sqrt{3}}\arctan\left(\frac{1}{\sqrt{3}}\tan\frac{x}{2}\right) + C$$

例 8 计算不定积分 $\displaystyle\int\frac{1}{(2+\cos x)\sin x}\mathrm{d}x$.

解 万能代换:$u = \tan\dfrac{x}{2}, \sin x = \dfrac{2u}{1+u^2}, \cos x = \dfrac{1-u^2}{1+u^2}, \mathrm{d}x = \dfrac{2}{1+u^2}\mathrm{d}u$. 于是

$$原式 = \int\frac{1}{\left(2+\frac{1-u^2}{1+u^2}\right)\frac{2u}{1+u^2}} \cdot \frac{2\mathrm{d}u}{1+u^2} = \int\frac{1+u^2}{u(3+u^2)}\mathrm{d}u = \int\frac{1}{3} \cdot \frac{2u}{3+u^2} + \frac{1}{3u}\mathrm{d}u$$

$$=\frac{1}{3}\ln(3+u^2)+\frac{1}{3}\ln|u|+C=\frac{1}{3}\ln\left(3+\tan^2\frac{x}{2}\right)+\frac{1}{3}\ln\left|\tan\frac{x}{2}\right|+C$$

当三角函数的幂指数较高时,采用万能代换计算量较大,一般应首先考虑是否可以用其他的积分方法.

例 9 计算不定积分 $\displaystyle\int\frac{1}{3+\sin^2x}dx$.

解 (方法一)设 $u=\tan x$,则有 $x=\arctan u$, $dx=\frac{1}{1+u^2}du$,且

$$\sin^2x=\tan^2x\cos^2x=\frac{\tan^2x}{\sec^2x}=\frac{u^2}{1+u^2}$$

$$原式=\int\frac{1}{3+\frac{u^2}{1+u^2}}\cdot\frac{1}{1+u^2}du=\int\frac{1}{4u^2+3}du=\frac{1}{2}\int\frac{1}{(2u)^2+(\sqrt{3})^2}d(2u)$$

$$=\frac{1}{2\sqrt{3}}\arctan\frac{2u}{\sqrt{3}}+C=\frac{1}{2\sqrt{3}}\arctan\frac{2\tan x}{\sqrt{3}}+C.$$

(方法二)原式 $=\displaystyle\int\frac{1}{4-\cos^2x}dx=\int\frac{1}{4\sec^2x-1}\cdot\frac{1}{\cos^2x}dx=\int\frac{1}{4\tan^2x+3}d(\tan x)$

$$=\frac{1}{2}\int\frac{1}{(2\tan x)^2+(\sqrt{3})^2}d(2\tan x)=\frac{1}{2\sqrt{3}}\arctan\frac{2\tan x}{\sqrt{3}}+C.$$

本题利用了补充公式(14): $\displaystyle\int\frac{1}{a^2+x^2}dx=\frac{1}{a}\arctan\frac{x}{a}+C(a>0)$.

三、无理式的积分

一些被积函数含有简单根式,可通过变量代换去掉根号,转化有理函数来积分.对于 $\displaystyle\int R(x,\sqrt[n]{ax+b})dx(a\neq0)$ 型不定积分,令 $t=\sqrt[n]{ax+b}$; $\displaystyle\int R(x,\sqrt[n]{ax+b},\sqrt[m]{ax+b})dx(a\neq0)$ 型不定积分,令 $t=\sqrt[p]{ax+b}$,其中 p 为 m 与 n 的最小公倍数; $\displaystyle\int R\left(x,\sqrt{\frac{ax+b}{cx+d}}\right)dx(ad-bc\neq0)$ 型不定积分,令 $t=\sqrt[n]{\frac{ax+b}{cx+d}}$.这样代换都能将无理式转化有理函数的不定积分.

例 10 计算不定积分 $\displaystyle\int\frac{\sqrt{x-2}}{x-6}dx$.

解 设 $t=\sqrt{x-2}(x>2)$,可得 $x=t^2+2$, $dx=2tdt$.于是

$$原式=\int\frac{t}{t^2+2-6}\cdot2tdt=2\int\frac{t^2}{t^2-4}dt=2\int1+\frac{4}{t^2-4}dt$$

$$=2\left(t+\int\frac{1}{t-2}-\frac{1}{t+2}dt\right)=2(t+\ln|t-2|-\ln|t+2|)+C$$

$$=2\left[\sqrt{x-2}+\ln\left|\sqrt{x-2}-2\right|-\ln(\sqrt{x-2}+2)\right]+C$$

例 11 计算不定积分 $\int \dfrac{\sqrt[3]{x}+\sqrt[4]{x}}{\sqrt{x}}dx$.

解 被积函数中出现了三个根式 $\sqrt{x}$，$\sqrt[3]{x}$，$\sqrt[4]{x}$，根子数 2、3、4 的最小公倍数为 12，设 $t=\sqrt[12]{x}$，可得 $x=t^{12}$，$dx=12t^{11}dt$. 从而

$$原式 = \int \frac{t^4+t^3}{t^6}\cdot 12t^{11}dt = 12\int (t^4+t^3)t^5 dt = 12\int t^9+t^8 dt$$

$$= 12\left(\frac{t^{10}}{10}+\frac{t^9}{9}\right)+C = 12\left(\frac{\sqrt[6]{x^5}}{10}+\frac{\sqrt[4]{x^3}}{9}\right)+C$$

例 12 计算不定积分 $\int \dfrac{1}{x-2}\sqrt{\dfrac{x}{x-2}}dx$.

解 设 $t=\sqrt{\dfrac{x}{x-2}}$，可得 $t^2=\dfrac{x}{x-2}$，$t^2-1=\dfrac{x}{x-2}-1=\dfrac{2}{x-2}$，因而 $x=\dfrac{2}{t^2-1}+2$，$dx=-\dfrac{4t}{(t^2-1)^2}dt$. 于是

$$原式 = \int \frac{t^2-1}{2}\cdot t\cdot \frac{(-4t)}{(t^2-1)^2}dt = -2\int \frac{t^2}{t^2-1}dt = -2\int 1+\frac{1}{t^2-1}dt$$

$$= -2t-\int \frac{1}{t-1}-\frac{1}{t+1}dt = -2t-\ln|t-1|+\ln|t+1|+C$$

$$= -2\sqrt{\frac{x}{x-2}}-\ln\left|\sqrt{\frac{x}{x-2}}-1\right|+\ln\left(\sqrt{\frac{x}{x-2}}+1\right)+C$$

此外，在利用换元法时，换元表达式比较复杂，可以与分部积分法结合运用. 如例 11，则

$$原式 = \int \frac{t^2-1}{2}\cdot td\left(\frac{2}{t^2-1}+2\right) = \int \frac{t(t^2-1)}{2}\cdot 2d\left(\frac{1}{t^2-1}\right)$$

$$= \frac{1}{t^2-1}\cdot t(t^2-1)-\int \frac{1}{t^2-1}d[t(t^2-1)] = t-\int \frac{(t^2-1)+2t^2}{t^2-1}dt$$

$$= t-\int 1+\frac{2t^2}{t^2-1}dt = -\int 2+\frac{2}{t^2-1}dt = -2t-[\ln(t-1)-\ln(t+1)]+C$$

$$= -2\sqrt{\frac{x}{x-2}}-\ln\left|\sqrt{\frac{x}{x-2}}-1\right|+\ln\left(\sqrt{\frac{x}{x-2}}+1\right)+C$$

上面例子说明，如果被积函数中含有简单根式 $\sqrt[n]{ax+b}$ 或 $\sqrt[n]{\dfrac{ax+b}{cx+d}}$，可以令这个简单根式为 u. 由于这样的变换存在反函数，且反函数是 u 的有理函数，因此原积分可转化为有理函数的积分.

本章我们介绍了不定积分的概念及计算方法. 应该指出的是：初等函数在定义区间上的不定积分一定存在，但不定积分存在与不定积分能否用初等函数表示出来不是一回事. 事实上，有很多初等函数虽然不定积分存在，但不能用初等函数表示出来，也就是说，它们的原函数不是初等函数. 如 $\int \sin x^2 dx$，$\int \dfrac{\sin x}{x}dx$，$\int e^{x^2}dx$. 同时，计算不定积分没有统一规

律可循,需要具体问题具体分析,灵活运用各种积分方法和技巧,难度往往较大.为了方便,我们把常用积分公式汇集成一个表,这种表叫积分表.

习题 4-4

1.计算不定积分.

(1) $\displaystyle\int \frac{2x+7}{x^2+7x+10}dx$;

(2) $\displaystyle\int \frac{3}{x^2-10x+16}dx$;

(3) $\displaystyle\int \frac{2x+3}{x^2+6x+10}dx$;

(4) $\displaystyle\int \frac{x^3}{x+3}dx$;

(5) $\displaystyle\int \frac{x^5+x^4-8}{x^3-x}dx$;

(6) $\displaystyle\int \frac{x+2}{x(x^2+1)}dx$;

(7) $\displaystyle\int \frac{2x+5}{(x+1)(x^2+4x+6)}dx$;

(8) $\displaystyle\int \frac{x^6}{x^7+1}dx$;

(9) $\displaystyle\int \frac{1}{x(x^3+1)}dx$;

(10) $\displaystyle\int \frac{\cos x}{4\sin^2 x-1}dx$;

(11) $\displaystyle\int \frac{\sqrt{x-1}}{x}dx$;

(12) $\displaystyle\int \frac{1}{\sqrt{x}\,(1+\sqrt[3]{x})}dx$.

2.计算不定积分.

(1) $\displaystyle\int \frac{6}{(x^2+1)(x^2+x+1)}dx$;

(2) $\displaystyle\int \frac{4}{x^4-1}dx$;

(3) $\displaystyle\int \frac{8}{x^4+1}dx$;

(4) $\displaystyle\int \frac{12x}{x^6-1}dx$;

(5) $\displaystyle\int \frac{2x+4}{(x^2+2x+2)^2}dx$;

(6) $\displaystyle\int \frac{1}{\sin x+\cos x}dx$;

(7) $\displaystyle\int \frac{4-2\sin x}{\sin x(1-\cos x)}dx$;

(8) $\displaystyle\int \frac{2dx}{2\sin x-3\cos x+1}$;

(9) $\displaystyle\int \frac{\tan x+1}{\sin^2 x}dx$;

(10) $\displaystyle\int \frac{x-2dx}{1+\sqrt[3]{x+2}}$;

(11) $\displaystyle\int \frac{dx}{\sqrt{x}+\sqrt[4]{x}}$;

(12) $\displaystyle\int \frac{dx}{\sqrt[3]{(x+1)^2(x-1)^4}}dx$.

学习要点

一、基本概念

1.原函数

一个函数的导数等于已知函数,这个函数就是已知函数的原函数.也就是,设 $f(x)$ 是定义在区间 I 上的一个函数.如果存在区间 I 上的一个可导函数 $F(x)$,使得对任意的 $x \in I$ 均有

$$F'(x)=f(x),\ \text{或}\ dF(x)=f(x)dx$$

那么,函数 $F(x)$ 称为 $f(x)\big[$ 或 $f(x)dx\big]$ 在区间 I 上的一个**原函数**.

2.不定积分

一个函数的全部原函数的集合就是这个函数的不定积分.也就是,如果函数 $f(x)$ 在区间 I 上有原函数,那么 $f(x)$ 在 I 上的全体原函数所组成的集合称为 $f(x)$ 在区间 I 上的不定积分.即函数 $f(x)$ 在区间 I 上含有任意常数的原函数(即 $F(x)+C$)是 $f(x)$ 在区间 I 上的**不定积分**,记为 $\displaystyle\int f(x)\,dx$.

二、基本定理

1.原函数存在定理 如果 $f(x)$ 在某区间 I 上连续,那么 $f(x)$ 在该区间上一定有原函数.即一定存在区间 I 上的可导函数 $F(x)$,使得任意 $x \in I$ 都有 $F'(x) = f(x)$,或 $\mathrm{d}F(x) = f(x)\mathrm{d}x$.

2.第一换元定理 如果 $\int f(x)\mathrm{d}x = F(x) + C, u = \varphi(x)$ 是 x 的任一可导函数,则

$$\int f[\varphi(x)]\varphi'(x)\mathrm{d}x = \int f(u)\mathrm{d}u = [F(u) + C]_{u=\varphi(x)}$$

第二换元定理 设函数 $x = \phi(t)$ 可导,$\phi'(t) \neq 0$,且函数 $f[\phi(t)]\phi'(t)$ 的一个原函数为 $F(t)$,则有换元公式

$$\int f(x)\mathrm{d}x = \left[\int f[\phi(t)]\phi'(t)\mathrm{d}t\right]_{t=\phi^{-1}(x)} = F[\phi^{-1}(x)] + C$$

其中 $t = \phi^{-1}(x)$ 是 $x = \phi(t)$ 的反函数.

3.分部积分定理 如果函数 $u = u(x), v = v(x)$ 在区间 I 上具有连续导数,则

$$\int u\mathrm{d}v = uv - \int v\mathrm{d}u$$

三、基本方法

不定积分是导数(微分)的逆运算,要利用导数(微分)来求不定积分.用公式表示如下:

$$\int f(x)\mathrm{d}x = \int F'(x)\mathrm{d}x = \int \mathrm{d}F(x) = F(x) + C$$

其中 $F'(x) = f(x)$,即 $\mathrm{d}F(x) = f(x)\mathrm{d}x$.

具体方法:

(1)**基本公式法**:基本公式与线性性质结合使用求积分的方法.积分基本公式对应求导公式,不定积分线性性质 $\int af(x) + bg(x)\mathrm{d}x = aF(x) + bG(x)$ 对应着导数的线性性质,即

$$[aF(x) + bG(x)]' = af(x) + bg(x)$$

(2)**分部积分法**:积分公式 $\int u\mathrm{d}v = uv - \int v\mathrm{d}u$ 对应着导数的乘法运算 $(uv)' = uv' + u'v$.

(3)**第一换元法**:积分公式 $\int f[\varphi(x)]\varphi'(x)\mathrm{d}x = \int f(u)\mathrm{d}u$ 对应复合函数的导数,即

$$\frac{\mathrm{d}}{\mathrm{d}x}\{F[\varphi(x)]\} = \frac{\mathrm{d}}{\mathrm{d}u}F(u) \cdot \frac{\mathrm{d}u}{\mathrm{d}x} = f[\varphi(x)]\varphi'(x)$$

在计算积分过程中,如果被积函数是基本初等函数,直接利用基本公式积分;如果是不同类型的基本初等函数(或复合函数),常常考虑利用分部积分法求解;如果被积函数含有复合函数,并且含有中间的导数,常常考虑利用第一换元法求解;如果被积函数是复合函数,不能凑出中间的导数,常常考虑利用第二换元法求解或分部积分法.有些不定积分既要用换元法,又要用分部积分法.同时要注意:有些初等函数的不定积分不能用初等函数表示出来(积不出来).计算不定积分没有统一规律可循,需要具体问题具体分析,灵活运用各种积分方法和技巧,其难度往往较大,因此需要做大量的习题,不断摸索总结方法,才有可能灵活应用.

复习题四

1.填空题.

(1)如果 $\int f(x)\mathrm{d}x = F(x)+C$,那么:

① $\int F'(x)\mathrm{d}x = ($ 　　 $)$;

② $\int f[g(x)]g'(x)\mathrm{d}x = ($ 　　 $)$;

③ $\int xf'(x)\mathrm{d}x = ($ 　　 $)$.

(2) $\int \dfrac{\mathrm{d}x}{\sqrt{2x-x^2}} = ($ 　　 $)$; (3) $\int 2\sqrt{1-x^2}\,\mathrm{d}x = ($ 　　 $)$; (4) $\int \dfrac{20\mathrm{d}x}{4x^2+25} = ($ 　　 $)$.

2.填空题.

(1)下列各等式中不正确的是(　　).

A. $\int \mathrm{d}F(x) = F(x)+C$ 　　　　　　　　 B. $\left[\int f(x)\mathrm{d}x\right]' = f(x)$

C. $\mathrm{d}\left[\int f(x)\mathrm{d}x\right] = f(x)$ 　　　　　　 D. $\int f'(x)\mathrm{d}x = f(x)+C$

(2)下列各等式中正确的是(　　).

A. $\int \mathrm{d}(\sin x+2) = \sin x+2+C$ 　　　　　 B. $\int (\sin x+2)'\mathrm{d}x = \sin x+2+C$

C. $\mathrm{d}\left[\int \sin x+2\mathrm{d}x\right] = (\sin x+2)\mathrm{d}x$ 　　 D. $\mathrm{d}\left[\int \sin x+2\mathrm{d}x\right] = \sin x\mathrm{d}x$

(3)函数 $\dfrac{\ln x}{x}$ 的原函数(　　).

A. $\ln x+C$ 　　　 B. $\dfrac{1}{2}\ln^2 x-10$ 　　　 C. $\dfrac{1-\ln x}{x^2}+C$ 　　　 D. $\ln^2 x$

(4)若函数 $f(x)$ 的原函数 $\sin 2x$,则 $f'(x)($ 　　 $)$.

A.$\cos 2x$ 　　　　 B. $2\cos 2x$ 　　　　 C. $\sin 4x$ 　　　　 D. $-4\sin 2x$

(5)下列凑微分式形式正确是(　　).

A. $\sqrt{1-x^2}\,\mathrm{d}x = -\dfrac{2}{3}\mathrm{d}\sqrt{(1-x^2)^{\frac{3}{2}}}$ 　　　　 B. $x\sqrt{1-x^2}\,\mathrm{d}x = -\dfrac{1}{3}\mathrm{d}\sqrt{(1-x^2)^{\frac{3}{2}}}$

C. $x\sqrt{1-x^2}\,\mathrm{d}x = \dfrac{2}{3}\mathrm{d}\sqrt{(1-x^2)^{\frac{3}{2}}}$ 　　　　 D. $x\sqrt{1-x^2}\,\mathrm{d}x = \dfrac{1}{3}\mathrm{d}\sqrt{(1-x^2)^{\frac{3}{2}}}$

(6)如果 $\int f(x)\mathrm{d}x = F(x)+C$,那么 $\int F'(4x)\mathrm{d}x = ($ 　　 $)$.

A. $\dfrac{1}{4}F(4x)+C$ 　　 B. $F(4x)+C$ 　　 C. $\dfrac{1}{4}F(x)+C$ 　　 D. $4F(x)+C$

3.求下列不定积分.

$(1)\int\dfrac{\mathrm{d}x}{x\sqrt{1-4\ln x}}$;

$(2)\int\dfrac{\sec^2 x}{1-\tan^2 x})\mathrm{d}x$;

$(3)\int \mathrm{e}^{-x}\cos bx)\mathrm{d}x$;

$(4)\int\dfrac{\sin^5 x}{\cos x}\mathrm{d}x$;

$(5)\int\sec^2\sqrt{x}\,\mathrm{d}x$;

$(6)\int\dfrac{1}{x^2(1+x^3)}\mathrm{d}x$;

$(7)\int\dfrac{\ln^3 x}{x^2}\mathrm{d}x$;

$(8)\int\dfrac{\mathrm{d}x}{x^4\sqrt{1+x^2}})$;

$(9)\int\dfrac{\sin^2 x}{\cos^3 x}\mathrm{d}x$;

$(10)\int\dfrac{\sqrt{x^2-a^2}}{x^2}\mathrm{d}x$;

$(11)\int\dfrac{\mathrm{d}x}{\sqrt{x(1+x)}}$;

$(12)\int\ln(x+\sqrt{1+x^2})\,\mathrm{d}x$.

4.求下列不定积分.

$(1)\int\dfrac{x+\sin x}{1+\cos x}\mathrm{d}x$;

$(2)\int\dfrac{x\mathrm{e}^x}{(1+\mathrm{e}^x)^2}\mathrm{d}x$;

$(3)\int\dfrac{\mathrm{d}x}{(2+\cos x)\sin x}$;

$(4)\int\dfrac{\mathrm{d}x}{(x^2+a^2)^2}$;

$(5)\int x\sqrt{\dfrac{1-x^2}{1+x^2}}\,\mathrm{d}x$;

$(6)\int\ln\left(1+\sqrt{\dfrac{1+x}{x}}\right)\mathrm{d}x\,(x>0)$.

第五章

定积分

在学习不定积分的基础上,本章学习积分学的另一个问题——定积分问题.它是从大量的实际问题中抽象、提炼出来的,又在自然科学与工程技术中有着广泛的应用. 我们先通过曲边梯形的面积问题与变速直线运动的路程问题引入定积分的定义,再给出定积分的一些重要性质与存在条件,以及两种定积分的计算方法——换元法和分部积分法,最后推广了定积分.

第一节 定积分的概念及性质

一、定积分问题举例

1. 曲边梯形的面积

由区间 $[a,b]$ 上的非负、连续曲线 $y=f(x)$,x 轴及直线 $x=a$ 与 $x=b$ 所围成的平面图形称为**曲边梯形**,曲线弧称为**曲边**,如图 5-1 所示.显然,若 $y=f(x)\equiv C$(C 为常数),则该图形就是矩形,其面积公式为矩形面积=底×高.

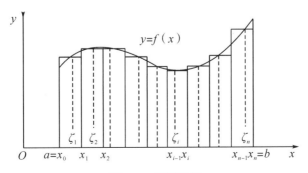

图 5-1 图形展示

在一般情况下, $y=f(x)$ 不是常量, 而是变量, 不能直接利用上面公式来计算, 如何计算曲边梯形的面积 A? 由于 $y=f(x)$ 是连续的, 根据第一章第八节连续函数的定义, 当 x 变化很小时, $f(x)$ 的变化也很小. 这就是说, 在一个很小的一段小区间上, $f(x)$ 近似于不变, 可以看作常量, 可利用矩形的面积公式来计算这一段小区间上的面积. 因此, 把 $[a,b]$ 划分为很多的小区间, 经过每个小区间的端点做平行 y 轴的直线段. 这样每一个小区间就能确定一个**窄曲边梯形**, 相应地将曲边梯形划分为许多窄曲边梯形. 由于小区间很小, 其上各点处的函数值 $f(x)$ 变化也很小, 因而对应的窄曲边梯形可以近似看作窄矩形, 用同底的窄矩形面积来近似代替窄曲边梯形面积, **窄矩形的高**可用该小区间上的某一点 ξ 的函数值 $f(\xi)$ 来代替, 这也就是将曲线弧转化为直线段(化曲为直), 常数代替变量[小区间上的函数值 $f(x)$ 看作常数 $f(\xi)$]. 然后, 把所有窄矩形面积相加便得到整个曲边梯形面积的近似值. 显然, 对于区间 $[a,b]$, 如果分得越细, 曲边梯形面积的近似程度越好. 而要想得到曲边梯形面积的精确值, 只要把区间 $[a,b]$ 无限细分下去, 使得每一个小区间的长度都趋于零, 所有窄矩形面积的和的极限就定义为**曲边梯形的面积**.

上面曲边梯形面积的定义给出了计算曲边梯形面积的方法. 具体可按如下步骤:

(1)划分区间 $[a,b]$, 从而把曲边梯形分成 n 个窄曲边梯形: 在区间 $[a,b]$ 中任意插入 $n-1$ 个分点

$$a=x_0<x_1<x_2<\cdots<x_i<\cdots<x_{n-1}<x_n=b$$

将 $[a,b]$ 分成 n 个小区间

$$[x_0,x_1],[x_1,x_2],\cdots,[x_{n-1},x_n]$$

它们的长度依次记为

$$\Delta x_1=x_1-x_0,\Delta x_2=x_2-x_1,\cdots,\Delta x_n=x_n-x_{n-1}$$

即

$$\Delta x_i=x_i-x_{i-1},i=1,2,\cdots,n$$

再分别经过分点 $x_1,x_2,\cdots,x_{n-1}$ 做平行于 y 轴的 $n-1$ 条直线段, 就把曲边梯形划分成 n 个窄曲边梯形, 其面积依次记作 $\Delta A_i(i=1,2,\cdots,n)$.

(2)常数代替变量, 取近似值, 用窄矩形的面积代替窄曲边梯形的面积: 在每个小区间 $[x_{i-1},x_i]$ 上任取一点 $\xi_i(x_{i-1}\leqslant\xi_i\leqslant x_i)$, 以 $[x_{i-1},x_i]$ 为底边, $f(\xi_i)$ 为高做窄矩形, 用这个窄矩形近似代替第 i 个窄曲边梯形, 用窄矩形的面积 $f(\xi_i)\Delta x_i$ 近似代替窄曲边梯形的面积 ΔA_i, 即

$$\Delta A_i\approx f(\xi_i)\Delta x_i(i=1,2,\cdots,n)$$

(3)求近似和, 计算窄矩形的面积的和: 把这 n 个窄矩形的面积相加, 便得到整个曲边梯形面积的近似值, 即

$$A\approx f(\xi_1)\Delta x_1+f(\xi_2)\Delta x_2+\cdots+f(\xi_n)\Delta x_n=\sum_{i=1}^{n}f(\xi_i)\Delta x_i$$

(4)取极限, 从曲边梯形面积的近似值过度到精确值: 为保证每个小区间的长度随小区间的个数 n 无限增加而无限地缩小, 必须把区间 $[a,b]$ 划分得比较均匀, 要求所有小区间的长度的最大值趋于零. 令

$$\lambda=\max_{1\leqslant i\leqslant n}\{\Delta x_i\}=\max\{\Delta x_1,\Delta x_2,\cdots,\Delta x_n\}$$

当 $\lambda\to0$ 时, 这时区间 $[a,b]$ 的分段个数 n 无限增多, 即 $n\to\infty$, 取近似和的极限就得到曲

边梯形面积的精确值,即

$$A = \lim_{\lambda \to 0} \sum_{i=1}^{n} f(\xi_i) \Delta x_i$$

2. 变速直线运动的路程

物体做匀速直线运动,计算路程的公式为路程=速度×时间.但对变速直线运动,由于速度不是常数,而是随时间变化的变量,就不能用上式来计算路程.因此,我们必须寻求其他的方法.

设一质点沿直线做变速运动,其速度 $v=v(t)$ 是时间间隔 $[T_1,T_2]$ 上的连续函数,计算质点在时间 $[T_1,T_2]$ 内的路程 s.根据连续函数的定义,当 t 变化很小时,$v(t)$ 的变化也很小,近似于等速运动.现采用求曲边梯形面积的方法来求由时刻 T_1 到时刻 T_2 这段时间内质点所经过的路程 s.

(1)划分时间段,把整个时间段分为 n 个小时间段:在时间段 $[T_1,T_2]$ 中任意插入 $n-1$ 个分点

$$T_1 = t_0 < t_1 < t_2 < \cdots < t_{n-1} < t_n = T_2$$

将 $[T_1,T_2]$ 分成 n 个小时间间隔区间

$$[t_0,t_1],[t_1,t_2],\cdots,[t_{n-1},t_n]$$

将这些小时间段的长度依次记为

$$\Delta t_1 = t_1 - t_0, \Delta t_2 = t_2 - t_1, \cdots, \Delta t_n = t_n - t_{n-1}$$

相应地,各个小时间段内的路程依次记为

$$\Delta s_i (i=1,2,\cdots,n)$$

(2)匀速代替变速,取近似值:在每个小时间间隔 $[t_{i-1},t_i]$ 中任取一个时刻 $\xi_i (t_{i-1} \leqslant \xi_i \leqslant t_i)$,以 ξ_i 时刻的速度 $v(\xi_i)$ 近似代替质点在 $[t_{i-1},t_i]$ 上各个时刻的速度,于是得到质点在这段时间内所经过的路程的近似值为

$$\Delta s_i \approx v(\xi_i) \Delta t_i (i=1,2,\cdots,n)$$

(3)求近似和:用 n 个小时间段内的路程的近似值之和近似代替整个时间段的路程 s,即

$$s \approx v(\xi_1)\Delta t_1 + v(\xi_2)\Delta t_2 + \cdots + v(\xi_n)\Delta t_n = \sum_{i=1}^{n} v(\xi_i)\Delta t_i$$

(4)取极限,由近似值得到精确值:记 $\lambda = \max\{\Delta t_1,\Delta t_2,\cdots,\Delta t_n\}$,当 $\lambda \to 0$ 时,取上式右端的极限,就得到变速线运动的路程 s 的精确值,即

$$s = \lim_{\lambda \to 0} \sum_{i=1}^{n} v(\xi_i)\Delta t_i$$

二、定积分的定义

从上述两个例子可以看出:所要计算的量曲边梯形的面积 A 与变速直线运动的路程 s,虽然实际意义不同,但其解决问题的途径一致,最终转化为求一个具有相同结构的特定乘积和式的极限.在一些学科中类似的问题还很多,抓住它们在数量关系上共同的本质与特性,加以抽象与概括,就得到定积分的定义.

定义 设函数 $f(x)$ 在闭区间 $[a,b]$ 上有界. 在 $[a,b]$ 中任意插入 $n-1$ 个分点, 即

$$a = x_0 < x_1 < x_2 < \cdots < x_{n-1} < x_n = b$$

把 $[a,b]$ 分成 n 个小区间

$$[x_0,x_1], [x_1,x_2], \cdots, [x_{n-1},x_n]$$

各个小区间的长度依次为

$$\Delta x_1 = x_1 - x_0, \Delta x_2 = x_2 - x_1, \cdots, \Delta x_n = x_n - x_{n-1}$$

在每个小区间 $[x_{i-1},x_i]$ 上任取一点 ξ_i, 函数值 $f(\xi_i)$ 与该小区间长度 Δx_i 的积 $f(\xi_i)\Delta x_i (i = 1,2,\cdots,n)$, 并求和

$$S = \sum_{i=1}^{n} f(\xi_i)\Delta x_i$$

记 $\lambda = \max\{\Delta x_1, \Delta x_2, \cdots, \Delta x_n\}$, 如果不论对 $[a,b]$ 怎样分法, 也不论在小区间 $[x_{i-1},x_i]$ 上点 ξ_i 怎样取法, 只要当 $\lambda \to 0$ 时, 和 S 总趋于同一个定数 I, 那么我们称这个极限值 I 为函数 $f(x)$ 在区间 $[a,b]$ 上的定积分(简称积分), 记作 $\int_a^b f(x)\mathrm{d}x$, 即

$$\int_a^b f(x)\mathrm{d}x = I = \lim_{\lambda \to 0} \sum_{i=1}^{n} f(\xi_i)\Delta x_i$$

其中 $f(x)$ 称为被积函数, $f(x)\mathrm{d}x$ 称为**被积表达式**, x 称为**积分变量**, a 称为**积分下限**, b 称为**积分上限**, $[a,b]$ 称为**积分区间**, 和 $\sum_{i=1}^{n} f(\xi_i)\Delta x_i$ 通常称为**积分和**(黎曼和).

定积分的定义可以精确地表示为: 对于在区间 $[a,b]$ 上的函数 $f(x)$, 存在常数 I, 如果对于任意给定的正数 ε, 总存在一个正数 δ, 使得对于 $[a,b]$ 的任何分法, 不管 ξ_i 在 $[x_{i-1}, x_i]$ 中怎样选取, 只要 $\lambda = \max_{1 \leqslant i \leqslant n}\{\Delta x_i\} < \delta$, 总有

$$\left| \sum_{i=1}^{n} f(\xi_i)\Delta x_i - I \right| < \varepsilon$$

成立, 那么称常数 I 为函数 $f(x)$ 在区间 $[a,b]$ 上的定积分, 记作 $\int_a^b f(x)\mathrm{d}x$.

根据定积分的定义, 前面所举的例子可以用定积分表述如下:

(1)连续曲线 $y = f(x)[f(x) \geqslant 0]$, 及直线 $x = a, x = b, y = 0$ 所围成的曲边梯形面积 A 等于函数 $f(x)$ 在区间 $[a,b]$ 上的定积分, 即

$$A = \int_a^b f(x)\mathrm{d}x$$

(2)质点以速度 $v(t)$ 做直线运动, 从时刻 T_1 到时刻 T_2 所通过的路程 s 等于函数 $v(t)$ 在区间 $[T_1, T_2]$ 上的定积分, 即

$$s = \int_{T_1}^{T_2} v(t)\mathrm{d}t$$

关于定积分, 还要说明以下几点:

定积分是和式 $\sum_{i=1}^{n} f(\xi_i)\Delta x_i$ 的极限值 I, 仅与被积函数 $f(x)$ 及积分区间 $[a,b]$ 有关, 而与积分变量取什么字母无关, 把 x 改写成其他字母, 如 t 或 u, 这时和式的极限 I 不变, 也就是定积分的值不变, 即

$$\int_a^b f(x)\,\mathrm{d}x = \int_a^b f(t)\,\mathrm{d}t = \int_a^b f(u)\,\mathrm{d}u$$

如果函数 $f(x)$ 在区间 $[a,b]$ 上的定积分存在,我们就说 $f(x)$ 在 $[a,b]$ 上可积,又称为黎曼可积. $f(x)$ 在区间 $[a,b]$ 上满足什么条件,就在 $[a,b]$ 上一定可积? 关于函数 $f(x)$ 的可积性问题,我们给出下面两个定理,证明从略.

定理 1 如果函数 $f(x)$ 在区间 $[a,b]$ 上连续,那么 $f(x)$ 在 $[a,b]$ 上可积.

定理 2 如果函数 $f(x)$ 在区间 $[a,b]$ 上有界,且只有有限个间断点,那么 $f(x)$ 在 $[a,b]$ 上可积.

定积分的几何意义:在 $[a,b]$ 上若 $f(x) \geqslant 0$,函数的图形位于 x 轴上方,则定积分 $\int_a^b f(x)\,\mathrm{d}x$ 表示曲线 $y=f(x)$,直线 $x=a$,$x=b$,$y=0$ 所围成的曲边梯形的面积;若 $f(x) \leqslant 0$,函数的图形位于 x 轴下方,则 $\int_a^b f(x)\,\mathrm{d}x$ 表示这些曲线所围成图形面积的负值;如果 $f(x)$ 既取得正值又取得负值时,那么函数的图形有一部分位于 x 轴上方,而另一部分位于 x 轴下方,此时该积分表示它们围成的各部分图形的面积代数和,其中在 x 轴上方的部分图形的面积规定为正,下方的面积规定为负(见图 5-2).

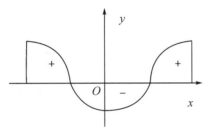

图 5-2 图形展示

三、定积分的性质

为了以后计算及应用方便,我们规定:当 $a>b$ 时,

$$\int_a^b f(x)\,\mathrm{d}x = -\int_b^a f(x)\,\mathrm{d}x$$

该式表明,在交换定积分的上下限后,定积分的绝对值不改变而符号相反.因而当 $a=b$ 时,有

$$\int_a^a f(x)\,\mathrm{d}x = 0$$

下面我们讨论定积分的性质.性质中积分上、下限的大小,如不特殊说明,均不加限制,并假定各性质中所列出的定积分都存在.

性质 1 若函数 $f(x)$,$g(x)$ 在 $[a,b]$ 上可积,则 $f(x) \pm g(x)$ 在 $[a,b]$ 上可积,并且

$$\int_a^b [f(x) \pm g(x)]\,\mathrm{d}x = \int_a^b f(x)\,\mathrm{d}x \pm \int_a^b g(x)\,\mathrm{d}x$$

也就是说,两个函数的和(或差)的定积分等于这两函数定积分的和(或差).该性质对于任意有限个函数也成立.

证　根据定积分的定义,有

$$\int_a^b [f(x) \pm g(x)] \mathrm{d}x = \lim_{\lambda \to 0} \sum_{i=1}^n [f(\xi_i) \pm g(\xi_i)] \Delta x_i$$

$$= \lim_{\lambda \to 0} \sum_{i=1}^n f(\xi_i) \Delta x_i \pm \lim_{\lambda \to 0} \sum_{i=1}^n g(\xi_i) \Delta x_i = \int_a^b f(x) \mathrm{d}x \pm \int_a^b g(x) \mathrm{d}x$$

性质 2　若函数 $f(x)$ 在 $[a,b]$ 上可积,k 为任意常数,则 $kf(x)$ 在 $[a,b]$ 上可积.并且

$$\int_a^b kf(x) \mathrm{d}x = k \int_a^b f(x) \mathrm{d}x$$

也就是说,被积函数中的常数因子可以提到定积分号外面来,结果不变.

性质 1 与性质 2 称为定积分的**线性性质**,可以写成

$$\int_a^b [\alpha f(x) + \beta g(x)] \mathrm{d}x = \alpha \int_a^b f(x) \mathrm{d}x + \beta \int_a^b g(x) \mathrm{d}x$$

性质 3(积分区间可加性)　若函数 $f(x)$ 在 $[a,b]$ 上可积,对任意常数 $c,a<c<b$,则 $f(x)$ 在区间 $[a,c]$ 和 $[c,b]$ 上可积;反之也成立,并且

$$\int_a^b f(x) \mathrm{d}x = \int_a^c f(x) \mathrm{d}x + \int_c^b f(x) \mathrm{d}x$$

证　由于函数 $f(x)$ 在区间 $[a,b]$ 上可积,根据定积分的定义,无论把 $[a,b]$ 怎样划分,积分和式 $\sum_{i=1}^n f(\xi_i) \Delta x_i$ 的极限都不会改变.因此,在分割区间时,可以使点 c 永远是个分点,从而 $[a,b]$ 上的积分和等于 $[a,c]$ 上的积分和加上 $[c,b]$ 上的积分和,记为

$$\sum_{[a,b]} f(\xi_i) \Delta x_i = \sum_{[a,c]} f(\xi_i) \Delta x_i + \sum_{[c,b]} f(\xi_i) \Delta x_i$$

令 $\lambda = \max_{1 \leqslant i \leqslant n} \{\Delta x_i\} \to 0$,上式两端同时取极限,可得

$$\int_a^b f(x) \mathrm{d}x = \int_a^c f(x) \mathrm{d}x + \int_c^b f(x) \mathrm{d}x$$

反过来,区间 $[a,c]$ 和 $[c,b]$ 上划分就构成区间 $[a,b]$ 上的划分,从而可得

$$\sum_{[a,c]} f(\xi_i) \Delta x_i + \sum_{[c,b]} f(\xi_i) \Delta x_i = \sum_{[a,b]} f(\xi_i) \Delta x_i$$

利用第一章第五节极限的运算性质,可得

$$\int_a^c f(x) \mathrm{d}x + \int_c^b f(x) \mathrm{d}x = \int_a^b f(x) \mathrm{d}x$$

当 c 不介于 a,b 之间时,上式仍然成立.例如,$a<b<c$,则有

$$\int_a^c f(x) \mathrm{d}x = \int_a^b f(x) \mathrm{d}x + \int_b^c f(x) \mathrm{d}x$$

于是

$$\int_a^b f(x) \mathrm{d}x = \int_a^c f(x) \mathrm{d}x - \int_b^c f(x) \mathrm{d}x = \int_a^c f(x) \mathrm{d}x + \int_c^b f(x) \mathrm{d}x$$

性质 3 说明,若将积分区间 $[a,b]$ 分成两个小区间 $[a,c]$ 和 $[c,b]$,则在整个区间上的定积分等于这两个小区间上定积分之和.这个性质常常用于计算分段函数的积分.

性质 4　若在 $[a,b]$ 上 $f(x) \equiv 1$,则 $\int_a^b 1 \mathrm{d}x = \int_a^b \mathrm{d}x = b-a$.

事实上,$\int_a^b 1 \mathrm{d}x$ 就是直线 $y=1,x=a,x=b$ 与 x 轴围成矩形的面积 $b-a$,在数值上等于

区间$[a,b]$的长度$b-a$.

用定积分的定义可直接证明性质2与性质4,请读者自行证明.

性质5(定积分的保号性) 若函数$f(x)$在$[a,b]$上可积,$f(x)\geqslant0$,则$\int_a^b f(x)\mathrm{d}x\geqslant0$ $(a<b)$.

证 因为$f(x)\geqslant0$,所以$f(\xi_i)\geqslant0(i=1,2,\cdots,n)$.又有$\Delta x_i\geqslant0(i=1,2,\cdots,n)$,因此,

$$\sum_{i=1}^n f(\xi_i)\Delta x_i\geqslant0$$

令$\lambda=\max_{1\leqslant i\leqslant n}\{\Delta x_i\}\to0$,利用第一章第三节性质3极限的保号性的推论,对上式取极限,便得到结论.

推论1(定积分的保序性) 若函数$f(x),g(x)$在$[a,b]$上可积,且在$[a,b]$上$f(x)\leqslant g(x)$,则

$$\int_a^b f(x)\mathrm{d}x\leqslant\int_a^b g(x)\mathrm{d}x\ (a<b)$$

证 设$h(x)=g(x)-f(x)\geqslant0$,由性质5得

$$\int_a^b h(x)\mathrm{d}x=\int_a^b\big[g(x)-f(x)\big]\mathrm{d}x\geqslant0(a<b)$$

再利用性质1,有

$$\int_a^b g(x)\mathrm{d}x-\int_a^b f(x)\mathrm{d}x\geqslant0$$

移项便可得结论:$\int_a^b f(x)\mathrm{d}x\leqslant\int_a^b g(x)\mathrm{d}x$.

推论2 若$f(x)$在$[a,b]$上可积,则$\left|\int_a^b f(x)\mathrm{d}x\right|\leqslant\int_a^b|f(x)|\mathrm{d}x\ (a<b)$.

证 由绝对值的意义,可得

$$-|f(x)|\leqslant f(x)\leqslant|f(x)|$$

由性质5的推论1可得

$$\int_a^b-|f(x)|\mathrm{d}x\leqslant\int_a^b f(x)\mathrm{d}x\leqslant\int_a^b|f(x)|\mathrm{d}x\ (a<b)$$

由性质2可得

$$-\int_a^b|f(x)|\mathrm{d}x\leqslant\int_a^b f(x)\mathrm{d}x\leqslant\int_a^b|f(x)|\mathrm{d}x$$

根据绝对值的意义,可得结论:

$$\left|\int_a^b f(x)\mathrm{d}x\right|\leqslant\int_a^b|f(x)|\mathrm{d}x$$

注 (1)推论2的证明中利用了绝对值不等式的性质,$|y|\leqslant A(A>0)$的充要条件为$-A\leqslant y\leqslant A$,其中取$y=\int_a^b f(x)\mathrm{d}x,A=\int_a^b|f(x)|\mathrm{d}x$.推论2表明函数取绝对值后的定积分不小于定积分后再取绝对值,很容易利用定积分的几何意义来解释.

(2)$|f(x)|$在区间$[a,b]$上的可积性可由$f(x)$在$[a,b]$上的可积性推出,因为函数的绝对值不改变函数的连续性,这里不做证明.

(3)推论1称为定积分的**保序性**,用于比较二个定积分的大小,前提是区间$[a,b]$要

求 $a \leqslant b$. 定积分运算保持被积函数的大小关系: 函数越大定积分就越大, 函数越小定积分越小.

性质 6(定积分的估值定理) 设函数 $f(x)$ 在 $[a,b]$ 上可积, M 及 m 分别是函数 $f(x)$ 在 $[a,b]$ 的最大值及最小值, 则

$$m(b-a) \leqslant \int_a^b f(x) \mathrm{d}x \leqslant M(b-a) \quad (a<b)$$

证 由于 $m \leqslant f(x) \leqslant M$, 由性质 5 推论 1, 可得

$$\int_a^b m\mathrm{d}x \leqslant \int_a^b f(x)\mathrm{d}x \leqslant \int_a^b M\mathrm{d}x \quad (a<b)$$

利用性质 2, 有

$$m \int_a^b \mathrm{d}x \leqslant \int_a^b f(x)\mathrm{d}x \leqslant M \int_a^b \mathrm{d}x$$

最后利用性质 4, 便可得结论: $m(b-a) \leqslant \int_a^b f(x)\mathrm{d}x \leqslant M(b-a)$.

性质 6 说明, 只要知道函数在一个闭区间上的最大值和最小值, 就能估计出这个函数在该区间上的定积分的大致范围.

性质 7(定积分中值定理) 如果函数 $f(x)$ 在 $[a,b]$ 上连续, 那么在 $[a,b]$ 上至少存在一点 ξ 满足

$$\int_a^b f(x)\mathrm{d}x = f(\xi)(b-a) \quad (a \leqslant \xi \leqslant b)$$

这个公式称为**积分中值公式**.

证 根据定理 1, 连续函数 $f(x)$ 在 $[a,b]$ 上可积. 由第一章第九节定理 1 可知, 在闭区间 $[a,b]$ 上连续函数 $f(x)$ 有最大值 M 及最小值 m, 根据定积分性质 6(估值定理), 可得

$$m(b-a) \leqslant \int_a^b f(x)\mathrm{d}x \leqslant M(b-a) \quad (a<b)$$

从而可得

$$m \leqslant \frac{1}{b-a} \int_a^b f(x)\mathrm{d}x \leqslant M$$

这说明, $\frac{1}{b-a} \int_a^b f(x)\mathrm{d}x$ 是介于函数 $f(x)$ 的最小值 m 及最大值 M 之间的一个数, 根据第一章第九节定理 2 的推论 1 闭区间上连续函数的介值定理, 在 $[a,b]$ 上至少存在一点 ξ, 使得

$$\frac{1}{b-a} \int_a^b f(x)\mathrm{d}x = f(\xi) \quad (a \leqslant \xi \leqslant b)$$

即

$$\int_a^b f(x)\mathrm{d}x = f(\xi)(b-a) \quad (a \leqslant \xi \leqslant b)$$

显然, 在积分中值公式 $\int_a^b f(x)\mathrm{d}x = f(\xi)(b-a)$ 中, 无论 $a<b$ 或 $a>b$ 都是成立的. 证毕.

性质 7 的几何解释为: 在区间 $[a,b]$ 上至少存在一点 ξ, 使得以 $[a,b]$ 为底边, 以 $y=f(x)$ 为曲边的梯形面积等于同一底边、高为 $f(\xi)$ 的一个矩形的面积(见图 5-3), 并称

$\dfrac{1}{b-a}\displaystyle\int_a^b f(x)\mathrm{d}x$ 为函数 $f(x)$ 在区间 $[a,b]$ 上的**平均值**.

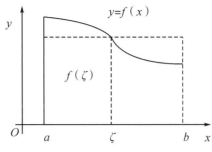

图 5-3　图形展示

例 1　比较定积分 $\displaystyle\int_0^1 \ln(1+x^2)\mathrm{d}x$ 与 $\displaystyle\int_0^1 x^2-2x\mathrm{d}x$ 的大小.

解　令 $f(x)=\ln(1+x^2)-(x^2-2x)\,(0<x<1)$，有

$$f'(x)=\frac{2x}{1+x^2}-2x+2=\frac{2(1+x^2-x^3)}{1+x^2}=\frac{2+2x^2(1-x)}{1+x^2}>0$$

因而 $f(x)$ 在 $[0,1]$ 上单调递增，即当 $x>0$ 时，$f(x)>f(0)=0$，从而在 $(0,1)$ 内 $\ln(1+x^2)>x^2-2x$.由性质 5 的推论 1，可得

$$\int_0^1 \ln(1+x^2)\mathrm{d}x>\int_0^1 x^2-2x\mathrm{d}x$$

例 2　估计下列积分值的大小：$(1)\displaystyle\int_{-2}^2 (1-x)\mathrm{e}^x\mathrm{d}x$；$(2)\displaystyle\int_a^b \sqrt{1+\cos^3 x}\,\mathrm{d}x$.

解　(1) 令 $f(x)=(1-x)\mathrm{e}^x$，则 $f'(x)=-x\mathrm{e}^x=0$，可得驻点 $x=0$.于是 $f(x)$ 的最大值

$$M=\max\{f(-2),f(0),f(2)\}=\max\left\{\frac{3}{\mathrm{e}^2},1,-\mathrm{e}^2\right\}=1$$

由于最小值 $m=-\mathrm{e}^2$.由性质 6 可得

$$-\mathrm{e}^2\cdot[2-(-2)]\leqslant\int_{-2}^2 (1-x)\mathrm{e}^x\mathrm{d}x\leqslant 1\cdot[2-(-2)]$$

即

$$-4\mathrm{e}^2\leqslant\int_{-2}^2 (1-x)\mathrm{e}^x\mathrm{d}x\leqslant 4$$

(2) 设 $f(x)=\sqrt{1+\cos^3 x}$ 在区间 $[a,b]$ 上连续，根据积分中值定理，在 $[a,b]$ 上至少存在一点 ξ，使

$$\int_a^b \sqrt{1+\cos^3 x}\,\mathrm{d}x=\sqrt{1+\cos^3\xi}\,(b-a)$$

又 $-1\leqslant\cos^3\xi\leqslant 1,0\leqslant\sqrt{1+\cos^3\xi}\leqslant\sqrt{2}$，由此可得

$$0\leqslant\int_a^b \sqrt{1+\cos^3 x}\,\mathrm{d}x\leqslant\sqrt{2}\,(b-a)$$

例 3　利用定积分定义计算积分 $\displaystyle\int_0^1 x\mathrm{d}x$.

解　因为被积函数 x 在 $[0,1]$ 上连续，从而可积，所以积分值与 $[0,1]$ 的分法及 ξ_i 的取法无关.因此：

（1）大化小，将$[0,1]$分成n等份，分点为$x_i = \dfrac{i}{n}$，每个小区间$[x_{i-1}, x_i]$的长度$\Delta x_i = \dfrac{1}{n}$（$i = 1, 2, \cdots, n$），如图5-4所示.

（2）用常数代替变量，计算小曲边梯形面积的近似值：取小区间$[x_{i-1}, x_i]$的右端点为$\xi_i = x_i = \dfrac{i}{n}$，做积

$$\Delta A_i \approx f(\xi_i)\Delta x_i = \dfrac{i}{n} \cdot \dfrac{1}{n} \ (i = 1, 2, \cdots, n).$$

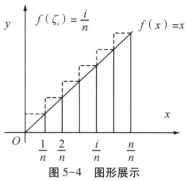

图5-4　图形展示

（3）求近似和，曲边梯形面积的近似值：

$$S \approx \sum_{i=1}^{n} f(\xi_i)\Delta x_i = \dfrac{1}{n^2}\sum_{i=1}^{n} i = \dfrac{n(1+n)}{2n^2}$$

（4）取极限得到曲边梯形面积的精确值：令$\lambda = \max\limits_{1 \le i \le n}\{\Delta x_i\} = \dfrac{1}{n} \to 0 \ (n \to \infty)$，则

$$\int_0^1 x\,\mathrm{d}x = \lim_{\lambda \to 0}\sum_{i=1}^{n} \xi\Delta x_i = \lim_{n \to \infty}\dfrac{n(n+1)}{2n^2} = \dfrac{1}{2}\lim_{n \to \infty}\dfrac{n+1}{n} = \dfrac{1}{2}$$

例3　为了计算定积分，构造窄矩形代替小曲边形，窄矩形的面积代替小曲边形的面积，这种方法称为矩形法.近似计算定积分还有梯形法等方法.

*例4　把下列和式的极限表示成定积分：

$$I = \lim_{n \to \infty} n\left(\dfrac{1}{1+n^2} + \dfrac{1}{2^2+n^2} + \cdots + \dfrac{1}{n^2+n^2}\right)$$

解　因为

$$n\left(\dfrac{1}{1+n^2} + \dfrac{1}{2^2+n^2} + \cdots + \dfrac{1}{n^2+n^2}\right) = \dfrac{1}{n}\sum_{i=1}^{n}\dfrac{1}{1+\left(\dfrac{i}{n}\right)^2} = \sum_{i=1}^{n}\dfrac{1}{1+\left(\dfrac{i}{n}\right)^2} \cdot \dfrac{1}{n} \triangleq \sum_{i=1}^{n}\dfrac{1}{1+\xi_i^2} \cdot \Delta x_i$$

其中$\Delta x_i = \dfrac{1}{n}$，有$\sum\limits_{i=1}^{n}\Delta x_i = \sum\limits_{i=1}^{n}\dfrac{1}{n} = 1$，可得积分区间为$[0,1]$，长度为1；取$\xi_i = x_i = \dfrac{i}{n}$，而$\dfrac{i}{n}$正好是将区间$[0,1]$分成$n$等分的分点，是第$i$个小区间$\left[\dfrac{i-1}{n}, \dfrac{i}{n}\right]$的右端点；又$f(\xi_i) = \dfrac{1}{1+\left(\dfrac{i}{n}\right)^2}$，从而$f(x) = \dfrac{1}{1+x^2}$.故

$$I = \lim_{n \to \infty}\sum_{i=1}^{n}\dfrac{1}{1+\left(\dfrac{i}{n}\right)^2} \cdot \dfrac{1}{n} = \int_0^1 \dfrac{1}{1+x^2}\,\mathrm{d}x$$

习题 5-1

1.选择题，把正确的选项写在题后的括里面.

（1）曲线$f(x) = -x^2 + 4$与直线$x = -1, x = 5$及x轴围成的图形的面积（　　　）.

A. $\displaystyle\int_{-1}^{2} f(x)\,\mathrm{d}x - \int_{2}^{5} f(x)\,\mathrm{d}x$　　　　　　B. $\displaystyle\int_{-1}^{2} f(x)\,\mathrm{d}x + \int_{2}^{5} f(x)\,\mathrm{d}x$

C. $-\int_{-1}^{2} f(x)\,dx + \int_{2}^{5} f(x)\,dx$　　　　D. $\int_{-1}^{0} f(x)\,dx + \int_{0}^{5} f(x)\,dx$

（2）定积分 $\int_{-1}^{1} |\tan x|\,dx = ($ 　　).

A. $\int_{0}^{1} \tan x\,dx + \int_{-1}^{0} \tan x\,dx$　　　　B. $2\int_{0}^{1} \tan x\,dx$

C. $3\int_{0}^{1} \tan x\,dx$　　　　D. 0

（3）定积分 $\int_{0}^{e} \ln(1+x)\,dx$ 与 $\int_{0}^{e} x - \dfrac{x^2}{2}\,dx$ 的大小关系(　　).

A. $\int_{0}^{e} \ln(1+x)\,dx = \int_{0}^{e} x - \dfrac{x^2}{2}\,dx$　　　　B. $\int_{0}^{e} \ln(1+x)\,dx < \int_{0}^{e} x - \dfrac{x^2}{2}\,dx$

C. $\int_{0}^{e} \ln(1+x)\,dx > \int_{0}^{e} x - \dfrac{x^2}{2}\,dx$　　　　D. $\int_{0}^{e} \ln(1+x)\,dx \leqslant \int_{0}^{e} x - \dfrac{x^2}{2}\,dx$

（4）函数 $f(x)$ 在 $[a,b]$ 上连续，$f(x)$ 在 $[a,b]$ 上的平均值为(　　).

A. $\dfrac{f(a)+f(b)}{2}$　　　　B. $\dfrac{f(b)-f(a)}{b-a}$

C. $\int_{a}^{b} f(x)\,dx$　　　　D. $\dfrac{1}{b-a}\int_{a}^{b} f(x)\,dx$

2. 不计算积分，比较定积分的大小.

（1）$\int_{0}^{1} x^2\,dx$ 与 $\int_{0}^{1} x^3\,dx$；　　　（2）$\int_{e}^{4} \ln x\,dx$ 与 $\int_{e}^{4} \ln^2 x\,dx$；　　　（3）$\int_{0}^{1} x\,dx$ 与 $\int_{0}^{1} \sin x\,dx$；

（4）$\int_{0}^{1} \sin x \cos^2 x\,dx$ 与 $\dfrac{1}{2}\int_{0}^{1} \sin 2x\,dx$；　　（5）$\int_{1}^{3} \dfrac{1}{1+x}\,dx$ 与 $\int_{1}^{3} e^{-2x+1}\,dx$.

3. 估计下列定积分的值.

（1）$\int_{0}^{\pi} \cos x + 1\,dx$；　　　　（2）$\int_{0}^{2} x^3 - x^2 + 1\,dx$；

（3）$\int_{0}^{4} \dfrac{x}{1+x^2}\,dx$；　　　　（4）$\int_{0}^{1} (x+1)\arctan x\,dx$.

4. 利用定积分几何意义证明下列等式.

（1）$\int_{0}^{1} x + 1\,dx = \dfrac{3}{2}$；　　　　（2）$\int_{0}^{a} \sqrt{a^2 - x^2}\,dx = \dfrac{\pi}{4}a^2$；

（3）$\int_{-\pi}^{\pi} \sin x\,dx = 0$；　　　　（4）$\int_{-1}^{0} \sqrt{1-x^2}\,dx + \int_{0}^{1} 1 - x\,dx = \dfrac{\pi+2}{4}$.

5. 证明定积分的性质.

（1）$\int_{a}^{b} kf(x)\,dx = k\int_{a}^{b} f(x)\,dx$；　　　　（2）$\int_{a}^{b} 1\,dx = \int_{a}^{b} dx = b - a$.

6. 若 $f(x), g(x)$ 在 $[a,b]$ 上可积，且在 $[a,b]$ 上 $f(x) = g(x)$，则 $\int_{a}^{b} f(x)\,dx = \int_{a}^{b} g(x)\,dx$.

7. 利用定积分定义计算积分：（1）$\int_{0}^{1} 3x + 2\,dx$；（2）$\int_{0}^{1} x^2\,dx$.

第二节　微积分学基本定理

在上一节例 3 中,我们利用定义计算在 $[0,1]$ 上函数 $f(x)=x$ 的定积分,计算过程比较复杂.当被积函数变得比较复杂时,利用定义计算积分就会变得非常困难,甚至不可解.因此,我们必须寻求计算定积分的新方法.

在上一节中我们知道,质点以速度 $v(t)$ 做直线运动时,它在时间间隔 $[T_1,T_2]$ 上所经过的路程为

$$s=\int_{T_1}^{T_2}v(t)\,\mathrm{d}t$$

从另一角度来考虑,如果已知质点的运动规律,即位置函数 $s(t)$,这一段路程又可用位置函数 $s(t)$ 在时间间隔 $[T_1,T_2]$ 上的改变量

$$s(T_2)-s(T_1)$$

来表示.由此可见,位置函数 $s(t)$ 与速度函数 $v(t)$ 之间有如下关系:

$$\int_{T_1}^{T_2}v(t)\,\mathrm{d}t=s(T_2)-s(T_1)$$

因为 $s'(t)=v(t)$,即位置函数 $s(t)$ 是速度函数 $v(t)$ 的一个原函数,所以上式说明:速度函数 $v(t)$ 在 $[T_1,T_2]$ 上的定积分,等于原函数 $s(t)$ 在 $[T_1,T_2]$ 上的增量.

上述从变速直线运动的路程这个特殊问题中可得出定积分与不定积分之间的内在联系.对于一般连续函数 $f(x)$ 在 $[a,b]$ 上的定积分,是否就等于原函数 $F(x)$ 在 $[a,b]$ 上的增量? 即

$$\int_a^b f(x)\,\mathrm{d}x=F(b)-F(a)$$

为此,我们先讨论积分上限函数和它的导数之间的关系.

一、积分上限函数及其导数

设函数 $f(x)$ 在区间 $[a,b]$ 上连续,x 为区间 $[a,b]$ 上的任意一点,则 $f(x)$ 在 $[a,x]$ 上连续.因此,在 $[a,x]$ 上定积分

$$\int_a^x f(x)\,\mathrm{d}x$$

仍然存在,它的值随上限 x 的变化而变化.这里定积分的上限是 x,而积分变量也是 x.根据本章第一节定积分的定义,定积分与积分变量所用字母无关,为了避免混淆,我们将积分变量换成 t,上面的定积分可以写成

$$\int_a^x f(t)\,\mathrm{d}t \quad (a\leqslant x\leqslant b)$$

对于每一个取定的上限 $x\in[a,b]$,定积分都有一个唯一的确定值与之对应,是上限 x 的函数,称为**积分上限的函数**或**变上限积分**,记为 $\Phi(x)$,即

$$\Phi(x) = \int_a^x f(t)\,\mathrm{d}t \quad (a \leqslant x \leqslant b)$$

从几何上看，$\Phi(x)$ 表示区间 $[a,x]$ 上曲边梯形的面积，如图 5-5 中阴影部分的面积.

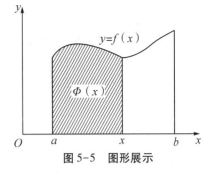

图 5-5　图形展示

积分上限函数 $\Phi(x)$ 具有下面的重要性质：

定理 1（原函数存在定理）　若函数 $f(x)$ 在区间 $[a,b]$ 上连续，则积分上限的函数 $\Phi(x)$ 是 $f(x)$ 在 $[a,b]$ 上的一个原函数，即

$$\Phi'(x) = \frac{\mathrm{d}}{\mathrm{d}x}\int_a^x f(t)\,\mathrm{d}t = f(x) \quad (a \leqslant x \leqslant b) \quad (5\text{-}1)$$

证　任取 x 及 Δx，使 $x, x+\Delta x \in [a,b]$，根据第一节性质 3（积分区间的可加性），有

$$\Phi(x+\Delta x) = \int_a^{x+\Delta x} f(t)\,\mathrm{d}t = \int_a^x f(t)\,\mathrm{d}t + \int_x^{x+\Delta x} f(t)\,\mathrm{d}t$$

于是

$$\begin{aligned}
\Delta\Phi &= \Phi(x+\Delta x) - \Phi(x) \\
&= \int_a^x f(t)\,\mathrm{d}t + \int_x^{x+\Delta x} f(t)\,\mathrm{d}t - \int_a^x f(t)\,\mathrm{d}t = \int_x^{x+\Delta x} f(t)\,\mathrm{d}t
\end{aligned}$$

假设 $f(x)$ 在 $[a,b]$ 上连续，由第一节性质 7 积分中值定理，在 x 与 $x+\Delta x$ 之间至少存在一点 ξ，使得

$$\Delta\Phi = \int_x^{x+\Delta x} f(t)\,\mathrm{d}t = f(\xi)(x+\Delta x - x) = f(\xi)\Delta x$$

当 $\Delta x \to 0$ 时，有 $x+\Delta x \to x$，从而有 $\xi \to x$，根据第一章第八节连续函数的定义，可得 $\lim\limits_{\xi \to x} f(\xi) = f(x)$，从而有

$$\lim_{\Delta x \to 0} \frac{\Delta\Phi}{\Delta x} = \lim_{\Delta x \to 0} \frac{f(\xi)\Delta x}{\Delta x} = \lim_{\xi \to x} f(\xi) = f(x)$$

这说明，当 $\Delta x \to 0$ 时，上式右端的极限为 $f(x)$，因而左端的极限也存在.根据第二章第一节导数的定义，有

$$\Phi'(x) = \lim_{\Delta x \to 0} \frac{\Delta\Phi}{\Delta x} = f(x)$$

若 $x=a$，取 $\Delta x>0$，同理可证 $\Phi'_+(a)=f(a)$；若 $x=b$，取 $\Delta x<0$，同理可证 $\Phi'_-(b)=f(b)$.

由第四章第一节原函数的定义，积分上限函数 $\Phi(x)$ 是函数 $f(x)$ 在 $[a,b]$ 上的一个原函数.证毕.

定理 1 说明了：连续函数 $f(x)$ 取变上限 x 的定积分然后求导，其结果还原为 $f(x)$ 本身.由此可得，**连续函数一定存在原函数**，这就是第四章第一节介绍了未证明的原函数存在定理，并初步揭示了定积分与原函数之间的联系，从而有可能利用原函数来计算定积分；同时获得积分上限函数的求导公式：

$$\frac{\mathrm{d}}{\mathrm{d}x}\int_a^x f(t)\,\mathrm{d}t = f(x)$$

该式表明：积分下限为常量，上限是变量 x 的定积分对 x 的导数等于将被积函数中的变量换成上限 x 即可.如

$$\frac{\mathrm{d}}{\mathrm{d}x}\int_{1}^{x}\sqrt{t}\,\mathrm{d}t=\sqrt{x}\,,\qquad \frac{\mathrm{d}}{\mathrm{d}x}\int_{3a}^{x}t(\sin t+2t)\,\mathrm{d}t=x(\sin x+2x)$$

二、微积分学基本定理

定理 2（微积分学基本定理） 若 $F(x)$ 是连续函数 $f(x)$ 在区间 $[a,b]$ 上的一个原函数，则

$$\int_{a}^{b}f(x)\,\mathrm{d}x=F(b)-F(a) \tag{5-2}$$

证 因为 $\Phi(x)=\displaystyle\int_{a}^{x}f(t)\,\mathrm{d}t$ 与 $F(x)$ 都是 $f(x)$ 的原函数，所以

$$F'(x)-\Phi'(x)=f(x)-f(x)=0$$

根据第三章第一节拉格朗日中值定理的推论，可得

$$F(x)-\Phi(x)=C\quad(a\leqslant x\leqslant b)$$

其中 C 为某一常数. 令 $x=a$，得 $F(a)-\Phi(a)=C$，根据第一节的约定有 $\Phi(a)=\displaystyle\int_{a}^{a}f(t)\,\mathrm{d}t=0$，可得 $C=F(a)$. 于是

$$F(x)-C=F(x)-F(a)=\Phi(x)=\int_{a}^{x}f(t)\,\mathrm{d}t$$

再令 $x=b$，获得要证的公式（5-2）：

$$\int_{a}^{b}f(x)\,\mathrm{d}x=F(b)-F(a)$$

证毕.

为了方便起见，还常用 $F(x)\,\big|_{a}^{b}$ 或 $\big[F(x)\big]_{a}^{b}$ 表示 $F(b)-F(a)$，公式（5-2）又可写成

$$\int_{a}^{b}f(x)\,\mathrm{d}x=F(x)\,\big|_{a}^{b}=F(b)-F(a)$$

这个公式称为**微积分学基本公式**或**牛顿（Newton）-莱布尼茨（Leibniz）公式**. 定理 2 将原来看似无关的定积分与原函数联系起来了，通常称之为**微积分学的基本定理**. 它揭示了定积分与被积函数的原函数或不定积分之间的内在联系：一个连续函数 $f(x)$ 在 $[a,b]$ 上的定积分，等于它的任一个原函数 $F(x)$ 的上限值减去下限值，即原函数 $F(x)$ 在 $[a,b]$ 上的增量. 它把定积分的计算问题转化为求原函数的问题，给计算定积分提供了一个有效而简便的计算方法，是联系微分学与积分学的桥梁，在微积分学中具有极其重要的意义.

推论 设函数 $f(x)$ 在 $[a,b]$ 上连续，$\varphi(x)$ 与 $\psi(x)$ 在 $[a,b]$ 上都可导，则积分上（下）限函数的导数

$$\frac{\mathrm{d}}{\mathrm{d}x}\int_{\psi(x)}^{\varphi(x)}f(t)\,\mathrm{d}t=f\big[\varphi(x)\big]\varphi'(x)-f\big[\psi(x)\big]\psi'(x) \tag{5-3}$$

证 设 $F(x)$ 是连续函数 $f(x)$ 在区间 $[a,b]$ 上的原函数，由牛顿—莱布尼茨公式可得

$$\int_{\psi(x)}^{\varphi(x)}f(t)\,\mathrm{d}t=F\big[\varphi(x)\big]-F\big[\psi(x)\big]$$

又 $\varphi(x)$ 与 $\psi(x)$ 在 $[a,b]$ 上都可导，由第二章第二节定理 2 复合函数求导法则，可得

$$\frac{\mathrm{d}}{\mathrm{d}x}\int_{\psi(x)}^{\varphi(x)}f(t)\,\mathrm{d}t=\frac{\mathrm{d}}{\mathrm{d}x}F\big[\varphi(x)\big]-\frac{\mathrm{d}}{\mathrm{d}x}F\big[\psi(x)\big]=f\big[\varphi(x)\big]\varphi'(x)-f\big[\psi(x)\big]\psi'(x)$$

该推论解决了积分上(下)限函数的求导问题,说明:积分上(下)限函数的导数等于将被积函数的积分变量换成上限函数,再乘以上限函数的导数之积,减去将积分变量换成下限函数,乘以下限函数的导数之积.

例 1 计算定积分 $\int_1^2 \left(x^2 + \dfrac{1}{x} \right) \mathrm{d}x$.

解 由于 $\dfrac{1}{3}x^3 + \ln|x|$ 是 $x^2 + \dfrac{1}{x}$ 的一个原函数,根据牛顿—莱布尼茨公式,有

$$原式 = \left(\frac{1}{3}x^3 + \ln|x| \right) \Big|_1^2 = \left(\frac{1}{3} \cdot 2^3 + \ln 2 \right) - \left(\frac{1}{3} \cdot 1^3 + \ln 1 \right) = \frac{7}{3} + \ln 2$$

例 2 计算定积分 $\int_0^1 \dfrac{\mathrm{d}x}{\sqrt{4 - x^2}}$.

解 先求被积函数的原函数

$$\int \frac{1}{\sqrt{4 - x^2}} \mathrm{d}x = \int \frac{2}{2\sqrt{1 - \left(\frac{x}{2} \right)^2}} \mathrm{d}\left(\frac{x}{2} \right) = \arcsin \frac{x}{2} + C$$

根据牛顿—莱布尼茨公式,有

$$原式 = \arcsin \frac{x}{2} \Big|_0^1 = \arcsin \frac{1}{2} - \arcsin 0 = \frac{\pi}{6}.$$

例 3 计算正切曲线 $y = \tan x$ 与直线 $x = \dfrac{\pi}{3}$ 和 x 轴所围成的平面图形的面积(见图 5-6).

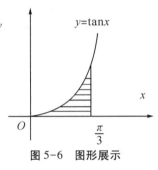

图 5-6 图形展示

解 这个图形是一个特殊的曲边梯形,其中 $a = 0$, $b = \dfrac{\pi}{3}$. 根据第一节引例 1,它的面积为

$$A = \int_0^{\frac{\pi}{3}} \tan x \mathrm{d}x = \int_0^{\frac{\pi}{3}} \frac{\sin x}{\cos x} \mathrm{d}x = -\int_0^{\frac{\pi}{3}} \frac{1}{\cos x} \mathrm{d}(\cos x) = -\ln|\cos x| \Big|_0^{\frac{\pi}{3}}$$

$$= -\left(\ln \cos \frac{\pi}{3} - \ln \cos 0 \right) = -\left(\ln \frac{1}{2} - \ln 1 \right) = \ln 2$$

例 4 计算定积分 $\int_0^{2\pi} |\sin x| \mathrm{d}x$.

解 利用积分区间可加性及公式(5-2),可得

$$原式 = \int_0^{\pi} |\sin x| \mathrm{d}x + \int_{\pi}^{2\pi} |\sin x| \mathrm{d}x = \int_0^{\pi} \sin x \mathrm{d}x - \int_{\pi}^{2\pi} \sin x \mathrm{d}x = -[\cos x]_0^{\pi} + [\cos x]_{\pi}^{2\pi}$$

$$= -[\cos \pi - \cos 0] + [\cos 2\pi - \cos \pi] = -[-1 - 1] + [1 - (-1)] = 4$$

例 5 计算定积分 $\int_0^2 \dfrac{x^2 + 9x + 19}{x^2 + 7x + 12} \mathrm{d}x$.

解 先求原函数

$$\int \frac{x^2 + 9x + 19}{x^2 + 7x + 12} \mathrm{d}x = \int \frac{(x^2 + 7x + 12) + (2x + 7)}{x^2 + 7x + 12} \mathrm{d}x = \int 1 + \frac{(x^2 + 7x + 12)'}{x^2 + 7x + 12} \mathrm{d}x$$

$$= x + \int \frac{\mathrm{d}(x^2 + 7x + 12)}{x^2 + 7x + 12} = x + \ln|x^2 + 7x + 12| + C$$

于是利用公式(5-2),可得

$$原式 = \left[x + \ln|x^2 + 7x + 12|\right]\Big|_0^2 = \left[2 + \ln|2^2 + 7 \cdot 2 + 12|\right] - \left[0 + \ln|0^2 + 7 \cdot 0 + 12|\right]$$

$$= 2 + \ln 30 - \ln 12 = 2 + \ln 5 - \ln 2$$

注 在有理函数的积分中,分母是可进行因式分解的二次多项式,分子为一次多项式时,可以凑分母的导数来消去分子的一次项,而剩下没有一次项只有常数项的分子,更容易拆成部分分式之和.

例 6 求下列变积分限函数的导数:

$$(1)\ \frac{\mathrm{d}}{\mathrm{d}x}\int_0^{x^3} \sin t^2 \mathrm{d}t\ ; \qquad (2)\ \frac{\mathrm{d}}{\mathrm{d}x}\int_{x^2}^{\sqrt{x}} \ln t \mathrm{d}t.$$

解 (1)设 $\Phi(u) = \int_0^u \sin t^2 \mathrm{d}t$,其中 $u = x^3$. 复合函数求导法则,可得

$$\frac{\mathrm{d}}{\mathrm{d}x}\int_0^{x^3}\sin t^2 \mathrm{d}t = \frac{\mathrm{d}}{\mathrm{d}x}\Phi(x^3) = \Phi'(x^3) \cdot (x^3)'$$

由定理 1 得,$\Phi'(u) = \sin u^2$,因而 $\Phi'(x^3) = \sin(x^3)^2 = \sin x^6$. 因此,

$$\frac{\mathrm{d}}{\mathrm{d}x}\int_0^{x^3}\sin t^2 \mathrm{d}t = 3x^2 \sin x^6$$

(2)将 $f(t) = \ln t, \varphi(x) = \sqrt{x}, \psi(x) = x^2$,代入定理 2 的推论式(5-3),可得

$$原式 = \ln\sqrt{x} \cdot (\sqrt{x})' - \ln x^2 \cdot (x^2)' = \frac{1}{2\sqrt{x}}\ln\sqrt{x} - 2x\ln x^2 = \frac{1}{4\sqrt{x}}\ln|x| - 4x\ln|x|$$

例 7 计算极限 $\displaystyle\lim_{x \to 0} \frac{\int_0^{x^2} \sin t \mathrm{d}t}{x - \sin x}$.

解 这是一个" $\dfrac{0}{0}$ "型的未定式,应用洛必达法则及定理 2 的推论来计算这个极限.

$$\frac{\mathrm{d}}{\mathrm{d}x}\int_0^{x^2}\sin t \mathrm{d}t = \sin x^2 \cdot (x^2)' = 2x\sin x^2,\ \ 又\ \sin x^2 \sim x^2\ (x \to 0)$$

于是

$$原式 = \lim_{x \to 0}\frac{\left(\int_0^{x^2}\sin t \mathrm{d}t\right)'}{(x - \sin x)'} = \lim_{x \to 0}\frac{2x^3}{1 - \cos x} = 6\lim_{x \to 0}\frac{x^2}{\sin x} = 0$$

例 8 设函数 $f(x)$ 在 $(-\infty, +\infty)$ 内连续,$F(x) = \int_0^x (x - 2t)f(t)\mathrm{d}t$. 证明若 $f(x)$ 单调递增,则 $F(x)$ 单调递减.

证 因为 $f(x)$ 与 $x - 2t$ 在 $(-\infty, +\infty)$ 内都连续,由定理 1 得 $F(x)$ 可导,而

$$F(x) = x\int_0^x f(t)\mathrm{d}t - 2\int_0^x tf(t)\mathrm{d}t$$

所以

$$F'(x) = \int_0^x f(t)\mathrm{d}t + xf(x) - 2xf(x) = \int_0^x f(t)\mathrm{d}t - xf(x)$$

$$= \int_0^x f(t)\mathrm{d}t - \int_0^x f(x)\mathrm{d}x = \int_0^x f(t) - f(x)\mathrm{d}t$$

又由 $f(x)$ 单调递增,当 $t \in [0,x]$ 时,$f(t) \leq f(x)$,当且仅当 $t = x$ 时等号成立,从而 $f(t) - f(x) \leq 0$,根据第一节性质 5 定积分的保号性有,$F'(x) \leq 0$,因而 $F(x)$ 单调递减.

习题 5-2

1.求下列导数或微分.

(1) $\dfrac{d}{dx}\displaystyle\int_{1}^{x}\cos t dt$;

(2) $\dfrac{d}{dx}\displaystyle\int_{\tan x}^{3}te^{t}dt$;

(3) $d\displaystyle\int_{-2x}^{x^{2}}t^{2}+\sin e^{t}dt$;

(4) $d\displaystyle\int_{\cos u}^{\sin u}\sqrt{1-t^{2}}dt$.

2.设 $y=f(x)$ 是由方程 $yx-\displaystyle\int_{0}^{y}t\sin t dt=0$ 确定的隐函数,试求函数 $y=f(x)$ 的微分 dy .

3.求由参数方程 $\begin{cases}x=\displaystyle\int_{0}^{t}ue^{u}du\\ y=t^{3}+2t^{2}+1\end{cases}$ 确定的函数 $y=f(x)$ 的导数 $\dfrac{dy}{dx}$,并求在 $t=0$ 处的

切线.

4.计算下列积分.

(1) $\displaystyle\int_{0}^{4}x^{2}+\sqrt{x}\,dx$;

(2) $\displaystyle\int_{1}^{3}\dfrac{3}{1+3x}dx$;

(3) $\displaystyle\int_{\frac{\pi}{4}}^{0}\sin^{2}\dfrac{x}{2}dx$;

(4) $\displaystyle\int_{1}^{3}\dfrac{1}{1+4x^{2}}dx$;

(5) $\displaystyle\int_{\frac{\pi}{4}}^{\pi}\cos x\sin^{3}x dx$;

(6) $\displaystyle\int_{0}^{4}|2x-3|dx$;

(7) $\displaystyle\int_{1}^{e}xe^{x^{2}}dx$;

(8) $\displaystyle\int_{0}^{2\pi}3|\sin^{3}x|dx$;

(9) $\displaystyle\int_{3}^{5}\dfrac{2x}{x^{2}-4x+4}dx$;

(10) $\displaystyle\int_{1}^{3}\dfrac{1+2\ln x}{x}dx$;

(11) $\displaystyle\int_{2}^{3}\dfrac{x^{2}-4x+10}{x^{2}-6x+10}dx$;

(12) $\displaystyle\int_{0}^{\frac{\pi}{3}}\dfrac{1}{\cos^{2}x\sqrt{1-\tan^{2}x}}dx$.

5.求下列极限.

(1) $\displaystyle\lim_{x\to 0}\dfrac{1}{x}\int_{0}^{x}\dfrac{\sin t}{t}dt$;

(2) $\displaystyle\lim_{x\to 0}\dfrac{\displaystyle\int_{0}^{x}e^{t}+e^{-t}-2dt}{x(e^{x}-1)}$;

(3) $\displaystyle\lim_{x\to 0}\dfrac{\displaystyle\int_{0}^{x^{2}}\ln(1+t)dt}{1-\cos x^{2}}$.

6.设 $f(x)=\begin{cases}x+1, & -1\le x\le 0\\ x, & 0<x\le 1\end{cases}$, $F(x)=\displaystyle\int_{-1}^{x}f(t)dt(-1\le x\le 1)$,求 $F(x)$ 的表

达式.

7.设 $F(u)=\displaystyle\int_{-1}^{u}f(x)dx$,其中 $f(x)=\begin{cases}x+1, & -1\le x\le 1\\ 3x^{2}, & 1<x\le 3\end{cases}$,并判断 $F(u)$ 的连续性.

8.设函数 $f(x)$ 在 $[a,b]$ 上连续、单调递增.证明平均值函数

$$g(x)=\dfrac{\displaystyle\int_{a}^{x}f(t)dt}{x-a},x\in(a,b]$$

在 $[a,b]$ 上为增函数.

9.求函数 $f(x)=\displaystyle\int_{e}^{x}\dfrac{\ln t}{t^{2}-2t+1}dt$ 分在区间 $[e,e^{2}]$ 上的最大值.

10.设函数 $f(x)$ 在 $[0,+\infty)$ 内连续且 $f(x)>0$,证明 $g(x)=\dfrac{\displaystyle\int_{0}^{x}tf(t)dt}{\displaystyle\int_{0}^{x}f(t)dt}$ 在 $(0,+\infty)$ 内

为增函数.

11.利用拉格朗日定理证明积分中值定理:若函数$f(x)$在$[a,b]$上连续,则在$[a,b]$上至少存在一点ξ,使

$$\int_a^b f(x)\,dx = f(\xi)(b-a)\quad(a\leqslant \xi \leqslant b)$$

12.某产品的边际成本函数$f(x)=x^2-2x+100$(万元/件),求产量从100件到200件的平均成本(总成本函数的导数是边际成本).

第三节　定积分的换元法与分部积分法

牛顿—莱布尼茨公式为定积分计算提供了简便的方法,将求定积分的问题归结为求被积函数的原函数的问题或不定积分.但是,该方法仍有些问题:在用第二换元法计算不定积分时,最后要将新设的变量t代回到原来的变量x;在利用分部积分法计算不定积分时,每用一次前面就出现一个函数,在书写上极不方便.在计算时如何克服? 在一定的条件下,我们可以用换元法与分部积分法求定积分.

一、定积分的换元法

定理 1　设函数$f(x)$在区间$[a,b]$上连续,函数$x=\varphi(t)$满足条件:

(1) $\varphi(\alpha)=a,\varphi(\beta)=b$;

(2)函数$x=\varphi(t)$在区间$[\alpha,\beta]$(或$[\beta,\alpha]$)上有连续导数;

(3) $\alpha\leqslant t\leqslant \beta$(或$\beta\leqslant t\leqslant \alpha$)时,$a\leqslant \varphi(t)\leqslant b$

则有

$$\int_a^b f(x)\,dx = \int_\alpha^\beta f[\varphi(t)]\varphi'(t)\,dt \tag{5-4}$$

证　由题设可知,上式两边的被积函数都是连续的,根据第二节定理1,它们的原函数都存在,因而它们的定积分存在.下面证明定积分相等:设$F(x)$是$f(x)$的一个原函数,根据第二节定理2牛顿—莱布尼茨公式,有

$$\int_a^b f(x)\,dx = F(b)-F(a)$$

又$x=\varphi(t)$有连续导数,根据第二章第二节定理2复合函数求导法则,$F[\varphi(t)]$可导,且

$$\frac{d}{dt}F[\varphi(t)] = \frac{dF}{dx}\cdot\frac{dx}{dt} = f(x)\cdot\varphi'(t) = f[\varphi(t)]\varphi'(t)$$

故$F[\varphi(t)]$是连续函数$f[\varphi(t)]\varphi'(t)$的一个原函数.于是

$$\int_\alpha^\beta f[\varphi(t)]\varphi'(t)\,dt = F[\varphi(t)]\Big|_\alpha^\beta = F[\varphi(\beta)]-F[\varphi(\alpha)]$$

又$\varphi(\alpha)=a,\varphi(\beta)=b$,可得

$$F[\varphi(\beta)] - F[\varphi(\alpha)] = F(b) - F(a)$$

因此,获得了结论:

$$\int_a^b f(x)\,dx = \int_\alpha^\beta f[\varphi(t)]\varphi'(t)\,dt$$

证毕.

这个积分公式称为**定积分的换元公式**.定积分符号 $\int_a^b f(x)\,dx$ 本来是一个完整的记号,dx 是其中不可分割的部分.但由定理 1 可知,在一定条件下,dx 确实可以作为微分记号来看待.也就是说,应用换元公式时,通过变换 $x = \varphi(t)$ 把原来的积分变量 x 换成新变量 t,dx 就换成微分 $\varphi'(t)dt$,这正是函数 $x = \varphi(t)$ 的微分 dx.

注 ①换元必换积分限.如果用 $x = \varphi(t)$ 把原来的积分变量 x 换成新变量 t,那么变量 x 的积分下上限 a,b 也必须换成相应的新变量 t 的积分下上限 α、β,原来的下限换作新变量 t 的下限,上限换作新变量 t 的上限.②在求出 $f[\varphi(t)]\varphi'(t)$ 的原函数 $F[\varphi(t)]$ 后,不必像计算不定积分那样把它还原成 x 的函数,只要把新变量 t 的积分上下限代入 $F[\varphi(t)]$ 中,然后相减便获得结果.③定理中不要求 $\varphi(t)$ 的导数不为零(可以不是单调函数),从而反函数也可以不存在.④当 $\varphi(t)$ 的值域 R_φ 超出区间 $[a, b]$,但 $\varphi(t)$ 满足其余条件时,只要 $f[\varphi(t)]$ 在 R_φ 上连续,定理的结论仍然成立.

例 1 求定积分 $\displaystyle\int_0^8 \frac{dx}{1 + \sqrt[3]{x}}$.

解 令 $\sqrt[3]{x} = t$,即 $x = t^3$,则 $dx = 3t^2 dt$.当 $x = 0$ 时,$t = 0$;当 $x = 8$ 时,$t = 2$.于是

$$原式 = \int_0^2 \frac{3t^2}{1+t}\,dt = 3\int_0^2 \frac{t^2-1+1}{1+t}\,dt = 3\int_0^2 \left(t - 1 + \frac{1}{t+1}\right)dt = 3\left[\frac{1}{2}t^2 - t + \ln|1+t|\right]_0^2$$

$$= 3\left[\left(\frac{1}{2}\cdot 2^2 - 2 + \ln|1+2|\right) - \left(\frac{1}{2}\cdot 2^2 - 2 + \ln|1+0|\right)\right] = 3\ln 3$$

例 2 计算定积分 $\displaystyle\int_0^a \sqrt{a^2 - x^2}\,dx\,(a > 0)$(积分表示圆心在坐标原点的圆在第一象限的面积).

解 设 $x = a\sin t$,则 $dx = a\cos t\,dt$.当 $x = 0$ 时,$t = 0$;当 $x = a$ 时,$t = \dfrac{\pi}{2}$.由此可得

$$原式 = \int_0^{\frac{\pi}{2}} \sqrt{a^2 - a^2\sin^2 t}\cdot a\cos t\,dt = a^2\int_0^{\frac{\pi}{2}}\cos^2 t\,dt = a^2\int_0^{\frac{\pi}{2}}\frac{1+\cos 2t}{2}\,dt$$

$$= \frac{1}{2}\left[a^2\left(t + \frac{1}{2}\sin 2t\right)\right]_0^{\frac{\pi}{2}} = \frac{a^2}{2}\left\{\left[\frac{\pi}{2} + \frac{1}{2}\sin\left(2\cdot\frac{\pi}{2}\right)\right] - \left[0 + \frac{1}{2}\sin(2\cdot 0)\right]\right\}$$

$$= \frac{\pi a^2}{4}$$

换元公式也可反过来使用,为了方便起见,把换元公式中左右两边对调位置,同时把 t 改记为 x,而把 x 改记为 t,便得

$$\int_a^b f[\varphi(x)]\varphi'(x)\,dx = \int_\alpha^\beta f(t)\,dt \tag{5-5}$$

这样,可用 $x = \varphi(t)$ 来引入新变量 t,而 $\alpha = \varphi(a)$,$\beta = \varphi(b)$.

例3 计算定积分 $\int_0^{\frac{\pi}{2}} \cos x \sin^2 x \mathrm{d}x$.

解 设 $t = \sin x$,则 $\mathrm{d}t = \cos x \mathrm{d}x$.当 $x = 0$ 时,$t = 0$;当 $x = \dfrac{\pi}{2}$ 时,$t = 1$.于是

$$原式 = \int_0^1 t^2 \mathrm{d}t = \left. \frac{1}{3} t^3 \right|_0^1 = \frac{1}{3}(1^3 - 0) = \frac{1}{3}$$

在例3中,如果我们不明显地写出新变量 t ,即积分变量没有改变,那么定积分的上、下限就不要改变,即配元不换积分限.如

$$\int_0^{\frac{\pi}{2}} \cos x \sin^2 x \mathrm{d}x = \int_0^{\frac{\pi}{2}} \sin^2 x \mathrm{d}(\sin x) = \left. \frac{1}{3} \sin^3 x \right|_0^{\frac{\pi}{2}} = \frac{1}{3}\left(\sin^3 \frac{\pi}{2} - 0\right) = \frac{1}{3}$$

例4 计算定积分 $\int_0^{\frac{1}{2}} \dfrac{\mathrm{d}x}{\sqrt{x(1-x)}}$.

解 原式 $= \int_0^{\frac{1}{2}} \dfrac{1}{\sqrt{1-x}} \cdot \dfrac{\mathrm{d}x}{\sqrt{x}} = 2\int_0^{\frac{1}{2}} \dfrac{\mathrm{d}(\sqrt{x})}{\sqrt{1-(\sqrt{x})^2}} = \left. 2\arcsin\sqrt{x} \right|_0^{\frac{1}{2}} = 2\arcsin\dfrac{\sqrt{2}}{2} = \dfrac{\pi}{2}$.

在熟练运用"凑微分法"后,可以省略变量替换这一步;但要注意"不换元,就不换积分限".定理1主要是用于第二换元法计算定积分.

例5 设 $f(x)$ 在区间 $[0,1]$ 上连续,证明 $\int_0^\pi x f(\sin x) \mathrm{d}x = \dfrac{\pi}{2} \int_0^\pi f(\sin x) \mathrm{d}x$,并计算 $\int_0^\pi x \sin^3 x \mathrm{d}x$.

解 做变换 $x = \pi - t$,则 $\mathrm{d}x = -\mathrm{d}t$.当 $x = 0$ 时,$t = \pi$;当 $x = \pi$ 时,$t = 0$.从而

$$\int_0^\pi x f(\sin x) \mathrm{d}x = -\int_\pi^0 (\pi - t) f[\sin(\pi - t)] \mathrm{d}t = \int_0^\pi (\pi - t) f(\sin t) \mathrm{d}t$$

$$= \pi \int_0^\pi f(\sin t) \mathrm{d}t - \int_0^\pi t f(\sin t) \mathrm{d}t = \pi \int_0^\pi f(\sin x) \mathrm{d}x - \int_0^\pi x f(\sin x) \mathrm{d}x$$

出现了循环,可解得,

$$\int_0^\pi x f(\sin x) \mathrm{d}x = \frac{\pi}{2} \int_0^\pi f(\sin x) \mathrm{d}x$$

利用上述结论,可得

$$\int_0^\pi x \sin^3 x \mathrm{d}x = \frac{\pi}{2} \int_0^\pi \sin^3 x \mathrm{d}x = \frac{\pi}{2} \int_0^\pi \sin^2 x \sin x \mathrm{d}x = -\frac{\pi}{2} \int_0^\pi 1 - \cos^2 x \mathrm{d}(\cos x)$$

$$= -\frac{\pi}{2}\left. \left(\cos x - \frac{1}{3}\cos^3 x\right) \right|_0^\pi = \frac{2}{3}\pi$$

例6 试证 若 $f(x)$ 在 $[-a,a]$ 上连续,则 (1) $\int_{-a}^a f(x) \mathrm{d}x = \int_{-a}^a [f(-x) + f(x)] \mathrm{d}x$;

(2)当 $f(x)$ 为奇函数时,$\int_{-a}^a f(x) \mathrm{d}x = 0$;

(3)当 $f(x)$ 为偶函数时,$\int_{-a}^a f(x) \mathrm{d}x = 2\int_0^a f(x) \mathrm{d}x$.

证 (1)利用第一节积分区间可加性,有

$$\int_{-a}^{a} f(x)\,\mathrm{d}x = \int_{-a}^{0} f(x)\,\mathrm{d}x + \int_{0}^{a} f(x)\,\mathrm{d}x$$

对积分式 $\int_{-a}^{0} f(x)\,\mathrm{d}x$ 做变换 $x=-t, \mathrm{d}x=-\mathrm{d}t$，则有

$$\int_{-a}^{0} f(x)\,\mathrm{d}x = -\int_{a}^{0} f(-t)\,\mathrm{d}t = \int_{0}^{a} f(-x)\,\mathrm{d}x$$

从而有

$$\int_{-a}^{a} f(x)\,\mathrm{d}x = \int_{0}^{a} [f(-x) + f(x)]\,\mathrm{d}x$$

（2）若 $f(x)$ 为奇函数，即 $f(x)=-f(x)$，由（1）可得

$$\int_{-a}^{a} f(x)\,\mathrm{d}x = \int_{0}^{a} [f(-x) + f(x)]\,\mathrm{d}x = 0$$

（3）若 $f(x)$ 为偶函数，即 $f(x)=-f(x)$，由（1）可得

$$\int_{-a}^{a} f(x)\,\mathrm{d}x = \int_{0}^{a} [f(-x) + f(x)]\,\mathrm{d}x = 2\int_{0}^{a} f(x)\,\mathrm{d}x$$

例 6 的结论很重要，常常用来简化奇函数、偶函数在关于原点对称的区间 $[-a, a]$ 上的积分，可以作为公式来利用. 如

$$\int_{-a}^{a} x^3\,\mathrm{d}x = 0 \ , \ \int_{-10}^{10} \frac{\sin x}{x^2 + 1}\,\mathrm{d}x = 0 \ , \ \int_{-2}^{2} \frac{x^2}{x^4 + 1}\,\mathrm{d}x = 2\int_{0}^{2} \frac{x^2}{x^4 + 1}\,\mathrm{d}x$$

例 7 设 $f(x)$ 在 $(-\infty, +\infty)$ 上连续，且以 T 为周期的周期函数. 试证

$$\int_{a}^{a+T} f(x)\,\mathrm{d}x = \int_{0}^{T} f(x)\,\mathrm{d}x$$

证 利用第一节积分区间的可加性，有

$$\int_{a}^{a+T} f(x)\,\mathrm{d}x = \int_{a}^{0} f(x)\,\mathrm{d}x + \int_{0}^{T} f(x)\,\mathrm{d}x + \int_{T}^{a+T} f(x)\,\mathrm{d}x$$

又对最后一个积分式做变换：$x=T+t, \mathrm{d}x=\mathrm{d}t$. 当 $x=T+a$ 时，$t=a$；当 $x=T$ 时，$t=0$. 于是

$$\int_{T}^{a+T} f(x)\,\mathrm{d}x = \int_{0}^{a} f(T+t)\,\mathrm{d}t = \int_{0}^{a} f(t)\,\mathrm{d}t = -\int_{a}^{0} f(t)\,\mathrm{d}t$$

代入第一个等式，可获得结论：

$$\int_{a}^{a+T} f(x)\,\mathrm{d}x = \int_{a}^{0} f(x)\,\mathrm{d}x + \int_{0}^{T} f(x)\,\mathrm{d}x - \int_{a}^{0} f(x)\,\mathrm{d}x = \int_{0}^{T} f(x)\,\mathrm{d}x$$

利用例 7 的结论，我们容易得到：

$$\int_{a}^{a+nT} f(x)\,\mathrm{d}x = n\int_{0}^{T} f(x)\,\mathrm{d}x, n \in N$$

二、定积分的分部积分法

对于不同类型的基本初等函数及复合函数之积的定积分，常常用到分部积分法.

定理 2 如果函数 $u=u(x), v=v(x)$ 在 $[a, b]$ 上具有连续导数，那么

$$\int_{a}^{b} u(x)\,\mathrm{d}v(x) = u(x)v(x) \Big|_{a}^{b} - \int_{a}^{b} v(x)\,\mathrm{d}u(x) \qquad (5\text{-}6)$$

证 利用二个函数乘积的导数公式：

$$[u(x)v(x)]' = u'(x)v(x) + u(x)v'(x)$$

即

$$u(x)v'(x) = [u(x)v(x)]' - u'(x)v(x)$$

这个式子两边取 x 由 a 到 b 的定积分,根据第一节性质 5 的推论 1,可得它们的定积分相等,即

$$\int_a^b u(x)v'(x)\mathrm{d}x = \int_a^b [u(x)v(x)]'\mathrm{d}x - \int_a^b u'(x)v(x)\mathrm{d}x$$

由第四章第一节原函数的定义,函数 $u(x)v(x)$ 是 $[u(x)v(x)]'$ 的一个原函数,根据第二节定理 2 牛顿—莱布尼茨公式,有

$$\int_a^b [u(x)v(x)]'\mathrm{d}x = u(x)v(x)\Big|_a^b$$

因此,

$$\int_a^b u(x)v'(x)\mathrm{d}x = u(x)v(x)\Big|_a^b - \int_a^b u'(x)v(x)\mathrm{d}x$$

即

$$\int_a^b u(x)\mathrm{d}v(x) = u(x)v(x)\Big|_a^b - \int_a^b v(x)\mathrm{d}u(x)$$

可以简记

$$\int_a^b uv'\mathrm{d}x = uv\Big|_a^b - \int_a^b u'v\mathrm{d}x \text{ 或 } \int_a^b u\mathrm{d}v = uv\Big|_a^b - \int_a^b v\mathrm{d}u$$

证毕.

这个公式就是**定积分的分部积分公式**.定理 2 是先用不定积分法求出原函数,再用牛顿—莱布尼茨公式计算定积分.因此,定积分的分部积分法适应的函数类型与不定积分的分部积分法完全一样.但利用定积分的分部积分法公式(5-6)时,可以及时地将前面出现的项 $uv\Big|_a^b$ 化为常数,边积分边代换,从而起到简化的作用.

例 8 计算定积分 $\int_0^1 \ln(x^2+1)\mathrm{d}x$.

解 取 $u = \ln(x^2+1)$,$v = x$,$\mathrm{d}u = \dfrac{(x^2+1)'}{x^2+1}\mathrm{d}x = \dfrac{2x}{x^2+1}\mathrm{d}x$.于是

$$原式 = x\ln(x^2+1)\Big|_0^1 - \int_0^1 x\mathrm{d}[\ln(x^2+1)] = \ln2 - \int_0^1 x\cdot\frac{2x}{x^2+1}\mathrm{d}x = \ln2 - 2\int_0^1 \frac{x^2+1-1}{x^2+1}\mathrm{d}x$$

$$= \ln2 - 2\int_0^1\left(1-\frac{1}{x^2+1}\right)\mathrm{d}x = \ln2 - 2(x-\arctan x)\Big|_0^1 = \ln2 - 2 + \frac{\pi}{2}$$

利用定积分的分部积分法,谁是函数 u? 谁是函数 v? 反对不动,幂指三动,即反三角函数和对数函数作为 u,做被积函数的位置不动;幂函数、指数函数及三角函数作为 v',$v'\mathrm{d}x$ 化为微分 $\mathrm{d}v$,位置变动了.

例 9 计算定积分 $\int_0^{\frac{\pi}{4}} x\tan^2 x\mathrm{d}x$.

解
$$原式 = \int_0^{\frac{\pi}{4}} x(\sec^2 x - 1)\mathrm{d}x = \int_0^{\frac{\pi}{4}} x\sec^2 x\mathrm{d}x - \int_0^{\frac{\pi}{4}} x\mathrm{d}x$$

$$= \int_0^{\frac{\pi}{4}} x\sec^2 x\mathrm{d}x - \frac{x^2}{2}\Big|_0^{\frac{\pi}{4}} = \int_0^{\frac{\pi}{4}} x\sec^2 x\mathrm{d}x - \frac{\pi^2}{32}$$

令 $u = x, \mathrm{d}v = \sec^2 x \mathrm{d}x = \mathrm{d}(\tan x)$，则 $\mathrm{d}u = \mathrm{d}x, v = \tan x$. 于是

$$原式 = \int_0^{\frac{\pi}{4}} x \mathrm{d}(\tan x) - \frac{\pi^2}{32} = x\tan x \Big|_0^{\frac{\pi}{4}} - \int_0^{\frac{\pi}{4}} \tan x \mathrm{d}x - \frac{\pi^2}{32} = \frac{\pi}{32}(8 - \pi) - \int_0^{\frac{\pi}{4}} \frac{\sin x}{\cos x} \mathrm{d}x$$

$$= \frac{\pi}{32}(8 - \pi) + \ln\cos x \Big|_0^{\frac{\pi}{4}} = \frac{\pi}{32}(8 - \pi) - \frac{1}{2}\ln 2$$

例 10 计算定积分 $I = \int_0^{\frac{\pi}{4}} \mathrm{e}^x \cos 2x \mathrm{d}x$.

解
$$I = \int_0^{\frac{\pi}{4}} \cos 2x \mathrm{d}(\mathrm{e}^x) = \mathrm{e}^x \cos 2x \Big|_0^{\frac{\pi}{4}} - \int_0^{\frac{\pi}{4}} \mathrm{e}^x \mathrm{d}(\cos 2x)$$

$$= -1 + 2\int_0^{\frac{\pi}{4}} \mathrm{e}^x \sin 2x \mathrm{d}x = -1 + 2\int_0^{\frac{\pi}{4}} \sin 2x \mathrm{d}(\mathrm{e}^x)$$

$$= -1 + 2\mathrm{e}^x \sin 2x \Big|_0^{\frac{\pi}{4}} - 2\int_0^{\frac{\pi}{4}} \mathrm{e}^x \mathrm{d}(\sin 2x)$$

$$= -1 + 2\mathrm{e}^{\frac{\pi}{4}} - 4\int_0^{\frac{\pi}{4}} \mathrm{e}^x \cos 2x \mathrm{d}x$$

出现了循环，可得

$$I = -1 + 2\mathrm{e}^{\frac{\pi}{4}} - 4I$$

解得

$$原式 = I = \frac{2}{5}\mathrm{e}^{\frac{\pi}{4}} - \frac{1}{5}$$

例 11 计算定积分 $\int_0^{\frac{1}{4}} \arcsin\sqrt{x} \mathrm{d}x$.

解 设 $t = \sqrt{x}, x = t^2$. 当 $x = 0$ 时，$t = 0$；当 $x = \frac{1}{4}$ 时，$t = \frac{1}{2}$. 于是

$$原式 = \int_0^{\frac{1}{2}} \arcsin t \mathrm{d}t^2 = (t^2 \arcsin t) \Big|_0^{\frac{1}{2}} - \int_0^{\frac{1}{2}} t^2 \mathrm{d}(\arcsin t)$$

$$= \frac{1}{2^2} \cdot \frac{\pi}{6} - \int_0^{\frac{1}{2}} \frac{t^2}{\sqrt{1 - t^2}} \mathrm{d}t = \frac{\pi}{24} - \int_0^{\frac{\pi}{6}} \frac{\sin^2 u}{\sqrt{1 - \sin^2 u}} \cdot \cos u \mathrm{d}u \quad (t = \sin u)$$

$$= \frac{\pi}{24} - \frac{1}{2}\int_0^{\frac{\pi}{6}} 1 - \cos 2u \mathrm{d}u = \frac{\pi}{24} - \frac{1}{2}\left(u - \frac{1}{2}\sin 2u\right) \Big|_0^{\frac{\pi}{6}}$$

$$= \frac{\pi}{24} - \frac{1}{2}\left(\frac{\pi}{6} - \frac{1}{2} \cdot \frac{1}{2}\sqrt{3}\right) = \frac{1}{24}(3\sqrt{3} - \pi)$$

例 12 证明 $\int_0^{\frac{\pi}{2}} \sin^n x \mathrm{d}x = \int_0^{\frac{\pi}{2}} \cos^n x \mathrm{d}x$，并求 $I_n = \int_0^{\frac{\pi}{2}} \sin^n x \mathrm{d}x$（$n$ 为正整数）.

证 （1）在 I_n 中，用换元积分法，令 $x = \frac{\pi}{2} - t$，则

$$\mathrm{d}x = -\mathrm{d}t, \sin x = \sin\left(\frac{\pi}{2} - t\right) = \cos t$$

当 $x = 0$ 时，$t = \frac{\pi}{2}$；当 $t = \frac{\pi}{2}$ 时，$t = 0$. 于是

$$\int_0^{\frac{\pi}{2}} \sin^n x \, dx = -\int_{\frac{\pi}{2}}^0 \cos^n t \, dt = \int_0^{\frac{\pi}{2}} \cos^n t \, dt = \int_0^{\frac{\pi}{2}} \cos^n x \, dx$$

（2）求 I_n．当 $n=0$ 时，有 $I_0 = \int_0^{\frac{\pi}{2}} \sin^0 x \, dx = \dfrac{\pi}{2}$；当 $n=1$ 时，有 $I_1 = \int_0^{\frac{\pi}{2}} \sin x \, dx = 1$；

当 $n \geqslant 2$ 时，由定积分分部积分法有

$$
\begin{aligned}
I_n &= \int_0^{\frac{\pi}{2}} \sin^n x \, dx = \int_0^{\frac{\pi}{2}} \sin^{n-1} x \cdot \sin x \, dx = \int_0^{\frac{\pi}{2}} \sin^{n-1} x \, d(-\cos x) \\
&= (-\sin^{n-1} x \cos x)\Big|_0^{\frac{\pi}{2}} - \int_0^{\frac{\pi}{2}} (-\cos x) \, d(\sin^{n-1} x) \\
&= (n-1) \int_0^{\frac{\pi}{2}} \cos x \sin^{n-2} x (\sin x)' \, dx = (n-1) \int_0^{\frac{\pi}{2}} \sin^{n-2} x \cos^2 x \, dx \\
&= (n-1) \int_0^{\frac{\pi}{2}} \sin^{n-2} x (1 - \sin^2 x) \, dx = (n-1) \int_0^{\frac{\pi}{2}} \sin^{n-2} x \, dx - (n-1) \int_0^{\frac{\pi}{2}} \sin^n x \, dx \\
&= (n-1) I_{n-2} - (n-1) I_n
\end{aligned}
$$

移项，整理得

$$I_n = \frac{n-1}{n} I_{n-2} \quad (n \geqslant 2)$$

这个等式是 I_n 的递推公式．依此类推，可求得关于任意正整数 n 的积分．当 $n=2m$ 为正偶数时，则

$$I_{2m} = \frac{2m-1}{2m} I_{2m-2}，\quad I_{2m-2} = \frac{2m-2-1}{2m-2} I_{2m-4}，\quad I_2 = \frac{2-1}{2} I_0 = \frac{2-1}{2} \cdot \frac{\pi}{2}$$

由此可得

$$I_{2m} = \frac{2m-1}{2m} \cdot \frac{2m-3}{2m-2} \cdot \cdots \cdot \frac{3}{4} \cdot \frac{1}{2} \cdot I_0 = \frac{2m-1}{2m} \cdot \frac{2m-3}{2m-2} \cdot \cdots \cdot \frac{3}{4} \cdot \frac{1}{2} \cdot \frac{\pi}{2} \quad (m \in N_+)$$

当 $n=2m+1$ 为大于 1 的奇数时，类似可得

$$
\begin{aligned}
I_{2m+1} &= \frac{2m}{2m+1} \cdot \frac{2m-2}{2m-1} \cdot \cdots \cdot \frac{6}{7} \cdot \frac{4}{5} \cdot \frac{2}{3} \cdot I_1 \\
&= \frac{2m}{2m+1} \cdot \frac{2m-2}{2m-1} \cdot \cdots \cdot \frac{6}{7} \cdot \frac{4}{5} \cdot \frac{2}{3} \cdot 1 \quad (m \in N_+)
\end{aligned}
$$

利用这个公式容易得到：

$$I_4 = \int_0^{\frac{\pi}{2}} \sin^4 x \, dx = \frac{4-1}{4} \cdot \frac{1}{2} \cdot I_0 = \frac{4-1}{4} \cdot \frac{1}{2} \cdot \frac{\pi}{2}$$

$$I_5 = \int_0^{\frac{\pi}{2}} \sin^5 x \, dx = \frac{5-1}{5} \cdot \frac{3-1}{3} \cdot I_1 = \frac{5-1}{5} \cdot \frac{3-1}{3} \cdot 1$$

从上面几个例题可知：定积分的分部积分法与不定积分的分部积分法基本相同，在积分过程中，每一步都应写上积分限，同时对积出的原函数要算出增量，边积分边代换，以获得最终结果．

习题 5-3

1.求下列定积分.

(1) $\int_{\frac{\pi}{3}}^{\pi} \cos\left(x+\frac{\pi}{3}\right) dx$；

(2) $\int_0^3 \frac{4}{(2+4x)^3} dx$；

(3) $\int_{\frac{\pi}{4}}^{\pi} 4-\cos^2 x dx$；

(4) $\int_0^{\ln 3} \frac{e^x}{1+e^x} dx$；

(5) $\int_0^{\frac{\pi}{4}} \tan^3 x dx$

(6) $\int_0^2 1+\sqrt{4x+1} dx$；

(7) $\int_0^3 \frac{x}{1+\sqrt{x+1}} dx$；

(8) $\int_0^2 \frac{1}{\sqrt{25-4x^2}} dx$；

(9) $\int_0^a \sqrt{a^2-\frac{1}{4}x^2}\, dx\,(a>0)$；

(10) $\int_1^{\sqrt{3}} \frac{1}{x^2\sqrt{x^2+1}} dx$；

(11) $\int_1^e \frac{1}{x\sqrt{8\ln x+1}} dx$；

(12) $\int_0^{\frac{\pi}{2}} \sqrt{\cos^5 x-\cos^7 x}\, dx$；

(13) $\int_{-4}^4 \frac{x\cos x}{1+x^2+x^6} dx$；

(14) $\int_{-1}^1 \frac{x^3+2x^2+1}{1+x^2} dx$；

(15) $\int_{-1}^1 \frac{x\ln(1+x^2)+2}{1+x^2} dx$.

2.求下列定积分.

(1) $\int_0^1 x\cos\pi x dx$；

(2) $\int_0^1 xe^{-3x} dx$；

(3) $\int_2^e x\ln(x-1) dx$；

(4) $\int_0^1 x\arctan x dx$；

(5) $\int_0^{\pi} e^{-2x}\sin x dx$；

(6) $\int_1^e \frac{\ln x}{x^2} dx$；

(7) $\int_0^{\frac{\pi}{4}} \frac{x}{\cos^2 x} dx$；

(8) $\int_0^1 \tan\sqrt{x}\, dx$；

(9) $\int_{\frac{1}{e}}^e |\ln x| dx$；

(10) $\int_{\frac{1}{2}}^{\frac{1}{2}} \frac{x\arcsin x}{\sqrt{1-x^2}} dx$；

(11) $\int_1^e \sin\ln x dx$；

(12) $\int_1^e \sqrt{x+1}\ln x dx$；

(13) $\int_0^a \sqrt{x^2+a^2}\, dx\,(a>0)$；

(14) $I_m=\int_0^{\pi} x\sin^m x dx\,(m\in N_+)$.

3.设 $G(x)=\int_1^x e^{-t^2} dt$，求积分 $\int_0^1 G(x) dx$.

4.若 $f(x)$ 在 $[-a,a]$ 上连续，$F(x)=\int_0^x f(t) dt$，试证：(1) 当 $f(x)$ 为奇函数时，则 $F(x)$ 是 $[-a,a]$ 上的偶函数；(2) 当 $f(x)$ 为偶函数时，则 $F(x)$ 是 $[-a,a]$ 上的奇函数.

5.设 $f(x)$ 是连续函数，证明：

(1) $\int_a^b f(a+b-x) dx=\int_a^b f(x) dx$；

(2) $\int_0^a x^3 f(x^2) dx=\frac{1}{2}\int_0^{a^2} xf(x) dx\,(a>0)$；

(3) $\int_1^{\frac{1}{x}} \frac{\ln t}{1+t} dt=\frac{1}{2}\ln^2 x-\int_1^x \frac{\ln t}{1+t} dt\,(x>0)$；

(4) $\int_0^x \left[\int_0^t f(x) dx\right] dt=\int_0^x f(t)(x-t) dx$（用分部积分法证明）.

6.求证 $\int_0^{\frac{\pi}{2}} \cos^m x \sin^m x dx=2^{-m}\int_0^{\frac{\pi}{2}} \sin^m x dx$.

第四节 反常积分

在一些实际问题中,我们经常遇到积分区间为无穷区间或者被积函数为无界函数的积分,它们不属于前面所说的定积分.因此,我们对定积分做两种推广,从而形成**反常积分**的概念.

一、无穷限的反常积分

定义1 设函数 $f(x)$ 在区间 $[a,+\infty)$ 上连续. 任取 $t>a$,做定积分 $\int_a^t f(x)\,\mathrm{d}x$,再求极限

$$\lim_{t\to+\infty}\int_a^t f(x)\,\mathrm{d}x \tag{5-7}$$

这个积分上限函数的极限称为函数 $f(x)$ **在无穷区间 $[a,+\infty)$ 上的反常积分**,记作 $\int_a^{+\infty} f(x)\,\mathrm{d}x$,即

$$\int_a^{+\infty} f(x)\,\mathrm{d}x = \lim_{t\to+\infty}\int_a^t f(x)\,\mathrm{d}x$$

如果式(5-7)极限存在,那么称**反常积分** $\int_a^{+\infty} f(x)\,\mathrm{d}x$ **收敛**,并称此极限值为该反常积分的值;如果式(5-7)极限不存在,那么称 $\int_a^{+\infty} f(x)\,\mathrm{d}x$ 发散[此时记号 $\int_a^{+\infty} f(x)\,\mathrm{d}x$ 不再表示数值了].

类似地,设函数 $f(x)$ 在无穷区间 $(-\infty,b]$ 上连续,取 $t<b$,则称积分下限函数的极限

$$\lim_{t\to-\infty}\int_t^b f(x)\,\mathrm{d}x \tag{5-8}$$

为函数 $f(x)$ **在无穷区间 $(-\infty,b]$ 上的反常积分**,记作 $\int_{-\infty}^b f(x)\,\mathrm{d}x$,即

$$\int_{-\infty}^b f(x)\,\mathrm{d}x = \lim_{t\to-\infty}\int_t^b f(x)\,\mathrm{d}x$$

如果式(5-8)极限存在,则称**反常积分** $\int_{-\infty}^b f(x)\,\mathrm{d}x$ **收敛**,并称此极限值为该**反常积分的值**;如果式(5-8)极限不存在,则称反常积分 $\int_{-\infty}^b f(x)\,\mathrm{d}x$ **发散**.

设函数 $f(x)$ 在无穷区间 $(-\infty,+\infty)$ 上连续,如果反常积分 $\int_{-\infty}^0 f(x)\,\mathrm{d}x$ 与 $\int_0^{+\infty} f(x)\,\mathrm{d}x$ 之和称为函数 $f(x)$ **在无穷区间 $(-\infty,+\infty)$ 上的反常积分**,记为 $\int_{-\infty}^{+\infty} f(x)\,\mathrm{d}x$,即

$$\int_{-\infty}^{+\infty} f(x)\,\mathrm{d}x = \int_{-\infty}^{0} f(x)\,\mathrm{d}x + \int_{0}^{+\infty} f(x)\,\mathrm{d}x$$

如果反常积分 $\int_{-\infty}^{0} f(x)\,\mathrm{d}x$ 与 $\int_{0}^{+\infty} f(x)\,\mathrm{d}x$ 都收敛,则称反常积分 $\int_{-\infty}^{+\infty} f(x)\,\mathrm{d}x$ 收敛;否则,就说反常积分 $\int_{-\infty}^{+\infty} f(x)\,\mathrm{d}x$ **发散**.

我们容易知道:反常积分 $\int_{-\infty}^{0} f(x)\,\mathrm{d}x$ 与 $\int_{0}^{+\infty} f(x)\,\mathrm{d}x$ 都收敛是 $\int_{-\infty}^{+\infty} f(x)\,\mathrm{d}x$ 收敛的充分必要条件.如果反常积分 $\int_{-\infty}^{0} f(x)\,\mathrm{d}x$ 与 $\int_{0}^{+\infty} f(x)\,\mathrm{d}x$ 至少一个发散,那么反常积分 $\int_{-\infty}^{+\infty} f(x)\,\mathrm{d}x$ 发散.

上述反常积分统称**无穷限的反常积分**,也简称**无穷限积分**.

例1 计算无穷限积分 $\int_{0}^{+\infty} \mathrm{e}^{-x}\,\mathrm{d}x$.

解 因为 $\int_{0}^{t} \mathrm{e}^{-x}\,\mathrm{d}x = -\mathrm{e}^{-x}\big|_{0}^{t} = -\mathrm{e}^{-t} + 1$,所以

$$原式 = \lim_{t \to +\infty} \int_{0}^{t} \mathrm{e}^{-x}\,\mathrm{d}x = \lim_{t \to +\infty}(-\mathrm{e}^{-t} + 1)$$

$$= \lim_{t \to +\infty}\left(-\frac{1}{\mathrm{e}^{t}} + 1\right) = 1$$

这个反常积分在几何上表示在无穷区间 $[0, +\infty)$ 上,函数 $y = \mathrm{e}^{-x}$ 和 x 轴及 y 轴所围成图形的面积,尽管阴影部分向右无限延伸,但面积有极限值1(见图5-7).

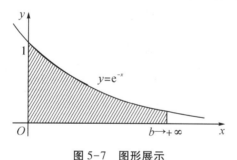

图5-7 图形展示

例2 计算无穷限积分 $\int_{-\infty}^{+\infty} \dfrac{1}{1 + x^2}\,\mathrm{d}x$.

解 因为

$$\int_{0}^{+\infty} \frac{1}{1 + x^2}\,\mathrm{d}x = \lim_{t \to +\infty} \int_{0}^{t} \frac{1}{1 + x^2}\,\mathrm{d}x = \lim_{t \to +\infty} \arctan x\big|_{0}^{t} = \lim_{t \to +\infty} \arctan t - \arctan 0 = \frac{\pi}{2}$$

$$\int_{-\infty}^{0} \frac{1}{1 + x^2}\,\mathrm{d}x = \lim_{t \to -\infty} \int_{t}^{0} \frac{1}{1 + x^2}\,\mathrm{d}x = \lim_{t \to -\infty} \arctan x\big|_{t}^{0} = \arctan 0 - \lim_{t \to -\infty} \arctan t = \frac{\pi}{2}$$

所以

$$原式 = \int_{-\infty}^{0} \frac{1}{1 + x^2}\,\mathrm{d}x + \int_{0}^{+\infty} \frac{1}{1 + x^2}\,\mathrm{d}x = \frac{\pi}{2} + \frac{\pi}{2} = \pi$$

根据牛顿—莱布尼兹公式,若 $F(x)$ 是 $f(x)$ 在 $[a, +\infty)$ 上的一个原函数,常记

$F(+\infty) = \lim\limits_{x \to +\infty} F(x)$,当 $F(+\infty)$ 存在时,则反常积分

$$\int_a^{+\infty} f(x)\,\mathrm{d}x = \lim\limits_{x \to +\infty} F(x) - F(a) = F(+\infty) - F(a) = F(x)\big|_a^{+\infty}$$

如果 $F(+\infty)$ 不存在,则反常积分 $\int_a^{+\infty} f(x)\,\mathrm{d}x$ 发散.

另外两种类型的反常积分收敛时,也可类似地记为

$$\int_{-\infty}^b f(x)\,\mathrm{d}x = F(x)\big|_{-\infty}^b = F(b) - F(-\infty)$$

$$\int_{-\infty}^{+\infty} f(x)\,\mathrm{d}x = F(x)\big|_{-\infty}^{+\infty} = F(+\infty) - F(-\infty)$$

注 当 $F(+\infty)$ 与 $F(-\infty)$ 中有一个不存在时,反常积分 $\int_{-\infty}^{+\infty} f(x)\,\mathrm{d}x$ 发散.

例 3 证明反常积分 $\int_1^{+\infty} \dfrac{\mathrm{d}x}{x^p}$ 当 $p > 1$ 时收敛,当 $p \leqslant 1$ 时发散.

证 当 $p = 1$ 时,有 $\int_1^{+\infty} \dfrac{1}{x}\,\mathrm{d}x = \ln x\big|_1^{+\infty} = \lim\limits_{t \to +\infty} \ln t - \ln 1 = +\infty$;当 $p \neq 1$ 时,则

$$\int_1^{+\infty} \frac{\mathrm{d}x}{x^p} = \frac{x^{1-p}}{1-p}\bigg|_1^{+\infty} = \frac{1}{1-p}\Big(\lim\limits_{t \to +\infty} t^{1-p} - 1\Big) = \begin{cases} +\infty, & p < 1 \\[2mm] \dfrac{1}{p-1}, & p > 1 \end{cases}$$

因此,当 $p > 1$ 时,该反常积分收敛,其值为 $\dfrac{1}{p-1}$;当 $p \leqslant 1$ 时,该反常积分发散.

例 4 试讨论反常积分 $\int_1^{+\infty} \dfrac{\ln x}{x^2}\,\mathrm{d}x$ 的敛散性.

解 利用分部积分法与洛必达法则,可得

原式 $= -\int_1^{+\infty} \ln x\,\mathrm{d}\left(\dfrac{1}{x}\right) = -\dfrac{\ln x}{x}\bigg|_1^{+\infty} + \int_1^{+\infty} \dfrac{1}{x}\,\mathrm{d}(\ln x) = -\lim\limits_{x \to +\infty} \dfrac{\ln x}{x} + \int_1^{+\infty} \dfrac{1}{x^2}\,\mathrm{d}x$

$= -\lim\limits_{x \to +\infty} \dfrac{1}{x} - \dfrac{1}{x}\bigg|_1^{+\infty} = 1$

该反常积分收敛.

二、无界函数的反常积分

现在我们把定积分推广到被积函数为无界函数的情形.

如果函数 $f(x)$ 在点 a 的任一邻域内无界,那么称 a 为函数 $f(x)$ 的**瑕点**(也称为**无界间断点**).

定义 2 设函数 $f(x)$ 在 $(a,b]$ 上连续,点 a 为 $f(x)$ 的瑕点. 任取 $\varepsilon > 0$,做定积分 $\int_{a+\varepsilon}^b f(x)\,\mathrm{d}x$,再求积分下限函数的极限

$$\lim\limits_{\varepsilon \to 0^+} \int_{a+\varepsilon}^b f(x)\,\mathrm{d}x \tag{5-9}$$

称此极限为**无界函数** $f(x)$ **在** $(a,b]$ **上的反常积分**(也称为**无界函数的广义积分**或瑕积

分),仍然记作 $\int_a^b f(x)\mathrm{d}x$,即

$$\int_a^b f(x)\mathrm{d}x = \lim_{\varepsilon \to 0^+} \int_a^b f(x)\mathrm{d}x$$

如果式(5-9)极限存在,那么称反常积分 $\int_a^b f(x)\mathrm{d}x$ **收敛**,此极限值称为**反常积分的值**;如果此极限不存在,就说反常积分 $\int_a^b f(x)\mathrm{d}x$ **发散**.

类似地,设 $f(x)$ 在 $[a,b)$ 上连续,点 b 为 $f(x)$ 的瑕点. 任取 $\varepsilon > 0$,积分上限函数的极限

$$\lim_{\varepsilon \to 0^+} \int_a^{b-\varepsilon} f(x)\mathrm{d}x \tag{5-10}$$

称为**无界函数** $f(x)$ **在** $[a,b)$ **上的反常积分**.仍然记作 $\int_a^b f(x)\mathrm{d}x$,即

$$\int_a^b f(x)\mathrm{d}x = \lim_{\varepsilon \to 0^+} \int_a^{b-\varepsilon} f(x)\mathrm{d}x$$

如果式(5-10)极限存在,那么称反常积分 $\int_a^b f(x)\mathrm{d}x$ **收敛**,此极限值叫作**反常积分的值**;否则,就说反常积分 $\int_a^b f(x)\mathrm{d}x$ **发散**.

又设 $f(x)$ 在 $[a,b]$ 上除 $c(a < c < b)$ 外连续,点 c 为 $f(x)$ 的瑕点.两个反常积分 $\int_a^c f(x)\mathrm{d}x$ 与 $\int_c^b f(x)\mathrm{d}x$ 之和称为**函数** $f(x)$ **在** $[a,b]$ **上的反常积分**,仍然记作 $\int_a^b f(x)\mathrm{d}x$,即

$$\int_a^b f(x)\mathrm{d}x = \int_a^c f(x)\mathrm{d}x + \int_c^b f(x)\mathrm{d}x = \lim_{\varepsilon \to 0^+} \int_a^{c-\varepsilon} f(x)\mathrm{d}x + \lim_{\varepsilon' \to 0^+} \int_{c+\varepsilon'}^b f(x)\mathrm{d}x$$

如果反常积分 $\int_a^c f(x)\mathrm{d}x$ 与 $\int_c^b f(x)\mathrm{d}x$ 都**收敛**,那么称反常积分 $\int_a^b f(x)\mathrm{d}x$ **收敛**,这两个反常积分的值之和称为反常积分 $\int_a^b f(x)\mathrm{d}x$ 的值;否则,就说 $\int_a^b f(x)\mathrm{d}x$ **发散**.

例 5 计算反常积分 $\int_0^a \dfrac{\mathrm{d}x}{\sqrt{a^2 - x^2}}(a > 0)$.

解 因为 $\lim\limits_{x \to a-0} \dfrac{1}{\sqrt{a^2 - x^2}} = +\infty$,所以 $x = a$ 为被积函数的无穷间断点.于是

$$原式 = \lim_{\varepsilon \to 0^+} \int_0^{a-\varepsilon} \frac{\mathrm{d}x}{\sqrt{a^2 - x^2}} = \lim_{\varepsilon \to 0^+} \left[\arcsin \frac{x}{a} \right]_0^{a-\varepsilon}$$

$$= \lim_{\varepsilon \to 0^+} \arcsin \frac{a - \varepsilon}{a} - \arcsin 0 = \arcsin 1 = \frac{\pi}{2}$$

这个反常积分值在几何上表示位于曲线 $y = \dfrac{1}{\sqrt{a^2 - x^2}}$ 之下,x 轴之上,直线 $x = 0$ 与 $x = a$ 之间的图形面积,如图 5-8 所示.

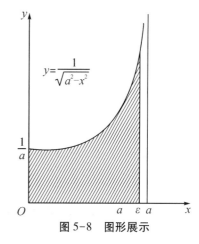

图 5-8 图形展示

例 6 讨论反常积分 $\int_{-1}^{1} \dfrac{x^3+1}{x^2}\mathrm{d}x$ 的敛散性.

解 因为 $f(x)=\dfrac{x^3+1}{x^2}=x+\dfrac{1}{x^2}$ 在积分区间 $[-1,1]$ 上除 $x=0$ 外连续,且 $\lim\limits_{x\to 0}\dfrac{1}{x^2}=\infty$,

所以 $x=0$ 是被积函数的瑕点.于是

$$原式=\int_{-1}^{1}x\mathrm{d}x+\int_{-1}^{0}\frac{1}{x^2}\mathrm{d}x+\int_{0}^{1}\frac{1}{x^2}\mathrm{d}x=\lim_{\varepsilon\to 0^+}\int_{-1}^{0-\varepsilon}\frac{1}{x^2}\mathrm{d}x+\lim_{\varepsilon'\to 0^+}\int_{+\varepsilon'}^{1}\frac{1}{x^2}\mathrm{d}x$$

由于

$$\lim_{\varepsilon\to 0^+}\int_{-1}^{0-\varepsilon}\frac{1}{x^2}\mathrm{d}x=\lim_{\varepsilon\to 0^+}\left(-\frac{1}{x}\right)\Big|_{-1}^{-\varepsilon}=\lim_{\varepsilon\to 0^+}\left(\frac{1}{\varepsilon}-1\right)=+\infty$$

反常积分 $\int_{-1}^{0}\dfrac{1}{x^2}\mathrm{d}x$ 发散,因而反常积分 $\int_{-1}^{1}\dfrac{x^3+1}{x^2}\mathrm{d}x$ 发散.

注 若该题未注意到 $x=0$ 是瑕点,而直接利用定积分进行计算,有

$$\int_{-1}^{1}\frac{x^3+1}{x^2}\mathrm{d}x=\left(\frac{1}{2}x^2-\frac{1}{x}\right)\Big|_{-1}^{1}=-1-1=-2$$

则出现错误.故在积分计算中一定要注意检查被积函数是否有无界间断点.

例 7 证明反常积分 $\int_{0}^{1}\dfrac{\mathrm{d}x}{x^q}$ 当 $q<1$ 时收敛,当 $q\geqslant 1$ 时发散.

证 当 $q=1$ 时,

$$\int_{0}^{1}\frac{\mathrm{d}x}{x^q}=\int_{0}^{1}\frac{1}{x}\mathrm{d}x=\lim_{\varepsilon\to 0^+}\int_{\varepsilon}^{1}\frac{1}{x}\mathrm{d}x=\lim_{\varepsilon\to 0^+}\ln x\Big|_{\varepsilon}^{1}=\ln 1-\lim_{\varepsilon\to 0^+}\ln\varepsilon=\infty$$

当 $q\neq 1$ 时,

$$\int_{0}^{1}\frac{\mathrm{d}x}{x^q}=\lim_{\varepsilon\to 0^+}\left(\frac{x^{1-q}}{1-q}\right)\Big|_{\varepsilon}^{1}=\frac{1^{1-q}}{1-q}-\lim_{\varepsilon\to 0^+}\frac{\varepsilon^{1-q}}{1-q}=\begin{cases}\dfrac{1}{1-q}, & q<1\\[2mm]+\infty, & q>1\end{cases}$$

因此,当 $q<1$ 时,该反常积分收敛,其值为 $\dfrac{1}{1-q}$;当 $q\geqslant 1$ 时,该积分发散.

根据牛顿—莱布尼兹公式,设点 a 为 $f(x)$ 的瑕点. 若 $F(x)$ 是 $f(x)$ 在 $(a,b]$ 上的一个原函数,常记 $F(a^+)=\lim\limits_{\varepsilon\to 0^+}F(a+\varepsilon)$,当 $F(a^+)$ 存在时,则反常积分为

$$\int_{a}^{b}f(x)\mathrm{d}x=F(b)-\lim_{\varepsilon\to 0^+}F(a+\varepsilon)=F(b)-F(a^+)=F(x)\Big|_{a^+}^{b}$$

如果 $F(a^+)$ 不存在,则反常积分 $\int_{a}^{b}f(x)\mathrm{d}x$ 发散.

类似地,点 b 为 $f(x)$ 的瑕点的反常积分,记作

$$\int_{a}^{b}f(x)\mathrm{d}x=F(b^-)-F(a)=F(x)\Big|_{a}^{b^-}$$

点 c 为 $f(x)$ 的瑕点也有类似的计算公式:

$$\int_{a}^{b}f(x)\mathrm{d}x=F(b)-F(c^+)+F(c^-)-F(a)=F(x)\Big|_{c^+}^{b}+F(x)\Big|_{a}^{c^-}$$

例 8 求反常积分 $\int_0^{+\infty} \dfrac{1}{\sqrt{x}} e^{-\sqrt{x}} dx$.

分析 反常积分 $\int_0^{+\infty} \dfrac{1}{\sqrt{x}} e^{-\sqrt{x}} dx$ 是一个定积分区间为无穷大的反常积分,并且 $f(x) = \dfrac{1}{\sqrt{x}} e^{-\sqrt{x}}$ 除 0 点外在积分区间上连续,且 $\lim\limits_{x \to 0^+} \dfrac{1}{\sqrt{x}} e^{-\sqrt{x}} = \infty$. 故该反常积分既是无限区间的反常积分,又是无界函数的反常积分,因而本题要分成两种反常积分来计算.

解 原式 $= \int_0^1 \dfrac{1}{\sqrt{x}} e^{-\sqrt{x}} dx + \int_1^{+\infty} \dfrac{1}{\sqrt{x}} e^{-\sqrt{x}} dx = \int_0^1 (-2) e^{-\sqrt{x}} d(-\sqrt{x}) + \int_1^{+\infty} (-2) e^{-\sqrt{x}} d(-\sqrt{x})$

$$= -2 e^{-\sqrt{x}} \Big|_{0^+}^1 - 2 e^{-\sqrt{x}} \Big|_1^{+\infty} = -2(e^{-1} - e^{-\sqrt{0^+}}) - 2(e^{-\sqrt{+\infty}} - e^{-1})$$

$$= -2e^{-1} + 2 + 0 + 2e^{-1} = 2$$

注 如果反常积分既是无限区间的反常积分,又是无界函数的反常积分,那么可简称为混合型的反常积分.

习题 5-4

1.判断下列反积分的敛散性,如果收敛,计算反常积分的值.

(1) $\int_0^{+\infty} x e^{-x^2} dx$;

(2) $\int_e^{+\infty} \dfrac{1}{x \ln^2 x} dx$;

(3) $\int_{-\infty}^{+\infty} \dfrac{1}{x^2 + 2x + 2} dx$;

(4) $\int_0^{+\infty} e^{-2x} \sin 3x \, dx$;

(5) $\int_1^2 \dfrac{x}{\sqrt{x-1}} dx$;

(6) $\int_0^{+\infty} \dfrac{x}{1+x^4} dx$;

(7) $\int_0^5 \dfrac{1}{(4-x)^2} dx$;

(8) $\int_0^1 \dfrac{x}{\sqrt{1-x^2}} dx$;

(9) $\int_0^{+\infty} x e^{-4x} dx$;

(10) $\int_1^e \dfrac{1}{x\sqrt{1-\ln^2 x}} dx$;

(11) $\int_1^{+\infty} \dfrac{1}{\sqrt{x^2-1}} dx$;

(12) $\int_0^{+\infty} \dfrac{1}{e^x + e^{2-x}} dx$.

2.讨论下列反常积分的敛散性,其中 p 为常数.

(1) $\int_e^{+\infty} \dfrac{1}{x \ln^p x} dx$;

(2) $\int_1^{+\infty} \dfrac{1}{x^{p+1}} \sin \dfrac{1}{x^p} dx$.

3.已知 $\int_{-\infty}^a t e^t dt = \lim\limits_{x \to \infty} \left(\dfrac{1+x}{x} \right)^{ax}$,求常数 a.

4.利用递推公式计算反常积分 $I_n = \int_0^{+\infty} t^n e^{-t} dt \, (n \in N)$.

学习要点

一、基本概念与基本方法

1.基本概念

定积分的定义,几何意义,积分上限函数,无穷限的反常积分,无界函数的反常积分.学生通过本章学习,可更深理解连续、导数、原函数及不定积分概念.

2.基本方法

牛顿—莱布尼兹公式计算定积分、换元法、分部积分法以及广义反常积分的定义法.

二、基本公式及定理

1.定积分的定义

设函数 $f(x)$ 在区间 $[a, b]$ 上有界,存在极限

$$\int_a^b f(x)\,\mathrm{d}x = \lim_{\lambda \to 0} \sum_{i=1}^n f(\xi_i)\Delta x_i$$

其中 $\lambda = \max\limits_{1 \leqslant i \leqslant n} \{\Delta x_i\}$.

2.定积分的计算

(1)微积分学基本定理:若 $F(x)$ 是 $[a, b]$ 上的连续函数 $f(x)$ 的任意一个原函数,则

$$\int_a^b f(x)\,\mathrm{d}x = F(b) - F(a) \text{(牛顿—莱布尼兹公式)}$$

(2)换元法:设函数 $f(x)$ 在区间 $[a, b]$ 上连续,函数 $x = \varphi(t)$ 满足条件:$\varphi(\alpha) = a$,$\varphi(\beta) = b$;$x = \varphi(t)$ 在区间 $[\alpha, \beta]$(或 $[\beta, \alpha]$)上有连续导数;并且当 $\alpha \leqslant t \leqslant \beta$ 或 $\beta \leqslant t \leqslant \alpha$ 时,$a \leqslant \varphi(t) \leqslant b$;则

$$\int_a^b f(x)\,\mathrm{d}x = \int_\alpha^\beta f[\varphi(t)]\varphi'(t)\,\mathrm{d}t$$

这个换元法主要是用于第二换元法计算定积分.

(3)分部积分法:若函数 $u = u(x), v = v(x)$ 在 $[a, b]$ 上具有连续导数,则

$$\int_a^b u\,\mathrm{d}v = uv\big|_a^b - \int_a^b v\,\mathrm{d}u$$

(4)常用技巧:若 $f(x)$ 在 $[-a, a]$ 上连续,则当 $f(x)$ 为奇函数时,$\int_{-a}^a f(x)\,\mathrm{d}x = 0$;当 $f(x)$ 为偶函数时,$\int_{-a}^a f(x)g(x)\,\mathrm{d}x = 2\int_{-a}^f g(x)\,\mathrm{d}x$.

3.积分限函数的导数

设函数 $f(x)$ 在 $[a, b]$ 上连续,$\varphi(x)$ 与 $\psi(x)$ 在 $[a, b]$ 上都可导,则

$$\frac{\mathrm{d}}{\mathrm{d}x}\int_{\psi(x)}^{\varphi(x)} f(t)\,\mathrm{d}t = f[\varphi(x)]\varphi'(x) - f[\psi(x)]\psi'(x)$$

复习题五

1.填空题.

(1) 半圆的面积 $\int_{-a}^{a} \sqrt{a^2 - x^2}\,\mathrm{d}x = $ _____.

(2) 连续函数 $f(x)$ 在区间 $[a, b]$ 上的平均值 _____.

(3) 设 $f(x)$ 在 $[a, +\infty)$ 上连续,导数 $\dfrac{\mathrm{d}}{\mathrm{d}x}\int_{a}^{x^2} f(t)\,\mathrm{d}t = $ _____.

(4) 设 $f(x)$ 在 $(-\infty, \infty)$ 上连续,且以 T 为周期的周期函数,则有 $\int_{a}^{a+T} f(x)\,\mathrm{d}x = $

_____.

2.选择题.

(1) 变上限积分 $\int_{1}^{x^2} \left(\dfrac{\tan t}{t}\right)' \mathrm{d}t = ($).

A. $\dfrac{\tan x}{x}$ 　　　　 B. $\dfrac{\tan x}{x} - \tan 1$ 　　　　 C. $\dfrac{\tan x^2}{x^2} + C$ 　　　　 D. $\dfrac{\tan x^2}{x^2} - \tan 1$

(2) 使不等式 $\int_{1}^{x} \dfrac{\sin t}{t}\,\mathrm{d}t > \ln x$ 成立 x 的范围是( ).

A. $(0,1)$ 　　　　 B. $\left(1, \dfrac{\pi}{2}\right)$ 　　　　 C. $\left(\dfrac{\pi}{2}, \pi\right)$ 　　　　 D. $(\pi, +\infty)$

(3) 设 $M = \int_{-\frac{\pi}{2}}^{\frac{\pi}{2}} \dfrac{\sin x}{1 + \cos x}\,\mathrm{d}x$, $N = \int_{0}^{\pi} x\sin x\,\mathrm{d}x$, $P = \int_{0}^{\pi} \sqrt{1 + \sin 2x}\,\mathrm{d}x$,它们的大小关系为

( ).

A. $M<N<P$ 　　　 B. $M<P<N$ 　　　 C. $N<M<P$ 　　　 D. $P<M<N$

(4) 下列反积分的发散是( ).

A. $\int_{0}^{1} \dfrac{1}{\sqrt{1 - x^2}}\,\mathrm{d}x$ 　　　　　　　　 B. $\int_{-\infty}^{+\infty} \dfrac{x}{x^4 + 1}\,\mathrm{d}x$

C. $\int_{0}^{\pi} \dfrac{1}{\cos x}\,\mathrm{d}x$ 　　　　　　　　 D. $\int_{1}^{+\infty} \dfrac{1}{(\sqrt{x})^3} \cos \dfrac{1}{\sqrt{x}}\,\mathrm{d}x$

(5)设在区间 $[a, b]$ 上, $f(b) = 0, f(x) > 0, f'(x) < 0, f''(x) > 0$ 且 $s = \int_{a}^{b} f(x)\,\mathrm{d}x$,

$t = f(a)(b-a)$, $u = \dfrac{1}{2}f(a)(b-a)$;则有( ).(可用图示求解)

A. $s < t < u$ 　　　 B. $t > u > s$ 　　　 C. $u < s < t$ 　　　 D. $t < u < s$

(6) 设 $f(x), g(x)$ 都在区间 $[a, b]$ 上可导,且 $f(x) = g(x)$,下列中不正确的是

( ).

A. $\lim\limits_{x \to x_0} f(x) = \lim\limits_{x \to x_0} g(x)\ (x_0 \in (a, b))$ 　　　 B. $\int_{a}^{b} f(x)\,\mathrm{d}x = \int_{a}^{b} g(x)\,\mathrm{d}x$

C. $\mathrm{d}f(x) = \mathrm{d}g(x)$ D. 它们的原函数相等

3. 求下列定积分.

(1) $\displaystyle\int_0^4 \frac{3x+5}{\sqrt{2x+1}}\mathrm{d}x$;   (2) $\displaystyle\int_0^1 \tan^4 x\mathrm{d}x$;   (3) $\displaystyle\int_0^{\ln3} \sqrt{e^x+1}\mathrm{d}x$;

(4) $\displaystyle\int_0^a x^2\sqrt{a^2-x^2}\mathrm{d}x\,(a>0)$;(5) $\displaystyle\int_{-\frac{1}{2}}^{\frac{1}{2}} \frac{\arccos\sqrt{x}}{\sqrt{x(1-x)}}\mathrm{d}x$; (6) $\displaystyle\int_0^{+\infty} \frac{\ln x}{(1+x)^2}\mathrm{d}x$.

4. 计算.

(1) $\displaystyle\lim_{x\to 0} \frac{1}{n}\left(\frac{1}{\sqrt{n^2+1}} + \frac{2}{\sqrt{n^2+4}} + \cdots + \frac{n}{\sqrt{n^2+n^2}} \right)$;

(2) $\displaystyle\lim_{x\to\infty} \frac{\displaystyle\int_1^x \ln(1+x)}{x^2}$;

(3) 曲线 $y = \displaystyle\int_1^x t(1-t)\mathrm{d}t$ 的上凸区间;

(4) 设非负连续函数 $f(x)$ 满足 $f(x)f(-x) = 1\,(-\infty < x < +\infty)$,求 $I = \displaystyle\int_{-\frac{\pi}{2}}^{\frac{\pi}{2}} \frac{\cos x}{1+f(x)}\mathrm{d}x$.

5. 求可导函数 $f(x)$,使得 $\displaystyle\int_0^1 f(tx)\mathrm{d}t = f(x) + x\sin x$.

6. 设 $f(x),g(x)$ 都在 $[-a,a]$ 上连续, $g(x)$ 为偶函数,且 $f(x) + f(-x) = A$ (A 为任意常数).

(1) 证明 $\displaystyle\int_{-a}^a f(x)g(x)\mathrm{d}x = A\int_{-a}^a g(x)\mathrm{d}x$;

(2) 利用(1)的结论计算定积分 $\displaystyle\int_{-\frac{\pi}{2}}^{\frac{\pi}{2}} |\sin x|\arctan e^x\mathrm{d}x$.

7. 设 $f(x),g(x)$ 都在 $[a,b]$ 上连续,且 $\displaystyle\int_a^x f(t)\mathrm{d}t \geqslant \int_a^x g(t)\mathrm{d}t$, $x \in [a,b)$, $\displaystyle\int_a^b f(t)\mathrm{d}t = \int_a^b g(t)\mathrm{d}t$. 证明: $\displaystyle\int_a^b tf(t)\mathrm{d}t \leqslant \int_a^b tg(t)\mathrm{d}t$.

第六章

定积分的应用

第五章我们学习了定积分及计算方法,本章利用定积分理论来分析和解决一些实际问题——几何、经济与物理问题,其目的不仅在于建立计算这些几何与物理量的公式,还在于介绍运用元素法将一个量表达成为定积分的方法.

第一节　定积分的元素法

根据定积分的定义,用它解决实际问题的基本方法是"大划小、常代变、近似和、取极限",也就是下述四个步骤:

第一步:划分. 将所求量 F(如求曲边梯形面积 A)的定义区间 (a,b) 任意分成 n 个小区间,即

$$[x_0,x_1],[x_1,x_2],\cdots,[x_{n-1},x_n]$$

第二步:近似, 在每个小区间 $[x_{i-1},x_i]$ 上取某一点 ξ_i 来表示 F 在此小区间上的近似值,即

$$\Delta F_i \approx f(\xi_i)\Delta x_i(i=1,2,\cdots,n)$$

第三步:近似和. 求出 F 在整个区间 $[a,b]$ 上的近似值,即

$$F = \sum_{i=1}^{n} \Delta F_i \approx \sum_{i=1}^{n} f(\xi_i)\Delta x_i.$$

第四步:取极限. 取 $\lambda = \max_{1\leqslant i\leqslant n}\{\Delta x_i\}\to 0$ 时的极限得到 F 在 $[a,b]$ 上的精确值,即

$$F = \lim_{\lambda\to 0}\sum_{i=1}^{n} f(\xi_i)\Delta x_i = \int_a^b f(x)\mathrm{d}x$$

我们注意到:在上述问题中所求量 F(如曲边梯形面积)与区间 $[a,b]$ 有关.如果把区间 $[a,b]$ 分成许多部分区间的并集,那么所求量相应地分成许多部分量 ΔF_i,而所求量等于所有部分量之和($F = \sum_{i=1}^{n} \Delta F_i$).这一性质称为所求量对于区间 $[a,b]$ 具有**可加性**.同时,以 $f(\xi_i)\Delta x_i$ 近似代替部分量 ΔF_i 时,要求它们只相差一个比 Δx_i 高阶的无穷小,以使

和式 $\sum\limits_{i=1}^{n} f(\xi_i) \Delta x_i$ 的极限是 F 的精确值,从而 F 可以表示为定积分

$$F = \int_a^b f(x)\,\mathrm{d}x$$

在上述四个步骤中,第二步最为关键,因为它直接决定了部分量 ΔF_i 的近似值 $f(\xi_i)\Delta x_i$,使得

$$F = \lim_{\lambda \to 0} \sum_{i=1}^{n} f(\xi_i) \Delta x_i = \int_a^b f(x)\,\mathrm{d}x$$

实际上,我们可以省略下标 i,用 ΔF 表示任一小区间 $[x, x+\mathrm{d}x]$ 上所求量的大小,由此可得

$$F = \sum \Delta F$$

取小区间 $[x, x+\mathrm{d}x]$ 的左端点 x 为 ξ,以点 x 处的函数值 $f(x)$ 为高,区间长度 $\mathrm{d}x$ 为底边的窄矩形的面积 $f(x)\,\mathrm{d}x$ 为 ΔF 的近似值,如图 6-1 所示,即

$$\Delta F \approx f(x)\,\mathrm{d}x$$

我们称函数值 $f(x)$ 与其小区间的长度 $\mathrm{d}x$ 的积 $f(x)\,\mathrm{d}x$ 为**面积元素**,也就是量 F 的元素,记为 $\mathrm{d}F$,即 $\mathrm{d}F = f(x)\,\mathrm{d}x$.于是

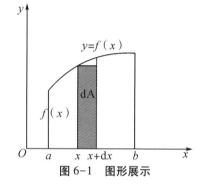

图 6-1　图形展示

$$F \approx \sum f(x)\,\mathrm{d}x$$

将量 F 的元素 $\mathrm{d}F$ 无限量累加,可得在 $[a,b]$ 上的定积分,即

$$F = \lim \sum f(x)\,\mathrm{d}x = \int_a^b f(x)\,\mathrm{d}x$$

这个方法通常叫作**定积分的元素法**.

利用元素法可以解决许多实际问题,这些问题应满足的条件是:所求量 F 是与一个变量 x 的变化区间 $[a,b]$ 有关的量,F 对于区间 $[a,b]$ 具有可加性.也就是说,若把区间 $[a,b]$ 分成许多部分区间的并集,则量 F 相应地分成许多部分量的和.根据具体问题的实际意义及数量关系,在局部区间 $[x, x+\mathrm{d}x]$ 上,采取以"直线代替曲线""均匀代替不均匀""规则代替不规则"来达到"常量代替变量"的方法,再利用关于直线、均匀及规则的已知公式,求出在局部区间 $[x, x+\mathrm{d}x]$ 上所求量的近似值,从而得到所求量的元素 $\mathrm{d}F = f(x)\,\mathrm{d}x$,就可将实际问题化为定积分来求解.

元素法解题步骤如下:

(1)根据问题的具体情况,选取一个变量 x 为积分变量,并确定它的变化区间 $[a,b]$.

(2)设想把区间 $[a,b]$ 分成许多小区间的并集,取其中任意一小区间,并记作 $[x, x+\mathrm{d}x]$,求出相应的这个小区间的部分量 ΔF 的近似值.如果 ΔF 能近似地表示为 $[a,b]$ 上的一个连续函数在 x 处的值 $f(x)$ 与小区间的长度 $\mathrm{d}x$ 的乘积,即量 F 的元素 $\mathrm{d}F = f(x)\,\mathrm{d}x$.

(3)以所求量 F 的元素 $f(x)\,\mathrm{d}x$ 为被积表达式,在区间 $[a,b]$ 分上做定积分,可得

$$F = \int_a^b f(x)\,\mathrm{d}x$$

因此给出定积分的具体表达式,算出结果,从而获得结论.

第二节 定积分在几何上的应用

本节我们用元素法来讨论定积分在几何上的应用问题,计算曲线的长度、平面图形的面积及一些几何体的体积.本节主要计算"条形、带状、段状"物体的长度,"环形、扇形、片状"平面图形的面积,旋转体及"壳状"物体的体积.

一、平面图形的面积

1. 直角坐标情形

由第五章第一节定积分的几何意义可知,曲线 $y=f(x)$ $[f(x)\geqslant 0]$,x 轴及直线 $x=a$,$x=b$ 所围成的平面图形的面积可以表示为定积分,即

$$A = \int_a^b f(x)\,\mathrm{d}x \ (a<b)$$

其中被积表达式 $f(x)\mathrm{d}x$ 是直角坐标系下的面积元素 $\mathrm{d}A$,如图 6-1 所示,它表示高为 $f(x)$,底为 $\mathrm{d}x$ 的一个窄矩形的面积. 如果曲线 $y=f(x)$ 在区间 $[a,b]$ 上的函数值有正有负,那么其面积

$$A = \int_a^b |f(x)|\,\mathrm{d}x \ (a<b) \tag{6-1}$$

应用定积分的元素法,我们还可以计算一些更加复杂的平面图形的面积.由 $x=a$,$x=b(a<b)$,及连续曲线 $y=\varphi_1(x)$ 与连续曲线 $y=\varphi_2(x)$ $[\varphi_1(x)\leqslant\varphi_2(x)]$ 围成曲边梯形,且直线 $x=x_0(a<x_0<b)$ 与曲边梯形的边界至多有两个交点,称该曲边梯形围成的区域为 **X 形区域**,见图 6-2.在区间 $[a,b]$ 上任取一点 x,做平行 y 轴的直线交区域 D 的下边界曲线 $y=\varphi_1(x)$ 于点 S_x,交上边界曲线 $y=\varphi_2(x)$ 于点 T_x,给自变量 x 以增量 $\mathrm{d}x$,图 6-2 中阴影部分可看成以 S_xT_x 为高,$\mathrm{d}x$ 为宽的小矩形,面积元素为 $\mathrm{d}A=[\varphi_2(x)-\varphi_1(x)]\mathrm{d}x$,故 X 形区域的面积为

$$A = \int_a^b [\varphi_2(x) - \varphi_1(x)]\,\mathrm{d}x$$

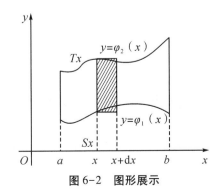

图 6-2 图形展示

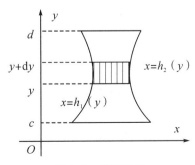

图 6-3 图形展示

因此,我们有下面的定理:

定理 1 X 形区域面积 A 等于区域的上边界曲线 $y = \varphi_2(x)$ 与下边界曲线 $y = \varphi_1(x)$ 的差的定积分,即

$$A = \int_a^b [\varphi_2(x) - \varphi_1(x)] dx \quad (a < b) \tag{6-2}$$

证明 (1)当 $0 \leqslant \varphi_1(x) \leqslant \varphi_2(x)$ 时,由定积分的几何意义可得 X 形区域面积 A 等于大面积 $\int_a^b \varphi_2(x) dx$ 减去小面积 $\int_a^b \varphi_1(x) dx$,即

$$A = \int_a^b \varphi_2(x) dx - \int_a^b \varphi_1(x) dx = \int_a^b [\varphi_2(x) - \varphi_1(x)] dx$$

(2)否则,存在 x_0 ,使得 $\varphi_1(x_0) < 0$.当 $a \leqslant x \leqslant b$ 时,连续函数 $y = \varphi_1(x)$ 存在最小值 $m < 0$,从而

$$\varphi_1(x) - m \geqslant 0$$

由题意得

$$\varphi_2(x) - m \geqslant \varphi_1(x) - m \geqslant 0$$

我们将所求曲边梯形向上平移 $-m$ 个单位:曲线 $g_2(x) = \varphi_2(x) - m$ 与 $g_1(x) = \varphi_1(x) - m$ 以及 $x = a, x = b$ 围成图形的面积与所求面积 A 相等.根据(1)可得

$$A = \int_a^b [g_2(x) - g_1(x)] dx = \int_a^b \{[\varphi_2(x) - m] - [\varphi_1(x) - m]\} dx = \int_a^b [\varphi_2(x) - \varphi_1(x)] dx$$

证毕.

由 $y = c, y = d (c < d)$ 及曲线 $x = h_1(y)$ 与曲线 $x = h_2(y) [h_1(y) \leqslant h_2(y)]$ 围成曲边梯形,且直线 $y = y_0 (c < y_0 < d)$ 与曲边梯形的边界至多有两个交点,称该曲边梯形围成的区域为 Y 形区域(见图 6-3).将该图形向左旋转 90°,类似于 X 形区域,利用 X 形区域的面积计算公式(6-2)可得,Y 形区域的面积为

$$A = \int_c^d [h_2(y) - h_1(y)] dy \quad (c < d) \tag{6-3}$$

也就是说,Y 形区域面积 A 等于区域的右边界曲线 $x = h_2(y)$ 与左边界曲线 $x = h_1(y)$ 的差的定积分.

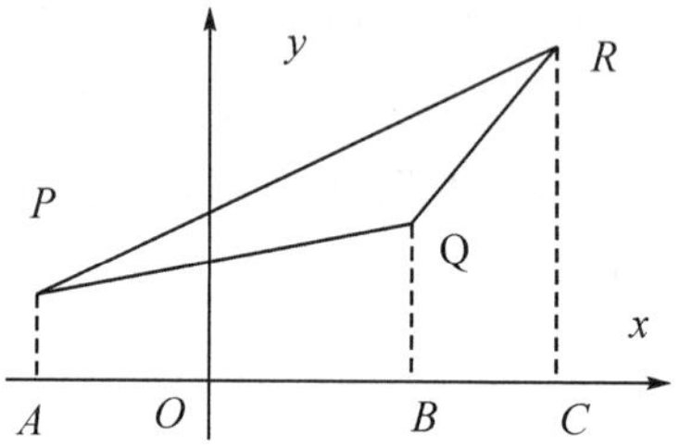

例 1 已知三点 $P(-1,1)$、$Q(1,4)$ 与 $R(3,9)$,求三角形线 $\triangle PQR$ 的面积.

解 过点 P、Q 与 R 做在 x 轴上的投影(垂足)分别为 $A(-1,0)$、$B(1,0)$ 与 $C(3,0)$ (见图 6-4),直线 $PQ: y - 1 = \dfrac{4-1}{1-(-1)}[x-(-1)]$,即 $y = \dfrac{3}{2}x + \dfrac{5}{2}$,$QR: y = \dfrac{5}{2}x + \dfrac{3}{2}$,$PR: y = 2x + 3$.于是有

图 6-4 图形展示

三角形线 $\triangle PQR$ 的面积=直角梯形 $ACRP$ 的面积-(直角梯形 $ABQP$ 的面积+直角梯形 $BCRQ$ 的面积).

而直角梯形形成的区域是 X 型区域,其面积可用定积分(以 x 为积分变量)来表示,于是有

$$S_{\triangle PQR} = \int_{-1}^{3}(2x+3)\,\mathrm{d}x - \left[\int_{-1}^{1}\left(\frac{3}{2}x+\frac{5}{2}\right)\mathrm{d}x + \int_{1}^{3}\left(\frac{5}{2}x+\frac{3}{2}\right)\mathrm{d}x\right]$$

$$= (x^2+3x)\Big|_{-1}^{3} - \left(\frac{3}{4}x^2+\frac{5}{2}x\right)\Big|_{-1}^{1} - \left(\frac{5}{4}x^2+\frac{3}{2}x\right)\Big|_{1}^{3}$$

$$= (9+9)-(1-3)-\frac{5}{2}[1-(-1)]-\left(\frac{5}{4}\cdot9+\frac{3}{2}\cdot3\right)+\left(\frac{5}{4}+\frac{3}{2}\right)$$

$$= 20-5-\frac{63}{4}+\frac{11}{4}=2$$

例 2 计算由抛物线 $y^2=2x$ 与直线 $y=x-4$ 围成的图形 D 的面积 A.

解 解方程组

$$\begin{cases} y^2=2x \\ y=x-4 \end{cases}$$

可得 $x=2,y=-2$ 和 $x=8,y=4$, 抛物线与直线的交点 $(2,-2)$
和 $(8,4)$ (见图6-5), 下面, 我们分两种方法求解.

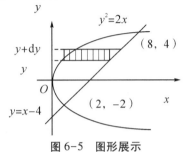

图 6-5 图形展示

（方法一）图形 D 夹在水平线 $y=-2$ 与 $y=4$ 之间,

其左边界为抛物线 $x=\dfrac{y^2}{2}$, 右边界为直线 $x=y+4$, 可以看

作 Y 形区域. 取纵坐标 y 为积分变量, 变化区间为 $[-2,4]$. 相应于 $[-2,4]$ 上的任一小区间
$[y,y+\mathrm{d}y]$ 的窄条图形的面积近似以 $\mathrm{d}y$ 为高, 以 $(y+4)-\dfrac{1}{2}y^2$ 为底的窄矩形的面积, 面积
元素为

$$\mathrm{d}A=\left(y+4-\frac{1}{2}y^2\right)\mathrm{d}y$$

以 $\left(y+4-\dfrac{1}{2}y^2\right)\mathrm{d}y$ 为被积表达式, $[-2,4]$ 为积分区间做积分, 便得到所求图形的面积, 即

$$A=\int_{-2}^{4}\left[(y+4)-\frac{y^2}{2}\right]\mathrm{d}y=\frac{y^2}{2}+4y-\frac{y^3}{6}\Big|_{-2}^{4}=18$$

其实也可以将其看作大的直角梯形面积 $\int_{-2}^{4}y+4\,\mathrm{d}y$ 与小的曲边梯形面积 $\int_{-2}^{4}\dfrac{y^2}{2}\,\mathrm{d}y$ 之差.

（方法二）图形 D 夹在直线 $x=0$ 与 $x=8$ 之间, 上边界为 $y=\sqrt{2x}$, 而下边界是由两条
曲线 $y=-\sqrt{2x}$ 与 $y=x-4$ 分段构成的, 需要用直线 $x=2$ 将图形 D 分成左右两个 X 型小区
域 D_1 和 D_2. 因此,

$$A=\int_{0}^{2}\left[\sqrt{2x}-(-\sqrt{2x})\right]\mathrm{d}x+\int_{2}^{8}\left[\sqrt{2x}-(x-4)\right]\mathrm{d}x$$

$$=2\sqrt{2}\cdot\frac{2}{3}x^{\frac{3}{2}}\Big|_{0}^{2}+\left[\sqrt{2}\cdot\frac{2}{3}x^{\frac{3}{2}}-\frac{x^2}{2}+4x\right]_{2}^{8}=18$$

在例2中方法一比方法二简单. 如何选取积分变量, 才使计算更简单? 假设 X 型或 Y
型区域由上、下与左、右四条边组成. 一般地, 如果上、下两条边都可以用 x 的一个简单函
数来表示, 且上、下两条边分别是同一种曲线, 是 X 型区域, 以 x 为积分变量积分就简单;
如果左、右两条边都可以用 y 的一个简单函数来表示, 它们分别是同一种曲线, 是 Y 型区

域,以 y 为积分变量积分就简单.如果上、下(或左、右)两条边中有一条必须用 x(或 y)的分段函数来表示,即用两种(或两种以上)的曲线表示同一条边,那么要过分段函数的分界点做平行 y 轴(或 x 轴)的直线将区域分开成两个(或两个以上)区域,再用 x(或 y)做积分变量计算积分.把复杂的区域用平行坐标的直线可以划分成几个 X 型区域(或 Y 型区域)的并集,其面积等于部分的面积的和.

例 3 如图 6-6 所示,求直线 $x=b$ 与圆 $x^2+y^2=a^2(0\leq b\leq a)$ 的劣弧围成图形 D 的面积.

解 根据对称性可得所求图形的面积,即

$$A = 2\int_b^a \sqrt{a^2-x^2}\,\mathrm{d}x$$

设 $x=a\sin t$,则 $\mathrm{d}x=a\cos t\mathrm{d}t$.当 $x=b$ 时,$t=\arcsin\dfrac{b}{a}$;当 $x=a$ 时,$t=\dfrac{\pi}{2}$.由此可得

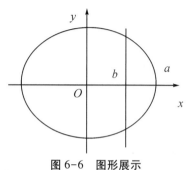

图 6-6 图形展示

$$A = 2\int_{\arcsin\frac{b}{a}}^{\frac{\pi}{2}} \sqrt{a^2-a^2\sin^2 t}\cdot a\cos t\mathrm{d}t = 2a^2\int_{\arcsin\frac{b}{a}}^{\frac{\pi}{2}}\cos^2 t\mathrm{d}t = 2a^2\int_{\arcsin\frac{b}{a}}^{\frac{\pi}{2}}\frac{1+\cos 2t}{2}\mathrm{d}t$$

$$= \left[a^2\left(t+\frac{1}{2}\sin 2t\right)\right]_{\arcsin\frac{b}{a}}^{\frac{\pi}{2}} = \frac{a^2}{2}\left[\pi-2\arcsin\frac{b}{a}-\sin\left(2\arcsin\frac{b}{a}\right)\right]$$

$$= \frac{a^2}{2}\left[\pi-2\arcsin\frac{b}{a}-2\sin\arcsin\frac{b}{a}\cdot\cos\arcsin\frac{b}{a}\right]$$

$$= \frac{a^2}{2}\left[\pi-2\arcsin\frac{b}{a}-\frac{2b}{a}\sqrt{1-\left(\frac{b}{a}\right)^2}\right]$$

$$= \frac{a^2}{2}\pi-a^2\arcsin\frac{b}{a}-b\sqrt{a^2-b^2}$$

2. 参数方程情形

对于 $y=f(x)$,x 轴及直线 $x=a$,$x=b$ 围成曲边梯形.设曲线的参数方程为 $x=\varphi(t)$,$y=\psi(t)$,$a=\varphi(\alpha)$,$b=\varphi(\beta)$,其中 $\varphi(t)$,$\psi(t)$,及 $\varphi'(t)$ 在 $[\alpha,\beta]$(或 $[\beta,\alpha]$)上连续.如何计算曲边梯形的面积?

定理 2 若曲线的参数方程为 $x=\varphi(t)$,$y=\psi(t)$,其中 $\varphi(t)$,$\psi(t)$ 及 $\varphi'(t)$ 在 $[\alpha,\beta]$(或 $[\beta,\alpha]$)上连续,则曲线与 x 轴围成的边梯形的面积

$$A = \int_\alpha^\beta \psi(t)\varphi'(t)\mathrm{d}t \qquad (6-4)$$

其中 α,β 按照顺时针方向对应曲线的起点和终点的参数值.

证 当曲线在 x 轴上方时,即 $y>0$.假设当 $\varphi'(t)>0$[或 $\varphi'(t)<0$]时,$x=\varphi(t)$ 为增(或减)函数.令 $a=\varphi(\alpha)$,$b=\varphi(\beta)$,$a\leq x\leq b$.存在反函数 $t=\varphi^{-1}(x)$,则有 $y=\psi[\varphi^{-1}(x)]$.根据第五章第三节换元积分法,曲边梯形的面积为

$$A = \int_a^b |y|\mathrm{d}x = \int_\alpha^\beta \psi(t)\mathrm{d}\varphi(t) = \int_\alpha^\beta \psi(t)\varphi'(t)\mathrm{d}t$$

当曲线在 x 轴下方时,即 $y<0$.若 $x=\varphi(t)$ 为增(或减)函数,存在类似的反函数.令 $a=$

$\varphi(\beta), b=\varphi(\alpha), a \leqslant x \leqslant b$，曲边梯形的面积为

$$A = \int_a^b - y\mathrm{d}x = -\int_\beta^\alpha \psi(t)\varphi'(t)\mathrm{d}t = \int_\alpha^\beta \psi(t)\varphi'(t)\mathrm{d}t$$

当 $x=\varphi(t)$ 不是单调函数时，利用定积分区间可加性可获得结论.

例 4 求椭圆 $\begin{cases} x = a\cos t \\ y = b\sin t \end{cases}$ 围成的面积 A.

解 参数的范围 $0 \leqslant t \leqslant 2\pi$，利用公式（6-4），积分限应为顺时针方向对应曲线的起点和终点的参数值，可得椭圆的面积

$$A = \int_{2\pi}^0 b\sin t \cdot (-a\sin t)\mathrm{d}t = \int_0^{2\pi} ab \sin^2 t\mathrm{d}t = ab\int_0^{2\pi} \frac{1-\cos 2t}{2}\mathrm{d}t$$

$$= \frac{ab}{2}\left(t - \frac{1}{2}\sin 2t\right)\bigg|_0^{2\pi} = \pi ab$$

当 $a=b$ 时，就得到圆的面积公式 $A = \pi a^2$.

例 5 求星形线 $x = a\cos^3 t, y = a\sin^3 t (a>0)$ 所围图形的面积.

解 将参数方程化为平面坐标方程，即

$$\sqrt[3]{\frac{x^2}{a^2}} + \sqrt[3]{\frac{y^2}{a^2}} = 1$$

将变量 $-x$ 换成 $x, -y$ 换成 y 曲线方程都不改变，因而该曲线关于 y 轴和 x 轴对称，围成的区域是一个四角星，如图 6-7 所示.所求面积为第一象限的面积的 4 倍，先求第一象限的面积：

$$A_0 = \int_0^a y\mathrm{d}x = \int_{\frac{\pi}{2}}^0 a\sin^3 t(-3a\cos^2 t\sin t)\mathrm{d}t = 3a^2\int_0^{\frac{\pi}{2}} \sin^4 t\cos^2 t\mathrm{d}t$$

$$= 3a^2\int_0^{\frac{\pi}{2}} \sin^4 t(1 - \sin^2 t)\mathrm{d}t$$

$$= 3a^2\left(\int_0^{\frac{\pi}{2}} \sin^4 t\mathrm{d}t - \int_0^{\frac{\pi}{2}} \sin^6 t\mathrm{d}t\right)$$

$$= 3a^2\left[\frac{3}{4} \cdot \frac{1}{2} \cdot \frac{\pi}{2} - \frac{5}{6} \cdot \frac{3}{4} \cdot \frac{1}{2} \cdot \frac{\pi}{2}\right]$$

$$= \frac{3}{32}\pi a^2$$

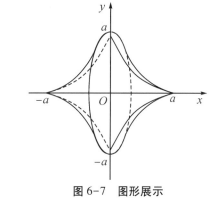

图 6-7 图形展示

根据星形线的对称性，所求面积为 $A = 4A_0 = \frac{3}{8}\pi a^2$.

本题利用了第五章第三节例 12 的积分公式：

$$\int_0^{\frac{\pi}{2}} \sin^{2n} t\mathrm{d}t = \frac{2n-1}{2n} \cdot \frac{2n-3}{2n-2}\cdots\cdots\frac{3}{4} \cdot \frac{1}{2} \cdot \frac{\pi}{2}$$

3. 极坐标情形

我们来回忆极坐标：在平面上选定一点 O（极点）为起点做射线，在射线上规定长度单位，射线延伸的方向为正方向，以 O 为原点的这个半数轴为极轴 x，平面上任意一点 P 到原点 O 的距离为 ρ（极径），射线 OP 与极轴 x 所成角为 $\theta(0 \leqslant \theta < 2\pi)$，我们称 (ρ, θ) 为点

P 的极坐轴.某些平面图形用极坐标表示很简便.如 $\rho=1$ 表示半径为 1 的圆,$\theta=\dfrac{\pi}{2}$ 表示一条射线.

下面,我们用极坐标来计算平面图形的面积.设由曲线 $\rho=\varphi(\theta)$ 及射线 $\theta=\alpha$,$\theta=\beta$ 围成的图形简称为曲边扇形,如图 6-8 所示.这里假定 $\varphi(\theta)$ 在 $[\alpha,\beta]$ 上连续,$\varphi(\theta)\geqslant 0$.当 θ 在 $[\alpha,\beta]$ 上变动时,极径 $\rho=\varphi(\theta)$ 也随之变动,因而所求图形的面积不能直接利用圆的扇形面积的公式来计算.选取极角 θ 为积分变量,其变化区间为 $[\alpha,$

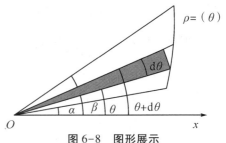

图 6-8　图形展示

$\beta]$.对于 $[\alpha,\beta]$ 上的任一小区间 $[\theta,\theta+\mathrm{d}\theta]$ 所对应的小曲边扇形,我们可以用半径为 $\rho=\varphi(\theta)$,圆心角为 $\mathrm{d}\theta$ 的扇形来近似代替,从而得到这个小曲边扇形面积的近似值,即曲边扇形的面积元素

$$\mathrm{d}A=\frac{\pi\,[\,\varphi(\theta)\,]^2}{2\pi}\cdot\mathrm{d}\theta=\frac{1}{2}[\,\varphi(\theta)\,]^2\mathrm{d}\theta$$

于是所求曲边扇形的面积为

$$A=\frac{1}{2}\int_\alpha^\beta[\,\varphi(\theta)\,]^2\mathrm{d}\theta \qquad (\alpha<\beta) \tag{6-5}$$

例 6　计算阿基米德螺线 $\rho=a\theta(a>0)$ 上相应于 θ 从 0 到 2π 的一段弧与极轴所围成的图形的面积,见图 6-9.

解　这段螺线上 θ 的变化区间为 $[0,2\pi]$,相应于 $[0,2\pi]$ 上的任一小区间 $[\theta,\theta+\mathrm{d}\theta]$ 所对应的小曲边扇形的面积近似于半径为 $\rho=a\theta$,圆心角为 $\mathrm{d}\theta$ 的圆扇形面积.从而得到面积元素,即

$$\mathrm{d}A=\frac{1}{2}[\,a\theta\,]^2\mathrm{d}\theta$$

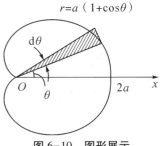

图 6-9　图形展示

利用式(6-5)所求面积为

$$A=\frac{1}{2}\int_0^{2\pi}a^2\theta^2\mathrm{d}\theta=\frac{a^2}{2}\cdot\frac{\theta^3}{3}\bigg|_0^{2\pi}=\frac{4}{3}a^2\pi^3$$

例 7　计算心形线 $\rho=a(1+\cos\theta)$ $(a>0)$ 所围成的图形的面积,如图 6-10 所示.

解　由于余弦函数是偶函数,心形线的图形关于极轴对称,故所求图形的面积 A 是极轴的上部分图形面积的两倍.于是利用式(6-5),可得所求面积为

$r=a(1+\cos\theta)$

图 6-10　图形展示

$$A=2\int_0^\pi\frac{1}{2}a^2\,(1+\cos\theta)^2\mathrm{d}\theta=a^2\int_0^\pi(1+2\cos\theta+\cos^2\theta)\mathrm{d}\theta$$

$$=a^2\int_0^\pi\left(1+2\cos\theta+\frac{1+\cos2\theta}{2}\right)\mathrm{d}\theta$$

$$=a^2\left(\frac{3}{2}\theta+2\sin\theta+\frac{1}{4}\sin2\theta\right)\bigg|_0^\pi=\frac{3}{2}\pi a^2$$

二、体积

1. 平行截面面积为已知的立体的体积

现在我们来讨论一些特殊的几何体的体积.设一立体在经过点 $x=a$,且 $x=b$ 垂直于 x 轴的两个平面之间,过点 $x\in[a,b]$ 并垂直于 x 轴的截面面积 $A(x)$ 为 x 已知连续函数,如图 6-11 所示.我们可用定积分来计算这个几何体的体积.取 x 为积分变量,变化区间为 $[a,b]$,立体中位于 $[a,b]$ 上任一小区间 $[x,x+dx]$ 的薄片体积近似于底面积为 $A(x)$,高为 dx 的直顶柱体的体积,即体积微元为

$$dV=A(x)dx$$

以体积微元 $A(x)dx$ 为被积表达式,在区间 $[a,b]$ 上做定积分,便得到所求立体的体积为

$$V=\int_a^b dV=\int_a^b A(x)dx \qquad (a<b) \quad (6\text{-}6)$$

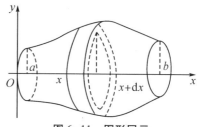

图 6-11 图形展示

例8 计算高为 h,上、下底面半径分别为 r、R 的正圆台的体积.

解 如图 6-12(1)所示,取正圆台的中心线为 t 轴,t 为积分变量,积分区间 $[0,h]$.在 $[0,h]$ 上任取一点 t,过 t 做垂直于 t 轴的横截面,该截面也是一个圆,设半径为 x.该圆面积为 $A(t)=\pi x^2$.经过圆台体中心线做纵截面,该截面为等腰梯形,做梯形的高,梯形的高与横截面半径及下底面半径形成两个相似的直角三角形,见图 6-12(2).根据相似三角形的性质有

$$\frac{x-r}{R-r}=\frac{t}{h},\ \text{即}\ x=r+\frac{R-r}{h}t$$

（1）

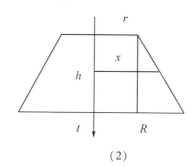

（2）

图 6-12 图形展示

于是经过点 t 所做垂直于 t 轴的横截面,该截面是一个圆,其面积为

$$A(t)=\pi x^2=\pi\left(r+\frac{R-r}{h}t\right)^2=\pi\left[r^2+\frac{2(Rr-r^2)}{h}t+\frac{(R-r)^2}{h^2}t^2\right]$$

利用公式(6-6),可得圆台的体积为

$$V=\int_0^h A(t)dt=\pi\left[r^2t+\frac{Rr-r^2}{h}t^2+\frac{(R-r)^2}{3h^2}t^3\right]\Bigg|_0^h=\frac{1}{3}\pi h(R^2+rR+r^2)$$

例9 一个平面经过半径为 R 的圆柱体的底面圆的中心并与底面交角为 α(见图 6-13).试计算这个平面截圆柱体的立体的体积.

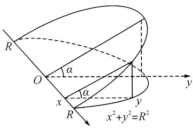

图 6-13 图形展示

解 我们取这平面与圆柱体的底面圆的交线为 x 轴,在底面上过圆心且垂直于 x 轴的直线为 y 轴.因而底面圆周的方程为 $x^2+y^2=R^2$.经过底面圆的直径上的点 $(x,0)$ 且垂直 x 轴的平面交圆周于点 (x,y),该平面截得立体的截面是一个锐角为 α 的直角三角形.它的两条直角边长分别为 y 及 $y\tan\alpha$,即 $\sqrt{R^2-x^2}$ 及 $\sqrt{R^2-x^2}\tan\alpha$,因而截面直角三角形的面积为

$$A(x)=\frac{1}{2}y\cdot y\tan\alpha=\frac{1}{2}(R^2-x^2)\tan\alpha$$

因此,利用公式(6-6),可得所求立体的体积为

$$V=\int_{-R}^{R}A(x)\,\mathrm{d}x=\int_{-R}^{R}\frac{1}{2}(R^2-x^2)\tan\alpha\,\mathrm{d}x=\frac{1}{2}\tan\alpha\left(R^2x-\frac{1}{3}x^3\right)\bigg|_{-R}^{R}=\frac{2}{3}R^3\tan\alpha$$

2. 旋转的体积

由一个平面图形绕这平面内的一条直线旋转一周而成的立体就称为 **旋转体**.这条直线称为 **旋转轴**.例如,直角三角形绕它的一直角边旋转一周而成的旋转体是圆锥,矩形绕它的一边旋转一周就得到圆柱体.

设一旋转体是由曲线 $y=f(x)$,直线 $x=a,x=b$ 及 x 轴所围成的曲边梯形绕 x 轴旋转一周而成的立体,如图 6-14 所示,可用定积分来计算这类旋转体的体积.取横坐标 x 为积分变量,变化区间为 $[a,b]$,经过此区间内任一点 x,垂直 x 轴的截面是半径等于 $|y|$ 的圆面,因而此截面面积为

$$A(x)=\pi y^2=\pi[f(x)]^2$$

旋转体中位于 $[a,b]$ 上任一小区间 $[x,x+\mathrm{d}x]$ 的薄片体积近似于底面积为 $A(x)$,高为 $\mathrm{d}x$ 的直顶柱体的体积,即体积微元为

$$\mathrm{d}V=A(x)\,\mathrm{d}x=\pi[f(x)]^2\,\mathrm{d}x$$

故所求旋转体的体积为

$$V=\int_{a}^{b}\pi y^2\,\mathrm{d}x=\pi\int_{a}^{b}[f(x)]^2\,\mathrm{d}x \qquad (a<b)$$

$$(6-7)$$

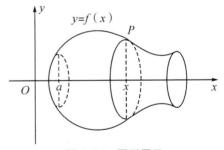

图 6-14 图形展示

用类似方法可推得:由曲线 $x=\varphi(y)$,直线 $y=c,y=\mathrm{d}(c<d)$ 及 y 轴所围成的曲边梯形绕 y 轴旋转一周而成的旋转体,如图 6-15 所示,其的体积为

$$V=\int_{c}^{d}\pi x^2\,\mathrm{d}y=\int_{c}^{d}\pi[\varphi(y)]^2\,\mathrm{d}y \qquad (c<d) \qquad (6-8)$$

例10 求由椭圆 $\frac{x^2}{a^2}+\frac{y^2}{b^2}=1$ 所围成的图形绕 x 轴旋转而成的旋转体(称为 **旋转椭球体**)的体积.

解 这个旋转体可以看作由半个椭圆 $y = \dfrac{b}{a}\sqrt{a^2 - x^2}$ $(-a \leqslant x \leqslant a)$ 及 x 轴围成的图形绕

x 轴旋转一周而成的立体,如图 6-16 所示.于是利用公式(6-7),可得所求体积为

$$V = \int_{-a}^{a} \pi \left(\frac{b}{a}\sqrt{a^2 - x^2} \right)^2 \mathrm{d}x = \frac{b^2 \pi}{a^2} \int_{-a}^{a} (a^2 - x^2)\mathrm{d}x$$

$$= \frac{2b^2 \pi}{a^2} \int_0^a (a^2 - x^2)\mathrm{d}x = \frac{2\pi b^2}{a^2} \left(a^2 x - \frac{1}{3}x^3 \right)\Big|_0^a = \frac{4}{3}\pi ab^2$$

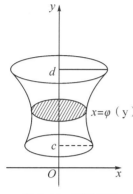

图 6-15　图形展示

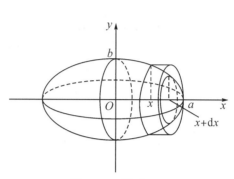

图 6-16　图形展示

当 $a = b$ 时,旋转椭球体即为半径为 a 的球体,它的体积为 $\dfrac{4}{3}\pi a^3$.

例 11 求圆心在点 $(b,0)$ 处,半径为 $a(b > a)$ 的圆绕 y 轴旋转一周而成的环状体的体积.

解 圆的方程为 $(x-b)^2 + y^2 = a^2$.此环状体的体积等于右半圆周 $x_2 = b + \sqrt{a^2 - y^2}$ 和左半圆周 $x_1 = b - \sqrt{a^2 - y^2}$ 分别与直线 $y = -a, y = a$ 及 y 轴所围成的曲边梯形绕 y 轴旋转所产生的旋转体的体积之差,如图 6-17 所示. 因此,利用公式(6-8),可得所求体积为

$$V = \int_{-a}^{a} \pi x_2^2 \mathrm{d}y - \int_{-a}^{a} \pi x_1^2 \mathrm{d}y = \pi \int_{-a}^{a} (x_2^2 - x_1^2)\mathrm{d}y$$

$$= 2\pi \int_0^a \left[\left(b + \sqrt{a^2 - y^2} \right) - \left(b - \sqrt{a^2 - y^2} \right) \right] \left[\left(b + \sqrt{a^2 - y^2} \right) + \left(b - \sqrt{a^2 - y^2} \right) \right] \mathrm{d}y$$

$$= 8\pi b \int_0^a \sqrt{a^2 - y^2}\,\mathrm{d}y = 8\pi b \left(\frac{a^2}{2}\arcsin\frac{y}{a} + \frac{y}{2}\sqrt{a^2 - y^2} \right)\Big|_0^a = 2\pi^2 a^2 b$$

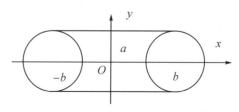

图 6-17　图形展示

本题利用了第四章第二节例 16 的积分公式:

$$\int \sqrt{a^2 - x^2}\,\mathrm{d}x = \frac{a^2}{2}\arcsin\frac{x}{a} + \frac{1}{2}x\sqrt{a^2 - x^2} + C\,(a > 0)$$

三、平面曲线弧长

我们知道,圆的周长可以利用圆的内接正多边形的边数无限增多时其周长的极限来确定.用类似的方法来建立平面的连续曲线弧长的概念,从而可以应用定积分来计算弧长.

设有平面曲线弧 $L=AB$.对曲线弧的一个分割 T:从 A 到 B 依次取点:

$$A=M_0,M_1,M_2,\cdots,M_{n-1},M_n=B$$

然后依次连接相邻分点,得到曲线弧 L 的一条内接折线 $M_0M_1,M_1M_2,\cdots,M_{n-1}M_n$,如图 6-18 所示.令

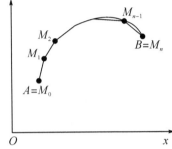

$$\lambda=\max_{1\le i\le n}\{|M_{i-1}M_i|\},\quad s_T=\sum_{i=1}^n|M_{i-1}M_i|$$

它们分别表示最长弦的长度和折线的长度.当分点的数目

图 6-18　图形展示

无限增加,每个小弧段 $M_{i-1}M_i$ 都缩向一点时,若当 $\lambda\to 0$ 时,此折线的长度极限存在,即

$$\lim_{\lambda\to 0}s_T=\lim_{\lambda\to 0}\sum_{i=1}^n|M_{i-1}M_i|=s$$

则称曲线 L 是**可求长的**,并把极限 s 定义为曲线 L 的**弧长**.

设平面曲线 L 由参数方程 $\begin{cases}x=\varphi(t)\\y=\psi(t)\end{cases}(\alpha\le t\le\beta)$ 给出,如果 $\varphi(t)$ 与 $\psi(t)$ 在 $[\alpha,\beta]$ 上都具有连续的导数,且 $\varphi'^2(t)+\psi'^2(t)\ne 0$,则称曲线 L 为**光滑曲线**.

定理 3　光滑曲线是可求长的.

我们略去这个定理的证明.

1. 直角坐标情形

现在我们讨论曲线 $y=f(x)$ 上相应于 x 从 a 到 b 的弧的长度计算公式.取横坐标 x 为积分变量,变化区间为 $[a,b]$.若函数 $y=f(x)$ 具有一阶连续导数,则曲线 $y=f(x)$ 上相应于 $[a,b]$ 上任一小区间 $[x,x+\mathrm{d}x]$ 的一段弧的长度,可以用该曲线在点 $[x,f(x)]$ 处切线上相应的一小段的长度来近似代替,如图 6-19 所示.由第二章第五节微分的几何意义可得,切线上这相应的小段长度为

$$\sqrt{(\mathrm{d}x)^2+(\mathrm{d}y)^2}=\sqrt{1+y'^2}\,\mathrm{d}x$$

从而得到弧长元素 $\mathrm{d}s=\sqrt{1+y'^2}\,\mathrm{d}x$.将弧长元素在闭区间 $[a,b]$ 上做定积分,便得到所求弧的长度

$$s=\int_a^b\sqrt{1+y'^2}\,\mathrm{d}x \qquad (a<b) \tag{6-9}$$

例 12　计算曲线 $y=\dfrac{2}{3}x^{\frac{3}{2}}$ 相应于 x 从 a 到 b 的一段弧的长度,如图 6-20 所示.

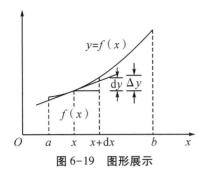

图 6-19 图形展示

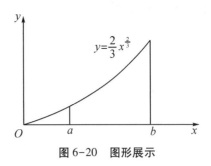

图 6-20 图形展示

解 $y'=x^{\frac{1}{2}}$,从而弧长元素

$$ds=\sqrt{1+(x^{\frac{1}{2}})^2}\,dx=\sqrt{1+x}\,dx$$

因此,利用公式(6-9),所求弧长为

$$s=\int_a^b\sqrt{1+x}\,dx=\frac{2}{3}(1+x)^{\frac{3}{2}}\Big|_a^b=\frac{2}{3}\left[(1+b)^{\frac{3}{2}}-(1+a)^{\frac{3}{2}}\right]$$

2. 参数方程情形

设曲线的参数方程为 $\begin{cases}x=\varphi(t)\\y=\psi(t)\end{cases}(\alpha\leqslant t\leqslant\beta)$,其中 $\varphi(t),\psi(t)$ 在定义域内可导,且 $\varphi'^2(t)+\psi'^2(t)\neq0$.取参数 t 为积分变量,变化区间为 $[\alpha,\beta]$,相应于 $[\alpha,\beta]$ 上任一小区间 $[t,t+dt]$ 上的小弧段的长度 Δs 的近似等于对应的弦的长度 $\sqrt{\Delta x^2+\Delta y^2}$,其中

$$\Delta x=\varphi(t+dt)-\varphi(t)\approx\varphi'(t)dt=dx$$
$$\Delta y=\psi(t+dt)-\psi(t)\approx\psi'(t)dt=dy$$

因而 Δs 的近似值(弧微分),即弧长元素为

$$ds=\sqrt{(dx)^2+(dy)^2}=\sqrt{\varphi'^2(t)(dt)^2+\psi'^2(t)(dt)^2}=\sqrt{\varphi'^2(t)+\psi'^2(t)}\,dt\quad(6\text{-}10)$$

从而得到所求弧的长度为

$$s=\int_\alpha^\beta\sqrt{\varphi'^2(t)+\psi'^2(t)}\,dt\qquad(\alpha<\beta)\qquad(6\text{-}11)$$

例13 计算摆线 $\begin{cases}x=a(\theta-\sin\theta)\\y=a(1-\cos\theta)\end{cases}$ 的一拱($0<\theta\leqslant2\pi$)的长度(见图6-21).

解 取参数 θ 为积分变量,利用弧长元素公式(6-10),可得

$$ds=\sqrt{\varphi'^2(t)+\psi'^2(t)}\,dt$$
$$=\sqrt{a^2(1-\cos\theta)^2+a^2\sin^2\theta}\,d\theta$$
$$=a\sqrt{2(1-\cos\theta)}\,d\theta=2a\sin\frac{\theta}{2}\,d\theta$$

$$(0<\theta\leqslant2\pi)$$

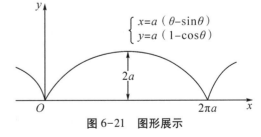

图 6-21 图形展示

从而利用公式(6-11),可得所求弧长为

$$s=\int_0^{2\pi}2a\sin\frac{\theta}{2}\,d\theta=2a\left(-2\cos\frac{\theta}{2}\right)\Big|_0^{2\pi}=8a$$

3. 极坐标方程情形

设曲线由极坐标方程 $r=r(\theta)(\alpha\leqslant\theta\leqslant\beta)$ 给出,将此式代入直角坐标和极坐标之间的关系式,可得

$$\begin{cases} x=r(\theta)\cos\theta \\ y=r(\theta)\sin\theta \end{cases}(\alpha\leqslant\theta\leqslant\beta)$$

由于

$$\mathrm{d}x=(r'\cos\theta-r\sin\theta)\mathrm{d}\theta,\mathrm{d}y=(r'\sin\theta+r\cos\theta)\mathrm{d}\theta$$

代入参数方程的微分公式(6-10),可得

$$\mathrm{d}s=\sqrt{\varphi'^2(t)+\psi'^2(t)}\,\mathrm{d}t=\sqrt{(r'\cos\theta-r\sin\theta)^2+(r'\sin\theta+r\cos\theta)^2}\,\mathrm{d}\theta=\sqrt{r^2+r'^2}\,\mathrm{d}\theta$$

在区间 $[\alpha,\beta]$ 上做定积分,便得所求的弧长

$$s=\int_\alpha^\beta\sqrt{r^2+r'^2}\,\mathrm{d}\theta \qquad (\alpha<\beta) \qquad (6-12)$$

例 14 求心形线 $r=a(1+\cos\theta)$ $(a>0)$ 的弧长,如图 6-22 所示.

解 由于心形线关于极轴 x 对称,因而只要计算在 x 轴上方的半条曲线的长度再乘以 2 即可.取 θ 为积分变量,变化区间为 $[0,\pi]$,弧长元素为

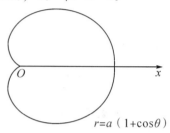

图 6-22 图形展示

$$\mathrm{d}\theta=\sqrt{r^2+r'^2}\,\mathrm{d}\theta=\sqrt{a^2(1+\cos\theta)^2+a^2(-\sin\theta)^2}\,\mathrm{d}\theta=a\sqrt{2(1+\cos\theta)}\,\mathrm{d}\theta=2a\cos\frac{\theta}{2}\mathrm{d}\theta$$

于是利用公式(12),可得所求的弧长为

$$s=2\int_0^\pi 2a\cos\frac{\theta}{2}\mathrm{d}\theta=4a\left(2\sin\frac{\theta}{2}\right)\Big|_0^\pi=8a$$

习题 6-2

1.求由下列各平面图形的面积.

(1)已知三点 $P(-1,1)$、$Q(1,-2)$ 与 $R(3,8)$ 构成的三角形.

(2)抛物线 $y=x^2-x$ 与直线 $y=x+8$ 围成的区域.

(3)立方抛物线 $y=x^3$ 与直线 $y=x$ 围成的区域.

(4)抛物线 $y=x^2$ 及 $x=y^2$ 围成的区域.

(5)抛物线 $y=x^2$ 及圆 $x^2+y^2=1$ 的劣弧围成的区域.

2.求由下列各曲线围成的平面图形的面积.

(1)$xy=1$,$y=x$ 及 $x=4$.

(2)$y=\mathrm{e}^x(x\leqslant0)$,$y=\mathrm{e}^{-x}(x\geqslant0)$,$x=-1$,$x=1$ 及 $y=0$.

(3)直线 $y=2$ 与圆 $x^2+y^2=16$ 的劣弧.

(4)$y=x^4-1$ 及 $y=15$.

(5)$y=x^3-2x^2-4x$ 及 $y=0$.

3.求抛物线 $y^2=2px$ 及其在点 $\left(\dfrac{p}{2},p\right)$ 处的法线所围成的图形面积.

4.求由下列各曲线围成的平面图形的面积.

（1）$x=1+t^2, y=2t(0 \leq t \leq 2)$.

（2）摆线 $x=a(t-\sin t), y=a(1-\cos t)(a>0, 0 \leq t \leq 2\pi)$ 与 x 轴.

（3）$\rho=\cos\theta, -\dfrac{\pi}{2} \leq \theta \leq \dfrac{\pi}{2}$.

（4）$\rho=\cos^2\theta, 0 \leq \theta \leq 2\pi$.

（5）$\rho=3\cos\theta$ 与 $\rho=1+\cos\theta$ 的公共部分的面积.

5.求由下列旋转体体积.

（1）$y=\ln x, x=e$ 及 $y=0$ 围成的平面图形绕 x 轴旋转一周.

（2）圆 $(x-2)^2+y^2=1$ 绕 x 轴与 y 轴旋转一周.

（3）抛物线 $y^2=2x$ 与直线 $y=x-4$ 围成的平面图形绕 x 轴旋转一周.

（4）摆线 $x=a(t-\sin t), y=a(1-\cos t)(a>0, 0 \leq t \leq 2\pi)$，与 x 轴围成的图形绕 x 轴旋转一周.

6.设 D 是曲线 $y=x^{\frac{1}{3}}, x=a$ 及 x 轴围成的平面图形，V_x, V_y 分别是 D 绕 x 轴、y 轴旋转一周所得旋转体体积.若 $V_y=10V_x$，求 a 的值.

7.求由下列各曲的弧长.

（1）曲线 $y=\dfrac{2}{3}x^{\frac{3}{2}}$ 相应于 x 从 0 到 3 的一段弧的长度.

（2）曲线 $y=\dfrac{\sqrt{x}}{3}(3-x)$ 相应于 x 从 1 到 3 的一段弧的长度.

（3）曲线 $y=\ln x$ 相应于 x 从 1 到 $\sqrt{3}$ 的一段弧的长度.

（4）曲线 $x=t, y=\dfrac{1}{2}t^2$ 相应于 $0 \leq t \leq 1$ 的一段弧的长度.

（5）曲线 $x=\arctan t, y=\dfrac{1}{2}\ln(1+t^2)$ 相应于 $0 \leq t \leq 1$ 弧长.

（6）曲线 $\rho=2a\cos\theta(a>0)$ 相应于 $-\dfrac{\pi}{2} \leq \theta \leq \dfrac{\pi}{2}$ 弧长.

（7）星形线 $x=a\cos^3 t, y=a\sin^3 t$ 的全长.

（8）对数螺旋线 $\rho=e^{a\theta}$ 相应于 $0 \leq \theta \leq \varphi$ 弧长.

8.设有高为 h 的一椭圆台体，上下底面椭圆的轴长分别是 $2a, 2b$ 和 $2c, 2d$，求该柱体的体积.

9.证明直三棱锥的体积为 $V=\dfrac{1}{3}Sh$，其中 S 为底面三角形的面积，h 为三棱锥的高.

10.设抛物线 $y=x^2(0 \leq x \leq 1)$ 与直线 $y=t(0 \leq t \leq 1)$. S_1 表示该抛物线与直线 $x=0, y=t$ 围成的区域的面积，S_2 表示该抛物线与直线 $x=1, y=t$ 围成的区域的面积. t 取何值时，S_1+S_2 最小？t 取何值时，S_1+S_2 最大？

11.设位于曲线 $y=\dfrac{1}{\sqrt{x(1+\ln^2 x)}}(e \leq x<+\infty)$ 下方，x 轴上方的无界区域为 D，则 D 绕 x 轴旋转一周所得空间区域的体积.

12.设曲线 $y=a\sqrt{x}$ ($a>0$) 与 $y=\ln\sqrt{x}$ 有相同的切点.求：

（1）常数 a 及切点坐标；

（2）两曲线与 x 轴围成的平面图形的面积；

（3）两曲线与 x 轴围成的平面图形绕 x 轴旋转一周所得旋转体体积.

13.证明正弦曲线 $y=\sin x$ 在一个周期内的长度等于椭圆 $2x^2+y^2=2$ 的周长.

14.证明由平面图形 $0\leqslant a\leqslant x\leqslant b,0\leqslant y\leqslant f(x)$ 绕 y 轴旋转所成的旋转体的体积为

$$V=2\pi\int_a^b xf(x)\,\mathrm{d}x.$$

15.利用 14 题的结论,计算曲线 $y=\sin x$ ($0\leqslant x\leqslant\pi$) 和 x 轴所围成的图形绕 y 轴旋转所得旋转体的体积.

第三节　定积分在经济与物理上的应用

一、在经济上的应用

1. 边际问题

在工厂生产 x 单位产品所花费的成本是 $C(x)$ 元,函数 $C(x)$ 称为**成本函数**,成本函数 $C(x)$ 的导数 $C'(x)$ 称为**边际成本**,它表示工厂的产量增加 1 个单位,总成本增加了多少.此外还有收益函数 $R(x)$ 和利润函数 $L(x)$,它们都是依赖产量(或销量)x 的函数.边际收益 $R'(x)$ 表示增加 1 个单位产品的销售所增加的收益,边际利润 $L'(x)$ 表示增加 1 个单位的产量所增加的利润.边际函数是总量函数的导数.

根据牛顿—莱布尼公式,总量函数在产量 x 的变动区间 $[a,b]$ 上的改变量(增量)就等于它们各自边际函数在区间 $[a,b]$ 上的定积分:

$$\Delta C=C(b)-C(a)=\int_a^b C'(x)\,\mathrm{d}x$$

$$\Delta R=R(b)-R(a)=\int_a^b R'(x)\,\mathrm{d}x \ ,\Delta L=L(b)-L(a)=\int_a^b L(x)\,\mathrm{d}x$$

例 1　一个工厂生产 x 件产品的边际成本是 x^3+x^2-7x 元,问该工厂 100 件产品的总成本?

解　根据边际成本的意义可得,总成本为

$$\int_0^{100}(x^3+x^2-7x)\,\mathrm{d}x=\left(\frac{x^4}{4}+\frac{x^3}{3}-\frac{7x^2}{2}\right)\Big|_0^{100}=688\ 958.3(元)$$

2. 资本现值与投资问题

若现有本金 P_0 元,以年利率 r 的连续复利计算,根据第一章第六节,t 年后的**本利和** $A(t)$ 为

$$A(t)=P_0\mathrm{e}^{rt}$$

反之,若某项投资资金 t 年后的本利和 A 已知,则按连续复利计算,现在应有资金 $P_0=Ae^{-rt}$,称 P_0 为**资本现值**.

设在时间区间 $[0,T]$ 内,t 时刻的单位时间收入为 $A(t)$,称此收入为**收入率**或**资金流量**,按年利率 r 的连续复利计算,则在时间区间 $[t,t+dt]$ 内的收入现值为 $A(t)e^{-rt}dt$,在 $[0,T]$ 内得到的总收入现值为

$$P=\int_0^T A(t)e^{-rt}dt$$

特别地,当资金流量为常数 A(称为**均匀流量**)时,则

$$P=\int_0^T A(t)e^{-rt}dt=\frac{A}{r}(1-e^{-rT})$$

进行某项投资后,我们将投资期内总收入的现值与总投资的差额称为该项投资纯收入的**贴现值**,即

纯收入的贴现值=总收入现值-总投资

例 2 现对某企业给予一笔投资 C,经测算该企业可以按每年 a 元均匀收入率获得收入,若年利率为 r,试求该投资的纯收入贴现值及收回该笔投资的时间.

解 因收入率为 a,年利率为 r,故投资规模 T 年后总收入的现值为

$$P=\int_0^T ae^{-rt}dt=\frac{a}{r}(1-e^{-rT})$$

从而投资所得的纯收入的贴现值为

$$R=P-C=\frac{a}{r}(1-e^{-rT})-C$$

收回投资所用的时间,即总收入的现值等于投资,故有 $\frac{a}{r}(1-e^{-rT})=C$,由此解得收回投资的时间

$$T=\frac{1}{r}\ln\frac{a}{a-Cr}$$

例如,若对某企业投资 1 000 万元,年利率为 4%,假设 20 年内的均匀收入率为 $a=100$ 万元,则总收入的现值为

$$P=\frac{a}{r}(1-e^{-rT})=\frac{100}{0.04}(1-e^{-0.04\times20})\approx1\ 376.68(万元)$$

从而投资的纯收入贴现值为

$$R=P-C=1376.68-1\ 000=376.68(万元)$$

收回投资的时间为

$$T=\frac{1}{r}\ln\frac{a}{a-Cr}=\frac{1}{0.04}\ln\frac{100}{100-1\ 000\times0.04}\approx12.77(年)$$

即该投资在 20 年中可获纯利润 376.68 万元,投资收回期约为 12.77 年.

二、在物理上的应用

1. 变力做功

一个物体受到一个力作用,并且移动了一段距离,力做了多少功? 设力 F 与物体的

运动方向平行,约定:①以物体的运动方向为坐标轴的正向;②F 与坐标轴方向一致时为正,相反时为负.

若 F 是大小与方向都不变的常力,则使得物体由 a 点到 b 点时,所做的功为

$$W = F \cdot (b-a)$$

如果 F 是变力,物体在沿 Ox 轴运动,那么如何计算变力所做的功? 设 $F = F(x)$ 为作用在该物体的这个力,其方向始终不变,大小是物体所在位置坐标 x 的函数.考虑物体在此力的作用下由 a 点到 b 点时所做的功,如图 6-23 所示.在区间 $[a,b]$ 上任取一个小区间 $[x,x+\mathrm{d}x]$.在这段小区间上变力可以近似地看作常力 $F(x)$,变力所做的功

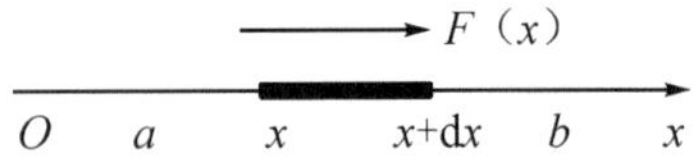

图 6-23 图形展示

$$\Delta W \approx \mathrm{d}W = F(x)\mathrm{d}x$$

即功的微元为 $\mathrm{d}W = F(x)\mathrm{d}x$,在 $[a,b]$ 积分,可得物体从坐标为 a 的位置到 b 的位置所作功

$$W = \int_a^b \mathrm{d}W = \int_a^b F(x)\mathrm{d}x$$

例 3　将一弹簧平放,一端固定.已知将弹簧拉长 10 厘米用力需要 5 牛顿.问若将弹簧拉长 15 厘米,克服弹性力所做的功是多少?

解　建立坐标系如图 6-24 所示,选取平衡位置为坐标原点.当弹簧被拉长为 x 米时,弹性力为 $f_1 = -kx$,从而所使用的外力为

图 6-24 图形展示

$$f = -f_1 = kx$$

由于 $x = 0.1$ 米时,$f = 5$(牛顿),故 $k = 50$,即 $f = 50x$,所做功为

$$W = \int_a^b F(x)\mathrm{d}x = 50 \int_0^{0.15} x\,\mathrm{d}x = 50 \cdot \frac{0.15^2}{2} = 0.562\ 5\ (焦耳)$$

2. 引力

由万有引力定律可知:两个质量分别为 m_1 和 m_2,相距为 r 的质点间的引力为

$$F = k\frac{m_1 \cdot m_2}{r^2}\ (k\ 为引力常数)$$

如果要计算一细长杆对一质点的引力,由于细杆上各点与质点的距离是变化的,所以不能直接用上面的公式计算,下面我们来讨论它的计算方法.

例 4　设有一长为 l,质量为 M 的均匀细杆,另有一质量为 m 的质点和杆在一条直线上,它到杆的近端的距离为 a,计算细杆对质点的引力.

解　如图 6-25 所示,选取坐标,以 x 为积分变量,积分区间为 $[0,l]$,在杆上任取一小区间 $[x, x+\mathrm{d}x]$,此段杆长为 $\mathrm{d}x$,质量为 $\frac{M}{l}\mathrm{d}x$.由于 $\mathrm{d}x$ 很小,可以近似地看作一个质点,它与质点 m 间的距离为 $x+a$,根据万有引力定律这一小段细杆对质点的引力的近似值,引力元素为

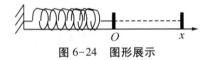

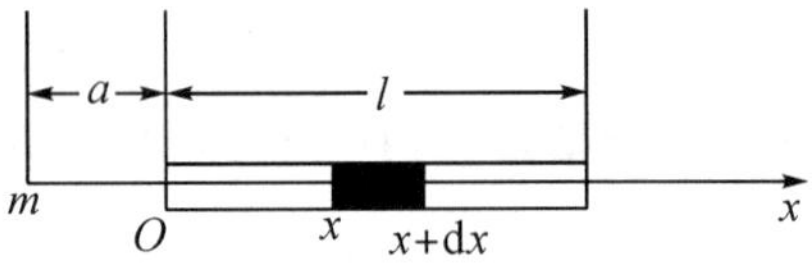

图 6-25 图形展示

$$dF = k \frac{m \cdot \dfrac{M}{l}dx}{(x+a)^2}$$

在 $[0,l]$ 上做定积分,得到细杆对质点的引力为

$$F = \int_0^l k \cdot \frac{m \cdot \dfrac{M}{l}}{(x+a)^2}dx = \frac{kmM}{l} \cdot \int_0^l \frac{1}{(x+a)^2}dx$$

$$= \frac{kmM}{l}\left(-\frac{1}{x+a}\right)\Bigg|_0^l = \frac{kmM}{l}\frac{1}{a(l+a)} = \frac{kmM}{a(l+a)}$$

3. 力矩与重心

设 xOy 平面有 n 个质点,它们的质量分别为 $m_1,m_2,\cdots,m_n$,且分别位于 (x_1,y_1),$(x_2,y_2),\cdots,(x_n,y_n)$ 处,则由力学知道,此质点系对于 x 轴的力矩 M_x 及对于 y 轴的力矩 M_y 分别为

$$M_x = \sum_{i=1}^{n} m_i y_i, \quad M_y = \sum_{i=1}^{n} m_i x_i$$

现在我们设想有一个质点,其质量等于上述质点系各质点质量之和,如果把这个质点放在 xOy 平面上点 $(\bar{x},\bar{y})$ 处时,它对于 x 轴及 y 轴的力矩分别等于质点系对于 x 轴的力矩 M_x 和对于 y 轴的力矩 M_y,那么我们就把点 $(\bar{x},\bar{y})$ 称为上述质点系的**重心**. 根据这个定义,重心坐标 $(\bar{x},\bar{y})$ 应为

$$\bar{x} \cdot \sum_{i=1}^{n} m_i = M_y = \sum_{i=1}^{n} m_i x_i, \quad \bar{y} \cdot \sum_{i=1}^{n} m_i = M_x = \sum_{i=1}^{n} m_i y_i$$

即

$$\bar{x} = \frac{\displaystyle\sum_{i=1}^{n} m_i x_i}{M}, \bar{y} = \frac{\displaystyle\sum_{i=1}^{n} m_i y_i}{M}$$

其中 $M = \displaystyle\sum_{i=1}^{n} m_i$ 为该质点系的总质量.

例 5 设有一个具有质量的平面薄片,由曲线 $y=f(x)$,$y=\varphi(x)$ 和直线 $x=a,x=b(a<b)$ 所围成,且 $f(x)\geqslant\varphi(x)$,又薄片面积的质量为常数 μ,求该薄片的重心.

解 取 x 为积分变量,积分区间为 $[a,b]$,在 $[a,b]$ 上任一子区间 $[x,x+dx]$ 的小长条薄片可以近似地看成一个矩形,其面积为 $[f(x)-\varphi(x)]dx$,质量为

$$dM = \mu[f(x)-\varphi(x)]dx$$

由于此窄条的宽度 dx 很小,所以这个窄条的质量可以近似看作均匀分布在过 x 处的直线段上,而在该线段上均匀分布的质量又可以看作集中于该线段的中心处,即质量 dM 集中于点 $\left(x,\dfrac{1}{2}[f(x)+\varphi(x)]\right)$,因而这窄条对 y 轴的力矩的近似值为

$$dM_y = x \cdot \mu[f(x)-\varphi(x)]dx$$

对 x 轴的力矩的近似值为

$$dM_x = \frac{1}{2}[f(x)+\varphi(x)] \cdot \mu[f(x)-\varphi(x)]dx$$

这就是力矩元素,在$[a,b]$上做定积分,便得力矩:

$$M_y = \mu \int_a^b [f(x) - \varphi(x)] x \, dx, \quad M_x = \frac{\mu}{2} \int_a^b [f^2(x) - \varphi^2(x)] \, dx$$

又平面薄片的总质量为

$$M = \mu S = \mu \int_a^b [f(x) - \varphi(x)] \, dx$$

根据重心的定义,得到重心的坐标为

$$\bar{x} = \frac{M_y}{M} = \frac{\int_a^b x[f(x) - \varphi(x)] \, dx}{\int_a^b [f(x) - \varphi(x)] \, dx}, \quad \bar{y} = \frac{M_x}{M} = \frac{\frac{1}{2}\int_a^b [f^2(x) - \varphi^2(x)] \, dx}{\int_a^b [f(x) - \varphi(x)] \, dx}$$

例6 求密度均匀的直角三角形薄片的重心.

解 选取三角形的直角顶点为坐标原点,两条直角边为坐标轴的正半轴建立坐标系. 设三角形顶点坐标 $A(a,0)$ 与 $B(0,b)$,斜边 AB 的方程是 $\dfrac{x}{a} + \dfrac{y}{b} = 1$,即 $y = \dfrac{b}{a}(a-x)$. 利用例5的结论,可得重心坐标为

$$\bar{x} = \frac{\int_0^a x \frac{b}{a}(a-x) \, dx}{\int_0^a \frac{b}{a}(a-x) \, dx} = \frac{\frac{b}{a}\left(\frac{a}{2}x^2 - \frac{1}{3}x^3\right)\Big|_0^a}{\frac{b}{a}\left(ax - \frac{x^2}{2}\right)\Big|_0^a} = \frac{a}{3}$$

$$\bar{y} = \frac{\frac{1}{2}\int_0^a \left[\frac{b}{a}(a-x)\right]^2 dx}{\int_0^a \frac{b}{a}(a-x) \, dx} = \frac{\frac{b^2}{2a^2}\left(a^2 x - ax^2 + \frac{1}{3}x^3\right)\Big|_0^a}{\frac{1}{2}ab} = \frac{b}{3}$$

习题 6-3

1.生产某产品边际成本函数与边际收益函数分别是 $-0.06x + 20$(万元/吨)和 $0.2x^2 - 3x$(万元/吨),求产量 x 从 100 吨增加到 200 吨时的总成本、销售收益及利润的增量.

2.设有一项目现在($t=0$)需要投入 1 000 万元,在 10 年中每年收益 200 万元,如连续利率5%,求收益资本价值(假设购置的设备 10 年后完全失去价值).

3.设有半径为 r 米的半球形水池,里面装满了水.现在将水从池中全部抽出,问需要做多少功?

4.设有曲线物体 $L: f(x) = x^{\frac{3}{2}}$,$0 \leqslant x \leqslant 4$.在任一点 x 处曲线的线密度为 $\rho(x) = \sqrt{4+9x}$,求该曲线物体的质量.

5.设有曲线物体 $L: f(x) = x^2$,$0 \leqslant x \leqslant 6$.在任一点 x 处曲线的线密度为 $\rho(x) = \sqrt{1+4x^2}$,求该曲线物体对 x 轴与 y 轴的力矩.

学习要点

一、基本方法

利用微元法表示弧长、面积及体积等的微元,应用定积分表示曲线的弧长、区域的面积、旋转体体积等物理量.

二、基本公式

(1) 连续曲线 $y=f(x)$ 与 $y=g(x)$,及 $x=a,x=b(a<b)$ 围成 X 型区域的面积 $A=\int_a^b|\varphi_2(x)-\varphi_1(x)|\mathrm{d}x$. 连续曲线 $x=h_1(y)$ 与 $x=h_2(y)$ 以及 $y=c,y=\mathrm{d}(c<d)$ 围成 Y 型区域的面积 $A=\int_c^d|h_2(y)-h_1(y)|\mathrm{d}y$.

(2) 由连续曲线 $y=f(x)$,直线 $x=a,x=b(a<b)$ 及 x 轴所围成的曲边梯形绕 x 轴旋转一周而形成的旋转体的体积

$$V=\pi\int_a^b[f(x)]^2\mathrm{d}x$$

(3)设光滑曲线的参数方程为 $x=\varphi(t),y=\psi(t)$ ($\alpha\leqslant t\leqslant\beta$),则曲线的弧长 $s=\int_\alpha^\beta\sqrt{\varphi'^2(t)+\psi'^2(t)}\,\mathrm{d}t$. 特别光滑曲线 $y=f(x)(a<b)$ 的长度 $s=\int_a^b\sqrt{1+y'^2}\,\mathrm{d}x$.

三、理解定积分在经济与物理上的应用

1. 了解边际函数与总量函数及资本现值与投资问题.
2. 理解微元法表示变力所做功与引力的大小,了解力矩与重心的计算.

复习题六

1.填空题.

(1) 椭圆 $4x^2+9y^2=16$ 的面积_____.

(2) 连续曲线 $y=f(x)$ 与 $y=g(x)$,及 $x=a,x=b(a<b)$ 围成平面图形的面积_____.

(3) 设光滑曲线 $y=f(x)$,x 从 a 到 b 这段曲线的弧长_____.

(4) 由曲线 $y=f(x)$,直线 $x=a,x=b(a<b)$ 及 x 轴所围成的曲边梯形绕 x 轴旋转一周而形成的旋转体的体积_____.

2.已知点 $A(-1,0)$、$B(5,-2)$、$C(1,0)$ 与 $D(5,7)$ 构成的凹四边形 $ABCD$,计算四边形的面积.

3.在曲线 $y=x^3$ 有一点 P,在 P 点处的法线、x 轴及该曲线围成平面区域的面积为 3,

求:①P 点的坐标;②该平面区域分别绕 x 轴旋转一周所围成的立体体积.

4.设曲线的参数方程为 $x = \cos t, y = t \sin t (0 \leqslant t \leqslant 2\pi)$,计算:①该曲线围成平面区域的面积;②该平面图形绕 x 轴旋转一周所围成的立体体积.

5.生产某产品边际成本函数与边际收益函数分别是

$$C'(x) = x^2 - 4x + 6(\text{万元}), \quad R'(x) = 105 - 2x(\text{万元})$$

且固定成本为 $C(0) = 100$,其中 x 为生产量(台).求:①总成本函数、销售收益函数及利润函数;②生产量为多少时,总利润最大? 最大利润是多少?

6.某企业投资 1 000 万元,年利率为 5%,假设 20 年内的均匀收入率为 $a = 100$ 万元,求总收入的现值和纯收入贴现值.

7.一个拦河坝有一个等腰梯形闸门倒置水中,两底边的长度分别为 a 和 b,高为 h,水面与闸门顶齐平,计算闸门所受的压力.

8.从地面垂直向上发射一个质量为 m 千克的卫星,卫星发射到距地面的高度为 h 米,已知地球的半径为 R,计算卫星克服重力做的功.

9.证明斜三棱锥的体积为 $V = \dfrac{1}{3} Sh$,其中 S 为底面三角形的面积,h 为三棱锥的高.

10.已知球的半经为 r,验证高为 h 的球缺的体积为 $V = \dfrac{\pi}{3} h^2 (3r - h) (h \leqslant r)$.

第七章

微分方程

前面我们学习了函数的微分与积分,本章给出它们的应用——求解微分方程. 函数是客观事物内部联系在数量方面的反映,人们可以利用函数关系来对客观事物的规律进行研究,获得准确的数据,从而比较客观地认识事物.如何正确寻找客观事物之间的函数关系? 在许多实际问题中,往往不能直接找出所需要的函数关系,但是根据问题所提供的情况,有时可以列出含有未函数及其导数的关系式. 这样的关系式就是所谓的微分方程. 当微分方程建立以后,对它进行研究,求出未知函数,这就是解微分方程.本章介绍微分方程的一些基本概念及几种常用的解法.

第一节 微分方程的基本概念

我们通过两个例子来说明微分方程的基本概念.

例1 一曲线通过点$(0,2)$,该曲线上任一点$M(x,y)$处的切线的斜率为x^2,求这曲线的方程.

解 设曲线的方程为$y=f(x)$. 根据第二章第一节导数的几何意义,未知函数应满足关系式

$$\frac{\mathrm{d}y}{\mathrm{d}x}=x^2 \tag{7-1}$$

此外,未知函数$y=f(x)$还应满足下列条件:

当$x=0$时,$y=2$,简记为

$$y\big|_{x=0}=3 \tag{7-2}$$

把式(7-1)两端乘以$\mathrm{d}x$,再积分[或式(7-1)两端积分],可得

$$y=\int \mathrm{d}y=\int x^2 \mathrm{d}x\left(\text{或 } y=\int y'\mathrm{d}x=\int x^2 \mathrm{d}x\right),\text{即 } y=\frac{x^3}{3}+C \tag{7-3}$$

其中C是任意常数.

把条件"当$x=0$时,$y=2$"代入式(7-3)可得$C=2$,因而曲线方程为

$$y = \frac{x^3}{3} + 2 \tag{7-4}$$

例 2 不计空气阻力与风力等的作用,质量为 m 的物体从空中自由下落,求物体的位置 s 与时间 t 的关系.

解 以物体开始位置为原点,重力方向为数轴的正向建立数轴.根据牛顿第二定律 $F = ma(a$ 为加速度),物体位置函数 $s = s(t)$ 应满足关系式

$$m \frac{\mathrm{d}^2 s}{\mathrm{d}t^2} = G = mg,\ \text{即} \frac{\mathrm{d}^2 s}{\mathrm{d}t^2} = g\ \text{或} \frac{\mathrm{d}v}{\mathrm{d}t} = g \tag{7-5}$$

此外,未知函数 $s(t)$ 还应满足下列条件:

$$\text{当 } t = 0 \text{ 时},s = 0,v = \frac{\mathrm{d}s}{\mathrm{d}t} = 0.\ \text{简记为 } s|_{t=0} = 0,s'|_{t=0} = 0 \tag{7-6}$$

把式(7-5)两端乘以 $\mathrm{d}t$,再积分[或式(7-5)两端积分],可得

$$\frac{\mathrm{d}s}{\mathrm{d}t} = v = \int \mathrm{d}v = \int g\mathrm{d}t = gt + C_1\ (\text{或 } v = \int v'\mathrm{d}t = \int g\mathrm{d}t) \tag{7-7}$$

把式(7-7)两端乘以 $\mathrm{d}t$,再积分一次,得

$$s = \int \mathrm{d}s = \int (gt + C_1)\,\mathrm{d}t = \frac{1}{2}gt^2 + C_1 t + C_2 \tag{7-8}$$

其中 C_1,C_2 都是任意常数.

把条件 $s'|_{t=0} = 0$ 代入式(7-7)得 $C_1 = 0$;把条件 $s|_{t=0} = 0$ 代入式(7-8)得 $C_2 = 0$.因此,自由下落物体的位置函数为

$$s = \frac{1}{2}gt^2 \tag{7-9}$$

前面两个例子中的公式(7-1)和公式(7-5)都含有未知函数的导数,它们都是微分方程.一般地,表示未知函数、自变量(或自变量的微分)与未知函数的导数(或未知函数的微分)之间的关系的方程叫作**微分方程**,有时简称**方程**.未知函数是一元函数的微分方程叫作**常微分方程**.

微分方程中所出现的未知函数的最高阶导数的阶数叫作**微分方程的阶**. 如方程(7-1)是一阶微分方程,方程(7-5)是二阶微分方程.又如,

$$y''' + xy'' + y^3 = 0,\ y^{(4)} + 4xy'' + y = x^2 + 1$$

分别是三阶微分方程和四阶微分方程.

一般 n 阶微分方程的形式是

$$F(x,y,y',\cdots,y^{(n)}) = 0 \tag{7-10}$$

在方程(7-10)中,最高阶导数 $y^{(n)}$ 是必须出现的,而 $x,y,y',\cdots,y^{(n-1)}$ 等变量都可以不出现. 例如,在 10 阶微分方程 $y^{(10)} + 3 = 0$ 中,除 $y^{(10)}$ 外,其他变量都没有出现.

从方程(7-10)中解出最高阶导数,可得微分方程

$$y^{(n)} = f[x,y,y',\cdots,y^{(n-1)}] \tag{7-11}$$

今后,我们讨论的微分方程都是已解出最高阶导数的方程或能解出最高阶导数的方程.例如:

$$y' + P(x)y = Q(x),\ y'' + P(x)y' + Q(x)y = f(x)$$

分别称为**一阶线性微分方程**和**二阶线性微分方程**,其特点是方程的左端是未知函数及各阶导数 y, y', y'' 与它们的系数之和,它们的指数均为 1,系数与方程的右端只是自变量 x 的函数,不含未知函数及导数.

在研究某些实际问题时,我们先要建立微分方程,再找出满足微分方程的函数(解微分方程).也就是说,找出这样的函数,把它代入微分方程中,能使该方程成为恒等式.这个函数称为**微分方程的解**.即微分方程的解就是能够满足微分方程的函数(使微分方程成为恒等式的函数).

一般地,设函数 $y = \varphi(x)$ 在区间 I 上具有 n 阶连续导数.如果在区间 I 上,满足

$$F[x, \varphi(x), \varphi(x)', \cdots, \varphi(x)^{(n)}] \equiv 0 \tag{7-12}$$

那么函数 $y = \varphi(x)$ 就叫作**微分方程(7-10)在区间 I 上的解**.例如,式(7-3)和式(7-4)都是微分方程(7-1)的解,式(7-8)和式(7-9)都是微分方程(7-5)的解.

如果微分方程的解中含有任意常数,且任意常数的个数与微分方程的阶数相同,这样的解叫作**微分方程的通解**.这些任意常数是指它们之间没有任何联系,不能合并而使得个数减少.如微分方程(7-1)是一阶的,式(7-3)是它的解,且只含一个任意常数,故式(7-3)是它的通解;微分方程(7-5)是二阶的,式(7-8)是它的解,且含有两个任意常数,是微分方程(7-5)的通解.

由于通解中含有任意常数,不能完全确定地反映某一客观事物的规律性.若要完全确定地反映客观事物的规律性,必须确定这些常数的值.因此,根据问题的实际情况,需要给出确定这些常数的条件.例如,例 1 中的条件(7-2)及例 2 中的条件(7-6).

设微分方程的通解为 $y = \varphi(x)$,如果微分方程是一阶的,通解中只含一个任意常数,需要确定这个常数的一个条件,常常写作

$$x = x_0 \text{ 时}, y = y_0, \text{简记为} y|_{x=x_0} = y_0$$

其中 x_0, y_0 都是给定的值;如果微分方程是二阶的,通解中含有两个任意常数,需要确定这两个常数的两个条件,常常写作

$$x = x_0 \text{ 时}, y = y_0, y' = y_0', \text{简记为} y|_{x=x_0} = y_0, y'|_{x=x_0} = y_0'$$

其中 x_0, y_0 和 y_0' 都是给定的值.这种条件称为**初始条件**,即初始条件是用来确定通解中任意常数的条件.

确定了通解中的任意常数以后,就得到微分方程的**特解**,即不含任意常数的解.如式(7-4)是微分方程(7-1)满足条件(7-2)的特解,式(7-9)是微分方程(7-5)满足条件(7-6)的特解.

求微分方程 $y' = f(x, y)$ 满足初始条件 $y|_{x=x_0} = y_0$ 的特解的问题,叫作一阶微分方程的初值问题,记为

$$\begin{cases} y' = f(x, y) \\ y|_{x=x_0} = y_0 \end{cases} \tag{7-13}$$

初值问题是求微分方程满足初始条件的特解.

微分方程特解的图形是一条曲线,叫作微分方程的积分曲线.初值问题[式(7-13)]的几何意义就是求满足微分方程且通过点 (x_0, y_0) 的那条积分曲线.二阶微分方程的初值问题

$$\begin{cases} y''=f(x,y,y') \\ y\mid_{x=x_0}=y_0,\ y'\mid_{x=x_0}=y'_0 \end{cases}$$

的几何意义就是求满足微分方程,并且通过点(x_0,y_0)而在该点处的切线斜率为y_0'的那条积分曲线.

例 3 验证:函数$x=(C_1+C_2t)\mathrm{e}^t$是微分方程$x''-2x'+x=0$的通解,求满足初始条件

$$x\mid_{t=0}=0,\ x'\mid_{t=0}=10$$

的特解.

解 求所给函数的一阶导数、二阶导数:

$$x'=C_2\mathrm{e}^t+(C_1+C_2t)\mathrm{e}^t=(C_1+C_2+C_2t)\mathrm{e}^t,$$
$$x''=C_2\mathrm{e}^t+(C_1+C_2+C_2t)\mathrm{e}^t=(C_1+2C_2+C_2t)\mathrm{e}^t,$$

将x',x''及x的表达式代入微分方程,可得

$$x''-2x'+x=(C_1+2C_2+C_2t)\mathrm{e}^t-2(C_1+C_2+C_2t)\mathrm{e}^t+(C_1+C_2t)\mathrm{e}^t$$
$$=(C_1+2C_2+C_2t-2C_1-2C_2-2C_2t+C_1+C_2t)\mathrm{e}^t=0$$

这表明,函数$x=(C_1+C_2t)\mathrm{e}^t$满足方程$x''-2x'+x=0$,是它的解;微分方程的阶是二阶,解$x=(C_1+C_2t)\mathrm{e}^t$中含有两个任意常数,因而是它的通解.将条件$x\mid_{t=0}=0$代入$x=(C_1+C_2t)\mathrm{e}^t$中,可以得到$C_1=0$;将条件$x'\mid_{t=0}=10$代入$x'=(C_1+C_2+C_2t)\mathrm{e}^t$,可以得到$C_2=10$. 故满足初始条件方程的特解是$x=10t\mathrm{e}^t$.

例 4 验证:函数$y=\ln(x^2+1)$是微分方程$(x^2+1)y''+2xy'-2=0$的解.

解 求所给函数的导数:

$$y'=\frac{2x}{x^2+1},\ (x^2+1)y'-2x=0$$

利用隐函数求导法则,可得

$$(x^2+1)y''+2xy'-2=0$$

显然$y=\ln(x^2+1)$是微分方程$(x^2+1)y''+2xy'-2=0$的解.

习题 7-1

1.指出下列微分方程的阶数.

(1)$y''+3y+1=0$；　　　　　　　　(2)$y^{(4)}+xy'+y^3=0$；

(3)$x^2y'''+4x(y')^4+y^3+1=0$；　　(4)$(1+3x)\mathrm{d}y+(xy^2-x)\mathrm{d}x=0$；

(5)$\left(\dfrac{\mathrm{d}s}{\mathrm{d}t}\right)^2+3s^5=0$；　　　　　(6)$\dfrac{\mathrm{d}^2u}{\mathrm{d}x^2}+r\left(\dfrac{\mathrm{d}u}{\mathrm{d}x}\right)^3+x+\mathrm{e}^x=0$.

2.判断下列各题中的函数是否为所给微分方程的解.

(1)$xy'=3y,y=5x^3$；　　　　　　(2)$y''+y=0,y=5\cos x-\sin x$；

(3)$y''+2y'+y=0,y=3x^2\mathrm{e}^{-x}$；　　(4)$y''-(a+b)y'+aby=0,y=C_1\mathrm{e}^{ax}+C_2\mathrm{e}^{bx}$；

(5)$2xy+(x^2+2y)y'=0,x^2y+y^2=C$；　(6)$(x+y-1)y''+x^3y'+(y')^2=0,y-\ln(x+y)=C$.

3.在下列各题中,确定函数关系式中所含的参数,使函数满足所给的初始条件.

(1)$x^2-4y=C,y\mid_{x=0}=2$；　　　　(2)$y=C_1\mathrm{e}^{2x}+C_2\mathrm{e}^{5x},y\mid_{x=0}=0,y'\mid_{x=0}=1$；

(3)$y=\mathrm{e}^{2x}(C_1\cos 3x+C_2\sin 3x),y\mid_{x=0}=2,y'\mid_{x=0}=1$.

4.写出由下列条件确定的微分方程.

(1)曲线在点(x,y)处的切线的斜率等于该点的横坐标与纵坐标之和;

(2)一曲线通过点$(3,4)$,它在两坐标之间的任一切线线段均被切点所平分.

5.一辆汽车在直线路上以11m/s(大约相当于40km/h)的速度行驶,当制动时汽车获得加速度-0.2m/s^2.问开始制动后多少时间汽车才能停住,以及汽车在这段时间里行驶了多少路程?

6.向一个长为50m、宽为21m的长方形游泳池注水,现用一个水龙头进水,水流速度为$0.2\text{m}^3/\text{s}$,游泳池水面上升的速度是多少? 如果水池平均深度2m,多少时间可以将水池注满?

7.商品的价格受到供求关系的影响,通常用商品的需求价格弹性来表示.需求价格弹性是指需求量变动的百分比除以价格变动的百分比.用q与p分别表示商品的需求量和商品的价格,试用微分表示需求价格弹性.价格弹性恒为-1,求需求函数.

第二节 可化为可分离变量的方程

前面我们给出微分方程的基本概念,第二节和第三节将讨论一些一阶微分方程的解法.

一、一阶方程的形式

我们知道,一阶显示微分方程为
$$y'=f(x,y) \tag{7-14}$$
同时,一阶微分方程也可写成对称形式
$$M(x,y)\mathrm{d}x+N(x,y)\mathrm{d}y=0 \tag{7-15}$$
在这种方程(7-15)中,变量x与y是对称的,它既可以看作x为自变量,y为未知函数的方程
$$\frac{\mathrm{d}y}{\mathrm{d}x}=\frac{M(x,y)}{N(x,y)} \quad [N(x,y)\neq 0]$$
也可以看作y为自变量,x为未知函数的方程
$$\frac{\mathrm{d}x}{\mathrm{d}y}=\frac{N(x,y)}{M(x,y)} \quad [M(x,y)\neq 0]$$

二、可分离变量方程

观察与分析:

1.我们来求微分方程$\dfrac{\mathrm{d}y}{\mathrm{d}x}=x^2$的通解.

先去分母,将函数 y 的导数变成函数 y 的微分形式,等式左边仅是未知函数的 y 的微分,右边仅是自变量 x 的函数及微分:

$$\mathrm{d}y = x^2 \mathrm{d}x$$

根据第四章第一节不定积分的定义,把 y 看作自变量积分,可得

$$y = \int \mathrm{d}y = \int x^2 \mathrm{d}x = \frac{1}{3}x^3 + C (把 x 看作自变量)$$

我们容易验证函数 $y = \frac{1}{3}x^3 + C$ 是所求方程的通解.

一般地,方程 $y' = f(x)$ 的通解为 $y = \int f(x)\mathrm{d}x + C$(此处积分后不再加任意常数).

2.求微分方程

$$y' = \frac{3x^2}{y} \tag{7-16}$$

的通解.

因为该方程右端 $\dfrac{3x^2}{y}$ 含有与 x 存在函数关系的变量 y 的因式 $\dfrac{1}{y}$,所以直接积分 $\displaystyle\int \dfrac{3x^2}{y}$ $\mathrm{d}x$ 无法进行.为此方程两边同时乘以 $y\mathrm{d}x$,使方程变为

$$y\mathrm{d}y = 3x^2 \mathrm{d}x$$

这样将两个变量 x 与 y 分别放在等式的两端,也就是分离变量 x 与 y,然后左边是以 y 自变量的微分,找出左边的原函数,右端以 x 自变量的微分,找出右边的原函数. 则

$$\int y\mathrm{d}y = 3\int x^2 \mathrm{d}x, 即 \frac{1}{2}y^2 = x^3 + C_1$$

也就是

$$y^2 - 2x^3 + C = 0 \tag{7-17}$$

其中,$C = -2C_1$.可以验证式(7-17)是一阶微分方程(7-16)的解.事实上,对式(7-17)求导:

$$2yy' - 6x^3 = 0, 即 y' = \frac{3x^2}{y}$$

由此可得式(7-17)满足方程(7-16),且含有一个任意常数,因而它是方程(7-16)的通解.

我们讨论一类特殊的一阶微分方程

$$\frac{\mathrm{d}y}{\mathrm{d}x} = f_1(x)f_2(y) \tag{7-18}$$

该微分方程的特点是等式左边仅是未知函数的导数,右边可以分解成两个函数之积,其中一个仅是 x 的函数,另一个仅是 y 的函数,且 $f_1(x),f_2(y)$ 分别是变量 x,y 的已知连续函数.我们把方程(7-18)称为**可分离变量的方程**.

一般地,如果一阶微分方程(7-14)、(7-15)或(7-18)能写成

$$g(y)\mathrm{d}y = f(x)\mathrm{d}x \tag{7-19}$$

的形式,两个变量 x 与 y 分离在等式的左右两端.也就是说,等式一端是只含变量 y 的函数与及微分 $\mathrm{d}y$ 之积,另一端是只含变量 x 的函数和微分 $\mathrm{d}x$ 之积,两个变量的函数及微分

分离在等式的两端,那么方程称为**可分离变量的微分程**.

下列方程中哪些是可分离变量的方程?哪些不是可分离变量的方程?

(1) $y'=2xy$ 是可分离变量,因为 $y^{-1}\mathrm{d}y=2x\mathrm{d}x$.

(2) $3x^2+5x+y'=0$ 是可分离变量,因为 $\mathrm{d}y=-(3x^2+5x)\mathrm{d}x$.

(3) $(x^2+y)\mathrm{d}x+x\mathrm{d}y=0$,不是可分离变量.

(4) $y'=1+x+y^2+xy^2$ 是可分离变量,因为 $y'=(1+x)(1+y^2)$.

(5) $y'=\mathrm{e}^{x+y}$ 是可分离变量,因为 $\mathrm{e}^{-y}y'=\mathrm{e}^x\mathrm{d}x$.

(6) $y'=\dfrac{2x}{y}+\dfrac{y}{x}$ 不是可分离变量.

下面我们给出一阶微分方程一个解的存在定理:

定理 若函数 $f(x)$ 与 $g(y)$ 都连续,$g(y)\neq0$,且

$$g(y)\mathrm{d}y=f(x)\mathrm{d}x \tag{7-20}$$

则它们不定积分相等,即

$$\int g(y)\mathrm{d}y=\int f(x)\mathrm{d}x \tag{7-21}$$

而且关系式(7-21)是微分方程(7-20)的解.

证 因为 $f(x)$ 与 $g(y)$ 都是连续函数,由第五章第二节,它们的原函数都存在,可设

$$G(y)+C_2=\int g(y)\mathrm{d}y\,(\text{把 } y \text{ 看作自变量}),\ F(x)+C_1=\int f(x)\mathrm{d}x\,(\text{把 } x \text{ 看作自变量})$$

根据题设 $g(y)\mathrm{d}y=f(x)\mathrm{d}x$,$x$ 与 y 之间存在必然联系,即一定存在函数 $\varphi(x)$,使得 $y=\varphi(x)$(也就是方程的解),使得恒等式

$$g[\varphi(x)]\mathrm{d}\varphi(x)=f(x)\mathrm{d}x$$

成立;而且当 $g(y)\neq0$ 时,有

$$\frac{\mathrm{d}y}{\mathrm{d}x}=\frac{f(x)}{g(y)}=\frac{f(x)}{g[\varphi(x)]}=\varphi'(x)\quad[g(y)\neq0]$$

也就是说,函数 $\varphi(x)$ 的导数存在.由式(7-20)可得

$$g(y)\mathrm{d}y-f(x)\mathrm{d}x=\{g[\varphi(x)]\varphi'(x)-f(x)\}\mathrm{d}x=0,\ \text{即}\ g[\varphi(x)]\varphi'(x)-f(x)=0$$

从而有

$$[G(y)-F(x)]'=g[\varphi(x)]\varphi'(x)-f(x)=0$$

根据第三章第一节拉格朗日定理的推论,可得

$$G(y)-F(x)=C \tag{7-22}$$

其中 C 为任意常数,即原函数 $G(y)$,$F(x)$ 相差一个常数.根据第四章第一节不定积分的定义,可得

$$\int g(y)\mathrm{d}y=\int f(x)\mathrm{d}x \tag{7-23}$$

也就是说,如果函数 $y=\varphi(x)$ 满足方程(7-20),那么就满足方程(7-22),从而满足等式(7-23).反过来,$y=\theta(x)$ 是等式(7-23)确定的隐函数,而关系式(7-23)确定了原函数之间的关系式(7-22).对式(7-22)两端微分,可得

$$G'(y)\mathrm{d}y-F'(x)\mathrm{d}x=0,\ \text{即}\ g(y)\mathrm{d}y=f(x)\mathrm{d}x$$

故关系式(7-23)是微分方程(7-20)的解.证毕.

假设函数 $f(x)$ 与 $g(y)$ 都是连续的,且 $g(y) \neq 0$,将方程(7-20)两边积分,根据定理,可得

$$\int g(y)\,\mathrm{d}y = \int f(x)\,\mathrm{d}x$$

写出原函数

$$G(y) = F(x) + C \tag{7-24}$$

由式(7-23)确定的隐函数 $y = \varphi(x)$,即 $G[\varphi(x)] = F(x) + C$ 满足方程(7-24).因此,如果已分离变量的方程(7-20)中,$f(x)$ 与 $g(y)$ 都是连续的,且 $g(y) \neq 0$,那么式(7-20)两端积分后的式(7-23),就用隐式函数给出了微分方程(7-20)的解,式(7-23)或式(7-24)就叫作微分方程(7-20)的**隐式解**,又式(7-23)或式(7-24)中含有一个任意常数,它所确定的隐函数就是微分方程的通解,因而把它叫作微分方程的**隐式通解**[当 $f(x) \neq 0$ 时,式(7-23)或式(7-24)确定的隐函数 $x = \psi(y)$ 也可认为是方程(7-20)的解].

可分离变量的微分方程的解法:

第一步,对微分方程进行整理、因式分解及分离变量,将方程写成 $g(y)\mathrm{d}y = f(x)\mathrm{d}x$ 的形式.

第二步,两端积分,即 $\int g(y)\,\mathrm{d}y = \int f(x)\,\mathrm{d}x$.分别以 x,y 为自变量,利用基本公式法、换元法、分部积分法等找出等式两边的原函数,得出隐函数 $G(y) = F(x) + C$.

第三步,整理、化简隐函数 $G(y) = F(x) + C$,得出隐式通解.

例 1 求微分方程 $\dfrac{\mathrm{d}y}{\mathrm{d}x} = \dfrac{y}{1+x^2}$ 的通解.

解 方程为可分离变量方程.分离变量 $\dfrac{1}{y}\mathrm{d}y = \dfrac{1}{1+x^2}\mathrm{d}x$,把 x,y 都看作自变量,两边积分

$$\int \frac{1}{y}\mathrm{d}y = \int \frac{1}{1+x^2}\mathrm{d}x$$

求出原函数

$$\ln|y| = \arctan x + C_1,\ \text{即}\ y = \pm\mathrm{e}^{\arctan x + C_1} = \pm\mathrm{e}^{C_1}\mathrm{e}^{\arctan x}$$

因 $\pm\mathrm{e}^{C_1}$ 仍是任意非零常数,又 $y \equiv 0$ 也是原方程的解,把它记作 C,便得原方程的通解 $y = C\mathrm{e}^{\arctan x}$.

例 2 求解初值问题 $\begin{cases} 4y\mathrm{d}x + (x^2-4)\mathrm{d}y = 0 \\ y\big|_{x=3} = 1 \end{cases}$.

解 方程分离变量为 $\dfrac{\mathrm{d}y}{y} = -\dfrac{4\mathrm{d}x}{x^2-4}$,把 x,y 都看作自变量,两边积分

$$\int \frac{\mathrm{d}y}{y} = -4\int \frac{\mathrm{d}x}{x^2-4}$$

求出原函数

$$\ln|y| = \int\left(\frac{1}{x+2} - \frac{1}{x-2}\right)\mathrm{d}x = \ln|x+2| - \ln|x-2| + \ln|C| = \ln\frac{|C(x+2)|}{|x-2|}$$

从而可得 $y = C \frac{x+2}{x-2}$. 将初始条件 $y|_{x=3} = 1$ 代入通解中，可得 $C = \frac{1}{5}$. 故方程特解为 $y = \frac{x+2}{5(x-2)}$.

三、齐次方程

如果一阶微分方程 $\frac{dy}{dx} = f(x,y)$ 中的函数 $f(x,y)$ 可写成两个变量的商 $\frac{y}{x}$ 的函数，即

$$\frac{dy}{dx} = \phi\left(\frac{y}{x}\right) \tag{7-25}$$

的形式，那么称这个方程为**齐次方程**.

下列方程哪些是齐次方程？

（1）$x\,dy - y\,dx = 0$，即 $\frac{dy}{dx} = \frac{y}{x}$，是齐次方程.

（2）$(x^2+y^2)dx - xy\,dy = 0$，即 $\frac{dy}{dx} = \frac{x^2+y^2}{xy} = \frac{x}{y} + \frac{y}{x}$，是齐次方程.

（3）$xy' - y - \sqrt{y^2-x^2} = 0\,(x>0)$，即 $\frac{dy}{dx} = \frac{y+\sqrt{y^2-x^2}}{x} = \frac{y}{x} + \sqrt{\left(\frac{y}{x}\right)^2 - 1}$，是齐次方程.

（4）$(x+y-1)dy + (2x+y-4)dx = 0$，即 $\frac{dy}{dx} = -\frac{2x+y-4}{x+y-1}$，不是齐次方程.

齐次方程的解法：

在齐次方程（7-25）中，引进新的未知函数

$$u = \frac{y}{x} \tag{7-26}$$

就可把方程（7-25）化为可分离变量方程. 因为由式（7-26）可得 $y = xu$，求导

$$\frac{dy}{dx} = u + x\frac{du}{dx} \tag{7-27}$$

将式（7-27）代入齐次方程（7-25），可得

$$u + x\frac{du}{dx} = \phi(u)，即 \frac{du}{\phi(u)-u} = \frac{dx}{x}$$

两端积分

$$\int \frac{du}{\phi(u)-u} = \int \frac{dx}{x}$$

求出原函数后，再用 $\frac{y}{x}$ 代替 u，便得所给齐次方程（7-25）的通解.

例 3 解方程 $2y - x\frac{dy}{dx} = 0$.

解 原方程可写成

$$\frac{dy}{dx} = \frac{2y}{x}$$

因而是齐次方程. 令 $\frac{y}{x} = u$，则 $y = xu$，$\frac{dy}{dx} = u + x\frac{du}{dx}$. 于是原方程变为

$$u + x \frac{\mathrm{d}u}{\mathrm{d}x} = 2u, \text{ 即 } x \frac{\mathrm{d}u}{\mathrm{d}x} = u$$

分离变量,可得

$$\frac{1}{u}\mathrm{d}u = \frac{\mathrm{d}x}{x}$$

两边积分,可得

$$\ln|u| = \ln|x| + \ln|C|, \text{ 即 } u = Cx$$

以 $\frac{y}{x}$ 代通解中的 u,可得方程的通解 $y - Cx^2 = 0$.

例 4 解方程 $y\frac{\mathrm{d}x}{\mathrm{d}y} + x\ln\frac{x}{y} = 0$.

解 为了方便,可把 y 看作自变量,x 为未知函数的方程.原方程可写成

$$\frac{\mathrm{d}x}{\mathrm{d}y} = -\frac{x}{y}\ln\frac{x}{y}$$

因而是齐次方程. 令 $\frac{x}{y} = u$,则 $x = yu$,$\frac{\mathrm{d}x}{\mathrm{d}y} = u + y\frac{\mathrm{d}u}{\mathrm{d}y}$. 于是原方程变为

$$u + y\frac{\mathrm{d}u}{\mathrm{d}y} = -u\ln u, \text{ 分离变量} -\frac{\mathrm{d}y}{y} = \frac{1}{u(\ln u + 1)}\mathrm{d}u$$

两边积分,可得

$$-\ln|y| + \ln|C| = \int \frac{\mathrm{d}u}{u(\ln u + 1)} = \int \frac{\mathrm{d}\ln u}{\ln u + 1} = \ln|\ln u + 1|$$

即

$$\ln|\ln u + 1| + \ln|y| = \ln|C|, y(\ln u + 1) = C$$

以 $\frac{x}{y}$ 代通解中的 u,便得所给方程的通解 $y\left(\ln\frac{x}{y} + 1\right) - C = 0$.

例 5 (马尔萨斯人口方程)近百年来的人口统计资料表明,人口增长呈指数模型:单位时间内人口增长量与当时人口总数成正比.2005 年我国人口总数为 13.6 亿,过去 5 年的年人口平均增长率为 6.3‰.若今后的年增长率保持不变,试问 2025 年我国的人口总数.

解 设在 t 年的人口总数为 $N(t)$. 根据马尔萨斯人口理论,可得微分方程

$$\frac{\mathrm{d}N}{\mathrm{d}t} = kN$$

其中 $k(k>0)$ 是比例常数.初始条件为 $N|_{t=0} = N_0$. 将方程分离变量 $\frac{\mathrm{d}N}{N} = k\mathrm{d}t$.两边积分

$$\ln N = kt + \ln C(C>0), \text{ 即 } N = Ce^{kt}$$

将初始条件 $N|_{t=0} = N_0$,代入上式得 $C = \frac{N_0}{e^{kt_0}}$,从而

$$N = \frac{N_0}{e^{kt_0}}e^{kt} = N_0 e^{k(t-t_0)}$$

将 $t = 2025, t_0 = 2005, k = 6.3‰, N_0 = 13.06$ 代入上式,可得 2025 年人口总数为

$$N = 13.6e^{0.0063(2025-2005)} = 14.85$$

例6 伞兵在一次训练中,设降落伞从跳伞塔下落后,所受空气阻力与速度成正比,并设降落伞离开跳伞塔时($t=0$)速度为零.求降落伞下落速度与时间的函数关系.

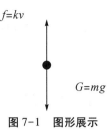

图 7-1 图形展示

解 设降落伞下落速度为 $v(t)$,下落过程中所受外力为 $F=mg-kv(k>0$ 为比例系数$)$,如图 7-1 所示.根据牛顿第二运动定律 $F=ma$(a 为加速度).因此,函数 $v(t)$ 应满足的方程为

$$m\frac{dv}{dt}=mg-kv$$

初始条件为 $v|_{t=0}=0$.分离变量 $\dfrac{dv}{mg-kv}=\dfrac{dt}{m}$,两边积分 $\displaystyle\int\frac{dv}{mg-kv}=\int\frac{dt}{m}$,由于 $mg-kv>0$,

$$-\frac{1}{k}\ln(mg-kv)=\frac{t}{m}+C_1,\ 即\ \ln(mg-kv)=-\frac{kt}{m}-kC_1$$

解得

$$mg-kv=e^{-\frac{kt}{m}-kC_1},\ 即\ v=\frac{mg}{k}+Ce^{-\frac{k}{m}t}\left(C=-\frac{e^{-kC_1}}{k}\right)$$

将初始条件 $v|_{t=0}=0$ 代入上式得 $C=-\dfrac{mg}{k}$,于是降落伞下落速度与时间的函数关系为

$$v=\frac{mg}{k}\left(1-e^{-\frac{k}{m}t}\right)$$

例7 有旋转曲面形状的凹镜,假设由旋转轴上一点 O 发出的一切光线经此凹镜反射后都与旋转轴平行.求该旋转曲面的方程.

解 如图 7-2 所示.设此凹镜是由 xOy 面上曲线 $L:y=y(x)(y>0)$ 绕 x 轴旋转而成的,光源在原点 O.在 L 上任取一点 $M(x,y)$,点 O 发出的光线经点 M 反射后是一条平行于 x 轴射线 MS.过点 M 做 L 的切线 AT 与 x 轴的交点为 A,与 x 轴的夹角为 α.根据题意,$\angle SMT=\alpha$.此外,$\angle OMA$ 是入射角的余角,$\angle SMT$ 是反射角的余角,由光学的反射原理:入射角等于反射角,可得 $\angle OMA=\angle SMT=\alpha$,从而 $\triangle OAM$ 是等腰三角形,有 $AO=OM=\sqrt{x^2+y^2}$.根据导数的几何意义,则

$$y'=k=\tan\alpha,\ \cot\alpha=\frac{1}{\tan\alpha}=\frac{1}{y'}$$

又过点 M 向 x 轴做垂线,垂足为 P,坐标为 $(x,0)$,$\triangle PAM$ 是直角三角形,有

$$AP=\cot\angle MAP\cdot MP=y\cot\alpha,\quad OA=AP-OP=y\cot\alpha-x=\frac{y}{y'}-x$$

于是,由 $AO=OM$ 建立微分方程

$$\frac{y}{y'}-x=\sqrt{x^2+y^2}$$

把 y 看作自变量,x 看作未知函数,当 $y>0$ 时,整理得

$$\frac{dx}{dy}=\frac{x}{y}+\sqrt{\left(\frac{x}{y}\right)^2+1}$$

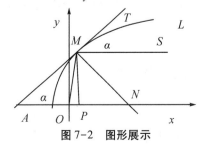

图 7-2 图形展示

这是一个齐次方程. 令 $\dfrac{x}{y}=u$, 即 $x=yu$, 可得 $\dfrac{\mathrm{d}x}{\mathrm{d}y}=u+y\dfrac{\mathrm{d}u}{\mathrm{d}y}$, 代入微分方程, 便得

$$u+y\frac{\mathrm{d}u}{\mathrm{d}y}=u+\sqrt{u^2+1}\,, \text{ 即 } y\frac{\mathrm{d}u}{\mathrm{d}y}=\sqrt{u^2+1}$$

分离变量, 可得

$$\frac{\mathrm{d}u}{\sqrt{u^2+1}}=\frac{\mathrm{d}y}{y}, \text{ 两边积分 } \int\frac{\mathrm{d}u}{\sqrt{u^2+1}}=\int\frac{\mathrm{d}y}{y}$$

利用第四章第二节积分公式 $\displaystyle\int\frac{\mathrm{d}x}{\sqrt{x^2+a^2}}=\ln(x+\sqrt{x^2+a^2})+C$, 可得

$$\ln(u+\sqrt{u^2+1})=\ln y-\ln C\,(C>0)\,, u+\sqrt{u^2+1}=\frac{y}{C}$$

$$\left(\frac{y}{C}-u\right)^2=u^2+1\,, \text{ 即 } \frac{y^2}{C^2}-\frac{2yu}{C}=1$$

以 $x=yu$ 代入通解中得, $y^2=2C\left(x+\dfrac{C}{2}\right)$. 这是以 x 轴为轴、焦点在原点的抛物线方程.

例 8 设函数 $f(x)$ 在 $[1,+\infty)$ 上连续. 若由曲线 $y=f(x)$, 直线 $x=1,x=t(t>1)$ 与 x 轴所围成的平面图形绕 x 轴旋转一周所成的旋转体体积为

$$V(t)=\frac{\pi}{3}[t^2f(t)-f(1)]$$

试求 $y=f(x)$ 所满足的微分方程, 并求在初始条件 $y\big|_{x=2}=\dfrac{2}{9}$ 的解.

解 在第六章第二节中, 利用定积分表示旋转体体积为 $V(t)=\pi\displaystyle\int_1^t f^2(x)\mathrm{d}x$. 依题意得

$$\pi\int_1^t f^2(x)\,\mathrm{d}x=\frac{\pi}{3}[t^2f(t)-f(1)]$$

两边求导, 化简, 可得

$$\pi f^2(t)=\frac{1}{3}[2tf(t)+t^2f'(t)] \quad \text{即 } 3f^2(t)=2tf(t)+t^2f'(t)$$

上式改写为

$$x^2y'=3y^2-2xy, \text{即} \frac{\mathrm{d}y}{\mathrm{d}x}=3\left(\frac{y}{x}\right)^2-2\cdot\frac{y}{x}$$

令 $u=\dfrac{y}{x}, y=xu$, 则 $\dfrac{\mathrm{d}y}{\mathrm{d}x}=u+x\dfrac{\mathrm{d}u}{\mathrm{d}x}$, 代入上式, 可得 $x\dfrac{\mathrm{d}u}{\mathrm{d}x}=3u(u-1)$, 分离变量

$$\frac{\mathrm{d}u}{u(u-1)}=3\frac{\mathrm{d}x}{x}$$

两端积分可得

$$3\ln|x|+\ln|C|=\int\frac{\mathrm{d}u}{u(u-1)}=-\int\left(\frac{1}{u}-\frac{1}{u-1}\right)\mathrm{d}u=\ln|u-1|-\ln|u|$$

由此可得

$$Cx^3 = \frac{u-1}{u}$$

将 $u = \frac{y}{x}$ 代入上式,可得曲线方程为 $y - x = Cx^3y$.

由条件 $y|_{x=2} = \frac{2}{9}$ 得 $C = -1$,从而所求特解为 $y - x = -x^3y$.

*四、可化为齐次的方程

对于方程

$$\frac{\mathrm{d}y}{\mathrm{d}x} = \frac{ax+by+c}{a_1x+b_1y+c_1} \quad (a_1b \neq 0) \tag{7-28}$$

我们容易知道:当 $c = c_1 = 0$ 时,方程(7-28)是齐次的;否则,不是齐次的. 在非齐次的情形,用下面变换将它化为齐次方程:令

$$x = u + h, y = v + k$$

其中 h 及 k 是待定系数.于是有

$$\mathrm{d}x = \mathrm{d}u, \mathrm{d}y = \mathrm{d}v$$

因而方程(7-28)变为

$$\frac{\mathrm{d}v}{\mathrm{d}u} = \frac{au+bv+ah+bk+c}{a_1u+b_1v+a_1h+b_1k+c_1}$$

如果方程组

$$\begin{cases} ah+bk+c = 0 \\ a_1h+b_1k+c_1 = 0 \end{cases} \tag{7-29}$$

的系数行列式 $\begin{vmatrix} a & b \\ a_1 & b_1 \end{vmatrix} \neq 0$,即 $\frac{a_1}{a} \neq \frac{b_1}{b}$,那么可以求出 h 及 k,使它们满足方程组(7-29).

这样方程(7-28)转化为齐次方程

$$\frac{\mathrm{d}v}{\mathrm{d}u} = \frac{au+bv}{a_1u+b_1v}$$

求出这个齐次方程的通解后,在通解中以 $x-h$ 代 u,以 $y-k$ 代 v 便得到方程(7-28)的通解.

当 $\frac{a_1}{a} = \frac{b_1}{b}(a_1b \neq 0)$ 时,h 及 k 无法求得,上述方法不能使用. 但此时令 $\frac{a_1}{a} = \frac{b_1}{b} = r$,方程(7-28)化为

$$\frac{\mathrm{d}y}{\mathrm{d}x} = \frac{ax+by+c}{r(ax+by)+c_1}$$

引入新变量 $w = ax+by$,则

$$\frac{\mathrm{d}w}{\mathrm{d}x} = a + b\frac{\mathrm{d}y}{\mathrm{d}x} \text{或} \frac{\mathrm{d}y}{\mathrm{d}x} = \frac{1}{b}\left(\frac{\mathrm{d}w}{\mathrm{d}x} - a\right) \quad (b \neq 0)$$

从而方程(7-28)化为

$$\frac{1}{b}\left(\frac{\mathrm{d}w}{\mathrm{d}x}-a\right)=\frac{w+c}{rw+c_1} \qquad (7-30)$$

这个方程是可分离变量的方程.

上述这个方法可应用更一般的微分方程

$$\frac{\mathrm{d}y}{\mathrm{d}x}=f\left(\frac{ax+by+c}{a_1x+b_1y+c_1}\right) \quad (a_1b,ab_1\neq 0)$$

例9 求方程 $(x-y-1)\mathrm{d}x+(4y+x-1)\mathrm{d}y=0$ 的通解.

解 令 $x=u+h,y=v+k$,则 $\mathrm{d}x=\mathrm{d}u,\mathrm{d}y=\mathrm{d}v$,代入原方程,可得

$$(u-v+h-k-1)\mathrm{d}u+(u+4v+h+4k-1)\mathrm{d}v=0 \qquad (7-31)$$

解方程组

$$\begin{cases} h-k-1=0 \\ h+4k-1=0 \end{cases}$$

可得 $h=1,k=0$.代入方程(7-31),得 $(u-v)\mathrm{d}u+(u+4v)\mathrm{d}v=0$,原方程变为

$$\frac{\mathrm{d}v}{\mathrm{d}u}=\frac{u-v}{u+4v}=\frac{1-\dfrac{v}{u}}{1+4\cdot\dfrac{v}{u}}$$

这是一个齐次方程.

令 $w=\dfrac{v}{u}$,则 $v=uw,\dfrac{\mathrm{d}v}{\mathrm{d}u}=w+u\dfrac{\mathrm{d}w}{\mathrm{d}u}$. 从而原方程变为

$$w+u\frac{\mathrm{d}w}{\mathrm{d}u}=\frac{1-w}{1+4w},\text{即 } u\frac{\mathrm{d}w}{\mathrm{d}u}=\frac{1-2w-4w^2}{1+4w}$$

分离变量

$$\frac{\mathrm{d}u}{u}=\frac{1+4w}{1-2w-4w^2}\mathrm{d}w$$

积分可得

$$\ln|u|+\ln|C_1|=-\frac{1}{2}\int\frac{(4w^2+2w-1)'}{4w^2+2w-1}\mathrm{d}w=-\frac{1}{2}\ln|4w^2+2w-1|$$

即

$$\ln|C_1u|^2+\ln|4w^2+2w-1|=0,C_1^2u^2(4w^2+2w-1)=0$$

令 $C=C_1^2$,可得 $Cu^2(4w^2+2w-1)=0$.将 $w=\dfrac{v}{u}$,代入上式得

$$C(4v^2+2uv-u^2)=0$$

将 $x=u+1,y=v$,代入上式,可得原方程的解

$$C[4y^2+2(x-1)y-(x-1)^2]=0$$

习题 7-2

1.求下列微分方程的通解.

(1) $2y\mathrm{d}y=-3\sqrt{x}\,\mathrm{d}x$;

(2) $2y'-3x^2+6x+1=0$;

(3) $y'-x^2y^2=4(y^2+y')$;

(4) $(x^2-1)y'=2\sqrt{1-y^2}$;

高等数学 上册

·276·

（5）$(e^{x+2y}-e^x)dy+e^{2y}dx=0$；　　　　（6）$\sec^2t\tan sdt+\tan tds=0$；

（7）$(1+x^2)(y+1)^2dy-x^3dx=0$；　　（8）$\cos ydx-(1+e^x)\sin ydy=0$.

2.求下列齐次微分方程的通解.

（1）$xy'+5y=0$；　　　　（2）$(x^2-y^2)y'-xy=0$；　　　　（3）$xy'-y=6\sqrt{xy}$；

（4）$xy'=y\ln\dfrac{y}{x}+y$；　　　　（5）$xy'-y+\sqrt{y^2-x^2}=0$；

（6）$\left(x\sin\dfrac{y}{x}+2y\cos\dfrac{y}{x}\right)dx-2x\cos\dfrac{y}{x}dy=0$.

3.求下列微分方程满足初始条件的特解.

（1）$y'=4^{x+3y}$,$y\big|_{x=0}=0$；　　　　（2）$6xdx+ydx+xdy=0$,$y\big|_{x=1}=5$；

（3）$(x^3-x^2+1)ydx+xdy=0$,$y\big|_{x=1}=2$；　　（4）$\sin xdy-y\ln y\cos xdx$,$y\big|_{x=\frac{\pi}{2}}=e$；

（5）$(x^3-y^3)dx+xy^2dy=0$,$y\big|_{x=1}=1$；　　（6）$\arctan\dfrac{y}{x}(xdy-ydx)-xdx=0$,$y\big|_{x=1}=1$.

4.设有一条经过点$(2,0)$的曲线,其上任一点(x,y)($x>0$)到坐标原点的距离恒等于该点处的切线在y轴上的截距,求曲线的方程.

5.设有一条光滑曲线$y=f(x)$经过点$(1,0)$,且当$x>1$时$f(x)>0$.对应于区间$[1,x]$一段曲线的弧长为$e^{2x}-1$,求曲线的方程.

6.滑翔运动员所受空气阻力与速度成正比.设滑翔开始时刻的速度为v_0.求运动员下落速度与时间的函数关系.

7.已知某商品的需求量D和供给量S都是价格p的函数:$D(p)=\dfrac{a}{p^2}$,$S(p)=bp$,其中$a>0,b>0$为常数;价格p是时间t的函数,满足$\dfrac{dp}{dt}=k[D(p)-S(p)]$($k>0$为常数).假设当$t=0$时价格为1,试求:①需求量等于供给量时的均衡价格$p$;②价格函数$p(t)$.

8.居里夫人发现了放射性元素钋,有如下衰变规律:钋的衰变速度与它的现存量M成正比,大约经过500年后,剩余质量为开始质量的1/3.计算钋的现存量M与时间t的函数关系.

9.人们胃里的食物要消化分解.设食物质量$M(t)$在开始时刻$t=0$时含量为M_0,随着时间t的增大,$M(t)$均匀地减少,直到$t=T$时,$M(T)=0$,求食物在消化过程中质量$M(t)$随时间t变化的规律.

*10.化下列方程为齐次方程,并求出通解.

（1）$(x+y-2)dy+(y-x+4)dx=0$；

（2）$(x+y)dy+(3x+3y-4)dx=0$；

（3）$(x-y-1)dy+(4y+x-1)dx=0$.

第三节　一阶线性微分方程

一、线性方程

微分方程

$$\frac{\mathrm{d}y}{\mathrm{d}x}+P(x)y=Q(x) \tag{7-32}$$

叫作一阶线性微分方程. **一阶线性微分方程**中未知函数 y 与导数 y' 的指数都是 1,函数 $P(x)$ 与 $Q(x)$ 仅是 x 的函数,不含函数 y 与导数 y'. 如果自由项 $Q(x)\equiv0$,那么方程(7-32)称为**一阶齐次线性方程**;如果自由项 $Q(x)\neq0$,那么方程(7-32)称为**一阶非齐次线性方程**.

微分方程

$$\frac{\mathrm{d}y}{\mathrm{d}x}+P(x)y=0 \tag{7-33}$$

叫作对应于非齐次线性方程(7-32)的齐次线性方程.

下列方程是否是线性方程?

(1) $(x-2)\dfrac{\mathrm{d}y}{\mathrm{d}x}=y$,即 $\dfrac{\mathrm{d}y}{\mathrm{d}x}-\dfrac{1}{x-2}y=0$,是一阶齐次线性方程.

(2) $3x^2+5x-y'=0$,即 $y'=3x^2+5x$,是一阶非齐次线性方程.

(3) $y'+y\cos x=\mathrm{e}^{-\sin x}$ 是一阶非齐次线性方程.

(4) $\dfrac{\mathrm{d}y}{\mathrm{d}x}=10^{x+y}$ 不是一阶线性方程.

(5) $(y+1)^2\dfrac{\mathrm{d}y}{\mathrm{d}x}+x^3=0$,即 $\dfrac{\mathrm{d}y}{\mathrm{d}x}+\dfrac{x^3}{(y+1)^2}=0$,不是一阶线性方程.

齐次线性方程的解法:

齐次线性方程 $\dfrac{\mathrm{d}y}{\mathrm{d}x}+P(x)y=0$ 是变量可分离方程. 分离变量后,可得

$$\frac{\mathrm{d}y}{y}=-P(x)\mathrm{d}x$$

两边积分,可得

$$\ln|y|=-\int P(x)\mathrm{d}x+C_1$$

即

$$y=C\mathrm{e}^{-\int P(x)\mathrm{d}x}\quad(C=\pm\mathrm{e}^{C_1}) \tag{7-34}$$

这就是非齐次线性方程(7-32)对应的齐次线性方程(7-33)的通解(积分后不再加任意常数).

例 1 求方程 $\cos x \dfrac{\mathrm{d}y}{\mathrm{d}x} = y \sin x$ 的通解.

解 这是一阶齐次线性方程,因为原方程可转化 $\dfrac{\mathrm{d}y}{\mathrm{d}x} - y \tan x = 0$. 分离变量

$$\frac{\mathrm{d}y}{y} = \frac{\sin x \mathrm{d}x}{\cos x}$$

两边积分,可得

$$\ln |y| = \int \frac{\sin x \mathrm{d}x}{\cos x} = - \int \frac{\mathrm{d}(\cos x)}{\cos x} = - \ln |\cos x| + \ln |C|$$

原方程的通解为

$$y \cos x = C$$

下面我们讨论一阶非齐次线性方程的解法——**常数变易法**:

将齐次线性方程的通解(7-34)中的常数 C 换成 x 的未知函数 $C(x)$,即

$$y = C(x) \, \mathrm{e}^{-\int P(x) \mathrm{d}x}$$

把它设想成非齐次线性方程(7-32)的解. 对上式求一阶导数,则

$$y' = C'(x) \, \mathrm{e}^{-\int P(x) \mathrm{d}x} - C(x) P(x) \mathrm{e}^{-\int P(x) \mathrm{d}x}$$

代入非齐次线性方程(7-32),可得

$$C'(x) \, \mathrm{e}^{-\int P(x) \mathrm{d}x} - C(x) \mathrm{e}^{-\int P(x) \mathrm{d}x} P(x) + P(x) C(x) \mathrm{e}^{-\int P(x) \mathrm{d}x} = Q(x)$$

化简可得

$$C'(x) = Q(x) \, \mathrm{e}^{\int P(x) \mathrm{d}x}$$

两端积分可得

$$C(x) = \int Q(x) \mathrm{e}^{\int P(x) \mathrm{d}x} \, \mathrm{d}x + C$$

把上式代入所设解中,便得非齐次线性方程(7-32)的通解为

$$y = \mathrm{e}^{-\int P(x) \mathrm{d}x} \left[\int Q(x) \mathrm{e}^{\int P(x) \mathrm{d}x} \mathrm{d}x + C \right]$$

或

$$y = C \mathrm{e}^{-\int P(x) \mathrm{d}x} + \mathrm{e}^{-\int P(x) \mathrm{d}x} \int Q(x) \mathrm{e}^{\int P(x) \mathrm{d}x} \mathrm{d}x \qquad (7\text{-}35)$$

通解(7-35)右端第一项是对应的齐次线性方程(7-33)的通解(7-34),第二项是非齐次线性方程(7-32)的一个特解[在通解(7-35)中取 $C = 0$ 便得到这个特解]. 因此,一阶非齐次线性方程的通解等于对应的齐次线性方程的通解与非齐次线性方程的一个特解之和.

上述求解方法称为**常数变易法**. 求一阶非齐次线性方程通解的步骤为:

(1)先求出非齐次线性方程所对应的齐次方程,并求其通解;

(2)将所求出的齐次方程的通解中的任意常数 C 改为待定函数 $C(x)$,就得到非齐次方程的待定函数解.

(3)将所设待定函数解代入非齐次线性方程中,得到 $C'(x) = Q(x) \, \mathrm{e}^{\int P(x) \mathrm{d}x}$,求出待定函数

$$C(x) = \int Q(x) \mathrm{e}^{\int P(x)\,\mathrm{d}x}\,\mathrm{d}x + C$$

代入式(7-35),写出非齐次线性方程的通解.

例2 求方程 $\cos x \dfrac{\mathrm{d}y}{\mathrm{d}x} = y\sin x + \sin 2x$ 的通解.

解 原方程可转化为 $\dfrac{\mathrm{d}y}{\mathrm{d}x} - y\tan x = 2\sin x$,这是一个非齐次线性方程. 对应齐次线性方程为

$$\cos x \frac{\mathrm{d}y}{\mathrm{d}x} = y\sin x$$

根据例1,可得该方程的通解为

$$y\cos x = C$$

设待定函数解为 $y\cos x = C(x)$,求出导数

$$y'\cos x - y\sin x = C'(x),\ \text{即}\ y'\cos x = y\sin x + C'(x)$$

代入非齐次方程中,可得

$$y\sin x + C'(x) = y\sin x + 2\sin x$$

于是

$$C'(x) = 2\sin x,\ C(x) = -2\cos x + C$$

代入所设通解中,便得

$$y\cos x + 2\cos x - C = 0$$

例3 求方程 $(x+1)y' = y + (x+1)^2$ 的通解.

解 原方程变形为

$$y' - \frac{y}{x+1} = x+1$$

这是一个非齐次线性方程. 先求对应的齐次线性方程 $y' - \dfrac{y}{x+1} = 0$ 的通解. 分离变量

$$\frac{\mathrm{d}y}{y} = \frac{\mathrm{d}x}{x+1}$$

两边积分可得

$$\ln|y| = \ln|x+1| + \ln|C|,\ \text{即}\ y = C(x+1)$$

设原方程的通解为 $y = C(x)(x+1)$,有

$$y' = C'(x)(x+1) + C(x)$$

代入非齐次方程中,可得

$$C'(x)(x+1) + C(x) - \frac{C(x)(x+1)}{x+1} = (x+1)^2$$

于是有

$$C'(x) = x+1,\ C(x) = \int (x+1)\,\mathrm{d}x = \frac{1}{2}x^2 + x + C$$

代入齐次方程的通解中,便得

$$y = (x+1)\left(\frac{1}{2}x^2 + x + C\right)$$

在第二节中，对于齐次方程 $\dfrac{\mathrm{d}y}{\mathrm{d}x} = \phi\left(\dfrac{y}{x}\right)$，通过变量代换 $y = xu$，把它化为可分离变量方程，从而求出其通解。本节中对于非齐次线性方程 $\dfrac{\mathrm{d}y}{\mathrm{d}x} + P(x)y = Q(x)$，通过解对应的齐次方程找到变量代换 $y = C(x)\,\mathrm{e}^{-\int P(x)\mathrm{d}x}$，从而求出非齐次线性方程的通解。因此，利用变量代换（因变量的变量代换或自变量的变量代换）把一个微分方程化为变量可分离的方程，或化为已知其求解步骤的方程，这是解微分方程最常用的方法——**变量代换法**。

例 4　解方程 $\dfrac{\mathrm{d}y}{\mathrm{d}x} = \tan^2(x+y)$。

解　该方程为一阶非线性方程，而方程右端是 $(x+y)$ 的函数，把它看作一个整体，可用变量代换来求解。令 $u = x + y$，则

$$\frac{\mathrm{d}u}{\mathrm{d}x} = 1 + \frac{\mathrm{d}y}{\mathrm{d}x}$$

原方程化为

$$\frac{\mathrm{d}u}{\mathrm{d}x} - 1 = \tan^2 u\,,\ \text{即} \frac{\mathrm{d}u}{\mathrm{d}x} = \tan^2 u + 1$$

分离变量可得

$$\frac{1}{\sec^2 u}\mathrm{d}u = \mathrm{d}x\,,\ \text{即} \cos^2 u\mathrm{d}u = \mathrm{d}x\,,\ \left(\sec^2 x = \frac{1}{\cos^2} = 1 + \tan^2 x\right)$$

两端积分，便得

$$x + C_1 = \int \cos^2 u\mathrm{d}u = \frac{1}{2}\int 1 + \cos 2u\mathrm{d}u = \frac{1}{2}\left(u + \frac{1}{2}\sin 2u\right)$$

从而可得

$$2u + \sin 2u - 4x - 4C_1 = 0$$

以 $u = x + y$ 代入上式，可得方程的通解：

$$\sin 2(x+y) + 2y - 2x + C = 0\ (C = -4C_1)$$

一般地，对于微分方程

$$\frac{\mathrm{d}y}{\mathrm{d}x} = f(ax + by + c)\ (b \neq 0)$$

该方程左端仅是未知函数的导数，而右端是一次函数 $(ax + by + c)$ 为中间变量的函数，把它看作一个整体，令 $u = ax + by + c$，则有

$$\frac{\mathrm{d}u}{\mathrm{d}x} = a + b\frac{\mathrm{d}y}{\mathrm{d}x}\,,\ \text{即} \frac{\mathrm{d}y}{\mathrm{d}x} = \frac{1}{b}\frac{\mathrm{d}u}{\mathrm{d}x} - \frac{a}{b}\ (b \neq 0)$$

原方程化为

$$\frac{1}{b}\frac{\mathrm{d}u}{\mathrm{d}x} - \frac{a}{b} = f(u)\,,\ \text{即} \frac{\mathrm{d}u}{\mathrm{d}x} = bf(u) + a$$

该方程是可分离变量方程，能求出解，从而求出原方程的解。

例 5　如图 7-3 所示,由电源 E、电感 L 和电阻 R 组成一个电路,电源电动势为 $E = E_m\sin\omega t$ (E_m、ω 都是常数),电阻 R 和电感 L 都是常数. 求电流强度 $i(t)$.

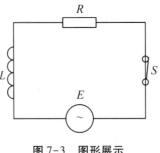

图 7-3　图形展示

解　由电学知道,当电流变化时,电感 L 上有感应电动势 $-L\dfrac{\mathrm{d}i}{\mathrm{d}t}$. 由回路电压定律得出

$$E-L\frac{\mathrm{d}i}{\mathrm{d}t}-iR=0,\ \text{即}\ \frac{\mathrm{d}i}{\mathrm{d}t}+\frac{R}{L}i=\frac{E}{L}$$

把 $E=E_m\sin\omega t$ 代入上式,可得电流强度 $i(t)$ 满足的方程:

$$\frac{\mathrm{d}i}{\mathrm{d}t}+\frac{R}{L}i=\frac{E_m}{L}\sin\omega t$$

此外设开关闭合的时刻为 $t=0$,此时 $i(t)$ 还应该满足初始条件为 $i\big|_{t=0}=0$.

我们得到的方程是非齐次线性方程. 可以先求出对应齐次方程的通解,再用常数变易法求非齐次方程的通解. 然而也可以直接应用通解公式 (7-35) 来求解. 将 $P(t)=\dfrac{R}{L}$,

$Q(t)=\dfrac{E_m}{L}\sin\omega t$,代入公式 (7-35),可得

$$i(t)=\mathrm{e}^{-\int P(x)\mathrm{d}x}\left[\int Q(x)\mathrm{e}^{\int P(x)\mathrm{d}x}\mathrm{d}x+C\right]=\mathrm{e}^{-\frac{R}{L}t}\left(\frac{E_m}{L}\int\mathrm{e}^{\frac{R}{L}t}\sin\omega t\mathrm{d}t+C\right)$$

应用第四章第三节分部积分法 (利用公式 $\int u\mathrm{d}v=uv-\int v\mathrm{d}u$,先积 $\sin\omega t$ 两次,两次利用分部积分公式,产生循环就能求出解),可得

$$\int\mathrm{e}^{\frac{R}{L}t}\sin\omega t\mathrm{d}t=\frac{\mathrm{e}^{\frac{R}{L}t}}{R^2+\omega^2L^2}(RL\sin\omega t-\omega L^2\cos\omega t)$$

代入前式并化简,得到通解

$$i(t)=\frac{E_m}{R^2+\omega^2L^2}(R\sin\omega t-\omega L\cos\omega t)+C\mathrm{e}^{-\frac{R}{L}t}$$

其中 C 为任意常数.

将初始条件 $i\big|_{t=0}=0$ 代入通解,得 $C=\dfrac{\omega LE_m}{R^2+\omega^2L^2}$,因而所求函数 $i(t)$ 为

$$i(t)=\frac{\omega LE_m}{R^2+\omega^2L^2}\mathrm{e}^{-\frac{R}{L}t}+\frac{E_m}{R^2+\omega^2L^2}(R\sin\omega t-\omega L\cos\omega t)$$

微分方程

$$\frac{\mathrm{d}y}{\mathrm{d}x}+P(x)y=Q(x)y^n(n\neq0,1) \tag{7-36}$$

叫作**伯努利方程**. 当 $n=0,1$ 时, 这是线性微分方程. 当 $n\neq0,1$ 时, 这个方程不是线性方程.

下列方程是否为伯努利方程?

(1) $\dfrac{\mathrm{d}y}{\mathrm{d}x}+\dfrac{1}{3}y=\dfrac{1}{3}(1-2x)y^4$ 是伯努利方程.

(2) $\dfrac{\mathrm{d}y}{\mathrm{d}x}=y+xy^5$, 即 $\dfrac{\mathrm{d}y}{\mathrm{d}x}-y=xy^5$, 是伯努利方程.

(3) $y'=\dfrac{x}{y}+\dfrac{y}{x}$, 即 $y'-\dfrac{1}{x}y=xy^{-1}$, 是伯努利方程.

(4) $\dfrac{\mathrm{d}y}{\mathrm{d}x}-2xy=4x$ 是线性非齐次方程, 不是伯努利方程.

我们可以通过变量代换, 将伯努利方程化为线性方程. 以 y^n 除以方程的两边, 便得

$$y^{-n}\frac{\mathrm{d}y}{\mathrm{d}x}+P(x)y^{1-n}=Q(x) \tag{7-37}$$

上式左端第一项与 $\dfrac{\mathrm{d}}{\mathrm{d}x}(y^{1-n})$ 只差一个常数因子 $(1-n)$, 因而引入新的因变量 $u=y^{1-n}$, 则有

$$\frac{\mathrm{d}u}{\mathrm{d}x}=(1-n)y^{-n}\frac{\mathrm{d}y}{\mathrm{d}x}$$

方程 (7-37) 的两端乘以 $(1-n)$, 得

$$(1-n)y^{-n}\frac{\mathrm{d}y}{\mathrm{d}x}+(1-n)P(x)y^{1-n}=(1-n)Q(x)$$

再通过上述代换, 可得线性方程

$$\frac{\mathrm{d}u}{\mathrm{d}x}+(1-n)P(x)u=(1-n)Q(x)$$

这是一个一阶非齐次线性方程, 求出这个方程的通解后, 做 $u=y^{1-n}$ 代换, 可得伯努利方程 (7-36) 的解.

例 6 求方程 $\dfrac{\mathrm{d}y}{\mathrm{d}x}+\dfrac{y}{x}=4y^2\ln^3x$ 的通解.

解 以 y^2 除以方程的两端, 可得

$$y^{-2}\frac{\mathrm{d}y}{\mathrm{d}x}+\frac{1}{x}y^{-1}=4\ln^3x, \quad 即 -\frac{\mathrm{d}(y^{-1})}{\mathrm{d}x}+\frac{1}{x}y^{-1}=4\ln^3x$$

令 $u=y^{-1}$, 则上述方程成为

$$\frac{\mathrm{d}u}{\mathrm{d}x}-\frac{1}{x}u=-4\ln^3x$$

这是一个线性方程. 将 $P(x)=-\dfrac{1}{x}$，$Q(x)=-4\ln^3 x$，代入公式(7-35)，它的通解为

$$u=\mathrm{e}^{-\int-\frac{1}{x}\mathrm{d}x}\left(\int-4\ln^3 x\,\mathrm{e}^{\int-\frac{1}{x}\mathrm{d}x}+C\right)，\text{即 } u=x(C-\ln^4 x)$$

作代换 $u=y^{-1}$，得所求方程的通解为

$$yx(C-\ln^4 x)=1$$

变量代换是求解微分方程一种常用的方法.某些方程经过变量代换可以化为变量可分离的方程,或化为一阶线性方程,或化为已知其求解方法的方程.

习题 7-3

(1) $y'+y=3x$；

(2) $xy'+4y=6x^2+10x$；

(3) $\dfrac{\mathrm{d}s}{\mathrm{d}t}-3s=\mathrm{e}^t$；

(4) $(x^2-1)y'+2xy=\sin 2x$；

(5) $y'+y=x\mathrm{e}^x$；

(6) $y'+y\tan x-\sin 2x=0$；

(7) $(4-x^2)y'-2xy-(2x-1)^{\frac{3}{2}}=0$；

(8) $(y^3+3x)y'-y=0$；

(9) $(y^2+1)\mathrm{d}x+y(2x-y)\mathrm{d}y=0$；

(10) $y\ln y\,\mathrm{d}x+(x-\ln y)\mathrm{d}y=0$.

2.求下列微分方程满足初始条件的特解.

(1) $y'+6y=4,\ y\big|_{x=0}=3$；

(2) $y'+\dfrac{2y}{x}+\dfrac{\cos x}{x}=0,\ y\big|_{x=\pi}=1$；

(3) $y'-y\cot x=\mathrm{e}^x,\ y\big|_{x=\frac{\pi}{2}}=0$；

(4) $(2x+3)y'+(2x+5)y=x^2+7x,\ y\big|_{x=0}=1$；

(5) $(y+1)\mathrm{d}x-xy+y^2\mathrm{d}y=0,\ y\big|_{x=0}=0$.

3.设有一条经过点 $(1,2)$ 的曲线,其上任一点 (x,y) 处的切线斜率等于 $x-2xy$,求曲线的方程.

4.已知连续函数 $y=f(x)$ 满足等式 $f(x)=2\displaystyle\int_0^x tf(t)\,\mathrm{d}t+x^2$,求 $f(x)$.

5.用适当的变量代换求下列微分方程的通解.

(1) $y'=(2x+y)^2-1$；

(2) $y'=\dfrac{1}{3x-y}+3$；

(3) $y'=\cos(x+y+1)$；

(4) $xy'+y=y(\ln x+\ln y)$；

(5) $y'\cos y=(1+\cos x)\sin y$；

(6) $(2xy-y^2)\mathrm{d}x+(x^2-2xy)\mathrm{d}y=0$.

6.设一条经过点 $(2,1)$ 位于 xOy 平面的第一象限的曲线 L，L 上任意一点 $M(x,y)$ 处的切线与 y 轴相交于 N 点,且 $|ON|=|OM|$,求曲线 L 的方程.

*7.求下列伯努力方程的通解.

(1) $y'-y=(x+1)y^3$；

(2) $y'+\dfrac{1}{2}y=x\mathrm{e}^x y^4$；

(3) $y'+2xy=xy^2$；

(4) $y\mathrm{d}x=x(1+x\ln y)\mathrm{d}y$.

高等数学 上册

·284·

第四节　可降阶的高阶微分方程

从本节开始,我们讨论二阶及二阶以上的微分方程,即所谓的高阶微分方程.有些高阶微分方程可以通过变量代换,将它化为低阶的方程来求解.对于二阶方程

$$y'' = f(x, y, y') \tag{7-38}$$

而言,有些方程如果利用变量代换把它从二阶降至一阶,那么就有可能应用前面二节中所讲的方法来求出它的解了.下面介绍三种易降阶的高阶微分方程的求解方法.

一、$y^{(n)} = f(x)$ 型的微分方程

微分方程

$$y^{(n)} = f(x) \quad (n \in N, n \geqslant 2) \tag{7-39}$$

的左端是未知函数的高阶导数,右端是不含因变量及导数仅含有自变量的函数. 我们容易知道:只要把 $y^{(n-1)}$ 作为新的未知函数,那么方程(7-39)就是新未知函数的一阶微分方程,即做变换 $z = y^{(n-1)}$,代入方程(7-39),可得

$$z' = [y^{(n-1)}]' = y^{(n)} = f(x)$$

将上式两边积分,就得到一个 $n-1$ 阶的微分方程

$$z = y^{(n-1)} = \int f(x) \, dx + C_1$$

类似可得

$$y^{(n-2)} = \int \left[\int f(x) \, dx + C_1 \right] dx + C_2$$

依次进行下去,接连积分 n 次,便得方程(7-39)的含有 n 个任意常数的通解.

例 1　求微分方程 $y'' = \sin 5x + 2$ 的通解.

解　对所给方程连续积分二次,可得

$$y' = \int \sin 5x + 2 \, dx = \frac{1}{5} \int \sin 5x \, d(5x) + \int 2 \, dx = -\frac{1}{5} \cos 5x + 2x + C_1$$

$$y = \int -\frac{1}{5} \cos 5x + 2x + C_1 \, dx = -\frac{1}{25} \int \cos 5x \, d(5x) + \int 2x + C_1 \, dx$$

$$= -\frac{1}{25} \sin 5x + x^2 + C_1 x + C_2$$

这就是所给方程的通解.

例 2　求微分方程 $y'' = \dfrac{1}{\sqrt{1-x^2}}$ 的通解.

解　对所给方程积分,可得

$$y' = \int \frac{1}{\sqrt{1-x^2}} \, dx = \arcsin x + C_1$$

利用第四章第三节的分部积分公式 $\int u \mathrm{d}v = uv - \int v \mathrm{d}u$ 积分，便得

$$y = \int \arcsin x + C_1 \mathrm{d}x = \int \arcsin x \mathrm{d}x + C_1 x = x \arcsin x - \int x (\arcsin x)' \mathrm{d}x + C_1 x$$

$$= x \arcsin x - \int \frac{x \mathrm{d}x}{\sqrt{1-x^2}} + C_1 x = x \arcsin x + \frac{1}{2} \int \frac{\mathrm{d}(1-x^2)}{\sqrt{1-x^2}} + C_1 x$$

$$= x \arcsin x + \sqrt{1-x^2} + C_1 x + C_2$$

这就是所给方程的通解.

二、$y''=f(x,y')$ 型的微分方程

方程

$$y''=f(x,y') \tag{7-40}$$

的左端是未知函数的二阶导数，右端不显含因变量 y 的函数. 该方程的解法：把一阶导数 y' 作为新的因变量，自变量不变，即令 $y'=z(x)$，则 $y''=z'(x)$，代入方程（7-40），可得

$$z'=f(x,z)$$

这是一个关于自变量为 x 和未知函数为 $z(x)$ 的一阶微分方程. 利用前两节的解法，求出其通解

$$z=g(x,C_1)$$

又 $y'=z(x)$，可得 $\dfrac{\mathrm{d}y}{\mathrm{d}x}=g(x,C_1)$. 再积分一次就能得原方程（7-40）的通解为

$$y = \int g(x,C_1) \mathrm{d}x + C_2$$

例3 求微分方程 $(1+x^2)y''=2xy'$ 满足初始条件 $y|_{x=0}=1,y'|_{x=0}=3$ 的特解.

解 所给方程不含未知函数 y，是 $y''=f(x,y')$ 型的. 令 $y'=z(x)$，则 $y''=z'(x)$，代入原方程，则

$$(1+x^2)z'=2xz$$

这是一个关于自变量为 x 和未知函数为 $z(x)$ 的一阶线性齐次微分方程. 分离变量

$$\frac{\mathrm{d}z}{z} = \frac{2x}{1+x^2}\mathrm{d}x$$

两边积分，便得

$$\ln|z| - \ln|C_1| = \int \frac{\mathrm{d}x^2}{1+x^2} = \ln(1+x^2)，即 y' = z(x) = C_1(1+x^2)$$

[可用一阶线性齐次微分方程求解公式 $y = C\mathrm{e}^{-\int P(x)\mathrm{d}x}$，就是非齐次微分方程求解公式中的 $Q(x)=0$]

由 $y'|_{x=0}=3$ 可得 $C_1=3$. 因而

$$\frac{\mathrm{d}y}{\mathrm{d}x}=3(1+x^2)，积分得 y=x^3+3x+C_2$$

由 $y|_{x=0}=1$ 可得，$C_2=1$.原方程特解为 $y=x^3+3x+1$.

例4　求微分方程 $y''=y'+2x-1$ 的通解.

解　所给方程不显含未知函数 y,是 $y''=f(x,y')$ 型的. 令 $y'=z(x)$,则 $y''=z'(x)$,代入原方程,可得

$$z'-z=2x-1$$

它是一个关于自变量为 x 和未知函数为 $z(x)$ 的一阶线性非齐次微分方程. 将 $P(x)=-1$, $Q(x)=2x-1$,代入第三节一阶线性非齐次微分方程的求解公式

$$y=\mathrm{e}^{-\int P(x)\mathrm{d}x}\left[C+\int Q(x)\mathrm{e}^{\int P(x)\mathrm{d}x}\mathrm{d}x\right]$$

再利用分部积分法,可得

$$z(x)=C_1\mathrm{e}^x+\mathrm{e}^x\int(2x-1)\mathrm{e}^{-x}\mathrm{d}x=C_1\mathrm{e}^x-\mathrm{e}^x\int(2x-1)\mathrm{d}\mathrm{e}^{-x}$$

$$=C_1\mathrm{e}^x-\mathrm{e}^x\left[(2x-1)\mathrm{e}^{-x}-\int\mathrm{e}^{-x}\mathrm{d}(2x-1)\right]=C_1\mathrm{e}^x-2x-1$$

即

$$\frac{\mathrm{d}y}{\mathrm{d}x}=C_1\mathrm{e}^x-2x-1,积分得\ y=C_1\mathrm{e}^x-x^2-x+C_2$$

三、$y''=f(y,y')$ 型的微分方程

方程

$$y''=f(y,y') \tag{7-41}$$

的左端是未知函数的二阶导数,右端不显含自变量 x 的函数. 该方程的解法: 把因变量 y 作为新的自变量,y' 为新的因变量,即令 $y'=p(y)$,根据第二章第二节复合函数求导法,则有

$$y''=\frac{\mathrm{d}}{\mathrm{d}x}[y'(x)]=\frac{\mathrm{d}p(y)}{\mathrm{d}x}=\frac{\mathrm{d}p}{\mathrm{d}y}\cdot\frac{\mathrm{d}y}{\mathrm{d}x}=p\frac{\mathrm{d}p}{\mathrm{d}y}$$

于是,方程(7-41)就转化为

$$p\frac{\mathrm{d}p}{\mathrm{d}y}=f(y,p)$$

这是关于自变量为 y 和因变量为 $p(y)$ 的一阶微分方程,如能求出其解 $p=g(y,C_1)$,又 $y'=p(y)$,可得

$$\frac{\mathrm{d}y}{\mathrm{d}x}=g(y,C_1)$$

再对其积分一次,便得原方程(7-41)的通解为

$$\int\frac{\mathrm{d}y}{g(y,C_1)}=x+C_2$$

例5　求微分方程 $y^3y''-2y'^3=0$ 的通解.

解　设 $y'=p(y)$,则 $y''=\frac{\mathrm{d}p(y)}{\mathrm{d}x}=\frac{\mathrm{d}p}{\mathrm{d}y}\cdot\frac{\mathrm{d}y}{\mathrm{d}x}=p\frac{\mathrm{d}p}{\mathrm{d}y}$. 代入原方程,可得

$$py^3\frac{\mathrm{d}p}{\mathrm{d}y}-2p^3=0$$

它是一个关于自变量为 y 和因变量为 $p(y)$ 的分离变量方程. 在 $y \neq 0, p \neq 0$ 时, 约去 p 并分离变量, 有

$$\frac{\mathrm{d}p}{p^2} = \frac{2\mathrm{d}y}{y^3}$$

两边积分, 可得 $-\dfrac{1}{p} = -\dfrac{1}{y^2} + C_1$. 由 $\dfrac{\mathrm{d}y}{\mathrm{d}x} = p$ 代入前一式, 可得

$$\frac{\mathrm{d}x}{\mathrm{d}y} = \frac{1}{y^2} - C_1, \quad \text{即} \quad \mathrm{d}x = \left(\frac{1}{y^2} - C_1\right)\mathrm{d}y$$

两边再积分, 可得原方程通解:

$$x + C_2 = -\frac{1}{y} - C_1 y, \quad \text{即} \quad C_1 y^2 + (x + C_2)y + 1 = 0$$

例 6 求微分方程 $y'' - \mathrm{e}^{2y} = 0$ 满足初始条件 $y|_{x=0} = y'|_{x=0} = 0$ 的特解.

解 设 $y' = p(y)$, 则 $y'' = \dfrac{\mathrm{d}p(y)}{\mathrm{d}x} = \dfrac{\mathrm{d}p}{\mathrm{d}y} \cdot \dfrac{\mathrm{d}y}{\mathrm{d}x} = p\dfrac{\mathrm{d}p}{\mathrm{d}y}$. 代入方程

$$p\frac{\mathrm{d}p}{\mathrm{d}y} - \mathrm{e}^{2y} = 0, \quad \text{即} \quad p\mathrm{d}p = \mathrm{e}^{2y}\mathrm{d}y$$

两边积分, 可得

$$\frac{1}{2}p^2 = \frac{1}{2}\mathrm{e}^{2y} + C_1$$

将初始条件 $y|_{x=0} = y'|_{x=0} = 0$, 代入上式可得 $C_1 = -\dfrac{1}{2}$, 由此可得

$$p^2 = \mathrm{e}^{2y} - 1, \quad p = \pm\sqrt{\mathrm{e}^{2y} - 1}$$

由于 $y'' = \mathrm{e}^{2y} > 0$, $y' = p(y)$ 为增函数, 又 $y|_{x=0} = y'|_{x=0} = 0$, 当 $y > 0$ 时, 有 $y' \geq 0$. 故

$$y' = p(y) = \sqrt{\mathrm{e}^{2y} - 1}$$

当 $y < 0$ 时, 有 $y' \leq 0$, 而 $p^2 = \mathrm{e}^{2y} - 1 < 0$, 矛盾. 因此, 当 $y > 0$ 时, 有 $p = \sqrt{\mathrm{e}^{2y} - 1}$, 即

$$\frac{\mathrm{d}y}{\sqrt{\mathrm{e}^{2y} - 1}} = \mathrm{d}x$$

积分便得

$$x + C_2 = \int \frac{\mathrm{d}y}{\sqrt{\mathrm{e}^{2y} - 1}} = \int \frac{\mathrm{d}y}{\mathrm{e}^y\sqrt{1 - \mathrm{e}^{-2y}}} = -\int \frac{\mathrm{d}\mathrm{e}^{-y}}{\sqrt{1 - (\mathrm{e}^{-y})^2}} = -\arcsin\mathrm{e}^{-y}$$

将初始条件 $y|_{x=0} = 0$, 代入上式可得 $C_2 = -\dfrac{\pi}{2}$, 因而 $x - \dfrac{\pi}{2} = -\arcsin\mathrm{e}^{-y}$, 即

$$\sin\left(\frac{\pi}{2} - x\right) = \sin\arcsin\mathrm{e}^{-y} = \mathrm{e}^{-y}, \quad \text{即} \quad \mathrm{e}^y = \sec x$$

故所求微分方程的特解为 $y = \ln\sec x$.

例 7 一个离地面较高的物体, 受地球引力作用由静止开始下落. 求物体落到地面时的速度.

解 取地球的中心为原点, 联结地球中心与该物体的直线为 x 轴, 其方向铅直向上, 如图 7-4 所示. 设地球的半径与质量分别为 R 与 M, 物体的质量为 m, 开始下落时物体与

地球中心的距离为 $l(l>R)$，在时刻 t 物体所在位置为 $x(t)$，速度为 $v(t)=\dfrac{\mathrm{d}x}{\mathrm{d}t}$. 根据万有引力定律，可得微分方程

$$m\frac{\mathrm{d}^2x}{\mathrm{d}t^2}=-\frac{GmM}{x^2}$$

即

$$\frac{\mathrm{d}^2x}{\mathrm{d}t^2}=-\frac{GM}{x^2}\qquad(7\text{-}42)$$

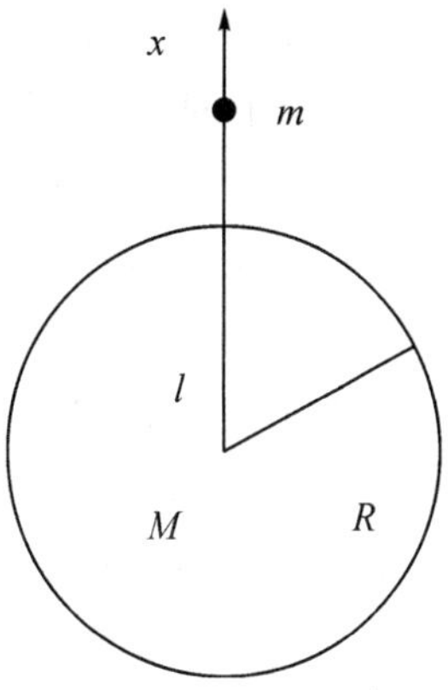

图 7-4　图形展示

其中，G 为引力常数. 因为当 $x=R$ 时，$\dfrac{\mathrm{d}^2x}{\mathrm{d}t^2}=-g$，这里负号是由于

物体运动加速度的方向与 x 轴的正向相反，所以 $g=\dfrac{GM}{R^2}$，即

$GM=gR^2.$ 于是方程(7-42)化为

$$\frac{\mathrm{d}^2x}{\mathrm{d}t^2}=-\frac{gR^2}{x^2}\qquad(7\text{-}43)$$

初始条件 $x\big|_{t=0}=l,x'\big|_{t=0}=0.$

方程(7-43)不显含自变量 t，且 $v(t)=\dfrac{\mathrm{d}x}{\mathrm{d}t}$，可得

$$\frac{\mathrm{d}^2x}{\mathrm{d}t^2}=\frac{\mathrm{d}v}{\mathrm{d}t}=\frac{\mathrm{d}v}{\mathrm{d}x}\cdot\frac{\mathrm{d}x}{\mathrm{d}t}=v\frac{\mathrm{d}v}{\mathrm{d}x}$$

代入方程(7-43)并分离变量，可得

$$v\mathrm{d}v=-\frac{gR^2}{x^2}\mathrm{d}x,\text{即 } v^2=\frac{2gR^2}{x}+C$$

代入初始条件，得 $C=-\dfrac{2gR^2}{l}.$ 于是有

$$v^2=2gR^2\left(\frac{1}{x}-\frac{1}{l}\right),v=-R\sqrt{2g\left(\frac{1}{x}-\frac{1}{l}\right)}$$

这里负号是由于物体运动速度的方向与 x 轴的正向相反. 在上式中令 $x=R$，就得到物体到达地面时的速度为

$$v=-\sqrt{\frac{2gR(l-R)}{l}}$$

习题 7-4

1.求下列微分方程的通解.

(1) $y'''=3x^2+\sin x$；

(2) $y''=x\mathrm{e}^x$；

(3) $y''=\dfrac{x}{\sqrt{1-x^2}}$；

(4) $y''=2y'+3x$；

(5) $y''=\dfrac{2x+x^2}{x^2}y'$；

(6) $y''=1+y'^2$；

(7) $xy''=2y'+3x^3\cos x$；

(8) $yy''=y'^2$；

(9) $y''=\dfrac{y'}{\sqrt{y}}$；

$(10)\ y''=y'^3+y';$ $(11)\ y''=y.$

2.求下列微分方程满足初始条件的特解.

$(1)\ y'''=8e^{2x+3},\ y\big|_{x=0}=y'\big|_{x=0}=y''\big|_{x=0}=0;$ $(2)\ y''-2y'^2=0,\ y\big|_{x=0}=y'\big|_{x=0}=1;$

$(3)\ (x+1)y''-y'=3x^2+6x+2,\ y\big|_{x=0}=y'\big|_{x=0}=0;$ $(4)\ y''-y=0,\ y\big|_{x=0}=0,\ y'\big|_{x=0}=1;$

$(5)\ y''=2e^{4y},\ y\big|_{x=0}=0,\ y'\big|_{x=0}=-1;$ $(6)\ y''+y'\sin y=0,\ y\big|_{x=0}=0,\ y'\big|_{x=0}=1.$

3.求 $y''=3x^2+2x$ 的经过点 $(0,2)$ 且在此点与直线 $y=x+2$ 相切的积分曲线.

4.设有一个质量为 m 的物体在空中由静止开始下落,如果空气阻力 $f=kv$(其中 k 为常数,v 为物体运动速度),试求物体下落的距离 s 与时间 t 的函数关系.

5.一个质量为 m 的流星,开始下落时与地球的中心距离为 l.假设流星下落时质量保持不变,地球的半径为 R,求流星从静止落到地面的时间.

第五节　高阶线性微分方程

本节给出线性微分方程解的结构定理——叠加原理.第五节、第六节,我们将学习高阶线性微分方程的解法,主要讨论二阶常系数线性微分方程求解方法.

一、二阶线性微分方程举例

例1　设有一根弹簧,将其上端固定,在其下端挂一个质量为 m 的物体(见图7-5).当物体处于静止状态时,作用在物体上的重力与弹性力大小相等、方向相反,这个位置就是物体的平衡位置.取物体的平衡位置为坐标原点,铅直向下为 x 轴的正方向.假定给物体一个初始速度 $v_0\neq0$ 后,物体就在平衡位置附近作上下振动.求物体的位置函数 $x(t)$.

解　物体受到了重力与弹力的作用.弹簧使物体回到平衡位置的弹性恢复力 F 为弹力减去重力.根据力学原理,恢复力 F 与物体离开平衡位置的位移 x 成正比:

$$F=-cx$$

其中 c 为弹簧的劲度系数,负号表示弹性恢复力 F 与物体的位移 x 的方向相反.

此外,物体在运动过程中受到阻尼介质(空气与油等)的阻力 f 作用,使得振动越来越弱,逐渐趋向停止.假设阻力 f 的大小与速度成正比,比例系数为 μ,则有

$$f=-\mu\frac{dx}{dt}$$

由牛顿第二定律,可得

$$m\frac{d^2x}{dt^2}=F+f,\ 即\ m\frac{d^2x}{dt^2}=-cx-\mu\frac{dx}{dt}$$

整理,并记 $2n=\dfrac{\mu}{m},\ k^2=\dfrac{c}{m}$,上式化简为

$$\frac{d^2x}{dt^2}+2n\frac{dx}{dt}+k^2x=0 \tag{7-44}$$

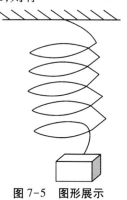

图7-5　图形展示

初始条件 $x\big|_{t=0}=x_0, x'\big|_{t=0}=v_0$. 这就是在有阻尼的情况下, 物体自由振动的微分方程.

方程(7-44)具有的形式, 即

$$\frac{\mathrm{d}^2 y}{\mathrm{d}x^2}+P(x)\frac{\mathrm{d}y}{\mathrm{d}x}+Q(x)y=f(x) \tag{7-45}$$

我们把形如方程(7-45)的微分方程叫作**二阶线性微分方程**, 该方程的左端是未知函数及各阶导数 y,y',y'' 与它们的系数之和, 它们的指数均为1, 系数与自由项 $f(x)$ 只是自变量 x 的函数, 不含未知函数 y 及导数 y'. 当方程右端的 $f(x)=0$ 时, 方程叫作**二阶齐次微分方程**, 当 $f(x)\neq 0$ 时, 方程叫作**二阶非齐次微分方程**.

类似地, 形如

$$y^{(n)}+a_1(x)y^{(n-1)}+\cdots+a_{n-1}(x)y'+a_n(x)y=f(x)$$

的微分方程叫作 **n 阶线性微分方程**, 其特点是方程的左端为未知函数及各阶导数 y, $y',\cdots,y^{(n)}$ 与它们的系数之和, 它们的指数均为1, 系数与右端的自由项 $f(x)$ 只是自变量 x 的函数, 不含未知函数及低阶导数.

二、线性微分方程解的结构

由第一章第一节我们可以知道, 两个函数有相同与不相同之分. 为了讨论多个函数之间的关系, 引入函数的线性相关与线性无关的概念. 为了便于理解, 给出线性运算的概念: 实数与函数之积及函数的加、减法称为**函数的线性运算**.

设 $y_1(x),y_2(x),\cdots,y_n(x)$ 是定义在区间 I 内的 n 个函数. 若存在 n 个不全为零的常数 $k_1,k_2,\cdots,k_n$, 使得对于区间内的任一 x, 恒有

$$k_1 y_1(x)+k_2 y_2(x)+\cdots+k_n y_n(x)\equiv 0 (恒等式)$$

成立, 则称这 n 个函数在区间 I 内**线性相关**; 否则**线性无关**. 也就是说, 对于区间 I 内的任一 x, 只有当常数 $k_1=k_2=\cdots=k_n=0$ 时, 恒等式

$$k_1 y_1(x)+k_2 y_2(x)+\cdots+k_n y_n(x)\equiv 0$$

才成立, 称这 n 个函数在区间 I 内**线性无关**.

函数 $y_1(x),y_2(x),\cdots,y_n(x)$ 线性相关就是指这些函数分别乘以某一常数后可以使它们的和恒为零, 即这些函数至少存在一种线性运算, 其结果为零; 线性无关就是指这些函数分别乘以任何常数后它们的和都不为零, 即这些函数的任何线性运算都不能为零.

例如, 若 $y_1(x),y_2(x),y_3(x)$ 线性相关, 则存在 3 个不全为零的常数 k_1,k_2,k_3, 使得对于区间 I 内的任一 x, 恒有

$$k_1 y_1(x)+k_2 y_2(x)+k_3 y_3(x)\equiv 0$$

不妨设 $k_1\neq 0$, 有 $y_1(x)=-\dfrac{1}{k_1}[k_2 y_2(x)+k_3 y_3(x)]$. 也就是说, $y_1(x)$ 可以用其余两个函数的线性运算来表示.

例如, $1,\sin^2 x,\cos^2 x$ 在整个实数域上是线性相关的. 取 $k_1=1,k_2=k_3=-1$, 就存在恒等式

$$1-\sin^2 x-\cos^2 x=0$$

函数 $1,\cot^2 x,\csc^2 x$ 在 $x\neq n\pi, n\in Z$ 上是线性相关的. 因为

$$1+\cot^2 x = \frac{\sin^2 x + \cos^2 x}{\sin^2 x} = \csc^2 x, \text{即 } 1+\cot^2 x - \csc^2 x = 0$$

这里取 $k_1 = k_2 = 1, k_3 = -1$ 就行了.

又如,函数 $1, x, x^2$ 在整个实数域上是线性无关的. 假设恒等式

$$k_1 + k_2 x + k_3 x^2 = 0$$

成立. 如果 k_1, k_2, k_3 不全为零,那么在该区间内至多有两个 x 的值能使上面多项式为零,这是因为一元二次方程至多有两个解,不符合恒等式的要求. 同时根据中学恒等式的意义,要使该恒等式成立, k_1, k_2, k_3 必须全为零,因为 $k_1 + k_2 x + k_3 x^2 = 0 + 0x + 0x^2$.

我们容易知道,若两个函数 $y_1(x), y_2(x)$ 线性相关,则存在不全为零的常数 k_1, k_2,不妨设 $k_1 \neq 0$,使得对于区间 I 内的任一 x,恒有 $k_1 y_1(x) + k_2 y_2(x) = 0$,即

$$\frac{y_1(x)}{y_2(x)} = \frac{k_2}{k_1} (\text{为常值函数})$$

反之亦然. 因此,两个函数 $y_1(x), y_2(x)$ 线性相关的充分必要条件是 $\dfrac{y_1(x)}{y_2(x)}$ 在区间 I 内恒为常值函数;若 $\dfrac{y_1(x)}{y_2(x)}$ 是变量 x 的非常值函数,则 $y_1(x), y_2(x)$ 在区间 I 内线性无关. 由此可知,两个函数线性相关,它们相差一个倍数.例如,函数 $2x, 7x$ 线性相关,而 $1, 3x$ 线性无关.

下面,我们讨论高阶线性微分方程解的性质.

二阶齐次线性微分方程

$$y'' + P(x)y' + Q(x)y = 0 \tag{7-46}$$

定理 1(齐次线性方程解的叠加原理) 若 $y_1(x), y_2(x)$ 是齐次线性方程(7-46)的两个解,则

$$y = C_1 y_1(x) + C_2 y_2(x) \tag{7-47}$$

也是方程(7-46)的解,其中 C_1, C_2 是任意常数. 且当 $y_1(x)$ 与 $y_2(x)$ 线性无关时,式(7-47)就是方程(7-46)的通解.

证 因为 $y_1(x), y_2(x)$ 都是方程(7-46)的解,所以它们满足方程,即

$$y_1''(x) + P(x)y_1'(x) + Q(x)y_1(x) = 0, y_2''(x) + P(x)y_2'(x) + Q(x)y_2(x) = 0$$

将 $y = C_1 y_1(x) + C_2 y_2(x)$ 及一、二阶导数直接代入方程(7-46)的左端,得

$$y'' + P(x)y' + Q(x)y$$
$$= [C_1 y_1(x) + C_2 y_2(x)]'' + P(x)[C_1 y_1(x) + C_2 y_2(x)]' + Q(x)[C_1 y_1(x) + C_2 y_2(x)]$$
$$= C_1 y_1''(x) + C_2 y_2''(x) + P(x)[C_1 y_1'(x) + C_2 y_2'(x)] + Q(x)[C_1 y_1(x) + C_2 y_2(x)]$$
$$= C_1 [y_1''(x) + P(x)y_1'(x) + Q(x)y_1(x)] + C_2 [y_2''(x) + P(x)y_2'(x) + Q(x)y_2(x)]$$
$$= C_1 \cdot 0 + C_2 \cdot 0 = 0$$

因而函数 $y = C_1 y_1(x) + C_2 y_2(x)$ 满足方程(7-46),是它的解.

由于 $y_1(x), y_2(x)$ 线性无关,它们的比值是非常值函数,没有倍数关系,式(7-47)中任意常数 C_1, C_2 也就没有倍数关系(线性无关),不能合并,是两个独立的任意常数,即解 $y = C_1 y_1(x) + C_2 y_2(x)$ 中所含独立的任意常数的个数与方程(7-46)的阶数相同,因而式(7-47)是方程(7-46)的通解.

定理 1 中式(7-47)从形式上看含有两个任意常数 C_1, C_2,但它不一定是方程(7-46)

的通解. 如 $y_1(x)$ 是方程(7-46)的一个解,则 $y_2(x) = 5y_1(x)$ 也是它的一个解. 此时

$$y = C_1 y_1(x) + 5C_2 y_1(x) = [C_1 + 5C_2] y_1(x)$$

令 $C = C_1 + 5C_2$,有 $y = Cy_1(x)$,这显然不是方程(7-46)的通解. 只有当 $y_1(x)$ 与 $y_2(x)$ 线性无关时,$y = C_1 y_1(x) + C_2 y_2(x)$ 才是方程(7-46)的通解.

例如,容易验证 $y_1(x) = e^{-x}$,$y_2(x) = e^{-2x}$ 是二阶线性微分方程 $y'' + 3y' + 2y = 0[P(x) = 3$,$Q(x) = 2]$ 的两个解,且 $\dfrac{y_1(x)}{y_2(x)} = \dfrac{e^{-x}}{e^{-2x}} = e^x$ 不是常值函数,即它们线性无关. 于是该方程的通解为 $y = C_1 e^{-x} + C_2 e^{-2x}$.

又如,$(x-1)y'' - xy' + y = 0$ 是二阶线性微分方程 $[P(x) = -\dfrac{x}{x-1}, Q(x) = \dfrac{1}{x-1}]$. 容易验证 $y_1(x) = x$,$y_2(x) = e^x$ 是该方程的两个解,且 $\dfrac{y_1(x)}{y_2(x)} = \dfrac{x}{e^x}$ 不等于常数,即它们线性无关. 于是此方程的通解为 $y = C_1 x + C_2 e^x$.

定理 1 可以推广到 n 阶齐次线性方程.

推论 若 $y_1(x), y_2(x), \cdots, y_n(x)$ 是 n 阶齐次线性方程

$$y^{(n)} + a_1(x) y^{(n-1)} + \cdots + a_{n-1}(x) y' + a_n(x) y = 0 \tag{7-48}$$

的 n 个解,则

$$y = C_1 y_1(x) + C_2 y_2(x) + \cdots + C_n y_n(x) \tag{7-49}$$

也是该方程的解,其中 $C_1, C_2, \cdots, C_n$ 是任意常数. 且当 $y_1(x), y_2(x), \cdots, y_n(x)$ 线性无关时,式(7-49)是该方程的通解.

接下来,讨论二阶非齐次线性方程解的结构.

我们称齐次方程

$$y'' + P(x) y' + Q(x) y = 0 \tag{7-50}$$

为非齐次方程 $y'' + P(x) y' + Q(x) y = f(x)$ 对应的齐次方程.

在第三节中我们看到,一阶非齐次线性方程的通解由二部分构成:一部分是对应的齐次线性方程通解,另一部分非齐次线性方程的一个特解. 实际上,不仅一阶非齐次线性方程的通解具有这样的结构,而且二阶及更高阶非齐次线性方程的通解也具有这样的结构.

定理 2(非齐次线性方程解的叠加原理) 设函数 $y^*(x)$ 是二阶非齐次线性方程

$$y'' + P(x) y' + Q(x) y = f(x) [f(x) \neq 0] \tag{7-51}$$

的一个特解,$Y(x)$ 是与方程(7-49)对应的齐次方程(7-50)的通解,则函数

$$y = Y(x) + y^*(x) \tag{7-52}$$

是二阶非齐次线性微分方程(7-50)的通解.

证 因为 $Y(x)$ 是对应的齐次方程(7-50)的通解,所以

$$Y''(x) + P(x) Y'(x) + Q(x) Y(x) = 0 \tag{7-53}$$

又 $y^*(x)$ 是二阶非齐次线性方程(7-51)的特解,则有

$$y^{*''}(x) + P(x) y^{*'}(x) + Q(x) y^* = f(x) \tag{7-54}$$

将式(7-53)与式(7-54)相加,整理可得

$$[Y''(x) + y^{*''}(x)] + P(x)[Y'(x) + y^{*'}(x)] + Q(x)[Y(x) + y^*] = f(x)$$

这个等式表明函数 $y=Y(x)+y^*(x)$ 满足微分方程(7-51),故它是方程(7-51)的解.

又因为对应齐次方程(7-50)的通解 $Y(x)=C_1y_1(x)+C_2y_2(x)$ 中含有两个独立的任意常数,所以 $y=Y(x)+y^*(x)$ 中也含有两个独立的任意常数,故它是该方程的通解.

例如,方程 $y''+3y'+2y=x$ 是二阶非齐次线性微分方程. $Y=C_1\mathrm{e}^{-x}+C_2\mathrm{e}^{-2x}$ 是对应齐次方程 $y''+3y'+2y=0$ 的通解;容易验证 $y^*(x)=\dfrac{1}{4}(2x-3)$ 是所给方程的一个特解. 因此,有

$$y=C_1\mathrm{e}^{-x}+C_2\mathrm{e}^{-2x}+\frac{1}{4}(2x-3)$$

是所给方程的通解.事实上,有

$$y'=-C_1\mathrm{e}^{-x}-2C_2\mathrm{e}^{-2x}+\frac{1}{2},\ y''=C_1\mathrm{e}^{-x}+4C_2\mathrm{e}^{-2x}$$

将 y,y',y'' 代入所给方程 $y''+3y'+2y=x$ 左端,可得

$$C_1\mathrm{e}^{-x}+4C_2\mathrm{e}^{-2x}+3\Big(-C_1\mathrm{e}^{-x}-2C_2\mathrm{e}^{-2x}+\frac{1}{2}\Big)+2\Big[C_1\mathrm{e}^{-x}+C_2\mathrm{e}^{-2x}+\frac{1}{4}(2x-3)\Big]$$

$$=C_1[\mathrm{e}^{-x}-3\mathrm{e}^{-x}+2\mathrm{e}^{-x}]+C_2[4\mathrm{e}^{-2x}-6\mathrm{e}^{-2x}+2\mathrm{e}^{-2x}]+\frac{3}{2}+\frac{1}{2}(2x-3)=x$$

即 $y''+3y'+2y=x$.也就是说,我们已经检验了 y 是所给方程的通解.

非齐次线性方程(7-51)的特解有时可用定理3来帮助求出.

定理3 设非齐次线性微分方程(7-51)的自由项 $f(x)$ 是两个函数之和,即

$$y''+P(x)y'+Q(x)y=f_1(x)+f_2(x) \tag{7-55}$$

且 $y_1^*(x)$ 与 $y_2^*(x)$ 分别是方程

$$y''+P(x)y'+Q(x)y=f_1(x) \text{ 与 } y''+P(x)y'+Q(x)y=f_2(x)$$

的特解,则 $y_1^*(x)+y_2^*(x)$ 就是原方程(7-55)的特解.

证 因为 $y_1^*(x)$ 是方程 $y''+P(x)y'+Q(x)y=f_1(x)$ 的特解,所以

$$y_1^{*\prime\prime}(x)+P(x)y_1^{*\prime}(x)+Q(x)y_1^*=f_1(x)$$

又 $y_2^*(x)$ 是方程 $y''+P(x)y'+Q(x)y=f_2(x)$ 的特解,有

$$y_2^{*\prime\prime}(x)+P(x)y_*^{*\prime}(x)+Q(x)y_2^*=f_2(x)$$

将这两个等式相加,整理可得

$$[y_1^{*\prime\prime}(x)+y_2^{*\prime\prime}(x)]+P(x)[y_1^{*\prime}(x)+y_2^{*\prime}(x)]+Q(x)[y_1^*(x)+y_2^*]=f_1(x)+f_2(x)$$

这个等式表明 $y=y_1^*(x)+y_2^*(x)$ 满足微分方程(7-55),故它是方程(7-55)的解.

这三个定理通常称为线性微分方程解的**叠加原理**.

定理2与定理3同样可以推广到 n 阶非齐次线性方程,这里不再赘述.

*三、常数变易法

在本章第三节中,我们求解一阶非齐次线性方程时用到了常数变易法. 这个方法的特点是:如果 $Cy_1(x)$ 是对应齐次线性方程的通解,那么把通解中的任意常数 C 换成未知函数 $C(x)$,做变换 $y=C(x)y_1(x)$,用它去解非齐次线性方程. 这一方法也适用于解高阶线性方程. 下面就二阶线性方程来做讨论.

如果已知二阶齐次线性方程

$$y'' + P(x)y' + Q(x)y = 0 \qquad (7\text{-}56)$$

的通解为

$$y = C_1 y_1(x) + C_2 y_2(x)$$

那么做常数变易法,即

$$y = v_1(x)y_1(x) + v_2(x)y_2(x) \qquad (7\text{-}57)$$

要确定未知函数 $v_1(x)$ 与 $v_2(x)$,使得式(7-57)所表示的函数满足下面的非齐次线性方程:

$$y'' + P(x)y' + Q(x)y = f(x) \qquad (7\text{-}58)$$

为此,对等式(7-57)求导,得

$$y' = v'_1 y_1 + v'_2 y_2 + v_1 y'_1 + v_2 y'_2$$

由于两个未知函数 $v_1(x)$ 与 $v_2(x)$ 满足式(7-57)所表示的函数满足方程(7-51),还需要一个条件才能算出函数 v_1 与 v_2. 从导函数 y' 的上述表示可看出,为了使得 y'' 表达式中不含 v''_1 与 v''_2,可设

$$v_1'y_1 + v_2'y_2 = 0 \qquad (7\text{-}59)$$

从而可得

$$y' = v_1 y'_1 + v_2 y'_2$$

再求导可得

$$y'' = v'_1 y'_1 + v'_2 y'_2 + v_1 y''_1 + v_2 y''_2$$

把 y, y', y'' 代入方程(7-58),可得

$$v'_1 y'_1 + v'_2 y'_2 + v_1 y''_1 + v_2 y''_2 + P(v_1 y'_1 + v_2 y'_2) + Q(v_1 y_1 + v_2 y_2) = f$$

即

$$v'_1 y'_1 + v'_2 y'_2 + v_1(y''_1 + Py'_1 + Qy_1) + v_2(y''_2 + Py'_2 + Qy_2) = f$$

注意到 y_1 与 y_2 是齐次线性方程 $y'' + P(x)y' + Q(x)y = 0$ 的解,故上式化为

$$v'_1 y'_1 + v'_2 y'_2 = f \qquad (7\text{-}60)$$

联立方程(7-59)与方程(7-60),在系数行列式

$$w = \begin{vmatrix} y_1 & y_2 \\ y'_1 & y'_2 \end{vmatrix} = y_1 y'_2 - y'_1 y_2 \neq 0$$

时,可解得

$$v'_1 = -\frac{y_2 f}{w}, \quad v'_2 = \frac{y_1 f}{w}$$

对上两式积分[假定 $f(x)$ 连续],得

$$v_1 = C_1 - \int \frac{y_2 f}{w} \mathrm{d}x, \quad v_2 = C_2 + \int \frac{y_1 f}{w} \mathrm{d}x$$

于是得到非齐次线性方程(7-51)的通解为

$$y = C_1 y_1 + C_2 y_2 - y_1 \int \frac{y_2 f}{w} \mathrm{d}x + y_2 \int \frac{y_1 f}{w} \mathrm{d}x$$

例 2 已知齐次方程 $x^2 y'' - 3xy' + 4y = 0$ 的通解为 $y = C_1 x^2 + C_2 x^2 \ln x$,求非齐次方程 $x^2 y'' - 3xy' + 4y = x^3$ 的通解.

解 把所给方程变成标准形式 $y''-\dfrac{3}{x}y'+\dfrac{4}{x^2}y=x.$ 令

$$y=v_1x^2+v_2x^2\ln x$$

按照方程组

$$\begin{cases}v'_1y_1+v'_2y_2=0\\ v'_1y'_1+v'_2y'_2=f\end{cases}\text{有}\quad\begin{cases}x^2v'_1+v'_2x^2\ln x=0\\ 2xv'_1+v'_2(2x\ln x+x)=x\end{cases}$$

解得

$$v'_1=-\frac{x^2\ln x}{x^3}\cdot x=-\ln x,\ v'_2=\frac{x^2}{x^3}\cdot x=1$$

积分可得

$$v_1=-\int\ln x\mathrm{d}x=C_1+x-x\ln x,\ v_2=C_2+x$$

于是所求非齐次方程通解为

$$y=C_1x^2+C_2x^2\ln x+x^3$$

此外,若已知二阶齐次线性方程 $y''+P(x)y'+Q(x)y=0$ 的一个不恒为零的解 $y_1(x)$,利用变换 $y=u(x)y_1$,可把非齐次方程(7-51)化为一阶线性方程.

事实上,把

$$y=uy_1,\ y'=u'y_1+uy'_1,\ y''=u''y_1+2u'y'_1+y_1''u$$

代入方程(7-51),得

$$u''y_1+2u'y'_1+y_1''u+P(u'y_1+uy'_1)+Quy_1=f$$

即

$$u''y_1+(2y'_1+Py_1)u'+(y_1''+Py'_1+Qy_1)u=f$$

由于 $y''_1+Py'_1+Qy_1=0$,故上式可化为

$$u''y_1+(2y'_1+Py_1)u'=f$$

令 $u'=z$,把上式化为一阶线性方程

$$z'y_1+(2y'_1+Py_1)z=f \tag{7-61}$$

把非齐次方程(7-51)化为一阶线性方程(7-61)以后,按一阶线性方程的解法求解. 设非齐次方程(7-61)的通解为

$$z=C_2Z(x)+z^*$$

两端积分可得

$$u=C_1+\int C_2Z(x)+z^*\mathrm{d}x\ (\text{积分后不含任意常数})$$

将上式两端乘 $y_1(x)$,得到方程(7-51)的通解

$$y=C_1y_1+y_1\int C_2Z(x)+z^*\mathrm{d}x\ (\text{积分后不含任意常数})$$

上述方法也适用于求齐次方程(7-56)的通解.

例3 已知 $y_1=\mathrm{e}^{2x}$ 为齐次方程 $y''-5y'+6y=0$ 的解,求非齐次方程 $y''-5y'+6y=x\mathrm{e}^{2x}$ 的通解.

解 令 $y=u\mathrm{e}^{2x}$,则有 $y'=\mathrm{e}^{2x}(u'+2u)$,$y''=\mathrm{e}^{2x}(u''+4u'+4u)$,代入非齐次方程,可得

$$\mathrm{e}^{2x}(u''+4u'+4u)-5\mathrm{e}^{2x}(u'+2u)+6u\mathrm{e}^{2x}=x\mathrm{e}^{2x},\text{即}\ u''-u'=x$$

令 $u'=z$，上式变为 $z'-z=x$，利用第三节一阶线性方程求解公式 $\{y=\mathrm{e}^{-\int P(x)\mathrm{d}x}[C+\int Q(x)\mathrm{e}^{\int P(x)\mathrm{d}x}\mathrm{d}x]\}$，可得

$$u'=z=-x-1+C_1\mathrm{e}^x,\ \text{积分}\ u=-\frac{1}{2}x^2-x+C_1\mathrm{e}^x+C_2$$

故所求方程的通解

$$y=\mathrm{e}^{2x}\left(-\frac{1}{2}x^2-x+C_1\mathrm{e}^x+C_2\right)=\mathrm{e}^{2x}\left(-\frac{1}{2}x^2-x+C_2\right)+C_1\mathrm{e}^{3x}$$

习题 7-5

1.指出下列函数组在其定义域上哪些是线性无关的.

(1) $x,5x$；　(2) $\mathrm{e}^{3x},\mathrm{e}^{-2x}$；　(3) $\sin x,\cos x$；　(4) $\mathrm{e}^{3x},x\mathrm{e}^x$；

(5) $\sin 2x,\cos x\sin x$；　(6) $3,\cos^2x,2\sin^2x$；　(7) $1,\tan^2x,\sec^2x$；

(8) $4,x+1,x^2$.

2.验证 $y_1=\cos 2x$ 与 $y_2=\sin 2x$ 都是方程 $y''+4y=0$ 的解,并写出该方程的通解.

3.验证 $y_1=\mathrm{e}^{x^2}$ 与 $y_2=x\mathrm{e}^{x^2}$ 都是方程 $y''-4xy'+(4x^2-2)y=0$ 的解,并写出该方程的通解.

4.验证.

(1) $y=C_1+C_2\mathrm{e}^{4x}$（C_1,C_2 任意常数）是方程 $y''-4y'=0$ 的通解.

(2) $y=\mathrm{e}^{-3x}(C_1\cos 2x+C_2\sin 2x)$（$C_1,C_2$ 任意常数）是方程 $y''+6y'+13y=0$ 的通解.

(3) $y=(C_1+C_2x)\mathrm{e}^{3x}+\dfrac{x^2}{6}(x+3)\mathrm{e}^{3x}$（$C_1,C_2$ 任意常数）是方程 $y''-6y'+9y=(x+1)\mathrm{e}^{3x}$ 的通解.

(4) $y^*=-\dfrac{1}{2}\mathrm{e}^{-x}(\cos x-\sin x)$ 是方程 $y''+3y'+2y=\mathrm{e}^{-x}\cos x$ 的特解.

(5) $y=C_1x^5+\dfrac{C_2}{x}-\dfrac{x^2}{9}\ln x$（$C_1,C_2$ 任意常数）是方程 $x^2y''-3xy'-5y=x^2\ln x$ 的通解.

5.选择题.

(1)设 y_1,y_2 是一阶非齐次线性方程 $y'+P(x)y=Q(x)$ 的两个特解,若存在常数 λ,μ 使 $\lambda y_1+\mu y_2$ 是该方程的解, $\lambda y_1-\mu y_2$ 是该方程对应的齐次方程的解,则（　　）.

A. $\lambda=\dfrac{1}{2},\mu=\dfrac{1}{2}$　　B. $\lambda=-\dfrac{1}{2},\mu=-\dfrac{1}{2}$　　C. $\lambda=\dfrac{2}{3},\mu=\dfrac{1}{3}$　　D. $\lambda=\dfrac{2}{3},\mu=\dfrac{2}{3}$

(2)设 y_1,y_2,y_3 是二阶非齐次线性方程 $y''+P(x)y'+Q(x)y=f(x)$ 的三个线性无关特解, C_1,C_2 是两个任意常数,该非齐次方程的解是（　　）.

A. $(C_1+C_2)y_1+(C_2-C_1)y_2+(1-C_2)y_3$　　B. $C_1y_1+(C_2-C_1)y_2+(1-C_2)y_3$

C. $(C_1+C_2)y_1+(C_2-C_1)y_2+(C_1-C_2)y_3$　　D. $C_1y_1+(C_2-C_1)y_2+(C_1-C_2)y_3$

*6.已知 $y_1=\cos 3x$ 是方程 $y''+9y=0$ 的一个解,求出方程的通解.

*7.已知 $y_1=x$ 是方程 $x^2y''+xy'-y=0$ 的一个解,求出方程的通解.

*8.已知齐次方程 $x^2y''-2xy'+2y=0$ 的通解为 $Y=C_1x+C_2x^2$,求非齐次方程 $x^2y''-2xy'+2y=\ln^2x-2\ln x$ 的通解.

第六节　常系数齐次线性微分方程

一、二阶常系数齐次线性微分方程

在二阶齐次线性微分方程

$$y''+P(x)y'+Q(x)y=0 \tag{7-62}$$

中,如果 y', y 的系数 $P(x)$, $Q(x)$ 均为常数,即式(7-62)成为

$$y''+py'+qy=0 \tag{7-63}$$

其中系数 p, q 是常数,那么称式(7-63)为**二阶常系数齐次线性微分方程**,它表示函数 y, y' 与 y'' 线性相关;如果系数 p, q 不全为常数,那么称式(7-62)为**二阶变系数齐次线性微分方程**.

根据第五节讨论可知,齐次线性方程的解具有叠加原理. 如果能求出方程(7-63)两个线性无关的特解 y_1 与 y_2,那么 $y=C_1y_1(x)+C_2y_2(x)$ 就是该方程的通解.

我们知道,当 r 为常数时,指数函数 $y=e^{rx}$ 和它的各阶导数都只相差一个常数因子,它们两两线性相关.根据指数函数的这个特点,我们猜想二阶常系数齐次线性方程的解为 $y=e^{rx}$ 的形式,看能否找到适当的常数 r,使得 $y=e^{rx}$ 满足微分方程(7-63).

于是,令 $y=e^{rx}$(r 为待定系数)为方程的解,其导数[①]

$$y'=re^{rx}, \quad y''=r^2e^{rx}$$

把 y, y' 和 y'' 代入方程(7-63),可得

$$r^2e^{rx}+pre^{rx}+qe^{rx}=0$$

因为 $e^{rx} \neq 0$,所以有

$$r^2+pr+q=0 \tag{7-64}$$

因此,只要 r 满足代数方程(7-64),函数 $y=e^{rx}$ 就是方程(7-63)的解,我们称方程(7-64)为微分方程(7-63)的**特征方程**,它是一个二次方程,其中 r^2, r 的系数及常数项恰好依次是微分方程中 y'', y' 及 y 的系数. 特征方程(7-64)的根简称为**特征根**.

特征方程的两个根 r_1, r_2 可以用公式

$$r_{1,2}=\frac{-p\pm\sqrt{p^2-4q}}{2}$$

求出. 对判别式分三种情况讨论如下:

（1）当判别式 $\Delta=p^2-4q>0$ 时,特征方程(7-64)有两个不相等的实根 r_1, r_2,即

---

① 当 r 为复数 $a+bi$, x 为是变数时,导数公式 $\dfrac{d}{dx}e^{rx}=re^{rx}$ 仍然成立.事实上,利用欧拉公式

$$e^{(a+bi)x}=e^{ax+bxi}=e^{ax}(\cos bx+i\sin bx)$$

两端求导,便得

$$\frac{d}{dx}e^{(a+bi)x}=ae^{ax}(\cos bx+i\sin bx)+e^{ax}(-b\sin bx+ib\cos bx)=(a+bi)e^{ax}(\cos bx+i\sin bx)=re^{rx}$$

$$r_1 = \frac{-p+\sqrt{p^2-4q}}{2}, r_2 = \frac{-p-\sqrt{p^2-4q}}{2}$$

微分方程(7-63)有两个解 $y_1 = \mathrm{e}^{r_1 x}$, $y_2 = \mathrm{e}^{r_2 x}$, 并且 $r_1 \neq r_2$,

$$\frac{y_1}{y_2} = \frac{\mathrm{e}^{r_1 x}}{\mathrm{e}^{r_2 x}} = \mathrm{e}^{(r_1-r_2)x}$$

不是常数, 这两个解 y_1, y_2 线性无关. 根据本章第五节定理1, 方程有通解为

$$y = C_1 \mathrm{e}^{r_1 x} + C_2 \mathrm{e}^{r_2 x} (C_1, C_2 \text{ 是任意常数}) \tag{7-65}$$

例1 求方程 $y'' + 5y' + 6y = 0$ 的通解.

解 该方程的特征方程为 $r^2 + 5r + 6 = 0$, 有两个不相等的特征根, 即

$$r_1 = -2, r_2 = -3$$

因此, 利用式(7-65)所求方程的通解为 $y = C_1 \mathrm{e}^{-2x} + C_2 \mathrm{e}^{-3x}$.

(2)当判别式 $\Delta = p^2 - 4q = 0$ 时, 特征方程有两个相等的实根 r_1, r_2, 即

$$r_1 = r_2 = \frac{-p}{2}$$

此时, 只能得到方程(7-63)的一个解 $y_1 = \mathrm{e}^{r_1 x}$. 为了得出方程(7-63)的通解, 还需求出另一个与 y_1 线性无关的解 y_2, 要求 $\frac{y_2}{y_1}$ 不是常数. 因而设

$$\frac{y_2}{y_1} = u(x)$$

即 $y_2 = u(x)\mathrm{e}^{r_1 x}$. 下面来求函数 $u(x)$. 对 y_2 求导, 可得

$$y'_2 = u'(x)\mathrm{e}^{r_1 x} + r_1 u(x)\mathrm{e}^{r_1 x} = \mathrm{e}^{r_1 x}(u' + r_1 u)$$

$$y''_2 = r_1 \mathrm{e}^{r_1 x}(u' + r_1 u) + \mathrm{e}^{r_1 x}(u'' + r_1 u') = \mathrm{e}^{r_1 x}(u'' + 2r_1 u' + r_1^2 u)$$

将 y_2, y'_2 与 y''_2 代入方程(7-63), 可得

$$\mathrm{e}^{r_1 x}\left[(u'' + 2r_1 u' + r_1^2 u) + p(u' + r_1 u) + qu\right] = 0$$

除去 $\mathrm{e}^{r_1 x}(\neq 0)$, 合并同类项, 可得

$$u'' + (2r_1 + p)u' + (r_1^2 + pr_1 + q) = 0$$

由于 r_1 是特征方程(7-64)的二重根, 有 $r_1^2 + pr_1 + q = 0$, 且 $2r_1 + p = 0$. 于是, 得到

$$u'' = 0, \text{ 即 } u = C_2 x + C_1 (C_1, C_2 \text{ 是任意常数})$$

根据线性无关的特解的要求, 需要得到一个不为常数、也不能含任意常数的函数 u, 取最简单函数 $u = x$, 由此得出方程(7-63)的另一个解

$$y_2 = x\mathrm{e}^{r_1 x}$$

故方程(7-63)的通解 $y = C_1 \mathrm{e}^{r_1 x} + C_2 x\mathrm{e}^{r_1 x}$, 即

$$y = (C_1 + C_2 x)\mathrm{e}^{r_1 x} (C_1, C_2 \text{ 是任意常数}) \tag{7-66}$$

例2 求方程 $\dfrac{\mathrm{d}^2 s}{\mathrm{d}t^2} + 6\dfrac{\mathrm{d}s}{\mathrm{d}t} + 9s = 0$ 的通解.

解 特征方程为 $r^2 + 6r + 9 = 0$, 有二相等的特征根 $r_1 = r_2 = -3$, 利用式(7-66)所求方程通解为

$$s = (C_1 + C_2 t)\mathrm{e}^{-3t}.$$

（3）当判别式 $\Delta=p^2-4q<0$ 时，r_1,r_2 是一对共轭复根

$$r_1=\alpha+\beta i,r_2=\alpha-\beta i$$

其中 i 为虚数单位，即 $i^2=-1$，$\alpha=\dfrac{-p}{2}$，$\beta=\dfrac{\sqrt{4q-p^2}}{2}\neq0$.

此时，$y_1=e^{(\alpha+\beta i)x}$，$y_2=e^{(\alpha-\beta i)x}$ 是微分方程（7-63）两个线性无关的解，但它们是复值函数形式.为了得出方程两个线性无关的实数形式解，利用欧拉公式（下册第十二章第五节）

$$e^{\theta i}=\cos\theta+i\sin\theta$$

将 y_1,y_2 改写为

$$y_1=e^{(\alpha+\beta i)x}=e^{\alpha x}\cdot e^{\beta xi}=e^{\alpha x}(\cos\beta x+i\sin\beta x)$$
$$y_2=e^{(\alpha-\beta i)x}=e^{\alpha x}\cdot e^{-\beta xi}=e^{\alpha x}(\cos\beta x-i\sin\beta x)$$

由于复值函数 y_1,y_2 之间成共轭关系，因而它们的实部为它们之和的 $\dfrac{1}{2}$，它们的虚部为它们之差的 $\dfrac{1}{2i}$. 设

$$\overline{y_1}=\frac{y_1+y_2}{2}=e^{\alpha x}\cos\beta x,\quad \overline{y_2}=\frac{y_1-y_2}{2i}=e^{\alpha x}\sin\beta x$$

根据第五节线性方程解的叠加原理可知，$\overline{y_1},\overline{y_2}$ 仍然是方程（7-63）的解，且

$$\frac{\overline{y_2}}{\overline{y_1}}=\frac{e^{\alpha x}\sin\beta x}{e^{\alpha x}\cos\beta x}=tan\beta x$$

不是常值函数，$\overline{y_1},\overline{y_2}$ 线性无关. 故方程（7-63）的通解为 $y=C_1\overline{y_1}+C_2\overline{y_2}$，即

$$y=e^{\alpha x}(C_1\cos\beta x+C_2\sin\beta x)\quad(C_1,C_2\text{ 是任意常数})\tag{7-67}$$

例3 求方程 $y''+2y'+3y=0$ 的通解.

解 特征方程为 $r^2+2r+3=0$，特征根为

$$r_{1,2}=\frac{-2\pm\sqrt{4-4\cdot3}}{2}=-1\pm\sqrt{2}i\,(\alpha=-1,\beta=\sqrt{2})$$

为共轭复根. 利用式（7-67）所给方程的通解为

$$y=e^{-x}(C_1\cos\sqrt{2}x+C_2\sin\sqrt{2}x)$$

根据如上讨论，求二阶常系数齐次线性微分方程的通解步骤：

第一步，将微分方程中 y''，y' 及 y 分别换成 r^2，r 及 1，写出微分方程（7-63）的特征方程

$$r^2+pr+q=0$$

第二步，求出特征根（特征方程的根）r_1,r_2.

第三步，根据特征根的不同情况，写出所给方程的通解：

（1）两个不等实根 $r_1\neq r_2$，通解形式 $y=C_1e^{r_1x}+C_2e^{r_2x}$；

（2）两个相等实根 $r_1=r_2$，通解形式 $y=(C_1+C_2x)e^{r_1x}$；

（3）一对共轭复根 $r=\alpha\pm\beta i$，通解形式 $y=e^{\alpha x}(C_1\cos\beta x+C_2\sin\beta x)$.

例 4 求方程 $y''+10y'+60y=0$ 满足初始条件 $y|_{x=0}=0$，$y'|_{x=0}=\sqrt{35}$ 的特解.

解 特征方程为 $r^2+10r+60=0$，特征根

$$r_{1,2}=-5\pm\sqrt{35}\,i\,(\alpha=-5,\beta=\sqrt{35})$$

故所给方程的通解为 $y=e^{-5x}(C_1\cos\sqrt{35}\,x+C_2\sin\sqrt{35}\,x)$.

将条件 $y|_{x=0}=0$ 代入上式，得 $C_1=0$；代入上式，则

$$y'=-5e^{-5x}\times C_2\sin\sqrt{35}\,x+e^{-5x}\times\sqrt{35}\,C_2\cos\sqrt{35}\,x$$
$$=e^{-5x}(\sqrt{35}\,C_2\cos\sqrt{35}\,x-5C_2\sin\sqrt{35}\,x)$$

由 $y'|_{x=0}=\sqrt{35}$ 代入上式，可得 $\sqrt{35}\,C_2=\sqrt{35}$，从而 $C_2=1$.于是所求特解为

$$y=e^{-5x}\sin\sqrt{35}\,x$$

二、n 阶常系数齐次线性微分方程

前面讨论的二阶常系数齐次线性微分方程所用方法及方程的通解形式，可以推广到 $n(n\geqslant3)$ 阶常系数齐次线性微分方程中去.

n 阶常系数齐次线性微分方程的一般形式为

$$y^{(n)}+a_1y^{(n-1)}+a_2y^{(n-2)}+\cdots+a_{n-1}y'+a_ny=0\ (n\geqslant3) \tag{7-68}$$

其中 $a_1,a_2,\cdots,a_{n-1},a_n$ 都是常数.与讨论二阶常系数齐次线性微分方程类似.设方程(7-68)的特解为 $y=e^{rx}$，则有

$$y^{(k)}=r^ke^{rx},k=1,2,\cdots,n$$

代入方程(7-68)，可得特征方程

$$r^n+a_1r^{n-1}+a_2r^{n-2}+\cdots+a_{n-1}r+a_n=0$$

也就是将方程(7-68)中 $y^{(n)},y^{(n-1)},\cdots,y$ 分别换成 $r^n,r^{n-1},\cdots,1$，就可以得出微分方程的特征方程.类似于二阶常系数齐次线性微分方程，根据特征方程根的情况，写出其对应的微分方程特解的形式如下：

(1)单实根 r，对应通解中一项 Ce^{rx}；

(2)k 重实根 r，对应通解中 k 项 $e^{rx}(C_1+C_2x+\cdots+C_kx^{k-1})$；

(3)一对单复根 $r=\alpha\pm\beta i$，对应通解中二项 $e^{\alpha x}(C_1\cos\beta x+C_2\sin\beta x)$；

(4)一对 k 重复根 $r=\alpha\pm\beta i$，对应通解中 $2k$ 项

$$e^{\alpha x}\big[(C_1+C_2x+\cdots+C_kx^{k-1})\cos\beta x+(D_1+D_2x+\cdots+D_kx^{k-1})\sin\beta x\big]$$

n 次多项式方程称为**n 次代数方程**.根据代数学基本定理，n 次代数方程有 n 个根(重根按重数计算).又特征方程的每一个根对应着通解中一项，且每项各含一个任意常数.这样就得到 n 阶常系数齐次线性微分方程的通解为

$$y=C_1y_1+C_2y_2+\cdots+C_ny_n$$

例 5 求方程 $y^{(5)}-6y^{(4)}+9y'''=0$ 的通解.

解 特征方程为 $r^5-6r^4+9r^3=0$，即 $r^3(r^2-6r+9)=0$.它的根是 $r_1=r_2=r_3=0$ 与 $r_4=r_5=3$.因此，所给微分方程的通解为 $y=C_1+C_2x+C_3x^2+(C_4+C_5x)e^{3x}$.

例 6 求方程 $y^{(6)}+3y^{(4)}+3y''+y=0$ 的通解.

解 特征方程为 $r^6+3r^4+3r^2+1=0$,即 $(r^2+1)^3=0$.它有三重复根 $r_1=r_2=r_3=i$ 与 $r_4=r_5=r_6=-i$.因此,所给微分方程的通解为

$$y=(C_1+C_2x+C_3x^2)\cos x+(C_4+C_5x+C_6x^2)\sin x$$

在求解特征方程的根时,有时会遇到复数开方. 在高中,我们知道:

将复数 $\alpha+\beta i$ 化为三角式

$$\alpha+\beta i=A(\cos\theta+i\sin\theta)\quad(\alpha,\beta\in R,i^2=-1)$$

其中 A 为复数的模,即 $A=\sqrt{\alpha^2+\beta^2}$,$\theta$ 为辐角,$-\pi<\theta\leqslant\pi$. 复数 $\alpha+\beta i$ 开 n 次方为

$$\sqrt[n]{\alpha+\beta i}=\sqrt[n]{A}\left(\cos\frac{\theta+2k\pi}{n}+i\sin\frac{\theta+2k\pi}{n}\right),k=0,1,2,\cdots,n-1$$

例如,特征方程为 $r^4+1=0$ 的特征根为

$$r=\sqrt[4]{-1}=\left(\cos\frac{\pi+2k\pi}{4}+i\sin\frac{\pi+2k\pi}{4}\right),k=0,1,2,3$$

即

$$r_1=\cos\frac{\pi}{4}+i\sin\frac{\pi}{4}=\frac{\sqrt{2}}{2}+i\frac{\sqrt{2}}{2}$$

$$r_2=\cos\frac{\pi+2\pi}{4}+i\sin\frac{\pi+2\pi}{4}=-\frac{\sqrt{2}}{2}+i\frac{\sqrt{2}}{2}$$

$$r_3=\cos\frac{\pi+4\pi}{4}+i\sin\frac{\pi+4\pi}{4}=-\frac{\sqrt{2}}{2}-i\frac{\sqrt{2}}{2}$$

$$r_4=\cos\frac{\pi+6\pi}{4}+i\sin\frac{\pi+6\pi}{4}=\frac{\sqrt{2}}{2}-i\frac{\sqrt{2}}{2}$$

最后,我们讨论在第五节例 1 中得出物体振动方程的解.

例 7 物体受到弹簧恢复力 F 和阻力 f 的作用下振动,位置函数 $x(t)$ 满足方程

$$\frac{d^2x}{dt^2}+2n\frac{dx}{dt}+k^2x=0$$

初始条件 $x\big|_{t=0}=x_0,x'\big|_{t=0}=v_0$. 求出反映物体运动规律的函数 $x(t)$.

解 (1)不计阻力,即 $f=-\mu\dfrac{dx}{dt}=0$,得到物体的振动方程

$$\frac{d^2x}{dt^2}+k^2x=0$$

这个方程称为**无阻尼自由振动的微分方程**. 特征方程为 $r^2+k^2=0$,特征根

$$r_{1,2}=\pm ki(\alpha=0,\beta=k)$$

故方程的通解为 $x=C_1\cos kt+C_2\sin kt$.

由初始条件 $x\big|_{t=0}=x_0,x'\big|_{t=0}=v_0$,可得 $C_1=x_0,C_2=\dfrac{v_0}{k}$.因而所求的特解为

$$x=x_0\cos kt+\frac{v_0}{k}\sin kt$$

此时,可以说明物体作简谐振动$[y=A\sin(\omega t+\varphi)]$,周期$T=\dfrac{2\pi}{k}$.

(2)计阻力,即$f=-\mu\dfrac{\mathrm{d}x}{\mathrm{d}t}\neq0$,物体的振动方程

$$\frac{\mathrm{d}^2x}{\mathrm{d}t^2}+2n\frac{\mathrm{d}x}{\mathrm{d}t}+k^2x=0$$

特征方程为$r^2+2nr+k^2=0$,特征根

$$r_{1,2}=\frac{-2n\pm\sqrt{4n^2-4k^2}}{2}=-n\pm\sqrt{n^2-k^2}$$

对二次根式分三种情况讨论如下:

①大阻尼情形:$n>k$. 此时,方程的特征根$r_{1,2}=-n\pm\sqrt{n^2-k^2}$,为二不相等实根.方程的通解为

$$x=C_1\mathrm{e}^{-(n-\sqrt{n^2-k^2})t}+C_2\mathrm{e}^{-(n+\sqrt{n^2-k^2})t}$$

由初始条件,可得

$$C_1=\frac{v_0+nx_0+x_0\sqrt{n^2-k^2}}{2\sqrt{n^2-k^2}},C_2=\frac{x_0\sqrt{n^2-k^2}-v_0-nx_0}{2\sqrt{n^2-k^2}}$$

因而所求的特解为

$$x=\frac{v_0+nx_0+x_0\sqrt{n^2-k^2}}{2\sqrt{n^2-k^2}}\mathrm{e}^{-(n-\sqrt{n^2-k^2})t}+\frac{x_0\sqrt{n^2-k^2}-v_0-nx_0}{2\sqrt{n^2-k^2}}\mathrm{e}^{-(n+\sqrt{n^2-k^2})t}$$

②临界阻尼情形:$n=k$. 此时,方程的特征根$r_{1,2}=-n$,为二相等实根. 方程的通解为$x=\mathrm{e}^{-nt}(C_1+C_2t)$. 由初始条件可得$C_1=x_0$,$C_2=v_0+nx_0$;因而所求的特解为

$$x=\mathrm{e}^{-nt}[x_0+(v_0+nx_0)t]$$

③小阻尼情形:$n<k$. 此时,方程的特征根$r_{1,2}=-n\pm\omega i(\omega=\sqrt{k^2-n^2})$,为共轭复根. 方程的通解为$x=\mathrm{e}^{-nt}(C_1\cos\omega t+C_2\sin\omega t)$. 由初始条件,可得$C_1=x_0$,$C_2=\dfrac{v_0+nx_0}{\omega}$,因而所求的特解为

$$x=\mathrm{e}^{-nt}(x_0\cos\omega t+\frac{v_0+nx_0}{\omega}\sin\omega t)$$

习题 7-6

1.求下列微分方程的通解.

(1)$y''+5y'=0$; (2)$y''-y'-12y=0$; (3)$4\dfrac{\mathrm{d}^2s}{\mathrm{d}t^2}-4\dfrac{\mathrm{d}s}{\mathrm{d}t}-3s=0$;

(4)$y''+4y'+4y=0$; (5)$y''+y=0$; (6)$2y''+15y'-50y=0$;

(7)$y''+20y'+100y=0$; (8)$y''+6y'+13y=0$; (9)$3y''-6y'+4y=0$;

(10)$y^{(4)}-4y''+4y=0$; (11)$y^{(5)}-5y^{(4)}+15y'''=0$; (12)$y^{(5)}-y''=0$.

2.求下列微分方程满足初始条件的特解.

(1)$y''+4y'+3y=0, y\big|_{x=0}=2, y'\big|_{x=0}=0$;

(2)$y''+16y'+64y=0, y\big|_{x=0}=y'\big|_{x=0}=1$;

(3)$9y''-6y'+2y=0, y\big|_{x=0}=3, =y'\big|_{x=0}=0$;

(4)$3y''-13y'+12y=0, y\big|_{x=0}=1, y'\big|_{x=0}=3$;

(5)$y''+4y'+13y=0, y\big|_{x=0}=2, y'\big|_{x=0}=5$.

3.已知曲线满足 $y''-12y'+36y=0$,求经过点 $(0,2)$ 且在此点与直线 $y=3x+2$ 相切的积分曲线.

4.设 $y=f(x)$ 是方程 $y''-12y'+20y=0$ 的一个解. 若 $f(x_0)<0$ 且 $f'(x_0)=0$,则函数在点 x_0 有没有极值? 为什么?

5.一个单位质量的质点在数轴上运动,开始时质点在原点处且速度为 v_0,在运动过程中,它受到一个与质点到原点的距离成正比(比例系数($a>0$))而方向与初速度一致. 又介质阻力与速度成正比(比例系数 $b>0$).求反映质点的运动规律的函数.

6.均匀长方体形木料浮在水面,底面长宽分别为 a m 和 b m,受到外力均匀作用在上底面上,木料在水中上下振动的周期为 4π,求木料的质量.

第七节　常系数非齐次线性微分方程

本节首先讨论二阶常系数非齐次线性微分方程的求解方法,其次把它的解答方法推广到更高阶常系数非齐次线性微分方程中去.二阶常系数非齐次线性微分方程的一般形式为

$$y''+py'+qy=f(x) \quad [f(x)\neq 0] \tag{7-69}$$

其中 p,q 是常数.

由本章第五节定理 2 非齐次线性方程解的结构定理可知,要求非齐次方程(7-69)的通解,可先求出其对应的齐次方程

$$y''+py'+qy=0 \tag{7-70}$$

的通解 Y,再设法求出非齐次线性方程(7-69)的某个特解 y^*,两者之和就是方程(7-69)之通解. 由于二阶常系数齐次方程的通解的求法已在第六节得到解决,因而只需讨论如何求非齐次方程的一个特解 y^*. 本节只介绍 $f(x)$ 的两种常见形式时求特解的方法,这种方法的特点是不用积分就可求出特解 y^*.自由项 $f(x)$ 的两种形式为

(1)$f(x)=e^{\lambda x}P_m(x)$,其中 λ 是常数,$P_m(x)$ 是 x 的一个 m 次多项式:

$$P_m(x)=a_0 x^m+a_1 x^{m-1}+\cdots+a_{m-1}x+a_m \quad (a_0\neq 0)$$

(2)$f(x)=e^{\lambda x}[O_l(x)\cos\omega x+P_n(x)\sin\omega x]$,其中 $\lambda,\omega(\neq 0)$ 是常数,$O_l(x)$ 与 $P_n(x)$ 分别是 x 的一个 l 次与 n 次多项式,仅允许其中一个多项式为零.

接下来分别介绍 $f(x)$ 为上述两种形式时特解 y^* 的求法,都是**待定系数法**.

一、$f(x) = \mathrm{e}^{\lambda x} P_m(x)$ 型

我们知道,方程(7-69)的特解 y^* 是使等式(7-69)成为恒等式的函数. 它可能是什么样的函数呢? 因为等式(7-69)自由项是多项式 $P_m(x)$ 与指数函数 $\mathrm{e}^{\lambda x}$ 的乘积,而多项式与指数函数乘积的导数仍然是多项式与指数函数乘积,且多项式的次数不会降低. 如

$$[(x^2+2)\mathrm{e}^x]' = (x^2+2)'\mathrm{e}^x + (x^2+2)(\mathrm{e}^x)' = (x^2+2x+2)\mathrm{e}^x$$

因而我们猜想方程的特解也是多项式与指数函数之积,设方程(7-69)的解为 $y^* = \mathrm{e}^{\lambda x} Q(x)$ [$Q(x)$ 为待定多项式]. 把 y^*,$y^{*'}$ 及 $y^{*''}$ 代入方程中,考虑能否得到恰当的多项式 $Q(x)$,使得 $y^* = \mathrm{e}^{\lambda x} Q(x)$ 满足方程(7-69). 于是,有下面的定理:

定理1 二阶常系数非齐次线性微分方程

$$y'' + py' + qy = P_m(x)\mathrm{e}^{\lambda x} \tag{7-71}$$

的特解为

$$y^* = x^k \mathrm{e}^{\lambda x} Q_m(x) \tag{7-72}$$

其中 λ 是常数(实数或复数),$P_m(x)$,$Q_m(x)$ 均是 m 次多项式. 若 λ 不是特征方程的根,则 $k=0$;若 λ 是特征方程的单根,则 $k=1$;若 λ 是特征方程的二重根,则 $k=2$.

定理1给出了方程(7-71)的特解表达式,只需求出 k 与 m 次多项式 $Q_m(x)$ 就行了. 我们先求出方程(7-71)对应的齐次方程的特征根 r,判断自由项 $f(x) = \mathrm{e}^{\lambda x} P_m(x)$ 中的 λ 是否为特征根及重根,再从自然数 0、1 及 2 中确定特解中 x 的幂指数 k,正确写出特解形式 $y^* = x^k \mathrm{e}^{\lambda x} Q_m(x)$,其中待定多项式

$$Q_m(x) = b_0 x^m + b_1 x^{m-1} + \cdots + b_{m-1}x + b_m \,(b_0 \neq 0)$$

从而有

$$y^* = x^k (b_0 x^m + b_1 x^{m-1} + \cdots + b_{m-1}x + b_m)\mathrm{e}^{\lambda x}$$

同时求出 $y^{*'}$ 与 $y^{*''}$,再把 y^*,$y^{*'}$ 及 $y^{*''}$ 代入方程(7-71)中. 根据多项式恒等的性质:利用等式两端 x 同次幂的系数相等,得出关于 b_0,b_1,$\cdots$,b_m 为未知数的 $m+1$ 个线性方程的联立方程组,从而求出待定系数 b_0,b_1,$\cdots$,b_m,即确定了函数 $Q_m(x)$,便得到方程(7-71)的一个特解.

例1 求方程 $y'' - 2y' - 3y = 3x\mathrm{e}^{2x}$ 的一个特解.

解 该方程是二阶常系数非齐次线性微分方程,自由项 $f(x)$ 是 $\mathrm{e}^{\lambda x} P_m$ 型,其中 $\lambda = 2$,$P_1 = 3x$($m=1$)(一次多项式).对应的齐次方程为 $y'' - 2y' - 3y = 0$,特征方程为

$$r^2 = 2r - 3 = 0$$

有两个互异实根 $r_1 = -1$,$r_2 = 3$.根据定理1,$\lambda = 2$ 不是特征根,因而 $k = 0$,令所求方程特解为

$$y^* = \mathrm{e}^{2x}(b_0 x + b_1)$$

有

$$y^{*'} = 2\mathrm{e}^{2x}(b_0 x + b_1) + b_0 \mathrm{e}^{2x} = (2b_0 x + 2b_1 + b_0)\mathrm{e}^{2x}$$

$$y^{*''} = 2(2b_0 x + 2b_1 + b_0)\mathrm{e}^{2x} + 2b_0 \mathrm{e}^{2x} = (4b_0 x + 4b_1 + 4b_0)\mathrm{e}^{2x}$$

将 y^*,$y^{*'}$ 及 $y^{*''}$ 代入已知方程,可得

$$(4b_0x+4b_1+4b_0)\mathrm{e}^{2x}-2(2b_0x+2b_1+b_0)\mathrm{e}^{2x}-3(b_0x+b_1)\mathrm{e}^{2x}=3x\mathrm{e}^{2x}$$

除去 e^{2x},化简得

$$-3b_0x-3b_1+2b_0\equiv 3x$$

根据恒等式的性质,同类项系数相等,可得 $-3b_0=3$,$-3b_1+2b_0=0$;解得

$$b_0=-1,b_1=-\frac{2}{3}$$

因此,原方程特解为 $y^*=-\left(x+\frac{2}{3}\right)\mathrm{e}^{2x}$.

例2 求方程 $y''+6y'+9y=x+2\mathrm{e}^{-3x}$ 的通解.

解 该方程对应的齐次方程为 $y''+6y'+9y=0$,特征方程为

$$r^2+6r+9=0$$

有两个相同实根 $r_1=r_2=-3$.从而齐次方程的通解为

$$Y=(C_1+C_2x)\mathrm{e}^{-3x}$$

根据本章第五节定理3非齐次线性微分方程解的叠加原理,所求方程的特解为两个方程

$$y''+6y'+9y=x \text{ 与 } y''+6y'+9y=2\mathrm{e}^{-3x}$$

的特解之和.

解方程 $y''+6y'+9y=x$.该方程的自由项 $f_1(x)=\mathrm{e}^{0x}x$ 中的 $\lambda=0$ 不是特征方程的根,$k=0$;又 $P_1=x(m=1)$(一次多项式).故可设一个特解为

$$y_1^*=\mathrm{e}^{0x}(b_0x+b_1)=b_0x+b_1$$

有 $y^{*\prime}=b_0,y_2^{*\prime\prime}=0$;将它们代入方程 $y''+6y'+9y=x$,得

$$0+6b_0+9(b_0x+b_1)\equiv x,\text{即 } 9b_0x+(6b_0+9b_1)\equiv x$$

比较同类项系数,可得

$$9b_0=1,6b_0+9b_1=0$$

解得 $b_0=\frac{1}{9}$,$b_1=-\frac{2}{27}$.故方程 $y''+6y'+9y=x$ 的一个特解为 $y_1^*=\frac{1}{9}x-\frac{2}{27}$.

解方程 $y''+6y'+9y=2\mathrm{e}^{-3x}$.自由项 $f_2(x)=2\mathrm{e}^{-3x}$ 中的 $\lambda=-3$ 是特征方程的二重根,$k=2$;又 $P_0=2(m=0)$(零次多项式).故设一个特解为 $y_2^*=b_0x^2\mathrm{e}^{-3x}$,则有

$$y_2^{\prime*}=b_0(-3x^2+2x)\mathrm{e}^{-3x},y^{*\prime\prime}_2=b_0(9x^2-12x+2)\mathrm{e}^{-3x}$$

代入方程 $y''+6y'+9y=2\mathrm{e}^{-3x}$,可得

$$b_0(9x^2-12x+2)\mathrm{e}^{-3x}+6b_0(-3x^2+2x)\mathrm{e}^{-3x}+9b_0x^2\mathrm{e}^{-3x}\equiv 2\mathrm{e}^{-3x}$$

即

$$2b_0=2,b_0=1$$

故方程 $y''+6y'+9y=2\mathrm{e}^{-3x}$ 的一个特解为 $y_2^*=x^2\mathrm{e}^{-3x}$.因此,所求方程的通解为

$$y=(C_1+C_2x)\mathrm{e}^{-3x}+\frac{1}{9}x-\frac{2}{27}+x^2\mathrm{e}^{-3x}$$

现在我们证明定理1.

证 假设方程(7-71)特解为 $y^*=\mathrm{e}^{\lambda x}Q(x)$,则有

$$y^{*\prime}=\mathrm{e}^{\lambda x}[\lambda Q(x)+Q'(x)],y^{*\prime\prime}=\mathrm{e}^{\lambda x}[\lambda^2 Q(x)+2\lambda Q'(x)+Q''(x)]$$

把它们代入方程(7-71),可得

$$e^{\lambda x}[\lambda^2 Q(x)+2\lambda Q'(x)+Q''(x)]+pe^{\lambda x}[\lambda Q(x)+Q'(x)]+qe^{\lambda x}Q(x)=P_m(x)e^{\lambda x}$$

两端消去非零因子 $e^{\lambda x}$,整理得

$$Q''(x)+(2\lambda+p)Q'(x)+(\lambda^2+p\lambda+q)Q(x)=P_m(x) \tag{7-73}$$

其中式(7-73)右端 $P_m(x)$ 是一个 m 次多项式,要使式(7-73)两端恒等,因而左端必须是一个 m 次多项式. 由于多项式每求一次导数,其次数就要降低一次. 故分三种情形讨论如下:

(1)如果 λ 不是特征方程 $r^2+pr+q=0$ 的根,即 $\lambda^2+p\lambda+q\neq0$,那么式(7-73)左端最高次数多项式为 $Q(x)$. 故 $Q(x)$ 必须是 m 次待定多项式,可设

$$Q_m(x)=b_0 x^m+b_1 x^{m-1}+\cdots+b_{m-1}x+b_m(b_0\neq0)$$

其中 $b_0,b_1,\cdots,b_m$ 为 $m+1$ 个待定系数. 将 $Q_m(x)$ 代入式(7-73),根据恒等式的性质,得出关于 $b_0,b_1,\cdots,b_m$ 为未知数的 $m+1$ 个线性方程的联立方程组,从而求出待定系数,即确定了函数 $Q(x)$,便得到方程(7-71)的一个特解为 $y^*=e^{\lambda x}Q(x)$.

(2)如果 λ 是特征方程 $r^2+pr+q=0$ 的单根,即 $\lambda^2+p\lambda+q=0$,但 $2\lambda+p\neq0$,那么式(7-73)化为

$$Q''(x)+(2\lambda+p)Q'(x)=P_m(x) \tag{7-74}$$

该式左端最高次数多项式为 $Q'(x)$,故 $Q'(x)$ 应该是 m 次待定多项式,此时可简单设

$$Q(x)=xQ_m(x)$$

将 $Q(x)$ 代入式(7-74),利用与(1)同样的方法,确定 $Q_m(x)$ 的系数 $b_i(i=0,1,2,\cdots,m)$,从而求出特解.

(3)如果 λ 是特征方程 $r^2+pr+q=0$ 的重根,即 $\lambda^2+p\lambda+q=0$,且 $2\lambda+p=0$,那么式(7-72)化为

$$Q''(x)=P_m(x) \tag{7-75}$$

即 $Q''(x)$ 为 m 次多项式. 根据恒等式的性质,式(7-75)只能求出 $m+1$ 个待定系数,可设

$$Q(x)=x^2 Q_m(x)$$

将 $Q(x)$ 代入式(7-75),利用与(1)同样的方法,确定 $Q_m(x)$ 的系数 $b_i(i=0,1,2,\cdots,m)$,就能求出特解.

综上所述,我们有如下结论:

二阶常系数非齐次线性微分方程 $y''+py'+qy=P_m(x)e^{\lambda x}$ 的特解为

$$y^*=x^k e^{\lambda x}Q_m(x)$$

其中 $Q_m(x)$ 是与 $P_m(x)$ 同次多项式,当 k 是特征方程单根及重根时,k 分别取 0,1 及 2.

将所设特解代入已知方程,就能确定 $Q_m(x)$ 的 $m+1$ 个系数,从而求出方程的解.

我们可把定理 1 的结论推广到 n 阶常系数非齐次线性微分方程

$$y^{(n)}+a_1 y^{(n-1)}+a_2 y^{(n-2)}+\cdots+a_{n-1}y'+a_n y=P_m(x)e^{\lambda x} \tag{7-76}$$

中去.方程(7-76)具有形如

$$y^*=x^k e^{\lambda x}Q_m(x) \tag{7-77}$$

的特解,其中 $Q_m(x)$ 是与 $P_m(x)$ 同次多项式,k 是特征方程

$$r^n + a_1 r^{n-1} + a_2 r^{n-2} + \cdots + a_{n-1} r + a_n = 0 \tag{7-78}$$

的根 λ 的重复次数,即若 λ 不是特征方程的根,则 $k=0$;若 λ 是特征方程(7-78)的 s 重根,则 $k=s(1 \leqslant s \leqslant n)$. 将所设解式(7-77)代入已知方程,就能确定 $Q_m(x)$ 的 $m+1$ 个系数,求出方程(7-76)的特解.

二、$f(x) = e^{\alpha x} P_m(x) \cos\beta x$ 或 $e^{\alpha x} P_m(x) \sin\beta x$ 型

下面,我们讨论非齐次微分方程

$$y'' + py' + qy = e^{\alpha x} \left[O_l(x) \cos\beta x + P_n(x) \sin\beta x \right] \tag{7-79}$$

$$y'' + py' + qy = e^{\alpha x} P_m(x) \cos\beta x \tag{7-80}$$

$$y'' + py' + qy = e^{\alpha x} P_m(x) \sin\beta x \tag{7-81}$$

的解,其中 α, β 为已知实数,$Q_l(x), P_n(x)$ 及 $P_m(x)$ 分别为 l, n 及 m 次多项式. 我们用复数的方法求特解,同时也给出特解具有的形式.

定理 2 设复数 $\lambda = \alpha + \beta i$,方程(7-80)与方程(7-81)的解分别是复数方程 $y'' + py' + qy = P_m(x) e^{\lambda x}$ 的解的实部和虚部,它们的特解分别是

$$y^* = x^k e^{\lambda x} Q_m(x) \tag{7-82}$$

的实部和虚部,并且方程(7-79)、方程(7-80)与方程(7-81)特解的共同形式为

$$y^* = x^k e^{\alpha x} \left[\cos\beta x R_m(x) + \sin\beta x S_m(x) \right] \tag{7-83}$$

其中 $P_m(x)$、$R_m(x)$ 与 $S_m(x)$ 是 m [方程(7-79)中 $m = \max\{l, n\}$] 次实系数多项式,而 $Q_m(x)$ 是 m 次复系数多项式,且当 $\lambda = \alpha + \beta i$(或 $\alpha - \beta i$)不是与是特征方程的根时,k 分别取 0 及 1.

应如何应用定理 2?我们先用复数的方法求方程的特解:求出对应齐次方程的特征根 r,从自由项 $f(x) = e^{\alpha x} P_m(x) \cos\beta x$ 或 $e^{\alpha x} P_m(x) \sin\beta x$ 中得出 $\lambda = \alpha + \beta i$[或 $\bar{\lambda}$(λ 的共轭复数)],正确构造辅助方程

$$y'' + py' + qy = P_m(x) e^{\lambda x}$$

这里的 $P_m(x)$ 就是自由项中的多项式 $P_m(x)$,判断 $\lambda, \bar{\lambda}$ 是否为特征根 r,从数 0 与 1 中确定特解中 x 的幂指数 k,写出复数特解形式 $y^* = x^k e^{\lambda x} Q_m(x)$,其中复系数待定多项式为

$$Q_m(x) = b_0 x^m + b_1 x^{m-1} + \cdots + b_{m-1} x + b_m \ (b_0 \neq 0)$$

同时求出 $y^{*\prime}$ 与 $y^{*\prime\prime}$,再把它们代入所设复数指数方程 $y'' + py' + qy = p_m(x) e^{\lambda x}$ 中. 利用等式两端 x 同次幂的系数相等,得出关于 $b_0, b_1, \cdots, b_m$,即确定了函数 $Q_m(x)$,便得到方程的一个特解,算出特解的实部和虚部,得到原方程的特解.

例 3 求方程 $y'' + 9y = \cos x$ 的一个特解.

解 齐次方程为 $y'' + 9y = 0$,特征方程 $r^2 + 9 = 0$ 的根 $r = \pm 3i$. 根据 $f(x) = \cos x$ 是复数 $e^{ix} = \cos x + i \sin x$ 的实部,$\alpha = 0, \beta = 1$,可得 $\lambda = i$(或 $-i$),$P_m = 1 \ (m=0)$(零次多项式).根据定理 2,构造辅助复数方程

$$y'' + 9y = e^{ix}$$

因为 λ（或 $\bar{\lambda}$）不是特征方程的根 $r=\pm3i$，取 $k=0$，所以可设该复数方程的一个特解为

$$y^* = ae^{ix}，有\ y^{*\prime}=aie^{ix}，y^{*\prime\prime}=-ae^{ix}$$

代入复数方程，可得

$$-ae^{ix}+9ae^{ix}=e^{ix}$$

除去 $e^{ix}(\neq0)$，可得

$$8a=1，即\ a=\frac{1}{8}$$

于是复数方程的特解

$$y^* = \frac{1}{8}e^{ix}=\frac{1}{8}(\cos x+i\sin x)$$

因此，它的实部 $y=\frac{1}{8}\cos x$ 就是所给方程的一个特解.

例 4 求方程 $y''+4y=x(\cos2x+\sin2x)$ 的一个特解.

解 齐次方程为 $y''+4y=0$，特征方程 $r^2+4=0$ 的根 $r=\pm2i$. 根据 $f(x)=x(\cos2x+\sin2x)$ 是复数 $e^{2ix}(=\cos2x+i\sin2x)$ 的实部与虚部的和与 x 之积，$\alpha=0$，$\beta=2$，可得 $\lambda=2i$（或 $-2i$），$O_l=P_n=x(l=n=1)$（一次多项式）. 构造复数方程

$$y''+4y=xe^{2ix} \tag{7-84}$$

因为 λ，$\bar{\lambda}$ 是特征方程的单根 $r=\pm2i$，取 $k=1$，所以可设方程（7-84）的一个特解为

$$y^*=x(ax+b)e^{2ix}$$

则有

$$y^{*\prime}=(2iax^2+2ibx+2ax+b)e^{2ix}，y^{*\prime\prime}=(-4ax^2-4bx+8iax+4ib+2a)e^{2ix}$$

代入方程（7-84），便得

$$(-4ax^2-4bx+8iax+4ib+2a)e^{2ix}+4(ax^2+bx)e^{2ix}=xe^{2ix}$$

即

$$8iax+4ib+2a=x$$

由恒等式的性质，可得

$$8ia=1，4ib+2a=0，解得\ a=-\frac{i}{8}，b=\frac{1}{16}$$

利用公式 $e^{(\alpha+i\beta)x}=e^{\alpha x}(\cos\beta x+i\sin\beta x)$，计算方程（13）的特解

$$y^*=\frac{1}{16}(-2ix^2+x)e^{2ix}=\frac{1}{16}(-2ix^2+x)(\cos2x+i\sin2x)$$

$$=\frac{1}{16}\left[(2x^2\sin2x+x\cos2x)+i(-2x^2\cos2x+x\sin2x)\right]$$

因此，它的实部与虚部之和 $y=\frac{1}{16}\left[(-2x^2+x)\cos2x+(2x^2+x)\sin2x\right]$ 就是所给方程的一个特解（原方程特解是 $y''+4y=x\cos2x$ 与 $y''+4y=x\sin2x$ 特解之和）.

下面给出直接求方程的特解的方法：求出方程（7-79）的特征方程的根 r，判断从自由项 $f(x)=e^{\alpha x}\left[O_l(x)\cos\beta x+P_n(x)\sin\beta x\right]$ 中得出的复数 $\lambda=\alpha\pm i\beta$ 是否为特征根 r，从数 0 与 1 中确定特解中 x 的幂指数 k，写出正确的特解形式：

$$y^* = x^k e^{\alpha x}\left[\cos\beta x R_m(x) + \sin\beta x S_m(x)\right]$$

其中 $R_m(x)$ 与 $S_m(x)$ 是 $m(m = \max\{l,n\})$ 次实系数多项式,

$$R_m(x) = c_0 x^m + c_1 x^{m-1} + \cdots + c_{m-1}x + c_m(c_0 \neq 0)$$

$$S_m(x) = d_0 x^m + d_1 x^{m-1} + \cdots + d_{m-1}x + d_m(d_0 \neq 0)$$

同时求出 $y^{*\prime}$ 与 $y^{*\prime\prime}$,再把它们代入方程(7-79)中. 根据所得等式两端以正弦与余弦为系数多项式分别恒等,再利用恒等式两端 x 同次幂的系数相等,得出关于 $c_0, c_1, \cdots, c_m$ 及 $d_0, d_1, \cdots, d_m$ 为未知数的 $2m+2$ 个线性方程的联立方程组,从而求出 $c_0, c_1, \cdots, c_m$ 及 $d_0, d_1, \cdots, d_m$,即确定了函数 $R_m(x)$ 与 $S_m(x)$,便得到方程的一个特解.

例 5　求方程 $y'' + 3y' + 2y = e^{-x}\cos x$ 的一个特解.

解　对应齐次方程 $y'' + 3y' + 2y = 0$,特征方程 $r^2 + 3r + 2 = 0$ 的根 $r_1 = -1, r_2 = -2$. 由 $f(x) = e^{-x}\cos x$,可得 $P_m(x) = 1$(零次多项式),$\alpha = -1, \beta = 1$;因而 $m = 0, \lambda = -1 \pm i$ 不是特征方程的根,从而 $k = 0$. 利用公式(7-83),所求方程的特解为

$$y^* = x^k e^{-x}\left[\cos x R_m(x) + \sin x S_m(x)\right] = e^{-x}\left[A\cos x + B\sin x\right]$$

于是

$$y^{*\prime} = e^{-x}\left[-A\cos x - B\sin x - A\sin x + B\cos x\right]$$

$$= e^{-x}\left[(B-A)\cos x - (B+A)\sin x\right]$$

$$y^{*\prime\prime} = e^{-x}\left[-(B-A)\cos x + (B+A)\sin x - (B-A)\sin x - (B+A)\cos x\right]$$

$$= e^{-x}\left[-2B\cos x + 2A\sin x\right]$$

将 y^*、$y^{*\prime}$ 与 $y^{*\prime\prime}$ 代入所求方程,可得

$$e^{-x}\left[-2B\cos x + 2A\sin x\right] + 3e^{-x}\left[(B-A)\cos x - (B+A)\sin x\right]$$
$$+ 2e^{-x}\left[A\cos x + B\sin x\right] = e^{-x}\cos x$$

即

$$(B-A)\cos x - (A+B)\sin x = \cos x$$

根据恒等式的性质,有

$$B - A = 1, A + B = 0$$

可得 $A = -\dfrac{1}{2}, B = \dfrac{1}{2}$. 因此,$y^* = -\dfrac{1}{2}e^{-x}(\cos x - \sin x)$ 就是所给方程的一个特解.

例 6　求方程 $y'' + y = \sin x$ 的通解.

解　齐次方程为 $y'' + y = 0$,特征方程 $r^2 + 1 = 0$ 的根 $r_1 = -i, r_2 = i$,齐次方程的通解为

$$Y = C_1\cos x + C_2\sin x$$

由于自由项 $f(x) = \sin x = e^0\sin x, \lambda = \alpha + i\beta = i$(其中 $\alpha = 0, \beta = 1$)恰是特征单根,$P_m(x) = 1(m=0)$. 故设特解为 $y^* = x(A\cos x + B\sin x)$,有

$$y^{*\prime} = A\cos x + B\sin x + x(-A\sin x + B\cos x) = (A+Bx)\cos x + (B-Ax)\sin x$$

$$y^{*\prime\prime} = B\cos x + (-A-Bx)\sin x - A\sin x + (B-Ax)\cos x$$

$$= (2B-Ax)\cos x + (-2A-Bx)\sin x$$

代入原方程,可得

$$(2B-Ax)\cos x + (-2A-Bx)\sin x + Ax\cos x + Bx\sin x = \sin x$$

即

$$2B\cos x - 2A\sin x = \sin x$$

可得 $2B=0, -2A=1$;即 $A=-\dfrac{1}{2}, B=0.$ 故 $y^*=-\dfrac{1}{2}x\cos x,$ 于是所求通解为

$$y=C_1\cos x+C_2\sin x-\frac{1}{2}x\cos x$$

下面,我们证明定理 2.

证 设复变数 $y(x)=y_1(x)+iy_2(x)$,其中 $y_1(x), y_2(x)$ 是可导函数.根据导数的定义,可得

$$y'(x)=y_1'(x)+iy_2'(x)$$

利用共轭复数的性质,可得

$$\overline{y'(x)}=\overline{y_1'(x)+iy_2'(x)}=\overline{y_1'(x)}+\overline{iy_2'(x)}=y_1'(x)-iy_2'(x)=\left[y_1(x)+iy_2(x)\right]'$$
$$=\left[\overline{y(x)}\right]'$$

即

$$\overline{y(x)'}=\left[\overline{y(x)}\right]' \tag{7-85}$$

也就是说,一个复变数的导数的共轭复数等于它的共轭复数的导数,同理可得

$$\overline{y''(x)}=\left[\overline{y(x)}\right]'' \tag{7-86}$$

利用欧拉公式 $e^{\theta i}=\cos\theta+i\sin\theta$,对于 $\alpha, \beta\in R$,可得

$$e^{\lambda x}=e^{(\alpha+i\beta)x}=e^{\alpha x}\cdot e^{\beta ix}=e^{\alpha x}(\cos\beta x+i\sin\beta x)$$
$$e^{\overline{\lambda}x}=e^{(\alpha-i\beta)x}=e^{\alpha x}\cdot e^{-\beta ix}=e^{\alpha x}(\cos\beta x-i\sin\beta x)=\overline{e^{\lambda x}}$$

由此可得,若 $P_m(x)$ 是 m 次实系数多项式,则 $\overline{P_m(x)e^{\lambda x}}=P_m(x)e^{\overline{\lambda}x}.$

对于 $p, q\in R$,复数微分方程

$$y''+py'+qy=P_m(x)e^{\lambda x} \tag{7-87}$$

对方程(16)两端取共轭复数,利用式(7-85)与式(7-86)可得

$$(\bar{y})''+p(\bar{y})'+q\bar{y}=P_m(x)e^{\overline{\lambda}x} \tag{7-88}$$

因而方程(7-87)两端取共轭复数就是方程(7-88),方程(7-88)两端取共轭复数就是方程(7-87),因而方程(7-87)与方程(7-88)等价.这两个方程互为**共轭方程**,它们的解也互为共轭复数.设它们的解分别是

$$y(x)=y_1(x)+iy_2(x), y(x)=y_1(x)-iy_2(x)$$

分别代入方程(7-87)与方程(7-88),可得

$$(y''_1+iy''_2)+p(y'_1+iy'_2)+q(y_1+iy)=P_m(x)e^{\alpha x}(\cos\beta x+i\sin\beta x)$$
$$(y''_1-iy''_2)+p(y'_1-iy'_2)+q(y_1-iy)=P_m(x)e^{\alpha x}(\cos\beta x-i\sin\beta x)$$

这两个方程相加得实数方程:

$$y''_1+py'_1+qy_1=e^{\alpha x}\cos\beta x P_m(x) \tag{7-89}$$

这两个方程相减,可得

$$y''_2+py'_2+qy_2=e^{\alpha x}\sin\beta x P_m(x) \tag{7-90}$$

因此,复数方程(7-87)的解 $y(x)=y_1(x)+iy_2(x)$ 的实部和虚部分别是方程(7-89)与方程(7-90)的解;反过来,满足方程(7-89)与方程(7-90)的函数也就满足方程(7-87).根据定理 1 的式(7-72),方程(7-87)的复数解为

$$y^* = x^k e^{\lambda x} Q_m(x) \tag{7-91}$$

其中 $\lambda = \alpha + \beta i$(或 $\alpha - \beta i$)是复数,$Q_m(x)$ 是 m 次复系数多项式,当 λ(或 $\bar{\lambda}$)不是与是特征方程的根时,k 分别取 0 及 1. 故方程(7-89)与(7-90)的特解分别是式(7-91)的实部和虚部.

同时,由 $Q_m(x)$ 是 m 次复系数多项式,可令 $Q_m(x) = Q_u(x) + iQ_v(x)$,其中 $u, v \in N, m = \max\{u, v\}$,$Q_u(x), Q_v(x)$ 均是实系数多项式. 于是

$$y^* = x^k e^{(\alpha + i\beta)x} [Q_u(x) + iQ_v(x)] = x^k e^{\alpha x} (\cos\beta x + i\sin\beta x) [Q_u(x) + iQ_v(x)]$$
$$= x^k e^{\alpha x} \{[Q_u(x)\cos\beta x - Q_v(x)\sin\beta x] + i[Q_u(x)\sin\beta x + Q_v(x)\cos\beta x]\}$$

因此,方程(7-89)的特解为 y^* 的实部

$$y_1^* = \mathrm{Re}y^* = x^k e^{\alpha x} [Q_u(x)\cos\beta x - Q_v(x)\sin\beta x]$$

方程(7-90)的特解为 y^* 的虚部

$$y_2^* = \mathrm{Im}y^* = x^k e^{\alpha x} [Q_u(x)\sin\beta x + Q_v(x)\cos\beta x]$$

它们有共通形式

$$y^* = x^k e^{\alpha x} [\cos\beta x R_m(x) + \sin\beta x S_m(x)] \tag{7-92}$$

其中 $R_m(x)$ 与 $S_m(x)$ 是 m 次实系数多项式,而当 λ(或 $\bar{\lambda}$)不是与是特征方程的根时,k 分别取 0 及 1.

接下来讨论方程(7-93)的特解.根据本章第五节方程解的叠加定理 3,方程

$$y'' + py' + qy = e^{\alpha x} [O_l(x)\cos\beta x + P_n(x)\sin\beta x] \tag{7-93}$$

的特解是两个方程 $y'' + py' + py = e^{\alpha x} O_l(x)\cos\beta x$ 与 $y'' + py' + qy = e^{\alpha x} P_n(x)\sin\beta x$ 的特解之和.于是构造辅助复数方程

$$y'' + py' + qy = O_l(x)e^{\lambda x} \text{ 与 } y'' + py' + qy = P_n(x)e^{\lambda x}$$

其中 $\lambda = \alpha + \beta i$,利用公式(7-91),它们的解分别记为

$$y_1^* = x^k e^{\lambda x} Q_l(x) \text{ 与 } y_2^* = x^k e^{\lambda x} Q_n(x)$$

因此,方程(7-93)的特解为 y_1^* 的实部 $\mathrm{Re}y_1^*$ 与 y_2^* 虚部 $\mathrm{Im}y_2^*$ 之和,利用公式(7-94),可得

$$y^* = \mathrm{Re}y_1^* + \mathrm{Im}y_2^* = x^k e^{\alpha x} \{\cos\beta x [R_l(x) + R_n(x)] + \sin\beta x [S_l(x) + S_n(x)]\}$$

设 $R_m(x) = R_l(x) + R_n(x)$ 与 $S_m(x) = S_l(x) + S_n(x)$,则有

$$y^* = x^k e^{\alpha x} [\cos\beta x R_m(x) + \sin\beta x S_m(x)] \tag{7-94}$$

其中 $R_m(x)$ 与 $S_m(x)$ 是 $m(m = \max\{l, n\})$ 次实系数多项式.证毕.

对于 $n(n \geq 3)$ 阶常系数非齐次线性微分方程

$$y^{(n)} + a_1 y^{(n-1)} + a_2 y^{(n-2)} + \cdots + a_{n-1} y' + a_n y = e^{\alpha x} P_m(x)\cos\beta x$$

$$\text{或 } e^{\alpha x} P_m(x)\sin\beta x \text{ 或 } e^{\alpha x} [O_l(x)\cos\beta x + P_n(x)\sin\beta x]$$

有类似的结论,而公式(7-91)、公式(7-94)中的 k 是特征的根 λ(或 $\bar{\lambda}$)的重复次数,即若不是特征方程的根,则 $k = 0$;若是特征方程的 s 重根,则 $k = s$.

例 7 求方程 $y^{(4)} - 4y''' + 8y'' - 8y' + 4y = xe^x\cos x$ 的一个特解.

解 对应齐次方程

$$y^{(4)} - 4y''' + 8y'' - 8y' + 4y = 0$$

特征方程 $r^4 - 4r^3 + 8r^2 - 8r + 4 = (r^2 - 2r + 2)^2 = 0$ 的根 $r_{1,2} = 1 - i, r_{3,4} = 1 + i$.

根据 $f(x) = xe^x \cos x$ 是复数 $e^{(1+i)x}$ 的实部与 x 之积,构造辅助复数方程

$$y^{(4)} - 4y''' + 8y'' - 8y' + 4y = xe^{(1+i)x} \tag{7-95}$$

因为 $\lambda = 1 \pm i$ 是特征方程的二重根,所以可设方程(7-95)的一个特解为

$$y^* = (ax+b)x^2 e^{(1+i)x} = (ax^3 + bx^2)e^{(1+i)x}$$

根据第二章第三节乘积导数的莱布尼茨公式,有

$$y^{*\prime} = \left[(1+i)(ax^3+bx^2) + 3ax^2 + 2bx\right]e^{(1+i)x}$$

$$y^{*\prime\prime} = \left[(1+i)^2(ax^3+bx^2) + 2(1+i)(3ax^2+2bx) + 6ax+2b\right]e^{(1+i)x}$$

$$y^{*\prime\prime\prime} = \left[(1+i)^3(ax^3+bx^3) + 3(1+i)^2(3ax^2+2bx) + 3(1+i)(6ax+2b) + 6a\right]e^{(1+i)x}$$

$$y^{(4)*} = \left[(1+i)^4(ax^3+bx^2) + 4(1+i)^3(3ax^2+2bx) + 6(1+i)^2(6ax+2b) + 24a(1+i)\right]e^{(1+i)x}$$

代入方程(7-95),利用 $\lambda^4 - 4\lambda^3 + 8\lambda^2 - 8\lambda + 4 = 0$,$\lambda^3 - 3\lambda^2 + 4\lambda - 2 = 0$,可得

$$\left[6(1+i)^2 - 12(1+i) + 8\right](6ax+2b) + 24a(1+i) - 24a = x$$

即

$$-24ax - 8b + 24ai = x$$

由此可得

$$-24a = 1, \quad -8b + 24ai = 0, \quad 即 \quad a = -\frac{1}{24}, \quad b = -\frac{1}{8}i$$

于是,方程(7-95)的特解

$$y^* = -\frac{1}{24}(x^3 + 3ix^2)e^{(1+i)x} = -\frac{1}{24}(x^3+3ix^2)e^x(\cos x + i\sin x)$$

$$= -\frac{1}{24}e^2\left[(x^3\cos x - 3x^2\sin x) + i(3x^2\cos x + x^3\sin x)\right]$$

因此,它的实部 $y_1^* = -\frac{1}{24}e^x(x^3\cos x - 3x^2\sin x)$ 就是所给方程的一个特解.

习题 7-7

1.求下列微分方程的通解.

(1) $y'' + 4y' = 10e^x$;

(2) $3y'' - 2y' + 2y = 2x^2 + 3x + 6$;

(3) $2y'' + 7y' + 6y = 5e^{-2x}$;

(4) $\dfrac{d^2q}{dp^2} + 6\dfrac{dq}{dp} + 9q = -6\sin 3p$;

(5) $y'' - 8y' + 16y = 6xe^{4x}$;

(6) $y'' - 5y' + 6y = 3e^{2x} + 6x^2$;

(7) $\dfrac{d^2s}{dt^2} - 8\dfrac{ds}{dt} + 15s = 4e^t\cos 2t$;

(8) $y'' + y - 4x\sin x$;

(9) $y'' + 6y' + 13y = e^{-3x}(\cos 2x - \sin 2x)$.

2.求下列微分方程满足初始条件的特解.

(1) $y'' - 3y' + 2y = 5$,$y\big|_{x=0} = 1$,$y'\big|_{x=0} = 2$;

(2) $3y'' + y' - 4y = 14xe^x$,$y\big|_{x=0} = 0$,$y'\big|_{x=0} = 1$;

(3) $y'' - 2y' + 10y = 6e^x\cos 3x$,$y\big|_{x=0} = 0$,$y'\big|_{x=0} = 6$;

(4) $y'' - 16y' + 64y = 16x\cos 4x$,$y\big|_{x=0} = 0$,$y'\big|_{x=0} = 0$.

3.设 $y = f(x)$ 是常系数方程 $y'' + 4y' + 3y = e^x$ 满足初始条件 $y\big|_{x=0} = y'\big|_{x=0} = 0$ 的一个特解,当 $x \to 0$ 时,求极限 $\dfrac{x^2}{f(x)}$.

4.一颗炮弹以仰角 45 度,初速度 $v_0 m/s$ 发射,不计空气阻力与风力等的作用,求弹道曲线.

*第八节　欧拉方程

本节探讨一类特殊的变系数线性微分方程的求解方法.

形如方程

$$x^n y^{(n)} + p_1 x^{n-1} y^{(n-1)} + \cdots + p_{n-1} x y' + p_n y = f(x) \qquad (7\text{-}96)$$

其中 $p_1, p_2, \cdots, p_n$ 为常数,我们称这种类型的线性微分方程为**欧拉方程**.

如何求解欧拉方程? 当 $x>0$ 时,做变换

$$x = e^t \ \text{或} \ t = \ln x$$

当 $x<0$ 时,做变换

$$x = -e^t \ \text{或} \ t = \ln(-x)$$

将自变量 x 换成 t,两种变换结果相似.我们以前一种情况讨论.由 $t = \ln x$,得 $\dfrac{dt}{dx} = \dfrac{1}{x}$;以 t 为中间变量,利用复合函数求导法则,可得

$$\frac{dy}{dx} = \frac{dy}{dt} \cdot \frac{dt}{dx} = \frac{1}{x}\frac{dy}{dt}$$

$$\frac{d^2 y}{dx^2} = -\frac{1}{x^2}\frac{dy}{dt} + \frac{1}{x}\frac{d}{dx}\left(\frac{dy}{dt}\right) = -\frac{1}{x^2}\frac{dy}{dt} + \frac{1}{x}\frac{d}{dt}\left(\frac{dy}{dt}\right) \cdot \frac{dt}{dx}$$

$$= -\frac{1}{x^2}\frac{dy}{dt} + \frac{1}{x^2}\frac{d^2 y}{dt^2} = \frac{1}{x^2}\left(\frac{d^2 y}{dt^2} - \frac{dy}{dt}\right)$$

$$\frac{d^3 y}{dx^3} = -\frac{2}{x^3}\left(\frac{d^2 y}{dt^2} - \frac{dy}{dt}\right) + \frac{1}{x^2}\frac{d}{dx}\left(\frac{d^2 y}{dt^2} - \frac{dy}{dt}\right)$$

$$= -\frac{2}{x^3}\left(\frac{d^2 y}{dt^2} - \frac{dy}{dt}\right) + \frac{1}{x^2}\left(\frac{d^3 y}{dt^3}\frac{dt}{dx} - \frac{d^2 y}{dt^2}\frac{dt}{dx}\right)$$

$$= \frac{1}{x^3}\left(\frac{d^3 y}{dt^3} - 3\frac{d^2 y}{dt^2} + 2\frac{dy}{dt}\right)$$

$$\cdots\cdots$$

记号 D(叫作**微分算子**)表示对 t 求导运算 $\dfrac{d}{dt}$,把 $\dfrac{dy}{dt}$ 记作 Dy,把 $\dfrac{d^k y}{dt^k}$ 记作 $D^k y$,$k=1,2,3,\cdots,n$,因而上述运算结果可以简写为

$$xy' = \frac{dy}{dt} = Dy$$

$$x^2 y'' = \left(\frac{d^2}{dt^2} - \frac{d}{dt}\right)y = (D^2 - D)y = D(D-1)y$$

$$x^3 y'' = (D^3 - 3D^2 + 2D)y = D(D-1)(D-2)y$$

$$\cdots\cdots$$

可以用数学归纳法证明

$$x^k y^{(k)} = D(D-1)(D-2)\cdots(D-k+1)y, \ k=1,2,3,\cdots,n.$$

把它们代入欧拉方程(7-96),便得到一个以 t 为变量的常系数微分方程,在求出这个方程的解后,把 t 换成 $\ln x$,便得原方程的解.

例 1 求欧拉方程 $x^2y''+2xy'-6y=x^2$ 的通解.

解 令 $x=\mathrm{e}^t$,记 $D=\dfrac{\mathrm{d}}{\mathrm{d}t}$(表示对 t 求导运算),$D^2=\dfrac{\mathrm{d}^2}{\mathrm{d}t^2}$(表示对 t 求二阶导),则原方程可化为

$$[D(D-1)+2D-6]y=\mathrm{e}^{2t}, \ \text{即} \ (D^2+D-6)y=\mathrm{e}^{2t}$$

也就是

$$y''+y'-6y=\mathrm{e}^{2t}$$

该方程对应的齐次方程的特征方程 $r^2+r-6=0$,有相异二实根 $r_1=-3,r_1=2$;对应齐次方程通解

$$y=C_1\mathrm{e}^{-3t}+C_2\mathrm{e}^{2t}=\frac{C_1}{x^3}+C_2x^2$$

又自由项 $f(t)=\mathrm{e}^{2t}$,$\lambda=2$ 是特征的单根,$k=1$,故令 $y^*=At\mathrm{e}^{2t}$ 是 $y''+y'-6y=\mathrm{e}^{2t}$ 的特解,即 $y^*=Ax^2\ln x$ 是原方程的一个特解,从而

$$y^{*\prime}=Ax(2\ln x+1),\ y^{*\prime\prime}=A(2\ln x+3)$$

代入原方程得,

$$Ax^2(2\ln x+3)+2Ax^2(2\ln x+1)-6Ax^2\ln x=x^2$$

即

$$5A=1,A=\frac{1}{5}$$

因而 $y^*=\dfrac{1}{5}x^2\ln x$.因此原方程的通解为

$$y=\frac{C_1}{x^3}+C_2x^2+\frac{1}{5}x^2\ln x$$

习题 7-8

求下列欧拉方程的通解.

(1) $x^2y''+5xy'+4y=0$;

(2) $y''-\dfrac{y'}{x}-8\dfrac{y}{x^2}=6$;

(3) $x^3y'''+x^3y''+2xy'=2x^2$;

(4) $x^2y''-2xy'+2y=\ln^2x-x$.

*第九节 常系数线性微分方程组解法举例

前面讨论了由一个微分方程求解一个未知函数的情况,但在研究某些实际问题时,还会遇到由几个微分方程联立起来共同确定几个具有同一自变量的函数的情形.这些联立的微分方程称为微分方程组.本节探讨一些微分方程组的求解方法.

如果微分方程组中的每一个微分方程都是常系数线性微分方程,那么这种微分方

组称为**常系数线性微分方程组**.对于常系数线性微分方程组,可以用下面步骤求解:

第一步,利用方程组,消去某一方程中的一些未知函数及其各阶导数,得到只含一个未知函数的高阶常系数性微分方程;

第二步,解此高阶常系数线性微分方程,求出满足该方程的未知函数;

第三步,把已求得的函数代入原方程组,求出其余未知函数.通常情况不必经过积分就可以求出其余的未知函数.

例 1 求解微分方程组

$$\begin{cases} \dfrac{\mathrm{d}y}{\mathrm{d}x} = 3y - 2z & (7-97) \\[2mm] \dfrac{\mathrm{d}z}{\mathrm{d}x} = 2y - z & (7-98) \end{cases}$$

解 这个方程组含有两个未知函数 $y(x)$ 和 $z(x)$,由两个一阶常系数线性微分方程组成.先消去未知函数 $y(x)$.由式(7-98)得

$$y = \frac{1}{2}\left(\frac{\mathrm{d}z}{\mathrm{d}x} + z\right) \tag{7-99}$$

对上式两端求导可得

$$\frac{\mathrm{d}y}{\mathrm{d}x} = \frac{1}{2}\left(\frac{\mathrm{d}^2 z}{\mathrm{d}x^2} + \frac{\mathrm{d}z}{\mathrm{d}x}\right) \tag{7-100}$$

把式(7-99)和式(7-100)代入方程(7-97),得

$$\frac{\mathrm{d}^2 z}{\mathrm{d}x^2} - 2\frac{\mathrm{d}z}{\mathrm{d}x} + z = 0$$

其特征方程为

$$r^2 - 2r + 1 = 0$$

有相等的特征根 $r_1 = r_2 = 1$,通解为

$$z = (C_1 + C_2 x)\mathrm{e}^x \tag{7-101}$$

把式(7-101)代入方程(7-99),得

$$y = \frac{1}{2}(2C_1 + C_2 + 2C_2 x)\mathrm{e}^x$$

故原方程组的通解为

$$\begin{cases} y = \dfrac{1}{2}(2C_1 + C_2 + 2C_2 x)\mathrm{e}^x \\[2mm] z = (C_1 + C_2 x)\mathrm{e}^x \end{cases}$$

在讨论常系数线性微分方程(或方程组)时,常采用第八节中引入的记号 D,表示对 t 求导运算 $\dfrac{\mathrm{d}}{\mathrm{d}t}$.

例 2 求解微分方程组

$$\begin{cases} \dfrac{\mathrm{d}^2 x}{\mathrm{d}t^2} + 2\dfrac{\mathrm{d}y}{\mathrm{d}t} - 2x = t \\[2mm] \dfrac{\mathrm{d}^2 y}{\mathrm{d}t^2} - \dfrac{\mathrm{d}x}{\mathrm{d}t} + y = 0 \end{cases}$$

解 记 $D = \dfrac{\mathrm{d}}{\mathrm{d}t}, D^2 = \dfrac{\mathrm{d}^2}{\mathrm{d}t^2}$,则方程组可化为

$$\begin{cases} (D^2-2)x+2Dy=t & (7-102) \\ -Dx+(D^2+1)y=0 & (7-103) \end{cases}$$

类似于代数方程,消去未知数 x.利用导数的运算,对式(7-103)求导 $D(7-103)$,可得

$$-D^2x+(D^3+D)y=0$$

$$(7-102)+D(7-103): \qquad -2x+(D^3+3D)y=t \qquad (7-104)$$

$$-2(7-103)+D(7-104): \qquad (D^4+D^2-2)y=Dt \qquad (7-105)$$

即

$$(D^4+D^2-2)y=1 \qquad (7-106)$$

也就是 $y^{(4)}+y''-2y=1$.方程(7-106)为四阶非齐次线性微分方程,其特征方程为

$$r^4+r^2-2=0$$

解得特征根 $r_{1,2}=\pm1$,$r_{1,2}=\pm\sqrt{2}\,i$;容易求得方程(7-106)一个特解为 $y^*=-\dfrac{1}{2}$.于是方程(7-106)的通解为

$$y=C_1\mathrm{e}^{-t}+C_2\mathrm{e}^t+C_3\cos\sqrt{2}t+C_4\sin\sqrt{2}t-\frac{1}{2} \qquad (7-107)$$

再求未知数 x.由方程(7-104)可得

$$x=-\frac{1}{2}t+\frac{1}{2}(D^3+3D)y$$

将式(7-107)代入上式,即得

$$\begin{aligned} x &= -\frac{1}{2}t+\frac{1}{2}(D^3+3D)y \\ &= -\frac{1}{2}t+\frac{1}{2}(D^2+3)(-C_1\mathrm{e}^{-t}+C_2\mathrm{e}^t-\sqrt{2}\,C_3\sin\sqrt{2}t+\sqrt{2}\,C_4\cos\sqrt{2}t) \\ &= \frac{1}{2}(-t-3C_1\mathrm{e}^{-t}+3C_2\mathrm{e}^t-3\sqrt{2}\,C_3\sin\sqrt{2}t+3\sqrt{2}\,C_4\cos\sqrt{2}t)+ \\ &\quad \frac{1}{2}D(D_1\mathrm{e}^{-t}+C_2\mathrm{e}^t-2C_3\cos\sqrt{2}t-2C_4\sin\sqrt{2}t) \\ &= \frac{1}{2}(-t-4C_1\mathrm{e}^{-t}+4C_2\mathrm{e}^t-\sqrt{2}\,C_3\sin\sqrt{2}t+\sqrt{2}\,C_4\cos\sqrt{2}t) \end{aligned}$$

即

$$x=\frac{1}{2}(-t-4C_1\mathrm{e}^{-t}+4C_2\mathrm{e}^t-\sqrt{2}\,C_3\sin\sqrt{2}t+\sqrt{2}\,C_4\cos\sqrt{2}t) \qquad (7-108)$$

将式(7-107)与式(7-108)两个函数联立,便得到原方程组的通解.

要注意:在求得一个未知函数以后,再求另一个未知函数时,一般不再积分,否则就会出现新的任意常数.

现在利用行列式解上述方程组.由式(7-102)与式(7-103)组成线性方程组,根据克莱姆法则有

$$\begin{vmatrix} D^2-2 & 2D \\ -D & D^2+1 \end{vmatrix} y = \begin{vmatrix} D^2-2 & t \\ -D & 0 \end{vmatrix}$$

由此可得

$$[(D^2-2)(D^2+1)-(-D)\cdot 2D]y = Dt$$
$$(D^4+D^2-2)y = 1$$

从而求出未知数 y 的值,后面解法与前面相同,不再重复.

习题 7-9

求下列方程组的通解.

(1) $\begin{cases} \dfrac{dy}{dx} = z-2y \\ \dfrac{dz}{dx} = y \end{cases}$;

(2) $\begin{cases} \dfrac{dx}{dt} + \dfrac{dy}{dt} = -x+y+3 \\ \dfrac{dx}{dt} - \dfrac{dy}{dt} = x+y-3 \end{cases}$;

(3) $\begin{cases} \dfrac{dy}{dx} - 3y + 4\dfrac{dz}{dx} - 9z = x \\ y + \dfrac{dz}{dx} - z = 2x^2 \end{cases}$;

(4) $\begin{cases} \dfrac{dx}{dt} - x + 4\dfrac{dy}{dt} + 2y = \sin t \\ 3\dfrac{dx}{dt} - 2x + 2\dfrac{dy}{dt} - y = 0 \end{cases}$;

(5) $\begin{cases} \dfrac{d^2y}{dx^2} + z = x^2 \\ \dfrac{d^2z}{dx^2} + y = -x \end{cases}$;

(6) $\begin{cases} \dfrac{d^2y}{dx^2} - y + \dfrac{dz}{dx} = e^x \\ \dfrac{dy}{dx} + \dfrac{d^2z}{dx^2} + z = 0 \end{cases}$.

学习要点

一、基本概念

掌握基本概念:微分方程、常微分方程、微分方程的阶数、线性微分方程、常系数线性微分方程、通解、特解、初始条件、线性相关、线性无关、可分离变量的方程、齐次线性方程、非齐次线性方程、特征方程、特征根.

二、基本公式

(1)一阶线性微分方程 $y'+P(x)y=Q(x)$ 的通解公式:

$$y = e^{-\int P(x)dx}\left[\int Q(x)e^{\int P(x)dx}dx + C\right]$$

(2)二阶线性微分方程 $y''+py'+qy=0$ 的通解公式:设特征方程 $r^2+pr+q=0$ 的特征根 r_1,r_2,则有

(1) 两个不等实根:$r_1 \neq r_2$,通解形式 $y=C_1e^{r_1x}+C_2e^{r_2x}$.

(2) 两个相等实根:$r_1=r_2$,通解形式 $y=(C_1+C_2x)e^{r_1x}$.

（3）一对共轭复根 $r=\alpha\pm\beta i$，通解形式 $y=\mathrm{e}^{\alpha x}(C_1\cos\beta x+C_2\sin\beta x)$.

三、基本方法及定理

方法：分离变量法、常数变易法、特征方程法、待定系数法、降阶法、换元法.

定理：线性方程解的叠加原理：

二阶齐次线性微分方程

$$y''+P(x)y'+Q(x)y=0 \tag{7-109}$$

定理 1 若 $y_1(x),y_2(x)$ 是齐次线性方程(7-109)的两个解，则

$$y=C_1y_1(x)+C_2y_2(x)$$

也是方程(7-109)的解，其中 C_1,C_2 是任意常数. 且当 $y_1(x)$ 与 $y_2(x)$ 线性无关时，这个解就是方程(7-109)的通解.

定理 2 设函数 $y^*(x)$ 是二阶非齐次线性方程

$$y''+P(x)y'+Q(x)y=f(x)[f(x)\neq 0] \tag{7-110}$$

的一个特解，$Y(x)$ 是与方程(7-110)对应的齐次方程(7-109)的通解，则函数 $y=Y(x)+y^*(x)$ 是二阶非齐次线性微分方程(7-110)的通解.

定理 3 设非齐次线性微分方程(7-110)的右端 $f(x)$ 是两个函数之和，即

$$y''+P(x)y'+Q(x)y=f_1(x)+f_2(x)$$

且 y_1^* 与 $y_2^*(x)$ 分别是方程

$$y''+P(x)y'+Q(x)y=f_1(x) \quad \text{与} \quad y''+P(x)y'+Q(x)y=f_2(x)$$

的特解，则 $y_1^*+y_2^*(x)$ 就是原方程的特解.

非齐次线性方程解的结构定理：

定理 4 二阶常系数非齐次线性微分方程 $y''+py'+qy=P_m(x)\mathrm{e}^{\lambda x}$ 的特解为

$$y^*=x^k\mathrm{e}^{\lambda x}Q_m(x)$$

其中 λ 是常数(实数或复数)，$P_m(x),Q_m(x)$ 均是 m 次多项式. 若 λ 不是特征方程的根，则 $k=0$；若 λ 是特征方程的单根，则 $k=1$；若 λ 是特征方程的二重根，则 $k=2$.

非齐次微分方程

$$y''+py'+qy=\mathrm{e}^{\alpha x}[O_l(x)\cos\beta x+P_n(x)\sin\beta x] \tag{7-111}$$

或

$$y''+py'+qy=\mathrm{e}^{\alpha x}P_m(x)\cos\beta x \tag{7-112}$$

或

$$y''+py'+qy=\mathrm{e}^{\alpha x}P_m(x)\sin\beta x \tag{7-113}$$

的解，其中 α,β 为已知实数，$O_l(x),P_n(x)$ 及 $P_m(x)$ 分别为 l,n 及 m 次多项式. 我们用复数的方法求特解，同时也给出特解具有的形式.

定理 5 设复数 $\lambda=\alpha+\beta i$，方程(7-112)与方程(7-113)的解分别是复数方程 $y''+py'+qy=P_m(x)\mathrm{e}^{\lambda x}$ 的解的实部和虚部，它们的特解分别是 $y^*=x^k\mathrm{e}^{\lambda x}Q_m(x)$ 的实部和虚部，并且方程(7-111)、方程(7-112)与方程(7-113)特解的共同形式

$$y^*=x^k\mathrm{e}^{\alpha x}[\cos\beta xR_m(x)+\sin\beta xS_m(x)]$$

其中 $p,q,\alpha,\beta\in R,P_m(x)、R_m(x)$ 与 $S_m(x)$ 是 m[方程(7-111)中 $m=\max\{l,n\}$]次实系数多项式，而 $Q_m(x)$ 是 m 次复系数多项式，且当 $\lambda=\alpha+\beta i$(或 $\alpha-\beta i$)不是与是特征方程的根

时,k 分别取 0 及 1.

四、要点解析

1. 常微分方程有通用的解法吗? 对本章的学习应特别注意些什么?

常微分方程没有通用的求解方法. 每一种方法一般只适用于某一类方程, 不同类型的微分方程一般需要不同的解法. 我们只学习了常微分方程的几种常用方法. 因此, 学习本章时应特别注意每一种求解方法所适用的微分方程的类型. 当然, 有时一个方程可能有几种求解方法, 在求解时, 要选取最简单的那种方法以提高求解效率. 要特别注意: 并不是每一个微分方程都能求出其解析解, 大多数方程只能求其数值解.

例 1 求微分方程 $y'+y=0$ 的通解.

解 (方法一)因为 $y'+y=0$ 所对应的特征方程为 $r+1=0$, 特征根 $r=-1$, 所以 $y=Ce^{-x}$ (C 为任意常数)为所求通解.

(方法二)因为 $y'+y=0$, 所以 $\dfrac{\mathrm{d}y}{\mathrm{d}x}=-y(y\neq 0)$, 分离变量 $\dfrac{\mathrm{d}y}{y}=-\mathrm{d}x$, 两边积分

$$\int \frac{\mathrm{d}y}{y}=\int -\mathrm{d}x$$

求出原函数

$$\ln |y|=-x+C_1,\ |y|=e^{-x+C_1},\ y=\pm e^{C_1}e^{-x}$$

即

$$y=Ce^{-x}(C\ 为任意常数)$$

请思考为什么所求通解 $y=Ce^{-x}$ 中的任意常数 C 可以为零, 如何解释.

2. 如何用微分方程求解一些实际问题?

用微分方程求解实际问题的关键是建立实际问题的数学模型——微分方程. 这要先根据实际问题所提供的条件, 选择和确定模型的变量; 再根据物理、化学、生物、几何、经济等相关学科理论, 找到这些变量所遵循的定律, 用微分方程将其表示出来. 为此, 我们必须了解相关学科的一些基本概念、原理和定律; 要会用导数或微分表示几何量和物理量. 例如, 在几何中曲线切线的斜率 $k=\dfrac{\mathrm{d}y}{\mathrm{d}x}$ (纵坐标对横坐标的导数), 物理中变速直线运动的速度 $v=\dfrac{\mathrm{d}s}{\mathrm{d}t}$, 加速度 $a=\dfrac{\mathrm{d}^2 s}{\mathrm{d}t^2}$, 角速度 $w=\dfrac{\mathrm{d}\theta}{\mathrm{d}t}$, 电流 $i=\dfrac{\mathrm{d}q}{\mathrm{d}t}$ 等.

例 2 镭元素的衰变满足如下规律: 其衰变的速度与它的现存量成正比, 经验得知, 镭经过 1 600 年后, 只剩下原始量的一半, 试求镭现存量与时间 t 的函数关系.

解 设 t 时刻镭的现存量 $M=M(t)$, 由题意知: $M(0)=M_0$, 由于镭的衰变速度与现存量成正比, 故可列出方程 $\dfrac{\mathrm{d}M}{\mathrm{d}t}=-kM$, 其中 $k(k>0)$ 为比例系数. 式中出现的负号是因为在衰变过程中 M 逐渐减小, $\dfrac{\mathrm{d}M}{\mathrm{d}t}<0$.

将方程分离变量, 解得 $M=Ce^{-kt}$, 再由初始条件得 $M_0=Ce^0=C$, 因而

$$M=M_0 e^{-kt}$$

参数 k,用另一附加条件 $M(1\,600)=\dfrac{M_0}{2}$ 求出,即 $\dfrac{M_0}{2}=M_0 e^{-k\cdot 1\,600}$,解之得

$$k=\frac{\ln 2}{1\,600}\approx 0.000\,433$$

因而镭的衰变中,现存量 M 与时间 t 的关系为 $M=M_0 e^{-0.000\,433t}$.

复习题七

1.填空题.

(1)一阶线性齐次方程 $y'+P(x)=0$ 的通解为_____,非齐次方程 $y'+P(x)y=Q(x)$ 的通解为_____.

(2)二阶常系数线性齐次方程 $y''+py'+qy=0$ 的特征根 r_1,r_2,当 $r_1<r_2$ 时,通解为_____;当 $r_1=r_2$ 时,通解为_____;当 $r_{1,2}=\alpha+\beta i\,(\beta\neq 0)$ 时,通解为_____.

(3)已知 $y_1=1,y_2=x$ 是某一阶非齐次线性齐次方程的两个解,该方程通解为_____.

(4)设函数 $y=f(x)$ 满足方程 $y''+y'-2y=0$,在 $x=0$ 处 $f(x)$ 取得极值 3,则 $y=$_____.

2.以下题中给出四个结论,从中选择一个正确的结论.

(1)下列中是线性方程(　　).

A. $yy'-2y=0$

B. $y''+y'^5-2y=1$

C. $y''+y'-2(x-\sqrt{y})=0$

C. $y'''+(3x+4)y'-2x(x-y)=0$

(2)设 y_1,y_2,y_3 是二阶非齐次线性方程 $y''+P(x)y'+Q(x)y=f(x)$ 的三个线性无关特解,C_1,C_2 是两个任意常数,该非齐次方程的解是(　　).

A. $(C_1+C_2)y_1+(C_2-C_1)y_2+(1-C_2)y_3$

B. $(1-C_2)y_1+(C_2-2C_1)y_2+3C_1y_3$

C. $(1-C_2)y_1+(C_2-2C_1)y_2+2C_1y_3$

D. $C_1y_1+(2C_2-C_1)y_2+(C_1-2C_2)y_3$

(3)二阶常系数线性非齐次方程为 $y''+py'+qy=P_2(x)e^x$,特解可能形式为(　　).

A. $y=Q_2(x)$

B. $y=Q_3(x)e^x$

C. $y=x^2Q^2(x)e^{2x}$

D. $y=xQ_2(x)e^x$

(4)具有特解 $y_1=19e^{-x},y_2=2e^{2x},y_2=xe^{2x}$ 的三阶常系数齐次线性方程是(　　).

A. $y'''-3y''+4y=0$

B. $y'''-3y'-2y=0$

C. $y'''-3y''+2y'+y=0$

D. $y'''-2y''+3y'=0$

3.求下列各式所表示的函数为通解的微分方程.

(1)$(3x+C)^2-y^2=0$(C 为任意常数);(2)$y=C_1+C_2e^{5x}$(C_1,C_2 为任意常数).

4.求下列微分方程的通解.

(1)$xy'\ln x+y=\ln x+5$;

(2)$xy\mathrm{d}x+\sqrt{x^2-y^2}\,\mathrm{d}y-x^2\mathrm{d}y=0$;

(3)$xy'+y=-2(xy+1)^3$;

(4)$yy'+xy^2=x^2+2$;

(5)$(x+2\ln y)\mathrm{d}y+y\mathrm{d}x=0$;

(6)$y''+2y'=x^2e^x$;

(7)$y''-y'^2+6=0$;

(8)$y''+y'-12y=xe^{3x}+2$;

（9）$y'' - 2y' + 6y = \mathrm{e}^x \sin\sqrt{5}\, x$.

5.求下列微分方程满足所给初始条件的通解.

（1）$y'' + y^3 y'^4 = 0, y\big|_{x=0} = 0, y'\big|_{x=0} = 1$；

（2）$y'' - 2\sin 4y = 0, y\big|_{x=0} = \dfrac{\pi}{4}, y'\big|_{x=0} = 0$；

（3）$y'' - 6y' + 10y = \mathrm{e}^{3x}\cos x, y\big|_{x=0} = 0, y'\big|_{x=0} = -1$.

6.已知连续函数 $y = f(x)$ 满足 $f(x) = \displaystyle\int_0^{3x} f\left(\dfrac{t}{3}\right)\,\mathrm{d}t + \mathrm{e}^{2x}$，求 $f(x)$.

7.在 xOy 平面的第一象限有曲线经过点 $(4,1)$，从曲线上任一点 $P(x,y)$ 向 x 轴和 y 轴做垂线，垂足分别为 A、B，又在 P 点处曲线的切线交 x 轴于点 C.若矩形 $BPAO$ 的面积与三角形 $\triangle PAC$ 的面积相等，求曲线的方程.

8.设可导函数 $y = f(x) > 0$.已知曲线 $y = f(x)$ 与直线 $y = 0, x = 1$ 及 $x = t\,(t > 1)$ 所围成的曲边梯形绕 x 轴旋转一周所得的立体体积值是该曲边梯形的面积值的 πt 倍，求该曲线的方程.

附录 I

极限存在定理的证明

我们在第一章第六节给出了两个极限存在定理,证明如下:

定理 1(数列极限判定定理) 设 $\{x_n\}$ 为一个有界数列. $\forall \varepsilon > 0$, $\exists N \in Z^+$, 当 $n > N$ 时有 $|x_n - x_{n-1}| < \varepsilon$, 则数列 $\{x_n\}$ 收敛.

证明 我们知道致密性定理:有界数列必有收敛得子列.设有界数列 $\{x_n\}$ 有收敛子列为 $\{x_{n_k}\}$, 则存在常数 a, 使得 $\lim\limits_{k \to \infty} x_{n_k} = a$. 对于子列 $\{x_{n_k}\}$ 某一具体的项 x_{n_k} 而言, 其序号 n_k 一定是有限数, 从而存在有限数

$$M = \max\{n_{k+1} - n_k \mid k = 1, 2, 3, \cdots\} < \infty$$

由题意可得 $\forall \varepsilon > 0$, $\exists m \in Z^+$, 当 $n < m$ 时, 有 $|x_n - x_{n-1}| < \dfrac{\varepsilon}{2M}$. 对于 ε, $\exists K \in Z^+$, 当 $k > K$ 时, 有

$|x_{n_k} - a| < \dfrac{\varepsilon}{2}$. 取 $N = \max\{n_K, m\}$, 对于 $\forall n > N$, $\exists k_0 > K$, 使得 $n_{k_0} \leqslant n \leqslant n_{k_0+1}$, 则有

$$|x_n - x_{n_{k_0}}| = |x_n - x_{n-1} + x_{n-1} - x_{n-2} + \cdots + x_{n_{k_0}+1} - x_{n_{k_0}}| \leqslant$$
$$|x_n - x_{n-1}| + |x_{n-1} - x_{n-2}| + \cdots + |x_{n_{k_0}+1} - x_{n_{k0}}| <$$
$$\frac{(n - n_{k_0})\varepsilon}{2M} \leqslant \frac{(n_{k_0+1} - n_{k_0})\varepsilon}{2M} < \frac{\varepsilon}{2}$$

于是有

$$|x_n - a| \leqslant |x_n - x_{n_{k_0}}| + |x_{n_{k_0}} - a| < \varepsilon$$

因此,数列 $\{x_n\}$ 收敛.证毕.

定理 2(均匀性定理) 有界数列 $\{y_n\}$ 收敛的充分必要条件是 $\lim\limits_{n \to \infty} \dfrac{y_{n+1}}{y_n} = 1$ 或 $\exists N \in Z^+$, 当 $n > N$ 时, $\left| \dfrac{y_{n+1}}{y_n} \right| \leqslant r < 1$.

证明(充分条件) 因为 $\{y_n\}$ 为有界数列, 则 $\exists M > 0$, 使得 $|y_n| \leqslant M$. 对于 $\lim\limits_{n \to \infty} \dfrac{y_{n+1}}{y_n} = 1$, 也

就是 $\forall \varepsilon > 0$，$\exists m \in Z_+$，当 $n > m$ 时，$\left| \dfrac{y_{n+1}}{y_n} - 1 \right| < \dfrac{\varepsilon}{M}$ 恒成立，即 $|y_{n+1} - y_n| < \varepsilon$. 利用定理 3 可

得该数列收敛. 对于 $\exists N \in Z_+$，当 $n > N$ 时，有 $\dfrac{|y_{n+1}|}{|y_n|} \leqslant r$，则有

$$|y_{n+1}| \leqslant r|y_n| \leqslant r^2|y_{n-1}| \leqslant \cdots \leqslant r^{n+1-N}|y_N|$$

由于 $0 \leqslant r < 1$，可得 $\lim\limits_{n \to \infty} y_n = 0$. 故数列 $\{y_n\}$ 收敛. 由此可得结论.

（必要条件）　① 当 $\lim\limits_{n \to \infty} y_n = a > 0$ 时，$\forall 0 < \varepsilon < \dfrac{a}{2}$，$\exists N \in Z_+$，使得当 $n > N$ 时，$y_n > 0$ 且

$|y_n - a| < \varepsilon$. 由此可得 $0 < a - \varepsilon < y_{n+1} < a + \varepsilon$，$0 < a - \varepsilon < y_n < a + \varepsilon$. 于是

$$\frac{a-\varepsilon}{y_n} < \frac{y_{n+1}}{y_n} < \frac{a+\varepsilon}{y_n}, \quad \frac{a-\varepsilon}{a+\varepsilon} < \frac{y_{n+1}}{y_n} < \frac{a+\varepsilon}{a-\varepsilon}$$

即

$$-\frac{2\varepsilon}{a+\varepsilon} < \frac{y_{n+1}}{y_n} - 1 < \frac{2\varepsilon}{a-\varepsilon}$$

因而 $\left| \dfrac{y_{n+1}}{y_n} - 1 \right| < \dfrac{2\varepsilon}{a+\varepsilon}$. 又 $0 < \varepsilon < \dfrac{a}{2} < a$，从而 $\left| \dfrac{y_{n+1}}{y_n} - 1 \right| < \dfrac{2\varepsilon}{a+a} = \dfrac{\varepsilon}{a}$，可得 $\lim\limits_{n \to \infty} \dfrac{y_{n+1}}{y_n} = 1$.

② 当 $\lim\limits_{n \to \infty} y_n = a < 0$ 时，有类似结论.

③ 当 $\lim\limits_{n \to \infty} y_n = 0$ 时，如果 $\exists m \in Z_+$，当 $n > m$ 时，$\dfrac{|y_{n+1}|}{|y_n|} \geqslant 1$，可得

$$|y_{n+1}| \geqslant |y_n| \geqslant \cdots \geqslant |y_m|$$

这与 $\lim\limits_{n \to \infty} y_n = 0$ 矛盾. 因而只有 $\dfrac{|y_{n+1}|}{|y_n|} < 1$. 若数列 $\{|y_n|\}$ 递减速度缓慢，有界数集 $\left\{ \dfrac{|y_{n+1}|}{|y_n|} : \right.$

$n > m \bigg\}$ 存在上确界 1，即 $\lim\limits_{n \to \infty} \dfrac{y_{n+1}}{y_n} = 1$，根据充分条件，该数列 $\{y_n\}$ 收敛. 若 $\{|y_n|\}$ 递减速度较

快，$\lim\limits_{n \to \infty} \dfrac{y_{n+1}}{y_n} \neq 1$，即该数集没有上确界 1，从而存在 $t \in R_+$，使得 $\dfrac{y_{n+1}}{y_n} < t < 1$. 同时，我们容易知

道：当 $\lim\limits_{n \to \infty} \dfrac{y_{n+1}}{y_n} = -1$ 时，数列 $\{y_n\}$ 发散. 从而数集 $\left\{ \dfrac{|y_{n+1}|}{|y_n|} : n > m \right\}$ 不能有下确界 -1，从而存在

$-1 < s < 0$，使得 $-1 < s \leqslant \dfrac{y_{n+1}}{y_n}$. 取 $r = \max\{-s, t\}$，$\exists N \in Z_+$，当 $n > N$ 时，$\left| \dfrac{y_{n+1}}{y_n} \right| \leqslant r < 1$ 恒成立. 综

上所述可得结论. 证毕.

第十二章第三节定理 2 的证明如下：

定理 3　如果级数 $\sum\limits_{n=1}^{\infty} a_n$ 的项添加括号后所成的级数收敛，且 $\lim\limits_{n \to \infty} a_n = 0$，则该级数

收敛.

证明　在级数 $\sum\limits_{n=1}^{\infty} a_n$ 的项添加括号过程中，如果存在一个括号里面有无穷多项，显然

它是级数添加的最后一个括号,根据级数的性质,去掉该括号前面所有的项,它的敛散性不改变,从而结论成立.现在假设添加的每一个括号里面只有有限项。设 $\displaystyle\sum_{n=1}^{\infty} a_n$ 的项添加括号后所成的级数为

$$(a_1+a_2+\cdots+a_{n_1})+(a_{n_1+1}+a_{n_1+2}+\cdots+a_{n_2})+\cdots+(a_{n_k+1}+a_{n_k+2}+\cdots+a_{n_k})+\cdots$$

其和为 t,记作 $\displaystyle\sum_{k=1}^{\infty} b_{n_k}=t$.从而 $\exists K\in Z^+$,其余项满足 $\left|\displaystyle\sum_{k=K}^{\infty} b_{n_k}\right|<1$. 令

$$M=\max\{n_{k+1}-n_k \mid k=1,2,3,\cdots\}<\infty$$

又因为 $\displaystyle\lim_{n\to\infty} a_n=0$,对于 $\varepsilon=\dfrac{1}{M}$,$\exists N_1\in Z^+$,使得当 $n>N_1$ 时,有 $|a_n|<\dfrac{1}{M}$.取 $N=\max\{n_K,N_1\}$,

对于充分大的自然数 n,$\exists k_0\in Z^+$,使得 $N<n_{k_0}\leqslant n\leqslant n_{k_0+1}$,则 $\displaystyle\sum_{n=1}^{\infty} a_n$ 的部分和 $S_n=\displaystyle\sum_{i=1}^{n} a_i$ 满足

$$
\begin{aligned}
|S_n| &= \left| b_{n_1}+b_{n_2}+\cdots+b_{n_{k_s}}+(a_{n_{k_s}+1}+a_{n_{k_s}+2}+\cdots+a_n) \right| \\
&\leqslant \left| \sum_{k=1}^{\infty} b_{n_k} - \sum_{k=k_0+1}^{\infty} b_{n_k} \right| + |a_{n_{k_s}+1}| + |a_{n_{k_s}+2}| + \cdots + |a_n| \\
&\leqslant \left| \sum_{k=1}^{\infty} b_{n_k} \right| + \left| \sum_{k=k_0+1}^{\infty} b_{n_k} \right| + |a_{n_{k_s}+1}| + |a_{n_{k_s}+2}| + \cdots + |a_n| \\
&\leqslant |t| + 1 + \frac{n-n_{k_0}}{M} \leqslant |t| + 2
\end{aligned}
$$

从而该级数有界.又 $\displaystyle\lim_{n\to\infty}(S_{n+1}-S_n)=\lim_{n\to\infty} a_n=0$,利用定理 1 可得结论. 证毕.

附录 II

积分表

一、含有 x^n 的形式

1. $\int x^n \mathrm{d}x = \dfrac{x^{n+1}}{n+1} + C, n \neq -1.$

2. $\int \dfrac{1}{x} \mathrm{d}x = \ln x + C.$

二、含有 $a+bx$ 的形式

1. $\int \dfrac{x}{a+bx} \mathrm{d}x = \dfrac{1}{b^2}(bx - a\ln|a+bx|) + C.$

2. $\int \dfrac{x}{(a+bx)^2} \mathrm{d}x = \dfrac{1}{b^2}\left(\dfrac{a}{a+bx} + \ln|a+bx|\right) + C.$

3. $\int \dfrac{x}{(a+bx)^n} \mathrm{d}x = \dfrac{1}{b^2}\left[\dfrac{-1}{(n-2)(a+bx)^{n-2}} + \dfrac{a}{(n-1)(a+bx)^{n-1}}\right] + C, n \neq 1,2.$

4. $\int \dfrac{x^2}{a+bx} \mathrm{d}x = \dfrac{1}{b^3}\left[-\dfrac{bx}{2}(2a-bx) + a^2\ln|a+bx|\right] + C.$

5. $\int \dfrac{x^2}{(a+bx)^2} \mathrm{d}x = \dfrac{1}{b^3}\left(bx - \dfrac{a^2}{a+bx} - 2a\ln|a+bx|\right) + C.$

6. $\int \dfrac{x^2}{(a+bx)^3} \mathrm{d}x = \dfrac{1}{b^3}\left[\dfrac{2a}{a+bx} - \dfrac{a^2}{2(a+bx)^2} + \ln|a+bx|\right] + C.$

7. $\int \dfrac{x^2}{(a+bx)^n} \mathrm{d}x = \dfrac{1}{b^3}\left[\dfrac{-1}{(n-3)(a+bx)^{n-3}} + \dfrac{2a}{(n-2)(a+bx)^{n-2}} - \dfrac{a^2}{(n-1)(a+bx)^{n-1}}\right] + C,$
$n \neq 1,2,3.$

8. $\int \dfrac{1}{x(a+bx)} \mathrm{d}x = \dfrac{1}{a}\ln\left|\dfrac{x}{a+bx}\right| + C.$

9. $\int \dfrac{1}{x(a+bx)^2} \mathrm{d}x = \dfrac{1}{a^2}\left(\dfrac{a}{a+bx} + \ln\left|\dfrac{x}{a+bx}\right|\right) + C.$

10. $\int \dfrac{1}{x^2(a+bx)}dx = -\dfrac{1}{a^2x}\left(a + bx\ln\left|\dfrac{x}{a+bx}\right|\right) + C.$

11. $\int \dfrac{1}{x^2(a+bx)^2}dx = -\dfrac{1}{a^2}\left[\dfrac{a+2bx}{x(a+bx)} + \dfrac{2b}{a}\ln\left|\dfrac{x}{a+bx}\right|\right] + C.$

三、含有 $a^2 \pm x^2$,$a>0$ 的形式

1. $\int \dfrac{1}{a^2+x^2}dx = \dfrac{1}{a}\arctan\dfrac{x}{a} + C.$

2. $\int \dfrac{1}{x^2-a^2}dx = \dfrac{1}{2a}\ln\left|\dfrac{x-a}{x+a}\right| + C.$

3. $\int \dfrac{1}{(a^2 \pm x^2)^n}dx = \dfrac{1}{2a^2(n-1)}\left[\dfrac{x}{(a^2 \pm x^2)^{n-1}} + (2n-3)\int\dfrac{1}{(a^2 \pm x^2)^{n-1}}dx\right] + C,$
$n \neq 1.$

四、含有 $a+bx+cx^2$,$b^2 \neq 4bc$ 的形式

1. $\int \dfrac{1}{a+bx+cx^2}dx = \dfrac{2}{\sqrt{4ac-b^2}}\arctan\dfrac{2cx+b}{\sqrt{4ac-b^2}} + C, b^2 < 4ac;$

$\qquad = \dfrac{1}{\sqrt{b^2-4ac}}\ln\left|\dfrac{2cx+b-\sqrt{b^2-4ac}}{2cx+b+\sqrt{b^2-4ac}}\right| + C, b^2 > 4ac.$

2. $\int \dfrac{x}{a+bx+cx^2}dx = \dfrac{1}{2c}\left(\ln|a+bx+cx^2| - b\int\dfrac{1}{a+bx+cx^2}dx\right) + C.$

五、含有 $\sqrt{a+bx}$ 的形式

1. $\int x^n\sqrt{a+bx}\,dx = \dfrac{2}{b(2n+3)} \cdot \left[x^n(a+bx)^{\frac{3}{2}} - na\int x^{n-1}\sqrt{a+bx}\,dx\right].$

2. $\int \dfrac{1}{x\sqrt{a+bx}}dx = \dfrac{1}{\sqrt{a}}\ln\left|\dfrac{\sqrt{a}-\sqrt{a+bx}}{\sqrt{a}+\sqrt{a+bx}}\right| + C, a > 0;$

$\qquad = \dfrac{2}{\sqrt{-a}}\arctan\sqrt{\dfrac{a+bx}{-a}} + C, a>0.$

3. $\int \dfrac{1}{x^n\sqrt{a+bx}}dx = \dfrac{-1}{a(n-1)}\left[\dfrac{\sqrt{a+bx}}{x^{n-1}} + \dfrac{b(2n-3)}{2}\int\dfrac{1}{x^{n-1}\sqrt{a+bx}}dx\right], n \neq 1.$

4. $\int \dfrac{\sqrt{a+bx}}{x}dx = 2\sqrt{a+bx} + a\int\dfrac{1}{x\sqrt{a+bx}}dx.$

5. $\int \dfrac{\sqrt{a+bx}}{x^n}dx = \dfrac{-1}{a(n-1)}\left[\dfrac{(a+bx)^{\frac{3}{2}}}{x^{n-1}} + \dfrac{b(2n-5)}{2}\int\dfrac{\sqrt{a+bx}}{x^{n-1}}dx\right], n \neq 1.$

6. $\int \dfrac{x}{\sqrt{a+bx}}dx = -\dfrac{2(2a-bx)}{3b^2}\sqrt{a+bx} + C.$

7. $\int \dfrac{x^n}{\sqrt{a+bx}}dx = \dfrac{2}{(2n+1)b}\left(x^n\sqrt{a+bx} - na\int\dfrac{x^{n-1}}{\sqrt{a+bx}}dx\right).$

六、含有 $\sqrt{x^2 \pm a^2}$，$a>0$ 的形式

1. $\int \sqrt{x^2 \pm a^2}\,dx = \dfrac{1}{2}\left(x\sqrt{x^2 \pm a^2} \pm a^2\ln\left|x + \sqrt{x^2 \pm a^2}\right|\right) + C.$

2. $\int x^2\sqrt{x^2 \pm a^2}\,dx = \dfrac{1}{8}\left[x(2x^2 \pm a^2)\sqrt{x^2 \pm a^2} - a^4\ln\left|x + \sqrt{x^2 \pm a^2}\right|\right] + C.$

3. $\int \dfrac{1}{x}\sqrt{x^2 + a^2}\,dx = \sqrt{x^2 + a^2} - a\ln\left|\dfrac{a + \sqrt{x^2 + a^2}}{x}\right| + C.$

4. $\int \dfrac{1}{x}\sqrt{x^2 - a^2}\,dx = \sqrt{x^2 - a^2} - a\arccos\dfrac{a}{x} + C.$

5. $\int \dfrac{1}{x^2}\sqrt{x^2 \pm a^2}\,dx = -\dfrac{1}{x}\sqrt{x^2 \pm a^2} + \ln\left|x + \sqrt{x^2 \pm a^2}\right| + C.$

6. $\int \dfrac{1}{\sqrt{x^2 \pm a^2}}\,dx = \ln\left|x + \sqrt{x^2 \pm a^2}\right| + C.$

7. $\int \dfrac{x^2}{\sqrt{x^2 \pm a^2}}\,dx = \dfrac{1}{2}\left(x\sqrt{x^2 \pm a^2} \mp a^2\ln\left|x + \sqrt{x^2 \pm a^2}\right| + C\right).$

8. $\int \dfrac{1}{x\sqrt{x^2 - a^2}}\,dx = \dfrac{1}{a}\arccos\dfrac{a}{x} + C.$

9. $\int \dfrac{1}{x\sqrt{x^2 + a^2}}\,dx = -\dfrac{1}{a}\ln\left|\dfrac{a + \sqrt{x^2 + a^2}}{x}\right| + C.$

10. $\int \dfrac{1}{x^2\sqrt{x^2 \pm a^2}}\,dx = \mp\dfrac{\sqrt{x^2 \pm a^2}}{a^2 x} + C.$

11. $\int \dfrac{1}{(x^2 \pm a^2)^{\frac{3}{2}}}\,dx = \pm\dfrac{x}{a^2\sqrt{x^2 \pm a^2}} + C.$

七、含有 $\sqrt{a^2 - x^2}$，$a>0$ 的形式

1. $\int \sqrt{a^2 - x^2}\,dx = \dfrac{1}{2}\left(x\sqrt{a^2 - x^2} + a^2\arcsin\dfrac{x}{a}\right) + C.$

2. $\int x^2\sqrt{a^2 - x^2}\,dx = \dfrac{1}{8}\left[x(2x^2 - a^2)\sqrt{a^2 - x^2} + a^4\arcsin\dfrac{x}{a}\right] + C.$

3. $\int \dfrac{1}{x}\sqrt{a^2 - x^2}\,dx = \sqrt{a^2 - x^2} - a\ln\left|\dfrac{a + \sqrt{a^2 - x^2}}{x}\right| + C.$

4. $\int \dfrac{1}{x^2}\sqrt{a^2 - x^2}\,dx = -\dfrac{1}{x}\sqrt{a^2 - x^2} - \arcsin\dfrac{x}{a} + C.$

5. $\int \dfrac{1}{\sqrt{a^2 - x^2}}\,dx = \arcsin\dfrac{x}{a} + C.$

6. $\int \dfrac{1}{x\sqrt{a^2 - x^2}}\,dx = -\dfrac{1}{a}\ln\left|\dfrac{a + \sqrt{a^2 - x^2}}{x}\right| + C.$

7. $\int \dfrac{1}{x^2\sqrt{a^2-x^2}}dx = -\dfrac{1}{a^2x}\sqrt{a^2-x^2} + C.$

8. $\int \dfrac{x^2}{\sqrt{a^2-x^2}}dx = \dfrac{1}{2}\left(-x\sqrt{a^2-x^2} + a^2\arcsin\dfrac{x}{a}\right) + C.$

9. $\int \dfrac{1}{(a^2-x^2)^{\frac{3}{2}}}dx = \dfrac{x}{a^2\sqrt{a^2-x^2}} + C.$

八、含有 $\sin x$ 或 $\cos x$ 的形式

1. $\int \sin x\,dx = -\cos x + C.$

2. $\int \cos x\,dx = \sin x + C.$

3. $\int \sin^2 x\,dx = \dfrac{1}{4}(2x - \sin 2x) + C.$

4. $\int \cos^2 x\,dx = \dfrac{1}{4}(2x + \sin 2x) + C.$

5. $\int \sin^n x\,dx = \dfrac{1}{n}\left[-\sin^{n-1}x\cos x + (n-1)\int \sin^{n-2}x\,dx\right] + C.$

6. $\int \cos^n x\,dx = \dfrac{1}{n}\left[\cos^{n-1}x\sin x + (n-1)\int \cos^{n-2}x\,dx\right] + C.$

7. $\int x\sin x\,dx = \sin x - x\cos x + C.$

8. $\int x\cos x\,dx = \cos x + x\sin x + C.$

9. $\int x^n\sin x\,dx = -x^n\cos x + n\int x^{n-1}\cos x\,dx + C.$

10. $\int x^n\cos x\,dx = x^n\sin x - n\int x^{n-1}\sin x\,dx + C.$

11. $\int \dfrac{1}{1\pm\sin x}dx = \tan x \mp \sec x + C.$

12. $\int \dfrac{1}{1\pm\cos x}dx = -\cot x \pm \csc x + C.$

13. $\int \dfrac{1}{\sin x\cos x}dx = \ln|\tan x| + C.$

九、含有 $\tan x, \cot x, \sec x, \csc x$ 的形式

1. $\int \tan x\,dx = -\ln|\cos x| + C.$

2. $\int \cot x\,dx = \ln|\sin x| + C.$

3. $\int \sec x\,dx = \ln|\sec x + \tan x| + C.$

4. $\int \csc x\,dx = \ln|\csc x - \cot x| + C.$

5. $\int \tan^2 x \mathrm{d}x = -x + \tan x + C.$

6. $\int \cot^2 x \mathrm{d}x = -x - \cot x + C.$

7. $\int \sec^2 x \mathrm{d}x = \tan x + C.$

8. $\int \csc^2 x \mathrm{d}x = -\cot x + C.$

9. $\int \tan^n x \mathrm{d}x = \dfrac{\tan^{n-1} x}{n-1} - \int \tan^{n-2} x \mathrm{d}x + C, n \neq 1.$

10. $\int \cot^n x \mathrm{d}x = -\dfrac{\cot^{n-1} x}{n-1} - \int \cot^{n-2} x \mathrm{d}x + C, n \neq 1.$

11. $\int \sec^n x \mathrm{d}x = \dfrac{\sec^{n-2} x \tan x}{n-1} + \dfrac{n-2}{n-1} \int \sec^{n-2} x \mathrm{d}x + C, n \neq 1.$

12. $\int \csc^n x \mathrm{d}x = -\dfrac{\csc^{n-2} x \cot x}{n-1} + \dfrac{n-2}{n-1} \int \csc^{n-2} x \mathrm{d}x + C, n \neq 1.$

13. $\int \dfrac{1}{1 \pm \tan x} \mathrm{d}x = \dfrac{1}{2} (x \pm \ln|\cos x \pm \sin x|) + C.$

14. $\int \dfrac{1}{1 \pm \cot x} \mathrm{d}x = \dfrac{1}{2} (x \mp \ln|\sin x \pm \cos x|) + C.$

15. $\int \dfrac{1}{1 \pm \sec x} \mathrm{d}x = x + \cot x \mp \csc x + C.$

16. $\int \dfrac{1}{1 \pm \csc x} \mathrm{d}x = x - \tan x \pm \sec x + C.$

十、含有反三角函数的形式

1. $\int \arcsin x \mathrm{d}x = x \arcsin x + \sqrt{1 - x^2} + C.$

2. $\int \arccos x \mathrm{d}x = x \arccos x - \sqrt{1 - x^2} + C.$

3. $\int \arctan x \mathrm{d}x = x \arctan x - \dfrac{1}{2} \ln(1 + x^2) + C.$

4. $\int \operatorname{arccot} x \mathrm{d}x = x \operatorname{arccot} x + \dfrac{1}{2} \ln(1 + x^2) + C.$

5. $\int \operatorname{arcsec} x \mathrm{d}x = x \operatorname{arcsec} x - \ln\left|x + \sqrt{x^2 - 1}\right| + C.$

6. $\int \operatorname{arccsc} x \mathrm{d}x = x \operatorname{arccsc} x + \ln\left|x + \sqrt{x^2 - 1}\right| + C.$

7. $\int x \arcsin x \mathrm{d}x = \dfrac{1}{4} \left[x \sqrt{1 - x^2} + (2x^2 - 1) \arcsin x \right] + C.$

8. $\int x \arccos x \mathrm{d}x = \dfrac{1}{4} \left[-x \sqrt{1 - x^2} + (2x^2 - 1) \arccos x \right] + C.$

9. $\int x \arctan x \mathrm{d}x = \dfrac{1}{2} \left[(1 + x^2) \arctan x - x \right] + C.$

10. $\int x \operatorname{arccot} x \, dx = \dfrac{1}{2} \left[(1 + x^2) \operatorname{arccot} x + x \right] + C.$

十一、含有 e^x 的形式

1. $\displaystyle\int a^x \, dx = \dfrac{a^x}{\ln a} + C.$

2. $\displaystyle\int e^x \, dx = e^x + C.$

3. $\displaystyle\int x e^x \, dx = (x - 1) e^x + C.$

4. $\displaystyle\int x^n e^x \, dx = x^n e^x - n \int x^{n-1} e^x \, dx + C.$

5. $\displaystyle\int \dfrac{1}{1 + e^x} \, dx = x - \ln(1 + e^x) + C.$

6. $\displaystyle\int e^{ax} \sin bx \, dx = \dfrac{e^{ax}}{a^2 + b^2}(a \sin bx - b \cos bx) + C.$

7. $\displaystyle\int e^{ax} \cos bx \, dx = \dfrac{e^{ax}}{a^2 + b^2}(a \cos bx + b \sin bx) + C.$

十二、含有 $\ln x$ 的形式

1. $\displaystyle\int \ln x \, dx = x(\ln x - 1) + C.$

2. $\displaystyle\int \dfrac{\ln x}{\sqrt{x}} \, dx = 4\sqrt{x} \ln(\sqrt{x} - 1) + C.$

3. $\displaystyle\int x \ln x \, dx = \dfrac{x^2}{4}(2\ln x - 1) + C.$

4. $\displaystyle\int x^n \ln x \, dx = \dfrac{x^{n+1}}{(n+1)^2} \left[(n+1)\ln x - 1 \right] + C, n \neq 1.$

5. $\displaystyle\int (\ln x)^2 \, dx = x \left[(\ln x)^2 - 2\ln x + 2 \right] + C.$

6. $\displaystyle\int (\ln x)^n \, dx = x (\ln x)^n - n \int (\ln x)^{n-1} \, dx.$

7. $\displaystyle\int \sin(\ln x) \, dx = \dfrac{x}{2} \left[\sin(\ln x) - \cos(\ln x) \right] + C.$

8. $\displaystyle\int \cos(\ln x) \, dx = \dfrac{x}{2} \left[\sin(\ln x) + \cos(\ln x) \right] + C.$

9. $\displaystyle\int \ln(x + \sqrt{1 + x^2}) \, dx = x \ln(x + \sqrt{1 + x^2}) - \sqrt{1 + x^2} + C.$

参考文献

[1]陆庆乐,马知恩.高等数学(工专)[M].2版.北京:高等教育出版社,2000.

[2]吴纪桃,漆毅.高等数学(工专)[M].北京:高等教育出版社,2006.

[3]同济大学主数学系.高等数学[M].7版.北京:高等教育出版社,2018.

[4]何红洲.高等数学[M].北京:中国水利水电出版社,2014.

[5]华东师范大学.数学分析[M].北京:高等教育版社,2004.

[6]何红洲.高等数学答案及辅导[M].北京:中国水利水电出版社,2014.

[7]张宇.考研数学真题及大全解[M].北京:北京理工大学出版社,2011.

[8]杜先云,任秋道.数列收敛的一个判定定理[J].课程教育研究,2021,5(1):34,36.

[9]周世新.关于函数极限求法的探讨[J].呼伦贝尔学院学报,2009,34(1):46-51.

[10]杜先云,任秋道.罗尔定理在高阶导数中的应用[J].新时代教育,2022,25(6):224-246.

[11]杜先云,任秋道.如何讲解不定积分[J].数学学习与研究,2021(1):6-7.

[12]杜先云,任秋道.如何计算平面图形的面积[J].新时代教育,2022,27(8):229-230.

[13]杜先云,任秋道.一些常系数非齐次线性微分方程的复数解法[J].数学大世界,2021,443(1):49-50.

[14]杜先云,任秋道.如何利用构造法培养学生的创新思维[J].绵阳师范学院学报(自然科学版),2015,34(11):126-130.

[15]杜先云,任秋道.分类讨论与穷举法[J].绵阳师范学院学报(自然科学版),2017,36(2):3-5.

[16]杜先云,任秋道.浅谈逻辑推理及证明方法[J].数理化解题研究,2020,18(6):1-3.

习题参考答案

第一章　函数的极限与连续

【习题 1-1】

1.每一个学生都找到了工作,并且每一个人只能干一件工作.

2.(1)$[2,+\infty)$;(2)$(-2,2)$;(3)$\left(k\pi-\dfrac{\pi}{2}-2,k\pi+\dfrac{\pi}{2}+2\right)(k\in Z)$;

(4)$[0,2)\cup(2,+\infty)$;(5)$(-\infty,-1)\cup(1,+\infty)$;

(6)$\left(k\pi,k\pi+\dfrac{\pi}{2}\right)\cup\left[k\pi+\dfrac{\pi}{2},(k+1)\pi\right](k\in Z)$;(7)$(-\infty,2)\cup(2,+\infty)$;(8)$[0,2]$.

3.(1)非奇非偶函数;(2)偶函数;(3)奇函数;(4)奇函数;(5)偶函数;(6)奇函数.

4.(1)有界函数,$a+3\leqslant f(x)\leqslant 2a+3(a\geqslant 0)$,$2a+3\leqslant f(x)\leqslant a+3(a<0)$;(2)无界函数;
(3)无界函数;(4)有界函数,$0\leqslant f(n)\leqslant 9$.

5.(1)$(-\infty,0)$为减区间,$[0,+\infty)$为增区间;(2)$(0,+\infty)$为增区间;(3)$(-\infty,+\infty)$为增区间;(4)$(-\infty,0)$为减区间,$[0,+\infty)$为增区间.

6.(1)$y=\dfrac{1}{4}(x+1)$;(2)$y=x^3+2$;(3)$y=\dfrac{1}{3}(e^x+4)$;(4)$y=2\arccos\dfrac{x}{3}(-3\leqslant x\leqslant 3)$.

7.$f\left(-\dfrac{\pi}{2}\right)=2$,$f(0)=1$,$f\left(\dfrac{\pi}{4}\right)=\dfrac{2+\sqrt{2}}{2}$,$f(\pi)=f(2\pi)=2$.

8.(1)$y=\sin^2 x$,$y_1=\dfrac{1}{2}$,$y_2=\dfrac{3}{4}$;(2)$y=\sqrt[3]{2x+1}$,$y_1=-1$,$y_2=\sqrt[3]{5}$;(3)$y=\dfrac{1}{2}\ln(4x+1)$,$y_1=$

$\dfrac{1}{2}\ln 5$,$y_2=\ln 5$;(4)$y=\arctan(\sin x)$,$y_1=\arctan\dfrac{\sqrt{2}}{2}$,$y_2=\dfrac{\pi}{4}$.

9.(1)$(0,1)$;(2)$\left(2k\pi-\dfrac{\pi}{6},2k\pi+\dfrac{\pi}{6}\right)(k\in Z)$;(3)$(4+e^{-1},4+e)$;(4)$(1-a,-1+a)$
$(a>1)$,$\Phi(0<a\leqslant 1)$.

10.(1)e^{2x};(2)$x(x\neq 1)$;(3)$\begin{cases}(x^2+x+1)^2+(x^2+x+1)+1,& x\geqslant 0\\ (x^2+1)^2+(x^2+1)+1,& x<0\end{cases}$

11~12.略.

13. $y=2ax^2+\dfrac{4aV}{x}$, x 是底边边长, a 是四壁单位面积的造价.

14. $y=\begin{cases}130x, & 0\leqslant x\leqslant 700 \\ 117x+910, & 700<x\leqslant 1\,000\end{cases}$, x 是销售量.

【习题 1-2】

1.(1) $\dfrac{1}{2},\dfrac{1}{4},\dfrac{1}{8},\dfrac{1}{16},\dfrac{1}{32},\dfrac{1}{64}$,数列收敛, $\dfrac{1}{2^n}\to0(n\to\infty)$;(2) $-\dfrac{1}{2},\dfrac{1}{3},-\dfrac{1}{4},\dfrac{1}{5},-\dfrac{1}{6},\dfrac{1}{7}$,数列收敛, $(-1)^n\dfrac{1}{n}\to0(n\to\infty)$;(3) $\dfrac{2}{2},\dfrac{4}{3},\dfrac{6}{4},\dfrac{8}{5},\dfrac{10}{6},\dfrac{12}{7}$,数列收敛, $\dfrac{2n}{n+1}\to2(n\to\infty)$;(4) $0,1,2,3,4,5$,数列发散;(5) $1+\dfrac{1}{1},1+\dfrac{1}{4},1+\dfrac{1}{9},1+\dfrac{1}{16},1+\dfrac{1}{25},1+\dfrac{1}{36}$,数列收敛, $1+\dfrac{1}{n^2}\to1(n\to\infty)$;(6) $-2,2,-2,2,-2,2$,数列发散;(7) $1-\dfrac{1}{2},2-\dfrac{1}{3},3-\dfrac{1}{4},4-\dfrac{1}{4},5-\dfrac{1}{5},6-\dfrac{1}{6}$,数列发散;(8) $\dfrac{2}{3}-\dfrac{1}{3},\left(\dfrac{2}{3}\right)^2-\dfrac{1}{3^2},\left(\dfrac{2}{3}\right)^3-\dfrac{1}{3^3},\left(\dfrac{2}{3}\right)^4-\dfrac{1}{3^4},\left(\dfrac{2}{3}\right)^5-\dfrac{1}{3^5},\left(\dfrac{2}{3}\right)^6-\dfrac{1}{3^6}$,数列收敛, $\dfrac{2^n-1}{3^n}\to0(n\to\infty)$.

2.(1)错误,如数列 $\{(-1)^{n+1}\}$: $1,-1,1-1,1-1,\cdots$;取 $a=1$,任意给定的正数 ε ,任何正整数 N ,当 $n>N$ 时,只要 $n=2k+1(k\in N)$,不等式 $|x_n-a|<\varepsilon$ 恒成立,但数列 $\{x_n\}$ 发散;(2)正确,因为对于任意给定的正数 ε , $m\varepsilon$ 也是任意给定的正数.

3.(1)必要条件;(2)一定发散;(3)不一定收敛.

6~9.略.

10.点列的水平渐近线 $y=a$.

11.当 $n\to\infty$ 时, $S_n=\dfrac{nr^2}{2}\sin\dfrac{2\pi}{n}$ 的极限是圆的面积.

【习题 1-3】

1.(1)对;(2)对;(3)错;(4)对;(5)错;(6)错;(7)对;(8)错.

2.(1) $f(-1^-)=0,f(-1^+)=1,\lim\limits_{x\to-1}f(x)$ 不存在;(2) $f(0^-)=0=f(0^+),\lim\limits_{x\to0}f(x)=0$;(3) $f(1^-)=-1,f(1^+)=1,\lim\limits_{x\to1}f(x)$ 不存在;(4) $f(x)$ 在 $x=2$ 的右邻域没有定义, $\lim\limits_{x\to2}f(x)$ 不存在.

3.(1) $f(0^-)=1,f(0^+)=1,\lim\limits_{x\to0}f(x)=1$;(2) $f(0^-)=-1,f(0^+)=1,\lim\limits_{x\to0}f(x)$ 不存在.

4.(1) $x'_n=2k\pi\to\infty(k\to\infty)$, $\sin x'_n=0$, $x'_n=2k\pi+\dfrac{\pi}{2}\to\infty(k\to\infty)$, $\sin x'_n=1$,由性质 4 极限不存;(2) $x'_n=\dfrac{1}{2k\pi}\to0(k\to\infty)$, $\cos\dfrac{1}{x'_n}=\cos 2k\pi=1$, $x'_n=\dfrac{1}{2k\pi+\dfrac{\pi}{2}}\to0(k\to\infty)$, $\cos\dfrac{1}{x'_n}=\cos\left(2k\pi+\dfrac{\pi}{2}\right)=0$,由性质 4 可知极限不存在.

5.略.

*6.$\delta=0.000\ 2$.因为 $x\to2$ 不妨设 $1<x<3$.

*7.$X=333.6$.

*8~*9.略.

【习题 1-4】

1.(1)6;(2)3;(3)2;(4)∞.

2.(1)0;(2)0;(3)0.

3.(1)铅直渐近线 $x=-7$,水平渐近线 $y=0$;(2)水平渐近线 $y=0$;(3)铅直渐近线 $x=\pm1$,水平渐近线 $y=0$.

4.略.

5.(1)$|f(x)-a|<\varepsilon$;(2)$x_0-\delta<x<x_0$;(3)$|x|>X$;(4)$x<-X$;(5)$|f(x)|>M$;(6)$f(x)>M$;(7)$x<-M,f(x)<-M$.

6.两个无穷小的商不一定为无穷小.如 $\lim\limits_{x\to0}\dfrac{2x+x^2}{3x}=\dfrac{2}{3}$.

7.$0[(2k-1)\pi<x<2k\pi],1(x=k\pi),+\infty(2k\pi<x<(2k+1)\pi)(k\in Z)$.

8.$y=x\sin x$ 在 $(-\infty,+\infty)$ 内无界,但当 $x\to+\infty$ 时不是无穷大.

9.略.

【习题 1-5】

1.(1)-4;(2)0;(3)$-\dfrac{1}{3}$;(4)0;(5)$2x$;(6)2;(7)2;(8)0;(9)2;(10)$\dfrac{1}{2}$;(11)$-\dfrac{1}{2}$;(12)$\dfrac{3}{4}$.

2.(1)0;(2)0;(3)∞;(4)∞;(5)0.

3.(1)对,因为,假设 $\lim\limits_{x\to a}[f(x)+g(x)]$ 存在,则 $\lim\limits_{x\to a}g(x)=\lim\limits_{x\to a}[f(x)+g(x)]-\lim\limits_{x\to a}f(x)$ 也存在,与已知条件矛盾;错,例如 $f(x)=\operatorname{sgn}x,g(x)=-\operatorname{sgn}x$,当 $x\to0$ 时的极限都不存在,$f(x)+g(x)\equiv0$,当 $x\to0$ 时的极限存在;错,例如 $f(x)=x,\lim\limits_{x\to0}f(x)=0,g(x)=\sin\dfrac{1}{x}$,$\lim\limits_{x\to0}\sin\dfrac{1}{x}$ 的极限不存在,但 $\lim\limits_{x\to0}[f(x)\cdot g(x)]=\lim\limits_{x\to0}\left(x\sin\dfrac{1}{x}\right)=0$.

4~7.略.

【习题 1-6】

1.(1)6;(2)4;(3)2;(4)π;(5)2;(6)$\dfrac{1}{2}$;(7)2;(8)2.

2.(1)$e^{-\frac{1}{2}}$;(2)e^6;(3)e^3;(4)e^{-3};(5)e^2;(6)e^3.

3.(1)提示:$1<\sqrt{1+\dfrac{1}{n}}<1+\dfrac{1}{n}$;(2)提示:$a=1+x(x\to0)$;(3)提示:$\dfrac{n}{n^2+n}<\dfrac{1}{n^2+1}+\dfrac{1}{n^2+2}+\cdots+\dfrac{1}{n^2+n}<\dfrac{n}{n^2+1}$;(4)提示:$x_n=\sqrt{1+x_{n-1}}$,证数列 $\{x_n\}$ 单调增加且有界,可得极限为 $\dfrac{1+\sqrt{5}}{2}$.

4~5.略.

【习题 1-7】

1. 当 $x\to0$ 时，x^3-4x^4 是比 $2x-x^2$ 的高阶无穷小.

2. 当 $x\to0$ 时，$(1-\cos x)^2$ 是比 x^3 的高阶无穷小.

3. 当 $x\to1$ 时，(1)同阶无穷小，等阶无穷小；(2)同阶无穷小；(3)同阶无穷小.

4. $(1)\dfrac{3}{4}$；$(2)3$；$(3)\dfrac{1}{2}$；$(4)1$；$(5)2x$；$(6)0(m>n)$，$1(m=n)$，$\infty(m<n)$；$(7)1$.

5. $a=-\dfrac{3}{2}$，$b=-1$.

6. 略.

7. 提示：利用公式 $x^n-y^n=(x-y)(x^{n-1}+x^{n-2}y+\cdots+y^{n-1})$.

【习题 1-8】

1. (1)在 $(-\infty,0)$ 与 $(0,+\infty)$ 内连续，连续区间为 $(-\infty,0)\cup(0,+\infty)$；$x=0$ 为第一类跳跃间断点. (2)在 $(-1,+\infty)$ 内连续，连续区间为 $(-1,+\infty)$.

2. 连续区间为 $(-\infty,2)\cup(2,3)\cup(3,+\infty)$，$\lim\limits_{x\to0}f(x)=-\dfrac{1}{3}$，$\lim\limits_{x\to2}f(x)=-7$，$\lim\limits_{x\to3}f(x)=\infty$.

3. $(1)x=-1$ 为第一类可去间断点；$x=-3$ 为第二类无穷间断点；$(2)x=1$ 为第一类可去间断点；$x=0$ 为第二类无穷间断点；$(3)x=0$ 为第一类可去间断点；$(4)x=0$，$k\pi+\dfrac{\pi}{2}$ 为第一类可去间断点；$x=k\pi(k\neq0)$ 为第二类无穷间断点；$(5)x=0$ 为第二类间断点.

4. $(1)\sqrt{2}$；$(2)\dfrac{1}{2}\ln3-\ln2$；$(3)1$；$(4)\mathrm{e}$；$(5)\dfrac{5}{2}$；$(6)-\sin\alpha$；$(7)1$；$(8)5$；$(9)\mathrm{e}^2$.

5. $(1)\ln3+\ln5$；$(2)2$；$(3)1$；$(4)-\dfrac{4}{3}$；$(5)\mathrm{e}$；$(6)-\dfrac{1}{2}$.

6. $(1)a=1$；(2)利用 $\ln x=\ln[1+(x-1)]$ 与 $x-1(x\to1)$，可得 $a=0$，$b=-1$.

7. $x=1$ 为第一类跳跃间断点.

8. 提示：利用换元法与等价代换 $\ln(1+x)\sim x(x\to0)$.

9. (1)对，因为 $\big||f(x)|-|f(a)|\big|\leqslant|f(x)-f(a)|$，可得结论；

(2)错，如 $f(x)=\begin{cases}1,&x\leqslant0\\-1&x>0\end{cases}$.

【习题 1-9】

1. 略.

2. 提示：在区间 $[-3,0]$ 与 $[0,3]$ 内各有一根.

3. 略.

4. 提示：当 $m\leqslant-2$ 时，在区间 $[m+1,0]$ 上有一根间；当 $-2<m<0$ 时，在区间 $\left(\dfrac{2}{m},0\right)$ 上有一根间；当 $m=0$ 时，$x=1$；当 $m>0$ 时，在区间 $(0,1)$ 内有一根间.

5~6. 略.

7. 提示：$m\leqslant\dfrac{f(x_1)+f(x_2)+\cdots+f(x_n)}{n}\leqslant M$，其中 m，M 分别为 $f(x)$ 在 $[x_1,x_2]$ 上的最小值及最大值.

8.$0.18<\xi<0.19$.

9.若$f(a^+)$及$f(b^-)$存在,则$f(x)$在(a,b)内一致连续.

【复习题一】

1.(1)必要,充分;(2)必要,充分;(3)充分必要.

2.(1)当$|q|<1$时,0;当$q>1$时,$+\infty$;当$q=1$时,1;当$q\leqslant-1$时,不存在.(2)$a=6,n=2$;(2)$a=-3,b=\dfrac{1}{5}$;

3.(1)(B);(2)(C);(3)(D);(4)(D).

4.(1)∞;(2)∞;(3)$\dfrac{1}{2}$;(4)e^{-3};(5)$\dfrac{1}{2}$;(6)$-\dfrac{1}{2}$;(7)$\dfrac{1}{\mathrm{e}}$;(8)e^2;(9)$3\ln2$.

5.(1)$\left[\dfrac{3}{2},2\right]$;(2)$\left[-\dfrac{\pi}{3},\dfrac{\pi}{3}\right]$.

6.间断点±1,都是跳跃间断点.

7~9.略.

10.3.

第二章 导数与微分

【习题2-1】

1.(1)32;(2)$-\dfrac{1}{54}$;(3)$\dfrac{1}{2}$;(4)$-\dfrac{\sqrt{2}}{2}$;(5)$\dfrac{1}{4}$;(6)$125\ln5$.

2.(1)$-2f'(x_0)$;(2)$f'_+(x_0)$;(3)0;(4)$2f'(x_0)$;(5)$f'(0)$.

3.(1)3;(2)e^5;(3)$-\sin a$;(4)$\sec^2a$;(5)$2\sin2a\sin^2a$;(6)$\dfrac{2a}{1+a^2}$.

4.$4\sqrt{2}x+8y-4\sqrt{2}-\sqrt{2}\pi=0,y-1=0$.

5.切线$x-y+1=0$,法线$x+y-1=0$.

6.$2x-y-1-\ln2=0$.

7.(1)连续而不可导;(2)既连续又可导.

8.连续而不可导.

9.(1)$a=0,b=3$;(2)$a=\dfrac{1}{2},b=\dfrac{3}{4}$.

10.$f'(x)=\begin{cases}\cos x, & x>0 \\ 2x, & x<0\end{cases},f'(0)$不存在.

11.速度$v=12$,加速度$a=36$.

12.$\left.\dfrac{\mathrm{d}\varphi}{\mathrm{d}t}\right|_{t=t_0}$.

13.(1)$C'(50)=280$(元/件);(2)$C(51)-C(50)=279.8$(元),边际成本$C'(x)$近似于产量达到x单位时再增加1个单位产品所需的成本.

【习题2-2】

1.(1)$\dfrac{3}{x^2}(x^4-1)$;(2)$\ln x+\dfrac{1}{2\sqrt{x}}+1$;(3)$\mathrm{e}^x(\sin x+\cos x)$;(4)$\dfrac{1}{\sqrt[3]{x^2}}-5^x\ln5$;

$(5)\dfrac{x}{\ln a}(2\ln a\ \log_a x+1)$；$(6)-\mathrm{e}^{-x}(x\cos x+x\sin x+\sin x)$.

2.$(1)8x\ (x^2+1)^3$；$(2)-\cot x$；$(3)-2(x-1)\mathrm{e}^{-x^2+2x}$；$(4)-(x^2-x)\mathrm{e}^{-x}$；$(5)-3\sin2(1-3x)$；

$(6)\dfrac{\sqrt{x}+2}{\sqrt[3]{x}\sqrt{\left(x+4\sqrt{x}\right)^2}}$；$(7)\dfrac{x}{\sqrt{x^2+1}}$；$(8)\dfrac{x^4+3x^2-4x}{(x^2+1)(x^3+2)}$；$(9)\sec x$；

$(10)\sin2x\sin x^2+2x\ \sin^2x\cos x^2$；$(11)\left(x^2+a^2\right)^{-\frac12}$；$(12)-2x\sin x^2\ \mathrm{e}^{\cos x^2}$.

3.切线 $3x-y=0$，法线 $x+3y=0$.

4.切线 $x+2a\sqrt{a}\ y-3a=0$，面积 $\dfrac94\sqrt{a}$.

5.略.

6.$(1)\dfrac{1}{x\ln x}$；$(2)-\dfrac12\mathrm{e}^{-\frac{x}{2}}\left(\sin\dfrac{x}{2}+\cos\dfrac{x}{2}\right)$；$(3)2x(\cos^22x-x\sin4x)$；

$(4)-\dfrac{(4x-1)\sqrt{2x+1}+(4x+1)\sqrt{2x-1}}{\sqrt{x(4x^2-1)}}$；$(5)\dfrac{4x^2+3x+2}{2x(x^2+x+1)}$；$(6)-\dfrac{1}{x^2}\mathrm{e}^{\sin^2\frac1x}\sin\dfrac2x$.

7.$(1)2xf'(x^2)$；$(2)\dfrac{1}{2\sqrt{x+1}}f'\left(\sqrt{x+1}\right)$；$(3)\sin2x\left[f'\left(\sin^2x\right)+f'\left(\cos^3x\right)\right]$；

$(4)-\dfrac{2}{\ln a}f'(2x)\cot\left[f(2x)\right]$.

8.$(1)-1$；$(2)\dfrac13\mathrm{e}$；$(3)\ln3+\ln5$；$(4)a$.

9.略.

【习题 2-3】

1.$(1)\sec^2x(1-\sin x)$；$(2)\dfrac{1}{\sqrt{1-x^2}}(\arccos x-\arcsin x)$；$(3)2x\arctan x+1$；$(4)\dfrac{1-x^2}{(1+x^2)^2}$；

$(5)\dfrac{1}{1+\cos x}$；$(6)2x\mathrm{arccot}x-\dfrac{x^4-x^2+2}{(1+x^2)^2}$；$(7)-\dfrac{\mathrm{e}^{-x}}{1+\mathrm{e}^{-2x}}$；$(8)\dfrac{2}{\sqrt{4x^2+4x+10}}$；$(9)\left(1-x^2\right)^{-\frac32}$；

$(10)6\sin2x(1+3\ \sin^2x)$；$(11)4x\tan x^2\ \sec^2x^2$；$(12)\sqrt{a^2-x^2}$；$(13)2\csc x\ln(\csc x-\cot x)$；

$(14)-\dfrac{x}{\sqrt{1-x^2}}\arcsin\sqrt{1-x^2}\mp1$.

2.$(1)\dfrac{8xy-1}{y-4x^2}$；$(2)\dfrac{\sin y}{1-x\cos y}$；$(3)\dfrac{y\mathrm{e}^{-x+y}+y^2}{y\mathrm{e}^{-x+y}-xy-1}$；$(4)\dfrac{\cot y+y\sin(xy)}{x\left[\csc^2y-\sin(xy)\right]}$.

3.$(1)\dfrac{(2x+3)^4\sqrt{x-6}}{\sqrt[3]{x+1}}\left[\dfrac{8}{2x+3}+\dfrac{1}{2(x-6)}-\dfrac{1}{3(x+1)}\right]$；

$(2)\dfrac12\left(\dfrac1x+\dfrac{1}{x+1}-\dfrac{2x}{x^2+1}-2\right)\sqrt{\dfrac{x(x+1)}{(1+x^2)\mathrm{e}^{2x}}}$；

$(3)x^{x^2}x(2\ln x+1)$；

$(4)(\sin x)^{\cos x}\left[\cot x\cos x-\sin x\ln\sin x\right]$.

4.切线 $2\sqrt{3}x+2y-\sqrt{3}=0$,法线 $x-\sqrt{3}y+1=0$.

5.略.

【习题 2-4】

1.（1）$2t^2+3$；（2）$1+4\theta^2$；（3）$\cot\dfrac{t}{2}$；（4）$\sin\theta(1+\cos^2\theta)$；（5）$\pm\dfrac{1}{\theta^2}$.

2.$\left(\sqrt{2},-\dfrac{\sqrt{2}}{2}\right)$,$\left(-\sqrt{2},\dfrac{\sqrt{2}}{2}\right)$.

3.0.64cm/min.

4.略.

【习题 2-5】

1.（1）$2-\dfrac{1}{x^2}$；（2）$-4\cos x$；（3）$(x^2-4x+2)\,\mathrm{e}^{-x}$；（4）$30x^4+12x$；（5）$x(2x^2+3)(1+x^2)^{-\frac{3}{2}}$；

（6）$2\left[\arctan x+\dfrac{x^3+2x}{(1+x^2)^2}\right]$；（7）$2\tan x\,\sec^2 x$；（8）$x\,(x^2-1)^{-\frac{3}{2}}$；（9）$\dfrac{-2x}{(1+x^2)^2}$；

（10）$10\sin^8 x(9\cos x\cos 11x-11\sin x\sin 11x)$；（11）$\dfrac{2(3x^2-1)}{(x^2+1)^3}$.

2.略.

3.（1）$\dfrac{12xy^2-9x^4}{y^3}$；（2）$-\dfrac{b^4}{a^2y^3}$；（3）$\dfrac{(\mathrm{e}^x-\mathrm{e}^y)(1-\mathrm{e}^{x+y})}{(\mathrm{e}^y+1)^3}$；

（4）$\dfrac{\cos x(1+\sin^2 x)\cos^2(x+y)+\sin^2 x\sin(x+y)}{\cos^4 x\cos^3(x+y)}$.

4.（1）$t^2+3t,2+\dfrac{3}{2t}$；（2）$3t^2+5t+2,6t+11+\dfrac{5}{t}$；（3）$\tan t,\dfrac{1}{at}\sec^3 t$；

（4）$\mathrm{e}^{-2t},-\dfrac{2}{\mathrm{e}^{3t}(\cos t-\sin t)}$；（5）$t-1+\dfrac{g(t)}{g'(t)},\dfrac{2\,[\,g'(t)\,]^2-g(t)g''(t)}{g'(t)^3}$.

5.（1）$12x^2 f'(x^4)$；（2）$\dfrac{f(x)f''(x)-f'^2(x)}{f^2(x)}$；（3）$\mathrm{e}^{-x}f'(\mathrm{e}^{-x})+\mathrm{e}^{-2x}f''(\mathrm{e}^{-x})$；

（4）$2f(\ln x)+3f'(\ln x)+f''(\ln x)$.

6.（1）$a^n\mathrm{e}^{ax+2}$；（2）$\dfrac{1}{3}\left(\dfrac{1}{3}-1\right)\cdots\left(\dfrac{1}{3}-n+1\right)x^{\frac{1}{3}-n}$；（3）$(-1)^n\dfrac{3^n n!}{(3x+4)^{n+1}}$；

（4）$(-1)^n n!\left[\dfrac{1}{x^{n+1}}-\dfrac{1}{(x+1)^{n+1}}\right]$.

7.（1）$-4\mathrm{e}^x\sin x$；（2）$2^{50}\left(-x^2\sin 2x+50x\cos 2x+\dfrac{1\,225}{2}\sin 2x\right)$.

8.略.

【习题 2-6】

1.7,0.7,0.07;8,0.71,0.070 1.

2.略.

3.（1）$\dfrac{x\mathrm{d}x}{x-1}$；（2）$3x^2(\cos 3x-x\sin 3x)\mathrm{d}x$；（3）$(-x^2-x+3)\mathrm{e}^{-x}\mathrm{d}x$；

$(4)-\dfrac{x+1}{\sqrt{(x^2-1)^3}}dx;(5)-\dfrac{dx}{\sqrt{2x(1-2x)}};(6)e^x\left[\sin(3-2x)-2\cos(3-2x)\right];$

$(7)2x\sin(2x^2)dx;(8)2\tan(x+e^{-x})\sec^2(x+e^{-x})(1-e^{-x})dx;$

$(9)-\dfrac{1}{2x^2}\left(\sqrt{x-x^2}+2\arctan\sqrt{\dfrac{1-x}{x}}\right)dx;(10)\dfrac{y}{x(y-\ln x)}dx.$

$4.(1)x^2+C;(2)\dfrac{1}{2}\sin2x+C;(3)-\dfrac{1}{5}\cos(5x+2)+C;(4)-\ln(1-x)+C;$

$(5)-\dfrac{1}{3}e^{-3x}+C;(6)2\sqrt{x}+C;(7)\sec x+C;(8)\arcsin x+C;$

$(9)-\ln|\cos x|+C;(10)\dfrac{2}{3b}(a+bx)^{\frac{3}{2}}+C.$

5.当$f'(x_0)\neq0$时,Δy与$f'(x_0)\Delta x$同号,当$f'(x_0)=0$时,不能确定.

6.(1)1.006 7;(2)2.005 2;(3)0.484 9;(4)0.01.

7.约减少43.63cm^2,约增加104.72cm^2.

8.-2.在$p=20$时,价格上涨(或下降)1%,需求量减少(或增加)2%.

【复习题二】

$1.(1)\lim\limits_{\Delta x\to0}\dfrac{f(a+\Delta x)-f(a)}{\Delta x},\lim\limits_{x\to a}\dfrac{f(x)-f(a)}{x-a};(2)\dfrac{\psi'(t)}{\varphi'(t)};(3)-\dfrac{u'}{u^2};$

$(4)-\sin x,-e^{-x};(5)-3\sin1;(6)2;(7)(-1)^{n-k}k!\ (n-k)!.$

2.(1)B;(2)B;(3)C;(4)D;(5)A;(6)C.

$3.(1)\pm1;(2)2+4\sin^22x;(3)\dfrac{6}{4+5\sin2x};(4)\dfrac{\sqrt{x}(2x-1)-1}{\sqrt{x(4x-1)^3}}.$

$4.(1)\dfrac{1}{(x-x^2)\sqrt{1-x}}-\dfrac{1}{x\sqrt{x}}\arcsin\sqrt{x};(2)\dfrac{4x-4x^3-2x^5}{(1-x^2+x^4)^2};(3)\dfrac{4}{1+4x^2};$

$(4)4(\cot2x)^{\sin2x}\left[\cos^22x\ln^2(\cot2x)-\sin2x\ln(\cot2x)-2\ln(\cot2x)-\tan2x\sec2x+\sec^22x-\csc2x\right].$

$5.(1)2(1+4t^2);(2)-\dfrac{\theta^2+\sin^2\theta}{\theta^3\sin^3\theta}.$

6.切线$x+4y-8=0$,法线$4x-y-2=0$.

$7.e^{-1}.$

第三章 微分中值定理及导数应用

【习题3-1】

1.A.

$2.\xi=e-1.$

$3.\dfrac{1+\sin\xi}{\cos\xi}=\dfrac{\pi}{2}-1.$

4.分别位于$(0,1)(1,3)$及$(3,5)$区间内三个根.

5~11.略.

12.提示:分别在区间$(0,\xi)$与$(\xi,1)$区上利用拉格朗日中值公式.

13.提示:先用介值定理,再用罗尔定理.

14~15.略.

【习题 3-2】

1.(1)3;(2)ln2−ln5;(3)4;(4)2;(5)1;(6)$-\dfrac{1}{2}$;(7)−2;(8)1;(9)$\dfrac{1}{2}$;(10)0;

(11)∞;(12)1.

2.(1)0;(2)$\dfrac{1}{2}$;(3)$e^{-\frac{2}{\pi}}$;(4)ln3;(5)0;(6)$e^{\frac{1}{6}}$.

3~4.略.

【习题 3-3】

1.$f(x)=6+14(x-1)+8(x-1)^2+(x-1)^3$.

2.$f(x)=1-3x+6x^2-7x^3+6x^4-3x^5+x^6$.

3.$\sqrt{x}=2+\dfrac{1}{4}(x-4)-\dfrac{1}{64}(x-4)^2+\dfrac{1}{16\sqrt{\xi^5}}(x-4)^3$,$\xi$ 介于4,x 之间.

4.$f(x)=x+x^2+\dfrac{1}{2!}x^3+\cdots+\dfrac{1}{n!}x^{n+1}+o(x^{n+1})$.

5.$a=0,b=1,c=-\dfrac{1}{2}$.

6.(1)取 $n=9$,$e\approx2.718\ 285$;(2)0.309 0.

7.(1)$\dfrac{1}{3}$;(2)$\dfrac{1}{2}$;(3)$\dfrac{1}{3}$;(4)$\dfrac{1}{6}$.

8.略.

【习题 3-4】

1.若 $f'(x_0)=0$,不能说 $x=x_0$ 是极值点,如 $f(x)=x^3$;反过来,若 $f(x)$ 在 x_0 点取极值,不能否断定 $f'(x_0)=0$,如 $f(x)=|x|$.

2.(1)增区间$(-\infty,-2)\cup(4,+\infty)$,减区间$(-2,4)$.$x=-2$ 取得极大值31,$x=4$ 取得极小值−77.

(2)增区间$(-1,0)\cup(1,+\infty)$,减区间$(-\infty,-1)\cup(0,1)$.$x=0$ 取得极大值 1,$x=\pm1$ 取得极小值0.

(3)增区间$(1,+\infty)$,减区间$\left(\dfrac{1}{2},1\right)$.$x=1$ 取得极大值0.

(4)增区间$(0,e)$,减区间(e,∞).$x=e$ 取得极大值$\dfrac{1}{e}$.

(5)增区间$\left[(2k-1)\pi+\dfrac{\pi}{4},2k\pi+\dfrac{\pi}{4}\right]$,减区间$\left[2k\pi+\dfrac{\pi}{4},(2k+1)\pi+\dfrac{\pi}{4}\right]$.$x=2k\pi+\dfrac{\pi}{4}$ 取得极大值$\dfrac{\sqrt{2}}{2}e^{-2k\pi-\frac{\pi}{4}}$,$x=2k\pi+\dfrac{5\pi}{4}$ 取得极小值$-\dfrac{\sqrt{2}}{2}e^{-2k\pi-\frac{5\pi}{4}}$.

(6)增区间$\left(k\pi-\dfrac{\pi}{2},k\pi+\dfrac{\pi}{2}\right)$$(k\in Z)$.无极大值和极小值.

(7)增区间$(-\infty,-1)\cup(1,+\infty)$,减区间$(-1,1)$.$x=-1$ 取得极大值 0,$x=1$ 取得极小

值$-3\sqrt[3]{4}$.

(8)增区间$\left(-1,-\dfrac{\sqrt{3}}{3}\right)\cup\left(\dfrac{\sqrt{3}}{3},1\right)$,减区间$(-\infty,-1)\cup\left(-\dfrac{\sqrt{3}}{3},\dfrac{\sqrt{3}}{3}\right)\cup(1,+\infty)$. $x=-1$ 取

得极小值2,$x=-\dfrac{\sqrt{3}}{3}$取得极大值$\dfrac{2\sqrt{3}}{9}+2$;$x=\dfrac{\sqrt{3}}{3}$取得极小值$-\dfrac{2\sqrt{3}}{9}+2$;$x=1$ 取得极大值2.

3.(1)最大值$f(-2)=f(2)=3$,最小值$f(-\sqrt{2})=f(\sqrt{2})=-1$;

(2)最大值$f\left(\dfrac{3}{4}\right)=\dfrac{5}{4}$,最小值$f(-5)=-5+\sqrt{6}$;

(3)最大值$f(2+\sqrt{5})=5-2\sqrt{5}$,最小值$f(2-\sqrt{5})=-2-\sqrt{5}$;

(4)最小值$y(0)=0$,最大值$y\left(\dfrac{\pi}{4}\right)=1$;

(5)最小值$y(+\infty)=2$,最大值$y(2)=2\sqrt{2}$;

(6)最小值$y(0)=y(+\infty)=0$,最大值$y(1)=\mathrm{e}$.

4~6.略.

7.当$-\dfrac{1}{e}<a<0$ 时,在$\left(-\infty,-\dfrac{1}{e}\right)$与$\left(-\dfrac{1}{e},0\right)$内各一个交点;当$a=-\dfrac{1}{e}$时,仅有一个交点;当$a<-\dfrac{1}{e}$时,没有一个交点.

8~9.略.

10.$2ab$.

11.生产 3 万件时成本最小,为 10 万元.

12.宽为 12 米,长为 18 米时.

13.当截掉的小正方形的边长为$\dfrac{a}{6}$时.

14.$\alpha\approx0.36\pi$ 弧度.

15.在距 A 点 15km 处,运费最省.

【习题 3-5】

1.(1)凸区间为$(-\infty,0)$,凹区间为$(0,\infty)$,拐点为$(0,1)$.

(2)凹区间为$(-\infty,\infty)$,无拐点.

(3)凸区间为$(-\infty,0)\cup(4,\infty)$,无拐点.

(4)凸区间为$(-\infty,1)$,凹区间为$(1,\infty)$,拐点为$(1,-\mathrm{e}^2)$.

(5)凸区间为$\left(-\dfrac{3}{2},-1\right)$,凹区间为$\left(-\infty,-\dfrac{3}{2}\right)\cup(-1,\infty)$,拐点为$\left(-\dfrac{3}{2},\dfrac{3}{4}\sqrt[3]{20}\right)$与 3.

(6)凸区间为$\left(\dfrac{1}{2},+\infty\right)$,凹区间为$\left(-\infty,\dfrac{1}{2}\right)$,拐点为$\left(\dfrac{1}{2},\mathrm{e}^{\arctan\frac{1}{2}}\right)$.

2.(1)铅直渐近线 $x=0$ 及 $x=-6$,水平渐近线为 $y=0$.

(2)铅直渐近线 $x=-1$,斜渐近线为 $y=x-1$.

(3)铅直渐近线 $x=0$,水平渐近线为 $y=\dfrac{\pi}{4}$.

3. $a=6, b=-15, c=-16$.

4~5.略.

6.在 $(-\infty,-1)$ 内增函数,凸弧;在 $(-1,0)$ 内减函数,凸弧;在 $(0,1)$ 内减函数,凹弧;在 $(1,+\infty)$ 内增函数,凹弧;极大值 $f(-1)=3$,极小值 $f(1)=-1$.拐点 $(0,1)$.然后做图.

7.在 $(-\infty,-2-\sqrt{5})$ 内增函数,凹弧;在 $(-2-\sqrt{5},-3)$ 内增函数,凸弧;在 $(-3,-2+\sqrt{5})$ 内减函数,凸弧;在 $(-2+\sqrt{5},1)$ 内减函数,凹弧;在 $(1,+\infty)$ 内增函数,凹弧;极大值 $f(-3)=6\mathrm{e}^{-3}$,极小值 $f(1)=-2\mathrm{e}$.拐点 $\left[-2-\sqrt{5},(6+4\sqrt{5})\mathrm{e}^{-2-\sqrt{5}}\right]$ 与 $\left[-2+\sqrt{5},(-6-4\sqrt{5})\mathrm{e}^{-2+\sqrt{5}}\right]$. $y=0$ 是水平渐近线.然后做图.

8.在 $(-\infty,0)$ 内增函数,凹弧;在 $(0,1)$ 内减函数,凹弧;在 $\left(1,\dfrac{3}{2}\right)$ 内增函数,凹弧;在 $\left(\dfrac{3}{2},+\infty\right)$ 内增函数,凸弧;极小值 $f(1)=0$.拐点 $\left(\dfrac{3}{2},\dfrac{1}{9}\right)$. $x=0$ 是竖直渐近线, $y=1$ 是水平渐近线.取点 $(0,1)$, $\left(\dfrac{3}{2},\dfrac{1}{9}\right)$, $\left(\dfrac{1}{2},1\right)$, $(-1,4)$.然后做图.

【习题 3-6】

1. $K=2, \rho=\dfrac{1}{2}$.

2. $K=4$.

3. $x=\left(k+\dfrac{1}{2}\right)\pi(k\in Z)$ 处曲率最大, $K=1$; $x=k\pi(k\in Z)$ 处曲率最小, $K=0$.

4. $K=\dfrac{2}{3|a\sin 2t_0|}$.

5. $\left(\xi-\dfrac{\pi-10}{4}\right)^2+\left(\eta-\dfrac{9}{4}\right)^2=\dfrac{125}{16}$.

【复习题三】

1.(1) B;(2) B;(3) A;(4) D;(5) C.

2.略.

3.(1) $\dfrac{\pi}{4}$;(2) $-\dfrac{1}{6}$;(3) $\dfrac{1}{2}$;(4) $-\dfrac{1}{2}$;(5) $\dfrac{1}{12}$;(6) $\mathrm{e}^{-\sqrt{2}}$.

4.铅直渐近线 $x=0$,水平渐近线 $y=0$,斜渐近线 $y=x$.

5. $(1,-3)$、$(-1,3)$、$(1,4)$ 和 $(-1,-4)$.

6~9.略.

10. $a=\dfrac{4}{3}, b=-\dfrac{1}{3}$.

11.在 $\left(-\pi,-\dfrac{\pi}{2}\right)$ 内减函数,凹弧;在 $\left(-\dfrac{\pi}{2},\dfrac{\pi}{2}\right)$ 内增函数,凹弧;在 $\left(\dfrac{\pi}{2},\pi\right)$ 内减函数,凹弧.极小值 $f\left(-\dfrac{\pi}{2}\right)=-\dfrac{1}{2}$; $x=\dfrac{\pi}{2}$ 为铅直渐近线.且 $f(-\pi)=f(0)=f(\pi)=0$.然后做图.

12.略.

第四章不定积分

【习题 4-1】

1.当 $k=0$ 时,等式左边为任意常数 C,右边为 0.

2.$\sin x+\tan x\sec x$.

3.(1) $\cos x+C$;(2) $\arctan x+C$;(3) $\sqrt{\cos x+a}+C$;(4) $\tan x+C$;(5) $\sec x^5\mathrm{d}x$;(6) $x^{\frac{2}{3}}+2\ln 3^x$.

4.(1) $\frac{1}{3}x^3-x+C$;(2) $-\cos x-3\sin x+C$;(3) $x+\cos x+C$;(4) $-\csc x+C$;

(5) $3\arctan x-2\arcsin x+C$;(6) $x-8\sqrt{x}+4\ln|x|+C$;(7) $\dfrac{(2\mathrm{e})^x}{1+\ln 2}-\mathrm{e}^x+C$;(8) $\tan x-\sec x+C$;

(9) $2\sin x+3\tan^2 x+C$;(10) $x-\arctan x+C$;(11) $\frac{1}{2}(x+\sin x)+C$;(12) $\ln|x|+\arctan x+C$.

5.(1) $-\dfrac{2}{\sqrt{x}}\left(1-\dfrac{1}{x^2}\right)+C$;(2) $x+\mathrm{e}^x+C$;(3) $\dfrac{2}{5}x^{\frac{5}{2}}-\dfrac{4}{3}x^{\frac{3}{2}}+2x^{\frac{1}{2}}+C$;(4) $-\cot x+\csc x+C$;

(5) $x^2+3\arctan x+C$;(6) $x+3\ln|x|+C$;(7) $\tan x-x+C$;(8) $\dfrac{1}{4}(\cot x-\tan x)+C$;(9) $\sin x-\cos x+C$;

(10) $\cot x-x+C$;(11) $\cos x-\sin x+C$;(12) $\dfrac{1}{2}\tan x+C$.

6.(1) $\dfrac{1}{2}(3x+5)+C$;(2) $\dfrac{1}{5}\sin^5 x+C$;(3) $\ln|x-4|+C$;(4) $\sin(x^2-1)+C$;(5) $\mathrm{e}^{x^2}+C$;

(6) $\arcsin 2x+C$;(7) $\tan x^2+C$;(8) $\ln\left|\tan\dfrac{x}{2}\right|+C$.

7.$\dfrac{1}{2\sqrt{x}}$.

8.$\mathrm{e}^{-x}\dfrac{1}{2\sqrt{x}}$.

9.$y=3\arctan x+1$.

10.$t=10\sqrt{\dfrac{2}{g}}$ (秒)$,v=10\sqrt{2g}$ (米/秒).

11.(1) $\dfrac{1}{4}x^4+x^2+x+C$;(2) $-\dfrac{1}{2}\sin(x-1)^2+C$.

§4-2 练习 1

(1) $\dfrac{1}{2}\sin 2x+C$;

(2) $\dfrac{1}{3}(3x+4)^{\frac{4}{3}}+C$;

(3) $2x-4\ln|x+6|+C$;

(4) $\dfrac{1}{8}(x^2+1)^4+C$.

练习 2

(1) $\ln|(x+1)(x-4)^4|+C$;

(2) $-\dfrac{1}{x+2}+C$;

(3) $\dfrac{1}{4}\arcsin\dfrac{4}{3}x+C$;

(4) $\dfrac{1}{2}\arctan\dfrac{2}{3}x+C$.

练习 3

(1) $\dfrac{1}{3}\sin^3x+\sin x+C$;

(2) $-\ln(1+\cos)+C$;

(3) $\dfrac{1}{4}(2x+\sin 2x)+C$;

(4) $\dfrac{1}{3}\tan^3x+\tan x+C$.

练习 4

(1) $\dfrac{1}{3}(1+x^2)^{\frac{3}{2}}+C$;

(2) $2e^{\sqrt{x}}+C$;

(3) $\arctan e^x+C$;

(4) $\ln^3x+\ln x+C$.

【习题 4-2】

1.(1) $\dfrac{1}{5}$; (2) $\dfrac{1}{2}$; (3) $-\dfrac{1}{6}$; (4) -2; (5) $\dfrac{1}{3}$; (6) $-\dfrac{1}{4}$; (7) 1; (8) 2;

(9) 1; (10) -1.

2.(1) $\sin x^2+x^2+C$; (2) $\dfrac{1}{2}\arctan 2x+C$; (3) $\arcsin(\cos x)+C$; (4) $\cos\dfrac{1}{x}+C$;

(5) $2\sin\sqrt{x}+C$; (6) $\ln|1+\tan x|+C$; (7) $\dfrac{1}{2x^2}+C$; (8) $2F(\sqrt{x})+C$.

3.(1) $\dfrac{1}{15}(5x+2)^3+C$; (2) $\dfrac{1}{3}\ln|3x+7|+C$; (3) $\dfrac{1}{2}\arcsin\dfrac{2x}{3}+C$;

(4) $-\dfrac{1}{\omega}\sin(\omega t+\varphi)+C$; (5) $\ln\left|\dfrac{x-2}{x-1}\right|+C$; (6) $-\dfrac{1}{3}\sin^3x+\sin x+C$;

(7) $\dfrac{1}{4}(2x+\sin 2x)+C$; (8) $\dfrac{1}{6}(3x^2+2\ln^3x)+C$; (9) $-\dfrac{1}{3}\ln|\cos 3x|+C$;

(10) $\ln(2+x^4)+C$; (11) $\dfrac{1}{2}\arctan\dfrac{x+1}{2}+C$; (12) $\arctan x^2+C$;

(13) $-\arctan e^{-x}+C$; (14) $-\dfrac{1}{2\arcsin^2x}+C$; (15) $2\arcsin\dfrac{x}{2}+\dfrac{1}{2}x\sqrt{4-x^2})+C$;

$(16)\mathrm{e}^{\mathrm{e}^x}+C;$　　　$(17)\ln\left|x+\dfrac{1}{x}\right|+C;$　　　$(18)\ln|x|-\ln(1+\sqrt{x^2+1})+C.$

4.$(1)\dfrac{1}{2}x-\dfrac{1}{8}\sin4x+C;$　　$(2)\dfrac{1}{32}(12x+8\sin2x+\sin4x)+C;$　　$(3)\dfrac{1}{2}\ln|\tan2x+\tan2x|+C;$

$(4)\sqrt{\sin x}+C;$　　　$(5)\dfrac{3}{2}(\sin x-\cos x)^{\frac{2}{3}}+C;$　　　$(6)\dfrac{4}{3}\sin^3x-\dfrac{8}{5}\sin^5x+\dfrac{4}{7}\sin^7x+C;$

$(7)\dfrac{1}{16}(4\sin4x-\sin8x)+C;$　　$(8)-\dfrac{1}{10}(\cos5x-5\cos x)+C;$　　$(9)\dfrac{1}{3}\sec^3x-\sec x+C;$

$(10)\tan(\ln x)+C;$　　$(11)\ln|2x+\cos2x|+C;$　　$(12)(\ln\tan x)^2+C.$

5.$(1)-\dfrac{1}{3}\ln|1-x^3|+C;$　　　$(2)-\dfrac{1}{4}\ln(1+x^4)+\ln|x|+C;$

$(3)\dfrac{3}{2}\sqrt[3]{(x+2)^2}-3\sqrt[3]{x+2}+3\ln|1+\sqrt[3]{x+2}|+C;$　　　$(4)\ln|x\ln x|+C;$

$(5)2\arctan\sqrt{\mathrm{e}^x-1}+C;$　　　$(6)\sqrt{x^2-1}+\ln(x+\sqrt{x^2-1})+C;$

$(7)\dfrac{1}{2}(\ln|2-\sqrt{4-x^2}|-\ln|x|)+C;$　　　$(8)\dfrac{1}{a^2}\dfrac{x}{\sqrt{a^2+x^2}}+C;$

$(9)-\dfrac{1}{3a^2}\dfrac{(\sqrt{a^2-x^2})^3}{x^3}+C;$　　　$(10)\dfrac{1}{a^2}\dfrac{\sqrt{x^2-a^2}}{x}+C;$

$(11)\arcsin x-\dfrac{x}{1+\sqrt{1-x^2}}+C;$　　　$(12)\dfrac{1}{2}(\arcsin x+\ln|x+\sqrt{1-x^2}|)+C.$

6.提示令 $x=a\sin t,\dfrac{\pi}{2}<t<\dfrac{3\pi}{2}.$

§4-3 练习1

$(1)-(x+1)\mathrm{e}^{-x}+C;$　　　　$(2)-2x\cos\dfrac{x}{2}+4\sin\dfrac{x}{2}+C;$

$(3)x\ln x-x+C;$　　　　$(4)(x^2-2x+2)\mathrm{e}^x+C.$

【习题 4-3】

1.$(1)-x\cos x+\sin x+C;$　　　　　　　　$(2)-\dfrac{1}{4}(2x\mathrm{e}^{-2x}+\mathrm{e}^{-2x})+C;$

$(3)x\arctan x-\dfrac{1}{2}\ln(1+x^2)+C;$　　　　　$(4)2(\sqrt{x}\sin\sqrt{x}+\cos\sqrt{x})+C;$

$(5)\dfrac{1}{10}(\cos3x+3\sin3x)\mathrm{e}^x+C;$　　　　　$(6)x\arccos x-\sqrt{1-x^2}+C;$

$(7)\dfrac{1}{2}(x^2+2)\ln(x^2+1)-x^2+C;$　　　　$(8)\dfrac{1}{10}(2\sin2x-\cos x-5)\mathrm{e}^{-x}+C$

$(9)\dfrac{1}{2}[(x^2+1)\arctan x-x]+C;$　　　　$(10)(\sqrt{2x+1}-1)\mathrm{e}^{\sqrt{2x+1}}+C;$

$(11)x\ln^2x-2x\ln x+2x+C;$　　　　　　　$(12)-\dfrac{1}{2}x^2+x\tan x+\ln|\cos x|+C;$

(13) $\ln[\ln(\ln x)-1]+C$;   (14) $\dfrac{x\arcsin x}{\sqrt{1-x^2}}+\ln\left|\sqrt{1-x^2}\right|+C$;

(15) $-2\sqrt{1-x}\arccos x-4\sqrt{1+x}+C$;   (16) $\dfrac{x}{\sin x}-\ln|\csc x-\cot x|+C$;

(17) $x\ln(x+\sqrt{x^2+1})-\sqrt{x^2+1}+C$;   (18) $2x\sqrt{e^x-1}-4(\sqrt{e^x-1}-\arctan\sqrt{e^x-1})+C$.

2.(1) $xe^{-x}+C$;   (2) $-x^2e^{-x}+C$;   (3) $(x^2+x+1)e^{-x}+C$.

3.(1) $\dfrac{x}{2}\sqrt{x^2+a^2}+\dfrac{a^2}{2}\ln\left|x+\sqrt{x^2+a^2}\right|+C$;   (2) $\dfrac{x}{2}\sqrt{x^2+a^2}-\dfrac{a^2}{2}\ln\left|x+\sqrt{x^2+a^2}\right|+C$.

4.(1) $\dfrac{x}{2}\sqrt{x^2-a^2}-\dfrac{a^2}{2}\ln\left|x+\sqrt{x^2-a^2}\right|+C$;

(2) $\dfrac{x}{8}(2x^2-5a^2)\sqrt{x^2-a^2}+\dfrac{3a^4}{8}\ln\left|x+\sqrt{x^2-a^2}\right|+C$.

5. $I_{n+1}=\dfrac{x}{2na^2\,(x^2+a^2)^n}+\dfrac{2n-1}{2na^2}I_n$, $I_1=\dfrac{1}{a}\arctan\dfrac{x}{a}+C$.

【习题 4-4】

1.(1) $\ln|x^2+7x+10|+C$;   (2) $\dfrac{1}{2}\ln\left|\dfrac{x-8}{x-2}\right|+C$;

(3) $\ln|x^2+6x+10|+3\arctan(x+3)+C$;   (4) $\dfrac{1}{3}x^3-\dfrac{3}{2}x^2+9x-27\ln|x+3|+C$;

(5) $\dfrac{1}{2}(4\ln|x+2|-3\ln|x+3|-\ln|x+1|)+C$;   (6) $2\ln|x|-\ln(x^2+1)+\arctan x+C$;

(7) $\ln|x+1|-\dfrac{1}{2}\ln(x^2+4x+6)+\dfrac{1}{\sqrt{2}}\arctan\dfrac{x+2}{\sqrt{2}}+C$;   (8) $\dfrac{1}{7}\ln|x^7+1|+C$;

(9) $\ln|x|-\dfrac{1}{3}\ln|x^3+1|+C$;   (10) $\dfrac{1}{4}(\ln|2\sin x+1|-\ln|2\sin x-1|)+C$;

(11) $2\sqrt{x-1}-2\arctan\sqrt{x-1}+C$;   (12) $6(\sqrt[6]{x}-\arctan\sqrt[6]{x})+C$.

2.(1) $3\ln|x^2+x+1|-3\ln(x^2+1)+2\sqrt{3}\arctan\dfrac{2x+1}{\sqrt{3}}+C$;

(2) $\ln\left|\dfrac{x-1}{x+1}\right|-2\arctan x+C$;

(3) $\sqrt{2}\ln\dfrac{x^2+\sqrt{2}x+1}{x^2-\sqrt{2}x+1}+2\sqrt{2}\arctan(\sqrt{2}x+1)+2\sqrt{2}\arctan(\sqrt{2}x-1)+C$;

(4) $2\ln|x^2-1|-\ln(x^4+x^2+1)-2\sqrt{3}\arctan\dfrac{2x^2+1}{\sqrt{3}}+C$;

(5) $\dfrac{x}{x^2+2x+2}+\arctan(x+1)+C$;   (6) $-\dfrac{\sqrt{2}}{2}\ln\left|\dfrac{\tan\dfrac{x}{2}-1-\sqrt{2}}{\tan\dfrac{x}{2}-1+\sqrt{2}}\right|+C$;

$(7) 2\ln\left|\tan\dfrac{x}{2}\right|+\dfrac{2}{\tan\dfrac{x}{2}}-\dfrac{1}{\tan^2\dfrac{x}{2}}+C;$

$(8) \dfrac{1}{\sqrt{3}}\left(\ln\left|2\tan\dfrac{x}{2}+1-\sqrt{3}\right|-\ln\left|2\tan\dfrac{x}{2}+1+\sqrt{3}\right|\right)+C;$

$(9) \ln|\tan x|-\dfrac{1}{\tan x}+C;$ $(10) x+2-\sqrt[3]{(x+2)^2}-3\sqrt[3]{x+2}+3-3\ln\left|\sqrt[3]{x+2}+1\right|+C;$

$(11) 2\sqrt{x}-\sqrt[4]{x}+4\ln\left|\sqrt[4]{x}+1\right|+C;$ $(12) -\dfrac{3}{2}\sqrt[3]{\dfrac{x+1}{x-1}}+C.$

【复习题四】

1. $(1) F(x)+C, F[g(x)]+C, xf(x)-F(x)+C;$ $(2) \arcsin(x-1)+C;$

$(3) \arcsin x+x\sqrt{1-x^2}+C;$ $(4) \arctan\dfrac{2x}{5}+C.$

2. $(1) C;$ $(2) C;$ $(3) B;$ $(4) D;$ $(5) B;$ $(6) A.$

3. $(1) -\dfrac{1}{2}\sqrt{1-4\ln x}+C;$ $(2) -\dfrac{1}{2}\ln\left|\dfrac{\tan x-1}{\tan x+1}\right|+C;$ $(3) \dfrac{1}{1+b^2}e^{-x}(-\cos bx+b\sin bx)+C;$

$(4) -\left(\ln|\cos x|+\cos^2 x+\dfrac{1}{4}\cos^4 x\right)+C;$ $(5) 2(\sqrt{x}\tan\sqrt{x}+\ln|\cos\sqrt{x}|)+C;$

$(6) -\dfrac{1}{x}-\dfrac{1}{\sqrt{3}}\arctan\dfrac{2x-1}{\sqrt{3}}+\dfrac{1}{3}\ln\left|\dfrac{x+1}{\sqrt{x^2-x+1}}\right|dx+C;$ $(7) -\dfrac{1}{x}(6+6\ln x+3\ln^2 x+\ln^3 x)+C;$

$(8) -\dfrac{\sqrt{(1+x^2)^3}}{3x^3}+\dfrac{\sqrt{1+x^2}}{x}+C;$ $(9) \dfrac{1}{2}(\sec x\tan x-\ln|\sec x+\tan x|)+C;$

$(10) -\dfrac{\sqrt{x^2-a^2}}{x}+\ln\left|x+\sqrt{x^2-a^2}\right|+C;$ $(11) 2\ln(\sqrt{x}+\sqrt{x+1})+C;$

$(12) x\ln(x+\sqrt{x^2+1})-\sqrt{x^2+1}+C.$

4. $(1) x\tan\dfrac{x}{2}+C;$ $(2) \dfrac{xe^x}{e^x+1}-\ln(e^x+1)+C;$

$(3) \dfrac{1}{3}\ln(2+\cos x)-\dfrac{1}{2}\ln(1+\cos x)+\dfrac{1}{6}\ln(1-\cos x)+C;$

$(4) \dfrac{x}{2a^2(x^2+a^2)}-\dfrac{1}{2a^3}\arctan\dfrac{x}{a}+C;$ $(5) \dfrac{1}{2}(\arcsin x^2-\sqrt{1-x^4})+C;$

$(6) x\ln\left(1+\sqrt{\dfrac{1+x}{x}}\right)+\dfrac{1}{2}\ln(\sqrt{1+x}+\sqrt{x})-\dfrac{\sqrt{x}}{2(\sqrt{1+x}+\sqrt{x})}+C.$

第五章 定积分

【习题 5-1】

1. $(1) A;$ $(2) B;$ $(3) C;$ $(4) D.$

2. $(1) >;$ $(2) <;$ $(3) >;$ $(4) <;$ $(5) >.$

3.(1)$[0,2\pi]$;　(2)$\left[\dfrac{46}{27},10\right]$;　(3)$[0,2]$;　(4)$\left[0,\dfrac{\pi}{2}\right]$.

4~6.略.

7.(1)$\dfrac{7}{2}$;　(2)$\dfrac{1}{3}$.

【习题5-2】

1.(1)$\cos x$;　(2)$-\dfrac{\sin x}{\cos^3 x}e^{\tan x}$;　(3)$2\left[x(x^4+\sin e^{x^2})+4x^2+\sin e^{-2x}\right]\mathrm{d}x$;

(4)$-\left(\cos u\,|\cos u|+\sin u\,|\sin u|\right)\mathrm{d}u$.

2.$\mathrm{d}y=\dfrac{y}{y\sin y-x}\mathrm{d}x$.

3.$\dfrac{\mathrm{d}y}{\mathrm{d}x}=\dfrac{3t+4}{e^t}$,切线$4x-y+1=0$.

4.(1)$\dfrac{80}{3}$;(2)$\ln10-2\ln2$;(3)$\dfrac{1}{8}(2\sqrt2-\pi)$;(4)$\dfrac{1}{2}\left(\arctan6-\dfrac{\pi}{4}\right)$;(5)$-\dfrac{1}{16}$;(6)$\dfrac{17}{2}$;

(7)$\dfrac{1}{2}(e^2-1)$;(8)8;(9)$3\ln2+\dfrac{8}{3}$;(10)$\ln3+\ln^2 3$;(11)$1-\ln2-\dfrac{3}{2}\pi$;(12)$\arcsin\sqrt3$.

5.(1)1;(2)0;(3)1.

6.当$-1\le x\le0$时,$F(x)=\dfrac{1}{2}(x+1)^2$;当$-1\le x\le0$时,$F(x)=\dfrac{1}{2}(x^2+1)$.

7.$-\dfrac{1}{2}(u^2-2u-3)(-1\le u\le1)$,$u^3+1(-1\le u\le3)$,在$u=1$处不连续.

8.略.

9.$\ln(1+e)-\dfrac{e}{1+e}$.

10~11.略.

12.698 00.

【习题5-3】

1.(1)$\sqrt3$;(2)-160;(3)$\dfrac{1}{4}(1+7\pi)$;(4)$\ln2$;(5)$\dfrac{1}{2}(1-\ln2)$;(6)$\dfrac{19}{3}$;(7)$\dfrac{5}{3}$;

(8)$\dfrac{1}{2}\arcsin\dfrac{4}{5}$;(9)$\dfrac{a^2}{12}(2\pi+3\sqrt3)$;(10)$\sqrt2-\dfrac{2}{3}\sqrt3$;(11)$\dfrac{1}{2}$;(12)$\dfrac{1}{6}$;(13)0;(14)$4-\dfrac{\pi}{2}$;

(15)π.

2.(1)$-\dfrac{2}{\pi^2}$;　(2)$\dfrac{1}{9}(1-4e^{-3})$;　(3)$\dfrac{1}{4}\left[2(e^2-1)\ln(e-1)-e^2-2e+8\right]$;　(4)$\dfrac{1}{4}\pi-\dfrac{1}{2}$;

(5)$\dfrac{1}{2}\arcsin\dfrac{4}{5}$;　(6)$1-2e^{-1}$;　(7)$\dfrac{1}{4}\pi-\dfrac{1}{2}\ln2$;　(8)$2(\tan1+\ln\cos1)-1$;

(9)$2\left(1-\dfrac{1}{e}\right)$;　(10)$1-\dfrac{\sqrt3}{6}\pi$;　(11)$\dfrac{1}{2}(e\sin1-e\cos1+1)$;

$(12)\ \dfrac{4}{3}(e+1)^{\frac{3}{2}}-\dfrac{4}{9}\left[(e+1)^{\frac{3}{2}}-2^{\frac{3}{2}}\right]-\dfrac{4}{3}\left[(e+1)^{\frac{3}{2}}-2^{\frac{1}{2}}\right]+\dfrac{2}{3}\left[\ln\dfrac{\sqrt{e+1}-1}{\sqrt{e+1}+1}-\ln\dfrac{\sqrt{2}-1}{\sqrt{2}+1}\right]$；

$(13)\ I_1=\pi,\ I_m=\begin{cases}\dfrac{1\cdot3\cdot5\cdot\cdots\cdot(m-1)}{2\cdot4\cdot6\cdot\cdots\cdot m}\cdot\dfrac{\pi^2}{2},\ m\ 为偶数\\[4mm]\dfrac{2\cdot4\cdot6\cdot\cdots\cdot(m-1)}{1\cdot3\cdot5\cdot\cdots\cdot m}\pi,\ m\ 为大于1的奇数.\end{cases}$

$3.\ \dfrac{1}{2e}(1-e).$

$4\sim6.$ 略.

【习题 5-4】

$1.(1)$ 收敛，$\dfrac{1}{2}$；(2) 收敛，1；(3) 收敛，π；(4) 收敛，$\dfrac{3}{13}$；(5) 收敛，$\dfrac{8}{3}$；(6) 收敛，$\dfrac{\pi}{4}$；

(7) 发散；(8) 收敛，1；(9) 收敛，$\dfrac{1}{16}$；(10) 收敛，$\dfrac{\pi}{2}$；(11) 发散；(12) 收敛，$\dfrac{\pi}{4e}$.

$2.(1)$ 当 $p>1$ 时，收敛，积分等于 $\dfrac{1}{p-1}$；当 $p\leqslant1$ 时，发散.

(2) 当 $p>0$ 时，收敛，积分等于 $\dfrac{1}{p}(1-\cos1)$；当 $p\leqslant0$ 时，发散.

$3.2.$

$4.\ n!$

【复习题五】

$1.(1)\ \dfrac{\pi}{2}a^2$；$(2)\ \dfrac{1}{b-a}\displaystyle\int_a^b f(x)\,\mathrm{d}x$；$(3)\ 2xf(x^2)$；$(4)\ \displaystyle\int_0^T f(x)\,\mathrm{d}x.$

$2.(1)D$；$(2)A$；$(3)B$；$(4)C$；$(5)B$；$(6)D.$

$3.(1)20$；$(2)\ \dfrac{1}{3}$；$(3)\ 2(2-\sqrt{2})+\ln3-\ln(3+2\sqrt{2})$；$(4)\ \dfrac{\pi}{16}a^4$；$(5)\ \dfrac{\pi}{4}$；$(6)\ln2.$

$4.(1)\ \sqrt{2}-1$；$(2)\ \dfrac{1}{2}$；$(3)\ \left[\dfrac{1}{2},+\infty\right)$；$(4)1.$

$5.\ f(x)=\cos x-x\sin x+C$，其中 C 为任意常数.

$6.(1)$ 略；$(2)\ \dfrac{\pi}{2}.$

$7.$ 略.

第六章 定积分的应用

【习题 6-2】

$1.(1)13$；$(2)\ \dfrac{124}{3}$；$(3)\ \dfrac{1}{2}$；$(4)\ \dfrac{1}{3}$；

$(5)\ \dfrac{\sqrt{2}}{3}(8\sqrt{5}-16)+\dfrac{\pi}{2}+\dfrac{\sqrt{5}-1}{4}\sqrt{2\sqrt{5}-2}-\arcsin\dfrac{\sqrt{5}-1}{2}.$

2.（1）$\dfrac{1}{2}(15-4\ln 2)$；（2）$2(1-e^{-1})$；（3）$\dfrac{16\pi}{3}-4\sqrt{3}$；（4）$\dfrac{256}{5}$；（5）$\dfrac{176}{9}$.

3.$\dfrac{16}{3}p^{2}$.

4.（1）$\dfrac{32}{3}$；（2）$3\pi a^{2}$；（3）$\dfrac{\pi}{4}$；（4）$\dfrac{3\pi}{8}$；（5）$\dfrac{5\pi}{4}$.

5.（1）$e-2$；（2）$\dfrac{4}{3}\pi,8\pi$；（3）$\dfrac{128}{3}\pi$；（4）$5\pi^{2}a^{3}$.

6.$7\sqrt{7}$.

7.（1）$\dfrac{14}{3}$；（2）$2\sqrt{3}-\dfrac{4}{3}$；（3）$2-\sqrt{2}-\dfrac{1}{2}\ln 3-\ln\dfrac{\sqrt{2}-1}{2}$；（4）$\dfrac{1}{2}[\sqrt{2}+\ln(1+\sqrt{2})]$；

（5）$\ln(1+\sqrt{2})$；（6）$2\pi a$；（7）$6a$；（8）$\dfrac{\sqrt{1+a^{2}}}{a}(e^{a\varphi}-1)$.

8.$\dfrac{\pi h}{6}[ad+bc+2(ab+cd)]$.

9.略.

10.$t=\dfrac{1}{2},t=1$.

11.$\dfrac{\pi^{2}}{4}$.

12.（1）$\dfrac{1}{e}$，$(e^{2},1)$；（2）$\dfrac{1}{6}e^{2}-\dfrac{1}{2}$；（3）$\dfrac{\pi}{2}$.

13～14.略.

15.$2\pi^{2}$.

【习题6-3】

1.1 100,2 530 000,2 528 900（万元）.

2.573.88（万元）.

3.$\dfrac{\pi}{4}\rho gr^{4}$.

4.44.

5.7 403.2,1 314.

【复习题六】

1.（1）$\dfrac{8}{3}\pi$；（2）$\displaystyle\int_{a}^{b}|f(x)-g(x)|\mathrm{d}x$；（3）$\displaystyle\int_{a}^{b}\sqrt{1+y'^{2}}\mathrm{d}x$；（4）$\pi\displaystyle\int_{a}^{b}f^{2}(x)\mathrm{d}x$.

2.9.

3.$\pm\sqrt[4]{\dfrac{4}{3}},\dfrac{496\pi}{189}\sqrt[4]{\dfrac{3}{4}}$.

4.$\pi^{2},4\pi^{3}-\dfrac{100}{27}\pi$.

5. $(1)\frac{1}{3}x^3-2x^2+6x+100,105x-x^2,-\frac{1}{3}x^3+x^2+99x-100$；$(2)11($台$)$，$\frac{1\,999}{3}($万元$)$.

6.1 266.08（万元），266.08（万元）.

7. $\frac{1}{3}(2a+b)\rho h^2$.

8. $mgR^2\left(\frac{1}{R}-\frac{1}{R+h}\right)$.

9—10.略.

第七章 常微分方程

【习题 7-1】

1.（1）2 阶；（2）4 阶；（3）3 阶；（4）1 阶；（5）1 阶；（6）2 阶.

2.（1），（2），（4），（5）是；（3），（6）不是.

3.（1）$C=-8$；（2）$C_1=\frac{2}{3}$，$C_2=\frac{1}{3}$；（3）$C_1=2$，$C_2=-1$.

4.（1）$\frac{dy}{dx}=x+y$；（2）$\begin{cases}\dfrac{dy}{dx}=-\dfrac{y}{x}\\ y\big|_{x=3}=4\end{cases}$.

5.$t=55(\mathrm{s})$，$s\approx303(\mathrm{m})$.

6.$\frac{24}{35}(\mathrm{m}^3/\mathrm{h})$，$t=\frac{7}{12}(\mathrm{h})$.

7.$\frac{p}{q}\frac{dq}{dp}$，$q=\frac{\mathrm{e}^C}{p}$（C 为任意常数）.

【习题 7-2】

1.（1）$y^2=-2x^{\frac{3}{2}}+C$；（2）$y=\frac{1}{2}(x^3-3x^2-x)+C$；（3）$y(12x+x^3+C)-9=0$；

（4）$\arcsin y-\ln\left|\frac{x-1}{x+1}\right|+C=0$；（5）$2y+\mathrm{e}^{2y}-2\mathrm{e}^{-x}+C=0$；（6）$\tan t\sin s-C=0$；

（7）$2(y+1)^3-3x^2+3\ln(x^2+1)+C=0$；（8）$x+\ln\frac{|\cos y|}{\mathrm{e}^x+1}+C=0$.

2.（1）$y=Cx\mathrm{e}^{-3x^2}$；（2）$2y^2\ln|Cy|+x^2=0$；（3）$y=x\ln^2|Cx^3|$；（4）$\ln\left|\frac{y}{x}\right|+Cx=0$；

（5）$y+\sqrt{y^2-x^2}+Cx^2=0(x>0)$，$y+\sqrt{y^2-x^2}+C=0(x<0)$；（6）$\sin^2\frac{y}{x}-Cx=0$.

3.（1）$3\cdot2^{2x}+2^{-6y}-4=0$；（2）$3x^2+xy-8=0$；（3）$(xy)^6-64\mathrm{e}^{-2x^3+3x^2-1}=0$；（4）$y=\mathrm{e}^{\sin x}$；

（5）$x^3\mathrm{e}^{\left(\frac{y}{x}\right)^3}-\mathrm{e}=0$；（6）$x^2+y^2-2\mathrm{e}^{\frac{2y}{x}\arctan\frac{y}{x}-\frac{\pi}{2}}=0$.

4.$y+\sqrt{y^2+x^2}-2=0$.

5.$y=-\frac{1}{2}\left(\arcsin\frac{1}{2\mathrm{e}^{2x}}+\arcsin\frac{1}{2\mathrm{e}}\right)$.

6. $v=\dfrac{mg}{k}+\left(v_0-\dfrac{mg}{k}\right)e^{-\frac{k}{m}t}$.

7. $(a-bp^3)+(b-a)e^{-3bkt}=0$.

8. $Ce^{-\frac{\ln3}{500}t}$.

9. $M_0\left(1-\dfrac{1}{T}t\right)$.

*10. (1) $y^2+2xy-x^2-4y+8x=C$; (2) $x+3y+2\ln|x+y-2|=C$; (3) $\ln[4y^2+(x-1)^2]+$
$\arctan\dfrac{2y}{x-1}=C$.

【习题 7-3】

1. (1) $y=3C(x-1)e^{-x}$; (2) $y=x^2+2x+\dfrac{C}{x^4}$; (3) $y=-\dfrac{1}{2}e^t+Ce^{3t}$; (4) $y=\dfrac{1}{2(x^2-1)}(-\cos2x+C)$;

(5) $y=\dfrac{1}{4}(2x-1)e^x+Ce^{-x}$; (6) $y=C\cos x-2\cos^2x$; (7) $y=\dfrac{1}{5(x^2-4)}\left[-(2x+1)^{\frac{5}{2}}+C\right]$;

(8) $x=Cy^3+y^3\ln y$; (9) $x=\dfrac{1}{3(y^2+1)}(y^3+C)$; (10) $2xy-\ln^2y+C=0$.

2. (1) $y=\dfrac{7}{3}e^{-6x}+\dfrac{2}{3}$; (2) $y=\dfrac{\pi^2+1+x\sin x+\cos x}{x^2}$;

(3) $y=\dfrac{1}{2\sin x}\left[-e^{\frac{\pi}{2}}+(\sin x-\cos x)e^x\right]$; (4) $y=x+\dfrac{4e^{-x}-1}{2x+3}$; (5) $x=y+1+\dfrac{1-2e^y}{y+1}$.

3. $y=\dfrac{1}{2}(1+3e^{-x^2-1})$.

4. $f(x)=e^{x^2}-1$.

5. (1) $\arctan(2x+y)-x+C=0$; (2) $(3x-y)^2+2x+C=0$; (3) $x+\cot(x+y+1)-$
$\csc(x+y+1)+C=0$; (4) $xy-e^{Cx}=0$; (5) $\sin y+Ce^{x+\sin x}=0$; (6) $x^2y-xy^2+C=0$.

6. $y+\sqrt{x^2+y^2}=1+\sqrt5\left(y'<\dfrac{y}{x}\right)$, $y+\sqrt{x^2+y^2}=\dfrac{1+\sqrt5}{4}x^2\left(y'>\dfrac{y}{x}\right)$.

7. (1) $\left(Ce^{-2x}-x-\dfrac{1}{2}\right)y^2-1=0$; (2) $\left[Ce^{\frac{3}{2}x}+6(x+2)e^x\right]y^3-1=0$; (3) $\left(Ce^{-x^2}-\dfrac{1}{2}\right)y-1=0$;

(4) $\left(\dfrac{C}{y}-\ln y+1\right)x-1=0$.

【习题 7-4】

1. (1) $y=\dfrac{1}{20}x^5+\cos x+C_1x^2+C_2x+C_3$; (2) $y=(x-2)e^x+C_1x+C_2$;

(3) $y=-\dfrac{1}{2}(\arcsin x+x\sqrt{1-x^2})+C_1x+C_2$; (4) $y=C_1e^{2x}-\dfrac{3}{4}x^2-\dfrac{3}{4}x+C_2$;

(5) $y=C_1(x^2-2x+2)e^x+C_2$; (6) $y=-\ln|\cos(x+C_1)|+C_2$;

(7) $y=C_1x^3-3x^2\cos x+6x\sin x+6\cos x+C_2$; (8) $y=C_2e^{C_1x}$;

(9) $x=\sqrt{y}-\dfrac{C_1}{2}\ln|2\sqrt{y}+C_1|+C_2$; (10) $\sin(y+C_1)-C_2e^x=0$;

$(11)\ y=C_2\mathrm{e}^{\pm x}(C_1=0)\,,y+\sqrt{y^2+C_1}=C_2\mathrm{e}^{\pm x}(C_1\neq0).$

$2.(1)\ y=\mathrm{e}^3(\mathrm{e}^{2x}-4x^2-2x-1)\,;\qquad (2)\ y=-\dfrac{1}{2}\ln|2x-1|+1\,;$

$(3)\ y=-\dfrac{1}{2}(x+1)^2+x^3+\dfrac{3}{2}x^2+x+\dfrac{1}{2}\,;\qquad (4)\ y+\sqrt{1+y^2}-\mathrm{e}^x=0\,;$

$(5)\ y=-\dfrac{1}{2}\ln|2x+1|\,;\qquad (6)\ \sec y+\tan y-\mathrm{e}^x=0.$

$3.\ y=\dfrac{1}{4}x^4+\dfrac{1}{3}x^3+x+2.$

$4.\ s=\dfrac{gm}{k^2}(m\mathrm{e}^{-\frac{k}{m}t}+kt-m).$

$5.\ t=\dfrac{1}{R}\sqrt{\dfrac{l}{2g}}\left(\sqrt{lR-R^2}+l\arccos\sqrt{\dfrac{g}{l}}\right).$

【习题 7-5】

1.(1),(5),(6),(7)线性相关;(2),(3),(4),(8)线性无关.

$2.\ y=C_1\cos2x+C_2\sin2x.$

$3.\ y=C_1\mathrm{e}^{x^2}+C_2x\mathrm{e}^{x^2}.$

4.(略).

5.(1)A;(2)B.

$6.\ y=C_1\cos3x+C_2\sin3x.$

$7.\ y=C_1x+C_2\dfrac{1}{x}.$

$8.\ y=C_1x+C_2x^2+\dfrac{1}{2}(\ln^2x+\ln x)+\dfrac{1}{4}.$

【习题 7-6】

$1.(1)\ y=C_1+C_2\mathrm{e}^{-5x}\,;\qquad (2)\ y=C_1\mathrm{e}^{-3x}+C_2\mathrm{e}^{4x}\,;\qquad (3)\ s=C_1\mathrm{e}^{-\frac{1}{2}t}+C_2\mathrm{e}^{\frac{3}{2}t}\,;$

$(4)\ y=(C_1+C_2x)\mathrm{e}^{-2x}\,;\qquad (5)\ y=C_1\cos x+C_2\sin x\,;\qquad (6)\ y=C_1\mathrm{e}^{-10x}+C_2\mathrm{e}^{\frac{5}{2}x}\,;$

$(7)\ y=(C_1+C_2x)\mathrm{e}^{-10x}\,;\qquad (8)\ y=\mathrm{e}^{-3x}(C_1\cos2x+C_2\sin2x)\,;$

$(9)\ y=\mathrm{e}^{3x}(C_1\cos\sqrt3x+C_2\sin\sqrt3x)\,;\qquad (10)\ y=(C_1+C_2x)\mathrm{e}^{-\sqrt2x}+(C_3+C_4x)\mathrm{e}^{\sqrt2x}\,;$

$(11)\ y=C_1+C_2x+C_3x^2+\mathrm{e}^{-\frac{5}{2}x}\left(C_4\cos\dfrac{\sqrt{35}}{2}x+C_5\sin\dfrac{\sqrt{35}}{2}x\right)\,;$

$(12)\ y=C_1+C_2x+C_3\mathrm{e}^x+\mathrm{e}^{-\frac{1}{2}x}\left(C_4\cos\dfrac{\sqrt3}{2}x+C_5\sin\dfrac{\sqrt3}{2}x\right).$

$2.(1)\ y=3\mathrm{e}^{-x}-\mathrm{e}^{-3x}\,;\qquad (2)\ y=(1+9x)\mathrm{e}^{-8x}\,;\qquad (3)\ y=\mathrm{e}^{\frac{1}{3}x}\left(3\cos\dfrac{1}{3}x-3\sin\dfrac{1}{3}x\right)\,;$

$(4)\ y=\mathrm{e}^{3x}\,;\qquad (5)\ y=\mathrm{e}^{-2x}\left(2\cos3x+\dfrac{7}{3}\sin3x\right).$

$3.\ y=(2-9x)\mathrm{e}^{6x}.$

4. $f'(x_0)=0$，$f''(x_0)=-20f(x_0)>0$，在点 x_0 有极小值.

5. $x=\dfrac{v_0}{\sqrt{b^2+4a}}\mathrm{e}^{\frac{-b+\sqrt{b^2+4a}}{2}t}\left(1-\mathrm{e}^{-t\sqrt{b^2+4a}}\right)$.

6. $4\rho gab$.

【习题 7-7】

1.（1）$y=C_1+C_2\mathrm{e}^{-4x}+2\mathrm{e}^x$；　（2）$y=\mathrm{e}^{\frac{1}{3}x}\left(C_1\cos\dfrac{\sqrt5}{3}x+C_2\sin\dfrac{\sqrt5}{3}x\right)+\dfrac{1}{2}(2x^2+7x+21)$；

（3）$y=C_1\mathrm{e}^{-\frac{3}{2}x}+\mathrm{e}^{-2x}(C_2+5x)$；　（4）$y=\mathrm{e}^{-3p}(C_1+C_2p)+\dfrac{1}{3}\cos3p$；

（5）$y=\mathrm{e}^{4x}(C_1+C_2x+x^3)$；　（6）$y=C_1\mathrm{e}^{3x}+\mathrm{e}^{2x}(C_2-3x)+\dfrac{1}{18}(18x^2+30x+19)$；

（7）$y=C_1\mathrm{e}^{3t}+C_2\mathrm{e}^{5t}+\dfrac{1}{7}\mathrm{e}^t(\cos2t-2\sin2t)$；　（8）$y=(C_1-x^2)\cos x+(C_2+x)\sin x$；

（9）$y=\dfrac{1}{4}\mathrm{e}^{-3x}\left[(4C_1+x)\cos2x+(4C_2+x)\sin2x\right]$.

2.（1）$y=\dfrac{7}{2}\mathrm{e}^{2x}-5\mathrm{e}^x+\dfrac{5}{2}$；　（2）$y=\dfrac{1}{49}\left[-39\mathrm{e}^{-\frac{4}{3}x}+\mathrm{e}^x(39-42x+49x^2)\right]$；

（3）$y=\mathrm{e}^x(x+2)\sin3x$；　（4）$y=\dfrac{1}{250}\left[(2-2x)\mathrm{e}^{8x}\right]+(30x+2)\cos4x+(-40x-11)\sin4x$.

3. 2.

4. 以炮弹出口为原点,炮弹前进的水平方向为 x 轴,铅直向上为 y 轴建立直角坐标系,弹道曲线为 $x=\dfrac{\sqrt2}{2}v_0t$, $y=\dfrac{1}{2}(\sqrt2 v_0t-2gt^2)$.

【习题 7-8】

1. $y=\dfrac{1}{x^2}(C_1+C_2\ln x)$；

2. $y=\dfrac{C_1}{x^2}+C_2x^4-\dfrac{1}{8}x^2$；

3. $y=C_1+x\left[C_2\cos(\sqrt2\ln x)+C_3\sin(\sqrt2\ln x)\right]+\dfrac{1}{8}x^2$；

4. $y=C_1x+C_2x^2+x\ln x+\dfrac{1}{4}(2\ln^2x+6\ln x+7)$.

【习题 7-9】

1. $\begin{cases}y=C_1\mathrm{e}^{(-1-\sqrt2)x}+C_2\mathrm{e}^{(-1+\sqrt2)x}\\ z=(1-\sqrt2)C_1\mathrm{e}^{(-1-\sqrt2)x}+C_2(1+\sqrt2)\mathrm{e}^{(-1+\sqrt2)x}\end{cases}$；

2. $\begin{cases}x=3+C_1\cos t+C_2\sin t\\ y=-C_1\sin t+C_2\cos t\end{cases}$；

3. $\begin{cases}y=-C_1\mathrm{e}^{2x}-5C_2\mathrm{e}^{6x}+\dfrac{1}{36}(54x^2+21x+2)\\ z=C_1\mathrm{e}^{2x}+C_2\mathrm{e}^{6x}-\dfrac{1}{36}(18x^2+15x+13)\end{cases}$；

4.
$$\begin{cases} x = e^{-\frac{1}{2}t}\left[(2C_1 + 5\sqrt{79}\,C_2)\cos\dfrac{\sqrt{79}}{2}t + (2C_2 - 5\sqrt{79}\,C_1)\sin\dfrac{\sqrt{79}}{2}t\right] + \dfrac{344}{65}\cos t - \dfrac{87}{65}\sin t \\ y = e^{-\frac{1}{2}t}\left(C_1\cos\dfrac{\sqrt{79}}{2}t + C_2\sin\dfrac{\sqrt{79}}{2}t\right) + \dfrac{22}{65}\cos t + \dfrac{19}{65}\sin t \end{cases};$$

5.
$$\begin{cases} y = C_1 e^{-x} + C_2 e^{x} + C_3\cos x + C_4\sin x - x - 2 \\ z = -C_1 e^{-x} - C_2 e^{x} + C_3\cos x + C_4\sin x + x^2 \end{cases};$$

6.
$$\begin{cases} y = \alpha^3 C_1 e^{-\alpha x} - \alpha^3 C_2 e^{\alpha x} - \beta^3 C_3\sin\beta x + \beta^3 C_4\cos\beta x - 2e^x \\ z = C_1 e^{-\alpha x} + C_2 e^{\alpha x} + C_3\cos\beta x + C_4\sin\beta x + e^x \end{cases}, 其中 \ \alpha = \sqrt{\dfrac{1+\sqrt{5}}{2}}, \beta = i\sqrt{\dfrac{\sqrt{5}-1}{2}}.$$

【复习题七】

1. (1) $y = Ce^{-\int P(x)\,dx}$, $y = Ce^{-\int P(x)\,dx} + e^{-\int P(x)\,dx}\int Q(x)e^{\int P(x)\,dx}\,dx$.

(2) $y = C_1 e^{r_1 x} + C_2 e^{r_2 x}$, $y = (C_1 + C_2 x)e^{r_1 x}$, $y = e^{\alpha x}(C_1\cos\beta x + C_2\sin\beta x)$.

(3) $y = C(x-1) + 1$ 或 $y = C(x-1) + x$.

(4) $y = e^{-2x} + 2e^{x}$.

2. (1) C; (2) C; (3) D; (4) A.

3. (1) $y^2(y'^2 - 9) = 0$; (2) $y'' - 5y' = 0$.

4. (1) $y = \dfrac{C}{\ln|x|} + \dfrac{\ln|\ln|x||}{\ln|x|} + 5$;

(2) $\ln|Cy| - \dfrac{1}{y}\sqrt{x^2 - y^2} = 0$;

(3) $2\sqrt{x} + C(xy+1) - 1 = 0$;

(4) $5x^2 y^2 - 2x^5 - 20x^3 + C = 0$;

(5) $xy + 2y\ln y - 2y + C = 0$

(6) $y = Cx^2 + e^x(x^2 - 3x + 3)$;

(7) $x \pm \dfrac{1}{\sqrt{6}}\ln\left(\sqrt{\dfrac{6}{|C_1|}}e^{-y} + \sqrt{\dfrac{6}{|C_1|}e^{-2y} + 1}\right) + C_2 = 0$;

(8) $y = \left(\dfrac{1}{14}x^2 - \dfrac{1}{49}x\right)e^{3x} - \dfrac{1}{6}$;

(9) $y = e^x\left(C_1\cos\sqrt{5}\,x + C_2\sin\sqrt{5}\,x - \dfrac{\sqrt{5}}{10}x\cos\sqrt{5}\,x\right)$;

5. (1) $y^2 - 2\sqrt{2}\tan x = 0$; (2) $\csc 2y - \cot 2y = e^{2\sqrt{2}x}$; (3) $y = \dfrac{1}{2}\sin x\, e^{3x}(x-2)$.

6. $f(x) = 3e^{3x} - 2e^{2x}$.

7. $y = \dfrac{1}{2}\sqrt{x}\ (y' > 0)$, $y = \dfrac{2}{\sqrt{x}}\ (y' < 0)$.

8. $x = \dfrac{2}{3}y + \dfrac{1}{3\sqrt{y}}$.

高等数学（下）

主　编 ○ 杜先云
副主编 ○ 任秋道　祝丽萍

西南财经大学出版社
Southwestern University of Finance & Economics Press

中国·成都

图书在版编目（CIP）数据

高等数学：上、下/杜先云主编；任秋道,祝丽萍
副主编.--成都:西南财经大学出版社,2024.8
ISBN 978-7-5504-5957-1

Ⅰ.①高… Ⅱ.①杜…②任…③祝… Ⅲ.①高等
数学—高等职业教育—教材 Ⅳ.①O13

中国国家版本馆 CIP 数据核字(2023)第 195156 号

高等数学（上、下）
GAODENG SHUXUE(SHANG、XIA)

主　编　杜先云
副主编　任秋道　祝丽萍

策划编辑:李邓超
责任编辑:植　苗
责任校对:廖　韧
封面设计:何东琳设计工作室
责任印制:朱曼丽

出版发行	西南财经大学出版社（四川省成都市光华村街 55 号）
网　　址	http://cbs.swufe.edu.cn
电子邮件	bookcj@swufe.edu.cn
邮政编码	610074
电　　话	028-87353785
照　　排	四川胜翔数码印务设计有限公司
印　　刷	郫县犀浦印刷厂
成品尺寸	185 mm×260 mm
印　　张	43.75
字　　数	1077 千字
版　　次	2024 年 8 月第 1 版
印　　次	2024 年 8 月第 1 次印刷
印　　数	1— 2000 册
书　　号	ISBN 978-7-5504-5957-1
定　　价	88.00 元（上、下册）

编委会

主　　编　杜先云（成都信息工程学院）

副主编　任秋道（绵阳师范学院）

祝丽萍（昌吉学院）

编　　者　陈　琳（成都信息工程学院）

王红梅（绵阳师范学院）

汪元伦（绵阳师范学院）

▶▶ 目录

第八章

向量代数与空间解析几何

在平面解析几何中,我们在坐标系下通过点的坐标把平面上的一个点与一个有序实数对对应起来,把平面上的图形和方程对应起来,从而可以用代数方法来研究几何问题.用类似的方法建立起空间解析几何.正如平面解析几何作为一元微积分学的直观背景和几何应用一样,空间解析几何将作为多元微积分学的直观背景和几何应用,成为学习多元微积分学必不可少的预备知识.我们将以向量代数为工具来讨论几何问题,将空间几何图形及其关系的研究,转化为对方程及方程组的研究,可以使复杂的几何问题得以简化,收到事半功倍的效果.

第一节　向量及其线性运算

一、向量的概念

客观世界中有这样一类量,它们既有大小又有方向,如位移、速度、加速度和力等,这一类量叫作**向量**(或**矢量**).

我们常用一条有方向的线段,即有向线段来表示向量.有向线段的长度表示向量的大小,有向线段的方向表示向量的方向.以 M_1 为起点、M_2 为终点的有向线段所表示的向量记作 $\overrightarrow{M_1M_2}$,如图 8-1 所示.有时也用一个黑体字母(书写时,在字母上面加箭头)来表示向量,如 $\boldsymbol{a},\boldsymbol{v},\boldsymbol{F}$(或 $\vec{a},\vec{v},\vec{F}$)等.

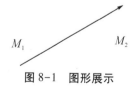

图 8-1　图形展示

在实际问题中,有些向量与起点有关,如一个力与该力的作用点有关;而有些向量与起点无关.因为一切向量的共性是它们都有大小和方向,所以只讨论与起点无关的向量,并把这种向量称为**自由向量**(简称**向量**),即只考虑向量的大小和方向,而不论它的起点在什么地方.因此,如果两个向量 a 与 b 大小相等且方向相同,就说向量 a 和向量 b 是相等的,记作 $a=b$.这就是说,经过平行移动后能够完全重合的两个向量是相等的向量.

我们称向量的大小或向量的长度为**向量的模**.向量 $\overrightarrow{M_1M_2}$、$\vec{a}$ 或 a 的模依次记作 $|\overrightarrow{M_1M_2}|$、$|\vec{a}|$ 或 $|a|$.模等于 1 的向量叫**单位向量**,记作 $\vec{e}$ 或 e.模为 0 的向量称为**零向量**,

通常记作 $\vec{0}$ 或 $\mathbf{0}$.零向量的起点与终点重合,它的方向是任意的.把起点位于坐标原 O 的向量称为向径,常表示为 $\overrightarrow{OM}$ 或 $\vec{r}$.我们容易知道:若两个向量 a 与 b 同向,且模相等,即 $|a|=|b|$,则向量 a 与 b 相等,即 $a=b$.

设有两个非零向量 a 与 b,在空间中任取一点 O,做 $\overrightarrow{OA}=a$,$\overrightarrow{OB}=b$,规定不超过 π 的角 $\angle AOB$(设 $\theta=\angle AOB$,$0\leqslant\theta\leqslant\pi$)称为向量 a 与 b 的**夹角**,如图 8-2 所示,记作 $(\widehat{a,b})$ 或 $(\widehat{b,a})$,即 $(\widehat{a,b})=\theta$.如果向量 a 与 b 中有一个是零向量,规定它们的夹角可以在 0 到 π 之间任意取值.

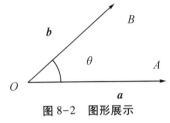

图 8-2　图形展示

如果向量 a 与 b 的夹角 $(\widehat{a,b})=0$ 或 π,就说向量 a 与 b 平行,记作 $a/\!/b$.如果 $(\widehat{a,b})=\dfrac{\pi}{2}$,就说向量 a 与 b **垂直**,记作 $a\perp b$.我们可以认为,零向量与任何向量都平行或垂直.

当两个平行向量的起点放在同一点时,它们的终点和公共起点都在一条直线上.因此,两个向量平行又称为两个向量**共线**.类似地,设有 $k(k\geqslant 3)$ 个向量,当把它们的起点放在同一点时,如果 k 个终点和公共起点都在一个平面上,就称这 k 个向量**共面**.

二、向量的线性运算

1. 加减法

向量加法运算规定如下:

设有两个非零向量 a 与 b,在空间中任取一点 O,做向量 $\overrightarrow{OA}=a$,再以 A 为起点,作向量 $\overrightarrow{AB}=b$,如图 8-3 所示,连接 OB,那么向量 $\overrightarrow{OB}=c$ 称为向量 a 与 b 的和,记作 $a+b$,即

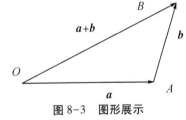

图 8-3　图形展示

$$c=a+b$$

上述作出两向量之和的方法叫作向量相加的**三角形法则**.

向量相加还有平行四边形法则:当两个非零向量 a 与 b 不平行时,做向量 $\overrightarrow{OA}=a$,$\overrightarrow{OB}=b$,以 OA 和 OB 为邻边作平行四边形 $OACB$,连接对角线 OC,如图 8-4 所示,显然向量 $\overrightarrow{OC}$ 等于向量 a 与 b 的和 $a+b$.

向量加法符合下列运算定律:

(1)交换律:$a+b=b+a$;　　　　　　　　　　　　　　　　　　　　(8-1)

(2)结合律:$(a+b)+c=a+(b+c)$.　　　　　　　　　　　　　　　(8-2)

这是因为,图 8-4 的平行四边形法则中,利用的三角形法则,可得

$$a+b=\overrightarrow{OA}+\overrightarrow{AC}=\overrightarrow{OC}=c, b+a=\overrightarrow{OB}+\overrightarrow{BC}=\overrightarrow{OC}=c$$

所以向量加法符合交换律.又如图 8-5 所示,先做 $a+b$ 再加上 c,即得和 $(a+b)+c$,若以 a 再与 $b+c$ 相加,则得同一结果,因而向量加法符合结合律.

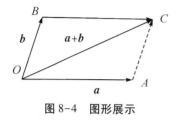

图 8-4 图形展示

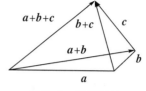

图 8-5 图形展示

向量的加法符合交换律与结合律,在向量的加法运算中,可以任意添括号、去括号及改变加数的位置.因此,n 个向量 $a_1, a_2, \cdots, a_n$ 相加可以写成

$$a_1+a_2+\cdots+a_n$$

按照向量相加的三角形法则,可得 n 个向量相加的法则:把这 n 个向量首尾相连,即以前一向量的终点作为后一向量的起点,相继做向量 $a_1, a_2, \cdots, a_n$,再从第一个向量的起点为起点,最后一个向量的终点为终点做一向量,这个向量就是 $a_1, a_2, \cdots, a_n$ 的和.如图 8-6 所示,s 就是四个向量 $a_1, a_2, \cdots, a_4$ 的和,即

$$s=a_1+a_2+\cdots+a_4$$

设 b 为非零一向量,与向量 b 的方向相反,模相等的向量称为向量 b 的**负向量**,记作 $-b$.因此,我们规定两个非零向量 a 与 b 的差为

$$a-b=a+(-b)$$

即把向量 b 的负向量 $-b$ 加到向量 a 上,便得到 a 与 b 的差的 $a-b$,如图 8-7 所示.平移向量 a 与 b,使得它们的起点重合,从减向量 b 终点为起点指向被减向量 a 的终点构成的向量就是差向量 $a-b$.

特别地,当 $a=b$ 时,$a-a=a+(-a)=0$.

我们容易知道:任给向量 $\overrightarrow{AB}$ 及点 O,如图 8-8 所示,可得

$$\overrightarrow{AB}=\overrightarrow{AO}+\overrightarrow{OB}=\overrightarrow{OB}-\overrightarrow{OA} \tag{8-3}$$

也就是说,任一向量 $\overrightarrow{AB}$ 等于从某一点 O 为起点指向终点 B 的向量 $\overrightarrow{OB}$ 减去以 O 为起点指向起点 A 的向量 $\overrightarrow{OA}$.

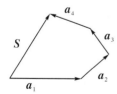

图 8-6 图形展示

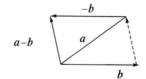

图 8-7 图形展示

图 8-8 图形展示

由三角形两边之和大于第三边,有

$$|a+b| \leqslant |a|+|b| \text{ 及 } |a-b| \leqslant |a|+|b|$$

其中等号在 **a** 与 **b** 同向及反向时成立.

2. 向量与数的乘法

定义 1　向量 **a** 与实数 λ 的乘积是一个向量,记作 $\lambda \boldsymbol{a}$.规定向量 $\lambda \boldsymbol{a}$ 的模为

$$|\lambda \boldsymbol{a}| = |\lambda||\boldsymbol{a}| = \begin{cases} \lambda|\boldsymbol{a}|, & \lambda > 0 \\ 0, & \lambda = 0 \\ -\lambda|\boldsymbol{a}|, & \lambda < 0 \end{cases}$$

当 $\lambda > 0$ 时,向量 $\lambda \boldsymbol{a}$ 的方向与向量 **a** 同向;当 $\lambda < 0$ 时,$\lambda \boldsymbol{a}$ 的方向与 **a** 相反;当 $\lambda = 0$ 时,$\lambda \boldsymbol{a}$ 为零向量,方向可以是任意的.

显然,$\lambda \boldsymbol{a} /\!/ \boldsymbol{a}$,如图 8-9 所示.特别地,当 $\lambda = \pm 1$ 时,有 $1\boldsymbol{a} = \boldsymbol{a}, (-1)\boldsymbol{a} = -\boldsymbol{a}.$

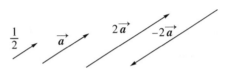

图 8-9　图形展示

向量与数积符合下列运算规律:

(1)结合律

$$\lambda(\mu \boldsymbol{a}) = (\lambda \mu)\boldsymbol{a} = \mu(\lambda \boldsymbol{a}) \tag{8-4}$$

根据定义 1 向量与数的乘积的规定可知,向量 $\lambda(\mu \boldsymbol{a})$、$\mu(\lambda \boldsymbol{a})$ 与 $(\lambda \mu)\boldsymbol{a}$ 都是平行的向量,可以对 λ 与 μ 同号、异号与零进行详细讨论,得出它们的方向是相同的;又

$$|\lambda(\mu \boldsymbol{a})| = |\lambda||\mu \boldsymbol{a}| = |\lambda||\mu||\boldsymbol{a}| = |\lambda \mu||\boldsymbol{a}| = |(\lambda \mu)\boldsymbol{a}|$$
$$|\mu(\lambda \boldsymbol{a})| = |\mu||\lambda \boldsymbol{a}| = |\mu||\lambda||\boldsymbol{a}| = |\lambda \mu||\boldsymbol{a}| = |(\lambda \mu)\boldsymbol{a}|$$

即它们的模相等,故这三个向量相等,即

$$\lambda(\mu \boldsymbol{a}) = \mu(\lambda \boldsymbol{a}) = (\lambda \mu)\boldsymbol{a}$$

(2)分配律

向量对实数的加法符合分配律:

$$(\lambda + \mu)\boldsymbol{a} = \lambda \boldsymbol{a} + \mu \boldsymbol{a} \tag{8-5}$$

(对 λ 与 μ 同号、异号与零分别讨论可得结论)

实数对向量的加法符合分配律:

$$\lambda(\boldsymbol{a} + \boldsymbol{b}) = \lambda \boldsymbol{a} + \lambda \boldsymbol{b} \tag{8-6}$$

我们仅对公式(8-6)进行证明.

证　当 $\lambda = 0, \boldsymbol{a} = \boldsymbol{0}$ 或 $\boldsymbol{b} = \boldsymbol{0}$ 时,结论显然成立. 当 $\lambda \neq 0, \boldsymbol{a} \neq \boldsymbol{0}$ 且 $\boldsymbol{b} \neq \boldsymbol{0}$ 时,做向量 $\overrightarrow{OA} = \boldsymbol{a}, \overrightarrow{AB} = \boldsymbol{b}$,根据向量加法的三角形法则有,向量 $\overrightarrow{OB} = \boldsymbol{a} + \boldsymbol{b}$;做向量 $\overrightarrow{OC} = \lambda \boldsymbol{a}, \overrightarrow{CD} = \lambda \boldsymbol{b}$,则 $\overrightarrow{OD} = \lambda \boldsymbol{a} + \lambda \boldsymbol{b}$,如图 8-10 所示.在 $\triangle OAB$ 与 $\triangle OCD$ 中,由 $\boldsymbol{a} /\!/ \lambda \boldsymbol{a}, \boldsymbol{b} /\!/ \lambda \boldsymbol{b}$ 可得,$AB /\!/ CD, O、A$ 与 C 共线,且

$$\angle OAB = \angle OCD, \frac{|OA|}{|OC|} = \frac{|\boldsymbol{a}|}{|\lambda \boldsymbol{a}|} = \frac{1}{|\lambda|} = \frac{|\boldsymbol{b}|}{|\lambda \boldsymbol{b}|} = \frac{|AB|}{|CD|}$$

因而 $\triangle OAB$ 与 $\triangle OCD$ 相似,有 $\angle ABO = \angle CDO.$ 于是

$$\frac{|OB|}{|OD|} = \frac{1}{|\lambda|}, OD /\!/ OB$$

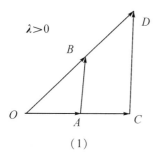

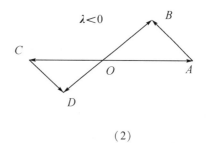

（1）   （2）

图 8-10　图形展示

即
$$|\lambda a+\lambda b|=|\lambda|\,|a+b|,(\lambda a+\lambda b)\,/\!/\,(a+b)$$

也就是两个向量 $\lambda a+\lambda b$ 与 $\lambda(a+b)$ 的模相等. 又当 $\lambda>0$ 时, 根据加法的三角形法则可得 $\overrightarrow{OB}$ 与 $\overrightarrow{OD}$ 同向, 有 $a+b$ 与 $\lambda a+\lambda b$ 同向, 又 $a+b$ 与 $\lambda(a+b)$ 同向, 故 $\lambda(a+b)$ 与 $\lambda a+\lambda b$ 同向, 因而 $\lambda(a+b)=\lambda a+\lambda b$. 当 $\lambda<0$ 时, $\overrightarrow{OB}$ 与 $\overrightarrow{OD}$ 反向, 有 $a+b$ 与 $\lambda a+\lambda b$ 反向, 且 $a+b$ 与 $\lambda(a+b)$ 反向, 因而 $\lambda(a+b)$ 与 $\lambda a+\lambda b$ 同向. 由此可得, $\lambda(a+b)=\lambda a+\lambda b$. 综上所述结论成立. 证毕.

向量相加(减)及数乘向量的运算统称为向量的**线性运算**.

我们知道, 模等于 1 的向量叫单位向量. 用 e_a 表示与非零向量 a 同方向的单位向量, 根据定义 1, 由于 $|a|>0$, $|a|e_a$ 与 e_a 的方向相同; 又 $|a|e_a$ 的模是
$$|(|a|e_a)|=|a|\cdot|e_a|=|a|\cdot1=|a|$$

即 $|a|e_a$ 与 a 的模相同. 因此,
$$a=|a|e_a$$

该式表明任一非零向量均可用与其同方向的单位向量的数乘来表示, 且所乘的系数就是该向量的模 $|a|$.

向量除以实数转化为向量的数乘运算. 我们规定, 当 $\lambda\neq0$ 时, $\dfrac{a}{\lambda}=\dfrac{1}{\lambda}a$. 由此, 上式可写成
$$\frac{a}{|a|}=e_a(a\neq0)$$

这表示一个非零向量除以它的模的结果是一个与原向量同方向的单位向量, 因而与 a 平行的单位向量为 $\pm\dfrac{a}{|a|}$.

由于向量 λa 与 a 平行, 我们经常用向量的数乘运算来说明两个向量的平行关系. 定理如下:

定理 1　设向量 $a\neq0$, 向量 b 平行于 a 的充分必要条件是存在唯一实数 λ, 使得 $b=\lambda a$.

证　【充分条件】由 $b=\lambda a$ 及数乘的定义可知, $\lambda>0$, a 与 b 同向, $(a\overset{\wedge}{,}b)=0$, 有 $a/\!/b$; $\lambda<0$, a 与 b 反向, $(a\overset{\wedge}{,}b)=\pi$, 也有 $a/\!/b$; $\lambda=0$, 有 $b=0$, 它们的夹角可以在 0 到 π 之间任意取值, 我们也认为 $a/\!/b$.

【必要条件】当 $b=0$ 时, 可得 $\lambda=0$. 当 $b\neq0$ 时, 如果 $a/\!/b$, 那么它们的单位向量的模

均为 1,方向同向或反向,即

$$e_b = \pm e_a$$

其中它们的单位向量同向取正,反方向取负.由此可得

$$\frac{1}{|b|}b = \pm \frac{1}{|a|}a, \quad b = \pm \frac{|b|}{|a|}a$$

由此取 $\lambda = \pm \dfrac{|b|}{|a|}$,当向量 a 与 b 方向相同时,λ 取正值;当它们方向相反时,λ 取负值. 显然满足 $b = \lambda a$.

再证 λ 的唯一性. 设 $b = \gamma a$,且 $b = \lambda a$. 利用向量对实数加法的分配律式(8-5),可得

$$(\gamma - \lambda)a = \gamma a - \lambda a = b - b = \mathbf{0}$$

即 $(\lambda - \gamma)a = \mathbf{0}$,取模得 $|\lambda - \gamma||a| = 0$,因 $|a| \neq 0$,有 $|\lambda - \gamma| = 0$,可得 $\lambda = \gamma$.证毕.

定理 1 表明,当两个非零向量共线时,其中一个向量可以用另一个向量的数乘表示,或两个平行的非零向量可以相互线性表示.

例 1 利用向量的线性运算证明:三角形的中位线平行于底边,且等于底边的一半.

证 如图 8-11 所示,在三角形 $\triangle ABC$ 中,D、E 分别为 CA、CB 边的中点. 根据向量加法的三角形法则,有 $\overrightarrow{CA} + \overrightarrow{AB} = \overrightarrow{CB}$,即 $\overrightarrow{CB} - \overrightarrow{CA} = \overrightarrow{AB}$.因此,

$$\overrightarrow{DE} = \overrightarrow{CE} - \overrightarrow{CD} = \frac{1}{2}\overrightarrow{CB} - \frac{1}{2}\overrightarrow{CA} = \frac{1}{2}(\overrightarrow{CB} - \overrightarrow{CA}) = \frac{1}{2}\overrightarrow{AB}$$

[结合律式(8-6)]

即

$$\overrightarrow{DE} = \frac{1}{2}\overrightarrow{AB}$$

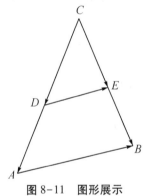

图 8-11　图形展示

因此,$\overrightarrow{DE} // \overrightarrow{AB}$,且 $|\overrightarrow{DE}| = \dfrac{1}{2}|\overrightarrow{AB}|$.

三、向量的投影

前面我们讨论了向量的合成,下面讨论向量的分解.

设点 O 及单位向量 e 确定一条数轴 x.任给不平行 x 轴的向量 r,做向量 $\overrightarrow{OM} = r$,则点 M 与数轴 x 确定一个平面.再过点 M 向 x 轴作垂线,交 x 轴于点 M',点 M' 叫作点 M 在 x 轴上的投影(投影点),向量 $\overrightarrow{OM'}$ 称为向量 r 在 x 轴上的**分向量**.由于 $\overrightarrow{OM'} // e$,根据定理 1,存在唯一实数 λ,使得 $\overrightarrow{OM'} = \lambda e$,实数 λ 称为向量 r 在 x 轴上的**投影**,λ 也称为向量 r 在 x 轴上的坐标,记作 $\mathrm{Prj}_x r$ 或 $(r)_x$,如图 8-12 所示.

当向量 r 平行 x 轴时,在数轴 x 上作 $\overrightarrow{OM} = r$,向量 $\overrightarrow{OM'}$ 与 $\overrightarrow{OM}$ 重合,上述定义也成立.

一般地,设向量 a 与 b($b \neq \mathbf{0}$)的夹角为 $\theta(0 \leqslant \theta \leqslant \pi)$,称 $|a|\cos\theta$ 为**向量 a 在向量 b 方向的投影**,记作

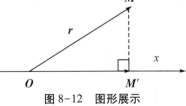

图 8-12　图形展示

$$\text{Prj}_b\vec{a}=|\vec{a}|\cos\theta,且$$

$$\text{Prj}_b\vec{a}=|\vec{a}|\cos\theta=\begin{cases}>0,0\leqslant\theta<\dfrac{\pi}{2}\\[2mm]=0,\theta=\dfrac{\pi}{2}\\[2mm]<0,\dfrac{\pi}{2}<\theta\leqslant\pi\end{cases}$$

注 向量的投影是一个数量.

如图 8-13 所示,若记 $\vec{a}=\overrightarrow{M_1M_2}$,且 M_1 在向量 **b** 方向上的投影点 P_1,M_2 在向量 **b** 方向上的投影点 P_2,且 $\overrightarrow{OP_1}=c_1\vec{e_b}$,$\overrightarrow{OP_2}=c_2\vec{e_b}$($O$ 为向量 **b** 上一点),则

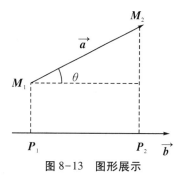

图 8-13　图形展示

$$\text{Prj}_b\vec{a}=|\vec{a}|\cos\theta=\overrightarrow{P_1P_2}=c_2-c_1$$

我们称向量 $\overrightarrow{P_1P_2}$ 为向量 **a** 在 **b** 方向上的**投影向量**,即

$$\overrightarrow{P_1P_2}=(\text{Prj}_b\vec{a})\vec{e_b}=(c_2-c_1)\vec{e_b}$$

由此可得定理 2.

定理 2(投影定理) 两个向量和的投影等于它们投影的和,即

$$\text{Prj}_e(\vec{a}+\vec{b})=\text{Prj}_e\vec{a}+\text{Prj}_e\vec{b}$$

证 根据三角形法则,当向量 **a** 的终点与向量 **b** 起点重合,那么以 **a** 的起点为起点、**b** 的终点为终点的向量就是 **a+b**,因而向量 **a** 的终点与 **b** 起点在向量 **e** 上的投影点相同,投影点的坐标也就相同.如图 8-14 所示,可设

$$(\text{Prj}_e\vec{a})\vec{e}=(c_2-c_1)\vec{e},(\text{Prj}_e\vec{b})\vec{e}=(c_3-c_2)\vec{e}$$

则有 $[\text{Prj}_e(\vec{a}+\vec{b})]\vec{e}=(c_3-c_1)\vec{e}$. 显然,

$$\begin{aligned}[\text{Prj}_e(\vec{a}+\vec{b})]\vec{e}&=(c_3-c_1)\vec{e}=(c_3-c_2)\vec{e}+(c_2-c_1)\vec{e}\\&=(\text{Prj}_e\vec{a})\vec{e}+(\text{Prj}_e\vec{a})\vec{e}\end{aligned}$$

从而

$$\text{Prj}_e(\vec{a}+\vec{b})=\text{Prj}_e\vec{a}+\text{Prj}_e\vec{b}$$

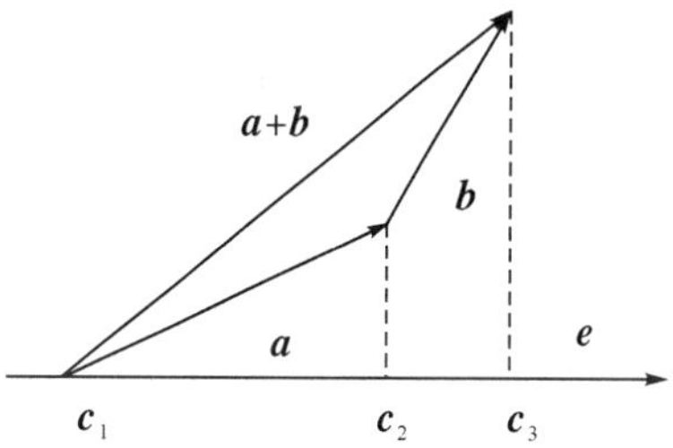

图 8-14　图形展示

我们给定一个点及单位向量就确定了一条数轴,在平面取一点 O 和两个垂直的单位向量 **i** 和 **j** 就确定两条都以 O 为坐标原点的数轴 x 轴与 y 轴,就建立了平面坐标系 Oxy. 坐标平面上任一点 M,对应向量 $\overrightarrow{OM}=\boldsymbol{r}$,**r** 在 x 轴与 y 轴上投影分别为 x 与 y. 设 $\overrightarrow{OP}=x\boldsymbol{i}$,$\overrightarrow{OQ}=y\boldsymbol{j}$. 由三角形法则,可得

$$\overrightarrow{OM}=\boldsymbol{r}=\overrightarrow{OP}+\overrightarrow{OQ}=x\boldsymbol{i}+y\boldsymbol{j}$$

其中 $x\boldsymbol{i}$ 和 $y\boldsymbol{j}$ 分别称为向径 **r** 沿 x 轴与 y 轴方向的**分向量**,有序数对 x,y 称为向量在坐标系 Oxy 的坐标.

任意选定一参考点作为坐标原点,记作 O,过点 O 作三条相互垂直的数轴,依次称为 x 轴(横轴)、y 轴(纵轴)与 z 轴(竖轴),统称坐标轴.它们构成了一个**空间直角坐标系**,称为 $Oxyz$ 坐标系或 $[O;\boldsymbol{i},\boldsymbol{j},\boldsymbol{k}]$ 坐标系,又称右手系,如图 8-15 所示.通常把 x 轴与 y 轴放在水平面上,而 z 轴是铅垂线;它们的正方向符合右手规则,即以右手握住 z 轴,当右手的四个手指从正向 x 轴以 $\dfrac{\pi}{2}$ 角度转向正向 y 轴时,大拇指的指向就是 z 轴的正向,如图 8-16

所示.三条坐标轴中任意两条坐标轴都确定一个平面,这样定出的三个平面统称为**坐标平面**,简称**坐标面**.x 轴与 y 轴所确定的坐标平面叫作 xOy 面,另外两个由 y 轴与 z 轴及由 z 轴与 x 轴所确定的坐标面,分别叫作 yOz 面及 zOx 面.三个坐标面将整个三维空间划分为八个部分,每一部分叫作一个卦限.含有 x 轴、y 轴与 z 轴正半轴的那个卦限叫作第一卦限,其他第二、第三与第四卦限都在 xOy 面的上方,按逆时针方向确定.在 xOy 面的下方,与第一卦限对应的是第五卦限,按逆时针方向还排列着第六卦限、第七卦限和第八卦限.也就是说,在 xOy 面的上方,xOy 坐标面的第一、二、三、四象限与 z 轴正半轴分别构成第一、二、三、四卦限;在 xOy 面的下方,xOy 坐标面的第一、二、三、四象限与 z 轴负半轴分别构成第五、六、七、八卦限.八个卦限分别用字母 Ⅰ、Ⅱ、Ⅲ、Ⅳ、Ⅴ、Ⅵ、Ⅶ、Ⅷ 表示.如图 8-17 所示.

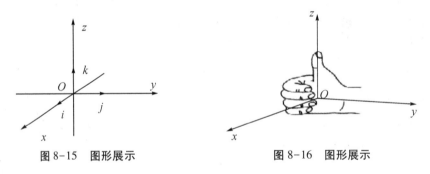

图 8-15　图形展示　　　　　　　　图 8-16　图形展示

定义 2　在 $Oxyz$ 坐标系下任何一点 $M(M\neq O)$,过 M 分别向 x 轴、y 轴和 z 轴做垂线,垂足(M 在三个坐标轴上投影)在坐标轴上表示的数依次记作 x、y 和 z,称有序数组 x、y 和 z 叫作点 M 的坐标,记作 $M(x,y,z)$.

事实上,过点 M 分别做三个坐标平面 yOz 面、zOx 面和 xOy 面的平行平面,这三个平面与三个坐标平面围成一个长方体 $RHMK\text{-}OPNQ$,这三个平面与坐标 x 轴、y 轴和 z 轴交点 P、Q 与 R,如图 8-18 所示.x 轴垂直于 $PNMH$ 平面,从而垂直于 $PNMH$ 面内的直线 MP,即 P 是 M 在 x 轴上的投影;类似可得 Q 与 R 分别是 M 在 y 轴和 z 轴上的投影.因而定义 2 点 M 的坐标是合理的.由此,我们容易得到点 M 到 xOy 面、yOz 面与 zOx 面的距离分别是 $|z|$、$|x|$ 与 $|y|$,以及坐标 $P(x,0,0)$、$Q(0,y,0)$、$R(0,0,z)$、$N(x,y,0)$、$K(0,y,z)$ 及 $H(x,0,z)$.

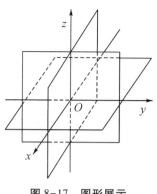

图 8-17　图形展示

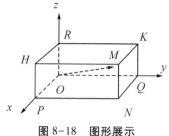

图 8-18　图形展示

根据定义 2,我们知道空间中任一点 M,可以向三个坐标轴 x 轴、y 轴和 z 轴作垂线,三个垂足是存在的,且唯一,它们在 x 轴、y 轴和 z 轴上的坐标也是唯一的,因而可以确定一个有序实数组 (x,y,z);反过来,已知在 $Oxyz$ 坐标系下一个有序实数组 (x,y,z),分别经过点 $(x,0,0)$,$(0,y,0)$,$(0,0,z)$ 做 yOz 面、zOx 面与 xOy 面的平行平面,这三个平面有唯一的交点 M.因此,点 M 与有序数组 (x,y,z) 有一一对应关系,即

$$空间点 M \xleftrightarrow{\text{一一对应}} 有序数组(x,y,z)$$

空间坐标系下的特殊点及其坐标:

(1)坐标原点:$O(0,0,0)$.

(2)在坐标轴上的点:在 x 轴、y 轴与 z 轴上的点的坐标分别是 $(x,0,0)$,$(0,y,0)$,$(0,0,z)$,通常只有一个坐标不为零,其余两个坐标均为零.

(3)在坐标面上的点:在 xOy 面、yOz 面与 zOx 面上的点的坐标分别是 $(x,y,0)$,$(0,y,z)$,$(x,0,z)$,通常只有两个坐标不为零,另一个坐标为零.

例 2　在 $Oxyz$ 坐标系中找出点 $M(2,3,6)$,指出向量 $\overrightarrow{OM}$ 在三个坐标轴上的投影,写出其关于 xOy 面以及关于 x 轴的对称点的坐标.

解　如图 8-19 所示.点 $M(2,3,6)$ 在 x 轴、y 轴与 z 轴上的坐标都是正数,故它在 xOy 面上方的第一卦限.坐标原点 O 在 x 轴上的投影点为 O,表示的数为 0,M 在 x 轴上的投影点表示的数为其坐标 2,向量 $\overrightarrow{OM}$ 在 x 轴上的投影 $2-0=2$;类似地,它在 y 轴与 z 轴上的投影分别是 3 与 6.

经过点 $M(2,3,6)$ 向 xOy 坐标面做垂线,交 xOy 平面于 N 点(M 的投影),垂线 MN 的延长线上关于垂足 N 的对称点 $M_{xOy}(2,3,-6)$(位于第五卦限),就是 M 关于 xOy 面的对称点;经过点 M 向 x 轴做垂线,交 x 轴于 P 点,垂线 MP 的延长线上关于垂足 P 点的对称点 $M_x(2,-3,-6)$(位于第八卦限),就是 M 关于 x 轴的对称点.

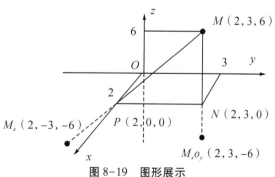

图 8-19　图形展示

在 $Oxyz$ 坐标系中,三个坐标轴 x 轴、y 轴和 z 轴的正方向的单位向量分别是 $\vec{i}$、$\vec{j}$ 和 $\vec{k}$. 任给向量 $\vec{r}$,有对应点 M,使得向量 $\overrightarrow{OM} = \vec{r}$. 以 OM 为对角线、三条坐标轴为棱做长方体 $RHMK\text{-}OPNQ$,如图 8-18 与图 8-21 所示. 根据三角形加法法则,向量 $\vec{r}$ 可分解为

$$\vec{r} = \overrightarrow{OM} = \overrightarrow{ON} + \overrightarrow{NM} = \overrightarrow{OP} + \overrightarrow{PN} + \overrightarrow{NM} = \overrightarrow{OP} + \overrightarrow{OQ} + \overrightarrow{OR},$$

设 $\overrightarrow{OP} = x\vec{i}$,$\overrightarrow{OQ} = y\vec{j}$,$\overrightarrow{OR} = z\vec{k}$,则

$$\vec{r} = \overrightarrow{OM} = x\vec{i} + y\vec{j} + z\vec{k} \tag{8-7}$$

上式称为向量 $\vec{r}$ 的坐标分解式,$x\vec{i}$、$y\vec{j}$ 与 $z\vec{k}$ 称为向量 $\vec{r}$ 沿三个坐标轴方向的**分向量**.

显然,给定向量 $\vec{r}$,就确定了点 M 及向量 $\overrightarrow{OP}$,$\overrightarrow{OQ}$,$\overrightarrow{OR}$,进而确定了 x、y 和 z 三个有序数;反之,给定有序数组 (x, y, z) 就确定了向量 $\vec{r}$ 与点 M. 于是点 M、向量 $\vec{r}$ 与有序数组 (x, y, z) 之间有一一对应的关系,即

$$M \leftrightarrow \vec{r} = \overrightarrow{OM} = x\vec{i} + y\vec{j} + z\vec{k} \leftrightarrow (x, y, z)$$

其中向量 $\vec{r} = \overrightarrow{OM}$ 称为点 M 关于原点 O 的向径. 上式表明,一个点与该点的向径有相同的坐标. 有序数组 (x, y, z) 既表示点 M 又表示向量 $\overrightarrow{OM}$.

利用向量的坐标,可得向量的加法、减法及数的乘法运算:

设向量 $\vec{a} = (a_x, a_y, a_z)$,$\vec{b} = (b_x, b_y, b_z)$,即

$$\vec{a} = a_x\vec{i} + a_y\vec{j} + a_z\vec{k}, \quad \vec{b} = b_x\vec{i} + b_y\vec{j} + b_z\vec{k}$$

利用向量的加法的交换律、结合律及数的乘法的结合律与分配律,有

$$\begin{aligned}
\vec{a} + \vec{b} &= a_x\vec{i} + a_y\vec{j} + a_z\vec{k} + b_x\vec{i} + b_y\vec{j} + b_z\vec{k} \\
&= (a_x\vec{i} + b_x\vec{i}) + (a_y\vec{j} + b_y\vec{j}) + (a_z\vec{k} + b_z\vec{k}) \\
&= (a_x + b_x)\vec{i} + (a_y + b_y)\vec{j} + (a_z + b_z)\vec{k} \\
\vec{a} - \vec{b} &= (a_x - b_x)\vec{i} + (a_y - b_y)\vec{j} + (a_z - b_z)\vec{k} \\
\lambda\vec{a} &= \lambda(a_x\vec{i} + a_y\vec{j} + a_z\vec{k}) = (\lambda a_x)\vec{i} + (\lambda a_y)\vec{j} + (\lambda a_z)\vec{k}
\end{aligned}$$

即

$$\vec{a} \pm \vec{b} = (a_x \pm b_x, a_y \pm b_y, a_z \pm b_z) \tag{8-8}$$

$$\lambda\vec{a} = (\lambda a_x, \lambda a_y, \lambda a_z) \tag{8-9}$$

由此可得

$$\vec{a} = \vec{b} \Leftrightarrow a_x = b_x, a_y = b_y, a_z = b_z \tag{8-10}$$

因此,向量的加法、减法及数乘运算只需对向量的各个坐标分别进行相应的数量运算就行了.

利用向量的坐标可以判断两个向量的平行. 根据定理 1,当向量 $\vec{a} \neq \vec{0}$ 时,$\vec{a}$ 与 $\vec{b}$ 平行

相当于 $\vec{b} = \lambda \vec{a}$. 利用公式(8-9)与(8-10),可得

$$b_x = \lambda a_x , b_y = \lambda a_y , b_z = \lambda a_z$$

因此

$$\vec{a} /\!/ \vec{b} \Leftrightarrow \vec{b} = \lambda \vec{a} \Leftrightarrow \frac{b_x}{a_x} = \frac{b_y}{a_y} = \frac{b_z}{a_z} = \lambda \qquad (8\text{-}11)$$

当 a_x、a_y 与 a_z 只有一个为零,其余不为零,如 $a_x = 0 , a_y 、 a_z \neq 0$;此时,这个公式理解为

$$\begin{cases} b_x = 0 \\ \dfrac{b_y}{a_y} = \dfrac{b_z}{a_z} \end{cases}$$

当 a_x、a_y 与 a_z 只有两个为零,其余不为零,如 $a_x = a_y = 0 , a_z \neq 0$;此时,这个公式理解为

$$\begin{cases} b_x = 0 \\ b_y = 0 \end{cases}$$

例 3 已知两点 $M_1(x_1 , y_1 , z_1)$ 和 $M_2(x_2 , y_2 , z_2)$ 以及实数 $\lambda \neq 0$,在直线 $M_1 M_2$ 上求一点 M,使 $\overrightarrow{M_1 M} = \lambda \overrightarrow{MM_2}$.

解 如图 8-20 所示.根据向量的减法法则,有

$$\overrightarrow{M_1 M} = \overrightarrow{OM} - \overrightarrow{OM_1} , \quad \overrightarrow{MM_2} = \overrightarrow{OM_2} - \overrightarrow{OM}$$

代入 $\overrightarrow{M_1 M} = \lambda \overrightarrow{MM_2}$ 中,可得

$$\overrightarrow{OM} - \overrightarrow{OM_1} = \lambda (\overrightarrow{OM_2} - \overrightarrow{OM})$$

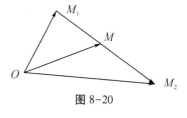

图 8-20

利用向量的数乘运算公式(8-5)与(8-6),可得

$$\overrightarrow{OM} = \frac{1}{1+\lambda} (\overrightarrow{OM_1} + \lambda \overrightarrow{OM_2})$$

以 $\overrightarrow{OM_1}$ 与 $\overrightarrow{OM_2}$ 的坐标(点 M_1 与点 M_2 的坐标)代入,便得

$$\overrightarrow{OM} = \frac{1}{1+\lambda} (x_1 + \lambda x_2 , y_1 + \lambda y_2 , z_1 + \lambda z_2) = \left(\frac{x_1 + \lambda x_2}{1+\lambda} , \frac{y_1 + \lambda y_2}{1+\lambda} , \frac{z_1 + \lambda z_2}{1+\lambda} \right)$$

这就是点 M 的坐标. 点 M 叫作有向线段 $\overrightarrow{M_1 M_2}$ 的定比分点. 当 $\lambda = 1$ 时,点 M 称为有向线段 $\overrightarrow{M_1 M_2}$ 的中点,其坐标为

$$M = \left(\frac{x_1 + x_2}{2} , \frac{y_1 + y_2}{2} , \frac{z_1 + z_2}{2} \right).$$

通过本例可以注意到:①由于点 M 与向量 $\overrightarrow{OM}$ 有相同的坐标,因而求点 M 的坐标,就是求向量 $\overrightarrow{OM}$ 的坐标. ②有序数组 (x , y , z) 既可以表示点 M,又可以表示向量 $\overrightarrow{OM}$,在几何上点与向量是两个不同的概念,不可混淆.因此,我们看到记号 (x , y , z) 时,需要从上下文去认清它究竟表示点还是向量.当 (x , y , z) 表示向量时,可对它进行运算;当它表示点时,就不能进行运算.

六、向量的模、方向余弦的计算

1. 向量的模与两点间的距离公式

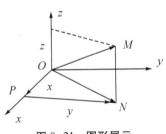 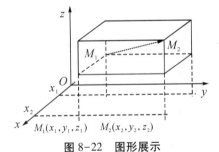

设向量 $\vec{r} = (x, y, z)$，做向径 $\overrightarrow{OM} = \vec{r}$，$M$ 在坐标面 xOy 上的投影（垂足）为 $N(x, y, 0)$，如图 8-21 所示. 有 $|NM| = |z|$，$|ON| = \sqrt{x^2 + y^2}$，由勾股定理可得

$$|\vec{r}| = |OM| = \sqrt{|ON|^2 + |NM|^2} = \sqrt{x^2 + y^2 + z^2}$$

因而可得向量的模的坐标表示

$$|\vec{r}| = \sqrt{x^2 + y^2 + z^2} \tag{8-12}$$

公式（8-12）表明：一个向量的模等于各个坐标分量的平方和的算术平方根.

设 $M_1(x_1, y_1, z_1)$ 和 $M_2(x_2, y_2, z_2)$，点 M_1 与 M_2 之间的距离 $|M_1 M_2|$ 就是向量 $\overrightarrow{M_1 M_2}$ 的模. 由

$$\overrightarrow{M_1 M_2} = \overrightarrow{OM_2} - \overrightarrow{OM_1} = (x_2, y_2, z_2) - (x_1, y_1, z_1) = (x_2 - x_1, y_2 - y_1, z_2 - z_1)$$

将向量 $\overrightarrow{M_1 M_2}$ 的起点平移到坐标原点成为向径，再利用向量相等的定义及公式（8-12），可得 M_1 与 M_2 两点间的距离（以 $M_1 M_2$ 为对角线做长方体，利用长方体的对角线公式，如图 8-22 所示）：

$$|M_1 M_2| = |\overrightarrow{M_1 M_2}| = \sqrt{(x_2 - x_1)^2 + (y_2 - y_1)^2 + (z_2 - z_1)^2} \tag{8-13}$$

公式（8-13）表明：两点之间的距离等于这两点的对应坐标的差的平方和的算术平方根.

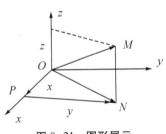

图 8-21　图形展示

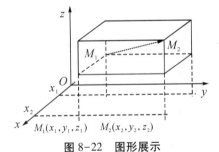

图 8-22　图形展示

例 4　一向量的终点为 $B(2, -1, 7)$，它在 x 轴、y 轴和 z 轴上的投影依次为 4，-4 和 7，求此向量的起点 A 的坐标及模 $|AB|$.

解　设向量起点为 $A(a, b, c)$，则 $\overrightarrow{AB} = (2 - a, -1 - b, 7 - c)$. 根据投影的定义有，$\overrightarrow{AB} = (4, -4, 7)$，由此可得

$$2 - a = 4, \quad -1 - b = -4, 7 - c = 7$$

即

$$a = -2, b = 3, c = 0$$

所求向量的起点为 $A(-2, 3, 0)$. 由两点之间的距离公式（8-13），可得

$$|AB| = \sqrt{(x_2 - x_1)^2 + (y_2 - y_1)^2 + (z_2 - z_1)^2} = \sqrt{4^2 + (-4)^2 + 7^2} = 9$$

2. 向量的方向角及方向余弦

非零向量 $\vec{r}$ 与三条坐标轴 x 轴、y 轴和 z 轴的正方向的夹角分别是 α、β 与 γ，称它们为向量 $\vec{r}$ 的方向角，如图 8-23 所示，有 $0 \leqslant \alpha, \beta, \gamma \leqslant \pi$. 设 $\overrightarrow{OM} = \vec{r} = (x, y, z)$，向量 $\overrightarrow{OP}$ 是向径 $\overrightarrow{OM}$ 在 x 轴上的投影向量，$OP \perp MP$，x 是有向线段 $\overrightarrow{OP}$ 的值，根据向量的投影的计算公式，有 $x = |\vec{r}| \cos\alpha$，类似可得，$y = |\vec{r}| \cos\beta$，$z = |\vec{r}| \cos r$，或者根据平面上三角函数的定义，可得

$$\cos\alpha = \frac{x}{|\vec{r}|} = \frac{x}{\sqrt{x^2+y^2+z^2}}$$

$$\cos\beta = \frac{y}{|\vec{r}|} = \frac{y}{\sqrt{x^2+y^2+z^2}} \qquad (8\text{-}14)$$

$$\cos\gamma = \frac{z}{|\vec{r}|} = \frac{z}{\sqrt{x^2+y^2+z^2}}$$

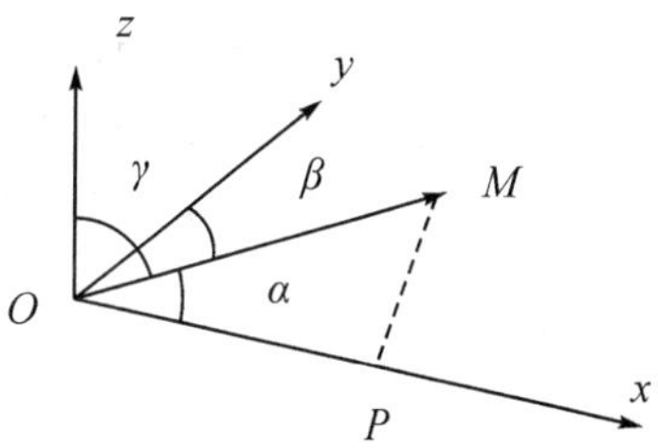

图 8-23　图形展示

于是

$$(\cos\alpha, \cos\beta, \cos\gamma) = \left(\frac{x}{|\vec{r}|}, \frac{y}{|\vec{r}|}, \frac{z}{|\vec{r}|} \right) = \frac{1}{|\vec{r}|}(x, y, z) = \frac{\vec{r}}{|\vec{r}|} = \vec{e}_r$$

式中，$\cos\alpha$、$\cos\beta$ 与 $\cos\gamma$ 称为向量 $\vec{r}$ 的方向余弦. 上式表明 $\vec{r}$ 的方向余弦为坐标的向量就是与 $\vec{r}$ 同方向的单位向量 $\vec{e}_r$. 同时，获得方向余弦之间的关系：

$$\cos^2\alpha + \cos^2\beta + \cos^2\gamma = 1 \qquad (8\text{-}15)$$

上式表明了 α, β, γ 之间的关系，它们不相互独立.

例 5　已知 $A(4, 0, 5)$ 和 $B(7, 1, 3)$，试求与向量 $\overrightarrow{AB}$ 平行的单位向量及 $\overrightarrow{AB}$ 的方向余弦.

解　$\overrightarrow{AB} = (x_2 - x_1, y_2 - y_1, z_2 - z_1) = (7-4, 1-0, 3-5) = (3, 1, -2)$

利用距离公式 (8-13)，可得

$$|AB| = |\overrightarrow{AB}| = \sqrt{3^2 + 1^2 + (-2)^2} = \sqrt{14}$$

利用公式 (8-14)，计算 $\overrightarrow{AB}$ 的方向余弦为

$$\cos\alpha = \frac{x}{|AB|} = \frac{3}{\sqrt{14}}, \cos\beta = \frac{y}{|AB|} = \frac{1}{\sqrt{14}}, \cos\gamma = \frac{z}{|AB|} = \frac{-2}{\sqrt{14}}$$

与向量 $\overrightarrow{AB}$ 平行的单位向量为

$$\pm \vec{e}_{AB} = \pm(\cos\alpha, \cos\beta, \cos\gamma) = \left(\pm\frac{3}{\sqrt{14}}, \pm\frac{1}{\sqrt{14}}, \mp\frac{2}{\sqrt{14}} \right)$$

例 6　设向量 $\vec{r}$ 的方向余弦满足 $\cos\gamma = 1$，试指出向量 $\vec{r}$ 与坐标轴和坐标面的关系.

解　由于 $0 \leqslant \alpha, \beta, \gamma \leqslant \pi$，$\cos\gamma = 1$，可得 $\gamma = 0$，表明向量 $\vec{r}$ 与 z 轴正方向一致，平行于 z 轴或在 z 轴上；利用公式 (8-15)，有 $\cos\alpha = \cos\beta = 0$，可得 $\alpha = \beta = \dfrac{\pi}{2}$，表明向量 $\vec{r}$ 既垂直于 x 轴又垂直于 y 轴，也就是说，向量垂直于 xOy 坐标面，它也平行于 xOz 坐标面或 yOz 坐标面，或在 xOz 坐标面上，或在 yOz 坐标面上.

习题 8-1

1.设 $\vec{s}=3\vec{a}+5\vec{b}-\vec{c}$，$\vec{t}=-\vec{a}+7\vec{b}-4\vec{c}$．试用 $\vec{a}$、$\vec{b}$ 及 $\vec{c}$ 表示 $4\vec{s}-8\vec{t}$．

2.如果平面上一个四边形的对角线相互平分，用向量的运算法则证明它是平行四边形．

3.在空间坐标系中，指出下列各点在哪个卦限；如果有点在坐标上或坐标平面上，则指出在哪个坐标上或坐标平面上：

$A(3,5,7)$，$B(-3,-5,7)$，$C(-3,-5,-7)$，$D(6,0,0)$，$E(1,3,0)$．

4.写出点 $M(4,3,-10)$ 在各个坐标面和各坐标轴的投影(垂足)的坐标．

5.已知 $A(2,1,3)$，$B(6,3,1)$，$C(2,-3,8)$，求 $\triangle ABC$ 的重心坐标(重心是中线的 $\dfrac{2}{3}$ 分点)．

6.已知 $A(2,3,0)$，$B(8,3,0)$，$C(2,1,5)$，$D(8,1,5)$，证明四边形 $ABDC$ 为平行四边形．

7.已知两点 $A(3,5,2)$ 与 $B(3,1,4)$，计算向量 $\overrightarrow{AB}$ 的模、方向余弦及平行的单位向量．

8.设向量 $\vec{a}$ 的模 10，它与 x 轴及 z 轴的夹角分别是 $\dfrac{2}{3}\pi$ 与 $\dfrac{3}{4}\pi$，计算向量 $\vec{a}$ 的坐标．

9.设 $\vec{r}=4\vec{i}+8\vec{j}-12\vec{k}$，$\vec{s}=3\vec{i}+10\vec{j}-8\vec{k}$ 和 $\vec{t}=7\vec{i}-5\vec{j}-3\vec{k}$，求向量 $\vec{u}=2\vec{r}-3\vec{s}-\vec{t}$ 在 x 轴、y 轴和 z 轴上的投影．

10.在 xOy 面上，求与三点 $A(2,2,0)$，$B(1,2,2)$，$C(0,0,-2)$ 等距离的点．

11.设点 $M(a,b,c)$，求以 OM 为对角线，坐标平面为侧面的长方体的体积，对角线 OM 与三条棱的夹角的余弦．

12.设向量 $\vec{a}$ 与 $\vec{b}$ 起点相同，试用向量表示它们为邻边的平行四边的对角线，它们的角平分线．

第二节　向量的数量积、向量积和混合积

一、两向量的数量积(点积、内积)

1. 定义

引例(做功问题) 有一方向与大小都不变的常力 $\vec{F}$ 作用于某一物体，使之产生了一段水平直线上的位移 $\vec{S}$(见图 8-24)，求力 $\vec{F}$ 对此物体所做的功．

由物理学可以知道，力 $\vec{F}$ 分解成水平方向的力 $\vec{F}_x$ 与竖直方向的力 $\vec{F}_y$，只有水平方向的力 $\vec{F}_x$ 做功，而竖直方向的力 $\vec{F}_y$ 没有做功．设力 $\vec{F}$ 与位移 $\vec{S}$ 的夹角为 θ，$\vec{F}_x=\vec{F}\cos\theta$．由此

可得

$$W = |\vec{F_x}||\vec{S}| = |\vec{F}||\vec{S}|\cos\theta.$$

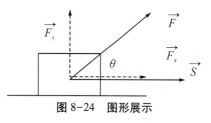

图 8-24　图形展示

从这个问题可以看出,对两个向量 $\vec{a}$ 和 $\vec{b}$ 做这样的运算,运算结果是一个实数而不是向量,它等于 $|\vec{a}|$、$|\vec{b}|$ 及它们的夹角 θ 的余弦的乘积.

定义 1　设有向量 $\vec{a}$ 和 $\vec{b}$,其夹角为 θ,称数量 $|\vec{a}| \cdot |\vec{b}| \cdot \cos\theta$ 为向量 $\vec{a}$ 和 $\vec{b}$ 的**数量积**,记作 $\vec{a} \cdot \vec{b}$,即

$$\vec{a} \cdot \vec{b} = |\vec{a}||\vec{b}|\cos\theta \qquad (8\text{-}16)$$

也称为 $\vec{a}$ 和 $\vec{b}$ 的点积(内积),读作 $\vec{a}$ 点乘 $\vec{b}$.两个向量的点积等于它们的模及夹角的余弦之积.

由此定义,引例中的功可以表示为 $W = \vec{F} \cdot \vec{S}$.

根据第一节向量投影的定义,当 $\vec{a} \neq 0$ 时,$|\vec{b}|\cos\theta$ 表示向量 $\vec{b}$ 在向量 $\vec{a}$ 的方向的投影,记作 $\mathrm{Prj}_a\vec{b}$ 即 $\mathrm{Prj}_a\vec{b} = |\vec{b}|\cos\theta$,如图 8-25 所示.于是

$$\vec{a} \cdot \vec{b} = |\vec{a}|\,\mathrm{Prj}_a\vec{b}$$

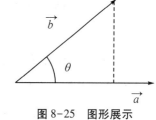

同理,当 $\vec{b} \neq 0$ 时,有 $\vec{a} \cdot \vec{b} = |\vec{b}|\,\mathrm{Prj}_b\vec{a}$.

这就是说,两个向量的数量积等于其中一个向量的模与另一个向量在这个向量的方向上投影的乘积. 由此可得,用点积计算投影的公式:

图 8-25　图形展示

$$\mathrm{Prj}_b\vec{a} = \frac{\vec{a} \cdot \vec{b}}{|\vec{b}|}, \qquad \mathrm{Prj}_a\vec{b} = \frac{\vec{a} \cdot \vec{b}}{|\vec{a}|}$$

由公式(8-16)可得向量 $\vec{a}$ 和 $\vec{b}$ 的数量积的符号:

$$\vec{a} \cdot \vec{b} \begin{cases} > 0, 0 \leqslant \theta < \dfrac{\pi}{2} \\[2mm] = 0, \theta = \dfrac{\pi}{2} \\[2mm] < 0, \dfrac{\pi}{2} < \theta \leqslant \pi \end{cases}$$

2. 性质

根据数量积的定义可以获得

(1) $\vec{a} \cdot \vec{a} = |\vec{a}|^2$. $\qquad (8\text{-}17)$

这是因为向量 $\vec{a}$ 和 $\vec{a}$ 的夹角 $\theta = 0$,所以 $\vec{a} \cdot \vec{a} = |\vec{a}|^2\cos 0 = |\vec{a}|^2$.

(2)设 $\vec{a}$ 和 $\vec{b}$ 为非零向量,如果 $\vec{a} \cdot \vec{b} = 0$,那么 $\vec{a} \perp \vec{b}$;反之,如果 $\vec{a} \perp \vec{b}$,那么 $\vec{a} \cdot \vec{b} = 0$.

因为如果 $\vec{a} \cdot \vec{b} = 0$,且 $|\vec{a}| \neq 0$,$|\vec{b}| \neq 0$,根据公式(8-16)得 $\cos\theta = 0$,从而 $\theta = \dfrac{\pi}{2}$,即 $\vec{a} \perp \vec{b}$;反之,如果 $\vec{a} \perp \vec{b}$,有 $\cos\theta = 0$,因而

$$\vec{a} \cdot \vec{b} = |\vec{a}||\vec{b}|\cos\theta = 0$$

由于可以认为零向量与任何向量都垂直，因此向量 $\vec{a} \perp \vec{b}$ 的充要条件是 $\vec{a} \cdot \vec{b} = 0$.

数量积符合的运算规律：

(3) 交换律　$\vec{a} \cdot \vec{b} = \vec{b} \cdot \vec{a}$.　　　　　　　　　　　　(8-18)

根据第一节向量夹角定义，向量 $\vec{a}$ 和 $\vec{b}$ 的夹角与向量 $\vec{b}$ 和 $\vec{a}$ 的夹角是同一个角，因而相等，再利用公式(8-16)，可得到交换律.

(4) 分配律　$(\vec{a}+\vec{b}) \cdot \vec{c} = \vec{a} \cdot \vec{c} + \vec{b} \cdot \vec{c}$.　　　　　　　(8-19)

证　当 $\vec{c}=0$ 时，分配律显然成立；当 $\vec{c} \neq 0$ 时，有

$$(\vec{a}+\vec{b}) \cdot \vec{c} = |\vec{c}|\mathrm{Prj}_c(\vec{a}+\vec{b})$$

根据第一节投影定理 2，可得

$$\mathrm{Prj}_c(\vec{a}+\vec{b}) = \mathrm{Prj}_c\vec{a} + \mathrm{Prj}_c\vec{b}$$

因此

$$(\vec{a}+\vec{b}) \cdot \vec{c} = |\vec{c}|(\mathrm{Prj}_c\vec{a} + \mathrm{Prj}_c\vec{b}) = |\vec{c}|\mathrm{Prj}_c\vec{a} + |\vec{c}|\mathrm{Prj}_c\vec{b} = \vec{a} \cdot \vec{c} + \vec{b} \cdot \vec{c}$$

(5) 结合律　$(\lambda\vec{a}) \cdot \vec{b} = \lambda(\vec{a} \cdot \vec{b}) = \vec{a} \cdot (\lambda\vec{b})$.　　　　　　(8-20)

证　当 $\lambda=0$ 时，根据公式(8-16)，结合律显然成立；当 $\lambda>0$ 时，$\lambda\vec{a}$ 和 $\vec{b}$ 的夹角与 $\vec{a}$ 和 $\vec{b}$ 的夹角是同一个角 θ，因而

$$(\lambda\vec{a}) \cdot \vec{b} = |\lambda\vec{a}||\vec{b}|\cos\theta = \lambda|\vec{a}||\vec{b}|\cos\theta = \lambda(\vec{a} \cdot \vec{b})$$

当 $\lambda<0$ 时，$\lambda\vec{a}$ 和 $\vec{b}$ 的夹角与 $\vec{a}$ 和 $\vec{b}$ 的夹角互为补角.设 $\vec{a}$ 和 $\vec{b}$ 的夹角为 θ，则 $\lambda\vec{a}$ 和 $\vec{b}$ 的夹角是 $\pi-\theta$. 从而

$$(\lambda\vec{a}) \cdot \vec{b} = |\lambda\vec{a}||\vec{b}|\cos(\pi-\theta) = (-\lambda)|\vec{a}||\vec{b}|(-\cos\theta) = \lambda|\vec{a}||\vec{b}|\cos\theta = \lambda(\vec{a} \cdot \vec{b})$$

因此

$$(\lambda\vec{a}) \cdot \vec{b} = \lambda(\vec{a} \cdot \vec{b})$$

同理，$\vec{a} \cdot (\lambda\vec{b}) = \lambda(\vec{a} \cdot \vec{b})$.故结论成立.

根据结合律获得一般性的结论：

$$(\lambda\vec{a}) \cdot (\mu\vec{b}) = \lambda[\vec{a} \cdot (\mu\vec{b})] = \lambda[\mu(\vec{a} \cdot \vec{b})] = \lambda\mu(\vec{a} \cdot \vec{b})$$

例 1　证明平行四边形的对角线的平方和等于四条边的平方和.

证　如图 8-26 所示，在 $\square ABCD$ 中，设 $\overrightarrow{AB}=\vec{a}$，$\overrightarrow{BC}=\vec{b}$，根据向量的三角形法则，有 $\overrightarrow{AC}=\vec{a}+\vec{b}$，$\overrightarrow{BD}=\overrightarrow{AD}-\overrightarrow{AB}=\vec{b}-\vec{a}$.于是有

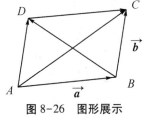

图 8-26　图形展示

$$|AC|^2 = |\vec{a}+\vec{b}|^2 = (\vec{a}+\vec{b}) \cdot (\vec{a}+\vec{b})$$

$$= (\vec{a}+\vec{b}) \cdot \vec{a} + (\vec{a}+\vec{b}) \cdot \vec{b} \quad [\text{分配律}(4)]$$

$$= \vec{a} \cdot \vec{a} + \vec{b} \cdot \vec{a} + \vec{a} \cdot \vec{b} + \vec{b} \cdot \vec{b} \quad [\text{分配律}(4)]$$

$$= |\vec{a}|^2 + 2|\vec{a}||\vec{b}|\cos\theta + |\vec{b}|^2 \quad [\text{公式}(8-17)、(8-18)]$$

$$|BD|^2 = |\vec{b}-\vec{a}|^2 = (\vec{a}-\vec{b}) \cdot (\vec{a}-\vec{b}) = (\vec{a}-\vec{b}) \cdot \vec{a} + (\vec{a}-\vec{b}) \cdot (-\vec{b}) \qquad [分配律(4)]$$

$$= (\vec{a}-\vec{b}) \cdot \vec{a} - (\vec{a}-\vec{b}) \cdot \vec{b} \qquad [结合律(5)]$$

$$= \vec{a} \cdot \vec{a} - \vec{b} \cdot \vec{a} - \vec{a} \cdot \vec{b} + \vec{b} \cdot \vec{b} \qquad [分配律(4)与结合律(5)]$$

$$= |\vec{a}|^2 - 2|\vec{a}||\vec{b}|\cos\theta + |\vec{b}|^2 \qquad [公式(8\text{-}17)、(8\text{-}18)]$$

因此有

$$|AC|^2 + |BD|^2 = 2(|\vec{a}|^2 + |\vec{b}|^2) = 2(|AB|^2 + |BC|^2)$$

下面推导数量积的坐标运算表达式.

设向量 $\vec{a} = a_x\vec{i} + a_y\vec{j} + a_z\vec{k}$, $\vec{b} = b_x\vec{i} + b_y\vec{j} + b_z\vec{k}$, 利用分配律(4)与结合律(5)可得

$$\vec{a} \cdot \vec{b} = (a_x\vec{i} + a_y\vec{j} + a_z\vec{k}) \cdot (b_x\vec{i} + b_y\vec{j} + b_z\vec{k})$$

$$= a_x\vec{i} \cdot (b_x\vec{i} + b_y\vec{j} + b_z\vec{k}) + a_y\vec{j} \cdot (b_x\vec{i} + b_y\vec{j} + b_z\vec{k}) + a_z\vec{k} \cdot (b_x\vec{i} + b_y\vec{j} + b_z\vec{k})$$

$$= a_x b_x \vec{i} \cdot \vec{i} + a_x b_y \vec{i} \cdot \vec{j} + a_x b_z \vec{i} \cdot \vec{k} + a_y b_x \vec{j} \cdot \vec{i} + a_y b_y \vec{j} \cdot \vec{j} + a_y b_z \vec{j} \cdot \vec{k} +$$

$$\quad a_z b_x \vec{k} \cdot \vec{i} + a_z b_y \vec{k} \cdot \vec{j} + a_z b_z \vec{k} \cdot \vec{k}$$

由于 $\vec{i}$、$\vec{j}$ 和 $\vec{k}$ 为相互垂直的单位向量, 利用性质(1)与性质(2), 可得

$$\vec{i} \cdot \vec{i} = \vec{j} \cdot \vec{j} = \vec{k} \cdot \vec{k} = 1$$

$$\vec{i} \cdot \vec{j} = \vec{j} \cdot \vec{i} = \vec{j} \cdot \vec{k} = \vec{k} \cdot \vec{j} = \vec{k} \cdot \vec{i} = \vec{i} \cdot \vec{k} = 0$$

因而

$$\vec{a} \cdot \vec{b} = a_x b_x + a_y b_y + a_z b_z \qquad (8\text{-}21)$$

这公式就是两个向量的数量积的坐标表示式, 表明两个向量的数量积等于它们对应坐标的积, 再相加构成的和.

因为 $\vec{a} \cdot \vec{b} = |\vec{a}||\vec{b}|\cos\theta$, 所以当 $\vec{a}$ 和 $\vec{b}$ 都不为零时, 可得两个向量的夹角 θ 的余弦公式为

$$\cos\theta = \frac{\vec{a} \cdot \vec{b}}{|\vec{a}| \cdot |\vec{b}|}$$

向量模的坐标表示[公式(8-12)], 可得

$$|\vec{a}| = \sqrt{a_x^2 + a_y^2 + a_z^2}, \quad |\vec{b}| = \sqrt{b_x^2 + b_y^2 + b_z^2}$$

代入公式(8-21), 得

$$\cos\theta = \frac{\vec{a} \cdot \vec{b}}{|\vec{a}| \cdot |\vec{b}|} = \frac{a_x b_x + a_y b_y + a_z b_z}{\sqrt{a_x^2 + a_y^2 + a_z^2}\sqrt{b_x^2 + b_y^2 + b_z^2}} \qquad (8\text{-}22)$$

例2 在 xOy 平面上求一向量 $\vec{b}$, 使得 $\vec{b} \perp \vec{a}$, 其中 $\vec{a} = (5, -3, 4)$ 且 $|\vec{a}| = |\vec{b}|$.

解 设在 xOy 平面上的向量 $\vec{b} = (b_x, b_y, b_z)$. z 轴与向量 $\vec{b}$ 垂直: $\vec{k} \perp \vec{b}$, 即 $\vec{b} \cdot \vec{k} = 0$, $\vec{k} = (0, 0, 1)$, 可得

$$b_x \cdot 0 + b_y \cdot 0 + b_z \cdot 1 = 0$$

由 $\vec{b} \perp \vec{a}$ 得, $\vec{b} \cdot \vec{a} = 0$, 可得

$$5b_x - 3b_y + 4b_z = 0$$

又 $|\vec{b}|=|\vec{a}|$ 得 $|\vec{b}|^2=|\vec{a}|^2$，向量模的坐标表示［公式(8-12)］，可得

$$b_x^2+b_y^2+b_z^2=5^2+(-3)^2+4^2=50$$

由这三个等式解得，$b_z=0$，$b_x=\pm\dfrac{15}{\sqrt{17}}$，$b_y=\pm\dfrac{25}{\sqrt{17}}$，所求向量 $\vec{b}=\left(\pm\dfrac{15}{\sqrt{17}},\pm\dfrac{25}{\sqrt{17}},0\right)$。

例 3 已知空间三个点为 $A(1,-3,4)$，$B(-2,1,-1)$，$C(-3,-1,1)$，如图 8-27 所示，求角 $\angle ABC$.

解 $\overrightarrow{BA}=(x_2-x_1,y_2-y_1,z_2-z_1)=(1-(-2),-3-1,4-(-1))=(3,-4,5)$，

$\overrightarrow{BC}=[-3-(-2),-1-1,1-(-1)]=(-1,-2,2)$.

利用两点距离公式［公式(8-13)］，可得

$$|\overrightarrow{BA}|=\sqrt{(x_2-x_1)^2+(y_2-y_1)^2+(z_2-z_1)^2}$$
$$=\sqrt{3^2+4^2+5^2}=\sqrt{50}$$

$$|\overrightarrow{BC}|=\sqrt{1^2+2^2+2^2}=3$$

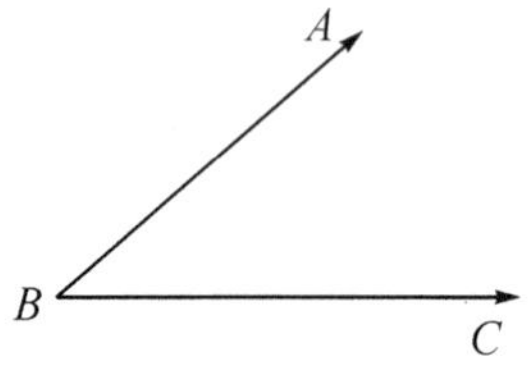

利用公式(8-22)，可得

$$\cos\theta=\frac{\overrightarrow{BA}\cdot\overrightarrow{BC}}{|\overrightarrow{BA}||\overrightarrow{BC}|}=\frac{3\cdot(-1)-4\cdot(-2)+5\cdot2}{\sqrt{50}\cdot3}=\frac{5}{\sqrt{50}}=\frac{\sqrt{2}}{2}$$

图 8-27 图形展示

因而 $\angle ABC=\theta=\dfrac{\pi}{4}$.

例 4 某流体流过面积为 A 的平面，其上各点处流速均为 $\vec{v}$（常向量），设 $\vec{n}$ 是垂直于平面的单位向量，如图 8-28 所示，计算单位时间内流过此平面的流体的质量，即流量（其中流体的密度为 ρ）.

解 设向量 $\vec{v}$ 与 $\vec{n}$ 的夹角为 θ.流体在方向 $\vec{n}$ 上的速度大小：向量 $\vec{v}$ 在 $\vec{n}$ 上的投影为 $\vec{v}\cdot\vec{n}$，单位时间内流体在面积为 A 的平面上流过的体积

$$V=(\vec{v}\cdot\vec{n})\cdot1\cdot A=|\vec{v}|\cdot1\cdot\cos\theta\cdot A=A|\vec{v}|\cos\theta$$

单位时间内流过此平面的流体即斜柱体内的流体的质量为

$$V\cdot\rho=A\cdot(\vec{v}\cdot\vec{n})\cdot\rho=\rho A\cdot|\vec{v}|\cos\theta=\rho A\vec{v}\cdot\vec{n}$$

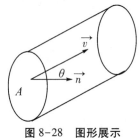

图 8-28 图形展示

二、两向量的向量积（叉乘积、外积）

1. 定义

引例（力矩问题）设 O 为杠杆的支点，力 $\vec{F}$ 作用在杠杆上 P 点处，$\vec{F}$ 和 $\overrightarrow{OP}$ 的夹角为 θ，如图 8-29 所示，根据力学知识，力 $\vec{F}$ 对于支点 O 的力矩为一个向量 $\vec{M}$，而 $\vec{M}$ 的方向垂直于力 $\vec{F}$ 与向量 $\overrightarrow{OP}$ 所确定的平面，$\vec{M}$ 的方向是按照右手规则确定的，即当右手的四指从 $\overrightarrow{OP}$ 以不超过 π 的角转向 $\vec{F}$ 握拳时，大拇指的指向就是 $\vec{M}$ 的方向；$\vec{M}$ 的模为

$$|\vec{M}| = |\vec{OC}| \cdot |\vec{F}| = |\vec{OP}| \cdot |\vec{F}| \cdot \sin\theta$$

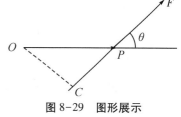

图 8-29　图形展示

从这个问题看出,用两个向量 $\vec{a}$ 和 $\vec{b}$ 按照上面的规则来确定另一个向量的情况,在其他物理问题中经常遇到,于是便得到两个向量的向量积的概念.

定义 2　设有非零向量 $\vec{a}$ 和 $\vec{b}$,夹角为 $\theta(0 \leqslant \theta \leqslant \pi)$,定义一个新的向量 $\vec{R}$,使其满足

(1) $|\vec{R}| = |\vec{a}| \cdot |\vec{b}| \cdot \sin\theta$;　　　　　　　　　　　　(8-23)

(2) $\vec{R} \perp \vec{a}, \vec{R} \perp \vec{b}, \vec{R}$ 的方向从 $\vec{a}$ 到 $\vec{b}$ 按右手规则来确定.

称 $\vec{R}$ 为 $\vec{a}$ 与 $\vec{b}$ 的**叉积**(向量积),记作 $\vec{R} = \vec{a} \times \vec{b}$,读作 $\vec{a}$ 叉乘 $\vec{b}$.两个向量的叉积是垂直于它们的一个向量,方向从被叉向量(被乘向量)到叉向量(乘向量)按右手规则来确定,模等于它们的模及夹角的正弦之积.

按此定义,力矩 $\vec{M}$ 等于 $\vec{OP}$ 与 $\vec{F}$ 的向量积,即

$$\vec{M} = \vec{OP} \times \vec{F}$$

注　(1)向量积 $\vec{a} \times \vec{b}$ 是一个既垂直于 $\vec{a}$,又垂直于 $\vec{b}$ 的向量,即垂直于 $\vec{a}$ 与 $\vec{b}$ 所确定的平面.

(2)向量积的模的几何意义:以向量 $\vec{a}$ 与 $\vec{b}$ 为邻边的平行四边形的面积(见图 8-30).

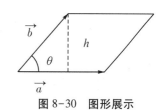

图 8-30　图形展示

$$S = |\vec{a}| h = |\vec{a}| \cdot |\vec{b}| \sin\theta = |\vec{a} \times \vec{b}|$$

2. 性质

根据向量积的定义可以获得:

(1) $\vec{a} \times \vec{a} = \vec{0}$.

这是因为向量 $\vec{a}$ 和 $\vec{a}$ 的夹角 $\theta = 0$,所以 $|\vec{a} \times \vec{a}| = |\vec{a}|^2 \sin 0 = 0$.

(2)设 $\vec{a}$ 和 $\vec{b}$ 为非零向量,如果 $\vec{a} \times \vec{b} = \vec{0}$,那么 $\vec{a} /\!/ \vec{b}$;反之,如果 $\vec{a} /\!/ \vec{b}$,那么 $\vec{a} \times \vec{b} = \vec{0}$.

因为如果 $\vec{a} \times \vec{b} = \vec{0}$,且 $|\vec{a}| \neq 0, |\vec{b}| \neq 0$,根据公式(8-23),可得 $\sin\theta = 0$. 从而 $\theta = 0$ 或 π,即 $\vec{a} /\!/ \vec{b}$;反之,如果 $\vec{a} /\!/ \vec{b}$,有 $\theta = 0$ 或 π,即 $\sin\theta = 0$,因而

$$|\vec{a} \times \vec{b}| = |\vec{a}| |\vec{b}| \sin\theta = 0$$

由于可以认为零向量与任何向量都平行. 因此,向量 $\vec{a} /\!/ \vec{b}$ 的充要条件是 $\vec{a} \times \vec{b} = \vec{0}$.

我们可用向量积表示坐标轴的方向之间的关系:x, y, z 轴的方向依次为 $\vec{i}, \vec{j}, \vec{k}$,由于 $\vec{i} \times \vec{j} \perp \vec{i}, \vec{j}$,且从 $\vec{i}$ 到 $\vec{j}$ 满足右手系,故 $\vec{i} \times \vec{j}$ 的方向正是 z 轴的正方向,即 $\vec{i} \times \vec{j}$ 的方向与 $\vec{k}$ 的方向一致;$|\vec{i} \times \vec{j}| = |\vec{i}| \cdot |\vec{j}| \cdot \sin\dfrac{\pi}{2} = 1$,即 $\vec{i} \times \vec{j}$ 是单位向量;从而可得,$\vec{i} \times \vec{j} = \vec{k}$. 同理,$\vec{j} \times \vec{k} = \vec{i}, \vec{k} \times \vec{i} = \vec{j}$.

向量积符合的运算规律:

(3) $\vec{a} \times \vec{b} = -\vec{b} \times \vec{a}$.

由于按右手规则从 $\vec{b}$ 转向 $\vec{a}$ 定出的方向恰好与从 $\vec{a}$ 转向 $\vec{b}$ 定出的方向相反,表明交换律对向量积不成立.

(4) 分配律 $\vec{a} \times (\vec{b} + \vec{c}) = \vec{a} \times \vec{b} + \vec{a} \times \vec{c}$.

结合律 $(\lambda \vec{a}) \times \vec{b} = \vec{a} \times (\lambda \vec{b}) = \lambda (\vec{a} \times \vec{b})$（$\lambda$ 为数量）.

这两个规律这里不予证明.

下面推导向量积的坐标运算表达式.

设向量 $\vec{a} = a_x \vec{i} + a_y \vec{j} + a_z \vec{k}$，$\vec{b} = b_x \vec{i} + b_y \vec{j} + b_z \vec{k}$，利用分配律与结合律,可得

$$\begin{aligned}
\vec{a} \times \vec{b} &= (a_x \vec{i} + a_y \vec{j} + a_z \vec{k}) \times (b_x \vec{i} + b_y \vec{j} + b_z \vec{k}) \\
&= a_x \vec{i} \times (b_x \vec{i} + b_y \vec{j} + b_z \vec{k}) + a_y \vec{j} \times (b_x \vec{i} + b_y \vec{j} + b_z \vec{k}) + a_z \vec{k} \times (b_x \vec{i} + b_y \vec{j} + b_z \vec{k}) \\
&= a_x b_x \vec{i} \times \vec{i} + a_x b_y \vec{i} \times \vec{j} + a_x b_z \vec{i} \times \vec{k} + a_y b_x \vec{j} \times \vec{i} + a_y b_y \vec{j} \times \vec{j} + a_y b_z \vec{j} \times \vec{k} + \\
&\quad a_z b_x \vec{k} \times \vec{i} + a_z b_y \vec{k} \times \vec{j} + a_z b_z \vec{k} \times \vec{k}
\end{aligned}$$

又 $\vec{i} \times \vec{i} = \vec{j} \times \vec{j} = \vec{k} \times \vec{k} = \vec{0}$，$\vec{i} \times \vec{j} = \vec{k}$，$\vec{j} \times \vec{i} = -\vec{k}$，$\vec{j} \times \vec{k} = \vec{i}$，$\vec{k} \times \vec{j} = -\vec{i}$，$\vec{k} \times \vec{i} = \vec{j}$，$\vec{i} \times \vec{k} = -\vec{j}$，由此可得

$$\vec{a} \times \vec{b} = (a_y b_z - a_z b_y) \vec{i} + (a_z b_x - a_x b_z) \vec{j} + (a_x b_y - a_y b_x) \vec{k}$$

为了便于记忆,引入二阶行列式定义

$$\begin{vmatrix} a & b \\ c & d \end{vmatrix} = ad - bc$$

向量积可表示为

$$\vec{a} \times \vec{b} = \begin{vmatrix} a_y & a_z \\ b_y & b_z \end{vmatrix} \vec{i} + \begin{vmatrix} a_z & a_x \\ b_z & b_x \end{vmatrix} \vec{j} + \begin{vmatrix} a_x & a_y \\ b_x & b_y \end{vmatrix} \vec{k}$$

事实上,下面这个三阶行列式按照第一行展开,可得

$$\begin{vmatrix} \vec{i} & \vec{j} & \vec{k} \\ a_x & a_y & a_z \\ b_x & b_y & b_z \end{vmatrix} = \begin{vmatrix} a_y & a_z \\ b_y & b_z \end{vmatrix} \vec{i} - \begin{vmatrix} a_x & a_z \\ b_x & b_z \end{vmatrix} \vec{j} + \begin{vmatrix} a_x & a_y \\ b_x & b_y \end{vmatrix} \vec{k} = \vec{a} \times \vec{b}$$

因此,

$$\vec{a} \times \vec{b} = \begin{vmatrix} \vec{i} & \vec{j} & \vec{k} \\ a_x & a_y & a_z \\ b_x & b_y & b_z \end{vmatrix} \tag{8-24}$$

两个向量的叉积可以表示成三阶行列式,第一行是三个坐标轴 x, y, z 轴的方向,第二、三行分别是被叉向量与叉向量(乘向量)对应坐标分量,按照第一行展开就是向量积的坐标算法公式.

如 $\vec{a} = (1, 0, 2)$，$\vec{b} = (-1, 1, 0)$，则

$$\vec{a} \times \vec{b} = \begin{vmatrix} \vec{i} & \vec{j} & \vec{k} \\ 1 & 0 & 2 \\ -1 & 1 & 0 \end{vmatrix} = \begin{vmatrix} 0 & 2 \\ 1 & 0 \end{vmatrix} \vec{i} - \begin{vmatrix} 1 & 2 \\ -1 & 0 \end{vmatrix} \vec{j} + \begin{vmatrix} 1 & 0 \\ -1 & 1 \end{vmatrix} \vec{k} = -2\vec{i} - 2\vec{j} + \vec{k} = (-2, -2, 1)$$

设 $\vec{a}, \vec{b}$ 为非零向量,则 $\vec{a} \times \vec{b} = \vec{0} \Leftrightarrow \vec{a} // \vec{b} \Leftrightarrow \dfrac{b_x}{a_x} = \dfrac{b_y}{a_y} = \dfrac{b_z}{a_z}$.

这是因为 $\vec{a} \times \vec{b} = \vec{0}$,即 $\begin{vmatrix} a_y & a_z \\ b_y & b_z \end{vmatrix} \vec{i} - \begin{vmatrix} a_x & a_z \\ b_x & b_z \end{vmatrix} \vec{j} + \begin{vmatrix} a_x & a_y \\ b_x & b_y \end{vmatrix} \vec{k} = \vec{0}$,则

$$\begin{vmatrix} a_y & a_z \\ b_y & b_z \end{vmatrix} = 0, \quad \begin{vmatrix} a_x & a_z \\ b_x & b_z \end{vmatrix} = 0, \quad \begin{vmatrix} a_x & a_y \\ b_x & b_y \end{vmatrix} = 0$$

即 $a_y b_z - a_z b_y = 0, a_x b_z - a_z b_x = 0, a_x b_y - a_y b_x = 0$,整理可得

$$\frac{b_x}{a_x} = \frac{b_y}{a_y} = \frac{b_z}{a_z}$$

例 5 已知 $\vec{a} = (2, -1, 1), \vec{b} = (1, 2, -1)$,求一个单位向量,使之既垂直于 $\vec{a}$ 又垂直于 $\vec{b}$.

解法一 根据向量积的定义,$\vec{c} = \vec{a} \times \vec{b}$ 满足既垂直于 $\vec{a}$ 又垂直于 $\vec{b}$. 又

$$\vec{c} = \vec{a} \times \vec{b} = \begin{vmatrix} \vec{i} & \vec{j} & \vec{k} \\ 2 & -1 & 1 \\ 1 & 2 & -1 \end{vmatrix} = \begin{vmatrix} -1 & 1 \\ 2 & -1 \end{vmatrix} \vec{i} - \begin{vmatrix} 2 & 1 \\ 1 & -1 \end{vmatrix} \vec{j} + \begin{vmatrix} 2 & -1 \\ 1 & 2 \end{vmatrix} \vec{k}$$

$$= -\vec{i} + 3\vec{j} + 5\vec{k} = (-1, 3, 5)$$

且 $|\vec{c}| = \sqrt{1^2 + 3^2 + 5^2} = \sqrt{35}$;满足条件的单位向量为 $\vec{e_c} = \pm \dfrac{1}{|\vec{c}|} \vec{c} = \pm \dfrac{1}{\sqrt{35}} (-1, 3, 5)$.

解法二 设所求的平行向量为 $\vec{c} = (c_x, c_y, c_z)$,利用条件 $\vec{c} \perp \vec{a}$,可得 $\vec{c} \cdot \vec{a} = 0$,即

$$2c_x - c_y + c_z = 0$$

又 $\vec{c} \perp \vec{b}$,可得 $\vec{c} \cdot \vec{b} = 0$, 即

$$c_x + 2c_y - c_z = 0$$

根据上面两个方程可得,$3c_x + c_y = 0$. 取 $c_x = 1$,可得 $c_y = -3, c_z = -5$.因而 $\vec{c} = (1, -3, -5)$,满足条件的单位向量为 $\vec{e_c} = \pm \dfrac{1}{|\vec{c}|} \vec{c} = \pm \dfrac{1}{\sqrt{35}} (-1, 3, 5)$.

例 6 已知三角形的顶点为 $A(3, 1, 2), B(2, 0, 3), C(-3, 1, 1)$,如图 8-31 所示,求三角形的面积.

解 $\overrightarrow{AB} = (x_2 - x_1, y_2 - y_1, z_2 - z_1)$

$= (2 - 3, 0 - 1, 3 - 2) = (-1, -1, 1)$

$\overrightarrow{AC} = (-3 - 3, 1 - 1, 1 - 2) = (-6, 0, -1)$

利用向量积的坐标运算公式(8-24),可得

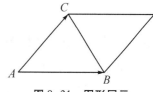

图 8-31 图形展示

$$\overrightarrow{AB} \times \overrightarrow{AC} = \begin{vmatrix} \vec{i} & \vec{j} & \vec{k} \\ -1 & -1 & 1 \\ -6 & 0 & -1 \end{vmatrix} = \begin{vmatrix} -1 & 1 \\ 0 & -1 \end{vmatrix} \vec{i} - \begin{vmatrix} -1 & 1 \\ -6 & -1 \end{vmatrix} \vec{j} + \begin{vmatrix} -1 & -1 \\ -6 & 0 \end{vmatrix} \vec{k} = \vec{i} - 7\vec{j} - 6\vec{k} = (1, -7, -6)$$

根据向量积的几何意义,可得三角形的面积为

$$S = \frac{1}{2} |\overrightarrow{AB} \times \overrightarrow{AC}| = \frac{1}{2} \sqrt{1^2 + (-7)^2 + (-6)^2} = \frac{1}{2} \sqrt{86}$$

*三、向量的混合积

已知三个向量 $\vec{a}$、$\vec{b}$ 和 $\vec{c}$. 先做向量 $\vec{a}$ 和 $\vec{b}$ 的向量积 $\vec{a} \times \vec{b}$,把所得到的向量与第三个向量 $\vec{c}$ 再做数量积 $(\vec{a} \times \vec{b}) \cdot \vec{c}$. 这样得到的数量叫作三个向量 $\vec{a}$、$\vec{b}$ 和 $\vec{c}$ 的混合积,记作 $[\vec{a}\vec{b}\vec{c}]$.

下面推导向量的混合积的坐标表示.

设 $\vec{a} = (a_x, a_y, a_z)$,$\vec{b} = (b_x, b_y, b_z)$,$\vec{c} = (c_x, c_y, c_z)$,因为

$$\vec{a} \times \vec{b} = \begin{vmatrix} \vec{i} & \vec{j} & \vec{k} \\ a_x & a_y & a_z \\ b_x & b_y & b_z \end{vmatrix} = \begin{vmatrix} a_y & a_z \\ b_y & b_z \end{vmatrix} \vec{i} - \begin{vmatrix} a_x & a_z \\ b_x & b_z \end{vmatrix} \vec{j} + \begin{vmatrix} a_x & a_y \\ b_x & b_y \end{vmatrix} \vec{k}$$

再按两个向量的数量积的坐标表示,可得

$$[\vec{a}\vec{b}\vec{c}] = (\vec{a} \times \vec{b}) \cdot \vec{c} = c_x \begin{vmatrix} a_y & a_z \\ b_y & b_z \end{vmatrix} - c_y \begin{vmatrix} a_x & a_z \\ b_x & b_z \end{vmatrix} + c_z \begin{vmatrix} a_x & a_y \\ b_x & b_y \end{vmatrix} = \begin{vmatrix} a_x & a_y & a_z \\ b_x & b_y & b_z \\ c_x & c_y & c_z \end{vmatrix}$$

我们讨论混合积的几何意义. 设 $\overrightarrow{OA} = \vec{a}$,$\overrightarrow{OB} = \vec{b}$,$\overrightarrow{OC} = \vec{c}$,以 $\overrightarrow{OA}$、$\overrightarrow{OB}$ 和 $\overrightarrow{OC}$ 为邻边做平行六面体,如图 8-32 所示. 按向量积的定义,$|\vec{a} \times \vec{b}|$ 表示以向量 $\vec{a}$ 和 $\vec{b}$ 为边作平行四边形 $OADB$ 的面积 S. 设 $\vec{a} \times \vec{b} = \vec{F}$ 与 $\vec{c}$ 的夹角为 α. 以三个向量 $\vec{a}$、$\vec{b}$ 和 $\vec{c}$ 为棱的平行六面体的高 h 等于向量 $\vec{c}$ 在 $\vec{a} \times \vec{b}$ 上的投影的绝对值,即

$$h = |\mathrm{Prj}_f \vec{c}| = |\vec{c}| |\cos\alpha|$$

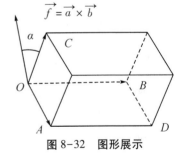

所以平行六面体的体积

$$V = Sh = |\vec{a} \times \vec{b}| |\vec{c}| \cos\alpha = |[\vec{a}\vec{b}\vec{c}]|$$

因此,向量的混合积 $[\vec{a}\vec{b}\vec{c}] = (\vec{a} \times \vec{b}) \cdot \vec{c}$ 的绝对值表示以向量 $\vec{a}$、$\vec{b}$ 和 $\vec{c}$ 为棱的平行六面体的体积.若 $[\vec{a}\vec{b}\vec{c}] \neq 0$,则能以向量 $\vec{a}$、$\vec{b}$ 和 $\vec{c}$ 为棱构成平行六面体,从而 $\vec{a}$、$\vec{b}$ 和 $\vec{c}$ 三

图 8-32 图形展示

个向量不共面;反之,若 $\vec{a}$、$\vec{b}$ 和 $\vec{c}$ 三个向量不共面,则必能以向量 $\vec{a}$、$\vec{b}$ 和 $\vec{c}$ 为棱构成平行六面体,$[\vec{a}\vec{b}\vec{c}] \neq 0$.于是有下面结论:

三个向量 $\vec{a}$、$\vec{b}$ 和 $\vec{c}$ 共面的充分必要条件是它们的混合积 $[\vec{a}\vec{b}\vec{c}] = 0$,即

$$\begin{vmatrix} a_x & a_y & a_z \\ b_x & b_y & b_z \\ c_x & c_y & c_z \end{vmatrix} = 0$$

例7 已知 $A(2,-4,-1),B(4,3,2),C(2,5,3)$ 和 $D(x,y,z)$ 四点共面,求点 D 的坐标 x、y 和 z 所满足的关系式.

解 因为 A、B、C 及 D 四点共面相当于三向量 $\overrightarrow{AB}$、$\overrightarrow{AC}$ 及 $\overrightarrow{AD}$ 共面.

$$\overrightarrow{AB} = [4-2,3-(-4),2-(-1)] = (2,7,3)$$

$$\overrightarrow{AC} = [2-2,5-(-4),3-(-1)] = (0,9,4)$$

$$\overrightarrow{AD} = [x-2,y-(-4),z-(-1)] = (x-2,y+4,z+1)$$

根据三个向量共面的充分必要条件可得,$[\overrightarrow{AD}\,\overrightarrow{AB}\,\overrightarrow{AC}] = 0$,即

$$\begin{vmatrix} x-2 & y+4 & z+1 \\ 2 & 7 & 3 \\ 0 & 9 & 4 \end{vmatrix} = 0$$

由此可得,$x-8y+18z-16=0$.这就是点 D 的坐标所满足的关系式.

习题 8-2

1.设 $\vec{s}=4\vec{i}+8\vec{j}$,$\vec{t}=2\vec{i}-5\vec{j}-3\vec{k}$ 及 $\vec{u}=\vec{i}-3\vec{k}$,求:(1) $\vec{s}\cdot\vec{t}$ 与 $\vec{s}\times\vec{t}$;(2) $2\vec{s}\cdot(-5\vec{t})$ 与 $6\vec{s}\times(-\vec{t})$;(3) $(\vec{s}+2\vec{t})\cdot\vec{u}$ 与 $(\vec{s}-\vec{t})\times\vec{u}$;(4) $\vec{s}$ 与 $\vec{t}$ 夹角的余弦.

2.求向量 $\vec{s}=4\vec{i}+8\vec{j}-12\vec{k}$ 在向量 $\vec{t}=2\vec{i}+6\vec{j}-3\vec{k}$ 上的投影.

3.已知 $A(2,3,-1)$,$B(4,3,1)$ 和 $C(2,1,3)$.求与 $\overrightarrow{AB}$ 及 $\overrightarrow{AC}$ 同时垂直的单位向量.

4.设 $\vec{s}=(1,3,4)$ 和 $\vec{t}=(2,5,0)$,问 λ 与 μ 满足什么条件,才能使 $\lambda\vec{s}+\mu\vec{t}$ 与 x 轴垂直.

5.已知 $\overrightarrow{OA}=3\vec{i}+\vec{j}-2\vec{k}$ 与 $\overrightarrow{OB}=\vec{j}-2\vec{k}$,计算 $\triangle OAB$ 的面积.

6.已知 $A(2,3,1)$,$B(1,2,5)$,$C(3,4,2)$,$D(4,5,-2)$,证明 $ABCD$ 为平行四边形,并求其面积.

7.一个体重为 70 kg 的滑翔运动员从高空 $A(-3,6,500)$ 点处沿直线运动到 $B(100,300,100)$ 点,计算他的重力所做的功(坐标长度单位为 m,重力方向为 z 轴的相反方向).

8.$\vec{a}$、$\vec{b}$ 与 $\vec{c}$ 为单位向量,且 $\vec{a}+\vec{b}+\vec{c}=0$,求 $\vec{a}\cdot\vec{b}+\vec{b}\cdot\vec{c}+\vec{c}\cdot\vec{a}$.

9.设 $(\vec{a}+3\vec{b})\perp(3\vec{a}-\vec{b})$,$(\vec{a}-\vec{b})\perp(3\vec{a}+2\vec{b})$,求向量 $\vec{a}$ 与 $\vec{b}$ 间的夹角 θ.

10.用向量的数量积证明不等式

$$\sqrt{a^2+b^2+c^2}\sqrt{e^2+d^2+f^2} \geqslant |ae+bd+cf|$$

11.用向量证明直径所对圆周角为直角.

12.用向量证明正弦定理:在 $\triangle ABC$ 中,$\dfrac{a}{\sin A}=\dfrac{b}{\sin B}=\dfrac{c}{\sin C}$.

*13. 证明 $A(2,3,1)$,$B(1,2,5)$,$C(3,4,2)$ 及 $D(4,5,-2)$ 四点共面.

第三节　平面方程

在立体几何中,我们知道,不在同一直线上的三点可以确定一个平面,因而两条相交或平行直线也可以确定一个平方面. 如何在空间坐标系中表示一个平面？本节将以向量为工具,讨论在空间坐标系中简单的曲面——平面.

一、平面的点法式方程

在立体几何中,经过空间一点可以做而且只能做一个垂直于一条已知直线的平面,而已知直线可以确定一个已知的非零向量. 我们把垂直于一个平面的非零向量叫作这个平面的**法线向量**.记作

$$\vec{n} = (A, B, C) \ (A^2 + B^2 + C^2 \neq 0)$$

因此,当平面 $\prod$ 上一点 $M_0(x_0, y_0, z_0)$ 和它的一个法线向量 $\vec{n} = (A, B, C)$ 为已知时,平面 $\prod$ 的位置就完全确定了. 由此建立平面 $\prod$ 的方程.

平面上的任一向量均与该平面的法线向量垂直. 如图 8-33 所示,设 $M(x, y, z)$ 是平面 $\prod$ 上的任一点,则向量 $\overrightarrow{M_0M}$ 必与平面 $\prod$ 的法线向量 $\vec{n}$ 垂直,由第二节数量积的性质可得,它们的数量积等于零.于是

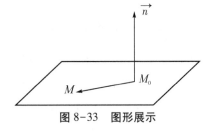

图 8-33　图形展示

$$\overrightarrow{M_0M} = (x - x_0, y - y_0, z - z_0)$$

$\overrightarrow{M_0M} \perp \vec{n}$,可得 $\vec{n} \cdot \overrightarrow{M_0M} = 0$,根据数量积的坐标运算,可得

$$A(x - x_0) + B(y - y_0) + C(z - z_0) = 0 \ (A^2 + B^2 + C^2 \neq 0) \qquad (8-25)$$

由此表明:平面 $\prod$ 上任意一点 M 的坐标 x, y, z 满足方程(8-25);反之,若 $M(x, y, z)$ 不在平面 $\prod$ 上,则 $\overrightarrow{M_0M} \perp \vec{n}$ 就不成立,从而 $\vec{n} \cdot \overrightarrow{M_0M} \neq 0$,即此时 M 的坐标不满足方程(8-25).

综上所述,方程(8-25)是经过平面 $\prod$ 上一点 $M_0(x_0, y_0, z_0)$、以 $\vec{n} = (A, B, C)$ 为法线向量的平面的方程,称方程(8-25)为平面的点法式方程.它是含任一点坐标的平面上的向量与法线向量对应分量的积之和为零.

注　①根据法线向量的定义,若 $\vec{n}$ 是平面的法线向量,则 $\lambda \vec{n}(\lambda \neq 0)$ 也是平面的法线向量;②建立点法式方程的关键是确定平面上的一个点 $M_0(x_0, y_0, z_0)$ 及平面的法线向量 $\vec{n}$ 的坐标.

例1　已知两点 $M_0(3, -2, 1)$ 与 $M_1(-2, 1, 4)$,求经过点 M_0 与直线 M_0M_1 垂直的平面方程.

解　平面的法线方向

$$\vec{n} = \overrightarrow{M_0 M_1} = [-2-3, 1-(-2), 4-1] = (-5, 3, 3)$$

利用公式(8-25),可得经过点 $M_0(3, -2, 1)$ 的平面方程为

$$-5(x-3) + 3(y+2) + 3(z-1) = 0, \quad 即 -5x + 3y + 3z + 18 = 0$$

例2 某平面过空间的三个点 $M_1(2, -3, -1)$、$M_2(4, 1, 3)$ 及 $M_3(1, 0, 2)$,试写出平面的方程.

解
$$\overrightarrow{M_1 M_2} = (2, 4, 4), \quad \overrightarrow{M_1 M_3} = (-1, 3, 3)$$

由于平面的法线向量 $\vec{n}$ 与 $\overrightarrow{M_1 M_2}$、$\overrightarrow{M_1 M_3}$ 都垂直,根据第二节向量积的定义,取它们的向量积作为法线向量 $\vec{n}$,即

$$\vec{n} = \overrightarrow{M_1 M_2} \times \overrightarrow{M_1 M_3} = \begin{vmatrix} \vec{i} & \vec{j} & \vec{k} \\ 2 & 4 & 4 \\ -1 & 3 & 3 \end{vmatrix} = \begin{vmatrix} 4 & 4 \\ 3 & 3 \end{vmatrix} \vec{i} - \begin{vmatrix} 2 & 4 \\ -1 & 3 \end{vmatrix} \vec{j} + \begin{vmatrix} 2 & 4 \\ -1 & 3 \end{vmatrix} \vec{k}$$

$$= 0\vec{i} - 10\vec{j} + 10\vec{k} = (0, -10, 10)$$

取 $M_0 = M_1(2, -3, -1)$,可得平面方程为

$$0(x-2) - 10(y+3) + 10(z+1) = 0, \quad 即 y - z + 2 = 0$$

注 我们也可以取平面的法线向量 $\vec{n} = \lambda \overrightarrow{M_1 M_2} \times \overrightarrow{M_1 M_3} (\lambda \neq 0)$.例2中,令 $\lambda = -\dfrac{1}{10}$,则 $\vec{n} = (0, 1, -1)$,建立平面方程为 $0 \cdot (x-2) + 1 \cdot (y+3) - 1 \cdot (z+1) = 0$,整理后可得 $y - z + 2 = 0$.

二、平面的一般方程

经过 $M_0(x_0, y_0, z_0)$ 及法线向量为 $\vec{n} = (A, B, C)$ 的平面的方程为

$$A(x-x_0) + B(y-y_0) + C(z-z_0) = 0$$

经过整理,可得

$$Ax + By + Cz - (Ax_0 + By_0 + Cz_0) = 0$$

记 $D = -(Ax_0 + By_0 + Cz_0)$,则点法式方程变形为

$$Ax + By + Cz + D = 0 \quad (A^2 + B^2 + C^2 \neq 0) \tag{8-26}$$

因此,平面的点法式方程是 x、y 及 z 的一次方程. 因为任一平面都可以用它上面的一点及它的法线向量来确定,所以任一平面都可以用三元一次方程来表示.

反过来,设有三元一次方程

$$Ax + By + Cz + D = 0 \quad (A^2 + B^2 + C^2 \neq 0) \tag{8-27}$$

我们任取满足该方程的一组数 x_0、y_0 及 z_0,即

$$Ax_0 + By_0 + Cz_0 + D = 0$$

把上述两等式相减,可得

$$A(x-x_0) + B(y-y_0) + C(z-z_0) = 0 \quad (A^2 + B^2 + C^2 \neq 0) \tag{8-28}$$

这个方程正是通过点 $M_0(x_0,y_0,z_0)$ 且以 $\vec{n}=(A,B,C)$ 为法线向量的平面方程. 因为方程 (8-26) 与平面的点法式方程 (8-25) 同解，所以任一三元一次方程 (8-27) 的图形总是一个平面. 我们把方程 (8-26) 称为**平面的一般方程**，其中 x、y 及 z 的系数就是该平面的一个法线向量 $\vec{n}$ 的坐标，即

$$\vec{n}=(A,B,C)$$

注 ①平面一般方程 $Ax+By+Cz+D=0$ 中 x、y 及 z 系数恰好是平面的一个法线向量 $\vec{n}$ 的坐标 A,B,C；②平面方程的特点是三元一次方程，而且任何一个三元一次方程均表示某个平面的方程；③在平面的一般方程中，A,B,C,D 四个参数不是相互独立的，只有三个是独立的. 因为法线向量 $\vec{n}$ 的坐标不可能同时为零，即 $A^2+B^2+C^2\neq0$. 不妨设 $A\neq0$，则可将方程改写为

$$x+\frac{B}{A}y+\frac{C}{A}z+\frac{D}{A}=0$$

或记为 $x+B^*y+C^*z+D^*=0$. 因此，建立平面的一般方程只需要三个独立的条件.

例 3 求通过 z 轴和点 $M_1(1,1,1)$ 的平面 $\prod$ 的方程.

解 设平面 $\prod$ 的一般方程为 $Ax+By+Cz+D=0$. 在 z 轴上取两点 $O(0,0,0),M(0,0,1)$，及 M_1 三点的坐标代入一般方程，可得

$$A\cdot0+B\cdot0+C\cdot0+D=0$$
$$A\cdot0+B\cdot0+C\cdot1+D=0$$
$$A+B+C+D=0$$

由这三个方程解得，$D=0,C=0,B=-A$，代入平面的一般方程，可得

$$Ax-Ay=0,\quad 即 \ x-y=0$$

存在以下四类特殊位置的平面方程：

（1）过原点的平面：$Ax+By+Cz=0$.

（2）平行于坐标轴的平面：若平面 $\prod$ 平行于 x 轴，根据立体几何中直线与平面平行的性质，x 轴就平行于经过 x 轴的平面与平面 $\prod$ 的交线 l. 因为法线向量 $\vec{n}$ 垂直于平面 $\prod$ 内任何一条直线，$\vec{n}$ 就垂直于交线 l，又交线 l 平行于 x 轴，所以法向线量 $\vec{n}$ 垂直于 x 轴，即 $\vec{n}\perp\vec{i},\vec{n}\cdot\vec{i}=0$，可得 $A=0$，则平面方程为 $By+Cz+D=0$；同理可得，平行于 y 轴的平面方程为 $Ax+Cz+D=0$；平行于 z 轴的平面方程为 $Ax+By+D=0$.

（3）经过坐标轴的平面：若平面 $\prod$ 经过 x 轴，或称 x 轴在平面 $\prod$ 上，则此平面必然经过坐标原点，故 $D=0$，由 (2) 可得，过 x 轴平面方程为 $By+Cz=0$；同理可得，过 y 轴的平面方程为 $Ax+Cz=0$；过 z 轴的平面方程为 $Ax+By=0$.

（4）平行于坐标面的平面：若平面 $\prod$ 平行于 yOz 坐标面，根据二平面平行的性质，y 轴和 z 轴均平行于平面 $\prod$. 由 (2) 可得，平面的方程为 $Ax+D=0$，或者可以写为 $x=a$；当 $a=0$ 时，$x=0$ 为 yOz 坐标面的方程；同理平行于 xOz 面的方程为 $y=b$，xOz 面的方程为 $y=0$；平行于 xOy 面的方程为 $z=c$，xOy 面的方程为 $z=0$.

三、平面的截距式方程

平面一般方程 $Ax+By+Cz+D=0$. 当 A、B、C 及 D 都不为零时,一般方程可变为

$$\frac{x}{-\dfrac{D}{A}}+\frac{y}{-\dfrac{D}{B}}+\frac{z}{-\dfrac{D}{C}}=1$$

令 $a=-\dfrac{D}{A}$,$b=-\dfrac{D}{B}$,$c=-\dfrac{D}{C}$,可得

$$\frac{x}{a}+\frac{y}{b}+\frac{z}{c}=1 \quad (abc\neq0) \qquad (8\text{-}29)$$

我们容易知道:该平面与三个坐标轴的交点为 $P(a,0,0)$、$Q(0,b,0)$ 及 $R(0,0,c)$,如图 8-34 所示. 因此,a、b 及 c 依次称为平面在 x、y 及 z 轴上的截距,称方程 (8-29) 为平面的**截距式方程**.它与平面直线的截距式方程 $\dfrac{x}{a}+\dfrac{y}{b}=1$ 类似.

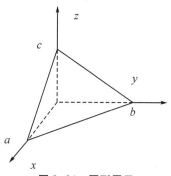

图 8-34　图形展示

四、两平面的夹角

由立体几何学可以知道:在平面 Π_1 与 Π_2 二面角的公共直线(棱)上任意一点为顶点,在两个面内分别做垂直于公共直线的两条射线,这两条射线所成的角叫作二面角的平面角. 二面角的大小可用平面角表示.

当平面 Π_1 与 Π_2 的平面角是钝角时,称它的补角为平面 Π_1 与 Π_2 的夹角;当平面 Π_1 与 Π_2 的平面角不是钝角时,把平面角称为平面 Π_1 与 Π_2 的夹角,如图 8-35 所示.由此可得,两平面的法线向量所组成的锐角或直角称为**两平面的夹角**.设两平面的夹角为 θ,则有 $0\leqslant\theta\leqslant\dfrac{\pi}{2}$.我们容易证明:$\Pi_1$ 与 Π_2 的法线向量分别为 $\vec{n}_1=(A_1,B_1,C_1)$,$\vec{n}_2=(A_2,B_2,C_2)$,则有

$$(\vec{n}_1\overset{\wedge}{,}\vec{n}_2)=\theta \ 或 \ (\vec{n}_1\overset{\wedge}{,}\vec{n}_2)=\pi-\theta$$

从而

$$\cos(\vec{n}_1\overset{\wedge}{,}\vec{n}_2)=\pm\cos\theta$$

注意到 $0\leqslant\theta\leqslant\dfrac{\pi}{2}$,从而 $\cos\theta\geqslant0$,则平面 Π_1 与 Π_2 夹角的余弦为

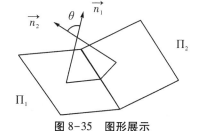

图 8-35　图形展示

$$\cos\theta=|\cos(\vec{n}_1\overset{\wedge}{,}\vec{n}_2)|=\frac{|\vec{n}_1\cdot\vec{n}_2|}{|\vec{n}_1|\cdot|\vec{n}_2|}=\frac{|A_1A_2+B_1B_2+C_1C_2|}{\sqrt{A_1^2+B_1^2+C_1^2}\cdot\sqrt{A_2^2+B_2^2+C_2^2}} \qquad (8\text{-}30)$$

两平面平行是指它们的法线向量平行.由第一节向量平行的条件,可得它们平行的充要条件是

$$\prod_1 // \prod_2 \Leftrightarrow \vec{n}_1 // \vec{n}_2 \Leftrightarrow \vec{n}_1 = \lambda \vec{n}_2 \Leftrightarrow \frac{A_1}{A_2} = \frac{B_1}{B_2} = \frac{C_1}{C_2}$$

两平面垂直是指它们的法线向量垂直,由第二节向量垂直的条件,可得它们垂直的充要条件是

$$\prod_1 \perp \prod_2 \Leftrightarrow \vec{n}_1 \perp \vec{n}_2 \Leftrightarrow \vec{n}_1 \cdot \vec{n}_2 = 0 \Leftrightarrow A_1A_2 + B_1B_2 + C_1C_2 = 0$$

例 4 平面$\prod$经过点$M_1(1,1,1)$和$M_2(2,2,2)$,并且与平面$x+y-z=0$垂直,求平面$\prod$的方程.

解法一 如图 8-36 所示.设平面$\prod$的法线向量$\vec{n}=(A,B,C)$,一般方程为$Ax+By+Cz+D=0$. M_1在平面$\prod$上,有

$$A+B+C+D=0$$

M_2在平面$\prod$上,有

$$2A+2B+2C+D=0$$

设平面$x+y-z=0$的法线向量$\vec{n}'=(1,1,-1)$.又因为两个平面垂直,所以它们的法方向就垂直,即$\vec{n} \perp \vec{n}'$,可得$(A,B,C) \perp (1,1,-1)$,即

$$(A,B,C) \cdot (1,1,-1)=0,\text{即} A+B-C=0$$

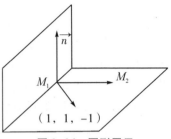

图 8-36 图形展示

由这三个方程解得,$D=0,C=0,B=-A$,代入方程$Ax+By+Cz+D=0$,可得

$$Ax-Ay=0, \quad \text{即} x-y=0$$

解法二 设所求平$\prod$的法线向量为$\vec{n}=(A,B,C)$,平面$x+y-z=0$的法线向量$\vec{n}'=(1,1,-1)$.有$\vec{n} \perp (1,1,-1)$,且$\vec{n} \perp \overrightarrow{M_1M_2}$.由向量积的定义,可得$\vec{n} // (1,1,-1) \times \overrightarrow{M_1M_2}$.于是可取

$$\vec{n} = \frac{1}{2}(1,1,-1) \times \overrightarrow{M_1M_2} = \frac{1}{2}\begin{vmatrix} \vec{i} & \vec{j} & \vec{k} \\ 1 & 1 & -1 \\ 1 & 1 & 1 \end{vmatrix} = \frac{1}{2}(2\vec{i} - 2\vec{j}) = (1,-1,0)$$

取$M_0=M_1(1,1,1)$建立平面的点法式方程为$x-y=0$.

例 5 求平行于平面$2x+y+2z+5=0$,且与三个坐标面所围成的四面体的体积等于 1 的平面$\prod$的方程.

解 由于所求平面$\prod$与$2x+y+2z+5=0$平行,可设其方程为$2x+y+2z+D=0$,截距式方程为

$$\frac{x}{-\dfrac{D}{2}} + \frac{y}{-D} + \frac{z}{-\dfrac{D}{2}} = 1$$

平面$\prod$在三个坐标轴上的截距分别为$-\dfrac{D}{2}$、$-D$、$-\dfrac{D}{2}$.该平面与三个坐标轴围成的四面体是高为$\left|-\dfrac{D}{2}\right|$,底面在$xOy$面上的直三棱锥,体积等于 1,即

$$V = \frac{1}{3} \cdot \frac{1}{2} \cdot \left|-\frac{D}{2}\right| \cdot |-D| \cdot \left|-\frac{D}{2}\right| = 1$$

解得,$|D|^3 = 24$,即$D = \pm 2\sqrt[3]{3}$.则平面$\prod$的方程为$2x+y+2z\pm 2\sqrt[3]{3}=0$.

注 两个平面平行,其法线向量平行.平行的向量的对应坐标应是取相等还是成比例?为了方便,常常可以取对应分量相等.

五、点到平面的距离公式

在平面解析几何中,点 $P(x_0,y_0)$ 到直线 $ax+by+c=0\,(a^2+b^2\neq0)$ 的距离为

$$d=\frac{|ax_0+by_0+c|}{\sqrt{a^2+b^2}}$$

现在,我们学习点到平面的距离公式.

设平面为 $\prod:Ax+By+Cz+D=0$,$P_0(x_0,y_0,z_0)$ 是平面外的一点,求 P_0 到平面 $\prod$ 的距离 d.

设 $P(x_1,y_1,z_1)$ 是平面上的任意一点,过 P 做平面的法线向量 $\vec{n}$,过 P_0 做法线向量 $\vec{n}$ 的垂线,垂足为 P'_0,如图 8-37 所示.由此可得所求的距离

$$d=|PP'_0|=|PP_0|\cos\theta=|\text{Prj}_n\overrightarrow{PP_0}|$$

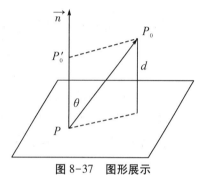

图 8-37 图形展示

根据第二节向量投影的算法 $\text{Prj}_a\vec{b}=\dfrac{\vec{a}\cdot\vec{b}}{|\vec{a}|}$,有

$$d=|\text{Prj}_n\overrightarrow{PP_0}|=\frac{|\vec{n}\cdot\overrightarrow{PP_0}|}{|\vec{n}|}$$

由于 $\vec{n}=(A,B,C)$,$\overrightarrow{PP_0}=(x_0-x_1,y_0-y_1,z_0-z_1)$,可得

$$d=\frac{|\vec{n}\cdot\overrightarrow{PP_0}|}{|\vec{n}|}=\frac{|A(x_0-x_1)+B(y_0-y_1)+C(z_0-z_1)|}{\sqrt{A^2+B^2+C^2}} \qquad (8-31)$$

又因为 $P(x_1,y_1,z_1)$ 是平面上的点,故 $Ax_1+By_1+Cz_1+D=0$,代入公式 $(8-31)$,可得

$$d=\frac{|(Ax_0+By_0+Cz_0)-(Ax_1+By_1+Cz_1)|}{\sqrt{A^2+B^2+C^2}}=\frac{|Ax_0+By_0+Cz_0+D|}{\sqrt{A^2+B^2+C^2}}$$

即

$$d=\frac{|Ax_0+By_0+Cz_0+D|}{\sqrt{A^2+B^2+C^2}} \qquad (8-32)$$

或

$$d^2=\frac{(Ax_0+B_0+Cz_0+D)^2}{A^2+B^2+C^2}$$

其中 $P_0(x_0,y_0,z_0)$ 是平面外的一点.

例 6 确定 k 的值,使平面 $x+ky-2z-9=0$ 与坐标原点的距离为 3.

解 平面的法线方向为 $\vec{n}=(1,k,-2)$,$|\vec{n}|=\sqrt{1+k^2+4}=\sqrt{5+k^2}$,由公式 $(8-32)$ 可得

$$d=\frac{|0+k\cdot0-2\cdot0-9|}{\sqrt{5+k^2}}=3$$

即 $3\sqrt{5+k^2}=9$,解得 $k=\pm2$. 故原点到平面 $x\pm2y-2z-9=0$ 的距离为3.

习题 8-3

1. 已知点 $A(8,6,-1)$ 与 $B(4,3,1)$, 求过原点与 $\overrightarrow{AB}$ 垂直的平面方程.

2. 求经过点 $M(7,8,5)$ 与平面 $3x+5y-2z+10=0$ 平行的平面方程.

3. 求经过 $A(2,3,-5)$, $B(6,3,3)$ 和 $C(2,1,0)$ 三点的平面一般方程与截距式方程.

4. 平行于 x 轴且经过两点 $(4,3,8)$ 和 $(4,3,2)$ 的平面方程.

5. 指出下列各平面的特殊位置, 并画图.

$(1) x=0$; $\qquad\qquad (2) 4z-7=0$; $\qquad\qquad (3) x+z-7=0$;

$(4) 2x+3y=0$; $\qquad\qquad (5) x+3y+z=0$; $\qquad\qquad (6) x+\dfrac{y}{3}+\dfrac{z}{2}=1$.

6. 求二平面 $x-y+2z+10=0$ 和 $2x+y+z-3=0$ 的夹角.

7. 一平面经过点 $(1,3,-1)$ 且平行向量 $\vec{s}=(2,0,5)$ 和 $\vec{t}=(1,3,2)$, 求这个平面方程.

8. 求三平面 $x-y+2z+9=0$, $3x-4y+z+1=0$ 和 $2x+y+z-3=0$ 的交点.

9. 求二平行平面 $x-y+2z+10=0$ 与 $3x-3y+6z+8=0$ 的距离.

10. 求过点 $P_1(2,4,0)$ 和 $P_2(0,1,4)$ 且与点 $M(1,0,1)$ 的距离为 1 的平面方程.

11. 设平面上的三点 $A(x_1,y_1,z_1)$, $B(x_2,y_2,z_2)$ 与 $C(x_1,y_1,z_1)$, 则平面方程为

$$\begin{vmatrix} x-x_1 & y-y_1 & z-z_1 \\ x_2-x_1 & y_2-y_1 & z_2-z_1 \\ x_3-x_1 & y_3-y_1 & z_3-z_1 \end{vmatrix}=0$$

第四节　空间直线方程

在平面几何中, 不重合的两点确定一条直线. 在解析几何中, 直线方程有两点式 $y-y_1=\dfrac{y_2-y_1}{x_2-x_1}(x-x_1)$, 即 $\dfrac{y-y_1}{y_2-y_1}=\dfrac{x-x_1}{x_2-x_1}$; 点斜式 $y-y_0=k(x-x_0)$; 一般式 $ax+by+c=0(a^2+b^2\neq0)$. 这些直线方程与空间直线方程有何联系?

一、空间直线方程

1. 空间直线的一般方程

空间直线 L 可以视为两个不平行平面 Π_1 与 Π_2 的交线, 如图 8-38 所示. 如果两个相交的平面 Π_1 与 Π_2 的方程分别为 $A_1x+B_1y+C_1z+D_1=0$ 和 $A_2x+B_2y+C_2z+D_2=0$, 那么 L 上的任一点的坐标应同时满足这两个方程, 即应满足方程组

$$L: \begin{cases} A_1 x + B_1 y + C_1 z + D_1 = 0 \\ A_2 x + B_2 y + C_2 z + D_2 = 0 \end{cases}, (\vec{n}_1, \vec{n}_2 \text{ 不平行}) \quad (8\text{-}33)$$

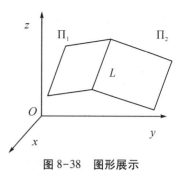

反过来, 若点 M 不在交线上, 点 M 不在平面 Π_1 或 Π_2 上, 也就不可能同时在 Π_1 与 Π_2 上, 则它的坐标不满足方程组(8-33). 因此, 直线 L 可以用方程组(8-33)来表示. 方程组(8-33)称为**空间直线的一般方程**.

图 8-38　图形展示

通过空间直线 L 的平面有无限多个, 只要在这无穷多个平面中任意选取两个, 把它们的方程联立起来, 所得的方程组就表示直线 L 的方程.

2. 空间直线的点向式方程(对称式)

如果一个非零向量平行于一条已知直线, 这个向量就叫作这条直线的**方向向量**, 记作

$$\vec{s} = (m, n, p) \quad (m^2 + n^2 + p^2 \neq 0)$$

我们容易知道, 直线上任一向量都平行于该直线的方向向量.

因为过空间一点可做而且只能做一条直线平行于已知直线, 而一条已知直线可以确定一个向量, 所以当直线 L 上一点 $M_0(x_0, y_0, z_0)$ 和它的一方向向量 $\vec{s} = (m, n, p)$ 确定了, 直线 L 的位置就完全确定了. 下面建立直线的方程.

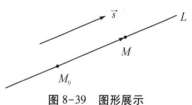

如图 8-39 所示, 设点 $M(x, y, z)$ 是直线 L 上任一点, 则 $\overrightarrow{M_0 M} /\!/ \vec{s}$, 根据本章第一节的定理 1 有 $\overrightarrow{M_0 M} = \lambda \vec{s}$, 从而向量 $\vec{s}$ 和 $\overrightarrow{M_0 M}$ 的对应坐标成比例. 于是

$$\overrightarrow{M_0 M} = (x - x_0, y - y_0, z - z_0)$$

图 8-39　图形展示

可得

$$\frac{x - x_0}{m} = \frac{y - y_0}{n} = \frac{z - z_0}{p} \quad (m^2 + n^2 + p^2 \neq 0) \qquad (8\text{-}34)$$

反之, 若点 M 不在直线上, 则 $\overrightarrow{M_0 M} /\!/ \vec{s}$ 不成立, 它们的对应坐标不成比例, 从而其点的坐标不满足方程组(8-34). 故方程组(8-34)就是直线 L 的方程, 也称为空间直线 L 的**对称式方程**或**点向式方程**. 它是含任一点坐标的直线上的向量与方向向量对应分量成比例.

注　(1) 直线的方向向量不唯一. 若 $\vec{s}$ 是直线的方向向量, 当 $\lambda \neq 0$, $\lambda \vec{s}$ 也平行于直线, 故 $\lambda \vec{s}$ 也是直线的方向向量.

(2) 若 m、n 及 p 中只有一个为零, 其余两个不为零, 如 $p = 0$, 则点向式方程写作

$$L: \begin{cases} \dfrac{x - x_0}{m} = \dfrac{y - y_0}{n} \\ z - z_0 = 0 \end{cases} \quad \text{或} \quad L: \begin{cases} nx - my - nx_0 + my_0 = 0 \\ z - z_0 = 0 \end{cases}$$

表示两个平面的交线, 也就是直线的一般方程.

若 m、n 及 p 中只有两个为零, 其余一个不为零, 如 $n = 0, p = 0$, 则 $L: \begin{cases} y - y_0 = 0 \\ z - z_0 = 0 \end{cases}$, 表示平

面 $y=y_0$ 与 $z=z_0$ 的交线,也就是直线的一般方程.

直线的任一方向向量 $\vec{s}$ 的坐标 m、n 及 p 叫作直线的一组**方向数**.若向量 $\vec{s}$ 的方向角为 α、β 及 γ,其方向余弦 $\cos\alpha$、$\cos\beta$ 及 $\cos\gamma$ 叫作直线的**方向余弦**.此时直线的方向向量也可以取为 $\vec{s}=(\cos\alpha,\cos\beta,\cos\gamma)$,直线方程变为

$$L:\frac{x-x_0}{\cos\alpha}=\frac{y-y_0}{\cos\beta}=\frac{z-z_0}{\cos\gamma}$$

3.空间直线的参数方程

由直线的对称式方程可导出直线的参数方程.令

$$\frac{x-x_0}{m}=\frac{y-y_0}{n}=\frac{z-z_0}{p}=t$$

则

$$L:\begin{cases} x=x_0+mt \\ y=y_0+nt \quad (m^2+n^2+p^2\neq0) \\ z=z_0+pt \end{cases} \tag{8-35}$$

这个方程组(8-35)称为直线 L 的**参数式方程**,其中 t 为参数.

例1 求经过不相同两点 $M_1(x_1,y_1,z_1)$ 与 $M_2(x_2,y_2,z_2)$ 的直线的方程.

解 直线 L 经过 M_1 与 M_2 两点,则 $\overrightarrow{M_1M_2}//L$,故可取 $\vec{s}=\overrightarrow{M_1M_2}$,即

$$\vec{s}=\overrightarrow{M_1M_2}=(x_2-x_1,y_2-y_1,z_2-z_1)\neq\vec{0}$$

取 $M_0=M_1(x_1,y_1,z_1)$,则直线的方程为

$$L:\frac{x-x_1}{x_2-x_1}=\frac{y-y_1}{y_2-y_1}=\frac{z-z_1}{z_2-z_1}$$

这是直线的两点式方程.这个公式与平面直线的两点式公式类似.

如经过 $A(2,3,-5)$ 与 $B(6,3,3)$ 两点的直线方程

$$L:\frac{x-2}{6-2}=\frac{y-3}{3-3}=\frac{z-(-5)}{3-(-5)}$$

一般写成

$$\begin{cases}\frac{x-2}{6-2}=\frac{z-(-5)}{3-(-5)}, \\ y-3=0\end{cases} \quad 即\begin{cases}\frac{x-2}{1}=\frac{z+5}{2} \\ y-3=0\end{cases}$$

问:如何由直线的一般方程确定直线的方向向量以及直线的点向式方程?

第一步,确定直线上的一点 M_0 的坐标:在 x、y 及 z 中任意取定一个变量的值,如令 $x=x_0$,代入一般方程(8-33),解出 y_0 及 z_0,即得直线上的一点 $M_0(x_0,y_0,z_0)$.

第二步,确定直线的方向向量 $\vec{s}$:直线 L 在平面 $\prod_1$ 上,故 $\vec{s}\perp\vec{n_1}$;直线 L 在平面 $\prod_2$ 上,故 $\vec{s}\perp\vec{n_2}$;$\vec{s}$ 既垂直于 $\vec{n_1}$ 也垂直于 $\vec{n_2}$.由第二节向量积的定义,可得 $\vec{s}//\vec{n_1}\times\vec{n_2}$,取 $\vec{s}=\vec{n_1}\times\vec{n_2}$ 或 $\vec{s}=\lambda\vec{n_1}\times\vec{n_2}(\lambda\neq0,1)$.

例2 将直线 $L:\begin{cases}3x-2y+z+1=0 \\ 2x+y-z-2=0\end{cases}$ 方程改写为点向式及参数式方程.

解 确定直线上一点 M_0：取 $x_0=0$，代入已知方程组可得 $\begin{cases} -2y+z+1=0 \\ y-z-2=0 \end{cases}$，解得 $y_0=-1$，

$z_0=-3$，即 $M_0(0,-1,-3)$（M_0 可以不同的坐标.）

两个平面的方向为 $\vec{n}_1=(3,-2,1)$，$\vec{n}_2=(2,1,-1)$，直线 L 的方向为 $\vec{s}$，取向量

$$\vec{s}=\vec{n}_1\times\vec{n}_2=\begin{vmatrix} \vec{i} & \vec{j} & \vec{k} \\ 3 & -2 & 1 \\ 2 & 1 & -1 \end{vmatrix}=\vec{i}+5\vec{j}+7\vec{k}=(1,5,7)$$

由此可得直线 L 的方程：

$$\frac{x-0}{1}=\frac{y+1}{5}=\frac{z+3}{7} \quad \text{或} \quad L:\begin{cases} x=t \\ y=-1+5t. \\ z=-3+7t \end{cases}$$

注 （1）也可以由 L 的一般方程通过加减消元法，直接转化为点向式. 如例 2 中消去

z 得 $5x-y-1=0$，即 $\frac{x}{1}=\frac{y+1}{5}$；消去 y 得 $7x-z-3=0$，即 $\frac{x}{1}=\frac{z+3}{7}$；因而

$$L:\frac{x-0}{1}=\frac{y+1}{5}=\frac{z+3}{7}$$

（2）还可以通过直线的一般方程，确定直线上的两个不同的点，再利用两点式方程得

出直线对称式方程. 如例 2 中取 $M_1(0,-1,-3)$ 和 $M_2(1,4,4)$，则直线的两点式方程为

$$L:\frac{x-0}{1-0}=\frac{y+1}{4-(-1)}=\frac{z+3}{4-(-3)}$$

即 $L:\frac{x}{1}=\frac{y+1}{5}=\frac{z+3}{7}$ 或 $L:\frac{x-1}{1}=\frac{y-4}{5}=\frac{z-4}{7}$.

二、两条直线的夹角

直线 L_1 与 L_2 的方向向量所成锐角或直角叫作**两直线的夹角**，

记为 $\theta\left(0\leqslant\theta\leqslant\dfrac{\pi}{2}\right)$. 设两直线方向向量分别为 $\vec{s}_1=(m_1,n_1,p_1)$ 和

$\vec{s}_2=(m_1,n_1,p_1)$ 的夹角为 α，当 $0\leqslant\alpha\leqslant\dfrac{\pi}{2}$ 时，则两直线的夹角 $\theta=\alpha$；

当 $\dfrac{\pi}{2}<\alpha\leqslant\pi$ 时，则有 $\theta=\pi-\alpha$，如图 8-40 所示. 因为 $\cos\theta\geqslant0$，所以两

直线的夹角 θ 的计算公式为

$$\cos\theta=\pm\cos\alpha=|\cos\alpha|=\frac{|\vec{s}_1\cdot\vec{s}_2|}{|\vec{s}_1||\vec{s}_2|}=\frac{|m_1m_2+n_1n_2+p_1p_2|}{\sqrt{m_1^2+n_1^2+p_1^2}\sqrt{m_2^2+n_2^2+p_2^2}}$$

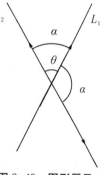

图 8-40　图形展示

$$(8\text{-}36)$$

例如，$L_1:\dfrac{x-1}{1}=\dfrac{y-1}{-1}=\dfrac{z+3}{0}$，$L_2:\dfrac{x+2}{-2}=\dfrac{y+1}{1}=\dfrac{z}{1}$，则 L_1 与 L_2 的夹角余弦为

$$\cos\theta = \frac{|\vec{s}_1 \cdot \vec{s}_2|}{|\vec{s}_1||\vec{s}_2|} = \frac{|1\cdot(-2)+(-1)\cdot 1+0\cdot 1|}{\sqrt{1^2+(-1)^2+0^2}\cdot\sqrt{(-2)^2+1^2+1^2}} = \frac{\sqrt{3}}{2}$$

从而 L_1 与 L_2 的夹角为 $\theta = \dfrac{\pi}{6}$.

若两直线平行,则它们的方向向量平行.根据第一节两向量平行的条件,可得它们平行的充要条件:

$$L_1 /\!/ L_2 \Leftrightarrow \vec{s}_1 /\!/ \vec{s}_2 \Leftrightarrow \frac{m_1}{m_2} = \frac{n_1}{n_2} = \frac{p_1}{p_2}$$

若两直线垂直,则它们的方向向量垂直.由第二节两向量垂直的条件,可得它们垂直的充要条件:

$$L_1 \perp L_2 \Leftrightarrow \vec{s}_1 \cdot \vec{s}_2 = 0 \Leftrightarrow m_1 m_2 + n_1 n_2 + p_1 p_2 = 0$$

三、直线与平面的位置关系

1. 直线与平面的夹角

在立体几何中,平面的斜线与它在平面上的投影所成的角叫作直线与平面所成的角.因此,当直线 L 与平面 $\prod$ 不垂直时,斜线 L 与平面 $\prod$ 所成的角 $\omega\left(0\leqslant\omega<\dfrac{\pi}{2}\right)$ 称为**直线与平面的夹角**,当直线 L 与平面 $\prod$ 垂直时,规定直线与平面的夹角 ω 为 $\dfrac{\pi}{2}$,故直线与平面的夹角满足 $\left(0\leqslant\omega\leqslant\dfrac{\pi}{2}\right)$.

如图 8-41 所示,设直线 L 的方向向量为 $\vec{s}=(m,n,p)$,平面的法线向量为 $\vec{n}=(A,B,C)$,则直线与平面的夹角为

$$\omega\left|\frac{\pi}{2}-(\overset{\wedge}{\vec{s},\vec{n}})\right|$$

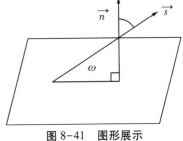

图 8-41　图形展示

因此,$\sin\omega = |\cos(\overset{\wedge}{\vec{s},\vec{n}})|$. 根据第二节两向量夹角余弦的坐标表示式,有

$$\sin\omega = |\cos(\overset{\wedge}{\vec{s},\vec{n}})| = \frac{|\vec{s}\cdot\vec{n}|}{|\vec{n}||\vec{s}|} = \frac{|Am+Bn+Cp|}{\sqrt{A^2+B^2+C^2}\sqrt{m^2+n^2+p^2}} \tag{8-37}$$

若直线与平面平行或在平面上,则直线的方向向量与平面的法线向量垂直,因而它们的点积为零.也就是

$$L /\!/ \prod \Leftrightarrow \vec{s} \perp \vec{n} \Leftrightarrow \vec{s}\cdot\vec{n}=0 \Leftrightarrow Am+Bn+Cp=0$$

若直线与平面垂直,则直线的方向向量与平面的法线向量平行,因而它们的对应分量成比例.也就是

$$L \perp \prod \Leftrightarrow \vec{s} /\!/ \vec{n} \Leftrightarrow \vec{n}=\lambda\vec{s} \Leftrightarrow \frac{A}{m}=\frac{B}{n}=\frac{C}{p} \qquad (\lambda\neq 0)$$

2. 直线与平面的位置

（1）直线 L 与平面 $\prod$ 平行或在平面上，相当于直线的方向向量与平面的法线向量垂直，可得它们的点积为零，计算它们的坐标.

例3 设直线 $L: \dfrac{x-2}{3} = \dfrac{y+2}{1} = \dfrac{z-1}{-4}$，平面 $\prod: x+y+z-3=0$，指出直线与平面的位置关系.

解 直线的方向向量 $\vec{s} = (3,1,-4)$，平面的法线向量 $\vec{n} = (1,1,1)$，易知 $\vec{s} \cdot \vec{n}_2 = 0$，即 $\vec{s} \perp \vec{n}$，从而 $L /\!/ \prod$.

考查 L 是否在 $\prod$ 上. 任取 L 上的一点 $M_0(2,-2,1)$ 代入平面方程中，有 $2-2+1-3=0$ 不成立，即不满足平面方程. 故 $M_0(2,-2,1)$ 不在 $\prod$ 上，即 $L /\!/ \prod$，且 L 不在 $\prod$ 上，可以求出 L 与 $\prod$ 的距离，即点 $M_0(2,-2,1)$ 到平面 $\prod$ 的距离：

$$d = \frac{|2-2+1-3|}{\sqrt{1^2+1^2+1^2}} = \frac{2}{\sqrt{3}}$$

（2）直线 L 与平面 $\prod$ 相交，有唯一的交点，计算交点坐标.

设直线 $L: \begin{cases} x = x_0 + mt \\ y = y_0 + nt \\ z = z_0 + pt \end{cases}$，平面 $\prod: Ax+By+Cz+D=0$，将 L 的参数方程代入平面 $\prod$ 的方程，先求出参数 t，再由直线的参数方程求出交点坐标.

例4 求 $M_0(3,1,-4)$ 在平面 $\prod: x+2y-z=0$ 上的投影点.

解 平面 $\prod$ 的法线向量 $\vec{n} = (1,2,-1)$ 平行于过 M_0 的垂线的方向，因而过 M_0 的垂线 L 的方程为

$$\frac{x-3}{1} = \frac{y-1}{2} = \frac{z+4}{-1} = t$$

参数方程为 $\begin{cases} x = 3+t \\ y = 1+2t \\ z = -4-t \end{cases}$，代入平面 $\prod$ 的方程中，可得

$$(3+t)+2(1+2t)-(-4-t) = 0$$

由此可得 $6t=9$，即 $t = \dfrac{3}{2}$；再代入直线的参数方程中，可得 $x = \dfrac{9}{2}$，$y=4$，$z = -\dfrac{11}{2}$，即投影点为 $M\left(\dfrac{9}{2}, 4, -\dfrac{11}{2}\right)$.

四、平面束方程

设两个平面 $\prod_1$ 与 $\prod_2$ 不平行，则 $\prod_1$ 与 $\prod_2$ 有唯一的交线 L，过此交线的所有平面称为平面束，平面束方程可表示过此交线的任意一张平面的方程.

设 $\prod$ 是过交线 L 的任一平面，$M(x,y,z)$ 是 x 上的任意一点，过 M 点向交线 L 做垂线，垂足为 O，α_1 与 α_2 分别是平面 $\prod$ 与 $\prod_1$ 及 $\prod_2$ 的夹角，d_1 与 d_2 分别是 M 到平面 $\prod_1$ 与 $\prod_2$

的距离,经过直线 OM 做剖面图,如图 8-42 所示,则有

$$\frac{d_1}{d_2}=\frac{|OM|\sin\alpha_1}{|OM|\sin\alpha_2}=\frac{\sin\alpha_1}{\sin\alpha_2}=\mu$$

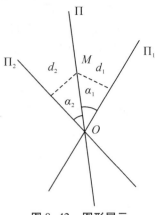

图 8-42 图形展示

为常数,即 $d_1=\mu d_2$. 利用第三节点到平面的距离公式,可得

$$\frac{|A_1x+B_1y+C_1z+D_1|}{\sqrt{A_1^2+B_1^2+C_1^2}}=\mu\frac{|A_2x+B_2y+C_2z+D_2|}{\sqrt{A_2^2+B_2^2+C_2^2}}$$

记 $\mu^*=\mu\dfrac{\sqrt{A_1^2+B_1^2+C_1^2}}{\sqrt{A_2^2+B_2^2+C_2^2}}$,则有

$$\frac{|A_1x+B_1y+C_1z+D_1|}{|A_2x+B_2y+C_2z+D_2|}=\mu^* \text{ 或 } \frac{A_1x+B_1y+C_1z+D_1}{A_2x+B_2y+C_2z+D_2}=\pm\mu^*$$

$$A_1x+B_1y+C_1z+D_1=\pm\mu^*(A_2x+B_2y+C_2z+D_2)$$

记 $\mu^*=-\lambda$. 因此,经过 Π_1 与 Π_2 交线 L 的平面束方程为

$$A_1x+B_1y+C_1z+D_1+\lambda(A_2x+B_2y+C_2z+D_2)=0$$

它代表了除 Π_2 以外的所有过交线 L 的平面.

注 $\lambda(A_1x+B_1y+C_1z+D_1)+\mu(A_2x+B_2y+C_2z+D_2)=0$ 表示过交线 L 的所有平面.

例 5 求直线 $L:\begin{cases}x+y-z=1\\x-y+z=-1\end{cases}$ 在平面 $\Pi:x+y+z=0$ 上的投影直线的点向式方程.

解 设过 L 的平面束方程为

$$x+y-z-1+\lambda(x-y+z+1)=0,\text{即}(1+\lambda)x+(1-\lambda)y+(\lambda-1)z+\lambda-1=0$$

假设上述这个平面表示经过交线 L 所做平面 Π 的垂面 Π_0——投影柱面,如图 8-43 所示,则垂面 Π_0 的法线向量

$$\vec{n_0}=(1+\lambda,1-\lambda,\lambda-1)$$

又平面 Π 的法线向量 $\vec{n}=(1,1,1)$ 并且平面 $\Pi\perp\Pi_0$,则 $\vec{n_0}\perp\vec{n}$,即 $\vec{n_0}\cdot\vec{n}=0$,可得

$$(1+\lambda)+(1-\lambda)+(\lambda-1)=0,$$

由此得到 $\lambda=-1$,从而投影平面

$$\Pi_0:2y-2z-2=0,\text{ 即 }y-z-1=0$$

设投影直线 L_0 是平面 Π 与投影平面 Π_0 的交线,即

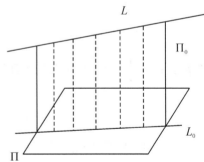

图 8-43 图形展示

$$L_0:\begin{cases}y-z-1=0\\x+y+z=0\end{cases}$$

由此可得,投影直线的点向式方程为 $L_0:\dfrac{x-1}{-2}=\dfrac{y}{1}=\dfrac{z+1}{1}$.

习题 8-4

1.求经过点 $M(2,1,5)$ 且平行直线 $\dfrac{x-2}{3}=\dfrac{y+1}{1}=\dfrac{z}{2}$ 的直线方程.

2.已知 $A(8,6,-1)$ 与 $B(4,3,1)$ 两点,求直线 AB 的方程.

3.将下列直线一般方程化为对称式方程及参数式方程.

$(1)\begin{cases} x+y+2z=3 \\ 2x+y=4 \end{cases}$; $\qquad (2)\begin{cases} 3x-y+2z=3 \\ 2x-4y+z=4 \end{cases}$.

4.求过点 $(2,0,5)$ 且与两平面 $x-y+2z+10=0$ 与 $x-3y+4z+8=0$ 均垂直的直线方程.

5.求直线 $\dfrac{x-2}{3}=\dfrac{y}{1}=\dfrac{z}{4}$ 与 $\dfrac{x}{-2}=\dfrac{y-3}{1}=\dfrac{z-5}{3}$ 的夹角的余弦.

6.求直线 $\dfrac{x}{2}=\dfrac{y-1}{1}=\dfrac{z}{1}$ 与 $\begin{cases} 3x-y+2z+6=0 \\ x-3y+1=0 \end{cases}$ 的夹角的余弦.

7.求直线 $\dfrac{x}{3}=\dfrac{y+1}{2}=\dfrac{z-1}{2}$ 与平面 $x-y+2z+10=0$ 的夹角的正弦.

8.已知 $A(2,3,1)$、$B(2,2,5)$、$C(5,4,2)$ 及 $D(4,5,-2)$,这四点是否共面? 说明理由.

9.求过点 $(2,0,5)$ 且与直线 $\begin{cases} x+y-2z=3 \\ 2x-y+z=5 \end{cases}$ 垂直的平面方程.

10.求点 $(2,0,-1)$ 在平面 $x-y+2z+6=0$ 上的投影.

11.设 M_0 是直线 L 外一点,M 是直线 L 上任意一点,直线的方向为 $\vec{s}$,求证点 M_0 到直线 L 的距离为

$$d=\frac{|\overrightarrow{M_0M}\times\vec{s}|}{|\vec{s}|}$$

12.求直线 $\begin{cases} 2x-4y+z=3 \\ 3x-y-2z=5 \end{cases}$ 在平面 x 上的投影直线方程.

第五节　曲面及其方程

一、曲面方程的概念

在日常生活中,我们经常遇到各种曲面,如管道的外表面,各种大小不同的锅和碗的外表面.第三节讨论了特殊的曲面——平面方程,它是一个关于 x、y 与 z 的三元一次方程.一般曲面方程是什么形式? 曲面是怎样形成的? 在平面解析几何中把平面曲线当作动点的轨迹,类似地,在空间解析几何中,任何曲面或曲线都可以看作点的几何轨迹.在这样的意义下,如果曲面 S 与三元方程

$$F(x,y,z)=0 \tag{8-38}$$

则有下述关系：

（1）曲面 S 上任一点的坐标都满足方程(8-38)，

（2）不在曲面 S 上的点的坐标都不满足方程 (8-38)，那么方程(8-38)就叫作曲面 S 的方程，而曲面 S 就叫作方程(8-38)的图形，如图 8-44 所示.

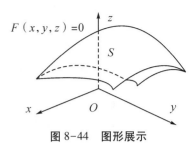

图 8-44　图形展示

下面讨论一些简单的曲面方程及图形.

例 1　设有点 $A(0,1,2)$ 和 $B(-2,-1,0)$，求线段 AB 的垂直平分面的方程.

解　由题意知道，所求的曲面就是与 A 和 B 等距离的点的几何轨迹.设 $M(x,y,z)$ 为所求曲面上的任一点，则有

$$|AM| = |BM|$$

由第一节两点间的距离公式,可得

$$\sqrt{x^2+(y-1)^2+(z-2)^2} = \sqrt{(x+2)^2+(y+1)^2+z^2}$$

等式两边平方,然后化简得

$$x+y+z=0$$

这就是所求曲面上的点的坐标所满足的方程.显然,不在此曲面上的点的坐标都不满足这个方程,因而这个方程就是所求曲面的方程,是一个平面方程.

例 2　建立球心在点 $M_0(x_0,y_0,z_0)$、半径为 R 的球面的方程.

解　设 $M_0(x,y,z)$ 是球面上的任一点,则有 $|M_0M|=R$.即

$$\sqrt{(x-x_0)^2+(y-y_0)^2+(z-z_0)^2} = R$$

或

$$(x-x_0)^2+(y-y_0)^2+(z-z_0)^2 = R^2 \tag{8-39}$$

这就是球面上的点的坐标所满足的方程,显然不在球面上的点的坐标都不满足这个方程.故方程 (8-39)就是球心在点 $M_0(x_0,y_0,z_0)$、半径为 R 的球面的方程,如图 8-45 所示.

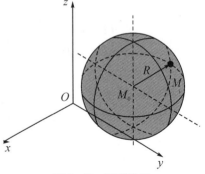

图 8-45　图形展示

特别地,球心在原点 $O(0,0,0)$、半径为 R 的球面的方程为

$$x^2+y^2+z^2=R^2 \text{ 或 } z=\pm\sqrt{R^2-x^2-y^2}$$

以上例子表明作为点的几何轨迹的曲面可以用它的点的坐标间的方程来表示；反之,变量 x、y 和 z 间的方程通常表示一个曲面.因此,在空间解析几何中关于曲面研究,有两个基本问题：

（1）已知一曲面作为点的几何轨迹时,建立这曲面的方程；

（2）已知坐标 x、y 与 z 间的一个方程时,研究这方程所表示的曲面的形状.

在第三节中关于建立一种最简单的曲面——平面方程的例子也是基本问题(1)，下面给出一个例子说明基本问题(2).

例 3　方程 $x^2+y^2+z^2+2Dx+2Ey+F=0$ 表示怎样的曲面？

解　通过配方,原方程可以改写成

$$(x+D)^2+(y+E)^2+z^2=-D^2-E^2-F$$

当$-D^2-E^2-F>0$时,这是一个球面方程,球心在点$M_0(-D,-E,0)$、半径为$R=\sqrt{-D^2-E^2-F}$;当$-D^2-E^2-F=0$时,这个方程表示一个点$M_0(-D,-E,0)$;当$-D^2-E^2-F<0$时,这个方程没有实数解.

一般地,设有三元二次方程

$$Ax^2+Ay^2+Az^2+Dx+Ey+Fy+G=0(A\neq0)$$

这个方程的特点是缺xy,yx,xz各项,而且平方项系数相同.如果将方程经过配方就可以化成方程

$$(x-x_0)^2+(y-y_0)^2+(z-z_0)^2=R^2$$

的形式,那么它的图形就是一个球面.

除了用三元方程$F(x,y,z)=0$表示一个曲面外,有时候有些曲面也可用变量x与y来表示变量z,即曲面的显示方程为$z=f(x,y)$,有两个独立变量x与y.例如$z=3x-y+1,z=x^2+y^2(x,y\in R)$都表示曲面.

二、柱面

我们先分析一个例子.方程$y=x^2$表示怎样的曲面?

在空间坐标系中,方程$y=x^2$不含竖坐标z,即不论空间点的竖坐标z怎样变化,只要它的横坐标x和纵坐标y满足这个方程,那么这些点就在曲面上.也就是说,凡是通过xOy面内的抛物线$y=x^2$上任一点$P(x,y,0)$,平行于z轴的直线l上的所有点都在这曲面上,如图8-46所示.因此,这个曲面可以看作由平行于z轴的直线l沿着xOy面内的抛物线$y=x^2$平行移动而形成的.这个曲面叫作**抛物柱面**,xOy面内的抛物线$y=x^2$叫作它的准线,平行于z轴的直线l叫作它的**母线**.

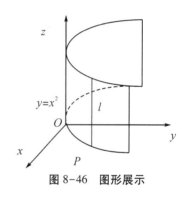

图8-46 图形展示

在空间中,直线L沿固定曲线l平行移动所形成的轨迹称为**柱面**,固定曲线l叫作**柱面的准线**,而动直线L叫作**柱面的母线**. 例如,一个城堡的城墙可以看作一个柱面,农民在地里修的篱笆围墙就是一个柱面,准线就是土地的边缘曲线,母线就是扎在地里的木桩.

下面建立准线为xOy平面上的曲线$l:f(x,y)=0$,母线平行于z轴的柱面Σ的方程.

设$M_0(x_0,y_0,z_0)$是柱面Σ的任意一点,过M_0向经xOy平面做垂线,垂足为$M_0'(x_0,y_0,0)$,则M_0在xOy平面上的投影点为M_0'一定在平面曲线l上,故其坐标(x_0,y_0)一定满足曲线l方程,即$f(x_0,y_0)=0$,如图8-47所示.由M_0在柱面上的任意性,可得柱面上的任意点$M(x,y,z)$

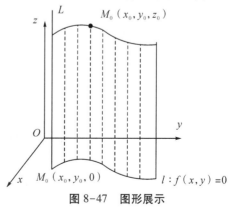

图8-47 图形展示

的坐标均满足方程 $f(x,y)=0$；反之，如果点 $M(x,y,z)$ 不在柱面上，则其投影点一定不在曲线 l 上，其坐标必然不满足曲线 l 的方程.故以 xOy 平面上的曲线 l 为准线，母线平行于 z 轴的柱面 Σ 的方程是

$$f(x,y)=0$$

因此，以经 x,y 为变量的二元方程 $f(x,y)=0$，在空间坐标系中表示一个柱面，它的准线是 xOy 平面上曲线 $f(x,y)=0$ 自身，母线为平行于 z 轴的直线.

一般地，在空间坐标系中，二元方程均表示空间的柱面.只含变量 x,y 而缺 z 的方程 $f(x,y)=0$ 表示母线平行于 z 轴的柱面，其准线是 xOy 面上的曲线 $f(x,y)=0$.类似地，只含变量 x,z 而缺 y 的方程 $g(x,z)=0$ 表示母线平行于 y 轴的柱面，其准线是 xOz 面上的曲线 $g(x,z)=0$.只含变量 y,z 而缺 x 的方程 $h(y,z)=0$ 表示母线平行于 x 轴的柱面，其准线是 yOz 面上的曲线 $h(y,z)=0$.

注 母线平行于坐标轴的柱面与平面曲线的写法区别：一般平面曲线要指出曲线所在的平面. 如 $\Gamma\begin{cases}f(x,y)=0\\z=z_0\end{cases}$ 表示平面 $z=z_0$ 上的曲线.

例4 指出方程 $(1)\ x^2+y^2=1$；$(2)\ z=2-x^2$；$(3)\ -x^2+y^2=1$ 表示的柱面.

解 (1)圆柱面：母线平行于 z 轴，准线为 xOy 平面上的圆 $x^2+y^2=1$，如图 8-48(1)所示；(2)抛物柱面：母线平行于 y 轴，准线为 xOz 平面上的抛物线 $z=2-x^2$，如图 8-48(2)所示；(3)双曲柱面：母线平行于 z 轴，准线为 xOy 平面上的双曲线 $-x^2+y^2=1$，如图 8-48(3)所示.

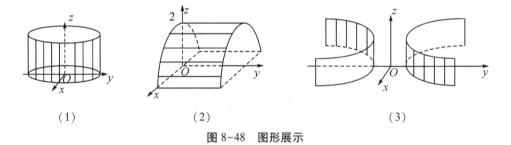

| (1) | (2) | (3) |

图 8-48 图形展示

又如，方程 $z=0$（xOy 平面）可以表示准线为 x 轴（或 y 轴），母线为 y 轴（或 x 轴）的柱面.

三、旋转曲面

我们在小学就认识了圆柱体与球体，它们的表面是怎样形成的？圆柱体是由长方形绕一条直角边旋转一周形成的几何体，球体是由半圆绕直径旋转一周形成的几何体.

以一条平面连续曲线绕其平面内的一条固定直线旋转一周所成的曲面称为**旋转曲面**,旋转曲线和定直线依次叫作旋转曲面的**母线**和**轴**.母线上任何一点围绕轴旋转一周都变成一个圆，旋转曲面是圆心在同一线上的一系列圆叠加而成的.可以认为，各种瓜果的外表面、瓷器的外表面都是旋转曲面.

设在 yOz 平面上有一条连续曲线 $C:f(y,z)=0$，将此曲线绕 z 轴旋转一周，就得到一个以 z 轴为轴的旋转曲面（见图 8-49）.设 $M(x,y,z)$ 是旋转面上的任意一点，它是曲线 C

上的点 $M_0(x_0,y_0,z_0)$ 围绕 z 轴旋转所得,是平面 $z=z_0$ 上,圆心为 $O'(0,0,z_0)$,半径为 $|O'M_0|=|y_0|$ 的圆上任意一点. 因而 $f(y_0,z_0)=0,z=z_0$,$|O'M|=|O'M_0|$.于是

$$\begin{cases} z=z_0 \\ x^2+y^2+(z-z_0)^2=y_0 \end{cases} \quad 或 \quad \begin{cases} z=z_0 \\ x^2+y^2=y_0^2 \end{cases}$$

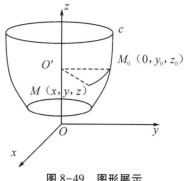

图 8-49 图形展示

即 $y_0=\pm\sqrt{x^2+y^2}$,$z_0=z$.代入曲线 C 的方程 $f(y_0,z_0)=0$,可得到旋转面上的任意一点 $M(x,y,z)$ 满足的方程:

$$f(\pm\sqrt{x^2+y^2},z)=0 \tag{8-40}$$

反之,不在旋转面上的点 M,就有 $|O'M|\neq|O'M_0|$,即 $y_0\neq\pm\sqrt{x^2+y^2}$,其坐标一定不满足此方程.故 yOz 平面上的曲线 $f(y,z)=0$ 绕 z 轴旋转一周,所得的曲面方程为方程(8-40).

由此我们可得:将旋转轴 z 上的竖坐标 z 不变,曲线 $f(y,z)=0$ 另一个坐标 y 改成 $\sqrt{x^2+y^2}$(其余两个坐标的平方和的平方根),或将 y^2 改成 x^2+y^2,就得到曲线 C 的旋转曲面方程(8-40).

同理,若将上面的连续曲线 $f(y,z)=0$ 绕 y 旋转一周,旋转轴上的坐标 y 不变,将曲线 C 的另一个坐标 z 改成 $\pm\sqrt{x^2+z^2}$,或将 z^2 改成 x^2+z^2,可得旋转面的方程为

$$\sum : f(y,\ \pm\sqrt{x^2+y^2})=0 \tag{8-41}$$

旋转面的方程特点:①总有两个坐标的平方项系数相同;②垂直于轴的平面与曲面的截口均为圆.

例 5 将 yOz 面上的椭圆 $\dfrac{y^2}{b^2}+\dfrac{z^2}{c^2}=1$ 与直线 $z=ky$ 分别绕 z 轴旋转一周,写出旋转面的方程.

解 yOz 面上的曲线 $\Gamma_1:\dfrac{y^2}{b^2}+\dfrac{z^2}{c^2}=1$,旋转轴为 z 轴.将曲线 Γ_1 上的 z 轴上的竖坐标 z 不变,另一个坐标 y 进行变换 $y^2\rightarrow x^2+y^2$,便得旋转面方程为

$$\dfrac{x^2+y^2}{b^2}+\dfrac{z^2}{c^2}=1 \quad 或 \quad \dfrac{x^2}{b^2}+\dfrac{y^2}{b^2}+\dfrac{z^2}{c^2}=1$$

这种曲面称为**旋转椭球面**(见图 8-50).一些西瓜、南瓜的外表面都是旋转椭球面.

yOz 面上的曲线 $\Gamma_1:z=ky$,旋转轴 z 轴.将曲线 Γ_2 上的 z 轴上的竖坐标 z 不变,另一个坐标 y 进行变换 $y^2\rightarrow\pm\sqrt{x^2+y^2}$,便得旋转面方程为 $z=\pm k\sqrt{x^2+y^2}$ 或 $z^2=k^2(x^2+y^2)$.这种由一条直线绕其相交直线旋转而成的曲面称为**圆锥面**(见图 8-51).一个圆锥体的侧面就是圆锥面的上半部分或下半部分.

如果将上面的两条曲线分别绕 y 轴旋转一周而成的曲面,那么曲面方程分别为

$$\dfrac{x^2}{c^2}+\dfrac{y^2}{b^2}+\dfrac{z^2}{c^2}=1(椭球面),\ \pm\sqrt{x^2+z^2} 或 x^2+z^2=k^2y^2(圆锥面)$$

又如,yOz 面上的抛物线 $z=y^2$ 绕 z 轴旋转一周而成的曲面,称为**旋转抛物面**,其方程为 $z=x^2+y^2$.探照灯的反光面、饭碗、炒菜的铁锅的外表面都是旋转抛物面.

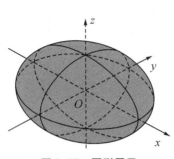

图 8-50　图形展示

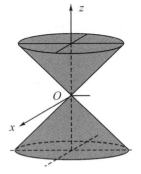

图 8-51　图形展示

例 6　试问旋转面 $\sum : \dfrac{x^2}{a^2}+\dfrac{y^2}{a^2}-\dfrac{z^2}{c^2}=1$ 是怎样形成的?

解　在曲面 $\sum$ 的方程中,因为 x^2 与 y^2 的系数相同,所以曲面 $\sum$ 是旋转曲面,可以视为 xOz 面上的双曲线 $\dfrac{x^2}{a^2}-\dfrac{z^2}{c^2}=1$ 绕虚轴 z 轴旋转而成的旋转面,或可以视为 yOz 面上的双曲线 $\dfrac{y^2}{a^2}-\dfrac{z^2}{c^2}=1$ 绕虚轴 z 轴旋转一周而成的曲面,称为**旋转单叶双曲面**(只有一个曲面),如图 8-52 所示.

注　若将 yOz 面上的双曲线 $\dfrac{y^2}{b^2}-\dfrac{z^2}{c^2}=1$ 绕其实轴 y 轴旋转一周而成的曲面,曲面方程为

$$\frac{y^2}{b^2}-\frac{x^2+z^2}{c^2}=1 \quad 或 \quad \frac{x^2}{c^2}+\frac{y^2}{b^2}-\frac{z^2}{c^2}=1$$

这种旋转曲面称为**旋转双叶双曲面**(有两个曲面),如图 8-53 所示.

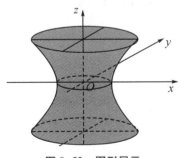

图 8-52　图形展示

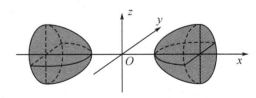

图 8-53　图形展示

四、二次曲面

在平面解析几何中,二元二次方程 $F(x,y)=0$ 表示二次曲线,如圆、椭圆、双曲线、抛物线等. 类似地,三元二次方程 $F(x,y,z)=0$,即

$$ax^2+by^2+cz^2+dxy+eyz+fxz+gx+hy+lz+k=0(a,b,c,d,e,f\ \text{不全为零})$$

所表示的曲面称为**二次曲面**,而把平面称为**一次曲面**.二次曲面有九种类型,适当选取空间直角坐标系,可得它们的标准方程.下面根据九种二次曲面的标准方程来讨论二次曲面的形状.

如何研究二次曲面的形状呢?方法之一是用坐标面和平行于坐标面的平面与曲面相截的交线称为**截痕**,考察其交线的形状,结合截痕的变化规律,从而获得曲面的立体形状.这种方法叫作**截痕法**.

研究曲面的另一种方法是**伸缩变形法**:

在 xOy 平面上,把点 $M(x,y)$ 变为点 $M'(x,\lambda y)$ $(\lambda>0)$,从而把点 M 的轨迹 Γ 变为点 $M'(x,\lambda y)$ 的轨迹 Γ',称为把图形 Γ 沿 y 轴方向伸缩 λ 倍变成图形 Γ'.如图 8-54 所示,设 Γ 是一个曲线 $f(x,y)=0$,点 M $(x_1,y_1)\in\Gamma$,将 M 变为点 $M'(x_2,y_2)$,其中 $x_2=x_1$(横坐标 x 不变),$y_2=\lambda y_1$,即 $x_1=x_2,y_1=\lambda y_2$.由于 $M\in\Gamma$,有 $f(x_1,y_1)=0$,可得 $f(x_2,\frac{1}{\lambda}y_2)=0$,因而点 $M'(x_2,$ $y_2)$ 的轨迹 Γ' 的方程为 $f(x,\frac{1}{\lambda}y)=0$.也就是说,要把曲线 Γ 上的点沿 y 轴方向伸缩 λ 倍变成图形 Γ',只需将曲线 Γ 的方程 $f(x,y)=0$ 中横坐标 x 不变,纵坐标 y 伸缩 $\frac{1}{\lambda}$ 倍,就得到曲线 Γ' 的方程

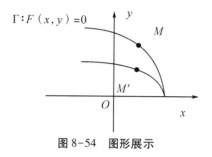

图 8-54　图形展示

$$f(x,\frac{1}{\lambda}y)=0 \tag{8-42}$$

例如,把直线 $y=x$ 沿 y 轴方向伸缩 $\frac{b}{a}$ 倍,就变为直线 $\frac{a}{b}y=x$;把圆 $x^2+y^2=a^2$ 沿 y 轴方向伸缩 $\frac{b}{a}$ 倍,就变为椭圆 $\frac{x^2}{a^2}+\frac{y^2}{b^2}=1$.

1. 椭球面

$$\frac{x^2}{a^2}+\frac{y^2}{b^2}+\frac{z^2}{c^2}=1 \tag{8-43}$$

椭球面的范围 $|x|\leqslant a$,$|y|\leqslant b$,$|z|\leqslant c$(长方体).

如图 8-55 所示,它与平行于坐标面的平面的交线均为椭圆.令 $z=z_0$(平行坐标面 xOy),且 $|z_0|\leqslant c$,则椭球面与平面 $z=z_0$ 的截痕为 $z=z_0$ 上的椭圆:

$\frac{x^2}{a^2}+\frac{y^2}{b^2}=1-\frac{z_0^2}{c^2}$,即 $\dfrac{x^2}{\frac{a^2(c^2-z_0^2)}{c^2}}+\dfrac{y^2}{\frac{b^2(c^2-y_0^2)}{c^2}}=1$

令 $x=x_0$($|x_0|\leqslant a$)(平行坐标面 yOz),则它与平面 $x=x_0$ 的截痕为 $x=x_0$ 上的椭圆:

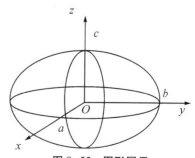

图 8-55　图形展示

$$\frac{y^2}{b^2}+\frac{z^2}{c^2}=1-\frac{x_0^2}{a^2}, \quad 即 \quad \frac{y^2}{\dfrac{b^2(a^2-x_0^2)}{a^2}}+\frac{z^2}{\dfrac{c^2(a^2-x_0^2)}{a^2}}=1$$

令 $y=y_0(|y_0|\leqslant b)$，则它与平面 $y=y_0$ 的截痕为 $y=y_0$ 上的椭圆：

$$\frac{x^2}{a^2}+\frac{z^2}{c^2}=1-\frac{y_0^2}{b^2}, \quad 即 \quad \frac{x^2}{\dfrac{a^2(b^2-y_0^2)}{b^2}}+\frac{z^2}{\dfrac{c^2(b^2-y_0^2)}{b^2}}=1$$

当 $a=b=c$ 时，方程(8-43)变为 $x^2+y^2+z^2=a^2$，这是球心在坐标原点、半径为 a 的球面. 当 $a=b$ 时，方程(8-43)变为 $\dfrac{x^2+y^2}{a^2}+\dfrac{z^2}{c^2}=1$，这是旋转椭球面. 反之，把球面 $x^2+y^2+z^2=a^2$ 沿 z 轴方向伸缩 $\dfrac{c}{a}$ 倍，就变为旋转椭球面 $\dfrac{x^2+y^2}{a^2}+\dfrac{z^2}{c^2}=1$，再沿 y 轴方向伸缩 $\dfrac{b}{a}$ 倍，就变为椭球面方程(8-43).

2. 椭圆锥面

$$\frac{x^2}{a^2}+\frac{y^2}{b^2}=z^2 \tag{8-44}$$

用垂直于 z 轴的平面 $z=t$ 截曲面(8-44)，当 $t=0$ 时得一点 $(0,0,0)$；当 $t\neq 0$ 时，得平面 $z=t$ 上的椭圆

$$\frac{x^2}{(at)^2}+\frac{y^2}{(bt)^2}=1$$

当 t 变化时，上式表示一族长短比例不变的椭圆. 当 $|t|$ 从大到小变为 0 时，这族椭圆从大到小并缩为一点. 综合上述，可得椭圆锥面的形状，如图 8-51 所示.

当 $a=b$ 时，方程(8-44)转变为圆锥面 $x^2+y^2=a^2z^2$；反过来，将锥面 $x^2+y^2=a^2z^2$ 沿 y 轴方向伸缩 $\dfrac{b}{a}$ 倍，就变为椭圆锥面方程(8-44).

3. 双曲面

（1）单叶双曲面

$$\frac{x^2}{a^2}+\frac{y^2}{b^2}-\frac{z^2}{c^2}=1 \tag{8-45}$$

如图 8-52 所示，用平面 $z=z_0$（平行坐标面 xOy）去截单叶双曲面(8-45)，截痕是平面 $z=z_0$ 上的椭圆 $\dfrac{x^2}{a^2}+\dfrac{y^2}{b^2}=1+\dfrac{z_0^2}{c^2}$. 用平面 $y=y_0$ 去截单叶双曲面(8-45)，当 $|y_0|<b$ 时，截痕是实轴为 x 轴，虚轴为 z 轴双曲线

$$\begin{cases}\dfrac{x^2}{a^2}-\dfrac{z^2}{c^2}=1-\dfrac{y_0^2}{b^2}(>0)\\ y=y_0\end{cases}, \quad 即 \quad \begin{cases}\dfrac{x^2}{\dfrac{a^2(b^2-y_0^2)}{b^2}}+\dfrac{z^2}{\dfrac{c^2(b^2-y_0^2)}{b^2}}=1\\ y=y_0(b^2-y_0^2>0)\end{cases}$$

当 $|y_0|=b$ 时，截痕是两条直线

$$\begin{cases} x = \pm \dfrac{a}{c} z \\ y = y_0 \end{cases}$$

当 $|y_0| > b$ 时,截痕是实轴为 z 轴,虚轴为 x 轴的双曲线

$$\begin{cases} \dfrac{x^2}{a^2} - \dfrac{z^2}{c^2} = 1 - \dfrac{y_0^2}{b^2} (<0) \\ y = y_0 \end{cases}, \quad 即 \begin{cases} -\dfrac{x^2}{\dfrac{a^2(y_0^2 - b^2)}{b^2}} + \dfrac{z^2}{\dfrac{c^2(y_0^2 - b^2)}{b^2}} = 1 \\ y = y_0 \ (y_0^2 - b^2 > 0) \end{cases}$$

用平面 $x = x_0$ 去截单叶双曲面,有类似的截痕.

此外,我们把 xOz 面上的双曲线 $\dfrac{x^2}{a^2} - \dfrac{z^2}{c^2} = 1$ 绕虚轴 z 轴旋转一周,就得到旋转单叶双曲面 $\dfrac{x^2 + y^2}{a^2} - \dfrac{z^2}{c^2} = 1$,再把此旋转曲面沿 y 轴方向伸缩 $\dfrac{b}{a}$ 倍,就得单叶双曲面方程(8-45).该方程的特点是:当方程的右端为 1 时,左端有两个坐标的平方的系数为正,只一个坐标的平方的系数为负.

(2)双叶双曲面

$$\dfrac{x^2}{a^2} - \dfrac{y^2}{b^2} - \dfrac{z^2}{c^2} = 1 \tag{8-46}$$

如图 8-53 所示,用平面 $x = x_0 (|x_0| > a)$(平行坐标面 yOz)去截双叶双曲面(8-46),截痕是椭圆

$$\begin{cases} \dfrac{y^2}{b^2} + \dfrac{z^2}{c^2} = \dfrac{x_0^2}{a^2} - 1 (>0) \\ x = x_0 \end{cases}, \quad 即 \begin{cases} \dfrac{x^2}{\dfrac{b^2(x_0^2 - a^2)}{a^2}} + \dfrac{z^2}{\dfrac{c^2(x_0^2 - a^2)}{a^2}} = 1 \\ x = x_0 \ (x_0^2 - a^2 > 0) \end{cases}$$

用平面 $y = y_0$(平行坐标面 xOy)去截单叶双曲面(8-46),截痕是双曲线

$$\begin{cases} \dfrac{x^2}{a^2} - \dfrac{z^2}{c^2} = \dfrac{y_0^2}{b^2} + 1 \\ y = y_0 \end{cases}, \quad 即 \begin{cases} \dfrac{x^2}{\dfrac{a^2(b^2 + y_0^2)}{b^2}} - \dfrac{z^2}{\dfrac{c^2(b^2 + y_0^2)}{b^2}} = 1 \\ y = y_0 \end{cases}$$

用平面 $z = z_0$ 去截单叶双曲面,截痕是双曲线

$$\begin{cases} \dfrac{x^2}{a^2} - \dfrac{y^2}{b^2} = \dfrac{z_0^2}{c^2} + 1 \\ z = z_0 \end{cases}, \quad 即 \begin{cases} \dfrac{x^2}{\dfrac{a^2(c^2 + z_0^2)}{c^2}} - \dfrac{y^2}{\dfrac{b^2(c^2 + z_0^2)}{c^2}} = 1 \\ z = z_0 \end{cases}$$

此外,把 xOz 面上的双曲线 $\dfrac{x^2}{a^2} - \dfrac{z^2}{c^2} = 1$ 绕实轴 x 轴旋转一周,就得到旋转双叶双曲面 $\dfrac{x^2}{a^2} - \dfrac{y^2 + z^2}{c^2} = 1$,再把此旋转曲面沿 y 轴方向伸缩 $\dfrac{b}{c}$ 倍,就得双叶双曲面方程(8-46).该方程的特点是:当方程的右端为 1 时,左端只有一个坐标的平方的系数为正,有两个坐标的平方的系数为负.

4. 抛物面

（1）椭圆抛物面

$$\frac{x^2}{a^2}+\frac{y^2}{b^2}=kz \tag{8-47}$$

当 $k>0$ 时,必有 $z\geq0$,椭圆抛物面的顶点在坐标原点,开口向上,如图 8-56 所示;当 $k<0$ 时,必有 $z\leq0$,椭圆抛物面是顶点在原点,开口向下.方程(8-47)两个坐标的平方项系数的符号总是相同的.

我们用平面 $z=z_0$ 去截椭圆抛物面,交线均为椭圆: $\frac{x^2}{a^2}+\frac{y^2}{b^2}=kz_0$;用平面 $x=x_0$ 或 $y=y_0$ 去截椭圆抛物面,交线均为抛物线

$$kz=\frac{y^2}{b^2}+\frac{x_0^2}{a^2} \quad \text{或} \quad kz=\frac{x^2}{a^2}+\frac{y_0^2}{b^2}$$

即

$$\frac{y^2}{b^2}=k\left(z-\frac{x_0^2}{ka^2}\right) \quad \text{或} \quad \frac{x^2}{a^2}=k\left(z-\frac{y_0^2}{b^2}\right)$$

图 8-56　图形展示

当 $a=b$ 时,方程(8-47)变成 $\frac{x^2+y^2}{a^2}=kz$ 或 $x^2+y^2=a^2kz$,这是旋转抛物面;反之,将该旋转抛物面 $\frac{x^2+y^2}{a^2}=kz$ 沿 y 轴方向伸缩 $\frac{b}{a}$ 倍,就变为椭圆抛物面方程(8-47).

（2）双曲抛物面（马鞍面）

$$\frac{x^2}{a^2}-\frac{y^2}{b^2}=z \tag{8-48}$$

用平面 $x=t$(平行坐标面 xOz)去截马鞍面(8-48),所得截痕 l 为 $x=t$ 上的抛物线

$$-\frac{y^2}{b^2}=z-\frac{t^2}{a^2}$$

此抛物线开口朝下,顶点坐标为 $x=t,y=0,z=\frac{t^2}{a^2}$.

当 t 变化时,交线 l 的形状不变(因为 y_2 的系数 $-\frac{1}{b^2}$ 没有改变),位置(顶点)只做平行移动,而 l 的顶点轨迹 L 为平面 $y=0$(xOz 面)上的抛物线 $z=\frac{x^2}{a^2}$.

因此,双曲抛物面可以看作以 l 为母线、L 为准线的曲面.当母线 l 的顶点在准线 L 上滑动时,母线 l 就沿着 L 平行移动,这样形成的曲面便是双曲抛物面,如图 8-57 所示.

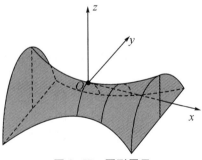

图 8-57　图形展示

同样,用平面 $y=y_0$ 去截马鞍面(8-48),其交线是开口向上的抛物线 $\frac{x^2}{a^2}=z+\frac{y_0^2}{b^2}$,顶点坐标为 $x=0,y=y_0,z=-\frac{y_0^2}{b^2}$(开口朝下坐标面 yOz 的抛物线).

用平面 $z=z_0$ 去截马鞍面,交线是双曲线 $\dfrac{x^2}{a^2}-\dfrac{y^2}{b^2}=z_0$. 当 $z_0>0$ 时,实轴为 x 轴,虚轴为 y 轴;当 $z_0<0$ 时,实轴为 y 轴,虚轴为 x 轴.

此外,还有三种二次曲面,以这三种二次曲线为准线的柱面:

$$\frac{x^2}{a^2}+\frac{y^2}{b^2}=1,\frac{x^2}{a^2}-\frac{y^2}{b^2}=1,x^2=ay$$

依次称为**椭圆柱面**、**双曲柱面**和**抛物柱面**.

习题 8-5

1.方程 $x^2+y^2+z^2+6x+4y-2z+1=0$ 表示什么曲面?

2.一球面过原点、$A(2,0,1)$、$B(1,2,0)$ 和 $C(0,0,3)$ 四点,求球面方程、球心坐标和半径.

3.求与两个平面 $2x-y+z=0$ 和 $x+z+2=0$ 的距离相等的点的轨迹.

4.将 xOz 坐标面上的抛物线 $x^2=4z$ 分别绕 x 轴 z 轴旋转一周,求所生成的旋转曲面方程.

5.将 xOy 坐标面上的椭圆 $x^2+2y^2=1$ 分别绕 x 轴和 y 轴旋转一周,求所生成的旋转曲面方程.

6.将 xOy 坐标面上的圆 $x^2-y^2=4$ 分别绕 x 轴和 y 轴旋转一周,求所生成的旋转曲面方程.

7.画出下列方程表示的曲面.

$(1)x=y^2$; $\quad\quad$ $(2)x^2+y^2=9$; $\quad\quad$ $(3)z=\sqrt{x^2+y^2}$; $\quad\quad$ $(4)x^2-\dfrac{y^2}{2}=1$;

$(5)\dfrac{x^2}{4}+y^2=z$; $\quad\quad$ $(6)x^2+y^2+\dfrac{z^2}{3}=4$; $\quad\quad$ $(7)\begin{cases}1\leqslant x\leqslant5\\y=2,4\end{cases}$ 且 $\begin{cases}x=4,5\\2\leqslant y\leqslant4\end{cases}$.

8.指出下列旋转曲面是怎样形成的.

$(1)x=y^2+z^2$; $\quad\quad\quad\quad\quad$ $(2)x^2+y^2-z^2=9$;

$(3)\dfrac{x^2}{4}-z^2+\dfrac{y^2}{4}=0$; $\quad\quad\quad\quad$ $(4)\dfrac{x^2}{4}+y^2+\dfrac{z^2}{4}=1$.

9.指出下列曲面所围成的立体的图形.

$(1)z=1-x^2-y^2,z=0$; $\quad\quad\quad$ $(2)z=1-x^2,x=0,y=0,z=0,z=2$.

第六节　空间曲线方程

一、空间曲线的一般方程

在第五节中我们已经知道三元方程表示一个曲面,下面设两个曲面 S_1 与 S_2 的方程分别是

$$F(x,y,z)=0 \text{ 和 } G(x,y,z)=0$$

空间曲线可以看作曲面 S_1 和 S_2 的交线 Γ,如图 8-58 所示. 由于交线 Γ 上的任何点都在曲面 S_1 和 S_2 上,其坐标同时满足这两个方程,故满足方程组

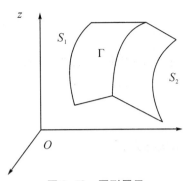

$$\begin{cases} F(x,y,z)=0 \\ G(x,y,z)=0 \end{cases} \tag{8-49}$$

反过来,如果点 M 不在交线 Γ 上,M 就不在曲面 S_1 上或者不在 S_2 上,它不可能同时在两个曲面上,那么它的坐标不满足方程组(8-49).因此,曲线 Γ 可以用方程组

图 8-58 图形展示

(8-49)来表示,方程组(8-49)叫作**空间曲线 Γ 的一般方程**,而曲线 Γ 叫作方程组(8-49)的图形.

一般地,如果知道了 x,从方程组(8-49)中通常可以求得 $\begin{cases} y=f(x) \\ z=g(x) \end{cases}$,因而曲线方程只有一个独立变量 x. 例如,$y=2+3x$ 且 $z=9+10x(x\in R)$ 表示曲线.

例 1 方程组 $\begin{cases} x^2+y^2=1 \\ z=3 \end{cases}$ 表示怎样的曲线?

解 方程组中第一个方程 $x^2+y^2=1$,表示母线平行于 z 轴的圆柱面,其准线是 xOy 面上的圆,圆心在原点 O,半行为 1;第二个方程 $z=3$ 表示平行 xOy 平面的平面. 因此,该方程组表示上述平面与圆柱面的交线:位于平面 $z=3$ 上的圆周 $x^2+y^2=1$,如图 8-59 所示.

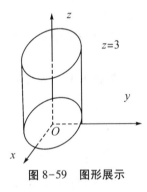

又如,方程组 $\begin{cases} x^2+y^2=1 \\ 3x+z=1 \end{cases}$ 表示圆柱面 $x^2+y^2=1$ 被平面 $3x+z=1$ 所截的交线,是位于平面 $3x+z=1$ 上的椭圆.

图 8-59 图形展示

例 2 画出抛物柱面 $z=4-x^2$ 与平面 $3x+2y=6$ 的交线.

解 交线 L:$\begin{cases} z=4-x^2 \\ 3x+2y=6 \end{cases}$

$z=4-x^2$ 表示母线平行于 y 轴的抛物柱面,其准线是 xOz 面上的抛物线.因而曲线 L 是抛物柱面 $z=4-x^2$ 被平面 $3x+2y=6$ 所截的交线,如图 8-60 所示.

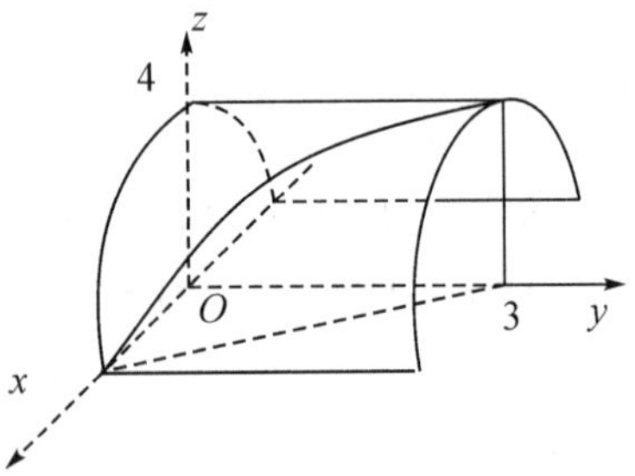

例 3 画出上半球面 $z=\sqrt{a^2-x^2-y^2}$ 与圆柱面 $\left(x-\dfrac{a}{2}\right)^2+y^2=\dfrac{a^2}{4}$ 的交线.

图 8-60 图形展示

解 交线 L:$\begin{cases} z=\sqrt{a^2-x^2-y^2} \\ \left(x-\dfrac{a}{2}\right)^2+y^2=\dfrac{a^2}{4} \end{cases}$.

方程组中第一个方程表示球心在坐标原点,半径为 a 的上半球面;第二个方程表示准线

为 xOy 面上圆心为 $(\dfrac{a}{2},0)$、直径为 a 的圆,母线平行于 z 轴的圆柱面,因而交线 L 为上半

球面 $z=\sqrt{a^2-x^2-y^2}$ 被直径为 a 的圆柱面所截的交线,如图 8-61 所示.

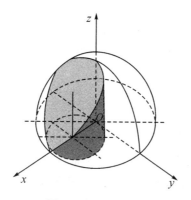

图 8-61　图形展示

二、空间曲线的参数方程

空间曲线 Γ 的方程除了一般方程之外,也可以用参数形式表示.只要将 Γ 上动点的坐标 x、y 与 z 表示为参数 t 的函数:

$$\begin{cases} x=x(t) \\ y=y(t) \quad (t\in[\alpha,\beta]) \\ z=z(t) \end{cases} \tag{8-50}$$

当给定 $t=t_1$ 时,就得到 Γ 上的一个点 (x_1,y_1,z_1),随着 t 的变动而点的位置就变动,这些点形成了一条曲线 Γ. 我们称方程组(8-50)叫作**空间曲线的参数方程**.

例如,方向向量为 $\vec{s}=(m,n,p)$,经过点 $M_0(x_0,y_0,z_0)$ 的直线的参数方程为

$$L:\begin{cases} x=x_0+mt \\ y=y_0+nt \quad (-\infty<t<+\infty) \\ z=z_0+pt \end{cases}$$

例 4　一质点位于坐标系的 $M_0(a,0,0)$ 点处,在圆柱面 $x^2+y^2=a^2$ 上以角速度 ω 绕 z 轴旋转,同时以线速度 v 沿 z 轴的正方向上升(ω 和 v 都是常数),质点 M 构成的图形叫作**螺旋线**.试写出质点的轨迹方程.

解　取时间变量 t 作为参数.当 $t=0$ 时,质点位于 x 轴上的一点 $M_0(a,0,0)$ 处. 经过时间 t,质点由 M_0 运动到 $M(x,y,z)$ 处,如图 8-62(1)所示.设 M 在 xOy 面上的投影为 M',坐标为 $(x,y,0)$.由于动点 M 在圆柱面上以角速度 ω 绕 z 轴旋转,所以经过时间 t,转过的角度为 $\angle M_0OM'=\omega t$.从而有

$$x=|OM'|\cos\angle M_0OM'=a\cos\omega t$$
$$y=|OM'|\sin\angle M_0OM'=a\sin\omega t$$

由于动点同时以线速度 v 沿平行于 z 轴的正方向上升,所以 $z=MM'=vt$.因此,质点 M 的轨迹螺旋线方程为

$$L:\begin{cases} x=a\cos\omega t \\ y=a\sin\omega t \quad (0\leqslant t<+\infty) \\ z=vt \end{cases}$$

我们也可以用其他变量做参数. 例如, 令 $\theta=\omega t$, 则螺旋线的参数方程可写为

$$L:\begin{cases} x=a\cos\theta \\ y=a\sin\theta \quad (0\leqslant\theta<+\infty) \\ z=b\theta \end{cases}$$

其中 $\dfrac{v}{\theta}=b$, 而参数为 θ.

螺旋线是实践中常用的曲线, 像一个根弹簧形成的曲线. 例如, 平头螺丝钉的外缘曲线就是螺旋线. 当拧紧平头螺丝钉时, 它的外缘曲线上任意一点 M, 一方面绕螺丝钉的轴旋转, 另一方面又沿平行于轴线的方向前进, 点 M 就走出一段螺旋线. 螺旋线有一个重要性质: 当从 θ 从 θ_0 变到 $\theta_0+\alpha$ 时, z 由 $b\theta_0$ 变到 $b\theta_0+b\alpha$. 这说明当 OM' 转过角度 α 时, 点 M 沿螺旋线上升了高度 $b\alpha$, 即上升的高度与 OM' 转过的角度成正比. 特别当 OM' 转过一周, 即 $\alpha=2\pi$ 时, 点 M 就上升固定的高度 $h=2\pi b$, 这个高度称为**螺距**, 如图 8-62(2) 所示.

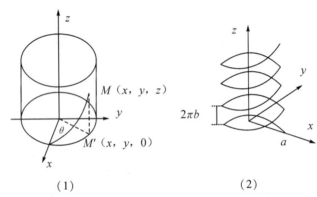

（1）　　　　　　　　　（2）

图 8-62　图形展示

下面, 介绍一下**曲面的参数方程**。

曲面的参数方程通常是含两个参变量的方程, 形如

$$\begin{cases} x=x(s,t) \\ y=y(s,t) \\ z=z(s,t) \end{cases} \tag{8-51}$$

例如, 空间曲线 Γ

$$\begin{cases} x=\varphi(t) \\ y=\psi(t) \quad (t\in[\alpha,\beta]) \\ z=\omega(t) \end{cases}$$

绕 z 轴旋转, 所得旋转曲面的方程为

$$\begin{cases} x=\sqrt{\varphi^2(t)+\psi^2(t)}\,\cos\theta \\ y=\sqrt{\varphi^2(t)+\psi^2(t)}\,\sin\theta \quad (t\in[\alpha,\beta],\theta\in[0,2\pi]) \\ z=\omega(t) \end{cases} \tag{8-52}$$

因为固定一个 t，可得 Γ 上一点 $A[\varphi(t),\psi(t),\omega(t)]$，点 A 绕 Z 轴旋转得空间的一个圆，该圆在平面 $z=\omega(t)$ 上，其半径为点 A 到 z 轴的距离 $\sqrt{[\varphi(t)]^2+[\psi(t)]^2}$.因此，固定 t 的方程(8-52)就是该圆的参数方程，再令 t 在 $[\alpha,\beta]$ 内变动，方程(8-52)便是旋转曲面的方程.

例如，直线 $\begin{cases}x=1\\y=1\\z=2t\end{cases}$ 绕 z 轴旋转所得旋转曲面的方程为 $\begin{cases}x=\sqrt{1+t^2}\cos\theta\\y=\sqrt{1+t^2}\sin\theta\\z=2t\end{cases}$，如图 8-63 所示.

（上式消去 t 和 θ，所得曲面的直角坐标方程为 $x^2+y^2=1+\dfrac{z^2}{4}$）

又如，球面 $x^2+y^2+z^2=a^2$ 可看成 xOz 面上的半圆周

$$\begin{cases}x=a\sin\varphi\\y=0\qquad\quad(\varphi\in[0,2\pi])\\z=a\cos\varphi\end{cases}$$

绕 z 轴旋转所得，如图 8-64 所示. 故球面方程为

$$\begin{cases}x=a\sin\varphi\cos\theta\\y=a\sin\varphi\sin\theta\quad(\varphi\in[\alpha,\beta],\theta\in[0,2\pi])\\z=a\cos\varphi\end{cases}$$

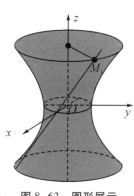

图 8-63　图形展示

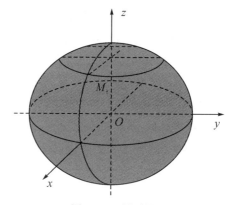

图 8-64　图形展示

三、空间曲线在坐标平面上的投影曲线

我们经过直线

$$\frac{x-2}{2}=\frac{y-5}{3}=\frac{z+1}{1} \tag{8-53}$$

上点向 xOy 面做垂线，垂线形成一个柱面，就像一个绳子上挂的床单，垂足的轨迹是一条直线，方程为

$$\begin{cases}\dfrac{x-2}{2}=\dfrac{y-5}{3}\\z=0\end{cases} \tag{8-54}$$

这条直线(8-54)称为直线(8-53)在 xOy 面上的**投影**(**影子**),而 $\dfrac{x-2}{2}=\dfrac{y-5}{3}$ 是母线平行于

z 轴,准线为直线(8-53)的柱面,即经过直线(8-53)的一个平面. 我们把柱面 $\dfrac{x-2}{2}=\dfrac{y-5}{3}$ 称

为直线(8-53)关于 xOy 面的投影柱面,而把直线(8-54)称为直线(8-53)在 xOy 面上的
投影曲线,或简称**投影**.

一般地,以曲线 Γ 为准线、母线平行于 z 轴(垂直
于 xOy 面)的柱面叫作曲线 Γ 关于 xOy 面的**投影柱
面**,投影柱面与 xOy 面的交线叫作空间曲线 Γ 在 xOy
面上的**投影曲线**,或简称**投影**(类似地可以定义曲线
Γ 在其他坐标面上的投影),如图 8-65 所示.投影柱面
是由准线与母线确定的一种柱面,也可以由投影曲线
与母线确定.

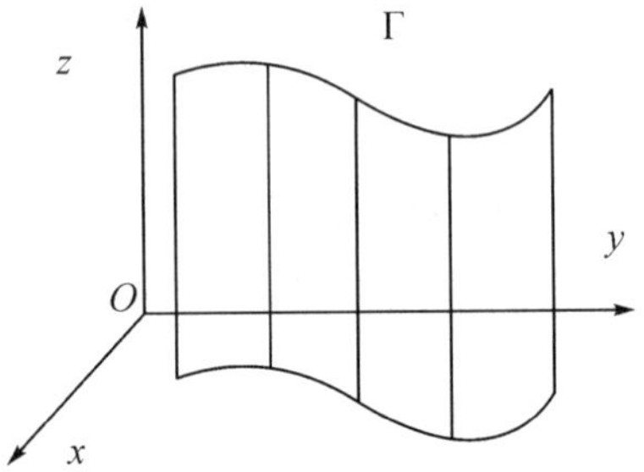

图 8-65　图形展示

我们知道:空间曲线 Γ 的一般方程为

$$\begin{cases} F(x,y,z)=0 \\ G(x,y,z)=0 \end{cases} \tag{8-55}$$

设将方程组(8-55)中消去变量 z 后所得的方程为

$$G(x,y)=0 \tag{8-56}$$

这就是曲线 Γ 关于 xOy 面的投影柱面.

这是因为,一方面,方程(8-56)表示一个母线平行于 z 轴的柱面,另一方面,方程(8-56)
是由方程组(8-55)消去变量 z 后所得的方程,所以当 x、y 和 z 满足方程组(8-55)时,x、y
这两个变量必定满足方程(8-56).这就说明,曲线 Γ 上的所有点都在方程(8-56)所表示
的曲面上,即曲线 Γ 在方程(8-56)表示的柱面上.故方程(8-56)表示的柱面就是曲线 Γ
关于 xOy 面的投影柱面.

曲线 Γ 在 xOy 面上的投影曲线的方程为

$$\begin{cases} G(x,y)=0 \\ z=0 \end{cases}$$

同理,消去方程组(8-55)中的变量 x 或变量 y 得到 $H(y,z)=0$ 和 $R(x,z)=0$,它们分
别是 Γ 关于 yOz 面和 zOx 面的投影柱面的方程,而 Γ 在 yOz 面和 zOx 面上的投影曲线的
方程分别是

$$\begin{cases} H(y,z)=0 \\ x=0 \end{cases} \quad 和 \quad \begin{cases} R(x,z)=0 \\ y=0 \end{cases}$$

例 5　写出空间曲线 $L:\begin{cases} x^2+y^2+z^2=1 \\ x+y+z=0 \end{cases}$ 在 xOy 坐标面上的投影曲线方程.

解　曲线 L 是球面被过球心(坐标原点)的平面所截的交线,是平面 $x+y+z=0$ 上的一

个大圆.而这个平面经过 xOy 面上的直线 $x+y=0$,与 xOy 面的夹角余弦为 $\dfrac{\sqrt{3}}{3}$,位于第二、三、

四、五、六、八卦限.由第二个方程得 $z=-x-y$,代入第一个方程中消去 z,便得投影柱面,

$$x^2+y^2+(x+y)^2=1,\ 即\ 2x^2+2xy+2y^2=1$$

在 xOy 面上的投影曲线(椭圆)方程为

$$\begin{cases} 2x^2+2xy+2y^2=1 \\ z=0 \end{cases}$$

例 6　求曲面 $z=\sqrt{2-x^2-y^2}$ 与 $z=x^2+y^2$ 的交线在 xOy 面上的投影曲线.

解　这是上半球面与开口向上的旋转抛物面的交线,根据图形的对称性,该交线平行 xOy 平面.故求投影曲线也可以采用下面的方法:求出交线所在的平面 $z=z_0$.由交线方程组

$$\begin{cases} z=\sqrt{2-x^2-y^2} \\ z=x^2+y^2 \end{cases}$$

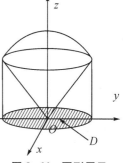

图 8-66　图形展示

消去 x,y,得 $z^2=2-z$,即 $z^2+z-2=0$,可得 $z=1,z=-2$(舍去),交线所在的平面为 $z=1$,代入第二个方程中,可得所求投影柱面为 $x^2+y^2=1$,投影曲线为 $\begin{cases} x^2+y^2=1 \\ z=0 \end{cases}$,即 xOy 面上的单位圆 $x^2+y^2=1$,类似于图 8-66.

四、空间区域 Ω 或空间曲面 Σ 在坐标平面上的投影区域 D

在第十章关于重积分的计算中,我们经常需要确定空间的几何体或曲面在坐标平面上的投影区域.这里,我们先讨论空间区域 Ω 或空间曲面 Σ 在 xOy 面上的投影区域 D 的方法.

(1)将空间区域 Ω 的表面或曲面 Σ 向 xOy 面做投影,得到投影柱面.它是与 Ω 的表面或 Σ 相切的柱面,而且母线平行于 z 轴的柱面: $H(x,y)=0$.

(2)投影曲线 $L_0: \begin{cases} H(y,z)=0 \\ z=0 \end{cases}$ 通常是一条封闭曲线,且曲线 L_0 内的点均为区域 Ω 或曲面 Σ 上点的投影点,则投影区域为 D 为 $\begin{cases} H(x,y)\leqslant 0 \\ z=0 \end{cases}$.

例 7　求曲面 $z=\sqrt{4-x^2-y^2}$ 与 $z=\sqrt{3(x^2+y^2)}$ 所围成的空间区域在 xOy 面上的投影区域 D.

解　这是上半球面与圆锥面围成的公共区域(球缺叠加在圆锥体上).上半球面与圆锥的交线 Γ 为

$$\begin{cases} z=\sqrt{4-x^2-y^2} \\ z=\sqrt{3(x^2+y^2)} \end{cases}$$

由二曲面方程消去 z,可得

$$\sqrt{4-x^2-y^2}=\sqrt{3(x^2+y^2)}$$

即投影柱面: $x^2+y^2=1$(圆柱面),投影曲线: $\begin{cases} x^2+y^2=1 \\ z=0 \end{cases}$ (单位圆周),投影区域 D: $\begin{cases} x^2+y^2\leqslant 1 \\ z=0 \end{cases}$ (单位圆面),如图 8-66 所示.

例 8 求空间区域 $x^2+y^2+z^2 \leq R^2$（球体）与 $x^2+y^2+(z-R)^2 \leq R^2$（球体）的公共部分在 xOy 坐标面上的投影区域.

解 两个半径相同而球心不同的球面围成的公共区域（两个球缺叠加在一起）. 两个球面的交线 Γ 为

$$\begin{cases} x^2+y^2+z^2=R^2 \\ x^2+y^2+(z-R)2=R^2 \end{cases}$$

消去 z，可得到投影柱面方程. 由方程组中第一个方程得 $x^2+y^2=R^2-z^2$，代入等式

$$x^2+y^2=R^2-(z-R)^2=2Rz-z^2$$

即 $R^2-z^2=2Rz-z^2$，解得 $z=\dfrac{R}{2}$. 从而投影柱面为

$x^2+y^2=\dfrac{3R^2}{4}$，所求公共区域的投影区域是

$$D:\begin{cases} x^2+y^2 \leq \dfrac{3}{4}R^2 \\ z=0 \end{cases}$$

这是 xOy 面上的圆域，如图 8-67 所示.

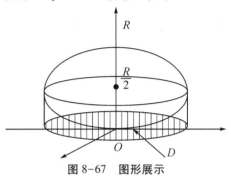

图 8-67 图形展示

习题 8-6

1. 画出下列曲线在第一卦线的图形.

(1) $\begin{cases} x=2 \\ y=5 \end{cases}$;

(2) $\begin{cases} x^2+y^2=4 \\ x-2y=8 \end{cases}$;

(3) $\begin{cases} z=\sqrt{1-x^2-y^2} \\ x-2y=0 \end{cases}$;

(4) $\begin{cases} x^2+y^2=4 \\ x^2+z^2=4 \end{cases}$.

2. 指出下列方程（组）在平面解析几何中与在空间解析几何中分别表示什么图形.

(1) $2x+5y=1$;

(2) $\dfrac{x^2}{4}+\dfrac{y^2}{9}=1$;

(3) $\begin{cases} 2x-y=5 \\ x+y=1 \end{cases}$;

(4) $\begin{cases} x^2+y^2=4 \\ y=1 \end{cases}$.

3. 将下列曲线的一般方程化为参数方程.

(1) $\begin{cases} \dfrac{x^2}{2}+y^2=3 \\ x-2y+z=4 \end{cases}$;

(2) $\begin{cases} (x-1)^2+y^2+z^2=4 \\ z=1 \end{cases}$.

4. 求螺旋线 $\begin{cases} x=a\cos\theta \\ y=a\sin\theta \\ z=b\theta \end{cases}$ 在三个坐标面上的投影曲线的直角坐标方程.

5. 求通过下列曲线且母线平行于 x 轴和 z 轴的投影柱面及在坐标面 yOz 和 xOy 上的投影曲线.

(1) $\dfrac{x-2}{3}=\dfrac{y+1}{2}=z$;

(2) $\begin{cases} (x-1)2+y^2+z^2=4 \\ z=x^2+y^2 \end{cases}$.

6.求圆锥面 $z=\sqrt{x^2+y^2}$ 与平面 $z=4$ 所围成区域在坐标 xOy 面的投影区域.

7.求椭圆抛物面 $z=x^2+\dfrac{y^2}{2}(z\leqslant 5)$ 在三坐标面的投影区域.

学习要点

一、向量的运算

(一)线性运算

1.向量的加减法

加法:三角形法则与平行四边形法则,满足运算律:

(1)交换律 $\boldsymbol{a}+\boldsymbol{b}=\boldsymbol{b}+\boldsymbol{a}$;　　　　　　(2)交换律 $(\boldsymbol{a}+\boldsymbol{b})+\boldsymbol{c}=\boldsymbol{a}+(\boldsymbol{b}+\boldsymbol{c})$.

减法:减去一个向量相当于加上这个向量的负向量.

2.向量的数乘运算

定义　向量 $\boldsymbol{a}$ 与实数 λ 的乘积是一个向量,记作 $\lambda\boldsymbol{a}$.规定

$$|\lambda\boldsymbol{a}|=|\lambda|\,|\boldsymbol{a}|=\begin{cases}\lambda\,|\boldsymbol{a}|,\lambda>0\\0,\lambda=0\\-\lambda\,|\lambda\boldsymbol{a}|,\lambda<0\end{cases}$$

当 $\lambda>0$ 时,$\lambda\boldsymbol{a}$ 的方向与 $\boldsymbol{a}$ 同向;当 $\lambda<0$ 时,$\lambda\boldsymbol{a}$ 的方向与 $\boldsymbol{a}$ 相反;当 $\lambda=0$ 时,$\lambda\boldsymbol{a}$ 为零向量,方向可以是任意的.

满足运算律:

(1)结合律:$\lambda(\mu\boldsymbol{a})=\mu(\lambda\boldsymbol{a})=(\lambda\mu)\boldsymbol{a}$.

(2)向量对实数的加法符合分配律:$(\lambda+\mu)\boldsymbol{a}=\lambda\boldsymbol{a}+\mu\boldsymbol{a}$.

实数对向量的加法符合分配律:$\lambda(\boldsymbol{a}+\boldsymbol{b})=\lambda\boldsymbol{a}+\lambda\boldsymbol{b}$.

(二)向量的数量积

1.**定义**　设有向量 $\vec{a}$ 和 $\vec{b}$,其夹角为 θ,称数量为 $|\vec{a}|\cdot|\vec{b}|\cdot\cos\theta$ 向量 $\vec{a}$ 和 $\vec{b}$ 的**数量积**,记作 $\vec{a}\cdot\vec{b}$,即 $\vec{a}\cdot\vec{b}=|\vec{a}||\vec{b}|\cos\theta$,也称为 $\vec{a}$ 和 $\vec{b}$ 的点积(内积),读作 $\vec{a}$ 点乘 $\vec{b}$.

当 $\vec{a}\neq0$ 时,$\vec{a}\cdot\vec{b}=|\vec{a}|\mathrm{Prj}_{a}\vec{b}$;当 $\vec{b}\neq0$ 时,$\vec{a}\cdot\vec{b}=|\vec{b}|\mathrm{Prj}_{a}\vec{a}$.

2.**性质**

(1)$\vec{a}\cdot\vec{a}=|\vec{a}|^2$.　　　　　　　　(2)交换律 $\vec{a}\cdot\vec{b}=\vec{b}\cdot\vec{a}$.

(3)分配律 $(\vec{a}+\vec{b})\cdot\vec{c}=\vec{a}\cdot\vec{c}+\vec{b}\cdot\vec{c}$.　(4)结合律 $(\lambda\vec{a})\cdot\vec{b}=\vec{a}\cdot(\lambda\vec{b})=\lambda(\vec{a}\cdot\vec{b})$.

(三)向量的向量积

1.定义设有非零向量 $\vec{a}$ 和 $\vec{b}$,夹角为 $\theta(0\leqslant\theta\leqslant\pi)$,定义一个新的向量 $\vec{R}$,使其满足:

(1)$|\vec{R}|=|\vec{a}|\cdot|\vec{b}|\cdot\sin\theta$;(2)$\vec{R}\perp\vec{a},\vec{R}\perp\vec{b}$,$\vec{R}$ 的方向从 $\vec{a}$ 到 $\vec{b}$ 按右手规则来确定,称 $\vec{R}$ 为 $\vec{a}$ 与 $\vec{b}$ 的**向量积**,记作 $\vec{R}=\vec{a}\times\vec{b}$,读作 $\vec{a}$ 叉乘 $\vec{b}$.

2.性质

（1）$\vec{a} \times \vec{a} = \vec{0}$.　　　　　　　　（2）$\vec{a} \times \vec{b} = -\vec{b} \times \vec{a}$.

（3）分配律 $\vec{a} \times (\vec{b} + \vec{c}) = \vec{a} \times \vec{b} + \vec{a} \times \vec{c}$.　　（4）结合律 $(\lambda \vec{a}) \times \vec{b} = \vec{a} \times (\lambda \vec{b}) = \lambda (\vec{a} \times \vec{b})$.

（四）向量运算的坐标表示

1.向量的模的坐标表示

设向量 $\vec{r} = (x, y, z)$，向量的模的坐标表示 $|\vec{r}| = \sqrt{x^2 + y^2 + z^2}$.

设 $M_1(x_1, y_1, z_1)$ 和 $M_2(x_2, y_2, z_2)$，则点 M_1 与 M_2 之间的距离

$$|M_1 M_2| = |\overrightarrow{M_1 M_2}| = \sqrt{(x_2 - x_1)^2 + (y_2 - y_1)^2 + (z_2 - z_1)^2}$$

2.向量的加法、减法及数的乘法运算

设 $\vec{a} = (a_x, a_y, a_z)$，$\vec{b} = (b_x, b_y, b_z)$，则 $\vec{a} \pm \vec{b} = (a_x \pm b_x, a_y \pm b_y, a_z \pm b_z)$，

$$\lambda \vec{a} = (\lambda a_x, \lambda a_y, \lambda a_z), \vec{a} = \vec{b} \Leftrightarrow a_x = b_x, a_y = b_y, a_z = b_z$$

3.向量的数量积　　　$\vec{a} \cdot \vec{b} = a_x b + a_y b_y + a_z b_z$.

4.向量的矢量积

$$\vec{a} \times \vec{b} = \begin{vmatrix} a_y & a_z \\ b_y & b_z \end{vmatrix} \vec{i} + \begin{vmatrix} a_z & a_x \\ b_z & b_x \end{vmatrix} \vec{j} + \begin{vmatrix} a_x & a_y \\ b_x & b_y \end{vmatrix} \vec{k} = \begin{vmatrix} \vec{i} & \vec{j} & \vec{k} \\ a_x & a_y & a_z \\ b_x & b_y & b_z \end{vmatrix}$$

（五）二向量的关系

1.向量平行

设有两个非零向量 **a** 与 **b**，经过平移使它们的起点重合后，若两个向量的纵点与共同的起点在一条直线上，称这两个向量平行.

当向量 $\vec{a} \neq \vec{0}$，$\vec{a}$ 和 $\vec{b}$ 平行相当于 $\vec{b} = \lambda \vec{a}$. 并且

$$\vec{a} // \vec{b} \Leftrightarrow \vec{b} = \lambda \vec{a} \Leftrightarrow \frac{b_x}{a_x} = \frac{b_y}{a_y} = \frac{b_z}{a_z} = \lambda$$

如果 $\vec{a} \times \vec{b} = \vec{0}$，那么 $\vec{a} // \vec{b}$；反之，如果 $\vec{a} // \vec{b}$，那么 $\vec{a} \times \vec{b} = \vec{0}$.

2.向量垂直

设 $\vec{a}$ 和 $\vec{b}$ 为非零向量，如果 $\vec{a} \cdot \vec{b} = 0$，那么 $\vec{a} \perp \vec{b}$；反之，如果 $\vec{a} \perp \vec{b}$，那么 $\vec{a} \cdot \vec{b} = 0$. 并且

$$\vec{a} \cdot \vec{b} = a_x b_x + a_y b_y + a_z b_z = 0$$

3.向量夹角

设有两个非零向量 **a** 与 **b**，经过平移使它们的起点重合后，两个方向所成的不超过 π 的角称为向量 **a** 与 **b** 的夹角，记为 $\theta (0 \leq \theta \leq \pi)$，则有

$$\cos \theta = \frac{\vec{a} \cdot \vec{b}}{|\vec{a}| \cdot |\vec{b}|} = \frac{a_x b_x + a_y b_y + a_z b_z}{\sqrt{a_x^2 + a_y^2 + a_z^2} \sqrt{b_x^2 + b_y^2 + b_z^2}}$$

二、平面方程

（一）平面方程

1.平面的点法式方程

设平面的法线向量 $\vec{n} = (A,B,C)(A^2+B^2+C^2 \neq 0)$ 与平面上一点 $M_0(x_0,y_0,z_0)$，则平面的点法式方程为

$$A(x-x_0)+B(y-y_0)+C(z-z_0)=0 (A^2+B^2+C^2 \neq 0)$$

2.平面的一般方程

$$Ax+By+Cz+D=0 (A^2+B^2+C^2 \neq 0)（只有三个独立变量）$$

3.平面的截距式方程

$$\frac{x}{b}+\frac{y}{b}+\frac{z}{c}=1 (abc \neq 0)$$

（二）两平面的夹角

两平面的法线向量所成的锐角或直角称为**两平面的夹角**.设两平面的夹角为 θ，$\prod_1$ 与 $\prod_2$ 的法线向量分别为 $\vec{n_1} = (A_1,B_1,C_1)$，$\vec{n_2} = (A_2,B_2,C_2)$，则平面 $\prod_1$ 与 $\prod_2$ 夹角的余弦为

$$\cos\theta = |\cos(\vec{n_1},\vec{n_2})| = \frac{|\vec{n_1} \cdot \vec{n_2}|}{|\vec{n_1}| \cdot |\vec{n_2}|} = \frac{|A_1A_2+B_1B_2+C_1C_2|}{\sqrt{A_1^2+B_1^2+C_1^2} \cdot \sqrt{A_2^2+B_2^2+C_2^2}}$$

两平面平行的充分必要条件是

$$\prod_1 // \prod_2 \Leftrightarrow \vec{n_1} // \vec{n_2} \Leftrightarrow \vec{n_1} = \lambda\vec{n_2} \Leftrightarrow \frac{A_1}{A_2} = \frac{B_1}{B_2} = \frac{C_1}{C_2}$$

两平面垂直的充分必要条件是

$$\prod_1 \perp \prod_2 \Leftrightarrow \vec{n_1} \perp \vec{n_2} \Leftrightarrow \vec{n_1} \cdot \vec{n_2} = 0 \Leftrightarrow A_1A_2+B_1B_2+C_1C_2 = 0$$

三、直线方程

（一）直线方程

1.直线的一般方程

空间直线 L 可以视为两个不平行平面 $\prod_1$ 与 $\prod_2$ 的**交线**. 如果两个相交的平面 $\prod_1$ 与 $\prod_2$ 的方程分别为 $A_1x+B_1y+C_1z+D_1=0$ 和 $A_2x+B_2y+C_2z+D_2=0$，那么 L 的一般方程为

$$L: \begin{cases} A_1x+B_1y+C_1z+D_1=0 \\ A_2x+B_2y+C_2z+D_2=0 \end{cases} (\vec{n_1},\vec{n_2} \text{ 不平行})$$

2.直线的点向（对称）式方程

设直线 L 上一点 $M_0(x_0,y_0,z_0)$ 和它的一方向向量 $\vec{s} = (m,n,p)(m^2+n^2+p^2 \neq 0)$，则**直线的点向（对称）式方程**为

$$\frac{x-x_0}{m} = \frac{y-y_0}{n} = \frac{z-z_0}{p} \quad (m^2+n^2+p^2 \neq 0)$$

3.直线的参数方程

$$L: \begin{cases} x=x_0+mt \\ y=y_0+nt \quad (m^2+n^2+p^2 \neq 0) \\ z=z_0+pt \end{cases}$$

（二）二直线的夹角

直线 L_1 与 L_2 的方向向量所成锐角或直角叫作**两直线的夹角**，记为 θ. 于是它们的夹角的余弦为

$$\cos\theta = \frac{|\vec{s}_1 \cdot \vec{s}_2|}{|\vec{s}_1||\vec{s}_2|} = \frac{|m_1 m_2 + n_1 n_2 + p_1 p_2|}{\sqrt{m_1^2 + n_1^2 + p_1^2}\sqrt{m_2^2 + n_2^2 + p_2^2}}$$

两直线平行的充分必要条件为

$$L_1 // L_2 \Leftrightarrow \vec{s}_1 // \vec{s}_2 \Leftrightarrow \frac{m_1}{m_2} = \frac{n_1}{n_2} = \frac{p_1}{p_2}$$

两直线垂直的充分必要条件为

$$L_1 \perp L_2 \Leftrightarrow \vec{s}_1 \cdot \vec{s}_2 = 0 \Leftrightarrow m_1 m_2 + n_1 n_2 + p_1 p_2 = 0$$

（三）直线与平面的夹角

当直线 L 与平面 $\prod$ 不垂直时，斜线 L 与平面 $\prod$ 所成的角 $\omega\left(0 \leqslant \omega < \frac{\pi}{2}\right)$ 称为**直线与平面的夹角**，当直线 L 与平面 $\prod$ 垂直时，规定直线与平面的夹角 ω 为 $\frac{\pi}{2}$，故直线与平面的夹角满足 $0 \leqslant \omega \leqslant \frac{\pi}{2}$.

设直线 L 的方向向量为 $\vec{s} = (m, n, p)$，平面的法线向量为 $\vec{n} = (A, B, C)$，直线与平面的夹角 ω，则直线与平面的夹角的正弦为

$$\sin\omega = |\cos(\vec{s}, \vec{n})| = \frac{|\vec{n} \cdot \vec{s}|}{|\vec{n}||\vec{s}|} = \frac{|Am + Bn + Cp|}{\sqrt{A^2 + B^2 + C^2}\sqrt{m^2 + n^2 + p^2}}$$

直线与平面平行或在平面上的充分必要条件是直线的方向向量与平面的法线向量垂直，因而

$$L // \prod \Leftrightarrow \vec{s} \perp \vec{n} \Leftrightarrow \vec{s} \cdot \vec{n} = 0 \Leftrightarrow Am + Bn + Cp = 0$$

直线与平面垂直的充分必要条件是直线的方向向量与平面的法线向量平行，因而

$$L \perp \prod \Leftrightarrow \vec{s} // \vec{n} \Leftrightarrow \frac{A}{m} = \frac{B}{n} = \frac{C}{p}$$

四、曲面方程

曲面 S 的隐式方程：$F(x, y, z) = 0$（三元方程）.

有些曲面也可用变量 x 和 y 来表示变量 z，即曲面的显示方程为 $z = f(x, y)$，有两个独立变量 x 和 y.

球心在点 $M_0(x_0, y_0, z_0)$、半径为 R 的球面的方程为

$$(x - x_0)^2 + (y - y_0)^2 + (z - z_0)^2 = R^2$$

特别地，球心在原点 $O(0, 0, 0)$、半径为 R 的球面的方程为

$$x^2 + y^2 + z^2 = R^2 \text{ 或 } z = \pm\sqrt{R^2 - x^2 - y^2}$$

（一）柱面方程

在空间中直线 L 沿固定曲线 l 平行移动所形成的轨迹称为柱面，定曲线 l 叫作**柱面的准线**，而动直线 L 叫作**柱面的母线**.

一般地,在空间坐标系中,二元方程均表示空间的柱面.只含 x,y 而缺 z 的方程 $f(x,y)=0$ 表示母线平行于 z 轴的柱面,其准线是 xOy 面上的曲线 $f(x,y)=0$.类似地,只含 x,z 而缺 y 的方程 $g(x,z)=0$ 表示母线平行于 y 轴的柱面,只含 y,z 而缺 x 的方程 $h(y,z)=0$ 表示母线平行于 x 轴的柱面.

例如:$x^2+y^2=1$ 表示母线为 z 轴的圆柱面,$z=2-x^2$ 表示母线为 y 轴的抛物柱面.

注意母线平行于坐标轴的柱面与平面曲线的写法区别:一般平面曲线要指出曲线所在的平面. 如 $L:\begin{cases} f(x,y)=0 \\ z=0 \end{cases}$ 表示 xOy 面上的曲线;$\Gamma:\begin{cases} f(x,y)=0 \\ z=z_0 \end{cases}$ 表示平面 $z=z_0$ 上的曲线.

(二)旋转曲面方程

以一条平面连续曲线其平面上的一条固定的直线旋转一周所成的曲面称为**旋转曲面**,旋转曲线和定直线依次叫作旋转面的**母线**和**轴**.母线上任何一点围绕轴旋转一周都变成一个圆,可以认为,旋转曲面是圆心在同一线上的一系列圆叠加而成的.

设在 yOz 平面上有一条平面曲线 $C:f(y,z)=0$,将此曲线绕 z 轴旋转一周,就得到一个以 z 轴为轴的旋转曲面,其方程为

$$f\left(\pm\sqrt{x^2+y^2},z\right)=0$$

也就是在曲线 C 的方程 $f(y,z)=0$ 中将旋转轴 z 上的竖坐标 z 不变,y 改成 $\pm\sqrt{x^2+y^2}$,便得在曲线 C 绕 z 轴旋转所成的旋转曲面方程.

同理,若将上面的曲线 $f(y,z)=0$ 绕 y 轴旋转一周,旋转轴 y 上的坐标不变,曲线 C 的另一个坐标 z 将改成 $\pm\sqrt{x^2+z^2}$,或 $z^2 \to x^2+z^2$,故则旋转面的方程为

$$\Sigma:f\left(y,\pm\sqrt{x^2+z^2}\right)=0$$

特点:(1)总有两个坐标的平方项系数相同;(2)垂直于旋转轴的平面与曲面的截口均为圆.

yOz 面上的抛物线 $z=y^2$ 绕 z 轴旋转一周而成的曲面,称为**旋转抛物面**,其方程

$$z=x^2+y^2$$

yOz 面上的椭圆 $\dfrac{y^2}{b^2}+\dfrac{z^2}{c^2}=1$ 绕 z 轴旋转一周而成的曲面,称为**旋转椭球面**,其方程

$$\frac{x^2+y^2}{b^2}+\frac{z^2}{c^2}=1 \quad \text{或} \quad \frac{x^2}{b^2}+\frac{y^2}{b^2}+\frac{z^2}{c^2}=1$$

yOz 面上的曲线,$z=ky$,绕 z 轴旋转一周而成的曲面,称为**圆锥面**,其方程

$$z=\pm k\sqrt{x^2+y^2} \quad \text{或} \quad z^2=k^2(x^2+y^2)$$

yOz 面上的双曲线 $\dfrac{y^2}{a^2}-\dfrac{z^2}{c^2}=1$ 绕虚轴 z 轴旋转一周而成的曲面,称为**旋转单叶双曲面**,其方程

$$\frac{x^2}{a^2}+\frac{y^2}{a^2}-\frac{z^2}{c^2}=1$$

绕实轴 y 轴旋转一周而成的曲面,称为**旋转双叶双曲面**,其方程为

$$\frac{y^2}{b^2}-\frac{x^2+z^2}{c^2}=1 \quad \text{或} \quad -\frac{x^2}{c^2}+\frac{y^2}{b^2}-\frac{z^2}{c^2}=1$$

（三）二次曲面

三元二次方程

$$ax^2+by^2+cz^2+dxy+eyz+fxz+gx+hy+lz+k=0\,(a,b,c,d,e,f\text{不全为零})$$

所表示的曲面称为二次曲面. 二次曲面有九种类型,适当选取空间直角坐标系,可得它们的标准方程如下:

（1）椭球面$\dfrac{x^2}{a^2}+\dfrac{y^2}{b^2}+\dfrac{z^2}{c^2}=1.$

（2）椭圆锥面$\dfrac{x^2}{a^2}+\dfrac{y^2}{b^2}=z^2.$

（3）双曲面.

①单叶双曲面$\dfrac{x^2}{a^2}+\dfrac{y^2}{b^2}-\dfrac{z^2}{c^2}=1;$ ②双叶双曲面$\dfrac{x^2}{a^2}-\dfrac{y^2}{b^2}-\dfrac{z^2}{c^2}=1.$

（4）抛物面.

①椭圆抛物面$\dfrac{x^2}{a^2}+\dfrac{y^2}{b^2}=kz.$

当 $k>0$ 时,必有 $z\geqslant0$,椭圆抛物面的顶点在坐标原点,开口向上;当 $k<0$ 时,必有 $z\leqslant0$,椭圆抛物面是顶点在原点,开口向下.两个坐标的平方项系数的符号总是相同的.

②双曲抛物面(马鞍面) $\dfrac{x^2}{a^2}-\dfrac{y^2}{b^2}=z.$

此外,还有三种二次曲面,以这三种二次曲线为准线的柱面

$$\dfrac{x^2}{a^2}+\dfrac{y^2}{b^2}=1,\quad \dfrac{x^2}{a^2}-\dfrac{y^2}{b^2}=1,\quad x^2=ay$$

依次称为椭圆柱面、双曲柱面及抛物柱面.

五、曲线方程

（一）曲线一般方程

设两个曲面 S_1 和 S_2 的方程分别是 $F(x,y,z)=0$ 和 $G(x,y,z)=0$.空间曲线可以看作曲面 S_1 和 S_2 的交线 Γ.方程组

$$\begin{cases}F(x,y,z)=0\\G(x,y,z)=0\end{cases}$$

称为曲线一般方程

（二）曲线的参数方程

空间曲线 Γ 的方程除了一般方程之外,也可以用参数形式表示.只要将 Γ 上动点的坐标 x、y 与 z 表示为参数 t 的函数

$$\begin{cases}x=x(t)\\y=y(t)\quad(t\in[\alpha,\beta])\\z=z(t)\end{cases}$$

当给定 $t=t_1$ 时,就得到 Γ 上的一个点(x_1,y_1,z_1),随着 t 的变动便得曲线 Γ 上的全部点. 我们称上述方程组为**空间曲线的参数方程**.

例如,螺旋线方程:

$$L: \begin{cases} x = a\cos\omega t \\ y = a\sin\omega t \quad (0 \leq t < +\infty) \\ z = vt \end{cases}$$

也可以用其他变量做参数. 例如令 $\theta = \omega t$,则螺旋线的参数方程可写为

$$L: \begin{cases} x = a\cos\theta \\ y = a\sin\theta \quad (0 \leq \theta < +\infty) \\ z = b\theta \end{cases}$$

其中 $\dfrac{v}{\omega} = b$,而参数为 θ.

(三)空间曲线在坐标平面上的投影曲线

以曲线 Γ 为准线、母线平行于 z 轴(垂直于 xOy 面)的柱面叫作曲线 Γ 关于 xOy 面的**投影柱面**,投影柱面与 xOy 面的交线叫作空间曲线 Γ 在 xOy 面上的**投影曲线**,或简称投影.

设空间曲线 Γ 的一般方程为

$$\begin{cases} F(x,y,z) = 0 \\ G(x,y,z) = 0 \end{cases}$$

若将方程组中消去变量 z 后所得的方程为 $G(x,y) = 0$,则曲 Γ 在经 xOy 面上的投影柱面方程为 $G(x,y) = 0$,投影曲线的方程为

$$\begin{cases} G(x,y) = 0 \\ z = 0 \end{cases}$$

若将方程组中消去变量 x 或 y 后所得的方程为 $H(y,z) = 0$ 或 $R(x,z) = 0$,则 Γ 关于 yOz 面和 zOx 面的投影柱面的方程分别是 $H(y,z) = 0$ 和 $R(x,z) = 0$,在 yOz 面和 zOx 面上的投影曲线的方程分别是

$$\begin{cases} H(y,z) = 0 \\ x = 0 \end{cases} \quad \text{和} \quad \begin{cases} R(x,z) = 0 \\ y = 0 \end{cases}$$

复习题八

1.填空题.

(1)设向量 $\vec{a} = (a_x, a_y, a_z) \neq \vec{0}$, $\vec{b} = (b_x, b_y, b_z)$.若 $\vec{a} /\!/ \vec{b}$,则 $\vec{b} = $ _____,坐标表示为_____;若 $\vec{a} \perp \vec{b}$,则_____$= 0$,坐标表示为_____.

(2)设平面的法线向量 $\vec{n} = (A, B, C)$ 和平面上一点 (x_0, y_0, z_0).则该平面的点法式方程为_____,一般方程为_____.

(3)设直线的方向向量 $\vec{s} = (m, n, p)$ 和直线上一点 (x_0, y_0, z_0).则直线的点向式方程为_____,参数式方程为_____.

(4)设 $|\vec{a}|=3,|\vec{b}|=4,|\vec{c}|=5$,且 $\vec{a}+\vec{b}+\vec{c}=0$,则 $|\vec{a}\times\vec{b}|$ _____.

2.在 xOy 面上,求与点 $A(2,2,0),B(1,0,3)$ 等距离的点的轨迹.

3.试用向量证明:等腰梯形的对角线相等.

4.设 $|\vec{a}+\vec{b}|=|\vec{a}-\lambda\vec{b}|,\vec{a}=(3,-5,2),\vec{b}=(1,-1,0)$,求 λ.

5.设 $|\vec{a}|=3,|\vec{b}|=2,(\vec{a},\vec{b})=\dfrac{\pi}{3}$,求向量 $\vec{a}-2\vec{b}$ 与 $\vec{b}$ 的夹角的余弦.

6.设 $|\vec{a}|=4,|\vec{b}|=3,(\vec{a},\vec{b})=\dfrac{\pi}{6}$,求以向量 $\vec{a}+2\vec{b}$ 与 $\vec{a}-3\vec{b}$ 为邻边的平行四边形的面积.

7.试确定 k 的值,使平面 $kx+y+z+k=0$ 与 $x+ky+z+2$ 满足:(1)相互垂直;(2)相互平行;(3)能否重合.

8.一平面经过点 $(0,1,-2)$,并通过从点 $(1,-2,1)$ 到直线 $\begin{cases}y-2z+3=0\\x=0\end{cases}$ 的垂线,求该平面方程.

9.一直线通过点 $A(1,2,1)$,且垂直于直线 $L:\dfrac{x-1}{3}=\dfrac{y}{2}=\dfrac{z+1}{1}$,又与直线 $x=y=z$ 相交,求该直线方程.

10.已知点 $A(1,-1,0)$ 与 $B(1,0,3)$,试在 z 轴上找一点 C,使 $\triangle ABC$ 的面积最小.

11.求直线 $\dfrac{x}{3}=\dfrac{y+2}{2}=\dfrac{z+1}{1}$ 在 xOy 面的投影直线绕 x 轴旋转所产生的旋转曲面方程,并求该曲面和平面 $x=0$ 及 $x=2$ 所围成的立体的体积.

12.指出下列曲线的一条母线和旋转轴:

(1) $z=1-x^2-y^2$; (2) $z=\sqrt{2(x^2+y^2)}$; (3) $\dfrac{x^2}{5}+y^2+\dfrac{z^2}{5}=1$; (4) $x^2-\dfrac{y^2}{2}-\dfrac{z^2}{2}=1$.

13.指出下列曲面所围成的立体的图形:

(1)圆柱面 $x^2+y^2=1$,平面 $z=0$ 及 $y-z=0$;

(2)上半球面 $z=\sqrt{1-x^2-y^2}$ 与旋转抛物面 $z=5(x^2+y^2)$.

14.求锥面 $z=\sqrt{x^2+y^2}$ 与抛物柱面 $z^2=2x$ 所围成的立体在三个坐标面上的投影区域.

第九章

多元函数微分法及其应用

上册中我们讨论的函数都只有一个变量,这种函数叫作一元函数,但在很多实际问题中往往涉及多方面的因素,反映到数学上,就是一个变量依赖于多个变量的情形.由此,产生了多元函数以及多元函数的微分与积分问题.本章讨论多元函数的微分法及其应用,重点讨论二元函数,因为从一元函数到二元函数会产生新的问题,而二元函数到二元以上的多元函数就可以类推.

第一节　多元函数的基本概念

一、平面点集

我们在初中数学中建立了数轴,使得抽象的数字与数轴的点之间有了一一对应关系.在讨论一元函数时,一些概念、理论和方法都基于一维 $\boldsymbol{R}^1$(数轴)中的点集、区间、邻域和两点间的距离等概念.为了将一元函数微积分推广到多元函数微积分的情形,需要推广这些概念,还需要引入其他一些概念.为此,我们引入平面点集的一些概念,将有关概念从 $\boldsymbol{R}^1$ 中的情形推广到 $\boldsymbol{R}^2$(平面)中,引入 n 维空间,以便推广到一般的 $\boldsymbol{R}^n$ 中.

1. 平面点集 *n 维空间

我们先给一个概念:

设 A,B 是两个非空集合,称集合 $\{(x,y)\mid x\in A,y\in B\}$ 为集合 A 和 B 的**直积**或**笛卡尔积**,记作

$$A\times B=\{(x,y)\mid x\in A,y\in B\}$$

例如,$\{1,2\}\times\{0,3\}=\{(1,0),(1,3),(2,0),(2,3)\}$,$R\times\{1\}=\{(x,1)\mid x\in R\}$,$[a,b]\times[c,d]$ 为一矩形.

由平面解析几何知道,当在平面上引入了一个直角坐标系后,平面上的点 M 与有序

实数对 (x,y) 之间就建立了一一对应关系.于是,我们常把有序实数对 (x,y) 与平面上的点 M 视作是等同的.这种建立了坐标系的平面称为坐标平面.二元的有序实数对 (x,y) 的全体,即 $\boldsymbol{R}^2 = \boldsymbol{R} \times \boldsymbol{R} = \{(x,y) \mid x,y \in \boldsymbol{R}\}$ 就表示坐标平面.

坐标平面上具有某种性质 P 的点的集合,称为**平面点集**,记作

$$E = \{(x,y) \mid (x,y) \text{ 具有性质 } P\}$$

例如,平面上以原点为中心、r 为半径的圆内所有点的集合是

$$C = \{(x,y) \mid x^2 + y^2 < r^2\}$$

如果我们以点 M 表示 (x,y),以 $|OM|$ 表示点 M 到原点 O 的距离,那么上述集合 C 可表示成

$$C = \{M \mid |OM| < r\}$$

下面引入 $\boldsymbol{R}^2$ 中邻域的概念.

设 $M_0(x_0, y_0)$ 是 xOy 平面上的一个点,δ 是某一正数.与点 $M_0(x_0, y_0)$ 距离小于 δ 的点 $M(x,y)$ 的全体,称为点 M_0 的 δ 邻域,记为 $U(M_0, \delta)$,即

$$U(M_0, \delta) = \{M \mid |M_0 M| < \delta\}$$

也就是

$$U(M_0, \delta) = \{(x,y) \mid \sqrt{(x-x_0)^2 + (y-y_0)^2} < \delta\}$$

邻域的几何意义:$U(M_0, \delta)$ 表示 xOy 平面上以点 $M_0(x_0, y_0)$ 为中心、$\delta > 0$ 为半径的圆的内部的点 $M(x,y)$ 的全体,如图 9-1 所示.

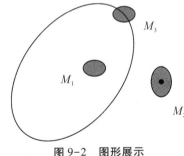

图 9-1　图形展示

点 M_0 的**去心 δ 邻域**,记作 $\mathring{U}(M_0, \delta)$,即

$$\mathring{U}(M_0, \delta) = \{M \mid 0 < |M_0 M| < \delta\}$$

注:若不需要强调邻域的半径 δ,则用 $U(M_0)$ 表示点 M_0 的某个邻域,$\mathring{U}(M_0)$ 表示点 M_0 的去心邻域.

下面用邻域来描述点与点集的关系:

任意一点 $M \in \boldsymbol{R}^2$ 与任意一个点集 $E \subset \boldsymbol{R}^2$ 之间必有以下面三种关系中的一种:

(1)**内点**:如果存在点 M 的某一邻域 $U(M)$,使得 $U(M) \subset E$,那么称 M 为 E 的内点,如图 9-2 所示,M_1 为 E 的内点.

(2)**外点**:如果存在点 M 的某个邻域 $U(M)$,使得 $U(M) \cap E = \Phi$,那么称 M 为 E 的外点,如图 9-2 所示,M_2 为 E 的外点.

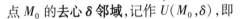

图 9-2　图形展示

(3)**边界点**:若点 M 的任一邻域内既有属于 E 的点,也有不属于 E 的点,则称 M 为 E 的边界点.如图 9-2 所示,M_3 为 E 的边界点.

点集 E 的边界点的全体,称为 E 的**边界**,记作 ∂E.

点集 E 的内点必属于 E;E 的外点必定不属于 E;而 E 的边界点可能属于 E,也可能不属于 E.

此外,任意一点 $M \in \boldsymbol{R}^2$ 与任意一个点集 $E \subset \boldsymbol{R}^2$ 间还有以下关系:

聚点:如果对于任意给定的 $\delta > 0$,点 M 的去心邻域 $\mathring{U}(M, \delta)$ 内总有 E 中的点,那么称

M 是 E 的聚点.由聚点的定义可知,点集 E 的聚点 M 本身可能属于 E,也可能不属于 E.

例如,设平面点集

$$E = \{(x,y) \mid 1 \leqslant x^2 + y^2 < 5\}$$

满足 $1 < x^2 + y^2 < 5$ 的一切点 (x,y) 都是 E 的内点;圆周 $x^2 + y^2 = 1$ 上的一切点 (x,y) 都是 E 的边界点,它们都属于 E,而圆周 $x^2 + y^2 = 5$ 的一切点 (x,y) 也是 E 的边界点,但不属于 E;点集 E 以及它的边界 ∂E 上的一切点都是 E 的聚点.

开集:如果点集 E 中的点都是 E 的内点,那么称 E 为开集.

闭集:如果点集 E 的边界 $\partial E \subset E$,那么称 E 为闭集.

集合 $\{(x,y) \mid x^2 + y^2 > 2\}$ 是开集,$\{(x,y) \mid x^2 - y \leqslant 0\}$ 是闭集,$\{(x,y) \mid 1 \leqslant x^2 + y^2 < 5\}$ 既非开集也非闭集.由此看出,开集不包含边界点,闭集包含全部边界点.

连通性:如果点集 E 内任何两点,都可用 E 内折线段(该折线段上的点都属于 E)联结起来,那么称 E 为连通集.

区域(或**开区域**):连通的开集称为区域或开区域.

闭区域:开区域连同它的边界一起所构成的点集称为闭区域.

例如,集合 $\{(x,y) \mid x-y<0\}$ 是区域,而 $\{(x,y) \mid 1 \leqslant x^2 + y^2 \leqslant 5\}$ 是闭区域.

有界集:对于平面点集 E,如果存在某一正数 r,使得 $E \subset U(O,r)$,其中 O 是坐标原点,那么称 E 为有界点集.

无界集:一个不是有界集的集合,就称这集合为无界集.也就是说,如果对于平面点集 E,及任一正数 r,有 $E \cap U(O,r) \neq \Phi$,那么点集 E 就是无界集.

例如,集合 $\{(x,y) \mid 0 < x^2 + y^2 < 1\}$ 有界开区域,集合 $\{(x,y) \mid x-3y \geqslant 0\}$ 无界闭区域.

*2. n 维空间

设 n 为取定的一个正整数,我们用 $\boldsymbol{R}^n$ 表示 n 元有序实数组 $(x_1, x_2, \cdots, x_n)$ 的全体所构成的集合,即

$$\boldsymbol{R}^n = \boldsymbol{R} \times \boldsymbol{R} \times \cdots \times \boldsymbol{R} = \{(x_1, x_2, \cdots, x_n) \mid x_i \in \boldsymbol{R}, i = 1, 2, \cdots, n\}$$

$\boldsymbol{R}^n$ 中的元素 $(x_1, x_2, \cdots, x_n)$ 有时也用单个字母 $\boldsymbol{x}$ 来表示,即 $\boldsymbol{x} = (x_1, x_2, \cdots, x_n)$.当所有的 $x_i (i = 1, 2, \cdots, n)$ 都为零时,称这样的元素为 $\boldsymbol{R}^n$ 中的零元,记为 $\boldsymbol{0}$ 或 O.在解析几何中,通过直角坐标系,$\boldsymbol{R}^2$(或 $\boldsymbol{R}^3$)中的元素分别与平面(或空间)中的点或向量建立一一对应关系,因而 $\boldsymbol{R}^n$ 中的元素 $\boldsymbol{x} = (x_1, x_2, \cdots, x_n)$ 也称为 $\boldsymbol{R}^n$ 中的一个点或一个 n 维向量,x_i 称为点 $\boldsymbol{x}$ 的第 i 个坐标或 n 维向量 $\boldsymbol{x}$ 的第 i 个分量.特别地,$\boldsymbol{R}^n$ 中的零元 $\boldsymbol{0}$ 称为 $\boldsymbol{R}^n$ 中的坐标原点或 n 维零向量.

为了在集合 $\boldsymbol{R}^n$ 中的元素之间建立联系,定义线性运算如下:

设 $\boldsymbol{x} = (x_1, x_2, \cdots, x_n)$ 和 $\boldsymbol{y} = (y_1, y_2, \cdots, y_n)$ 为 $\boldsymbol{R}^n$ 中任意两个元素,$\lambda \in \boldsymbol{R}$,规定

$$\boldsymbol{x} + \boldsymbol{y} = (x_1 + y_1, x_2 + y_2, \cdots, x_n + y_n), \lambda \boldsymbol{x} = (\lambda x_1, \lambda x_2, \cdots, \lambda x_n)$$

这样定义了线性运算的集合 $\boldsymbol{R}^n$ 称为 n 维空间.

$\boldsymbol{R}^n$ 中点 $\boldsymbol{x}$ 和 $\boldsymbol{y}$ 的距离,记作 $\rho(\boldsymbol{x}, \boldsymbol{y})$,规定

$$\rho(\boldsymbol{x}, \boldsymbol{y}) = \sqrt{(x_1 - y_1)^2 + (x_2 - y_2)^2 + \cdots + (x_n - y_n)^2}$$

显然,当 $n = 1, 2, 3$ 时,上述规定与数轴上、直角坐标系下平面及空间中两点的距离公式一致.

R^n 中点 x 与零元 0 之间的距离 $\rho(x,0)$，记作 $\|x\|$（在 R^1、R^2 和 R^3 中，通常将 $\|x\|$ 记作 $|x|$），即

$$\|x\| = \sqrt{x_1^2 + x_2^2 + \cdots + x_n^2}$$

再结合向量的线性运算，便得

$$\|x-y\| = \sqrt{(x_1-y_1)^2 + (x_2-y_2)^2 + \cdots + (x_n-y_n)^2} = \rho(x,y)$$

在 n 维空间 R^n 中定义了距离以后，就可以定义 R^n 中变元的极限：

设点 $x = (x_1, x_2, \cdots, x_n)$，$a = (a_1, a_2, \cdots, a_n) \in R^n$．如果

$$\|x-a\| \to 0$$

那么称变元 x 在 R^n 中趋于固定元 a，记作 $x \to a$．

我们容易知道：

$$x \to a \Leftrightarrow x_1 \to a_1, x_2 \to a_2, \cdots, x_n \to a_n$$

在 R^n 中引入线性运算和距离后，前面讨论的有关平面点集的一系列概念，可以方便引入 $n(n \geqslant 3)$ 维空间来．例如，设 $a = (a_1, a_2, \cdots, a_n) \in R^n$，$\delta$ 是某一正数，则 n 维空间内的点集

$$U(x, \delta) = \{x \mid x \in R^n, \rho(x, a) < \delta\}$$

就定义为 R^n 中点 a 的 δ 邻域．以邻域为基础，可以定义点集的内点、外点、边界点和聚点以及开集、闭集与区域等一系列概念．

二、二元函数的概念

在很多自然现象与实际问题中，我们经常遇到多个变量之间的依赖关系，举例如下：

例 1 圆柱体的体积 V 和它的底面圆的半径 r 和高 h 之间具有如下关系

$$V = \pi r^2 h$$

其中当 r 和 h 在集合 $\{(r,h) \mid r>0, h>0\}$ 内取定一对值 (r,h) 时，体积 V 对应的值就随之确定．如 $(2,2)$、$(2,3)$、$(3,3)$ 及 $(3,4)$ 对应的体积 V 分别是 8π、12π、27π 及 36π．

例 2 一定量的理想气体的压强 P、体积 V 和绝对温度 T 之间具有关系

$$P = \frac{RT}{V}$$

其中 R 为常数．这里当 V 和 T 在集合 $\{(V,T) \mid V>0, T>0\}$ 内取定一对值 (V,T) 时，压强 P 的对应值就随之确定．如 $(5,60)$、$(6,70)$ 及 $(7,90)$ 对应的压强 V 分别是 $12R$、$11.7R$ 及 $12.8R$．

例 3 梯形的面积 S 和它的上底 a、下底 b 及高 h 之间具有关系

$$S = \frac{1}{2}(a+b)h$$

其中当 a、b 及 h 在集合 $\{(a,b,h) \mid a>0, b>0, h>0\}$ 内取定一组值 (a,b,h) 时，面积 S 对应的值就随之确定．

以上三个例子的具体意义各不同，然而它们却有共同的性质，抽出这些共性就可得出二元或三元函数的定义．

定义 1　设有变量 x、y（它们之间没有关系）与 z，非空平面点集 $D \subset \boldsymbol{R}^2$.当 $(x,y) \in D$ 时，按照一定的法则 f，总有唯一确定实数的 z 值与之对应，称 z 为**在 D 上变量 x 与 y 的函数**，即**二元函数**，记作

$$z=f(x,y),(x,y) \in D, \text{ 或 } z=f(P),P \in D$$

其中点集 D 称为该函数的**定义域**，x 与 y 称为函数的**自变量**，z 称为函数的**因变量**.

事实上，二元函数 f 是非空平面点集 D 到实数集 $\boldsymbol{R}$ 上的一个映射 f，即 $f:D \to \boldsymbol{R}$.

上述定义中，与自变量 x 与 y 的一对值（二元有序实数对）(x,y) 相对应的因变量 z 的值，也称为 f 在点 (x,y) 处的函数值，记作 $f(x,y)$，即 $z=(x,y)$.函数值 $f(x,y)$ 的全体所构成的集合称为函数 f 的**值域**，记作 $f(D)$，即

$$f(D) = \{z \mid z=f(x,y),(x,y) \in D\}$$

与一元函数的情形类似，记号 f 与 $f(x,y)$ 的意义是有区别的，但习惯上常用记号 "$f(x,y),(x,y) \in D$" 或 "$z=f(x,y),(x,y) \in D$" 来表示 D 上的二元函数 f.表示二元函数的记号 f 也是可以任意选取的，如也可记为 $z=z(x,y),z=\varphi(x,y)$.

类似地，可定义三元函数 $u=f(x,y,z),(x,y,z) \in D$ 以及三元以上的函数.一般地，把定义 1 中的平面非空点集 D 换成 n 维空间 $\boldsymbol{R}^n$ 内的点集 D，映射 $f:D \to \boldsymbol{R}$ 就称为定义在 D 上的 **n 元函数**，通常记为

$$u=f(x_1,x_2,\cdots,x_n),(x_1,x_2,\cdots,x_n) \in D \subset \boldsymbol{R}^n$$

或简记为

$$u=f(\boldsymbol{x}),\boldsymbol{x}=(x_1,x_2,\cdots,x_n) \in D$$

也可记为

$$u=f(P),P(x_1,x_2,\cdots,x_n) \in D$$

当 $n=2$ 或 3 时，习惯上将点 (x_1,x_2) 与点 (x_1,x_2,x_3) 分别写成 (x,y) 与 (x,y,z).如果用字母表示 $\boldsymbol{R}^2$ 或 $\boldsymbol{R}^3$ 中的点，即写成 $P(x,y)$ 或 $M(x,y,z)$，那么相应的二元函数及三元函数也可记为 $z=f(P)$ 及 $u=f(M)$.

当 $n=1$ 时，n 元函数就是一元函数；当 $n \geq 2$ 时，n 元函数统称为**多元函数**.

函数定义域的约定：在一般地讨论用算式表达的多元函数 $u=f(\boldsymbol{x})$ 时，就以使这个算式有意义的变元 $\boldsymbol{x}$ 的值所组成的点集为这个**多元函数的自然定义域**.因而对这类函数，它的定义域不再特别标出.

例如，$z=\dfrac{1}{\sqrt{x+y-1}}$ 的定义域为 $D=\{(x,y) \mid x+y>1\}$，是无界的开区域，如图 9-3 所示.

$z=\sqrt{a^2-x^2-y^2}$ 的定义域为 $D=\{(x,y) \mid x^2+y^2 \leq a^2\}$，是有界的闭区域，如图 9-4 所示.

$z=\dfrac{1}{\sqrt{y-x^2}}+\sqrt{a^2-x^2-y^2}$ 的定义域为 $D=\{(x,y) \mid x^2+y^2 \leq a^2,y>x^2\}$，是有界集，如图 9-5 所示.

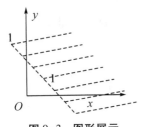

图 9-3　图形展示

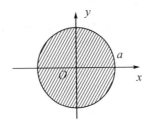

图 9-4　图形展示

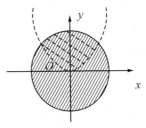

图 9-5　图形展示

设函数 $z=f(x,y)$ 的定义域为 D.对于任意取定的点 $P(x,y)\in D$,对应的函数值为 $z=f(x,y)$.这样以 x 为横坐标、y 为纵坐标及 z 为竖坐标,在空间 $\mathbf{R}^3$ 中就确定一点 $M(x,y,z)$.当 (x,y) 取遍 D 上的一切点时,就得到一个空间点集

$$\{(x,y,z)\mid z=f(x,y),(x,y)\in D\}$$

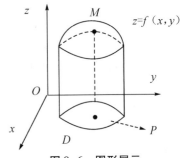

图 9-6　图形展示

这个点集称为**二元函数** $z=f(x,y)$ **的图形**,如图 9-6 所示.通常我们也说二元函数的图形是一张曲面.

例如,由空间解析几何知道,线性函数 $z=2x+6y-1$ 的图形是一张平面,而函数 $z=\sqrt{x^2+y^2}$ 的图形是一个圆锥面.

注　(1) 二元函数的定义域是平面上的点集,而二元函数的图像是空间的曲面.如二元函数 $z=\sqrt{a^2-x^2-y^2}$ 的图像是上半球面,定义域是平面区域 $D=\{(x,y)\mid x^2+y^2\leqslant a^2\}$.

(2) 同理可知,三元函数 $u=f(x,y,z)$ 的定义域是空间的点集,如函数 $u=\sqrt{R^2-x^2-y^2-z^2}$ 的定义域为 $\Omega=\{(x,y,z)\mid x^2+y^2+z^2\leqslant R^2\}$,$\Omega$ 是空间的球体.

三、多元函数的极限

我们知道,一元函数 $y=f(x)$ 在点 x_0 的极限定义:若对于常数 a,$\forall\varepsilon>0$,$\exists\delta>0$,当 $0<|x-x_0|<\delta$ 时,则有 $|f(x)-a|<\varepsilon$,称 a 为函数 $y=f(x)$ 的极限,记作 $\lim\limits_{x\to x_0}f(x)=a$ 或 $f(x)\to a$(当 $x\to x_0$).

类似地讨论二元函数的极限:对于函数 $z=f(x,y)$,在定义域内当动点 (x,y) 无限接近定点 (x_0,y_0) 时,对应的函数值 $f(x,y)$ 有没有变化趋势? 也就是说,当 $(x,y)\to(x_0,y_0)$,即 $P(x,y)\to P(x_0,y_0)$ 时,这里 $P\to P_0$ 表示动点 P 以任何方式(有无穷多种方式)趋于定点 P_0,即在任何一种路径(曲线)上点 P 与 P_0 的距离趋于零,即

$$|P_0P|=\sqrt{(x-x_0)^2+(y-y_0)^2}\to 0$$

如果在 $P(x,y)\to P_0(x_0,y_0)$ 的过程中,对应的函数值 $f(x,y)$ 无限接近一个确定的常数 a,那么就说 a 是函数 $z=f(x,y)$ 当 $P\to P_0$ 时的极限.用数学语言描述这个极限概念.

定义 2　设二元函数 $z=f(x,y)$ 的定义域为 D,点 $P(x_0,y_0)$ 是 D 的聚点.如果存在常数 a,对于任意给定的正数 ε,总存在正数 δ,使得当 $P(x,y)\in D\cap\mathring{U}(P_0,\delta)$ 时,即

$$0<|PP_0|=\sqrt{(x-x_0)^2+(y-y_0)^2}<\delta$$

总有不等式 $|f(x,y)-a|<\varepsilon$ 成立,那么称常数 a 为函数 $f(x,y)$ 当 $(x,y)\rightarrow(x_0,y_0)$ 时的二**重极限**,简称为函数 $f(x,y)$ 的**极限**,记作

$$\lim_{(x,y)\rightarrow(x_0,y_0)}f(x,y)=a,\lim_{\substack{x\rightarrow x_0\\y\rightarrow y_0}}f(x,y)=a \text{ 或 } f(x,y)\rightarrow a\left[(x,y)\rightarrow(x_0,y_0)\right]$$

也记作

$$\lim_{P\rightarrow P_0}f(P)=a \text{ 或 } f(P)\rightarrow a(P\rightarrow P_0)$$

注 (1)根据定义 2,极限存在与否与函数 $f(x,y)$ 在 $P(x_0,y_0)$ 的状态无关,只与它在 $P(x_0,y_0)$ 的邻域内的状态有关.

(2)定义 2 中极限存在,是指 $P(x,y)$ 以任何方式(无穷多种方式)趋于 $P(x_0,y_0)$ 时,函数 $f(x,y)$ 都无限地接近于常数 a.也就是说,极限值与 $P\rightarrow P_0$ 的路径无关.因此,当 P 以一种特殊方式,如沿着一条定直线或定曲线趋于 P_0 时,即使 $f(x,y)$ 无限地接近某一确定值,我们也不能由此断定函数极限存在.但反过来,如果 P 以两种不同的方式趋于 P_0 时,函数 $f(x,y)$ 趋于不同的值,那么可以断定函数的极限一定不存在.因为当极限值与路径有关时,函数的极限就不存在.

(3)一元函数中关于极限的四则运算法则与等价代换等法则,对于多元函数仍然适用,可以借助于一元函数求极限的方法,来求二元函数的极限.

下面举例说明求二元函数的极限.

例 4 求极限 $\lim\limits_{\substack{x\rightarrow 1\\y\rightarrow 2}}\dfrac{xy+1}{x^2+y}$.

解 $\dfrac{xy+1}{x^2+y}$ 的定义域 D 是整个 xOy 平面,$P_0(1,2)$ 为 D 的聚点.利用极限的四则运算法则,可得

$$原式=\frac{\lim\limits_{\substack{x\rightarrow 1\\y\rightarrow 2}}(xy+1)}{\lim\limits_{\substack{x\rightarrow 1\\y\rightarrow 2}}(x^2+y)}=\frac{\lim\limits_{\substack{x\rightarrow 1\\y\rightarrow 2}}xy+\lim\limits_{\substack{x\rightarrow 1\\y\rightarrow 2}}1}{\lim\limits_{\substack{x\rightarrow 1\\y\rightarrow 2}}x^2+\lim\limits_{\substack{x\rightarrow 1\\y\rightarrow 2}}y}=\frac{\lim\limits_{\substack{x\rightarrow 1\\y\rightarrow 2}}x\cdot\lim\limits_{\substack{x\rightarrow 1\\y\rightarrow 2}}y+1}{(\lim\limits_{\substack{x\rightarrow 1}}x)^2+2}=\frac{1\cdot 2+1}{1^2+2}=1$$

例 5 求极限 $\lim\limits_{\substack{x\rightarrow 2\\y\rightarrow 0}}\dfrac{\sin(xy)}{y}$.

解 函数 $\dfrac{\sin xy}{y}$ 的定义域 $D=\{(x,y)\mid y\neq 0,x\in R\}$,点 $P_0(2,0)$ 为 D 的聚点.一元函数极限的等价代换:$\sin x\sim x(x\rightarrow 0)$,可得 $\sin(xy)\sim xy(xy\rightarrow 0)$,消除零因子.于是

$$原式=\lim_{\substack{x\rightarrow 2\\y\rightarrow 0}}\frac{\sin(xy)}{y}=\lim_{\substack{x\rightarrow 2\\y\rightarrow 0}}\left[x\cdot\frac{\sin(xy)}{xy}\right]=\lim_{\substack{x\rightarrow 2\\y\rightarrow 0}}x\cdot\lim_{\substack{x\rightarrow 2\\y\rightarrow 0}}\frac{\sin(xy)}{xy}=\lim_{\substack{x\rightarrow 2}}x\cdot 1=2$$

例 6 说明函数 $f(x,y)=\begin{cases}\dfrac{xy}{x^2+y^2}, & x^2+y^2\neq 0\\ 0, & x^2+y^2=0\end{cases}$,当 $(x,y)\rightarrow(0,0)$ 时的极限不存在.

解 $f(x,y)$ 的定义域是整个 xOy 平面,只要说明 $(x,y)\rightarrow(0,0)$ 的极限与路径有关即可.让 (x,y) 沿过原点的直线 $y=kx$ 趋向于 $(0,0)$,则有

$$\lim_{\substack{(x,y)\rightarrow(0,0)\\y=kx}}f(x,y)=\lim_{\substack{(x,y)\rightarrow(0,0)\\y=kx}}\frac{xy}{x^2+y^2}=\lim_{\substack{x\rightarrow 0\\y=kx}}\frac{x\cdot kx}{x^2+(kx)^2}=\frac{k}{1+k^2}$$

当 k 取不同的值时,上式极限就不同,说明极限与 k 有关,与路径有关,从而 $\lim\limits_{\substack{x\to 0 \\ y\to 0}} f(x,y)$ 不存在.

注 当 (xy) 沿 x 轴趋于 $(0,0)$ 时,则

$$\lim_{\substack{(x,y)\to(0,0) \\ y=0}} f(x,y) = \lim_{x\to 0} f(x,0) = \lim_{x\to 0}\frac{x\cdot 0}{x^2+0^2} = \lim_{x\to 0} 0 = 0$$

当 (x,y) 沿 y 轴趋于 $(0,0)$ 时,则

$$\lim_{\substack{(x,y)\to(0,0) \\ x=0}} f(x,y) = \lim_{y\to 0} f(0,y) = \lim_{y\to 0}\frac{0\cdot y}{0^2+y^2} = \lim_{y\to 0} 0 = 0$$

这两个极限表明二条特殊路径的极限存在,且相等,但不能推出二重极限的存在.

例 7 设函数 $f(x,y)=\begin{cases}\dfrac{xy}{\sqrt{x^2+y^2}}, & x^2+y^2\neq 0 \\ 0, & x^2+y^2=0\end{cases}$,证明 $\lim\limits_{\substack{x\to 0 \\ y\to 0}} f(x,y)=0$.

证 $f(x,y)$ 的定义域 D 是整个 xOy 平面,点 $O(0,0)$ 为 D 的聚点.因为

$$\left| f(x,y)-0 \right| = \left| \frac{xy}{\sqrt{x^2+y^2}} \right| \leqslant \left| \frac{x^2+y^2}{2\sqrt{x^2+y^2}} \right| = \frac{1}{2}\sqrt{x^2+y^2}$$

由此可见,$\forall \varepsilon>0$,要使 $\left| f(x,y)-0 \right|<\varepsilon$,即 $\dfrac{1}{2}\sqrt{x^2+y^2}<\varepsilon$,可得 $\sqrt{x^2+y^2}<2\varepsilon$.取 $\delta=2\varepsilon$,当 $0<|PO|=\sqrt{(x-0)^2+(y-0)^2}<\delta$,即 $P(x,y)\in D\cap \overset{\circ}{U}(O,\delta)$ 时,则有

$$\frac{1}{2}\sqrt{x^2+y^2}<\varepsilon$$

即 $\left| f(x,y)-0 \right|<\varepsilon$ 成立,故

$$\lim_{\substack{x\to 0 \\ y\to 0}} f(x,y) = \lim_{\substack{x\to 0 \\ y\to 0}}\frac{xy}{\sqrt{x^2+y^2}} = 0$$

四、多元初等函数的连续性

定义 3 设函数 $z=f(x,y)$ 的定义域为 D,$P_0(x_0,y_0)$ 是 D 的聚点,$P_0\in D$.若极限 $\lim\limits_{\substack{x\to x_0 \\ y\to y_0}} f(x,y)$ 存在且

$$\lim_{\substack{x\to x_0 \\ y\to y_0}} f(x,y) = f(x_0,y_0)$$

则称函数 $f(x,y)$ 在点 $P_0(x_0,y_0)$ **连续**.

以上关于二元函数连续性概念,可相应地推广到 n 元函数 $f(P)$ 上去.

设函数 $f(x,y)$ 在定义域 D 内的每一点都是函数定义域的聚点.如果函数 $f(x,y)$ 在 D 内每一点都连续,那么称函数 $f(x,y)$ **在 D 内连续**,或者称 $f(x,y)$ 是 D 内的**连续函数**.

例 8 对数函数 $f(x,y)=\ln x (x>0)$,证明 $f(x,y)$ 在 $D=\{(x,y)\mid x>0\}$ 内连续.

解 设 $P_0(x_0,y_0)\in D(x_0>0)$ 为聚点.由于一元函数 $\ln x$ 在 x_0 处连续,$\forall \varepsilon>0$,因而 $\exists \delta>0$,使得当 $x>0$ 且. $|x-x_0|<\delta$ 时,有

$$|\ln x - \ln x_0| < \varepsilon$$

以上述 δ 做 P_0 的 δ 邻域 $U(P_0, \delta)$，当 $P(x,y) \in D \cap U(P_0, \delta)$ 时，显然

$$|x - x_0| \leqslant \sqrt{(x-x_0)^2 + (y-y_0)^2} = |P_0 P| < \delta$$

从而

$$|f(x,y) - f(x_0, y_0)| = |\ln x - \ln x_0| < \varepsilon$$

即 $f(x,y) = \ln x$ 在点 $P_0(x_0, y_0)$ 连续. 由 P_0 的任意性, 对数函数 $\ln x$ 作为 x 和 y 的二元函数在定义域 D 内连续.

根据类似的讨论可知, 一元基本初等函数看成二元函数或二元以上的多元函数时, 它们在各自的定义域内都是连续的.

设函数 $f(x,y)$ 的定义域为 D, $P_0(x_0, y_0)$ 是 D 的聚点. 如果函数 $f(x,y)$ 在点 $P_0(x_0, y_0)$ 不连续(不满足连续的定义), 那么称 $P_0(x_0, y_0)$ 为函数 $f(x,y)$ 的间断点.

与一元函数类似, 二元函数 $f(x,y)$ 的间断点有三种情形: $f(x,y)$ 在点 P_0 没有定义; 在点 P_0 的极限不存在; 在点 P_0 的极限虽然存在, 但 $\lim\limits_{P \to P_0} f(P) \neq f(P_0)$. 函数的间断"点"可能是孤立的点, 也可能是曲线.

例如, 由例 6 可知, 函数

$$f(x,y) = \begin{cases} \dfrac{xy}{x^2+y^2}, & x^2+y^2 \neq 0 \\ 0, & x^2+y^2 = 0 \end{cases}$$

其定义域 D 是整个 xOy 平面, 原点 $O(0,0)$ 是 D 的聚点. $f(x,y)$ 当 $(x,y) \to (0,0)$ 时的极限不存在, 所以原点是该函数的一个间断点.

又如, 函数 $f(x,y) = \dfrac{1}{a^2 - x^2 - y^2}$ 的定义域 $D = \{(x,y) \mid x^2+y^2 \neq a^2\}$, 而圆周

$$C = \{(x,y) \mid x^2+y^2 = a^2\}$$

上的点都是 D 的聚点, $f(x,y)$ 在 C 上没有定义, 在 C 上各点就不连续, 因而圆周 C 上的各点是该函数的间断点.

多元初等函数是指可用一个式子所表示的多元函数, 这个式子是由常数及具有不同自变量的一元基本初等函数经过有限次的四则运算和复合运算而得到的函数. 例如:

$$\sqrt{4-x^2-y^2}, \quad \frac{2+x+y^2}{1+xy^2}, \quad e^{x^2-y^2}$$

都是多元初等函数.

二元函数极限的四则运算法则及复合函数的极限等均与一元函数类似. 由此可以证明, 多元连续函数的和、差、积、商(在分母不为零处)仍为连续函数, 多元连续函数的复合函数也是连续函数, 然后利用基本初等函数的连续性. 我们进一步可以得到: 一切多元初等函数在其定义区域内是连续的. **定义区域**是指包含在定义域内的区域或闭区域. 一般地, 在求多元函数 $f(P)$ 在点 P_0 处的极限时, 如果 $f(P)$ 是初等函数, 且 P_0 是 $f(P)$ 的定义域的内点, 那么 $f(P)$ 在点 P_0 处连续, 极限值就是函数在该点的函数值, 即

$$\lim_{P \to P_0} f(P) = f(P_0)$$

例9 求 $\lim\limits_{(x,y)\to(0,0)} \dfrac{\sqrt{x^2+y+9}-3}{x^2+y}$.

解 原式 $= \lim\limits_{(x,y)\to(0,0)} \dfrac{\left(\sqrt{x^2+y+9}\right)^2-3^2}{(x^2+y)\left(\sqrt{x^2+y+9}+3\right)} = \lim\limits_{(x,y)\to(0,0)} \dfrac{(x^2+y+9)-9}{(x^2+y)\left(\sqrt{x^2+y+9}+3\right)}$

$$= \lim\limits_{(x,y)\to(0,0)} \dfrac{1}{\sqrt{x^2+y+9}+3} = \dfrac{1}{\sqrt{0^2+0+9}+3} = \dfrac{1}{6}.$$

注 本题虽然点 $P_0(0,0)$ 不是函数 $f(x,y)=\dfrac{\sqrt{x^2+y+9}-3}{x^2+y}$ 定义域内的点,但是经过有

理化分子,消去零因子后,得到二元函数 $g(x,y)=\dfrac{1}{\sqrt{x^2+y+9}+3}$.将 $P_0(0,0)$ 变成新的连续

函数 $g(x,y)$ 定义域内的点,利用 $g(x,y)$ 的连续性得出结果.

在闭区间上的一元连续函数有重要的性质,在有界闭区域上连续的多元函数也有类似的性质:

性质 1(有界性与最大值最小值定理) 在有界闭区域 D 上的多元连续函数,必定在 D 上有界,且能取得它的最大值和最小值.

性质 1 就是说,若 $f(P)$ 在有界闭区域 D 上连续,则必定存在常数 $M>0$,使得对一切 $P\in D$,有 $|f(P)|\leqslant M$,且存在 $P_1,P_2\in D$,使得

$$f(P_1)=\max\{f(P)\mid P\in D\},\ f(P_2)=\min\{f(P)\mid P\in D\}$$

性质 2(介值定理) 有界闭区域 D 上的多元连续函数必取得介于最大值和最小值之间的任何值.

***性质 3(一致连续性定理)** 有界闭区域 D 上的多元连续函数必定在 D 上一致连续.

例如,函数 $f(x,y)=\sqrt{5-x^2-y^2}$ 在有界闭区域 $D=\{(x,y)\mid x^2+y^2\leqslant\sqrt{5}\}$ 上连续.该函数表示上半球面,在最高点 $(0,0,\sqrt{5})$ 取得最大值 $\sqrt{5}$,在 xOy 面上的圆周 $5-x^2-y^2=0$ 取得最小值 0;如果有介于最大值 $\sqrt{5}$ 和最小值 0 之间的数 μ,要使 $\sqrt{5-x^2-y^2}=\mu$,只需 $x^2+y^2=5-\mu$.显然圆周 $x^2+y^2=5-\mu$ 上所有点的函数值满足 $f(x,y)=\sqrt{5-x^2-y^2}=\mu$.

习题 9-1

1.判断下列平面点集中哪些是开集、闭集、区域、有界集及无界集,并且分别指出它们的聚点所成的点集(称为导集)和边界:

(1) $\{(x,y)\mid 0<x^2+y^2\leqslant 4\}$;　　(2) $\{(x,y)\mid x>1+y^2\}$;　　(3) $\{(x,y)\mid 0\leqslant x+y\leqslant 1\}$;

(4) $\{(x,y)\mid (x-1)^2+y^2\geqslant 4\}\cap\{(x,y)\mid (x-2)^2+(y+1)^2\leqslant 1\}$.

2.平面单连通区域是指平面区域 D 内任何一条封闭曲线所围成的部分都属于 D,区域 D 内不含有"洞"或"孔"的区域;否则称为复连通区域.它是指一个完整的单连通区域,挖去一些单连通区域后,留下有"洞"或"孔"的区域.判断下列平面点集是单连通区域还是复连通区域,并画图.

(1) $\{(x,y)\mid -2<x<4,0<y<1\}$;　　(2) $\{(x,y)\mid 0<x^2+y^2<4\}$;

（3）$\{(x,y)\,|\,(x-1)^2+y^2<4\}\setminus\{(x,y)\,|\,x^2+y^2\leqslant1\}$；

（4）$\{(x,y)\,|\,-6<x<5,-4<y<4\}\setminus\{(x,y)\,|\,x^2+y^2\leqslant1\}$.

3.设函数 $z=x^2+y^2$，求在点 $(0,3)$、$(2\sqrt{3},\sqrt{13})$、$(-1,4)$ 及 $(3,4)$ 对应的函数值,指出函数的对称性.

4.已知函数 $f(x,y)=x^2+xy^3+\sin(xy)$，求 $f(tx,ty)$ 与 $f(x+3,xy)$.

5.求下列函数的定义域.

（1）$z=\sqrt{x+y+2}$；　　　　　（2）$z=\ln\sqrt{x^2-y}$；　　　　（3）$z=\sqrt{x-2}+\dfrac{2}{\sqrt{y-2x}}$；

（4）$u=\sqrt{4-x^2-y^2-z^2}+\dfrac{7}{\sqrt{y-x}}$；　　　　（5）$u=\arcsin\dfrac{z}{\sqrt{y^2-x}}$.

6.求下列极限.

（1）$\lim\limits_{\substack{x\to0\\y\to2}}\dfrac{xy^2+y-6}{xy+3}$；　　　　（2）$\lim\limits_{\substack{x\to0\\y\to1}}\dfrac{\sqrt{x^2y^2+1}}{\ln(xy^2+3e^x)}$；　　（3）$\lim\limits_{\substack{x\to0\\y\to0}}\dfrac{\sqrt{xy^2+4}-2}{xy^2}$；

（4）$\lim\limits_{\substack{x\to3\\y\to0}}\dfrac{\ln(1+x^3y^2)}{xy^2}$；　　　　（5）$\lim\limits_{\substack{x\to0\\y\to2}}\dfrac{\sin xy}{e^{xy}-1}$；　　　（6）$\lim\limits_{\substack{x\to+\infty\\y\to+\infty}}\left(\dfrac{xy}{x^2+y^2}\right)^{x^2}$.

7.指出函数 $z=\dfrac{2x+3y}{x^2-y^2}$ 在何处是间断的.

*8.说明下列极限不存在,并指出间断点.

（1）$\lim\limits_{\substack{x\to0\\y\to0}}\dfrac{x}{x-3y}$；　　　　　　　　（2）$\lim\limits_{\substack{x\to0\\y\to0}}\dfrac{x^2y^2}{x^3y+(x-4y)^2}$.

*9.证明极限 $\lim\limits_{\substack{x\to0\\y\to0}}\dfrac{2x^3y}{x^2+y^2}=0$.

*10.设 $F(x,y)=f(x)$，$f(x)$ 在 x_0 处连续,证明对任意 $y_0\in\boldsymbol{R}$，$F(x,y)$ 在 (x_0,y_0) 处连续.

第二节　偏导数

一、偏导数的定义及其计算方法

1. 偏导数的定义

根据第二章第一节我们可以知道,一元函数 $y=f(x)$ 在点 x_0 处导数的意义:

$$\left.\dfrac{\mathrm{d}y}{\mathrm{d}x}\right|_{x=x_0}=f'(x_0)=\lim\limits_{\Delta x\to0}\dfrac{f(x_0+\Delta x)-f(x_0)}{\Delta x}$$

它是 $f(x)$ 在点 x_0 处因变量对自变量的变化率,几何意义是曲线上点 (x_0,y_0) 处切线的斜率.对于多元函数同样需要讨论它的变化率,而多元函数的自变量不止一个,因变量与自变量的关系要比一元函数复杂得多.我们仅仅考虑多元函数关于其中一个自变量的变化率.对于二元函数 $z=f(x,y)$,如果只有自变量 x 变化,而自变量 y 固定(看作常量),这时它就是 x 的一元函数,对 x 的导数,就称为函数 $z=f(x,y)$ **对自变量 x 的偏导数**.

定义 设函数 $z=f(x,y)$ 在点 (x_0,y_0) 的某一邻域内有定义,当自变量 y 固定在 y_0 而 x 在 x_0 处有增量 $\Delta x(\neq 0)$ 时,称增量 $f(x_0+\Delta x,y_0)-f(x_0,y_0)$ 为函数 $f(x,y)$ 在点 (x_0,y_0) **对自变量 x 的偏增量**,记作 Δz_x,即

$$\Delta_x z=f(x_0+\Delta x,y_0)-f(x_0,y_0)$$

此时若极限

$$\lim_{\Delta x \to 0}\frac{\Delta_x z}{\Delta x}=\lim_{\Delta x \to 0}\frac{f(x_0+\Delta x,y_0)-f(x_0,y_0)}{\Delta x} \tag{9-1}$$

存在,则称此极限为函数 $f(x,y)$ 在点 (x_0,y_0) 处**对自变量 x 的偏导数**,记作

$$\left.\frac{\partial z}{\partial x}\right|_{(x_0,y_0)},\left.\frac{\partial f}{\partial x}\right|_{(x_0,y_0)},z_x(x_0,y_0),f_x(x_0,y_0) \text{ 或 } z'_x(x_0,y_0),f'_x(x_0,y_0)$$

于是有

$$f_x(x_0,y_0)=\lim_{\Delta x \to 0}\frac{f(x_0+\Delta x,y_0)-f(x_0,y_0)}{\Delta x}$$

我们容易知道:

$$f_x(x_0,y_0)=\left.\frac{\mathrm{d}}{\mathrm{d}x}f(x,y_0)\right|_{x=x_0}$$

这个式子表明,函数 $f(x,y)$ 在点 (x_0,y_0) 处对自变量 x 的偏导数 $f_x(x_0,y_0)$ 就是一元函数 $z=f(x,y_0)$ 在 $x=x_0$ 处的导数值.我们可以先将变量 y 代换成 y_0,将 $f(x,y)$ 转化为关于 x 的一元函数 $z=f(x,y_0)$,对自变量 x 求导,再算出在 $x=x_0$ 处的导数值,就是所求偏导数 $f_x(x_0,y_0)$.

同理,可以定义函数 $z=f(x,y)$ 在点 (x_0,y_0) 处**对自变量 y 的偏增量**:

$$\Delta_y z=f(x_0,y_0+\Delta y)-f(x_0,y_0)$$

对自变量 y 的偏导数:如果极限

$$\lim_{\Delta y \to 0}\frac{\Delta_y z}{\Delta y}=\lim_{\Delta y \to 0}\frac{f(x_0,y_0+\Delta y)-f(x_0,y_0)}{\Delta y}(\Delta y \neq 0) \tag{9-2}$$

存在,记作

$$\left.\frac{\partial z}{\partial y}\right|_{\substack{x=x_0\\y=y_0}},\left.\frac{\partial f}{\partial y}\right|_{\substack{x=x_0\\y=y_0}},z_y(x_0,y_0),f_y(x_0,y_0) \text{ 或 } z'_y(x_0,y_0),f'_y(x_0,y_0)$$

并且

$$f_y(x_0,y_0)=\left.\frac{\mathrm{d}}{\mathrm{d}y}f(x_0,y)\right|_{y=y_0}$$

即 $f(x,y)$ 在点 (x_0,y_0) 处对自变量 y 的偏导数 $f_y(x_0,y_0)$ 就是一元函数 $z=f(x_0,y)$ 在 $y=y_0$ 处的导数值.我们可以先将变量 x 代换成 x_0,将 $f(x,y)$ 转化为关于 y 的一元函数 $z=f(x_0,y)$,对自变量 y 求导,再算出在 $y=y_0$ 处的导数值,就是所求偏导数 $f_y(x_0,y_0)$.

若函数 $z=f(x,y)$ 在区域 D 内每一点 (x,y) 处对自变量 x 的偏导数都存在,这个偏导数也是 x 和 y 的函数,则称它为函数 $z=f(x,y)$ **对自变量 x 的偏导函数**,记作

$$\frac{\partial z}{\partial x}, \frac{\partial f}{\partial x}, z_x, f_x \quad 或 \quad z'_x, f'_x$$

类似地,可以定义函数 $f(x,y)$ **对自变量 y 的偏导函数**,记作

$$\frac{\partial z}{\partial y}, \frac{\partial f}{\partial y}, z_y, f_y \quad 或 \quad z'_y, f'_y$$

由偏导数的概念可知,$f(x,y)$ 在点 (x_0,y_0) 处对 x 的偏导数 $f_x(x_0,y_0)$,就是偏导函数 $f_x(x,y)$ 在点 (x_0,y_0) 处的函数值,对 y 的偏导数 $f_y(x_0,y_0)$ 就是偏导函数 $f_x(x,y)$ 在点 (x_0, y_0) 处的函数值.与一元函数的导数一样,以后常把偏导函数称为**偏导数**.

偏导数的概念还可推广到二元以上的多元函数.例如,三元函数 $u=f(x,y,z)$ 在点 (x, y,z) 处对 x 的偏导数定义为

$$f_x(x,y,z) = \lim_{\Delta x \to 0} \frac{f(x+\Delta x, y, z) - f(x,y,z)}{\Delta x}$$

其中 (x,y,z) 是函数 $u=f(x,y,z)$ 的定义域的内点.

由偏导数的定义不难看出,计算偏导数不需要再引入新的方法,因为这里只有一个自变量在变动,把其余的自变量看作固定的常量,所以仍旧是一元函数的微分法问题.因此,对于二元函数 $f(x,y)$ 而言,对 x 求偏导数 $\frac{\partial f}{\partial x}$ 时,只要把 y 暂时看作固定的常量而对 x 求导;对 y 求偏导数 $\frac{\partial f}{\partial x}$ 时,只要把 x 暂时看作固定的常量而对 y 求导.故一元函数中导数的四则运算法则和基本公式仍然适用于多元函数,多元函数偏导数的求法仍旧是一元函数的微分法问题.

例 1 设函数为 $z=x^3y+xy^2+y^3+1$,求偏导数 z_x, z_y 及 $z_x \big|_{(1,2)}$ 和 $z_y \big|_{(1,2)}$.

解法一 把 y 看作常数对 x 求导(可视作 $z=x^3a+xa^2+a^3+1$),利用幂函数求导公式 $(x^\mu)' = \mu x^{\mu-1}$,可得

$$z_x = \frac{\partial z}{\partial x} = 3x^2y+y^2$$

把 x 看作常数对 y 求导(可视作 $z=b^3y+by^2+y^3+1$),可得

$$z_y = \frac{\partial z}{\partial y} = x^3+2xy+3y^2$$

由此可得

$$z_x \big|_{(1,2)} = \frac{\partial z}{\partial x}\bigg|_{(1,2)} = 3x^2y+y^2 \big|_{(1,2)} = 10, z_y \big|_{(1,2)} = \frac{\partial z}{\partial y}\bigg|_{(1,2)} = x^3+2xy+3y^2 \big|_{(1,2)} = 17$$

解法二 由 $z\big|_{y=2} = 2x^3+4x+9$,对 x 求导,可得

$$z_x \big|_{y=2} = (2x^3+4x+9)' \big|_{x=1} = 6x^2+4 \big|_{x=1} = 10$$

由 $z\big|_{x=1} = y+y^2+y^3+1$,对 y 求导,可得

$$z_y \big|_{x=1} = (y+y^2+y^3+1) \big|_{y=2} = 1+2y+3y^2 \big|_{y=2} = 17$$

例 2 设函数 $z=xy$,求偏导数 $\frac{\partial z}{\partial x}, \frac{\partial x}{\partial y}$ 和 $\frac{\partial y}{\partial z}$.

解 由 $z=xy$,把 y 看作常数,以 z 为因变量对 x 求导,得 $\frac{\partial z}{\partial x} = y$;由 $x = \frac{z}{y}$,把 z 看作常

数,以 x 为因变量对 y 求导,得 $\dfrac{\partial x}{\partial y}=-\dfrac{z}{y^2}$;由 $y=\dfrac{z}{x}$,把 x 看作常数,以 y 为因变量对 z 求导,

得 $\dfrac{\partial y}{\partial z}=\dfrac{1}{x}$.

注意到:

$$\frac{\partial z}{\partial x}\cdot\frac{\partial x}{\partial y}\cdot\frac{\partial y}{\partial z}=y\cdot\left(-\frac{z}{y^2}\right)\cdot\frac{1}{x}=-\frac{z}{xy}=-1$$

我们知道,对一元函数 $y=f(x)$ 而言,导数 $\dfrac{\mathrm{d}y}{\mathrm{d}x}$ 可以看作函数的微分 $\mathrm{d}y$ 与自变量的微分 $\mathrm{d}x$ 之商,即看作分子与分母的商.而上式表明 ∂x、∂y 及 ∂z 没有独立的意义,即 $\dfrac{\partial z}{\partial x}$,$\dfrac{\partial z}{\partial y}$ 和 $\dfrac{\partial y}{\partial z}$ 是一个完整的记号,不能拆开使用,不能看作分子与分母的商.

2. 一个中间变量的复合函数偏导数的计算

我们知道一元复合函数求导法则:设 $w=f(u)$,$u=u(x)$ 的复合函数 $w=f[u(x)]$,则有

$$\frac{\mathrm{d}w}{\mathrm{d}x}=\frac{\mathrm{d}w}{\mathrm{d}u}\cdot\frac{\mathrm{d}u}{\mathrm{d}x}$$

相对于二元函数的偏导数而言,称 $\dfrac{\mathrm{d}w}{\mathrm{d}x}$ 为**全导数**.$u=u(x,y)$,则复合函数 $w=f[u(x,y)]$.对函数 $u(x,y)$ 只能求偏导数 $\dfrac{\mathrm{d}u}{\mathrm{d}x}$ 和 $\dfrac{\mathrm{d}u}{\mathrm{d}y}$,把 y 暂时看作常量而对 x 求导:

$$\frac{\partial w}{\partial x}=\frac{\mathrm{d}w}{\mathrm{d}u}\cdot\frac{\partial u}{\partial x} \tag{9-3}$$

把 x 暂时看作常量而对 y 求导:

$$\frac{\partial w}{\partial y}=\frac{\mathrm{d}w}{\mathrm{d}u}\cdot\frac{\partial u}{\partial y} \tag{9-4}$$

公式(9-3)和公式(9-4)就是一个中间变量,两个自变量的多元复合函数的求导法则.于是我们有定理1.

定理1 设函数 $u=\varphi(x,y)$ 在点 (x,y) 具有对 x 与对 y 的偏导数,而 $z=f(u)$ 在相应的点 u 可导,则复合函数 $z=f[\varphi(x,y)]$ 在点 (x,y) 的两个偏导数都存在,且

$$\frac{\partial z}{\partial x}=\frac{\mathrm{d}z}{\mathrm{d}u}\cdot\frac{\partial u}{\partial x}=f'\cdot u_x,\qquad \frac{\partial z}{\partial y}=\frac{\mathrm{d}z}{\mathrm{d}u}\cdot\frac{\partial u}{\partial y}=f'\cdot u_y \tag{9-5}$$

我们把定理1的证明放在本章第四节.注意:由于 $z=f(u)$ 是一元函数,其导数是全导数 $\dfrac{\mathrm{d}z}{\mathrm{d}u}$,而非偏导数 $\dfrac{\partial z}{\partial u}$(二元及二元以上的函数才有偏导数).公式(9-5)说明,只有一个中间变量的二元复合函数的偏导数等于因变量对中间变量的全导数乘以中间变量对自变量的偏导数.

例 3 设函数 $z=\sqrt{x^2+y^2}$，验证 $\left(\dfrac{\partial z}{\partial x}\right)^2+\left(\dfrac{\partial z}{\partial y}\right)^2=1$.

解 复合函数分解为 $z=\sqrt{u}=u^{\frac{1}{2}},u=x^2+y^2$，则有

$$\frac{\mathrm{d}z}{\mathrm{d}u}=\frac{1}{2\sqrt{u}},\qquad \frac{\partial u}{\partial x}=2x,\qquad \frac{\partial u}{\partial y}=2y$$

利用复合函数求导法则公式（9-5），可得

$$\frac{\partial z}{\partial x}=\frac{\mathrm{d}z}{\mathrm{d}u}\cdot\frac{\partial u}{\partial x}=\frac{1}{2\sqrt{u}}\cdot 2x=\frac{x}{\sqrt{x^2+y^2}},\qquad \frac{\partial z}{\partial y}=\frac{\mathrm{d}z}{\mathrm{d}u}\cdot\frac{\partial u}{\partial y}=\frac{1}{2\sqrt{u}}\cdot 2y=\frac{y}{\sqrt{x^2+y^2}}$$

从而有

$$\left(\frac{\partial z}{\partial x}\right)^2+\left(\frac{\partial z}{\partial y}\right)^2=\left(\frac{x}{\sqrt{x^2+y^2}}\right)^2+\left(\frac{y}{\sqrt{x^2+y^2}}\right)^2=\frac{x^2+y^2}{x^2+y^2}=1$$

例 4 设 $z=(3x+1)^y(x>0)$，求偏导数 $\dfrac{\partial z}{\partial x}$ 和 $\dfrac{\partial z}{\partial y}$.

解 设 $u=3x+1$，有 $z=f(u,y)=f[u(x),y]=u^y$. 求偏导数 $\dfrac{\partial z}{\partial y}$ 时，视 x 为常数（可视为 $z=(3b+1)^y$，即 u 为常数），则 $z=u^y$ 关于 y 的指数函数，利用指数函数求导公式 $[(a^x)'=a^x\ln a]$，可得

$$\frac{\partial z}{\partial y}=u^y\ln u=(3x+1)^y\ln(3x+1)$$

求偏导数 $\dfrac{\partial z}{\partial x}$ 时，视 y 为常数，则 $z=(3x+1)^y$ 关于 x 的幂函数（可视为 $z=u^\mu$）. 利用幂函数求导公式 $[(x^\mu)'=\mu x^{\mu-1}]$ 及复合函数求导法则，可得

$$\frac{\partial z}{\partial x}=\frac{\partial z}{\partial u}\cdot\frac{\mathrm{d}u}{\mathrm{d}x}=yu^{y-1}(3x+1)'=3y(3x+1)^{y-1}$$

3. 偏导数的几何意义

我们知道，$y=f(x)$ 在点 x_0 处导数 $f'(x_0)$ 的几何意义是曲线上点 (x_0,y_0) 处切线的斜率. 由第八章第五节可知，三元方程 $F(x,y,z)=0$ 表示一个曲面，曲面的显示方程为 $z=f(x,y)$. 二元函数 $f(x,y)$ 在 (x_0,y_0) 点处的偏导数几何意义是什么？ 设 $M_0(x_0,y_0,f(x_0,y_0))$ 为曲面 $z=f(x,y)$ 上一点，过 M_0 作平行于 yOz 平面 $x=x_0$ 所截得的交线 $L:\begin{cases}z=f(x,y)\\x=x_0\end{cases}$，即交线 L 在平面 $x=x_0$ 上的方程是 $z=f(x_0,y)$. 它的导数 $\dfrac{\mathrm{d}}{\mathrm{d}y}f(x_0,y)\Big|_{y=y_0}$，即 $\dfrac{\partial z}{\partial y}\Big|_{(x_0,y_0)}$，就是在点 M_0 处的切线 M_0T_y 对 y 轴方向的斜率，如图 9-7 所示. 同样在点 (x_0,y_0) 处的偏导数 $\dfrac{\partial z}{\partial x}\Big|_{(x_0,y_0)}$ 的几何意义：过 M_0 做平行于 xOz 平面 $y=y_0$，截曲面得一曲线 $L:\begin{cases}z=f(x,y)\\y=y_0\end{cases}$，在平面 $y=y_0$ 上的方程是 $z=f(x,y_0)$，其导数 $\dfrac{\mathrm{d}}{\mathrm{d}x}f(x,y_0)\Big|_{x=x_0}$，即 $\dfrac{\partial z}{\partial x}\Big|_{(x_0,y_0)}$，是该曲线在点 M_0 处的切线 M_0T_y 对 x 轴方向的斜率.

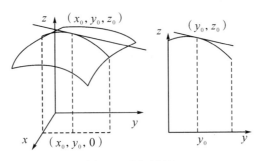

图 9-7　图形展示

4. 偏导数与连续的关系

根据第二章第一节我们知道,如果一元函数某点具有导数,那么它在该点必然连续.在多元函数中偏导数与函数连续之间有什么关系呢? 由本章第一节的例 6 可知,函数

$$f(x,y)=\begin{cases} \dfrac{xy}{x^2+y^2}, & x^2+y^2 \neq 0 \\ 0, & x^2+y^2=0 \end{cases}$$

在 $(0,0)$ 的极限是不存在的,从而在 $(0,0)$ 不连续.下面考察偏导数 $f_x(0,0)$ 与 $f_y(0,0)$.因为

$$f_x(0,0)=\lim_{\Delta x \to 0}\frac{f(0+\Delta x,0)-f(0,0)}{\Delta x}=\lim_{\Delta x \to 0}\frac{\dfrac{\Delta x \cdot 0}{(\Delta x)^2+0^2}}{\Delta x}=0,(\Delta x \neq 0)$$

$$f_y(0,0)=\lim_{\Delta y \to 0}\frac{f(0,0+\Delta y)-f(0,0)}{\Delta y}=\lim_{\Delta x \to 0}\frac{\dfrac{\Delta y \cdot 0}{(\Delta y)^2+0^2}}{\Delta y}=0,(\Delta y \neq 0)$$

所以 $f_x(0,0)$ 与 $f_y(0,0)$ 存在,但仍然无法保证函数在 $(0,0)$ 的连续性.

该例表明在多元函数中,即使各偏导数在某点都存在,也不能保证函数在该点连续.这是因为各偏导数存在只能保证点 P 沿着平行于坐标轴的方向趋于 P_0 时,函数值 $f(P)$ 趋于 $f(P_0)$,但不能保证点 P 按任何路径趋于 P_0 时,$f(P)$ 都趋于 $f(P_0)$.

二、高阶偏导数

设函数 $z=f(x,y)$ 在区域 D 内具有两个一阶偏导数:

$$\frac{\partial z}{\partial x}=f_x(x,y) \text{ 与 } \frac{\partial z}{\partial y}=f_y(x,y)$$

它们在 D 内仍然是自变量 x 与 y 的函数.如果这两个偏导函数的偏导数也存在,那么称它们是函数 $z=f(x,y)$ 的**二阶偏导数**.二阶偏导数共有四个:

$$\frac{\partial^2 z}{\partial x^2}=\frac{\partial}{\partial x}\left(\frac{\partial z}{\partial x}\right)=z_{xx}=f_{xx}, \qquad \frac{\partial^2 z}{\partial x \partial y}=\frac{\partial}{\partial y}\left(\frac{\partial z}{\partial x}\right)=z_{xy}=f_{xy},$$

$$\frac{\partial^2 z}{\partial y \partial x}=\frac{\partial}{\partial x}\left(\frac{\partial z}{\partial y}\right)=z_{yx}=f_{yx}, \qquad \frac{\partial^2 z}{\partial y^2}=\frac{\partial}{\partial y}\left(\frac{\partial z}{\partial y}\right)=z_{yy}=f_{yy}.$$

其中第二个与第三个偏导数称为**混合偏导数**,且

$$\frac{\partial^2 z}{\partial x^2}=\lim_{\Delta x\to 0}\frac{f_x(x+\Delta x,y)-f_x(x,y)}{\Delta x},\quad \frac{\partial^2 z}{\partial x\partial y}=\lim_{\Delta y\to 0}\frac{f_x(x,y+\Delta y)-f_x(x,y)}{\Delta y},$$

$$\frac{\partial^2 z}{\partial y\partial x}=\lim_{\Delta x\to 0}\frac{f_y(x+\Delta x,y)-f_y(x,y)}{\Delta x},\quad \frac{\partial^2 z}{\partial y^2}=\lim_{\Delta y\to 0}\frac{f_y(x,y+\Delta y)-f_y(x,y)}{\Delta y}.$$

二阶偏导数仍然是 x 与 y 的函数,再定义偏导数即**三阶偏导数**,函数 $z=f(x,y)$ 的三阶偏导数共有 8 个,如 $\dfrac{\partial^3 z}{\partial x^3}$、$\dfrac{\partial^3 z}{\partial x^2\partial y}$、$\dfrac{\partial^3 z}{\partial x\partial y\partial x}$ ……,同样有四阶、五阶…… n 阶偏导数.二阶及二阶以上的偏导数统称为**高阶偏导数**.

例 5　设 $z=x^4y^2+x^2y+1$,求二阶偏导数 $\dfrac{\partial^2 z}{\partial x^2}$、$\dfrac{\partial^2 z}{\partial y^2}$、$\dfrac{\partial^2 z}{\partial x\partial y}$ 及 $\dfrac{\partial^2 z}{\partial y\partial x}$.

解　$\dfrac{\partial z}{\partial x}=4x^3y^2+2xy,$　　　$\dfrac{\partial^2 z}{\partial x^2}=12x^2y^2+2y,$　　　$\dfrac{\partial^2 z}{\partial x\partial y}=8x^3y+2x,$

$\dfrac{\partial z}{\partial y}=2x^4y+x^2,$　　　$\dfrac{\partial^2 z}{\partial y\partial x}=8x^3y+2x,$　　　$\dfrac{\partial^2 z}{\partial y^2}=2x^4.$

我们在例 5 中发现有两个二阶混合偏导数相等,即 $\dfrac{\partial^2 z}{\partial x\partial y}=\dfrac{\partial^2 z}{\partial y\partial x}$,这不是偶然的.事实上,有定理 2.

定理 2　若函数 $z=f(x,y)$ 的两个二阶混合偏导数 $\dfrac{\partial^2 z}{\partial x\partial y}$ 与 $\dfrac{\partial^2 z}{\partial y\partial x}$ 在区域 D 内都连续,则在区域 D 内这两个二阶混合偏导数相等,即 $\dfrac{\partial^2 z}{\partial x\partial y}=\dfrac{\partial^2 z}{\partial y\partial x}$.

定理 2 的证明从略.它表明:当二阶混合偏导数连续时,与求偏导的次序无关(此结论可以推广到 n 阶混合偏导数).在第一节我们知道,多元初等函数在定义区域内连续,又初等函数的偏导数仍为初等函数.因此,求初等函数偏导数与顺序无关.

对于二元以上的函数,也可类似定义高阶偏导数,而且高阶混合偏导数在偏导数连续的条件下也与求偏导的次序无关.

例 6　求函数 $z=\arctan(xy)$ 的二阶偏导数 $\dfrac{\partial^2 z}{\partial x^2}$、$\dfrac{\partial^2 z}{\partial y^2}$ 及 $\dfrac{\partial^2 z}{\partial x\partial y}$.

解　设 $z=\arctan u,u=xy$.利用反正切函数的求导公式:$(\arctan x)'=\dfrac{1}{1+x^2}$,有

$$\frac{\mathrm{d}z}{\mathrm{d}u}=\frac{1}{1+u^2},\frac{\partial u}{\partial x}=y,\frac{\partial u}{\partial y}=x$$

利用复合函数求导法则的公式(9-5),可得

$$\frac{\partial z}{\partial x}=\frac{\mathrm{d}z}{\mathrm{d}u}\cdot\frac{\partial u}{\partial x}=\frac{1}{1+(xy)^2}\cdot y=\frac{y}{1+x^2y^2},\quad \frac{\partial z}{\partial y}=\frac{\mathrm{d}z}{\mathrm{d}u}\cdot\frac{\partial u}{\partial y}=\frac{1}{1+(xy)^2}\cdot x=\frac{x}{1+x^2y^2}$$

利用商的求导法则:$\left(\dfrac{u}{v}\right)'=\dfrac{u'v-uv'}{v^2}$ 及 $\dfrac{\partial y}{\partial x}=\dfrac{\partial x}{\partial y}=0,\dfrac{\partial y}{\partial y}=\dfrac{\mathrm{d}y}{\mathrm{d}y}=1$,可得

$$\frac{\partial^2 z}{\partial x^2}=\frac{\dfrac{\partial y}{\partial x}\cdot(1+x^2y^2)-y\cdot\dfrac{\partial}{\partial x}(1+x^2y^2)}{(1+x^2y^2)^2}=-\frac{2xy^3}{(1+x^2y^2)^2}$$

$$\frac{\partial^2 z}{\partial y^2} = \frac{\frac{\partial x}{\partial y} \cdot (1+x^2 y^2) - x \cdot \frac{\partial}{\partial y}(1+x^2 y^2)}{(1+x^2 y^2)^2} = -\frac{2x^3 y}{(1+x^2 y^2)^2}$$

$$\frac{\partial^2 z}{\partial x \partial y} = \frac{\frac{\partial y}{\partial y} \cdot (1+x^2 y^2) - y \cdot \frac{\partial}{\partial y}(1+x^2 y^2)}{(1+x^2 y^2)^2} = \frac{1-x^2 y^2}{(1+x^2 y^2)^2}$$

例 7　证明函数 $u = \dfrac{1}{\sqrt{x^2+y^2+z^2}}$ 满足偏微分方程 $\dfrac{\partial^2 u}{\partial x^2} + \dfrac{\partial^2 u}{\partial y^2} + \dfrac{\partial^2 u}{\partial z^2} = 0.$

解　设 $u = \dfrac{1}{\sqrt{v}} = v^{-\frac{1}{2}}, v = x^2+y^2+z^2,$ 则有

$$\frac{\mathrm{d}u}{\mathrm{d}v} = \frac{-1}{2\sqrt{v^3}}, \frac{\partial v}{\partial x} = 2x, \frac{\partial v}{\partial y} = 2y, \frac{\partial v}{\partial z} = 2z$$

利用复合函数求导法则的定理 1 及乘积导数公式 $[(uv)' = u'v+uv']$，可得

$$\frac{\partial u}{\partial x} = \frac{\mathrm{d}u}{\mathrm{d}v} \cdot \frac{\partial v}{\partial x} = \frac{-1}{2\sqrt{v^3}} \cdot 2x = -xv^{-\frac{3}{2}}$$

$$\frac{\partial^2 u}{\partial x^2} = -v^{-\frac{3}{2}} + \frac{3x}{2} v^{-\frac{5}{2}} \frac{\partial v}{\partial x} = -v^{-\frac{3}{2}} + 3x^2 v^{-\frac{5}{2}}$$

因为该函数关于自变量 x, y, z 具有的对称性，把上式中的 x 分别换成 $y, z,$ 可得到函数关于 y, z 的二阶偏导数，所以

$$\frac{\partial^2 u}{\partial y^2} = -v^{-\frac{3}{2}} + 3y^2 v^{-\frac{5}{2}}; \quad \frac{\partial^2 u}{\partial z^2} = -v^{-\frac{3}{2}} + 3z^2 v^{-\frac{5}{2}}$$

于是有

$$\frac{\partial^2 u}{\partial x^2} + \frac{\partial^2 u}{\partial y^2} + \frac{\partial^2 u}{\partial z^2} = -3v^{-\frac{3}{2}} + 3v^{-\frac{5}{2}}(x^2+y^2+z^2) = -3v^{-\frac{3}{2}} + 3v^{-\frac{3}{2}} = 0$$

故结论成立.

例 7 中的偏微分方程称为**拉普拉斯(Laplace)方程**. 它是数学物理方程中一种重要的方程.

习题 9-2

1. 求下列函数的偏导数.

（1）$z = 4x^3 y^2 - y^3 + 1$；　　　　（2）$z = \dfrac{x-y}{x+y}$；　　　　　　（3）$w = \sin(uv^2+3)$；

（4）$s = \ln(u^2+v^2)$；　　　　　（5）$z = \dfrac{xy}{x^2+y^2}$；　　　　　（6）$z = \tan^2(2x+y)$；

（7）$u = e^{1+x^2 y}$；　　　　　　　（8）$z = \arcsin(xy^2)$；　　　　（9）$z = (x-y^2)^x$；

（10）$u = (1+x)^{\frac{z}{y}}$；　　　　　（11）$u = \arctan(xy)^z$.

2. 设 $f(x,y) = x^4 y^2 - 3x^2 y + 2x,$ 求偏导数 $f_x(1,2)$ 与 $f_y(-1,3).$

3. 设 $z = f\left(\ln x + \dfrac{1}{y}\right),$ 其中 $f(u)$ 为可微函数，求证 $x\dfrac{\partial z}{\partial x} + y^2\dfrac{\partial z}{\partial y} = 0.$

4.求曲线 $\begin{cases} z=\sqrt{x^2+y^2} \\ x=4 \end{cases}$,在点 $(4,0,3)$ 处的切线与 y 轴的倾斜角.

5.设 $f(x,y,z)=x^2y^2-xyz^2$,求二阶偏导数 $f_{xx}(1,2,1)$, $f_{xy}(1,0,1)$, $f_{xz}(1,2,1)$ 与 $f_{xyz}(-1,3,2)$.

6.求下列函数的二阶偏导数 $\dfrac{\partial^2 z}{\partial x^2}$ 、 $\dfrac{\partial^2 z}{\partial y^2}$ 和 $\dfrac{\partial^2 z}{\partial x \partial y}$.

（1） $z=x^3+y^3-3x^2y$;   （2） $z=\sin(x^2+y^2)$;   （3） $z=\dfrac{y}{x^2-y^2}$;

（4） $z=\arctan\dfrac{2x}{y}$;   （5） $z=\sqrt{2x^2y+y^2}$.

7.验证下列微分方程.

（1） $z=\arcsin\dfrac{y}{x}(x>0)$ 满足 $\dfrac{x}{y}\dfrac{\partial z}{\partial x}+\dfrac{\partial z}{\partial y}=0$;

（2） $z=\ln\sqrt{x^2+y^2}$ 满足 $\dfrac{\partial^2 z}{\partial x^2}+\dfrac{\partial^2 z}{\partial y^2}=0$;

（3） $u=e^{a_1x+a_2y+a_3z}$, $a_1^2+a_2^2+a_3^2=1$ 满足 $\dfrac{\partial^2 u}{\partial x^2}+\dfrac{\partial^2 u}{\partial y^2}+\dfrac{\partial^2 u}{\partial z^2}=u$.

第三节　全微分

一、全微分的定义

根据第二章第五节一元函数的微分意义:函数 $y=f(x)$ 在点 x_0 的增量
$$\Delta y=f(x_0+\Delta x)-f(x_0)$$
能够表示为 $\Delta y=A\Delta x+o(\Delta x)$,其中 $o(\Delta x)$ 是比 Δx 的高阶无穷小,即 $\lim\limits_{\Delta x\to 0}\dfrac{o(\Delta x)}{\Delta x}=0$.此时,我们说函数 $y=f(x)$ 在点 x_0 可微,并称 $A\Delta x$ 为函数 $f(x)$ 在点 x_0 的微分,记作 $\mathrm{d}y=A\Delta x$.更进一步有
$$\Delta y\approx \mathrm{d}y=f'(x_0)\Delta x$$
这个表达式说明,微分是函数增量的近似表示.也就是说,当自变量在点 x_0 处发生了微小的变化 Δx ,可微函数 $f(x)$ 改变量 Δy 相应地也发生成倍微小变化.

对于二元函数 $z=f(x,y)$ 在点 (x_0,y_0) 的某邻域内有定义,自变量从点 (x_0,y_0) 变到 $(x_0+\Delta x,y_0+\Delta y)$,发生了微小变化,而对应的函数值改变量
$$\Delta z=f(x_0+\Delta x,y_0+\Delta y)-f(x_0,y_0)$$
是多少? 同样有些函数的改变量也是微小的.我们现在就来讨论这种情况.

由偏导数的定义可知,二元函数 $z=f(x,y)$ 对某个自变量的偏导数,是当另一个自变

量固定时,因变量相对于该自变量的变化率.利用一元函数微分学中增量与微分的关系,可得函数 $f(x,y)$ 在点 (x_0,y_0) 对 x 的偏增量

$$\Delta_x z = f(x_0+\Delta x,y_0) - f(x_0,y_0) \approx f_x(x_0,y_0)\Delta x$$

我们称 $f_x(x_0,y_0)\Delta x$ 为函数 $f(x,y)$ 在点 (x_0,y_0) **对 x 的偏微分**,记作 $\mathrm{d}_x z$,即 $\mathrm{d}_x z = \dfrac{\partial z}{\partial x}\mathrm{d}x$;类似地,$f(x,y)$ 在点 (x_0,y_0) 对 y 的偏增量

$$\Delta_y z = f(x_0,y_0+\Delta y) - f(x_0,y_0) \approx f_y(x_0,y_0)\Delta y$$

而称 $f_x(x_0,y_0)\Delta y$ 为函数 $f(x,y)$ 在点 (x_0,y_0) 对 y 的偏微分,记作 $\mathrm{d}_y z$,即 $\mathrm{d}_y z = \dfrac{\partial z}{\partial y}\mathrm{d}y$.

设函数 $z=f(x,y)$ 在点 $P_0(x_0,y_0)$ 的某邻域内有定义,$P(x_0+\Delta x,y_0+\Delta y)$ 为该邻域内的任意一点,则称这两点的函数值之差 $f(x_0+\Delta x,y_0+\Delta y) - f(x_0,y_0)$ 为函数在 P_0 对应于自变量增量 Δx 和 Δy 的**全增量**,记作 Δz,即

$$\Delta z = f(x_0+\Delta x,y_0+\Delta y) - f(x_0,y_0) \tag{9-6}$$

通常情况下计算函数的全增量比较复杂.与一元函数的情形一样,我们希望用自变量增量 Δx 与 Δy 的线性函数来近似表示函数的全增量,从而引入如下定义.

定义 设函数 $z=f(x,y)$ 在点 (x_0,y_0) 的某邻域内有定义,给 x_0 与 y_0 分别以增量 Δx 和 Δy.当 $P(x_0+\Delta x,y_0+\Delta y)$ 充分接近 $P_0(x_0,y_0)$ 时,即 $\rho = |P_0P| = \sqrt{(\Delta x)^2+(\Delta y)^2} \to 0$,若函数的全增量可以表示为

$$\Delta z = A\Delta x + B\Delta y + o(\rho) \tag{9-7}$$

其中 A、B 均与 Δx 和 Δy 无关,仅与 x_0 和 y_0 有关,$o(\rho)$ 是比 ρ 高阶的无穷小,则称函数 $z=f(x,y)$ 在点 (x_0,y_0) 可微,并称 $A\Delta x+B\Delta y$ 为函数 $z=f(x,y)$ 在点 (x_0,y_0) 的**全微分**,记作

$$\mathrm{d}z\big|_{(x_0,y_0)} = (A\Delta x+B\Delta y)_{(x_0,y_0)}$$

若函数 $z=f(x,y)$ 在区域 D 内每一点都可微,则称这函数在 D 内可微.

习惯上,我们将自变量的增量 Δx,Δy 分别记作 $\mathrm{d}x$,$\mathrm{d}y$,并分别称为自变量 x,y 的微分.故函数的全微分也记作

$$\mathrm{d}z = A\Delta x + B\Delta y = A\mathrm{d}x + B\mathrm{d}y$$

在本章第二节中曾指出,多元函数在某点的偏导数存在,并不能保证函数在该点连续.但是如果函数 $z=f(x,y)$ 在点 (x,y) 可微,那么这个函数在该点必定连续.这是因为,若 $f(x,y)$ 在点 (x,y) 可微,则有

$$\Delta z = f(x+\Delta x,y+\Delta y) - f(x,y) = A\Delta x + B\Delta y + o(\rho)$$

当 $\rho = \sqrt{(\Delta x)^2+(\Delta y)^2} \to 0$ 时,有 $\Delta x \to 0$ 与 $\Delta y \to 0$.于是

$$A\Delta x \to 0, B\Delta y \to 0 \text{ 且 } o(\rho) \to 0$$

可得

$$\lim_{\rho \to 0}\Delta z = \lim_{\rho \to 0}[f(x+\Delta x,y+\Delta y) - f(x,y)] = 0,$$

从而有

$$\lim_{(\Delta x,\Delta y) \to (0,0)} f(x+\Delta x,y+\Delta y) = \lim_{\rho \to 0}[f(x,y)+\Delta z] = f(x,y)$$

根据本章第一节二元函数连续的定义,可得函数 $z=f(x,y)$ 在点 (x,y) 处连续.

下面讨论函数 $z=f(x,y)$ 在点 (x,y) 可微分的条件.

定理 1(必要条件) 若函数 $z=f(x,y)$ 在点 (x,y) 可微,则函数在该点的 $\dfrac{\partial z}{\partial x}$ 与 $\dfrac{\partial z}{\partial y}$ 必定存在,且函数 $f(x,y)$ 在点 (x,y) 的全微分为

$$\mathrm{d}z=\frac{\partial z}{\partial x}\mathrm{d}x+\frac{\partial z}{\partial y}\mathrm{d}y. \tag{9-8}$$

证 设 $z=f(x,y)$ 在点 (x_0,y_0) 可微.由微分定义,对于自变量的任意增量 $\Delta x,\Delta y$,总有

$$\Delta z=f(x_0+\Delta x,y_0+\Delta y)-f(x_0,y_0)=A\Delta x+B\Delta y+o(\rho)$$

特别地,当 $\Delta y=0$ 时,有

$$\Delta z=f(x_0+\Delta x,y_0)-f(x_0,y_0)=A\Delta x+o(\rho)$$

此时 $\rho=|\Delta x|$,便得偏增量

$$\Delta_x z=f(x_0+\Delta x,y_0)-f(x_0,y_0)=A\Delta x+o(|\Delta x|)$$

从而

$$\frac{\partial z}{\partial x}\bigg|_{(x_0,y_0)}=\lim_{\Delta x\to 0}\frac{f(x_0+\Delta x,y_0)-f(x_0,y_0)}{\Delta x}=\lim_{\Delta x\to 0}\left[A+\frac{o(|\Delta x|)}{\Delta x}\right]=A$$

即偏导数存在,且 $\dfrac{\partial z}{\partial x}\bigg|_{(x_0,y_0)}=A$.当 $\Delta x=0$ 时,同理可得,$\dfrac{\partial z}{\partial y}\bigg|_{(x_0,y_0)}=B$.由于在点 (x_0,y_0) 的任意性,可得

$$\frac{\partial z}{\partial x}=A,\frac{\partial z}{\partial y}=B$$

将 A,B 代入微分的定义的表达式,可得

$$\mathrm{d}z=A\Delta x+B\Delta y=\frac{\partial z}{\partial x}\mathrm{d}x+\frac{\partial z}{\partial y}\mathrm{d}y$$

故结论成立.证毕.

我们知道,一元函数在某一点的导数存在是微分存在的充分必要条件,但对于多元函数而言,情形就不同了.事实上,定理 1 的逆命题不成立.即使 $z=f(x,y)$ 在某一点偏导数存在,可以形式地写出:$\dfrac{\partial z}{\partial x}\mathrm{d}x+\dfrac{\partial z}{\partial y}\mathrm{d}y$,但是不一定等于函数的全微分,因为不能保证 $\Delta z-\left(\dfrac{\partial z}{\partial x}\mathrm{d}x+\dfrac{\partial z}{\partial y}\mathrm{d}y\right)$ 是比 ρ 的高阶无穷小.也就是说,各个偏导数的存在只是全微分的存在必要条件而不是充分条件.例如,函数

$$f(x,y)=\begin{cases}\dfrac{xy}{x^2+y^2}, & x^2+y^2\neq 0\\[2mm] 0, & x^2+y^2=0\end{cases}$$

根据本章第二节的举例,有 $f_x(0,0)=0,f_y(0,0)=0$.于是有

$$\frac{\partial z}{\partial x}\mathrm{d}x+\frac{\partial z}{\partial y}\mathrm{d}y=f_x(0,0)\mathrm{d}x+f_y(0,0)\mathrm{d}y=0$$

因而有

$$\Delta z-[f_x(0,0)\mathrm{d}x+f_y(0,0)\mathrm{d}y]=\Delta z=\frac{\Delta x\Delta y}{(\Delta x)^2+(\Delta y)^2}$$

然而,考虑点 $P(\Delta x,\Delta y)$ 沿着抛物线 $y=x^2$ 趋于原点 $O(0,0)$,则有

$$\frac{\Delta z - f_x(0,0)\Delta x - f_y(0,0)\Delta y}{\rho} = \frac{\Delta x \Delta y}{[(\Delta x)^2 + (\Delta y)^2]^{3/2}} \xrightarrow{\text{沿 } y=x^2} = \frac{(\Delta x)^3}{[(\Delta x)^2 + (\Delta x)^4]^{3/2}}$$

$$= \frac{\pm 1}{[1 + (\Delta x)^2]^{3/2}} \to \pm 1 \neq 0 \, (\Delta x > 0 \text{ 取 "+"}, \Delta x < 0 \text{ 取 "-"})$$

它不能随 $\rho = |P_0P| = \sqrt{(\Delta x)^2 + (\Delta y)^2} \to 0$ 而趋于 0，表明当 $\rho \to 0$ 时，$\Delta z - f_x(0,0)\Delta x - f_y(0,0)\Delta y$，并不是比 ρ 的高阶无穷小量. 因此，函数在原点处的全微分并不存在. 也就是说，函数在原点处偏导数存在，但是不可微.

根据定理 1 与这个例子可知，各个偏导数存在是函数可微的必要条件而非充分条件. 事实上，增加条件：函数的各个偏导数都连续，就可以得出这个函数是可微的结论. 有定理 2.

定理 2 若函数 $f(x,y)$ 的偏导数 $\frac{\partial z}{\partial x}$ 与 $\frac{\partial z}{\partial y}$ 在点 (x,y) 处都连续[①]，则函数在该点可微.

证 设 $z = f(x,y)$ 的一阶偏导数 $\frac{\partial z}{\partial x}$ 与 $\frac{\partial z}{\partial y}$ 在点 (x,y) 的某邻域内都存在，且点 $(x+\Delta x, y+\Delta y)$ 为这邻域内任意一点，考察函数的全增量

$$\Delta z = f(x+\Delta x, y+\Delta y) - f(x,y)$$
$$= [f(x+\Delta x, y+\Delta y) - f(x, y+\Delta y)] + [f(x, y+\Delta y) - f(x,y)]$$

在第一个方括号内的表达式，由于 $y+\Delta y$ 不变，因而可以看作 x 的一元函数 $f(x, y+\Delta y)$ 的增量. 根据第三章第一节拉格朗日中值定理，可以获得

$$f(x+\Delta x, y+\Delta y) - f(x, y+\Delta y) = f_x(x+\theta_1\Delta x, y+\Delta y)\Delta x \quad (0 < \theta_1 < 1) \tag{9-9}$$

又依假设，在 $f_x(x,y)$ 在点 (x,y) 连续，根据第一节连续函数的定义，有

$$\lim_{\substack{\Delta x \to 0 \\ \Delta y \to 0}} f_x(x+\theta_1\Delta x, y+\Delta y) = f_x(x,y)$$

因而可设

$$\varepsilon_1 = f_x(x+\theta_1\Delta x, y+\Delta y) - f_x(x,y) \to 0 \, (\text{当 } \Delta x \to 0, \Delta y \to 0)$$

即

$$f_x(x+\theta_1\Delta x, y+\Delta y) = f_x(x,y) + \varepsilon_1$$

于是公式 (9-9) 可变为

$$f(x+\Delta x, y+\Delta y) - f(x, y+\Delta y) = f_x(x,y)\Delta x + \varepsilon_1\Delta x \tag{9-10}$$

其中 ε_1 为 Δx 与 Δy 的函数，且当 $\Delta x \to 0, \Delta y \to 0$ 时，$\varepsilon_1 \to 0$.

类似可证第二个方括号内的表达式可以写为

$$f(x, y+\Delta y) - f(x,y) = f_y(x,y)\Delta y + \varepsilon_2\Delta y \tag{9-11}$$

其中 ε_2 为 Δx 与 Δy 的函数，且当 $\Delta x \to 0, \Delta y \to 0$ 时，$\varepsilon_2 \to 0$.

根据公式 (9-10) 和公式 (9-11)，在偏导数连续的条件下，全增量 Δz 可以表示为

$$\Delta z = f_x(x,y)\Delta x + f_y(x,y)\Delta y + \varepsilon_1\Delta x + \varepsilon_2\Delta y$$

利用三角不等式，可得

---

① 多元函数的偏导数在一点连续是指偏导数在该点的某个邻域内存在，在这个邻域内偏导数有定义，且这个偏导数在该点连续.

$$\left|\frac{\varepsilon_1\Delta x+\varepsilon_2\Delta y}{\rho}\right|=\left|\frac{\varepsilon_1\Delta x}{\sqrt{(\Delta x)^2+(\Delta y)^2}}+\frac{\varepsilon_2\Delta y}{\sqrt{(\Delta x)^2+(\Delta y)^2}}\right|$$

$$\leqslant|\varepsilon_1|\left|\frac{\Delta x}{\sqrt{(\Delta x)^2+(\Delta y)^2}}\right|+|\varepsilon_2|\left|\frac{\Delta y}{\sqrt{(\Delta x)^2+(\Delta y)^2}}\right|<|\varepsilon_1|+|\varepsilon_2|$$

上式随着$(\Delta x,\Delta y)\to(0,0)$,即$\rho\to0$而趋于零的.这就证明了函数$z=f(x,y)$在点$(x,y)$是可微的.结论成立.证毕.

以上关于二元函数的全微分的定义及可微分的充分必要条件,可以完全类似地推广到三元和三元以上的多元函数.

根据偏微分的定义,若$z=f(x,y)$的偏导数存在,对x的偏微分$\mathrm{d}_xz=\dfrac{\partial z}{\partial x}\mathrm{d}x$,对$y$的偏微分$\mathrm{d}_yz=\dfrac{\partial z}{\partial y}\mathrm{d}y$. 因此,函数$z=f(x,y)$的全微分$\mathrm{d}z=\dfrac{\partial z}{\partial x}\mathrm{d}x+\dfrac{\partial z}{\partial y}\mathrm{d}y$是关于两个自变量$x$与$y$的偏微分之和,即二元函数的全微分等于它的各个自变量的偏微分之和.这种性质称为二元函数的微分符合**叠加原理**.同理,对于三元的可微函数$u=f(x,y,z)$,其全微分是关于三个自变量x、y与z的偏微分之和,即

$$\mathrm{d}u=\frac{\partial u}{\partial x}\mathrm{d}x+\frac{\partial u}{\partial y}\mathrm{d}y+\frac{\partial u}{\partial z}\mathrm{d}z$$

例1 计算函数$z=x^3+3xy^2$的全微分.

解 偏导数:$\dfrac{\partial z}{\partial x}=3x^2+3y^2$,$\dfrac{\partial z}{\partial y}=6xy$.

根据公式(9-8),可得全微分:

$$\mathrm{d}z=\frac{\partial z}{\partial x}\mathrm{d}x+\frac{\partial z}{\partial y}\mathrm{d}y=3(x^2+y^2)\mathrm{d}x+6xy\mathrm{d}y$$

例2 计算函数$z=\mathrm{e}^{x^2+y^2}$在点$(1,2)$处的全微分.

解 偏导数:$\dfrac{\partial z}{\partial x}=\mathrm{e}^{x^2+y^2}\cdot\dfrac{\partial}{\partial x}(x^2+y^2)=2x\mathrm{e}^{x^2+y^2}$,$\dfrac{\partial z}{\partial y}=\mathrm{e}^{x^2+y^2}\cdot\dfrac{\partial}{\partial x}(x^2+y^2)=2y\mathrm{e}^{x^2+y^2}$.

于是

$$\frac{\partial z}{\partial x}\bigg|_{\substack{x=1\\y=2}}=2x\mathrm{e}^{x^2+y^2}\big|_{\substack{x=1\\y=2}}=2\mathrm{e}^5,\quad\frac{\partial z}{\partial y}=2y\mathrm{e}^{x^2+y^2}\big|_{\substack{x=1\\y=2}}=4\mathrm{e}^5$$

根据全微分公式(9-8),可得

$$\mathrm{d}z=\frac{\partial z}{\partial x}\mathrm{d}x+\frac{\partial z}{\partial y}\mathrm{d}y=2\mathrm{e}^5\mathrm{d}x+4\mathrm{e}^5\mathrm{d}y=2\mathrm{e}^5(\mathrm{d}x+2\mathrm{d}y)$$

例3 设函数$z=\dfrac{x^3+x^2y}{y^2}$,求在点$(1,1)$,且$\Delta x=0.05,\Delta x=0.1$时的全微分.

解 偏导数:$\dfrac{\partial z}{\partial x}=\dfrac{1}{y^2}\cdot\dfrac{\partial}{\partial x}(x^3+x^2y)=\dfrac{3x^2+2xy}{y^2}$

$$\frac{\partial z}{\partial y}=\frac{\dfrac{\partial}{\partial y}(x^3+x^2y)\cdot y^2-(x^3+x^2y)\cdot\dfrac{\partial y^2}{\partial y}}{y^4}=\frac{x^2\cdot y^2-(x^3+x^2y)\cdot2y}{y^4}=-\frac{x^2y+2x^3}{y^3}$$

于是有

$$\frac{\partial z}{\partial x}\bigg|_{(1,1)}=\frac{3x^2+2xy}{y^2}\bigg|_{(1,1)}=5,\quad \frac{\partial z}{\partial y}\bigg|_{(1,1)}=-\frac{x^2y+2x^3}{y^3}\bigg|_{(1,1)}=-3$$

以及 $\Delta x=0.05, \Delta x=0.1$，故

$$dz\bigg|_{(2,1)}=\frac{\partial z}{\partial x}\bigg|_{(1,1)}\Delta x+\frac{\partial z}{\partial y}\bigg|_{(1,1)}\Delta y=5\times0.05-3\times0.1=-0.05$$

例 4　计算函 $u=x+\sin4y+\ln(yz^2)$ 的全微分.

解　由于 $\dfrac{\partial x}{\partial x}=1,\dfrac{\partial u}{\partial y}=4\cos4y+\dfrac{z^2}{yz^2}=4\cos4y+\dfrac{1}{y},\dfrac{\partial u}{\partial z}=\dfrac{2yz}{yz^2}=\dfrac{2}{z}.$

利用三元函数的全微分公式，可得

$$du=\frac{\partial u}{\partial x}dx+\frac{\partial u}{\partial y}dy+\frac{\partial u}{\partial z}dz=dx+\left(4\cos4y+\frac{1}{y}\right)dy+\frac{2}{z}dz$$

*二、全微分在近似计算中的应用

由二元函数的全微分的定义及全微分存在的充分条件可知，当函数 $z=f(x,y)$ 在点 (x,y) 的两个偏导数 $f_x(x,y),f_y(x,y)$ 连续，并且 $|\Delta x|,|\Delta y|$ 都很小时，就有近似等式

$$\Delta z\approx dz=A\Delta x+B\Delta y=f_x(x,y)\Delta x+f_y(x,y)\Delta y \qquad (9-12)$$

可以写成

$$f(x+\Delta x,y+\Delta y)\approx f(x,y)+f_x(x,y)\Delta x+f_y(x,y)\Delta y \qquad (9-13)$$

与一元函数的情形相类似，可以利用上面两个公式对二元函数做近似计算和误差估计.

例 5　计算 $(1.02)^{2.03}$ 的近似值.

解　设函数 $f(x,y)=x^y$，计算在 $x=1.02,y=2.03$ 时的函数值 $f(1.02,2.03)$.取

$$x=1,y=2,\Delta x=0.02,\Delta y=0.03$$

由于 $f(x,y)=1$，且

$$f_x(x,y)=yx^{y-1},f_y(x,y)=x^y\ln x,f_x(1,2)=2,f_x(1,2)=0$$

利用近似公式（9-13），可得

$$(1.04)^{2.02}\approx1+2\times0.02+0\times0.03=1.04$$

例 6　有一圆柱体，受压后发生形变，它的半径由 20 cm 减少到 19.05 cm，高度由 100 cm 增加到 101.05 cm.求此圆柱体体积变化的近似值.

解　设圆柱体的半径、高和体积依次为 r,h,V，则有 $V=\pi r^2h$.利用近似公式（9-12），可得

$$\Delta V\approx dV=V_r\Delta r+V_h\Delta h=2\pi rh\Delta r+\pi r^2\Delta h$$

把 $r=20,h=100,\Delta r=-0.95,\Delta h=1.05$ 代入上式，可得

$$\Delta V\approx2\pi\times20\times100\times(-0.95)+\pi\times20^2\times1.05=-3\,380\pi(\text{cm}^3)$$

故圆柱体受压后体积约减少了 $3\,380\pi$ cm³.

现在，我们讨论近似计算的误差.对于一般的二元函数 $z=f(x,y)$，如果自变量 x 与 y 的绝对误差分别为 δ_x,δ_y，即 $|\Delta x|\le\delta_x,|\Delta y|\le\delta_y$，那么因变量 z 的误差

$$|\Delta z|\approx|dz|=|f_x(x,y)\Delta x+f_y(x,y)\Delta y|\le|f_x(x,y)|\cdot|\Delta x|+|f_y(x,y)|\cdot|\Delta y|$$

$$\le|f_x(x,y)|\delta_x+|f_y(x,y)|\delta_y$$

从而得到因变量 z 的绝对误差为

$$\delta_z \leqslant |f_x(x,y)|\delta_x + |f_y(x,y)|\delta_y$$

z 的相对误差为

$$\frac{\delta_z}{|z|} = \left|\frac{f_x(x,y)}{z}\right|\delta_x + \left|\frac{f_y(x,y)}{z}\right|\delta_y$$

习题 9-3

1.求下列函数的全微分.

（1）$z = xy^2 - x^4$；　　　　　　（2）$z = e^{x+xy}$；（3）$z = \cos^2(x+y^2)$；

（4）$z = \ln\left(\dfrac{x}{x^2+y^2}\right)$；　　　　　（5）$z = \arcsin(2x+3y)$；（6）$u = (x^3 y)^{\frac{z}{y}}$.

2.求函数 $z = (1+2x^2)^{y^3}$ 当 $x = 2, y = 1$ 时的全微分.

3.求函数 $z = xy^2$ 当 $x = 1, y = 2, \Delta x = 0.1, \Delta y = -0.1$ 时的全增量与全微分.

4.求函数 $z = \dfrac{xy}{\sqrt{x^2+y^2}}$ 当 $x = 1, y = 2, \Delta x = \Delta y = 0.1$ 时的全微分.

5.考虑二元函数 $f(x,y)$ 的下面四条性质之间的递推关系.

（1）$f(x,y)$ 在点 (x_0,y_0) 连续；

（2）$f_x(x_0,y_0)$ 与 $f_y(x_0,y_0)$ 都存在；

（3）$f_x(x,y)$ 与 $f_x(x,y)$ 都在点 (x_0,y_0) 连续；

（4）$f(x,y)$ 在点 (x_0,y_0) 可微.

*6.计算 $(1.04)^{1.99}$ 的近似值.

*7.计算 $\ln(\sqrt[3]{0.97} + \sqrt[4]{1.02} - 1)$ 的近似值.

*8.设有一圆柱体,受压后发生形变,它的半径由 2 cm 增大到 2.05 cm,高度由 10 cm 减少到 9.8 cm.求圆柱体体积变化的近似值.

第四节　多元复合函数的求导法则

在本章第二节中,我们给出偏导数的定义及一个中间变量与多个自变量的复合函数偏导数的计算方法.对于非抽象的函数构成的复合函数,可以直接按照求导公式和法则算出偏导数及高阶偏导数.但对于多个中间变量与多个自变量的复合函数以及抽象的函数构成的复合函数,还不能计算它们的偏导数.本节将一元函数微分学中复合函数的求导法则推广到多元复合函数的情形,而且多元复合函数的求导法则在多元函数微分学中起着非常重要的作用.

一、多元复合函数链导法则

1. 中间变量为一元函数的情形

定理 1　若函数 $u = \varphi(t), v = \theta(t)$ 都在点 t 可导,而函数 $z = f(u,v)$ 在对应点 (u,v) 具

有连续偏导数,则复合函数 $z=f[\varphi(t),\theta(t)]$ 在点 t 可导,且

$$\frac{\mathrm{d}z}{\mathrm{d}t}=\frac{\partial z}{\partial u}\cdot\frac{\mathrm{d}u}{\mathrm{d}t}+\frac{\partial z}{\partial v}\cdot\frac{\mathrm{d}v}{\mathrm{d}t} \tag{9-14}$$

公式(9-14)称为**复合函数的链导法则**.在公式(9-14)中的导数 $\dfrac{\mathrm{d}z}{\mathrm{d}t}$ 称为**全导数**.该公式说明,只有一个自变量的的二元复合函数的全导数等于因变量对各个中间变量的偏导数乘以该中间变量对自变量的全导数之和.

证 设自变量 t 获得增量 Δt,函数 $u=\varphi(t),v=\theta(t)$ 获得对应增量 $\Delta u,\Delta v$,由此 $z=f(u,v)$ 相应地获得增量 Δz,且假定在点 (u,v) 具有连续偏导数.由第三节定理 2 的证明过程可获得,它的全增量可表示为

$$\Delta z=\frac{\partial z}{\partial u}\cdot\Delta u+\frac{\partial z}{\partial v}\cdot\Delta v+\varepsilon_1\Delta u+\varepsilon_2\Delta v$$

其中当 $\Delta u\to0,\Delta v\to0$ 时,$\varepsilon_1\to0,\varepsilon_2\to0$.

从而当 $\Delta t\neq0$ 时,两端同除以 Δt,可得

$$\frac{\Delta z}{\Delta t}=\frac{\partial z}{\partial u}\cdot\frac{\Delta u}{\Delta t}+\frac{\partial z}{\partial v}\cdot\frac{\Delta v}{\Delta t}+\varepsilon_1\frac{\Delta u}{\Delta t}+\varepsilon_2\frac{\Delta u}{\Delta t}$$

因为当 $\Delta t\to0$ 时,$\Delta u\to0,\Delta v\to0,\dfrac{\Delta u}{\Delta t}\to\dfrac{\mathrm{d}u}{\mathrm{d}t}$（有界）,$\dfrac{\Delta v}{\Delta t}\to\dfrac{\mathrm{d}v}{\mathrm{d}t}$（有界）,利用第一章第四节无穷小的性质:有界函数乘无穷小仍为无穷小,可得 $\varepsilon_1\dfrac{\Delta u}{\Delta t}\to0,\varepsilon_2\dfrac{\Delta u}{\Delta t}\to0$;所以

$$\lim_{\Delta t\to0}\frac{\Delta z}{\Delta t}=\frac{\partial z}{\partial u}\cdot\lim_{\Delta t\to0}\frac{\Delta u}{\Delta t}+\frac{\partial z}{\partial v}\cdot\lim_{\Delta t\to0}\frac{\Delta v}{\Delta t}$$

即

$$\frac{\mathrm{d}z}{\mathrm{d}t}=\frac{\partial z}{\partial u}\cdot\frac{\mathrm{d}u}{\mathrm{d}t}+\frac{\partial z}{\partial v}\cdot\frac{\mathrm{d}v}{\mathrm{d}t}.$$

这就证明了复合函数 $z=f[\varphi(t),\theta(t)]$ 在点 t 可导和求导公式(9-14).证毕.

我们知道,一元复合函数的求导公式:$z=f(u),u=\varphi(x)$ 的复合函数 $z=f[\varphi(x)]$ 导数

$$\frac{\mathrm{d}z}{\mathrm{d}x}=\frac{\mathrm{d}z}{\mathrm{d}u}\cdot\frac{\mathrm{d}u}{\mathrm{d}x}$$

函数 $z=f[\varphi(t),\theta(t)]$ 增加了一个中间变量 v,链导公式(9-14)就要增加一项,这一项是关于新增中间变量 v 的导数,因而链导公式具有**叠加性**.这是由于二元函数的微分具有叠加性确定的.要记住:多个中间变量,只有一个自变量的函数的导数是全导数,多于一个自变量的函数的导数是偏导数.

利用同样的方法,可把定理1推广到复合函数的中间变量多于两个的情形.例如,设函数 $z=f(u,v,w),u=\varphi(t),v=\theta(t),w=\omega(t)$ 复合而成的函数 $z=f[\varphi(t),\theta(t),\omega(t)]$,在与定理1相同的条件下,则这个复合函数在 t 可导,其导数按下面公式计算:

$$\frac{\mathrm{d}z}{\mathrm{d}t}=\frac{\partial z}{\partial u}\cdot\frac{\mathrm{d}u}{\mathrm{d}t}+\frac{\partial z}{\partial v}\cdot\frac{\mathrm{d}v}{\mathrm{d}t}+\frac{\partial z}{\partial w}\cdot\frac{\mathrm{d}w}{\mathrm{d}t} \tag{9-15}$$

例1 设函数 $z=u^2+\mathrm{e}^v,u=\mathrm{e}^{3t},v=3t$,求全导数 $\dfrac{\mathrm{d}z}{\mathrm{d}t}$.

解 设 $z=f(u,v)=u^2+\mathrm{e}^v$，$u=\mathrm{e}^{3t}$，$v=3t$．所给函数是两个中间变量，一个自变量的复合函数，复合关系如图 9-8 所示．于是

$$\frac{\partial z}{\partial u}=2u,\frac{\partial z}{\partial v}=\mathrm{e}^v;\frac{\mathrm{d}u}{\mathrm{d}t}=3\mathrm{e}^{3t},\frac{\mathrm{d}v}{\mathrm{d}t}=3$$

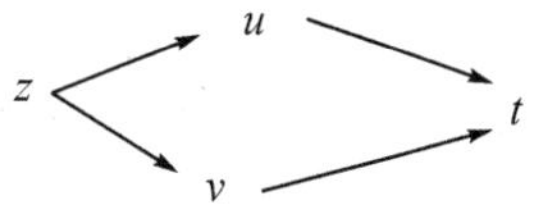

根据公式 (9-14)，可得

图 9-8　复合关系

$$\frac{\mathrm{d}z}{\mathrm{d}t}=\frac{\partial z}{\partial u}\cdot\frac{\mathrm{d}u}{\mathrm{d}t}+\frac{\partial z}{\partial v}\cdot\frac{\mathrm{d}v}{\mathrm{d}t}=2u\cdot3\mathrm{e}^{3t}+\mathrm{e}^v\cdot3=2\mathrm{e}^{3t}\cdot3\mathrm{e}^{3t}+\mathrm{e}^{3t}\cdot3=3\mathrm{e}^{3t}(2\mathrm{e}^{3t}+1)$$

注　本题也可以写出复合函数 $z=(\mathrm{e}^{3t})^2+\mathrm{e}^{3t}=\mathrm{e}^{3t}(1+\mathrm{e}^{3t})$，再利用第二节的方法求偏导数．

2. 中间变量为多元函数的情形

定理 2　设函数 $u=\varphi(x,y)$，$v=\theta(x,y)$ 在点 (x,y) 的四个偏导数都存在，而 $z=f(u,v)$ 在相应的点 (u,v) 偏导数连续，则复合函数 $z=f[\varphi(x,y),\theta(x,y)]$ 在点 (x,y) 的两个偏导数都存在，且

$$\frac{\partial z}{\partial x}=\frac{\partial z}{\partial u}\cdot\frac{\partial u}{\partial x}+\frac{\partial z}{\partial v}\cdot\frac{\partial v}{\partial x},\frac{\partial z}{\partial y}=\frac{\partial z}{\partial u}\cdot\frac{\partial u}{\partial y}+\frac{\partial z}{\partial v}\cdot\frac{\partial v}{\partial y}$$

或

$$\frac{\partial z}{\partial x}=\frac{\partial f}{\partial u}\cdot\frac{\partial u}{\partial x}+\frac{\partial f}{\partial v}\cdot\frac{\partial v}{\partial x},\frac{\partial z}{\partial y}=\frac{\partial f}{\partial u}\cdot\frac{\partial u}{\partial y}+\frac{\partial f}{\partial v}\cdot\frac{\partial v}{\partial y} \tag{9-16}$$

公式 (9-16) 也称为**复合函数的链导法则**．公式组 (9-16) 说明，两个中间变量与两个自变量的二元复合函数对某个自变量的偏导数等于因变量对各个中间变量的偏导数乘以该中间变量对这个自变量的偏导数之和．

证　假定 $z=f(u,v)$ 的一阶偏导数连续，由第三节定理 2，它必然可微．因而对于变量 u,v 的增量 $\Delta u,\Delta v$，函数 $z=f(u,v)$ 有全增量可以表示为

$$\Delta z=\frac{\partial z}{\partial u}\cdot\Delta u+\frac{\partial z}{\partial v}\cdot\Delta v+o(\rho)$$

其中 $\rho=\sqrt{(\Delta u)^2+(\Delta v)^2}$．

固定 y，给 x 以增量 Δx，相应于函数 $u=\varphi(x,y)$，$v=\theta(x,y)$，有偏增量 $\Delta_x u$、$\Delta_x v$．此时全增量 $\Delta z=\Delta_x z$，上式可以表示为

$$\Delta_x z=\frac{\partial z}{\partial u}\Delta_x u+\frac{\partial z}{\partial v}\Delta_x v+o(\rho),\rho=\sqrt{(\Delta_x u)^2+(\Delta_x v)^2}$$

从而当 $\Delta x\neq0$ 时，两端同除以 Δx，可得

$$\frac{\Delta_x z}{\Delta x}=\frac{\partial z}{\partial u}\cdot\frac{\Delta_x u}{\Delta x}+\frac{\partial z}{\partial v}\cdot\frac{\Delta_x v}{\Delta x}+\frac{o(\rho)}{\Delta x} \tag{9-17}$$

若 $u=\varphi(x,y)$，$v=\theta(x,y)$ 的一阶偏导数存在，可视为关于 x 的一元函数 u,v 连续，当 $\Delta x\to0$ 时，$\Delta_x u\to0$，$\Delta_x v\to0$，则有 $\rho=\sqrt{(\Delta_x u)^2+(\Delta_x v)^2}\to0$．因此，

$$\lim_{\Delta x\to0}\frac{o(\rho)}{\Delta x}=\lim_{\Delta x\to0}\left[\frac{\rho}{\Delta x}\cdot\frac{o(\rho)}{\rho}\right]=\lim_{\Delta x\to0}\left[\frac{\sqrt{(\Delta_x u)^2+(\Delta_x v)^2}}{\Delta x}\cdot\frac{o(\rho)}{\rho}\right]$$

$$=\pm\lim_{\Delta x\to0}\sqrt{\left(\frac{\Delta_x u}{\Delta x}\right)^2+\left(\frac{\Delta_x v}{\Delta x}\right)^2}\cdot\lim_{\rho\to0}\frac{o(\rho)}{\rho}$$

$$= \pm \sqrt{\left(\frac{\partial u}{\partial x}\right)^2 + \left(\frac{\partial v}{\partial x}\right)^2} \cdot 0 = 0 \ (\Delta x > 0, \text{取} +; \Delta x < 0, \text{取} -)$$

于是对公式(9-17)两端求极限,可得

$$\frac{\partial z}{\partial x} = \lim_{\Delta x \to 0} \frac{\Delta_x z}{\Delta x} = \lim_{\Delta x \to 0} \left[\frac{\partial z}{\partial u} \cdot \frac{\Delta_x u}{\Delta x} + \frac{\partial z}{\partial v} \cdot \frac{\Delta_x v}{\Delta x} + \frac{o(\rho)}{\Delta x} \right] = \frac{\partial z}{\partial u} \cdot \frac{\partial u}{\partial x} + \frac{\partial z}{\partial v} \cdot \frac{\partial v}{\partial x}$$

固定 x,给 y 以增量 Δy,用同样的方法,可得

$$\frac{\partial z}{\partial y} = \frac{\partial z}{\partial u} \cdot \frac{\partial u}{\partial y} + \frac{\partial z}{\partial v} \cdot \frac{\partial v}{\partial y}$$

便证明了公式组(9-16).证毕.

例 2 设 $z = u^2 v, u = x\cos y, v = x\sin y$,求偏导数 $\frac{\partial z}{\partial x}, \frac{\partial z}{\partial y}$.

解
$$\frac{\partial z}{\partial u} = 2uv, \frac{\partial z}{\partial v} = u^2;$$

$$\frac{\partial u}{\partial x} = \cos y, \frac{\partial u}{\partial y} = -x\sin y, \frac{\partial v}{\partial x} = \sin y, \frac{\partial v}{\partial y} = x\cos y.$$

利用链导公式(9-16),可得

$$\frac{\partial z}{\partial x} = \frac{\partial z}{\partial u}\frac{\partial u}{\partial x} + \frac{\partial z}{\partial v}\frac{\partial v}{\partial x} = 2uv\cos y + u^2 \sin y = 2x^2 \cos y\sin y\cos y + x^2 \cos^2 y\sin y$$

$$= 3x^2 \cos^2 y\sin y$$

$$\frac{\partial z}{\partial y} = \frac{\partial z}{\partial u}\frac{\partial u}{\partial y} + \frac{\partial z}{\partial v}\frac{\partial v}{\partial y} = 2uv(-x\sin y) + u^2(x\cos y)$$

$$= 2x^2 \cos y\sin y(-x\sin y) + x^2 \cos^2 y(x\cos y) = x^3 \cos y(\cos^2 y - 2\sin^2 y)$$

注 本题也可以写出复合函数 $z = (x\cos y)^2 x\sin y = x^3 \cos^2 y\sin y$,再求偏导数.

3. 其他情形

定理 3 设 $u = \varphi(x, y)$ 在点 (x, y) 的偏导数存在,而 $z = f(u)$ 在相应的点 u 可导,则复合函数 $z = f[\varphi(x, y)]$ 在点 (x, y) 的两个偏导数都存在,且

$$\frac{\partial z}{\partial x} = \frac{dz}{du} \cdot \frac{\partial u}{\partial x} = f' \cdot u_x, \frac{\partial z}{\partial y} = \frac{dz}{du} \cdot \frac{\partial u}{\partial y} = f' \cdot u_y \tag{9-18}$$

定理 3 是定理 2 的特殊情形.在定理 2 中,令 $v = 0$,则有 $\frac{\partial v}{\partial x} = 0, \frac{\partial v}{\partial y} = 0$;而 $z = f(u, v)$ 只是 u 的一元函数,故将 $\frac{\partial z}{\partial u}$ 换成了 $\frac{dz}{du}$,这就是定理 3 的结果.公式(9-18)就是我们在本章第二节给出的公式.

定理 4 设函数 $v = \theta(x, y)$ 在点 (x, y) 的两个偏导数存在,$z = f(x, v)$ 在相应的点 (x, y) 偏导数连续,则复合函数 $z = f[x, \theta(x, y)]$ 在点 (x, y) 的两个偏导数都存在,且

$$\frac{\partial z}{\partial x} = \frac{\partial f}{\partial x} + \frac{\partial f}{\partial v} \cdot \frac{\partial v}{\partial x} = f_x + f_v \cdot v_x, \frac{\partial z}{\partial y} = \frac{\partial f}{\partial v} \cdot \frac{\partial v}{\partial y} = f_v \cdot v_y. \tag{9-19}$$

定理 4 也是定理 2 的特殊情形.在定理 2 中,x 可以看作中间变量 u 与自变量 x,且与 y 无关,从而 $\frac{\partial u}{\partial x} = \frac{dx}{dx} = 1, \frac{\partial u}{\partial y} = \frac{\partial x}{\partial y} = 0$,代入公式(9-15)可得公式(9-19).此时 $\frac{\partial z}{\partial x}$ 与 $\frac{\partial f}{\partial x}$ 是不同

的，$\dfrac{\partial z}{\partial x}$表示复合函数 $z=f[x,\theta(x,y)]$把 y 看作不变，对于自变量 x 的导数，而 $\dfrac{\partial f}{\partial x}$ 则表示 $z=f(x,v)$ 把 v 看作不变，而对中间变量 x 的导数.

定理 2 还可以做下面推广：

当复合函数增加一个中间变量，复合函数的全部偏导数就要增加一项．设函数 $u=\varphi(x,y),v=\theta(x,y),w=\omega(x,y)$ 在点 (x,y) 对 x,y 偏导数都存在，$z=f(u,v,w)$ 在对应点 (u,v,w) 各个一阶偏导数都连续，则复合函数为 $z=f[\varphi(x,y),\theta(x,y),\omega(x,y)]$ 在点 (x,y) 的两个偏导数都存在，且

$$\frac{\partial z}{\partial x}=\frac{\partial z}{\partial u}\cdot\frac{\partial u}{\partial x}+\frac{\partial z}{\partial v}\cdot\frac{\partial v}{\partial x}+\frac{\partial z}{\partial w}\cdot\frac{\partial w}{\partial x},\frac{\partial z}{\partial y}=\frac{\partial z}{\partial u}\cdot\frac{\partial u}{\partial y}+\frac{\partial z}{\partial v}\cdot\frac{\partial v}{\partial y}+\frac{\partial z}{\partial w}\cdot\frac{\partial w}{\partial y}\qquad(9\text{-}20)$$

当一个自变量出现在中间变量的函数中，复合函数的关于这个自变量的偏导数就要增加该自变量的偏导数一项，而关于其余自变量的偏导数不增加项(见图 9-9).设函数 $u=\varphi(x,y)$，$v=\theta(x,y)$ 在点 (x,y) 对 x,y 偏导数都存在，$z=f(x,u,v)$ 在对应点 (x,u,v) 各个一阶偏导数都连续，则复合函数 $z=f[x,\varphi(x,y)$，$\theta(x,y)]$ 在点 (x,y) 的两个偏导数都存在，且

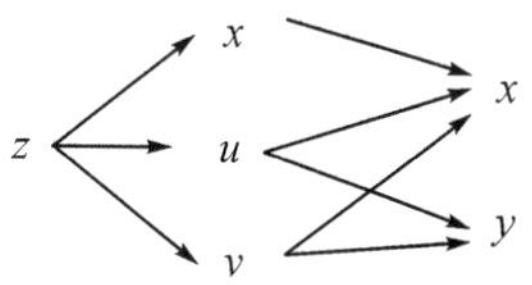

图 9-9　图形展示

$$\frac{\partial z}{\partial x}=\frac{\partial f}{\partial x}\cdot\frac{\mathrm{d}x}{\mathrm{d}x}+\frac{\partial f}{\partial u}\cdot\frac{\partial u}{\partial x}+\frac{\partial f}{\partial v}\cdot\frac{\partial v}{\partial x}=f_x+\frac{\partial u}{\partial x}f_u+\frac{\partial v}{\partial x}f_v$$

$$\frac{\partial z}{\partial y}=\frac{\partial f}{\partial u}\cdot\frac{\partial u}{\partial y}+\frac{\partial f}{\partial v}\cdot\frac{\partial v}{\partial y}=\frac{\partial u}{\partial y}f_u+\frac{\partial v}{\partial y}f_v\qquad(9\text{-}21)$$

此情形中，x 既是中间变量也是自变量，公式(9-21)可以看作公式(9-20)的特殊情形，在函数 $z=f[\varphi(x,y),\theta(x,y),\omega(x,y)]$ 中令 $\omega=x$，可得

$$\frac{\partial\omega}{\partial x}=1,\frac{\partial\omega}{\partial y}=0$$

代入公式(9-20)就得 $z=f[x,\varphi(x,y),\theta(x,y)]$ 的求导公式(9-21).

此时 $\dfrac{\partial z}{\partial x}$ 与 $\dfrac{\partial f}{\partial x}$ 是不同的，$\dfrac{\partial z}{\partial x}$ 表示复合函数 $z=f[x,\varphi(x,y),\theta(x,y)]$ 把 y 看作不变，对于自变量 x 的导数，而 $\dfrac{\partial f}{\partial x}$ 则表示函数 $z=f(x,u,v)$ 把 u 与 v 看作不变，而对 x 作为中间变量的 x 导数.即当 x 具有"双重身份"(既是中间变量也是自变量)时，$\dfrac{\partial z}{\partial x}$ 与 $\dfrac{\partial f}{\partial x}$ 的含义不同，除此之外，$\dfrac{\partial z}{\partial x}$ 与 $\dfrac{\partial f}{\partial x}$ 是相同的.

例 3 设 $z=\ln(u^2-v)+\sin x$，而 $u=x+y,v=x^2+y^2$，求偏导数 $\dfrac{\partial z}{\partial x}$ 及 $\dfrac{\partial z}{\partial y}$.

解法一 设 $z=f(u,v,x)$，x 既是中间变量又是自变量，则有

$$\frac{\partial f}{\partial u}=\frac{2u}{u^2-v},\frac{\partial f}{\partial v}=\frac{-1}{u^2-v},\frac{\partial f}{\partial x}=\cos x$$

$$\frac{\partial u}{\partial x}=1\quad\frac{\partial u}{\partial y}=1\quad\frac{\partial v}{\partial x}=2x,\frac{\partial v}{\partial y}=2y$$

利用公式(9-21),可得

$$\frac{\partial z}{\partial x}=\frac{\partial f}{\partial u}\cdot\frac{\partial u}{\partial x}+\frac{\partial f}{\partial v}\cdot\frac{\partial v}{\partial x}+\frac{\partial f}{\partial x}=\frac{2u}{u^2-v}\cdot 1-\frac{1}{u^2-v}\cdot 2x+\cos x\cdot 1$$

$$=\frac{2(x+y)}{(x+y)^2-(x^2+y^2)}-\frac{2x}{(x+y)^2-(x^2+y^2)}+\cos x=\frac{1}{x}+\cos x$$

$$\frac{\partial z}{\partial y}=\frac{\partial f}{\partial u}\cdot\frac{\partial u}{\partial y}+\frac{\partial f}{\partial v}\cdot\frac{\partial v}{\partial y}=\frac{2u}{u^2-v}\cdot 1-\frac{1}{u^2-v}\cdot 2y$$

$$=\frac{2(x+y)}{(x+y)^2-(x^2+y^2)}-\frac{2y}{(x+y)^2-(x^2+y^2)}=\frac{1}{y}$$

解法二　将 $u=x+y,v=x^2+y^2$,代入 $z=\ln(u^2-v)+\sin x$,可得

$$z=\ln[(x+y)^2-(x^2+y^2)]+\sin x=\ln(2xy)+\sin x$$

于是

$$\frac{\partial z}{\partial x}=\frac{2y}{2xy}+\cos x=\frac{1}{x}+\cos x,\quad\frac{\partial z}{\partial y}=\frac{2x}{2xy}=\frac{1}{y}$$

例4　设函数 $z=f(x^2y,\frac{y}{x})$,f 的一阶偏导数连续(见图9-10),求偏导数 $\frac{\partial z}{\partial x},\frac{\partial z}{\partial y}$.

解　设 $u=x^2y,v=\frac{y}{x}$,则 $z=f(u,v)$.

$$u_x=2xy,u_y=x^2,v_x=-\frac{y}{x^2},v_y=\frac{1}{x}.$$

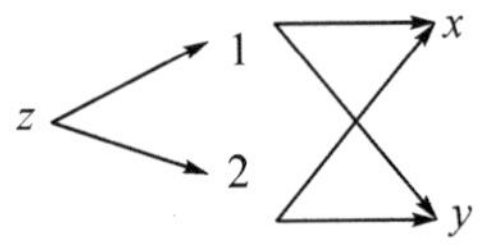

为了便于表达,引入记号

$$f_u(u,v)=f'_1(u,v),f_v(u,v)=f'_2(u,v)$$

图9-10　图形展示

利用链导公式(9-16),可得

$$\frac{\partial z}{\partial x}=f_u\cdot u_x+f_v\cdot v_x=f_u\cdot 2xy+f_v\cdot(-\frac{y}{x^2})=2xyf'_1-\frac{y}{x^2}f'_2$$

$$\frac{\partial z}{\partial y}=f_u\cdot u_y+f_v\cdot v_y=f_u\cdot x^2+f_v\cdot\frac{1}{x}=x^2f'_1+\frac{1}{x}f'_2$$

例5　设 $z=f(x^2-y^2,y)$,f 的各个二阶偏导数连续,求二阶偏导数 $\frac{\partial^2 z}{\partial x^2},\frac{\partial^2 z}{\partial y^2},\frac{\partial^2 z}{\partial x\partial y}$.

解　设 $u=x^2-y^2$,则 $z=f(u,y)$,y 既是中间变量又是自变量.

$$\frac{\partial u}{\partial x}=2x,\frac{\partial u}{\partial y}=-2y,\frac{\partial y}{\partial x}=0,\frac{\partial y}{\partial y}=\frac{\mathrm{d}y}{\mathrm{d}y}=1$$

利用公式(9-16)求偏导数,可得

$$\frac{\partial z}{\partial x}=\frac{\partial f}{\partial u}\cdot\frac{\partial u}{\partial x}+\frac{\partial f}{\partial y}\cdot\frac{\partial y}{\partial x}=2xf'_1,\quad\frac{\partial z}{\partial y}=\frac{\partial f}{\partial u}\cdot\frac{\partial u}{\partial y}+\frac{\partial f}{\partial y}\cdot\frac{\partial y}{\partial y}=-2yf'_1+f'_2;$$

$$\frac{\partial^2 z}{\partial x^2}=2f'_1+2x\frac{\partial}{\partial x}f'_1=2f'_1+2x\left(\frac{\partial f'_1}{\partial u}\frac{\partial u}{\partial x}+\frac{\partial f'_1}{\partial y}\frac{\partial y}{\partial x}\right)$$

$$=2f'_1+2x(f''_{11}\cdot 2x+f''_{12}\cdot 0)=2f'_1+4x^2f''_{11}$$

$$\frac{\partial^2 z}{\partial x\partial y}=2x\frac{\partial f'_1}{\partial y}=2x\left(\frac{\partial f'_1}{\partial u}\frac{\partial u}{\partial y}+\frac{\partial f'_1}{\partial y}\frac{\partial y}{\partial y}\right)=2x(-2yf''_{11}+f''_{12})$$

$$\frac{\partial^2 z}{\partial y^2} = -2f'_1 - 2y\frac{\partial f'_1}{\partial y} + \frac{\partial f'_2}{\partial y} = -2f'_1 - 2y\left(\frac{\partial f'_1}{\partial u}\frac{\partial u}{\partial y} + \frac{\partial f'_1}{\partial y}\frac{\partial y}{\partial y}\right) + \frac{\partial f'_2}{\partial u}\frac{\partial u}{\partial y} + \frac{\partial f'_2}{\partial y}\frac{\partial y}{\partial y}$$

$$= -2f'_1 - 2y(-2yf''_{11} + f''_{12}) + (-2yf''_{21} + f''_{22}) = -2f'_1 + 4y^2f''_{11} - 4yf''_{12} + f''_{22}$$

注 一般 f'_1、f'_2 仍然保持原有的复合关系,此处"1"表示第一个中间变量,"2"表示第二个中间变量……在不混淆的情况下,有简便写法:$f'_1 = f_1$,$f''_{12} = f_{12}$,$f''_{11} = f_{11}$,……. 因为 f 的二阶偏导数连续,故与求导的次序无关,即 $f_{12} = f_{21}$,……如图 9-11 所示.

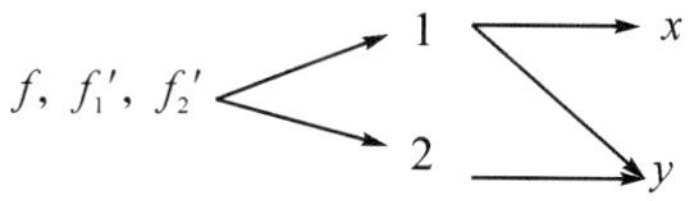

图 9-11　图形展示

例 6 设 $z = f(xy, 2x - 3y)$,f 的二阶偏导数连续,求二阶偏导数 $\dfrac{\partial^2 z}{\partial x^2}$,$\dfrac{\partial^2 z}{\partial y^2}$,$\dfrac{\partial^2 z}{\partial x \partial y}$(见图 9-12).

解 设 $u = xy$,$v = 2x - 3y$,则 $z = f(u, v)$.

$$\frac{\partial u}{\partial x} = y, \frac{\partial u}{\partial y} = x, \frac{\partial v}{\partial x} = 2, \frac{\partial v}{\partial y} = -3$$

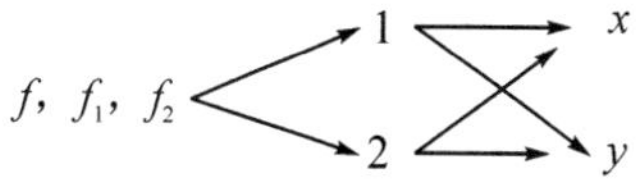

图 9-12　图形展示

利用公式(9-16)求偏导数,可得

$$\frac{\partial z}{\partial x} = \frac{\partial f}{\partial u} \cdot \frac{\partial u}{\partial x} + \frac{\partial f}{\partial v} \cdot \frac{\partial v}{\partial x} = yf_1 + 2f_2$$

$$\frac{\partial z}{\partial y} = \frac{\partial f}{\partial u} \cdot \frac{\partial u}{\partial y} + \frac{\partial f}{\partial v} \cdot \frac{\partial v}{\partial y} = xf_1 - 3f_2$$

$$\frac{\partial^2 z}{\partial x^2} = \frac{\partial}{\partial x}\left(\frac{\partial z}{\partial x}\right) = y\frac{\partial f_1}{\partial x} + 2\frac{\partial f_2}{\partial x} = y\left(\frac{\partial f_1}{\partial u}\frac{\partial u}{\partial x} + \frac{\partial f_1}{\partial v}\frac{\partial v}{\partial x}\right) + 2\left(\frac{\partial f_2}{\partial u}\frac{\partial u}{\partial x} + \frac{\partial f_2}{\partial v}\frac{\partial v}{\partial x}\right)$$

$$= y(yf_{11} + 2f_{12}) + 2(yf_{21} + 2f_{22}) = y^2f_{11} + 4yf_{12} + 4f_{22}$$

$$\frac{\partial^2 z}{\partial y^2} = \frac{\partial}{\partial y}\left(\frac{\partial z}{\partial y}\right) = \frac{\partial}{\partial y}(xf_1 - 3f_2) = x\left(\frac{\partial f_1}{\partial u}\frac{\partial u}{\partial y} + \frac{\partial f_1}{\partial v}\frac{\partial v}{\partial y}\right) - 3\left(\frac{\partial f_2}{\partial u}\frac{\partial u}{\partial y} + \frac{\partial f_2}{\partial v}\frac{\partial v}{\partial y}\right)$$

$$= x(xf_{11} - 3f_{12}) - 3(xf_{21} - 3f_{22}) = x^2f_{11} - 6xf_{12} + 9f_{22}$$

$$\frac{\partial^2 z}{\partial x \partial y} = \frac{\partial}{\partial y}\left(\frac{\partial z}{\partial x}\right) = \frac{\partial}{\partial y}(yf_1 + 2f_2) = f_1 + y\frac{\partial f_1}{\partial y} + 2\frac{\partial f_2}{\partial y}$$

$$= f_1 + y\left(\frac{\partial f_1}{\partial u}\frac{\partial u}{\partial y} + \frac{\partial f_1}{\partial v}\frac{\partial v}{\partial y}\right) + 2\left(\frac{\partial f_2}{\partial u}\frac{\partial u}{\partial y} + \frac{\partial f_2}{\partial v}\frac{\partial v}{\partial y}\right)$$

$$= f_1 + y(xf_{11} - 3f_{12}) + 2(xf_{21} - 3f_{22}) = f_1 + xyf_{11} + (2x - 3y)f_{12} - 6f_{22}$$

注 在求二阶偏导数的过程中,若函数中含有四则运算,则先处理四则运算的求导,然后再考虑复合函数求导.

二、全微分的形式不变性

设 $z = f(u)$,$u = \varphi(x)$ 的复合函数 $z = f[\varphi(x)]$ 的微分 $\mathrm{d}y = f'(u)\varphi'(x)\mathrm{d}x = f'(u)\mathrm{d}u$. 无论 u 是自变量还是中间变量,函数的微分形式都是相同的,称为一元函数微分的不变性.二元

函数也有类似的性质:设函数 $z=f(u,v)$ 一阶偏导数连续,则一定可微,即 $\Delta z=A\Delta u+B\Delta v+o(\rho)$,也就是

$$dz=\frac{\partial z}{\partial u}du+\frac{\partial z}{\partial v}dv$$

又设函数 $u=\varphi(x,y)$,$v=\theta(x,y)$ 一阶偏导数连续,也有

$$du=\frac{\partial u}{\partial x}dx+\frac{\partial u}{\partial y}dy,\quad dv=\frac{\partial v}{\partial x}dx+\frac{\partial v}{\partial y}dy$$

从而复合函数 $z=f[\varphi(x,y),\theta(x,y)]$ 的全微分为

$$dz=\frac{\partial z}{\partial u}du+\frac{\partial z}{\partial v}dv=\frac{\partial z}{\partial u}\left(\frac{\partial u}{\partial x}dx+\frac{\partial u}{\partial y}dy\right)+\frac{\partial z}{\partial v}\left(\frac{\partial v}{\partial x}dx+\frac{\partial v}{\partial y}dy\right)$$

$$=\left(\frac{\partial z}{\partial u}\cdot\frac{\partial u}{\partial x}+\frac{\partial z}{\partial v}\cdot\frac{\partial v}{\partial x}\right)dx+\left(\frac{\partial z}{\partial u}\cdot\frac{\partial u}{\partial y}+\frac{\partial z}{\partial v}\cdot\frac{\partial v}{\partial y}\right)dy=\frac{\partial z}{\partial x}dx+\frac{\partial z}{\partial y}dy$$

由此可见,无论 u,v 是自变量还是中间变量,函数 $z=f(u,v)$ 的全微分形式都是相同的,此性质称为二元函数的全微分形式不变性.利用这个性质,可以推导出多元函数全微分的四则运算法则:

$$d(u\pm v)=du\pm dv$$

$$d(uv)=udv+vdu$$

$$d(Cu)=Cdu$$

$$d\left(\frac{u}{v}\right)=\frac{vdu-udv}{v^2}$$

例 7 设 $z=e^u\cos v$,而 $u=xy$,$v=x+y$,用函数全微分形式不变性,求偏导数 $\dfrac{\partial z}{\partial x}$ 与 $\dfrac{\partial z}{\partial y}$.

解 $dz=d(e^u\cos v)=e^u\cos v du-e^u\sin v dv$

因为

$$du=d(xy)=ydx+xdy,\quad dv=d(x+y)=dx+dy,$$

所以

$$dz=e^u\cos v(ydx+xdy)-e^u\sin v(dx+dy)$$

$$=(e^u\cos v\cdot y-e^u\sin v)dx+(e^u\cos v\cdot x-e^u\sin v)dy$$

$$=e^{xy}[y\cos(x+y)-\sin(x+y)]dx+e^{xy}[x\cos(x+y)-\sin(x+y)]dy.$$

根据

$$dz=\frac{\partial z}{\partial x}dx+\frac{\partial z}{\partial y}dy,$$

比较上面两个等式 dz 中 dx,dy 的系数,可得

$$\frac{\partial z}{\partial x}=e^{xy}[y\cos(x+y)-\sin(x+y)]$$

$$\frac{\partial z}{\partial y}=e^{xy}[x\cos(x+y)-\sin(x+y)]$$

习题 9-4

1.设 $z = e^{3x-2y}$,而 $x = t^2, y = \cos 2t$,求全导数 $\dfrac{dz}{dt}$.

2.设 $z = \ln(u - v^2)$,而 $u = t^2, v = 1 - t$,求全导数 $\dfrac{dz}{dt}$.

3.设 $z = \arctan(x - y)$,而 $x = 2\cos t, y = 2\sin t$,求全导数 $\dfrac{dz}{dt}$.

4.设 $z = \dfrac{e^{mu}}{m^2 + 1}(v - w)$,而 $v = m\cos u, w = \cos u$,求全导数 $\dfrac{dz}{du}$.

5.设 $z = u^2 - v^2$,而 $u = 2x + y, v = x - y$,求偏导数 $\dfrac{\partial z}{\partial x}$ 与 $\dfrac{\partial z}{\partial y}$.

6.设 $z = \sin(uv^2)$,而 $u = \dfrac{y}{x}, v = xy$,求偏导数 $\dfrac{\partial z}{\partial x}$ 与 $\dfrac{\partial z}{\partial y}$.

7.设 $z = \sqrt{u^2 + v^2}$,而 $u = y^2, v = x^2 - y^2$,求偏导数 $\dfrac{\partial z}{\partial x}$ 与 $\dfrac{\partial z}{\partial y}$.

8.设 $w = \arcsin(xy + z)$,而 $z = x\cos 2y$,求偏导数 $\dfrac{\partial w}{\partial x}$ 与 $\dfrac{\partial w}{\partial y}$.

9.求下列函数的一阶偏导数(其中 f 具有各个一阶连续偏导数).

(1) $u = f(x + 3y, x - y)$; (2) $u = f(x^2 + y^2, xy)$;

(3) $u = f\left(\dfrac{x}{y}, yz^2\right)$; (4) $u = f(x, xy, xyz)$.

10.设 $z = \ln\sqrt{x^2 + y^2}$,而 $x = au - bv, y = au + bv\ (a^2 + b^2 \neq 0)$,验证方程

$$\frac{\partial z}{\partial u} + \frac{\partial z}{\partial v} = \frac{a^2 u + b^2 v}{a^2 u^2 + b^2 v^2}$$

11.设 $w = \arctan\dfrac{x}{y}$,而 $x = u + v, y = u - v$,验证方程 $\dfrac{\partial w}{\partial u} + \dfrac{\partial w}{\partial v} = \dfrac{u - v}{u^2 + v^2}$.

12.设 $z = xyF(u)$,而 $u = \dfrac{y}{x}, F(u)$ 为可导函数,验证方程 $x\dfrac{\partial z}{\partial x} + y\dfrac{\partial z}{\partial y} = 2z$.

13.求下列函数的二阶偏导数 $\dfrac{\partial^2 z}{\partial x^2}, \dfrac{\partial^2 z}{\partial y^2}, \dfrac{\partial^2 z}{\partial x \partial y}$ (其中 f 具有各个二阶连续偏导数).

(1) $z = f(x^2 - y^2)$; (2) $z = f(ax + by, x)$; (3) $z = f(x^2 y, x - y)$;

(4) $z = f\left(x, \dfrac{x}{y}\right)$; (5) $z = f(\sin x, \cos x, e^{x+y})$.

14.设 $\begin{cases} u = x - 2y \\ v = x + ay \end{cases}$ 可把方程 $6\dfrac{\partial^2 z}{\partial x^2} + \dfrac{\partial^2 z}{\partial x \partial y} - \dfrac{\partial^2 z}{\partial y^2} = 0$ 化简为 $\dfrac{\partial^2 z}{\partial u \partial v} = 0$,求参数 a .

15.设 $u = f(x, y)$ 的所有二阶偏导数连续,而极坐标 $x = \rho\cos\theta, y = \rho\sin\theta$,验证方程

(1) $\left(\dfrac{\partial u}{\partial x}\right)^2 + \left(\dfrac{\partial u}{\partial y}\right)^2 = \left(\dfrac{\partial u}{\partial \rho}\right)^2 + \dfrac{1}{\rho^2}\left(\dfrac{\partial u}{\partial \theta}\right)^2$; (2) $\dfrac{\partial^2 u}{\partial x^2} + \dfrac{\partial^2 u}{\partial y^2} = \dfrac{1}{\rho^2}\left[\rho\dfrac{\partial}{\partial \rho}\left(\rho\dfrac{\partial u}{\partial \rho}\right) + \dfrac{\partial^2 u}{\partial \theta^2}\right]$.

第五节　隐函数的求导法则

在第二章第四节中我们提出了隐函数的概念,并给出了不经过显化,直接由方程 $F(x,y)=0$ 所确定的隐函数的求导数的方法.如方程 $x^2+y^2=1$ 确定的隐函数,只需视 y 为 x 的函数,方程两边关于 x 求导,便可得 $2x+2yy'=0$,即 $y'=-\dfrac{x}{y}$.接下来,我们介绍**隐函数的三个定理**,并利用多元复合函数的求导法则,推出隐函数导数的计算公式.

一、单个方程的情形

定理1　设函数 $F(x,y)$ 在点 (x_0,y_0) 的某一邻域内的一阶偏导数 F_x,F_y 都连续,且 $F(x_0,y_0)=0,F_y(x_0,y_0)\neq0$,则在点 (x_0,y_0) 某一邻域内,方程 $F(x,y)=0$ 能唯一确定一个连续且具有连续导数的函数 $y=f(x)$,满足条件 $y_0=f(x_0)$,有

$$\frac{\mathrm{d}y}{\mathrm{d}x}=-\frac{F_x}{F_y} \tag{9-22}$$

公式(9-22)就是隐函数的求导公式.也就是说,隐函数 $y=f(x)$ 的导数等于函数 $F(x,y)$ 对自变量 x 的偏导数 F_x 除以 $F(x,y)$ 对因变量 y 的偏导数 F_y 的相反数.定理1中 $y=f(x)$ 的存在性、可导性不进行证明,仅给出公式(9-22)的推导.

假定 $y=f(x)$ 是方程 $F(x,y)=0$ 确定的隐函数,故

$$F[x,f(x)]=0$$

该式左端可以看作关于 y 为中间变量,x 为自变量的复合函数,且 x 既是中间变量又是自变量(见图9-13).求这个函数的全导数,可得

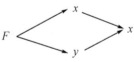

图9-13　图形展示

$$\frac{\partial F}{\partial x}\cdot\frac{\mathrm{d}x}{\mathrm{d}x}+\frac{\partial F}{\partial y}\cdot\frac{\mathrm{d}y}{\mathrm{d}x}=0 \quad 或 \quad F_x+F_y\cdot\frac{\mathrm{d}y}{\mathrm{d}x}=0$$

由于偏导数 F_y 在 (x_0,y_0) 的某邻域内连续,且 $F_y(x_0,y_0)\neq0$,根据第一章第三节极限的保号性的类似定理,存在 (x_0,y_0) 的一个邻域,使得在这个邻域内 $F_y(x,y)\neq0$,从而

$$\frac{\mathrm{d}y}{\mathrm{d}x}=-\frac{F_x}{F_y}$$

例1　验证方程 $xy+\sin(1-y)+1=0$ 在点 $(-1,1)$ 的某邻域内确定一个有连续导数的函数 $y=f(x)$,满足 $f(-1)=1$,并求一阶导数 $\dfrac{\mathrm{d}y}{\mathrm{d}x}$.

解法一　设 $F(x,y)=xy+\sin(1-y)+1$,对自变量 x,y 求导,可得

$$F_x=y,F_y=x-\cos(1-y),F(-1,1)=0,F_y(-1,1)=-2\neq0$$

根据定理1可知,方程 $xy+\sin(1-y)+1=0$ 在点 $(-1,1)$ 的某邻域内确定一个有连续导数的函数 $y=f(x)$,且 $f(-1)=1$,利用公式(9-22),可得

$$\frac{\mathrm{d}y}{\mathrm{d}x}=-\frac{F_x}{F_y}=-\frac{y}{x-\cos(1-y)}=\frac{y}{\cos(1-y)-x},\frac{\mathrm{d}y}{\mathrm{d}x}\bigg|_{\substack{x=-1\\y=1}}=\frac{1}{2}$$

解法二 把 x 作为自变量,有隐函数 $y=f(x)$.直接对方程求导,可得

$$y+xy'+\cos(1-y)\cdot(-y')=0$$

解方程得

$$y'=\frac{y}{\cos(1-y)-x}$$

在定理 1 中,如果 $F(x,y)$ 在 (x_0,y_0) 的某邻域内各个二阶偏导数也都连续,可以把公式(9-22)的两端看作复合函数而再一次求导,可以推出二阶导

数 $\dfrac{\mathrm{d}^2y}{\mathrm{d}x^2}$ 的计算公式.

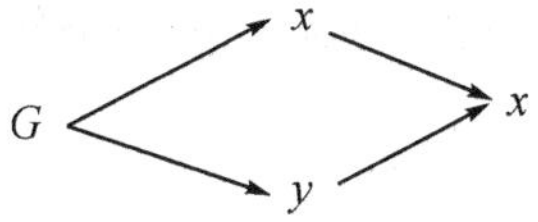

图 9-14　图形展示

记 $\dfrac{F_x}{F_y}=G(x,y)$,则 $\dfrac{\mathrm{d}y}{\mathrm{d}x}=-\dfrac{F_x}{F_y}=-G(x,y)$,用复合函数的链导

规则(见图 9-14):

$$\frac{\mathrm{d}^2y}{\mathrm{d}x^2}=-\frac{\mathrm{d}G}{\mathrm{d}x}=-\left(G_x+G_y\cdot\frac{\mathrm{d}y}{\mathrm{d}x}\right)=-\left[\frac{\partial}{\partial x}\left(\frac{F_x}{F_y}\right)+\frac{\partial}{\partial y}\left(\frac{F_x}{F_y}\right)\cdot\frac{\mathrm{d}y}{\mathrm{d}x}\right]$$

$$=-\left[\frac{F_{xx}F_y-F_xF_{yx}}{F_y^2}+\frac{F_{xy}F_y-F_xF_{yy}}{F_y^2}\cdot\left(-\frac{F_x}{F_y}\right)\right]$$

$$=-\frac{F_{xx}F_y^2-2F_{xy}F_xF_y+F_{yy}F_x^2}{F_y^3}$$

在实际计算时,一般不需使用上面的复杂公式,而是把 y 看作函数 $y=f(x)$,直接对方程 $F(x,y)=0$ 求二阶导数,最后把等式中的一阶导数代换掉,整理化简得出结果.如上例中:

$$\frac{\mathrm{d}^2y}{\mathrm{d}x^2}=\frac{\mathrm{d}}{\mathrm{d}x}\left(\frac{\mathrm{d}y}{\mathrm{d}x}\right)=\frac{\mathrm{d}}{\mathrm{d}x}\left[\frac{y}{\cos(1-y)-x}\right]=\frac{y'[\cos(1-y)-x]-y[\sin(1-y)\cdot y'-1]}{[\cos(1-y)-x]^2}$$

$$=\frac{y'[\cos(1-y)-x-y\sin(1-y)]+y}{[\cos(1-y)-x]^2}=\frac{y[2\cos(1-y)-y\sin(1-y)-2x]}{[\cos(1-y)-x]^3}$$

隐函数存在定理还可以推广到多元函数.定理 1 中的方程 $F(x,y)=0$ 有两个变量,只能解出一个变量,把它作为因变量,而另一个变量作为自变量.同样一个三元方程 $F(x,y,z)=0$,通常可以解出一个变量,而剩余两个变量作为自变量,在一定条件下,可以确定一个隐函数 $z=f(x,y)$.与定理 1 类似,我们需要由三元函数 $F(x,y,z)$ 的性质来断定方程 $F(x,y,z)=0$ 所确定的函数 $z=f(x,y)$ 的存在性,以及这个函数的性质.

定理 2 设函数 $F(x,y,z)$ 在点 $P_0(x_0,y_0,z_0)$ 的某邻域内的一阶偏导数 F_x,F_y,F_z 都连续,且 $F(x_0,y_0,z_0)=0$,$F_z(x_0,y_0,z_0)\neq0$,则在该点某邻域内,方程 $F(x,y,z)=0$ 能唯一确定一个连续且具有连续偏导数的函数 $z=f(x,y)$,满足条件 $z_0=f(x_0,y_0)$,有

$$\frac{\partial z}{\partial x}=-\frac{F_x}{F_z},\qquad\frac{\partial z}{\partial y}=-\frac{F_y}{F_z} \tag{9-23}$$

公式(9-23)说明,隐函数 $z=f(x,y)$ 对某个变量偏导数等于函数 $F(x,y,z)$ 对这个变量的偏导数除以 $F(x,y,z)$ 对因变量 z 的偏导数 F_z 的相反数.定理 2 不证明,仅对公式(9-23)

做出推导(见图9-15).

假定 $z = f(x,y)$ 是方程 $F(x,y,z) = 0$ 确定的隐函数,故

$$F[x,y,f(x,y)] = 0$$

该式左端可以看作以 z 为中间变量,x,y 为自变量的复合函数,
其实 x,y 既是中间变量又是自变量,分别对变量 x,y 求导,可得

图9-15　图形展示

$$\frac{\partial F}{\partial x} + \frac{\partial F}{\partial z} \cdot \frac{\partial z}{\partial x} = 0, \frac{\partial F}{\partial y} + \frac{\partial F}{\partial z} \cdot \frac{\partial z}{\partial y} = 0 \quad 或 \quad F_x + F_z \cdot \frac{\partial z}{\partial x} = 0, F_y + F_z \cdot \frac{\partial z}{\partial y} = 0$$

由于 F_z 在 $P_0(x_0,y_0,z_0)$ 的某邻域内连续,且 $F_z(x_0,y_0,z_0) \neq 0$,根据极限的保号性的类似
定理,存在 P_0 的一个邻域,在这个邻域内 $F_z(x,y,z) \neq 0$,从而有

$$\frac{\partial z}{\partial x} = -\frac{F_x}{F_z}, \quad \frac{\partial z}{\partial y} = -\frac{F_y}{F_z}$$

例2　求由方程 $6x^3 + xy^2 + z^2 + 5z = 0$ 所确定的隐函数 $z = f(x,y)$ 在点 $(1,0,-2)$ 处的全
微分.

解　这里 $F(x,y,z) = 6x^3 + xy^2 + z^2 + 5z$,对自变量 x,y,z 求导,可得

$$F_x = 18x^2 + y^2, F_y = 2xy, F_z = 2z + 5$$

根据隐函数定理的公式(9-23),可得

$$\frac{\partial z}{\partial x} = -\frac{F_x}{F_z} = -\frac{18x^2 + y^2}{2z + 5}, \qquad \frac{\partial z}{\partial y} = -\frac{F_y}{F_z} = -\frac{2xy}{2z + 5}$$

$$z_x(1,0,2) = -\frac{18x^2 + y^2}{2z + 5} \bigg|_{(1,0,2)} = -18, z_y(1,0,2) = -\frac{2xy}{2z + 5} \bigg| (1,0,2) = 0$$

因此,所求函数在点 $(1,0,-2)$ 处的全微分 $\mathrm{d}z = z_x \mathrm{d}x + z_y \mathrm{d}y = -18\mathrm{d}x$.

例3　设方程 $F\left(x + \frac{z}{y}, y + \frac{z}{x}\right) = 0$ 确定了一个函数 $z = z(x,y)$,F 的一阶偏导数连续,
验证方程

$$x\frac{\partial z}{\partial x} + y\frac{\partial z}{\partial y} = z - xy$$

证法一　记 $u = x + \frac{z}{y}, v = y + \frac{z}{x}, G(x,y,z) = F(u,v)$.在复合函数 $G(x,y,z)$ 中,x,y,z 为
自变量,u,v 为中间变量.由 $G(x,y,z) = 0$ 确定了函数 $z = z(x,y)$,从而

$$\frac{\partial G}{\partial x} = \frac{\partial F}{\partial u}\frac{\partial u}{\partial x} + \frac{\partial F}{\partial v}\frac{\partial v}{\partial x} = F_u \frac{\partial}{\partial x}\left(x + \frac{z}{y}\right) + F_v \frac{\partial}{\partial x}\left(y + \frac{z}{x}\right) = F_1 + \left(-\frac{z}{x^2}\right)F_2 = \frac{x^2 F_1 - zF_2}{x^2}$$

$$\frac{\partial G}{\partial y} = \frac{\partial F}{\partial u}\frac{\partial u}{\partial y} + \frac{\partial F}{\partial v}\frac{\partial v}{\partial y} = F_u \frac{\partial}{\partial y}\left(x + \frac{z}{y}\right) + F_v \frac{\partial}{\partial y}\left(y + \frac{z}{x}\right) = -\frac{z}{y^2}F_1 + F_2 = \frac{-zF_1 + y^2 F_2}{y^2}$$

$$\frac{\partial G}{\partial z} = \frac{\partial F}{\partial u}\frac{\partial u}{\partial z} + \frac{\partial F}{\partial v}\frac{\partial v}{\partial z} = F_u \frac{\partial}{\partial z}\left(x + \frac{z}{y}\right) + F_v \frac{\partial}{\partial z}\left(y + \frac{z}{x}\right) = F_1 \cdot \frac{1}{y} + F_2 \cdot \frac{1}{x} = \frac{xF_1 + yF_2}{xy}$$

利用隐函数定理的公式(9-23),可得

$$\frac{\partial z}{\partial x} = -\frac{G_x}{G_z} = -\frac{\dfrac{x^2 F_1 - zF_2}{x^2}}{\dfrac{xF_1 + yF_2}{xy}} = -\frac{y(x^2 F_1 - zF_2)}{x(xF_1 + yF_2)}$$

$$\frac{\partial z}{\partial y} = -\frac{G_y}{G_z} = -\frac{\dfrac{-zF_1 + y^2 F_2}{y^2}}{\dfrac{xF_1 + yF_2}{xy}} = -\frac{x(-zF_1 + y^2 F_2)}{y(xF_1 + yF_2)}$$

于是有

$$x\frac{\partial z}{\partial x} + y\frac{\partial z}{\partial y} = -x\frac{G_x}{G_z} - y\frac{G_y}{G_z} = -x \cdot \frac{y(x^2 F_1 - zF_2)}{x(xF_1 + yF_2)} - y \cdot \frac{x(-zF_1 + y^2 F_2)}{y(xF_1 + yF_2)}$$

$$= -\frac{y(x^2 F_1 - zF_2) + x(-zF_1 + y^2 F_2)}{xF_1 + yF_2} = -\frac{(xy-z)xF_1 + (-z+xy)yF_2}{xF_1 + yF_2}$$

$$= -\frac{(xy-z)(xF_1 + yF_2)}{xF_1 + yF_2} = z - xy$$

故结论成立.

证法二 微分法:$F_1 \mathrm{d}\left(x + \dfrac{z}{y}\right) + F_2 \mathrm{d}\left(y + \dfrac{z}{x}\right) = 0$,$F_1\left[\mathrm{d}x + \mathrm{d}\left(\dfrac{z}{y}\right)\right] + F_2\left[\mathrm{d}y + \mathrm{d}\left(\dfrac{z}{x}\right)\right] = 0$,

$$F_1\left[\mathrm{d}x + \frac{y\mathrm{d}z - z\mathrm{d}y}{y^2}\right] + F_2\left[\mathrm{d}y + \frac{x\mathrm{d}z - z\mathrm{d}x}{x^2}\right] = 0$$

解得

$$\mathrm{d}z = \frac{y(zF_2 - x^2 F_1)}{x(xF_1 + yF_2)}\mathrm{d}x + \frac{x(zF_1 - y^2 F_2)}{y(xF_1 + yF_2)}\mathrm{d}y$$

由第三节微分的计算公式,可得

$$\frac{\partial z}{\partial x} = \frac{y(zF_2 - x^2 F_1)}{x(xF_1 + yF_2)},\ \frac{\partial z}{\partial y} = \frac{x(zF_1 - y^2 F_2)}{y(xF_1 + yF_2)}$$

与方法一类似,可得结论.

二、方程组的情形

两个三元方程 $F(x,y,z) = 0$ 与 $G(x,y,z) = 0$ 组成的方程组,通常可以解出两个变量,而剩余一个变量作为自变量,在一定条件下,可以确定两个隐函数 $y = y(x)$ 与 $z = z(x)$. 与定理 2 类似,我们需要由该三元方程组的性质来断定方程组所确定的两个函数 $y = y(x)$ 与 $z = z(x)$ 的存在性及它们的性质.

定理 3 设函数 $F(x,y,z)$ 与 $G(x,y,z)$ 在点 $P_0(x_0,y_0,z_0)$ 的某邻域内的各个一阶偏导数都连续,又 $F(x_0,y_0,z_0) = 0$,$G(x_0,y_0,z_0) = 0$,且偏导数所组成的函数行列式[**雅可比(Jacobi)行列式**]

$$J = \frac{\partial(F,G)}{\partial(y,z)} = \begin{vmatrix} F_y & F_z \\ G_y & G_z \end{vmatrix} = F_y G_z - F_z G_y$$

当点 P_0 不等于零时,则在该点的某邻域内,方程组 $F(x,y,z) = 0$,$G(x,y,z) = 0$ 能唯一确定两个连续且具有连续偏导数的函数 $y = y(x)$ 与 $z = z(x)$,满足条件 $y_0 = y(x_0)$,$z_0 = z(x_0)$,且

$$\frac{\mathrm{d}y}{\mathrm{d}x}=-\frac{1}{J}\frac{\partial(F,G)}{\partial(x,z)}=-\frac{\begin{vmatrix} F_x & F_z \\ G_x & G_z \end{vmatrix}}{\begin{vmatrix} F_y & F_z \\ G_y & G_z \end{vmatrix}},\frac{\mathrm{d}z}{\mathrm{d}x}=-\frac{1}{J}\frac{\partial(F,G)}{\partial(y,x)}=-\frac{\begin{vmatrix} F_y & F_x \\ G_y & G_x \end{vmatrix}}{\begin{vmatrix} F_y & F_z \\ G_y & G_z \end{vmatrix}} \quad (9-24)$$

定理 3 不证明.仅推导公式组(9-24).假定 $y=y(x)$ 与 $z=z(x)$ 是由方程组

$$\begin{cases} F(x,y,z)=0 \\ G(x,y,z)=0 \end{cases}$$

所确定的隐函数,将它们代入这个方程组,可得

$$\begin{cases} F[x,y(x),z(x)]=0 \\ G[x,y(x),z(x)]=0 \end{cases}$$

这两个方程都是 x 的复合函数,对变量 x 进行求导,便得

$$\begin{cases} F_x+F_y\cdot y'(x)+F_z\cdot z'(x)=0 \\ G_x+G_y\cdot y'(x)+G_z\cdot z'(x)=0 \end{cases},即 \begin{cases} F_y\cdot y'(x)+F_z\cdot z'(x)=-F_x \\ G_y\cdot y'(x)+G_z\cdot z'(x)=-G_x \end{cases} \quad (9-25)$$

这是关于 $y'(x),z'(x)$ 为未知函数的二元一次方程组.

我们给出求解二元一次方程组的克莱姆法则:

$$\begin{cases} a_1s+b_1t=c_1 \\ a_2s+b_2t=c_2 \end{cases}（常数项放在方程的右边）$$

方程的解

$$s=\frac{\begin{vmatrix} c_1 & b_1 \\ c_2 & b_2 \end{vmatrix}}{\begin{vmatrix} a_1 & b_1 \\ a_2 & b_2 \end{vmatrix}},t=\frac{\begin{vmatrix} a_1 & c_1 \\ a_2 & c_2 \end{vmatrix}}{\begin{vmatrix} a_1 & b_1 \\ a_2 & b_2 \end{vmatrix}} \left(\begin{vmatrix} a_1 & b_1 \\ a_2 & b_2 \end{vmatrix}=a_1b_2-a_2b_1\neq0 \right)$$

也就是说,方程的解是未知数的系数行列式做分母,用常数项这一列去换系数行列式中所求未知数的系数那一列的行列式做分子的商.

由于假设在点 $P_0(x_0,y_0,z_0)$ 的某邻域内,未知函数的系数行列式

$$J=\frac{\partial(F,G)}{\partial(y,z)}=\begin{vmatrix} F_y & F_z \\ G_y & G_z \end{vmatrix}\neq0$$

利用克莱姆法则解方程组(9-25),可得

$$y'(x)=\frac{\begin{vmatrix} -F_x & F_z \\ -G_x & G_z \end{vmatrix}}{\begin{vmatrix} F_y & F_z \\ G_y & G_z \end{vmatrix}}=-\frac{1}{J}\frac{\partial(F,G)}{\partial(x,z)}=\frac{1}{J}\frac{\partial(F,G)}{\partial(z,x)}$$

$$z'(x)=\frac{\begin{vmatrix} F_y & -F_x \\ G_y & -G_x \end{vmatrix}}{\begin{vmatrix} F_y & F_z \\ G_y & G_z \end{vmatrix}}=-\frac{1}{J}\frac{\partial(F,G)}{\partial(y,x)}=\frac{1}{J}\frac{\partial(F,G)}{\partial(x,y)}$$

注 只有在雅可比(Jacobi)行列式

$$J = \begin{vmatrix} F_y & F_z \\ G_y & G_z \end{vmatrix}_{(x_0,y_0,z_0)} \neq 0$$

的条件下,这个方程组才能确定以 y,z 为因变量的连续且有连续导数的函数 $y=y(x)$ 与 $z=z(x)$.

例 4　设 $\begin{cases} x+y-z=1 \\ x^2+y^2-z=0 \end{cases}$,求导数 $y'(x),z'(x)$.

解　根据定理 3,设方程组中 y,z 都是 x 的函数,对两个方程分别对 x 求导,可得

$$\begin{cases} 1+y'-z'=0 \\ 2x+2yy'-z'=0 \end{cases}, \quad 即 \begin{cases} y'-z'=-1 \\ 2yy'-z'=-2x \end{cases}$$

利用克莱姆法则求解方程组,可得

$$y' = \frac{\begin{vmatrix} -1 & -1 \\ -2x & -1 \end{vmatrix}}{\begin{vmatrix} 1 & -1 \\ 2y & -1 \end{vmatrix}} = \frac{1-2x}{-1+2y}, \quad z' = \frac{\begin{vmatrix} 1 & -1 \\ 2y & -2x \end{vmatrix}}{\begin{vmatrix} 1 & -1 \\ 2y & -1 \end{vmatrix}} = \frac{2y-2x}{-1+2y}$$

我们也可以用消元法解此方程组,方程组两个方程相减可得

$$(1-2y)y' = -1+2x, \quad 即 \ y' = \frac{1-2x}{-1+2y}$$

把它代入第一个方程,可得 $z' = \dfrac{2y-2x}{-1+2y}$.

习题 9-5

1. 设 $(x+y)^2+2xy=0$,求一阶导数 $\dfrac{\mathrm{d}y}{\mathrm{d}x}$,$\dfrac{\mathrm{d}y}{\mathrm{d}x}\Big|_{\substack{x=1 \\ y=-2+\sqrt{3}}}$ 与二阶导数 $\dfrac{\mathrm{d}^2y}{\mathrm{d}x^2}$.

2. 设 $\sin(2x+y)-xy^2=0$,求一阶导数 $\dfrac{\mathrm{d}y}{\mathrm{d}x}$.

3. 设 $\ln(x^2+y^2)-2\arctan\dfrac{y}{x}=0$,求一阶导数 $\dfrac{\mathrm{d}y}{\mathrm{d}x}$.

4. 设 $x^2y+yz^2-\dfrac{x}{z}=0$,求偏导数 $\dfrac{\partial z}{\partial x}$,$\dfrac{\partial z}{\partial y}$.

5. 设 $\cos^2 x+\cos^2 y+\cos^2 z=1$,求偏导数 $\dfrac{\partial z}{\partial x}$,$\dfrac{\partial z}{\partial y}$.

6. 设 $f(x,y,z)=xy^2z^3$,其中 $z=z(x,y)$ 由方程 $x^2+y^2+z^2-5xyz=0$ 确定,求 $f'_x(1,1,1)$.

7. 求下列方程组所确定的隐函数偏导数 $\dfrac{\mathrm{d}y}{\mathrm{d}x}$,$\dfrac{\mathrm{d}z}{\mathrm{d}x}$.

$(1) \begin{cases} 3x-2z=1 \\ x^2+y^2=1 \end{cases}$; $(2) \begin{cases} x+y+z=0 \\ x^2+y^2+z^2=1 \end{cases}$; $(3) \begin{cases} x^2+y^2-z=0 \\ x^2+y^2+z^2=1 \end{cases}$; $(4) \begin{cases} y=f(x,y-z) \\ z=g(x,y) \end{cases}$.

8. 设 $z=f(u)$,u 是由方程 $u=y+x\varphi(u)$ 确定的 x,y 的函数,其中 f,φ 均可微,求偏导数 $\dfrac{\partial z}{\partial x}$,$\dfrac{\partial z}{\partial y}$.

9.设 $y=f(x,t)$,其中 t 是由方程 $F(x,y,t)=0$ 确定的 x,y 的函数, f,F 均满足一阶偏导数连续,证明 $\dfrac{\mathrm{d}y}{\mathrm{d}x}=\dfrac{f_xF_t-f_tF_x}{f_tF_y+F_t}$.

10.设 $xy=xf(z)+yg(z),xf'(z)+yg'(z)\neq0$,其中 $z=z(x,y)$ 是 x,y 的函数,证明 $[x-g(z)]\dfrac{\partial z}{\partial x}-[y-f(z)]\dfrac{\partial z}{\partial y}=0$.

11.设方程组 $\begin{cases}F(x,y,u,v)=0\\G(x,y,u,v)=0\end{cases}$ 在定理 3 类似的条件下,能够唯一确定两个连续且有连续导数的二元函数 $z=u(x,y)$ 与 $z=v(x,y)$,满足 $z_0=u(x_0,y_0)$ 与 $z_0=v(x_0,y_0)$,证明

$$\frac{\partial u}{\partial x}=-\frac{1}{J}\frac{\partial(F,G)}{\partial(x,v)}=-\frac{1}{J}\begin{vmatrix}F_x & F_v\\G_x & G_v\end{vmatrix},\frac{\partial v}{\partial x}=-\frac{1}{J}\frac{\partial(F,G)}{\partial(u,x)}=-\frac{1}{J}\begin{vmatrix}F_u & F_x\\G_u & G_x\end{vmatrix}$$

$$\frac{\partial u}{\partial y}=-\frac{1}{J}\frac{\partial(F,G)}{\partial(y,v)}=-\frac{1}{J}\begin{vmatrix}F_y & F_v\\G_y & G_v\end{vmatrix},\frac{\partial v}{\partial y}=-\frac{1}{J}\frac{\partial(F,G)}{\partial(u,y)}=-\frac{1}{J}\begin{vmatrix}F_u & F_y\\G_u & G_y\end{vmatrix}$$

其中 $J=\dfrac{\partial(F,G)}{\partial(y,z)}=\begin{vmatrix}F_y & F_z\\G_y & G_z\end{vmatrix}_{(x_0,y_0,u_0,v_0)}\neq0$.

12.利用 11 题的结果,求下列方程组所确定的隐函数的偏导数 $\dfrac{\partial u}{\partial x},\dfrac{\partial u}{\partial y},\dfrac{\partial v}{\partial x},\dfrac{\partial v}{\partial y}$:

(1) $\begin{cases}x^2+xu=0\\y^2+u+xv=1\end{cases}$; (2) $\begin{cases}xu-y^2v=0\\2xv+u=3\end{cases}$; (3) $\begin{cases}u=f(ux,v+ay)\\v=g(u+bx,v^2y)\end{cases}$.

第六节　多元复合函数微分学的几何应用

从本节开始,我们讨论多元复合函数微分学的几何应用.本节讨论空间曲线的切线与法平面,以及曲面的法线与切平面.

在第二章第一节我们知道,平面光滑曲线 $y=f(x)$ 在点 (x_0,y_0) 有切线方程
$$y-y_0=f'(x_0)(x-x_0)$$
法线方程
$$y-y_0=-\frac{1}{f'(x_0)}(x-x_0)[f'(x_0)\neq0]$$
曲线的隐式方程 $F(x,y)=0$ 在点 (x_0,y_0) 有切线斜率 $\dfrac{\mathrm{d}y}{\mathrm{d}x}=-\dfrac{F_x(x_0,y_0)}{F_y(x_0,y_0)}[F(x_0,y_0)\neq0]$,切线方程
$$F_x(x_0,y_0)(x-x_0)+F_y(x_0,y_0)(y-y_0)=0$$
法线方程
$$F_y(x_0,y_0)(x-x_0)-F_x(x_0,y_0)(y-y_0)=0$$

一、空间曲线的切线与法平面

利用空间光滑曲线在点 M 处的切线是此点处割线的极限位置,我们来讨论曲线的切线方程.

设空间曲线 L 的参数方程为 $x=\varphi(t)$,$y=\theta(t)$,$z=\omega(t)$,$\alpha \leqslant t \leqslant \beta$,其中 $\varphi(t)$,$\theta(t)$,$\omega(t)$ 在 $[\alpha,\beta]$ 上均可导,且在 $t=t_0$ 时导数不全为零. 当 $t=t_0$ 时对应曲线 L 上的点为 $M(x_0,y_0,z_0)$,$t=t_0+\Delta t(\Delta t \neq 0)$ 时对应曲线上的点 $N(x_0+\Delta x,y_0+\Delta y,z_0+\Delta z)$,如图 9-16 所示,经过 M,N 两点的割线的方向向量为

$$\vec{s}=\overrightarrow{MN}=(\Delta x,\Delta y,\Delta z),\text{ 或 } \vec{s}=\left(\frac{\Delta x}{\Delta t},\frac{\Delta y}{\Delta t},\frac{\Delta z}{\Delta t}\right)$$

根据八章第四节直线的点向式方程可知,割线 MN 的方程为

$$\frac{x-x_0}{\Delta x}=\frac{y-y_0}{\Delta y}=\frac{z-z_0}{\Delta z} \quad \text{或} \quad \frac{x-x_0}{\dfrac{\Delta x}{\Delta t}}=\frac{y-y_0}{\dfrac{\Delta y}{\Delta t}}=\frac{z-z_0}{\dfrac{\Delta z}{\Delta t}}$$

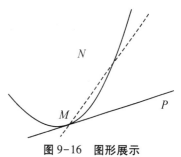

图 9-16　图形展示

当 N 沿曲线 L 趋近于 M,即 $\Delta t \to 0$ 时,且

$$\frac{\Delta x}{\Delta t} \to \frac{\mathrm{d}x}{\mathrm{d}t}\bigg|_{t=t_0}=\varphi'(t_0),\frac{\Delta y}{\Delta t} \to \frac{\mathrm{d}y}{\mathrm{d}t}\bigg|_{t=t_0}=\theta'(t_0),\frac{\Delta z}{\Delta t} \to \frac{\mathrm{d}z}{\mathrm{d}t}\bigg|_{t=t_0}=\omega'(t_0)$$

当 N 最终与 M 重合时,割线到达极限位置 MP,此时割线称为切线,从而曲线的**切线方程**为

$$\frac{x-x_0}{\varphi'(t_0)}=\frac{y-y_0}{\theta'(t_0)}=\frac{z-z_0}{\omega'(t_0)} \tag{9-26}$$

曲线 L 在点 M 处切线的方向向量 $\vec{s}=[\varphi'(t_0),\theta'(t_0),\omega'(t_0)]$ 称为**切向向量**,记作 $\vec{T}$,即

$$\vec{T}=[\varphi'(t_0),\theta'(t_0),\omega'(t_0)] \tag{9-27}$$

经过曲线 L 上点 M 与该点切线垂直的平面称为**法平面**.法平面的法线向量就是切向向量 $\vec{T}$,由第八章第三节平面的点法式方程可知,**法平面方程**为

$$\varphi'(t_0)(x-x_0)+\theta'(t_0)(y-y_0)+\omega'(t_0)(z-z_0)=0 \tag{9-28}$$

当空间的曲线 L 是两个柱面的交线形式时,如 $\begin{cases} y=y(x) \\ z=z(x) \end{cases}$,视 x 为参数,交线 L 的参数式方程为 $x=x$,$y=y(x)$ 与 $z=z(x)$,则切线方向向量 $\vec{T}=[1,y'(t_0),z'(t_0)]$,切线方程为

$$\frac{x-x_0}{1}=\frac{y-y_0}{y'(x_0)}=\frac{z-z_0}{z'(x_0)}$$

法平面方程为

$$(x-x_0)+y'(x_0)(y-y_0)+z'(x_0)(z-z_0)=0$$

例 1　求曲线 $x=2\cos t$,$y=4\sin t$,$z=4t$ 在 $t=\dfrac{\pi}{4}$ 所对应点的切线及法平面方程.

解 当 $t=\dfrac{\pi}{4}$ 时,对应曲线上的点为 $M(\sqrt{2},-2\sqrt{2},\pi)$,又切向量为

$$\vec{T}=[\varphi'(t_0),\theta'(t_0),\omega'(t_0)]=(-2\sin t,4\cos t,4)\Big|_{t=\frac{\pi}{4}}=(-2\sqrt{2},2\sqrt{2},4)$$

切线方程: $\dfrac{x-\sqrt{2}}{-\sqrt{2}}=\dfrac{y-2\sqrt{2}}{2\sqrt{2}}=\dfrac{z-\pi}{4}$,法平面方程为

$$-\sqrt{2}(x-\sqrt{2})+2\sqrt{2}(y-2\sqrt{2})+4(z-\pi)=0,\text{即}\sqrt{2}x-2\sqrt{2}y-4z+6+4\pi=0$$

例 2 求曲线 $y^2=2mx,z^2=m-x(m\neq0)$ 在点 $(x_0,y_0,z_0)(x_0y_0z_0\neq0)$ 处的切线及法平面方程.

解 把 x 作为参数,曲线参数方程为 $\begin{cases}x=x\\y^2=2mx\\z^2=m-x\end{cases}$,对参数 x 的导数为 $\begin{cases}x'=1\\2yy'=2m\\2zz'=-1\end{cases}$.

在 (x_0,y_0,z_0) 点处,$x'=1,y'=\dfrac{m}{y_0},z'=-\dfrac{1}{2z_0}$.因而切向量

$$\vec{T}=\left(1,\dfrac{m_0}{y},-\dfrac{1}{2z_0}\right)=\dfrac{1}{2y_0z_0}(2y_0z_0,2mz_0,-y_0)$$

从而切线方程为

$$\dfrac{x-x_0}{2y_0z_0}=\dfrac{y-y_0}{2mz_0}=\dfrac{z-z_0}{-y_0}$$

法平面方程为

$$2y_0z_0(x-x_0)+2mz_0(y-y_0)-y_0(z-z_0)=0$$

或

$$2y_0z_0x+2mz_0y-y_0z-y_0z_0(2x_0+2m-1)=0$$

二、空间曲面的切平面与法线方程

设空间曲面 Σ 的隐式方程为 $F(x,y,z)=0$,点 $M(x_0,y_0,z_0)$ 在曲面 Σ 上,函数 $F(x,y,z)$ 的一阶偏导数在该点连续且不同时为零.

设曲线 $\Gamma:x=\varphi(t),y=\theta(t),z=\omega(t),\alpha\leq t\leq\beta$ 是曲面 Σ 上过点 M 的任意一条曲线,如图 9-17 所示,参数 $t=t_0$ 对应于 M,且 $\varphi'(t_0),\theta'(t_0),\omega'(t_0)$ 不同时为零.由公式(9-26)可得曲线的切线 MT 的方程为

$$\dfrac{x-x_0}{\varphi'(t_0)}=\dfrac{y-y_0}{\theta'(t_0)}=\dfrac{z-z_0}{\omega'(t_0)}$$

下面证明:如果在曲面 Σ 上通过点 M 且在点 M 处具有切线的任何曲线,那么它们在点 M 处的切线都在同一个平面上.

由于曲线 Γ 完全在曲面 Σ 上,因而有恒等式

$$F[\varphi(t),\theta(t),\omega(t)]=0$$

又因为 $F(x,y,z)$ 在点 $M(x_0,y_0,z_0)$ 处有连续偏导数,且

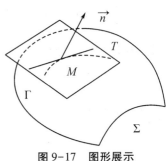

图 9-17 图形展示

$\varphi'(t_0), \theta'(t_0), \omega'(t_0)$ 存在，所以复合函数 $F[\varphi(t), \theta(t), \omega(t)]$（$x, y, z$ 为中间变量，t 为自变量）在 $t=t_0$ 时有全导数，且这全导数为零，也就是 $\dfrac{dF}{dt}\Big|_{t_0}=0$，即

$$\left(\frac{\partial F}{\partial x} \cdot \frac{dx}{dt} + \frac{\partial F}{\partial y} \cdot \frac{dy}{dt} + \frac{\partial F}{\partial z} \cdot \frac{dz}{dt}\right)_{t=t_0} = 0$$

即

$$F_x(x_0, y_0, z_0)\varphi'(t_0) + F_y(x_0, y_0, z_0)\theta'(t_0) + F_z(x_0, y_0, z_0)\omega(t_0) = 0 \qquad (9-29)$$

为书写方便，引入向量

$$\vec{n} = [F_x(x_0, y_0, z_0), F_y(x_0, y_0, z_0), F_z(x_0, y_0, z_0)] = (F_x, F_y, F_z)|_M \qquad (9-30)$$

曲线 Γ 在点 M 处的切向量为 $\vec{T} = [\varphi'(t_0), \theta'(t_0), \omega'(t_0)]$，根据第八章第二节向量的数量积的坐标算法 $(\vec{a} \cdot \vec{b} = a_x b_x + a_y b_y + a_z b_z)$，公式 (9-29) 说明数量积 $\vec{n} \cdot \vec{T} = 0$，即向量 $\vec{n}$ 与 $\vec{T}$ 垂直. 注意到曲线 Γ 是曲面 Σ 上过固定点 M 的任意一条曲线，因而上述结论表明：曲面 Σ 上过定点 M 的一切曲线在点 M 的切线都与一固定的向量 $\vec{n}$ 垂直，从而所有这样的切线均位于过定点 M 的同一平面上. 因此，经过曲面 Σ 上点 $M(x_0, y_0, z_0)$ 所有的曲线的切线都在一个平面上，称此平面为**曲面 Σ 在点 M 的切平面**.

法线向量为 $\vec{n} = [F_x(x_0, y_0, z_0), F_y(x_0, y_0, z_0), F_z(x_0, y_0, z_0)]$ 的切平面的方程为

$$F_x(x_0, y_0, z_0)(x-x_0) + F_y(x_0, y_0, z_0)(y-y_0) + F_z(x_0, y_0, z_0)(z-z_0) = 0$$

或

$$F_x|_M(x-x_0) + F_y|_M(y-y_0) + F_z|_M(z-z_0) = 0 \qquad (9-31)$$

曲面 Σ 上过点 M 与切平面垂直的直线称为曲面在该点的法线，**法线方程**为

$$\frac{x-x_0}{F_x(x_0, y_0, z_0)} = \frac{y-y_0}{F_y(x_0, y_0, z_0)} = \frac{z-z_0}{F_z(x_0, y_0, z_0)}$$

或

$$\frac{x-x_0}{F_x|_M} = \frac{y-y_0}{F_y|_M} = \frac{z-z_0}{F_z|_M} \qquad (9-32)$$

垂直于过曲面上一点的切平面的向量称为**曲面的法向量**. 公式 (9-30) 的向量 $\vec{n}$ 就是曲面 Σ 在点 M 处的一个法向量.

特别地，如果曲面的显示方程为

$$z = f(x, y) \quad 或 \quad f(x, y) - z = 0 \qquad (9-33)$$

记隐式方程为 $F_x(x, y, z) = f(x, y) - z$，那么

$$F_x(x, y, z) = f_x(x, y), F_y(x, y, z) = f_y(x, y), F_z(x, y, z) = -1$$

当 $f(x, y)$ 的偏导数 $f_x(x, y), f_y(x, y)$ 在点 (x_0, y_0) 连续时，曲面方程 (9-33) 在点 $M(x_0, y_0, z_0)$ 处的法向量为

$$\vec{n} = [f_x(x_0, y_0), f_y(x_0, y_0), -1] \qquad (9-34)$$

切平面方程为

$$f_x(x_0, y_0)(x-x_0) + f_y(x_0, y_0)(y-y_0) - (z-z_0) = 0$$

或

$$f_x(x_0, y_0)(x-x_0) + f_y(x_0, y_0)(y-y_0) = (z-z_0) \qquad (9-35)$$

而法线方程为

$$\frac{x-x_0}{f_x(x_0,y_0)}=\frac{y-y_0}{f_y(x_0,y_0)}=\frac{z-z_0}{-1} \tag{9-36}$$

注 切平面方程(9-35)中,记 $x-x_0=\Delta x,y-y_0=\Delta y$,有 $z-z_0=f_x(x_0,y_0)\Delta x+f_y(x_0,y_0)\Delta x$. 该等式的右端恰是函数 $z=f(x,y)$ 在 (x_0,y_0) 的全微分,左端是切平面上点的竖坐标 z 的增量.因此,函数 $f(x,y)$ 在点 (x_0,y_0) 的全微分,在几何上表示曲面 $z=f(x,y)$ 在点 (x_0,y_0,z_0) 处的切平面上点的竖坐标 z 的增量 $z-z_0$.

例3 求椭球面 $x^2+4y^2+z^2=9$ 在点 $(1,1,2)$ 处的切平面及法线方程.

解 这里

$$F(x,y,z)=x^2+4y^2+z^2-9$$

$$\vec{n}=(F_x,F_y,F_z)=(2x,8y,2z),\vec{n}\,|_{(1,1,2)}=(2,8,4)=2(1,4,2)$$

根据公式(9-31),曲面在点 $(1,1,2)$ 处的切平面方程为

$$x-1+4(y-1)+2(z-2)=0,\ 即\ x+4y+2z-9=0$$

法线方程为

$$\frac{x-1}{1}=\frac{y-1}{4}=\frac{z-2}{2}$$

例4 在曲面 $z=xy$ 上求一点,使该点处的法线垂直于平面 $x+2y+z+9=0$,并写出法线的方程.

解 设所求点为 $M(x_0,y_0,z_0)$,曲面的方程 $xy-z=0$,这里 $f(x,y)=xy$.于是有

$$f_x=y,\quad f_y=x,\quad f_z=-1$$

利用曲面的法向量公式(9-34),可得在点 M 处的切平面的法向量为

$$\vec{n}_0=(y,x,-1)\,|_M=(y_0,x_0,-1)$$

由于法线垂直于平面 $x+2y+z+9=0$,故向量 $\vec{n}_0=(y_0,x_0,-1)$ 平行于该平面的法向量 $\vec{n}=(1,2,1)$,由第八章第一节可知,它们对应的坐标应成比例,即

$$\frac{y_0}{1}=\frac{x_0}{2}=\frac{-1}{1}$$

由此解得:$x_0=-2,y_0=-1$,并求得 $z_0=x_0y_0=2$,故法向量 $\vec{n}_0=(-1,-2,-1)$ 或取 $\vec{n}_0=(1,2,1)$,所求曲面上的点为 $M(-2,-1,2)$,经过此点的法线方程为

$$\frac{x+2}{-1}=\frac{y+1}{-2}=\frac{z-2}{-1}\quad 或\quad \frac{x+2}{1}=\frac{y+1}{2}=\frac{z-2}{1}$$

接下来,我们讨论由一般方程给出空间曲线的切线方程.设空间曲线 L 方程为

$$\begin{cases} F(x,y,z)=0 \\ G(x,y,z)=0. \end{cases} \tag{9-37}$$

及 L 上一点 $M(x_0,y_0,z_0)$.由曲面的切平面的定义可知,经过曲线 L 上点 M 的切线是曲面 $\sum_1:F(x,y,z)=0$ 上过点 M 切平面与曲面 $\sum_2:G(x,y,z)=0$ 上过点 M 切平面的交线.因此,根据公式(9-31),可得过点 M 的切线的一般方程为

$$\begin{cases} F_x(x_0,y_0,z_0)(x-x_0)+F_y(x_0,y_0,z_0)(y-y_0)+F_z(x_0,y_0,z_0)(z-z_0)=0 \\ G_x(x_0,y_0,z_0)(x-x_0)+G_y(x_0,y_0,z_0)(y-y_0)+G_z(x_0,y_0,z_0)(z-z_0)=0 \end{cases} \tag{9-38}$$

例5 求曲线 $x^2+y^2+z^2=6,2x+y+z-1=0$ 在点 $M(1,-2,1)$ 处的切线及法平面方程.

解 这里 $F=x^2+y^2+z^2-6,G=2x+y+z-1$.因而

$$\vec{n}_1=(F_x,F_y,F_z)\big|_M=(2x,2y,2z)\big|_{(1,-2,1)}=2(1,-2,1)$$

$$\vec{n}_2=(G_x,G_y,G_z)\big|_M=(2,1,1)$$

所求切线是球面 $x^2+y^2+z^2=6$ 在 $M(1,-2,1)$ 处的切平面与平面 $x+y+z=0$ 的交线,因而切线的方向向量为 $\vec{T}=\vec{n}_1\times\vec{n}_2$ 或 $\vec{T}=\lambda\vec{n}_1\times\vec{n}_2(\lambda\neq0)$.于是

$$\vec{n}_1\times\vec{n}_2=2\begin{vmatrix}\vec{i}&\vec{j}&\vec{k}\\1&-2&1\\2&1&1\end{vmatrix}=2(-3,1,5)$$

取切向量 $\vec{T}=\dfrac{1}{2}\vec{n}_1\times\vec{n}_2=(-3,1,5)$,过点 $M(1,-2,1)$ 切线的点向式方程为

$$\frac{x-1}{-3}=\frac{y+2}{1}=\frac{z-1}{5}$$

或者根据公式(9-38),可得切线的一般方程为

$$\begin{cases}(x-1)-2(y+2)+(z-1)=0\\2x+y+z-1=0\end{cases},\quad\text{即}\begin{cases}x-2y+z-6=0\\2x+y+z-1=0\end{cases}$$

过点 $M(1,-2,1)$ 的法平面方程为

$$-3(x-1)+(y+2)+5(z-1)=0,\text{即}-3x+y+5z=0$$

习题 9-6

1.求曲线 $x=1+2t,y=t^2,z=3t-t^3$ 在对应于 $t=1$ 的点处的切线与法平面.

2.求曲线 $x=2\cos t,y=2\sin2t,z=9t^2$ 在对应于 $t=\dfrac{\pi}{3}$ 的点处的切线与法平面.

3.求曲线 $x=\ln(1+t^2),y=4\arctan t,z=\dfrac{2t^2}{1+t}$ 在对应于 $t=1$ 的点处的切线与法平面,与切向量的方向余弦.

4.求曲线 $x=\mathrm{e}^t\cos t,y=\mathrm{e}^t\sin t,z=\mathrm{e}^t$ 在对应于 $t=\dfrac{\pi}{4}$ 的点处的切线与 xOz 平面夹角的正弦.

5.求曲线 $\begin{cases}x+2y-z=0\\x^2+y^2+z^2=8\end{cases}$ 在点 $(2,0,-2)$ 处的切线与法平面.

6.在椭圆抛物面 $z=x^2+2y^2$ 求一点,使该点处的法线垂直于平面 $2x+4y+z+1=0$,并写出法线和切平面方程.

7.求椭圆球面 $x^2+2y^2+z^2=1$ 上平行于平面 $x-y+2z=0$ 的切平面方程.

8.求曲面 $ax^2+by^2+cz^2=1$ 在点 (x_0,y_0,z_0) 的法线及切平面方程.

9.过直线 $10x+2y-2z=27,x+y-z=0$ 做曲面 $3x^2+y^2-z^2=27$ 的切平面,求此切平面的方程.

10.试证曲面 $z=xf\left(\dfrac{y}{x}\right)$ 的所有切平面都相交于一点.

11. 证明曲面 $(z-2x)^2 = (z-3y)^3$ 上任一点处的法线都平行于平面 $3x+2y+6z-1=0$.

12. 求曲面 $f(y-mz, x-nz)=0$ 上任意一点处的切平面方程, 并说明所有的切平面均平行于一定直线.

13. 如果空间的曲线 L 一般方程为

$$\begin{cases} F(x,y,z)=0 \\ G(x,y,z)=0 \end{cases}$$

满足第五节定理 3 的条件. 当在点 $M_0(x_0, y_0, z_0)$ 某一个邻域内 $J = \dfrac{\partial(F,G)}{\partial(y,z)} \neq 0$ 时, 则曲线

L 在点 M_0 处的一个切向量为

$$\vec{T} = \left(\left| \begin{matrix} F_y & F_z \\ G_y & G_z \end{matrix} \right|_{M_0}, \left| \begin{matrix} F_z & F_x \\ G_z & G_x \end{matrix} \right|_{M_0}, \left| \begin{matrix} F_x & F_y \\ G_x & G_y \end{matrix} \right|_{M_0} \right)$$

切线方程

$$\frac{x-x_0}{\left| \begin{matrix} F_y & F_z \\ G_y & G_z \end{matrix} \right|_{M_0}} = \frac{y-y_0}{\left| \begin{matrix} F_z & F_x \\ G_z & G_x \end{matrix} \right|_{M_0}} = \frac{z-z_0}{\left| \begin{matrix} F_x & F_y \\ G_x & G_y \end{matrix} \right|_{M_0}}$$

法线方程

$$\left| \begin{matrix} F_y & F_z \\ G_y & G_z \end{matrix} \right|_{M_0} (x-x_0) + \left| \begin{matrix} F_z & F_x \\ G_z & G_x \end{matrix} \right|_{M_0} (y-y_0) + \left| \begin{matrix} F_x & F_y \\ G_x & G_y \end{matrix} \right|_{M_0} (z-z_0) = 0$$

第七节　方向导数与梯度

一、方向导数的概念与计算

函数的偏导数反映的是函数沿坐标轴方向的变化率, 可把偏导数推广为沿任意方向的变化率, 因而我们有必要来讨论函数沿任一指定方向的变化率问题.

设 l 是平面 xOy 上以 $P_0(x_0, y_0)$ 为始点的一条射线, 与 x, y 轴正向的夹角分别是 α, β $\left(\beta = \dfrac{\pi}{2} - \alpha \right)$, 如图 9-18 所示, 由此可得与 l 同方向的单位向量 $\vec{e}_l = (\cos\alpha, \cos\beta)$. l 所在直线的方程为

$$y - y_0 = \tan\alpha(x - x_0) = \frac{\cos\beta}{\cos\alpha}(x - x_0)$$

从而射线 l 的参数方程为

$$\frac{y - y_0}{\cos\beta} = \frac{x - x_0}{\cos\alpha} = t \ (t \geq 0)$$

即

$$x = x_0 + t\cos\alpha, \quad y = y_0 + t\cos\beta \ (t \geq 0),$$

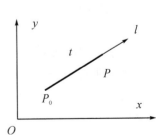

图 9-18　图形展示

其中 t 表示射线 l 上任一点 $P(x,y)$ 到端点 $P_0(x_0,y_0)$ 的距离,即 $t=|P_0P|$.我们也可以利用以 t 为斜边作直角三角形,根据余弦函数的定义得出射线的参数方程.

定义 设函数 $z=f(x,y)$ 在点 $P_0(x_0,y_0)$ 的某邻域内 $U(P_0)$ 有定义,$P(x_0+t\cos\alpha,y_0+t\cos\beta)$ 是端点为 P_0 的射线 l 上的一点,且 $P\in U(P_0)$.若函数全增量

$$\Delta z=f(x_0+t\cos\alpha,y_0+t\cos\beta)-f(x_0,y_0)$$

与 P 到 P_0 的距离 $t=|P_0P|$ 的比值

$$\frac{f(x_0+t\cos\alpha,y_0+t\cos\beta)-f(x_0,y_0)}{t}$$

当 P 沿着 l 趋于 $P_0(t\rightarrow 0^+)$ 时极限存在,则称此极限为函数 $f(x,y)$ 在点 P_0 沿方向 l 的**方向导数**,记作 $\left.\dfrac{\partial f}{\partial l}\right|_{(x_0,y_0)}$ 或 $\left.\dfrac{\partial z}{\partial l}\right|_{(x_0,y_0)}$,即

$$\left.\frac{\partial f}{\partial l}\right|_{(x_0,y_0)}=\lim_{t\rightarrow 0^+}\frac{f(x_0+t\cos\alpha,y_0+t\cos\beta)-f(x_0,y_0)}{t} \tag{9-39}$$

可以简写为

$$\left.\frac{\partial f}{\partial l}\right|_{P_0}=\lim_{|P_0P|\mapsto 0}\frac{f(P)-f(P_0)}{|P_0P|}$$

根据定义,方向导数 $\left.\dfrac{\partial f}{\partial l}\right|_{(x_0,y_0)}$ 是函数 $f(x,y)$ 在点 P_0 沿方向 l 的变化率,是 P 沿着射线 l 趋于端点 P_0,趋于 P_0 的路径固定不变.当然线段 P_0P 包含于函数 $z=f(x,y)$ 定义域.

下面讨论方向导数与偏导数的关系.假设函数 $f(x,y)$ 在点 P_0 的偏导数总是存在的,将沿 x 轴正方向($\alpha=0,\beta=\dfrac{\pi}{2}$)的方向导数记作 $\left.\dfrac{\partial z}{\partial l}\right|_{x^+}$,有 $\Delta y=0,\Delta x>0$,且 $t=\sqrt{(\Delta x)^2+(\Delta y)^2}=\Delta x$.由方向导数的定义,有

$$\left.\frac{\partial z}{\partial l}\right|_{x^+}=\lim_{t\rightarrow 0^+}\frac{f(x_0+t,y_0)-f(x_0,y_0)}{t}=f_x(x_0,y_0)$$

将沿 x 轴负方向($\alpha=\pi,\beta=\dfrac{\pi}{2}$)的方向导数,记作 $\left.\dfrac{\partial z}{\partial l}\right|_{x^-}$,则 $t=\sqrt{(\Delta x)^2+(\Delta y)^2}=-\Delta x$ 的方向导数为

$$\left.\frac{\partial z}{\partial l}\right|_{x^-}=\lim_{t\rightarrow 0^+}\frac{f(x_0-t,y_0)-f(x_0,y_0)}{t}=-f_x(x_0,y_0)$$

即

$$\left.\frac{\partial z}{\partial l}\right|_{x^+}=\frac{\partial z}{\partial x},\left.\frac{\partial z}{\partial l}\right|_{x^-}=-\frac{\partial z}{\partial x}$$

因此,若函数的偏导数存在,则沿坐标轴正向与反向的方向导数就存在;反之,函数的方向导数存在,但偏导数不一定存在.例如,圆锥面 $z=f(x,y)=\sqrt{x^2+y^2}$ 在点 $O(0,0)$ 处沿 $l=\vec{i}$ 方向(x 轴正向)的方向导数 $\left.\dfrac{\partial z}{\partial l}\right|_{x^+(0,0)}=1$,而偏导数 $\left.\dfrac{\partial z}{\partial x}\right|_{(0,0)}$ 不存在.这是因为,沿 $l=\vec{i}$ 方向的方向导数 $\left.\dfrac{\partial z}{\partial l}\right|_{x^+(0,0)}=1$ 是一元函数 $f(x,0)=\sqrt{x^2+0^2}=|x|$ 的右导数,而偏导数 $\left.\dfrac{\partial z}{\partial x}\right|_{(0,0)}$ 是

在点 $x=0$ 的（左右）导数.因此,我们可以认为:二元函数的方向导数是一元函数的单侧（左右）导数的推广.

接下来,我们讨论方向导数的计算.

定理 设函数 $z=f(x,y)$ 在点 (x_0,y_0) 可微分,则函数在 (x_0,y_0) 沿任一方向 l 的方向导数存在,且

$$\left.\frac{\partial z}{\partial l}\right|_{(x_0,y_0)}=f_x(x_0,y_0)\cos\alpha+f_y(x_0,y_0)\cos\beta \tag{9-40}$$

其中 $(\cos\alpha,\cos\beta)$ 是方向 l 的方向余弦.

证 函数 $f(x,y)$ 在点 (x_0,y_0) 可微分,由第三节微分的定义,可得

$$\Delta z=f(x_0+\Delta x,y_0+\Delta y)-f(x_0,y_0)=f_x(x_0,y_0)\Delta x+f_y(x_0,y_0)\Delta y+o\left[\sqrt{(\Delta x)^2+(\Delta y)^2}\right]$$

当点 $(x_0+\Delta x,y_0+\Delta y)$ 在以 (x_0,y_0) 为始点的射线上 l 时,应有 $\Delta x=t\cos\alpha\Delta y=t\cos\beta$,
$\sqrt{(\Delta x)^2+(\Delta y)^2}=t$.因而

$$\lim_{t\to 0^+}\frac{\Delta z}{t}=\lim_{t\to 0^+}\frac{f(x_0+t\cos\alpha,y_0+t\cos\beta)-f(x_0,y_0)}{t}$$

$$=\lim_{t\to 0^+}\frac{f_x(x_0,y_0)t\cos\alpha+f_y(x_0,y_0)t\cos\beta+o(t)}{t}$$

$$=f_x(x_0,y_0)\cos\alpha+f_y(x_0,y_0)\cos\beta$$

这就证明了方向导数存在,其值为

$$\left.\frac{\partial z}{\partial l}\right|_{(x_0,y_0)}=f_x(x_0,y_0)\cos\alpha+f_y(x_0,y_0)\cos\beta$$

例 1 求函数 $z=x^3y^2$ 在点 $P_0(3,1)$ 处沿从 $P_0(3,1)$ 到 $P_1(2,3)$ 的方向的方向导数.

解 如图 9-19 所示,根据第八章第一节向量的坐标运算及方向余弦的定义,可得

$$\overrightarrow{P_0P_1}=(2-3,3-1)=(-1,2),\ |\overrightarrow{P_0P_1}|=\sqrt{(-1)^2+2^2}=\sqrt{5}$$

l 的方向余弦 $\cos\alpha=-\dfrac{1}{\sqrt{5}},\cos\beta=\dfrac{2}{\sqrt{5}}$.

因为多元初等函数的偏导数连续,从而可微分,且

$$\frac{\partial z}{\partial x}=3x^2y^2,\frac{\partial z}{\partial y}=2x^3y;\ \left.\frac{\partial z}{\partial x}\right|_{P_0}=27,\left.\frac{\partial z}{\partial y}\right|_{P_0}=54$$

利用公式(9-40)计算 l 的方向导数,

$$\left.\frac{\partial z}{\partial l}\right|_{P_0}=\left.\frac{\partial z}{\partial x}\right|_{P_0}\cos\alpha+\left.\frac{\partial z}{\partial y}\right|_{P_0}\cos\beta=27\times\left(-\frac{1}{\sqrt{5}}\right)+54\times\frac{2}{\sqrt{5}}=\frac{81}{\sqrt{5}}$$

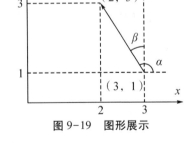

图 9-19 图形展示

二元函数的方向导数可以推广到三元以上的的多元函数.

设 l 是空间中以 $P_0(x_0,y_0,z_0)$ 为始点的一条射线,与 x,y,z 轴正向的夹角分别是 α,β,γ,可得与 l 同方向的单位向量 $\vec{e}_l=(\cos\alpha,\cos\beta,\cos\gamma)$.根据第八章第四节空间直线点向式方程,可得 l 所在射线的方程为

$$\frac{x-x_0}{\cos\alpha}=\frac{y-y_0}{\cos\beta}=\frac{z-z_0}{\cos\gamma}=t(t\geq 0)$$

因此,参数方程 $x=x_0+t\cos\alpha,y=y_0+t\cos\beta,z=z_0+t\cos\gamma(t\geq 0)$.

三元函数 $u=f(x,y,z)$ 在空间一点 $P_0(x_0,y_0,z_0)$ 沿 l 方向的方向导数为

$$\frac{\partial u}{\partial l}\bigg|_{(x_0,y_0,z_0)}=\lim_{t\to0^+}\frac{f(x_0+t\cos\alpha,y_0+t\cos\beta,z_0+t\cos\gamma)-f(x_0,y_0,z_0)}{t}$$

同样可以证明:如果函数 $u=f(x,y,z)$ 在点 (x_0,y_0,z_0) 可微分,那么函数在该点沿着方向 $\vec{e_l}=(\cos\alpha,\cos\beta,\cos\gamma)$ 的方向导数存在,且

$$\frac{\partial u}{\partial l}\bigg|_{(x_0,y_0,z_0)}=f_x(x_0,y_0,z_0)\cos\alpha+f_y(x_0,y_0,z_0)\cos\beta+f_z(x_0,y_0,z_0)\cos\gamma \tag{9-41}$$

公式(9-40)和公式(9-41)表明:方向导数是各个偏导数与方向 l 在相应坐标轴上的方向余弦之积的和.

例 2　求 $u=xy\mathrm{e}^{xz}$ 在点 $P_0(1,1,0)$ 沿 P_0 到 $P_1(-2,3,\sqrt{3})$ 的方向的方向导数.

解　因为多元初等函数可微分,方向导数存在.于是有

$$\frac{\partial u}{\partial x}=y\mathrm{e}^{xz}(1+xz),\frac{\partial u}{\partial y}=x\mathrm{e}^{xz},\frac{\partial u}{\partial z}=x^2y\mathrm{e}^{xz}$$

由此可得

$$\frac{\partial u}{\partial x}\bigg|_{P_0}=1,\frac{\partial u}{\partial y}\bigg|_{P_0}=1,\frac{\partial u}{\partial z}\bigg|_{P_0}=1$$

又 l 的方向为

$$\overrightarrow{P_0P_1}=(-2-1,3-1,\sqrt{3}-0)=(-3,2,\sqrt{3}),\ |\overrightarrow{P_0P_1}|=\sqrt{(-3)^2+2^2+(\sqrt{3})^2}=4$$

$$\vec{e_l}=(\cos\alpha,\cos\beta,\cos\gamma)=\left(-\frac{3}{4},\frac{1}{2},\frac{\sqrt{3}}{4}\right)$$

利用公式(9-41),计算 l 的方向导数

$$\frac{\partial u}{\partial l}\bigg|_{P_0}=\frac{\partial u}{\partial x}\bigg|_{P_0}\cos\alpha+\frac{\partial u}{\partial y}\bigg|_{P_0}\cos\beta+\frac{\partial u}{\partial z}\bigg|_{P_0}\cos\gamma=-\frac{3}{4}+\frac{1}{2}+\frac{\sqrt{3}}{4}=\frac{\sqrt{3}-1}{4}$$

二、梯度(**gradient**)

由上面的讨论可知,一个函数在某一点的方向导数的值由于方向的变化而不同.问题:在一点处沿什么方向的方向导数值最大(小)? 或者说在一点处沿什么方向函数增长的最快(慢)? 这是与函数方向导数有紧密联系的一个概念——函数的梯度的内容.

设函数 $z=f(x,y)$ 在平面区域 D 内具有一阶连续偏导数,对于每一点 $P_0(x_0,y_0)\in D$ 都可以确定一个向量

$$f_x(x_0,y_0)\vec{i}+f_y(x_0,y_0)\vec{j}$$

这个向量称为 $f(x,y)$ 在点 $P_0(x_0,y_0)$ 的**梯度向量**,简称**梯度**,记作 $\mathbf{grad}f(x_0,y_0)$,或 $\nabla f(x_0,y_0)$,即

$$\mathbf{grad}f(x_0,y_0)=\nabla f(x_0,y_0)=f_x(x_0,y_0)\vec{i}+f_y(x_0,y_0)\vec{j} \tag{9-42}$$

其中 $\nabla=\dfrac{\partial}{\partial x}\vec{i}+\dfrac{\partial}{\partial y}\vec{j}$ 称为(二维的)**向量算子**或 **Nabla 算子**,有

$$\nabla f = \frac{\partial f}{\partial x}\vec{i} + \frac{\partial f}{\partial y}\vec{j}$$

若函数 $z=f(x,y)$ 在点 $P_0(x_0,y_0)$ 可微分，$\vec{e_l}=(\cos\alpha,\cos\beta)$ 是与 l 同方向的单位向量，则有

$$\frac{\partial z}{\partial l}\bigg|_{(x_0,y_0)} = f_x(x_0,y_0)\cos\alpha + f_y(x_0,y_0)\cos\beta$$

$$= \mathbf{grad}f(x_0,y_0) \cdot \vec{e_l} = |\mathbf{grad}f(x_0,y_0)|\cos\theta \tag{9-43}$$

其中 θ 是两个向量 $\mathbf{grad}f(x_0,y_0)$ 与 $\vec{e_l}$ 的夹角.

根据第八章第二节向量的数量积的定义与坐标算法可得，$\vec{a} \cdot \vec{b} = |\vec{a}||\vec{b}|\cos\theta = a_x b_x + a_y b_y$，其中 $\vec{a}=(a_x,a_y)$，$\vec{b}=(b_x,b_y)$. 关系式 (9-43) 表明了函数在某一点的的方向导数等于该点的梯度向量与射线 l 同方向的单位向量的数量积，即梯度向量在射线 l 上的投影. 二元函数 $z=f(x,y)$ 的梯度向量是一个平面上的向量.

① 当 $\cos\theta=1$ 时，即 $\theta=0$ 时，射线 l 的方向与梯度 $\mathbf{grad}f(x_0,y_0)$ 的方向相同，函数增加最快，方向导数最大，即梯度向量在自身上的投影最大. 因此，梯度方向是函数增长最快的方向，函数在这个方向的方向导数取得最大值，其最大值就是梯度 $\mathbf{grad}f(x_0,y_0)$ 的模，即

$$\frac{\partial z}{\partial l}\bigg|_{(x_0,y_0)} = |\mathbf{grad}f(x_0,y_0)|$$

这个结果也表示：函数 $f(x,y)$ 在一点的梯度 $\mathbf{grad}f$ 是这样一个向量，在过这一点的所有方向中，它的方向是函数在这点的方向导数取得最大值的方向，它的模等于方向导数的最大值.

② 当 $\cos\theta=-1$ 时，即 $\theta=\pi$ 时，l 的方向与梯度 $\mathbf{grad}f(x_0,y_0)$ 的方向相反时，函数减少最快，方向导数最小. 此时，梯度的反方向是函数减少最快的方向，函数在这个方向的方向导数取得最小值，即

$$\frac{\partial z}{\partial l}\bigg|_{(x_0,y_0)} = -|\mathbf{grad}f(x_0,y_0)|$$

③ 当 $\cos\theta=0$ 时，即 $\theta=\frac{\pi}{2}$ 时，此时 l 的方向与梯度方向垂直，函数的变化率为零. 这就表明，梯度向量在垂直于梯度的方向上的方向导数为零，即梯度向量的投影为零，记作

$$\frac{\partial z}{\partial l}\bigg|_{(x_0,y_0)} = |\mathbf{grad}f(x_0,y_0)|\cos\theta = 0$$

我们知道，函数 $z=f(x,y)$ 在几何上表示一个曲面，这个曲面被 $z=c$（c 是常数）所截得的曲线 Γ 的方程为

$$\begin{cases} z=f(x,y) \\ z=c \end{cases}$$

曲线 Γ 在 xOy 面上的投影是一条平面曲线 Γ^*，在 xOy 面上的方程为 $f(x,y)=c$ 或 $f(x,y)-c=0$，如图 9-20 所示. 对于曲线 Γ^* 上的一切点，$f(x,y)$ 的函数值都是常数 c，因而称平面曲线 Γ^* 为函数 $z=f(x,y)$ 的**等值线**.

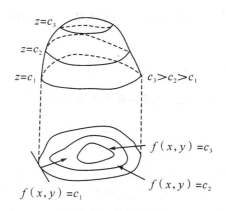

图 9-20 图形展示

本章第六节给出了曲面的法向量,类似可定义曲线 $F(x,y)=f(x,y)-c=0$ 上点 $P_0(x_0,y_0)$ 的法向量: $\vec{n}=f_x(x_0,y_0)\vec{i}+f_y(x_0,y_0)\vec{j}$.若 f_x,f_y 不同时为零,则等值线 $f(x,y)=c$ 上点 P_0 处的单位法向量为

$$\vec{e}_n=\frac{1}{\sqrt{f_x^2(x_0,y_0)+f_y^2(x_0,y_0)}}[f_x(x_0,y_0)\vec{i}+f_y(x_0,y_0)\vec{j}]=\frac{\mathbf{grad}f(x_0,y_0)}{|\mathbf{grad}f(x_0,y_0)|}$$

这个式子说明:函数 $f(x,y)$ 在点 P_0 的梯度 $\mathbf{grad}f(x_0,y_0)$ 方向就是等值线 $f(x,y)=0$ 这点的法方向 $\vec{n}$,而梯度的模 $|\mathbf{grad}f(x_0,y_0)|$ 是这个方向的方向导数 $\left.\dfrac{\partial f}{\partial n}\right|_{(x_0,y_0)}$.于是

$$\mathbf{grad}f(x_0,y_0)=|\mathbf{grad}f(x_0,y_0)|\vec{e}_n=\left.\frac{\partial f}{\partial n}\right|_{(x_0,y_0)}\vec{e}_n$$

对于 $z=f(x,y)$ 的等值线 $\Gamma:f(x,y)=c$,若将曲线 Γ 看作参数方程 $\begin{cases}x=x\\y=y(x)\end{cases}$,则曲线上任一点处切线向量 $\vec{T}=(1,\dfrac{\mathrm{d}y}{\mathrm{d}x})=\dfrac{1}{\mathrm{d}x}(\mathrm{d}x,\mathrm{d}y)$ 或 $\vec{T}=(\mathrm{d}x,\mathrm{d}y)$.对方程 $f(x,y)=c$ 微分,可得

$$\frac{\partial f}{\partial x}\mathrm{d}x+\frac{\partial f}{\partial y}\mathrm{d}y=0,\ \text{即}\left(\frac{\partial f}{\partial x},\frac{\partial f}{\partial y}\right)(\mathrm{d}x,\mathrm{d}y)=0$$

由此可得

$$\vec{n}\cdot\vec{T}=0,\ \mathbf{grad}f\cdot\vec{T}=0$$

上式表明:任一点梯度向量与等值线上该点的切线向量垂直(法方向与切向量垂直).又因为梯度方向是函数增长最快的方向,指向等值线增加的一侧,所以函数的梯度向量是从数值较低的等值线指向数值较高的等值线.

几何解释:设曲面 $z=f(x,y)$ 为凸曲面,形如一座山.当一个登山者到达某一位置时,若沿梯度方向攀登,则山路一定最陡峭;若垂直于梯度方向攀登,总是行走在同一等值线上,永远不可能到达山顶.

上面讨论的梯度概念可以类似地推广到三元函数的情形.

设函数 $f(x,y,z)$ 在空间区域 Ω 内具有一阶连续偏导数,对于每一点 $P_0(x_0,y_0,z_0)\in\Omega$ 都可以确定一个向量

$$f_x(x_0,y_0,z_0)\vec{i}+f_y(x_0,y_0,z_0)\vec{j}+f_z(x_0,y_0,z_0)\vec{k}$$

这个向量称为 $f(x,y,z)$ 在点 $P_0(x_0,y_0,z_0)$ 的**梯度**,记作 $\mathbf{grad}f(x_0,y_0,z_0)$ 或 $\nabla f(x_0,y_0,z_0)$,即

$$\mathbf{grad}f(x_0,y_0,z_0)=f_x(x_0,y_0,z_0)\vec{i}+f_y(x_0,y_0,z_0)\vec{j}+f_z(x_0,y_0,z_0)\vec{k} \qquad (9-44)$$

其中 $\nabla=\dfrac{\partial}{\partial x}\vec{i}+\dfrac{\partial}{\partial y}\vec{j}+\dfrac{\partial}{\partial z}\vec{k}$ 称为(三维的)**向量算子**或**Nabla 算子**,有

$$\nabla f=\frac{\partial f}{\partial x}\vec{i}+\frac{\partial f}{\partial y}\vec{j}+\frac{\partial f}{\partial z}\vec{k}$$

经过与二元函数的情形完全类似的讨论可知,三元函数 $f(x,y,z)$ 在点 $P_0(x_0,y_0,z_0)$ 的梯度 $\mathbf{grad}f(x_0,y_0,z_0)$ 是一个向量,方向是函数 $f(x,y,z)$ 在点 P_0 的方向导数取得最大值的方向,函数值增加最快的方向,它的模等于方向导数的最大值.

我们引入等值面的概念.设三元函数 $u=f(x,y,z)$ 被平面 $u=c$ 所截得的曲面为

$$f(x,y,z)=c$$

称该曲面为函数 $f(x,y,z)$ 的**等值面**.函数在点 $P_0(x_0,y_0,z_0)$ 的梯度 $\mathbf{grad}f(x_0,y_0,z_0)$ 方向就是等值面 $f(x,y,z)=c$ 在这点的法线方向 $\vec{n}=(f_x,f_y,f_z)_{P_0}$,而梯度的模 $|\mathbf{grad}f(x_0,y_0,z_0)|$ 就是函数沿这个法线方向的方向导数 $\dfrac{\partial f}{\partial n}\Big|_{P_0}$.

注 我们通常用单位向量即方向余弦来表示方向.函数 $z=f(x,y)$ 在点 $P_0(x_0,y_0)$ 的梯度向量,就是经过 P_0 点的等值线 $f(x,y)=f(x_0,y_0)$ 上 P_0 点的法向量,$u=f(x,y,z)$ 在点 (x_0,y_0,z_0) 的梯度,也是经过这点的等值面 $f(x,y,z)=f(x_0,y_0,z_0)$ 上这点的法向量.

例 3 设 $f(x,y)=x^3y+2x^2y-y^2$,求梯度 $\mathbf{grad}f(x,y)$,$\mathbf{grad}f(1,2)$.

解
$$\frac{\partial f}{\partial x}=3x^2+4xy,\frac{\partial f}{\partial y}=x^3+2x^2-2y.$$

利用二元函数的梯度公式(9-42),可得

$$\mathbf{grad}f(x,y)=\frac{\partial f}{\partial x}\vec{i}+\frac{\partial f}{\partial x}\vec{j}=(3x^2+4xy)\vec{i}+(x^3+2x^2-2y)\vec{j}$$

$$\mathbf{grad}f(1,2)=[(3x^2+4xy)\vec{i}+(x^3+2x^2-2y)\vec{j}]\,|_{(1,2)}=(11,-1)$$

例 4 问函数 $f(x,y,z)=xy^2z$ 在点 $P(1,-1,2)$ 处沿什么方向的方向导数最大? 沿什么方向的方向导数最小? 并求方向导数的最大值与最小值.

解
$$\frac{\partial f}{\partial x}\Big|_P=(y^2z)_P=2,\frac{\partial f}{\partial y}\Big|_P=(2xyz)_P=-4,\frac{\partial f}{\partial z}\Big|_P=(xy^2)_P=1$$

$$\mathbf{grad}f(P)=(f_x,f_y,f_x)_P=(2,-4,1)$$

由方向导数与梯度的关系可知,函数在点 $P(1,-1,2)$ 处沿梯度方向的方向导数最大,最大值为

$$\mathrm{Max}\left(\frac{\partial f}{\partial l}\right)_P=|\mathbf{grad}f(P)|=|2\vec{i}-4\vec{j}+\vec{k}|=\sqrt{2^2+(-4)^2+1}=\sqrt{21}$$

而所取的梯度方向为

$$\vec{n}=\frac{\mathbf{grad}f(P)}{|\mathbf{grad}f(P)|}=\frac{2\vec{i}-4\vec{j}+\vec{k}}{\sqrt{21}}=\frac{1}{\sqrt{21}}(2,-4,1)$$

函数在点 $P(1,-1,2)$ 处沿梯度方向的相反方向减少最快,这个方向取为

$$\vec{n}_1 = -\vec{n} = \frac{1}{\sqrt{21}}(-2,4,-1)$$

方向导数的最小值为 $\left.\frac{\partial f}{\partial n_1}\right|_{(1,-1,2)} = -|\mathbf{grad}f(P)| = -\sqrt{21}.$

例5 求椭圆抛物面 $z = 1 - \left(\frac{x^2}{a^2} + \frac{y^2}{b^2}\right)$ 在点 $P_0\left(\frac{a}{\sqrt{2}}, \frac{b}{\sqrt{2}}\right)$ 处,沿曲线 $\frac{x^2}{a^2} + \frac{y^2}{b^2} = 1$ 在此点的内法线方向的方向导数.

解 如图 9-21 所示,先求经过点 P_0 的射线 l 方向余弦.设

$$F(x,y) = \frac{x^2}{a^2} + \frac{y^2}{b^2} - 1 = 0$$

该曲线上在点 P_0 的内法线方向,即射线 l 的方向为

$$\vec{n}_{P_0} = -(F_x, F_y)_{P_0} = -\left(\frac{2x}{a^2}, \frac{2y}{b^2}\right)_{P_0} = -\frac{2}{\sqrt{2}}\left(\frac{1}{a}, \frac{1}{b}\right) = \frac{\sqrt{2}}{ab}(-b, -a)$$

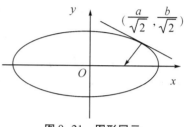

图 9-21 图形展示

负号表示过点 P_0 内法线方向(指向坐标原点)与外法线方向相反,它的方向余弦:

$$\cos\alpha = \frac{-b}{\sqrt{a^2+b^2}}, \cos\beta = \frac{-a}{\sqrt{a^2+b^2}}$$

函数 $z = 1 - \left(\frac{x^2}{a^2} + \frac{y^2}{b^2}\right)$ 在点 $P_0\left(\frac{a}{\sqrt{2}}, \frac{b}{\sqrt{2}}\right)$ 处的偏导数:

$$\left.\frac{\partial z}{\partial x}\right|_{P_0} = -\left.\frac{2x}{a^2}\right|_{P_0} = -\frac{2}{a^2} \cdot \frac{a}{\sqrt{2}} = -\frac{\sqrt{2}}{a}, \left.\frac{\partial z}{\partial y}\right|_{P_0} = -\left.\frac{2y}{b^2}\right|_{P_0} = -\frac{2}{b^2} \cdot \frac{b}{\sqrt{2}} = -\frac{\sqrt{2}}{b}$$

因而方向导数

$$\left.\frac{\partial z}{\partial l}\right|_{P_0} = \left.\frac{\partial z}{\partial n}\right|_{P_0} = \left(\frac{\partial z}{\partial x}\cos\alpha + \frac{\partial z}{\partial y}\cos\beta\right)_{P_0} = -\frac{\sqrt{2}}{a}\left(-\frac{b}{\sqrt{a^2+b^2}}\right) - \frac{\sqrt{2}}{b}\left(-\frac{a}{\sqrt{a^2+b^2}}\right)$$

$$= \sqrt{2}\left(\frac{b}{a\sqrt{a^2+b^2}} + \frac{a}{b\sqrt{a^2+b^2}}\right) = \frac{\sqrt{2}}{ab} \cdot \frac{b^2+a^2}{\sqrt{a^2+b^2}} = \frac{\sqrt{2}}{ab}\sqrt{a^2+b^2}$$

注 曲线 $\frac{x^2}{a^2} + \frac{y^2}{b^2} = 1$ 恰好是曲面 $z = 1 - \left(\frac{x^2}{a^2} + \frac{y^2}{b^2}\right)$ 当 $z = 0$ 时的一条等值线,而这个曲面是开口向下的椭圆抛物面,是凸曲面;从而该曲线在点 $P_0\left(\frac{a}{\sqrt{2}}, \frac{b}{\sqrt{2}}\right)$ 处的内法线方向 $\vec{n}_{P_0}$ 恰好就是其梯度方向 $\mathbf{grad}z_{P_0}$. 因此,所求的方向导数就是求在 $P_0\left(\frac{a}{\sqrt{2}}, \frac{b}{\sqrt{2}}\right)$ 沿梯度方向的方向导数.于是

$$\left(\frac{\partial z}{\partial l}\right)_{P_0} = |\mathbf{grad}z(P_0)| = |(z_x, z_y)_{P_0}| = \left|\left(-\frac{\sqrt{2}}{a}, -\frac{\sqrt{2}}{b}\right)\right| = \sqrt{\left(-\frac{\sqrt{2}}{a}\right)^2 + \left(-\frac{\sqrt{2}}{b}\right)^2}$$

$$= \sqrt{\frac{2}{a^2} + \frac{2}{b^2}} = \frac{\sqrt{2}}{ab}\sqrt{a^2+b^2}$$

接下来,我们介绍数量场与向量场的概念.

若对于空间区域 G 内的任一点 P,都存在一个确定的数量 $f(P)$,则称在这个空间区域 G 内确定了一个数量场,如某一个空间的温度场、压强场,以及某物体的密度场等.一个数量场可用一个数量函数 $f(P)$ 来表示.若与点 P 相对应的是一个确定的向量 $\vec{F}(P)$,则称在这个空间区域 G 内确定了一个向量场,如力场、速度场等.一个向量场可用一个向量值函数 $\vec{F}(P)$ 来确定,可设

$$\vec{F}(P)=u(P)\vec{i}+v(P)\vec{j}+w(P)\vec{k}$$

其中 $u(P),v(P),w(P)$ 都是点 P 的数量场.

若向量场 $\vec{F}(P)$ 是某个数量函数 $f(P)$ 的梯度,则称 $f(P)$ 是向量场 $\vec{F}(P)$ 的一个势函数,并称向量场 $\vec{F}(P)$ 为势场.因此,由数量函数 $f(P)$ 产生的梯度场 $\mathbf{grad}f(P)$ 是一个势场.然而任何一个向量场并不一定都是势场,因为它不一定是某个函数的梯度.

例 6 求数量场 $\dfrac{m}{r}$ 所产生的梯度场,其中常数 $m>0$,$r=\sqrt{x^2+y^2+z^2}$ 为坐标原点 O 与点 P 间的距离.

解 $\dfrac{\partial}{\partial x}\left(\dfrac{m}{r}\right)=-\dfrac{m}{r^2}\dfrac{\partial r}{\partial x}=-\dfrac{mx}{r^3}$,同理可得 $\dfrac{\partial}{\partial y}\left(\dfrac{m}{r}\right)=-\dfrac{my}{r^3}$, $\dfrac{\partial}{\partial z}\left(\dfrac{m}{r}\right)=-\dfrac{mz}{r^3}$.

因而梯度为

$$\mathbf{grad}\ \dfrac{m}{r}=-\dfrac{m}{r^2}\left(\dfrac{x}{r}\vec{i}+\dfrac{y}{r}\vec{j}+\dfrac{z}{r}\vec{k}\right)$$

如果用 $\vec{e_r}$ 表示与 $\overrightarrow{OP}$ 同方向的单位向量,那么

$$\vec{e_r}=\dfrac{x}{r}\vec{i}+\dfrac{y}{r}\vec{j}+\dfrac{z}{r}\vec{k}$$

于是有

$$\mathbf{grad}\ \dfrac{m}{r}=-\dfrac{m}{r^2}\vec{e_r}$$

上式右端在力学上可以解释为,位于原点 O 而质量为 m 的质点对位于点 P 而质量为 1 的质点的引力.这引力的大小与两质点的质量的乘积成正比,与它们的距离平方成反比,引力的方向由点 P 指向原点.因而数量场 $\dfrac{m}{r}$ 的势场即梯度场 $\mathbf{grad}\ \dfrac{m}{r}$ 称为引力场,而函数 $\dfrac{m}{r}$ 称为引力势.

习题 9-7

1.求函数 $z=x^2+2xy$ 在点 $P_0(3,1)$ 处沿从 $P_0(3,1)$ 到 $P_1(2,3)$ 的方向的方向导数.

2.求函数 $z=y\ln(2xy+y^2)$ 在点 $(1,1)$ 处沿从 $(1,1)$ 到 $(4,2)$ 的方向的方向导数.

3.求函数 $u=x^2y^3-x^3z$ 在点 $(1,1,0)$ 处沿从 $(1,1,0)$ 到 $(0,2,4)$ 的方向的方向导数.

4.求函数 $u=z^2e^{xy^2}$ 在点 $(1,2,-1)$ 处沿着方向角为 $\alpha=\dfrac{\pi}{3}$,$\beta=\dfrac{\pi}{4}$,$\gamma=\dfrac{2\pi}{3}$ 的方向的方向

导数.

5.求函数 $z=\tan(x^2-2y)$ 在抛物线 $y=x^2$ 上点 $(1,1)$ 处,沿着这抛物线在该点处偏向 x 轴正向的切线方向的方向导数.

6.求函数 $u=x^2+2y^2-z^2$ 在曲线 $x=2t,y=2-t^2,z=t^3$ 上点 $(2,0,1)$ 处,沿着曲线在该点的切线正方向(对应于 t 增大的方向)的方向导数.

7.求函数 $z=x^2+y^2$ 在点 $(1,1)$ 处沿着曲线 $x^2+y^2=2$ 在该点的外法线方向的方向导数.

8.求曲面 $x^2+y^2+z^2=6$ 在点 $(1,1,2)$ 的切平面与法线方程.

9.问函数 $f(x,y)=\ln\sqrt{x^2y+2xy^3}$ 在点 $(1,2)$ 处沿什么方向的方向导数最大? 沿什么方向的方向导数最小? 沿什么方向的方向导数为零? 并求方向导数的最大值与最小值.

10.设 $f(x,y,z)=x^2y+2y^3+z^2-2xz$,求 $\mathbf{grad}f(0,1,1),\mathbf{grad}f(2,1,3)$ 及 $\mathbf{grad}f\left(\dfrac{1}{2},2,4\right)$.

11.设函数 $u(x,y,z),v(x,y,z)$ 的各个偏导数都存在且连续,证明:

(1) $\nabla(cu)=c\,\nabla u$, 其中 c 为常数;   (2) $\nabla(u\pm v)=\nabla u\pm\nabla v$;

(3) $\nabla(uv)=v\,\nabla u+u\,\nabla v$;   (4) $\nabla\left(\dfrac{u}{v}\right)=\dfrac{v\,\nabla u-u\,\nabla v}{v^2}$.

第八节　多元函数的极值及其算法

在实际问题中,事物的变化常常依赖多种量之间的关系,在理想化的状态下将复杂的依赖关系化为简单的函数关系,建立数学模型.求解数学模型时,我们往往会遇到多元函数的最大值与最小值问题.类似于一元函数,多元函数的最大值、最小值与极大值、极小值之间有密切联系,因而我们以二元函数为例,讨论二元函数的极值问题.

一、多元函数的极值

定义　设函数 $z=f(x,y)$ 在点 (x_0,y_0) 的某邻域内有定义.若对于该邻域内异于点 (x_0,y_0) 的任一点 (x,y),都有

$$f(x_0,y_0)>f(x,y)\ [(x,y)\neq(x_0,y_0)]$$

恒成立,则称函数 $f(x,y)$ 在 (x_0,y_0) 取得**极大值**,点 (x_0,y_0) 称为函数的**极大值点**;若对于该邻域内异于点 (x_0,y_0) 的任一点 (x,y),都有

$$f(x_0,y_0)<f(x,y)\ [(x,y)\neq(x_0,y_0)]$$

恒成立,则称函数 $f(x,y)$ 在 (x_0,y_0) 取得**极小值**,点 (x_0,y_0) 称为函数的**极小值点**.极大值与极小值统称为函数的极值.使得函数取得极值的点统称为函数的**极值点**.

例 1　函数 $z=3x^2+y^2$ 在点 $(0,0)$ 取得极小值 $z=0$.因为对于点 $(0,0)$ 的任一邻域内异于 $(0,0)$ 的点,函数值都为正,而在点 $(0,0)$ 处的函数值为零.从几何上看这是显然的,由于原点 $(0,0,0)$ 是开口朝上的椭圆抛物面 $z=3x^2+y^2$ 的顶点.

例 2　函数 $z=1-x^2-y^2$ 在点 $(0,0)$ 取得极大值 $z=1$.因为在点 $(0,0)$ 的任一邻域内异

于(0,0)的点,函数值都小于 1,而在点(0,0)处的函数值为 1.从几何上看,这是由于(0,0,0)是开口朝下的旋转抛物面 $z=1-x^2-y^2$ 的顶点.

例 3 函数 $z=x^2y$ 在点(0,0)处既不取得极大值又不取得极小值.因为在点(0,0)处的函数值为零,而在点(0,0)的任一邻域内异于(0,0)的点,总存在使函数值为正的点,也存在使函数值为负的点.故函数在点(0,0)不取得极值.

关于二元函数的极值的概念,可推广到其他的多元函数,其定义类似,这里不再累述.二元函数的极值问题,一般可以利用偏导数来解决.下面给出三个定理.

定理 1(极值的必要条件) 设函数 $z=f(x,y)$ 在点(x_0,y_0)偏导数存在,且在(x_0,y_0)取得极值,则有

$$f_x(x_0,y_0)=0, f_y(x_0,y_0)=0$$

证 不妨设 $f(x,y)$ 在点(x_0,y_0)取得极小值,则存在(x_0,y_0)的一个邻域,对此邻域内异于(x_0,y_0)的任意点(x,y),均满足不等式

$$f(x_0,y_0)<f(x,y)$$

特别地,取 $y=y_0$,而 $x\neq x_0$,对于该邻域内的点(x,y_0),也就有 $f(x_0,y_0)<f(x,y_0)$.也就是说,一元函数 $z=f(x,y_0)$ 在 $x=x_0$ 取得极小值且可导,由第三章第一节费马引理可得,导数等于零,即

$$f_x(x_0,y_0)=0$$

同理可得

$$f_y(x_0,y_0)=0$$

从几何上看,当函数 $z=f(x,y)$ 在点(x_0,y_0)取得极值时,若曲面 $z=f(x,y)$ 在点(x_0,y_0,z_0)处有切平面,则切平面方程

$$f_x(x_0,y_0)(x-x_0)+f_y(x_0,y_0)(y-y_0)-(z-z_0)=0$$

就变成平行于 xOy 坐标面的平面 $z-z_0=0$.

定理 1 的结论可以推广到其他的多元函数.如 $u=f(x,y,z)$ 在(x_0,y_0,z_0)偏导数存在,且在(x_0,y_0,z_0)取得极值,则有

$$f_x(x_0,y_0,z_0)=0, f_y(x_0,y_0,z_0)=0, f_y(x_0,y_0,z_0)=0$$

类似于一元函数,对于函数 $z=f(x,y)$,凡是使得 $f_x(x,y)=0, f_y(x,y)=0$ 同时成立的点(x_0,y_0)称为函数 $f(x,y)$ 的驻点.由定理 1 极值的必要条件可知,在函数偏导数存在时,函数的极值点产生于驻点,而驻点不一定全都是极值点,如 $z=x^2y$,(0,0)是其驻点,但不是极值点.

定理 2(极值的充分条件) 设函数 $z=f(x,y)$ 在(x_0,y_0)某邻域内连续且有一阶及二阶连续偏导数,且 $f_x(x_0,y_0)=0, f_y(x_0,y_0)=0$,记

$$A=f_{xx}(x_0,y_0), B=f_{xy}(x_0,y_0), C=f_{yy}(x_0,y_0)$$

$f(x,y)$ 在(x_0,y_0)处是否取得极值的条件如下:

(1)若 $AC-B^2>0$,则函数有极值;且当 $A>0$ 时,有极小值;当 $A<0$ 时,有极大值.

(2)若 $AC-B^2<0$,则函数无极值.

(3)若 $AC-B^2=0$,可能有极值,也可能没有极值,还需另行讨论.

这个定理不进行证明.根据定理 1 和定理 2,具有二阶连续偏导数的函数的极值的算法主要步骤如下:

（1）确定函数 $z=f(x,y)$ 的定义域,算出一阶导数,求出所有的驻点,即使得 $f_x(x,y)=0$, $f_y(x,y)=0$ 同时成立的点.

（2）求出二阶偏导数,对于每一个驻点 (x_0,y_0),分别计算二阶偏导数的值 A, B, C.

（3）确定 $AC-B^2$ 的符号,利用定理 2 结论,判定 $f(x_0,y_0)$ 是不是极值以及是极大值还是极小值.

例 4　设 $f(x,y)=x^3-y^3-3x^2+3y-9x$,求其极值.

解　先解一阶偏导数的方程组

$$\begin{cases} f_x=3x^2-6x-9=0 \\ f_y=-3y^2+3=0 \end{cases}, 即 \begin{cases} x=-1 \ 或 \ 3 \\ y=-1 \ 或 \ 1 \end{cases}$$

求得驻点为 $(-1,-1)$、$(-1,1)$、$(3,-1)$ 及 $(3,1)$.

再求二阶偏导数

$$f_{xx}(x,y)=6x-6,\ f_{xy}(x,y)=0,\ f_{yy}(x,y)=-6y$$

在点 $(-1,-1)$ 处,$A=-12$,$C=6$,$AC-B^2=-12\times6<0$,因而 $f(-1,-1)$ 不是极值;在点 $(-1,1)$ 处,$A=-12<0$,$C=-6$,$AC-B^2=-12\times(-6)>0$,因而函数在点 $(-1,1)$ 取得极大值 $f(-1,1)=7$;在点 $(3,-1)$ 处,$A=12>0$,$C=6$,$AC-B^2=12\times6>0$,因而函数在点 $(-1,1)$ 取得极小值 $f(3,-1)=-29$;在点 $(3,1)$ 处,$A=12>0$,$C=-6$,$AC-B^2=12\times(-6)<0$,因而 $f(3,1)$ 不是极值.

当讨论函数的极值问题时,如果函数在所讨论的区域内具有偏导数,由定理 1 可知,其极值只可能在驻点处取得.但是函数在个别点处的偏导数不存在,当然这些点不是驻点,也有可能是极值点.如 $z=\sqrt{x^2+y^2}$ 在 $(0,0)$ 处的偏导数 $z_x(0,0)$ 与 $z_y(0,0)$ 均不存在,但函数在点 $(0,0)$ 处取得极小值.因此,在考察函数的极值问题时,我们除了考虑函数的驻点外,如果有偏导数不存在的点,那么这些点也应当考虑.

下面给出判断驻点为极值点的另一方法,即定理 3.

定理 3　设 (x_0,y_0) 是可微函数 $z=f(x,y)$ 的驻点.若方程

$$f(x,y)-f(x_0,y_0)=0 \tag{9-45}$$

在点 (x_0,y_0) 的某邻域解不唯一,则 (x_0,y_0) 不是函数的极值点.在点 (x_0,y_0) 的某邻域解唯一,且对于任意正数 ε,当方程

$$f(x,y)-f(x_0,y_0)-\varepsilon=0 \tag{9-46}$$

无解时,则 (x_0,y_0) 为函数的极大值点.当方程

$$f(x,y)-f(x_0,y_0)+\varepsilon=0 \tag{9-47}$$

无解时,则 (x_0,y_0) 为函数的极小值点.

证　设隐函数 $F(x,y)=f(x,y)-z$,法向量 $\vec{n}=[f_x(x,y),f_y(x,y),-1]$.因为 (x_0,y_0) 是可微函数的驻点,所以

$$f_x(x_0,y_0)=0,\ f_y(x_0,y_0)=0$$

于是,在驻点 (x_0,y_0) 处的法向量 $\vec{n}=(0,0,-1)$,曲面 $z=f(x,y)$ 在该点有水平的平面 $z=f(x_0,y_0)$.根据函数的几何意义,方程 $(9-45)$ 的解不唯一,说明曲面与这个平面相交,且交点多余一个(通常是连续曲线),不是一个点,当然不可能极值点.

方程 $(9-45)$ 有唯一解,说明曲面与这个平面相切,且只有一个交点 $M[x_0,y_0,f(x_0,$

$y_0)$];而方程(9-46)无解,说明对于任意正数 ε,曲面与平面 $z=f(x_0,y_0)+\varepsilon$ 不相交,因而交点 M 为函数在点 (x_0,y_0) 的该邻域内的局部最高点,也就是

$$f(x,y)<f(x_0,y_0)+\varepsilon$$

根据正数 ε 的任意性与极大值的定义, $f(x_0,y_0)$ 为极大值,点 (x_0,y_0) 为函数的极大值点.对于函数的极小值点可以类似证明.证毕.

二、条件极值:拉格朗日乘数法

前面讨论的极值问题,对于函数的自变量,除了限制在函数的定义域内以外,并无其他条件,常常称为**无条件极值**.在有些问题中,我们有时会遇到函数的自变量还有附加条件的极值.例如,在条件 $x+y=l(l>0)$ 下,求函数 $z=xy$ 的极值.当自变量 x,y 受到附加条件 $x+y=l$ 的约束时,寻找函数 $z=xy$ 的极值,这样的问题称为**条件极值**.解决这一类问题,可以将条件极值问题转化为无条件极值来讨论.如上例,将约束条件 $x+y=l$,转化为 $y=l-x$,从而只需求函数 $z=x(l-x)(0\leqslant x\leqslant l)$ 的极值即可.

一般地,在限制条件 $\varphi(x,y)=0$ 下,求函数 $z=f(x,y)$ 的极值.像这种在自变量附加条件下,求函数的极值称为**条件极值**,其中要求极值的函数 $z=f(x,y)$ 称为**目标函数**,而附加条件 $\varphi(x,y)=0$ 称为**约束条件**.

在很多情况下,将条件极值转化为无条件极值比较困难.现在介绍一种直接寻求条件极值的方法,可以不必把问题化成无条件极值问题,这就是拉格朗日乘数法.

先来寻求函数

$$z=f(x,y) \tag{9-48}$$

在约束条件

$$\varphi(x,y)=0 \tag{9-49}$$

下,取得极值的必要条件.

如果函数式(9-48)在点 (x_0,y_0) 取得所求的极值,那么要先满足

$$\varphi(x_0,y_0)=0 \tag{9-50}$$

现在假定在 (x_0,y_0) 的某一邻域内 $f(x,y)$ 与 $\varphi(x,y)$ 均有连续的一阶偏导数,而 $\varphi_y(x_0,y_0)\neq 0$.由第五节隐函数存在定理可知,方程(9-49)确定一个连续且具有连续导数的函数 $y=\varphi(x)$,将其代入函数式(9-48),结果得到一个变量的复合函数

$$z=f[x,\varphi(x)] \tag{9-51}$$

由于函数式(9-48)在 (x_0,y_0) 取得的极值,也就是相当于函数式(9-51)在 $x=x_0$ 取得极值.根据第三章第四节可知,一元可导函数取得极值的必要条件,可知它的导数为零,即

$$\left.\frac{\mathrm{d}z}{\mathrm{d}x}\right|_{x=x_0}=f_x(x_0,y_0)+f_y(x_0,y_0)\left.\frac{\mathrm{d}y}{\mathrm{d}x}\right|_{x=x_0}=0 \tag{9-52}$$

对方程(9-49)用隐函数求导公式,有

$$\left.\frac{\mathrm{d}y}{\mathrm{d}x}\right|_{x=x_0}=-\frac{\varphi_x(x_0,y_0)}{\varphi_y(x_0,y_0)}$$

将上式代入式(9-52),便得

$$f_x(x_0, y_0) - f_y(x_0, y_0) \frac{\varphi_x(x_0, y_0)}{\varphi_y(x_0, y_0)} = 0 \qquad (9-53)$$

因此,式(9-50)与式(9-53)式就是函数式(9-48)在式(9-49)下于点(x_0, y_0)取得极值的必要条件.

设$\dfrac{f_y(x_0, y_0)}{\varphi_y(x_0, y_0)} = -\lambda$,上述必要条件就变为

$$\begin{cases} f_x(x_0, y_0) + \lambda \varphi_x(x_0, y_0) = 0 \\ f_y(x_0, y_0) + \lambda \varphi_y(x_0, y_0) = 0 \\ \varphi(x_0, y_0) = 0 \end{cases} \qquad (9-54)$$

方程组(9-54)的第一、第二个方程分别关于x, y的偏导数为零.根据定理1,我们可以构造辅助函数

$$F(x, y, \lambda) = f(x, y) + \lambda \varphi(x, y)$$

不难发现,式(9-54)中前两式就是

$$F_x(x_0, y_0) = 0, \qquad F_y(x_0, y_0) = 0$$

我们把函数$F(x, y, \lambda)$称为**拉格朗日函数**,参数λ称为**拉格朗日乘子**.

拉格朗日乘数法

寻找函数$z = f(x, y)$在附加条件$\varphi(x, y) = 0$下的可能极值点,先做拉格朗日函数

$$F(x, y, \lambda) = f(x, y) + \lambda \varphi(x, y)$$

其中λ为参数,可以看作一个新的变量.求其对x, y, λ的一阶偏导数,并使之为零,便得

$$\begin{cases} F_x = f_x(x, y) + \lambda \varphi_x(x, y) = 0 \\ F_y = f_y(x, y) + \lambda \varphi_y(x, y) = 0; \\ \varphi(x, y) = 0 \end{cases} \qquad (9-55)$$

由方程组(9-55)解出同时满足这三个方程的点(x_0, y_0),就是函数$f(x, y)$在条件$\varphi(x, y) = 0$下的可能极值点,称为**条件驻点**.

这个方法还可以推广到自变量多于两个而条件多于一个的情形.例如,对于三元函数$u = f(x, y, z)$的条件极值可能有以下两种情况:

(1)在约束条件$\varphi(x, y, z) = 0$下求$u = f(x, y, z)$的极值.构造函数为

$$F(x, y, z, \lambda) = f(x, y, z) + \lambda \varphi(x, y, z)$$

由方程组

$$\begin{cases} F_x = f_x + \lambda \varphi_x = 0 \\ F_y = f_y + \lambda \varphi_y = 0 \\ F_z = f_z + \lambda \varphi_z = 0 \\ F_\lambda = \varphi(x, y, z) = 0 \end{cases}$$

解出条件驻点(x_0, y_0, z_0).

(2)在约束条件$\varphi(x, y, z) = 0$及$\psi(x, y, z) = 0$下求$u = f(x, y, z)$的极值.构造函数为

$$F(x, y, z, \lambda_1, \lambda_2) = f(x, y, z) + \lambda_1 \varphi(x, y, z) + \lambda_2 \psi(x, y, z)$$

由方程组

$$\begin{cases} F_x = f_x + \lambda_1 \varphi_x + \lambda_2 \psi_x = 0 \\ F_y = f_y + \lambda_1 \varphi_y + \lambda_2 \psi_y = 0 \\ F_z = f_z + \lambda_1 \varphi_z + \lambda_2 \psi_z = 0 \\ F_{\lambda_1} = \varphi(x,y,z) = 0 \\ F_{\lambda_2} = \psi(x,y,z) = 0 \end{cases}$$

解出条件驻点 (x_0, y_0, z_0).

用拉格朗日乘数法求出条件驻点,然后根据定理 2、定理 3 确定这些条件驻点是否为极值点,若是极值点,要算出极值.在实际问题中,我们往往可以根据问题本身的性质来判定所求的驻点是否为极值点.

例5 一个工厂用铁板做成一个体积为 a m³ 的有盖长方体水箱,问长、宽、高各取怎样的尺寸时最省材料?

解 设水箱的长为 x m、宽为 y m、高为 z m.则问题是在条件

$$V = xyz = a \quad (x>0, y>0, z>0) \tag{9-56}$$

下,求水箱所用材料(表面积)

$$S = 2(xy + yz + xz)$$

的最小值.构造拉格朗日函数为

$$F(x,y,\lambda) = 2(xy + yz + xz) + \lambda(xyz - a)$$

求其对 x,y,z 的偏导数,并使之为零,得到

$$\begin{aligned} F_x(x,y,\lambda) &= 2(y+z) + \lambda yz = 0 \\ F_y(x,y,\lambda) &= 2(x+z) + \lambda xz = 0 \\ F_z(x,y,\lambda) &= 2(x+y) + \lambda xy = 0 \end{aligned} \tag{9-57}$$

并与式(9-56)联立求解.

因为 $x>0, y>0, z>0$,对方程组(9-57)中的方程移项,再两两相除,便得

$$\frac{y+z}{x+z} = \frac{y}{x}, \frac{y+z}{x+y} = \frac{z}{x}$$

由 $\frac{y+z}{x+z} - 1 = \frac{y}{x} - 1$,可得 $\frac{y-x}{x+z} = \frac{y-x}{x}$,即 $(y-x)(x+z-x) = 0$,因而 $y=x, z=0$(舍去).由方程组(9-57)可得 $y=x=z$,代入式(9-56),便得

$$y = x = z = \sqrt[3]{a}$$

这是唯一可能极值点.因为由问题本身可知最大值一定存在,所以最大值就在这个可能极值点取得.也就是说,在体积为 a m³ 的长方体中,当长、宽、高相等,即 $y=x=z=\sqrt[3]{a}$ 时,长方体的表面积最小,所用材料最省.

三、多元函数的最大值与最小值

与一元函数类似,可以通过函数的极值来求函数的最大值与最小值.在本章第一节已经指出,若函数 $f(x,y)$ 有界闭域 D 上的连续,则 $f(x,y)$ 在 D 上必定取得最大值和最小值.这种使函数取得最大值或最小值的点既可能在区域 D 的内部,又可能在 D 的边界上.现

在我们假定:函数在 D 上连续、在 D 内可微且只有有限个驻点.若最大值(最小值)在区域 D 的内部取得,则一定是函数的极大值(极小值);若最大值(最小值)在区域 D 的边界曲线上取得,则属于条件极值问题.

在上述假定下,求函数的最大值和最小值的一般方法:将函数 $f(x,y)$ 在 D 内的所有驻点处的函数值及 D 的边界上的最大值和最小值相互比较,其中最大者是最大值,最小者是最小值.但是在计算 $f(x,y)$ 在 D 的边界上的最大值和最小值时,问题往往比较复杂.在通常遇到的实际问题中,若根据问题的性质,知道 $f(x,y)$ 的最大值(最小值)一定在 D 的内部取得,而函数在 D 内只有一个驻点,则可以肯定该驻点处的函数值就是函数 $f(x,y)$ 在 D 上的最大值(最小值).因此,求最大值(最小值)的方法:

(1)函数 $z=f(x,y)$ 在区域 D 内的所有驻点,以及在 D 的边界曲线上的所有条件驻点;计算所有点的函数值,比较它们的大小即可.

(2)实际问题中,若已知 $z=f(x,y)$ 在 D 内存在最大值(最小值),且在 D 内有唯一的驻点,则该驻点一定就是最大(最小)点.

例 6 求函数 $z=x^3+y^3-3xy$ 在圆域 $x^2+y^2\leqslant 4$ 上的最大值和最小值.

解 (1)先求函数在区域内部 $x^2+y^2<4$ 的驻点.由

$$\begin{cases} z_x=3x^2-3y=0 \\ z_y=3y^2-3x=0 \end{cases}, 即 \begin{cases} x^2=y \\ y^2=x \end{cases}$$

可得在区域内的驻点为 $(0,0)$ 和 $(1,1)$.

(2)求函数在区域边界 $x^2+y^2=4$ 上的条件驻点.构造拉格朗日函数为

$$F=x^3+y^3-3xy+\lambda(x^2+y^2-4)$$

求其对 x,y,λ 的偏导数,并使之为零,得到

$$\begin{cases} F_x=3x^2-3y+2\lambda x=0 \\ F_y=3y^2-3x+2\lambda y=0 \\ x^2+y^2=4 \end{cases}$$

前两个方程相减,便得

$$3x^2-3y^2-3y+3x+2\lambda x-2\lambda y=0$$

可得 $x-y=0,3(x+y)+3+2\lambda=0$;将 $y=x$ 代入第三个方程,解得

$$x=y=\pm\sqrt{2}$$

故条件驻点为 $(-\sqrt{2},-\sqrt{2}),(\sqrt{2},\sqrt{2})$.

当直线 $3(x+y)+3+2\lambda=0$ 与圆相切 $x^2+y^2=4$ 是可能极值点.圆心到切线的距离 $d=\dfrac{|3+2\lambda|}{\sqrt{3^2+3^2}}=2$,即 $3+2\lambda=\pm 6\sqrt{2}$,可得 $x+y=\mp 2\sqrt{2}$,从而获得切点 $(-\sqrt{2},-\sqrt{2}),(\sqrt{2},\sqrt{2})$.

(3)计算所得的驻点及条件驻点的函数值:

$$f(0,0)=0, f(1,1)=-1, f(\sqrt{2},\sqrt{2})=4\sqrt{2}-6, f(-\sqrt{2},-\sqrt{2})=-4\sqrt{2}-6$$

比较它们大小,可得最值:$f_{\max}=f(0,0)=0, f_{\min}=f(-\sqrt{2},-\sqrt{2})=-4\sqrt{2}-6$.

例 7 已知旋转抛物面 $z=x^2+y^2$ 被平面 $x+y+z=1$ 所截,交线为椭圆.求坐标原点到椭圆的最长与最短距离.

解 如图 9-22 所示,设 $M(x,y,z)$ 为椭圆上的任意一点,目标函数: $d=\sqrt{x^2+y^2+z^2}$,约束条件:

$$x^2+y^2-z=0, x+y+z-1=0$$

为了简化计算,也可取目标函数为 $f=d^2=x^2+y^2+z^2$,构造函数

$$F(x,y,z,\lambda_1,\lambda_2)=x^2+y^2+z^2+\lambda_1(x^2+y^2-z)+\lambda_2(x+y+z-1)$$

求其对 $x,y,z,\lambda_1,\lambda_2$ 的偏导数,并使之为零,得到

$$\begin{cases} F_x=2x+\lambda_1 2x+\lambda_2=0 \\ F_y=2y+\lambda_1 2y+\lambda_2=0 \\ F_z=2z-\lambda_1+\lambda_2=0 \\ x^2+y^2-z=0 \\ x+y+z-1=0 \end{cases}$$

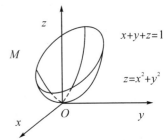

图 9-22　图形展示

由前两个方程相减,有

$$2x-2y+2\lambda_1 x-2\lambda_1 y+\lambda_2-\lambda_2=0$$

可得 $x=y,1+\lambda_1=0$ (代入上式也得到 $x=y$);将 $x=y$ 代入最后两个方程相加的方程,便得 $2x^2+2x-1=0$,解得

$$x=y=\frac{-2\pm\sqrt{4+8}}{4}=\frac{-1\pm\sqrt{3}}{2}$$

代入最后一个方程,有 $z=1-2x=2\mp\sqrt{3}$,所得的条件驻点为

$$M_1\left(\frac{-1+\sqrt{3}}{2},\frac{-1+\sqrt{3}}{2},2-\sqrt{3}\right),M_2\left(\frac{-1-\sqrt{3}}{2},\frac{-1-\sqrt{3}}{2},2+\sqrt{3}\right)$$

计算原点到驻点的距离:

$$d_1=\sqrt{\left(\frac{-1+\sqrt{3}}{2}\right)^2+\left(\frac{-1+\sqrt{3}}{2}\right)^2+(2-\sqrt{3})^2}=\sqrt{9-5\sqrt{3}}$$

$$d_2=\sqrt{\left(\frac{-1-\sqrt{3}}{2}\right)^2+\left(\frac{-1-\sqrt{3}}{2}\right)^2+(2+\sqrt{3})^2}=\sqrt{9+5\sqrt{3}}$$

比较可得,最长距离为 $\sqrt{9+5\sqrt{3}}$,最短距离为 $\sqrt{9-5\sqrt{3}}$.

对于一些要证明的多参数不等式,可以构造多元函数的条件极值,求出唯一驻点,验证驻点的函数值是极大(小)值,从而达到证明不等式的目的.

例 8 设 $a,b,c>0,a+b+c=1$,证明 $(a+b)^2+(b+c)^2+(a+c)^2\geqslant\dfrac{4}{3}$.

证 设函数 $f(x,y,z)=(x+y)^2+(y+z)^2+(x+z)^2$,在 $[0,1]^3$ 上连续,存在最大(小)值.在约束条件 $x+y+z=1$ 下,计算该函数的极值.构造拉格朗日函数

$$L(x,y,z)=(x+y)^2+(y+z)^2+(x+z)^2+\lambda(x+y+z-1)$$

求驻点

$$L_x=2(x+y)+2(x+z)+\lambda=0, L_y=2(x+y)+2(y+z)+\lambda=0$$
$$L_z=2(y+z)+2(x+z)+\lambda=0, L_\lambda=x+y+z-1=0$$

解得

$$x = y = z = \frac{1}{3}, \lambda = -\frac{8}{3}$$

驻点 $\left(\frac{1}{3}, \frac{1}{3}, \frac{1}{3}\right)$ 可能是极大（小）值点，极大（小）值为 $\frac{4}{3}$.

利用定理 3 来说明该极值为极小值. 也就是说，对于任意 ε, 方程

$$f(x, y, z) - f(x_0, y_0, z_0) + \varepsilon = 0$$

无实数解时，即方程

$$(x+y)^2 + (y+z)^2 + (x+z)^2 - \frac{4}{3} + \varepsilon = 0 \ (\varepsilon > 0) \tag{9-58}$$

在条件 $x+y+z = 1$ 下无实数解.

我们直接证明方程 (9-58) 无实数解. 根据约束条件 $x+y+z = 1$, 可令 $x = \frac{1}{3} + \delta, y = y_0, z = \frac{2}{3} - \delta - y_0$, 代入式 (9-58), 可得

$$\left(\frac{1}{3} + \delta + y_0\right)^2 + \left(\frac{2}{3} - \delta\right)^2 + (1 - y_0)^2 - \frac{4}{3} + \varepsilon = 0$$

即

$$2y_0^2 + \left(2\delta - \frac{4}{3}\right)y_0 + \left(\frac{2}{9} - \frac{2}{3}\delta + 2\delta^2 + \varepsilon\right) = 0 \tag{9-59}$$

$$\Delta = \left(2\delta - \frac{4}{3}\right)^2 - 4 \times 2 \times \left(\frac{2}{9} - \frac{2}{3}\delta + 2\delta^2 + \varepsilon\right) = -4(3\delta^2 + 2\varepsilon) < 0 \ (\varepsilon > 0)$$

因而方程 (9-59) 无实数解，根据 δ 的任意性，从而方程 (9-58) 点 $\left(\frac{1}{3}, \frac{1}{3}, \frac{1}{3}\right)$ 的某邻域内无实数解，对应的函数值 $\frac{4}{3}$ 是极小值.

我们给该不等式一个几何解释：令 $u = x+y, v = y+z, w = x+z$, 约束条件 $x+y+z = 1$ 转化为 $u+v+w = 2$, 在坐标系 $O-uvw$ 下，它表示一个平面 π; 目标函数

$$f(x, y, z) = u^2 + v^2 + w^2 = R^2$$

表示一个球心在坐标原点的球面 S, 上面的条件极值，就是球面 S 平面 π 相切的条件，切点就是极小值点.

例 9 在第一卦限内作椭球面 $\frac{x^2}{a^2} + \frac{y^2}{b^2} + \frac{z^2}{c^2} = 1$ 的切平面，使之与三个坐标面所围成的四面体的体积最小，求切平面切点与四面体体积的最小值.

解 在椭球面上任取一点 $M(x_0, y_0, z_0)(x_0, y_0, z_0 > 0)$, 先求过点 M 切平面的方程. 设

$$F(x, y, z) = \frac{x^2}{a^2} + \frac{y^2}{b^2} + \frac{z^2}{c^2} - 1$$

于是有

$$F_x(x_0, y_0, z_0) = \frac{2x_0}{a^2}, \quad F_y(x_0, y_0, z_0) = \frac{2y_0}{b^2}$$

$$F_z(x_0, y_0, z_0) = \frac{2z_0}{c^2}$$

切平面 Π 的法向量 $\vec{n} = \left(\dfrac{2x_0}{a^2}, \dfrac{2y_0}{b^2}, \dfrac{2z_0}{c^2}\right)$，所求切平面 Π 方程：

$$\frac{2x_0}{a^2}(x-x_0) + \frac{2y_0}{b^2}(y-y_0) + \frac{2z_0}{c^2}(z-z_0) = 0$$

化为平面的截距式方程：

$$\frac{x}{\dfrac{a^2}{x_0}} + \frac{y}{\dfrac{b^2}{y_0}} + \frac{z}{\dfrac{c^2}{z_0}} = 1$$

由此可得，切平面 Π 与三个坐标轴 x, y, z 的交点分别为 $A\left(\dfrac{a^2}{x_0}, 0, 0\right)$, $B\left(0, \dfrac{b^2}{y_0}, 0\right)$, $C\left(0, 0, \dfrac{c^2}{z_0}\right)$，它与三个坐标面所围成的四面体 $O-ABC$ 是一个直三棱锥，底面为直角 $\triangle OAB$，高为 OC，如图 9-23 所示，其体积：

$$V = \frac{1}{6}\left(\frac{a^2}{x_0} \cdot \frac{b^2}{y_0} \cdot \frac{c^2}{z_0}\right) = \frac{a^2 b^2 c^2}{6} \cdot \frac{1}{x_0 y_0 z_0}$$

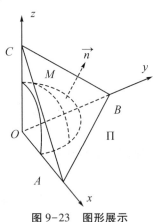

图 9-23　图形展示

在椭球面 $\dfrac{x^2}{a^2} + \dfrac{y^2}{b^2} + \dfrac{z^2}{c^2} - 1 = 0$ 上找一点 (x_0, y_0, z_0) $(x_0, y_0, z_0 > 0)$，使得体积 V 最小，即求一点 (x_0, y_0, z_0)，使得函数 $U = xyz$ 最大。因而目标函数：$U = xyz$；约束条件：$\dfrac{x^2}{a^2} + \dfrac{y^2}{b^2} + \dfrac{z^2}{c^2} - 1 = 0$.

构造拉格朗日函数

$$G(x, y, z) = xyz + \lambda\left(\frac{x^2}{a^2} + \frac{y^2}{b^2} + \frac{z^2}{c^2} - 1\right)$$

求偏导数并使之为零，便得

$$\begin{cases} G_x = yz + \dfrac{2\lambda}{a^2}x = 0 \\[2mm] G_y = xz + \dfrac{2\lambda}{b^2}y = 0 \\[2mm] G_z = xy + \dfrac{2\lambda}{c^2}z = 0 \\[2mm] \dfrac{x^2}{a^2} + \dfrac{y^2}{b^2} + \dfrac{z^2}{c^2} - 1 = 0 \end{cases}$$

由方程组中前面三个方程，可得

$$\frac{2\lambda}{a^2}x^2 = -xyz, \quad \frac{2\lambda}{b^2}y^2 = -xyz, \quad \frac{2\lambda}{c^2}z^2 = -xyz$$

容易得到 $\dfrac{x^2}{a^2} = \dfrac{y^2}{b^2} = \dfrac{z^2}{c^2}\left(= -\dfrac{xyz}{2\lambda}\right)$. 把它们代入方程组中第四个方程，可得

$$\frac{x^2}{a^2} = \frac{y^2}{b^2} = \frac{z^2}{c^2} = \frac{1}{3}$$

由此可得

$$x = \frac{a}{\sqrt{3}}, y = \frac{b}{\sqrt{3}}, z = \frac{c}{\sqrt{3}}$$

根据问题的实际意义,在唯一驻点 $\left(\dfrac{a}{\sqrt{3}}, \dfrac{b}{\sqrt{3}}, \dfrac{c}{\sqrt{3}}\right)$ 使得 $U = xyz$ 取得最大值,从而使 V 取得最小值:

$$V_{\min} = \frac{a^2 b^2 c^2}{6} \cdot \frac{3\sqrt{3}}{abc} = \frac{\sqrt{3}}{2} abc$$

习题 9-8

1.求函数 $f(x,y) = x^3 - y^3 - 6x + 3y^2$ 的极值.

2.求函数 $f(x,y) = (6x - x^2)(4y - y^2)$ 的极值.

3.求函数 $f(x,y) = (1 + e^y)\cos x - y e^y$ 的极值.

4.求函数 $f(x,y) = x\ln x + (1-x)y^2$ 的极值.

5.求函数 $f(x,y) = xy$ 在条件 $x + y = 1$ 下的极大值.

6.将正数 a 分成三个正数之和,怎样才能使它们的乘积最大?

7.求函数 $f(x,y) = x^2 + y^2$ 在条件 $\dfrac{x}{a} + \dfrac{y}{b} = 1$ 下的最值.

8.某公司用电台和报纸做广告,统计资料表明,销售收入 R 万元与电台广告费用 x 万元和报纸广告费用 y 万元的关系为 $R = 15 + 15x + 33y - 8xy - 2x^2 - 10y^2$. (1)广告费用不限的情况下,求利润的最大值;(2)广告费用为 1.5 万元,求利润的最大值.

9.求函数 $z = 4x^2 + y^2 - 4x + 8y$ 在 $4x^2 + y^2 \leq 25$ 上的最大值、最小值.

10.在双曲线 $x^2 - 4y^2 = 112$ 上求一点,使其到平面 $2x + 3y - 6 = 0$ 的距离最短.

11.要建造一个体积为 a m³ 无盖长方体水池箱,问长、宽、高各取怎样的尺寸时,材料最省.

12.设有一个槽型容器,底是一个半径为 R 的半圆柱形,长度为 H,横放在水平面上,其表面积为常数 a,试求 R 与 H 的值,使其容积最大.

13.设有一长方体内接于椭球面 $\dfrac{x^2}{a^2} + \dfrac{y^2}{b^2} + \dfrac{z^2}{c^2} = 1$,求长方体的体积最大值.

14.求半径 a 的圆的内接三角形中面积最大者?(提示:设内接三角形各边所对的圆心角为 x, y, z,用它们表示三角形的面积)

15.在约束条件 $\sum\limits_{k=1}^{n} x_k^2 = 1$, $\sum\limits_{k=1}^{n} y_k^2 = 1$ 下,求函数 $\sum\limits_{k=1}^{n} x_k y_k$ 的最大值.

16.已知 θ 为锐角,求 $y = \cos^2 \theta \sin \theta$ 的最大值.

17.设 a, b, c 为正数,证明 $\dfrac{a+b+c}{3} \geq \sqrt[3]{abc}$.

学习要点

一、二元函数

1.二元函数的定义

设有变量 x、y 与 z,平面点集 $D \subset R^2$.当 $(x,y) \in D$ 时,按照一定的法则 f,总有唯一确定的 z 值与之对应,称 z 为**在 D 上变量 x 与 y 的函数**,即二元函数,记作

$$z = f(x,y), (x,y) \in D, \text{或} z = f(P), P \in D$$

其中点集 D 称为该函数的定义域,x 与 y 为函数的**自变量**,z 为函数的**因变量**.事实上,二元函数是 $f: D \to R$ 的映射.

上述定义中,与自变量 x 和 y 的一对值(二元有序实数对)(x,y) 相对应的因变量 z 的值,也称为 f 在点 (x,y) 处的函数值,记作 $f(x,y)$,即 $z = f(x,y)$.

2.函数的极限

定义设二元函数 $z = f(x,y)$ 的定义域为 D,点 $P_0(x_0, y_0)$ 是 D 的聚点.如果存在常数 a,对于任意给定的正数 ε,总存在正数 δ,使得当 $P(x,y) \in D \cap \overset{\circ}{U}(P_0, \delta)$ 时,即

$$0 < |PP_0| = \sqrt{(x-x_0)^2 + (y-y_0)^2} < \delta$$

总有不等式 $|f(x,y) - a| < \varepsilon$ 成立,那么称常数 a 为函数 $f(x,y)$ 当 $(x,y) \to (x_0, y_0)$ 时的二**重极限**,简称为函数 $f(x,y)$ 的**极限**,记作

$$\lim_{(x,y) \to (x_0,y_0)} f(x,y) = a, \quad \lim_{\substack{x \to x_0 \\ y \to y_0}} f(x,y) = a$$

或

$$f(x,y) \to a[(x,y) \to (x_0, y_0)], \lim_{P \to P_0} f(P) = a \text{ 或 } f(P) \to a(P \to P_0)$$

3.函数的连续

定义 设函数 $z = f(x,y)$ 的定义域为 D,点 $P_0(x_0, y_0)$ 是 D 的聚点,$P_0 \in D$.若极限 $\lim_{\substack{x \to x_0 \\ y \to y_0}} f(x,y)$ 存在且

$$\lim_{\substack{x \to x_0 \\ y \to y_0}} f(x,y) = f(x_0, y_0)$$

则称函数 $f(x,y)$ 在点 $P_0(x_0, y_0)$ **连续**.

设函数 $f(x,y)$ 在定义域 D 内的每一点都是函数定义域的聚点.如果函数 $f(x,y)$ 在 D 内每一点都连续,那么称函数 $f(x,y)$ **在 D 内连续**,或者称 $f(x,y)$ 是 D 内的**连续函数**.

二、多元函数的导数及计算

(一)函数的偏导数

1.定义

设函数 $z = f(x,y)$ 在点 (x_0, y_0) 的某一邻域内有定义,当变量 y 固定在 y_0 而 x 在 x_0 处

有增量 Δx 时,称增量 $f(x_0+\Delta x,y_0)-f(x_0,y_0)$ 为函数 $f(x,y)$ 在点 (x_0,y_0) **关于自变量 x 的偏增量**,记作 $\Delta_x z$,即 $\Delta_x z=f(x_0+\Delta x,y_0)-f(x_0,y_0)$.此时若极限

$$\lim_{\Delta x\to 0}\frac{\Delta_x z}{\Delta x}=\lim_{\Delta x\to 0}\frac{f(x_0+\Delta x,y_0)-f(x_0,y_0)}{\Delta x}$$

存在,则称此极限为函数 $f(x,y)$ 在点 (x_0,y_0) 处关于**自变量 x 的偏导数**,记作

$$\frac{\partial z}{\partial x}\bigg|_{(x_0,y_0)},\frac{\partial f}{\partial x}\bigg|_{(x_0,y_0)},z_x(x_0,y_0),f_x(x_0,y_0)\ \text{或}\ {z'}_x(x_0,y_0),{f'}_x(x_0,y_0)$$

同理,可以定义函数 $z=f(x,y)$ 在点 (x_0,y_0) 处关于**自变量 y 的偏导数**:如果极限

$$\lim_{\Delta y\to 0}\frac{\Delta_y z}{\Delta y}=\lim_{\Delta y\to 0}\frac{f(x_0,y_0+\Delta y)-f(x_0,y_0)}{\Delta y}$$

存在,记作

$$\frac{\partial z}{\partial y}\bigg|_{(x_0,y_0)},\frac{\partial f}{\partial y}\bigg|_{(x_0,y_0)},z_y(x_0,y_0),f_y(x_0,y_0)\quad\text{或}\quad {z'}_y(x_0,y_0),{f'}_y(x_0,y_0)$$

若函数 $z=f(x,y)$ 在区域 D 内每一点 (x,y) 处自变量 x 的偏导数都存在,这个偏导数也是 x 和 y 的函数,则称它为函数 $z=f(x,y)$ **对自变量 x 的偏导函数**,记作

$$\frac{\partial z}{\partial x},\frac{\partial f}{\partial x},z_x,f_x\quad\text{或}\quad {z'}_x,{f'}_x$$

类似地,可以定义函数 $f(x,y)$ 对自变量 y 的偏导函数,记作

$$\frac{\partial z}{\partial y},\frac{\partial f}{\partial y},z_y,f_y\quad\text{或}\quad {z'}_y,{f'}_y$$

设函数 $z=f(x,y)$ 在区域 D 内具有两个一阶偏导数:

$$\frac{\partial z}{\partial x}=f_x(x,y)\quad\text{与}\quad\frac{\partial z}{\partial y}=f_y(x,y)$$

它们在 D 内仍然是自变量 x 与 y 的函数.如果这两个偏导函数的偏导数也存在,那么称它们是函数 $z=f(x,y)$ 的**二阶偏导数**.二阶偏导数共有四个:

$$\frac{\partial^2 z}{\partial x^2}=\frac{\partial}{\partial x}\left(\frac{\partial z}{\partial x}\right)=z_{xx}=f_{xx}$$

$$\frac{\partial^2 z}{\partial x\partial y}=\frac{\partial}{\partial y}\left(\frac{\partial z}{\partial x}\right)=z_{xy}=f_{xy}$$

$$\frac{\partial^2 z}{\partial y\partial x}=\frac{\partial}{\partial x}\left(\frac{\partial z}{\partial y}\right)=z_{yx}=f_{yx}$$

$$\frac{\partial^2 z}{\partial y^2}=\frac{\partial}{\partial y}\left(\frac{\partial z}{\partial y}\right)=z_{yy}=f_{yy}$$

其中第二个与第三个偏导数称为**混合偏导数**.

2.偏导数的计算公式

(1)一元函数与多元函数复合的情形.

定理 1 若函数 $u=\varphi(t),v=\phi(t)$ 都在点 t 可导,而函数 $z=f(u,v)$ 在对应点 (u,v) 具有连续偏导数,则复合函数 $z=f[\varphi(t),\phi(t)]$ 在点 t 可导,且

$$\frac{\mathrm{d}z}{\mathrm{d}t}=\frac{\partial z}{\partial u}\cdot\frac{\mathrm{d}u}{\mathrm{d}t}+\frac{\partial z}{\partial v}\cdot\frac{\mathrm{d}v}{\mathrm{d}t}$$

这个公式称为**复合函数的链导法则**.在公式中的导数$\dfrac{\mathrm{d}z}{\mathrm{d}t}$称为**全导数**.

定理 2 设$u=\varphi(x,y)$在点(x,y)的偏导数存在,而$z=f(u)$在相应的点u可导,则复合函数$z=f[\varphi(x,y)]$在点(x,y)的两个偏导数都存在,且

$$\frac{\partial z}{\partial x}=\frac{\mathrm{d}z}{\mathrm{d}u}\cdot\frac{\partial u}{\partial x}=f'\cdot u_x,\qquad \frac{\partial z}{\partial y}=\frac{\mathrm{d}z}{\mathrm{d}u}\cdot\frac{\partial u}{\partial y}=f'\cdot u_y$$

(2)多元函数与多元函数复合的情形.

定理 3 设函数$u=\varphi(x,y),v=\phi(x,y)$在点$(x,y)$的四个偏导数都存在,而$z=f(u,v)$在相应的点$(u,v)$偏导数连续,则复合函数$z=f[\varphi(x,y),\phi(x,y)]$在点$(x,y)$的两个偏导数都存在,且

$$\frac{\partial z}{\partial x}=\frac{\partial z}{\partial u}\cdot\frac{\partial u}{\partial x}+\frac{\partial z}{\partial v}\cdot\frac{\partial v}{\partial x},\qquad \frac{\partial z}{\partial y}=\frac{\partial z}{\partial u}\cdot\frac{\partial u}{\partial y}+\frac{\partial z}{\partial v}\cdot\frac{\partial v}{\partial y}$$

或

$$\frac{\partial z}{\partial x}=\frac{\partial f}{\partial u}\cdot\frac{\partial u}{\partial x}+\frac{\partial f}{\partial v}\cdot\frac{\partial v}{\partial x},\qquad \frac{\partial z}{\partial y}=\frac{\partial f}{\partial u}\cdot\frac{\partial u}{\partial y}+\frac{\partial f}{\partial v}\cdot\frac{\partial v}{\partial y}$$

定理 4 设$u=\varphi(x,y)$在点(x,y)的两个偏导数存在,而$v=\phi(x)$在点x可导,函数$z=f(u,v)$在相应的点(u,v)偏导数连续,则复合函数$z=f[\varphi(x,y),\phi(x)]$在点$(x,y)$的两个偏导数都存在,且

$$\frac{\partial z}{\partial x}=\frac{\partial z}{\partial u}\cdot\frac{\partial u}{\partial x}+\frac{\partial z}{\partial v}\cdot\frac{\mathrm{d}v}{\mathrm{d}x}=z_u\cdot u_x+z_v\cdot v',\qquad \frac{\partial z}{\partial y}=\frac{\partial z}{\partial u}\cdot\frac{\partial u}{\partial y}=z_u\cdot u_y$$

3.隐函数的偏导数的计算公式

定理 1(隐函数存在定理) 设函数$F(x,y)$在点(x_0,y_0)的某邻域内的两个一阶偏导数都连续,且$F(x_0,y_0)=0,F_y(x_0,y_0)\neq0$,则存在在点$(x_0,y_0)$某邻域内,方程$F(x,y)=0$能唯一确定一个连续且有连续导数的函数$y=f(x)$,它满足条件$y_0=f(x_0)$,且

$$\frac{\mathrm{d}y}{\mathrm{d}x}=-\frac{F_x}{F_y}$$

定理 2(隐函数存在定理) 设函数$F(x,y,z)$在点(x_0,y_0,z_0)的某邻域内的三个一阶偏导数都连续,且$F(x_0,y_0,z_0)=0,F_z(x_0,y_0,z_0)\neq0$,则存在在点$(x_0,y_0,z_0)$某邻域内,方程$F(x,y,z)=0$能唯一确定一个连续且有连续偏导数的函数$z=f(x,y)$,它满足条件$z_0=f(x_0,y_0)$,且

$$\frac{\partial z}{\partial x}=-\frac{F_x}{F_z},\qquad \frac{\partial z}{\partial y}=-\frac{F_y}{F_z}$$

定理 3(隐函数存在定理) 设函数$F(x,y,z)$与$G(x,y,z)$在点(x_0,y_0,z_0)的某邻域内的六个一阶偏导数都连续,又$F(x_0,y_0,z_0)=0,G(x_0,y_0,z_0)=0$,且偏导数所组成的函数行列式[雅可比(Jacobi)行列式]

$$J=\frac{\partial(F,G)}{\partial(y,z)}=\begin{vmatrix}F_y & F_z\\ G_y & G_z\end{vmatrix}=F_yG_z-F_zG_y$$

在点(x_0,y_0,z_0)处不等于零,则存在在点(x_0,y_0,z_0)的某邻域内,方程组$F(x,y,z)=0$,$G(x,y,z)=0$能唯一确定一组连续且有连续偏导数的函数$y=y(x)$与$z=z(x)$,它们满足

条件 $y_0 = y(x_0)$，$z_0 = z(x_0)$，并且

$$\frac{dy}{dx} = -\frac{1}{J}\frac{\partial(F,G)}{\partial(x,z)} = -\frac{\begin{vmatrix} F_x & F_z \\ G_x & G_z \end{vmatrix}}{\begin{vmatrix} F_y & F_z \\ G_y & G_z \end{vmatrix}}, \frac{dz}{dx} = -\frac{1}{J}\frac{\partial(F,G)}{\partial(y,x)} = -\frac{\begin{vmatrix} F_y & F_x \\ G_y & G_x \end{vmatrix}}{\begin{vmatrix} F_y & F_z \\ G_y & G_z \end{vmatrix}}$$

（二）函数的微分

定义 设函数 $z = f(x,y)$ 在点 (x_0, y_0) 的某邻域内有定义，给 x_0 与 y_0 分别以增量 Δx 和 Δy. 当 $P(x_0 + \Delta x, y_0 + \Delta y)$ 充分接近 $P_0(x_0, y_0)$ 时，即 $\rho = |P_0 P| = \sqrt{(\Delta x)^2 + (\Delta y)^2} \to 0$，若函数的全增量 $\Delta z = f(x_0 + \Delta x, y_0 + \Delta y) - f(x_0, y_0)$，可以表示为

$$\Delta z = A\Delta x + B\Delta y + o(\rho)$$

其中 A, B 均与 Δx 和 Δy 无关，仅与 x_0 和 y_0 有关，$o(\rho)$ 是比 ρ 高阶的无穷小，则称函数 $z = f(x,y)$ 在点 (x_0, y_0) 可微，并称 $A\Delta x + B\Delta y$ 为 $z = f(x,y)$ 在点 (x_0, y_0) 的**全微分**，记作

$$dz\big|_{(x_0, y_0)} = (A\Delta x + B\Delta y)_{(x_0, y_0)}$$

若函数 $z = f(x,y)$ 在区域 D 内每一点可微，则称这函数在 D 内可微.

定理（必要条件） 如果函数 $z = f(x,y)$ 在点 (x,y) 可微，则函数在该点的偏导数 $\frac{\partial z}{\partial x}$ 与 $\frac{\partial z}{\partial y}$ 必定存在，且函数 $z = f(x,y)$ 在点 (x,y) 的全微分为

$$dz = \frac{\partial z}{\partial x}\Delta x + \frac{\partial z}{\partial y}\Delta y = \frac{\partial z}{\partial x}dx + \frac{\partial z}{\partial y}dy$$

（三）函数的方向导数

1.方向导数

定义

设函数 $z = f(x,y)$ 在点 $P_0(x_0, y_0)$ 的某邻域内 $U(P_0)$ 有定义，$P(x_0 + t\cos\alpha, y_0 + t\cos\beta)$ 是端点为 P_0 的射线 l 上的一点，且 $P \in U(P_0)$. 若函数增量 $\Delta z = f(x_0 + t\cos\alpha, y_0 + t\cos\beta) - f(x_0, y_0)$ 与 P 到 P_0 的距离 $t = |P_0 P|$ 的比值

$$\frac{f(x_0 + t\cos\alpha, y_0 + t\cos\beta) - f(x_0, y_0)}{t}$$

当 P 沿着 l 趋于 $P_0(t \to 0^+)$ 时极限存在，则称此极限为函数 $f(x,y)$ 在点 P_0 沿方向 l 的**方向导数**，记作 $\frac{\partial f}{\partial l}\big|_{(x_0, y_0)}$ 或 $\frac{\partial z}{\partial l}\big|_{(x_0, y_0)}$，即

$$\frac{\partial f}{\partial l}\bigg|_{(x_0, y_0)} = \lim_{t \to 0^+}\frac{f(x_0 + t\cos\alpha, y_0 + t\cos\beta) - f(x_0, y_0)}{t}$$

可以简写为

$$\frac{\partial f}{\partial l}\bigg|_{P_0} = \lim_{|P_0 P| \to 0}\frac{f(P) - f(P_0)}{|P_0 P|}$$

对于三元函数 $u = f(x,y,z)$，它在空间一点 $P_0(x_0, y_0, z_0)$ 沿 l 方向的方向导数为

$$\frac{\partial u}{\partial l}\bigg|_{(x_0, y_0, z_0)} = \lim_{t \to 0^+}\frac{f(x_0 + t\cos\alpha, y_0 + t\cos\beta, z_0 + t\cos\gamma) - f(x_0, y_0, z_0)}{t}$$

方向导数的计算

定理 设函数 $z=f(x,y)$ 在点 (x_0,y_0) 可微分,则函数在点 (x_0,y_0) 沿任一方向 l 的方向导数存在,即

$$\left.\frac{\partial z}{\partial l}\right|_{(x_0,y_0)}=f_x(x_0,y_0)\cos\alpha+f_y(x_0,y_0)\cos\beta$$

其中 $(\cos\alpha,\cos\beta)$ 是方向 l 的方向余弦.

同样可以证明:如果函数 $u=f(x,y,z)$ 在点 (x_0,y_0,z_0) 可微分,那么函数在该点沿着方向 $\vec{e_l}=(\cos\alpha,\cos\beta,\cos\gamma)$ 的方向导数存在,且

$$\left.\frac{\partial u}{\partial l}\right|_{(x_0,y_0,z_0)}=f_x(x_0,y_0,z_0)\cos\alpha+f_y(x_0,y_0,z_0)\cos\beta+f_z(x_0,y_0,z_0)\cos\gamma$$

2.梯度

设函数 $z=f(x,y)$ 在平面区域 D 具有一阶连续偏导数,对于每一点 $P_0(x_0,y_0)\in D$ 都可以确定一个向量

$$f_x(x_0,y_0)\vec{i}+f_y(x_0,y_0)\vec{j}$$

这个向量称为 $f(x,y)$ 点 $P_0(x_0,y_0)$ 的**梯度向量**,简称为**梯度**,记作 $\mathbf{grad}f(x_0,y_0)$,或 $\nabla f(x_0,y_0)$,即

$$\mathbf{grad}f(x_0,y_0)=\nabla f(x_0,y_0)=f_x(x_0,y_0)\vec{i}+f_y(x_0,y_0)\vec{j}$$

其中 $\nabla=\frac{\partial}{\partial x}\vec{i}+\frac{\partial}{\partial y}\vec{j}$ 称为(二维的)**向量算子**或**Nabla 算子**,即

$$\nabla f=\frac{\partial f}{\partial x}\vec{i}+\frac{\partial f}{\partial y}\vec{j}$$

若函数 $z=f(x,y)$ 在点 $P_0(x_0,y_0)$ 可微分,$\vec{e_l}=(\cos\alpha,\cos\beta)$ 是与 l 方向的单位向量,则

$$\left.\frac{\partial z}{\partial l}\right|_{(x_0,y_0)}=f_x(x_0,y_0)\cos\alpha+f_y(x_0,y_0)\cos\beta=\mathbf{grad}f(x_0,y_0)\cdot\vec{e_l}=|\mathbf{grad}f(x_0,y_0)|\cos\theta$$

其中 θ 是两个向量 $\mathbf{grad}f(x_0,y_0)$ 与 $\vec{e_l}$ 的夹角.

梯度概念可以类似地推广到三元函数的情形.

设函数 $f(x,y,z)$ 在空间区域 Ω 内具有一阶连续偏导数,对于每一点 $P_0(x_0,y_0,z_0)\in\Omega$ 都可以确定一个向量:

$$f_x(x_0,y_0,z_0)\vec{i}+f_y(x_0,y_0,z_0)\vec{j}+f_z(x_0,y_0,z_0)\vec{k}$$

这个向量称为 $f(x,y,z)$ 点 $P_0(x_0,y_0,z_0)$ 的**梯度**,记作 $\mathbf{grad}f(x_0,y_0,z_0)$ 或 $\nabla f(x_0,y_0,z_0)$,即

$$\mathbf{grad}f(x_0,y_0,z_0)=f_x(x_0,y_0,z_0)\vec{i}+f_y(x_0,y_0,z_0)\vec{j}+f_z(x_0,y_0,z_0)\vec{k}$$

其中 $\nabla=\frac{\partial}{\partial x}\vec{i}+\frac{\partial}{\partial y}\vec{j}+\frac{\partial}{\partial z}\vec{k}$ 称为(三维的)**向量算子**或**Nabla 算子**,有

$$\nabla f=\frac{\partial f}{\partial x}\vec{i}+\frac{\partial f}{\partial y}\vec{j}+\frac{\partial f}{\partial z}\vec{k}$$

三、函数的几何应用

1. 空间曲面的切平面与法线方程

设空间曲面 Σ 的隐式方程为 $F(x,y,z)=0$,点 $M_0(x_0,y_0,z_0)$ 在曲面 Σ 上,函数 $F(x,y,z)$

的一阶偏导数在该点连续且不同时为零.

曲面的法向量为

$$\vec{n} = \left[F_x(x_0, y_0, z_0), F_y(x_0, y_0, z_0), F_z(x_0, y_0, z_0) \right] = (F_x, F_y, F_z) \big|_{M_0}$$

经过曲面 Σ 上点 $M_0(x_0, y_0, z_0)$ 所有的曲线的切线都在一个平面上,这个平面称为**切平面**,切平面的方程为

$$F_x \big|_{M_0}(x - x_0) + F_y \big|_{M_0}(y - y_0) + F_z \big|_{M_0}(z - z_0) = 0$$

曲面 Σ 上过点 M_0 与切平面垂直的直线称为**曲面在该点的法线**,法线方程为

$$\frac{x - x_0}{F_x \big|_{M_0}} = \frac{y - y_0}{F_y \big|_{M_0}} = \frac{z - z_0}{F_z \big|_{M_0}}$$

特别地,如果曲面的显示方程为 $z = f(x, y)$ 或 $f(x, y) - z = 0$,记隐式方程为 $F(x, y, z) = f(x, y, z) - z$,那么

$$F_x(x, y, z) = f_x(x, y), F_y(x, y, z) = f_y(x, y), F_z(x, y, z) = -1$$

当函数 $f(x, y)$ 的偏导数 $f_x(x, y), f_y(x, y)$ 在点 (x_0, y_0) 连续时,曲面在点 $M_0(x_0, y_0, z_0)$ 处的法向量为

$$\vec{n} = (f_x(x_0, y_0), f_y(x_0, y_0), -1)$$

切平面方程为

$$f_x(x_0, y_0) \cdot (x - x_0) + f_y(x_0, y_0)(y - y_0) - (z - z_0) = 0$$

而法线方程为

$$\frac{x - x_0}{f_x(x_0, y_0)} = \frac{y - y_0}{f_y(x_0, y_0)} = \frac{z - z_0}{-1}$$

2.空间曲线的切线与法平面方程

由一般方程给出空间曲线的切线方程

设空间曲线 L 方程为

$$\begin{cases} F(x, y, z) = 0 \\ G(x, y, z) = 0 \end{cases}$$

及 L 上一点 $M_0(x_0, y_0, z_0)$.过点 M_0 的切线的一般方程为

$$\begin{cases} F_x \big|_{M_0}(x - x_0) + F_y \big|_{M_0}(y - y_0) + F_z \big|_{M_0}(z - z_0) = 0 \\ G_x \big|_{M_0}(x - x_0) + G_y \big|_{M_0}(y - y_0) + G_z \big|_{M_0}(z - z_0) = 0 \end{cases}$$

由参数方程给出的空间曲线的切线方程

设空间曲线的参数方程为 $L : x = \varphi(t), y = \phi(t), z = \omega(t), \alpha \leqslant t \leqslant \beta$,其中 $\varphi(t), \phi(t), \omega(t)$ 在 $[\alpha, \beta]$ 上均可导,且在 $t = t_0$ 时,导数不全为零.当 $t = t_0$ 时对应曲线 L 上的点为 $M_0(x_0, y_0, z_0)$.

曲线 L 在点 M_0 处切线的方向向量 $\vec{s} = \left[\varphi'(t_0), \phi'(t_0), \omega'(t_0) \right]$ 称为**切向量**,记作 $\vec{T}$,即

$$\vec{T} = \left[\varphi'(t_0), \phi'(t_0), \omega'(t_0) \right]$$

曲线的切线的方程为

$$\frac{x - x_0}{\varphi'(t_0)} = \frac{y - y_0}{\phi'(t_0)} = \frac{z - z_0}{\omega'(t_0)}$$

经过曲线 L 上点 M_0 与该点切线垂直的平面称为**法平面**.**法平面方程**为

$$\varphi'(t_0)(x-x_0)+\phi'(t_0)(y-y_0)+\omega'(t_0)(z-z_0)=0$$

四、多元函数的极值

1. 定义

设函数 $z=f(x,y)$ 在点 (x_0,y_0) 的某邻域内有定义.若对于该邻域内异于点 (x_0,y_0) 的任一点 (x,y),都有 $f(x_0,y_0)>f(x,y)$ 恒成立,则称函数 $f(x,y)$ 在点 (x_0,y_0) 处取得**极大值**,点 (x_0,y_0) 为函数的**极大值点**;若对于该邻域内异于点 (x_0,y_0) 的任一点 (x,y),都有 $f(x_0,y_0)<f(x,y)$ 恒成立,则称函数 $f(x,y)$ 在点 (x_0,y_0) 处取得**极小值**,点 (x_0,y_0) 为函数的**极小值点**.极大值与极小值统称为函数的极值.使得函数取得极值的点统称为函数的**极值点**.

2. 取得极值的条件

定理 1(极值的必要条件) 设函数 $z=f(x,y)$ 在点 (x_0,y_0) 偏导数存在,且在 (x_0,y_0) 取得极值,则有

$$f_x(x_0,y_0)=0,f_y(x_0,y_0)=0$$

定理 2(极值的充分条件) 设函数 $z=f(x,y)$ 在 (x_0,y_0) 某邻域内连续且有一阶及二阶连续偏导数,且 $f_x(x_0,y_0)=0,f_y(x_0,y_0)=0$,记 $A=f_{xx}(x_0,y_0)$,$B=f_{xy}(x_0,y_0)$,$C=f_{yy}(x_0,y_0)$,则 $f(x,y)$ 在 (x_0,y_0) 处是否取得极值的条件如下:

(1)若 $AC-B^2>0$,则函数有极值;且当 $A>0$ 时,有极小值;当 $A<0$ 时,有极大值.

(2)若 $AC-B^2<0$,则函数无极值.

(3)若 $AC-B^2=0$,可能有极值,也可能没有极值,必须另行讨论.

根据定理 1、定理 2,我们总结出具有二阶连续偏导数的函数的极值的求法主要步骤如下:

(1)定函数 $z=f(x,y)$ 的定义域,算出一阶及二阶偏导数.

(2)求出所有的驻点,即使得 $f_x(x,y)=0,f_y(x,y)=0$ 同时成立的点.

(3)对于每一个驻点,分别计算其 A,B,C,定出 $AC-B^2$ 的符号,判定驻点是不是极值.

3. 条件极值

一般地,在限制条件 $\varphi(x,y)=0$ 下,求函数 $z=f(x,y)$ 的极值.像这种对自变量附加条件下,求函数的极值称为条件极值,其中 $z=f(x,y)$ 称为**目标函数**,而 $\varphi(x,y)=0$ 称为**约束条件**.

拉格朗日乘数函数法

做拉格朗日函数 $F(x,y,\lambda)=f(x,y)+\lambda\varphi(x,y)$,其中 λ 为参数,可以看作一个新的变量.求其对 x,y,λ 的一阶偏导数,并使之为零,便得

$$\begin{cases} F_x=f_x(x,y)+\lambda\varphi_x(x,y)=0 \\ F_y=f_y(x,y)+\lambda\varphi_y(x,y)=0 \\ \varphi(x,y)=0 \end{cases}$$

由方程组解出同时满足三个方程的点 (x,y),就是函数 $f(x,y)$ 在附加条件 $\varphi(x,y)=0$ 下的可能极值点,称为条件驻点.求出条件驻点,还要确定这些条件驻点是否为极值点,如果是极值点再算出其极值.

4.多元函数的最大值与最小值

假设函数在 D 上连续、在 D 内可微且只有有限个驻点.将函数 $f(x,y)$ 在 D 内的所有驻点处的函数值及 D 的边界上的最大值和最小值相互比较,其中最大者是最大值,最小者是最小值.但这种做法由于要求算出 $f(x,y)$ 在 D 的边界上的最大值和最小值,可能比较复杂.在通常遇到的实际问题中,若根据问题的性质,知道 $f(x,y)$ 的最大值(最小值)一定在 D 的内部取得,而函数在 D 内只有一个驻点,则可以肯定该驻点处的函数值就是函数 $f(x,y)$ 在 D 上的最大值(最小值).因此,求最大值(最小值)的方法如下:

(1)求函数 $z=f(x,y)$ 在区域 D 内的所有驻点,及在 D 的边界曲线上的所有条件驻点;计算所有点的函数值,比较大小即可.

(2)在实际问题中,若已知 $z=f(x,y)$ 在 D 内存在最大值(最小值),且在 D 内有唯一的驻点,则该驻点一定就是最大(最小)点.

复习题九

1.填空.

(1)若函数 $f(x,y)$ 在点 (x,y) 处可微分,则在该点_____,且_____存在.

(2)设函数 $F(x,y,z)$ 在点 (x_0,y_0,z_0) 的某邻域内的三个一阶偏导数都连续,且 $F(x_0,y_0,z_0)=0$,$F_z(x_0,y_0,z_0)\neq 0$,则存在在点 (x_0,y_0,z_0) 某邻域内,方程 $F(x,y,z)=0$ 能唯一确定一个连续且有连续偏导数的函数 $z=f(x,y)$,它满足条件 $z_0=f(x_0,y_0)$,偏导数是_____,_____.

2.求下列函数的一阶偏导数和二阶偏导数.

(1)$z=\ln\sqrt{x^2-y^2}$; (2)$z=\arctan\dfrac{x+y}{x-y}$; (3)$z=\dfrac{x^2y}{x-y^2}$.

3.设函数 $f(x,y)=\begin{cases}\dfrac{\sqrt{|xy|}}{x^2+y^2}\sin(x^2+y^2),&x^2+y^2\neq 0\\0,&x^2+y^2=0\end{cases}$.(1)函数 $f(x,y)$ 在点 $(0,0)$ 处是否连续?(2)函数 $f(x,y)$ 在点 $=(0,0)$ 处是否可微?

4.设函数 $z=x^y$,而 $x=\varphi(t)$,$y=\theta(t)$ 都是可微函数,求全导数 $\dfrac{\mathrm{d}z}{\mathrm{d}t}$.

5.设函数 $f(u,v)$ 可微,由方程 $(x+1)z-y^2=x^2f(x-z,y)$ 确定了函数 $z(x,y)$,求 $z(x,y)$ 在点 $(0,1)$ 处微分.

6.设函数 $z=f(u,v,w)$ 具有连续偏导数,而 $u=ax-y$,$v=x-by$,$w=ax+by$,求一阶偏导数 $\dfrac{\partial z}{\partial x}$,$\dfrac{\partial z}{\partial y}$.

7.设函数 $z=\sin xy+f\left(x,\dfrac{x}{y}\right)$,且 $f(u,v)$ 具有二阶偏导数,求二阶偏导数 $\dfrac{\partial^2 z}{\partial x^2}$,$\dfrac{\partial^2 z}{\partial x\partial y}$,$\dfrac{\partial^2 z}{\partial y^2}$.

8.设函数 $z=f(u)$,由方程 $u=\varphi(u)+\int_y^x P(t)\mathrm{d}t$ 确定 u 是 x,y 函数,其中 $f(u)$,$\varphi(u)$ 可

微, $P(t)$, $\varphi'(u)$ 连续,且 $\varphi'(u) \neq 1$,证明 $P(y)\dfrac{\partial z}{\partial x} + P(x)\dfrac{\partial z}{\partial y} = 0$.

9.设函数 $w = f(u,v)$ 具有二阶偏导数,满足方程 $4\dfrac{\partial^2 w}{\partial u^2} + 12\dfrac{\partial^2 w}{\partial u \partial v} + 5\dfrac{\partial^2 w}{\partial v^2} = 0$,确定 a, b 的值,使等式在变换 $x = u + av$, $y = u + bv$ 下化简为 $\dfrac{\partial w}{\partial x \partial y} = 0$.

10.求函数 $w = x^2 + y^2 + z^2$ 在椭球面 $\dfrac{x^2}{a^2} + \dfrac{y^2}{b^2} + \dfrac{z^2}{c^2} = 1$ 上点 (x_0, y_0, z_0) 处沿外法线方向的方向导数.

11.求函数 $f(x,y) = x^2 + 4y^2$ 在约束条件 $(x-1)^3 - y^3 = 0$ 下的极值.

12.求函数 $z = x^2 + y^2 + 2x + y$ 在闭区域 $x^2 + y^2 \leqslant 1$ 上的最大值与最小值.

13.求椭球面 $x^2 + y^2 + 4z^2 = 1$ 上的点到平面 $x + y + z = 3$ 的距离的最大值与最小值.

14.设方程 $x^2 - 6xy + 10y^2 - 2yz - z^2 + 18 = 0$ 确定了函数 $z(x,y)$,求函数 $z(x,y)$ 的极值点与极值.

15.求两球面 $x^2 + y^2 + z^2 = 25$ 及 $x^2 + y^2 + (z-8)^2 = 1$ 的公切面,使该公切面在 x 和 y 正半轴上的截距相等.

16.已知双曲面 $z = xy$ 与椭球面 $x^2 + ay^2 + z^2 = 1$ 的交线上有一点 $\left(\dfrac{1}{2}, 2, 1\right)$,向量 $(4, -10, b)$ 平行于过该点的切线,求 a, b 及切线方程.

17.在椭圆 $\dfrac{x^2}{4} + y^2 = 1$ 上求一点,使得坐标原点到该点的法线的距离最长.

18.设 a, b 为任意正数,求证 $\dfrac{a^n + b^n}{2} \geqslant \left(\dfrac{a+b}{2}\right)^n$.

第十章

重积分

本章与下一章是多元函数积分学的内容.我们知道,在一元函数积分学中,定积分是某种确定形式的和的极限,而有些实际问题需要用两个或三个变量的某种确定形式的和的极限.于是本章将把定积分的概念推广到在坐标平面或空间区域上的二元函数或三元函数,即二重积分或三重积分.利用它们可以计算空间曲面的面积,物体的体积、质量、质心及转动惯量.

第一节　二重积分的概念与性质

一、二重积分的概念

1. 引例

(1)曲顶柱体的体积.

在地面上我们修建一个粮仓,设底面为 xOy 面上的正方形 $[-1,1] \times [-1,1]$,仓顶为二元函数 $f(x,y) = 5 - x^2 - y^2$ 形成的曲面,粮仓四周墙壁为垂直地面的曲面.试估计粮仓的容积.

我们知道,两个底面平行且侧面垂直底面的几何体称为直顶柱体,它的高是不变的,体积可用公式

$$体积 = 底面积 \times 高$$

来计算.一个底面是平面,另一个底面是曲面,侧面垂直底面的几何体称为曲顶柱体.对于**曲顶柱体**,当点 (x,y) 在区域 D 上变动时,高度 $f(x,y)$ 是一个变量,因而它的体积不能直接用上面的公式来计算;但是利用第五章中求曲边梯形面积的方法,就能解决这个问题,即采用"大化小""常代变"和"近似和"步骤求近似值.

如图 10-1 所示,将正方形区域 $D=[-1,1]\times[-1,1]$ 分成四个小正方形区域 $[-1,0]\times[0,1]$,$[0,1]\times[0,1]$,$[-1,0]\times[-1,0]$ 和 $[0,1]\times[-1,0]$,分别记为 $\Delta\sigma_1,\Delta\sigma_2,\Delta\sigma_3$ 和 $\Delta\sigma_4$.然后分别以这 4 个小闭区域 $\Delta\sigma_i$ 的边界曲线为准线,做母线平行于 z 轴的柱面,这些柱面把原来的曲顶柱体分为 4 个细曲顶柱体.在每个正方形 $\Delta\sigma_i$ 中任取一点 (ξ_i,η_i),为了便于计算,取小正方形左下顶点为 (ξ_i,η_i),即分别 $(-1,0)$,$(0,0)$,$(-1,-1)$ 和 $(0,-1)$,以 $f(\xi_i,\eta_i)$ 为高而底面为 $\Delta\sigma_i$(也表示小正方形的面积)的直顶柱体的体积为

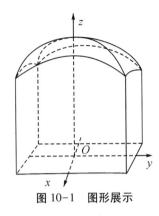

图 10-1 图形展示

$$f(\xi_i,\eta_i)\Delta\sigma_i(i=1,2,3,4)$$

因此,粮仓的容积的近似值为

$$V\approx\sum_{i=1}^4 f(\xi_i,\eta_i)\Delta\sigma_i=f(-1,0)\cdot 1+f(0,0)\cdot 1+f(-1,-1)\cdot 1+f(0,-1)\cdot 1=4+5+3+4=16$$

同样,可将 $[-1,1]\times[-1,1]$ 划分为 6 个、8 个、9 个、10 个等矩形,用类似方法得到粮仓的容积的近似值.我们容易知道,将正方形细分的个数越多,计算出粮仓的容积的近似值也越精确.

设有一立体,它的底面是 xOy 面上的有界闭区域 D,侧面是以 D 的边界曲线为准线而母线平行于 z 轴的柱面,顶面是曲面 $z=f(x,y)\geq 0$ 在 D 上连续.这种立体叫作**曲顶柱体**.如何计算曲顶柱体的体积 V?我们可用下列 4 个步骤解决这个问题:

①大化小:用一组曲线网把区域 D 分成 n 个小区域

$$\Delta\sigma_1,\Delta\sigma_2,\cdots,\Delta\sigma_n,$$

分别以这 n 个小闭区域的边界曲线为准线,做母线平行于 z 轴的柱面,这些柱面把原来的曲顶柱体分为 n 个**细曲顶柱体**,如图 10-2 所示.由于函数 $f(x,y)$ 连续,当这些小闭区域的直径(区域内任意两点的距离的最大值称为直径)很小时,对同一个小闭区域而言,$f(x,y)$ 就变化很小,可以看作常数,此时细曲顶柱体就可以近似看作直顶柱体.

②常代变:在每个小区域 $\Delta\sigma_i$ 中任取一点 (ξ_i,η_i),以 $f(\xi_i,\eta_i)$ 为高而底面为 $\Delta\sigma_i$(也表示小闭区域的面积)的直顶柱体的体积为

$$f(\xi_i,\eta_i)\Delta\sigma_i(i=1,2,\cdots,n)$$

③近似和:这 n 个细的直顶柱体体积之和

$$V\approx\sum_{i=1}^n f(\xi_i,\eta_i)\Delta\sigma_i$$

是整个曲顶柱体体积 V 的近似值.

④求极限:为了求得曲顶柱体体积的精确值,将区域 D 逐步加密曲线网,随着网线不断增加,小区域 $\Delta\sigma_i$ 的面积逐步减小,从而小区域个数 n 逐步增大.当 n 无限增大时,这 n 个小闭区域的直径中的最大值(记作 λ)趋于零,取上述和的极限,便得到这个曲顶柱体的体积 V 的精确值,即

$$V = \lim_{\lambda \to 0} \sum_{i=1}^{n} f(\xi_i, \eta_i) \Delta\sigma_i$$

（2）平面薄片的质量.

设有一个平面薄片占有 xOy 面上的有界闭区域 D，它在点 (x,y) 处的面密度为 $\rho(x,y)$，这里 $\rho(x,y)$ 在 D 上连续.现在要计算该薄片的质量 m.

我们知道，如果薄片是均匀的，即面密度是常数，那么薄片质量的计算公式为

质量=面密度×面积

现在面密度 $\rho(x,y)$ 是变量，薄片质量就不能直接利用这个公式来计算，但可以用处理曲顶柱体的体积问题的方法来解决这个问题.

如图 10-3 所示，用一组曲线网把 D 分成 n 个小区域

$$\Delta\sigma_1, \Delta\sigma_2, \cdots, \Delta\sigma_n$$

由于面密度 $\rho(x,y)$ 是连续函数，只要各小块所占的小闭区域 $\Delta\sigma_i$ 的直径很小，就可以把各小块看作均匀薄片，即把它的面密度看作常数.于是在 $\Delta\sigma_i$ 上任取一点 (ξ_i, η_i)，把函数值 $\rho(\xi_i, \eta_i)$ 作为第 i 小块薄片的面密度，它的质量的近似值即

$$\rho(\xi_i, \eta_i) \Delta\sigma_i (i=1,2,\cdots,n)$$

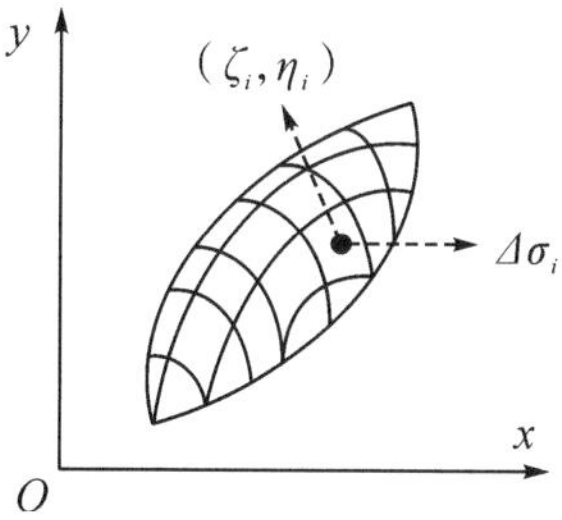

图 10-3　图形展示

把各小块质量的和作为平面薄片的质量的近似值：

$$m \approx \sum_{i=1}^{n} \rho(\xi_i, \eta_i) \Delta\sigma_i$$

将区域 D 增加曲线，缩小小区域 $\Delta\sigma_i$ 面积，增大小区域个数 n，取上式和的极限，得到平面薄片的质量

$$m = \lim_{\lambda \to 0} \sum_{i=1}^{n} \rho(\xi_i, \eta_i) \Delta\sigma_i$$

其中 λ 是这 n 个小区域的直径中的最大值.

为了更好地研究这种和的极限，我们引入二重积分的定义.

定义　设 $f(x,y)$ 是有界闭区域 D 上的有界函数.将闭区域 D 任意分成 n 个小闭区域

$$\Delta\sigma_1, \Delta\sigma_2, \cdots, \Delta\sigma_n$$

其中 $\Delta\sigma_i$ 表示第 i 个小区域，也表示它的面积.在每个小区域 $\Delta\sigma_i$ 上任取一点 (ξ_i, η_i)，做乘积 $f(\xi_i, \eta_i) \Delta\sigma_i (i=1,2,\cdots,n)$，再做和

$$\sum_{i=1}^{n} f(\xi_i, \eta_i) \Delta\sigma_i \qquad (10\text{-}1)$$

若当各小闭区域 $\Delta\sigma_i$ 的直径中的最大值 λ 趋于零时，这个和的极限总存在，与闭区域 D 的分法及点 (ξ_i, η_i) 的取法无关，则称此极限为函数 $f(x,y)$ 在闭区域 D 上的**二重积分**，记作 $\iint\limits_{D} f(x,y) \mathrm{d}\sigma$，即

$$\iint\limits_{D} f(x,y) \mathrm{d}\sigma = \lim_{\lambda \to 0} \sum_{i=1}^{n} f(\xi_i, \eta_i) \Delta\sigma_i \qquad (10\text{-}2)$$

其中 $f(x,y)$ 称为**被积函数**，$f(x,y)\mathrm{d}\sigma$ 称为**被积表达式**，$\mathrm{d}\sigma$ 称为**面积元素**，x 和 y 称为**积分变量**，D 称为**积分区域**，公式（10-1）称为**积分和**，也称为**二重黎曼和**.

积分区域的划分：在直角坐标系中用平行于坐标轴的直线网来划分区域 D，将 D 分

成小矩形闭区域和非小矩形闭区域两种类型,而非小矩形闭区域是包含边界点的一些小闭区域,相较于小矩形闭区域个数,它们的个数很少,因而它们的和的极限也趋于零,二重积分的计算中可视为零.设矩形闭区域 $\Delta\sigma_i$ 的长、宽分别为 Δx_j 和 Δy_k,面积为 $\Delta\sigma_i = \Delta x_j \cdot \Delta y_k$,因而在直角坐标系中,常常把面积元素 $\mathrm{d}\sigma$ 记作 $\mathrm{d}x\mathrm{d}y$,而把二重积分记作

$$\iint\limits_{D} f(x,y)\,\mathrm{d}x\mathrm{d}y$$

其中 $\mathrm{d}x\mathrm{d}y$ 叫作直角坐标系中的**面积元素**.

二重积分的存在性:当 $f(x,y)$ 在闭区域 D 上连续时,积分和公式(10-1)的极限是存在的,也就是说函数 $f(x,y)$ 在 D 上的二重积分必定存在.本节我们总假定函数 $f(x,y)$ 在闭区域 D 上连续,因而 $f(x,y)$ 在 D 上的二重积分都是存在的.

由二重积分的定义可知,曲顶柱体的体积是函数 $f(x,y)$ 在闭区域 D 上的二重积分

$$V = \iint\limits_{D} f(x,y)\,\mathrm{d}x\mathrm{d}y$$

平面薄片的质量是它的密度函数 $\rho(x,y)$ 在薄片所占闭区域 D 上的二重积分

$$m = \iint\limits_{D} f(x,y)\,\mathrm{d}x\mathrm{d}y$$

二重积分的几何意义:如果 $f(x,y) \geqslant 0$,可以以闭区域 D 为底面,曲面 $z=f(x,y)$ 为顶面形成一个曲顶柱体,被积函数 $f(x,y)$ 就是曲顶柱体的顶点在点 (x,y) 处的竖坐标,而二重积分

$$\iint\limits_{D} f(x,y)\,\mathrm{d}\sigma$$

表示曲顶柱体的体积.如果 $f(x,y)<0$,柱体就在 xOy 面的下方,二重积分的绝对值仍等于柱体的体积,但二重积分的值是负的.如果 $f(x,y)$ 在闭区域 D 的若干区域是正的,而在其他剩余区域是负的或零,那么 $f(x,y)$ 在 D 上的二重积分就等于 xOy 面上方的柱体体积减去 xOy 面下方的柱体体积之差.

二、二重积分的性质

比较定积分与二重积分的定义可以获得,二重积分与定积分有类似的性质,其性质如下.

性质 1(线性性质)   被积函数中的常数因子可以提到二重积分号外面来,即

$$\iint\limits_{D} kf(x,y)\,\mathrm{d}\sigma = k\iint\limits_{D} f(x,y)\,\mathrm{d}\sigma\,(k\ \text{为常数})$$

两个函数的和(差)的二重积分等于这两个函数二重积分的和(差),即

$$\iint\limits_{D} [f(x,y) \pm g(x,y)]\,\mathrm{d}\sigma = \iint\limits_{D} f(x,y)\,\mathrm{d}\sigma \pm \iint\limits_{D} g(x,y)\,\mathrm{d}\sigma$$

证(仅证后面的性质)   由二重积分的定义有

$$\iint\limits_{D} [f(x,y) \pm g(x,y)]\,\mathrm{d}\sigma = \lim_{\lambda \to 0} \sum_{i=1}^{n} [f(\xi_i,\eta_i) \pm g(\xi_i,\eta_i)]\Delta\sigma_i$$

$$= \lim_{\lambda \to 0} \sum_{i=1}^{n} f(\xi_i,\eta_i)\Delta\sigma_i \pm \lim_{\lambda \to 0} \sum_{i=1}^{n} g(\xi_i,\eta_i)\Delta\sigma_i$$

$$= \iint\limits_{D} f(x,y)\,\mathrm{d}\sigma \pm \iint\limits_{D} g(x,y)\,\mathrm{d}\sigma$$

性质 1 也可表示为

$$\iint\limits_{D} [\alpha f(x,y) + \beta g(x,y)]\,\mathrm{d}\sigma = \alpha \iint\limits_{D} f(x,y)\,\mathrm{d}\sigma + \beta \iint\limits_{D} g(x,y)\,\mathrm{d}\sigma$$

其中 α 和 β 为常数.

性质 2（区域可加性） 如果闭区域 D 被有限条曲线划分为有限个部分闭区域,那么函数 $f(x,y)$ 在 D 上的二重积分等于在各部分闭区域上的二重积分的和.

例如,若区域 D 划分为两个闭区域 D_1 与 D_2（D_1 与 D_2 无公共内点）,则有

$$\iint\limits_{D} f(x,y)\,\mathrm{d}\sigma = \iint\limits_{D_1} f(x,y)\,\mathrm{d}\sigma + \iint\limits_{D_2} f(x,y)\,\mathrm{d}\sigma$$

这个性质表示二重积分对于积分区域具有可加性.

性质 3 如果闭区域 D 上,$f(x,y)=1$,那么 $\iint\limits_{D} 1 \cdot \mathrm{d}\sigma = \iint\limits_{D} \mathrm{d}\sigma = \sigma$（$\sigma$ 也表示区域 D 的面积）.

这个性质的几何意义是明显的,因为高为 1 的直顶柱体的体积在数值上就等于柱体的底面积.如

$$\iint\limits_{x^2+y^2 \leqslant 4} \mathrm{d}\sigma = 4\pi$$

性质 4（保号性） 如果在闭区域 D 上,$f(x,y) \geqslant 0$,那么 $\iint\limits_{D} f(x,y)\,\mathrm{d}\sigma \geqslant 0$.

推论（保序性） 如果在 D 上,$f(x,y) \leqslant g(x,y)$,那么有不等式

$$\iint\limits_{D} f(x,y)\,\mathrm{d}\sigma \leqslant \iint\limits_{D} g(x,y)\,\mathrm{d}\sigma$$

由此可得

$$\left| \iint\limits_{D} f(x,y)\,\mathrm{d}\sigma \right| \leqslant \iint\limits_{D} |f(x,y)|\,\mathrm{d}\sigma$$

例 1 比较积分 $\iint\limits_{D}(y+2)\,\mathrm{d}\sigma$ 与 $\iint\limits_{D}(y+2)^2\,\mathrm{d}\sigma$ 的大小,其中区域 D 是圆域 $x^2+y^2 \leqslant 1$.

解 由区域 D 可得,$-1 \leqslant y \leqslant 1$,因而 $1 \leqslant y+2 \leqslant 3$,$y+2 \leqslant (y+2)^2$.根据保序性,有

$$\iint\limits_{D}(y+2) \leqslant \mathrm{d}\sigma \iint\limits_{D}(y+2)^2\,\mathrm{d}\sigma$$

性质 5 设 M 与 m 分别是 $f(x,y)$ 在有界闭区域 D 上的最大值和最小值,σ 表示区域 D 的面积,则有

$$m\sigma \leqslant \iint\limits_{D} f(x,y)\,\mathrm{d}\sigma \leqslant M\sigma$$

证 由于 $m \leqslant f(x,y) \leqslant M$,根据性质 4 推论,可得

$$\iint\limits_{D} m\,\mathrm{d}\sigma \leqslant \iint\limits_{D} f(x,y)\,\mathrm{d}\sigma \leqslant \iint\limits_{D} M\,\mathrm{d}\sigma$$

利用性质 1 有

$$m\iint\limits_{D} \mathrm{d}\sigma \leqslant \iint\limits_{D} f(x,y)\,\mathrm{d}\sigma \leqslant M\iint\limits_{D} \mathrm{d}\sigma$$

再利用性质 3,便可得结论.

性质 6(中值定理) 设函数 $f(x,y)$ 在有界闭区域 D 上连续,σ 表示区域 D 的面积,则在 D 上至少存在一点 (ξ,η),使得

$$\iint_D f(x,y)\mathrm{d}\sigma = f(\xi,\eta)\sigma$$

证 根据第九章第一节连续函数的性质,在有界闭区域 D 上的连续函数 $f(x,y)$ 有最大值 M 及最小值 m,根据性质 5(估值定理),有

$$m\sigma \le \iint_D f(x,y)\mathrm{d}\sigma \le M\sigma$$

显然 $\sigma \ne 0$,从而

$$m \le \frac{1}{\sigma}\iint_D f(x,y)\mathrm{d}\sigma \le M$$

这说明:确定的数值 $\dfrac{1}{\sigma}\iint_D f(x,y)\mathrm{d}\sigma$ 是介于函数 $f(x,y)$ 的最小值 m 及最大值 M 之间的,根据有界闭区域连续函数的介值定理,在 D 上至少存在一点 (ξ,η) 的函数值与这个确定的数值相等,即

$$\frac{1}{\sigma}\iint_D f(x,y)\mathrm{d}\sigma = f(\xi,\eta) \left[(\xi,\eta) \in D \right]$$

从而有

$$\iint_D f(x,y)\mathrm{d}\sigma = f(\xi,\eta)\sigma$$

性质 6 的几何解释为:在有界闭区域 D 上至少存在一点 (ξ,η),使得以 D 为底面,以连续函数 $z=f(x,y) \ge 0$ 为顶的曲顶柱体的体积等于同一底面、而高为 $f(\xi,\eta)$ 的直顶柱体的体积.

例 2 试估计二重积分 $\iint_D z\mathrm{d}\sigma$ 的值,其中 $\dfrac{x^2}{4}+\dfrac{y^2}{9}+z^2 = 1$,区域 D 为 $\dfrac{x^2}{4}+\dfrac{y^2}{9} \le 1$.

解 由第八章第五节可知,方程 $\dfrac{x^2}{4}+\dfrac{y^2}{9}+z^2 = 1$ 表示椭球面,而积分区域 D 恰好是椭球面的定义域,该椭球面最高与最低点分别是函数 $z = \pm\sqrt{1-\dfrac{x^2}{4}-\dfrac{y^2}{9}}$ 的最大值 1 与最小值 -1,由第六章第二节可知,椭圆面 $\dfrac{x^2}{a^2}+\dfrac{y^2}{b^2} \le 1$ 的面积为 $ab\pi$,可得区域 $D:\dfrac{x^2}{4}+\dfrac{y^2}{9} \le 1$ 的面积为 6π.由性质 5,可得

$$-6\pi \le \iint_D z\mathrm{d}\sigma \le 6\pi$$

习题 10-1

1.设区域 $D = \{(x,y) \mid 0 \le x \le 1, 0 \le y \le 1\}$,求二重积分 $\iint_D (x^2 + 2y)\mathrm{d}\sigma$ 的近似值.

2.用二重积分定义证明:

（1）$\iint\limits_{D}\mathrm{d}\sigma=\sigma$（其中 σ 为区域 D 的面积）；

（2）$\iint\limits_{D}kf(x,y)\mathrm{d}\sigma=k\iint\limits_{D}f(x,y)\mathrm{d}\sigma$（$k$ 为任意常数）；

（3）如果在闭区域 D 上，$f(x,y)\geqslant0$，那么 $\iint\limits_{D}f(x,y)\mathrm{d}\sigma\geqslant0$.

3.利用二重积分的性质，比较下列积分的大小.

（1）$\iint\limits_{D}(x+2y)^2\mathrm{d}\sigma$ 与 $\iint\limits_{D}(x+2y)^3\mathrm{d}\sigma$，其中区域 D 是由 x 轴、y 轴与直线 $x+2y=1$ 所围成的三角形闭区域；

（2）$\iint\limits_{D}\sin\sqrt{x^2+y^2}\mathrm{d}\sigma$ 与 $\iint\limits_{D}\sin(x^2+y^2)\mathrm{d}\sigma$，其中 $D=\{(x,y)\mid x^2+y^2\leqslant1\}$；

（3）$\iint\limits_{D}\ln(x+y)\mathrm{d}\sigma$ 与 $\iint\limits_{D}\ln^2(x+y)\mathrm{d}\sigma$，其中 $D=\{(x,y)\mid1\leqslant x\leqslant5,2\leqslant y\leqslant7\}$；

（4）$\iint\limits_{D}(x-y)^2\mathrm{d}\sigma$ 与 $\iint\limits_{D}(x-y)^3\mathrm{d}\sigma$，其中区域 D 是由圆周 $(x-3)^2+y^2=2$ 所围成的圆面.

4.利用二重积分的性质，估计下列积分范围.

（1）$\iint\limits_{D}(3\sin x+\cos^2y)\mathrm{d}\sigma$，其中 $D=\{(x,y)\mid0\leqslant x\leqslant\pi,0\leqslant y\leqslant2\pi\}$；

（2）$\iint\limits_{D}xy(x^2+y^2)\mathrm{d}\sigma$，其中 $D=\{(x,y)\mid x^2+y^2\leqslant5\}$；

（3）$\iint\limits_{D}(x^2+5y^2+2)\mathrm{d}\sigma$，其中 $D=\left\{(x,y)\left\vert\dfrac{x^2}{4}+y^2\leqslant1\right.\right\}$.

5.利用二重积分的定义及区域可加性证明：

（1）设区域 D 是两个闭区域 D_1 与 D_2 的并，D_1 与 D_2 关于 y 轴对称.若 $f(-x,y)=-f(x,y)$（关于 x 为奇函数），则有 $\iint\limits_{D}f(x,y)\mathrm{d}\sigma=0$；若 $f(-x,y)=f(x,y)$（关于 x 为偶函数），则有 $\iint\limits_{D}f(x,y)\mathrm{d}\sigma=2\iint\limits_{D_1}f(x,y)\mathrm{d}\sigma$.

（2）设区域 D 是两个闭区域 D_1 与 D_2 的并，D_1 与 D_2 关于 x 轴对称.若 $f(x,-y)=-f(x,y)$（关于 y 为奇函数），则有 $\iint\limits_{D}f(x,y)\mathrm{d}\sigma=0$；若 $f(x,-y)=f(x,y)$（关于 y 为偶函数），则有 $\iint\limits_{D}f(x,y)\mathrm{d}\sigma=2\iint\limits_{D_1}f(x,y)\mathrm{d}\sigma$.

6.设 $D_1=\{(x,y)\mid x^2+y^2\leqslant1\}$，$D_2=\{(x,y)\mid0\leqslant y\leqslant\sqrt{1-x^2},0\leqslant x\leqslant1\}$，利用积分的性质及上题的结论说明：

（1）$\iint\limits_{D_1}3x+5y\mathrm{d}\sigma=0$；

（2）$\iint\limits_{D_1}(x^2+y^6)\mathrm{d}\sigma=4\iint\limits_{D_2}(x^2+y^6)\mathrm{d}\sigma$.

第二节 利用直角坐标计算二重积分

利用二重积分的定义来计算重积分,过程比较复杂,计算量大.本节介绍二重积分的方法:把二重积分转化为两次单积分(两次定积分)来计算.

本章采用几何观点来讨论二重积分的计算问题.我们先对特殊的积分区域进行讨论:假设平面闭区域 D 可以用曲边四边形来表示.如果规则的左、右边缘分别是平行于 y 轴的直线 $x=a$ 上的线段(或一点)与 $x=b$ 上的线段(或一点),不规则上、下边缘分别是连续曲线 $g_1(x)$ 和 $g_2(x)$(用变量 x 的函数表示 D 的上、下边缘),并且任何平行于 y 轴而穿过 D 内部的直线与边界曲线相交,且至多有两个交点,那么这样的闭区域 D 称为 **X 型区域**,如图 10-4 所示.用不等式表示为

$$D=\{(x,y)\,|\,g_1(x)\leqslant y\leqslant g_2(x),a\leqslant x\leqslant b\}$$

其中 $g_1(x)$ 和 $g_2(x)$ 分别是在区间 $[a,b]$ 上的连续函数.

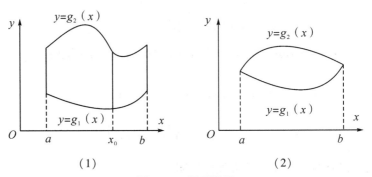

（1）　　　　　　　　　（2）

图 10-4　图形展示

例如,由直线 $y=2$、$x=1$ 及 $x+2y=1$ 所围成的闭区域

$$D=\left\{(x,y)\,\middle|\,\frac{1-x}{2}\leqslant y\leqslant 2,-3\leqslant x\leqslant 1\right\}$$

是 X 型区域,是分别以直线 $x=1$、$y=2$ 上的线段为直角边,以 $x+2y=1$ 上的线段为斜边的三角形.

我们知道,当 $f(x,y)\geqslant 0$ 时,二重积分 $\iint\limits_{D}f(x,y)\mathrm{d}\sigma$ 在几何上表示以曲面 $z=f(x,y)$ 为顶面,以区域 D 为底面,以 D 的边界曲线为准线而母线平行于 z 轴的曲顶柱体 Ω 的体积.当积分区域 D 是 X 型区域时,曲顶柱体 Ω 有两个侧面 $x=a$ 与 $x=b$ 都平行于坐标平面 yOz 面,用 $n+1$ 个平面 $x=x_i$ 去截柱体,且 $x_0=a<x_1<x_2<\cdots<x_n=b$,可得到 n 个小曲顶柱体 Ω_i,这样就把柱体 Ω 细分成 n 片(就像把一大块肉切成 n 片),如图 10-5(1)所示.第 i 个小曲顶柱体 Ω_i 的底面为小 X 型区域:

$$g_1(x)\leqslant y\leqslant g_2(x),x_{i-1}\leqslant x\leqslant x_i(i=1,2,\cdots,n)$$

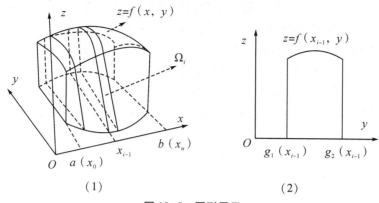

|（1）|（2）|

图 10-5　图形展示

由于函数 $f(x,y)$ 连续，$\Delta x_i = x_i - x_{i-1}$ 很小，故第 i 片 Ω_i 近似看作一个以曲边梯形为底面，Δx_i 为高的直顶柱体，其中底面是 xOy 平面内的直线 $x = x_i$ 上的线段 $g_1(x_i) \leqslant y \leqslant g_2(x_i)$ 为边，分别过点 $[x_i, g_1(x_i), 0]$，$[x_i, g_2(x_i), 0]$ 平行于 z 轴的线段为左右边，以及 $z = f(x_i, y)$ 为曲边的曲边梯形，如图 10-5(2) 所示．根据第五章第一节定积分的几何意义，可得这个曲边梯形面积

$$A(x_i) = \int_{g_1(x_i)}^{g_2(x_i)} f(x_i, y)\,\mathrm{d}y$$

因而小曲柱体 Ω_i 的体积 V_i 的近似值为

$$V_i \approx A(x_i)\Delta x_i$$

根据第五章第一节定积分的定义，可得曲顶柱体 Ω 体积

$$V = \sum_{i=1}^{n} V_i = \lim_{\lambda \to 0} \sum_{i=1}^{n} A(x_i)\Delta x_i = \int_a^b A(x)\,\mathrm{d}x = \int_a^b \left[\int_{g_1(x)}^{g_2(x)} f(x,y)\,\mathrm{d}y \right] \mathrm{d}x$$

其中 $\lambda = \max\{\Delta x_i \mid i = 1, 2, \cdots, n\}$，$A(x) = \int_{g_1(x)}^{g_2(x)} f(x,y)\,\mathrm{d}y$．这个体积也就是所求二重积分的值，从而有等式

$$\iint\limits_{D} f(x,y)\,\mathrm{d}\sigma = \int_a^b \left[\int_{y=g_1(x)}^{y=g_2(x)} f(x,y)\,\mathrm{d}y \right] \mathrm{d}x \qquad (10\text{-}3)$$

这个公式右端叫作**先对 y，后对 x 的二次积分**．这就是说，先把 x 看作常数，把二元函数 $f(x,y)$ 只看作 y 为自变量的一元函数，对变量 y 计算从 $g_1(x)$ 到 $g_2(x)$ 的定积分；再把算得的结果（是 x 的函数）对变量 x 计算在区间 $[a,b]$ 上的定积分．这个先对 y，后对 x 的二次积分也常记作

$$\int_a^b \mathrm{d}x \int_{y=g_1(x)}^{y=g_2(x)} f(x,y)\,\mathrm{d}y$$

从而公式 (10-3) 也写成

$$\iint\limits_{D} f(x,y)\,\mathrm{d}\sigma = \int_a^b \mathrm{d}x \int_{y=g_1(x)}^{y=g_2(x)} f(x,y)\,\mathrm{d}y \qquad (10\text{-}4)$$

公式 (10-4) 就是把二重积分化为先对 y 后对 x 的二次积分．

如果不满足 $f(x,y) \geqslant 0$，由于

$$f(x,y) = \frac{f(x,y) + |f(x,y)|}{2} - \frac{|f(x,y)| - f(x,y)}{2} \triangleq f_1(x,y) - f_2(x,y)$$

显然 $f_1(x,y) \geq 0, f_2(x,y) \geq 0$,利用二重积分的线性性质与公式(10-4)就能计算函数 $f(x,y)$ 的二重积分.因此,在区域 D 上一切连续二元函数 $f(x,y)$,公式(10-4)均成立.

如果曲边四边形构成闭区域 D,有规则的上、下边缘,即平行于 y 轴的直线 $y=c$ 上的线段(或一点)与 $y=d$ 上的线段(或一点),和不规则左、右边缘是分别是连续曲线 $h_1(y)$ 和 $h_2(y)$(用变量 y 的函数表示 D 的左、右边缘),并且任何平行于 x 轴而穿过 D 内部直线与边界曲线相交,至多有两个交点,那么这样的闭区域 D 称为 **Y 型区域**,如图 10-6 所示.用不等式表示为

$$D = \{(x,y) \mid h_1(y) \leq x \leq h_2(y), c \leq y \leq d\}$$

其中 $h_1(y)$ 和 $h_2(y)$ 分别是在区间 $[c,d]$ 上的连续函数.

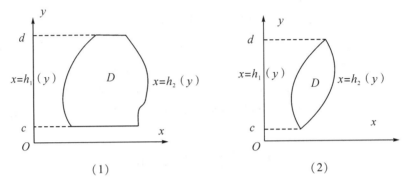

(1)   (2)

图 10-6   图形展示

利用与 X 型区域类似的方法可获得

$$\iint\limits_D f(x,y)\mathrm{d}\sigma = \int_c^d \left[\int_{x=h_1(y)}^{x=h_2(y)} f(x,y)\mathrm{d}x \right] \mathrm{d}y \tag{10-5}$$

公式(10-5)右端叫作**先对 x,后 y 对的二次积分**.这就是说,先把 y 看作常数,把二元函数 $f(x,y)$ 只看作 x 的一元函数,对 x 计算从 $h_1(y)$ 到 $h_2(y)$ 的定积分;再把算得的结果(是 y 的函数)对 y 计算在区间 $[c,d]$ 上的定积分.这个先对 x 后对 y 的二次积分也常记作

$$\iint\limits_D f(x,y)\mathrm{d}\sigma = \int_c^d \mathrm{d}y \int_{x=h_1(y)}^{x=h_2(y)} f(x,y)\mathrm{d}x \tag{10-6}$$

公式(10-6)就是把二重积分化为先对 x 后对 y 的二次积分公式.

如何求二重积分? 根据二次积分公式可知,其关键是找寻二次积分的上、下限,积分限由积分区域 D 来确定,我们先画出积分区域,正确辨别它是 X 型区域还是 Y 型区域,才能正确写出积分限.假定积分区域 D 是 X 型的,如图 10-4(1)所示,D 的左、右边缘是平行于 y 轴的直线 $x=a$ 上的线段(或一点)与 $x=b$ 上的线段(或一点),即 $a \leq x \leq b$.在区间 $[a,b]$ 上任意取定一个 x 值 x_0,在积分区域上这个值 x_0 为横坐标的点是一条线段,这个线段平行于 y 轴,该线段上点的纵坐标是从 $y=g_1(x_0)$ 变到 $y=g_2(x_0)$,即 $g_1(x_0) \leq y \leq g_1(x_0)$,因而用 x 的函数表示变量 y 的积分上、下限,分别是函数 $g_1(x), g_2(x)$.由于 x_0 是在 $[a,b]$ 上任意确定的,再把 x 看作变量而对 x 积分时,积分区间就是 $[a,b]$,即变量 x 的积分上、下限分别是常数 a,b.通常积分区域 X 的左、右边缘是平行于 y 轴的线段,从而 x 的积分限是常数,上、下边缘是曲线,是用变量 x 表示的函数.因此,区域 D 的下(左)边缘对应积分下限,上(右)边缘对应积分上限.总之,数值小的函数(常数)对应积分下限,数值大的函数(常数)对应积分上限.用类似的方法确定 Y 型区域.

例1 计算 $\iint\limits_{D}x^2\sqrt{y}\,\mathrm{d}\sigma$,其中由直线 $y=2$,$x=1$ 及 $x-y=0$ 所围成的闭区域.

解法一 如图 10-7(1)所示,先画出区域 D,找出曲线之间的交点坐标 $(1,1)$、$(1,2)$ 与 $(2,2)$.D 是一个三角形区域,看作 X 型区域,区域 D 左边缘是平行于 y 轴的直线 $x=1$ 上的线段,右边缘是平行于 y 的直线 $x=2$ 上的一点 $(2,2)$,因而横坐标变动范围 $1\leqslant x\leqslant 2$,这就是变量 x 的积分区间;D 的下边缘是直线 $x-y=0$ 上的线段,以 x 为自变量表示成函数 $y=x$,作为下限,上边缘是直线 $y=2$ 上的线段,作为上限,因而纵坐标积分范围 $x\leqslant y\leqslant 2$.在区间 $[1,2]$ 上任意取定一个 x 值 x_0,区域 D 上这个值 x_0 为横坐标的点是一条平行于 y 轴的线段,该线段上点的纵坐标是从 $y=x_0$ 到 $y=2$,即 $x_0\leqslant y\leqslant 2$,这就可以得到公式 $(10-3)$ 中把 x 看作常量而对 y 积分的上限和下限,分别是 $y=2$ 与 $y=x$.因此,积分区域

$$D=\{(x,y)\mid x\leqslant y\leqslant 2,1\leqslant x\leqslant 2\}$$

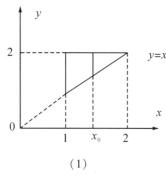
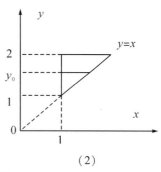

(1)　　　　　　　　　　　(2)

图 10-7　图形展示

利用公式 $(10-3)$,得

$$\iint\limits_{D}x^2\sqrt{y}\,\mathrm{d}\sigma=\int_1^2\left[\int_x^2 x^2\sqrt{y}\,\mathrm{d}y\right]\mathrm{d}x=\int_1^2\left[\frac{2}{3}x^2 y^{\frac{3}{2}}\right]_{y=x}^{y=2}\mathrm{d}x=\frac{2}{3}\int_1^2 x^2(2^{\frac{3}{2}}-x^{\frac{3}{2}})\,\mathrm{d}x$$

$$=\frac{2}{3}\int_1^2 2\sqrt{2}x^2-x^{\frac{7}{2}}\,\mathrm{d}x=\frac{2}{3}\left[\frac{2\sqrt{2}}{3}x^3-\frac{2}{9}x^{\frac{9}{2}}\right]_1^2=\frac{4+20\sqrt{2}}{27}$$

注 积分还可以写成 $\iint\limits_{D}x^2\sqrt{y}\,\mathrm{d}\sigma=\int_1^2 x^2\mathrm{d}x\int_x^2\sqrt{y}\,\mathrm{d}y$.

解法二 如图 10-7(2)所示,积分区域 D 也是 Y 型区域,D 上点的纵坐标变动范围是区间 $[1,2]$.在区间 $[1,2]$ 上任意取定一个 y 值 y_0,积分区域 D 上这个值 y_0 为纵坐标的点是一条平行于 x 轴的线段,该线段上点的横坐标是从 $x=1$ 到 $x=y_0$,即 $1\leqslant x\leqslant y_0$,这就是公式 $(10-5)$ 中把 y 看作常量而对 x 积分的上限与下限.同时区域 D 的上边缘是平行于 x 轴的直线 $y=2$ 上的线段,下边缘是平行于 x 轴的直线 $y=1$ 上的一点 $(1,1)$,因而其纵坐标积分范围 $1\leqslant y\leqslant 2$;D 的左边缘是平行于 y 轴的直线 $x=1$ 上的线段,作为下限,右边缘是直线 $x-y=0$,以 y 为自变量表示成函数 $x=y$,作为上限,因而横坐标变动范围是 $1\leqslant x\leqslant y$.因此,积分区域为

$$D=\{(x,y)\mid 1\leqslant y\leqslant 2,1\leqslant x\leqslant y\}$$

利用公式 $(10-5)$,得

$$\iint\limits_{D}x^2\sqrt{y}\,\mathrm{d}\sigma=\int_1^2\left(\int_1^y x^2\sqrt{y}\,\mathrm{d}x\right)\mathrm{d}y=\int_1^2\left(\frac{1}{3}x^3\sqrt{y}\right)\Bigg|_{x=1}^{x=y}\mathrm{d}y=\frac{1}{3}\int_1^2\sqrt{y}(y^3-1^3)\,\mathrm{d}y$$

$$= \frac{1}{3}\int_1^2 (y^{\frac{7}{2}} - y^{\frac{1}{2}})\mathrm{d}y = \frac{1}{3}\left(\frac{2}{9}y^{\frac{9}{2}} - \frac{2}{3}y^{\frac{3}{2}}\right)\Big|_1^2 = \frac{4 + 20\sqrt{2}}{27}$$

如果积分区域 D 既是 X 型又是 Y 型区域,即

$$D = \{(x,y) \mid g_1(x) \leqslant y \leqslant g_2(x), a \leqslant x \leqslant b\}$$
$$= \{(x,y) \mid h_1(y) \leqslant y \leqslant h_2(y), c \leqslant x \leqslant d\}$$

那么由公式(10-4)和公式(10-6)(如图 10-8 所示)可得

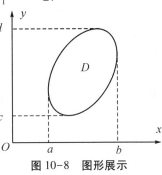

$$\iint\limits_D f(x,y)\mathrm{d}\sigma = \int_a^b \mathrm{d}x \int_{y=g_1(x)}^{y=g_2(x)} f(x,y)\mathrm{d}y = \int_c^d \mathrm{d}y \int_{x=h_1(y)}^{x=h_2(y)} f(x,y)\mathrm{d}x$$

下面,我们计算第一节引例中粮仓容积的精确值.

例 2 计算二重积分 $V = \iint\limits_D (5 - x^2 - y^2)\mathrm{d}\sigma$,其中

图 10-8　图形展示

$D = [-1,1]\times[-1,1]$.

解 如图 10-9 所示,正方形 $[-1,1]\times[-1,1]$ 既是 X 型又是 Y 型区域,上、下边缘分别是平行于 x 轴的直线 $y=1$ 与 $y=-1$ 上的线段,因而纵坐标变动范围 $-1 \leqslant y \leqslant 1$;$D$ 的左、右边缘分别是平行于 y 轴的直线 $x=-1$ 与 $x=1$ 的线段,因而横坐标变动范围 $-1 \leqslant x \leqslant 1$. 即

$$D = \{(x,y) \mid -1 \leqslant y \leqslant 1, -1 \leqslant x \leqslant 1\}$$

因此,由公式(10-3)可得

$$V = \iint\limits_D (5 - x^2 - y^2)\mathrm{d}\sigma = \int_{-1}^1 \mathrm{d}x \int_{-1}^1 (5 - x^2 - y^2)\mathrm{d}y$$

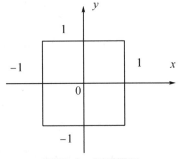

$$= \int_{-1}^1 \left[(5 - x^2)y - \frac{1}{3}y^3\right]_{y=-1}^{y=1} \mathrm{d}x$$

$$= \int_{-1}^1 \left[2(5 - x^2) - \frac{2}{3}\right]\mathrm{d}x$$

图 10-9　图形展示

$$= \int_{-1}^1 \left(\frac{28}{3} - 2x^2\right)\mathrm{d}x = \left(\frac{28}{3}x - \frac{2}{3}x^3\right)\Big|_{-1}^1 = \frac{52}{3}$$

这个体积就是旋转抛物面 $z = 5 - x^2 - y^2$、正方形柱面与坐标面 xOy 所围成立体的体积.

例 3 计算 $\iint\limits_D \sin y^2 \mathrm{d}\sigma$,其中由直线 $x=0, y=\pi$ 及 $x - y = 0$ 所围成的闭区域.

解 我们先画出区域 D(见图 10-10),找出直线之间的交点坐标 $(0,0)$、$y=x(0,\pi)$ 与 (π,π). 区域 D 是一个三角形区域,既是 X 型区域又是 Y 型区域. 看作 Y 型区域:区域 D 上边缘是平行于 x 轴的直线 $y=\pi$ 上的线段,下边缘是直线 $x-y=0$ 与 y 轴的交点 $(0,0)$,因而纵坐标变动范围 $0 \leqslant y \leqslant \pi$;$D$ 的左边缘是 y 轴上的线段,即 $x=0$ 为下限,右边缘是直线 $x-y=0$ 上的线段,以 y 为自变量表示函数 $x=y$ 为上限,因而横坐标变动范围 $0 \leqslant x \leqslant y$,即

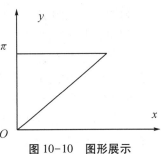

图 10-10　图形展示

$$D = \{(x,y) \mid 0 \leqslant x \leqslant y, 0 \leqslant y \leqslant \pi\}$$

由公式(10-5)得

$$\iint\limits_D \sin y^2 \mathrm{d}\sigma = \int_0^\pi \sin y^2 \mathrm{d}y \int_0^y \mathrm{d}x = \int_0^\pi \sin y^2 \cdot x \Big|_{x=0}^{x=y} \mathrm{d}y = \int_0^\pi \sin y^2 \cdot (y - 0)\mathrm{d}y$$

$$= \frac{1}{2}\int_0^\pi \sin y^2 \mathrm{d}y^2 = -\frac{1}{2}\left[\cos y^2\right]_0^\pi = \frac{1}{2}(1 - \cos \pi^2)$$

如果看作 X 型区域,即

$$D = \left\{(x,y) \mid x \leqslant y \leqslant \pi, 0 \leqslant x \leqslant \pi\right\}$$

利用公式(10-3)得

$$\iint\limits_D \sin y^2 \mathrm{d}\sigma = \int_0^\pi \mathrm{d}x \int_x^\pi \sin y^2 \mathrm{d}y$$

其中关于 y 的积分计算比较困难,因而利用公式(10-5)计算较为方便.

混合型区域:在积分区域 D 中,如果同时存在平行于 x 轴和 y 轴穿过 D 内部的直线,与边界曲线交点多于两个,那么这样的闭区域 D 称为**混合型区域**.计算二重积分就不能直接利用公式(10-4)和公式(10-6),需要用平行于坐标轴的直线,将混合型区域转化为几个 X 型区域或 Y 型区域的并集,再分别利用公式(10-4)和公式(10-6),计算各个部分的积分,然后根据二重积分的区域可加性,它们的和就是区域 D 上的二重积分.

如闭圆环:

$$D = \left\{(x,y) \mid 1 \leqslant x^2 + y^2 \leqslant 4\right\}$$

当 $-1 \leqslant x_0 \leqslant 1$ 时,直线 $x = x_0$ 与该圆环有三个或四个交点,因而是混合区域.我们做两条直线 $x = -1$ 和 $x = 1$(圆的切线),如图 10-11 所示,将该区域分成四个 X 型区域的并集,即

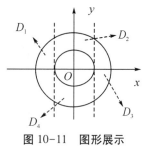

图 10-11　图形展示

$$D_1 = \left\{(x,y) \mid -\sqrt{4-x^2} \leqslant y \leqslant \sqrt{4-x^2}, -2 \leqslant x \leqslant -1\right\}$$
$$D_2 = \left\{(x,y) \mid \sqrt{1-x^2} \leqslant y \leqslant \sqrt{4-x^2}, -1 \leqslant x \leqslant 1\right\}$$
$$D_3 = \left\{(x,y) \mid -\sqrt{4-x^2} \leqslant y \leqslant \sqrt{4-x^2}, 1 \leqslant x \leqslant 2\right\}$$
$$D_4 = \left\{(x,y) \mid -\sqrt{4-x^2} \leqslant y \leqslant -\sqrt{1-x^2}, -1 \leqslant x \leqslant 1\right\}$$

因而积分区域:

$$D = D_1 \cup D_2 \cup D_3 \cup D_4$$

在构成积分区域 D 的曲边四边形中,如果上、下、左、右曲边中有一条曲边是由两条或两条以上不相同的曲线段组成,需要从不相同曲线段的交点处进行分割区域,使得区域 D 变成几个 X 型区域或 Y 区域的并集.

例如,由直线 $x - y = 7$ 及抛物线 $x = y^2 + 1$ 所围成的闭区域.该区域 D 的下边缘曲线有 $x - y = 7$ 和 $x = y^2 + 1$,交点为 $(5, -2)$,做直线 $x = 5$ 就将积分区域 D 分成两个 X 型区域的并,即

$$D = \left\{(x,y) \mid -\sqrt{x-1} \leqslant y \leqslant \sqrt{x-1}, 1 \leqslant x \leqslant 5\right\} \cup \left\{(x,y) \mid x-7 \leqslant y \leqslant \sqrt{x-1}, 5 \leqslant x \leqslant 10\right\}$$

例 4　计算 $\displaystyle\iint\limits_D (2x+y)\mathrm{d}\sigma$,其中 D 是抛物线 $x = 2y^2$ 与 $x = 1 + y^2$ 所围成的闭区域.

解　如图 10-12 所示,抛物线之间的交点坐标 $(2,-1)$、$(2,1)$,积分区域 D 看作 Y 型区域.D 的左右边缘分别是抛物线 $x = 2y^2$ 和 $x = 1 + y^2$ 的曲线段,因而横坐标变动范围 $2y^2 \leqslant x \leqslant 1 + y^2$;上下边缘分别是平行于 x

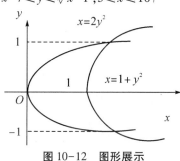

图 10-12　图形展示

轴的直线 $y=1$ 与 $y=-1$ 上的点 $(2,-1)$ 与 $(2,1)$，因而纵坐标变动范围 $-1\leq y\leq 1$，即

$$D=\left\{(x,y)\,\middle|\,2y^2\leq x\leq 1+y^2,-1\leq y\leq 1\right\}$$

于是

$$\iint\limits_{D}(2x+y)\,\mathrm{d}\sigma=\int_{-1}^{1}\mathrm{d}y\int_{2y^2}^{1+y^2}(2x+y)\,\mathrm{d}x=\int_{-1}^{1}(x^2+xy)\Big|_{2y^2}^{1+y^2}\mathrm{d}y$$

$$=\int_{-1}^{1}(1+y^2)^2+y(1+y^2)-(2y^2)^2-y(2y^2)\,\mathrm{d}y$$

$$=\int_{-1}^{1}(-3y^4-y^3+2y^2+y+1)\,\mathrm{d}y=\frac{32}{15}$$

积分区域 D 看作混合型区域，做直线 $x=1$，即抛物线 $x=2y^2$ 顶点处的切线，将分成三个 X 型区域的并集，即

$$D_1=\left\{(x,y)\,\middle|\,-\sqrt{\frac{x}{2}}\leq y\leq\sqrt{\frac{x}{2}},0\leq x\leq 1\right\}$$

$$D_2=\left\{(x,y)\,\middle|\,-\sqrt{\frac{x}{2}}\leq y\leq-\sqrt{x-1},1\leq x\leq 2\right\}$$

$$D_3=\left\{(x,y)\,\middle|\,\sqrt{x-1}\leq y\leq\sqrt{\frac{x}{2}},1\leq x\leq 2\right\}$$

并且 $D=D_1\cup D_2\cup D_3$. 根据二重积分的性质 2，有

$$\iint\limits_{D}(2x+y)\,\mathrm{d}\sigma=\iint\limits_{D_1}(2x+y)\,\mathrm{d}\sigma+\iint\limits_{D_2}(2x+y)\,\mathrm{d}\sigma+\iint\limits_{D_3}(2x+y)\,\mathrm{d}\sigma$$

由此可见，这里利用公式（10-3）来计算需要化为三个二次积分，较复杂.

前面四个例子说明，为了计算方便，在化二重积分为二次积分的过程中，需要选择恰当的二次积分的次序. 此时，我们既要考虑积分区域 D 的形状，又要考虑被积函数 $f(x,y)$ 的特性.

例 5 改变二次积分 $\int_{0}^{2}\mathrm{d}x\int_{0}^{\frac{1}{2}x}f(x,y)\,\mathrm{d}y+\int_{2}^{3}\mathrm{d}x\int_{0}^{\sqrt{3-x}}f(x,y)\,\mathrm{d}y$ 的次序.

解 如图 10-13 所示，根据题意写出 X 型区域 D：

$$D_1=\left\{(x,y)\,\middle|\,0\leq y\leq\frac{1}{2}x,0\leq x\leq 2\right\}$$

$$D_2=\left\{(x,y)\,\middle|\,0\leq y\leq\sqrt{3-x},2\leq x\leq 3\right\}$$

且 $D=D_1\cup D_2$.

D 的下边缘是 x 轴上的线段 $0\leq x\leq 2$ 与 $2\leq x\leq 3$

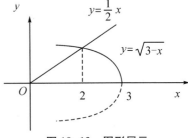

图 10-13 图形展示

构成的线段 $0\leq x\leq 3$，上边缘是直线 $y=\frac{1}{2}x$ 上的线段

（与自变量 $0\leq x\leq 2$ 对应的线段）与抛物线 $y=\sqrt{3-x}$ 的一部分（与自变量 $2\leq x\leq 3$ 对应的弧段）共同构成，它们的交点为 $(2,1)$. 现在区域 D 视为 Y 型区域：D 的左、右边缘分别是直线 $y=\frac{1}{2}x$ 与抛物线 $y=\sqrt{3-x}$，因而横坐标变动范围 $2y\leq x\leq 3-y^2$；下边缘是 x 轴 $y=0$ 上

的线段,上边缘是平行于 x 轴的直线 $y=1$ 上一点$(2,1)$.因此,有

$$D = \{(x,y) \mid 2y \leqslant x \leqslant 3-y^2, 0 \leqslant y \leqslant 1\}$$

从而将原二次积分改变为

$$\int_0^1 \mathrm{d}y \int_{2y}^{3-y^2} f(x,y)\,\mathrm{d}x$$

习题 10-2

1.若二重积分 $\iint_D f(x,y)\,\mathrm{d}x\mathrm{d}y$ 的被积函数 $f(x,y)$ 是两个函数 $f_1(x)$ 及 $f_2(y)$ 的乘积,即 $f(x,y)=f_1(x) \cdot f_2(y)$,且积分区域 $D=\{(x,y) \mid a \leqslant x \leqslant b, c \leqslant y \leqslant d\}$,证明这个二重积分等于两个单积分的乘积,即 $\iint_D f_1(x) \cdot f_2(y)\,\mathrm{d}x\mathrm{d}y = \int_a^b f_1(x)\,\mathrm{d}x \cdot \int_c^d f_2(y)\,\mathrm{d}y$.

2.计算二重积分.

(1) $\iint_D (3x + 2xy + 4y^3)\,\mathrm{d}\sigma$,其中 $D = \{(x,y) \mid 0 \leqslant x \leqslant 2, 0 \leqslant y \leqslant 1\}$;

(2) $\iint_D (x^2 + xy^2)\,\mathrm{d}\sigma$,其中 $D = \{(x,y) \mid |x| \leqslant 1, |y| \leqslant 1\}$;

(3) $\iint_D (1 + 3\sqrt{x+y})\,\mathrm{d}\sigma$,其中 D 是由 x 轴、y 轴与直线 $x + y = 2$ 所围成的闭区域;

(4) $\iint_D (3xy^2 + 1)\,\mathrm{d}\sigma$,其中 D 是由直线 $y = x, x = 2$ 与双曲线 $y = \dfrac{1}{x}$ 所围成的闭区域;

(5) $\iint_D y\sqrt[3]{x}\,\mathrm{d}\sigma$,其中 D 是由两条抛物线 $y = \sqrt{x}$ 与 $y = x^2$ 所围成的闭区域;

(6) $\iint_D x\sqrt{y}\,\mathrm{d}\sigma$,其中 D 是由双曲线 $x^2 - y^2 = 1$ 与直线 $x = 2$ 所围成的闭区域;

(7) $\iint_D y\cos(x + 2y)\,\mathrm{d}\sigma$,其中 D 是顶点分别为$(0,0)$、$(\pi,0)$ 与 (π,π) 的三角形区域;

(8) $\iint_D y\sqrt{1 + x^2 - y^2}\,\mathrm{d}\sigma$,其中 D 是由直线 $y=x, x=-1$ 与 $y=1$ 所围成的闭区域.

3.化二重积分

$$I = \iint_D f(x,y)\,\mathrm{d}\sigma$$

为二次积分(分别写出对两个变量先后次序不同的两个二次积分),其中积分区域如下:

(1)由 y 轴与半圆周 $x^2+y^2=4(x>0)$ 所围成的闭区域;

(2)由点为$(0,0)$、$(4,0)$、$(2,0)$ 与 $(2,2)$ 构成的直角梯形的闭区域;

(3)由曲线 $y=x^4$ 与直线 $y=16$ 所围成的闭区域;

(4)由 x 轴、双曲线 $x^2-y^2=1$ 及直线 $y=2$ 所围成的闭区域.

4.改变下列二次积分的次序.

(1) $\int_0^1 \mathrm{d}y \int_0^{1-y} f(x,y)\,\mathrm{d}x$;   (2) $\int_0^1 \mathrm{d}y \int_{y^2}^y f(x,y)\,\mathrm{d}x$;   (3) $\int_0^1 \mathrm{d}y \int_{2-y}^{1+\sqrt{1-y^2}} f(x,y)\,\mathrm{d}y$;

(4) $\int_0^2 \mathrm{d}x \int_{e^{-x}}^{e^x} f(x,y)\,\mathrm{d}y$;   (5) $\int_0^{\frac{1}{2}} \mathrm{d}x \int_{x^2}^x f(x,y)\,\mathrm{d}y$;   (6) $\int_{\frac{\pi}{2}}^{\pi} \mathrm{d}x \int_{\sin x}^1 f(x,y)\,\mathrm{d}y$;

$(7) \int_{\frac{1}{9}}^{1} dx \int_{\frac{1}{x}}^{9} f(x,y) dy + \int_{1}^{3} dx \int_{x^2}^{9} f(x,y) dy.$

5.设 $f(x)$ 是连续函数,证明 $\int_{0}^{a} dy \int_{0}^{y} f(x) dx = \int_{0}^{a} (a-x) f(x) dx.$

6.平面薄片占有区域 D 是由两条抛物线 $x=y^2, x=2y^2$ 与直线 $x=4$ 所围成的,它的面密度 $\mu(x,y)=y^2$,求其质量.

7.计算由四个平面 $x=0, y=0, x=2, y=1$ 所围成的四棱柱被平面 $z=0$ 与 $2x+3y+z=4$ 截得的立体的体积.

8.计算由三个平面 $x=0, y=0, x+y=2$ 所围成的三棱柱被平面 $z=0$ 与 $x^2+2y=3-z$ 截得的立体的体积.

9.计算两个底圆半径都等于 a 的直交圆柱面所围成的立体的体积.

10.一个平面薄板占有区域 D,D 上任一点 (x,y) 处的压强为 $\sqrt{x}+3y^2$,它由立方抛物线 $y=x^3$ 及抛物线 $y=x^2$ 围成,计算薄板受到的压力.

11.画出积分区域,计算下列二重积分.

$(1) \iint\limits_{D} x^2 d\sigma$,其中 D 是由直线 $x=3y, y=3x$ 及 $x+y=8$ 所围成的区域;

$(2) \iint\limits_{D} \dfrac{x}{y} \sqrt{1-y^2} d\sigma$,其中 D 是由直线 $x=\sqrt{y}, x=\sqrt{3y}, y=\dfrac{1}{2}$ 及 $y=1$ 所围成的区域;

$(3) \iint\limits_{D} y[1+xe^{\frac{1}{2}(x^2+y^2)}] d\sigma$,其中 D 是由直线 $y=x, y=-1$ 及 $x=1$ 所围成的区域;

$(4) \iint\limits_{D} y d\sigma$,其中 D 是由直线 $x=0, y=0$ 及曲线 $\sqrt{\dfrac{x}{a}}+\sqrt{\dfrac{y}{b}}=1 (a>0, b>0)$ 所围成的区域;

$(5) \iint\limits_{D} xe^{x+y} d\sigma$,其中 $D=\{(x,y) \mid |x|+|y| \leqslant 1\}.$

第三节　利用极坐标计算二重积分

在一个平面内的一条数轴的正半轴称为极轴,它的零点称为原点,记为 O,极轴记为 Ox.平面上任意一点 P 到原点的距离称为极径,记为 ρ,OP 与极轴 Ox 的夹角称为极角,记为 θ.数对 (ρ, θ) 称为点 P 的极坐标,这样的坐标系称为极坐标系.如果 $\rho=a>0$(a 为常数),表示圆心在极点,半径 a 为的圆;如果 $\theta=\alpha$(α 为常数),表示与极轴的夹角为 α 的一条射线.

我们以极点为坐标原点,极轴为 x 轴建立平面坐标系,平面上任意一点 P 的平面坐标 (x,y) 与极坐标 (ρ, θ) 之间建立了如下的关系:
$$\begin{cases} x=\rho\cos\theta \\ y=\rho\sin\theta \end{cases}$$

有些的积分区域 D 的边界曲线用极坐标方程来表示比较方便,如边界曲线为圆弧,也有些被积函数用极坐标变量 ρ 与 θ 来表达比较简单,如含有 x^2+y^2.这时我们就可以考虑利用极坐标来计算二重积分 $\displaystyle\iint_D f(x,y)\,\mathrm{d}\sigma$.

按二重积分的定义

$$\iint_D f(x,y)\,\mathrm{d}\sigma = \lim_{\lambda\to0}\sum_{i=1}^{n} f(\xi_i,\eta_i)\Delta\sigma_i$$

下面,我们来研究这个和式的极限在极坐标系中的形式.

假定经过极点 O 且穿过积分区域 D 内部的任意一条射线,与 D 的边界曲线的交点不多于两个.以从极点为中心的一族同心圆 $\rho=\rho_i(i=0,1,2,\cdots,t)$,与以极点 O 出发的一族射线 $\theta=\theta_j(j=0,1,2,\cdots,s)$ 构成的网线将区域 D 分为 n 个小闭区域 $\Delta\sigma_k$,如图 10-14 所示.这些小区域由规则小闭区域与含边界点的不规则小区域组成,而不规则小区域的个数比规则小闭区域的个数少得多,当

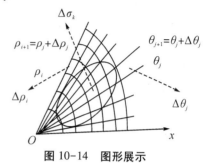

图 10-14　图形展示

n 趋于无穷大时,它们面积的和的极限为零,因而在二重积分的计算中视为零.为了方便计算,视全部 n 个小闭区域均为规则小区域,第 k 个小闭区域的面积 $\Delta\sigma_k$ 是圆心角为 $\Delta\theta_j$,半径分别是 ρ_i、ρ_{i+1} 的扇形面积的差.利用扇形的面积公式:

$$S = \frac{\pi R^2}{2\pi}\cdot\theta = \frac{R^2\theta}{2}$$

可得第 k 个小闭区域的面积为

$$\begin{aligned}
\Delta\sigma_k &= \frac{1}{2}(\rho_i+\Delta\rho_i)^2\cdot\Delta\theta_j - \frac{1}{2}\cdot\rho_i^2\cdot\Delta\theta_j \\
&= \frac{1}{2}(2\rho_i+\Delta\rho_i)\Delta\rho_i\cdot\Delta\theta_j \\
&= \frac{\rho_i+(\rho_i+\Delta\rho_i)}{2}\cdot\Delta\rho_i\cdot\Delta\theta_j = \bar{\rho}_i\Delta\rho_i\Delta\theta_j
\end{aligned}$$

其中 $\bar{\rho}_i$ 表示两相邻圆弧的半径 ρ_i,ρ_{i+1} 的平均值,小区域 $\Delta\sigma_k$ 可以看作矩形,以弧长 $\bar{\rho}_i\Delta\theta_j$ 为长,$\Delta\rho_i$ 为宽.因此,规则小区域的面积记为

$$\mathrm{d}\sigma = \rho\mathrm{d}\rho\mathrm{d}\theta$$

设在小闭区域 $\Delta\sigma_k$ 内任取一点 $(\bar{\rho}_k,\bar{\theta}_k)$,其直角坐标为 (ξ_k,η_k),则有 $\xi_k=\bar{\rho}_k\cos\bar{\theta}_k$,$\eta_k=\bar{\rho}_k\sin\bar{\theta}_k$.二重积分的积分和的极限为

$$\lim_{\lambda\to0}\sum_{k=1}^{n} f(\xi_k,\eta_k)\Delta\sigma_k = \lim_{\lambda\to0}\sum_{k=1}^{n} f(\bar{\rho}_k\cos\bar{\theta}_k,\bar{\rho}_k\sin\bar{\theta}_k)\bar{\rho}_k\Delta\rho_k\Delta\theta_k$$

可得二重积分:

$$\iint_D f(x,y)\,\mathrm{d}\sigma = \iint_D f(\rho\cos\theta,\rho\sin\theta)\rho\mathrm{d}\rho\mathrm{d}\theta$$

这里把点 (ρ,θ) 看作在同一平面上的点 (x,y) 的极坐标表示,上式右端的积分区域仍然记作 D.由于在直角坐标系中 $\displaystyle\iint_D f(x,y)\,\mathrm{d}\sigma$ 也记作 $\displaystyle\iint_D f(x,y)\,\mathrm{d}x\mathrm{d}y$,因而有

$$\iint\limits_{D} f(x,y)\mathrm{d}x\mathrm{d}y = \iint\limits_{D} f(\rho\cos\theta,\rho\sin\theta)\rho\mathrm{d}\rho\mathrm{d}\theta \qquad (10\text{-}7)$$

这就是二重积分从直角坐标变换为极坐标的变换公式,其中 $\rho\mathrm{d}\rho\mathrm{d}\theta$ 称为**极坐标系中的面积元素**.

公式(10-7)表明,要把二重积分中的变量从直角坐标变换为极坐标,只要把被积函数中的 x 与 y 分别换成 $\rho\cos\theta$ 与 $\rho\sin\theta$,并把直角坐标系中的面积元素 $\mathrm{d}x\mathrm{d}y$ 换成极坐标系中的面积元素 $\rho\mathrm{d}\rho\mathrm{d}\theta$ 即可.

在极坐标系中的二重积分,同样可以化为二次积分来计算.设积分区域 D 可以用不等式

$$g_1(\theta) \leqslant \rho \leqslant g_2(\theta), \alpha \leqslant \theta \leqslant \beta \qquad (10\text{-}8)$$

来表示,如图 10-15 所示,其中 $\theta=\alpha$ 与 $\theta=\beta$ 是区域 D 的两条切线,函数 $g_1(\theta)$ 与 $g_2(\theta)$ 在区间 $[\alpha,\beta]$ 上连续.

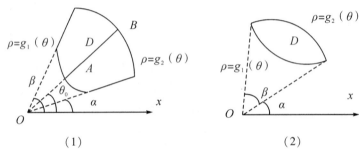

图 10-15　图形展示

θ 型区域: 假定经过极点 O 且穿过积分区域 D 内部的任意一条射线,与 D 的边界曲线的交点不多于两个,区域 D 就可以用不等式(10-8)来表示.在区间 $[\alpha,\beta]$ 上任意取定一个 θ 值 θ_0.对应于这个值 θ_0,D 上的点[图 10-15(1)中这些点在线段 AB 上]的极径 ρ 从 $g_1(\theta_0)$ 变到 $g_2(\theta_0)$.又 θ_0 是在 $[\alpha,\beta]$ 上任意取定的,因而 θ 的变化范围是区间 $[\alpha,\beta]$.我们可以视区域 D 为曲边四边形,两条切线 $\theta=\alpha$ 与 $\theta=\beta$ 把 D 边界曲线分成两部分:内边缘曲线 $g_1(\theta)$ 与外边缘曲线 $g_2(\theta)$.内边缘曲线上的点到极点的距离较近,极径较小,作为积分下限;外边缘曲线上的点到极点距离的较远,极径较大,作为积分上限.因此,把极坐标系中的二重积分化为二次积分的公式为

$$\iint\limits_{D} f(\rho\cos\theta,\rho\sin\theta)\rho\mathrm{d}\rho\mathrm{d}\theta = \int_{\alpha}^{\beta}\left[\int_{\rho=g_1(\theta)}^{\rho=g_2(\theta)} f(\rho\cos\theta,\rho\sin\theta)\rho\mathrm{d}\rho\right]\mathrm{d}\theta \qquad (10\text{-}9)$$

上式也可写成

$$\iint\limits_{D} f(\rho\cos\theta,\rho\sin\theta)\rho\mathrm{d}\rho\mathrm{d}\theta = \int_{\alpha}^{\beta}\mathrm{d}\theta\int_{\rho=g_1(\theta)}^{\rho=g_2(\theta)} f(\rho\cos\theta,\rho\sin\theta)\rho\mathrm{d}\rho$$

如果积分区域 D 的边界曲线通过极点 O,内边缘曲线就退化一点,那么 $g_1(\theta)=0$,如图 10-16 所示的曲边扇形.此时区域 D 表示为

$$0 \leqslant \rho \leqslant g(\theta), \alpha \leqslant \theta \leqslant \beta$$

从而有

$$\iint\limits_{D} f(\rho\cos\theta,\rho\sin\theta)\rho\mathrm{d}\rho\mathrm{d}\theta = \int_{\alpha}^{\beta}\mathrm{d}\theta\int_{0}^{\rho=g(\theta)} f(\rho\cos\theta,\rho\sin\theta)\rho\mathrm{d}\rho \qquad (10\text{-}10)$$

尤其极点 O 在区域 D 的内部,无内边缘曲线,只有外边缘曲线,如图 10-17 所示,有 $\alpha = 0,\beta = 2\pi$,则区域 D 表示为

$$0 \leqslant \rho \leqslant g(\theta),0 \leqslant \theta \leqslant 2\pi$$

因而

$$\iint\limits_{D}f(\rho\cos\theta,\rho\sin\theta)\rho\mathrm{d}\rho\mathrm{d}\theta = \int_0^{2\pi}\mathrm{d}\theta\int_0^{\rho=g(\theta)}f(\rho\cos\theta,\rho\sin\theta)\rho\mathrm{d}\rho \qquad (10\text{-}11)$$

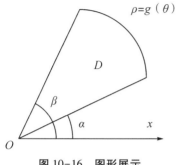

图 10-16　图形展示

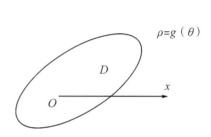

图 10-17　图形展示

根据二重积分的性质 3,利用极坐标计算闭区域 D 的面积

$$\sigma = \iint\limits_{D}\mathrm{d}\sigma = \iint\limits_{D}\rho\mathrm{d}\rho\mathrm{d}\theta = \int_\alpha^\beta\left[\int_{\rho=g_1(\theta)}^{\rho=g_2(\theta)}\rho\mathrm{d}\rho\right]\mathrm{d}\theta$$

$$= \int_\alpha^\beta\left[\frac{1}{2}\rho^2\right]_{\rho=g_1(\theta)}^{\rho=g_2(\theta)}\mathrm{d}\theta = \frac{1}{2}\int_\alpha^\beta g^2{}_2(\theta) - g^2{}_2(\theta)\mathrm{d}\theta$$

特别地,积分区域 D 的边界曲线通过极点 O,有 $g_1(\theta) = 0,g_2(\theta) = g(\theta)$.于是有

$$\sigma = \frac{1}{2}\int_\alpha^\beta g^2(\theta)\mathrm{d}\theta$$

例 1　计算 $\iint\limits_{D}\mathrm{e}^{-x^2-y^2}\mathrm{d}\sigma$,其中 D 是由中心在原点、半径为 a 的圆周所围成的闭区域.

解　由于积分区域 D 是以原点为圆心、半径为 a 的圆面,利用极坐标计算该积分比较方便.以坐标原点为极点,x 轴的正半轴为极轴建立极坐标系.由于极点 O 在区域 D 内部,有 $0 \leqslant \theta \leqslant 2\pi$,无内边缘曲线,外边缘曲线是圆周 $x^2+y^2=a^2$,即 $(\rho\cos\theta)^2+(\rho\sin\theta)^2=a^2$,$\rho=a$,因而区域 D 表示为

$$0 \leqslant \rho \leqslant a,0 \leqslant \theta \leqslant 2\pi$$

并且 $x=\rho\cos\theta,y=\rho\sin\theta,\mathrm{d}\sigma=\rho\mathrm{d}\rho\mathrm{d}\theta$.利用公式(10-11),可得

$$\iint\limits_{D}\mathrm{e}^{-x^2-y^2}\mathrm{d}x\mathrm{d}y = \iint\limits_{D}\mathrm{e}^{-\rho^2\cos^2\theta-\rho^2\sin^2\theta}\rho\mathrm{d}\rho\mathrm{d}\theta = \int_0^{2\pi}\left[\int_0^a\mathrm{e}^{-\rho^2}\rho\mathrm{d}\rho\right]\mathrm{d}\theta = \int_0^{2\pi}\left[\frac{1}{2}\int_0^a\mathrm{e}^{-\rho^2}\mathrm{d}\rho^2\right]\mathrm{d}\theta$$

$$= \int_0^{2\pi}\left[-\frac{1}{2}\mathrm{e}^{-\rho^2}\right]_0^a\mathrm{d}\theta = \frac{1}{2}(1-\mathrm{e}^{-a^2})\int_0^{2\pi}\mathrm{d}\theta = \pi(1-\mathrm{e}^{-a^2})$$

注　本题如果利用直角坐标来计算,由于积分 $\int\mathrm{e}^{-x^2}\mathrm{d}x$ 不能用初等函数表示,因而计算不出来.下面利用上面的结果来计算工程上常用的广义积分 $\int_0^{+\infty}\mathrm{e}^{-x^2}\mathrm{d}x$.我们把平面 R^2 看作以原点为圆心、半径为 $+\infty$ 的圆面,即

第十章　重积分

$$x^2 + y^2 = a^2 (a \to +\infty)$$

又因为

$$\iint\limits_{R^2} e^{-x^2-y^2} dxdy = \iint\limits_{R^2} e^{-x^2} \cdot e^{-y^2} dxdy = \int_{-\infty}^{+\infty} e^{-x^2} dx \cdot \int_{-\infty}^{+\infty} e^{-y^2} dy$$

定积分与积分变量无关,且 e^{-x^2} 为偶函数,由此可得

$$\int_{-\infty}^{+\infty} e^{-y^2} dy = \int_{-\infty}^{+\infty} e^{-x^2} dx = 2 \int_0^{+\infty} e^{-x^2} dx$$

因此,有

$$\iint\limits_{R^2} e^{-x^2-y^2} dxdy = 4 \left[\int_0^{+\infty} e^{-x^2} dx \right]^2$$

又应用例 1 的结果有

$$\iint\limits_{R^2} e^{-x^2-y^2} dxdy = \lim_{a \to +\infty} \iint\limits_{x^2+y^2 \leqslant a^2} e^{-x^2-y^2} dxdy = \lim_{a \to +\infty} \pi (1 - e^{-a^2}) = \pi$$

根据前面两个式子可得

$$4 \left[\int_0^{+\infty} e^{-x^2} dx \right]^2 = \pi$$

故

$$\int_0^{+\infty} e^{-x^2} dx = \frac{\sqrt{\pi}}{2}$$

例 2 计算二重积分 $\iint\limits_D (1 + 3y) d\sigma$,其中 $D = \{(x,y) \mid (x-1)^2 + y^2 \leqslant 1\}$.

解 由于积分区域 D 是以点 $(1,0)$ 圆心,半径 1 为的圆面,利用极坐标计算该积分.如图 10-18 所示,D 的边界经过极点,内边缘曲线 $g_1(\theta) = 0$.利用圆的性质:直径所对应圆周角为直角,再利用直角三角形中余弦函数的定义,有 $\frac{g_2(\theta)}{2} = \cos\theta$,从而闭区域 D 的外边缘——圆周曲线为 $\rho = g_2(\theta) = 2\cos\theta$;又该圆与 y 轴相切,因而 $-\frac{\pi}{2} \leqslant \theta \leqslant \frac{\pi}{2}$.因此,区域 D 可表示为

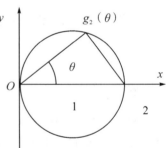

图 10-18 图形展示

$$0 \leqslant \rho \leqslant 2\cos\theta, \quad -\frac{\pi}{2} \leqslant \theta \leqslant \frac{\pi}{2}$$

并且 $x = \rho\cos\theta, y = \rho\sin\theta, d\sigma = \rho d\rho d\theta$.利用公式 (10-10),可得

$$\iint\limits_D (1 + 3y) dxdy = \int_{-\frac{\pi}{2}}^{\frac{\pi}{2}} d\theta \int_0^{2\cos\theta} (1 + 3\rho\sin\theta)\rho d\rho$$

$$= \int_{-\frac{\pi}{2}}^{\frac{\pi}{2}} d\theta \int_0^{2\cos\theta} (\rho + 3\rho^2)\sin\theta d\rho$$

$$= \int_{-\frac{\pi}{2}}^{\frac{\pi}{2}} \left(\frac{1}{2}\rho^2 + \rho^3\sin\theta \right) \Big|_0^{2\cos\theta} d\theta$$

$$= \int_{-\frac{\pi}{2}}^{\frac{\pi}{2}} (2\cos^2\theta + 8\cos^3\theta\sin\theta) d\theta$$

$$= \int_{-\frac{\pi}{2}}^{\frac{\pi}{2}} 2\cos^2\theta d\theta + 8\int_{-\frac{\pi}{2}}^{\frac{\pi}{2}} \cos^3\theta \sin\theta d\theta$$

$$= \int_{-\frac{\pi}{2}}^{\frac{\pi}{2}} (1 + \cos2\theta) d\theta - 8\int_{-\frac{\pi}{2}}^{\frac{\pi}{2}} \cos^3\theta d\cos\theta$$

$$= \left(\theta + \frac{1}{2}\sin2\theta\right)\Big|_{-\frac{\pi}{2}}^{\frac{\pi}{2}} - 2\cos^4\theta\Big|_{-\frac{\pi}{2}}^{\frac{\pi}{2}}$$

$$= \pi$$

注 将 $x = \rho\cos\theta, y = \rho\sin\theta$ 代入圆的方程 $(x-1)^2 + y^2 = 1$,也可得到闭区域 D 的外边缘曲线 $\rho = 2\cos\theta$.积分区域 D 关于 x 轴对称,当被积函数关于 y 为奇函数时,容易得到 $\iint_D y d\sigma = 0$,从而获得

$$\iint_D (1 + 3y) d\sigma = \iint_D d\sigma = \pi$$

例3 计算旋转椭球体 $\dfrac{x^2}{a^2} + \dfrac{y^2}{a^2} + \dfrac{z^2}{b^2} \leqslant 1$ 的体积.

解 空间坐标系分为八个卦限.根据对称性,椭球体体积为第一卦限体积的八倍,只需计算第一卦限的体积.第一卦限的顶面为

$$f(x, y) = z = b\sqrt{1 - \frac{x^2 + y^2}{a^2}}$$

底面 D 为 x 轴与 y 轴及圆周 $x^2 + y^2 = a^2$ 所围成第一象限的闭区域,在极坐标系中 D 可表示为

$$0 \leqslant \rho \leqslant a, 0 \leqslant \theta \leqslant \frac{\pi}{2}$$

利用公式(10-10),可得

$$V = 8\iint_D b\sqrt{1 - \frac{x^2 + y^2}{a^2}} d\sigma = 8b\iint_D \sqrt{1 - \frac{\rho^2}{a^2}}\rho d\rho d\theta = 8b\int_0^{\frac{\pi}{2}} d\theta \int_0^a \frac{1}{2}\sqrt{1 - \frac{\rho^2}{a^2}} d\rho^2$$

$$= -4a^2 b\int_0^{\frac{\pi}{2}} d\theta \int_0^a \sqrt{1 - \frac{\rho^2}{a^2}} d\left(1 - \frac{\rho^2}{a^2}\right) = -4a^2 b\int_0^{\frac{\pi}{2}} \left[\frac{2}{3}\left(1 - \frac{\rho^2}{a^2}\right)^{\frac{3}{2}}\right]_0^a d\theta$$

$$= -\frac{8}{3}a^2 b\int_0^{\frac{\pi}{2}} \left[\left(1 - \frac{a^2}{a^2}\right)^{\frac{3}{2}} - \left(1 - \frac{0^2}{a^2}\right)^{\frac{3}{2}}\right] d\theta = \frac{8}{3}a^2 b\int_0^{\frac{\pi}{2}} d\theta = \frac{4}{3}\pi a^2 b$$

当 $a = b$ 时,我们得到球体的体积为 $V = \dfrac{4}{3}\pi a^3 = \dfrac{4}{3}\pi R^3$.

利用圆的极坐标计算二重积分,解决了一些被积函数在直角坐标系下不能积分的问题,如 $\iint_D \sqrt{x^2 + y^2} d\sigma, \iint_D e^{x^2+y^2} d\sigma$.但是积分区域为圆域(或部分圆域)时,若极点不在圆心,极径 ρ 与极角 θ 的确定都比较复杂.例如,对于不过坐标原点的圆周,表示极径 ρ 比较复杂.于是,我们将极点从直角坐标的原点平移到圆心,产生了圆域的参数方程(或类似于圆的参数方程):

$$x = x_0 + \rho\cos\theta, y = y_0 + \rho\sin\theta, 0 \leqslant \theta \leqslant 2\pi, 0 \leqslant \rho \leqslant R$$

它表示圆心在点(x_0, y_0),半径为R的圆面.在极坐标系下二重积分的面积元素$\rho\mathrm{d}\rho\mathrm{d}\theta$来源于圆的扇形面积公式,当然适应于圆域的参数方程.因此,利用圆域参数方程既解决了一些被积函数不能积分的问题,又解决了确定积分限的问题,因而解决了一些函数的复杂重积分计算问题.

当积分区域为椭圆域(或部分椭圆域)时,需要做伸缩变换才能确定面积元素.对于椭圆域

$$\frac{x^2}{a^2}+\frac{y^2}{b^2}\leqslant 1$$

做变换可得$x=au, y=bv$,将椭圆域变为圆域$u^2+v^2\leqslant 1$.根据直角坐标系下的面积元素计算,可得

$$\mathrm{d}\sigma=\mathrm{d}x\mathrm{d}y=\mathrm{d}(au)\mathrm{d}(bv)=ab\mathrm{d}u\mathrm{d}v=ab\rho\mathrm{d}\rho\mathrm{d}\theta$$

即椭圆域的面积元素为$\mathrm{d}\sigma=ab\rho\mathrm{d}\rho\mathrm{d}\theta$.

一般地,椭圆域$\dfrac{(x-x_0)^2}{a^2}+\dfrac{(y-y_0)^2}{b^2}\leqslant 1$的面积元素也是$\mathrm{d}\sigma=ab\rho\mathrm{d}\rho\mathrm{d}\theta$.

例4　计算旋转抛物面$z=x^2+y^2$与平面$4x+4y-z+1=0$所围成的立体的体积.

解　如图10-19所示,抛物面被平面所截的交线为

$$\begin{cases}z=x^2+y^2\\4x+4y-z+1=0\end{cases}$$

消去z可得

$$4x+4y-x^2-y^2+1=0,(x-2)^2+(y-2)^2=9$$

因此,截面是一个圆面,它在xOy面的投影区域D:

$$x=2+\rho\cos\theta, y=2+\rho\sin\theta, 0\leqslant\theta\leqslant 2\pi, 0\leqslant\rho\leqslant 3$$

根据二重积分几何意义,所求的体积为两个曲顶柱体的体积之差:

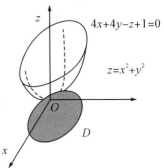

图 10-19　图形展示

$$V=\iint\limits_{D}(4x+4y+1)\mathrm{d}\sigma-\iint\limits_{D}(x^2+y^2)\mathrm{d}\sigma$$

$$=\int_0^{2\pi}\mathrm{d}\theta\int_0^3\left[4(2+\rho\cos\theta)+4(2+\rho\sin\theta)+1-(2+\rho\cos\theta)^2-(2+\rho\sin\theta)^2\right]\rho\mathrm{d}\rho$$

$$=\int_0^{2\pi}\mathrm{d}\theta\int_0^3(9-\rho^2)\rho\mathrm{d}\rho=\int_0^{2\pi}\frac{9}{2}\rho^2-\frac{1}{4}\rho^4\Big|_0^3\mathrm{d}\theta=\frac{81}{2}\pi$$

习题 10-3

1.利用极坐标计算下列二重积分.

(1) $\displaystyle\iint\limits_{D}(x^2+y)\mathrm{d}\sigma$,其中$D=\{(x,y)\mid x^2+y^2\leqslant 4\}$;

(2) $\displaystyle\iint\limits_{D}\mathrm{e}^{x^2+y^2}\mathrm{d}\sigma$,其中$D=\{(x,y)\mid x^2+y^2\leqslant 1, x\geqslant 0\}$;

(3) $\displaystyle\iint\limits_{D}\tan(x^2+y^2)\mathrm{d}\sigma$,其中$D=\{(x,y)\mid x^2+y^2\leqslant 9, x\geqslant y\geqslant 0\}$;

(4) $\displaystyle\iint\limits_{D}\sqrt{x^2+y^2}\mathrm{d}\sigma$,其中$D$是由直线$y=x, y=0$及$x=1$所围成的区域;

$(5) \iint\limits_{D} \dfrac{1}{\sqrt{x^2 + y^2}} \mathrm{d}\sigma$，其中 D 是由直线 $y = x$ 与曲线 $y = x^2$ 所围成的区域；

$(6) \iint\limits_{D} \arctan \dfrac{y}{x} \mathrm{d}\sigma$，其中 D 是由圆周 $x^2 + y^2 = 4$、$x^2 + y^2 = 9$ 与直线 $x = 0, y = x$ 所围成的在第一象限内的区域.

2.画出积分区域,把积分 $I = \iint\limits_{D} f(x,y) \mathrm{d}\sigma$ 表示为极坐标形式的二次积分,其中积分区域 D 如下:

$(1) \{(x,y) \mid x^2 + y^2 \leqslant a^2\}$； $\qquad$ $(2) \{(x,y) \mid a^2 \leqslant x^2 + y^2 \leqslant b^2\}(b > a > 0)$；

$(3) \{(x,y) \mid x^2 + y^2 \leqslant 4ax\}(a > 0)$； $\qquad$ $(4) \{(x,y) \mid 0 \leqslant y \leqslant x, 0 \leqslant x \leqslant 1\}$；

$(5) \{(x,y) \mid x^3 \leqslant y \leqslant 2x, 0 \leqslant x \leqslant \sqrt{2}\}$； $\qquad$ $(6) \{(x,y) \mid 0 \leqslant y \leqslant 2, 0 \leqslant x \leqslant 2\}$.

3.计算由三个平面 $y = x, y = 0, z = 0$ 与旋转抛物面 $x^2 + y^2 = 4 - z$ 所围成的立体的体积.

4.求球体 $x^2 + y^2 + z^2 \leqslant 4$ 被圆锥面 $x^2 + y^2 = z^2 (z > 0)$ 所截得(含在圆锥面内的部分)的立体的体积.

5.求球体 $x^2 + y^2 + z^2 \leqslant a^2$ 被柱面 $x^2 + y^2 = ax (a > 0)$ 所截得(含在圆柱面内的部分)的立体的体积.

6.计算由平面 $y = 0, y = kx(k > 0), z = 0$ 与上半球面 $z = \sqrt{a^2 - x^2 - y^2}$ 所围成的在第一卦限内的立体的体积.

7.计算旋转抛物面 $z = x^2 + y^2$ 与平面 $2ax + 2by - z = 0$ 所围成的立体的体积.

8.计算二重积分.

$(1) \iint\limits_{D} xy \mathrm{d}\sigma$，其中 D 是由曲线 $y = \mathrm{e}^x, y = \mathrm{e}^{-x}$ 与直线 $x = 1$ 所围成的区域；

$(2) \iint\limits_{D} \dfrac{1 - x^2 - y^2}{1 + x^2 + y^2} \mathrm{d}\sigma$，其中 D 是由圆 $x^2 + y^2 = 1$ 与直线 $x = 0, y = 0$ 所围成的区域在第一象限部分；

$(3) \iint\limits_{D} |1 - x^2 - y^2| \mathrm{d}\sigma$，其中 $D = \{(x,y) \mid 0 \leqslant x \leqslant 1, 0 \leqslant y \leqslant 1\}$；

$(4) \iint\limits_{D} x(x + y) \mathrm{d}\sigma$，其中 $D = \{(x,y) \mid x^2 + y^2 \leqslant 2, y \geqslant x^2\}$.

第四节　二重积分的应用

由前面的讨论可知,曲顶柱体的体积、平面薄片的质量可用二重积分计算.本节我们将定积分应用中的元素法推广到二重积分的应用中,利用重积分的元素法来讨论重积分在几何与物理上的一些应用.

有许多求总量的问题可以用定积分的元素法来处理.这种元素法也可推广到二重积分的应用中.计算的某个量 U 对于闭区域 D 具有可加性,也就是说,当闭区域 D 分成许多小闭区域时,所求量 U 也相应地分成许多部分量,且 U 等于部分量之和.若在 D 内任取一个直径很小的闭区域 $\mathrm{d}\sigma$ 时,相应的部分量可近似地表示为 $f(x,y)\mathrm{d}\sigma$ 的形式,其中 $\mathrm{d}\sigma$ 表示小区域 $\mathrm{d}\sigma$ 的面积,点 (x,y) 在 $\mathrm{d}\sigma$ 内,则称 $f(x,y)\mathrm{d}\sigma$ 为**所求量 U 的元素**,记为 dU,以它为被积表达式,在闭区域 D 上积分:

$$U = \iint\limits_{D} f(x,y)\,\mathrm{d}\sigma$$

这就是所求量的积分表达式.

一、曲面的面积

我们先讨论矩形 $EFGH$ 与其在一个平面上的投影 $EFG'H'$ 的面积之间的关系,如图 10-20 所示.设点 G,H 在平面上的投影分别为 G',H',则线段 GG' 垂直平面 $EFG'H'$.因而 GG' 垂直线段 EF,FG',又 $EFGH$ 是矩形,从而 EF 垂直 FG,GG',EF 垂直三角形 $\triangle FGG'$ 所在的平面,有 EF 垂直 FG',故 $\angle GFG'$ 是平面 $EFGH$ 与 $EFG'H'$ 的平面角,记为 α,$FG' = FG\cos\alpha$.于是

$$\frac{S_{EFGH}}{S_{EFG'H'}} = \frac{EF \cdot FG}{EF \cdot FG'} = \frac{1}{\cos\alpha}$$

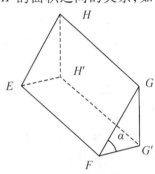

图 10-20　图形展示

也就是说,一个矩形的面积与其在一个平面上的投影面积之比等于这两个平面的平面角的余弦的倒数.

如图 10-21 所示,在 $Oxyz$ 坐标系中,设曲面 Σ 在某一点的切平面 T 为矩形 $EFGH$,它在平面 Oxy 上的投影 $EFG'H'$,切平面 T 的法向量 $\vec{n}$(指向朝上)与 z 轴所成的角为 γ.用平面几何定理:如果一个角的两边垂直另一个角的两边,则这两个角相等或互补.可以获得,切平面 T 与坐标面 xOy 的平面角也是 γ,即 $\alpha = \gamma$.因而矩形切平面 $EFGH$ 的面积 $\mathrm{d}A$ 与其投影 $EFG'H'$ 的面积 $\mathrm{d}\sigma$ 的关系是

$$\mathrm{d}A = \frac{\mathrm{d}\sigma}{\cos\gamma}$$

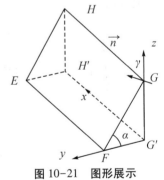

设曲面 Σ 的方程 $z = f(x,y)$,D 为 Σ 在 xOy 面上的投影区域,函数 $f(x,y)$ 在 D 上具有连续偏导数 $f_x(x,y)$ 和 $f_y(x,y)$.如何求曲面的面积 A?

在区域 D 内任取一点 $P(x,y)$,并在区域 D 内取一包含点 $P(x,y)$ 的小矩形闭区域 $\mathrm{d}\sigma$(其面积也记为 $\mathrm{d}\sigma$),如图 10-22 所示.区域 $\mathrm{d}\sigma$ 上的点 $P(x,y)$ 对应曲面 Σ 上点 M $[x,y,f(x,y)]$,过点 M 做曲面 Σ 的切平面 T,再做以小矩形

图 10-21　图形展示

区域 $\mathrm{d}\sigma$ 的边界曲线为准线、母线平行于 z 轴的柱面.这个柱面在曲面 Σ 上截下一小片区域 $\mathrm{d}S$(其面积也记为 $\mathrm{d}S$),同时也在切平面 T 上截下一小块矩形区域 $\mathrm{d}A$(其面积也记为 $\mathrm{d}A$),并且区域 $\mathrm{d}S$ 与 $\mathrm{d}A$ 有相同的投影区域 $\mathrm{d}\sigma$.由于 $\mathrm{d}\sigma$ 的直径很小,切平面 T 上那一小块区域的面积 $\mathrm{d}A$ 可以近似代替曲面 Σ 上那一小片区域的面积 $\mathrm{d}S$,即 $\mathrm{d}S \approx \mathrm{d}A$.又设切平面 T 的法向量(指向朝上)与 z 轴所成的角为 γ,根据斜面的面积 $\mathrm{d}A$ 与投影的面积 $\mathrm{d}\sigma$ 的

关系,可得

$$dS \approx dA = \frac{d\sigma}{\cos\gamma}$$

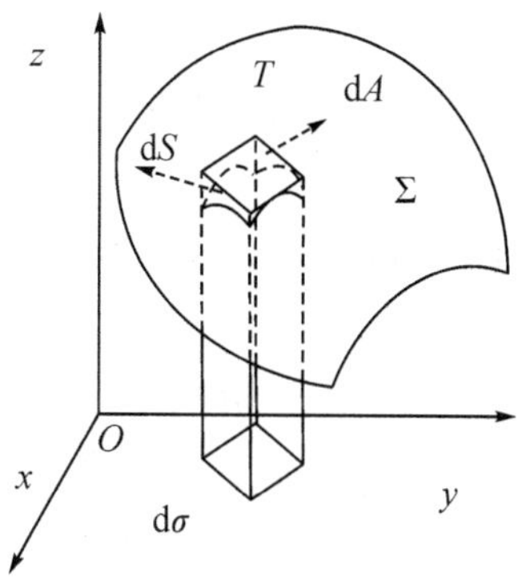

设 dA 为曲面 Σ 上点 M 处的面积元素,dA 在 xOy 面上的投影为小闭矩形区域 $d\sigma$,M 在 xOy 面上的投影为点 $P(x,y)$.由 $z=f(x,y)$ 可得曲面的隐式方程为

$$F(x,y,z)=z-f(x,y)$$

根据第九章第六节曲面法向量的定义,曲面 Σ 上点 M 处的法向量为

$$\vec{n}=(F_x,F_y,F_z)=[-f_x(x,y),-f_y(x,y),1]$$

根据第八章第一节向量的方向余弦的定义,法向量 $\vec{n}$ 与 z 轴所成的角 γ 的方向余弦:

$$\cos\gamma=\frac{1}{\sqrt{1+f_x^2(x,y)+f_y^2(x,y)}}$$

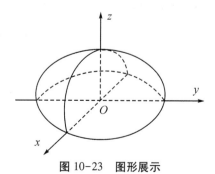

图 10-22 图形展示

利用斜面的面积 dA 与投影的面积 $d\sigma$ 的关系,可得

$$dA=\frac{d\sigma}{\cos\gamma}=\sqrt{1+f_x^2(x,y)+f_y^2(x,y)}\,d\sigma$$

这就是**曲面 Σ 的面积元素**,以它为被积表达式在闭区域 D 上积分,便得曲面 Σ 的面积为

$$A=\iint\limits_{D}dA=\iint\limits_{D}\frac{d\sigma}{\cos\gamma}=\iint\limits_{D}\sqrt{1+f_x^2(x,y)+f_y^2(x,y)}\,d\sigma$$

或

$$A=\iint\limits_{D}\sqrt{1+\left(\frac{\partial z}{\partial x}\right)^2+\left(\frac{\partial z}{\partial y}\right)^2}\,dxdy \qquad (10-12)$$

讨论:若曲面方程为 $x=g(y,z)$ 或 $y=g(x,z)$,曲面的面积如何求?

$$A=\iint\limits_{D_{yz}}\sqrt{1+\left(\frac{\partial x}{\partial y}\right)^2+\left(\frac{\partial x}{\partial z}\right)^2}\,dydz,\ 或\ A=\iint\limits_{D_{zx}}\sqrt{1+\left(\frac{\partial y}{\partial z}\right)^2+\left(\frac{\partial y}{\partial x}\right)^2}\,dzdx$$

其中 D_{yz} 是曲面 $x=g(y,z)$ 在 yOz 面上的投影区域,D_{zx} 是 $y=g(x,z)$ 在 xOz 面上的投影区域.

例 1 求半径为 R 的球的表面积.

解 如图 10-23 所示,取球心为坐标原点建立坐标系,上半球面方程为 $z=\sqrt{R^2-x^2-y^2}$,它在 xOy 面上的投影闭区域 D:$x^2+y^2\leqslant R^2$.由于

$$\frac{\partial z}{\partial x}=\frac{1}{2\sqrt{R^2-x^2-y^2}}\cdot\frac{\partial(R^2-x^2-y^2)}{\partial x}=\frac{-x}{\sqrt{R^2-x^2-y^2}}$$

$$\frac{\partial z}{\partial y}=\frac{1}{2\sqrt{R^2-x^2-y^2}}\cdot\frac{\partial(R^2-x^2-y^2)}{\partial y}=\frac{-y}{\sqrt{R^2-x^2-y^2}}$$

从而有

图 10-23 图形展示

$$\sqrt{1+\left(\frac{\partial z}{\partial x}\right)^2+\left(\frac{\partial z}{\partial y}\right)^2}=\frac{R}{\sqrt{R^2-x^2-y^2}}$$

因为这个被函数在闭区域 D 上无界,所以上半球面面积不能直接求出.先求在区域

$$D_1:\ x^2+y^2\leqslant a^2(0<a<R)$$

上的部分球面面积,然后令 $a\to R$ 取极限,便得半球面的面积.区域 D_1 的极坐标为

$$0\leqslant\rho\leqslant a,0\leqslant\theta\leqslant2\pi$$

且 $x=\rho\cos\theta,y=\rho\sin\theta,\mathrm{d}\sigma=\rho\mathrm{d}\rho\mathrm{d}\theta$.利用公式(10-12)与极坐标计算,可得

$$A_1=\iint\limits_{x^2+y^2\leqslant a^2}\frac{R}{\sqrt{R^2-x^2-y^2}}\mathrm{d}x\mathrm{d}y=R\int_0^{2\pi}\mathrm{d}\theta\int_0^a\frac{\rho\mathrm{d}\rho}{\sqrt{R^2-\rho^2}}=-\frac{1}{2}R\int_0^{2\pi}\mathrm{d}\theta\int_0^a\frac{\mathrm{d}(R^2-\rho^2)}{\sqrt{R^2-\rho^2}}$$

$$=-R\int_0^{2\pi}\sqrt{R^2-\rho^2}\ \Big|_0^a\mathrm{d}\theta=2\pi R(R-\sqrt{R^2-a^2})$$

根据球的对称性,球的表面积是上半球的表面积的两倍,于是球面面积为

$$A=2\lim_{a\to R}A_1=2\lim_{a\to R}2\pi R(R-\sqrt{R^2-a^2})=4\pi R^2$$

例 2 求底面半径为 r、高为 h 的圆锥的侧面积.

解 取圆锥的底面中心为坐标原点,底面相互垂直的直径为 x 轴和 y 轴,圆锥的顶点在 z 轴的正半轴上,建立坐标系,如图 10-24(1)所示.过 x 轴和 z 轴做圆锥的剖面图[见图 10-24(2)],是一个等腰三角形,在 xOz 面上腰所在直线的截距式方程:

$$\frac{x}{r}+\frac{z}{h}=1(0\leqslant x\leqslant r),即 z=h-\frac{hx}{r}(0\leqslant x\leqslant r)$$

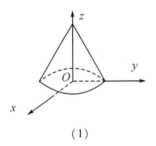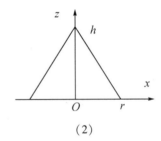

（1）　　　　　　　　　　　　　　（2）

图 10-24　图形展示

根据第八章第五节旋转曲面方程可知,圆锥是将该线段为斜边的直角三角形绕 z 轴旋转的而成,故圆锥曲面的方程为

$$z=h-\frac{h}{r}\sqrt{x^2+y^2}\ (x^2+y^2\leqslant r^2)$$

由于

$$\frac{\partial z}{\partial x}=\frac{-hx}{r\sqrt{x^2+y^2}},\quad\frac{\partial z}{\partial y}=\frac{-hy}{r\sqrt{x^2+y^2}}(x^2+y^2>0)$$

于是有

$$\sqrt{1+\left(\frac{\partial z}{\partial x}\right)^2+\left(\frac{\partial z}{\partial y}\right)^2}=\frac{\sqrt{r^2+h^2}}{r}$$

积分区域 $D:x^2+y^2\leqslant r^2$ 可表示为

$$0 \leqslant \rho \leqslant r, 0 \leqslant \theta \leqslant 2\pi$$

利用公式(10-12)与极坐标进行计算,可得

$$A = \iint\limits_{x^2+y^2 \leqslant r^2} \frac{\sqrt{r^2+h^2}}{r}\mathrm{d}x\mathrm{d}y = \frac{\sqrt{r^2+h^2}}{r}\int_0^{2\pi}\mathrm{d}\theta\int_0^r \rho\mathrm{d}\rho = \pi r\sqrt{r^2+h^2}$$

因此,圆锥的侧面积是半径为 $\sqrt{r^2+h^2}$、弧长为 $2\pi r$ 的扇形面积,也就是圆锥侧面展开的面积.

二、质心

设在 xOy 平面上有 n 个质点,它们分别位于点 $(x_1,y_1),(x_2,y_2),\cdots,(x_n,y_n)$ 处,质量分别为 $m_1,m_2,\cdots,m_n$. 由力学知道,该质点系的质心的坐标为

$$\bar{x} = \frac{M_y}{M} = \frac{\sum\limits_{i=1}^n m_i x_i}{\sum\limits_{i=1}^n m_i}, \qquad \bar{y} = \frac{M_x}{M} = \frac{\sum\limits_{i=1}^n m_i y_i}{\sum\limits_{i=1}^n m_i}$$

其中 $M = \sum\limits_{i=1}^n m_i$ 为该质点系的总质量,有

$$M_x = \sum_{i=1}^n m_i y_i, \qquad M_y = \sum_{i=1}^n m_i x_i$$

分别为该质点对 x 轴和 y 轴的**静距**.

设有一平面薄片,占有 xOy 面上的闭区域 D,在点 (x,y) 处的面密度为 $\rho(x,y)$,假定 $\rho(x,y)$ 在 D 上连续. 现在要求该薄片的质心坐标.

在区域 D 上任取一点 $P(x,y)$,及包含点 P 的一直径很小的闭区域 $\mathrm{d}\sigma$(其面积也记为 $\mathrm{d}\sigma$). 由于 $\mathrm{d}\sigma$ 直径很小,且 $\rho(x,y)$ 在 D 上连续,因而薄片中区域 $\mathrm{d}\sigma$ 的质量近似等于 $\rho(x,y)\mathrm{d}\sigma$,这部分质量可以近似地看作集中于点 P 上,对 x 轴和对 y 轴的静矩(仅考虑大小)元素分别为

$$\mathrm{d}M_x = y\rho(x,y)\mathrm{d}\sigma, \mathrm{d}M_y = x\rho(x,y)\mathrm{d}\sigma$$

以这些元素为被积表达式,在闭区域 D 上积分可得,平面薄片对 x 轴和对 y 轴的静矩分别为

$$M_x = \iint\limits_D y\rho(x,y)\mathrm{d}\sigma, M_y = \iint\limits_D x\rho(x,y)\mathrm{d}\sigma$$

根据第一节二重积分的意义我们知道,薄片的质量为

$$M = \iint\limits_D \rho(x,y)\mathrm{d}\sigma \tag{10-13}$$

设平面薄片的质心坐标为 $(\bar{x},\bar{y})$,则有

$$\bar{x} = \frac{M_y}{M} = \frac{\iint\limits_D x\rho(x,y)\mathrm{d}\sigma}{\iint\limits_D \rho(x,y)\mathrm{d}\sigma}, \qquad \bar{y} = \frac{M_x}{M} = \frac{\iint\limits_D y\rho(x,y)\mathrm{d}\sigma}{\iint\limits_D \rho(x,y)\mathrm{d}\sigma} \tag{10-14}$$

如果平面薄片是均匀的,即面密度是常数,则上式中可把 ρ 提到积分符号外面去,从分子与分母中约去,便得到均匀薄片的质心的坐标公式为

$$\bar{x} = \frac{\iint\limits_{D} x\mathrm{d}\sigma}{\iint\limits_{D} \mathrm{d}\sigma} = \frac{\iint\limits_{D} x\mathrm{d}\sigma}{A}, \quad \bar{y} = \frac{\iint\limits_{D} y\mathrm{d}\sigma}{\iint\limits_{D} \mathrm{d}\sigma} = \frac{\iint\limits_{D} y\mathrm{d}\sigma}{A} \qquad (10\text{-}15)$$

其中 $A = \iint\limits_{D}\mathrm{d}\sigma$ 为闭区域 D 的面积.这时薄片的质心完全由闭区域 D 的形状所决定.把均匀平面薄片的质心称为平面薄片的**形心**.因此,平面图形 D 的形心坐标,就可用公式(10-15)来计算.

例3 一薄片占有顶点分别为 $(0,0)$、$(1,0)$ 和 $(0,2)$ 的三角形区域,其面密度函数为 $\rho(x,y) = 1+3x+y$,求薄片的质量和质心.

解 此三角形区域是 x 轴、y 轴和直线 $y = -2x+2$ 围成的,积分区域
$$D : 0 \leqslant y \leqslant -2x+2, 0 \leqslant x \leqslant 1$$

利用公式(10-13)计算质量
$$M = \iint\limits_{D} \rho(x,y)\mathrm{d}\sigma = \int_0^1 \mathrm{d}x \int_0^{2-2x} (1+3x+y)\mathrm{d}y$$
$$= \int_0^1 \left[y + 3xy + \frac{1}{2}y^2 \right]_0^{2-2x} \mathrm{d}x = 4\int_0^1 (1-x^2)\mathrm{d}x = \frac{8}{3}$$

利用公式(10-14)计算质量静矩
$$\bar{x} = \frac{1}{M}\iint\limits_{D} x\rho(x,y)\mathrm{d}\sigma = \frac{3}{8}\int_0^1 \mathrm{d}x \int_0^{2-2x} (x+3x^2+xy)\mathrm{d}y$$
$$= \frac{3}{8}\int_0^1 \left[xy + 3x^2y + \frac{1}{2}xy^2 \right]_0^{2-2x} \mathrm{d}x = \frac{3}{2}\int_0^1 (x-x^3)\mathrm{d}x = \frac{3}{8}$$
$$\bar{y} = \frac{1}{M}\iint\limits_{D} y\rho(x,y)\mathrm{d}\sigma = \frac{3}{8}\int_0^1 \mathrm{d}x \int_0^{2-2x} (y+3xy+y^2)\mathrm{d}y$$
$$= \frac{3}{8}\int_0^1 \left[\frac{1}{2}y^2 + \frac{3}{2}xy^2 + \frac{1}{3}y^3 \right]_0^{2-2x} \mathrm{d}x = \frac{1}{4}\int_0^1 (7-9x-3x^2+5x^3)\mathrm{d}x = \frac{11}{16}$$

故薄片的质心坐标 $\left(\frac{3}{8}, \frac{11}{16} \right)$.

例4 求位于 $\rho = 2\sin\theta$ 和 $\rho = 4\sin\theta$ 两圆之间的均匀薄片的质心.

解 两圆的方程分别为 $x^2+y^2 = 2y$,$x^2+y^2 = 4y$,半径分别为 1 和 2,圆心都在 y 轴上,如图 10-25 所示,形成的闭区域 D 关于 y 轴对称,因而质心 $C(\bar{x},\bar{y})$ 必位于 y 轴上,于是可得 $\bar{x}=0$.闭区域 D 位于这两个圆之间,它的面积等于两圆的面积之差,即 $A = 4\pi - \pi = 3\pi$.由于

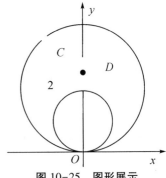

图 10-25　图形展示

$$M_y = \iint\limits_{D} y\mathrm{d}\sigma = \iint\limits_{D} \rho^2\sin\theta\rho\mathrm{d}\rho\mathrm{d}\theta = \int_0^{\pi} \sin\theta\mathrm{d}\theta \int_{2\sin\theta}^{4\sin\theta} \rho^2\mathrm{d}\rho$$
$$= \frac{1}{3}\int_0^{\pi} \sin\theta \cdot \left(\rho^3 \Big|_{2\sin\theta}^{4\sin\theta} \right)\mathrm{d}\theta$$
$$= \frac{56}{3}\int_0^{\pi} \sin^4\theta\mathrm{d}\theta = \frac{112}{3}\int_0^{\frac{\pi}{2}} \sin^4\theta\mathrm{d}\theta$$
$$= \frac{112}{3} \cdot \frac{3}{4} \cdot \frac{1}{2} \cdot \frac{\pi}{2} = 7\pi$$

［利用了第五章第三节公式 $\int_0^{\frac{\pi}{2}} \sin^{2m} x \mathrm{d}x = \dfrac{2m-1}{2m} \cdot \dfrac{2m-3}{2m-2} \cdot \cdots \cdot \dfrac{3}{4} \cdot \dfrac{1}{2} \cdot \dfrac{\pi}{2} (m \in N_+)$］

从而有

$$\bar{y} = \frac{\displaystyle\iint_D y \mathrm{d}\sigma}{\displaystyle\iint_D \mathrm{d}\sigma} = \frac{7\pi}{3\pi} = \frac{7}{3}$$

故所求形心坐标是 $C\left(0, \dfrac{7}{3}\right)$.

*三、转动惯量

设在 xOy 平面上有 n 个质点,它们分别位于点 $(x_1,y_1),(x_2,y_2),\cdots,(x_n,y_n)$ 处,质量分别为 $m_1,m_2,\cdots,m_n$. 由力学可知,质点系对于 x 轴和对 y 的转动惯量分别是

$$I_x = \sum_{i=1}^n m_i y_i^2, \quad I_y = \sum_{i=1}^n m_i x_i^2$$

设有一平面薄片,占有 xOy 面上的闭区域 D,在点 (x,y) 处的面密度为 $\rho(x,y)$,假定 $\rho(x,y)$ 在 D 上连续.现在要求该薄片对于 x 轴和对 y 轴的转动惯量.

我们仍然应用元素法,在闭区域 D 上任取一点 $P(x,y)$,及包含点 P 的一直径很小的闭区域 $\mathrm{d}\sigma$(其面积也记为 $\mathrm{d}\sigma$).因为 $\mathrm{d}\sigma$ 直径很小,且 $\rho(x,y)$ D 上连续,所以薄片中小闭区域 $\mathrm{d}\sigma$ 的质量近似等于 $\rho(x,y)\mathrm{d}\sigma$,这部分质量可以近似看作集中于点 P 上,从而平面薄片对于 x 轴和对 y 轴的转动惯量的元素分别为

$$\mathrm{d}I_x = y^2 \rho(x,y)\mathrm{d}\sigma, \quad \mathrm{d}I_y = x^2 \rho(x,y)\mathrm{d}\sigma$$

于是,整片平面薄片对于 x 轴和对 y 轴的转动惯量分别为

$$I_x = \iint_D y^2 \rho(x,y)\mathrm{d}\sigma, \quad I_y = \iint_D x^2 \rho(x,y)\mathrm{d}\sigma \tag{10-16}$$

例 5 求半径为 a 的均匀半圆薄片(面密度为常量 μ)对于其直径边的转动惯量.

解 取圆心为坐标原点,直径为 x 轴,建立坐标系,薄片所占闭区域 D 可表示为

$$D = \{(x,y) \mid x^2+y^2 \leqslant a^2, y \geqslant 0\} = \{(\rho,\theta) \mid 0 \leqslant \rho \leqslant a, 0 \leqslant \theta \leqslant \pi\}$$

而所求转动惯量,即半圆薄片对于 x 轴的转动惯量 I_x:

$$I_x = \iint_D \mu y^2 \mathrm{d}\sigma = \mu \iint_D \rho^2 \sin^2\theta \cdot \rho \mathrm{d}\rho \mathrm{d}\theta = \mu \int_0^\pi \sin^2\theta \mathrm{d}\theta \int_0^a \rho^3 \mathrm{d}\rho$$

$$= \mu \cdot \frac{a^4}{4} \int_0^\pi \sin^2\theta \mathrm{d}\theta = \mu \cdot \frac{a^4}{4} \int_0^\pi \frac{1-\cos 2\theta}{2} \mathrm{d}\theta = \frac{1}{4}\mu a^4 \cdot \frac{\pi}{2} = \frac{1}{4}Ma^2$$

其中 $M = \dfrac{1}{2}\pi a^2 \mu$ 为半圆薄片的质量.

习题 10-4

1.计算旋转抛物面 $x^2+y^2=4-z$ 被平面 $z=2$ 所截顶部的面积.

2.求球面 $x^2+y^2+z^2=a^2$ 含在抛物面 $z=x^2+y^2$ 内部那部分面积.

3.求球面 $x^2+y^2+z^2=a^2$ 含在柱面 $x^2+y^2=ax(a>0)$ 内部那部分面积.

4.求锥面 $z=\sqrt{x^2+y^2}$ 被柱面 $z^2=4x$ 所割下部分的曲面面积.

5.设薄片所占的闭区域如下,求均匀薄片的质心.

(1)由抛物线 $y=\sqrt{3x}$,$x=3$,与 $y=0$ 所围成的闭区域;

(2)由点为 $(0,0)$、$(4,0)$、$(0,2)$ 与 $(3,2)$ 构成的直角梯形;

(3)界于两个圆 $\rho=2\cos\theta$,$\rho=6\cos\theta$ 之间的闭区域;

(4)半椭圆形闭区域 $\left\{(x,y)\,\middle|\,\dfrac{x^2}{a^2}+\dfrac{y^2}{b^2}\leq 1,y\geq 0\right\}$.

6.设薄片所占的闭区域 D 由立方抛物线 $y=x^3$ 及直线 $y=x$ 围成的在第一象限内的区域,它在点 (x,y) 处的面密度 $\rho(x,y)=x\sqrt{y}$,求该薄片的质心.

7.设均匀薄片(面密度为常数 1)所占的闭区域如下,求指定的转动惯量.

(1)由点为 $(0,0)$、$(3,0)$ 与 $(2,2)$ 构成的三角形区域,求 I_x 和 I_y;

(2)由曲线 $y=x^4$ 与直线 $y=16$ 所围成的闭区域,求 I_x 和 I_y;

(3)双曲线 $x^2-\dfrac{y^2}{9}=1$ 与直线 $x=2$ 所围成的闭区域,求 I_x 和 I_y.

8.设薄片所占的闭区域 D 由立方抛物线 $y=x^3$ 及抛物线 $y=x^2$ 围成,它在点 (x,y) 处的面密度 $\rho(x,y)=xy^2$,求该薄片的转动惯量 I_x 和 I_y.

第五节　三重积分

一、三重积分的概念

一个地下厚度 1 千米、方圆 10 平方千米的金矿,通过钻探查明任一点 (x,y,z) 的单位体积含金量为连续函数 $u(x,y,z)$,试估计这个金矿的储藏量.

我们可以通过"大化小""常代变"与"近似和"的方法来估计这个金矿的储藏量.把定积分与二重积分作近似和求极限的方法,可以很自然地推广到三维空间中去作近似和求极限,于是得到三重积分的定义.

定义　设 $f(x,y,z)$ 是空间有界闭区域 Ω 上的有界函数.将 Ω 任意分成 n 个小闭区域

$$\Delta v_1,\Delta v_2,\cdots,\Delta v_n$$

其中 Δv_i 表示第 i 个小区域,也表示它的体积.在每个小区域 Δv_i 上任取一点 (ζ_i,η_i,ζ_i),作乘积 $f(\zeta_i,\eta_i,\zeta_i)\Delta v_i(i=1,2,\cdots,n)$,并做和 $\sum_{i=1}^{n}f(\zeta_i,\eta_i,\zeta_i)\Delta v_i$.如果当各小闭区域的直径中的最大值 λ 趋于零时,这和的极限总存在[这个极限与闭区域 Ω 的分法及点 (ζ_i,η_i,ζ_i) 的取法无关],那么称此极限为函数 $f(x,y,z)$ 在闭区域 Ω 上的**三重积分**.记作 $\iiint\limits_{\Omega}f(x,y,z)\,\mathrm{d}v$,即

$$\iiint\limits_{\Omega} f(x,y,z)\mathrm{d}v = \lim_{\lambda \to 0} \sum_{i=1}^{n} f(\zeta_i,\eta_i,\zeta_i)\Delta v_i \qquad (10\text{-}17)$$

三重积分中的有关术语：$\iiint$ 表示三重积分符号，$f(x,y,z)$ 表示被积函数，$f(x,y,z)\mathrm{d}v$ 表示被积表达式，$\mathrm{d}v$ 表示体积元素，x,y,z 表示积分变量，Ω 表示积分区域.

在直角坐标系中，如果用平行于三坐标面 xOy、yOz 及 xOz 的平面来划分 Ω，除少数 Ω 的边界区域不规则外，其余小闭区域 Δv_i 都是小长方体，它的长、宽、高依次为 Δx_j，Δy_k，Δz_l，那么它的体积为 $\Delta v_i = \Delta x_j \Delta y_k \Delta z_l$. 因而有时也把体积元素 $\mathrm{d}v$ 记为 $\mathrm{d}x\mathrm{d}y\mathrm{d}z$，而三重积分记作

$$\iiint\limits_{\Omega} f(x,y,z)\mathrm{d}v = \iiint\limits_{\Omega} f(x,y,z)\mathrm{d}x\mathrm{d}y\mathrm{d}z \qquad (10\text{-}18)$$

其中 $\mathrm{d}x\mathrm{d}y\mathrm{d}z$ 叫作**直角坐标系中的体积元素**.

当函数 $f(x,y,z)$ 在闭区域 Ω 上连续时，公式（10-17）右端极限必定存在，因而 $f(x,y,z)$ 在 Ω 上的三重积分是存在的.本节我们总假定 $f(x,y,z)$ 在闭区域 Ω 上是连续函数.

三重积分的性质与二重积分类似，比如：

（1）线性性质，即

$$\iiint\limits_{\Omega} [\alpha f(x,y,z) \pm \beta g(x,y,z)]\mathrm{d}v = \alpha \iiint\limits_{\Omega} f(x,y,z)\mathrm{d}v \pm \beta \iiint\limits_{\Omega} g(x,y,z)\mathrm{d}v$$

（2）区域可加性，即

$$\iiint\limits_{\Omega_1+\Omega_2} f(x,y,z)\mathrm{d}v = \iiint\limits_{\Omega_1} f(x,y,z)\mathrm{d}v + \iiint\limits_{\Omega_2} f(x,y,z)\mathrm{d}v$$

如果函数 $f(x,y,z)$ 表示某物体在点 (x,y,z) 处的密度，Ω 是该物体所占有的空间闭区域，$f(x,y,z)$ 在区域 Ω 上连续，那么 $\sum_{i=1}^{n} f(\zeta_i,\eta_i,\zeta_i)\Delta v_i$ 是该物体的质量 m 的近似值，这个和式当 $\lambda \to 0$ 时的极限就是该物体的质量 m 的精确值，即

$$m = \iiint\limits_{\Omega} f(x,y,z)\mathrm{d}v$$

如果 $\mu(x,y,z)$ 表示某金矿在点 (x,y,z) 处单位体积的含金量，Ω 是金矿场所占有的空间闭区域，$\mu(x,y,z)$ 在区域 Ω 上连续，那么 $\sum_{i=1}^{n} f(\zeta_i,\eta_i,\zeta_i)\Delta v_i$ 是金矿场的储量 m 的近似值，这个和式当 $\lambda \to 0$ 时的极限就是金矿场的储量 m，即

$$m = \iiint\limits_{\Omega} \mu(x,y,z)\mathrm{d}v$$

二、三重积分的计算

计算三重积分的基本方法是将三重积分化转为三次积分（三个定积分）.我们继续利用微元法按不同的坐标系分别讨论将三重积分转化为三次积分的方法.

1. 直角坐标系下计算三重积分

我们先讨论空间闭区域 Ω.假定穿过闭区域 Ω 内部且平行于 z 轴的直线与 Ω 的边界曲面 S 的交点不多于两个.把 Ω 投影到 xOy 平面上，得到一个平面闭区域 D，以 D 的边界曲

线为准线,作母线平行于 z 轴的柱面,如图 $10-26$ 所示.这个柱面与曲面 S 的交线从 S 中分出的上、下两底面.设下底面为 $S_1 : z = z_1(x,y)$,上底面为 S_2: $z = z_2(x,y)$,其中 $z_1(x,y)$ 与 $z_2(x,y)$ 都是 D 上的连续函数,且 $z_1(x,y) \leqslant z_2(x,y)$.经过 D 内任一点 (x_0, y_0) 作平行于 z 轴的直线 L,直线 L 从下底面 S_1 穿入 Ω 内,从上底面 S_2 穿出 Ω 外,穿入点和穿出点的竖坐标分别为 $z_1(x_0, y_0)$ 与 $z_2(x_0, y_0)$.

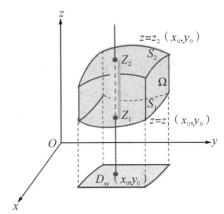

图 $10-26$ 　图形展示

　　我们容易知道,围成空间闭区域 Ω 有三个曲面:下底面 S_1、上底面 S_2 及部分柱面构成的侧面.也就是说,Ω 是以平面闭区域 D 的边界曲线为准线,母线平行于 z 轴的柱面被两个曲面 $z = z_1(x,y)$ 与 $z = z_2(x,y)$(用变量 x,y 的函数表示 Ω 的下底面与上底面)截得的一个立体.因而空间区域 Ω 可表示为

$$\Omega = \{(x,y,z) \,|\, z_1(x,y) \leqslant z \leqslant z_2(x,y), (x,y) \in D\}$$

　　下面计算三重积分.为了方便计算,假设函数 $f(x,y,z)(\geqslant 0)$ 表示一个物体形成的空间闭区域 Ω 上点 (x,y,z) 的密度,用曲线网将 Ω 的投影区域 D 任意分成 n 个小闭区域

$$\Delta\sigma_1, \Delta\sigma_2, \cdots, \Delta\sigma_n$$

以任意一个小闭区域 $\Delta\sigma$ 的边界曲线为准线,做母线平行于 z 轴的柱面,这个柱面在闭区域 Ω 上截得的**细曲顶柱体**$\mathrm{d}\Omega$:

$$z_1(x,y) \leqslant z \leqslant z_2(x,y), (x,y) \in \Delta\sigma$$

　　如何计算 $\mathrm{d}\Omega$ 的质量?由于小闭区域 $\Delta\sigma$ 直径很小,函数 $f(x,y,z)$ 连续,因而可以把细曲顶柱体 $\mathrm{d}\Omega$ 看作直顶柱体,上、下底面分别是 $z_2(x,y), z_1(x,y)$.用平行于 xOy 的平面把 $\mathrm{d}\Omega$ 分成 m 个细小直顶柱体(小薄片,好比大小相同的一摞硬币):

$$\Delta w_1, \Delta w_2, \cdots, \Delta w_m$$

其中任一个细小直顶柱体(小薄片)Δw_j 都是以 $\Delta\sigma$ 为单位面积,其高为 $\mathrm{d}z$,其体积在数值上也是 $\mathrm{d}z$,把密度 $f(x,y,z)$ 视作常数,细小直顶柱体 Δw_j 质量为

$$f(x,y,z)\,\mathrm{d}z$$

小闭区域 $\mathrm{d}\Omega$ 可以看作 m 个小直顶柱体叠加而成,根据定积分的微元法,可得细曲顶柱体 $\mathrm{d}\Omega$ 的质量,记为 $g(x,y)$,即

$$g(x,y) = \int_{z_1(x,y)}^{z_2(x,y)} f(x,y,z)\,\mathrm{d}z$$

　　此时,我们可以把 $\mathrm{d}\Omega$ 的质量 $g(x,y)$ 看作集中 $\Delta\sigma$ 的点 (x,y) 上,而空间闭区域 Ω 的在 xOy 面投影区域为 D.根据二重积分的定义,可得闭区域 Ω 的质量为

$$\iint\limits_{D} g(x,y)\,\mathrm{d}\sigma = \iint\limits_{D} \left[\int_{z_1(x,y)}^{z_2(x,y)} f(x,y,z)\,\mathrm{d}z \right] \mathrm{d}\sigma \tag{10-19}$$

如图 $10-26$ 所示,假如 Ω 在 xOy 平面上的投影 D 为 X 型区域:

$$D = \{(x,y) \,|\, y_1(x) \leqslant y \leqslant y_2(x), a \leqslant x \leqslant b\}$$

从而可得

$$\iiint\limits_{\Omega} f(x,y,z)\,\mathrm{d}v = \iint\limits_{\Omega} g(x,y)\,\mathrm{d}\sigma = \iint\limits_{\Omega} \left[\int_{z_1(x,y)}^{z_2(x,y)} f(x,y,z)\,\mathrm{d}z \right] \mathrm{d}\sigma$$

$$= \int_a^b \mathrm{d}x \int_{y_1(x)}^{y_2(x)} \left[\int_{z_1(x,y)}^{z_2(x,y)} f(x,y,z) \mathrm{d}z \right] \mathrm{d}y$$

$$= \int_a^b \mathrm{d}x \int_{y_1(x)}^{y_2(x)} \mathrm{d}y \int_{z_1(x,y)}^{z_2(x,y)} f(x,y,z) \mathrm{d}z$$

由此,我们得到三重积分化为三次积分的公式为

$$\iiint\limits_\Omega f(x,y,z) \mathrm{d}v = \int_a^b \mathrm{d}x \int_{y_1(x)}^{y_2(x)} \mathrm{d}y \int_{z_1(x,y)}^{z_2(x,y)} f(x,y,z) \mathrm{d}z \qquad (10\text{-}20)$$

其中 D 为 X 型区域,是闭区域 Ω 在 xOy 面上的投影区域.公式(10-20)把三重积分化转为先对 z、次对 y,最后 x 对三次积分.

如何计算重积分? 对于平面区域 $D = \{(x,y) \mid y_1(x) \leqslant y \leqslant y_2(x), a \leqslant x \leqslant b\}$ 内任意一点 (x,y),将 $f(x,y,z)$ 只看作 z 的函数,把 x,y 看作常数,在区间 $[z_1(x,y), z_2(x,y)]$ 上对 z 积分,得到一个二元函数 $g(x,y)$,即

$$g(x,y) = \int_{z_1(x,y)}^{z_2(x,y)} f(x,y,z) \mathrm{d}z$$

然后计算 $g(x,y)$ 在闭区域 D 上的二重积分,这就完成了 $f(x,y,z)$ 在空间闭区域 Ω 上的三重积分.

如果 Ω 在 xOy 平面上的投影为 Y 型区域:

$$D = \{(x,y) \mid x_1(y) \leqslant x \leqslant x_2(y), c \leqslant y \leqslant d\}$$

那么三重积分化为三次积分(三个定积分)的公式为

$$\iiint\limits_\Omega f(x,y,z) \mathrm{d}v = \int_c^d \mathrm{d}y \int_{x_1(y)}^{x_2(y)} \mathrm{d}y \int_{z_1(x,y)}^{z_2(x,y)} f(x,y,z) \mathrm{d}z \qquad (10\text{-}21)$$

三重积分化为三次积分的关键是认清闭区域 Ω 的几何形状,找到 Ω 的上下底面的函数表示,转化为二重积分.

例 1 计算三重积分 $\iiint\limits_\Omega (x + \sqrt{y}) \mathrm{d}x\mathrm{d}y\mathrm{d}z$,其中 Ω 为长方体 $0 \leqslant x \leqslant 2, 1 \leqslant y \leqslant 4, 0 \leqslant z \leqslant 1$,所围成的闭区域.

解 如图 10-27 所示,闭区域 Ω 的下底面 S_1 为 xOy 平面上的一个矩形,$0 \leqslant x \leqslant 2, 1 \leqslant y \leqslant 4$,这也是 Ω 的投影区域 D,上底面 S_2 为 $z = 1$ 的一个矩形 $0 \leqslant x \leqslant 2, 1 \leqslant y \leqslant 4$,侧面平行坐标平面 xOz, yOz,它们围成一个长方体.经过 D 内任一点 (x_0, y_0) 做平行于 z 轴的直线 L,直线 L 从下底面 S_1 穿入 Ω 内,从上底面 S_2 穿出 Ω 外.于是

$$\Omega = \{(x,y,z) \mid 0 \leqslant z \leqslant 1, (x,y) \in D\}$$
$$D = \{(x,y) \mid 0 \leqslant x \leqslant 2, 1 \leqslant y \leqslant 4\}$$

利用公式(10-20),可得

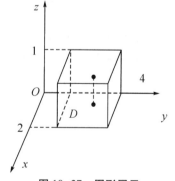

图 10-27　图形展示

$$\iiint\limits_\Omega (x + \sqrt{y}) \mathrm{d}x\mathrm{d}y\mathrm{d}z = \int_0^2 \mathrm{d}x \int_{y=1}^{y=4} (x + \sqrt{y}) \mathrm{d}y \int_{z=0}^{z=1} \mathrm{d}z$$

$$= \int_0^2 \mathrm{d}x \int_{y=1}^{y=4} (x + \sqrt{y}) \cdot z \big|_0^1 \mathrm{d}y$$

$$= \int_0^2 \left(xy + \frac{2}{3} y^{\frac{3}{2}} \right) \Big|_1^4 \mathrm{d}x = \int_0^2 x(4-1) + \frac{2}{3}\left(4^{\frac{3}{2}} - 1^{\frac{3}{2}}\right) \mathrm{d}x$$

$$= \int_0^2 3x + \frac{14}{3} dx = \frac{46}{3}$$

例2 计算三重积分 $\iiint\limits_{\Omega} x \mathrm{d}x \mathrm{d}y \mathrm{d}z$,其中 Ω 为三个坐标面及平面 $3x+y+z=1$ 所围成的闭区域.

解 作闭区域 Ω,如图 10-28 所示,它是顶点在 z 轴上的一个三棱锥 $C\text{-}OAB$. 上底面 S_1 是平面 $z=1-3x-y$ 与三个坐标轴的交点构成的斜面三角形 $\triangle ABC$,下底面 S_2 是 xOy(平面 $z=0$)上 $\triangle ABC$ 的投影区域 $\triangle OAB$,其中直线 OA、OB 与 AB 在 xOy 平面上的方程依次为 $y=0, x=0, 1-3x-y=0$. 于是有

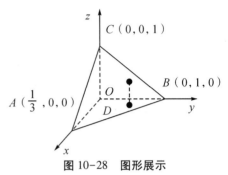

图 10-28 图形展示

$$\Omega = \left\{ (x,y,z) \mid 0 \leqslant z \leqslant 1-3x-y, (x,y) \in D \right\}$$

$$D = \left\{ (x,y) \;\middle|\; 0 \leqslant y \leqslant 1-3x, 0 \leqslant x \leqslant \frac{1}{3} \right\}$$

在 D 内任取一点 (x,y),过此点做平行于 z 轴的直线,此直线从坐标面 $xOy(z=0)$ 穿入 Ω 内,然后通过平面 $3x+y+z=1$ 穿出 Ω 外.

利用公式(10-20),可得

$$\iiint\limits_{\Omega} x \mathrm{d}x \mathrm{d}y \mathrm{d}z = \int_0^{\frac{1}{3}} \mathrm{d}x \int_{y=0}^{y=1-3x} \mathrm{d}y \int_{z=0}^{z=1-3x-y} x \mathrm{d}z = \int_0^{\frac{1}{3}} x \mathrm{d}x \int_{y=0}^{y=1-3x} \left[z \right]_{z=0}^{z=1-3x-y} \mathrm{d}y$$

$$= \int_0^{\frac{1}{3}} x \mathrm{d}x \int_{y=0}^{y=1-3x} (1-3x-y) \mathrm{d}y = \int_0^{\frac{1}{3}} x \left[(1-3x)y - \frac{1}{2}y^2 \right]_{y=0}^{y=1-3x} \mathrm{d}x$$

$$= \int_0^{\frac{1}{3}} x \left[(1-3x)^2 - \frac{(1-3x)^2}{2} \right] \mathrm{d}x = \frac{1}{2} \int_0^{\frac{1}{3}} x(1-3x)^2 \mathrm{d}x$$

$$= \frac{1}{2} \int_0^{\frac{1}{3}} (x - 6x^2 + 9x^3) \mathrm{d}x = \frac{1}{216}$$

如果用平行于 xOy 面的平面去截闭区域 Ω,所得到的平面闭区域的面积容易计算,并且被积函数 $f(x,y,z)$ 只含变量 z,不含变量 x 和 y,我们就可以将三重积分化为先计算一个二重积分、再计算一个定积分来计算. 设空间闭区域

$$\Omega = \left\{ (x,y,z) \mid (x,y) \in D_z, c_1 \leqslant z \leqslant c_2 \right\}$$

其中 D_z 是用竖坐标为 z 的平面截空间闭区域 Ω 所得到的一个平面闭区域,则有

$$\iiint\limits_{\Omega} f(z) \mathrm{d}v = \int_{c_1}^{c_2} f(z) \mathrm{d}z \iint\limits_{D_z} \mathrm{d}x \mathrm{d}y \tag{10-22}$$

例3 计算三重积分 $\iiint\limits_{\Omega} z^3 \mathrm{d}x \mathrm{d}y \mathrm{d}z$,其中 Ω 是由椭球抛物面 $\dfrac{x^2}{a^2}+\dfrac{y^2}{b^2}=z$ 与平面 $z=5$ 所围成的空间闭区域.

解 如图 10-29 所示,在第八章第五节我们知道,用平行于 xOy 面的平面 $z=z_0$ 去截椭球抛物面,截面是一个椭圆面 $\dfrac{x^2}{a^2 z_0}+\dfrac{y^2}{b^2 z_0} \leqslant 1$,因而空间区域 Ω 可表示为

$$\frac{x^2}{a^2z} + \frac{y^2}{b^2z} \leq 1, 0 < z \leq 5$$

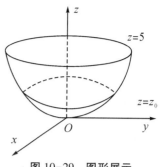

由第六章第二节椭圆面 $\frac{x^2}{a^2} + \frac{y^2}{b^2} \leq 1$ 的面积为 πab，可得 $\frac{x^2}{a^2z_0} +$

$\frac{y^2}{b^2z_0} \leq 1$ 的面积为 πabz_0.于是，由公式（10-22），可得

$$\iiint\limits_{\Omega} z^3 \mathrm{d}x\mathrm{d}y\mathrm{d}z = \int_0^5 z^3 \mathrm{d}z \iint\limits_{D_z} \mathrm{d}x\mathrm{d}y = \pi ab \int_0^5 z^4 \mathrm{d}z = 625\pi ab$$

图 10-29　图形展示

如果平行于 x 轴或 y 轴且穿过闭区域 Ω 内部的直线与 Ω 的边界曲面 S 的交点不多于两个，也可把 Ω 投影到 yOz 平面上或 xOz 平面上，这样便可把三重积分化为按其他顺序的三次积分.如果平行于坐标轴且穿过闭区域 Ω 内部的直线与 Ω 的边界曲面 S 的交点多于两个，也可像处理二重积分那样，把 Ω 分成若干部分，使得 Ω 上的三重积分化为各部分闭区域上的三重积分的和.

在本节例 2 中，被积函数 $f(x,y,z)=x$，不含变量 y 和 z，积分区域 Ω 为三个坐标面及平面 $3x+y+z=1$ 所围成的一个直三棱锥.用平面 $x=x_0$ $\left(0 < x_0 < \frac{1}{3}\right)$ 去截 Ω，得到平面 $x=x_0$ 上的区域 D_{x_0} 为直角三角形 $\triangle EFG$，如图 10-30 所示.因为斜边 EF 在平面 $3x_0+y+z=1$ 上，可得 $G(x_0,0,0)$，$E(x_0,1-3x_0,0)$，$F(x_0,0,1-3x_0)$，所以直角三角形 $\triangle EFG$ 的面积为 $\frac{(1-3x_0)^2}{2}$.因此，由公式（10-22），可得

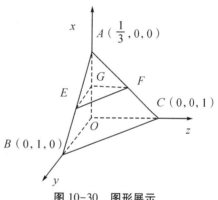

图 10-30　图形展示

$$\iiint\limits_{\Omega} x\mathrm{d}x\mathrm{d}y\mathrm{d}z = \int_0^{\frac{1}{3}} x \iint\limits_{D_x} \mathrm{d}y\mathrm{d}z = \int_0^{\frac{1}{3}} \frac{x(1-3x)^2}{2}\mathrm{d}x = \frac{1}{216}$$

2. 柱面坐标系下计算三重积分

在坐标系 $Oxyz$ 中，以原点 O 为极点，x 轴的正半轴为极轴建立极坐标系，如图 10-31 所示.设 $M(x,y,z)$ 为空间内一点，点 M 在 xOy 面上的投影 $P(x,y)$ 的极坐标为 $P(\rho,\theta)$，则这样的三个数 ρ,θ,z 就叫作点 M 的**柱面坐标**，这里规定 ρ,θ,z 的变化范围为

$$0 \leq \rho < +\infty, 0 \leq \theta \leq 2\pi, -\infty < z < +\infty$$

三组坐标面分别是：$\rho=\rho_0$（常数）表示 z 轴为中心轴的圆柱面 $x^2+y^2=\rho_0^2$；$\theta=\theta_0$（常数）表示经过 z 轴，与坐标面 xOz 所成的二面角为 θ_0 的半平面（平面 $x\sin\theta_0 - y\cos\theta_0 = 0$ 被 z 轴分成的一部分）；$z=z_0$（常数）表示平行于 xOy 平面的平面.

点 M 的直角坐标与柱面坐标的关系为

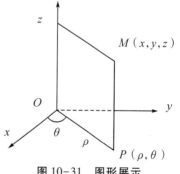

图 10-31　图形展示

$$\begin{cases} x = \rho\cos\theta \\ y = \rho\sin\theta, \\ z = z \end{cases} \quad (10\text{-}23)$$

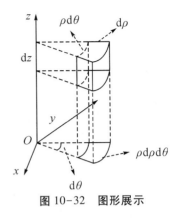

图 10-32　图形展示

接下来,我们把重积分中的直角坐标变换为柱面坐标.为此,我们用三组坐标面 $\rho = \rho_0$(常数),$\theta = \theta_0$(常数),$z = z_0$(常数)把积分闭区域 Ω 分成许多小闭区域,除了含 Ω 的边界点的一些不规则区域外,这种小闭区域都是直顶柱体:圆心角为 $\mathrm{d}\theta$,高为 $\mathrm{d}z$,厚度为 $\mathrm{d}\rho$ 的圆柱筒(两个圆柱面 ρ 与 $\rho+\mathrm{d}\rho$ 之间的区域)构成的直顶柱体,如图 10-32 所示.它的体积等于底面积与高的乘积,根据第三节极坐标中的面积元素 $\rho\mathrm{d}\rho\mathrm{d}\theta$ 为该直顶柱体的底面积,高为 $\mathrm{d}z$.于是,这个小直顶柱体的体积为

$$\mathrm{d}v = \rho\mathrm{d}\rho\mathrm{d}\theta\mathrm{d}z$$

这就是**柱面坐标系中的体积元素**.利用公式(10-19)和公式(10-23),可得柱面坐标系中的三重积分计算公式:

$$\iiint\limits_{\Omega} f(x,y,z)\mathrm{d}x\mathrm{d}y\mathrm{d}z = \iiint\limits_{\Omega} f(\rho\cos\theta,\rho\sin\theta,z)\rho\mathrm{d}\rho\mathrm{d}\theta\mathrm{d}z \quad (10\text{-}24)$$

公式(10-24)就是把三重积分的变量从直角坐标变换为柱面坐标的公式.同样,我们可以把柱面坐标的积分化为三次积分来计算.设闭区域 Ω 的柱面坐标表示为

$$\Omega = \{(\rho,\theta,z) \mid z_1(\rho,\theta) \leqslant z \leqslant z_2(\rho,\theta), \rho_1(\theta) \leqslant \rho \leqslant \rho_2(\theta), \alpha \leqslant \theta \leqslant \beta\}$$

于是三重积分就化为三次积分

$$\iiint\limits_{\Omega} f(x,y,z)\mathrm{d}x\mathrm{d}y\mathrm{d}z = \int_{\alpha}^{\beta}\mathrm{d}\theta\int_{\rho(\theta)}^{\rho_2(\theta)}\rho\mathrm{d}\rho\int_{z_1(\rho,\theta)}^{z_2(\rho,\theta)} f(\rho\cos\theta,\rho\sin\theta,z)\mathrm{d}z \quad (10\text{-}25)$$

例 4　利用柱面坐标计算三重积分 $\iiint\limits_{\Omega} z\mathrm{d}x\mathrm{d}y\mathrm{d}z$,其中 Ω 是由旋转抛物面 $x^2+y^2=z$ 与平面 $z=4$ 所围成的闭区域.

解　如图 10-33 所示,把空间闭区域 Ω 投影到 xOy 面上,得到半径为 2 的圆形闭区域

$$D = \{(\rho,\theta) \mid 0 \leqslant \rho \leqslant 2, 0 \leqslant \theta \leqslant 2\pi\}$$

在 D 内任取一点 (ρ,θ),过此点做平行于 z 轴的直线,此直线从旋转抛物面 $x^2+y^2=z$ 穿入 Ω 内,然后通过平面 $z=4$ 穿出 Ω 外.故闭区域 Ω 可表示为

$$\rho^2 \leqslant z \leqslant 4, 0 \leqslant \rho \leqslant 2, 0 \leqslant \theta \leqslant 2\pi$$

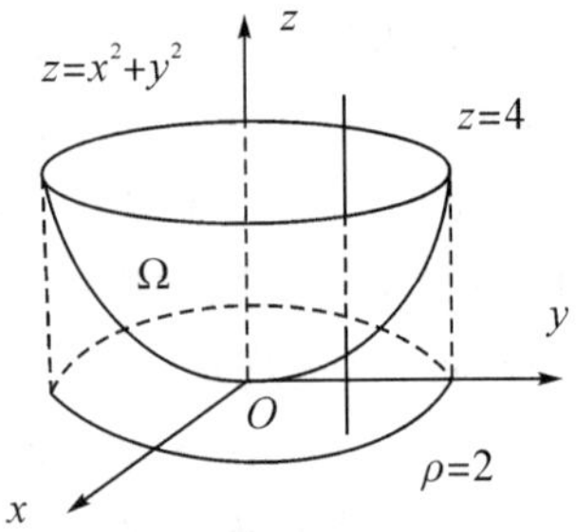

由公式(10-25),可得

$$\iiint\limits_{\Omega} z\mathrm{d}x\mathrm{d}y\mathrm{d}z = \iiint\limits_{\Omega} z\rho\mathrm{d}\rho\mathrm{d}\theta\mathrm{d}z = \int_0^{2\pi}\mathrm{d}\theta\int_0^2\rho\mathrm{d}\rho\int_{\rho^2}^4 z\mathrm{d}z$$

$$= \int_0^{2\pi}\mathrm{d}\theta\int_0^2 \frac{1}{2}\rho z^2 \Big|_{\rho^2}^4 \mathrm{d}\rho$$

$$= \frac{1}{2}\int_0^{2\pi}\mathrm{d}\theta\int_0^2 \rho(16-\rho^4)\mathrm{d}\rho = \frac{1}{2}\cdot 2\pi\left[8\rho^2 - \frac{1}{6}\rho^6\right]_0^2 = \frac{64}{3}\pi$$

图 10-33　图形展示

高等数学 下册

*3. 球面坐标系下计算三重积分

在坐标系 $Oxyz$ 中,空间内一点 $M(x,y,z)$ 的坐标也可用这样三个有次序的数 r,φ,θ 来确定,其中 r 为原点 O 与点 M 间的距离,φ 为向径 $\overrightarrow{OM}$ 与 z 轴正向的夹角,θ 为从正 z 轴来看自 x 轴按逆时针方向转到有向线段 $\overrightarrow{OP}$(P 为点 M 在 xOy 面上的投影)的角.这样的三个数 r,φ,θ 叫作点 M 的**球面坐标**,如图 10-34 所示,r,φ,θ 的变化范围为

$$0\leqslant r<+\infty,0\leqslant\varphi\leqslant\pi,0\leqslant\theta\leqslant2\pi$$

三组坐标面分别为

$r=r_0$(常数)表示以原点为球心半径为 r_0 的球面

$$x^2+y^2+z^2=r_0^2$$

$\varphi=\varphi_0$(常数),当 $0\leqslant\varphi_0\leqslant\dfrac{\pi}{2}$ 时,表示以原点为顶点,z 轴为对称轴的半顶角为 φ_0 圆锥面 $z=\tan\varphi_0$

$\sqrt{x^2+y^2}$,开口朝上;当 $\dfrac{\pi}{2}<\varphi_0\leqslant\pi$ 时,表示以原点为顶点,z 轴为对称轴的半顶角为 $\pi-\varphi_0$,圆锥面 $z=\tan\varphi_0$

$\sqrt{x^2+y^2}$,开口朝下.

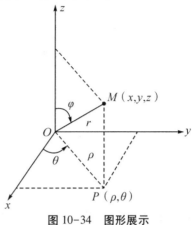

图 10-34　图形展示

$\theta=\theta_0$(常数)表示经过 z 轴,与坐标面 xOz 所成的二面角为 θ_0 的半平面(平面 $x\sin\theta_0-y\cos\theta_0=0$ 被 z 轴分成的一部分).

设点 $M(x,y,z)$ 在 xOy 面上的投影为 $P(x,y)$,P 在 x 轴上的投影为 A,则 $OA=x,AP=y,PM=z$.又令 $OM=r$,直角三角形 $\triangle OPM$ 中,有

$$OP=r\sin\varphi,z=r\cos\varphi$$

因此,点 $M(x,y,z)$ 的直角坐标与球面坐标的关系为

$$\begin{cases}x=OP\cos\theta=r\sin\varphi\cos\theta\\y=OP\sin\theta=r\sin\varphi\sin\theta\\z=r\cos\varphi\end{cases}$$

即

$$x=r\sin\varphi\cos\theta,y=r\sin\varphi\sin\theta,z=r\cos\varphi \tag{10-26}$$

把重积分中的变量从直角坐标变换为球面坐标.用三组坐标面 $r=r_0$(常数),$\varphi=\varphi_0$(常数),$\theta=\theta_0$(常数)把积分闭区域 Ω 分成许多小闭区域,除了含 Ω 的边界点的一些不规则区域外,这种小闭区域都是六面体,也就是夹在两个半平面 θ 与 $\theta+d\theta$ 之间的球壳(球面 r 与 $r+dr$ 之间的区域)被两个以 z 轴为轴的圆锥面 φ 与 $\varphi+d\varphi$ 截得的六面体,如图 10-35 所示.不计高阶无穷小,可把这个六面体近似看作长方体,其经线方向的长(半径为 r,圆心角为 $d\varphi$ 的圆弧长)为 $rd\varphi$,纬线方向的宽(半径为 $r\sin\varphi$,圆心角为 $d\theta$ 的圆弧长)为 $r\sin\varphi d\theta$,向径方向的高(球壳的厚度)为 dr.于是得到六面体的体积

$$dv=r^2\sin\varphi dr d\varphi d\theta$$

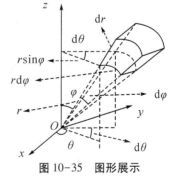

图 10-35　图形展示

这就是球面坐标系中的体积元素.利用公式(10-19)与(10-26),可得

$$\iiint_{\Omega} f(x,y,z)\,\mathrm{d}v=\iiint_{\Omega} g(r,\varphi,\theta)r^2\sin\varphi\,\mathrm{d}r\mathrm{d}\varphi\mathrm{d}\theta \tag{10-27}$$

其中 $g(r,\varphi,\theta)=f(r\sin\varphi\cos\theta, r\sin\varphi\sin\theta, r\cos\varphi)$.这就是球面坐标系中的三重积分计算公式.

如果区域 Ω 的边界是一个包围原点在内的闭曲面,其球面坐标为

$$0\leqslant\theta\leqslant 2\pi, 0\leqslant\varphi\leqslant\pi, 0\leqslant r\leqslant r(\varphi,\theta)$$

那么有

$$I=\iiint_{\Omega} g(r,\varphi,\theta)r^2\sin\varphi\,\mathrm{d}r\mathrm{d}\varphi\mathrm{d}\theta=\int_0^{2\pi}\mathrm{d}\theta\int_0^{\pi}\mathrm{d}\varphi\int_0^{r(\varphi,\theta)} g(r,\varphi,\theta)r^2\sin\varphi\,\mathrm{d}r$$

当积分区域 Ω 为球面 $r=R$ 所围成的球体时,则有

$$I=\int_0^{2\pi}\mathrm{d}\theta\int_0^{\pi}\mathrm{d}\varphi\int_0^{R} g(r,\varphi,\theta)r^2\sin\varphi\,\mathrm{d}r$$

特别地,当 $g(r,\varphi,\theta)=1$ 时,可得到球的体积

$$V=\int_0^{2\pi}\mathrm{d}\theta\int_0^{\pi}\sin\varphi\,\mathrm{d}\varphi\int_0^{R} r^2\,\mathrm{d}r=2\pi\cdot 2\cdot\frac{R^3}{3}=\frac{4\pi R^3}{3}$$

例 5 如图 10-36 所示,求球面 $x^2+y^2+(z-R)^2=R^2$ 与半顶角为$\dfrac{\pi}{4}$的内接锥面所围成的立体的体积.

解 球面的方程为 $x^2+y^2+z^2=2Rz$,通过坐标原点,球心在 z 轴上.将球面坐标 $x=r\sin\varphi\cos\theta, y=r\sin\varphi\sin\theta, z=r\cos\varphi$,代入球面方程,可得 $r^2=2rR\cos\varphi$,即 $r=2R\cos\varphi$.而圆锥面方程为 $\varphi=\dfrac{\pi}{4}$.因而该立体所占区域 Ω 可表示为

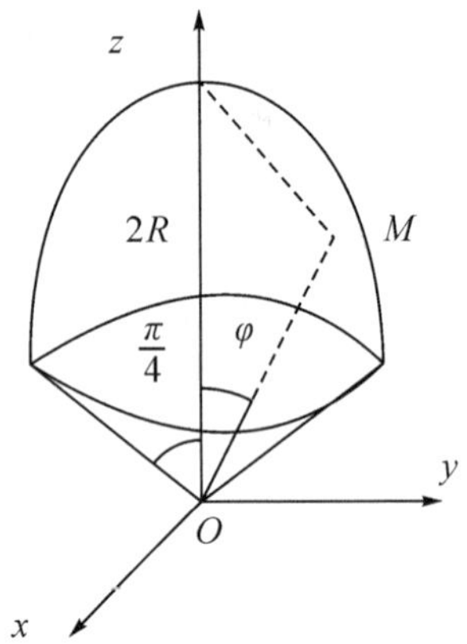

图 10-36 图形展示

$$0\leqslant r\leqslant 2R\cos\varphi, 0\leqslant\varphi\leqslant\frac{\pi}{4}; 0\leqslant\theta\leqslant 2\pi$$

利用公式(10-27),可得所求立体的体积为

$$\begin{aligned}V&=\iiint_{\Omega}\mathrm{d}x\mathrm{d}y\mathrm{d}z=\iiint_{\Omega} r^2\sin\varphi\,\mathrm{d}r\mathrm{d}\varphi\mathrm{d}\theta\\&=\int_0^{2\pi}\mathrm{d}\theta\int_0^{\frac{\pi}{4}}\mathrm{d}\varphi\int_0^{2R\cos\varphi} r^2\sin\varphi\,\mathrm{d}r=2\pi\int_0^{\frac{\pi}{4}}\sin\varphi\,\mathrm{d}\varphi\int_0^{2R\cos\varphi} r^2\,\mathrm{d}r\\&=\frac{16\pi R^3}{3}\int_0^{\frac{\pi}{4}}\cos^3\varphi\sin\varphi\,\mathrm{d}\varphi=-\frac{16\pi R^3}{3}\int_0^{\frac{\pi}{4}}\cos^3\varphi\,\mathrm{d}\cos\varphi=-\frac{4\pi R^3}{3}\left(\cos^4\frac{\pi}{4}-1\right)=\pi R^3\end{aligned}$$

三、三重积分的应用

计算空间立体的质心.物体占有空间闭区域 Ω、在点 (x,y,z) 处的密度为 $\rho(x,y,z)$,且 $\rho(x,y,z)$ 在 Ω 上连续,闭区域 Ω 构成的物体的质心坐标是

$$\bar{x}=\frac{1}{M}\iiint_{\Omega} x\rho(x,y,z)\,\mathrm{d}v,\quad \bar{y}\,\frac{1}{M}\iiint_{\Omega} y\rho(x,y,z)\,\mathrm{d}v,\quad \bar{z}=\frac{1}{M}\iiint_{\Omega} z\rho(x,y,z)\,\mathrm{d}v \tag{10-28}$$

其中物体的质量 $M = \iiint\limits_{\Omega} \rho(x,y,z)\mathrm{d}v$.

例 6 求均匀半球体的质心.

解 取半球体的对称轴为 z 轴,原点取在球心上,设球半径为 R,半球体所占空间闭区可表示为

$$\Omega : x^2 + y^2 + z^2 \leqslant R^2, z \geqslant 0$$

球面坐标系为

$$\Omega : 0 \leqslant r \leqslant R, 0 \leqslant \varphi \leqslant \frac{\pi}{2}, 0 \leqslant \theta \leqslant 2\pi$$

显然,质心在 z 轴上,故 $\bar{x} = \bar{y} = 0$. 又有

$$V = \iiint\limits_{\Omega} \mathrm{d}v = \int_0^{\frac{\pi}{2}} \mathrm{d}\varphi \int_0^{2\pi} \mathrm{d}\theta \int_0^R r^2 \sin\varphi \mathrm{d}r = \int_0^{\frac{\pi}{2}} \sin\varphi \mathrm{d}\varphi \int_0^{2\pi} \mathrm{d}\theta \int_0^R r^2 \mathrm{d}r = \frac{2\pi R^3}{3}$$

$$\iiint\limits_{\Omega} z \mathrm{d}v = \int_0^{\frac{\pi}{2}} \mathrm{d}\varphi \int_0^{2\pi} \mathrm{d}\theta \int_0^R r^2 \cos\varphi \cdot r^2 \sin\varphi \mathrm{d}r = \frac{1}{2} \int_0^{\frac{\pi}{2}} \sin 2\varphi \mathrm{d}\varphi \int_0^{2\pi} \mathrm{d}\theta \int_0^R r^3 \mathrm{d}r$$

$$= \frac{1}{2} \cdot 2\pi \cdot \frac{R^4}{4} = \frac{\pi R^4}{4}$$

于是可得

$$\bar{z} = \frac{\iiint\limits_{\Omega} z\rho \mathrm{d}v}{\iiint\limits_{\Omega} \rho \mathrm{d}v} = \frac{\iiint\limits_{\Omega} z \mathrm{d}v}{\iiint\limits_{\Omega} \mathrm{d}v} = \frac{3R}{8}$$

故质心为 $\left(0, 0, \dfrac{3R}{8}\right)$.

空间立体的转动惯量. 物体占有空间有界闭区域 Ω、在点 (x, y, z) 处的密度为 $\rho(x, y, z)$ 的物体对于 x, y, z 轴的转动惯量为

$$I_x = \iiint\limits_{\Omega} (y^2 + z^2)\rho(x, y, z)\mathrm{d}v$$

$$I_y = \iiint\limits_{\Omega} (z^2 + x^2)\rho(x, y, z)\mathrm{d}v \qquad (10\text{-}29)$$

$$I_z = \iiint\limits_{\Omega} (x^2 + y^2)\rho(x, y, z)\mathrm{d}v$$

例 7 求密度为 μ 的均匀球体对于过球心的一条轴 L 的转动惯量.

解 取球心为坐标原点,轴 L 为 z 轴. 又设球的半径为 R,球体所占空间闭区域

$$\Omega : 0 \leqslant r \leqslant R, 0 \leqslant \varphi \leqslant \pi, 0 \leqslant \theta \leqslant 2\pi$$

利用球面坐标

$$x = r\sin\varphi\cos\theta, y = r\sin\varphi\sin\theta, z = r\cos\varphi$$

球体对于 z 轴的转动惯量 I_z 为

$$I_z = \iiint\limits_{\Omega} \mu(x^2 + y^2)\mathrm{d}v$$

$$= \mu \iiint\limits_{\Omega} (r^2\sin^2\varphi\cos^2\theta + r^2\sin^2\varphi\sin^2\theta)r^2\sin\varphi\mathrm{d}r\mathrm{d}\varphi\mathrm{d}\theta$$

$$= \mu \iiint\limits_{\Omega} r^4 \sin^3\varphi \, dr d\varphi d\theta = \mu \int_0^{2\pi} d\theta \int_0^{\pi} \sin^3\varphi \, d\varphi \int_0^R r^4 \, dr$$

$$= -\frac{2\pi}{5} R^5 \mu \int_0^{\pi} (1 - \cos^2\varphi) \, d(\cos\varphi) = \frac{8}{15} \pi R^5 \mu = \frac{2}{5} R^2 M$$

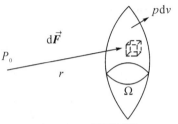

其中 $M = \dfrac{4}{3}\pi a^3 \mu$ 为球体的质量.

下面,我们讨论空间一物体对于物体外一点 $P_0(x_0, y_0, z_0)$ 处的单位质量的质点的引力问题.设物体占有空间有界闭区域 Ω,它在点 (x,y,z) 处的密度为 $\rho(x,y,z)$,并假定 $\rho(x,y,z)$ 在 Ω 上连续.在物体内任取一点 (x,y,z) 及包含该点的一直径很小的闭区域 dv(其体积也记为 dv),把这一小块物体的质量 ρdv 近似地看作集中在点 (x,y,z) 处,如图 10-37 所示.根据两质点间的引力公式,

图 10-37 图形展示

可得这一小块物体对位于 $P_0(x_0, y_0, z_0)$ 处的单位质量的质点的引力近似地为

$$d\vec{F} = (dF_x, dF_y, dFz)$$

$$= \left(G\frac{\rho(x,y,z)(x-x_0)}{r^3} dv, G\frac{\rho(x,y,z)(y-y_0)}{r^3} dv, G\frac{\rho(x,y,z)(z-z_0)}{r^3} dv \right)$$

其中 dF_x, dF_y, dF_z 为引力元素 $d\vec{F}$ 在三个坐标轴上的分量,$r = \sqrt{(x-x_0)^2 + (y-y_0)^2 + (z-z_0)^2}$,$G$ 为引力常数.将 dF_x, dF_y, dF_z 在 Ω 上分别积分,即可得 F_x, F_y, F_z,从而得

$$\vec{F} = (F_x, F_y, F_z)$$

$$= \left[\iiint\limits_{\Omega} \frac{G\rho(x,y,z)(x-x_0)}{r^3} dv, \iiint\limits_{\Omega} \frac{G\rho(x,y,z)(y-y_0)}{r^3} dv, \iiint\limits_{\Omega} \frac{G\rho(x,y,z)(z-z_0)}{r^3} dv \right]$$

$$(10\text{-}30)$$

下面,考虑平面薄片对薄片外一点 $P_0(x_0, y_0, z_0)$ 处的单位质量的质点的引力问题.设平面薄片占有在 xOy 面上的有界闭区域 D,其密度为 $\rho(x,y)$,那么只要将上式的密度 $\rho(x,y,z)$ 换成面 $\rho(x,y)$,将 Ω 上的三重积分换成 D 上的二重积分,便可得相应的计算公式.

例 8 已知圆柱筒 $4 \leq x^2 + y^2 \leq 9$ 与二平面 $z=0$ 及 $z=4$ 围成的闭区域,密度均匀为 μ,求它对于原点处单位质量的质点的引力.

解 如图 10-38 所示,用柱面坐标表示积分区域

$$\Omega : 0 \leq z \leq 4, 2 \leq \rho \leq 3, 0 \leq \theta \leq 2\pi$$

又

$$x = \rho\cos\theta, \quad y = \rho\sin\theta$$

根据引力公式(10-30),可得

$$F_x = \iiint\limits_{\Omega} \frac{G\mu x}{(x^2 + y^2 + z^2)^{3/2}} dv$$

$$= G\mu \int_0^{2\pi} \cos\theta \, d\theta \int_0^4 dz \int_2^3 \frac{\rho^2}{(\rho^2 + z^2)^{\frac{3}{2}}} d\rho$$

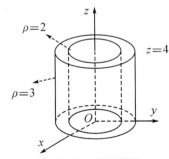

图 10-38 图形展示

$$= G\mu \int_0^4 \mathrm{d}z \int_2^3 \frac{\rho^2}{(\rho^2 + z^2)^{\frac{3}{2}}} \mathrm{d}\rho \cdot \sin\theta \Big|_0^{2\pi} = 0$$

同样可得

$$F_y = \iiint\limits_{\Omega} \frac{G\mu y}{(x^2 + y^2 + z^2)^{3/2}} \mathrm{d}v = 0$$

$$F_z = \iiint\limits_{\Omega} \frac{G\mu z}{(x^2 + y^2 + z^2)^{3/2}} \mathrm{d}v = G\mu \int_0^{2\pi} \mathrm{d}\theta \int_2^3 \mathrm{d}\rho \int_0^4 \frac{\rho z}{(\rho^2 + z^2)^{\frac{3}{2}}} \mathrm{d}z$$

$$= -2\pi G\mu \int_2^3 \left[\frac{\rho}{(\rho^2 + z^2)^{\frac{1}{2}}} \right]_0^4 \mathrm{d}\rho = -2\pi G\mu \int_2^3 \left(\frac{\rho}{(\rho^2 + 16)^{\frac{1}{2}}} - 1 \right) \mathrm{d}\rho$$

$$= -2\pi G\mu \left[(\rho^2 + 16)^{\frac{1}{2}} - \rho \right]_2^3 = 4(\sqrt{5} - 2)\pi G\mu$$

从而引力

$$\vec{F} = (0, 0, 4(\sqrt{5} - 2)\pi G\mu)$$

习题 10-5

1.将三重积分 $I = \iiint\limits_{\Omega} f(x, y, z) \mathrm{d}x\mathrm{d}y\mathrm{d}z$ 化为三次积分,其中:

(1)Ω 为三个坐标面及平面 $6x+y+z=2$ 所围成的闭区域;

(2)Ω 为由抛物面 $z=4-x^2-y^2$ 与平面 $z=0$ 所围成的闭区域;

(3)Ω 为由抛物面 $z=x^2+y^2$ 及柱面 $z=4-x^2$ 所围成的闭区域;

(4)Ω 为双曲抛物面 $z=xy$(用平行于 xOy 面的平面 $z=k$ 去截,截痕为等轴双曲线 $xy=k$)及平面 $2x+y-4=0$,$z=0$ 所围成的闭区域.

2.将三重积分 $I = \iiint\limits_{\Omega} f(z) \mathrm{d}x\mathrm{d}y\mathrm{d}z$ 化为先进行二重积分再进行定积分的形式,其中:

(1)Ω 为三个坐标面及平面 $\dfrac{x}{a}+\dfrac{y}{b}+\dfrac{z}{c}=1$ 所围成的闭区域;

(2)Ω 是由椭球面 $\dfrac{x^2}{a^2}+\dfrac{y^2}{b^2}+\dfrac{z^2}{c^2}=1$ 所围成的闭区域.

3.计算下列三重积分.

(1)$\iiint\limits_{\Omega}(x+xy)\mathrm{d}v$,其中 Ω 为柱面 $x^2+y^2=1$ 及平面 $z=0,z=2,x=0,y=0$ 所围成的在第一卦限内的闭区域;

(2)$\iiint\limits_{\Omega} \dfrac{\mathrm{d}v}{(1+2x+y+z)^2}$,其中 Ω 为平面 $2x+y+z=1,x=0,y=0,z=0$ 所围成的闭区域;

(3)$\iiint\limits_{\Omega} y\sqrt{x}\mathrm{d}v$,其中 Ω 为抛物柱面 $z=4-x^2$ 及平面 $z=0,y=0,y=2,x=0$ 所围成的在第一卦限内的闭区域;

(4)$\iiint\limits_{\Omega} xz\mathrm{d}v$,其中 Ω 为平面 $z=0,z=y,y=1$ 及抛物柱面 $y=x^2$ 所围成的闭区域.

4.利用柱面坐标计算下列三重积分.

（1）$\iiint\limits_{\Omega} z \mathrm{d}v$，其中 Ω 是由球面 $z=\sqrt{1-x^2-y^2}$、柱面 $x^2+y^2=x$ 及平面 $z=0$ 所围成的闭区域；

（2）$\iiint\limits_{\Omega} z\cos(x^2+y^2)\mathrm{d}v$，其中 Ω 是由锥面 $z=\sqrt{x^2+y^2}$ 及平面 $z=2$ 所围成的闭区域；

（3）$\iiint\limits_{\Omega} x^2\mathrm{d}v$，其中 Ω 为抛物面 $z=x^2+2y^2$ 及平面 $2x+4y-z+1=0$ 所围成的闭区域.

*5.利用球面坐标计算下列三重积分.

（1）$\iiint\limits_{\Omega} x^2+y^2+z^2\mathrm{d}v$，其中 Ω 是由球面 $x^2+y^2+z^2=1$ 所围成的闭区域；

（2）$\iiint\limits_{\Omega} a\mathrm{d}v$，其中闭区域 Ω 由不等式 $x^2+y^2+(z-a)^2\leqslant a^2$，$x^2+y^2\leqslant z^2$ 所确定；

（3）$\iiint\limits_{\Omega} (x^2+y^2)\mathrm{d}v$，其中闭区域 Ω 由不等式 $a^2\leqslant x^2+y^2+z^2\leqslant b^2$，$z\geqslant0$ 所确定.

6.设有一物体，占有空间闭区域 $\Omega=\{(x,y,z)\,|\,0\leqslant x\leqslant a,0\leqslant y\leqslant b,0\leqslant z\leqslant c\}$，在点$(x,y,z)$处的密度为 $\mu(x,y,z)=3xy^2+2z$，计算其质量.

7.求球体 $x^2+y^2+z^2\leqslant1$ 被圆锥面 $z=\sqrt{x^2+y^2}$ 所截得（含在圆锥面内的部分）的立体体积.

8.求旋转抛物面 $z=a^2-x^2-y^2$ 与圆锥面 $x^2+y^2=z^2(z>0)$ 所围成的立体体积.

9.求圆锥面 $z=4-\sqrt{x^2+y^2}$ 与圆柱面 $x^2+y^2=2x(z>0)$ 所围成的立体体积.

10.求圆锥面 $z=\sqrt{x^2+y^2}$ 与平面 $z=1$ 所围成的立体的质心（密度为 1）.

11.求均匀圆柱体 $x^2+y^2\leqslant a^2$ 与平面 $z=0,z=1$ 对 z 轴的转动惯量（密度为 1）.

12.设有一均匀柱体密度为 μ，占有空间闭区域

$$\Omega=\{(x,y,z)\,|\,x^2+y^2\leqslant R^2,0\leqslant z\leqslant h\}$$

求它对于位置点$(0,0,R+h)$处的单位质量的质点的引力.

学习要点

一、二重积分

（一）定义及性质

1.定义

设 $f(x,y)$ 是有界闭区域 D 上的有界函数.将闭区域 D 任意分成 n 个小闭区域 $\Delta\sigma_1$，$\Delta\sigma_2,\cdots,\Delta\sigma_n$，其中 $\Delta\sigma_i$ 表示第 i 个小区域，也表示它的面积.在每个 $\Delta\sigma_i$ 上任取一点(ζ_i,η_i)，做乘积 $f(\zeta_i,\eta_i)\Delta\sigma_i(i=1,2,\cdots,n)$，再做和 $\sum\limits_{i=1}^{n}f(\zeta_i,\eta_i)\Delta\sigma_i$.如果当各小闭区域 $\Delta\sigma_i$ 的直径中的最大值 λ 趋于零时，这个和的极限总存在，且与闭区域 D 的分法及点(ζ_i,η_i)的

取法无关,那么称此极限为函数 $f(x,y)$ 在闭区域 D 上的**二重积分**,记作 $\iint\limits_D f(x,y)\mathrm{d}\sigma$,即

$$\iint\limits_D f(x,y)\mathrm{d}\sigma = \lim_{\lambda \to 0}\sum_{i=1}^n f(\zeta_i,\eta_i)\Delta\sigma_i$$

2.性质

二重积分的性质与定积分类似,常见的性质有:线性性质、区域可加性、保序性等.

（二）计算方法

1.直角坐标系下计算二重积分

X 型区域:假设平面闭区域 D 可以用曲边四边形表示.如果规则的左右边缘是平行于 y 轴的直线 $x=a$ 上的线段（或一点）与 $x=b$ 上的线段（或一点）,不规则下上边缘分别是连续曲线 $g_1(x)$ 和 $g_2(x)$,并且任何平行于 y 轴而穿过 D 内部的直线与边界曲线相交至多有两个交点.用不等式表示为

$$D = \{(x,y) \mid g_1(x) \leqslant y \leqslant g_2(x), a \leqslant x \leqslant b\}$$

其中 $g_1(x)$ 和 $g_2(x)$ 分别是在区间 $[a,b]$ 上的连续函数.

计算公式:区域 D 上的二重积分化为二次积分的公式:

$$\iint\limits_D f(x,y)\mathrm{d}\sigma = \int_a^b \mathrm{d}x \int_{y=g_1(x)}^{y=g_2(x)} f(x,y)\mathrm{d}y$$

其中这个公式右端叫作先对 y 后对 x 的二次积分.这就是说,先把 x 看作常数,把二元函数 $f(x,y)$ 只看作 y 为自变量的函数,对 y 计算从 $g_1(x)$ 到 $g_2(x)$ 的定积分;再把算得的结果（是 x 的函数）对 x 计算在区间 $[a,b]$ 上的定积分.

Y 型区域:如果曲边四边形构成闭区域 D,有规则的下上边缘,即平行于 y 轴的直线 $y=c$ 上的线段（或一点）与 $y=d$ 上的线段（或一点）和不规则左右边缘是分别是连续曲线 $h_1(y)$ 和 $h_2(y)$,并且任何平行于 x 轴而穿过 D 内部直线与边界曲线相交至多有两个交点.用不等式表示为

$$D = \{(x,y) \mid h_1(y) \leqslant x \leqslant h_2(y), c \leqslant y \leqslant d\}$$

其中 $h_1(y)$ 和 $h_2(y)$ 分别是在区间 $[c,d]$ 上的连续函数.

计算公式:区域 D 上的二重积分化为二次积分的公式为

$$\iint\limits_D f(x,y)\mathrm{d}\sigma = \int_c^d \mathrm{d}y \int_{x=h_1(y)}^{x=h_2(y)} f(x,y)\mathrm{d}x$$

其中这个公式右端叫作先对 x 后 y 对的二次积分.这就是说,先把 y 看作常数,把二元函数 $f(x,y)$ 只看作 x 的函数,对 x 计算从 $h_1(y)$ 到 $h_2(y)$ 的定积分;再把算得的结果（是 y 的函数）对 y 计算在区间 $[c,d]$ 上的定积分.

注意:区域 D 的下（左）边缘对应积分下限,上（右）边缘对应积分上限.也就是说,函数值小的对应积分下限,函数值大的对应积分上限.

混合型区域:在积分区域 D 中,如果同时存在平行于 x 轴和 y 轴穿过 D 内部的直线,与边界曲线交点多于两个,那么这样的闭区域 D 称为**混合型区域**.计算二重积分就不能直接利用公式,需要用平行于坐标轴的直线,将混合型区域转化为几个 X 型区域或 Y 型区域的并集,分别利用公式,计算各个部分的积分,再根据二重积分的区域可加性,它们的和就是区域 D 上的二重积分.

注意:在构成积分区域 D 的曲边四边形中,如果上下、左右曲边中有一条曲边是由两条或两条以上不相同的曲线段组成的,需要从不相同曲线段的交点处进行分割区域,使得区域 D 变成几个 X 型区域或 Y 区域的并集.

2. 极坐标系下计算二重积分

直角坐标与极坐标的关系: 以极点为坐标原点,以极轴为 x 轴建立平面坐标系,则平面上任意一点 P 的平面坐标 (x,y) 与极坐标 (ρ,θ) 之间存在如下的关系:

$$\begin{cases} x = \rho\cos\theta \\ y = \rho\sin\theta \end{cases}$$

极坐标下的面积元素:

$$d\sigma = \rho d\rho d\theta$$

θ **型区域:** 假定经过极点 O 且穿过积分区域 D 内部的任意一条射线,与 D 的边界曲线的交点不多于两个.区域 D 就可以用不等式表示为

$$g_1(\theta) \leqslant \rho \leqslant g_2(\theta), \alpha \leqslant \theta \leqslant \beta$$

其中 $\theta=\alpha$ 与 $\theta=\beta$ 是区域 D 的两条切线,函数 $g_1(\theta)$ 与 $g_2(\theta)$ 在区间 $[\alpha,\beta]$ 上连续.在区间 $[\alpha,\beta]$ 上任意取定一个 θ 值 θ_0.对应于这个值 θ_0,D 上的点的极径 ρ 从 $g_1(\theta_0)$ 变到 $g_2(\theta_0)$.又因 θ_0 是在 $[\alpha,\beta]$ 上任意取定的,因而 θ 的变化范围是区间 $[\alpha,\beta]$.

计算公式: 视区域 D 为曲边四边形,两条切线 $\theta=\alpha$ 与 $\theta=\beta$ 把 D 的边界曲线分成两部分:内边缘曲线 $g_1(\theta_0)$ 与外边缘曲线 $g_2(\theta_0)$;内边缘曲线上的点到极点的距离较近,极径较小,作为积分下限;外边缘曲线上的点到极点距离的较远,极径较大,作为积分上限.因此,二重积分化为二次积分的公式为

$$\iint\limits_D f(\rho\cos\theta,\rho\sin\theta)\rho d\rho d\theta = \int_\alpha^\beta d\theta \int_{g_1(\theta)}^{g_2(\theta)} f(\rho\cos\theta,\rho\sin\theta)\rho d\rho$$

如果积分区域 D 的边界曲线通过极点 O,内边缘曲线就退化一点,那么 $g_1(\theta)=0$.此时区域 D 表示为

$$0 \leqslant \rho \leqslant g(\theta), \alpha \leqslant \theta \leqslant \beta$$

从而可得

$$\iint\limits_D f(\rho\cos\theta,\rho\sin\theta)\rho d\rho d\theta = \int_\alpha^\beta d\theta \int_0^{g(\theta)} f(\rho\cos\theta,\rho\sin\theta)\rho d\rho$$

特别地,极点 O 在区域 D 的内部,无内边缘曲线,只有外边缘曲线,有 $\alpha=0$,$\beta=2\pi$,则区域 D 表示为 $0 \leqslant \rho \leqslant g(\theta)$,$0 \leqslant \theta \leqslant 2\pi$,因而

$$\iint\limits_D f(\rho\cos\theta,\rho\sin\theta)\rho d\rho d\theta = \int_0^{2\pi} d\theta \int_0^{g(\theta)} f(\rho\cos\theta,\rho\sin\theta)\rho d\rho$$

(三)在几何上的应用

斜面的面积 dA 与投影的面积 $d\sigma$ 的关系:

$$dA = \frac{d\sigma}{\cos\gamma}$$

由 $z=f(x,y)$ 可得曲面的隐式方程为 $F(x,y,z)=z-f(x,y)$.曲面 S 上点 M 处的法向量为 $\vec{n}=[F_x,F_y,F_z]=(-f_x(x,y),-f_y(x,y),1)$,法向量 $\vec{n}$(指向朝上)与 z 轴所成的角 γ 的方向余弦:

$$\cos\gamma = \frac{1}{\sqrt{1+f_x^2(x,y)+f_y^2(x,y)}}$$

于是有

$$dA = \sqrt{1+f_x^2(x,y)+f_y^2(x,y)}\,d\sigma$$

这就是**曲面 S 的面积元素**,以它为被积表达式在闭区域 D 上积分,便得曲面 S 的面积为

$$A = \iint\limits_D dA = \iint\limits_D \frac{d\theta}{\cos\gamma} = \iint\limits_D \sqrt{1+f_x^2(x,y)+f_y^2(x,y)}\,d\sigma$$

或

$$A = \iint\limits_D \sqrt{1+\left(\frac{\partial z}{\partial x}\right)^2+\left(\frac{\partial z}{\partial y}\right)^2}\,dxdy$$

二、三重积分

(一)定义

设 $f(x,y,z)$ 是空间有界闭区域 Ω 上的有界函数.将 Ω 任意分成 n 个小闭区域

$$\Delta v_1, \Delta v_2, \cdots, \Delta v_n$$

其中 Δv_i 表示第 i 个小闭区域,也表示它的体积.在每个小闭区域 Δv_i 上任取一点 $(\zeta_i, \eta_i, \zeta_i)$,做乘积 $f(\zeta_i, \eta_i, \zeta_i)\Delta v_i (i=1,2,\cdots,n)$,并做和 $\sum_{i=1}^{n} f(\zeta_i, \eta_i, \zeta_i)\Delta v_i$.如果当各小闭区域的直径中的最大值 λ 趋于零时,这和的极限总存在[这个极限与闭区域 Ω 的分法及点 $(\zeta_i, \eta_i, \zeta_i)$ 的取法无关],那么称此极限为函数 $f(x,y,z)$ 在闭区域 Ω 上的**三重积分**.记作 $\iiint\limits_{\Omega} f(x,y,z)\,dv$, 即

$$\iiint\limits_{\Omega} f(x,y,z)\,dv = \lim_{\lambda\to 0}\sum_{i=1}^{n} f(\zeta_i, \eta_i, \zeta_i)\Delta v_i$$

(二)计算方法

1.直角坐标系下计算三重积分

假定穿过闭区域 Ω 内部且平行于 z 轴的直线与 Ω 的边界曲面 S 的交点不多于两个.把 Ω 投影到 xOy 平面上,得到一个平面闭区域 D,以 D 的边界曲线为准线,做母线平行于 z 轴的柱面.这个柱面与曲面 S 的交线从 S 中分出的上、下两底面.设下底面为 $S_1: z=z_1(x,y)$;上底面为 $S_2: z=z_2(x,y)$,其中 $z_1(x,y)$ 与 $z_2(x,y)$ 都是 D 上的连续函数,且 $z_1(x,y) \leqslant z_2(x,y)$.因而区域 Ω 可表为

$$\Omega = \{(x,y,z) \mid z_1(x,y) \leqslant z \leqslant z_2(x,y), (x,y)\in D\}$$

假如 Ω 在 xOy 平面上的投影 D 为 X 型区域:$D=\{(x,y) \mid y_1(x) \leqslant y \leqslant y_2(x), a \leqslant x \leqslant b\}$,三重积分化为三次积分的公式为

$$\iiint\limits_{\Omega} f(x,y,z)\,dv = \int_a^b dx \int_{y_1(x)}^{y_2(x)} dy \int_{z_1(x,y)}^{z_2(x,y)} f(x,y,z)\,dz$$

这个公式把三重积分化转为先对 z 次对 y,最后 x 对三次积分.

对于平面区域 $D=\{(x,y) \mid y_1(x) \leqslant y \leqslant y_2(x), a \leqslant x \leqslant b\}$ 内任意一点 (x,y),将 $f(x,y,z)$ 只看作 z 的函数,把 x,y 看作常数,在区间 $[z_1(x,y), z_2(x,y)]$ 上对 z 积分,得到一个二元函数 $g(x,y)$,即

$$g(x,y) = \int_{z_1(x,y)}^{z_2(x,y)} f(x,y,z)\mathrm{d}z$$

然后计算 $g(x,y)$ 在闭区域 D 上的二重积分,这就完成了 $f(x,y,z)$ 在空间闭区域 Ω 上的三重积分.

如果 Ω 在 xOy 平面上的投影为 Y 型区域: $D = \{(x,y) \mid x_1(y) \leqslant x \leqslant x_2(y), c \leqslant y \leqslant d\}$,那么三重积分化为三次积分的公式为

$$\iiint\limits_{\Omega} f(x,y,z)\mathrm{d}v = \int_c^d \mathrm{d}y \int_{x_1(y)}^{x_2(y)} \mathrm{d}y \int_{z_1(x,y)}^{z_2(x,y)} f(x,y,z)\mathrm{d}z$$

2. 柱面坐标系下计算三重积分

柱面坐标:设 $M(x,y,z)$ 为空间内一点,点 M 在 xOy 面上的投影 $P(x,y)$ 的极坐标为 $P(\rho,\theta)$,则这样的三个数 ρ、θ、z 就叫作点 M 的**柱面坐标**.

三组坐标面分别是:

$\rho = \rho_0$(常数),表示 z 轴为轴的圆柱面 $x^2 + y^2 = \rho_0^2$;

$\theta = \theta_0$(常数),表示经过 z 轴,与坐标面 xOz 所成的二面角为 θ_0 的半平面;

$z = z_0$(常数),表示平行 xOy 平面的平面.

点 M 的直角坐标与柱面坐标的关系:

$$\begin{cases} x = \rho\cos\theta \\ y = \rho\sin\theta \\ z = z \end{cases}$$

柱面坐标系中的体积元素:

$$\mathrm{d}v = \rho\mathrm{d}\rho\mathrm{d}\theta\mathrm{d}z$$

三重积分计算公式:设闭区域 Ω 的柱面坐标表示为

$$\Omega = \{(\rho,\theta,z) \mid z_1(\rho,\theta) \leqslant z \leqslant z_2(\rho,\theta), \rho_1(\theta) \leqslant \rho \leqslant \rho_2(\theta), \alpha \leqslant \theta \leqslant \beta\}$$

三重积分就化为三次积分,即

$$\iiint\limits_{\Omega} f(x,y,z)\mathrm{d}x\mathrm{d}y\mathrm{d}z = \int_\alpha^\beta \mathrm{d}\theta \int_{\rho_1(\theta)}^{\rho_2(\theta)} \rho\mathrm{d}\rho \int_{z_1(\rho,\theta)}^{z_2(\rho,\theta)} f(\rho\cos\theta,\rho\sin\theta,z)\mathrm{d}z$$

复习题十

1.填空题.

(1)设 D 是由曲线 $\dfrac{x^2}{a^2} + \dfrac{y^2}{b^2} = 1$ 所围成的闭区域, $\displaystyle\iint_D \mathrm{d}x\mathrm{d}y$ _____;

(2)设 D 是由圆周 $(x-3)^2 + (y-1)^2 = 1$ 所围成的圆面,比较积分大小 $\displaystyle\iint_D \tan(y-2x)\mathrm{d}\theta$ _____ $\displaystyle\iint_D \tan(y-2x)^3\mathrm{d}\sigma$;

(3)极坐标下的面积元素_____,曲面的面积元素_____,柱面坐标下的体积元素_____;

(4) 设 $D = \{(x,y) \mid x^2 + y^2 \leqslant a^2\}$，函数 $f(x,y)$ 在 D 上连续，则有 $\lim\limits_{a \to 0^+} \dfrac{1}{\pi a^2} \iint\limits_D f(x,y) =$ _____.

2.选择下述题中给出的四个结论中一个正确的结论.

(1) 设 D 是由曲线 $\dfrac{x^2}{a^2} + \dfrac{y^2}{b^2} = 1$ 所围成的闭区域，D_1 是由曲线 $\dfrac{x^2}{a^2} + \dfrac{y^2}{b^2} = 1$ 与坐标轴围成的在第一象限内的区域，则有 _____.

A. $\iint\limits_D x\mathrm{d}x\mathrm{d}y = 4\iint\limits_{D_1} x\mathrm{d}x\mathrm{d}y$；

B. $\iint\limits_D y\mathrm{d}x\mathrm{d}y = 4\iint\limits_{D_1} y\mathrm{d}x\mathrm{d}y$；

C. $\iint\limits_D xy\mathrm{d}x\mathrm{d}y = 4\iint\limits_{D_1} xy\mathrm{d}x\mathrm{d}y$；

D. $\iint\limits_D x^2\mathrm{d}x\mathrm{d}y = 4\iint\limits_{D_1} x^2\mathrm{d}x\mathrm{d}y$.

(2) 设 $D = \{(x,y) \mid x^2 + y^2 \leqslant 2x, x^2 + y^2 \leqslant 2y\}$，函数 $f(x,y)$ 在 D 上连续，则 $\iint\limits_D f(x,y)\mathrm{d}x\mathrm{d}y =$ _____.

A. $2\displaystyle\int_0^1 \mathrm{d}x \int_{1-\sqrt{1-x^2}}^x f(x,y)\mathrm{d}y$；

B. $2\displaystyle\int_0^1 \mathrm{d}x \int_x^{\sqrt{2x-x^2}} f(x,y)\mathrm{d}y$；

C. $\displaystyle\int_0^{\frac{\pi}{4}} \mathrm{d}\theta \int_0^{2\sin\theta} f(\rho\cos\theta, \rho\sin\theta)\rho\mathrm{d}\rho + \int_{\frac{\pi}{4}}^{\frac{\pi}{2}} \mathrm{d}\theta \int_0^{2\cos\theta} f(\rho\cos\theta, \rho\sin\theta)\rho\mathrm{d}\rho$；

D. $\displaystyle\int_0^{\frac{\pi}{4}} \mathrm{d}\theta \int_0^{2\cos\theta} f(\rho\cos\theta, \rho\sin\theta)\rho\mathrm{d}\rho + \int_{\frac{\pi}{4}}^{\frac{\pi}{2}} \mathrm{d}\theta \int_0^{2\sin\theta} f(\rho\cos\theta, \rho\sin\theta)\rho\mathrm{d}\rho$.

3.计算下列二重积分.

(1) $\displaystyle\iint\limits_D (x^2 - y^2)\mathrm{d}\sigma$，其中 $D = \{(x,y) \mid 0 \leqslant y \leqslant \sin x, 0 \leqslant x \leqslant \pi\}$；

(2) $\displaystyle\iint\limits_D (x - y)\mathrm{d}\sigma$，其中 $D = \{(x,y) \mid (x-1)^2 + (y-1)^2 \leqslant 2, y \geqslant x\}$；

(3) $\displaystyle\iint\limits_D (1 + 3x^2y)\mathrm{d}\sigma$，其中 D 是由双曲线 $x^2 - y^2 = 1$ 与直线 $y = 0, y = 1$ 所围成的闭区域；

(4) $\displaystyle\iint\limits_D (\sqrt{x^2 + y^2} + y)\mathrm{d}\sigma$，其中 D 是由圆 $x^2 + y^2 = 4$ 与 $(x+1)^2 + y^2 = 1$ 所围成的闭区域；

(5) $\displaystyle\iint\limits_D x^2\mathrm{d}\sigma$，其中 D 是由曲线 $y = \sqrt{3(1-x^2)}$ 与直线 $y = \sqrt{3}x, x = 0$ 所围成的闭区域.

4.计算下列曲面的面积.

(1) 平面 $\dfrac{x}{a} + \dfrac{y}{b} + \dfrac{z}{c} = 1$ 是被三个坐标平面所截得的有限闭区域；

(2) 双曲柱面 $z^2 - x^2 = 1$ 是被平面 $x = 1, x = 2$ 及 $y = 0, y = 1$ 所截得部分的表面积.

5.计算下列三重积分.

(1) $\displaystyle\iiint\limits_\Omega x^2\mathrm{d}v$，其中 Ω 是由抛物面 $z = 6 - x^2 - y^2$ 与锥面 $z = \sqrt{x^2 + y^2}$ 所围成的闭区域；

(2) $\displaystyle\iiint\limits_\Omega (x + 3y)\mathrm{d}v$，其中 Ω 是由柱面 $y = \sqrt{x}$ 与平面 $y + z = 1, x = 0, z = 0$ 所围成的闭区域；

*(3) $\displaystyle\iiint\limits_\Omega z\sqrt{x^2 + y^2 + z^2}\mathrm{d}v$，其中 Ω 是由球面 $x^2 + y^2 + z^2 = 1$ 与锥面 $z = \sqrt{3(x^2 + y^2)}$ 所围

成的闭区域.

6.求抛物面 $z=x^2+y^2$ 及平面 $ax+by-z+c=0(c>0)$ 所围成的立体的体积.

7.经过抛物面 $z=x^2+y^2$ 上的点 (x_0,y_0,z_0) 做切平面,求圆柱面 $(x-1)^2+y^2=1$ 被这切平面与抛物面所截得的立体的体积,并求体积的最小值及切平面.

8.设有一半径为 r,高为 h 的圆柱形容器,盛有高为 $\dfrac{1}{2}h$ 的水,放在离心机上高速旋转.因受离心力的作用,水面呈抛物面状.问当水刚要溢出时,水面的最低点在何处.

9.设 $f(x,y)$ 在闭区域 $D=\{(x,y)\mid x^2+y^2\leqslant y,x\geqslant 0\}$ 上连续,且

$$f(x,y)=\sqrt{1-x^2-y^2}-\frac{8}{\pi}\iint\limits_{D}f(x,y)\,\mathrm{d}\sigma$$

求 $f(x,y)$.

10.设 $f(x)$ 在闭区间 $[0,1]$ 上具有连续导数, $f(0)=1$,且

$$\iint\limits_{D}f'(x+y)\,\mathrm{d}x\mathrm{d}y=\iint\limits_{D}f(t)\,\mathrm{d}x\mathrm{d}y$$

其中 $D=\{(x,y)\mid 0\leqslant y\leqslant t-x,0\leqslant x\leqslant t\}\,(0<t\leqslant 1)$,求 $f(x)$.

第十一章

曲线积分与曲面积分

前面我们学习了定积分、二重积分和三重积分.可以认为,二重积分(或三重积分)是把积分范围为从数轴上一个区间推广到平面(或空间)内的一片曲面的情形.本章再次推广定积分与二重积分的概念:把定积分的积分范围从坐标轴上的区间推广到平面或空间上的一段无向(或有向)曲线弧的情形,推广后的积分称为第一类(或第二类)曲线积分;而把二重积分的积分范围从坐标面的区域推广到平面或空间内的一片无向(或有向)曲面的情形,推广后的积分称为第一类(或第二类)曲面积分.并给出这些积分的定义、计算方法及不同类型的积分之间的联系.

第一节　对弧长的曲线积分

一、对弧长的曲线积分的概念与性质

1. 曲线形构件的质量

在设计曲形线构件时,为了合理地使用材料,根据构件各部分受力情况,把构件上各点处的粗细程度设计得不完全一样,因而构件的线密度(单位长度的质量)是变量.假设这个构件所占的位置是 xOy 面内的一段曲线弧 L,端点是 A 和 B.在 L 上任一点 (x,y) 处的线密度为 $\mu(x,y)$.我们来求曲线形构件的质量 m.

如果构件的线密度为常数,那么这个构件的质量就等于它的线密度与长度的乘积.现在构件上各点处的线密度是变量,就不能直接用上述方法来计算.为此,用 L 上的点 $M_0(=A),M_1,M_2,\cdots,M_{n-1},M_n(=B)$ 把曲线弧分成 n 个小弧段 Δs_i,即 $\Delta s_i = \widehat{M_{i-1}M_i}$,$i=1$,$2,\cdots,n$,如图 11-1 所示.取其中一小弧段构件 Δs_i 来分析:在线密度连续变化的前提下,由连续函数的定义,只要这小段很短,就可用这小段上任一点 (ξ_i,η_i) 处的线密度代替小段上其他各点处的线密度,从而得到小弧段构件的质量的近似值为

$$\mu(\xi_i, \eta_i)\Delta s_i$$

Δs_i 也表示小弧段 $\widehat{M_{i-1}M_i}$ 的长度. 于是整个曲线构件的质量为

$$m \approx \sum_{i=1}^{n} \mu(\xi_i, \eta_i)\Delta s_i$$

用 λ 表示 n 个小弧度的最大长度, 即 $\lambda = \max\{\Delta s_1, \Delta s_2, \cdots,$
$\Delta s_n\}$. 为了计算 m 的精确值, 当 $\lambda \to 0$ 时取上式右端之和的极限, 从而得到整个构件的质量为

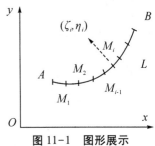

图 11-1 图形展示

$$m = \lim_{\lambda \to 0} \sum_{i=1}^{n} \mu(\xi_i, \eta_i)\Delta s_i$$

这种和的极限在研究其他问题时也会遇到. 于是引入定义.

定义 设 L 为 xOy 平面内的一条光滑曲线弧, 函数 $f(x,y)$ 在 L 上有界. 在曲线弧上任意取一点列 $M_0, M_1, \cdots, M_n(M_0, M_n$ 为的端点) 把 L 分成 n 个小弧段. 设第 i 个小弧段 $\widehat{M_{i-1}M_i}$ 的长度为 Δs_i, (ξ_i, η_i) 为小弧段 $\widehat{M_{i-1}M_i}$ 上任意取定的点, 做乘积 $f(\xi_i, \eta_i)\Delta s_i(i=1, 2, \cdots, n)$, 再做和式 $\sum_{i=1}^{n}f(\xi_i, \eta_i)\Delta s_i$. 如果当各小弧段的长度 Δs_i 的最大值 $\lambda \to 0$ 时, 这和式的极限总存在, 那么称此极限为函数 $f(x,y)$ 在曲线弧 L 上**对弧长的曲线积分**或**第一类曲线积分**, 记作 $\int_L f(x,y)\mathrm{d}s$, 即

$$\int_L f(x,y)\mathrm{d}s = \lim_{\lambda \to 0}\sum_{i=1}^{n}f(\xi_i, \eta_i)\Delta s_i$$

其中 $f(x,y)$ 叫作**被积函数**, 光滑曲线弧 L 叫作**积分弧段**.

2. 曲线积分的存在性

当光滑曲线弧 L 的长度是有限的, $f(x,y)$ 在 L 上连续时, 对弧长的曲线积分 $\int_L f(x,y)\mathrm{d}s$ 是存在的. 这是第二目定理中的结论. 以后我们总假定 $f(x,y)$ 在 L 上是连续的.

根据这个的定义, 当曲线形构件的线密度 $\mu(x,y)$ 在 L 上连续时, 它的质量 m 就等于 $\mu(x,y)$ 对弧长的曲线积分, 即

$$m = \int_L \mu(x,y)\mathrm{d}s$$

上述的定义可以类似地推广到积分弧段为空间曲线弧 Γ 的情形, 即三元函数 $f(x,y,z)$ 在曲线弧 Γ 上对弧长的曲线积分为

$$\int_\Gamma f(x,y,z)\mathrm{d}s = \lim_{\lambda \to 0}\sum_{i=1}^{n}f(\xi_i, \eta_i, \zeta_i)\Delta s_i.$$

函数 $f(x,y)$ 在闭曲线 L 上对弧长的曲线积分记作 $\oint_L f(x,y)\mathrm{d}s$.

对弧长的曲线积分的性质.

性质 1(线性性质) 设 c_1 和 c_2 为常数, 则曲线积分满足

$$\int_L [c_1 f(x,y) + c_2 g(x,y)]\mathrm{d}s = c_1\int_L f(x,y)\mathrm{d}s + c_2\int_L g(x,y)\mathrm{d}s$$

平面曲线 L(或空间曲线 Γ) 由几段不同的曲线组成, 每一段曲线都是光滑曲线, 这样

曲线就是分段光滑曲线.如果 L 是分段光滑曲线,那么规定函数在 L 上的曲线积分等于函数在光滑的各段上的曲线积分的和.于是有性质 2.

性质 2(积分弧段的可加性) 若积分弧段 L 可分成两段光滑曲线弧 L_1 及 L_2,则

$$\int_L f(x,y)\,\mathrm{d}s = \int_{L_1} f(x,y)\,\mathrm{d}s + \int_{L_2} f(x,y)\,\mathrm{d}s$$

性质 3(保号性) 设在曲线弧 L 上 $f(x,y) \geq 0$,则 $\int_L f(x,y)\,\mathrm{d}s \geq 0$.

推论 1(保序性) 设在曲线弧 L 上 $f(x,y) \leq g(x,y)$,则 $\int_L f(x,y)\,\mathrm{d}s \leq \int_L g(x,y)\,\mathrm{d}s$.

推论 2 $\left| \int_L f(x,y)\,\mathrm{d}s \right| \leq \int_L |f(x,y)|\,\mathrm{d}s.$

二、对弧长的曲线积分的计算法

下面给出曲线 L 在参数方程下对弧长的曲线积分的计算公式.

定理 设函数 $f(x,y)$ 在曲线弧 L 上有定义且连续,L 的参数方程为 $x=\phi(t),y=\psi(t)$ $(\alpha \leq t \leq \beta)$,其中 $\phi(t)$ 和 $\psi(t)$ 在 $[\alpha,\beta]$ 上具有一阶连续导数,则曲线积分 $\int_L f(x,y)\,\mathrm{d}s$ 存在,且

$$\int_L f(x,y)\,\mathrm{d}s = \int_\alpha^\beta f[\phi(t),\psi(t)] \sqrt{\phi'^2(t) + \psi'^2(t)}\,\mathrm{d}t\,(\alpha < \beta)$$

证 假定当参数 t 由 α 变到 β 时,L 上的点 $M(x,y)$ 依点 A 至点 B 的方向描出曲线 L.如图 11-1 所示,在 L 上取一列点

$$A = M_0, M_1, M_2, \cdots, M_{n-1}, M_n = B$$

它们对应于一列单调增加的参数值

$$\alpha = t_0, t_1, t_2, \cdots, t_{n-1}, t_n = \beta$$

由弧长的曲线积分的定义,有

$$\int_L f(x,y)\,\mathrm{d}s = \lim_{\lambda \to 0} \sum_{i=1}^n f(\xi_i, \eta_i) \Delta s_i$$

设 (ξ_i, η_i) 为第 i 个小弧段 $\widehat{M_{i-1}M_i}$ 上任意取定的一点,且 $\Delta s_i = |\widehat{M_{i-1}M_i}|$.它对应的参数值为 τ_i,即 $\xi_i = \phi(\tau_i), \eta_i = \psi(\tau_i)(t_{i-1} \leq \tau_i \leq t_i)$.根据第六章第二节平面曲线的弧长为

$$\Delta s_i = \int_{t_{i-1}}^{t_i} \sqrt{\phi'^2(t) + \psi'^2(t)}\,\mathrm{d}t$$

又对于连续函数 $\sqrt{\phi'^2(t) + \psi'^2(t)}$,由第五章第一节积分中值定理,有

$$\Delta s_i = \sqrt{\phi'^2(\tau^*) + \psi'^2(\tau^*)}\,\Delta t_i$$

其中 $\Delta t_i = t_i - t_{i-1}, t_{i-1} \leq \tau^* \leq t_i$.于是

$$\int_L f(x,y)\,\mathrm{d}s = \lim_{\lambda \to 0} \sum_{i=1}^n f[\phi(\tau_i), \psi(\tau_i)] \sqrt{\phi'^2(\tau^*) + \psi'^2(\tau^*)}\,\Delta t_i$$

由于函数 $\sqrt{\phi'^2(t) + \psi'^2(t)}$ 在 $[\alpha,\beta]$ 上连续,可以把上式中的 τ^* 换成 τ_i(它的证明要用到函数 $\sqrt{\phi'^2(t) + \psi'^2(t)}$ 在闭区间上的一致连续性,这里略),从而有

$$\int_L f(x,y)\,\mathrm{d}s = \lim_{\lambda \to 0}\sum_{i=1}^{n} f\left[\phi(\tau_i),\psi(\tau_i)\right]\sqrt{\phi'^2(\tau_i)+\psi'^2(\tau_i)}\,\Delta t_i$$

上式右端和式的极限就是函数 $f[\phi(t),\psi(t)]\sqrt{\phi'^2(t)+\psi'^2(t)}$ 在 $[\alpha,\beta]$ 上的定积分.由于该函数在 $[\alpha,\beta]$ 上连续,根据第五章第二节连续函数的原函数存在的定理,这个定积分是存在的,因而上式左端的曲线积分 $\int_L f(x,y)\,\mathrm{d}s$ 存在,且

高等数学

下册

$$\int_L f(x,y)\,\mathrm{d}s = \int_\alpha^\beta f[\phi(t),\psi(t)]\sqrt{\phi'^2(t)+\psi'^2(t)}\,\mathrm{d}t \quad (\alpha < \beta) \tag{11-1}$$

故结论成立.证毕.

· 544 ·

定理的公式(11-1)表明,计算对弧长的曲线积分 $\int_L f(x,y)\,\mathrm{d}s$ 时,只需把 $x,y,\mathrm{d}s$ 依次换成 $\phi(t),\psi(t),\sqrt{\phi'^2(t)+\psi'^2(t)}\,\mathrm{d}t$,再计算从 α 到 β 的定积分就行了.但必须注意,定积分的下限 α 一定要小于上限 β.这是因为在定理的推导过程中,假定小弧段 Δs_i 总是正的,从而 $\Delta t_i > 0$,所以积分下限 α 一定要小于上限 β.

若曲线 L 的方程为 $y = \psi(x)(a \leq x \leq b)$,把这种情形看作特殊的参数方程

$$x = t,\, y = \psi(t)\,(a \leq t \leq b)$$

由公式(11-1),可得

$$\int_L f(x,y)\,\mathrm{d}s = \int_a^b f[x,\psi(x)]\sqrt{1+\psi'^2(x)}\,\mathrm{d}x \quad (a < b) \tag{11-2}$$

类似地,若曲线 L 的方程为 $x = \phi(y)(c \leq y \leq d)$,则有

$$\int_L f(x,y)\,\mathrm{d}s = \int_c^d f[\phi(y),y]\sqrt{1+\phi'(y)^2}\,\mathrm{d}y \quad (c < d) \tag{11-3}$$

对于空间曲线弧 Γ 的参数方程为 $x = \phi(t),\, y = \psi(t),\, z = \omega(t)\,(\alpha \leq t \leq \beta)$,则有

$$\int_\Gamma f(x,y,z)\,\mathrm{d}s = \int_\alpha^\beta f[\phi(t),\psi(t),\omega(t)]\sqrt{\phi'^2(t)+\psi'^2(t)+\omega'(t)}\,\mathrm{d}t \quad (\alpha < \beta)$$

$$\tag{11-4}$$

例 1 计算对弧长的曲线积分 $\int_L xy\,\mathrm{d}s$,其中 L 是半径为 a 的上半圆周(见图 11-2).

解 曲线的参数方程为 $x = a\cos t,\, y = a\sin t\,(0 \leq t \leq \pi)$.

由公式(11-1),可得

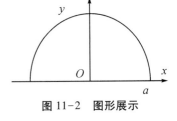

图 11-2 图形展示

$$\text{原式} = \int_0^\pi a\cos t \cdot a\sin t\sqrt{(a\cos t)'^2 + (a\sin t)'^2}\,\mathrm{d}t$$

$$= \frac{1}{2}a^2\int_0^\pi \sin 2t\sqrt{(-a\sin t)^2 + (a\cos t)^2}\,\mathrm{d}t$$

$$= \frac{1}{4}a^3\int_0^\pi \sin 2t\,\mathrm{d}(2t) = -\frac{1}{4}a^3\cos 2t\Big|_0^\pi = 0$$

注 我们可以证明:若积分曲线 L 关于 y 轴对称,被积函数为关于 x 的奇函数,则积分为零.如例 1.

例 2 计算曲线积分 $\int_L y\,\mathrm{d}s$,其中 L 是立方抛物线 $y = x^3$ 上点 $O(0,0)$ 与点 $P(1,1)$ 之间的一段弧(见图 11-3).

解 曲线参数方程为 $x = t,\, y = t^3(0 \leq t \leq 1)$.由公式(11-2),可得

$$\text{原式} = \int_0^1 t^3 \sqrt{1 + (t^3)'^2} \, dt = \int_0^1 t^3 \sqrt{1 + 9t^4} \, dt$$

$$= \frac{1}{36} \int_0^1 \sqrt{1 + 9t^4} \, d(1 + 9t^4)$$

$$= \frac{1}{36} \cdot \frac{2}{3} (1 + 9t^4)^{\frac{2}{3}} \Big|_0^1$$

$$= \frac{1}{54} (10\sqrt{10} - 1)$$

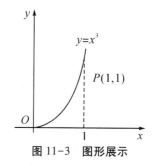

图 11-3　图形展示

例 3 计算曲线积分 $\int_\Gamma (x^2 + y^2 + z^2) \, ds$, 其中 Γ 为螺旋线 $x = a\cos t, y = a\sin t, z = kt$ 上相应于 t 从 0 到 2π 的一段弧(见图 11-4).

解 在曲线 Γ 上有

$$x^2 + y^2 + z^2 = a^2\cos^2 t + a^2\sin^2 t + k^2 t^2 = a^2 + k^2 t^2$$

而且

$$ds = \sqrt{x'^2(t) + y'^2(t) + z'^2(t)} \, dt$$
$$= \sqrt{(-a\sin t)^2 + (a\cos t)^2 + k^2} \, dt = \sqrt{a^2 + k^2} \, dt$$

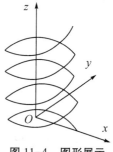

图 11-4　图形展示

代入公式(11-4),可得

$$\text{原式} = \int_0^{2\pi} (a^2 + k^2 t^2) \sqrt{a^2 + k^2} \, dt = \sqrt{a^2 + k^2} \left(a^2 t + \frac{1}{3} k^2 t^3 \right) \Big|_0^{2\pi}$$

$$= \frac{2}{3} \pi \sqrt{a^2 + k^2} (3a^2 + 4\pi^2 k^2)$$

第一类曲线积分的几何意义,表示空间柱面的表面积:空间柱面 Σ 的母线平行于 z 轴,准线为 xOy 面上的曲线 L,柱面的高度为 $h(x,y)[(x,y) \in L]$,该柱面的面积是 $\int_L h(x,y) \, ds$.

习题 11-1

1.计算下列平面曲线的弧长积分.

(1) $\int_L y \, ds$, 其中 L 的参数方程 $x = t^2, y = t, 0 \leqslant t \leqslant 1$;

(2) $\int_L 3x - y \, ds$, 其中 L 是连接点 $A(0,1)$ 与点 $B(2,3)$ 的直线段;

(3) $\oint_L x \, ds$, 其中 L 是由直线 $y = x$ 与抛物线 $y = x^2$ 的所围成的封闭曲线;

(4) $\oint_L x^2 y^2 \, ds$, 其中 L 是半径为 a 的圆周及 x 轴所围成的扇形的整个边界;

(5) $\oint_L e^{\sqrt{x^2 + y^2}} \, ds$, 其中 L 是上圆周 $x^2 + y^2 = a^2$ 及 x 轴所围成的扇形的整个边界.

2.计算下列曲线的弧长积分.

(1) $\oint_L xy \, ds$, 其中 L 是 $|x| + |y| = a (a > 0)$;

(2) $\int_\Gamma x^2 + y \, ds$, 其中 Γ 为折线 ABC,其中 A,B,C 的坐标依次为 $(0,0,0),(0,1,2),(1,3,2)$;

(3) $\int_{\Gamma} x^2 + y^2 + z^2 \mathrm{d}s$, 其中 Γ 为曲线 $x = e^t \cos t, y = e^t \sin t, z = e^t$ 上相应于 t 从 0 到达 2 的一段弧；

(4) $\int_{L} (x^2 + y^2) \mathrm{d}s$, 其中 L 为曲线 $x = a(\cos t + t \sin t), y = a(\sin t - t \cos t)(0 \leqslant t \leqslant 2\pi)$.

3. 设椭圆柱面 $\dfrac{x^2}{a^2} + \dfrac{y^2}{b^2} = 1$ 被平面 $z = y$ 与 $z = 0$ 所截, 求位于第一、第二卦限内所截下部分的侧面积.

4. 利用对弧长曲线积分的定义证明性质 3.

5. 设螺旋线一周的方程为 $x = a \cos t, y = a \sin t, z = kt(0 \leqslant t \leqslant 2\pi)$, 它的线密度 $\rho(x, y, z) = x^2 + y^2 + z^2$, 求：(1) 它的质心坐标；(2) 该弹簧关于 z 轴的转动惯量 I_z.

第二节 对坐标的曲线积分

一、对坐标的曲线积分的概念与性质

关于**变力沿曲线所作的功**.

设一个质点在 xOy 面内受到变力

$$\vec{F}(x, y) = P(x, y)\vec{i} + Q(x, y)\vec{j}$$

的作用, 从点 A 沿光滑曲线弧 L 移动到点 B, 其中函数 $P(x, y)$ 与 $Q(x, y)$ 在 L 上连续. 试求变力 $\vec{F}(x, y)$ 所做的功.

若力 $\vec{F}(x, y)$ 是恒力, 且质点从 A 沿直线移动到 B, 根据第八章第二节数量积的定义, 则恒力 $\vec{F}(x, y)$ 所做的功等于向量 $\vec{F}(x, y)$ 与向量 $\overrightarrow{AB}$ 的数量积, 即

$$W = \vec{F} \cdot \overrightarrow{AB}$$

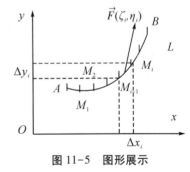

图 11-5 图形展示

现在 $\vec{F}(x, y)$ 是变力, 质点沿曲线移动, 功 W 就不能利用这个公式来计算. 想到第一节中用来处理曲线形构件质量问题的方法, 也适用于目前的问题.

先用曲线弧 L 上的点 $A = M_0(x_0, y_0), M_1(x_1, y_1), M_2(x_2, y_2), \cdots, M_{n-1}(x_{n-1}, y_{n-1})$, $M_n(x_n, y_n) = B$ 把曲线分成 n 个小段, 如图 11-5 所示, 取其中一个有向小弧段 $\overparen{M_{i-1}M_i}$ 来分析: 由于弧段 $\overparen{M_{i-1}M_i}$ 光滑且很短, 可用有向线段

$$\overrightarrow{M_{i-1}M_i} = (x_i - x_{i-1})\vec{i} + (y_i - y_{i-1})\vec{j} = (\Delta x_i)\vec{i} + (\Delta y_i)\vec{j} \quad (i = 1, 2, \cdots, n)$$

来近似代替它. 又由于 $P(x, y)$ 与 $Q(x, y)$ 在 L 上连续, 可用 $\overparen{M_{i-1}M_i}$ 上任一点 (ξ_i, η_i) 处的力

$$\vec{F}(\xi_i, \eta_i) = P(\xi_i, \eta_i)\vec{i} + Q(\xi_i, \eta_i)\vec{j}$$

来近似代替这个小弧段上各点处的力.于是,变力 $\vec{F}(x,y)$ 沿有向小弧段 $\widehat{M_{i-1}M_i}$ 所做的功 ΔW_i,我们可以认为近似等于恒力 $\vec{F}(\xi_i,\eta_i)$ 沿直线段 $\overrightarrow{M_{i-1}M_i}$ 所做的功:

$$\Delta W_i \approx \vec{F}(\xi_i,\eta_i) \cdot \overrightarrow{M_{i-1}M_i} = [P(\xi_i,\eta_i)\vec{i} + Q(\xi_i,\eta_i)\vec{j}] \cdot [(\Delta x_i)\vec{i} + (\Delta y_i)\vec{j}]$$

根据第八章第二节向量数量积的计算公式,可得

$$\Delta W_i \approx P(\xi_i,\eta_i)\Delta x_i + Q(\xi_i,\eta_i)\Delta y_i$$

因此,有

$$W = \sum_{i-1}^{n} \Delta W_i \approx \sum_{i=1}^{n} [P(\xi_i,\eta_i)\Delta x_i + Q(\xi_i,\eta_i)\Delta y_i]$$

用 λ 表示这 n 个小弧段的最大长度,即 $\lambda = \max\limits_{1 \le i \le n}\{|\widehat{M_{i-1}M_i}|\}$,令 $\lambda \to 0$ 取上述和式的极限,所得到的极限就是变力 $\vec{F}(x,y)$ 沿有向曲线弧 L 所做的功的精确值,即

$$W = \lim_{\lambda \to 0}\sum_{i=1}^{n} [P(\xi_i,\eta_i)\Delta x_i + Q(\xi_i,\eta_i)\Delta y_i] = \lim_{\lambda \to 0}\sum_{i=1}^{n} P(\xi_i,\eta_i)\Delta x_i + \lim_{\lambda \to 0}\sum_{i1}^{n} Q(\xi_i,\eta_i)\Delta y_i$$

由此可得,所做的功是两个定积分的和,一个是关于 x 的定积分,另一个是关于 y 的定积分.于是我们引入对坐标的曲线积分的定义.

定义 设 L 为 xOy 面内从点 A 到点 B 的一条有向光滑曲线弧,函数 $P(x,y)$ 与 $Q(x,y)$ 在 L 上有界.在曲线弧上沿 L 的方向任意插入一点列 $M_1(x_1,y_1),M_2(x_2,y_2),\cdots,M_{n-1}(x_{n-1},y_{n-1})$,把它分成 n 个有向小弧段

$$\widehat{M_{i-1}M_i}[i=1,2,\cdots,n;M_0(x_0,y_0)=A,M_n(x_n,y_n)=B]$$

设 $\Delta x=x_i-x_{i-1},\Delta y_i=y_i-y_{i-1}$,点 (ξ_i,η_i) 为 $\widehat{M_{i-1}M_i}$ 上任意取定的点. 如果当这 n 个小弧段长度的最大值 $\lambda \to 0$ 时,和式 $\sum\limits_{i=1}^{n}P(\xi_i,\eta_i)\Delta x_i$ 的极限总存在,那么称此极限为函数 $P(x,y)$ 在有向曲线弧 L 上**对坐标 x 的曲线积分**,记作 $\int_L P(x,y)\mathrm{d}x$. 类似地,如果极限 $\lim\limits_{\lambda \to 0}\sum\limits_{i=1}^{n} Q(\xi_i,\eta_i)\Delta y_i$ 总是存在,那么称此极限为函数 $Q(x,y)$ 在有向曲线弧 L 上**对坐标 y 的曲线积分**,记作 $\int_L Q(x,y)\mathrm{d}y$,即

$$\int_L P(x,y)\mathrm{d}x = \lim_{\lambda \to 0}\sum_{i=1}^{n} P(\xi_i,\eta_i)\Delta x_i, \quad \int_L Q(x,y)\mathrm{d}y = \lim_{\lambda \to 0}\sum_{i=1}^{n} Q(\xi_i,\eta_i)\Delta y_i$$

其中 $P(x,y)$ 与 $Q(x,y)$ 称为**被积函数**,有向光滑曲线弧 L 称为**积分弧段**.

以上两个积分也叫**第二类曲线积分**. 根据这个定义可知,$\Delta x_i,\Delta y_i(i=1,2,\cdots,n)$ 的正负表示曲线弧 L 的方向.

在之后的定理中我们将看到,如果函数 $P(x,y)$ 与 $Q(x,y)$ 在有向光滑曲线弧 L 上连续,那么对坐标的曲线积分 $\int_L P(x,y)\mathrm{d}x$ 与 $\int_L Q(x,y)\mathrm{d}y$ 都存在.以后我们总假定 $P(x,y)$ 与 $Q(x,y)$ 在 L 上连续.

上述的定义可以类似地推广到积分弧段为有向空间曲线弧 Γ 的情形,即

$$\int_L f(x,y,z)\mathrm{d}x = \lim_{\lambda \to 0}\sum_{i=1}^{n} f(\xi_i,\eta_i,\zeta_i)\Delta x_i$$

$$\int_L f(x,y,z)\,\mathrm{d}y = \lim_{\lambda \to 0} \sum_{i=1}^{n} f(\xi_i,\eta_i,\zeta_i)\Delta y_i, \quad \int_L f(x,y,z)\,\mathrm{d}z = \lim_{\lambda \to 0} \sum_{i=1}^{n} f(\xi_i,\eta_i,\zeta_i)\Delta z_i$$

我们经常用到平面坐标的曲线积分

$$\int_L P(x,y)\,\mathrm{d}x + \int_L Q(x,y)\,\mathrm{d}y$$

这种合起来的形式,可简写为

$$\int_L P(x,y)\,\mathrm{d}x + Q(x,y)\,\mathrm{d}y$$

也可写成向量形式

$$\int_L \vec{F} \cdot \mathrm{d}\vec{r}$$

其中 $\vec{F}(x,y) = P(x,y)\vec{i} + Q(x,y)\vec{j}$ 为向量函数,$\mathrm{d}\vec{r} = \mathrm{d}x\,\vec{i} + \mathrm{d}y\,\vec{j}$.

对坐标的曲线积分的性质.

性质 1 设 c_1 和 c_2 为常数,则

$$\int_L c_1\left[P_1(x,y)\,\mathrm{d}x + Q_1(x,y)\,\mathrm{d}y\right] + c_2\left[P_2(x,y)\,\mathrm{d}x + Q_2(x,y)\,\mathrm{d}y\right]$$

$$= c_1\int_L P_1(x,y)\,\mathrm{d}x + Q_1(x,y)\,\mathrm{d}y + c_2\int_L P_2(x,y)\,\mathrm{d}x + Q_2(x,y)\,\mathrm{d}y$$

如果 L 是分段有向光滑曲线,那么规定函数在有向曲线弧 L 上对坐标的曲线积分等于在光滑的各段上的对坐标的曲线积分的和.于是

性质 2 若积分弧段 L 可分成两段光滑的有向曲线弧 L_1 及 L_2,则

$$\int_L P(x,y)\,\mathrm{d}x + Q(x,y)\,\mathrm{d}y = \int_{L_1} P(x,y)\,\mathrm{d}x + Q(x,y)\,\mathrm{d}y + \int_{L_2} P(x,y)\,\mathrm{d}x + Q(x,y)\,\mathrm{d}y$$

性质 3 设 L 是有向光滑曲线弧,L^- 是 L 的反向曲线弧,则

$$\int_{L^-} P(x,y)\,\mathrm{d}x + Q(x,y)\,\mathrm{d}y = -\int_L P(x,y)\,\mathrm{d}x + Q(x,y)\,\mathrm{d}y$$

本节仅证性质 3.一些点列把有向曲线弧 L 分成 n 段,相应地,反向弧 L^- 也分成 n 段,L 中每一小弧段的方向与 L^- 中对应的小弧段的方向相反,而弧长大小不变.由第八章第一节投影性质可知,对于方向相反的同一个小弧段,在坐标轴上的投影,其绝对值的大小不变,但要改变符号,因而正向弧 L 积分定义中的 Δx_i(或 Δy_i),在反向弧 L^- 积分定义中就变为 $-\Delta x_i$(或 $-\Delta y_i$),从而利用对坐标的曲线积分定义,可得性质 3.

性质 3 表明,当积分弧段的方向改变时,对坐标的曲线积分要改变符号. 因此,关于第二类曲线积分,必须注意积分弧段的方向.

性质 3 是对坐标的曲线积分(第二类曲线积分)所特有的,而对弧长的曲线积分(第一类曲线积分)不具有这一性质.对弧长的曲线积分所具有的性质 3,对坐标的曲线积分也不具有类似性质.

二、对坐标的曲线积分的计算

定理 若函数 $P(x,y)$ 与 $Q(x,y)$ 在有向曲线弧 L 上有定义且连续,L 的参数方程为 $x = \phi(t)$,$y = \psi(t)$,当参数 t 单调地由 α 变到 β 时,点 $M(x,y)$ 从起点 A 沿 L 运动到终点

B，$\phi(t)$和$\psi(t)$在闭区间$[\alpha,\beta]$（或$[\beta,\alpha]$）上具有一阶连续导数，则曲线积分 $\int_L P(x,y)\mathrm{d}x + Q(x,y)\mathrm{d}y$ 存在，且

$$\int_L P(x,y)\mathrm{d}x + Q(x,y)\mathrm{d}y = \int_\alpha^\beta \{P[\phi(t),\psi(t)]\phi'(t) + Q[\phi(t),\psi(t)]\psi'(t)\}\mathrm{d}t$$

$$(11-5)$$

证 在 L 上取一点列：

$$A = M_0(x_0,y_0), M_1(x_1,y_1), M_2(x_2,y_2), \cdots, M_{n-1}(x_{n-1},y_{n-1}), M(x_n,y_n) = B$$

其中 $x_i = \phi(t_i)$，$y_i = \psi(t_i)$．它们对应于一列单调变化的参数值

$$\alpha = t_0, t_1, \cdots, t_n = \beta$$

根据对坐标的曲线积分的定义，有

$$\int_L P(x,y)\mathrm{d}x = \lim_{\lambda \to 0} \sum_{i=1}^n P(\xi_i,\eta_i)\Delta x_i$$

设点 (ξ_i,η_i) 对应于参数值 τ_i，即 $\xi_i = \phi(\tau_i)$，$\eta_i = \psi(\tau_i)$，这里 τ_i 在 t_{i-1} 与 t_i 之间．由于

$$\Delta x_i = x_i - x_{i-1} = \phi(t_i) - \phi(t_{i-1})$$

又对于在 t_{i-1} 与 t_i 之间的可导函数 $\phi(t)$，利用第三章第一节拉格朗日中值定理，可得

$$\Delta x_i = \phi'(\tau^*)(t_i - t_{i-1}) = \phi'(\tau^*)\Delta t_i$$

其中 $\Delta t_i = t_i - t_{i-1}$，$\tau^*$ 在 t_{i-1} 与 t_i 之间．于是有

$$\int_L P(x,y)\mathrm{d}x = \lim_{\lambda \to 0} \sum_{i=1}^n P[\phi(\tau_i),\psi(\tau_i)]\phi'(\tau^*)\Delta t_i$$

由于函数 $\phi'(t)$ 在 $[\alpha,\beta]$（或$[\beta,\alpha]$）上连续，可以把上式中的 τ^* 换成 τ_i（它的证明要用到函数 $\phi'(t)$ 在闭区间上的一致连续性，这里略），从而有

$$\int_L P(x,y)\mathrm{d}x = \lim_{\lambda \to 0} \sum_{i=1}^n P[\phi(\tau_i),\psi(\tau_i)]\phi'(\tau_i)\Delta t_i$$

根据第五章第一节定积分的定义，上式右端和式的极限就是定积分 $\int_\alpha^\beta P[\phi(t),\psi(t)]\phi'(t)\mathrm{d}t$．由于函数 $P[\phi(t),\psi(t)]\phi'(t)$ 连续，根据第五章第二节连续函数的原函数存在的定理，这个定积分是存在的，从而可知上式左端的对坐标曲线积分 $\int_L P(x,y)\mathrm{d}x$ 也存在，且

$$\int_L P(x,y)\mathrm{d}x = \int_\alpha^\beta P[\phi(t),\psi(t)]\phi'(t)\mathrm{d}t \qquad (11-6)$$

对变量 y，采用类似的方法．可得

$$\int_L Q(x,y)\mathrm{d}y = \int_\alpha^\beta Q[\phi(t),\psi(t)]\psi'(t)\mathrm{d}t \qquad (11-7)$$

把公式(11-6)与公式(11-7)式相加，有

$$\int_L P(x,y)\mathrm{d}x + Q(x,y)\mathrm{d}y = \int_\alpha^\beta \{P[\phi(t),\psi(t)]\phi'(t) + Q[\phi(t),\psi(t)]\psi'(t)\}\mathrm{d}t$$

这里下限 α 对应 L 的起点，上限 β 对应 L 的终点．证毕．

公式(11-5)表明，在计算对坐标的曲线积分 $\int_L P(x,y)\mathrm{d}x + Q(x,y)\mathrm{d}y$ 时，只需把 x，y，$\mathrm{d}x$，$\mathrm{d}y$ 依次换成 $\phi(t)$，$\psi(t)$，$\phi'(t)\mathrm{d}t$，$\psi'(t)\mathrm{d}t$，然后从 L 的起点所对应的参数值 α 到 L

的终点所对应的参数值 β 做定积分就行了.但必须注意,定积分的下限 α 对应 L 的起点,上限 β 对应 L 的终点,α 不一定小于 β.

若曲线 L 的方程为 $y=\psi(x)$,可以把 x 看作特殊的参数,由公式(11-5),可得

$$\int_L P(x,y)\mathrm{d}x + Q(x,y)\mathrm{d}y = \int_a^b \{P[x,\psi(x)] + Q[x,\psi(y)]\psi'(x)\}\mathrm{d}x \qquad (11\text{-}8)$$

其中下限 a 对应 L 的起点,上限 b 对应 L 的终点.

类似地,若曲线 L 的方程为 $x=\phi(y)$,则有

$$\int_L P(x,y)\mathrm{d}x + Q(x,y)\mathrm{d}y = \int_c^d \{P[\phi(y),y]\phi'(y) + Q[\phi(y),y]\}\mathrm{d}y \qquad (11\text{-}9)$$

其中下限 c 对应 L 的起点,上限 d 对应 L 的终点.

对于有向空间曲线弧 Γ 由参数方程为 $x=\phi(t),y=\psi(t),z=\omega(t)(\alpha \leqslant t \leqslant \beta)$ 给出,则有

$$\int_\Gamma P(x,y,z)\mathrm{d}x + Q(x,y,z)\mathrm{d}y + R(x,y,z)\mathrm{d}z = \int_\alpha^\beta \{P[\phi(t),\psi(t),\omega(t)]\varphi'(t) +$$
$$Q[\phi(t),\psi(t),\omega(t)]\psi'(t) + R[\phi(t),\psi(t),\omega(t)]\omega'(t)\}\mathrm{d}t \qquad (11\text{-}10)$$

其中下限 α 对应 L 的起点,上限 β 对应 L 的终点.

例1 计算 $\int_L y\mathrm{d}x$,其中 L 为:(1)按逆时针方向绕行的上半圆周 $x^2+y^2=a^2$;(2)从点 $A(a,0)$ 到 $B(-a,0)$ 的有向线段(见图11-6).

解 (1)L 的参数方程为 $x=a\cos\theta,y=a\sin\theta$,参数 θ 从 0 变到 π 的曲线弧.由公式(11-5),可得

$$原式 = \int_0^\pi y(\theta)x'(\theta)\mathrm{d}\theta = \int_0^\pi a\sin\theta(-a\sin\theta)\mathrm{d}\theta = -a^2\int_0^\pi \sin^2\theta\mathrm{d}\theta$$

$$= \frac{1}{2}a^2\int_0^\pi (1-\cos2\theta)\mathrm{d}\theta = -\frac{\pi}{2}a^2$$

(2)L 的方程为 $y=0,x$ 从 a 变到 $-a$.因此,

$$\int_L y\mathrm{d}x = \int_a^{-a} 0\mathrm{d}x = 0$$

例2 计算 $\oint_L x^2 y\mathrm{d}x$,其中 L 为抛物线 $y=x^2$ 与直线 $y=1$ 所构成的封闭曲线,逆时针方向为 L 的方向(见图11-7).

解 闭曲线 $L=L_1+L_2$,其中 $L_1:y=x^2,x$ 从 -1 到 1;$L_2:y=1,x$ 从 1 到 -1.由性质2及公式(11-8),可得

$$原式 = \int_{L_1} x^2 y\mathrm{d}x + \int_{L_2} x^2 y\mathrm{d}x = \int_{-1}^1 x^2 \cdot x^2 \mathrm{d}x + \int_1^{-1} x^2 \mathrm{d}x = \frac{2}{5} - \frac{2}{3} = -\frac{4}{15}$$

从例1与例2可以看出,虽然两个曲线积分的被积函数相同,起点与终点也相同,沿不同的路径得出的积分值并不相同.

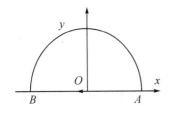 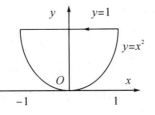 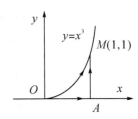

图11-6 图形展示　　　　图11-7 图形展示　　　　图11-8 图形展示

例3 计算 $\int_L xy^2 dx + x^2 y dy$，其中 L 如图 10-8 所示：(1) 抛物线 $y = x^3$ 从 $O(0,0)$ 到 $M(1,1)$ 的有向弧段；(2) 从 $O(0,0)$ 到 $A(1,0)$，再到 $M(1,1)$ 的有向折线 OAM.

解 (1) 化为对 x 的定积分，$L:y=x^3$，x 由 0 到 1. 于是

$$\text{原式} = \int_0^1 x \cdot (x^3)^2 + x^2 \cdot x^3 \cdot (x^3)' dx = 4\int_0^1 x^7 dx = \frac{1}{2}$$

(2) $\text{原式} = \int_{OA} xy^2 dx + x^2 y dy + \int_{AM} xy^2 dx + x^2 y dy$

在 OA 上，$y=0$，x 由 0 到 1. 有

$$\int_{OA} xy^2 dx + x^2 y dy = \int_{OA} xy^2 dx + \int_{OA} x^2 y dy = \int_0^1 x \cdot 0^2 dx + \int_0^0 x^2 \cdot 0 dy = 0$$

在 AM 上，$x=1$，y 由 0 到 1. 有

$$\int_{AM} xy^2 dx + x^2 y dy = \int_{AM} xy^2 dx + \int_{AM} x^2 y dy = \int_1^1 1 \cdot y^2 dx + \int_0^1 1^2 \cdot y dy = \frac{1}{2}$$

因而

$$\text{原式} = 0 + \frac{1}{2} = \frac{1}{2}$$

从例3可以看出，同一被积函数沿起点与终点相同，但路径不同，曲线积分的值可以相等.

例4 计算 $\int_\Gamma z dx + zy^2 dy - z^2 y dz$，其中 Γ 是从点 $A(1,0,1)$ 到点 $B(3,2,2)$ 有向线段 AB（见图 11-9）.

解 $\overrightarrow{AB} = (3-1, 2-0, 2-1) = (2,2,1)$，根据第八章第四节直线的对称式方程，可得直线 AB 的方程

$$\frac{x-1}{2} = \frac{y-0}{2} = \frac{z-1}{1} = t$$

可得参数方程

$$x = 1+2t, y = 2t, z = 1+t,$$

t 从 0 变到 1. 利用公式（11-10），可得

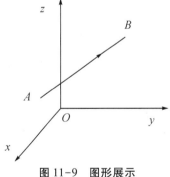

图 11-9　图形展示

$$\text{原式} = \int_0^1 [z(t) \cdot x'(t) + z(t) y^2(t) y'(t) - z^2(t) y(t) z'(t)] dt$$

$$= \int_0^1 [(1+t) \cdot (1+2t)' + (1+t) \cdot (2t)^2 \cdot (2t)' - (1+t)^2 \cdot 2t \cdot (1+t)'] dt$$

$$= 2\int_0^1 (1+t)(1+4t^2-t-t^2) dt = 2\int_0^1 (3t^3 + 2t^2 + 1) dt = \frac{29}{6}$$

例5 设一个质点在 $M(x,y)$ 处受到力 $\vec{F}(x,y)$ 的作用，$\vec{F}$ 的大小与 M 到原点 O 的距离成正比，$\vec{F}$ 的方向恒指向原点，此质点由点 $A(a,0)$ 沿椭圆 $\dfrac{x^2}{a^2} + \dfrac{y^2}{b^2} = 1$ 按逆时针方向移动到点 $B(0,b)$，如图 11-10 所示，求变力 $\vec{F}$ 所做的功 W.

解 椭圆的参数方程为 $x = a\cos t, y = b\sin t, t$ 从 0 变
到 $\dfrac{\pi}{2}$.

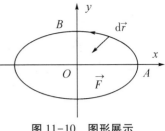

$$\vec{r} = \overrightarrow{OM} = x\vec{i} + y\vec{j}, \quad \vec{F} = k \cdot |\vec{r}| \cdot \left(-\frac{\vec{r}}{|\vec{r}|}\right) = -k(x\vec{i} + y\vec{j})$$

其中 $k>0$，是比例常数，负号表示方向与向径相反，指向原
点.于是有

图 11-10　图形展示

$$W = \int_{AB} \vec{F} \cdot d\vec{r} = \int_{AB} -k(x\vec{i} + y\vec{j}) \cdot (dx\vec{i} + dy\vec{j})$$

$$= -k\int_{0}^{\frac{\pi}{2}} x dx + y dy = -k\int_{0}^{\frac{\pi}{2}} (-a^2\cos t\sin t + b^2\sin t\cos t) dt$$

$$= k(a^2 - b^2)\int_{0}^{\frac{\pi}{2}} \sin t\cos t dt = \frac{1}{2}k(a^2 - b^2)\sin^2 t \Big|_{0}^{\frac{\pi}{2}} = \frac{k}{2}(a^2 - b^2)$$

三、两类曲线积分之间的联系

设有向曲线弧 L 的起点 A，终点 B，L 的参数方程为 $x = \phi(t), y = \psi(t)$，起点 A 与终点
B 分别对应参数 α 与 β.不妨设 $\alpha < \beta$[若 $\alpha > \beta$，可令 $s = -t, A$ 与 B 分别对应 $s = -\alpha$ 与 $s = -\beta$，
就有 $(-\alpha) < (-\beta)$，把下面的讨论对参数 s 进行即可]，并且函数 $\phi(t)$ 和 $\psi(t)$ 在闭区间
$[\alpha, \beta]$ 上具有一阶连续导数，且 $\phi'^2(t) + \psi'^2(t) \neq 0$，又 $P(x, y)$ 与 $Q(x, y)$ 在 L 上连续.于
是，由对坐标的曲线积分计算公式(11-5)，有

$$\int_{L} P(x, y) dx + Q(x, y) dy = \int_{\alpha}^{\beta} \{P[\phi(t), \psi(t)]\phi'(t) + Q[\phi(t), \psi(t)]\psi'(t)\} dt$$

在第九章第六节中我们知道，曲线弧 L 在点 $M[\phi(t), \psi(t)]$ 处的一个切向量为

$$\vec{T}(x, y) = \phi'(t)\vec{i} + \psi'(t)\vec{j}$$

它的指向与参数 t 的增长方向一致，当 $\alpha < \beta$ 时，这个指向就是有向曲线弧 L 的方向.今后
我们称这种指向与有向曲线弧的方向一致的切向量为**有向曲线弧的切向量**.于是，对于有
向曲线弧的切向量 $\vec{T}(x, y)$，根据第八章第一节方向余弦的定义，有

$$\cos\alpha = \frac{\phi'(t)}{\sqrt{\phi'^2(t) + \psi'^2(t)}}, \cos\beta = \frac{\psi'(t)}{\sqrt{\phi'^2(t) + \psi'^2(t)}} \quad [\phi'^2(t) + \psi'^2(t) \neq 0]$$

这里 α 与 β 为切向量的方向角，如图 11-11 所示.由第六章第二节，曲线弧长的计算公式，
可得 $ds = \sqrt{\phi'(t)^2 + \psi'(t)^2}$.于是

$$\int_{L} [P(x, y)\cos\alpha + Q(x, y)\cos\beta] ds = \int_{\alpha}^{\beta} \{P[\phi(t), \psi(t)] \frac{\phi'(t)}{\sqrt{\phi'^2(t) + \psi'^2(t)}} +$$

$$Q[\varphi(t), \psi(t)] \frac{\psi'(t)}{\sqrt{\phi'^2(t) + \psi'^2(t)}}\} \sqrt{\phi'^2(t) + \psi'^2(t)} dt$$

$$= \int_{\alpha}^{\beta} \{P[\phi(t), \psi(t)]\phi'(t) + Q[\phi(t), \psi(t)]\psi'(t)\} dt$$

由此可得
$$ds\cos\alpha = dx, ds\cos\beta = dy$$
该式说明:线段 dx,dy 是弧长 ds 分别在 x,y 轴方向上的投影.

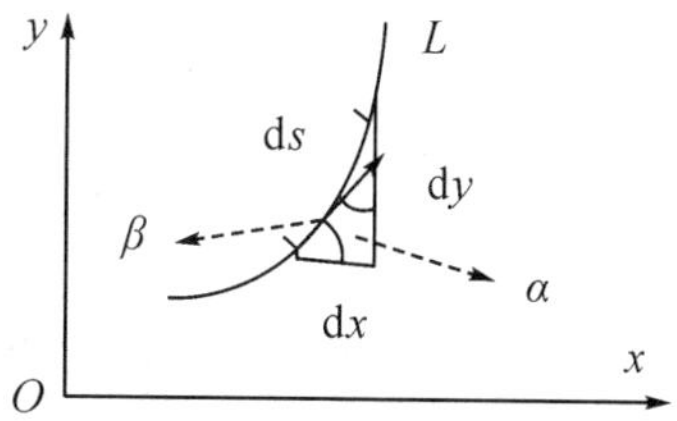

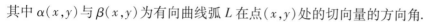
图 11-11　图形展示

平面曲线 L 上的两类曲线积分之间有如下关系:
$$\int_L \left[P(x,y)\cos\alpha + Q(x,y)\cos\beta \right] ds = \int_L P(x,y)dx + Q(x,y)dy$$
其中 $\alpha(x,y)$ 与 $\beta(x,y)$ 为有向曲线弧 L 在点 (x,y) 处的切向量的方向角.

类似地可知,对于空间曲线弧 Γ 上的两类曲线积分之间有如下关系:
$$\int_\Gamma Pdx + Qdy + Rdz = \int_\Gamma (P\cos\alpha + Q\cos\beta + R\cos\gamma) ds$$
其中 $\alpha(x,y,z)$、$\beta(x,y,z)$ 及 $\gamma(x,y,z)$ 为有向曲线弧 Γ 在点 (x,y,z) 处的切向量的方向角.

两类曲线积分之间的联系也可用向量的形式表达.例如,平面曲线上的两类曲线积分之间的关系,根据数量积的计算公式,有
$$\int_L Pdx + Qdy = \int_L (P\cos\alpha + Q\sin\beta) ds = \int_L (P,Q) \cdot (\cos\alpha, \sin\beta) ds = \int_L \vec{F} \cdot d\vec{r}$$
其中 $\vec{F} = (P,Q)$,$\vec{e_T} = (\cos\alpha, \cos\beta)$ 为有向曲线弧 L 在点 (x,y) 处单位切向量,$d\vec{r} = \vec{e_T}ds = (dx, dy)$,称为**有向曲线元**.

习题 11-2

1.设 L 为 xOy 面内直线 $y=b$ 上的一段,证明 $\int_L Q(x,y)dy = 0$.

2.设 L 为 xOy 面内 x 轴上从 $A(a,0)$ 与点 $B(b,0)$ 的有向线段,证明
$$\int_L P(x,y)dx = \int_a^b P(x,0)dx$$

3.计算下列对坐标的曲线积分.

(1) $\int_L xydx$,其中 L 为抛物线 $y^2=x$ 上从点 $A(1,-1)$ 到点 $B(1,1)$ 的一段弧;

(2) $\int_L x^2 - y^2 dy$,其中 L 为右半椭圆周 $\dfrac{x^2}{4}+y^2=1$ $(x \geqslant 0)$ 上从点 $A(0,-1)$ 到点 $B(0,1)$ 的一段弧;

(3) $\int_L ydx + xdy$,其中 L 为立方抛物线 $y=x^3$ 上从点 $(0,0)$ 到点 $(2,8)$ 的一段弧;

(4) $\int_L xydx$,其中 L 为圆周 $(x-a)^2+y^2=a^2$ $(a>0)$ 及 x 轴所围成的第一象限内的区域的整个边界(按逆时针方向绕行);

(5) $\oint_L 3x^2y^2dx + 2x^3ydy$,其中 L 是由直线 $y=x$ 与抛物线 $y=x^2$ 的所围成的封闭曲线;

(6) $\oint_L ydx - xdy$,其中 L 为椭圆 $\dfrac{x^2}{a^2}+\dfrac{y^2}{b^2}=1$ 的正向(按逆时针方向绕行);

(7) $\int_{\Gamma} y\mathrm{d}x + (x-2y-3)\mathrm{d}z$, 其中 Γ 为从点 $A(1,-1,0)$ 到点 $B(3,1,1)$ 的直线段;

(8) $\int_{\Gamma} (y^2 - z^2)\mathrm{d}x + 2xz\mathrm{d}y$, 其中 Γ 为弧段 $x=t, y=t^2, z=t^3(0 \leqslant t \leqslant 1)$ 依 t 增加的方向;

(9) $\int_{\Gamma} y\mathrm{d}x - x(y+1)\mathrm{d}z$, 其中 Γ 是有向折线 ABC, 其中 $A(1,0,0)$、$B(0,0,3)$、$C(3,2,1)$.

4.计算 $\int_{\Gamma} (x+3y)\mathrm{d}x + (3x-y+1)\mathrm{d}y$, 其中 L 是:

(1) 从点 $(0,0)$ 到点 $(1,3)$ 的直线段;

(2) 从点 $(0,0)$ 到点 $(1,0)$, 再从点 $(1,0)$ 到 $(1,3)$ 的直线段;

(3) 曲线 $x=t-1, y=t^2-1$, 从点 $(0,0)$ 到点 $(1,3)$ 的一段弧.

5.把对坐标的曲线积分 $\int_{L} P(x,y)\mathrm{d}x + Q(x,y)\mathrm{d}y$ 化为对弧长的曲线积分,其中 L 是:

(1) 沿抛物线 $y=x^2+2x$ 从点 $(1,3)$ 到点 $(2,8)$ 的一段弧;

(2) 沿上半圆周 $x^2+y^2=2x$ 从点 $(0,0)$ 到点 $(1,1)$ 的一段弧.

6.把对坐标的曲线积分 $\int_{\Gamma} P\mathrm{d}x + Q\mathrm{d}y + R\mathrm{d}z$ 化为对弧长的曲线积分,其中 Γ 为弧段 $x= 2t, y=t^2-1, z=t^3(0 \leqslant t \leqslant 1)$ 依 t 增加的方向.

7.一力场由沿横坐标正方向的恒力 $\vec{F}(x,y)$ 构成.设一个质量为 m 质点沿抛物线 $y= x^2$ 从点 $(0,0)$ 移到 (a, a^2) 那一段弧时场力 $\vec{F}$ 所做的功 W.

第三节　格林公式及其应用

一、格林公式

第十章我们学了二重积分,在区域 D 上的二重积分与区域 D 上的边界曲线上的曲线积分有没有联系? 下面要介绍的格林(Green)公式告诉我们,在平面区域上 D 的二重积分可以通过沿闭区域的边界曲线上的曲线积分来表达.

我们先介绍单连通区域的概念.根据第九章第一节知道,区域是连通的开集,即不含边界的点集 E 内任何两点,都可用属于 E 的折线段联结起来.设 D 为一个平面区域,若 D 内任一封闭曲线所围成的点集全部都属于 D,则称 D 为**平面单连通区域**[见图 11-12(1)],否则称为**复连通区域**.也就是说,平面单连通区域至多有一条封闭的边界曲线,不含有"洞"或"孔"(包括点"洞")的区域;而复连通区域至少有一条(通常有两条以上)封闭的边界曲线,是含有

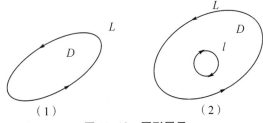

图 11-12　图形展示

"洞"或"孔"（包括点"洞"）的区域［见图11-12(2)］. 例如, 一张不包括边界的纸, 是平面单连通区域. 若从中间挖去一个洞, 就变为复连通区域. 矩形区域 $D_1 = \{(x,y) | -2 < x < 2, -2 < y < 2\}$ 为单连通区域, 而 $D_2 = D_1 - \{(x,y) | x^2 + y^2 \leqslant 1\}$ 为复连通区域, 因为 D_2 是在 D_1 中挖去一个半径为 1 的圆而留下的一个"圆洞".

设平面区域 D 的边界曲线 L, 我们规定 L 的**正向**: 当观察者沿曲线 L 的这个方向行走时, D 内在他近处的那一部分总在他的左边. 也就是说, 只有一条封闭曲线 L 的单连通区域 D, 边界曲线 L 的正向是逆时针方向［见图11-12(1)］; 至少有两条封闭曲线的复连通区域, 外部边界曲线 L 的正向是逆时针方向, 而洞的边界曲线 l 的正向是顺时针方向［见图11-12(2)］.

定理1 设 D 是由分段光滑的曲线 L 围成的闭区域, 函数 $P(x,y)$ 与 $Q(x,y)$ 在 D 上具有一阶连续偏导数, 则有

$$\iint\limits_{D} \left(\frac{\partial Q}{\partial x} - \frac{\partial P}{\partial y} \right) \mathrm{d}x\mathrm{d}y = \oint_{L} P\mathrm{d}x + Q\mathrm{d}y \tag{11-11}$$

其中 L 是 D 的取正向的边界曲线.

公式(11-11)称为格林公式.

证 区域 D 是单连通闭区域. 假设穿过区域 D 内部且平行于坐标轴的直线与 D 的边界曲线 L 的交点恰好为两点, 即 D 既是 X-型区域又是 Y-型区域情形, 如图11-13与图11-14所示.

在图11-13中, 把 D 看作 X-型的区域, 设有向曲线弧 $\overset{\frown}{AEB}$ 为 $L_1: y = \psi_1(x)$, $\overset{\frown}{CFG}$ 为 $L_2: y = \psi_2(x)$, 则 D 可表达为

$$D = \{(x,y) | a \leqslant x \leqslant b, \psi_1(x) \leqslant y \leqslant \psi_2(x)\}$$

由于 $\dfrac{\partial P}{\partial y}$ 连续, 根据第十章第二节二重积分的计算法, 可得

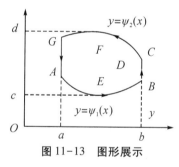

图11-13　图形展示

$$\iint\limits_{D} \frac{\partial P}{\partial y} \mathrm{d}x\mathrm{d}y = \int_{a}^{b} \left\{ \int_{\psi_1(x)}^{\psi_2(x)} \frac{\partial P(x,y)}{\partial y} \mathrm{d}y \right\} \mathrm{d}x$$

$$= \int_{a}^{b} \left\{ P[x, \psi_2(x)] - P[x, \psi_1(x)] \right\} \mathrm{d}x$$

另外, 由第二节对坐标的曲线积分的性质及计算法, 有

$$\oint_{L} P\mathrm{d}x = \int_{L_1} P\mathrm{d}x + \int_{BC} P\mathrm{d}x + \int_{L_2} P\mathrm{d}x + \int_{GA} P\mathrm{d}x$$

$$= \int_{L_1} P\mathrm{d}x + \int_{L_2} P\mathrm{d}x = \int_{a}^{b} P[x, \psi_1(x)]\mathrm{d}x + \int_{b}^{a} P[x, \psi_2(x)]\mathrm{d}x$$

$$= \int_{a}^{b} \left\{ P[x, \psi_1(x)] - P[x, \psi_2(x)] \right\} \mathrm{d}x$$

其中在 BC, GA 上 $\mathrm{d}x = 0$, 从而积分 $\displaystyle\int_{BC} P\mathrm{d}x + \int_{GA} P\mathrm{d}x = 0$. 由此可得

$$-\iint\limits_{D} \frac{\partial P}{\partial y}\mathrm{d}x\mathrm{d}y = \oint_{L} P\mathrm{d}x \tag{11-12}$$

又在图 11-13 中,把 D 看作 Y-型的区域,设有向曲线弧 $\overparen{FGAE}$ 为 $L_1': x=\theta_1(y)$,$\overparen{EBCF}$ 为 $L_2': x=\theta_2(y)$,于是 $D=\{(x,y)\mid\theta_1(y)\leqslant x\leqslant\theta_2(y),c\leqslant y\leqslant d\}$.故有

$$\iint\limits_{D}\frac{\partial Q}{\partial x}\mathrm{d}x\mathrm{d}y=\int_{c}^{d}\left[\int_{\theta_1(y)}^{\theta_2(y)}\frac{\partial Q(x,y)}{\partial x}\mathrm{d}x\right]\mathrm{d}y$$

$$=\int_{c}^{d}\{Q[\theta_2(y),y]-Q[\theta_1(y),y]\}\mathrm{d}y$$

$$\oint_{L}Q\mathrm{d}y=\oint_{L_1'}Q\mathrm{d}y+\oint_{L_2'}Q\mathrm{d}y$$

$$=\int_{d}^{c}Q[\theta_1(y),y]\mathrm{d}y+\int_{c}^{d}Q[\theta_2(y),y]\mathrm{d}y$$

$$=\int_{c}^{d}Q[\theta_2(y),y]-Q[\theta_1(y),y]\mathrm{d}y$$

$$=\iint\limits_{D}\frac{\partial Q}{\partial x}\mathrm{d}x\mathrm{d}y \qquad (11\text{-}13)$$

由于 D 既是 X-型又是 Y-型区域,所以公式(11-12)与公式(11-13)同时成立.两式合并即得

$$\iint\limits_{D}\left(\frac{\partial Q}{\partial x}-\frac{\partial P}{\partial y}\right)\mathrm{d}x\mathrm{d}y=\oint_{L}P\mathrm{d}x+Q\mathrm{d}y$$

对于如图 11-14 所示的 Y-型的区域 D,完全类似可证明公式(11-11)成立.

接下来,我们讨论 D 为一般单连通闭区域的情形.若闭区域 D 不满足以上的条件,可以用 D 内一条或几条辅助曲线把它分成有限个闭区域,使得每个闭区域既是 X-型区域又是 Y-型区域.如图 11-15 所示的闭区域 D,它的边界曲线 L 为 $\overparen{MNPM}$,引进一条辅助直线段 ABC,把 D 分成 D_1、D_2 及 D_3 三部分.应用公式(11-11)于每一部分,得

$$\iint\limits_{D_1}\left(\frac{\partial Q}{\partial x}-\frac{\partial P}{\partial y}\right)\mathrm{d}x\mathrm{d}y=\oint_{MCBAM}P\mathrm{d}x+Q\mathrm{d}y$$

$$\iint\limits_{D_2}\left(\frac{\partial Q}{\partial x}-\frac{\partial P}{\partial y}\right)\mathrm{d}x\mathrm{d}y=\oint_{ABPA}P\mathrm{d}x+Q\mathrm{d}y$$

$$\iint\limits_{D_3}\left(\frac{\partial Q}{\partial x}-\frac{\partial P}{\partial y}\right)\mathrm{d}x\mathrm{d}y=\oint_{BCNB}P\mathrm{d}x+Q\mathrm{d}y$$

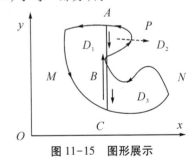

图 11-15　图形展示

把这三个等式相加,注意到相加时沿辅助曲线来回的曲线,路径相同,方向相反,由第二节性质 3,曲线积分就相互抵消,便得到

$$\iint\limits_{D}\left(\frac{\partial Q}{\partial x}-\frac{\partial P}{\partial y}\right)\mathrm{d}x\mathrm{d}y=\oint_{L}P\mathrm{d}x+Q\mathrm{d}y$$

其中 L 的方向对 D 来说为正向.一般地,公式(11-11)对于由分段光滑的曲线围成的闭区域都成立.证毕.

应注意的问题,定理 1 也包含复连通区域 D 的情形.对于复连通区域,格林公式(11-11)右端应包括沿区域 D 的全部边界曲线的积分,且边界曲线的方向对区域 D 来说都是正向.

格林公式的一个简单应用:设区域 D 是由边界曲线 L 围成的单连通区域,取 $P=-y$,

$Q=x$, 由格林公式, 得

$$2\iint\limits_{D}\mathrm{d}x\mathrm{d}y = \oint_{L}x\mathrm{d}y - y\mathrm{d}x$$

上式左端积分是闭区域 D 的面积 A 的 2 倍, 因而闭区域 D 的面积为

$$A = \iint\limits_{D}\mathrm{d}x\mathrm{d}y = \frac{1}{2}\oint_{L}x\mathrm{d}y - y\mathrm{d}x \qquad (11-14)$$

例 1　求椭圆 $x=a\cos\theta, y=b\sin\theta$ 所围成图形的面积 A.

解　根据公式 (4), 可得

$$A = \iint\limits_{D}\mathrm{d}x\mathrm{d}y = \frac{1}{2}\oint_{L}x\mathrm{d}y - y\mathrm{d}x = \frac{1}{2}\int_{0}^{2\pi}(ab\cos^{2}\theta + ab\sin^{2}\theta)\mathrm{d}\theta = \frac{1}{2}ab\int_{0}^{2\pi}\mathrm{d}\theta = \pi ab.$$

例 2　设 L 是任意一条分段光滑的闭曲线, 证明

$$\oint_{L}3x^{2}y^{2}\mathrm{d}x + 2x^{3}y\mathrm{d}y = 0$$

证　这里 $P=3x^{2}y^{2}$, $Q=2x^{3}y$. L 所围成的闭区域 D 是单连通闭区域, 函数 P 与 Q 在 D 上具有一阶连续偏导数, 满足格林公式的条件, 且

$$\frac{\partial Q}{\partial x} - \frac{\partial P}{\partial y} = 2y \cdot 3x^{2} - 3x^{2} \cdot 2y = 6x^{2}y - 6x^{2}y = 0$$

由格林公式 (11-11), 有

$$\oint_{L}3x^{2}y^{2}\mathrm{d}x + 2x^{3}y\mathrm{d}y = \pm\iint\limits_{D}\left(\frac{\partial Q}{\partial y} - \frac{\partial p}{\partial x}\right)\mathrm{d}x\mathrm{d}y = \pm\iint\limits_{D}0\mathrm{d}x\mathrm{d}y = 0$$

例 3　计算 $\iint\limits_{D}\sqrt{1+y^{2}}\mathrm{d}x\mathrm{d}y$, 其中 D 是以 $O(0,0)$、$A(1,1)$、$B(0,1)$ 为顶点的三角形闭区域 (见图 11-16).

解: ΔOAB 所围成的闭区域 D 是单连通闭区域, 取逆时针方向 $OABO$ 为正方向, 其中 $OA: y=x, 0\leqslant x\leqslant1, AB: y=1$, $0\leqslant x\leqslant1, BO: x=0, 0\leqslant y\leqslant1$. 令 $P=0, Q=x\sqrt{1+y^{2}}$, 函数 P 与 Q 在 D 上具有一阶连续偏导数, 满足格林公式的条件, 且 $\frac{\partial Q}{\partial x} - \frac{\partial P}{\partial y} = \sqrt{1+y^{2}}$. 因此, 由格林公式可得

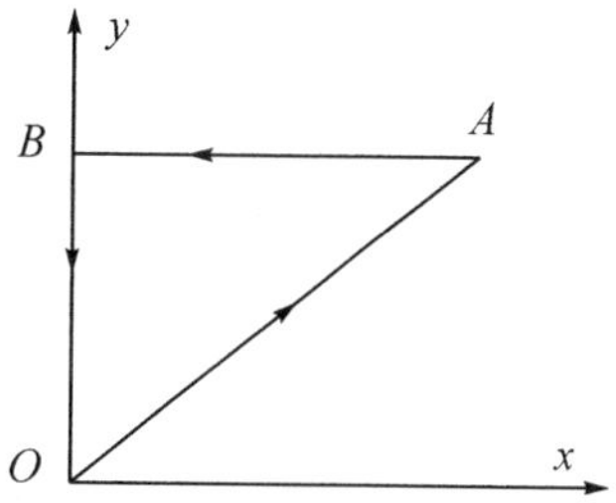

图 11-16　图形展示

$$原式 = \int_{OA+AB+BO}x\sqrt{1+y^{2}}\mathrm{d}y = \int_{OA}x\sqrt{1+y^{2}}\mathrm{d}y$$

$$= \int_{0}^{1}x\sqrt{1+x^{2}}\,\mathrm{d}x = \frac{1}{2}\int_{0}^{1}\sqrt{1+x^{2}}\,\mathrm{d}x^{2}$$

$$= \frac{1}{3}(1+x^{2})^{\frac{3}{2}}\bigg|_{0}^{1} = \frac{1}{3}(2\sqrt{2}-1)$$

(在 AB 上, 有 $\mathrm{d}y=0$, 在 BO 上, 有 $x=0$, 从而它们的积分为零)

例 4　计算曲线积分 $\oint_{L}\frac{x\mathrm{d}y - y\mathrm{d}x}{x^{2}+y^{2}}$, 其中 L 为一条无重点、分段光滑且不经过原点的连续闭曲线, L 的方向为逆时针方向.

解　令 $P=\frac{-y}{x^{2}+y^{2}}, Q=\frac{x}{x^{2}+y^{2}}$, 当 $x^{2}+y^{2}=0$ 时, 有

$$\frac{\partial Q}{\partial x} = \frac{y^2 - x^2}{(x^2 + y^2)^2} = \frac{\partial P}{\partial y}$$

记 L 所围成的闭区域为 D,是单连通闭区域,当 $(0,0) \notin D$ 时,满足格林公式的条件,由公式(11-11)得

$$原式 = \iint_D \left(\frac{\partial Q}{\partial x} - \frac{\partial P}{\partial y} \right) = 0.$$

当 $(0,0) \in D$ 时(见图 11-17),因为在 L 所围成的整个区域 D 内存在一点 $(0,0)$,其 $\frac{\partial Q}{\partial x}, \frac{\partial P}{\partial y}$ 不存在,格林公式的条件不满足.基于此,在 D 内取一圆周 $l: x^2 + y^2 = r^2 (r > 0)$,在 D 内挖去圆面: $x^2 + y^2 < r^2$,由 L 及 l 围成了一个复连通区域 D_1 上满足应用格林公式的条件.于是

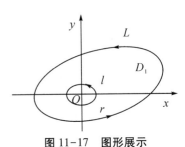

图 11-17 图形展示

$$\oint_{L+l^-} \frac{x\mathrm{d}y - y\mathrm{d}x}{x^2 + y^2} = \iint_{D_1} \left(\frac{\partial Q}{\partial x} - \frac{\partial P}{\partial y} \right) = 0$$

即

$$\oint_{L+l^-} \frac{x\mathrm{d}y - y\mathrm{d}x}{x^2 + y^2} = \oint_{L} \frac{x\mathrm{d}y - y\mathrm{d}x}{x^2 + y^2} - \oint_{l} \frac{x\mathrm{d}y - y\mathrm{d}x}{x^2 + y^2} = 0$$

其中 l 的方向取逆时针方向.于是

$$\oint_{L} \frac{x\mathrm{d}y - y\mathrm{d}x}{x^2 + y^2} = \oint_{l} \frac{x\mathrm{d}y - y\mathrm{d}x}{x^2 + y^2} = \int_0^{2\pi} \frac{r^2\cos^2\theta + r^2\sin^2\theta}{r^2}\mathrm{d}\theta = 2\pi$$

二、平面上曲线积分与路径无关的条件

我们知道,物体在下降过程中重力所做的功与路径无关.在力学中要研究所谓势场,就是研究场力所做的功与路径无关的情况.在什么条件下场力所做的功与路径无关?根据上一节的引例,这个问题在数学上就是要研究曲线积分与路径无关的条件,即曲线积分 $\int_L P\mathrm{d}x + Q\mathrm{d}y$ 与路径无关的条件.

设 G 是一个开区域,$P(x,y)$ 与 $Q(x,y)$ 在区域 G 内具有一阶连续偏导数.如果对于 G 内任意指定的两个点 A 与 B 以及 G 内从点 A 到点 B 的任意两条曲线 L_1 与 L_2(见图 11-18),等式

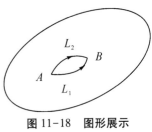

图 11-18 图形展示

$$\int_{L_1} P\mathrm{d}x + Q\mathrm{d}y = \int_{L_2} P\mathrm{d}x + Q\mathrm{d}y$$

都恒成立,那么称曲线积分 $\int_L P\mathrm{d}x + Q\mathrm{d}y$ 在 G 内**与路径无关**;否则说曲线积分与路径有关.

设曲线积分 $\int_L P\mathrm{d}x + Q\mathrm{d}y$ 在 G 内与路径无关,则有

$$\int_{L_1} P\mathrm{d}x + Q\mathrm{d}y = \int_{L_2} P\mathrm{d}x + Q\mathrm{d}y, 即 \int_{L_1} P\mathrm{d}x + Q\mathrm{d}y - \int_{L_2} P\mathrm{d}x + Q\mathrm{d}y = 0$$

由第二节的性质 3 和性质 2 可得

$$\int_{L_1} P\mathrm{d}x + Q\mathrm{d}y + \int_{L_2^-} P\mathrm{d}x + Q\mathrm{d}y = 0, 即 \oint_{L_1+L_2^-} P\mathrm{d}x + Q\mathrm{d}y = 0,$$

这里 $L_1+L_2^-$ 构成一条有向闭曲线. 因此,在区域 G 内由曲线积分与路径无关可得出,在 G 内沿任一封闭曲线的曲线积分为零;反过来,在 G 内沿任何封闭曲线的曲线积分为零,也可得到在区域 G 内由曲线积分与路径无关.由此可得,曲线积分 $\int_L P\mathrm{d}x + Q\mathrm{d}y$ 在 G 内与路径无关相当于沿 G 内任意闭曲线 C 的曲线积分 $\oint_L P\mathrm{d}x + Q\mathrm{d}y$ 等于零.

定理 2 设开区域 G 是一个单连通区域,函数 $P(x,y)$ 与 $Q(x,y)$ 在 G 内具有一阶连续偏导数,则曲线积分 $\int_L P\mathrm{d}x + Q\mathrm{d}y$ 在 G 内与路径无关(或沿 G 内任意闭曲线的曲线积分为零)的充分必要条件是等式

$$\frac{\partial P}{\partial y} = \frac{\partial Q}{\partial x} \tag{11-15}$$

在 G 内恒成立.

证【充分性】 在 G 内任取一条闭曲线 C,要证明:由条件公式(11-15)推出结论 $\oint_C P\mathrm{d}x + Q\mathrm{d}y =0$. 由于 G 是单连通区域,闭曲线 C 所围成的闭区域 D 全在 G 内,于是公式(11-15)在 D 上恒成立.应用格林公式:

$$\iint_D \left(\frac{\partial Q}{\partial x} - \frac{\partial P}{\partial y}\right) \mathrm{d}x\mathrm{d}y = \oint_C P\mathrm{d}x + Q\mathrm{d}y$$

由于 $\frac{\partial P}{\partial y} = \frac{\partial Q}{\partial x}$,有 $\frac{\partial Q}{\partial x} - \frac{\partial P}{\partial y} = 0$. 故上式左端的二重积分等于零,从而右端的曲线积分也等于零.

【必要性】 要证明:若沿 G 内任意闭曲线的曲线积分为零,则公式(11-15)成立.用反证法来证.假设上述论断不成立,那么在 G 内至少存在一点 M_0,使

$$\left(\frac{\partial Q}{\partial x} - \frac{\partial P}{\partial y}\right)_{M_0} \neq 0$$

设

$$\left(\frac{\partial Q}{\partial x} - \frac{\partial P}{\partial y}\right)_{M_0} = \eta > 0$$

由于 $\frac{\partial Q}{\partial x} - \frac{\partial P}{\partial y}$ 在 G 内连续,根据连续函数与极限的性质,在 G 内取一个以 M_0 为圆心,半径足够小的闭区域 K,使得在 K 上恒有

$$\frac{\partial Q}{\partial x} - \frac{\partial P}{\partial y} \geq \frac{\eta}{2}$$

根据格林公式及二重积分的性质,可得

$$\oint_\gamma P\mathrm{d}x + Q\mathrm{d}y = \iint_K \left(\frac{\partial Q}{\partial x} - \frac{\partial P}{\partial y}\right) \mathrm{d}x\mathrm{d}y \geq \frac{\eta}{2}\sigma > 0$$

其中 γ 是圆 K 的正向边界曲线,σ 是圆 K 的面积.这与沿 G 内任意闭曲线的曲线积分为

零相矛盾.由此可见,在 G 内使公式(11-15)不成立的点不可能存在,即公式(11-15)在 G 内处处存在.证毕.

定理 2 要求区域 G 是单连通区域,且 $P(x,y)$ 与 $Q(x,y)$ 在 G 内具有一阶连续偏导数.如果这两个条件之一不能满足,那么定理的结论不能保证成立.在例 4 中,当曲线 L 所围成的闭区域包含坐标原点时,虽然除去原点外,恒有 $\dfrac{\partial Q}{\partial x} = \dfrac{\partial P}{\partial y}$,但沿闭曲线的积分 $\oint_L Pdx + Qdy \neq 0$,因为在区域内含有破坏函数 $P(x,y)$、$Q(x,y)$ 及 $\dfrac{\partial P}{\partial y}$、$\dfrac{\partial Q}{\partial x}$ 连续性条件的坐标原点,这种点通常称为**奇点**.

例 5 计算 $\int_L y^2 dx + 2xy dy$,其中 L 为曲线 $y=x^3$ 上从 $O(0,0)$ 到 $M(2,8)$ 的一段弧.

解 令 $P=y^2$,$Q=2xy$,因为 $\dfrac{\partial P}{\partial y} = \dfrac{\partial Q}{\partial x} = 2y$ 在整个 xOy 面内都成立,所以在整个 xOy 面内积分 $\int_L y^2 dx + 2xy dy$ 与路径无关.选取折线路径 OAM,如图 11-19 所示,其中 $A(2,0)$,$\overrightarrow{OA}$ 的方程为 $y=0$,当 x 从 0 变到 2;$\overrightarrow{AM}$ 的方程为 $x=2$,当 y 从 0 变到 8.于是

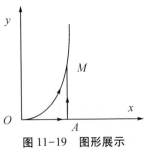

图 11-19　图形展示

$$
\begin{aligned}
原式 &= \int_{OA} y^2 dx + 2xy dy + \int_{AM} y^2 dx + 2xy dy \\
&= \int_0^2 0^2 dx + \int_0^0 2x \cdot 0 dy + \int_2^2 y^2 dx + \int_0^8 2 \cdot 2 \cdot y dy \\
&= 4\int_0^8 y dy \\
&= 128
\end{aligned}
$$

三、二元函数的全微分求积

曲线积分在 G 内与路径无关,表明曲线积分的值只与起点 (x_0, y_0) 和终点 (x, y) 有关.如果 $\int_L Pdx + Qdy$ 与路径无关,那么把它记为 $\int_{(x_0,y_0)}^{(x,y)} Pdx + Qdy$,即

$$\int_L Pdx + Qdy = \int_{(x_0,y_0)}^{(x,y)} Pdx + Qdy$$

若起点 (x_0, y_0) 为 G 内的一定点,终点 (x, y) 为 G 内的动点,上式右端是 x 与 y 的函数,把这个函数记作 $u(x,y)$,即

$$u(x,y) = \int_{(x_0,y_0)}^{(x,y)} P(x,y)dx + Q(x,y)dy$$

为了区分自变量与积分变量,上式也可记为

$$u(x,y) = \int_{(x_0,y_0)}^{(x,y)} P(s,t)ds + Q(s,t)dt$$

由第九章第三节,我们知道,二元函数 $u(x,y)$ 的全微分为

$$du(x,y) = \dfrac{\partial u}{\partial x}dx + \dfrac{\partial u}{\partial y}dy$$

因而表达式 $P(x,y)dx+Q(x,y)dy$ 与函数 $u(x,y)$ 的全微分有相同的结构.但它未必就是某个函数的全微分,在什么条件下表达式 $P(x,y)dx+Q(x,y)dy$ 恰好是某个二元函数 $u(x,y)$ 的全微分呢? 当这样的二元函数存在时,怎样求出这个二元函数呢?

定理 3 设区域 G 是一个单连通域,函数 $P(x,y)$ 与 $Q(x,y)$ 在 G 内具有一阶连续偏导数,则 $P(x,y)dx+Q(x,y)dy$ 在 G 内为某一函数 $u(x,y)$ 的全微分的充分必要条件是等式

$$\frac{\partial P}{\partial y} = \frac{\partial Q}{\partial x} \tag{11-16}$$

在 G 内恒成立.

证【必要性】 假设存在某一函数 $u(x,y)$,使得

$$du = P(x,y)dx+Q(x,y)dy$$

第九章第三节微分的定义,有

$$\frac{\partial u}{\partial x} = P(x,y), \frac{\partial u}{\partial y} = Q(x,y)$$

从而有

$$\frac{\partial P}{\partial y} = \frac{\partial}{\partial y}\left(\frac{\partial u}{\partial x}\right) = \frac{\partial^2 u}{\partial x \partial y}, \qquad \frac{\partial Q}{\partial x} = \frac{\partial}{\partial x}\left(\frac{\partial u}{\partial y}\right) = \frac{\partial^2 u}{\partial y \partial x}$$

因为 $P(x,y)$ 与 $Q(x,y)$ 具有一阶连续偏导数,所以 $\frac{\partial^2 u}{\partial x \partial y}$ 与 $\frac{\partial^2 u}{\partial y \partial x}$ 连续.这符合第九章第二节混合偏导数相等的条件,有 $\frac{\partial^2 u}{\partial x \partial y} = \frac{\partial^2 u}{\partial y \partial x}$,即 $\frac{\partial P}{\partial y} = \frac{\partial Q}{\partial x}$.这就证明了条件公式(11-16)是必要的.

【充分性】因为在 G 内条件公式(11-16)恒成立,由定理 2 可知,曲线积分 $\int_L P(x, y)dx + Q(x,y)dy$ 在 G 内与路径无关,因而在 G 内从定点 (x_0,y_0) 到动点 (x,y) 的曲线积分可表示为

$$\int_{(x_0,y_0)}^{(x,y)} P(x,y)dx + Q(x,y)dy$$

是 x 与 y 的函数.令

$$u(x,y) = \int_{(x_0,y_0)}^{(x,y)} Pdx + Qdy \tag{11-17}$$

下面证明函数 $u(x,y)$ 的全微分是 $P(x,y)dx+Q(x,y)dy$.因为 $P(x,y)$ 与 $Q(x,y)$ 都是连续函数,只需证明

$$\frac{\partial u}{\partial x} = P(x,y), \frac{\partial u}{\partial y} = Q(x,y)$$

由于公式(11-17)右端的曲线积分与路径无关,可以取先从 $M_0(x_0,y_0)$ 沿平行于 y 轴的直线段到 $N(x_0,y)$,然后从 $N(x_0,y)$ 沿平行 x 轴的直线段到 $M(x,y)$ 作为公式(11-17)右端的积分路径,当然要求积分路径的折线段 M_0NM 包含于区域 G,如图 11-20 所示.于是有

$$u(x,y) = \left(\int_{(x_0,y_0)}^{(x_0,y)} + \int_{(x_0,y)}^{(x,y)}\right)[P(x,y)dx + Q(x,y)dy]$$

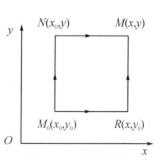

图 11-20 图形展示

$$= \int_{y_0}^{y} P(x_0,y) \cdot 0 + Q(x_0,y)\mathrm{d}y + \int_{x_0}^{x} P(x,y)\mathrm{d}x + Q(x,y) \cdot 0$$

$$= \int_{y_0}^{y} Q(x_0,y) + \int_{x_0}^{x} P(x,y)\mathrm{d}x$$

利用第五章第二节积分上限的函数求导法则,可得

$$\frac{\partial u}{\partial x} = \frac{\partial}{\partial x}\int_{y_0}^{y}Q(x_0,y)\mathrm{d}y + \frac{\partial}{\partial x}\int_{x_0}^{x}P(x,y)\mathrm{d}x = P(x,y)$$

如果取先从 $M_0(x_0,y_0)$ 沿平行 x 轴的直线段到 $R(x,y_0)$,然后从 $R(x,y_0)$ 沿平行于 y 轴的直线段到 $M(x,y)$ 作为公式(11-17)右端的积分的路径,当然要求积分路径的折线段 M_0RM 包含于区域 G,如图 11-20 所示.类似地有

高等数学 下册

·562·

$$u(x,y) = \int_{x_0}^{x}P(x,y_0)\mathrm{d}x + \int_{y_0}^{y}Q(x,y)\mathrm{d}y$$

由此可得,$\frac{\partial u}{\partial y} = Q(x,y)$.从而 $\mathrm{d}u = P(x,y)\mathrm{d}x + Q(x,y)\mathrm{d}y$.这就证明了条件公式(11-6)是充分的.证毕.

由定理 2 与定理 3,可得下面的推论.

推论 设区域 G 是一个单连通域,函数 $P(x,y)$ 与 $Q(x,y)$ 在 G 内具有一阶连续偏导数,则曲线积分 $\int_L P\mathrm{d}x + Q\mathrm{d}y$ 在 G 内与路径无关的充分必要条件是在 G 内存在函数 $u(x,y)$,使得 $\mathrm{d}u = P\mathrm{d}x + Q\mathrm{d}y$.

根据上述定理,如果函数 $P(x,y)$ 与 $Q(x,y)$ 在单连通区域 G 内具有一阶连续偏导数,且满足 $\frac{\partial P}{\partial y} = \frac{\partial Q}{\partial x}$,那么 $P\mathrm{d}x + Q\mathrm{d}y$ 就是某个函数 $u(x,y)$ 的全微分.我们可以利用公式(11-17)来求这个函数:取折线段 M_0NM 积分路径,可得

$$u(x,y) = \int_{y_0}^{y}Q(x_0,y)\mathrm{d}y + \int_{x_0}^{x}P(x,y)\mathrm{d}x \tag{11-18}$$

取折线段 M_0RM 积分路径,可得

$$u(x,y) = \int_{x_0}^{x}P(x,y_0)\mathrm{d}x + \int_{y_0}^{y}Q(x,y)\mathrm{d}y \tag{11-19}$$

例 6 验证在整个 xOy 面内,$2x^3y^2\mathrm{d}x + x^4y\mathrm{d}y$ 是某个函数的全微分,并求出一个这样的函数.

解 这里 $P = 2x^3y^2$,$Q = x^4y$ 在整个坐标面内具有一阶连续偏导数,且有

$$\frac{\partial Q}{\partial x} = 4x^3y = \frac{\partial P}{\partial y}$$

在整个 xOy 面内恒成立,根据定理 3,$2x^3y^2\mathrm{d}x + x^4y\mathrm{d}y$ 是某个函数的全微分.

取积分路线为从 $O(0,0)$ 到 $A(x,0)$ 再到 $B(x,y)$ 的折线段,利用公式(11-19),所求函数为

$$u(x,y) = \int_{(0,0)}^{(x,y)} 2x^3y^2\mathrm{d}x + x^4y\mathrm{d}y = \int_0^x 2x^3 \cdot 0^2\mathrm{d}x + \int_0^y x^4y\mathrm{d}y = x^4\int_0^y y\mathrm{d}y = \frac{x^4y^2}{2}$$

例 7 验证 $\frac{x\mathrm{d}y - y\mathrm{d}x}{x^2 + y^2}$ 在右半平面($x>0$)内是某个函数的全微分,并求出一个这样的

函数.

解 这里 $P = \dfrac{-y}{x^2+y^2}$,$Q = \dfrac{x}{x^2+y^2}$,在右半平面内具有一阶连续偏导数,且有

$$\frac{\partial Q}{\partial x} = \frac{y^2 - x^2}{(x^2 + y^2)^2} = \frac{\partial P}{\partial y}$$

因而在右半平面内 $\dfrac{x\mathrm{d}y - y\mathrm{d}x}{x^2+y^2}$ 是某个函数的全微分.

取积分路线为从 $A(1,0)$ 到 $B(x,0)$ 再到 $M(x,y)$ 的折线段,如图 11-21 所示.利用公式(11-19),所求函数为

$$u(x,y) = \int_{(1,0)}^{(x,y)} \frac{x\mathrm{d}y - y\mathrm{d}x}{x^2 + y^2} = \int_1^x \frac{0\mathrm{d}x}{x^2 + 0^2} + \int_0^y \frac{x\mathrm{d}y}{x^2 + y^2}$$

$$= \int_0^y \frac{1}{1 + \left(\dfrac{y}{x}\right)^2} \cdot \frac{1}{x}\mathrm{d}y = \int_0^y \frac{1}{1 + \left(\dfrac{y}{x}\right)^2} \mathrm{d}\left(\frac{y}{x}\right)$$

$$= \arctan\frac{y}{x}$$

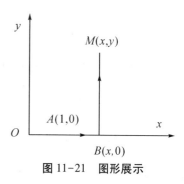

图 11-21　图形展示

习题 11-3

1.计算下列曲线积分,并验证格林公式的正确性.

(1) $\oint_L xy\mathrm{d}x + (3y - x^2)\mathrm{d}y$,其中 L 为抛物线 $y=x^2$ 与 $y=4$ 所围成的区域的正向边界曲线;

(2) $\oint_L (x^3 - x^2y)\mathrm{d}x + (y^2 + x^2)\mathrm{d}y$,其中 L 是三个顶点分别为 $O(0,0)$、$A(2,0)$ 及 $B(0,1)$ 的三角形区域的正向边界.

2.利用格林公式,计算下列曲线积分.

(1) $\oint_L (2x - y + 1)\mathrm{d}x + (4y - 3x - 5)\mathrm{d}y$,其中 L 是三个顶点分别为 $O(0,0)$、$A(2,0)$ 及 $B(2,3)$ 的三角形区域的正向边界;

(2) $\int_L (x^2 - y^2)\mathrm{d}x - (2xy + \sin^2 y)\mathrm{d}y$,其中 L 是上半圆周 $x^2+y^2=2ax(a>0)$,从点 $(0,0)$ 到点 $(2a,0)$ 的一段弧;

(3) $\int_L (x^3 - y^3\cos x)\mathrm{d}x + (xy^2 - 3y^2\sin x)\mathrm{d}y$,其中 L 为抛物线 $2x = \pi y^2$ 上由点 $(0,0)$ 到点 $\left(\dfrac{\pi}{2},1\right)$ 的一段弧.

3.利用曲线积分,求下列曲线所围成图形的面积.

(1)圆 $x^2+y^2=x$;(2)星形线 $x=a\cos^3 t,y=a\sin^3 t$;(3)立方抛物线 $y=x^3$ 与直线 $y=x$.

4.在单连通区域 G 内,如果 $P(x,y)$ 与 $Q(x,y)$ 具有一阶连续偏导数,且恒有 $\dfrac{\partial Q}{\partial x} = \dfrac{\partial P}{\partial y}$,那么

(1)在 G 内的曲线积分 $\int_L P(x,y)\,\mathrm{d}x + Q(x,y)\,\mathrm{d}y$ 是否与路径无关?

(2)在 G 内的闭曲线积分 $\oint_L P(x,y)\,\mathrm{d}x + Q(x,y)\,\mathrm{d}y$ 是否为零?

(3)在 G 内 $P(x,y)\mathrm{d}x + Q(x,y)\mathrm{d}y$ 是否是某一函数 $u(x,y)$ 的全微分?

5.证明下列曲线积分在整个 xOy 面内与路径无关,并计算积分值.

(1) $\int_{0,0}^{(3,5)} (3x+2y)\,\mathrm{d}x + (2x-y+2)\,\mathrm{d}y$;

(2) $\int_{(1,0)}^{(2,4)} (6xy^2+y^2)\,\mathrm{d}x + (6x^2y+2xy+1)\,\mathrm{d}y$;

(3) $\int_{(0,0)}^{(3,2)} (4x^3y^3-2xy^2)\,\mathrm{d}x + (3x^4y^2-2x^2y)\,\mathrm{d}y$.

6.证明下列 $P(x,y)\mathrm{d}x + Q(x,y)\mathrm{d}y$ 在整个 xOy 面内是某一函数 $u(x,y)$ 的全微分,并求这样的一个 $u(x,y)$.

(1)$(4x+y)\,\mathrm{d}x + (x-y)\,\mathrm{d}y$; $\qquad$ (2)$5x^4y^4\mathrm{d}x + 4x^5y^3\mathrm{d}y$;

(3)$\sin 2x\cos 4y\,\mathrm{d}x + 2\sin 4y\cos 2x\,\mathrm{d}y$; $\qquad$ (4)$\dfrac{2x(1-e^y)}{(1+x^2)^2}\mathrm{d}x + \dfrac{e^y}{1+x^2}\mathrm{d}y$.

7.计算曲线积分 $\oint_L \dfrac{x\mathrm{d}y - y\mathrm{d}x}{4x^2+y^2}$,其中 L 是圆周曲线 $(x-1)^2+y^2=4$.

8.在单连通区域 G 内,如果 $P(x,y)$ 与 $Q(x,y)$ 具有一阶连续偏导数,$\dfrac{\partial P}{\partial y} \neq \dfrac{\partial Q}{\partial x}$,但 $\dfrac{\partial Q}{\partial x} - \dfrac{\partial P}{\partial y}$ 非常简单,那么:(1)如何计算 G 内的闭曲线积分?(2)如何计算 G 内的非闭曲线积分?(3)计算 $\int_L (e^x\sin y - 2y)\,\mathrm{d}x + (e^2\cos y - 2)\,\mathrm{d}y$,其中 L 为逆时针方向的上半圆周 $(x-1)^2+y^2=a^2$.

第四节　对面积的曲面积分

一、对面积的曲面积分的概念与性质

1. 曲面物体的质量问题

设 Σ 为面密度非均匀的曲面物体的表面,其面密度为 $\rho(x,y,z)$,求其质量 m.

用网线把曲面 Σ 任意分成 n 小块 $\Delta S_1, \Delta S_2, \cdots, \Delta S_n$($\Delta S_i$ 也代表小曲面的面积),在第 i 小块曲面 ΔS_i 上任取一点 (ξ_i, η_i, ζ_i),如图 11-22 所示,在面密度 $\rho(x,y,z)$ 连续的条件下,$\rho(\xi_i, \eta_i, \zeta_i)$ 就近似表示第 i 小块曲面的密度,其质量的近似

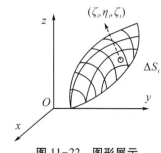

图 11-22　图形展示

值为 $\rho(\xi_i,\eta_i,\zeta_i)\Delta S_i$，因而所求曲面物体质量的近似值为

$$\sum_{i=1}^{n}\rho(\xi_i,\eta_i,\zeta_i)\Delta S_i$$

取极限得到精确值

$$m=\lim_{\lambda\to 0}\sum_{i=1}^{n}\rho(\xi_i,\eta_i,\zeta_i)\Delta S_i \tag{11-20}$$

其中 λ 为各小块曲面直径(曲面上任意两点间距离的最大者)的最大值.

光滑曲面是指曲面上各点处都具有切平面,且当点在曲面上连续移动时,切平面也连续转动.本节假定曲面是有界曲面,其边界曲线是分段光滑的闭曲线.

下面,我们给出对面积的曲面积分的概念.

定义 设 Σ 是光滑曲面,函数 $f(x,y,z)$ 在 Σ 上有界,把 Σ 任意分成 n 小块 ΔS_1,$\Delta S_2,\cdots,\Delta S_n$($\Delta S_i$ 也代表小曲面的面积),在 ΔS_i 上任取一点 (ξ_i,η_i,ζ_i),若当各小块曲面的直径的最大值 $\lambda\to 0$ 时,和式极限

$$\lim_{\lambda\to 0}\sum_{i=1}^{n}f(\xi_i,\eta_i,\zeta_i)\Delta S_i$$

总存在,则称此极限为函数 $f(x,y,z)$ 在曲面 Σ 上**对面积的曲面积分**或**第一类曲面积分**,记作 $\iint\limits_{\Sigma}f(x,y,z)\mathrm{d}S$,即

$$\iint\limits_{\Sigma}f(x,y,z)\mathrm{d}S=\lim_{\lambda\to 0}\sum_{i=1}^{n}f(\xi_i,\eta_i,\zeta_i)\Delta S_i \tag{11-21}$$

其中 $f(x,y,z)$ 叫作**被积函数**,光滑曲面 Σ 叫作**积分曲面**.

我们指出当 $f(x,y,z)$ 在光滑曲面 Σ 上连续时对面积的曲面积分是存在的.今后总假定 $f(x,y,z)$ 在曲面 Σ 上连续.

根据上述定义,面密度为连续函数 $f(x,y,z)$ 的光滑曲面 Σ 的质量 m 可表示:$f(x,y,z)$ 在曲面 Σ 上对面积的曲面积分

$$m=\iint\limits_{\Sigma}f(x,y,z)\mathrm{d}S$$

2. 对面积的曲面积分的性质

性质1 设 c_1 与 c_2 为常数,则对面积的曲面积分有

$$\iint\limits_{\Sigma}[c_1f(x,y,z)+c_2g(x,y,z)]\mathrm{d}S=c_1\iint\limits_{\Sigma}f(x,y,z)\mathrm{d}S+c_2\iint\limits_{\Sigma}g(x,y,z)\mathrm{d}S$$

如果 Σ 是分片光滑曲面,我们规定函数在 Σ 上对面积的曲面积分等于函数在光滑的各片曲面上对面积的曲面积分之和.于是有性质2.

性质2 若曲面 Σ 可分成两片光滑曲面 Σ_1 与 Σ_2,则

$$\iint\limits_{\Sigma}f(x,y,z)\mathrm{d}S=\iint\limits_{\Sigma_1}f(x,y,z)\mathrm{d}S+\iint\limits_{\Sigma_2}f(x,y,z)\mathrm{d}S$$

性质3 设在曲面 Σ 上 $f(x,y,z)\leqslant g(x,y,z)$,则

$$\iint\limits_{\Sigma}f(x,y,z)\mathrm{d}S\leqslant\iint\limits_{\Sigma}g(x,y,z)\mathrm{d}S$$

二、对面积的曲面积分的计算.

我们用微元法来计算对面积的曲面积分.设曲面物体的表面 Σ 的方程为 $z=z(x,y)$,在 xOy 面上的投影区域为 D_{xy},如图 11-23 所示,函数 $z=z(x,y)$ 在区域 D_{xy} 上具有连续偏导数,物体的面密度函数 $f(x,y,z)(\geqslant 0)$ 在 Σ 上连续.

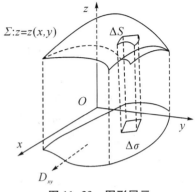

图 11-23 图形展示

设在 Σ 上取一小块曲面物体 ΔS(ΔS 也代表小曲面的面积),ΔS 在 xOy 面上的投影区域为 $\Delta\sigma$(它的面积也记作 $\Delta\sigma$),在区域 $\Delta\sigma$ 任取一点 $(x,y,0)$.根据第十章第四节曲面的面积计算方法,可得小块曲面 ΔS 的面积为

$$\Delta S=\sqrt{1+z_x^2(x,y)+z_y^2(x,y)}\,\Delta\sigma$$

因而曲面的面积元素为

$$dS=\sqrt{1+z_x^2(x,y)+z_y^2(x,y)}\,dxdy$$

小块曲面物体 Δs 的质量,即质量元素为

$$f[x,y,z(x,y)]dS=f[x,y,z(x,y)]\sqrt{1+z_x^2(x,y)+z_y^2(x,y)}\,dxdy$$

根据第十章二重积分的计算,曲面的质量为

$$m=\iint\limits_{D_{xy}}f[x,y,z(x,y)]\sqrt{1+z_x^2(x,y)+z_y^2(x,y)}\,dxdy$$

由此可得,对面积的曲面积分计算公式为

$$\iint\limits_{\Sigma}f(x,y,z)dS=\iint\limits_{D_{xy}}f[x,y,z(x,y)]\sqrt{1+z_x^2(x,y)+z_y^2(x,y)}\,dxdy$$

当函数 $f(x,y,z)$ 与 $\sqrt{1+z_x^2(x,y)+z_y^2(x,y)}$ 都在闭区域 D_{xy} 上连续,根据二重积分的存在,上式右端积分存在.因此,我们获得结论:

设曲面 Σ 的方程为 $z=z(x,y)$,在 xOy 面上的投影区域为 D_{xy},函数 $z=z(x,y)$ 在区域 D_{xy} 上具有连续偏导数,且 $f(x,y,z)$ 在闭区域 D_{xy} 上连续,则面积的曲面积分 $\iint\limits_{\Sigma}f(x,y,z)dS$ 存在,且

$$\iint\limits_{\Sigma}f(x,y,z)dS=\iint\limits_{D_{xy}}f[x,y,z(x,y)]\sqrt{1+z_x^2(x,y)+z_y^2(x,y)}\,dxdy \qquad(11-22)$$

这个公式就是把曲面积分化为二重积分的计算公式.由于曲面 Σ 的方程为 $z=z(x,y)$,而曲面积分记号中面积元素 dS 的就是 $\sqrt{1+z_x^2(x,y)+z_y^2(x,y)}\,dxdy$.因此,在计算时,只要把变量 z 换成 $z(x,y)$,dS 换成 $\sqrt{1+z_x^2(x,y)+z_y^2(x,y)}\,dxdy$,然后确定曲面 Σ 在 xOy 面上的投影区域 D_{xy},这样就把对面积的曲面积分转化为二重积分了.事实上,当 $f(x,y,z)<0$ 时,公式(11-22)仍然成立.

当积分曲面 Σ 的方程为 $x=x(y,z)$ 或 $y=y(z,x)$ 时,也可以类似地把对面积的曲面积分转化为相应的二重积分.

例 1 计算 $\iint\limits_{\Sigma} xz\mathrm{d}S$,其中 Σ 是平面 $2x+y+z=2$ 被第一卦限所截的三角形区域.

解 平面截距式方程为 $x+\dfrac{y}{2}+\dfrac{z}{2}=1$,$\Sigma$ 是三角形

ΔABC 区域,其中 $A(1,0,0)$,$B(0,2,0)$,$C(0,0,2)$(见图 11-24),Σ 的方程为 $z=2-2x-y$,可得

$$z_x=-2, \quad z_y=-1$$

$$\mathrm{d}S=\sqrt{1+z_x^2+z_y^2}\,\mathrm{d}x\mathrm{d}y=\sqrt{1+(-2)^2+(-1)^2}\,\mathrm{d}x\mathrm{d}y=\sqrt{6}\,\mathrm{d}x\mathrm{d}y$$

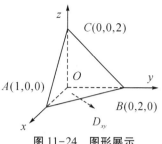

图 11-24 图形展示

ΔABC 在 xOy 面上的投影区域也是三角形区域(ΔOAB):

$$D_{xy}=\{(x,y)\mid 0\leqslant y\leqslant 2-2x,0\leqslant x\leqslant 1\}$$

于是可得

$$原式=\iint\limits_{D_{xy}} x(2-2x-y)\cdot\sqrt{6}\,\mathrm{d}x\mathrm{d}y=\sqrt{6}\int_0^1\mathrm{d}x\int_0^{2-2x}(2x-2x^2-xy)\mathrm{d}y$$

$$=\sqrt{6}\int_0^1\left(2xy-2x^2y-\frac{1}{2}xy^2\right)\Big|_0^{2-2x}\mathrm{d}x=2\sqrt{6}\int_0^1(x-2x^2+x^3)\mathrm{d}x=\frac{\sqrt{6}}{6}$$

例 2 计算曲面积分 $\iint\limits_{\Sigma} z^2\mathrm{d}S$,其中 Σ 是球面 $x^2+y^2+z^2=R^2$ 被平面 $z=h(0<h<R)$ 截出的顶部(球冠).

解 曲面 Σ 的方程为 $z=\sqrt{R^2-x^2-y^2}$. Σ 在 xOy 面上的投影区域为 D_{xy} 为圆形闭区域 $\{(x,y)\mid x^2+y^2\leqslant R^2-h^2\}$,如图 11-25 所示,有

$$z_x=\frac{\dfrac{\partial}{\partial x}(R^2-x^2-y^2)}{2\sqrt{R^2-x^2-y^2}}=\frac{-x}{\sqrt{R^2-x^2-y^2}}, \quad z_y=\frac{\dfrac{\partial}{\partial y}(R^2-x^2-y^2)}{2\sqrt{R^2-x^2-y^2}}=\frac{-y}{\sqrt{R^2-x^2-y^2}}$$

$$\mathrm{d}S=\sqrt{1+z_x^2+z_y^2}\,\mathrm{d}x\mathrm{d}y=\sqrt{1+\frac{x^2}{R^2-x^2-y^2}+\frac{y^2}{R^2-x^2-y^2}}\,\mathrm{d}x\mathrm{d}y=\frac{R}{\sqrt{R^2-x^2-y^2}}\,\mathrm{d}x\mathrm{d}y$$

于是

$$\iint\limits_{\Sigma} z^2\mathrm{d}S=R\iint\limits_{D_{xy}}\sqrt{R^2-x^2-y^2}\,\mathrm{d}x\mathrm{d}y$$

圆形闭区域 D_{xy} 的极坐标为 $0\leqslant\rho\leqslant\sqrt{R^2-h^2}$,$0\leqslant\theta\leqslant 2\pi$. 因此,

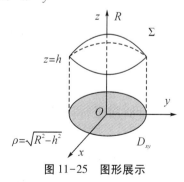

图 11-25 图形展示

$$原式=R\iint\limits_{D_{xy}}\sqrt{R^2-\rho^2}\,\rho\mathrm{d}\rho\mathrm{d}\theta=R\int_0^{2\pi}\mathrm{d}\theta\int_0^{\sqrt{R^2-h^2}}\sqrt{R^2-\rho^2}\,\rho\mathrm{d}\rho$$

$$=R\cdot 2\pi\cdot\left(-\frac{1}{2}\right)\int_0^{\sqrt{R^2-h^2}}\sqrt{R^2-\rho^2}\,\mathrm{d}(R^2-\rho^2)$$

$$=-\pi R\cdot\frac{2}{3}\cdot(R^2-\rho^2)^{\frac{3}{2}}\Big|_0^{\sqrt{R^2-h^2}}=\frac{2}{3}\pi R(R^3-h^3)$$

习题 11-4

1.当 Σ 为 xOy 面内的一个闭区域时,曲面积分 $\iint\limits_{\Sigma} f(x,y,z)\,\mathrm{d}S$ 与二重积分有什么关系?

2.计算曲面积分 $\iint\limits_{\Sigma} f(x,y,z)\,\mathrm{d}S$,其中 Σ 为旋转抛物面 $z=4-x^2-y^2$ 在 xOy 面上方的部分,$f(x,y,z)$ 分别如下:

(1)$f(x,y,z)=1$;

(2)$f(x,y,z)=\dfrac{1}{(1+4x^2+4y^2)^{\frac{3}{2}}}$;

(3)$f(x,y,z)=x$;

(4)$f(x,y,z)=z.$

3.计算下列对面积的曲面积分.

(1)$\iint\limits_{\Sigma} x^2\,\mathrm{d}S$,其中 Σ 是锥面 $z=\sqrt{x^2+y^2}$ 被平面 $z=2$ 截得的有限部分;

(2)$\iint\limits_{\Sigma} z^2\,\mathrm{d}S$,其中 Σ 是锥面 $z^2=4(x^2+y^2)$ 及平面 $z=0$ 和 $z=4$ 所围成的区域的整个边界曲面.

4.计算下列对面积的曲面积分.

(1)$\iint\limits_{\Sigma} x^2+z\,\mathrm{d}S$,其中 Σ 是平面 $x+2y+2z=2$ 在第一卦限中的部分;

(2)$\iint\limits_{\Sigma} z+y\,\mathrm{d}S$,其中 Σ 是球面 $x^2+y^2+z^2=R^2$ 上 $z\geqslant h(0<h<R)$ 的部分;

(3)$\iint\limits_{\Sigma} xy+yz+xz\,\mathrm{d}S$,其中 Σ 是锥面 $z=\sqrt{x^2+y^2}$ 被柱面 $x^2+y^2=2ax$ 截得的有限部分.

5.求抛物面壳 $z=4(x^2+y^2)(0\leqslant z\leqslant 4)$ 的质量,此壳的面密度为 $u=|y|$.

6.求面密度为 μ_0 的均匀半球壳 $x^2+y^2+z^2=R^2(z\geqslant 0)$ 对于 z 轴的转动惯量.

第五节　对坐标的曲面积分

一、对坐标的曲面积分的概念与性质

1. 有向曲面

我们的衣服有内面与外面之分,球面有内侧与外侧的区别. 在数学中,有时遇到的曲面也有内面与外面之分,这样的曲面称为**双侧曲面**. 由方程 $z=z(x,y)$ 表示的曲面分为上侧与下侧.本节总假定所考虑的曲面是双侧的.

在讨论对坐标的曲面积分时,需要指定曲面的侧.我们以通过曲面上法方向的指向来定出曲面的侧. 例如,在坐标系 $Oxyz$ 中假定 z 轴铅直向上,对于曲面 $z=z(x,y)$,若取它的

法向量 $\vec{n}$ 的指向朝上,我们就认为取定曲面的上侧. 设曲面的单位法向量为 $\vec{n}=(\cos\alpha,\cos\beta,\cos\gamma)$,在曲面的上侧,则 $\cos\gamma>0$;在曲面的下侧,则 $\cos\gamma<0$;反之亦然. 又如封闭曲面取它法向量 $\vec{n}$ 的指向朝外,就认为取定曲面的外侧;取它法向量 $\vec{n}$ 的指向朝内,就认为取定曲面的内侧. 这种取定了法方向亦即选定了侧的曲面,就称为**有向曲面**.

设 Σ 是有向曲面.在 Σ 上取一小块曲面 ΔS,把 ΔS 投影到 xOy 面上得一投影区域,这投影区域的面积记为 $(\Delta\sigma)_{xy}$. 假定 ΔS 上各点处的法向量与 z 轴的夹角 γ 的余弦 $\cos\gamma$ 有相同的符号,即 $\cos\gamma$ 都是正的或都是负的. 我们规定 ΔS 在 xOy 面上的投影 $(\Delta S)_{xy}$ 为

$$(\Delta S)_{xy}=\begin{cases} (\Delta\sigma)_{xy}, & \cos\gamma>0 \\ -(\Delta\sigma)_{xy}, & \cos\gamma<0 \\ 0, & \cos\gamma=0 \end{cases}$$

其中 $\cos\gamma=0$ 也就是 $(\Delta\sigma)_{xy}=0$ 的情形. 也就是说,有向小曲面 ΔS 投影到 xOy 面上得到一区域 $(\Delta S)_{xy}$,是 ΔS 在 xOy 面上的投影区域的面积 $(\Delta\sigma)_{xy}$ 附以一定的正负号,就能反映有向曲面的上下侧.例如,有向曲面 $z=z(x,y)$,它的法向量 $\vec{n}=\pm(z_x,z_y,-1)$.若 Σ 取上侧,法方向 $\vec{n}$ 与 z 轴的夹角 γ 为锐角,则与上侧一致的方向是 $\vec{n}=(-z_x,-z_y,1)$;若 Σ 取下侧,法方向 $\vec{n}$ 与 z 轴的夹角 γ 为钝角,则与下侧一致的方向是 $\vec{n}=(z_x,z_y,-1)$.类似地可以定义 ΔS 在 yOz 面及在 zOx 面上的投影 $(\Delta S)_{yz}$ 及 $(\Delta S)_{zx}$.

2. 流向曲面一侧的流量

设稳定流动的不可压缩流体的速度场为

$$\vec{v}=P(x,y,z)\vec{i}+Q(x,y,z)\vec{j}+R(x,y,z)\vec{k}$$

Σ 是速度场中的一片有向曲面,函数 $P(x,y,z)$、$Q(x,y,z)$ 与 $R(x,y,z)$ 都在 Σ 上连续,求在单位时间内流向 Σ 指定侧的流体的质量,即流量 Φ.

如果流体流过平面上面积为 A 的一个闭区域,且流体在这闭区域上各点处的流速为(常向量)$\vec{v}$,又设 $\vec{n}$ 为该平面的单位法向量[见图 11-26(1)],那么在单位时间内流过这闭区域的流体组成一个底面积为 A,斜高为 $|\vec{v}|$ 的斜柱体[见图 11-26(2)].

由第八章第二节数量积的定义,当 $(\widehat{\vec{v},\vec{n}})=\theta<\dfrac{\pi}{2}$ 时,这斜柱体的体积为

$$A|\vec{v}|\cos\theta=A\vec{v}\cdot\vec{n}$$

这也是通过闭区域 A 的流向 $\vec{n}$ 所指一侧的流量 Φ;当 $\theta=\dfrac{\pi}{2}$ 时,显然流体通过闭区域 A 的流向 $\vec{n}$ 所指一侧的流量 Φ 为零,因为 $A\vec{v}\cdot\vec{n}=0$,故 $\Phi=A\vec{v}\cdot\vec{n}=0$;当 $\theta>\dfrac{\pi}{2}$ 时,$A\vec{v}\cdot\vec{n}<0$,这时我们仍把 $A\vec{v}\cdot\vec{n}$ 称为流体通过闭区域 A 流向 $\vec{n}$ 所指一侧的流量,它表示流体通过闭区域 A 实际上流向 $-\vec{n}$ 所指一侧,且流向 $-\vec{n}$ 所指一侧的流量为 $-A\vec{v}\cdot\vec{n}$. 因此,不论 $(\widehat{\vec{v},\vec{n}})$ 为何值,流体通过闭区域 A 流向 $\vec{n}$ 所指一侧的流量均为 $A\vec{v}\cdot\vec{n}$.

由于现在所考虑的不是平面闭区域而是一片曲面,且流速 $\vec{v}$ 也不是常量,因而所求流量不能直接用上述方法计算.然而,在前面几节中引出的各类积分概念的例子中常用的方法也可用来解决这个问题.

把曲面 Σ 分成 n 个小块曲面 ΔS_1，ΔS_2，$\cdots$，ΔS_n（ΔS_i 同时也代表第 i 小块曲面的面积）. 在 Σ 是光滑的和 $\vec{v}$ 是连续的前提下，只要 ΔS_i 的直径很小，我们就可以用 ΔS_i 上任一点 (ξ_i,η_i,ζ_i) 处的流速

$$\vec{v}_i = \vec{v}_i(\xi_i,\eta_i,\zeta_i) = P(\xi_i,\eta_i,\zeta_i)\vec{i} + Q(\xi_i,\eta_i,\zeta_i)\vec{j} + R(\xi_i,\eta_i,\zeta_i)\vec{k}$$

代替 ΔS_i 上其他各点处的流速，以该点 (ξ_i,η_i,ζ_i) 处曲面 Σ 的单位法向量

$$\vec{n}_i = \cos\alpha_i\vec{i} + \cos\beta_i\vec{j} + \cos\gamma_i\vec{k}$$

代替 ΔS_i 上其他各点处的单位法向量（见图 11-27）. 从而得到通过 ΔS_i 流向指定侧的流量的近似值为

$$A\vec{v}_i \cdot \vec{n}_i\Delta S_i (i=1,2,\cdots,n)$$

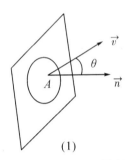
(1)

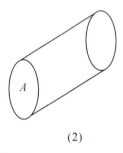
(2)

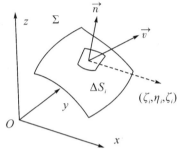

图 11-26　图形展示　　　　　　　　　　图 11-27　图形展示

于是，通过曲面 Σ 流向指定侧的流量

$$\Phi \approx \sum_{i=1}^{n}\vec{v}_i \cdot \vec{n}_i\Delta S_i = \sum_{i=1}^{n}\left[P(\xi_i,\eta_i,\zeta_i)\cos\alpha_i + Q(\xi_i,\eta_i,\zeta_i)\cos\beta_i + R(\xi_i,\eta_i,\zeta_i)\cos\gamma_i \right]\Delta S_i$$

又由第十章第四节曲面与投影之间的关系，有

$$\cos\alpha_i \cdot \Delta S_i \approx (\Delta S_i)_{yz}, \cos\beta_i \cdot \Delta S_i \approx (\Delta S_i)_{zx}, \cos\gamma_i \cdot \Delta S_i \approx (\Delta S_i)_{xy}$$

因此，上式可以写成

$$\Phi \approx \sum_{i=1}^{n}\left[P(\xi_i,\eta_i,\zeta_i)(\Delta S_i)_{yz} + Q(\xi_i,\eta_i,\zeta_i)(\Delta S_i)_{zx} + R(\xi_i,\eta_i,\zeta_i)(\Delta S_i)_{xy} \right]$$

设曲面 Σ 中各小块曲面 ΔS_i 的直径的最大值为 λ，令 $\lambda \to 0$ 取上述和的极限，就得到流量 Φ 的精确值. 这样的极限还会在其他问题中遇到. 舍去流体这个具体的物理内容，我们就抽象出如下对坐标的曲面积分的概念.

定义　设 Σ 为光滑的有向曲面，函数 $R(x,y,z)$ 在 Σ 上有界. 把曲面 Σ 分成 n 个小块曲面 ΔS_1，ΔS_2，$\cdots$，ΔS_n（ΔS_i 也代表第 i 小块曲面的面积），ΔS_i 在 xOy 面上的投影为 $(\Delta S)_{xy}$，(ξ_i,η_i,ζ_i) 是 ΔS_i 上任一点. 若当各小块曲面 ΔS_i 的直径的最大值令 $\lambda \to 0$ 时，和式极限

$$\lim_{\lambda \to 0}\sum_{i=1}^{n}\left[R(\xi_i,\eta_i,\zeta_i)(\Delta S_i)_{xy} \right]$$

总存在，则称此极限为函数 $R(x,y,z)$ 在有向曲面 Σ 上**对坐标 x,y 的曲面积分**，记作 $\iint\limits_{\Sigma}R(x,y,z)\mathrm{d}x\mathrm{d}y$，即

$$\iint\limits_{\Sigma}R(x,y,z)\mathrm{d}x\mathrm{d}y = \lim_{\lambda \to 0}\sum_{i=1}^{n}R(\xi_i,\eta_i,\zeta_i)(\Delta S_i)_{xy}$$

其中 $R(x,y,z)$ 叫作**被积函数**,光滑的有向曲面 Σ 叫作**积分曲面**.

类似地,可定义函数 $P(x,y,z)$ 在有向曲面 Σ 上**对坐标 y、z 的曲面积分**$\iint\limits_{\Sigma}P(x,y,z)\mathrm{d}y\mathrm{d}z$,以及函数 $Q(x,y,z)$ 在有向曲面 Σ 上**对坐标 z、x 的曲面积分**$\iint\limits_{\Sigma}Q(x,y,z)\mathrm{d}z\mathrm{d}x$,它们分别为

$$\iint\limits_{\Sigma}P(x,y,z)\mathrm{d}y\mathrm{d}z = \lim_{\lambda\to 0}\sum_{i=1}^{n}P(\xi_i,\eta_i,\zeta_i)\,(\Delta S_i)_{yz}$$

$$\iint\limits_{\Sigma}Q(x,y,z)\mathrm{d}z\mathrm{d}x = \lim_{\lambda\to 0}\sum_{i=1}^{n}Q(\xi_i,\eta_i,\zeta_i)\,(\Delta S_i)_{zx}$$

以上三个曲面积分又称为**第二类曲面积分**.

需要指出的是当函数 $P(x,y,z)$,$Q(x,y,z)$,$R(x,y,z)$ 在有向光滑曲面 Σ 上连续时,对坐标的曲面积分是存在的,本节假定 P,Q,R 在 Σ 上连续.

在应用上出现较多的是

$$\iint\limits_{\Sigma}P(x,y,z)\mathrm{d}y\mathrm{d}z + \iint\limits_{\Sigma}Q(x,y,z)\mathrm{d}z\mathrm{d}x + \iint\limits_{\Sigma}R(x,y,z)\mathrm{d}x\mathrm{d}y$$

为了方便,把它简记为

$$\iint\limits_{\Sigma}P(x,y,z)\mathrm{d}y\mathrm{d}z + Q(x,y,z)\mathrm{d}z\mathrm{d}x + R(x,y,z)\mathrm{d}x\mathrm{d}y$$

例如,流向 Σ 指定侧的流量 Φ 可表示为

$$\Phi = \iint\limits_{\Sigma}P(x,y,z)\mathrm{d}y\mathrm{d}z + Q(x,y,z)\mathrm{d}z\mathrm{d}x + R(x,y,z)\mathrm{d}x\mathrm{d}y$$

对坐标的曲面积分具有与对坐标的曲线积分类似的一些性质:

如果 Σ 是分片光滑的有向曲面,我们规定函数在 Σ 上对坐标的曲面积分等于函数在各片光滑曲面上对坐标的曲面积分之和. 于是

性质 1　如果把有向曲面 Σ 分成 Σ_1 和 Σ_2,则

$$\iint\limits_{\Sigma}P\mathrm{d}y\mathrm{d}z + Q\mathrm{d}z\mathrm{d}x + R\mathrm{d}x\mathrm{d}y = \iint\limits_{\Sigma_1}P\mathrm{d}y\mathrm{d}z + Q\mathrm{d}z\mathrm{d}x + R\mathrm{d}x\mathrm{d}y + \iint\limits_{\Sigma_2}P\mathrm{d}y\mathrm{d}z + Q\mathrm{d}z\mathrm{d}x + R\mathrm{d}x\mathrm{d}y$$

性质 2　设 Σ 是有向曲面,Σ^- 表示与 Σ 取相反侧的有向曲面,则

$$\iint\limits_{\Sigma^-}P\mathrm{d}y\mathrm{d}z + Q\mathrm{d}z\mathrm{d}x + R\mathrm{d}x\mathrm{d}y = -\iint\limits_{\Sigma}P\mathrm{d}y\mathrm{d}z + Q\mathrm{d}z\mathrm{d}x + R\mathrm{d}x\mathrm{d}y$$

这是因为若 $\vec{n}=(\cos\alpha,\cos\beta,\cos\gamma)$ 是 Σ 的单位法向量,则 Σ^- 上的单位法向量是 $-\vec{n}=(-\cos\alpha,-\cos\beta,-\cos\gamma)$,所以

$$\iint\limits_{\Sigma^-}P\mathrm{d}y\mathrm{d}z + Q\mathrm{d}z\mathrm{d}x + R\mathrm{d}x\mathrm{d}y = \iint\limits_{\Sigma}\{-P(x,y,z)\cos\alpha - Q(x,y,z)\cos\beta - R(x,y,z)\cos\gamma\}\mathrm{d}S$$

$$= -\iint\limits_{\Sigma}P\mathrm{d}y\mathrm{d}z + Q\mathrm{d}z\mathrm{d}x + R\mathrm{d}x\mathrm{d}y$$

性质 2 表明,当积分曲面改变为相反侧时,对坐标的曲面积分要改变符号.因而关于对坐标的曲面积分,必须注意积分曲面所取的侧.

二、对坐标的曲面积分的计算法

设积分曲面 Σ 由方程 $z=z(x,y)$ 给出，Σ 在 xOy 面上的投影区域为 D_{xy}，函数 $z=z(x,y)$ 在 D_{xy} 上具有一阶连续偏导数，且被积函数 $R(x,y,z)$ 在 Σ 上连续，则有

$$\iint\limits_{\Sigma}R(x,y,z)\mathrm{d}x\mathrm{d}y = \pm\iint\limits_{D_{xy}}R[x,y,z(x,y)]\mathrm{d}x\mathrm{d}y$$

其中当 Σ 取上侧时，Σ 的方向与 z 轴的正向相同，即 $\cos\gamma>0$，积分号前取正号"+"；如果 Σ 取下侧时，与 z 轴的正向相反，即 $\cos\gamma<0$，积分前取负号"−".

利用对坐标的曲面积分的定义，把曲面 Σ 分成 n 个小块曲面 $\Delta S_1,\Delta S_2,\cdots,\Delta S_n$（$\Delta S_i$ 也代表第 i 小块曲面的面积）. ΔS_i 在 xOy 面上的投影为 $(\Delta S)_{xy}$，有

$$\iint\limits_{\Sigma}R(x,y,z)\mathrm{d}x\mathrm{d}y = \lim_{\lambda\to0}\sum_{i=1}^{n}R(\xi_i,\eta_i,\zeta_i)(\Delta S_i)_{xy}$$

当 Σ 取上侧时，Σ 的方向与 z 轴的正向相同，有 $(\Delta S)_{xy}=(\Delta\sigma)_{xy}$. 又因为 (ξ_i,η_i,ζ_i) 是 Σ 上的一点，所以 $\zeta_i=z(\xi_i,\eta_i)$. 从而

$$\sum_{i=1}^{n}R(\xi_i,\eta_i,\zeta_i)(\Delta S_i)_{xy} = \sum_{i=1}^{n}R[\xi_i,\eta_i,z(\xi_i,\eta_i)](\Delta\sigma_i)_{xy}$$

如果当各小块曲面的直径的最大值 $\lambda\to0$ 时，取上式两端的极限，就得到

$$\iint\limits_{\Sigma}R(x,y,z)\mathrm{d}x\mathrm{d}y = \iint\limits_{D_{xy}}R[x,y,z(x,y)]\mathrm{d}x\mathrm{d}y \tag{11-23}$$

这个公式就是把对坐标的曲面积分化为二重积分公式.公式(11-23)表明，计算曲面积分 $\iint\limits_{\Sigma}R(x,y,z)\mathrm{d}x\mathrm{d}y$ 时，只要把变量 z 换成表示曲面 Σ 的函数 $z(x,y)$，再确定曲面 Σ 在 xOy 面上的投影区域 D_{xy}，计算 D_{xy} 上的二重积分就行了.

要注意的是，公式(11-23)的曲面积分是取 Σ 上侧的，Σ 的方向与 z 轴的正向相同，积分号前取"+"；如果 Σ 取下侧时，与 z 轴的正向相反，即 $\cos\gamma<0$，有 $(\Delta S)_{xy}=-(\Delta\sigma)_{xy}$，积分号前取"−"，从而有

$$\iint\limits_{\Sigma}R(x,y,z)\mathrm{d}x\mathrm{d}y = -\iint\limits_{D_{xy}}R[x,y,z(x,y)]\mathrm{d}x\mathrm{d}y \tag{11-24}$$

类似地，如果 Σ 由 $x=x(y,z)$ 给出，则有

$$\iint\limits_{\Sigma}P(x,y,z)\mathrm{d}y\mathrm{d}z = \pm\iint\limits_{D_{yz}}P[x(y,z),y,z]\mathrm{d}y\mathrm{d}z \tag{11-25}$$

等式右端的符号这样确定：如果曲面积分是曲面 Σ 的前侧，Σ 的方向与 x 轴的正向相同，即 $\cos\alpha>0$，积分号前取"+"；反之，如果 Σ 取后侧，与 x 轴的正向相反，即 $\cos\alpha<0$，积分号前取"−".

如果 Σ 由 $y=y(z,x)$ 给出，那么有

$$\iint\limits_{\Sigma}Q(x,y,z)\mathrm{d}z\mathrm{d}x = \pm\iint\limits_{D_{zx}}Q[x,y(z,x),z]\mathrm{d}z\mathrm{d}x \tag{11-26}$$

等式右端的符号这样确定：如果曲面积分是曲面 Σ 的右侧，Σ 的方向与 y 轴的正向相同，即 $\cos\beta>0$，积分应取"+"；反之，如果 Σ 取左侧，与 y 轴的正向相反，即 $\cos\beta<0$，积分应

取"$-$".

例 1 计算曲面积分 $\iint\limits_{\Sigma} yz\mathrm{d}x\mathrm{d}y$，其中 Σ 是上半圆柱

面 $x^2+z^2=a^2(0\leqslant y\leqslant 1)$ 外侧在 $z>0$ 的部分.

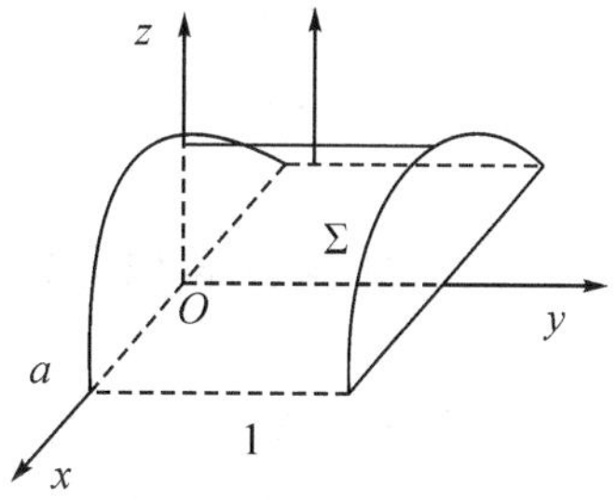

解 有向曲面 Σ 为 $z=\sqrt{a^2-x^2}$ 的上侧，Σ 的方向与 z 轴的正向相同，积分号前取正号"$+$"；在 xOy 面上的投影区域为矩形区域

$$D_{xy}=\{(x,y)\mid -a\leqslant x\leqslant a,0\leqslant y\leqslant 1\}$$

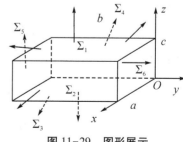

图 11-28 图形展示

如图 11-28 所示.利用公式 (11-24)，可得

$$\text{原式}=\iint\limits_{D_{xy}}y\sqrt{a^2-x^2}\,\mathrm{d}x\mathrm{d}y=\int_0^1 y\mathrm{d}y\int_{-a}^a\sqrt{a^2-x^2}\,\mathrm{d}x$$

$$=\frac{1}{2}y^2\bigg|_0^1\cdot 2\int_0^a\sqrt{a^2-x^2}\,\mathrm{d}x=\int_0^{\frac{\pi}{2}}\sqrt{a^2-a\sin^2 t}\,\mathrm{d}(a\sin t)$$

$$=a^2\int_0^{\frac{\pi}{2}}\cos^2 t\mathrm{d}t=a^2\int_0^{\frac{\pi}{2}}\frac{1+\cos 2t}{2}\mathrm{d}t=\frac{\pi}{4}a^2$$

例 2 计算曲面积分 $\iint\limits_{\Sigma}x\mathrm{d}y\mathrm{d}z+y\mathrm{d}z\mathrm{d}x+z\mathrm{d}x\mathrm{d}y$，其中 Σ 是长方体

$$\Omega=\{(x,y,z)\mid 0\leqslant x\leqslant a,-b\leqslant y\leqslant 0,0\leqslant z\leqslant c\}\,(a,b,c>0)$$

的整个表面的外侧.

解 把长方体 Ω 的上下面分别记为 Σ_1 和 Σ_2，前后面分别记为 Σ_3 和 Σ_4，右左面分别记为 Σ_5 和 Σ_6，如图 11-29 所示.即

$\Sigma_1 : z=c(0\leqslant x\leqslant a,-b\leqslant y\leqslant 0)$ 的上侧；$\Sigma_2 : z=0(0\leqslant x\leqslant a,-b\leqslant y\leqslant 0)$ 的下侧；

$\Sigma_3 : x=a(-b\leqslant y\leqslant 0,0\leqslant z\leqslant c)$ 的前侧；$\Sigma_4 : x=0(-b\leqslant y\leqslant 0,0\leqslant z\leqslant c)$ 的后侧；

$\Sigma_5 : y=-b(0\leqslant x\leqslant a,0\leqslant z\leqslant c)$ 的右侧；$\Sigma_6 : y=0(0\leqslant x\leqslant a,0\leqslant z\leqslant c)$ 的左侧.

除 Σ_1 和 Σ_2（长方体的上下底面）外，其余四片曲面在 xOy 面上的投影为零，因而有

$$\iint\limits_{\Sigma}z\mathrm{d}x\mathrm{d}y=\iint\limits_{\Sigma_1}z\mathrm{d}x\mathrm{d}y+\iint\limits_{\Sigma_2}z\mathrm{d}x\mathrm{d}y$$

由于下侧 Σ_2 与 z 轴的正向相反，积分号前取负号"$-$"，故利用公式 (11-23) 与公式 (11-24)，可得

$$\iint\limits_{\Sigma}z\mathrm{d}x\mathrm{d}y=\iint\limits_{D_{xy}}c\mathrm{d}x\mathrm{d}y-\iint\limits_{D_{xy}}0\mathrm{d}x\mathrm{d}y=cab$$

除 Σ_3 和 Σ_4（长方体的前后面）外，其余四片曲面在 yOz 面上的投影为零，利用公式 (11-25)，有

$$\iint\limits_{\Sigma}x\mathrm{d}y\mathrm{d}z=\iint\limits_{\Sigma_3}x\mathrm{d}y\mathrm{d}z+\iint\limits_{\Sigma_4}x\mathrm{d}y\mathrm{d}z$$

$$=\iint\limits_{D_{yz}}a\mathrm{d}y\mathrm{d}z-\iint\limits_{D_{yz}}0\mathrm{d}y\mathrm{d}z=abc$$

图 11-29 图形展示

类似地，除 Σ_5 和 Σ_6（长方体的右左侧面）外，其余四片曲面在 xOz 面上的投影为零，可得

$$\iint\limits_{\Sigma} y\mathrm{d}z\mathrm{d}x = \iint\limits_{\Sigma_5} y\mathrm{d}z\mathrm{d}x + \iint\limits_{\Sigma_6} y\mathrm{d}z\mathrm{d}x = -(-b)\cdot ac + 0\cdot ac = bac$$

于是所求曲面积分为 $3abc$.

三、两类曲面积分之间的联系

设积分曲面 Σ 由方程 $z=z(x,y)$ 给出，Σ 在 xOy 面上的投影区域为 D_{xy}，$z=z(x,y)$ 在 D_{xy} 上具有一阶连续偏导数，且函数 $R(x,y,z)$ 在 Σ 上连续.若 Σ 取上侧,则有

$$\iint\limits_{\Sigma} R(x,y,z)\mathrm{d}x\mathrm{d}y = \iint\limits_{D_{xy}} R[x,y,z(x,y)]\mathrm{d}x\mathrm{d}y$$

此外,有向曲面 Σ 的一般方程为 $F(x,y,z)=z-z(x,y)$,由第九章第六节可知,曲面的法向量为 $\vec{n}=(-z_x,-z_y,1)$,方向余弦是

$$\cos\alpha=\frac{-z_x}{\sqrt{1+z_x^2+z_y^2}},\cos\beta=\frac{-z_y}{\sqrt{1+z_x^2+z_y^2}},\cos\gamma=\frac{1}{\sqrt{1+z_x^2+z_y^2}}$$

在第十章第四节中,曲面的面积元素为

$$\mathrm{d}S=\frac{\mathrm{d}x\mathrm{d}y}{\cos\gamma}=\sqrt{1+z_x^2(x,y)+z_y^2(x,y)}\,\mathrm{d}x\mathrm{d}y$$

由第四节对面积的曲面积分计算公式,可得

$$\iint\limits_{\Sigma} R(x,y,z)\cos\gamma\mathrm{d}S = \iint\limits_{D_{xy}} R[x,y,z(x,y)]\cdot\frac{1}{\sqrt{1+z_x^2+z_y^2}}\cdot\sqrt{1+z_x^2+z_y^2}\,\mathrm{d}x\mathrm{d}y$$

$$= \iint\limits_{\Sigma} R(x,y,z)\mathrm{d}x\mathrm{d}y$$

由此可见,有

$$\iint\limits_{\Sigma} R(x,y,z)\mathrm{d}x\mathrm{d}y = \iint\limits_{\Sigma} R(x,y,z)\cos\gamma\mathrm{d}S$$

如果 Σ 取下侧,此时 $\cos\gamma=\dfrac{-1}{\sqrt{1+z_x^2+z_y^2}}<0$,那么

$$\iint\limits_{\Sigma} R(x,y,z)\mathrm{d}x\mathrm{d}y = -\iint\limits_{D_{xy}} R[x,y,z(x,y)]\mathrm{d}x\mathrm{d}y$$

因此,仍有

$$\iint\limits_{\Sigma} R(x,y,z)\mathrm{d}x\mathrm{d}y = \iint\limits_{\Sigma} R(x,y,z)\cos\gamma\mathrm{d}S \tag{11-27}$$

类似地可推得

$$\iint\limits_{\Sigma} P(x,y,z)\mathrm{d}y\mathrm{d}z = \iint\limits_{\Sigma} P(x,y,z)\cos\alpha\mathrm{d}S \tag{11-28}$$

$$\iint\limits_{\Sigma} Q(x,y,z)\mathrm{d}z\mathrm{d}x = \iint\limits_{\Sigma} P(x,y,z)\cos\beta\mathrm{d}S \tag{11-29}$$

综合起来有

$$\iint\limits_{\Sigma} P\mathrm{d}y\mathrm{d}z + Q\mathrm{d}z\mathrm{d}x + R\mathrm{d}x\mathrm{d}y = \iint\limits_{\Sigma} (P\cos\alpha + Q\cos\beta + R\cos\gamma)\mathrm{d}S \tag{11-30}$$

其中 $\cos\alpha$、$\cos\beta$、$\cos\gamma$ 是有向曲面 Σ 上点 (x,y,z) 处的法向量的方向余弦.

两类曲面积分之间的联系,也可写成如下向量的形式:

$$\iint_\Sigma \vec{A} \cdot \mathrm{d}\vec{S} = \iint_\Sigma \vec{A} \cdot \vec{n}\mathrm{d}S$$

其中 $\vec{A}=(P,Q,R)$,$\vec{n}=(\cos\alpha,\cos\beta,\cos\gamma)$ 是有向曲面 Σ 上点 (x,y,z) 处的单位法向量,$\mathrm{d}\vec{S}=\vec{n}\mathrm{d}S=(\mathrm{d}y\mathrm{d}z,\mathrm{d}z\mathrm{d}x,\mathrm{d}x\mathrm{d}y)$,称为**有向曲面元**.

例 3 计算曲面积分 $\iint_\Sigma (z+x)\mathrm{d}y\mathrm{d}z$,其中 Σ 是抛物面 $z=4-(x^2+y^2)$ 在平面 $z=0$ 的上方部分的内侧(见图 11-30).

解 曲面 $\Sigma:F(x,y,z)=x^2+y^2+z-4$,向下的法向量为
$$\vec{n}=(-F_x,-F_y,-F_z)=(-2x,-2y,-1)$$
方向余弦为

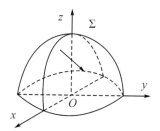

图 11-30 图形展示

$$\cos\alpha=\frac{-2x}{\sqrt{1+4x^2+4y^2}},\cos\gamma=\frac{-1}{\sqrt{1+4x^2+4y^2}}$$

由两类曲面积分之间的关系公式(11-27)、公式(11-28),有 $\mathrm{d}y\mathrm{d}z=\cos\alpha\mathrm{d}s$,$\mathrm{d}x\mathrm{d}y=\cos\gamma\mathrm{d}s$. 于是

$$原式 = \iint_\Sigma (z+x)\cos\alpha\mathrm{d}S = \iint_\Sigma (z+x)\frac{\cos\alpha}{\cos\gamma}\mathrm{d}x\mathrm{d}y = \iint_\Sigma 2x(z+x)\mathrm{d}x\mathrm{d}y$$

根据公式(11-24),Σ 的内侧与 z 轴的正向相反,积分号前取负号"$-$". 因此

$$原式 = -2\iint_{x^2+y^2\leq 4} x[4-(x^2+y^2)+x]\mathrm{d}x\mathrm{d}y = -2\iint_{x^2+y^2\leq 4} x[4-(x^2+y^2)]+x^2\mathrm{d}x\mathrm{d}y$$

由于被积函数 $x[4-(x^2+y^2)]$ 关于 x 为奇函数,积分区域 $x^2+y^2\leq 4$ 关于 y 轴对称,有

$$\iint_{x^2+y^2\leq 4} x[4-(x^2+y^2)]\mathrm{d}x\mathrm{d}y = 0$$

从而有

$$原式 = -2\iint_{x^2+y^2\leq 4} x^2\mathrm{d}x\mathrm{d}y = -2\int_0^{2\pi}\mathrm{d}\theta\int_0^2 (\rho^2\cos^2\theta)\rho\mathrm{d}\rho = -2\int_0^{2\pi}\frac{1+\cos 2\theta}{2}\mathrm{d}\theta\int_0^2 \rho^3\mathrm{d}\rho = -8\pi$$

习题 11-5

1.利用对坐标的曲面积分的定义证明

$$\iint_\Sigma c_1 R_1(x,y,z)+c_2 R_2(x,y,z)\mathrm{d}x\mathrm{d}y = c_1\iint_\Sigma R_1(x,y,z)\mathrm{d}x\mathrm{d}y + c_2\iint_\Sigma R_2(x,y,z)\mathrm{d}x\mathrm{d}y$$

其中 c_1,c_2 为常数.

2.当 Σ 为 xOy 面内的一个闭区域时,曲面积分 $\iint_\Sigma f(x,y,z)\mathrm{d}x\mathrm{d}y$ 与二重积分有什么关系?

3.计算下列对坐标的曲面积分.

(1) $\iint_\Sigma z\mathrm{d}x\mathrm{d}y$,其中 Σ 是平面 $x+2y+2z=2$ 在第一卦限内的部分的上侧;

（2）$\iint\limits_{\Sigma} z\mathrm{d}x\mathrm{d}y + xy\mathrm{d}x\mathrm{d}z$，其中 Σ 是柱面 $x^2+y^2=1$ 被平面 $z=0$ 及 $z=2$ 截得的在第一卦限内的部分的上侧；

（3）$\iint\limits_{\Sigma} z\mathrm{d}x\mathrm{d}y$，其中 Σ 是球面 $x^2+y^2+z^2=R^2$ 外侧部分；

（4）$\iint\limits_{\Sigma} xz\mathrm{d}x\mathrm{d}y + xy\mathrm{d}y\mathrm{d}z + yz\mathrm{d}x\mathrm{d}z$，其中 Σ 是平面 $x=0,y=0,z=0,x+y+z=1$ 所围成的空间区域的整个边界曲面的外侧.

4.把对坐标的曲面积分

$$\iint\limits_{\Sigma} P(x,y,z)\mathrm{d}y\mathrm{d}z + Q(x,y,z)\mathrm{d}z\mathrm{d}x + R(x,y,z)\mathrm{d}x\mathrm{d}y$$

化成对面积的曲面积分，其中

（1） Σ 是平面 $2x+3y+6z=6$ 在第一卦限的部分的上侧；

（2） Σ 是抛物面 $z=1+x^2+y^2$ 被平面 $z=2$ 截得的的部分的外侧.

5.计算曲面积分 $\iint\limits_{\Sigma}(2x+z)\mathrm{d}y\mathrm{d}z + z\mathrm{d}x\mathrm{d}y$，其中 Σ 是抛物面 $z=x^2+y^2$ 在平面 $z=1$ 的上方部分的上侧.

第六节 高斯公式、通量与散度

一、高斯公式

格林公式表达了平面闭区域上的二重积分与其边界曲线上的曲线积分之间的关系. 高斯公式是格林公式在三维空间的推广，它给出了空间闭区域上的三重积分与其边界曲面上的曲面积分之间的关系.这个关系表述见下面定理.

定理 设空间闭区域 Ω 是由分片光滑的闭曲面 Σ 所围成的，函数 $P(x,y,z)$、$Q(x,y,z)$ 与 $R(x,y,z)$ 在 Ω 上具有一阶连续偏导数，则有

$$\iiint\limits_{\Omega}\left(\frac{\partial P}{\partial x} + \frac{\partial Q}{\partial y} + \frac{\partial R}{\partial z}\right)\mathrm{d}v = \oiint\limits_{\Sigma} P\mathrm{d}y\mathrm{d}z + Q\mathrm{d}z\mathrm{d}x + R\mathrm{d}x\mathrm{d}y \qquad (11-31)$$

其中曲面 Σ 是闭区域 Ω 的整个边界曲面的外侧.

我们把公式（11-31）叫作**高斯公式**.

证 设立体闭区域 Ω 在 xOy 面上的投影区域为 D_{xy}. 假定穿过 Ω 内部且平行于 z 轴的直线与 Ω 的边界曲面 Σ 的交点恰好是两个，这样 Σ 由上边界曲面、下边界曲面与侧面三部分组成（这样的区域称为 XY-型区域），如图 11-31 所示，其中下边界曲面 Σ_1 的方程是 $z=z_1(x,y)$，上边界曲面 Σ_2 的方程是 $z=z_2(x,y)$，侧面 Σ_3 是以 D_{xy} 的边界曲线为准线而母线平行于 z 轴的柱面上的一部分. Σ_1、Σ_2、Σ_3 三个曲面构成一个封闭曲面 Σ，围成了空间区域 Ω.因而 Ω 写成

$$\Omega=\{(x,y,z)\mid z_1(x,y)\leqslant z\leqslant z_2(x,y),(x,y)\in D_{xy}\}$$

曲面的正向分别是 Σ_1 取下侧，Σ_2 取上侧，Σ_3 取外侧.根据三重积分的计算法，有

$$\begin{aligned}\iiint_{\Omega}\frac{\partial R}{\partial z}\mathrm{d}v&=\iint_{D_{xy}}\mathrm{d}x\mathrm{d}y\int_{z_1(x,y)}^{z_2(x,y)}\frac{\partial R}{\partial z}\mathrm{d}z\\&=\iint_{D_{xy}}\{R[x,y,z_2(x,y)]-R[x,y,z_1(x,y)]\}\mathrm{d}x\mathrm{d}y\end{aligned}\tag{11-32}$$

根据第五节对坐标的曲面积分的算法，有

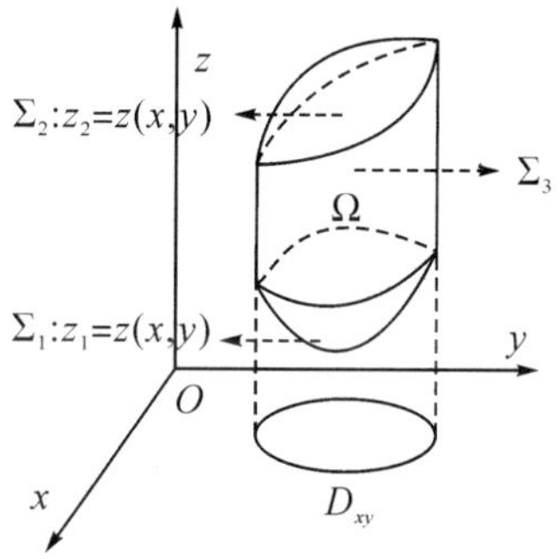

图 11-31　图形展示

$$\iint_{\Sigma_1}R(x,y,z)\mathrm{d}x\mathrm{d}y=-\iint_{D_{xy}}R[x,y,z_1(x,y)]\mathrm{d}x\mathrm{d}y$$

$$\iint_{\Sigma_2}R(x,y,z)\mathrm{d}x\mathrm{d}y=\iint_{D_{xy}}R[x,y,z_2(x,y)]\mathrm{d}x\mathrm{d}y$$

因为侧面 Σ_3 上任何一块曲面在 xOy 面上的投影区域为 D_{xy} 为零，根据对坐标的曲面积分的定义，可知

$$\iint_{\Sigma_3}R(x,y,z)\mathrm{d}x\mathrm{d}y=0$$

以上三式相加，便得

$$\oiint_{\Sigma}R(x,y,z)\mathrm{d}x\mathrm{d}y=\iint_{D_{xy}}\{R[x,y,z_2(x,y)]-R[x,y,z_1(x,y)]\}\mathrm{d}x\mathrm{d}y\tag{11-33}$$

由公式(11-32)和公式(11-33)可得

$$\iiint_{\Omega}\frac{\partial R}{\partial z}\mathrm{d}v=\oiint_{\Sigma}R(x,y,z)\mathrm{d}x\mathrm{d}y$$

同时，如果穿过 Ω 内部且平行于 x 轴的直线及平行于 y 轴的直线与 Ω 的边界曲面 Σ 的交点也都恰好是两个.类似地有

$$\iiint_{\Omega}\frac{\partial P}{\partial x}\mathrm{d}v=\oiint_{\Sigma}P(x,y,z)\mathrm{d}y\mathrm{d}z,\quad\iiint_{\Omega}\frac{\partial Q}{\partial y}\mathrm{d}v=\oiint_{\Sigma}Q(x,y,z)\mathrm{d}z\mathrm{d}x$$

把以上三式两端分别相加，即得高斯公式(11-31).

在上述证明中，我们对空间闭区域 Ω 做了限制：穿过 Ω 内部且平行于坐标轴的直线与 Ω 的边界曲面 Σ 的交点也都恰好是两个.如果不满足这样的条件，可以引进几张辅助曲面把 Ω 分为有限个闭区域，使得每一个闭区域满足这样的条件，并注意到沿辅助曲面相反两侧的两个曲面积分的绝对值相等而符号相反，相加时正好抵消.因此，公式(11-31)对于任何空间闭区域 Ω 仍然成立.证毕.

由高斯公式可得到求空间区域的体积公式：设闭区域 Ω 的体积为 V，则有

$$V=\oiint_{\Sigma}x\mathrm{d}y\mathrm{d}z=\oiint_{\Sigma}y\mathrm{d}z\mathrm{d}x=\oiint_{\Sigma}z\mathrm{d}x\mathrm{d}y=\frac{1}{3}\oiint_{\Sigma}x\mathrm{d}y\mathrm{d}z+y\mathrm{d}z\mathrm{d}x+z\mathrm{d}x\mathrm{d}y$$

由第五节两类曲面积分之间的关系公式：$\mathrm{d}y\mathrm{d}z=\cos\alpha\mathrm{d}s$，$\mathrm{d}x\mathrm{d}z=\cos\beta\mathrm{d}s$，$\mathrm{d}x\mathrm{d}y=\cos\gamma\mathrm{d}s$，高斯公式(11-31)可以写成

$$\iiint_{\Omega}\left(\frac{\partial P}{\partial x}+\frac{\partial Q}{\partial y}+\frac{\partial R}{\partial z}\right)\mathrm{d}v=\oiint_{\Sigma}(P\cos\alpha+Q\cos\beta+R\cos\gamma)\mathrm{d}S\tag{11-34}$$

其中 $\cos\alpha$、$\cos\beta$ 与 $\cos\gamma$ 是 Σ 在点 (x,y,z) 处的法方向的方向余弦.

例 1 利用高斯公式计算曲面积分 $\iint\limits_{\Sigma} x^2 \mathrm{d}y\mathrm{d}z + (2x - y)\mathrm{d}z\mathrm{d}x$,其中 Σ 是长方体 Ω 的整个表面的外侧,$\Omega = \{(x,y,z) \mid 0 \leq x \leq a, 0 \leq y \leq b, 0 \leq z \leq c\}$.

解 这里 $P = x^2, Q = 2x - y, R = 0, \dfrac{\partial P}{\partial x} = 2x, \dfrac{\partial Q}{\partial y} = -1, \dfrac{\partial R}{\partial x} = 0$.

利用高斯公式(11-31)把所给封闭曲面积分转化为三重积分,再计算三重积分.

$$原式 = \iiint\limits_{\Omega} \left(\frac{\partial P}{\partial x} + \frac{\partial Q}{\partial y} + \frac{\partial R}{\partial z} \right) \mathrm{d}v = \iiint\limits_{\Omega} (2x - 1)\mathrm{d}x\mathrm{d}y\mathrm{d}z = \int_0^c \mathrm{d}z \int_0^b \mathrm{d}y \int_0^a (2x - 1)\mathrm{d}x$$

$$= \int_0^c \mathrm{d}z \int_0^b \mathrm{d}y \int_0^a (2x - 1)\mathrm{d}x = bc(x^2 - x)\Big|_0^a = abc(a - 1)$$

例 2 利用高斯公式计算曲面积分

$$\iint\limits_{\Sigma} (x^2 - y^5)\mathrm{d}x\mathrm{d}y + (xy - z^2)x\mathrm{d}y\mathrm{d}z$$

其中 Σ 为柱面 $x^2 + y^2 = a^2$ 及平面 $z = 0, z = 3$ 所围成的空间闭区域 Ω 的整个边界曲面的外侧(见图 11-32).

解 设 $P = (xy - z^2)x, Q = 0, R = x^2 - y^5$,则

$$\frac{\partial P}{\partial x} = 2xy - z^2, \frac{\partial Q}{\partial y} = 0, \frac{\partial R}{\partial z} = 0$$

Ω 在 xOy 面上的投影区域为 $D_{xy}: 0 \leq \rho \leq a, 0 \leq \theta \leq 2\pi$. 代入高斯公式及极坐标计算三积分.

$$原式 = \iiint\limits_{\Omega} (2xy - z^2)\mathrm{d}x\mathrm{d}y\mathrm{d}z = 2\iiint\limits_{\Omega} xy\mathrm{d}x\mathrm{d}y\mathrm{d}z - \iiint\limits_{\Omega} z^2 \mathrm{d}x\mathrm{d}y\mathrm{d}z$$

$$= 2\int_0^3 \mathrm{d}z \cdot \iint\limits_{D_{xy}} \rho\cos\theta \cdot \rho\sin\theta \cdot \rho\mathrm{d}\rho\mathrm{d}\theta - \int_0^3 z^2 \mathrm{d}z \cdot \iint\limits_{D_{xy}} \mathrm{d}x\mathrm{d}y$$

$$= z\Big|_0^3 \int_0^{2\pi} \sin2\theta\mathrm{d}\theta \cdot \int_0^a \rho^3 \mathrm{d}\rho - \frac{1}{3}z^3\Big|_0^3 \cdot \pi a^2 = -9\pi a^2$$

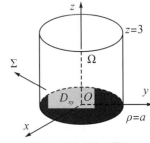

图 11-32 图形展示

例 3 计算曲面积分 $\iint\limits_{\Sigma} (x^2\cos\alpha + y^2\cos\beta + z^2\cos\gamma)\mathrm{d}S$,其中 Σ 为旋转抛物面 $z = x^2 + y^2$ 被平面 $z = h(h > 0)$ 所截部分的下侧,$\cos\alpha$、$\cos\beta$ 与 $\cos\gamma$ 是 Σ 上点 (x,y,z) 处的法向量的方向余弦.

解 由于 Σ 不是封闭曲面,不能直接利用高斯公式.设圆面 Σ_1 为 $z = h(x^2 + y^2 \leq h)$ 的上侧,则 Σ 与 Σ_1 一起构成一个闭曲面,如图 11-33 所示,记它们围成的空间闭区域为 Ω.由高斯公式得

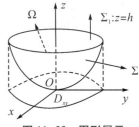

图 11-33 图形展示

$$\iint\limits_{\Sigma + \Sigma_1} (x^2\cos\alpha + y^2\cos\beta + z^2\cos\gamma)\mathrm{d}S = 2\iiint\limits_{\Omega} (x + y + z)\mathrm{d}x\mathrm{d}y\mathrm{d}z$$

$$= 2\iint\limits_{D_{xy}} \mathrm{d}x\mathrm{d}y \int_{x^2+y^2}^h (x + y + z)\mathrm{d}z$$

又 Ω 在 xOy 面上的投影区域为 $D_{xy} = \{(x,y) \mid x^2 + y^2 \leq h\}$,极坐标为 $0 \leq \rho \leq \sqrt{h}, 0 \leq \theta \leq 2\pi$. 根据被积函数的奇偶性与积分区域的对称性,容易得到

$$\iiint_{D_{xy}} dxdy \int_{x^2+y^2}^h (x+y) dz = \iiint_{D_{xy}} dxdy \int_{x^2+y^2}^h xdz + \iiint_{D_{xy}} dxdy \int_{x^2+y^2}^h ydz = 0$$

从而有

$$\oiint_{\Sigma+\Sigma_1} (x^2\cos\alpha + y^2\cos\beta + z^2\cos\gamma) dS = 2\iint_{D_{xy}} dxdy \int_{x^2+y^2}^h zdz$$

$$= \iint_{D_{xy}} [h^2 - (x^2+y^2)^2] dxdy = \int_0^{2\pi} d\theta \int_0^{\sqrt{h}} (h^2-\rho^4)\rho d\rho$$

$$= 2\pi \left(\frac{h^2}{2}\rho^2 - \frac{1}{6}\rho^6 \right) \bigg|_0^{\sqrt{h}} = \frac{2}{3}\pi h^3$$

此外,平面 $\Sigma_1 : z=h$ 上,$z_x = z_y = 0, z_z = 1 ; \cos\alpha = 0, \cos\beta = 0, \cos\gamma = 1.$ 可得

$$dS = \sqrt{1+z_x^2+z_y^2} dxdy = dxdy$$

于是可得

$$\iint_{\Sigma_1} (x^2\cos\alpha + y^2\cos\beta + z^2\cos\gamma) dS = \iint_{\Sigma_1} z^2 dS = \iint_{x^2+y^2 \leqslant h} h^2 dxdy = \pi h^3$$

因此

$$原式 = \frac{2}{3}\pi h^3 - \pi h^3 = -\frac{1}{3}\pi h^3$$

注 本题采用了在空间中添加一个曲面形成封闭曲面,再利用高斯公式计算的方法,比直接计算第二型曲面积分更为简单.但需要注意,为了得到最终的结果,仍然在添加的曲面上做了一个第二型曲面积分,因而添加的曲面需要尽可能简单.

在第三节我们知道,有些曲线积分 $\int_L Pdx + Qdy$ 在区域 G 内与路径无关,类似地,在怎样的条件下,曲面积分

$$\iint_\Sigma Pdydz + Qdzdx + Rdxdy$$

与曲面 Σ 无关而只取决于 Σ 的边界曲线? 这个问题也相当于在怎样的条件下,沿任意闭曲面的曲面积分为零? 这个问题可用高斯公式来回答.

对空间区域 G,如果在区域 G 内任一闭曲面所围成的区域全包含于 G,那么称 G 是**空间二维单连通区域**;如果在区域 G 内任一闭曲线总可以张成一片完全包含于 G 的曲面,那么称 G 是**空间一维单连通区域**.例如,球面所围成的区域既是空间二维单连通区域,又是空间一维单连通区域;环面所围成的区域是空间二维单连通区域,但不是空间一维单连通区域;两个同心球面之间的区域是空间一维单连通区域,但不是空间二维单连通区域.

*沿任意闭曲面的曲面积分为零的条件:

设 G 是空间二维单连通域,函数 $P(x,y,z)$、$Q(x,y,z)$ 与 $R(x,y,z)$ 在 G 内具有一阶连续偏导数,则曲面积分

$$\iint_\Sigma Pdydz + Qdzdx + Rdxdy$$

在 G 内与所取曲面 Σ 无关而只取决于 Σ 的边界曲线(或沿 G 内任一闭曲面的曲面积分为零)的充分必要条件是等式

$$\frac{\partial P}{\partial x} + \frac{\partial Q}{\partial y} + \frac{\partial R}{\partial z} = 0 \tag{11-35}$$

在 G 内恒成立.

这个条件证明过程与第三节的定理 2 类似,这里不证明.

*二、通量与散度

设某向量场

$$\vec{A}(x,y,z) = P(x,y,z)\vec{i} + Q(x,y,z)\vec{j} + R(x,y,z)\vec{k}$$

其中 $P(x,y,z)$、$Q(x,y,z)$ 与 $R(x,y,z)$ 均具有一阶连续偏导数,Σ 是场内的一片有向曲面,$\vec{n}$ 是 Σ 上点 (x,y,z) 处的单位法向量, 则

$$\iint\limits_{\Sigma} \vec{A} \cdot \vec{n}\,\mathrm{d}S$$

叫作向量场 $\vec{A}$ 通过曲面 Σ 向着指定侧的**通量**(或**流量**).

由两类曲面积分的关系,通量又可表示为

$$\iint\limits_{\Sigma} \vec{A} \cdot \vec{n}\,\mathrm{d}S = \iint\limits_{\Sigma} P\mathrm{d}y\mathrm{d}z + Q\mathrm{d}z\mathrm{d}x + R\mathrm{d}x\mathrm{d}y$$

下面,我们讨论高斯公式

$$\iiint\limits_{\Omega}\left(\frac{\partial P}{\partial x} + \frac{\partial Q}{\partial y} + \frac{\partial R}{\partial z}\right)\mathrm{d}v = \oiint\limits_{\Sigma}(P\cos\alpha + Q\cos\beta + R\cos\gamma)\mathrm{d}S$$

的物理意义.

设在空间闭区域 Ω 上有稳定流动的、不可压缩的流体(假定流体的密度为 1)的速度场

$$\vec{v}(x,y,z) = P(x,y,z)\vec{i} + Q(x,y,z)\vec{j} + R(x,y,z)\vec{k}$$

其中函数 $P(x,y,z)$、$Q(x,y,z)$ 与 $R(x,y,z)$ 均具有一阶连续偏导数,Σ 是闭区域 Ω 的边界曲面的外侧,$\vec{n}$ 是曲面 Σ 上点 (x,y,z) 处的单位法向量,由第五节第一目知道,单位时间内流体经过曲面 Σ 流向指定侧的流体总质量就是

$$\iint\limits_{\Sigma} \vec{v} \cdot \vec{n}\,\mathrm{d}S = \iint\limits_{\Sigma} v_n\,\mathrm{d}S = \iint\limits_{\Sigma} P\mathrm{d}y\mathrm{d}z + Q\mathrm{d}z\mathrm{d}x + R\mathrm{d}x\mathrm{d}y$$

其中 $v_n = P\cos\alpha + Q\cos\beta + R\cos\gamma$ 是向量 $\vec{v}$ 在曲面 Σ 的外侧法向量 $\vec{n}$ 上的投影.因此,高斯公式的右端可解释为速度场 $\vec{v}$ 通过闭曲面 Σ 流向外侧的通量,即流体在单位时间内离开闭区域 Ω 的总质量.由于我们假定流体是稳定流动而不可压缩的,因而在流体离开 Ω 的同时,Ω 内部必须有产生流体的"源头"产生出同样多的流体来补充,故高斯公式的左端可解释为分布在 Ω 内的源头在单位时间内所产生的流体的总质量.

为方便起见,把高斯公式改写为

$$\iiint\limits_{\Omega}\left(\frac{\partial P}{\partial x} + \frac{\partial Q}{\partial y} + \frac{\partial R}{\partial z}\right)\mathrm{d}v = \oiint\limits_{\Sigma} v_n\,\mathrm{d}S$$

设闭区域 Ω 的体积为 V,将上式变为

$$\frac{1}{V}\iiint_{\Omega}\left(\frac{\partial P}{\partial x}+\frac{\partial Q}{\partial y}+\frac{\partial R}{\partial z}\right)\mathrm{d}v=\frac{1}{V}\oiint_{\Sigma}v_n\mathrm{d}S$$

上式左端表示 Ω 内源头在单位时间、单位体积内所产生的流体质量的平均值.由积分中值定理,在 Ω 内存在某一点 (ξ,ζ,η),使得

$$\left(\frac{\partial P}{\partial x}+\frac{\partial Q}{\partial y}+\frac{\partial R}{\partial z}\right)\Bigg|_{(\xi,\eta,\zeta)}=\frac{1}{V}\oiint_{\Sigma}v_n\mathrm{d}S$$

令 Ω 缩向一点 $M(x,y,z)$,取上式的极限,便得

$$\frac{\partial P}{\partial x}+\frac{\partial Q}{\partial y}+\frac{\partial R}{\partial z}=\lim_{\Omega\to M}\frac{1}{V}\oiint_{\Sigma}v_n\mathrm{d}S$$

上式左端称为速度场 $\vec{v}$ 在点 M 的**通量密度**或**散度**,记为 $\mathrm{div}\vec{v}(M)$,即

$$\mathrm{div}\vec{v}(M)=\frac{\partial P}{\partial x}+\frac{\partial Q}{\partial y}+\frac{\partial R}{\partial z}$$

其中 $\mathrm{div}\vec{v}(M)$ 可看作稳定流动而不可压缩的流体在点 M 的源头强度—单位时间、单位体积内所产生的流体质量.在 $\mathrm{div}\vec{v}(M)>0$ 的点处,流体从该点向外发散,表示流体在该点处有正源;在 $\mathrm{div}\vec{v}(M)<0$ 的点处,流体向该点汇聚,表示流体在该点处有吸收流体的负源(又称为汇或洞);在 $\mathrm{div}\vec{v}(M)=0$ 的点处,表示流体在该点处无源.

设向量场

$$\vec{A}(x,y,z)=P(x,y,z)\vec{i}+Q(x,y,z)\vec{j}+R(x,y,z)\vec{k}$$

称 $\dfrac{\partial P}{\partial x}+\dfrac{\partial Q}{\partial y}+\dfrac{\partial R}{\partial z}$ 为向量场 $\vec{A}$ 的**散度**,记作 $\mathrm{div}\vec{A}$,即

$$\mathrm{div}\vec{A}=\frac{\partial P}{\partial x}+\frac{\partial Q}{\partial y}+\frac{\partial R}{\partial z}$$

利用向量微分算子 ∇,$\vec{A}$ 的散度 $\mathrm{div}\vec{A}$ 也可表达为 $\nabla\cdot\vec{A}$,即

$$\mathrm{div}\vec{A}=\nabla\cdot\vec{A}$$

如果向量场 $\vec{A}$ 的散度 $\mathrm{div}\vec{A}$ 处处为零,那么向量场 $\vec{A}$ 称为**无源场**.

例 4   求向量场 $\vec{A}=yz\vec{j}+z^2\vec{k}$ 穿过曲面 Σ 流向上侧的通量,其中 Σ 为柱面 $y^2+z^2=1(z\geqslant0)$ 被平面 $x=0$ 及 $x=1$ 所截下的有限部分(见图 11-34),并求向量场 $\vec{A}$ 的散度.

解   曲面 Σ 上侧的法向量可由函数

$$f(x,y,z)=y^2+z^2$$

的梯度 $\nabla f=f_x\vec{i}+f_y\vec{j}+f_z\vec{k}=2y\vec{j}+2z\vec{k}$ 得出,单位法方向

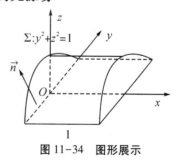

图 11-34   图形展示

$$\vec{n}=(\cos\alpha,\cos\beta,\cos\gamma)=\frac{\nabla f}{|\nabla f|}=\frac{2y\vec{j}+2z\vec{k}}{\sqrt{(2y)^2+(2z)^2}}$$

$$=y\vec{j}+z\vec{k}\,(y^2+z^2=1)$$

在曲面 Σ 上,

$$\vec{A}\cdot\vec{n}=y^2z+z^3=z(y^2+z^2)=z$$

因此, $\vec{A}$ 穿过曲面 Σ 流向上侧的通量为

$$\iint\limits_{\Sigma} \vec{A} \cdot \vec{n} \mathrm{d}S = \iint\limits_{\Sigma} z \mathrm{d}S = \iint\limits_{D_{xy}} z \cdot \frac{\mathrm{d}x\mathrm{d}y}{\cos\gamma} = \iint\limits_{D_{xy}} z \cdot \frac{\mathrm{d}x\mathrm{d}y}{z} = \iint\limits_{D_{xy}} \mathrm{d}x\mathrm{d}y = 2$$

其中 Σ 在 xOy 面上的投影 $D_{xy}:0 \leqslant x \leqslant 1, -1 \leqslant y \leqslant 1$.

向量场 $\vec{A}$ 的散度为

$$\mathrm{div}\vec{A} = \nabla \cdot \vec{A} = \frac{\partial}{\partial y}(yz) + \frac{\partial}{\partial z}(z^2) = z + 2z = 3z$$

利用向量场的通量和散度, 高斯公式可以写成下面的向量形式

$$\iiint\limits_{\Omega} \mathrm{div}\vec{A}\mathrm{d}v = \iint\limits_{\Sigma} A_n \mathrm{d}S \tag{11-36}$$

高斯公式 (11-36) 表示: 向量场 $\vec{A}$ 通过闭曲面 Σ 流向外侧的通量等于向量场 $\vec{A}$ 的散度在闭曲面 Σ 所围闭区域 Ω 上的积分.

习题 11-6

1. 利用高斯公式计算下列曲面积分.

(1) $\oint\limits_{\Sigma} xy\mathrm{d}y\mathrm{d}z + yz\mathrm{d}z\mathrm{d}x + zx\mathrm{d}x\mathrm{d}y$, 其中 Σ 是长方体 $\Omega = \{(x,y,z) \mid 0 \leqslant x \leqslant a, 0 \leqslant y \leqslant b, 0 \leqslant z \leqslant c\}$ 的整个表面的外侧;

(2) $\oint\limits_{\Sigma} x^3\mathrm{d}y\mathrm{d}z + y^3\mathrm{d}z\mathrm{d}x$, 其中 Σ 为抛物面 $z = x^2 + y^2$ 与平面 $z = 4$ 围成的区域的整个表面的外侧;

(3) $\oint\limits_{\Sigma} x\mathrm{d}y\mathrm{d}z + y\mathrm{d}z\mathrm{d}x + z\mathrm{d}x\mathrm{d}y$, 其中 Σ 是介于平面 $z = 0$ 及 $z = y$ 之间的圆柱体 $x^2 + y^2 \leqslant 9$ 的整个表面的外侧;

(4) $\oint\limits_{\Sigma} xy\mathrm{d}z\mathrm{d}x + z\mathrm{d}x\mathrm{d}y$, 其中 Σ 是由平面 $x = 0, y = 0, z = 0$ 及 $x + y + z = 1$ 所围成的四面体的整个表面的外侧;

(5) $\oint\limits_{\Sigma} xz^2\mathrm{d}y\mathrm{d}z + (x^2y - z^3)\mathrm{d}z\mathrm{d}x + (2xy + y^2z)\mathrm{d}x\mathrm{d}y$, 其中 Σ 是上半球体 $0 \leqslant z \leqslant \sqrt{a^2 - x^2 - y^2}$ $(x^2 + y^2 \leqslant a^2)$ 的表面的外侧;

(6) $\iint\limits_{\Sigma} (x^2\cos\alpha + y^2\cos\beta + z^2\cos\gamma)\mathrm{d}S$, 其中 Σ 为锥面 $z = \sqrt{x^2 + y^2}$ 被平面 $z = h(h > 0)$ 所截部分的下侧, $\cos\alpha$、$\cos\beta$ 与 $\cos\gamma$ 是 Σ 上点 (x,y,z) 处的法向量的方向余弦.

*2. 求下列向量 $\vec{A}$ 穿过曲面 Σ 流向指定侧的通量.

(1) $\vec{A} = yz\vec{i} + xz\vec{j} + xyk v$, Σ 是圆柱体 $x^2 + y^2 \leqslant a^2 (0 \leqslant z \leqslant h)$ 的全表面, 流向外侧;

(2) $\vec{A} = (2x + z)\vec{i} + y\vec{j} + (y^2 - z)\vec{k}$, Σ 是球面 $x^2 + y^2 + z^2 = 1$ 的全表面, 流向外侧.

*3.求下列向量场 $\vec{A}$ 的散度：

（1）$\vec{A} = xy^2\vec{i} + xyz\vec{j} + yz^3\vec{k}$；

（2）$\vec{A} = (x^2 - 2z)x\vec{i} - (xz + y^3)\vec{j} + (3y^2 + z)z\vec{k}$；

（3）$\vec{A} = \sin(xy)\vec{i} + \tan(zy^3)\vec{j} + \ln(y^2 + zx)\vec{k}$.

4.设函数 $u(x,y,z)$ 和 $v(x,y,z)$ 在闭区域 Ω 上具有二阶连续偏导数，闭区域 Ω 的整个边界曲面为 Σ，$\dfrac{\partial v}{\partial n}$ 是 $v(x,y,z)$ 沿 Σ 的外法线方向的方向导数，符号 $\Delta = \dfrac{\partial^2}{\partial x^2} + \dfrac{\partial^2}{\partial y^2} + \dfrac{\partial^2}{\partial z^2}$，称为拉普拉斯(Laplace)算子.证明第一格林公式：

$$\iiint\limits_{\Omega} u\Delta v \mathrm{d}x\mathrm{d}y\mathrm{d}z = \oiint\limits_{\Sigma} u\frac{\partial v}{\partial n}\mathrm{d}S - \iiint\limits_{\Omega}\left(\frac{\partial u}{\partial x}\frac{\partial v}{\partial x} + \frac{\partial u}{\partial y}\frac{\partial v}{\partial y} + \frac{\partial u}{\partial z}\frac{\partial v}{\partial z}\right)\mathrm{d}x\mathrm{d}y\mathrm{d}z$$

第七节　斯托克斯公式、环流量与旋度

一、斯托克斯公式

本章第三节所讲的格林(Green)公式告诉我们，在平面闭区域上 D 的二重积分与沿区域边界曲线上的曲线积分之间的关系.高斯公式是格林公式在三维空间的推广，格林公式还可以从其他方面推广，把曲面 Σ 上的曲面积分与沿着 Σ 的边界曲线的曲线积分联系起来了.这就是斯托克斯(Stokes)公式.

设有光滑曲面 Σ，其边界是空间闭曲线 Γ.我们取定曲面 Σ 的一侧为正侧，按照右手规则规定闭曲线 Γ 的正方向，即当右手除大拇指外的四指依曲线 Γ 的绕行方向时，大拇指所指的方向与曲面 Σ 的侧的方向相同，也就是 Σ 上法向量的指向一致.这时称曲线 Γ 是有向曲面 Σ 的**正向边界曲线**.根据右手规则，由曲面 Σ 的正侧就决定了闭曲线 Γ 的正向；反之亦然.

定理1 设 Γ 为分段光滑的空间有向闭曲线，Σ 是以 Γ 为边界的分片光滑的有向曲面，Γ 的正向与有向曲面 Σ 的侧符合右手规则，函数 $P(x,y,z)$、$Q(x,y,z)$ 与 $R(x,y,z)$ 在曲面 Σ（连同边界 Γ）上具有一阶连续偏导数，则有

$$\iint\limits_{\Sigma}\left(\frac{\partial R}{\partial y} - \frac{\partial Q}{\partial z}\right)\mathrm{d}y\mathrm{d}z + \left(\frac{\partial P}{\partial z} - \frac{\partial R}{\partial x}\right)\mathrm{d}z\mathrm{d}x + \left(\frac{\partial Q}{\partial x} - \frac{\partial P}{\partial y}\right)\mathrm{d}x\mathrm{d}y$$

$$= \oint\limits_{\Gamma} P\mathrm{d}x + Q\mathrm{d}y + R\mathrm{d}z \tag{11-37}$$

公式(11-37)叫作**斯托克斯公式**.

证 假定曲面 Σ 与平行于 z 轴的直线相交，交点不多于一个，并设 Σ 为曲面 $z = f(x,y)$ 的上侧，Σ 的正向边界曲线 Γ 在 xOy 面上的投影为平面有向曲线 C，C 所围成的闭区域为 D_{xy}，如图 11-35 所示.

下面把曲面积分

$$\iint_{\Sigma} \frac{\partial P}{\partial z}\mathrm{d}z\mathrm{d}x - \frac{\partial P}{\partial y}\mathrm{d}x\mathrm{d}y$$

转化为闭区域为 D_{xy} 上的二重积分,再利用格林公式使它与曲线积分相联系.

根据第五节对面积和对坐标的曲面积分间的关系,有

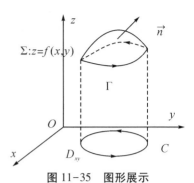

图 11-35　图形展示

$$\iint_{\Sigma} \frac{\partial P}{\partial z}\mathrm{d}z\mathrm{d}x - \frac{\partial P}{\partial y}\mathrm{d}x\mathrm{d}y = \iint_{\Sigma}\left(\frac{\partial P}{\partial z}\cos\beta - \frac{\partial P}{\partial y}\cos\gamma\right)\mathrm{d}s$$

(11-38)

由第九章第六节知道,有向曲面 $\Sigma : z = f(x,y)$ 的法方向为 $\vec{n} = (\cos\alpha, \cos\beta, \cos\gamma)$,即

$$\cos\alpha = \frac{-f_x}{\sqrt{1+f_x^2+f_y^2}}, \cos\beta = \frac{-f_y}{\sqrt{1+f_x^2+f_y^2}}, \cos\gamma = \frac{1}{\sqrt{1+f_x^2+f_y^2}}$$

由此可得 $\cos\beta = -f_y\cos\gamma$,代入公式(11-38)得

$$\iint_{\Sigma} \frac{\partial P}{\partial z}\mathrm{d}z\mathrm{d}x - \frac{\partial P}{\partial y}\mathrm{d}x\mathrm{d}y = -\iint_{\Sigma}\left(\frac{\partial P}{\partial y} + \frac{\partial P}{\partial z}f_y\right)\cos\gamma\mathrm{d}s$$

$$= -\iint_{\Sigma}\left(\frac{\partial P}{\partial y} + \frac{\partial P}{\partial z}f_y\right)\mathrm{d}x\mathrm{d}y \quad (11-39)$$

上式右端的曲面积分化为二重积分时,应把 $P(x,y,z)$ 中的 z 用 $f(x,y)$ 来代替,再求偏导. 由复合函数的微分法,有

$$\frac{\partial}{\partial y}P[x,y,f(x,y)] = \frac{\partial P}{\partial y} + \frac{\partial P}{\partial z}\cdot f_y$$

因而公式(11-39)可变为

$$\iint_{\Sigma} \frac{\partial P}{\partial z}\mathrm{d}z\mathrm{d}x - \frac{\partial P}{\partial y}\mathrm{d}x\mathrm{d}y = -\iint_{\Sigma}\frac{\partial}{\partial y}P[x,y,f(x,y)]\mathrm{d}x\mathrm{d}y$$

根据第三节格林公式,上式右端的二重积分可化为沿闭区域 D_{xy} 的边界 C 的曲线积分

$$-\iint_{\Sigma}\frac{\partial}{\partial y}P[x,y,f(x,y)]\mathrm{d}x\mathrm{d}y = \oint_{C}P[x,y,f(x,y)]\mathrm{d}x$$

于是有

$$\iint_{\Sigma} \frac{\partial P}{\partial z}\mathrm{d}z\mathrm{d}x - \frac{\partial P}{\partial y}\mathrm{d}x\mathrm{d}y = \oint_{C}P[x,y,f(x,y)]\mathrm{d}x$$

由于函数 $P[x,y,f(x,y)]$ 在平面曲线 C 上点 (x,y) 处的值与函数 $P(x,y,z)$ 在空间曲线 Γ 上对应点 (x,y,z) 处的值是一样的,并且曲线 Γ 在 xOy 面上的投影为平面有向曲线 C,而两曲线上的对应小弧段在 x 轴上的投影也一样.根据第二节空间曲线积分的定义,上式右端的曲线积分等于空间曲线 Γ 上的曲线积分 $\int_{\Gamma}P(x,y,z)\mathrm{d}x$. 因此

$$\iint_{\Sigma} \frac{\partial P}{\partial z}\mathrm{d}z\mathrm{d}x - \frac{\partial P}{\partial y}\mathrm{d}x\mathrm{d}y = \oint_{\Gamma}P(x,y,z)\mathrm{d}x \quad (11-40)$$

如果曲面 Σ 取下侧,曲线 Γ 也相应地改成相反的方向,那么公式(11-40)两端同时

改变符号,因而公式(11-40)仍然成立.

如果曲面 Σ 与平行于 z 轴的直线的交点多于一个,那么作辅助曲线把曲面分成几部分,然后利用应用公式(11-40)式并相加.由于沿辅助曲线而方向相反的两个曲线积分相加时正好抵消,因而对于这一类曲面公式(11-40)也成立.

类似可证:

$$\iint\limits_{\Sigma} \frac{\partial Q}{\partial x}\mathrm{d}x\mathrm{d}y - \frac{\partial Q}{\partial z}\mathrm{d}y\mathrm{d}z = \oint\limits_{\Gamma} Q\mathrm{d}y, \iint \frac{\partial R}{\partial y}\mathrm{d}y\mathrm{d}z - \frac{\partial R}{\partial x}\mathrm{d}z\mathrm{d}x = \oint\limits_{\Gamma} R\mathrm{d}z$$

把上面两个公式与公式(11-40)相加,便得斯托克斯公式.证毕.

为了便于记忆,利用三阶行列式记号把斯托克斯公式写成

$$\iint\limits_{\Sigma} \begin{vmatrix} \mathrm{d}y\mathrm{d}z & \mathrm{d}z\mathrm{d}x & \mathrm{d}x\mathrm{d}y \\ \dfrac{\partial}{\partial x} & \dfrac{\partial}{\partial y} & \dfrac{\partial}{\partial z} \\ P & Q & R \end{vmatrix} = \oint\limits_{\Gamma} P\mathrm{d}x + Q\mathrm{d}y + R\mathrm{d}z \tag{11-41}$$

把其中的行列式按第一行展开,并把 $\dfrac{\partial}{\partial y}$ 与 R 的"积"理解为 $\dfrac{\partial R}{\partial y}$,$\dfrac{\partial}{\partial z}$ 与 Q 的"积"理解为 $\dfrac{\partial Q}{\partial z}$ 等,于是这个行列式就"等于"

$$\left(\frac{\partial R}{\partial y} - \frac{\partial Q}{\partial z}\right)\mathrm{d}y\mathrm{d}z + \left(\frac{\partial P}{\partial z} - \frac{\partial R}{\partial x}\right)\mathrm{d}z\mathrm{d}x + \left(\frac{\partial Q}{\partial x} - \frac{\partial P}{\partial y}\right)\mathrm{d}x\mathrm{d}y$$

这正是公式(11-37)的左端的被积函数表达式.

由第五节两类曲面积分之间的关系公式:$\mathrm{d}y\mathrm{d}z = \cos\alpha\mathrm{d}s, \mathrm{d}x\mathrm{d}z = \cos\beta\mathrm{d}s, \mathrm{d}x\mathrm{d}y = \cos\gamma\mathrm{d}s$,可得斯托克斯公式的另一种形式

$$\iint\limits_{\Sigma} \begin{vmatrix} \cos\alpha & \cos\beta & \cos\gamma \\ \dfrac{\partial}{\partial x} & \dfrac{\partial}{\partial y} & \dfrac{\partial}{\partial z} \\ P & Q & R \end{vmatrix} \mathrm{d}S = \oint\limits_{\Gamma} P\mathrm{d}x + Q\mathrm{d}y + R\mathrm{d}z \tag{11-42}$$

其中 $\vec{n} = (\cos\alpha, \cos\beta, \cos\gamma)$ 为有向曲面 Σ 在点 (x,y,z) 的单位法向量.

如果 Σ 是 xOy 面上的一块平面闭区域,斯托克斯公式就变成格林公式.因此,格林公式是斯托克斯公式的一种特殊情形.

例 1 利用斯托克斯公式计算曲线积分 $\oint\limits_{\Gamma}(2y + z)\mathrm{d}x + (x - z)\mathrm{d}y + (y - x)\mathrm{d}z$,其中 Γ 为平面 $x+y+z=1$ 被三个坐标面所截成的三角形的整个边界,它的正向与这个三角形 Σ 上侧的法向量之间符合右手规则.

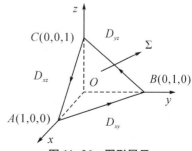

图 11-36 图形展示

解 如图 11-36 所示.平面 $x+y+z=1$ 与三个坐标轴的交点为 A,B,C,Σ 是等边三角形 ΔABC 所围成的区域,Γ(ΔABC 的三条边)的正向是逆时针方向,D_{yz},D_{zx},D_{xy} 分别 Σ 是在 yOz,zOx,xOy 面上的投影区域,分别是 $\Delta OBC,\Delta OAC,\Delta OAB$ 所围成的区域.此外 $P=2y+z,Q=x-z,R=y-x$,且

$$\frac{\partial R}{\partial y} - \frac{\partial Q}{\partial z} = 1 + 1, \frac{\partial P}{\partial z} - \frac{\partial R}{\partial x} = 1 + 1, \frac{\partial Q}{\partial x} - \frac{\partial P}{\partial y} = 1 - 2$$

根据斯托克斯公式(11-37),有

$$原式 = \iint\limits_{\Sigma}\left(\frac{\partial R}{\partial y} - \frac{\partial Q}{\partial z}\right)\mathrm{d}y\mathrm{d}z + \left(\frac{\partial P}{\partial z} - \frac{\partial R}{\partial x}\right)\mathrm{d}z\mathrm{d}x + \left(\frac{\partial Q}{\partial x} - \frac{\partial P}{\partial y}\right)\mathrm{d}x\mathrm{d}y$$

$$= \iint\limits_{\Sigma} 2\mathrm{d}y z + 2\mathrm{d}z x - \mathrm{d}x y = 2\iint\limits_{D_{yz}}\mathrm{d}y z + 2\iint\limits_{D_{zx}}\mathrm{d}z x - \iint\limits_{D_{xy}}\mathrm{d}x y$$

由于 Σ 是等边三角形 $\triangle ABC$ 所围成的区域,根据对称性它在三个坐标面内投影区域相同,面积相等,利用二重积分的性质,因而上式右端等于 $3\iint\limits_{D_{xy}}\mathrm{d}x\mathrm{d}y$. 对于平面 $x+y+z=1$,当 $z=0$ 时,有 $x+y=1$,因而 D_{xy} 是 xOy 面上由直线 $x+y=1$ 及 x 轴和 y 轴围成的等腰直角三角形 $\triangle ABO$ 的闭区域. 因此

$$原式 = 3\iint\limits_{D_{xy}}\mathrm{d}x\mathrm{d}y = 3 \cdot \frac{1}{2} \cdot 1 \cdot 1 = \frac{3}{2}$$

例 2 利用斯托克斯公式计算曲线积分

$$I = \oint_{\Gamma}(y^2 - z^2)\mathrm{d}x + (z^2 - x^2)\mathrm{d}y + (x^2 - y^2)\mathrm{d}z$$

其中 Γ 是平面 $x+y+z=1$ 截第一卦限所得的截痕,若从 z 轴的正向看去取逆时针方向为 Γ 的正向.

解 这里 $P=y^2-z^2$, $Q=z^2-x^2$, $R=x^2-y^2$. 如图 11-36,取 Σ 为平面 $x+y+z=1$ 的上侧被 Γ 所围成的部分,即三角形 $\triangle ABC$ 所围成的区域,Σ 的单位法向量 $\vec{n} = \frac{1}{\sqrt{3}}(1,1,1)$,即

$\cos\alpha = \cos\beta = \cos\gamma = \frac{1}{\sqrt{3}}$. 按斯托克斯公式(11-42),有

$$I = \iint\limits_{\Sigma}\begin{vmatrix} \dfrac{1}{\sqrt{3}} & \dfrac{1}{\sqrt{3}} & \dfrac{1}{\sqrt{3}} \\[2mm] \dfrac{\partial}{\partial x} & \dfrac{\partial}{\partial y} & \dfrac{\partial}{\partial z} \\[2mm] y^2-z^2 & z^2-x^2 & x^2-y^2 \end{vmatrix}\mathrm{d}S = \iint\limits_{\Sigma}\left\{\frac{1}{\sqrt{3}}\left[\frac{\partial}{\partial y}(x^2-y^2) - \frac{\partial}{\partial z}(z^2-x^2)\right] - \right.$$

$$\left.\frac{1}{\sqrt{3}}\left[\frac{\partial}{\partial x}(x^2-y^2) - \frac{\partial}{\partial z}(y^2-z^2)\right] + \frac{1}{\sqrt{3}}\left[\frac{\partial}{\partial x}(z^2-x^2) - \frac{\partial}{\partial z}(y^2-z^2)\right]\right\}\mathrm{d}S$$

$$= -\frac{4}{\sqrt{3}}\iint\limits_{\Sigma}(x + y + z)\mathrm{d}S$$

根据 $x+y+z=1$,可得 $z_x = z_y = -1$,于是

$$\mathrm{d}S = \sqrt{1+z_x^2+z_y^2}\,\mathrm{d}x\mathrm{d}y = \sqrt{1+(-1)^2+(-1)^2}\,\mathrm{d}x\mathrm{d}y = \sqrt{3}\,\mathrm{d}x\mathrm{d}y$$

代入上式,同时注意到 $x+y+z=1$,可得

$$I = -\frac{4}{\sqrt{3}} \cdot 1\iint\limits_{\Sigma}\mathrm{d}S = -\frac{4}{\sqrt{3}} \cdot 1\iint\limits_{D_{xy}}\sqrt{3}\,\mathrm{d}x\mathrm{d}y = -4\iint\limits_{D_{xy}}\mathrm{d}x\mathrm{d}y$$

其中 D_{xy} 是 Σ 在 xOy 面上投影区域. 对于平面 $x+y+z=1$, 当 $z=0$ 时, 有 $x+y=1$, 因而 D_{xy} 是 x 轴和 y 轴与直线 $x+y=1$ 所围成的一个等腰直角三角形 ΔABO 区域. 于是

$$I = -4 \cdot \frac{1}{2} \cdot 1 \cdot 1 = -2$$

（本题我们也可直接计算三角形 ΔABC 的面积, 它是边长为 $\sqrt{2}$ 的正三角形, 面积为 $\frac{1}{2}(\sqrt{2})^2 \sin \frac{\pi}{3} = \frac{\sqrt{3}}{2}$, 从而 $I = -\frac{4}{\sqrt{3}} \iint_{\Sigma} \mathrm{d}S = -\frac{4}{\sqrt{3}} S_{\Delta ABC} = -\frac{4}{\sqrt{3}} \cdot \frac{\sqrt{3}}{2} = -2$）

*空间曲线积分与路径无关的条件

在第三节中, 利用格林公式推出了平面曲线积分与路径无关的条件. 完全类似地, 利用斯托克斯公式, 可推得空间曲线积分与路径无关的条件. 这个条件也相当于沿任意闭曲线的曲线积分为零. 我们定理 2.

定理 2 设空间区域 G 是一维单连通区域, 函数 $P(x,y,z)$、$Q(x,y,z)$ 与 $R(x,y,z)$ 在 G 内具有一阶连续偏导数, 则空间曲线积分 $\int_{\Gamma} P\mathrm{d}x + Q\mathrm{d}y + R\mathrm{d}z$ 在 G 内与路径无关（或沿 G 内任意闭曲线的曲线积分为零）的充分必要条件是等式

$$\frac{\partial P}{\partial y} = \frac{\partial Q}{\partial x}, \; \frac{\partial Q}{\partial z} = \frac{\partial R}{\partial y}, \; \frac{\partial R}{\partial x} = \frac{\partial P}{\partial z} \qquad (11-43)$$

在 G 内恒成立.

定理 3 设空间区域 G 是一维单连通区域, 函数 $P(x,y,z)$、$Q(x,y,z)$ 与 $R(x,y,z)$ 在 G 内具有一阶连续偏导数, 则表达式 $P\mathrm{d}x+Q\mathrm{d}y+R\mathrm{d}z$ 在 G 内成为某一函数 $u(x,y,z)$ 的全微分的充分必要条件是等式（11-43）在 G 内恒成立. 当条件公式（11-43）满足时, 这个函数（不计一常数之差）可用下式给出：

$$u(x,y,z) = \int_{(x_0,y_0,z_0)}^{(x,y,z)} P\mathrm{d}x + Q\mathrm{d}y + R\mathrm{d}z$$

或用定积分表示为

$$u(x,y,z) = \int_{x_0}^{x} P(x,y_0,z_0) + \int_{y_0}^{y} Q(x,y,z_0)\mathrm{d}y + \int_{z_0}^{z} R(x,y,z)\mathrm{d}z$$

其中 $M_0(x_0,y_0,z_0)$ 为 G 内某一定点, 点 $M(x,y,z) \in G$.

定理 3 中求全微分的积分路径为先从 $M_0(x_0,y_0,z_0)$ 沿平行 x 轴的直线段到 $M_1(x,y_0,z_0)$, 再从 $M_1(x,y_0,z_0)$ 沿平行 y 轴的直线段到 $M_2(x,y,z_0)$, 最后从 $M_2(x,y,z_0)$ 沿平行 z 轴的直线段到 $M(x,y,z)$ 的折线段 $M_0M_1M_2M$, 如图 11-37 所示. 积分路径的折线段 $M_0M_1M_2M$ 必须包含于区域 G.

定理 2 与定理 3 的证明与第三节定理 2 与定理 3 类似. 这里不证明.

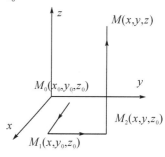

图 11-37　图形展示

设向量场

$$\vec{A}(x,y,z) = P(x,y,z)\vec{i} + Q(x,y,z)\vec{j} + R(x,y,z)\vec{k}$$

其中 P,Q,R 均连续,Γ 是 $\vec{A}$ 的定义域内的一条分段光滑的有向空间闭曲线,$\vec{T}$ 是 Γ 在 (x,y,z) 处的单位切向量,则积分

$$\oint_{\Gamma} \vec{A} \cdot \vec{T} \mathrm{d}s$$

叫作向量场 $\vec{A}$ 沿有向闭曲线 Γ 的**环流量**.

由第二节两类曲线积分的关系,环流量可表达为

$$\oint_{\Gamma} \vec{A} \cdot \vec{T} \mathrm{d}s = \oint_{\Gamma} \vec{A} \cdot \mathrm{d}\vec{r} = \oint_{\Gamma} P\mathrm{d}x + Q\mathrm{d}y + R\mathrm{d}z$$

例 3 求向量场 $Av = (x^2-y)\vec{i} + 4z\vec{j} + x^2\vec{k}$,沿有向闭曲线 Γ 的环流量,其中 Γ 为锥面 $z = \sqrt{x^2+y^2}$ 与平面 $z = 2$ 的交线,从 z 轴的正向看 Γ 为逆时针方向(见图 11-38).

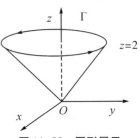

图 11-38 图形展示

解 Γ 的向量方程为

$$\vec{r} = 2\cos\theta\vec{i} + 2\sin\theta\vec{j} + 2\vec{k}, 0 \le \theta \le 2\pi$$

$$\mathrm{d}\vec{r} = (-2\sin\theta\mathrm{d}\theta)\vec{i} + (2\cos\theta\mathrm{d}\theta)\vec{j}.$$

于是

$$\vec{A} = (x^2-y)\vec{i} + 4zj v + x^2\vec{k} = (4\cos^2\theta - 2\sin\theta)\vec{i} + 8\vec{j} + 4\cos^2\theta\vec{k}$$

$$\oint_{\Gamma} \vec{A} \cdot \vec{T} \mathrm{d}s = \oint_{\Gamma} \vec{A} \cdot \mathrm{d}\vec{r} = \int_0^{2\pi} (-8\cos^2\theta\sin\theta + 4\sin^2\theta + 16\cos\theta)\mathrm{d}\theta = 4\pi$$

类似于由向量场 Av 的通量可以引出向量场 $\vec{A}$ 在一点的通量密度(散度),由向量场 $\vec{A}$ 沿一闭曲线的环流量可引出向量场 $\vec{A}$ 在一点的环流量密度或旋度.它是一个向量,定义如下:

设有一向量场

$$\vec{A}(x,y,z) = P(x,y,z)\vec{i} + Q(x,y,z)\vec{j} + R(x,y,z)\vec{k}$$

其中 P,Q,R 均具有一阶连续偏导数,则向量

$$\left(\frac{\partial R}{\partial y} - \frac{\partial Q}{\partial z}\right)\vec{i} + \left(\frac{\partial P}{\partial z} - \frac{\partial R}{\partial x}\right)\vec{j} + \left(\frac{\partial Q}{\partial x} - \frac{\partial P}{\partial y}\right)\vec{k}$$

称为向量场 $\vec{A}$ 的**旋度**,记为 $rot\vec{A}$,即

$$rot\vec{A} = \left(\frac{\partial R}{\partial y} - \frac{\partial Q}{\partial z}\right)\vec{i} + \left(\frac{\partial P}{\partial z} - \frac{\partial R}{\partial x}\right)\vec{j} + \left(\frac{\partial Q}{\partial x} - \frac{\partial P}{\partial y}\right)\vec{k}$$

利用向量微分算子 ∇,向量场 $\vec{A}$ 的旋度 $rot\vec{A}$ 也可表达为 $\nabla \times \vec{A}$,即

$$rot\,\vec{A} = \nabla \times \vec{A} = \begin{vmatrix} \vec{i} & \vec{j} & \vec{k} \\ \dfrac{\partial}{\partial x} & \dfrac{\partial}{\partial y} & \dfrac{\partial}{\partial z} \\ P & Q & R \end{vmatrix}$$

若向量场 $\vec{A}$ 的旋度 $rot\,\vec{A}$ 处处为零,则向量场 $\vec{A}$ 称为**无旋场**.而一个无源、无旋的向量场称为**调和场**.调和场是物理学中一类重要的向量场,这种场与调和函数有密切联系.

设斯托克斯公式中的有向曲面 Σ 在点 (x,y,z) 的单位法向量为 $\vec{n} = (\cos\alpha, \cos\beta, \cos\gamma)$,则有

$$rot\,\vec{A} \cdot \vec{n} = \nabla \times \vec{A} \cdot \vec{n} = \begin{vmatrix} \cos\alpha & \cos\beta & \cos\gamma \\ \dfrac{\partial}{\partial x} & \dfrac{\partial}{\partial y} & \dfrac{\partial}{\partial z} \\ P & Q & R \end{vmatrix}$$

于是,斯托克斯公式可以写成有向曲形式

$$\iint\limits_{\Sigma} rot\,\vec{A} \cdot \vec{n}\,\mathrm{d}S = \oint\limits_{\Gamma} \vec{A} \cdot \vec{T}\,\mathrm{d}s \quad \text{或} \quad \iint\limits_{\Sigma} (rot\,Av)_n\,\mathrm{d}S = \oint\limits_{\Gamma} \vec{A}_T\,\mathrm{d}s$$

其中 $\vec{T}$ 是 Σ 的正向边界曲线 Γ 在 (x,y,z) 处的单位切向量.这个公式表明:向量场 $\vec{A}$ 沿有向闭曲线 Γ 的环流量等于向量场 $\vec{A}$ 的旋度通过曲面 Σ 的通量.这里 Γ 的正向与 Σ 的侧应符合右手规则.

习题 11-7

1.计算下列曲线积分,并验证斯托克斯公式的正确性.

(1) $\oint\limits_{\Gamma} y\mathrm{d}x + z\mathrm{d}y$,其中 Γ 为球面 $x^2+y^2+z^2=1$ 被平面 $z=\dfrac{1}{2}$ 所截的边界曲线,若从 z 轴的正向看去取逆时针方向为 Γ 的正向;

(2) $\oint\limits_{\Gamma} y\mathrm{d}x + x^2\mathrm{d}y + z^2\mathrm{d}z$,其中 Γ 为曲面 $\Sigma : z=x^2+y^2\,(x^2+y^2 \leqslant 1)$ 的边界曲线圆周,若从 z 轴的正向看去取逆时针方向为 Γ 的正向.

*2.利用斯托克斯公式,计算下列曲线积分.

(1) $\oint\limits_{\Gamma} 2y\mathrm{d}x + (x-2y)\mathrm{d}y + (z+3y)\mathrm{d}z$,其中 Γ 为圆周 $x^2+y^2+z^2=1, x+y+z=0$,若从 z 轴的正向看去取逆时针方向为 Γ 的正向;

(2) $\oint\limits_{\Gamma} (y-z)\mathrm{d}x + (z-x)\mathrm{d}y + (x-y)\mathrm{d}z$,其中 Γ 为平面 $x+y+z=2$ 被三个坐标面所截成的三角形的整个边界,它的正向与这个三角形区域 Σ 上侧的法向量之间符合右手规则;

(3) $\oint\limits_{\Gamma} y\mathrm{d}x + z\mathrm{d}y + x^2\mathrm{d}z$,其中 Γ 为圆周 $x^2+y^2=1, 2x-z=1$,若从 z 轴的正向看去取逆时针方向为 Γ 的正向.

*3.求下列向量场 $\vec{A}$ 的旋度：

（1）$\vec{A} = (x-2z)\vec{i} - (xz+y)\vec{j} + (3y^2+z)\vec{k}$；

（2）$\vec{A} = x\sin(3z)\vec{i} + \cos(xz+y)\vec{j} + 3zy^2\vec{k}$.

*4.求下列向量场 $\vec{A}$ 沿有向闭曲线 Γ（从 z 轴的正向看 Γ 依逆时针方向）的环流量：

（1）$\vec{A} = (x-y)\vec{i} + (x-y)\vec{j} + \vec{k}$，$\Gamma$ 为圆周 $x^2+y^2=1$，$z=2$；

（2）$\vec{A} = (x-y)\vec{i} + (x^2-yz)\vec{j} + 3xy^2\vec{k}$，$\Gamma$ 为圆周 $z=4-x^2-y^2$，$z=0$.

学习要点

本章推广了定积分、二重积分的概念.把定积分的积分范围从坐标轴上的区间推广到平面或空间上的一段无向（或有向）曲线弧的情形，二积重分的积分范围从坐标面的区域推广到平面或空间内的一片无向（或有向）曲面的情形.

一、曲线积分

（一）第一类曲线积分

1.定义

设 L 为 xOy 平面内的一条光滑曲线弧，函数 $f(x,y)$ 在 L 上有界.在曲线弧上任意取一点列 $M_0,M_1,\cdots,M_n(M_0,M_n$ 为的端点)把 L 分成 n 个小弧段 $\widehat{M_{i-1}M_i}$.设第 i 个小弧段的长度为 Δs_i，(ξ_i,η_i) 为 Δs_i 上任意取定的点.做乘积 $f(\xi_i,\eta_i)\Delta s_i(i=1,2,\cdots,n)$，再做和式 $\sum_{i=1}^{n}f(\xi_i,\eta_i)\Delta s_i$，如果当各小弧段的长度的最大值 $\lambda\to 0$ 时，这和式的极限总存在，那么称此极限为函数 $f(x,y)$ 在曲线弧 L 上对弧长的曲线积分或第一类曲线积分，记作 $\int_L f(x,y)\mathrm{d}s$，即

$$\int_L f(x,y)\mathrm{d}s = \lim_{\lambda\to 0}\sum_{i=1}^{n}f(\xi_i,\eta_i)\Delta s_i$$

其中 $f(x,y)$ 叫作被积函数，光滑曲线弧 L 叫作积分弧段.

上述的定义可以类似地推广到积分弧段为空间曲线弧 Γ 的情形，即函数 $f(x,y,z)$ 在曲线弧 Γ 上对弧长的曲线积分为 $\int_\Gamma f(x,y,z)\mathrm{d}s = \lim_{\lambda\to 0}\sum_{i=1}^{n}f(\xi_i,\eta_i,\zeta_i)\Delta s_i$.

如果 L 是封闭曲线，那么函数 $f(x,y)$ 在闭曲线 L 上对弧长的曲线积分记作 $\oint_L f(x,y)\mathrm{d}s$.

2.计算方法

定理 1 设函数 $f(x,y)$ 在曲线弧 L 上有定义且连续，L 的参数方程为 $x=\phi(t)$，$y=\psi(t)(\alpha\leq t\leq\beta)$，其中 $\phi(t)$ 和 $\psi(t)$ 在 $[\alpha,\beta]$ 上具有一阶连续导数，则曲线积分 $\int_L f(x,y)\mathrm{d}s$

存在,且

$$\int_L f(x,y)\mathrm{d}s = \int_\alpha^\beta f[\phi(t),\psi(t)]\sqrt{\phi'^2(t)+\psi'^2(t)}\,\mathrm{d}t\,(\alpha<\beta)$$

定理 1 的公式表明,计算对弧长的曲线积分 $\int_L f(x,y)\mathrm{d}s$ 时,只需把 $x,y,\mathrm{d}s$ 依次换成 $\phi(t),\psi(t),\sqrt{\phi'^2(t)+\psi'^2(t)}\,\mathrm{d}t$,再计算从 α 到 β 定积分就行了.但必须注意,定积分的下限 α 一定要小于上限 β.

若曲线 L 的方程为 $y=\psi(x)\,(a\leqslant x\leqslant b)$,把这种情形看作特殊的参数方程 $x=t,y=\psi(t)\,(a\leqslant t\leqslant b)$.可得

$$\int_L f(x,y)\mathrm{d}s = \int_a^b f[x,\psi(x)]\sqrt{1+\psi'^2(x)}\,\mathrm{d}x\,(a<b)$$

类似地,若曲线 L 的方程为 $x=\phi(y)\,(c\leqslant y\leqslant d)$,则有

$$\int_L f(x,y)\mathrm{d}s = \int_c^d f[\phi(y),y]\sqrt{1+\phi'^2(y)}\,\mathrm{d}y\,(c<d)$$

对于空间曲线弧 Γ 的参数方程为 $x=\phi(t),y=\psi(t),z=\omega(t)\,(\alpha\leqslant t\leqslant\beta)$,则有

$$\int_\Gamma f(x,y,z)\mathrm{d}s = \int_\alpha^\beta f[\phi(t),\psi(t),\omega(t)]\sqrt{\phi'^2(t)+\psi'^2(t)+\omega'^2(t)}\,\mathrm{d}t\,(\alpha<\beta)$$

(二)第二类曲线积分

1.定义

设 L 为 xOy 面内从点 A 到点 B 的一条有向光滑曲线弧,函数 $P(x,y)$ 与 $Q(x,y)$ 在 L 上有界.在曲线弧上沿 L 的方向任意插入一点列 $M_1(x_1,y_1),M_2(x_2,y_2),\cdots,M_{n-1}(x_{n-1},y_{n-1})$ 把它分成 n 个有向小弧段

$$\widehat{M_{i-1}M_i}\,(i=1,2,\cdots,n;M_0(x_0,y_0)=A,M_n(x_n,y_n=B)$$

设 $\Delta x=x_i-x_{i-1},\Delta y_i=y_i-y_{i-1}$,点 (ξ_i,η_i) 为 $\widehat{M_{i-1}M_i}$ 上任意取定的点. 如果当这 n 个小弧段长度的最大值 $\lambda\to0$ 时,和式 $\sum\limits_{i=1}^n P(\xi_i,\eta_i)\Delta x_i$ 的极限总存在,那么称此极限为函数 $P(x,y)$ 在有向曲线弧 L 上**对坐标 x 的曲线积分**,记作 $\int_L P(x,y)\mathrm{d}x$. 类似地,如果极限 $\lim\limits_{\lambda\to0}\sum\limits_{i=1}^n Q(\xi_i,\eta_i)\Delta y_i$ 总存在,那么称此极限为函数 $Q(x,y)$ 在有向曲线弧 L 上**对坐标 y 的曲线积分**,记作 $\int_L Q(x,y)\mathrm{d}y$,即

$$\int_L P(x,y)\mathrm{d}x = \lim_{\lambda\to0}\sum_{i=1}^n P(\xi_i,\eta_i)\Delta x_i,\qquad \int_L Q(x,y)\mathrm{d}x = \lim_{\lambda\to0}\sum_{i=1}^n Q(\xi_i,\eta_i)\Delta y_i$$

其中 $P(x,y)$ 与 $Q(x,y)$ 称为**被积函数**,有向光滑曲线弧 L 称为**积分弧段**.以上两个积分也叫作**第二类曲线积分**.

上述的定义可以类似地推广到积分弧段为有向空间曲线弧 Γ 的情形,则

$$\int_L f(x,y,z)\mathrm{d}x = \lim_{\lambda\to0}\sum_{i=1}^n f(\xi_i,\eta_i,\zeta_i)\Delta x_i$$

$$\int_L f(x,y,z)\mathrm{d}y = \lim_{\lambda\to0}\sum_{i=1}^n f(\xi_i,\eta_i,\zeta_i)\Delta y_i$$

$$\int_L f(x,y,z)\mathrm{d}z = \lim_{\lambda\to0}\sum_{i=1}^n f(\xi_i,\eta_i,\zeta_i)\Delta z_i$$

2.计算方法

定理 2 若 $P(x,y)$ 与 $Q(x,y)$ 在有向曲线弧 L 上有定义且连续,L 的参数方程为 $x = \phi(t), y = \psi(t)$,当参数 t 单调地由 α 变到 β 时,点 $M(x,y)$ 从起点 A 沿 L 运动到终点 B,$\phi(t)$ 和 $\psi(t)$ 在闭区间 $[\alpha,\beta]$(或 $[\beta,\alpha]$)上具有一阶连续导数,则曲线积分 $\int_L P(x,y)\mathrm{d}x + Q(x,y)\mathrm{d}y$ 存在,且

$$\int_L P(x,y)\mathrm{d}x + Q(x,y)\mathrm{d}y = \int_\alpha^\beta \{ P[\phi(t),\psi(t)]\phi'(t) + Q[\phi(t),\psi(t)]\psi'(t) \}\mathrm{d}t$$

定理 2 的公式表明,计算对坐标的曲线积分 $\int_L P(x,y)\mathrm{d}x + Q(x,y)\mathrm{d}y$ 时,只需把 $x,y,$ $\mathrm{d}x,\mathrm{d}y$ 依次换成 $\phi(t),\psi(t),\phi'(t)\mathrm{d}t,\psi'(t)\mathrm{d}t$,然后从 L 的起点所对应的参数值 α 到 L 的终点所对应的参数值 β 做定积分就行了.但必须注意,定积分的下限 α 对应 L 的起点,上限 β 对应 L 的终点,而 α 不一定小于 β.

若曲线 L 的方程为 $y = \psi(x)$,可以把 x 看作特殊的参数,可得

$$\int_L P(x,y)\mathrm{d}x + Q(x,y)\mathrm{d}y = \int_a^b \{ P[x,\psi(x)] + Q[x,\psi(x)]\psi'(x) \}\mathrm{d}x$$

其中下限 a 对应 L 的起点,上限 b 对应 L 的终点.

类似地,若曲线 L 的方程为 $x = \phi(y)$,则有

$$\int_L P(x,y)\mathrm{d}x + Q(x,y)\mathrm{d}y = \int_c^d \{ P[\phi(y),y]\phi'(y) + Q[\phi(y),y] \}\mathrm{d}y$$

其中下限 c 对应 L 的起点,上限 d 对应 L 的终点.

对于有向空间曲线弧 Γ 由参数方程为 $x = \phi(t), y = \psi(t), z = \omega(t)$ $(\alpha \leqslant t \leqslant \beta)$ 给出,则有

$$\int_\Gamma P(x,y,z)\mathrm{d}x + Q(x,y,z)\mathrm{d}y + R(x,y,z)\mathrm{d}z = \int_\alpha^\beta \{ P[\phi(t),\psi(t),\omega(t)]\phi'(t) +$$
$$Q[\phi(t),\psi(t),\omega(t)]\psi'(t) + R[\phi(t),\psi(t),\omega(t)]\omega'(t) \}\mathrm{d}t$$

其中下限 α 对应 L 的起点,上限 β 对应 L 的终点.

(三)两种类型曲线积分的联系

平面曲线 L 上的两类曲线积分之间的关系:

$$\int_L P(x,y)\cos\alpha + Q(x,y)\cos\beta \mathrm{d}s = \int_L P(x,y)\mathrm{d}x + Q(x,y)\mathrm{d}y$$

其中 $\alpha(x,y)$ 与 $\beta(x,y)$ 为有向曲线弧 L 在点 (x,y) 处的切向量的方向角.

对于空间曲线弧 Γ 上的两类曲线积分之间的关系:

$$\int_\Gamma P\mathrm{d}x + Q\mathrm{d}y + R\mathrm{d}z = \int_\Gamma (P\cos\alpha + Q\cos\beta + R\cos\gamma)\mathrm{d}s$$

其中 $\alpha(x,y,z)$,$\beta(x,y,z)$ 及 $\gamma(x,y,z)$ 为有向曲线弧 Γ 在点 (x,y,z) 处的切向量的方向角.

(四)第二类封闭曲线积分与二重积分的联系

1.平面有向封闭曲线上第二类曲线积分与二重积分的联系——格林公式

定理 3 设闭区域 D 由分段光滑的曲线 L 围成,$P(x,y)$ 与 $Q(x,y)$ 在 D 上具有一阶连续偏导数,则

$$\iint_D \left(\frac{\partial Q}{\partial x} - \frac{\partial P}{\partial y} \right) \mathrm{d}x\mathrm{d}y = \oint_L P\mathrm{d}x + Q\mathrm{d}y$$

其中 L 是 D 的取正向的边界曲线.

特别地,当左端的二重积分为零时,有下列重要意义:

设开区域 G 是一个单连通区域,函数 $P(x,y)$ 与 $Q(x,y)$ 在 G 内具有一阶连续偏导数,则曲线积分 $\int_L P\mathrm{d}x + Q\mathrm{d}y$ 在 G 内与路径无关(或沿 G 内任意闭曲线的曲线积分为零)的充分必要条件是等式

$$\frac{\partial P}{\partial y} = \frac{\partial Q}{\partial x}$$

在 G 内恒成立.在此条件下 $P(x,y)\mathrm{d}x + Q(x,y)\mathrm{d}y$ 在 G 内为某一函数 $u(x,y)$ 的全微分在 G 内恒成立.

2.空间有向封闭曲线上第二类曲线积分与第二类曲面积分的联系——斯托克斯公式

定理 4 设 Γ 为分段光滑的空间有向闭曲线,Σ 是以 Γ 为边界的分片光滑的有向曲面,Γ 的正向与有向曲面 Σ 的侧符合右手规则,函数 $P(x,y,z)$、$Q(x,y,z)$ 与 $R(x,y,z)$ 在曲面 Σ(连同边界 Γ)上具有一阶连续偏导数,则有

$$\iint_\Sigma \left(\frac{\partial R}{\partial y} - \frac{\partial Q}{\partial z}\right)\mathrm{d}y\mathrm{d}z + \left(\frac{\partial P}{\partial z} - \frac{\partial R}{\partial x}\right)\mathrm{d}z\mathrm{d}x + \left(\frac{\partial Q}{\partial x} - \frac{\partial P}{\partial y}\right)\mathrm{d}x\mathrm{d}y = \oint_\Gamma P\mathrm{d}x + Q\mathrm{d}y + R\mathrm{d}z$$

二、曲面积分

(一)第一类曲面积分

1.定义

设曲面 Σ 是光滑的,函数 $f(x,y,z)$ 在 Σ 上有界,把 Σ 任意分成 n 小块 $\Delta S_1,\Delta S_2,\cdots,\Delta S_n$($\Delta S_i$ 也代表小曲面的面积),在 ΔS_i 上任取一点 (ξ_i,η_i,ζ_i),若当各小块曲面的直径的最大值 $\lambda \to 0$ 时,和式极限 $\lim\limits_{\lambda \to 0} \sum\limits_{i=1}^{n} f(\xi_i,\eta_i,\zeta_i)\Delta S_i$ 总存在,则称此极限为函数 $f(x,y,z)$ 在曲面 Σ 上**对面积的曲面积分**或**第一类曲面积分**,记作 $\iint_\Sigma f(x,y,z)\mathrm{d}S$,即 $\iint_\Sigma f(x,y,z)\mathrm{d}S = \lim\limits_{\lambda \to 0} \sum\limits_{i=1}^{n} f(\xi_i,\eta_i,\zeta_i)\Delta S_i$,其中 $f(x,y,z)$ 叫作**被积函数**,光滑曲面 Σ 叫作**积分曲面**.

2.计算方法

设曲面 Σ 的方程为 $z=z(x,y)$,在 xOy 面上的投影区域为 D_{xy},函数 $z=z(x,y)$ 在区域 D_{xy} 上具有连续偏导数,则面积的曲面积分 $\iint_\Sigma f(x,y,z)\mathrm{d}S$ 存在,且

$$\iint_\Sigma f(x,y,z)\mathrm{d}S = \iint_{D_{xy}} f[x,y,z(x,y)]\sqrt{1 + z_x^2(x,y) + z_y^2(x,y)}\,\mathrm{d}x\mathrm{d}y$$

由于曲面 Σ 的方程为 $z=z(x,y)$,而面积元素 $\mathrm{d}S$ 的就是 $\sqrt{1+z_x^2(x,y)+z_y^2(x,y)}\,\mathrm{d}x\mathrm{d}y$.因此,在计算时,只要把变量 z 换成 $z(x,y)$,$\mathrm{d}S$ 换成 $\sqrt{1+z_x^2(x,y)+z_y^2(x,y)}\,\mathrm{d}x\mathrm{d}y$,再确定曲面 Σ 在 xOy 面上的投影区域为 D_{xy},这样就把对面积的曲面积分转化为二重积分了.

如果积分曲面 Σ 的方程为 $x=x(y,z)$ 或 $y=y(z,x)$,也可以类似地把对面积的曲面积分转化为相应的二重积分.

(二)第二类曲面积分

1.定义

设 Σ 为光滑的有向曲面,函数 $R(x,y,z)$ 在 Σ 上有界. 把曲面 Σ 分成 n 个小块曲面 $\Delta S_1, \Delta S_2, \cdots, \Delta S_n$($\Delta S_i$ 也代表第 i 小块曲面的面积),ΔS_i 在 xOy 面上的投影为 $(\Delta S)_{xy}$, (ξ_i, η_i, ζ_i) 是 ΔS_i 上任一点. 若当各小块曲面的直径的最大值 $\lambda \to 0$ 时,和式极限

$$\lim_{\lambda \to 0} \sum_{i=1}^{n} R(\xi_i, \eta_i, \zeta_i)(\Delta S_i)_{xy}$$

总存在,则称此极限为函数 $R(x,y,z)$ 在有向曲面 Σ 上对坐标 x,y 的曲面积分,记作 $\iint_{\Sigma} R(x,y,z)\mathrm{d}x\mathrm{d}y$,即 $\iint_{\Sigma} R(x,y,z)\mathrm{d}x\mathrm{d}y = \lim_{\lambda \to 0} \sum_{i=1}^{n} R(\xi_i, \eta_i, \zeta_i)(\Delta S_i)_{xy}$,其中 $R(x,y,z)$ 叫作**被积函数**,光滑的有向曲面 Σ 叫作**积分曲面**.

类似地,可定义函数 $P(x,y,z)$ 在有向曲面 Σ 上对坐标 y,z 的曲面积分 $\iint_{\Sigma} P(x,y,z)\mathrm{d}y\mathrm{d}z$,以及函数 $Q(x,y,z)$ 在有向曲面 Σ 上对坐标 z,x 的曲面积分 $\iint_{\Sigma} Q(x,y,z)\mathrm{d}z\mathrm{d}x$,它们分别为

$$\iint_{\Sigma} P(x,y,z)\mathrm{d}y\mathrm{d}z = \lim_{\lambda \to 0} \sum_{i=1}^{n} P(\xi_i, \eta_i, \zeta_i)(\Delta S_i)_{yz}$$

$$\iint_{\Sigma} Q(x,y,z)\mathrm{d}z\mathrm{d}x = \lim_{\lambda \to 0} \sum_{i=1}^{n} Q(\xi_i, \eta_i, \zeta_i)(\Delta S_i)_{zx}$$

以上三个曲面积分又称为**第二类曲面积分**.

通常把算式

$$\iint_{\Sigma} P(x,y,z)\mathrm{d}y\mathrm{d}z + \iint_{\Sigma} Q(x,y,z)\mathrm{d}z\mathrm{d}x + \iint_{\Sigma} R(x,y,z)\mathrm{d}x\mathrm{d}y$$

简记为

$$\iint_{\Sigma} P(x,y,z)\mathrm{d}y\mathrm{d}z + Q(x,y,z)\mathrm{d}z\mathrm{d}x + R(x,y,z)\mathrm{d}x\mathrm{d}y$$

2.计算方法

设积分曲面 Σ 由方程 $z=z(x,y)$ 给出,曲面的单位法向量为 $\vec{n} = (\cos\alpha, \cos\beta, \cos\gamma)$, Σ 在 xOy 面上的投影区域为 D_{xy},函数 $z=z(x,y)$ 在 D_{xy} 上具有一阶连续偏导数,且被积函数 $R(x,y,z)$ 在 Σ 上连续,则有

$$\iint_{\Sigma} R(x,y,z)\mathrm{d}x\mathrm{d}y = \pm \iint_{D_{xy}} R[x,y,z(x,y)]\mathrm{d}x\mathrm{d}y$$

其中当曲面 Σ 取上侧时, Σ 的正向与 z 轴的正向相同,即 $\cos\gamma > 0$,积分前取"+";当 Σ 取下侧时, Σ 的正向与 z 轴的正向相反,即 $\cos\gamma < 0$,积分前取"−".

类似地,若 Σ 由 $x=x(y,z)$ 给出,则有 $\iint_{\Sigma} P(x,y,z)\mathrm{d}y\mathrm{d}z = \pm \iint_{D_{yz}} R[x(y,z),y,z]\mathrm{d}y\mathrm{d}z$. 等式右端的符号这样确定:如果曲面积分是曲面 Σ 的前侧,与 x 轴的正向相同,即 $\cos\alpha > 0$,积分号前取"+";反之,如果 Σ 取后侧,与 x 轴的正向相反,即 $\cos\alpha < 0$,积分号前取"−".

如果 Σ 由 $y=y(z,x)$，那么 $\iint\limits_{\Sigma}Q(x,y,z)\mathrm{d}z\mathrm{d}x = \pm\iint\limits_{D_{zx}}Q[x,y(z,x),z]\mathrm{d}z\mathrm{d}x$. 等式右端的符号这样确定:如果曲面积分是曲面 Σ 的右侧,与 y 轴的正向相同,即 $\cos\beta>0$,应取"$+$";反之,如果 Σ 取左侧,与 y 轴的正向相反,即 $\cos\beta<0$,应取"$-$".

(三)两种类型曲面积分的联系

设积分曲面 Σ 由方程 $z=z(x,y)$ 给出, Σ 在 xOy 面上的投影区域为 D_{xy}, 函数 $z=z(x,y)$ 在 D_{xy} 上具有一阶连续偏导数,且被积函数 $R(x,y,z)$ 在 Σ 上连续,则有

$$\iint\limits_{\Sigma}R(x,y,z)\mathrm{d}x\mathrm{d}y = \iint\limits_{\Sigma}R(x,y,z)\cos\gamma\mathrm{d}S$$

类似地可推得

$$\iint\limits_{\Sigma}P(x,y,z)\mathrm{d}y\mathrm{d}z = \iint\limits_{\Sigma}P(x,y,z)\cos\alpha\mathrm{d}S, \quad \iint\limits_{\Sigma}Q(x,y,z)\mathrm{d}z\mathrm{d}x = \iint\limits_{\Sigma}P(x,y,z)\cos\beta\mathrm{d}S$$

综合起来有

$$\iint\limits_{\Sigma}P\mathrm{d}y\mathrm{d}z + Q\mathrm{d}z\mathrm{d}x + R\mathrm{d}x\mathrm{d}y = \iint\limits_{\Sigma}(P\cos\alpha + Q\cos\beta + R\cos\gamma)\mathrm{d}S,$$

其中 $\cos\alpha$、$\cos\beta$、$\cos\gamma$ 是有向曲面 Σ 上点 (x,y,z) 处的法向量的方向余弦.

(四)有向封闭曲面的第二类曲面积分与三重积分的联系——高斯公式

定理 5 设空间闭区域 Ω 由分片光滑的闭曲面 Σ 围成, 函数 $P(x,y,z)$、$Q(x,y,z)$ 与 $R(x,y,z)$ 在 Ω 上具有一阶连续偏导数,则有

$$\iiint\limits_{\Omega}\left(\frac{\partial P}{\partial x} + \frac{\partial Q}{\partial y} + \frac{\partial R}{\partial z}\right)\mathrm{d}v = \oiint\limits_{\Sigma}P\mathrm{d}y\mathrm{d}z + Q\mathrm{d}z\mathrm{d}x + R\mathrm{d}x\mathrm{d}y$$

其中曲面 Σ 是闭区域 Ω 的整个边界曲面的外侧.

复习题十一

1.填空题.

(1)若函数 $P(x,y)$ 与 $Q(x,y)$ 在有向曲线弧 L 上有定义且连续, L 的参数方程为 $x=\phi(t),y=\psi(t)$, 当参数 t_____地由 α 变到 β 时,点 $M(x,y)$ 从起点 A 沿 L 运动到终点 B, $\phi(t)$ 和 $\psi(t)$ 在闭区间 $[\alpha,\beta]$(或 $[\beta,\alpha]$)上具有一阶连续导数,则对弧长的曲线积分 $\int_{L}P(x,y)\mathrm{d}x + Q(x,y)\mathrm{d}y =$_____,其中下限 α 对应 L 的_____,上限 β 对应 L 的_____.

(2)设曲面 Σ 的方程为 $z=z(x,y)$,在 xOy 面上的投影区域为 D_{xy}, 函数 $z=z(x,y)$ 在区域 D_{xy} 上具有连续偏导数,则面积的曲面积分 $\iint\limits_{\Sigma}f(x,y,z)\mathrm{d}S =$_____.

(3)第二类曲线积分 $\int_{\Gamma}P\mathrm{d}x + Q\mathrm{d}y + R\mathrm{d}z$ 化成第一类曲线积分是_____,其中 $\alpha(x,y,z)$、$\beta(x,y,z)$ 及 $\gamma(x,y,z)$ 为有向曲线弧 Γ 在点 (x,y,z) 处的_____的方向角.

(4)第二类曲面积分 $\iint\limits_{\Sigma}P(x,y,z)\mathrm{d}y\mathrm{d}z + Q(x,y,z)\mathrm{d}z\mathrm{d}x + R(x,y,z)\mathrm{d}x\mathrm{d}y$ 化成第一类

曲面积分是_____,其中 $\alpha(x,y,z)$、$\beta(x,y,z)$ 及 $\gamma(x,y,z)$ 为有向曲面 Σ 上点 (x,y,z) 处的_____的方向角.

(5)设闭区域 D 由分段光滑的曲线 L 围成,函数 $P(x,y)$ 与 $Q(x,y)$ 在 D 上具有一阶连续偏导数,则有 $\oint_L P\mathrm{d}x + Q\mathrm{d}y =$ _____,其中 L 是 D 的取正向的边界曲线.

2. 选择下述题中给出的四个结论中一个正确的结论.

(1)设 L 为圆周 $x^2+y^2=a^2$,L_1 是 L 在第一象限的部分,则有_____.

A. $\int_L x\mathrm{d}s = 4\int_{L_1} x\mathrm{d}s$;

B. $\int_L y\mathrm{d}s = 4\int_{L_1} y\mathrm{d}s$;

C. $\int_L xy\mathrm{d}s = 4\int_{L_1} xy\mathrm{d}s$;

C. $\int_L y^2\mathrm{d}s = 4\int_{L_1} y^2\mathrm{d}s$.

(2)设曲面 Σ 为上半球面 $x^2+y^2+z^2=R^2(z\geq 0)$,Σ_1 是曲面 Σ 在第一卦限的部分,则有_____.

A. $\iint_\Sigma y\mathrm{d}S = 4\iint_{\Sigma_1} y\mathrm{d}S$;

B. $\iint_\Sigma y\mathrm{d}S = 4\iint_{\Sigma_1} x\mathrm{d}S$;

C. $\iint_\Sigma z\mathrm{d}S = 4\iint_{\Sigma_1} z\mathrm{d}S$;

D. $\iint_\Sigma xz\mathrm{d}S = 4\iint_{\Sigma_1} xz\mathrm{d}S$.

3. 计算下列曲线积分.

(1) $\int_L x\mathrm{d}s$,其中 L 为曲线 $x=a(\cos t+t\sin t)$,$y=a(\sin t-t\cos t)$ 上相应于 t 从 0 到 $\dfrac{\pi}{2}$ 的一段弧.

(2) $\oint_L (xy + 4x^2 + y^2)\mathrm{d}s$,其中 L 为椭圆 $x^2+\dfrac{y^2}{4}=1$,周长为 a.

(3) $\int_\Gamma (x^2 + y^2 + z^2)\mathrm{d}s$,其中 Γ 为螺旋线 $x=\cos t$,$y=\sin t$,$z=t$ 上相应于 t 从 0 到 2π 的一段弧.

(4) $\int_\Gamma (y^2 - z^2)\mathrm{d}x + 2yz\mathrm{d}y - x^2\mathrm{d}z$,其中 Γ 为曲线 $x=t$,$y=t^2$,$z=t^3$ 上相应于 t 从 0 到 1 的一段弧.

(5) $\oint_L \dfrac{x\mathrm{d}y - y\mathrm{d}x}{x^2 + 4y^2}$,其中 L 为 $|x|+|y|=1$ 的正向.

4. 计算下列曲面积分.

(1) $\iint_\Sigma \dfrac{\mathrm{d}S}{x^2 + y^2 + z^2}$,其中 Σ 为圆柱 $x^2+y^2=a^2$ 介于 $z=0$ 及 $z=h$ 之间的部分.

(2) $\oiint_\Sigma x^2 z\mathrm{d}x\mathrm{d}y$,其中 Σ 是球面 $x^2+y^2+z^2=R^2$ 外侧表面.

(3) $\oiint_\Sigma \dfrac{x}{r^3}\mathrm{d}y\mathrm{d}z + \dfrac{y}{r^3}\mathrm{d}z\mathrm{d}x + \dfrac{z}{r^3}\mathrm{d}x\mathrm{d}y$,其中 $r=\sqrt{x^2+y^2+z^2}$,Σ 为球面 $x^2+y^2+z^2=R^2$ 外侧表面.

(4) $\iint_\Sigma (y^2 - z)\mathrm{d}y\mathrm{d}z + (z^2 - x)\mathrm{d}z\mathrm{d}x + (x^2 - y)\mathrm{d}x\mathrm{d}y$,其中 Σ 为旋转抛物面 $z=x^3+y^2$ 被平面 $z=h(h>0)$ 所截部分的下侧.

5.证明$\dfrac{x\mathrm{d}x+y\mathrm{d}y}{\sqrt{x^2+y^2}}$在整个$xOy$平面除去$y$的负半轴及原点的区域内是某个函数的全微分,并求出一个这样的函数.

6.$\displaystyle\oiint_{\Sigma}\dfrac{x\mathrm{d}y\mathrm{d}z+y\mathrm{d}z\mathrm{d}x+z\mathrm{d}x\mathrm{d}y}{(x^2+y^2+z^2)^{\frac{3}{2}}}$,其中$\Sigma$为椭球面$x^2+2y^2+4z^2=16$外侧表面.

7.设函数$u(x,y,z)$和$v(x,y,z)$在闭区域Ω上具有二阶连续偏导数,闭区域Ω的整个边界曲面为Σ,$\dfrac{\partial u}{\partial n}$,$\dfrac{\partial v}{\partial n}$分别是$u(x,y,z)$和$v(x,y,z)$沿$\Sigma$的外法线方向的方向导数,符号$\Delta=\dfrac{\partial^2}{\partial x^2}+\dfrac{\partial^2}{\partial y^2}+\dfrac{\partial^2}{\partial z^2}$,称为拉普拉斯(Laplace)算子.证明第二格林公式:

$$\iiint_{\Omega}(u\Delta v-v\Delta u)\mathrm{d}x\mathrm{d}y\mathrm{d}z=\oiint_{\Sigma}\left(u\frac{\partial v}{\partial n}-v\frac{\partial u}{\partial n}\right)\mathrm{d}S$$

8.求力$\vec{F}=(x+2y)\vec{i}+(3x-z)\vec{j}+(z-x)\vec{k}$,沿有向闭曲线$\Gamma$所做的功,其中$\Gamma$为平面$x+y+z=2$被三个坐标面所截成的三角形的整个边界,从$z$轴正向看去,沿顺时针方向.

第十二章

无穷级数

在小学阶段,我们熟知任意一个无限循环小数可化为分数.利用高等数学知识,如何解决这个问题? 如

$$0.\dot{9} = 0.9 + 0.09 + 0.009 + \cdots + \underbrace{0.0\cdots09}_{n} + \cdots$$

$$= 9\left(\frac{1}{10} + \frac{1}{10^2} + \frac{1}{10^3} + \cdots + \frac{1}{10^n} + \cdots\right) \tag{12-1}$$

$$= 9 \cdot \frac{\dfrac{1}{10} - \dfrac{1}{10^{n+1}}}{1 - \dfrac{1}{10}} (n \to \infty) = 1 \ (\text{等比数列求和})$$

这里遇到了无穷数列的求和.

大家熟知的多项式,其优点是结构简单、数值计算和理论分析方便.计算多项式的函数值只用加、减、乘三种运算,甚至连简单的除法都不用,这是其他函数所不具备的性质.如果一个函数能用多项式来表示,再利用计算机的辅助计算,那么就能解决许多问题.无穷数列各项之和或无穷多的函数(幂函数)之和就是级数.无穷级数是用来表示函数、研究函数性质和进行数值计算的一种重要数学工具,在日常生活、电学、力学、计算机辅助设计等方面有着广泛的应用.本章首先介绍常数项无穷级数的概念及性质,其次讨论函数项无穷级数,最后研究如何将函数展成幂级数和傅里叶级数等问题.

第一节 常数项级数的概念和性质

在中学阶段我们已接触到数列,数列是按照某一次序排成的一列数

$$u_1, u_2, \cdots, u_n, \cdots$$

数列按项数可分为两类:有限数列和无限数列.我们学习了有限等差数列与等比数列的求和,一般的无限数列求和是本节讨论的内容.

一、常数项级数的基本概念

对于某一个实际问题,我们从近似值追求精确值的过程中,与公式(12-1)类似:已知近似值 u_1,增加一点 u_2 得到更加精确的近似值 u_1+u_2,再增加一点 u_3 又得到更加精确的近似值 $u_1+u_2+u_3$,依次类推.有定义1.

定义1 如果给定一个数列 $u_1,u_2,\cdots,u_n,\cdots$,那么表达式

$$u_1+u_2+\cdots+u_n+\cdots \tag{12-2}$$

叫作(常数项)**无穷级数**,简称(常数项)**级数**,记作 $\sum\limits_{n=1}^{\infty} u_n$,即

$$\sum_{n=1}^{\infty} u_n = u_1+u_2+\cdots+u_n+\cdots$$

其中 $u_1,u_2,\cdots,u_n,\cdots$ 叫作级数的项,u_1 叫作级数的首项,u_2 叫作级数的第二项,$\cdots$,级数的第 n 项 u_n 叫作级数的通项或一般项.

例如,$\sum\limits_{n=1}^{\infty} \dfrac{1}{n} = 1+\dfrac{1}{2}+\dfrac{1}{3}+\cdots+\dfrac{1}{n}+\cdots$ 是数项级数.

上面级数的定义公式(12-2)只是形式的定义,怎样理解无穷级数中无穷多个数量相加的意义? 这个和式是否有"和数"呢? 有些无穷级数有"和数",如公式(12-1)有"和数"1;有些无穷级数没有"和数",如

$$1+1+1+\cdots$$

无穷级数只是形式相加,是否具有"和数"还不一定.这个"和数"的确切意义是什么? 因此,有如下的定义:

级数 $\sum\limits_{n=1}^{\infty} u_n$ 的前 n 项的和叫作**级数的部分和**,记为 s_n,即

$$s_n = u_1+u_2+\cdots+u_n = \sum_{k=1}^{n} u_k \tag{12-3}$$

当 n 依次取 $1,2,3,\cdots$ 时,它们构成一个新的数列

$$s_1=u_1,s_2=u_1+u_2,s_3=u_1+u_2+u_3,\cdots,s_n=u_1+u_2+\cdots+u_n,\cdots$$

这个数列 $s_1,s_2,\cdots,s_n,\cdots$ 称为**级数的部分和数列**.通过这个数列 $\{s_n\}$ 是否收敛与发散,来判断级数是否有"和数".于是引入级数的收敛与发散的概念.

定义2 若级数 $\sum\limits_{n=1}^{\infty} u_n$ 的部分和数列 $\{s_n\}$ 存在极限 s,即

$$\lim_{n\to\infty} s_n = \lim_{n\to\infty}(u_1+u_2+\cdots+u_n) = s$$

则称**无穷级数** $\sum\limits_{n=1}^{\infty} u_n$ **收敛**,其极限值 s 叫作**级数和**,并写成

$$s = \sum_{n=1}^{\infty} u_n$$

若级数的部分和数列 $\{s_n\}$ 极限不存在,则称**无穷级数** $\sum\limits_{n=1}^{\infty} u_n$ **发散**.

我们容易知道,当级数 $\sum\limits_{n=1}^{\infty} u_n$ 收敛时,部分和 s_n 是级数和 s 的近似值,它们之间的差

值称为**级数 $\sum\limits_{n=1}^{\infty} u_n$ 的余项**,记为 r_n,即

$$r_n = s - s_n = u_{n+1} + u_{n+2} + \cdots$$

用部分和 s_n 替代级数和 s 所产生的误差就是这个余项 r_n 的绝对值.

由级数定义可知,无穷级数是数列各项的累加,级数与数列有着紧密的对应关系.如果给定一个级数 $\sum\limits_{n=1}^{\infty} u_n$,那么就能确定一个部分和数列 $\{s_n\}$;反过来,如果给定一个数列 $\{s_n\}$,那么就有一个以 $\{s_n\}$ 为部分和数列的级数

$$s_1 + (s_2 - s_1) + \cdots + (s_n - s_{n-1}) + \cdots = s_1 + \sum_{n=2}^{\infty}(s_n - s_{n-1}) = \sum_{n=1}^{\infty} u_n$$

其中 $u_1 = s_1, u_n = s_n - s_{n-1}(n \geq 2)$.根据定义2,级数 $\sum\limits_{n=1}^{\infty} u_n$ 与数列 $\{s_n\}$ 同时收敛或同时发散,且在收敛时,有

$$\sum_{n=1}^{\infty} u_n = \lim_{n \to \infty} s_n = s$$

因此,级数的部分和数列 $\{s_n\}$ 的极限存在与级数 $\sum\limits_{n=1}^{\infty} u_n$ 的收敛性是一回事,我们经常用数列收敛的定义、判定定理及性质来判定级数收敛,但级数和 s 是一种极限值(精确值),与有限项的和 s_n(近似值)在本质上是有区别的.

如何求级数的和 s?我们只有从有限项的和出发,研究分析它们的变化规律,找到它们的变化趋势,算出部分和 s_n,再来求其极限,最终得到级数的和.如公式(12-1)首先计算部分和 s_n,发现级数的各项成等比数列,利用等比数列的求和公式,其次从有限项的和过渡到无穷多个数的和.

例1 判定级数 $\sum\limits_{n=1}^{\infty} \dfrac{1}{n(n+2)}$ 的敛散性.

解 由于

$$u_k = \frac{1}{k(k+2)} = \frac{1}{2}\left(\frac{1}{k} - \frac{1}{k+2}\right), k = 1, 2, \cdots, n$$

利用这个递推公式,可得级数的部分和

$$s_n = \frac{1}{1 \cdot 3} + \frac{1}{2 \cdot 4} + \frac{1}{3 \cdot 5} + \cdots + \frac{1}{n \cdot (n+2)}$$

$$= \frac{1}{2}\left[\left(\frac{1}{1} - \frac{1}{3}\right) + \left(\frac{1}{2} - \frac{1}{4}\right) + \left(\frac{1}{3} - \frac{1}{5}\right) + \cdots + \left(\frac{1}{n} - \frac{1}{n+2}\right)\right]$$

$$= \frac{1}{2}\left(1 + \frac{1}{2} - \frac{1}{n+1} - \frac{1}{n+2}\right)$$

因此,

$$\lim_{n \to \infty} s_n = \lim_{n \to \infty} \frac{1}{2}\left(1 + \frac{1}{2} - \frac{1}{n+1} - \frac{1}{n+2}\right) = \frac{1}{2}\left(1 + \frac{1}{2}\right) = \frac{3}{4}$$

根据定义2,这个级数收敛,其和为 $\dfrac{3}{4}$.

把级数的各项拆成几个数的差,部分和中许多数互为相反数,相互抵消,其结果变成

几个数的和.我们通常称这种级数求和的方法为**拆项求和法**.

例2 级数

$$\sum_{n=1}^{\infty} \frac{1}{n} = 1 + \frac{1}{2} + \frac{1}{3} + \cdots + \frac{1}{n} + \cdots$$

叫作调和级数,试讨论调和级数的敛散性.

解 利用拉格朗日中值定理或函数的单调性,我们容易证明下面的不等式(第三章第一节习题一的第7题):

$$\ln(1+x) < x \, (x > 0)$$

由此可得

$$\frac{1}{k} > \ln\left(1 + \frac{1}{k}\right), \quad k = 1, 2, \cdots, n$$

从而调和级数的部分和

$$S_n = \sum_{k=1}^{n} \frac{1}{k} = 1 + \frac{1}{2} + \cdots + \frac{1}{n} > \ln(1+1) + \ln\left(1+\frac{1}{2}\right) + \ln\left(1+\frac{1}{3}\right) + \cdots + \ln\left(1+\frac{1}{n}\right)$$

$$= \ln 2 + \ln \frac{3}{2} + \ln \frac{4}{3} + \cdots + \ln \frac{1+n}{n} = \ln\left(2 \times \frac{3}{2} \times \frac{4}{3} \times \cdots \times \frac{1+n}{n}\right) = \ln(1+n)$$

即

$$s_n > \ln(1+n) \to \infty \, (n \to \infty)$$

因而 $\lim\limits_{n \to \infty} s_n$ 不存在,故级数 $\sum\limits_{n=1}^{\infty} \frac{1}{n}$ 发散.

注 根据数列的敛散性,要说明级数收敛,可以适当放大一般项 u_n 或部分和 s_n;要说明级数发散,可以适当缩小一般项 u_n 或部分和 s_n.

例3 无穷级数

$$\sum_{n=1}^{\infty} aq^{n-1} = a + aq + aq^2 + \cdots + aq^{n-1} + \cdots \tag{12-4}$$

叫作**无穷等比级数**(或称**几何级数**),其中首项 $a \neq 0$,q 称为级数的公比,试讨论几何级数的敛散性.

解 当公比 $q \neq 1$ 时,几何级数的部分和

$$S_n = \sum_{k=1}^{n} aq^{k-1} = a + aq + aq^2 + \cdots + aq^{n-1} = \frac{a(1-q^n)}{1-q}$$

(1)若 $|q| < 1$,根据第一章第二节的例3的结论 $\lim\limits_{n \to \infty} q^n = 0$. 于是

$$\lim_{n \to \infty} s_n = \frac{a}{1-q}$$

从而级数收敛.

(2)若 $|q| > 1$,有 $\lim\limits_{n \to \infty} q^n = \infty$,因而

$$\lim_{n \to \infty} s_n = \infty$$

从而级数发散.

(3)当 $q = 1$ 时,有

$$s_n = na \to \infty \, (n \to \infty)$$

因而级数发散.

(4)当 $q = -1$ 时,有

$$s_n = a - a + a - a + \cdots = \begin{cases} 0, & n = 2k \\ a, & n = 2k + 1 \end{cases} (k \in N_+)$$

因而 $\lim\limits_{n \to \infty} s_n$ 不存在,故级数发散.

综上所述,当公比的绝对值 $|q| < 1$ 时,几何级数收敛;当公比的绝对值 $|q| \geqslant 1$ 时,几何级数发散.

我们经常用到几何级数,要理解其用法.例如:

(1)当 $|x| < 1$ 时,有

$$1 + x + x^2 + \cdots + x^n + \cdots = \frac{1}{1-x} \tag{12-5}$$

(2)当 $a > 0$、$b > 0$ 时,级数 $\sum\limits_{n=1}^{\infty} \left(\frac{a}{a+b} \right)^n$ 收敛.

因为,不放设 $q = \frac{a}{a+b}$,当 $a > 0$、$b > 0$ 时,公比满足 $0 < q < 1$.根据例 3 可以知道,该几何级数收敛,其和为

$$s = \frac{\frac{a}{a+b}}{1-q} = \frac{\frac{a}{a+b}}{1 - \frac{a}{a+b}} = \frac{a}{b}$$

二、常数项级数的基本性质

1. 收敛级数的性质

根据无穷级数收敛与发散的定义,级数 $\sum\limits_{n=1}^{\infty} u_n$ 的敛散性取决于级数相应的部分和数列 $\{s_n\}$ 的极限,依据数列极限的性质与极限运算法则,可得到收敛级数如下性质.

性质 1 若级数 $\sum\limits_{n=1}^{\infty} u_n$ 收敛,其和为 s,则级数 $\sum\limits_{n=1}^{\infty} k u_n$ 也收敛,其和为 ks(k 为常数).

证 设级数 $\sum\limits_{n=1}^{\infty} u_n$ 与级数 $\sum\limits_{n=1}^{\infty} k u_n$ 的部分和分别为 s_n 与 σ_n,则

$$\sigma_n = k u_1 + k u_2 + \cdots + k u_n = k s_n$$

于是

$$\lim_{n \to \infty} \sigma_n = \lim_{n \to \infty} k s_n = ks$$

因而级数 $\sum\limits_{n=1}^{\infty} k u_n$ 收敛,其和为 ks.

由关系式 $\sigma_n = k s_n$ 知道,若数列 $\{s_n\}$ 没有极限且 $k \neq 0$,则 $\{\sigma_n\}$ 也没有极限.因此,级数的每一项同乘以一个不为零的常数后,它的收敛性不改变.

推论 如果级数 $\sum\limits_{n=1}^{\infty} u_n$ 发散,当 $k \neq 0$ 时,那么级数 $\sum\limits_{n=1}^{\infty} k u_n$ 也发散.

性质 2 若级数 $\sum\limits_{n=1}^{\infty} u_n$ 与 $\sum\limits_{n=1}^{\infty} v_n$ 分别收敛于和 s 与 σ，则级数 $\sum\limits_{n=1}^{\infty} (v_n \pm v_n)$ 也收敛，其和 $s \pm \sigma$.

证 设级数 $\sum\limits_{n=1}^{\infty} u_n$, $\sum\limits_{n=1}^{\infty} v_n$ 与 $\sum\limits_{n=1}^{\infty} (u_n \pm v_n)$ 的部分 $\sum\limits_{n=1}^{\infty} (u_n \pm v_n)$ 和分别为 s_n, σ_n 及 s_n，则有

$$\delta_n = (u_1 \pm v_1) + (u_2 \pm v_2) + \cdots + (u_n \pm v_n)$$
$$= (u_1 + u_2 + \cdots + u_n) \pm (v_1 + v_2 + \cdots + v_n) = s_n \pm \sigma_n$$

利用极限四则运算法则，可得

$$\lim_{n\to\infty} \delta_n = \lim_{n\to\infty} s_n \pm \lim_{n\to\infty} \sigma_n = s \pm \sigma$$

故级数 $\sum\limits_{n=1}^{\infty} (u_n \pm v_n)$ 收敛，其和 $s \pm \sigma$.

性质 2 说明，两个收敛级数可以逐项相加或相减，其敛散性不变，但级数和要发生改变.

根据性质 1 与性质 2，收敛级数具有线性性质，可写作：

如果级数 $\sum\limits_{n=1}^{\infty} u_n$ 与 $\sum\limits_{n=1}^{\infty} v_n$ 收敛于和 s 与 σ，那么级数 $\sum\limits_{n=1}^{\infty} (\alpha u_n \pm \beta v_n)$ 也收敛，其和 $\alpha s \pm \beta \sigma$，其中 α 与 β 为常数.

例 4 判断级数 $\sum\limits_{n=1}^{\infty} \dfrac{2 + (-1)^{n-1}}{3^n}$ 是否收敛，若收敛，求其和.

解 由几何级数，可得

$$\sum_{n=1}^{\infty} \frac{1}{3^n} = \frac{\dfrac{1}{3}}{1 - \dfrac{1}{3}} = \frac{1}{2}, \quad \sum_{n=1}^{\infty} \frac{(-1)^{n-1}}{3^n} = \frac{\dfrac{1}{3}}{1 + \dfrac{1}{3}} = \frac{1}{4}$$

根据性质 1 与性质 2 可得，级数 $\sum\limits_{n=1}^{\infty} \dfrac{2 + (-1)^{n-1}}{3^n}$ 收敛，其和

$$s = \sum_{n=1}^{\infty} \frac{2 + (-1)^{n-1}}{3^n} = 2 \sum_{n=1}^{\infty} \frac{1}{3^n} + \sum_{n=1}^{\infty} \frac{(-1)^{n-1}}{3^n} = 2 \times \frac{1}{2} + \frac{1}{4} = \frac{5}{4}$$

注 （1）如果两个级数逐项相加所得的级数收敛，其中一个收敛，则另一个必收敛.

（2）两个发散的级数逐项相加所得的级数不一定发散.例如，级数

$$1 + 1 + 1 + \cdots$$

和级数

$$-1 - 1 - 1 - \cdots$$

都是发散的，但是它们逐项相加所得的级数却是收敛的.

（3）若一个收敛级数，另一个发散级数，则逐项相加所得的级数必发散.也就是说，若 $\sum\limits_{n=1}^{\infty} u_n$ 收敛，而 $\sum\limits_{n=1}^{\infty} v_n$ 发散，则 $\sum\limits_{n=1}^{\infty} (u_n + v_n)$ 发散.

证 仅证明（3）.假设 $\sum\limits_{n=1}^{\infty} (u_n + v_n) = \sum\limits_{n=1}^{\infty} w_n$ 收敛，根据性质 2，有

$$\sum_{n=1}^{\infty} v_n = \sum_{n=1}^{\infty} (u_n + v_n - u_n) = \sum_{n=1}^{\infty} w_n - \sum_{n=1}^{\infty} u_n$$

收敛,与已知条件矛盾.故结论成立.

性质 3 在级数中去掉、加上或改变有限项,不会改变级数的敛散性;但通常情况下,其和会发生变化.

证 只证明"在级数的前面部分去掉或加上有限项,不会改变级数的收敛性",其他情形(在级数中改变有限项)都可以看成在级数的前面部分先去掉有限项,然后再加上有限项的结果.将级数

$$u_1 + u_2 + \cdots + u_k + u_{k+1} + \cdots + u_{k+n} + \cdots$$

的前 k 项去掉,得到级数

$$u_{k+1} + u_{k+2} + \cdots + u_{k+n} + \cdots$$

于是新的级数的部分和为

$$\sigma_n = u_{k+1} + u_{k+1} + \cdots + u_{k+n} = s_{k+n} - s_k$$

其中 s_k 与 s_{k+n} 分别是原级数的前 k 与 $k+n$ 项的和,s_k 为常数.当 $n \to \infty$ 时,数列 $\{\sigma_n\}$ 与 $\{s_{k+n}\}$ 同时收敛或者同时发散.因此,在级数的前面部分去掉有限项,不会改变级数的收敛性.类似可证明,在级数的前面部分加上有限项,不会改变级数的收敛性.由此可得结论.

性质 3 说明,级数是无穷多项的和,改变有限项不会影响其敛散性.

性质 4 若级数 $\sum_{n=1}^{\infty} u_n$ 收敛,则对该级数的项依次任意添加括号后所形成的级数

$$(u_1 + u_2 + \cdots + u_{n_1}) + (u_{n_1+1} + u_{k_1+2} + \cdots + u_{n_2}) + \cdots + (u_{n_{k-1}+1} + u_{n_{k-1}+2} + \cdots + u_{n_k}) + \cdots$$

仍收敛,其和不变.

它说明:对于收敛级数,为了计算方便,级数的项依次添加括号后所形成的级数仍收敛,和也不变.但是加括号后所形成的级数收敛,那么不能断定原级数也收敛,而发散的级数加括号后可能收敛.例如,级数

$$(1-1) + (1-1) + (1-1) + \cdots + (1-1) + \cdots$$

是收敛的,但去掉括号后是发散的.根据性质 4 的逆否命题可得如下推论:

推论 若加括号后所形成的级数发散,则原级数也发散.

例 5 判断级数 $\dfrac{1}{\sqrt{2}-1} - \dfrac{1}{\sqrt{2}+1} + \dfrac{1}{\sqrt{3}-1} - \dfrac{1}{\sqrt{3}+1} + \cdots + \dfrac{1}{\sqrt{n}-1} - \dfrac{1}{\sqrt{n}+1} + \cdots$ 的敛散性.

解 将级数加括号,变为新级数

$$\left(\frac{1}{\sqrt{2}-1} - \frac{1}{\sqrt{2}+1} \right) + \left(\frac{1}{\sqrt{3}-1} - \frac{1}{\sqrt{3}+1} \right) + \cdots + \left(\frac{1}{\sqrt{n}-1} - \frac{1}{\sqrt{n}+1} \right) + \cdots$$

其一般项变为

$$u_n = \frac{1}{\sqrt{n}-1} - \frac{1}{\sqrt{n}+1} = \frac{\sqrt{n}+1}{(\sqrt{n})^2 - 1} - \frac{\sqrt{n}-1}{(\sqrt{n})^2 - 1} = \frac{2}{n-1}$$

根据例 2 调和级数发散可得,级数

$$\sum_{n=2}^{\infty} \frac{2}{n-1} = 2 \left(1 + \frac{1}{2} + \frac{1}{3} + \cdots + \frac{1}{n} + \cdots \right) = +\infty$$

发散,原级数发散.

由于无穷级数涉及无穷多项求和的问题,依以上性质只有收敛的无穷级数求和时可以添加括号,提取公因子以及把级数从等号的一端移到另一端,对于发散级数是不能够进行这些运算的.

2. 常数项级数收敛的必要性

定理 如果级数 $\sum_{n=1}^{\infty} u_n$ 收敛,那么一般项 u_n 当 $n \to \infty$ 时极限为零,即

$$\lim_{n \to \infty} u_n = 0$$

证 设级数的部分和为 s_n,级数和为 s.于是

$$u_n = s_n - s_{n-1}$$

则有

$$\lim_{n \to \infty} u_n = \lim_{n \to \infty}(s_n - s_{n-1}) = \lim_{n \to \infty} s_n - \lim_{n \to \infty} s_{n-1} = s - s = 0$$

这是因为数列 $\{s_n\}$,$\{s_{n-1}\}$ $(n \geq 2)$ 是同一个数列,极限相同.

这也就是说,若级数 $\sum_{n=1}^{\infty} u_n$ 收敛,则 $\lim_{n \to \infty} u_n = 0$.因而 $\lim_{n \to \infty} u_n = 0$ 是级数 $\sum_{n=1}^{\infty} u_n$ 收敛的必要条件,但非充分条件.也就是,若 $\lim_{n \to \infty} u_n = 0$,级数 $\sum_{n=1}^{\infty} u_n$ 可能发散.如调和级数 $\sum_{n=1}^{\infty} \dfrac{1}{n}$ 是发散的,但

$$\lim_{n \to \infty} u_n = \lim_{n \to \infty} \frac{1}{n} = 0$$

根据该定理的逆否命题,可得如下推论:

推论 若 $\lim_{n \to \infty} u_n \neq 0$,则级数 $\sum_{n=1}^{+\infty} u_n$ 一定发散.

因此,当判别级数的敛散性时,先考察级数 $\lim_{n \to \infty} u_n = 0$ 是否满足,如果这个条件不满足,则级数发散;如果这个条件满足,再用其他方法判定其敛散性.

例如,级数

$$\frac{1}{2} + \frac{2}{3} + \frac{3}{4} + \cdots + \frac{n}{n+1} + \cdots$$

一般项 $u_n = \dfrac{n}{n+1}$ 当 $n \to \infty$ 时趋于 1 而不趋于零,因而该级数发散.

例 6 判断级数 $\sin \dfrac{\pi}{3} + \sin \dfrac{2\pi}{3} + \cdots + \sin \dfrac{n\pi}{3} + \cdots$ 的敛散性.

解 当 $n = 3k$ 时,则

$$u_{3k} = \sin \frac{3k}{3}\pi = 0$$

当 $n = 3k+1$ 时,则

$$u_{3k+1} = \sin \frac{3k+1}{3}\pi = \sin\left(k\pi + \frac{1}{3}\pi\right) = \pm\frac{\sqrt{3}}{2}$$

当 $n = 3k+2$ 时,则

$$u_{3k+2} = \sin\frac{3k+2}{3}\pi = \sin\left(k\pi + \frac{2}{3}\pi\right) = \pm\frac{\sqrt{3}}{2}$$

因而

$$\lim_{n\to\infty} u_n = \begin{cases} 0, & n = 3k \\ \pm\dfrac{\sqrt{3}}{2}, & n = 3k \pm 1 \end{cases} \neq 0$$

利用定理的推论,该级数发散.

习题 12-1

1.已知级数前 n 项的和 s_n,求出下列级数的一般项与级数和.

(1) $s_n = \dfrac{n}{n-1}$;   (2) $s_n = \arctan\dfrac{1}{n+1}$.

2.回答问题.

(1)若级数 $\sum\limits_{n=1}^{\infty} u_n$ 发散, k 为一常数,那么级数 $\sum\limits_{n=1}^{\infty} k u_n$ 发散吗?

(2)级数 $\sum\limits_{n=1}^{\infty} a_n$ 发散,级数 $\sum\limits_{n=1}^{\infty} b_n$ 收敛,则级数 $\sum\limits_{n=1}^{\infty} (a_n + b_n)$ 是发散还是收敛?

(3)级数 $\sum\limits_{n=1}^{\infty} a_n$ 与 $\sum\limits_{n=1}^{\infty} b_n$ 都发散,则 $\sum\limits_{n=1}^{\infty} (a_n + b_n)$ 一定发散吗? 请举例说明.

(4)若 $\sum\limits_{n=1}^{\infty} (a_n + b_n)$ 收敛,则 $\sum\limits_{n=1}^{\infty} a_n$ 与 $\sum\limits_{n=1}^{\infty} b_n$ 是否收敛?

3.级数 $\sum\limits_{n=1}^{\infty} a_n$ 收敛,判断下列各题的正确性.

(1)级数 $\sum\limits_{n=1}^{\infty} (-a_{n+1})$ 收敛;   (2)级数 $\sum\limits_{n=1}^{\infty} (-1)^n a_n$ 收敛;

(3)级数 $\sum\limits_{n=1}^{\infty} a_{100+n}$ 收敛;   (4)级数 $\sum\limits_{n=1}^{\infty} a_n^2$ 发散;

(5)级数 $\sum\limits_{n=1}^{\infty} (a_n - 3a_{n+1})$ 发散;   (6)级数 $\sum\limits_{n=1}^{\infty} (a_{2n-1} + a_{2n})$ 收敛.

4.根据级数收敛与发散的定义判断下列级数的敛散性.

(1) $\sum\limits_{n=1}^{\infty} \dfrac{1}{3n+2}$;   (2) $\sum\limits_{n=1}^{\infty} \dfrac{(-1)^n}{7^n}$;   (3) $\sum\limits_{n=1}^{\infty} \ln\dfrac{n}{n+1}$;

(4) $\sum\limits_{n=1}^{\infty} \dfrac{\sqrt{n+1} - \sqrt{n}}{\sqrt{n}\sqrt{n+1}}$;   (5) $\sum\limits_{n=1}^{\infty} \dfrac{n+2}{n^2+2}$.

5.讨论下列级数的敛散性,若级数收敛,求其和.

(1) $\dfrac{6}{5} - \dfrac{6^2}{5^2} + \dfrac{6^3}{5^3} + \cdots + (-1)^{n-1}\dfrac{6^n}{5^n} + \cdots$;

(2) $\left(\dfrac{3}{4} + \dfrac{1}{3}\right) + \left(\dfrac{3^2}{4^2} - \dfrac{1}{3^2}\right) + \left(\dfrac{3^3}{4^3} + \dfrac{1}{3^3}\right) + \cdots + \left(\dfrac{3^n}{4^n} + \dfrac{(-1)^{n-1}}{3^n}\right) + \cdots$;

(3) $\dfrac{1}{1 \cdot 4} + \dfrac{1}{4 \cdot 7} + \dfrac{1}{7 \cdot 10} + \cdots + \dfrac{1}{(3n-2)(3n+1)} + \cdots$;

$(4) \displaystyle\sum_{n=1}^{\infty} \sin\frac{n\pi}{2};$

$(5) 1+\dfrac{1}{1+a}+\dfrac{1}{(1+a)^2}+\cdots+\dfrac{1}{(1+a)^{n-1}}+\cdots(a>-1);$

$(6) \dfrac{1}{\sqrt{2}-1}-\dfrac{1}{\sqrt{2}+1}+\dfrac{1}{\sqrt{3}-\sqrt{2}}-\dfrac{1}{\sqrt{3}+\sqrt{2}}+\cdots\cdots+\dfrac{1}{\sqrt{n}-\sqrt{n-1}}-\dfrac{1}{\sqrt{n}+\sqrt{n+1}}+\cdots.$

6.设数列$\{a_n\}$收敛于a,证明级数$\displaystyle\sum_{n=1}^{\infty}(a_n-a_{n+1})$收敛.

7.设数列$\{a_n\}$,且$\displaystyle\lim_{n\to\infty}a_n=\infty$,证明(1)级数$\displaystyle\sum_{n=1}^{\infty}(a_n-a_{n+1})$发散;(2)当$a_n\neq 0$时,级数

$\displaystyle\sum_{n=1}^{\infty}\left(\dfrac{1}{a_n}-\dfrac{1}{a_{n+1}}\right)$收敛.

8.证明 收敛级数性质4.

第二节 正项级数的审敛法

关于一个级数通常会有两个问题:一是级数是否收敛? 二是若级数收敛,其和是多少? 如果级数是发散的,那么第二个问题就不存在了,第一个问题显得更重要.在一般情况下,判断一个级数的敛散性,只根据级数敛散性的定义及性质往往是比较困难的.因此,我们需要寻求判定级数敛散性的方法,以便给出甄别级数敛散性的具体简便的方法.

若级数$\displaystyle\sum_{n=1}^{\infty}u_n$的每一项都是非负的,即$u_n\geqslant 0(n=1,2,\cdots)$,则称此级数为正项级数.许多级数的敛散性问题都会归结为正项级数的敛散性问题,因而判别正项级数的敛散性特别重要.

定理1 正项级数$\displaystyle\sum_{n=1}^{\infty}u_n$收敛的充分必要条件是它的部分和数列$\{s_n\}$有界.

证 【充分性】对于正项级数,有$u_n\geqslant 0$,可得

$$s_{n+1}=s_n+u_n\geqslant s_n$$

因而级数$\displaystyle\sum_{n=1}^{\infty}u_n$的部分和数列$\{s_n\}$是单调递增数列,即

$$S_1\leqslant S_2\leqslant S_2\leqslant\cdots\leqslant S_n\leqslant\cdots$$

若数列$\{s_n\}$有界,即s_n总不大于某一正数M,根据第一章第六节单调有界数列必有极限的定理,数列$\{s_n\}$的极限一定存在,由第一节级数收敛的定义,该正项级数收敛.

【必要性】若正项级数收敛,则部分和数列$\{s_n\}$的极限存在,根据第一章第二节收敛数列的有界性质,从而部分和数列$\{s_n\}$有界.

定理1的逆否命题:若正项级数的部分和数列$\{s_n\}$无界,则级数$\displaystyle\sum_{n=1}^{\infty}u_n$一定发散,且发散于正无穷大.

定理 2（比较审敛法）　设有两个正项级数 $\sum\limits_{n=1}^{\infty} u_n$ 及 $\sum\limits_{n=1}^{\infty} v_n$, 且 $u_n \leqslant v_n (n=1,2,\cdots)$.

(1)若级数 $\sum\limits_{n=1}^{\infty} v_n$ 收敛,则级数 $\sum\limits_{n=1}^{\infty} u_n$ 也收敛;(2)若级数 $\sum\limits_{n=1}^{\infty} u_n$ 发散,则级数 $\sum\limits_{n=1}^{\infty} v_n$ 也发散.

　　证　设级数 $\sum\limits_{n=1}^{\infty} u_n$ 与 $\sum\limits_{n=1}^{\infty} v_n$ 的部分和分别为 s_n 与 σ_n, 因为 $u_n \leqslant v_n (n=1,2,\cdots)$, 所以 $s_n \leqslant \sigma_n$.

　　(1)若级数 $\sum\limits_{n=1}^{\infty} v_n$ 收敛,设其和为 σ,则

$$s_n = u_1 + u_2 + \cdots + u_n \leqslant v_1 + v_2 + \cdots + v_n = \sigma_n < \sigma (n=1,2,\cdots)$$

即正项级数 $\sum\limits_{n=1}^{\infty} u_n$ 的部分和数列 $\{s_n\}$ 有界,由定理 1 级数 $\sum\limits_{n=1}^{\infty} u_n$ 也收敛.

　　(2)若正项级数 $\sum\limits_{n=1}^{\infty} u_n$ 发散,其部分和数列 $\{s_n\}$ 单调递增,当 n 趋于无穷大时,则数列 $\{s_n\}$ 必趋于正无穷大.由于 $s_n \leqslant \sigma_n$, 从而级数 $\sum\limits_{n=1}^{\infty} v_n$ 的部分和数列 $\{\sigma_n\}$ 也趋于正无穷大,则级数 $\sum\limits_{n=1}^{\infty} v_n$ 也发散.

　　我们知道,级数每一项同乘不为零的常数以及去掉级数前面部分的有限项不会改变级数的敛散性,于是有推论 1.

　　推论 1（比较审敛法）　设有两个正项级数 $\sum\limits_{n=1}^{\infty} u_n$ 及 $\sum\limits_{n=1}^{\infty} v_n$, 且存在正整数 N, 当 $n>N$ 时,有 $u_n \leqslant kv_n (k>0)$ 成立.(1)若级数 $\sum\limits_{n=1}^{\infty} v_n$ 收敛,则级数 $\sum\limits_{n=1}^{\infty} u_n$ 也收敛;(2)若级数 $\sum\limits_{n=1}^{\infty} u_n$ 发散,则级数 $\sum\limits_{n=1}^{\infty} v_n$ 也发散.

　　定理 2 说明,两个正项级数 $\sum\limits_{n=1}^{\infty} u_n$ 及 $\sum\limits_{n=1}^{\infty} v_n$, 且 $u_n \leqslant v_n (n=1,2,\cdots)$. 大的级数 $\sum\limits_{n=1}^{\infty} v_n$ 收敛,则小的级数 $\sum\limits_{n=1}^{\infty} u_n$ 就收敛;小的级数 $\sum\limits_{n=1}^{\infty} u_n$ 发散,则大的级数 $\sum\limits_{n=1}^{\infty} v_n$ 就发散.这与数列的性质类似.因此,要证明一个级数收敛,为了计算方便,可以把级数的各项适当放大,放大后的级数收敛,原级数也收敛;要证明一个级数发散,可以把级数的各项适当放小,放小后的级数发散,原级数也发散.这个方法又叫作**放缩法**.

　　例 1　设常数 $p>0$, 级数

$$\sum_{n=1}^{\infty} \frac{1}{n^p} = 1 + \frac{1}{2^p} + \frac{1}{3^p} + \cdots + \frac{1}{n^p} + \cdots$$

称为 p 级数,试讨论其敛散性.

　　解　当 $p=1$ 时, p 级数为调和级数,故级数发散.

　　当 $p<1$ 时,由于 $\frac{1}{n} < \frac{1}{n^p}$, 而级数 $\sum\limits_{n=1}^{\infty} \frac{1}{n}$ 发散,根据定理 2,所以级数 $\sum\limits_{n=1}^{\infty} \frac{1}{n^p}$ 发散.

　　当 $p>1$ 时,将级数 $\sum\limits_{n=1}^{\infty} \frac{1}{n^p}$ 依次添加括号,括号里面项的个数依次为 $1,2,4,\cdots,$

$2^k, \cdots$, 即

$$1 + \left(\frac{1}{2^p} + \frac{1}{3^p}\right) + \left(\frac{1}{4^p} + \frac{1}{5^p} + \frac{1}{6^p} + \frac{1}{7^p}\right) + \left(\frac{1}{8^p} + \cdots + \frac{1}{15^p}\right) + \cdots \qquad (12\text{-}6)$$

第 $k+1$ 个括号里的数列的项的序号为 $2^k, 2^k+1, 2^k+2, \cdots, 2^{k+1}-1$, 它们的个数为

$$2^{k+1} - 1 - (2^k - 1) = 2^k$$

当 $2^k \leqslant n \leqslant 2^{k+1}-1$ 时, 有

$$\frac{1}{n} \leqslant \frac{1}{2^k}, \frac{1}{n^p} \leqslant \left(\frac{1}{2^k}\right)^p = \frac{1}{2^{kp}} \qquad (12\text{-}7)$$

将公式 $(12\text{-}7)$ 代入公式 $(12\text{-}6)$, 可得

$$1 + \left(\frac{1}{2^p} + \frac{1}{2^p}\right) + \left(\frac{1}{4^p} + \frac{1}{4^p} + \frac{1}{4^p} + \frac{1}{4^p}\right) + \left(\frac{1}{8^p} + \cdots + \frac{1}{8^p}\right) + \cdots = 1 + \frac{2}{2^p} + \frac{2^2}{2^{2p}} + \frac{2^3}{2^{3p}} + \cdots$$

$$= 1 + \frac{1}{2^{p-1}} + \frac{1}{2^{2p-2}} + \frac{1}{2^{3p-3}} + \cdots$$

$$= 1 + \frac{1}{2^{p-1}} + \left(\frac{1}{2^{p-1}}\right)^2 + \left(\frac{1}{2^{p-1}}\right)^3 + \cdots = \sum_{n=1}^{\infty} \left(\frac{1}{2^{p-1}}\right)^{n-1}$$

因为级数 $\displaystyle\sum_{n=1}^{\infty} \left(\frac{1}{2^{p-1}}\right)^{n-1}$ 是一个公比为 $q = \dfrac{1}{2^{p-1}} < 1$ 的等比 (几何) 级数, 所以添加括号后的

级数收敛, 又 $\displaystyle\lim_{n\to\infty} u_n = \lim_{n\to\infty} \frac{1}{n^p} = 0.$ 根据第三节的定理 2 可得, 级数 $\displaystyle\sum_{n=1}^{\infty} \frac{1}{n^p}$ 级数收敛.

综合上述, 对于 p 级数, 当 $p > 1$ 时收敛, 当 $p \leqslant 1$ 时发散.

例 2 判别级数 $\displaystyle\sum_{n=1}^{\infty} \frac{1}{\sqrt{n^2(n+2)}}$ 的敛散性.

解 此级数的一般项 $u_n = \dfrac{1}{\sqrt{n^2(n+2)}}$, 且

$$\frac{1}{\sqrt{n^2(n+2)}} < \frac{1}{\sqrt{n^2 \cdot n}} = \frac{1}{n^{\frac{3}{2}}}$$

而级数 $\displaystyle\sum_{n=1}^{\infty} \frac{1}{n^{\frac{3}{2}}}$ 是 $p = \dfrac{3}{2}$ 的 p 级数, 它是收敛的, 由定理 2 可得, 级数 $\displaystyle\sum_{n=1}^{\infty} \frac{1}{\sqrt{n^2(n+2)}}$ 收敛.

如何用比较判别法判定级数 $\displaystyle\sum_{n=1}^{\infty} w_n$ 的敛散性? 要想判断级数 $\displaystyle\sum_{n=1}^{\infty} w_n$ 收敛, 就把 $\displaystyle\sum_{n=1}^{\infty} w_n$ 适当放大成为级数 $\displaystyle\sum_{n=1}^{\infty} u_n$, 当 $\displaystyle\sum_{n=1}^{\infty} u_n$ 为已知的标准收敛级数时, 根据定理 2, 级数 $\displaystyle\sum_{n=1}^{\infty} w_n$ 收敛. 要想判断级数 $\displaystyle\sum_{n=1}^{\infty} w_n$ 发散, 就把 $\displaystyle\sum_{n=1}^{\infty} w_n$ 适当放小成为级数 $\displaystyle\sum_{n=1}^{\infty} v_n$, 当 $\displaystyle\sum_{n=1}^{\infty} v_n$ 为已知的标准发散级数时, 根据定理 2, 则 $\displaystyle\sum_{n=1}^{\infty} w_n$ 发散.

通常几何级数与 p 级数是标准级数. 现在取标准级数 $v_n = \dfrac{1}{n^p}$, 我们获得:

推论 2 设 $\displaystyle\sum_{n=1}^{\infty} u_n$ 是正项级数, 若 $u_n \geqslant \dfrac{1}{n^p}$, 且 $p \leqslant 1$, 则级数 $\displaystyle\sum_{n=1}^{\infty} u_n$ 发散; 若 $u_n \leqslant \dfrac{1}{n^p}$, 且

$p>1$，则级数 $\sum\limits_{n=1}^{\infty} u_n$ 收敛.

为了方便应用，我们给出比较审敛法的极限形式.

定理3（比较审敛法的极限形式） 设 $\sum\limits_{n=1}^{\infty} u_n$ 和 $\sum\limits_{n=1}^{\infty} v_n (v_n > 0)$ 都是正项级数，且 $\lim\limits_{n\to\infty}\dfrac{u_n}{v_n}=l$.

（1）当 $0<l<+\infty$ 时，则级数 $\sum\limits_{n=1}^{\infty} u_n$ 和 $\sum\limits_{n=1}^{\infty} v_n$ 同时收敛或同时发散；（2）当 $l=0$ 时，若 $\sum\limits_{n=1}^{\infty} v_n$ 收

敛，则 $\sum\limits_{n=1}^{\infty} u_n$ 收敛；（3）当 $l=+\infty$ 时，若 $\sum\limits_{n=1}^{\infty} v_n$ 发散，则 $\sum\limits_{n=1}^{\infty} u_n$ 发散.

证 （1）取较小的 $\varepsilon>0$，使得 $l-\varepsilon>0$.由数列极限的定义，存在正整数 N，当 $n>N$ 时，有

$$\left|\frac{u_n}{v_n}-l\right|<\varepsilon，-\varepsilon<\frac{u_n}{v_n}-l<\varepsilon$$

即

$$0<l-\varepsilon<\frac{u_n}{v_n}<l+\varepsilon，(l-\varepsilon)v_n<u_n<(l+\varepsilon)v_n$$

若 $\sum\limits_{n=1}^{\infty} v_n$ 收敛，且 $u_n<(l+\varepsilon)v_n$，根据定理2推论1，级数 $\sum\limits_{n=1}^{\infty} u_n$ 收敛；若 $\sum\limits_{n=1}^{\infty} u_n$ 收敛，且 $(l-\varepsilon)v_n<u_n$，同样，级数 $\sum\limits_{n=1}^{\infty} v_n$ 收敛.

（2）任给 $\varepsilon>0$，存在正整数 N，当 $n>N$ 时，有

$$\left|\frac{u_n}{v_n}-0\right|<\varepsilon，-\varepsilon<\frac{u_n}{v_n}<\varepsilon，即 u_n<\varepsilon v_n$$

根据定理2推论1，若 $\sum\limits_{n=1}^{\infty} v_n$ 收敛，则级数 $\sum\limits_{n=1}^{\infty} u_n$ 收敛；若级数 $\sum\limits_{n=1}^{\infty} u_n$ 发散，则 $\sum\limits_{n=1}^{\infty} v_n$ 发散.

（3）u_n 与 v_n 交换商中的位置就是问题（2），不再重复.

极限形式的比较审敛法，是在两个正项级数的一般项均趋于零的条件下，比较它们的一般项作为无穷小量的阶.定理3表明，当 $n\to\infty$ 时，如果 u_n 是与 v_n 同阶或是高阶的无穷小量，而级数 $\sum\limits_{n=1}^{\infty} v_n$ 收敛，那么级数 $\sum\limits_{n=1}^{\infty} u_n$ 收敛；如果 u_n 是与 v_n 同阶或是低阶的无穷小量，而级数 $\sum\limits_{n=1}^{\infty} v_n$ 发散，那么级数 $\sum\limits_{n=1}^{\infty} u_n$ 发散.

通常几何级数与 p 级数是比较的标准级数.现在取标准 p 级数

$$v_n=\frac{1}{n^p}，\lim_{n\to\infty}\frac{u_n}{v_n}=\lim_{n\to\infty} n^p u_n$$

因而有推论3.

推论3 设 $\sum\limits_{n=1}^{\infty} u_n$ 是正项级数.若 $\lim\limits_{n\to\infty} n u_n=l>0$（或 $\lim\limits_{n\to\infty} n u_n=+\infty$），则级数 $\sum\limits_{n=1}^{\infty} u_n$ 发散；当 $p>1$ 时，若 $\lim\limits_{n\to\infty} n^p u_n=l(0\leqslant l<+\infty)$，则级数 $\sum\limits_{n=1}^{\infty} u_n$ 收敛.

例3 判别级数 $\sum\limits_{n=1}^{\infty}\sin\dfrac{1}{n}$ 的敛散性.

解　因为 $\lim\limits_{n\to\infty}\dfrac{\sin\dfrac{1}{n}}{\dfrac{1}{n}}=\lim\limits_{x\to0}\dfrac{\sin x}{x}=1$，而调和级数 $\sum\limits_{n=1}^{\infty}\dfrac{1}{n}$ 发散，所以级数 $\sum\limits_{n=1}^{\infty}\sin\dfrac{1}{n}$ 发散.

例 4　判别级数 $\sum\limits_{n=1}^{\infty}\ln\dfrac{n^2-3}{n^2}$ 的敛散性.

解　利用 $\ln(1+x)\sim x\,(x\to0)$，将一般项变形为

$$u_n=\ln\left(1-\frac{3}{n^2}\right)=\ln\left(1-\frac{3}{n^2}\right)\sim-\frac{3}{n^2}\,(n\to\infty)$$

于是有

$$\lim\limits_{n\to\infty}\frac{u_n}{-\dfrac{3}{n^2}}=\lim\limits_{n\to\infty}\frac{-\dfrac{3}{n^2}}{-\dfrac{3}{n^2}}=1$$

又 p 级数 $\sum\limits_{n=1}^{\infty}\dfrac{1}{n^2}\,(p=2)$ 收敛，从而级数 $\sum\limits_{n=1}^{\infty}-\dfrac{3}{n^2}$ 收敛，故级数 $\sum\limits_{n=1}^{\infty}\ln\dfrac{n^2-3}{n^2}$ 收敛.

用以上审敛法来判定一个级数的敛散性，都需要选取一个收敛或发散的标准级数进行比较，有些麻烦.下面两个审敛法只依赖于级数本身的审敛准则.

定理 4（比值审敛法，达郎贝尔（d'Alembert）审敛法）　设 $\sum\limits_{n=1}^{\infty}u_n\,(u_n>0)$ 是正项级数，如果

$$\lim\limits_{n\to\infty}\frac{u_{n+1}}{u_n}=\rho$$

那么，（1）当 $\rho<1$ 时，级数 $\sum\limits_{n=1}^{\infty}u_n$ 收敛；（2）当 $\rho>1$（或 $\lim\limits_{n\to\infty}\dfrac{u_{n+1}}{u_n}=+\infty$）时，级数 $\sum\limits_{n=1}^{\infty}u_n$ 发散；

（3）当 $\rho=1$ 时，级数 $\sum\limits_{n=1}^{\infty}u_n$ 可能收敛也可能发散.

证　（1）当 $\rho<1$ 时，取适当小的 $\varepsilon>0$，使得 $\rho+\varepsilon<1$.由数列极限的定义，存在正整数 N，当 $n>N$ 时，有

$$\left|\frac{u_{n+1}}{u_n}-\rho\right|<\varepsilon,\ -\varepsilon<\frac{u_{n+1}}{u_n}-\rho<\varepsilon$$

因而设

$$\frac{u_{n+1}}{u_n}<\rho+\varepsilon=r$$

由此可得

$$u_{n+1}<ru_n<r^2u_{n-1}<\cdots<r^{n-N}u_{N+1}=r^n\frac{u_{N+1}}{r^N}$$

又公比 $0<r<1$，几何级数 $\sum\limits_{n=1}^{\infty}r^n$ 收敛，从而级数 $\sum\limits_{n=1}^{\infty}r^n\dfrac{u_{N+1}}{r^N}$ 收敛，根据定理 2，级数 $\sum\limits_{n=1}^{\infty}u_n$

收敛.

（2）当 $\rho>1$ 时，取适当小的 $\varepsilon>0$，使得 $\rho-\varepsilon>1$。由数列极限的定义，存在正整数 N，当 $n>N$ 时，有

$$\left|\frac{u_{n+1}}{u_n}-\rho\right|<\varepsilon,\ -\varepsilon<\frac{u_{n+1}}{u_n}-\rho<\varepsilon$$

可得

$$1<\rho-\varepsilon<\frac{u_{n+1}}{u_n},u_{n+1}>u_n$$

从而有

$$u_{n+1}>u_n>u_{n-1}>\cdots>u_{N+1}$$

也就是当 $n>N$ 时，级数一般项 u_n 是逐渐增大，因而

$$\lim_{n\to\infty}u_n>u_N\neq0$$

根据第一节级数收敛的必要条件，级数 $\sum\limits_{n=1}^{\infty}u_n$ 发散。

（3）当 $\rho=1$ 时，级数 $\sum\limits_{n=1}^{\infty}u_n$ 可能收敛也可能发散。例如，p 级数 $\sum\limits_{n=1}^{\infty}\frac{1}{n^p}$ 满足

$$\lim_{n\to\infty}\frac{u_{n+1}}{u_n}=\lim_{n\to\infty}\frac{\dfrac{1}{(n+1)^p}}{\dfrac{1}{n^p}}\lim_{n\to\infty}\left(\frac{n}{n+1}\right)^p=1$$

然而当 $p>1$ 时 p 级数收敛，当 $p\leqslant1$ 时 p 级数发散。因此，当 $\rho=1$ 时，不能判定级数 $\sum\limits_{n=1}^{\infty}u_n$ 收敛性。

例5 判别级数的敛散性。

（1）$\sum\limits_{n=1}^{\infty}\frac{n}{2^{n-1}}$;　　　（2）$\sum\limits_{n=1}^{\infty}\frac{n^n}{n!}$。

解 （1）由于

$$\lim_{n\to\infty}\frac{u_{n+1}}{u_n}=\lim_{n\to\infty}\frac{\dfrac{n+1}{2^n}}{\dfrac{n}{2^{n-1}}}=\lim_{n\to\infty}\left(\frac{n+1}{2^n}\cdot\frac{2^{n-1}}{n}\right)=\frac{1}{2}\lim_{n\to\infty}\frac{n+1}{n}=\frac{1}{2}<1$$

根据比值审敛法所给级数收敛。

（2）由于

$$\lim_{n\to\infty}\frac{u_{n+1}}{u_n}=\lim_{n\to\infty}\frac{\dfrac{(n+1)^{n+1}}{(n+1)!}}{\dfrac{n^n}{n!}}=\lim_{n\to\infty}\frac{(n+1)^{n+1}}{(n+1)!}\cdot\frac{n!}{n^n}=\lim_{n\to\infty}\left(\frac{n+1}{n}\right)^n=\lim_{n\to\infty}\left(1+\frac{1}{n}\right)^n=e>1$$

根据比值审敛法所给级数发散。

当 $\rho=1$ 时，判断级数 $\sum\limits_{n=1}^{\infty}u_n$ 的敛散性有定理5。

*定理5（泰勒公式判别法）　设 $\sum\limits_{n=1}^{\infty} u_n(u_n > 0)$ 为正项级数.若存在正整数 N,当 $n>N$ 时,有

$$\frac{u_{n+1}}{u_n} = 1 + \frac{b}{n} + \frac{c}{n^2} + o\left(\frac{1}{n^2}\right)$$

则(1)当 $b \geqslant -1, c \in R$ 时,级数发散;(2)当 $-2<b<-1, c>0$ 时,级数发散;(3)当 $-2<b<-1$, $c \leqslant 0$ 时,级数收敛;(4)当 $b \leqslant -2, c \in R$ 时,级数收敛.

*定理6[根值审敛法,柯西(Cauchy)判别法]　设 $\sum\limits_{n=1}^{\infty} u_n$ 是正项级数,如果 $\lim\limits_{n \to \infty} \sqrt[n]{u_n} = \rho$,那么(1)当 $\rho<1$ 时,级数收敛;(2)当 $\rho>1$（或 $\lim\limits_{n \to \infty} \sqrt[n]{u_n} = +\infty$）时,级数发散;(3)当 $\rho = 1$ 时,级数可能收敛也可能发散.

定理6的证明与定理4证明相仿,从略.

例6　判定级数 $\sum\limits_{n=1}^{\infty} \frac{5}{2^n}$ 的敛散性.

解　利用对数恒等式,可得

$$\lim_{n \to \infty} \sqrt[n]{u_n} = \lim_{n \to \infty} \frac{1}{2} \sqrt[n]{5} = \frac{1}{2} \lim_{n \to \infty} e^{\frac{1}{n} \ln 5}$$

又因 $\ln 5$ 有界,利用第一章第四节无穷小的性质2,可得

$$\lim_{n \to \infty} \frac{1}{n} \ln 5 = 0, \lim_{n \to \infty} e^{\frac{1}{n} \ln 5} = 1$$

因而 $\lim\limits_{n \to \infty} \sqrt[n]{u_n} = \frac{1}{2}$,根据根值审敛法所给级数收敛.

*定理7　设函数 $f(x)$ 在区间 $[N, +\infty)$ 上连续、非负及递减,则级数 $\sum\limits_{n=N}^{\infty} f(n)$ 与广义积分 $\int_N^{+\infty} f(x)\,\mathrm{d}x$ 具有相同的敛散性,其中 N 为某一个自然数.

证　$f(x)$ 在区间 $[n, n+1]$ 上满足:

$$f(n+1) \leqslant f(x) \leqslant f(n), \quad n = N, N+1, N+2, \cdots$$

根据定积分的保序性,有

$$\int_n^{n+1} f(n+1)\,\mathrm{d}x \leqslant \int_n^{n+1} f(x)\,\mathrm{d}x \leqslant \int_n^{n+1} f(n)\,\mathrm{d}x$$

即

$$f(n+1) \leqslant \int_n^{n+1} f(x)\,\mathrm{d}x \leqslant f(n)$$

从而可得

$$\sum_{n=N}^{\infty} f(n+1) \leqslant \sum_{n=N}^{\infty} \int_n^{n+1} f(x)\,\mathrm{d}x \leqslant \sum_{n=N}^{\infty} f(n)$$

即

$$\sum_{n=N+1}^{\infty} f(n) \leqslant \int_N^{+\infty} f(x)\,\mathrm{d}x \leqslant \sum_{n=N}^{\infty} f(n)$$

如果广义积分 $\int_N^{+\infty} f(x)\,\mathrm{d}x$ 收敛于 s，根据上式第一个不等号，则级数 $\sum\limits_{n=N+1}^{\infty} f(n)$ 有上界 s，从而级数的部分和数列有界，根据定理1，正项级数 $\sum\limits_{n=N+1}^{\infty} f(n)$ 收敛，从而级数 $\sum\limits_{n=N}^{\infty} f(n)$ 收敛；若广义积分 $\int_N^{+\infty} f(x)\,\mathrm{d}x$ 发散，则它无上界，根据上式第二个不等号，级数 $\sum\limits_{n=N}^{\infty} f(n)$ 也无上界，因而级数 $\sum\limits_{n=N}^{\infty} f(n)$ 发散.因此结论成立.

要想利用定理6，广义积分 $\int_N^{+\infty} f(x)\,\mathrm{d}x$ 必须容易计算.特别判断通项公式 $u_n = f(n)$ 为有理函数的级数比较方便.

例7 讨论级数 $\sum\limits_{n=2}^{\infty} \dfrac{1}{n\ln^p n}$ 的敛散性，其中 $p>0$.

解 设 $f(x) = \dfrac{1}{x\ln^p x}$.因为当 $p>0$，$x \geq 3$ 时，有

$$f'(x) = \frac{-(x\ln^p x)'}{(x\ln^p x)^2} = \frac{-\ln^{p-1} x(\ln x + xp)}{(x\ln^p x)^2} < 0$$

从而 $f(x)$ 为非负减函数.又当 $p \neq 0$ 时，有

$$\int_2^{+\infty} f(x)\,\mathrm{d}x = \int_2^{+\infty} \frac{1}{x\ln^p x}\,\mathrm{d}x = \int_2^{+\infty} \frac{1}{\ln^p x}\,\mathrm{d}\ln x = \frac{1}{1-p}\ln^{1-p} x \Big|_2^{+\infty}$$

$$= \frac{1}{1-p}\left[\lim_{x\to+\infty} \ln^{1-p} x - \ln 2 \right] = \begin{cases} \dfrac{\ln 2}{p-1}, & p>1 \\ \infty, & p<1 \end{cases}$$

当 $p=1$ 时，有

$$\int_2^{+\infty} f(x)\,\mathrm{d}x = \int_2^{+\infty} \frac{1}{x\ln x}\,\mathrm{d}x = \int_2^{+\infty} \frac{1}{\ln x}\,\mathrm{d}(\ln x) = \ln\ln x \Big|_2^{+\infty} = +\infty$$

因此，当 $p>1$ 时，积分 $\int_2^{+\infty} f(x)\,\mathrm{d}x$ 收敛，从而级数 $\sum\limits_{n=2}^{\infty} \dfrac{1}{n\ln^p n}$ 收敛；当 $0<p\leq 1$ 时，积分 $\int_N^{+\infty} f(x)\,\mathrm{d}x$ 发散，从而级数 $\sum\limits_{n=2}^{\infty} \dfrac{1}{n\ln^p n}$ 发散.

判别一个正项级数的敛散性，一般而言，可以按下列程序进行考虑：

（1）检查一般项，若 $\lim\limits_{n\to\infty} u_n \neq 0$，可判定级数发散；若 $\lim\limits_{n\to\infty} u_n = 0$，先试用比值（或根值）判别法.

（2）用比值或根式判别法判定，若比值或根式极限不为1，可以判断其敛散性；否则，$\lim\limits_{n\to\infty} \dfrac{u_{n+1}}{u_n} = \rho = 1$ 或 $\lim\limits_{n\to\infty} \sqrt[n]{u_n} = \rho = 1$ 这两个判别法失效，改用下面的判定法.

（3）用比较判别法或极限形式的比较判别法（$\lim\limits_{n\to\infty} \dfrac{u_n}{v_n} = l$）判定.

（4）检查正项级数的部分和是否有界或判别部分和是否有极限，有时需要对各项放大或缩小.

在应用比较判别法时,经常用来比较的标准级数是几何级数、调和级数和 P 级数.

几何级数: $\sum\limits_{n=1}^{\infty} aq^{n-1} = a+aq+aq^2+\cdots+aq^{n-1}+\cdots$, 当 $|q|<1$ 时,级数收敛,其和为 $\dfrac{a}{1-q}$; 当 $|q| \geqslant 1$ 时,级数发散.

调和级数: $\sum\limits_{n=1}^{\infty} \dfrac{1}{n} = 1+\dfrac{1}{2}+\dfrac{1}{3}+\cdots+\dfrac{1}{n}+\cdots$ 是发散的.

P 级数: $\sum\limits_{n=1}^{\infty} \dfrac{1}{n^p} = 1+\dfrac{1}{2^p}+\dfrac{1}{3^p}+\cdots+\dfrac{1}{n^p}+\cdots$ 当 $p>1$ 时,级数收敛;当 $p \leqslant 1$ 时,级数发散.

习题 12-2

1.用比较审敛法或比较审敛法的极限形式判别下列级数的收敛性.

(1) $\sum\limits_{n=1}^{\infty} \dfrac{3}{2n-1}$;

(2) $\sum\limits_{n=1}^{\infty} \dfrac{1+n}{1+n^3}$;

(3) $\sum\limits_{n=1}^{\infty} \left(1-\cos\dfrac{\pi}{\sqrt{n}}\right)$;

(4) $\sum\limits_{n=1}^{\infty} \ln\left(1+\dfrac{2}{\sqrt[3]{n^4}}\right)$;

(5) $\sum\limits_{n=1}^{\infty} \dfrac{1}{1+a^n}(a>0)$;

(6) $\sum\limits_{n=1}^{\infty} \dfrac{1}{\ln(1+n)}$.

2.用比值审敛法判别下列级数的敛散性.

(1) $\sum\limits_{n=1}^{\infty} \dfrac{n}{3^n}$;

(2) $\sum\limits_{n=1}^{\infty} n\sin\dfrac{1}{2^n}$;

(3) $\sum\limits_{n=1}^{\infty} \left(\sqrt{\dfrac{n^2+2}{n^2}}-1\right)$;

(4) $\sum\limits_{n=1}^{\infty} \dfrac{5^n n!}{n^n}$.

3*.用根式审敛法判别下列级数的敛散性.

(1) $\sum\limits_{n=1}^{\infty} \left(\dfrac{n}{3n+1}\right)^n$;

(2) $\sum\limits_{n=1}^{\infty} \dfrac{1}{[\ln(n+2)]^n}$;

(3) $\sum\limits_{n=1}^{\infty} \dfrac{3^n}{n+e^n}$;

(4) $\sum\limits_{n=1}^{\infty} \dfrac{1}{2^n}\left(\dfrac{n+2}{n+1}\right)^{n^2}$.

4.设正项级数 $\sum\limits_{n=1}^{\infty} a_n$ 收敛,证明级数 $\sum\limits_{n=1}^{\infty} a_n^2$ 收敛,反之不成立.

5.已知级数 $\sum\limits_{n=1}^{\infty} a_n^2$ 收敛,证明级数 $\sum\limits_{n=1}^{\infty} \dfrac{a_n}{\sqrt{n^2+1}}$ 绝对收敛.

6.设 $a_n \geqslant 0$,且数列 $\{na_n\}$ 有界,证明级数 $\sum\limits_{n=1}^{\infty} a_n^2$ 收敛.

7.利用级数收敛的必要条件证明

$$\lim_{n\to\infty} \dfrac{n^n}{(n!)^2} = 0$$

8.(比值比较法)设两个正数列 $\{u_n\}$, $\{v_n\}$,且存在正整数 N,当 $n>N$ 时,有 $\dfrac{u_{n+1}}{u_n} \leqslant \dfrac{v_{n+1}}{v_n}$,如果级数 $\sum\limits_{n=1}^{\infty} u_n$ 发散,那么级数 $\sum\limits_{n=1}^{\infty} v_n$ 也发散;如果级数 $\sum\limits_{n=1}^{\infty} v_n$ 收敛,那么级数 $\sum\limits_{n=1}^{\infty} u_n$ 也收敛.

第三节 任意项级数的审敛法

一、任意项级数的审敛法

若常数项级数 $\sum\limits_{n=1}^{\infty} u_n$ 中 $u_n(n=1,2,\cdots)$ 是任意的正数、负数或零,则称级数 $\sum\limits_{n=1}^{\infty} u_n$ 为**任意项级数**.它是指在级数中正数项、零与负数项的出现没有规律,随意出现,也就是通常所说的一般常数项级数.

在本章第一节的定理中,我们知道,$\lim\limits_{n\to\infty} u_n = 0$ 是级数 $\sum\limits_{n=1}^{\infty} u_n$ 收敛的必要条件,而非充分条件.要使级数收敛,还要增加什么条件?

定理 1 如果级数 $\sum\limits_{n=1}^{\infty} u_n$ 部分和数列有界,且 $\lim\limits_{n\to\infty} u_n = 0$,那么该级数收敛.

因为级数 $\sum\limits_{n=1}^{\infty} u_n$ 部分和数列 $\{s_n\}$,又 $\lim\limits_{n\to\infty} u_n = \lim\limits_{n\to\infty}(s_n - s_{n-1}) = 0$.根据第一章第二节数列收敛的判定定理,可以得到数列 $\{s_n\}$ 收敛,再利用级数收敛的定义,可以获得结论.

一个收敛级数的项任意加括号后所成级数仍然收敛,其逆命题不成立.但是有定理 2.

定理 2 若级数 $\sum\limits_{n=1}^{\infty} u_n$ 的项任意添加括号后所成的级数收敛,且 $\lim\limits_{n\to\infty} u_n = 0$,则该级数收敛.

可以利用定理 1 证明定理 2,这里不再给出证明.

例 1 判定级数

$$\sum_{n=1}^{\infty}(-1)^{n-1}\frac{1}{n} = 1 - \frac{1}{2} + \frac{1}{3} - \frac{1}{4} + \cdots + (-1)^{n-1}\frac{1}{n} + \cdots$$

的敛散性.

解 将级数加括号,变为正项级数

$$\left(1 - \frac{1}{2}\right) + \left(\frac{1}{3} - \frac{1}{4}\right) + \cdots + \left(\frac{1}{2n-1} - \frac{1}{2n}\right) + \cdots$$

新级数部分和

$$\sigma_n = \left(1 - \frac{1}{2}\right) + \left(\frac{1}{3} - \frac{1}{4}\right) + \cdots + \left(\frac{1}{2n-1} - \frac{1}{2n}\right)$$

$$< \left(1 - \frac{1}{2}\right) + \left(\frac{1}{2} - \frac{1}{3}\right) + \left(\frac{1}{3} - \frac{1}{4}\right) + \cdots + \left(\frac{1}{2n-2} - \frac{1}{2n-1}\right) + \left(\frac{1}{2n-1} - \frac{1}{2n}\right)$$

$$= 1 - \frac{1}{2n} < 1$$

其中

$$\frac{1}{2k}-\frac{1}{2k+1}=\frac{1}{2k(2k+1)}>0, k=1,2,\cdots n-1$$

由此可得,该正项级数部分和有界,根据第二节定理1,添加括号后的新级数收敛.又

$$\lim_{n\to\infty}u_n=\lim_{n\to\infty}(-1)^{n-1}\frac{1}{n}=0$$

根据定理2,原级数 $\sum\limits_{n=1}^{\infty}(-1)^{n-1}\frac{1}{n}$ 收敛.

定理 3*（柯西审敛定理） 级数 $\sum\limits_{n=1}^{\infty}u_n$ 收敛的充要条件为对于任意给定的正数 ε,总存在正整数 N,使得当 $n>N$ 时,对于任意的正整数 p,都有

$$|u_{n+1}+u_{n+2}+\cdots+u_{n+p}|<\varepsilon$$

成立.

证 设级数 $\sum\limits_{n=1}^{\infty}u_n$ 的部分和为 s_n.对于任意给定的正数 ε,总存在正整数 N,使得当 $n>N$ 时,对于任意的正整数 p,都有

$$|s_{n+p}-s_n|=|u_{n+1}+u_{n+2}+\cdots+u_{n+v}|<\varepsilon$$

由数列的柯西收敛准则(第一章第六节),可获数列 $\{s_n\}$ 收敛,从而级数 $\sum\limits_{n=1}^{\infty}u_n$ 收敛.

例 2 利用柯西审敛定理判断级数 $\sum\limits_{n=1}^{\infty}\frac{1}{n^2}$ 收敛性.

解 对于任意的正整数 p,则

$$|u_{n+1}+u_{n+2}+\cdots+u_{n+p}|=\frac{1}{(n+1)^2}+\frac{1}{(n+2)^2}+\cdots+\frac{1}{(n+p)^2}<$$

$$\frac{1}{n(n+1)}+\frac{1}{(n+1)(n+2)}+\cdots+\frac{1}{(n+p-1)(n+p)}$$

$$=\left(\frac{1}{n}-\frac{1}{n+1}\right)+\left(\frac{1}{n+1}-\frac{1}{n+2}\right)+\cdots+\left(\frac{1}{n+p-1}-\frac{1}{n+p}\right)$$

$$=\frac{1}{n}-\frac{1}{n+p}<\frac{1}{n}$$

因而对于任意的正数 ε,取正整数 $N\geqslant\frac{1}{\varepsilon}$,当 $n>N$ 时,对于任意的正整数 p,都有

$$|u_{n+1}+u_{n+2}+\cdots+u_{n+p}|<\varepsilon$$

成立.由柯西审敛定理,可得级数 $\sum\limits_{n=1}^{\infty}\frac{1}{n^2}$ 收敛.

二、交错级数的审敛法

任意项级数中一种特殊级数,它的项不含零常数,是正数与负数交替出现的,即级数中任一相邻两项的符号都相反,这种级数称为**交错级数**.

定义 1 级数

$$\sum_{n=1}^{\infty} (-1)^{n-1} u_n = u_1 - u_2 + u_3 - u_4 + \cdots + (-1)^{n-1} u_n + \cdots$$

或

$$\sum_{n=1}^{\infty} (-1)^{n} u_n = -u_1 + u_2 - u_3 + u_4 + \cdots + (-1)^{n} u_n + \cdots$$

其中 $u_n > 0 (n = 1, 2, 3, \cdots)$，称为**交错级数**.

如 $\sum\limits_{n=1}^{\infty} (-1)^{n-1} \dfrac{n+1}{n} = 2 - \dfrac{3}{2} + \dfrac{4}{3} - \dfrac{5}{4} + \cdots + (-1)^{n-1} \dfrac{n+1}{n} + \cdots$ 是交错级数.

下面给出交错级数收敛的判定方法.

定理 4（莱布尼茨审敛法） 如果交错级数 $\sum\limits_{n=1}^{\infty} (-1)^{n-1} u_n$ 满足下列条件：

（1）$u_n \geqslant u_{n+1} > 0 (n = 1, 2, \cdots)$；　（2）$\lim\limits_{n \to \infty} u_n = 0$.

那么，级数收敛，且其和 $s < u_1$，余项的绝对值 $|r_n| < u_{n+1}$.

证 先证前 $2n$ 项的和 s_{2n} 的极限存在. 把 s_{2n} 写成两种形式：

$$s_{2n} = (u_1 - u_2) + (u_3 - u_4) + \cdots + (u_{2n-1} - u_{2n})$$

与

$$s_{2n} = u_1 - (u_2 - u_3) - (u_4 - u_5) - \cdots - (u_{2n-2} - u_{2n-1}) - u_{2n}$$

根据条件（1）知道，数列 $\{u_n\}$ 单调递减，上面两个式子中所有括号里的差都是非负的. 第一种形式知道数列 $\{s_{2n}\}$ 是单调递增的，即

$$0 < s_{2n} \leqslant s_{2n} + (u_{2n+1} - u_{2n+2}) = s_{2n+2}, n = 1, 2, 3, \cdots$$

第二种形式知道 $0 \leqslant s_{2n} < u_1$，即数列 $\{s_{2n}\}$ 有界. 根据第一章第六节单调有界数列必有极限的定理，数列 $\{s_{2n}\}$ 收敛于 s，并且 s 不大于 u_1，即

$$\lim_{n \to \infty} s_{2n} = s \leqslant u_1$$

再证前 $2n+1$ 项的和 s_{2n+1} 的极限也是 s. 事实上，由于

$$s_{2n+1} = s_{2n} + u_{2n+1}$$

根据条件（2），有 $\lim\limits_{n \to \infty} u_{2n+1} = 0$，可得

$$\lim_{n \to \infty} s_{2n+1} = \lim_{n \to \infty} (s_{2n} + u_{2n+1}) = \lim_{n \to \infty} s_{2n} + \lim_{n \to \infty} u_{2n+1} = s$$

根据第一章第二节习题二的第 8 题可知，若数列 $\{s_n\}$ 的偶数项与奇数项都趋于同一个极限 s，则部分和数列 $\{s_n\}$ 收敛于 s. 根据级数收敛的定义，级数 $\sum\limits_{n=1}^{\infty} (-1)^n u_n$ 收敛于 s，并且其和 s 不大于 u_1.

不难看出余项 r_n 可以写成

$$r_n = \pm (u_{n+1} - u_{n+2} + \cdots)$$

其绝对值

$$|r_n| = u_{n+1} - u_{n+2} + \cdots$$

上式右端也是一个交错级数，它满足收敛的两个条件，利用前面的结论可得，其和小于级数的第一项 u_{n+1}，也就是说

$$|r_n| \leqslant u_{n+1}$$

证毕.

例 3 判定级数

$$\sum_{n=1}^{\infty}(-1)^{n-1}\frac{1}{2n-1}=1-\frac{1}{3}+\frac{1}{5}-\cdots+(-1)^{n-1}\frac{1}{2n-1}+\cdots$$

的敛散性.

解 由 $u_n=\frac{1}{2n-1}$, $u_{n+1}=\frac{1}{2n+1}$, 可得

$$u_n-u_{n+1}=\frac{1}{2n-1}-\frac{1}{2n+1}=\frac{2}{4n^2-1}>0$$

即 $u_n>u_{n+1}>0$, 数列 $\{u_n\}$ 单调递减. 又

$$\lim_{n\to\infty}u_n=\lim_{n\to\infty}\frac{1}{2n-1}=0$$

根据定理 4, 级数 $\sum\limits_{n=1}^{\infty}(-1)^{n-1}\frac{1}{2n-1}$ 收敛, 其和 $s\leqslant 1$.

如果取前 n 项的和

$$s_n=1-\frac{1}{3}+\frac{1}{5}-\cdots+(-1)^{n-1}\frac{1}{2n-1}$$

作为级数和 s 的近似值, 所产生的误差 $|r_n|\leqslant u_{n+1}=\frac{1}{2n+1}$.

例 4 判定级数

$$\sum_{n=1}^{\infty}(-1)^{n-1}\frac{n}{n^2+10}=\frac{1}{11}-\frac{2}{14}+\frac{3}{19}+\cdots+(-1)^{n-1}\frac{n}{n^2+10}+\cdots$$

的敛散性.

解 设 $f(x)=\frac{x}{x^2+10}$. 当 $x>\sqrt{10}$ 时, 有

$$f'(x)=\frac{x^2+10-2x^2}{(x^2+10)^2}=\frac{10-x^2}{(x^2+10)^2}<0$$

函数 $f(x)=\frac{x}{x^2+10}$ 为减函数, 从而数列

$$u_n=\frac{n}{n^2+10}, n=4,5,\cdots,n,\cdots$$

单调递减; 又有

$$\lim_{n\to\infty}u_n=\lim_{n\to\infty}\frac{n}{n^2+10}=\lim_{n\to\infty}\frac{n^2\cdot\frac{1}{n}}{n^2\left(1+\frac{10}{n^2}\right)}=\lim_{n\to\infty}\frac{\frac{1}{n}}{1+\frac{10}{n^2}}=0$$

根据定理 4, 级数 $\sum\limits_{n=1}^{\infty}(-1)^{n-1}\frac{n}{n^2+10}$ 收敛.

注 莱布尼兹判别法中要求 u_n 单调递减的条件不是多余的, 不能缺少. 例如, 级数

$$1-\frac{1}{5}+\frac{1}{2}-\frac{1}{5^2}+\cdots+\frac{1}{n}-\frac{1}{5^n}+\cdots$$

是发散的,虽然它的一般项

$$u_n = \begin{cases} \dfrac{1}{k}, & n = 2k-1 \\ \dfrac{1}{5^k}, & n = 2k \end{cases} \to 0 (n \to \infty)$$

但是 u_n 的单调递减性每一项由 $\dfrac{1}{5^n}$ 变到 $\dfrac{1}{n+1}$ 时都被破坏了.此外,u_n 单调递减的条件也不是必要的.例如,级数

$$1 - \frac{1}{2^2} + \frac{1}{3^3} - \frac{1}{4^2} + \cdots + \frac{1}{(2n-1)^3} - \frac{1}{(2n)^2} + \cdots$$

是收敛的,但其一般项 u_n 趋于零时并不具有单调递减性.由上说明了莱布尼茨判别法是判别交错级数的充分条件,非必要条件.

根据定理 2 与第二节例 1 p 级数的收敛性,有定理 4.

定理 4′　如果交错级数 $\displaystyle\sum_{n=1}^{\infty} (-1)^{n-1} u_n$ 满足条件:

$(1) 0 < u_{2n-1} - u_{2n} \leqslant \dfrac{1}{n^p} (p>1)$;　　$(2) \displaystyle\lim_{n\to\infty} u_n = 0.$

那么该级数收敛.

三、绝对收敛与条件收敛

由第二节我们知道,若级数 $\displaystyle\sum_{n=1}^{\infty} u_n$ 的每一项都是非负的,即 $u_n \geqslant 0 (n=1,2,\cdots)$,称级数 $\displaystyle\sum_{n=1}^{\infty} u_n$ 为正项级数.

定义 2　若级数 $\displaystyle\sum_{n=1}^{\infty} u_n$ 各项的绝对值所构成的正项级数 $\displaystyle\sum_{n=1}^{\infty} |u_n|$ 收敛,则称级数 $\displaystyle\sum_{n=1}^{\infty} u_n$ 是**绝对收敛**;若级数 $\displaystyle\sum_{n=1}^{\infty} u_n$ 收敛,而级数 $\displaystyle\sum_{n=1}^{\infty} |u_n|$ 发散,则称级数 $\displaystyle\sum_{n=1}^{\infty} u_n$ 为**条件收敛**.

例如,由 $\displaystyle\sum_{n=1}^{\infty} \frac{|\sin n|}{n^2} \leqslant \sum_{n=1}^{\infty} \frac{1}{n^2}$,根据例 2 级数 $\displaystyle\sum_{n=1}^{\infty} \frac{1}{n^2}$ 收敛,故级数 $\displaystyle\sum_{n=1}^{\infty} \frac{\sin n}{n^2}$ 绝对收敛.

根据本节例 3 可知交错级数 $\displaystyle\sum_{n=1}^{\infty} (-1)^{n-1} \frac{1}{n}$ 收敛,第一节例 2 调和级数

$$\sum_{n=1}^{\infty} \left| (-1)^{n-1} \frac{1}{n} \right| = \sum_{n=1}^{\infty} \frac{1}{n}$$

发散,因而级数 $\displaystyle\sum_{n=1}^{\infty} (-1)^{n-1} \frac{1}{n}$ 条件收敛.

定理 5　若级数 $\displaystyle\sum_{n=1}^{\infty} |u_n|$ 收敛,则级数 $\displaystyle\sum_{n=1}^{\infty} u_n$ 一定收敛.

证　设

$$v_n = \frac{1}{2}(u_n + |u_n|) = \begin{cases} u_n & u_n > 0 \\ 0 & u_n \leqslant 0 \end{cases} \quad (n=1,2,\cdots)$$

显然 $0 \leqslant v_n \leqslant |u_n| (n=1,2,\cdots)$. 又级数 $\sum\limits_{n=1}^{\infty} |u_n|$ 收敛,由第二节定理 2 比较审敛法可知, 正项级数 $\sum\limits_{n=1}^{\infty} v_n$ 收敛,因而 $\sum\limits_{n=1}^{\infty} 2v_n$ 也收敛.又 $u_n = 2v_n - |u_n|$,由级数收敛的线性性质可得级数

$$\sum_{n=1}^{\infty} u_n = 2 \sum_{n=1}^{\infty} v_n - \sum_{n=1}^{\infty} |u_n|$$

收敛.证毕.

上述证明中引入的级数 $\sum\limits_{n=1}^{\infty} v_n$ 是把级数 $\sum\limits_{n=1}^{\infty} u_n$ 中的负项换成 0 而得到的,也就是 $\sum\limits_{n=1}^{\infty} u_n$ 中全体正项所构成的级数.类似可得, $\sum\limits_{n=1}^{\infty} u_n$ 中全体负项的绝对值所构成的级数

$$\sum_{n=1}^{\infty} w_n = \sum_{n=1}^{\infty} \frac{1}{2}(|u_n| - u_n)$$

也收敛.因此,若级数 $\sum\limits_{n=1}^{\infty} u_n$ 绝对收敛,则级数 $\sum\limits_{n=1}^{\infty} v_n$ 与 $\sum\limits_{n=1}^{\infty} w_n$ 都收敛;若级数 $\sum\limits_{n=1}^{\infty} u_n$ 条件收敛,则级数 $\sum\limits_{n=1}^{\infty} v_n$ 与 $\sum\limits_{n=1}^{\infty} w_n$ 都发散.

定理 5 说明,对于一般级数 $\sum\limits_{n=1}^{\infty} u_n$,若用正项级数的审敛法判定级数 $\sum\limits_{n=1}^{\infty} |u_n|$ 收敛, 则此级数收敛.这就使得一大类级数的收敛性的判定问题,转化为正项级数的收敛性问题.

一般说来,若级数 $\sum\limits_{n=1}^{\infty} |u_n|$ 发散,不能断定级数 $\sum\limits_{n=1}^{\infty} u_n$ 也发散.但是利用比值审敛法或根值审敛法,由 $\lim\limits_{n\to\infty} \left| \dfrac{u_{n+1}}{u_n} \right| = \rho > 1$ 或 $\lim\limits_{n\to\infty} \sqrt[n]{|u_n|} = \rho > 1$ 判定级数 $\sum\limits_{n=1}^{\infty} |u_n|$ 发散,我们就可以断定级数 $\sum\limits_{n=1}^{\infty} u_n$ 发散.这是因为从 $\rho > 1$ 可得到 $|u_n| \to 0 (n\to\infty)$ 不成立,从而 $u_n \to 0 (n\to\infty)$ 不成立,不满足级数收敛的必要条件,因而此级数发散.

例 5　证明 当 $p > 1$ 时,级数 $\sum\limits_{n=1}^{\infty} \dfrac{\sin nx}{n^p}$ 绝对收敛.

证　由于 $\left| \dfrac{\sin nx}{n^p} \right| \leqslant \dfrac{1}{n^p}$,当 $p > 1$ 时,p 级数 $\sum\limits_{n=1}^{\infty} \dfrac{1}{n^p}$ 收敛,从而级数 $\sum\limits_{n=1}^{\infty} \left| \dfrac{\sin nx}{n^p} \right|$ 收敛,故级数 $\sum\limits_{n=1}^{\infty} \dfrac{\sin nx}{n^p}$ 绝对收敛.

例 6　判定级数

$$\sum_{n=1}^{\infty} (-1)^{n-1} \frac{n}{2^n} = \frac{1}{2} - \frac{2}{2^2} + \frac{3}{2^3} + \cdots + (-1)^{n-1} \frac{n}{2^n} + \cdots$$

的敛散性.

解 级数

$$\sum_{n=1}^{\infty}\left|(-1)^{n-1}\frac{n}{2^n}\right|=\sum_{n=1}^{\infty}\frac{n}{2^n}=\frac{1}{2}+\frac{2}{2^2}+\frac{3}{2^3}+\cdots+\frac{n}{2^n}+\cdots$$

的部分和

$$s_n=\frac{1}{2}+\frac{2}{2^2}+\frac{3}{2^3}+\cdots+\frac{n}{2^n}$$

于是有

$$s_n-\frac{1}{2}s_n=\frac{1}{2}+\frac{2}{2^2}+\frac{3}{2^3}+\cdots+\frac{n}{2^n}-\left(\frac{1}{2^2}+\frac{2}{2^3}+\frac{3}{2^4}+\cdots+\frac{n}{2^{n+1}}\right)$$

$$=\frac{1}{2}+\frac{1}{2^2}+\frac{1}{2^3}+\cdots+\frac{1}{2^n}-\frac{n}{2^{n+1}}=\frac{\frac{1}{2}-\frac{1}{2^{n+1}}}{1-\frac{1}{2}}-\frac{n}{2^{n+1}}=1-\frac{1}{2^n}-\frac{n}{2^{n+1}}$$

由于

$$\lim_{n\to\infty}\frac{n}{2^{n+1}}=\lim_{x\to+\infty}\frac{x}{2^{x+1}}=\lim_{x\to+\infty}\frac{1}{2^{x+1}\ln2}=0(第三章第二节洛必达法则)$$

由此可得 $\lim_{n\to\infty}\left(s_n-\frac{1}{2}s_n\right)=1$,即 $\lim_{n\to\infty}s_n=2$,故级数绝对收敛.

定理6* 绝对收敛级数经过改变项的位置后所构成的级数也收敛,且与原级数有相同的级数和(绝对收敛级数具有可交换性).

收敛级数可分为绝对收敛级数和条件收敛级数两类,这对级数的研究是很有必要的,因为这两类收敛级数具有不同的性质.例如,绝对收敛级数具有可交换性(绝对收敛级数不因改变它的位置而改变它的和),条件收敛级数就没有这种性质.条件收敛级数的各项位置改变后可使其和等于任何数(黎曼定理).

习题 12-3

1.判别下列交错级数的收敛性.

(1) $\sum_{n=1}^{\infty}(-1)^{n-1}\frac{1}{\sqrt{n}}$; (2) $\sum_{n=1}^{\infty}(-1)^n\frac{n}{2n-1}$;

(3) $\sum_{n=1}^{\infty}(-1)^{n-1}\frac{n}{3^{n-1}}$; (4) $\sum_{n=1}^{\infty}(-1)^n\frac{\ln n}{n}$.

2.判别下列级数是绝对收敛还是条件收敛.

(1) $\sum_{n=1}^{\infty}\frac{\sin nx}{3^n}$; (2) $\sum_{n=1}^{\infty}\frac{\cos nx}{n(n+1)}$; (3) $\sum_{n=1}^{\infty}(-1)^n\frac{1}{\sqrt{n+1}+\sqrt{n}}$.

3.判定下列级数是否收敛? 如果是收敛的,是绝对收敛还是条件收敛?

(1) $\sum_{n=1}^{\infty}\frac{\sqrt{n+1}}{n}$; (2) $\sum_{n=1}^{\infty}\sqrt{n}\left(1-\cos\frac{1}{n}\right)$; (3) $\sum_{n=1}^{\infty}\frac{x^n}{n^2}$;

(4) $\sum_{n=1}^{\infty}\frac{(-1)^n}{n+(-1)^{n-1}}$; (5) $\sum_{n=1}^{\infty}(-1)^{n+1}\frac{5^{n^2}}{n!}$; (6) $\sum_{n=2}^{\infty}\frac{1}{n(\ln n+3)}$.

4.判别下列级数的收敛性.

(1) $\displaystyle\sum_{n=1}^{\infty} \frac{(-1)^{n+1}}{an+b}$,其中 $a,b > 0$;　　　　(2) $\displaystyle\sum_{n=1}^{\infty} \frac{n+2}{3^n}$;

(3) $\displaystyle\sum_{n=1}^{\infty} \frac{\cos n}{n}$;　　　　　　　　　　(4) $\displaystyle\sum_{n=1}^{\infty} \left(\frac{1}{3n+1} + \frac{1}{3n+2} - \frac{1}{3n+3}\right)$.

5.正项级数 $\displaystyle\sum_{n=1}^{\infty} a_n$ 收敛,判断下列各题的正确性:

(1)级数 $\displaystyle\sum_{n=1}^{\infty} (-1)^n a_n$ 收敛;　　　　(2)级数 $\displaystyle\sum_{n=1}^{\infty} \sqrt{a_n}$ 收敛;

(3)级数 $\displaystyle\sum_{n=1}^{\infty} a_n^2$ 收敛;　　　　　　(4)级数 $\displaystyle\sum_{n=1}^{\infty} a_n a_{n+1}$ 发散.

6.设正项数列 $\{a_n\}$ 单调递减,且级数 $\displaystyle\sum_{n=1}^{\infty} (-1)^n a_n$ 发散,证明 $\displaystyle\sum_{n=1}^{\infty} \left(\frac{1}{1+a_n}\right)^n$ 收敛.

第四节　幂级数

在自然科学与工程技术中运用级数时,除了常数项级数之外,还经常用到项为函数的级数——函数项级数.从本节开始讨论函数项级数的敛散性,着重研究幂级数.

一、函数项级数的概念

定义1　若定义在区间 I 上的函数列

$$u_1(x), u_2(x), \cdots, u_n(x), \cdots$$

则由这函数列构成的表达式

$$u_1(x) + u_2(x) + \cdots + u_n(x) + \cdots \tag{12-8}$$

叫作定义在区间 I 上的(**函数项**)**无穷级数**,简称**函数项级数**,记作 $\displaystyle\sum_{n=1}^{\infty} u_n(x)$,即

$$\sum_{n=1}^{\infty} u_n(x) = u_1(x) + u_2(x) + \cdots + u_n(x) + \cdots$$

其中第 n 项 $u_n(x)$ 叫作函数项级数 $\displaystyle\sum_{n=1}^{\infty} u_n(x)$ 的**通项**或**一般项**.

对于每一个数 $x_0 \in I$,就相应地有一个常数项级数 $\displaystyle\sum_{n=1}^{\infty} u_n(x_0)$,因而函数项级数是常数项级数的推广.但函数项级数理论与常数项级数不同,它不仅要讨论每个形如 $\displaystyle\sum_{n=1}^{\infty} u_n(x_0)$ 的常数项级数的敛散性,更重要的是,还要研究由于 x 的变动而得到的许许多多常数项级数之间的关系.

函数项级数可能对某些数 x 是收敛的,而对另一些数 x 是发散的.对于在定义域 I 上

取定值 $x = x_0$,如果常数项级数 $\sum\limits_{n=1}^{\infty} u_n(x_0)$ 收敛,那么称点 x_0 为函数项级数 $\sum\limits_{n=1}^{\infty} u_n(x)$ 的**收敛点**;如果常数项级数 $\sum\limits_{n=1}^{\infty} u_n(x_0)$ 发散,那么称点 x_0 为此函数项级数的**发散点**.函数项级数(1)的所有收敛点组成的集合,即能使函数项级数收敛的实数 x 的全体,称为它的**收敛域**;所有发散点组成的集合称为它的**发散域**.

对于收敛域内的任意一个实数 x,函数项级数就变成了一个收敛的常数项级数,因而有一确定的和 s,并与 x 对应.这样在收敛域上,就确定了函数项级数的和是一个关于 x 的函数 $s(x)$,通常称 $s(x)$ 为函数项级数的**和函数**.和函数的定义域就是该级数的收敛域,并写成

$$s(x) = \sum_{n=1}^{\infty} u_n(x) = u_1(x) + u_2(x) + \cdots + u_n(x) + \cdots \tag{12-9}$$

若把函数项级数(12-8)的前 n 项的(部分)和记为 $s_n(x)$,则在收敛域上有

$$s(x) = \lim_{n \to \infty} s_n(x)$$

记

$$r_n(x) = s(x) - s_n(x)$$

称 $r_n(x)$ 为函数项级数 $\sum\limits_{n=1}^{\infty} u_n(x)$ 的余项[当然,只有 x 在函数项级数收敛域上 $r_n(x)$ 才有意义],且在收敛域上

$$\lim_{n \to \infty} r_n(x) = 0$$

二、幂级数的收敛性

我们知道,多项式结构简单、数值计算和理论分析方便.下面用多项式来定义一类函数项级数——幂级数.

定义 2 函数项级数

$$a_0 + a_1(x - x_0) + a_2 (x - x_0)^2 + \cdots + a_n (x - x_0)^n + \cdots \tag{12-10}$$

称为 $x - x_0$ 的**幂级数**,记作 $\sum\limits_{n=0}^{\infty} a_n (x - x_0)^n$,其中 $a_0, a_1, a_2, \cdots, a_n, \cdots$ 为常数,称为**幂级数的系数**.

特别地,当 $x_0 = 0$ 时,公式(12-10)变为

$$a_0 + a_1 x + a_2 x^2 + \cdots + a_n x^n + \cdots \tag{12-11}$$

称为 x 的幂级数,记作 $\sum\limits_{n=0}^{\infty} a_n x^n$,即

$$\sum_{n=0}^{\infty} a_n x^n = a_0 + a_1 x + a_2 x^2 + \cdots + a_n x^n + \cdots$$

对于形如 $\sum\limits_{n=0}^{\infty} a_n (x - x_0)^n$ 的幂级数,若做变换 $t = x - x_0$,则就转换为形如 $\sum\limits_{n=0}^{\infty} a_n x^n$ 的幂级数.因此,我们重点讨论形如 $\sum\limits_{n=0}^{\infty} a_n x^n$ 的幂级数.可以简单认为,幂级数就是次数为无穷

大的多项式,反过来,多项式 $b_0+b_1x+b_2x^2+\cdots+b_mx^m(b_m\neq0)$ 也是特殊的幂级数.例如,幂级数 $1+x+\dfrac{1}{2!}x^2+\cdots+\dfrac{1}{n!}x^n+\cdots$.

对于幂级数,问题是如何判定它收敛与发散,收敛域与发散域如何确定,即 x 取数轴上哪些点时幂级数收敛,取哪些点时幂级数发散? 这就是幂级数的收敛性问题.

我们来分析一个例子:幂级数

$$\sum_{n=0}^{\infty}x^n = 1 + x + x^2 + \cdots + x^n + \cdots$$

对于每一个固定的 x,是一个公比为 x 的几何级.当 $|x|<1$ 时,幂级数收敛于和 $\dfrac{1}{1-x}$;当 $|x|\geqslant1$ 时,幂级数发散.因此,这个幂级数的收敛域是以原点为中心,半径为 1 的邻域 $(-1,1)$,发散域是 $(-\infty,-1]\cup[1,+\infty)$,且

$$1+x+x^2+\cdots+x^n+\cdots = \frac{1}{1-x}, -1<x<1$$

这个例子中我们看到,此幂级数的收敛域是一个区间,一般幂级数也有类似的结论.有定理 1.

定理 1 [阿贝尔(Abel)定理] 如果幂级数 $\sum\limits_{n=0}^{\infty}a_nx^n$ 在 $x=x_0(x_0\neq0)$ 处收敛,那么对所有满足 $|x|<|x_0|$ 的一切 x 使此幂级数都绝对收敛;反之,如果幂级数 $\sum\limits_{n=0}^{\infty}a_nx^n$ 在 $x=x_0$ 处发散,那么对所有满足 $|x|>|x_0|$ 的一切 x 使此幂级数都发散.

证 设 x_0 是幂级数 $\sum\limits_{n=0}^{\infty}a_nx^n$ 的收敛点,即常数级数

$$a_0+a_1x_0+a_2x_0^2+\cdots+a_nx_0^n+\cdots$$

收敛. 根据第一节收敛级数的必要条件有

$$\lim_{n\to\infty}a_nx_0^n = 0$$

又根据第一章第二节收敛数列 $\{a_nx_0^n\}$ 的有界性可知,存在一个正常数 M,使得

$$|a_nx_0^n|\leqslant M \quad (n=0,1,2,\cdots)$$

因而这个级数[公式(12-11)]的一般项的绝对值满足

$$|a_nx^n| = \left|a_nx_0^n\cdot\frac{x^n}{x_0^n}\right| = |a_nx_0^n|\cdot\left|\frac{x}{x_0}\right|^n \leqslant M\left|\frac{x}{x_0}\right|^n$$

又当 $|x|<|x_0|$ 时,有公比

$$q = \left|\frac{x}{x_0}\right| < 1$$

根据第一节的例 3,几何级数 $\sum\limits_{n=1}^{\infty}M\left|\dfrac{x}{x_0}\right|^n$ 看作常数级数,从而收敛,再利用第三节的定理 2 比较判别法,正项级数 $\sum\limits_{n=1}^{\infty}|a_nx^n|$ 收敛,从而级数 $\sum\limits_{n=1}^{\infty}a_nx^n$ 绝对收敛.

定理的第二部分可用反证法证明.假设幂级数在点 $x=x_0$ 发散,而存在一点 x_1 满足不

等式 $|x_1| > |x_0|$，使得常数项级数 $\sum\limits_{n=1}^{\infty} a_n x_1^n$ 收敛，则根据定理的第一部分，级数在点 $x = x_0$ 应该收敛，这与假设矛盾. 证毕.

定理 1 表明，如果幂级数在 $x = x_0 (x_0 \neq 0)$ 处收敛，那么对于开区间 $(-|x_0|, |x_0|)$ 内的任何一点 x，幂级数都收敛；如果在 $x = x_0$ 处发散，那么对于闭区间 $[-|x_0|, |x_0|]$ 外的任何一点 x，幂级数都发散.

显然，对所有的幂级数在 $x = 0$ 时是收敛的. 设已给幂级数 $\sum\limits_{n=0}^{\infty} a_n x^n$ 在数轴上既有收敛点（不仅是原点）也有发散点. 现在从原点出发向右方行走，一开始碰到的点总是收敛点，继续往前走，可能是收敛点，也有可能是发散点. 如果一旦碰到发散点，那么后面所有点都是发散点，不会出现收敛点和发散点交替出现的情况，并且收敛点与发散点的分界点既可能是收敛点又可能是发散点. 从原点出发向左方行走情形也是如此，如图 12-1 所示. 两个分界点 M 与 M' 在原点的两侧，并且由定理 1 可以证明它们到原点的距离相等. 由此，我们获得以下推论：

推论 如果幂级数 $\sum\limits_{n=0}^{\infty} a_n x^n$ 不仅在 $x = 0$ 一点收敛，也不是在整个数轴上收敛，那么一定存在一个确定的正数 R，使得

当 $|x| < R$ 时，幂级数绝对收敛；

当 $|x| > R$ 时，幂级数发散；

当 $x = R$ 或 $x = -R$ 时，幂级数可能收敛，也可能发散.

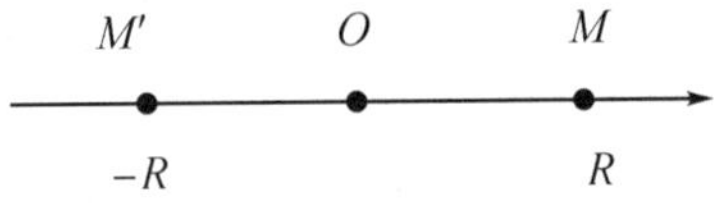

图 12-1 图形展示

这也就是说，收敛的幂级数[公式（12-11）]存在收敛的最大区间 $(-R, R)$，通常称正数 R 为幂级数的**收敛半径**. 再由幂级数在 $x = \pm R$ 处的收敛性就可以确定它的收敛域是 $(-R, R)$、$[-R, R)$、$(-R, R]$ 或 $[-R, R]$ 这四个区间之一.

如果幂级数[公式（12-11）]只在 $x = 0$ 处收敛，此时收敛域只有一点 $x = 0$，为了方便，规定收敛半径为 $R = 0$；如果幂级数[公式（12-11）]对一切实数 x 都收敛，规定收敛半径为 $R = +\infty$，此时收敛域 $(-\infty, +\infty)$. 这两种情形确实都是存在的，如例 2 与例 3.

讨论幂级数收敛性问题的关键主要在于收敛半径的寻求，下面给出幂级数的收敛半径的具体求法.

定理 2 设 a_n 与 a_{n+1} 是幂级数 $\sum\limits_{n=0}^{\infty} a_n x^n (a_n \neq 0)$ 的相邻两项系数. 若 $\lim\limits_{n \to \infty} \left| \dfrac{a_{n+1}}{a_n} \right| = \rho$，则幂级数的收敛半径为

$$R = \begin{cases} \dfrac{1}{\rho}, & \rho \neq 0 \\ +\infty, & \rho = 0 \\ 0, & \rho = +\infty \end{cases} \qquad (12\text{-}12)$$

证 将幂级数[公式（12-11）]的各项取绝对值所成的新级数，视为常数项级数，记为

$$\sum_{n=0}^{\infty} u_n = |a_0| + |a_1 x| + |a_2 x^2| + \cdots + |a_n x^n| + \cdots \qquad (12\text{-}13)$$

这个新级数后项与前一项之比为

$$\frac{u_{n+1}}{u_n} = \frac{|a_{n+1}x^{n+1}|}{|a_n x^n|} = \left|\frac{a_{n+1}}{a_n}\right| |x|$$

（1）如果 $\lim\limits_{n\to\infty}\left|\dfrac{a_{n+1}}{a_n}\right| = \rho(\rho\neq 0)$ 存在，根据第二节定理 4 比值审敛法，当

$$\lim_{n\to\infty}\frac{u_{n+1}}{u_n} = \lim_{n\to\infty}\left|\frac{a_{n+1}}{a_n}\right| |x| = \rho|x| < 1$$

即 $|x| < \dfrac{1}{\rho}$ 时，正项级数［公式（12-13）］收敛，从而级数［公式（12-11）］绝对收敛；当 ρ

$|x| > 1$，即 $|x| > \dfrac{1}{\rho}$ 时，级数［公式（12-13）］发散，并且存在正整数 N，当 $n>N$ 时，有

$$\frac{u_{n+1}}{u_n} = \frac{|a_{n+1}x^{n+1}|}{|a_n x^n|} > 1$$

因而

$$|a_{n+1}x^{n+1}| > |a_n x^n| > \cdots > |a_N x^N|$$

从而正项级数［公式（12-13）］一般项 $u_n = |a_n x^n| > |a_N x^N|$ 当 $n\to\infty$ 时不能趋于零，可得级数［公式（12-11）］的一般项 $a_n x^n$ 不能趋于零，根据第一节级数收敛的必要条件定理，级数［公式（12-11）］发散.故它的收敛半径为 $R = \dfrac{1}{\rho}$.

（2）如果 $\rho = 0$，那么对任何 $x\neq 0$，有

$$\frac{u_{n+1}}{u_n} = \frac{|a_{n+1}x^{n+1}|}{|a_n x^n|} = \frac{|a_{n+1}|}{|a_n|}|x| \to 0(n\to\infty)$$

因而 $\lim\limits_{n\to\infty}\dfrac{u_{n+1}}{u_n} < 1$，根据比值审敛法，正项级数［公式（12-13）］收敛，即级数［公式（12-11）］绝对收敛，故收敛半径为 $R = +\infty$.

（3）如果 $\rho = +\infty$，那么对除 $x = 0$ 外的一切 x，级数［公式（12-11）］必发散；否则由定理 1 知道，存在点 $x_0\neq 0$ 使级数［公式（12-11）］收敛.然而

$$\frac{u_{n+1}}{u_n} = \frac{|a_{n+1}x_0^{n+1}|}{|a_n x_0^n|} = \left|\frac{a_{n+1}}{a_n}\right||x_0| \to \infty(n\to\infty)$$

因而 $\lim\limits_{n\to\infty}\dfrac{u_{n+1}}{u_n} > 1$，根据（1）的证明有，级数［公式（12-11）］的一般项 $a_n x_0^n$ 当 $n\to\infty$ 时不能趋于零，矛盾.故收敛半径为 $R = 0$.

定理 2 给出了幂级数收敛半径的算法，即

$$R = \lim_{n\to\infty}\left|\frac{a_n}{a_{n+1}}\right| \tag{12-14}$$

可以求出幂级数的收敛区间，但当 $|x| = R$ 时，级数的敛散性不能判定，需另行讨论.

例 1 求幂级数 $1 + \dfrac{x}{2\cdot 5} + \dfrac{x^2}{3\cdot 5^2} + \cdots + \dfrac{x^n}{(n+1)5^n} + \cdots$ 的收敛区间和收敛域.

解 利用公式（12-14），级数的收敛半径为

$$R = \lim_{n \to \infty} \left| \frac{a_n}{a_{n+1}} \right| = \lim_{n \to \infty} \left| \frac{\dfrac{1}{(n+1)5^n}}{\dfrac{1}{(n+1+1)5^{n+1}}} \right| = \lim_{n \to \infty} \frac{5(n+2)}{(n+1)} = 5$$

此幂级数的收敛区间是 $(-5,5)$.

在 $x = 5$,级数变为 $1 + \dfrac{1}{2} + \dfrac{1}{3} + \cdots + \dfrac{1}{n+1} + \cdots$,是调和级数,发散;在 $x = -5$,级数转变为 $1 - \dfrac{1}{2} + \dfrac{1}{3} - \dfrac{1}{4} + \cdots$,是交错级数,收敛.故级数的收敛域是 $[-5,5)$.

例 2 求幂级数 $\displaystyle\sum_{n=1}^{\infty} \frac{x^n}{n!}$ 的收敛区间.

解 利用公式 $(12\text{-}14)$,可得

$$R = \lim_{n \to \infty} \left| \frac{a_n}{a_{n+1}} \right| = \lim_{n \to \infty} \frac{\dfrac{1}{n!}}{\dfrac{1}{(n+1)!}} = \lim_{n \to \infty} (n+1) = \infty$$

即幂级数的收敛半径为 $R = +\infty$,从而它的收敛区间为 $(-\infty, +\infty)$.

例 3 求幂级数 $\displaystyle\sum_{n=1}^{\infty} n^n x^n$ 的收敛区间

解 因为

$$\rho = \lim_{n \to \infty} \left| \frac{a_{n+1}}{a_n} \right| = \lim_{n \to \infty} \left| \frac{(n+1)^{n+1}}{n^n} \right| = \lim_{n \to \infty} (n+1) \left(\frac{n+1}{n} \right)^n$$

$$= \lim_{n \to \infty} (n+1) \left(1 + \frac{1}{n} \right)^n = \lim_{n \to \infty} e(n+1) = +\infty$$

所以幂级数的收敛半径为 $R = 0$.故级数仅在 $x = 0$ 处收敛,它的收敛域为 $\{x \mid x = 0\}$.

例 4 求幂级数 $\displaystyle\sum_{n=1}^{\infty} \frac{(x-2)^n}{2^n n^2}$ 的收敛域.

解 令 $t = \dfrac{x-2}{2}$,原级数变为 $\displaystyle\sum_{n=1}^{\infty} \frac{t^n}{n^2}$.计算这个新幂级数收敛半径,

$$\rho = \lim_{n \to \infty} \left| \frac{a_{n+1}}{a_n} \right| = \lim_{n \to \infty} \frac{\dfrac{1}{(n+1)^2}}{\dfrac{1}{n^2}} = \lim_{n \to \infty} \frac{n^2}{(n+1)^2} = 1$$

因而 $R = \dfrac{1}{\rho} = 1$,级数收敛区间为 $|t| < 1$,即

$$|x - 2| < 2, 0 < x < 4$$

当 $x = 0$ 时,幂级数化为 $\displaystyle\sum_{n=1}^{\infty} \frac{(-1)^n}{n^2}$,而 $\displaystyle\sum_{n=1}^{\infty} \frac{1}{n^2}$ 是 $p(p=2)$ 级数,因而收敛,原级数绝

对收敛;当 $x = 4$ 时,幂级数也化为 $\displaystyle\sum_{n=1}^{\infty} \frac{1}{n^2}$,是收敛的 p 级数.故该幂级数的收敛域为 $[0,4]$.

三、幂级数的运算

设两个幂级数

$$\sum_{n=0}^{\infty} a_n x^n = a_0 + a_1 x + a_2 x^2 + \cdots + a_n x^n + \cdots$$

与

$$\sum_{n=0}^{\infty} b_n x^n = b_0 + b_1 x + b_2 x^2 + \cdots + b_n x^n + \cdots$$

分别在区间 $(-R, R)$ 与 $(-R', R')$ 内收敛,对于这两个幂级数,可以进行四则运算:

加法

$$\sum_{n=0}^{\infty} a_n x^n + \sum_{n=0}^{\infty} b_n x^n = (a_0 + a_1 x + a_2 x^2 + \cdots + a_n x^n + \cdots) + (b_0 + b_1 x + b_2 x^2 + \cdots + b_n x^n + \cdots)$$

$$= (a_0 + b_0) + (a_1 + b_1) x + (a_2 + b_2) x^2 + \cdots + (a_n + b_n) x^n + \cdots$$

减法

$$(a_0 + a_1 x + a_2 x^2 + \cdots + a_n x^n + \cdots) - (b_0 + b_1 x + b_2 x^2 + \cdots + b_n x^n + \cdots)$$

$$= (a_0 - b_0) + (a_1 - b_1) x + (a_2 - b_2) x^2 + \cdots + (a_n - b_n) x^n + \cdots$$

根据第一节收敛级数的性质 2,这两个收敛级数的和(差)在 $(-R, R)$ 与 $(-R', R')$ 中较小的区间内收敛,上面两个等式成立.

乘法

$$(a_0 + a_1 x + a_2 x^2 + \cdots + a_n x^n + \cdots)(b_0 + b_1 x + b_2 x^2 + \cdots + b_n x^n + \cdots)$$

$$= a_0 b_0 + (a_0 b_1 + a_1 b_0) x + (a_0 b_2 + a_1 b_1 + a_2 b_0) x^2 + \cdots$$

$$+ (a_0 b_n + a_1 b_{n-1} + \cdots + a_n b_0) x^n + \cdots$$

这是两个幂级数的柯西积.可以证明在 $(-R, R)$ 与 $(-R', R')$ 中较小的区间内收敛,等式成立.

除法

$$\frac{a_0 + a_1 x + a_2 x^2 + \cdots + a_n x^n + \cdots}{b_0 + b_1 x + b_2 x^2 + \cdots + b_n x^n + \cdots} = c_0 + c_1 x + c_2 x^2 + \cdots + c_n x^n + \cdots$$

这里假设 $b_0 \neq 0$.为了确定系数 $c_0, c_1, c_2, \cdots, c_n, \cdots$,可以将级数 $\sum_{n=0}^{\infty} b_n x^n$ 和 $\sum_{n=0}^{\infty} c_n x^n$ 相乘,并令乘积中各项的系数分别等于级数 $\sum_{n=0}^{\infty} a_n x^n$ 中相同次幂的系数,即

$$a_0 = b_0 c_0, \quad a_1 = b_1 c_0 + b_0 c_1, \quad a_2 = b_2 c_0 + b_1 c_1 + b_0 c_2, \cdots$$

由这些方程就可以依次求出 $c_0, c_1, c_2, \cdots, c_n, \cdots$.相除后所得的幂级数 $\sum_{n=0}^{\infty} c_n x^n$ 的收敛区间可能比原来二级数的收敛区间小得多.

因此,两个幂级数 $\sum_{n=0}^{\infty} a_n x^n$ 和 $\sum_{n=0}^{\infty} b_n x^n$ 的四则运算有性质 1.

性质 1 两个收敛的幂级数相加(减)仍为收敛的幂级数,并且等于它们对应项的系数相加(减)作为系数的幂级数,其收敛半径为这两个收敛幂级数收敛半径的较小值,即

$$\sum_{n=0}^{\infty} a_n x^n \pm \sum_{n=0}^{\infty} b_n x^n = \sum_{n=0}^{\infty} (a_n \pm b_n) x^n$$

性质2 两个收敛的幂级数的积仍为收敛的幂级数,其收敛半径为这两个收敛幂级数收敛半径的较小值.

关于幂级数的和函数有下列性质:

性质3 幂级数 $\sum_{n=0}^{\infty} a_n x^n$ 的和函数 $s(x)$ 在收敛域 I 上一定连续.

性质4 幂级数 $\sum_{n=0}^{\infty} a_n x^n$ 的和函数 $s(x)$ 在收敛域 I 上可积,有逐项积分公式

$$\int_0^x s(x)\,\mathrm{d}x = \int_0^x \Big(\sum_{n=0}^{\infty} a_n x^n \Big)\,\mathrm{d}x = \sum_{n=0}^{\infty} a_n \int_0^x x^n \mathrm{d}x = \sum_{n=0}^{\infty} \frac{a_n}{n+1} x^{n+1} \quad (x \in I)$$

并且幂级数逐项积分后所得的幂级数与原级数有相同的收敛半径.

性质5 幂级数 $\sum_{n=0}^{\infty} a_n x^n$ 的和函数 $s(x)$ 在收敛区间 $(-R,R)$ 内可导,有逐项求导公式

$$s'(x) = \Big(\sum_{n=0}^{\infty} a_n x^n \Big)' = \sum_{n=0}^{\infty} (a_n x^n)' = \sum_{n=0}^{\infty} n a_n x^{n-1} \quad (|x| < R)$$

并且幂级数在其收敛区间内逐项求导后所得的幂级数与原级数有相同的收敛半径.

由上述性质可知:幂级数在其收敛区间内就像普通的多项式一样,可以相加、相减、逐项求导、逐项积分.

对于幂级数 $\sum_{n=1}^{\infty} (-1)^{n-1} x^{n-1} = 1 - x + x^2 - \cdots + (-1)^{n-1} x^{n-1} + \cdots$,这是公比 $q = -x$ 的等比级数,在 $(-1,1)$ 内收敛,前 n 项的部分和 $s_n = \dfrac{1-(-x)^n}{1+x}$,和函数

$$s = \lim_{n \to \infty} s_n = \lim_{n \to \infty} \frac{1-(-x)^n}{1+x} = \frac{1}{1+x}$$

因此,有

$$1 - x + x^2 - \cdots + (-1)^{n-1} x^{n-1} + \cdots = \frac{1}{1+x} \quad (-1<x<1) \tag{12-15}$$

把上式中的 x 换成 $-x$,便得

$$1 + x + x^2 + \cdots + x^n + \cdots = \frac{1}{1-x} \quad (-1<x<1) \tag{12-16}$$

对公式(12-15)和公式(12-16)逐项求导或逐项积分,可得

$$-1 + 2x - 3x^2 + \cdots + (-1)^{n-1}(n-1)x^{n-2} + \cdots = \Big(\frac{1}{1+x} \Big)' = -\frac{1}{(1+x)^2} \quad (-1<x<1)$$

$$1 + 2x + 3x^2 + \cdots + nx^{n-1} + \cdots = \Big(\frac{1}{1-x} \Big)' = \frac{1}{(1-x)^2} \quad (-1<x<1)$$

$$x - \frac{1}{2}x^2 + \frac{1}{3}x^3 - \cdots + (-1)^{n-1}\frac{1}{n}x^n + \cdots = \int_0^x \frac{1}{1+x}\mathrm{d}x = \ln(1+x) \quad (-1<x<1)$$

$$x + \frac{1}{2}x^2 + \frac{1}{3}x^3 + \cdots + \frac{1}{n}x^n + \cdots = \int_0^x \frac{1}{1-x}\mathrm{d}x = -\ln(1-x) \quad (-1<x<1)$$

例5 求幂级数 $\displaystyle\sum_{n=1}^{\infty} nx^{n-1}$ 的和函数.

解 先求收敛域,所给级数收敛半径

$$R = \lim_{n\to\infty}\left|\frac{a_n}{a_{n+1}}\right| = \lim_{n\to\infty}\frac{n}{n+1} = 1$$

收敛区间 $(-1,1)$,又幂级数 $\displaystyle\sum_{n=1}^{\infty} nx^{n-1}$ 在 $x=\pm1$ 处发散,因而收敛区域为 $(-1,1)$.

设所求级数的和函数为 $s(x)$,即

$$s(x) = \sum_{n=1}^{\infty} nx^{n-1}$$

为了求和函数 $s(x)$,只有把级数每一项中 x^{n-1} 系数 n 消掉,才能利用几何级数求和公式 (12-16)计算和函数.为此利用性质4,对上式在 $(-1,1)$ 内逐项积分,可得

$$\int_0^x s(x)\,\mathrm{d}x = \int_0^x\left(\sum_{n=1}^{\infty} nx^{n-1}\right)\mathrm{d}x = \sum_{n=1}^{\infty}\int_0^x nx^{n-1}\mathrm{d}x = \sum_{n=1}^{\infty} x^n = x+x^2+\cdots+x^n+\cdots = \frac{x}{1-x}$$

因而和函数

$$s(x) = \left[\int_0^x s(x)\,\mathrm{d}x\right]' = \left(\frac{x}{1-x}\right)' = \frac{1}{(1-x)^2}\,(\,|x|<1)$$

例6 求幂级数 $\displaystyle\sum_{n=1}^{\infty}\frac{x^{2n+1}}{2n+1}$ 的和函数.

解 这个幂级数是 x 的奇次幂构成的幂级数,缺少 x 的偶次幂项.不满足定理2的条件,只能利用第二节定理4比值审敛法求收敛半径.于是可得

$$\lim_{n\to\infty}\frac{|u_{n+1}|}{|u_n|} = \lim_{n\to\infty}\frac{\left|\dfrac{x^{2(n+1)+1}}{2(n+1)+1}\right|}{\dfrac{|x^{2n+1}|}{2n+1}} = \lim_{n\to\infty}\frac{2n+1}{2n+3}x^2 = x^2$$

当 $x^2<1$,即 $|x|<1$ 时,该正项级数收敛;当 $x^2>1$,即 $|x|>1$ 时,级数发散;在 $x=\pm1$ 时,级数都发散.故级数收敛域为 (-1.1).

设 $S(x) = \displaystyle\sum_{n=1}^{\infty}\frac{x^{2n+1}}{2n+1}$,且 $s(0)=0.$ 为了求和函数 $s(x)$,只有把级数每一项中 x^{2n+1} 系数 $\dfrac{1}{2n+1}$ 消掉,才能利用几何级数求和公式 (12-16).为此利用性质5,对上式在 (-1.1) 内逐项求导,可得

$$s'(x) = \left(\sum_{n=1}^{\infty}\frac{x^{2n+1}}{2n+1}\right)' = \sum_{n=1}^{\infty}\left(\frac{x^{2n+1}}{2n+1}\right)' = \sum_{n=1}^{\infty} x^{2n} = -1+(1+x^2+x^4+\cdots+x^{2n}+\cdots) = -1+\frac{1}{1-x^2}$$

从而可得

$$s(x) = s(x)-s(0) = \int_0^x s'(t)\,\mathrm{d}t = \int_0^x -1+\frac{1}{1-t^2}\mathrm{d}t = -x+\frac{1}{2}\int_0^x\frac{1}{1-t}+\frac{1}{1+t}\mathrm{d}t$$

$$= -x+\frac{1}{2}\ln\frac{1+x}{1-x}\,(-1<x<1)$$

例7 求幂级数 $\displaystyle\sum_{n=1}^{\infty}\frac{x^n}{n^2}$ 的和函数.

解 我们容易知道,收敛半径为 $R=1$. 当 $x=1$ 时,幂级数 $\displaystyle\sum_{n=1}^{\infty}\frac{x^n}{n^2}$ 是收敛的 $p(p=2)$ 级

数,当 $x=-1$ 时,幂级数 $\displaystyle\sum_{n=1}^{\infty}\frac{x^n}{n^2}$ 是交错级数,由第三节的定理 4(莱布尼茨审敛法)可得级

数,故收敛域为 $[-1,1]$.

设所求级数的和函数为 $s(x)$,即

$$s(x)=\sum_{n=1}^{\infty}\frac{x^n}{n^2} \tag{12-17}$$

将公式(12-17)两端求导,可得

$$s'(x)=\sum_{n=1}^{\infty}\left(\frac{x^n}{n^2}\right)'=\sum_{n=1}^{\infty}\frac{x^{n-1}}{n} \tag{12-18}$$

将公式(12-18)两端同乘以变量 x,便得

$$xs'(x)=x\sum_{n=1}^{\infty}\frac{x^{n-1}}{n}=\sum_{n=1}^{\infty}\frac{x^n}{n} \tag{12-19}$$

对公式(12-19)式两端求导,即

$$[xs'(x)]'=\sum_{n=1}^{\infty}\left(\frac{x^n}{n}\right)'=\sum_{n=1}^{\infty}x^{n-1}$$

$$=1+x+x^2+\cdots+x^n+\cdots=\frac{1}{1-x}, \tag{12-20}$$

对公式(12-20)两端积分,即

$$xs'(x)=\int_0^x[ts'(t)]'\mathrm{d}x=\int_0^x\frac{1}{1-t}\mathrm{d}t=-\ln(1-x) \tag{12-21}$$

当 $x\neq 0$ 时,对公式(12-21)两端同除以 x,再积分,可得

$$s'(x)=-\frac{1}{x}\ln(1-x)$$

$$s(x)=\int_0^x s'(t)\mathrm{d}t=-\int_0^x\frac{1}{t}\ln(1-t)\mathrm{d}t, \quad x\neq 0$$

当 $x=0$ 时,显然 $s(0)=0$.

虽然幂级数与其逐项求导、逐项求积分后的幂级数具有相同的收敛半径,但未必有相同的收敛域.由于逐项求导或逐项积分后幂级数的收敛半径不变,所以这些级数的收敛性只能在收敛区间的端点处发生改变.比如,$\displaystyle\sum_{n=0}^{\infty}x^n$ 的收敛域为 $(-1,1)$,逐项积分后幂级数 $\displaystyle\sum_{n=0}^{\infty}\frac{x^{n+1}}{n+1}$ 的收敛域为 $[-1,1)$.一般而言,若幂级数在收敛区间的端点处发散,则逐项求导后的级数在该点处必定发散,而逐项积分后的级数在该点处有可能收敛;若幂级数在收敛区间的端点处收敛,则逐项求导后的级数在该点处有可能发散,而逐项积分后的级数在该点收敛.设幂级数 $\displaystyle\sum_{n=0}^{\infty}a_nx^n$ 及其逐项求导后的级数 $\displaystyle\sum_{n=1}^{\infty}na_nx^{n-1}$、逐项积分后的级数 $\displaystyle\sum_{n=1}^{\infty}\frac{a_n}{n+1}x^{n+1}$ 的收敛域分别是 I_1、I_2 和 I_3,则它们的关系是 $I_2\subset I_1\subset I_3$.

1.求下列幂级数的收敛区间.

(1) $\sum\limits_{n=0}^{\infty} (n+1)^2 x^n$; (2) $\sum\limits_{n=0}^{\infty} \dfrac{x^n}{n \cdot 3^n}$; (3) $\sum\limits_{n=1}^{\infty} \dfrac{x^n}{(n!)^2}$; (4) $\sum\limits_{n=1}^{\infty} \dfrac{(x-1)^n}{\sqrt{n \cdot 4^n}}$;

(5) $\sum\limits_{n=1}^{\infty} (n-2)^n (x+3)^n$; (6) $\sum\limits_{n=0}^{\infty} \dfrac{2^n}{n^2} x^{2n}$; (7) $\sum\limits_{n=1}^{\infty} \dfrac{3^n + 5^n}{\sqrt{n+1}} x^n$;

(8) $\sum\limits_{n=1}^{\infty} \dfrac{(x+3)^{2n-1}}{\ln(n+1)}$.

2.求下列幂级数的和函数.

(1) $\sum\limits_{n=1}^{\infty} (-1)^{n-1} n x^{n-1}$; (2) $\sum\limits_{n=1}^{\infty} \dfrac{x^n}{n+1}$;

(3) $\sum\limits_{n=2}^{\infty} \dfrac{x^{2n}}{n-1}$; (4) $\sum\limits_{n=1}^{\infty} (n+1)(n+2) x^n$;

(5) $\sum\limits_{n=1}^{\infty} (-1)^{n+1} \dfrac{x^{2n-1}}{2n}$,并求 $\sum\limits_{n=1}^{\infty} \dfrac{(-1)^{n+1}}{2n} \left(\dfrac{3}{4}\right)^{2n-1}$ 的和;

(6) $\sum\limits_{n=1}^{\infty} \dfrac{x^{4n}}{4n}$,并求 $\sum\limits_{n=1}^{\infty} \dfrac{1}{4n} \left(\dfrac{1}{2}\right)^{2n}$ 的和.

3.证明 $y = \sum\limits_{n=0}^{\infty} \dfrac{x^n}{(n!)^2}$ 满足方程 $xy'' + y' - y = 0$.

第五节　函数的幂级数展开式及应用

前面讨论了幂级数的收敛域及其和函数的性质.我们知道,一个幂级数在收敛区间内是收敛于和函数的.在许多应用中,常常遇到相反的问题:一个函数 $f(x)$ 在什么条件下可以表示成幂级数,而表示成的幂级数在其收敛区间内是否恰好收敛于此函数本身? 如果对于给定的函数 $f(x)$,能够找到一个在某区间内收敛的幂级数,其和正好就是这个函数 $f(x)$ 本身,那么我们就说,**函数 $f(x)$ 在该区间内能展开成幂级数**,而这个幂级数在该区间内就表达了函数 $f(x)$.本节讨论函数的幂级数的展开式及其应用.

一、泰勒级数

第三章第三节我们知道了泰勒中值定理:

若函数 $f(x)$ 在点 x_0 的某邻域内有定义,并且在该邻域内具有 $n+1$ 阶导数,则在该邻域内的任意 x,有

$$f(x) = f(x_0) + f'(x_0)(x-x_0) + \frac{f''(x_0)}{2!}(x-x_0)^2 + \cdots + \frac{f^{(n)}(x_0)}{n!}(x-x_0)^n + R_n(x)$$

其中余项

$$R_n(x) = \frac{f^{(n+1)}(\xi)}{(n+1)!}(x-x_0)^{n+1} \ (\xi \ \text{是介于} \ x_0 \ \text{与} \ x \ \text{之间的某个数})$$

称为拉格朗日型余项,系数 $f(x_0)$, $f'(x_0)$, $\dfrac{f''(x_0)}{2!}$, $\cdots$, $\dfrac{f^{(n)}(x_0)}{n!}$ 称为泰勒系数,称上式为函数 $f(x)$ 的泰勒公式.

泰勒公式的右端前 $n+1$ 项亦称为泰勒多项式,记为 $P_n(x)$. 因此泰勒公式可表示为

$$f(x) = P_n(x) + R_n(x)$$

当 $x_0 = 0$ 时,泰勒公式为

$$f(x) = f(0) + f'(0)x + \frac{f''(0)}{2!}x^2 + \cdots + \frac{f^{(n)}(0)}{n!}x^n + R_n(x)$$

上式称为马克劳林公式,其中余项为

$$R_n(x) = \frac{f^{(n+1)}(\xi)}{(n+1)!}x^{n+1} \ (\xi \ \text{是介于} \ 0 \ \text{与} \ x \ \text{之间的某个数})$$

例 1　求 $f(x) = \sin x$ 的 n 阶马克劳林公式.

解　$f(x) = \sin x$,　　　　　　　　　$f(0) = \sin 0 = 0$;

$$f'(x) = (\sin x)' = \sin\left(x + \frac{\pi}{2}\right),\qquad f'(0) = \sin\left(0 + \frac{\pi}{2}\right) = 1;$$

$$f''(x) = \left[\sin\left(x + \frac{\pi}{2}\right)\right]' = \sin\left(x + \frac{2\pi}{2}\right),\qquad f''(0) = \sin\left(0 + \frac{2\pi}{2}\right) = 0;$$

$$f'''(x) = \left[\sin\left(x + \frac{2\pi}{2}\right)\right]' = \sin\left(x + \frac{3\pi}{2}\right),\qquad f'''(0) = \sin\left(0 + \frac{3\pi}{2}\right) = -1;$$

……

$$f^{(n)}(x) = \sin\left(x + \frac{n\pi}{2}\right),\quad f^{(n)}(0) = \sin\left(0 + \frac{n\pi}{2}\right) = \begin{cases} 0, & n = 2m-2 \\ (-1)^{m-1}, & n = 2m-1 \end{cases}$$

于是可得

$$\sin x = x - \frac{1}{3!}x^3 + \frac{1}{5!}x^5 - \cdots + (-1)^{m-1}\frac{1}{(2m-1)!}x^{2m-1} + R_{2m}(x),$$

其中 $R_{2m}(x) = \dfrac{\sin\left[\xi + (2m+1)\dfrac{\pi}{2}\right]}{(2m+1)!}x^{2m+1}$.

幂级数不仅形式简单,而且具有与多项式类似的性质.又由泰勒公式可知,一个函数可以表示为泰勒多项式与拉格朗日型余项之和.现在问题是一个函数是否能表示成幂级数? 如果一个函数 $f(x)$ 可以表示成幂级数,那么函数 $f(x)$ 在怎样的条件下可以表示成幂级数? 假设 $f(x)$ 在点 x_0 的某邻域内具有任意阶导数,则 $f(x)$ 能表示成幂级数:

$$f(x) = a_0 + a_1(x-x_0) + a_2(x-x_0)^2 + \cdots + a_n(x-x_0)^n + \cdots \qquad (12-22)$$

其中系数 $a_n(n=0,1,2,\cdots)$ 如何确定?

根据第四节幂级数和函数的性质 5,对其幂级数两端逐次求导得

$$f'(x) = a_1 + 2a_2(x-x_0) + 3a_3(x-x_0)^2 \cdots + na_n(x-x_0)^{n-1} + \cdots$$

$$f''(x) = 2!\, a_2 + 3!\, a_3(x-x_0) \cdots + n(n-1)a_n(x-x_0)^{n-2} + \cdots$$

$$\cdots\cdots$$
$$f^{(n)}(x)=n! \ a_n+(n+1)n(n-1)\cdots3\cdot2a_{n-1}(x-x_0)+\cdots$$
$$\cdots\cdots$$

在 $f(x)$ 的幂级数及其各阶导数中,令 $x=x_0$ 分别得到

$$a_0=f(x_0),a_1=f'(x_0),a_2=\frac{f''(x_0)}{2!},\cdots,a_n=\frac{f^{(n)}(x_0)}{n!},\cdots$$

将系数代入公式(12-22)中,可得

$$f(x)=f(x_0)+f'(x_0)(x-x_0)+\frac{f''(x_0)}{2!}(x-x_0)^2+\cdots+\frac{f^{(n)}(x_0)}{n!}(x-x_0)^n+\cdots$$

$$=\sum_{n=0}^{\infty}\frac{f^{(n)}(x_0)}{n!}(x-x_0)^n$$

定义 若函数 $f(x)$ 在点 x_0 的某邻域内有定义,且具有任意阶导数,则幂级数

$$f(x_0)+f'(x_0)(x-x_0)+\frac{f''(x_0)}{2!}(x-x_0)^2+\cdots+\frac{f^{(n)}(x_0)}{n!}(x-x_0)^n+\cdots \qquad (12-23)$$

称为函数 $f(x)$ 在点 x_0 处的**泰勒级数**.

幂级数

$$f(0)+f'(0)x+\frac{f''(0)}{2!}x^2+\cdots+\frac{f^{(n)}(0)}{n!}x^n+\cdots \qquad (12-24)$$

称为函数 $f(x)$ 的**马克劳林级数**,即函数 $f(x)$ 在 $x_0=0$ 的泰勒级数称为马克劳林级数.

函数写成泰勒级数后是否收敛于 $f(x)$? 这取决于 $f(x)$ 与它的泰勒级数的部分和之差,即

$$R_n(x)=f(x)-P_n(x)$$

$$=f(x)-\left[f(x_0)+f'(x_0)(x-x_0)+\frac{f''(x_0)}{2!}(x-x_0)^2+\cdots+\frac{f^{(n)}(x_0)}{n!}(x-x_0)^n\right]$$

是否随 $n\rightarrow+\infty$ 而趋向于零.因此,

如果在某一区间 I 内有

$$\lim_{n\rightarrow\infty}R_n(x)=0,x\in I$$

那么,$f(x)$ 在 $x=x_0$ 处的泰勒级数在区间 I 内收敛于 $f(x)$.此时,泰勒级数称为函数 $f(x)$ 在区间 I 中的**泰勒展开式**.同理,当余项趋于零时,称相应的马克劳林级数为**马克劳林展开式**.

注意 函数 $f(x)$ 的泰勒级数与 $f(x)$ 的泰勒展开式不是同一个概念,$f(x)$ 的泰勒级数未必收敛于 $f(x)$,而 $f(x)$ 的泰勒展开式一定收敛于 $f(x)$.

定理(泰勒收敛定理) 若函数 $f(x)$ 在点 x_0 的某邻域 $U(x_0)$ 内有任意阶导数,则函数 $f(x)$ 的泰勒级数[公式(12-23)]在该邻域内收敛于 $f(x)$ 的充分必要条件是泰勒公式的余项 $R_n(x)$ 当 $n\rightarrow\infty$ 时的极限为零,即

$$\lim_{n\rightarrow\infty}R_n(x)=0,x\in U(x_0)$$

证 $f(x)$ 的 n 阶泰勒公式为

$$f(x)=P_n(x)+R_n(x)$$

其中
$$P_n(x) = f(x_0) + f'(x_0)(x-x_0) + \frac{f''(x_0)}{2!}(x-x_0)^2 + \cdots + \frac{f^{(n)}(x_0)}{n!}(x-x_0)^n$$

是 $f(x)$ 的 n 次泰勒多项式,也是泰勒级数[公式(12-23)]的前 $n+1$ 项的和,余项为
$$R_n(x) = f(x) - P_n(x)$$

【必要条件】设泰勒级数[公式(12-23)]收敛于和函数 $f(x)$,即
$$\sum_{n=0}^{\infty} \frac{f^{(n)}(x_0)}{n!}(x-x_0)^n = f(x)$$

根据函数项级数的定义,有
$$f(x) = \lim_{n\to\infty} P_n(x), x \in U(x_0)$$

·636·

由此可得
$$\lim_{n\to\infty}(f(x) - P_n(x)) = 0, x \in U(x_0), \quad 即 \lim_{n\to\infty} R_n(x) = 0, x \in U(x_0)$$

故结论成立.

【充分条件】将上面的过程逆着推回去,即可得结论.证毕.

若函数 $f(x)$ 在点 x_0 的某邻域内有任意阶导数 $f^{(n)}(x)$,$n=1,2,3,\cdots$,则级数[公式(12-23)]就是函数 $f(x)$ 的泰勒级数.此级数是否在点 x_0 的某邻域内收敛?若收敛,其和函数是否是 $f(x)$,还需要用收敛定理检查.只有当级数[公式(12-23)]在点 x_0 的某邻域内收敛且收敛于 $f(x)$ 时,才可以说 $f(x)$ 在点 x_0 的某邻域内可展开成泰勒级数,并把 $f(x)$ 和它的泰勒级数用等号连接起来,即 $f(x) = \sum_{n=0}^{\infty} \frac{f^{(n)}(x_0)}{n!}(x-x_0)^n$ 就是 $f(x)$ 的**泰勒展开式**.

二、函数的幂级数展开式

只要做适当的替换,即可把泰勒展开式转化为马克劳林展开式,因而把函数展成幂级数通常是指展成马克劳林级数.

直接展开法是依据概念和性质求出系数,求出展开式的方法.

第一步:求出 $f(x)$ 的各阶导数 $f'(x)$,$f''(x)$,$\cdots$,$f^{(n)}(x)$,$\cdots$,如果在 $x=0$ 处某阶导数不存在,就停止进行,说明它不能展开为 x 的幂级数.写出 $f(x)$ 的各阶导数在 $x=0$ 处的值:
$$f(0), f'(0), f''(0), \cdots, f^{(n)}(0), \cdots$$

第二步:写出 $f(x)$ 的马克劳林级数
$$f(0) + f'(0)x + \frac{f''(0)}{2!}x^2 + \cdots + \frac{f^{(n)}(0)}{n!}x^n + \cdots$$

及其收敛半径 R;

第三步:在 $(-R,R)$ 内考察此马克劳林级数,当 $n\to\infty$ 时,余项 $R_n(x)$ 是否趋于零.若趋于零,则函数 $f(x)$ 的幂级数展开式为
$$f(x) = f(0) + f'(0)x + \frac{f''(0)}{2!}x^2 + \cdots + \frac{f^{(n)}(0)}{n!}x^n + \cdots (-R < x < R)$$

例2 将函数 $f(x)=e^x$ 展开成幂级数.

解 因为 $f^{(n)}(x)=e^x(n=1,2,\cdots)$, 所以 $f(0)=f^{(n)}(0)=1(n=1,2,\cdots)$.
马克劳林级数为

$$1+x+\frac{x^2}{2!}+\cdots+\frac{x^n}{n!}+\cdots$$

其收敛半径

$$R=\lim_{n\to\infty}\left|\frac{a_n}{a_{n+1}}\right|=\lim_{n\to\infty}\left|\frac{(n+1)!}{n!}\right|=+\infty$$

此幂级数处处收敛.又对于任何有限数 $x,\xi(\xi$ 介 0 与 x 之间), 余项的绝对值为

$$|R(x)|=\frac{\left|f^{(n+1)}(\xi)\right|}{(n+1)!}|x|^{n+1}<\frac{e^{|x|}}{(n+1)!}|x|^{n+1}$$

且 x 是一个固定的实数,$e^{|x|}$ 是有限数,而 $\frac{1}{(n+1)!}|x|^{n+1}$ 是收敛级数 $\sum_{n=0}^{\infty}\frac{1}{(n+1)!}|x|^{n+1}$
的一般项,因而 $\lim_{n\to\infty}R_n(x)=0$.于是此函数的幂级数展开式为

$$e^x=1+x+\frac{x^2}{2!}+\cdots+\frac{x^n}{n!}+\cdots\,(-\infty<x<+\infty)\quad(12\text{-}25)$$

如果在 $x=0$ 处附近,用级数的部分和(多项式)来近似代替 e^x,那么随着项数的增加,它们越来越接近于 e^x,如图 12-2 所示.

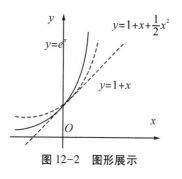

图 12-2 图形展示

例3 将函数 $f(x)=\sin x$ 展开成幂级数.

解 由例 1 知,$f(x)=\sin x$ 的马克劳林级数为

$$x-\frac{1}{3!}x^3+\frac{1}{5!}x^5-\cdots+(-1)^{n-1}\frac{1}{(2n-1)!}x^{2n-1}+\cdots$$

收敛半径为

$$R=\lim_{n\to\infty}\left|\frac{a_{2n-1}}{a_{2n+1}}\right|=+\infty$$

对于任何有限数 $x,\xi(\xi$ 介 0 与 x 之间),余项的绝对值为

$$R_n(x)=\left|\frac{f^{(n+1)}(\xi)}{(n+1)!}x^{n+1}\right|=\left|\frac{\sin\left[\xi+(n+1)\frac{\pi}{2}\right]}{(n+1)!}x^{n+1}\right|\leqslant\frac{|x|^{n+1}}{(n+1)!}$$

利用例 2 有 $\lim_{n\to\infty}R_n(x)=0$.因此,正弦函数的幂级数展开式为

$$\sin x=x-\frac{1}{3!}x^3+\frac{1}{5!}x^5-\cdots+(-1)^{m-1}\frac{1}{(2n-1)!}x^{2n-1}+\cdots(-\infty<x<+\infty)\quad(12\text{-}26)$$

幂级数的间接展开法是根据一些已经知道的函数幂级数展开式,利用变量代换,或利用幂级数的运算法则,或利用幂级数逐项求导与逐项积分的性质,获得所求函数的幂级数展开式的方法.由于函数的幂级数展开式是唯一的,间接法与直接法展成的幂级数是一致的,这就是间接法的理论依据.利用间接法求函数的幂级数展开式的好处是省去了直接展法中对各阶导数 $f^{(n)}(x)$ 的计算,又避免了验证余项极限 $\lim_{n\to\infty}R_n(x)=0$ 的麻烦.

我们已经求得的幂级数展开式有

$$e^x = \sum_{n=0}^{\infty} \frac{x^n}{n!} \quad (-\infty < x < +\infty) \tag{12-27}$$

$$\sin x = \sum_{n=0}^{\infty} \frac{(-1)^n}{(2n+1)!} x^{2n+1} \quad (-\infty < x < +\infty) \tag{12-28}$$

$$\frac{1}{1-x} = \sum_{n=0}^{\infty} x^n \quad [x \in (-1,1)] \tag{12-29}$$

$$\frac{1}{1+x} = \sum_{n=0}^{\infty} (-1)^n x^n \quad [x \in (-1,1)] \tag{12-30}$$

对幂级数[公式(12-28)]两边求导,可得

$$\cos x = \sum_{n=0}^{\infty} \frac{(-1)^n}{(2n)!} x^{2n} (-\infty < x < +\infty) \tag{12-31}$$

对幂级数[公式(12-30)]两边从 0 到 x 积分,可得

$$\ln(1+x) = \sum_{n=1}^{\infty} \frac{(-1)^{n-1}}{n} x^n (x \in (-1,1])$$

对幂级数[公式(12-27)])中的 x 换成 $x\ln a$,可得

$$a^x = e^{x\ln a} = \sum_{n=0}^{\infty} \frac{(\ln a)^n}{n!} x^n (-\infty < x < +\infty)$$

对幂级数[公式(12-30)]中的 x 换成 x^2,便得

$$\frac{1}{1+x^2} = \sum_{n=0}^{\infty} (-1)^n x^{2n} \quad [x \in (-1,1)]$$

从上式从 0 到 x 积分,便得

$$\arctan x = \sum_{n=0}^{\infty} \frac{(-1)^n}{2n+1} x^{2n+1} \quad [x \in (-1,1)]$$

例 4 将函数 $f(x) = \dfrac{1}{4-x}$ 展开成 $x+2$ 的幂级数.

解 因为

$$f(x) = \frac{1}{4-x} = \frac{1}{6-(x+2)} = \frac{1}{6} \cdot \frac{1}{1-\dfrac{x+2}{6}}$$

利用公式(12-29),可得

$$\frac{1}{1-t} = \sum_{n=0}^{\infty} t^n, t \in (-1,1)$$

将上式取 $t = \dfrac{x+2}{6}$,所以展开式的收敛区间为 $-1 < \dfrac{x+2}{6} < 1$,即 $-8 < x < 4$. 故

$$\frac{1}{4-x} = \frac{1}{6} \left[1 + \frac{x+2}{6} + \frac{(x+2)^2}{6^2} + \cdots + \frac{(x+2)^n}{6^n} + \cdots \right]$$

$$= \frac{1}{6} + \frac{x+2}{6^2} + \frac{(x+2)^2}{6^3} + \cdots + \frac{(x+2)^n}{6^{n+1}} + \cdots, x \in (-8,4)$$

例 5 将函数 $f(x) = \ln \dfrac{1+x}{1-x}$ 展开成幂级数.

解 因为

$$\ln \frac{1+x}{1-x} = \ln(1+x) - \ln(1-x)$$

将公式(12-29)和公式(12-30)积分,可得

$$\ln(1+x) = x - \frac{x^2}{2} + \frac{x^3}{3} + \cdots + (-1)^{n+1}\frac{x^{n+1}}{n+1} + \cdots, x \in (-1,1]$$

$$\ln(1-x) = -x - \frac{x^2}{2} - \frac{x^3}{3} - \cdots - \frac{x^{n+1}}{n+1} - \cdots, x \in (-1,1)$$

所以所求函数的幂级数展开式为

$$\ln \frac{1+x}{1-x} = 2\left(x + \frac{x^3}{3} + \cdots + \frac{x^{2n-1}}{2n-1} + \cdots\right), x \in (-1,1)$$

例 6 将函数 $f(x) = \cos x$ 展开成 $x - \frac{\pi}{4}$ 的幂级数.

解 由于

$$\cos x = \cos\left(x - \frac{\pi}{4} + \frac{\pi}{4}\right) = \cos\frac{\pi}{4}\cos\left(x - \frac{\pi}{4}\right) - \sin\frac{\pi}{4}\sin\left(x - \frac{\pi}{4}\right)$$

$$= \frac{\sqrt{2}}{2}\left[\cos\left(x - \frac{\pi}{4}\right) - \sin\left(x - \frac{\pi}{4}\right)\right]$$

由公式(12-28)、公式(12-31),可得

$$\cos\left(x - \frac{\pi}{4}\right) = \sum_{n=0}^{\infty} \frac{(-1)^n}{(2n)!}\left(x - \frac{\pi}{4}\right)^{2n}$$

$$= 1 - \frac{1}{2!}\left(x - \frac{\pi}{4}\right)^2 + \frac{1}{4!}\left(x - \frac{\pi}{4}\right)^4 - \cdots + \frac{(-1)^n}{(2n)!}\left(x - \frac{\pi}{4}\right)^{2n} + \cdots (-\infty < x < +\infty)$$

$$\sin\left(x - \frac{\pi}{4}\right) = \sum_{n=0}^{\infty} \frac{(-1)^n}{(2n+1)!}\left(x - \frac{\pi}{4}\right)^{2n+1}$$

$$= \left(x - \frac{\pi}{4}\right) - \frac{1}{3!}\left(x - \frac{\pi}{4}\right)^3 + \frac{1}{5!}\left(x - \frac{\pi}{4}\right)^5 - \cdots + \frac{(-1)^n}{(2n+1)!}\left(x - \frac{\pi}{4}\right)^{2n+1} + \cdots$$

$$(-\infty < x < +\infty)$$

因而

$$\cos x = \frac{\sqrt{2}}{2}\left[1 - \left(x - \frac{\pi}{4}\right) - \frac{1}{2!}\left(x - \frac{\pi}{4}\right)^2 + \frac{1}{3!}\left(x - \frac{\pi}{4}\right)^3 + \frac{1}{4!}\left(x - \frac{\pi}{4}\right)^4\right.$$

$$\left. - \cdots + \frac{(-1)^n}{(2n)!}\left(x - \frac{\pi}{4}\right)^{2n} + \frac{(-1)^n}{(2n+1)!}\left(x - \frac{\pi}{4}\right)^{2n+1} + \cdots\right] (-\infty < x < +\infty)$$

最后,我们讨论一个用直接法展开的例子.

例 7 将函数 $f(x) = (1+x)^\alpha$ 展开成 x 的幂级数,其中 α 为任意常数.

解 $f(x)$ 的各阶导数:

$$f'(x) = \alpha(1+x)^{\alpha-1}, f''(x) = \alpha(\alpha-1)(1+x)^{\alpha-2}, \cdots$$

$$f^{(n)}(x) = \alpha(\alpha-1)\cdots(\alpha-n+1)(1+x)^{\alpha-n}, \cdots$$

因而

$$f(0) = 1, f'(0) = \alpha, f''(0) = \alpha(\alpha-1), \cdots, f^{(n)}(0) = \alpha(\alpha-1)\cdots(\alpha-n+1), \cdots$$

代入公式(12-24),便得到级数

$$1+\alpha x+\frac{\alpha(\alpha-1)}{2!}x^2+\cdots+\frac{\alpha(\alpha-1)\cdots(\alpha-n+1)}{n!}x^n+\cdots$$

根据第四节定理2,这个幂级数的收敛半径

$$R=\lim_{n\to\infty}\frac{a_n}{a_{n+1}}=\lim_{n\to\infty}\left\{\frac{\alpha(\alpha-1)\cdots(\alpha-n+1)}{n!}\cdot\frac{(n+1)!}{\alpha(\alpha-1)\cdots[\alpha-(n+1)+1]}\right\}=\lim_{n\to\infty}\left|\frac{n+1}{\alpha-n}\right|=1$$

这个幂级数的收敛区间$(-1,1)$.

为了回避直接研究余项,我们直接证明这个幂级数收敛于$f(x)$.设这个幂级数在区间$(-1,1)$内收敛到函数$g(x)$,即

$$g(x)=1+\alpha x+\frac{\alpha(\alpha-1)}{2!}x^2+\cdots+\frac{\alpha(\alpha-1)\cdots(\alpha-n+1)}{n!}x^n,x\in(-1,1)\qquad(12-32)$$

下面证$g(x)=f(x)=(1+x)^\alpha,x\in(-1,1)$.在第三章第一节我们知道,要证函数$\varphi(x)=C$(常数),只需证$\varphi(x)'=0$.由此设$\varphi(x)=\dfrac{g(x)}{(1+x)^\alpha}$,只需证$\varphi(x)=1$.于是

$$\varphi'(x)=\frac{(1+x)^\alpha g'(x)-\alpha(1+x)^{\alpha-1}g(x)}{(1+x)^{2\alpha}}=\frac{(1+x)^{\alpha-1}[(1+x)g'(x)-\alpha g(x)]}{(1+x)^{2\alpha}}$$

$$(12-33)$$

对和函数$g(x)$公式(12-32)两端逐项求导,可得

$$g'(x)=\alpha\left[1+\frac{\alpha-1}{1!}x+\cdots+\frac{(\alpha-1)\cdots(\alpha-n+1)}{(n-1)!}x^{n-1}+\cdots\right]$$

上式两边同乘$(1+x)$,利用下面的恒等式:

$$\frac{(\alpha-1)(\alpha-2)\cdots(\alpha-n+1)}{(n-1)!}+$$

$$\frac{(\alpha-1)(\alpha-2)\cdots(\alpha-n)}{n!}=\frac{\alpha(\alpha-1)(\alpha-2)\cdots(\alpha-n+1)}{n!}(n=1,2,\cdots)$$

并把含有$x^n(n=1,2,\cdots)$的两项合并起来,由此可得

$$(1+x)g'(x)=\alpha\left[1+\alpha x+\frac{\alpha(\alpha-1)}{2!}x^2+\cdots+\frac{\alpha(\alpha-1)\cdots(\alpha-n+1)}{n!}x^n+\cdots\right]$$

$$=\alpha g(x),x\in(-1,1)$$

即

$$(1+x)g'(x)-\alpha g(x)=0$$

把上式代入(10)式,可得$\varphi'(x)=0$,从而$\varphi(x)=C$.又$\varphi(0)=g(0)=1$,因而$\varphi(x)=1$,即$g(x)=(1+x)^\alpha$.因此,在区间$(-1,1)$内有展开式

$$(1+x)^\alpha=1+\alpha x+\frac{\alpha(\alpha-1)}{2!}x^2+\cdots+\frac{\alpha(\alpha-1)\cdots(\alpha-n+1)}{n!}x^n+\cdots\left[x\in(-1,1)\right]$$

$$(12-34)$$

上式可以简写为

$$(1+x)^\alpha=\sum_{n=0}^{\infty}C_\alpha^n x^n,$$

其中$C_\alpha^n=\dfrac{\alpha(\alpha-1)(\alpha-2)\cdots(\alpha-n+1)}{n!},x\in(-1,1),\alpha\in R.$

在区间的端点,展开式(12-34)是否成立要根据 α 的数值确定.当 α 为正整数时,级数成为 x 的 α 次多项式,是大家熟悉的二项式定理.因此,公式(12-34)叫作**二项展开式**. α 可为负整数与分数.如

当 $\alpha = -1$ 时, $\dfrac{1}{1+x} = \sum_{n=0}^{\infty}(-1)^n x^n \qquad x \in (-1,1)$;

当 $\alpha = \dfrac{1}{2}$ 时, $\sqrt{1+x} = 1 + \dfrac{1}{2}x - \dfrac{1}{2 \cdot 4}x^2 + \dfrac{1 \cdot 3}{2 \cdot 4 \cdot 6}x^3 - \dfrac{1 \cdot 3 \cdot 5}{2 \cdot 4 \cdot 6 \cdot 8}x^4 + \cdots x \in [-1,1]$;

当 $\alpha = -\dfrac{1}{2}$ 时, $\dfrac{1}{\sqrt{1+x}} = 1 - \dfrac{1}{2}x - \dfrac{1 \cdot 3}{2 \cdot 4}x^2 - \dfrac{1 \cdot 3 \cdot 5}{2 \cdot 4 \cdot 6}x^3 + \dfrac{1 \cdot 3 \cdot 5 \cdot 7}{2 \cdot 4 \cdot 6 \cdot 8}x^4 - \cdots x \in (-1,1)$.

三、函数的幂级数展开式的应用

如果函数可以展开成 x 的幂级数,那么在函数展开式的收敛域内,利用这个级数,依据精确度的要求,函数值就可近似地计算出来.

例8 计算 $\displaystyle\int_0^1 \dfrac{\sin x}{x}\mathrm{d}x$ 的近似值,要求误差不超过 10^{-4}.

解 被积函数 $\dfrac{\sin x}{x}$ 在 $x = 0$ 处无意义,但 $\lim\limits_{x \to 0}\dfrac{\sin x}{x} = 1$, $x = 0$ 是可去间断点,补充定义,当 $x = 0$ 时, $\dfrac{\sin x}{x} = 1$. 由此可得幂级数

$$\frac{\sin x}{x} = \frac{1}{x}\left[x - \frac{x^3}{3!} + \frac{x^5}{5!} - \cdots + (-1)^{n-1}\frac{x^{2n-1}}{(2n-1)!} + \cdots\right]$$

$$= 1 - \frac{x^2}{3!} + \frac{x^4}{5!} - \cdots + (-1)^{n-1}\frac{x^{2n-2}}{(2n-1)!} + \cdots x \in (-\infty, +\infty)$$

于是有

$$\int_0^1 \frac{\sin x}{x}\mathrm{d}x = \int_0^1 \left[1 - \frac{x^2}{3!} + \frac{x^4}{5!} - \cdots + (-1)^{n-1}\frac{x^{2n-2}}{(2n-1)!} + \cdots\right]\mathrm{d}x$$

$$= 1 - \frac{1}{3 \cdot 3!} + \frac{1}{5 \cdot 5!} - \cdots + (-1)^{n-1}\frac{1}{(2n-1) \cdot (2n-1)!} + \cdots$$

由于 $\dfrac{1}{7 \times 7!} = \dfrac{1}{35\,280} < 10^{-4}$,取前三项之和即可满足近似的要求.因此

$$\int_0^1 \frac{\sin x}{x}\mathrm{d}x \approx 1 - \frac{1}{3 \cdot 3!} + \frac{1}{5 \cdot 5!} \approx 0.946\,1$$

函数幂级数展开式的应用非常广泛,除了近似计算外,还可应用于微分方程的幂级数解法.

四、欧拉公式

设有复数项级数为

$$(u_1 + iv_1) + (u_2 + iv_2) + \cdots + (u_n + iv_n) + \cdots \tag{12-35}$$

其中 $u_n, v_n (n = 1, 2, 3, \cdots)$ 为实常数或实函数.如果实部所成的级数

$$u_1+u_2+\cdots+u_n+\cdots \tag{12-36}$$

收敛于和 u，且虚部所成的级数

$$v_1+v_2+\cdots+v_n+\cdots \tag{12-37}$$

收敛于和 v，我们就说复数项级数[公式(12-35)]**收敛**，并且其和为 $u+iv$.

若级数[公式(12-35)]各项的模所构成的级数

$$\sqrt{u_1^2+v_1^2}+\sqrt{u_2^2+v_2^2}+\cdots+\sqrt{u_n^2+v_n^2}+\cdots$$

收敛，则称级数[公式(12-35)]**绝对收敛**.如果级数[公式(12-35)]绝对收敛，且

$$|u_n|\leqslant\sqrt{u_n^2+v_n^2},\ |v_n|\leqslant\sqrt{u_n^2+v_n^2}\ (n=1,2,3,\cdots)$$

那么级数[公式(12-36)]与[公式(12-37)]**绝对收敛**，从而级数[公式(12-35)]收敛.

我们来考察复数项级数为

$$1+z+\frac{z^2}{2!}+\cdots+\frac{z^n}{n!}+\cdots\ (z=x+iy) \tag{12-38}$$

可以证明级数[公式(12-38)]在整个复平面上是绝对收敛的.在 x 轴上 $(z=x)$，它表示指数函数 e^x，在整个复平面上，我们用它来定义复变量指数函数，记作 e^z.于是 e^z 定义为

$$e^z=1+z+\frac{z^2}{2!}+\cdots+\frac{z^n}{n!}+\cdots\ (|z|<\infty) \tag{12-39}$$

当 $x=0$ 时，z 为纯虚数 iy，公式(12-39)成为

$$e^{iy}=1+iy+\frac{(iy)^2}{2!}+\frac{(iy)^3}{3!}+\cdots+\frac{(iy)^n}{n!}+\cdots=1+iy-\frac{y^2}{2!}-i\frac{y^3}{3!}+\frac{y^4}{4!}+i\frac{y^5}{5!}+\cdots$$

$$=\left(1-\frac{y^2}{2!}+\frac{y^4}{4!}-\cdots\right)+i\left(y-\frac{y^3}{3!}+\frac{y^5}{5!}-\cdots\right)=\cos y+i\sin y$$

把 y 换为 x，上式变为

$$e^{ix}=\cos x+i\sin x \tag{12-40}$$

这就是欧拉公式.

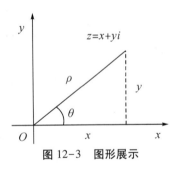

应用公式(17)，复数 z 可以表示为指数形式：

$$z=r(\cos\theta+i\sin\theta)=re^{i\theta},$$

其中 $r=|z|$ 是复数 z 的模，$\theta=\arg z$ 是 z 的辐角(见图 12-3).

在公式(12-40)中把 x 换为 $-x$，可得

$$e^{-ix}=\cos x-i\sin x$$

图 12-3　图形展示

上式与公式(12-40)相加、相减，得到欧拉公式的另一种形式：

$$\begin{cases}\cos x=\dfrac{e^{ix}+e^{-ix}}{2}\\[2mm]\sin x=\dfrac{e^{ix}-e^{-ix}}{2i}\end{cases} \tag{12-41}$$

公式(12-40)或公式(12-41)揭示了三角函数与复变量指数函数之间的一种关系.

根据定义式(12-39)，并利用幂级数的乘法，可以得到

$$e^{z_1+z_2}=e^{z_1}\cdot e^{z_2}$$

特别地，取 z_1 为实数 z，z_2 为纯虚数 iy，则有

$$e^{x+iy}=e^x\cdot e^{iy}=e^x(\cos y+i\sin y)$$

该式表明：复变量指数函数 e^z 在 $z=x+iy$ 处的值是模为 e^x，辐角为 y 的复数.

习题 12-5

1.将下列函数展开成 x 的幂级数,并求其收敛区间.

(1)2^x; (2)$\ln(a+x),a>0$; (3)$\arctan x$; (4)$\cos^2 x$; (5)$x^2 e^{x^2}$.

2.将 $f(x)=x^4$ 展成 $x-1$ 的幂级数.

3.将 $f(x)=\dfrac{1}{2x+1}$ 展成 $x-2$ 的幂级数.

4.将 $\cos x$ 展成 $x+\dfrac{\pi}{3}$ 的幂级数.

5.利用幂级数展开式,求下列各数的近似值(精确到 10^{-4}).

(1)$\sqrt[5]{240}$; (2)$\ln 3$; (3)$\cos 2°$.

6.计算下列积分的近似值(精确到 10^{-4}).

(1)$\displaystyle\int_0^{\frac{1}{2}} \dfrac{1}{1+x^4}\mathrm{d}x$; (2)$\dfrac{2}{\sqrt{\pi}}\displaystyle\int_0^{\frac{1}{2}} e^{-x^2}\mathrm{d}x$(取 $\dfrac{1}{\sqrt{\pi}}\approx 0.564\ 19$).

7.利用欧拉公式将函数 $e^x \cos x$ 展开成 x 的幂级数.

8.将 $\dfrac{\mathrm{d}}{\mathrm{d}x}\left(\dfrac{e^x-1}{x}\right)$ 展成 x 的幂级数,并证明

$$\sum_{n=1}^{\infty} \frac{n}{(n+1)!} = 1$$

第六节 傅里叶级数

本节我们讨论由三角函数组成的函数项级数,即三角级数,重点研究如何把函数展开成三角级数.

在高中我们知道了周期函数:设函数 $f(x)$ 在 D 上有定义.若存在一个正数 T,使得对于任一 $x \in D$ 有 $(x+T) \in D$,且

$$f(x+T)=f(x)$$

恒成立,则称 $f(x)$ 为**周期函数**,T 称 $f(x)$ 为的**周期**,通常所说的周期函数的周期是指最小正周期.

在自然界中有很多现象具有周期性,如白天与黑夜交替出现,一年四季轮流变换.在工程技术中,我们常遇到各种周期函数,如单摆振动、音叉振动、弹簧振动等可用正弦型函数

$$f(t)=A\sin(\omega t+\phi)$$

来表示(简谐振动),其中 $|A|$ 称为**振幅**,ω 称为**角频率**,ϕ 称为**初相位**.简谐振动的周期是 $T=\dfrac{2\pi}{\omega}$.又如电子学中的矩形脉冲,电压随时间变化的函数为

$$u(t)=\begin{cases} E, & nT \leqslant t < nT+t_0 \\ 0, & nT+t_0 \leqslant t < (n+1)T \end{cases} \quad (0<t_0<T)$$

是非正弦函数,周期为 T 的矩形波.在研究周期函数时,为了利用三角函数的某些性质,往往需要将非正弦型函数用一系列三角函数的和来表示,一个非正弦型周期函数在什么样的条件下,才能展开为一系列三角函数的和,展开后的收敛情况如何,就是本节所研究的重要问题(见图12-4).

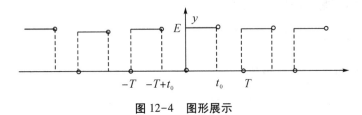

图 12-4　图形展示

一、三角级数与三角函数系的正交性

由于幂级数没有周期性,周期函数展成幂级数之后周期性就体现不出来,因而用幂级数来表达周期函数不合适.对许许多多非正弦型函数逐一加以研究很难办到,且也没必要,然而三角级数正好是解决这类问题的有力工具.

我们想将周期函数展开成三角函数组成的级数.具体地说,将周期为 $T\left(=\dfrac{2\pi}{\omega}\right)$ 的函数用一系列以 T 为周期的正弦函数 $A_n\sin(n\omega t+\varphi_n)$ 组成的级数来表示,记为

$$f(t)=A_0+\sum_{n=1}^{\infty}A_n\sin(n\omega t+\varphi_n)\qquad(12\text{-}42)$$

其中 A_0、A_n、$\varphi_n(n=1,2,3,\cdots)$ 都是常数.

将周期函数按上述方式展开,它的物理意义是很明确的,这就是把一个比较复杂的周期运动看成是许多不同频率的简谐振动的叠加.在电工学上,这种展开称为**谐波分析**,其中 A_0 称为 $f(t)$ 的**直流分量**,$A_1\sin(\omega t+\varphi_1)$ 称为**一次谐波**(又叫**基波**),$A_2\sin(2\omega t+\varphi_2)$、$A_3\sin(3\omega t+\varphi_3)$ 依次称为**二次谐波**、**三次谐波**.

为了讨论方便,利用两角和的正弦公式,可得

$$A_n\sin(n\omega t+\varphi_n)=A_n\sin\varphi_n\cos n\omega t+A_n\cos\varphi_n\sin n\omega t$$

令 $\dfrac{a_0}{2}=A_0,a_n=A_n\sin\varphi_n,b_n=A_n\cos\varphi_n$,公式(12-42)右端的级数就可以写成

$$\frac{a_0}{2}+\sum_{n=1}^{\infty}(a_n\cos n\omega t+b_n\sin n\omega t)\qquad(12\text{-}43)$$

由此我们有定义 1.

定义 1　形如

$$\frac{a_0}{2}+\sum_{n=1}^{\infty}(a_n\cos nx+b_n\sin nx)\qquad(12\text{-}44)$$

的函数项级数称为**三角级数**,其中 a_0、a_n、$b_n(n=1,2,\cdots)$ 都是常数.

在函数项级数[公式(12-43)]中,对于 $\omega\neq1$ 时,用 x 代换 ωx,即得 $\omega=1$ 的情形,这样周期变为 2π,将级数[公式(12-43)]变为形如级数[公式(12-44)]的三角级数.

如同讨论幂级数时一样,我们必须讨论三角级数[公式(12-44)]的收敛问题,以及给定周期为 2π 的周期函数如何把它展开成三角函数[公式(12-44)].为此介绍三角函数系的正交性.

定义2 函数系

$$1,\cos x,\sin x,\cos 2x,\sin 2x,\cdots,\cos nx,\sin nx,\cdots$$

称为**三角函数系**.

三角函数系的性质

性质1 在三角函数系中,任意两个不同函数的乘积在区间 $[-\pi,\pi]$ 上的积分为零,即

$$\int_{-\pi}^{\pi}\cos nx\mathrm{d}x=0(n=1,2,\cdots),\qquad\qquad\int_{-\pi}^{\pi}\sin nx\mathrm{d}x=0(n=1,2,\cdots),$$

$$\int_{-\pi}^{\pi}\sin kx\cdot\cos nx\mathrm{d}x=0(k,n=1,2,\cdots),\quad\int_{-\pi}^{\pi}\sin kx\cdot\sin nx\mathrm{d}x=0(k,n=1,2,\cdots,k\neq n),$$

$$\int_{-\pi}^{\pi}\cos kx\cdot\cos nx\mathrm{d}x=0\quad(k,n=1,2,\cdots,k\neq n).$$

这个性质叫作三角函数系在区间 $[-\pi,\pi]$ 上的**正交性**.

上面这些三角函数的积分等式,都可以通过定积分计算来验证,将第五式验证如下:
利用三角函数积化和差的公式

$$\cos kx\cdot\cos nx=\frac{1}{2}[\cos(k+n)x+\cos(k-n)x]$$

当 $k\neq n$ 时,有

$$\int_{-\pi}^{\pi}\cos kx\cdot\cos nx\mathrm{d}x=\frac{1}{2}\int_{-\pi}^{\pi}[\cos(k+n)x+\cos(k-n)x]\mathrm{d}x$$

$$=\frac{1}{2}\left[\frac{\sin(k+n)x}{k+n}+\frac{\sin(k-n)x}{k-n}\right]_{-\pi}^{\pi}$$

$$=0\quad(k,n=1,2,3,\cdots,k\neq n)$$

性质2 在三角函数系中,任意一个函数的平方在区间 $[-\pi,\pi]$ 上的积分都不等于零,且

$$\int_{-\pi}^{\pi}1^2\mathrm{d}x=2\pi,\int_{-\pi}^{\pi}\sin^2 nx\mathrm{d}x=\int_{-\pi}^{\pi}\cos^2 nx\mathrm{d}x=\pi(n=1,2,\cdots)$$

二、周期为 2π 的函数展开成傅里叶级数

设 $f(x)$ 是周期为 2π 的周期函数,且能展成三角级数

$$f(x)=\frac{a_0}{2}+\sum_{n=1}^{\infty}(a_n\cos nx+b_n\sin nx) \tag{12-45}$$

设系数 a_0、a_n、$b_n(n=1,2,\cdots)$ 与函数 $f(x)$ 之间存在怎样的关系? 如何利用 $f(x)$ 求得这个级数中的系数呢? 为此,我们假定级数[公式(12-45)]右端可以逐项积分.

我们首先求 a_0.对公式(12-45)从 $-\pi$ 到 π 积分,有

$$\int_{-\pi}^{\pi}f(x)\mathrm{d}x=\int_{-\pi}^{\pi}\frac{a_0}{2}\mathrm{d}x+\sum_{n=1}^{\infty}\left(\int_{-\pi}^{\pi}a_n\cos nx\mathrm{d}x+\int_{-\pi}^{\pi}b_n\sin nx\mathrm{d}x\right)$$

由三角函数系的正交性,上式除第一项外,其余各项均为零.可得

$$\int_{-\pi}^{\pi} f(x)\mathrm{d}x = \int_{-\pi}^{\pi}\frac{a_0}{2}\mathrm{d}x = a_0\pi$$

则

$$a_0 = \frac{1}{\pi}\int_{-\pi}^{\pi} f(x)\mathrm{d}x$$

其次求 a_n.令 k 为正整数,用 $\cos kx$ 乘以级数[公式(12-45)],再从 $-\pi$ 到 π 积分,可得

$$\int_{-\pi}^{\pi} f(x)\cos kx\mathrm{d}x = \frac{a_0}{2}\int_{-\pi}^{\pi}\cos kx\mathrm{d}x + \sum_{n=1}^{\infty}\left(a_n\int_{-\pi}^{\pi}\cos nx\cos kx\mathrm{d}x + b_n\int_{-\pi}^{\pi}\sin nx\cos kx\mathrm{d}x\right)$$

由三角函数系的正交性知,上式右端除 $n=k$ 的一项外,其余各项均为零,所以

$$\int_{-\pi}^{\pi} f(x)\cos nx\mathrm{d}x = a_n\int_{-\pi}^{\pi}\cos^2 nx\mathrm{d}x = a_n\int_{-\pi}^{\pi}\frac{1+\cos 2nx}{2}\mathrm{d}x = a_n\pi$$

可得

$$a_n = \frac{1}{\pi}\int_{-\pi}^{\pi} f(x)\cos nx\mathrm{d}x\,(n=1,2,\cdots)$$

同理,用 $\sin kx$ 乘以上式级数,再从 $-\pi$ 到 π 积分,便得

$$b_n = \frac{1}{\pi}\int_{-\pi}^{\pi} f(x)\sin nx\mathrm{d}x\,(n=1,2,\cdots)$$

由于当 $n=0$ 时,a_n 的表达式正好给出 a_0.因此,由上讨论得到计算三角级数中的系数的公式

$$a_n = \frac{1}{\pi}\int_{-\pi}^{\pi} f(x)\cos nx\mathrm{d}x\,(n=0,1,2,\cdots),\; b_n = \frac{1}{\pi}\int_{-\pi}^{\pi} f(x)\sin nx\mathrm{d}x\,(n=1,2,\cdots)$$

$$(12\text{-}46)$$

如果公式(12-46)中的积分都存在,此时它们确定的系数 $a_0,a_1,b_1,\cdots$ 称为函数 $f(x)$ 的**傅里叶(Fourier)系数**,将这些系数代入公式(12-45)右端,所得的三角级数

$$\frac{a_0}{2}+\sum_{n=1}^{\infty}(a_n\cos nx + b_n\sin nx)$$

称为函数 $f(x)$ 的**傅里叶级数**.

一个定义在 $(-\infty,+\infty)$ 上周期为 2π 的函数 $f(x)$,如果它在一个周期上可积,那么一定可以做出 $f(x)$ 的傅里叶级数.然而傅里叶级数是否收敛于 $f(x)$ 或 $f(x)$ 满足什么条件才能保证傅里叶级数收敛于 $f(x)$?下面给出收敛的充分条件定理.

定理[狄利克雷(Dirichlet)充分条件] 设 $f(x)$ 是周期为 2π 的周期函数.若 $f(x)$ 满足条件:在一个周期内连续或只有有限个第一类间断点,并且至多有有限个极值点,则函数 $f(x)$ 的傅里叶级数收敛,并且

(1)当 x 是连续点时,级数收敛于 $f(x)$;

(2)当 x 是 $f(x)$ 的间断点时,级数收敛于 $\dfrac{f(x-0)+f(x+0)}{2}$.

该收敛定理说明,只要函数在 $[-\pi,\pi]$ 上至多有有限个第一类间断点,并且不做无限次振动,函数的傅里叶级数收敛于该点的函数值;在函数的间断点处,傅里叶级数收敛于

该点的左、右极限的算术平均值.由此可见,函数展开成傅里叶级数的条件比展开成幂级数的条件低得多.令

$$C = \left\{ x \mid f(x) = \frac{1}{2}\left[f(x-0) + f(x+0) \right] \right\}$$

在 C 上就成立的傅里叶级数展开式

$$f(x) = \frac{a_0}{2} + \sum_{n=1}^{\infty} (a_n \cos nx + b_n \sin nx) \quad , x \in C \tag{12-47}$$

例1 设 $f(x)$ 是周期为 2π 的函数,它在 $[-\pi, \pi]$ 上的表达式为

$$f(x) = \begin{cases} -\pi, -\pi \leqslant x < 0 \\ \pi, 0 \leqslant x < \pi \end{cases}$$

将 $f(x)$ 展为傅里叶级数.

解 所给函数满足收敛定理的条件,$f(x)$ 在间断点 $x = k\pi (k = 0, \pm 1, \pm 2, \cdots)$ 处不连续,其他点处连续,从而由收敛定理知道,$f(x)$ 的傅里叶级数收敛.在点 $x = k\pi$ 收敛于

$$\frac{f(0-0) + f(0+0)}{2} = \frac{-\pi + \pi}{2} = 0$$

在连续点 $x \neq 2k\pi (k = 0, \pm 1, \pm 2, \cdots)$ 处收敛于 $f(x)$,其和函数如图 12-5 所示.

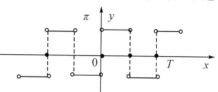

图 12-5 图形展示

利用公式(12-46)计算傅里叶系数,可得

$$a_0 = \frac{1}{\pi} \int_{-\pi}^{\pi} f(x) \mathrm{d}x = \frac{1}{\pi} \left(\int_{-\pi}^{0} -\pi \mathrm{d}x + \int_{0}^{\pi} \pi \mathrm{d}x \right) = 0$$

$$a_n = \frac{1}{\pi} \int_{-\pi}^{\pi} f(x) \cos nx \mathrm{d}x = \frac{1}{\pi} \left(\int_{-\pi}^{0} -\pi \cos nx \mathrm{d}x + \int_{0}^{\pi} \pi \cos nx \mathrm{d}x \right)$$

$$= \frac{1}{\pi} \left[\frac{-\pi \sin nx}{n} \right]_{-\pi}^{0} + \frac{1}{\pi} \left[\frac{\pi \sin nx}{n} \right]_{0}^{\pi} = 0 (n = 1, 2, 3, \cdots)$$

$$b_n = \frac{1}{\pi} \int_{-\pi}^{\pi} f(x) \sin nx \mathrm{d}x = \frac{1}{\pi} \left(\int_{-\pi}^{0} -\pi \sin nx \mathrm{d}x + \int_{0}^{\pi} \pi \sin nx \mathrm{d}x \right)$$

$$= \frac{1}{\pi} \left[\frac{\pi \cos nx}{n} \right]_{-\pi}^{0} + \frac{1}{\pi} \left[\frac{-\pi \cos nx}{n} \right]_{0}^{\pi}$$

$$= \frac{1 - \cos n\pi}{n} + \frac{-\cos n\pi + 1}{n} = \frac{2}{n} \left[1 - (-1)^n \right] = \begin{cases} \dfrac{4}{n}, n = 1, 3, 5, \cdots \\ 0, \quad n = 2, 4, 6, \cdots \end{cases}$$

将系数 a_n, b_n 代入公式(12-47),$f(x)$ 在连续点处的傅里叶级数为

$$f(x) = 4 \left[\sin x + \frac{1}{3} \sin 3x + \cdots + \frac{1}{2k-1} \sin(2k-1) + \cdots \right] (-\infty < x < +\infty, x \neq 0, \pm \pi, \pm 2\pi, \cdots)$$

例2 设 $f(x)$ 是周期为 2π 的函数,它在 $[-\pi, \pi)$ 上的表达式为

$$f(x) = \begin{cases} x, -\pi \leqslant x < 0 \\ 0, 0 \leqslant x < \pi \end{cases}$$

将 $f(x)$ 展为傅里叶级数.

解 所给函数满足收敛定理的条件,$f(x)$ 在间断点

$$x = (2k+1)\pi(k=0,\pm1,\pm2,\cdots)$$

处,傅里叶级数收敛于

$$\frac{f(\pi-0)+f(\pi+0)}{2}=\frac{0-\pi}{2}=-\frac{\pi}{2}$$

在连续点 $x\neq(2k+1)\pi(k=0,\pm1,\pm2,\cdots)$
处收敛于 $f(x)$,其和函数如图 12-6 所示.

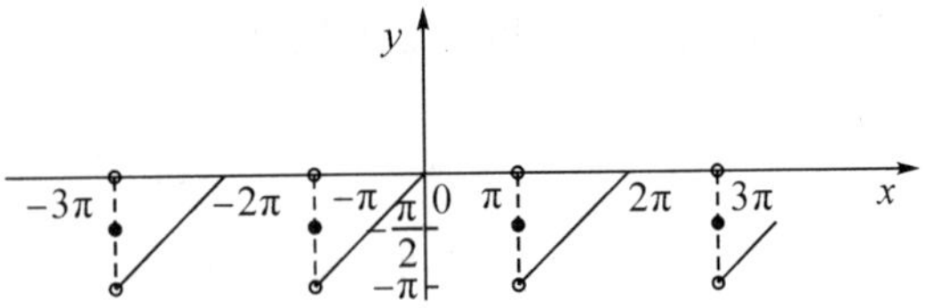

利用公式(12-46)及第四章第三节
分部积分公式,计算傅里叶级数系数:

图 12-6　图形展示

$$a_0=\frac{1}{\pi}\int_{-\pi}^{\pi}f(x)\,\mathrm{d}x=\frac{1}{\pi}\int_{-\pi}^{0}x\mathrm{d}x=-\frac{\pi}{2}$$

$$a_n=\frac{1}{\pi}\int_{-\pi}^{\pi}f(x)\cos nx\mathrm{d}x=\frac{1}{\pi}\int_{-\pi}^{0}x\cos nx\mathrm{d}x=\frac{1}{n\pi}\int_{-\pi}^{0}x\mathrm{d}\sin nx$$

$$=\frac{1}{n\pi}[x\sin nx]_{-\pi}^{0}-\frac{1}{\pi n}\int_{-\pi}^{0}\sin nx\mathrm{d}x=\frac{1}{n\pi}\left[\frac{\cos nx}{n}\right]_{-\pi}^{0}=\frac{1}{n^2\pi}(1-\cos n\pi)$$

$$=\begin{cases}\dfrac{2}{n^2\pi},n=1,3,5,\cdots\\0,\quad n=2,4,6,\cdots\end{cases}$$

$$b_n=\frac{1}{\pi}\int_{-\pi}^{\pi}f(x)\sin nx\mathrm{d}x=\frac{1}{\pi}\int_{-\pi}^{0}x\sin nx\mathrm{d}x=\frac{-1}{n\pi}\int_{-\pi}^{0}x\mathrm{d}\cos nx$$

$$=\frac{1}{\pi}\left[-\frac{x\cos nx}{n}\right]_{-\pi}^{0}+\frac{1}{\pi n}\int_{-\pi}^{0}\cos nx\mathrm{d}x=\frac{1}{\pi}\left[-\frac{x\cos nx}{n}+\frac{\sin nx}{n^2}\right]_{-\pi}^{0}$$

$$=-\frac{\cos n\pi}{n}=\frac{(-1)^{n+1}}{n}(n=1,2,3,\cdots)$$

将系数 a_n,b_n 代入公式(6),$f(x)$ 在连续点处的傅里叶级数为

$$f(x)=-\frac{\pi}{4}+\frac{2}{\pi}\left[\cos x+\frac{1}{3^2}\cos 3x+\cdots+\frac{1}{(2k-1)^2}\cos(2k-1)x+\cdots\right]$$

$$+\left[\sin x-\frac{1}{2}\sin 2x+\frac{1}{3}\sin 3x-\cdots+(-1)^{k+1}\frac{1}{k}\sin kx+\cdots\right]$$

$$(-\infty<x<+\infty,x\neq\pm\pi,\pm3\pi,\cdots)$$

三、正弦级数或余弦级数

一般说来,一个函数的傅里叶级数既有正弦项,又有余正弦项,如例 2 所示.但是,也有一些函数的傅里叶级数只含正弦项,另一些函数的级数只含常数项和余弦项.这是为什么? 这些情况是与所给函数 $f(x)$ 的奇偶性有密切关系.奇函数在对称区间上的定积分为零,偶函数在对称区间上的定积分等于半区间上积分的两倍.

若 $f(x)$ 是以 2π 为周期的奇函数,则 $f(x)\cos nx$ 是奇函数,$f(x)\sin nx$ 为偶函数,傅里叶系数为

$$a_n=\frac{1}{\pi}\int_{-\pi}^{\pi}f(x)\cos nx\mathrm{d}x=0(n=0,1,2,\cdots)\qquad(12-48)$$

$$b_n = \frac{1}{\pi}\int_{-\pi}^{\pi} f(x)\sin nx\,\mathrm{d}x = \frac{2}{\pi}\int_0^{\pi} f(x)\sin nx\,\mathrm{d}x\,(n=1,2,\cdots) \qquad (12\text{-}49)$$

因此,奇函数 $f(x)$ 的傅里叶级数是只含有正弦项,此时的傅里叶级数称为**正弦级数**,即

$$\sum_{n=1}^{\infty} b_n \sin nx$$

若 $f(x)$ 是以 2π 为周期的偶函数,$f(x)\sin nx$ 是奇函数,$f(x)\cos nx$ 为偶函数,故

$$a_n = \frac{1}{\pi}\int_{-\pi}^{\pi} f(x)\cos nx\,\mathrm{d}x = \frac{2}{\pi}\int_0^{\pi} f(x)\cos nx\,\mathrm{d}x\,(n=0,1,2,\cdots) \qquad (12\text{-}50)$$

$$b_n = \frac{1}{\pi}\int_{-\pi}^{\pi} f(x)\sin nx\,\mathrm{d}x = 0\,(n=1,2,3,\cdots) \qquad (12\text{-}51)$$

因此,偶函数 $f(x)$ 的傅里叶级数是只含有常数项和余弦项,此时的傅里叶级数称为**余弦级数**,即

$$\frac{a_0}{2} + \sum_{n=1}^{\infty} a_n \cos nx$$

例3 设 $f(x)$ 是周期为 2π 的周期函数,它在 $[-\pi,\pi)$ 上的表达式为 $f(x)=x$,试将 $f(x)$ 展为傅里叶级数.

解 所给函数满足收敛定理条件,在点 $x=(2k+1)\pi(k=0,\pm1,\pm2,\cdots)$ 处不连续,其傅里叶级数收敛于

$$\frac{f(\pi-0)+f(\pi+0)}{2} = \frac{\pi+(-\pi)}{2} = 0$$

在其余连续点收敛于 $f(x)$,其和函数如图 12-7 所示.

由于 $f(x)$ 是奇函数,利用公式(12-48)和公式(12-49)及分部积分公式,可得

$$a_n = \frac{1}{\pi}\int_{-\pi}^{\pi} f(x)\cos nx\,\mathrm{d}x = 0\,(n=0,1,2,\cdots),$$

$$b_n = \frac{2}{\pi}\int_0^{\pi} f(x)\sin nx\,\mathrm{d}x = \frac{2}{\pi}\int_0^{\pi} x\sin nx\,\mathrm{d}x$$

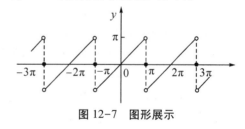

图 12-7 图形展示

$$= \frac{2}{\pi}\left[-\frac{x\cos nx}{n} + \frac{\sin nx}{n^2}\right]_0^{\pi}$$

$$= -\frac{2}{n}\cos n\pi = (-1)^{n+1}\frac{2}{n}\,(n=1,2,\cdots)$$

将系数 a_n,b_n 代入公式(12-47),$f(x)$ 的傅里叶级数为

$$x = 2\left[\sin x - \frac{1}{2}\sin 2x + \frac{1}{3}\sin 3x - \cdots + (-1)^{k+1}\frac{1}{k}\sin kx + \cdots\right]$$

$$(-\infty < x < +\infty, x \neq \pm\pi, \pm3\pi, \cdots)$$

如果函数 $f(x)$ 只是在 $[-\pi,\pi]$ 上有定义,并且满足傅里叶级数的条件,那么 $f(x)$ 也可展成傅里叶级数.事实上,我们可在区间 $[-\pi,\pi)$ 或 $(-\pi,\pi]$ 之外补充函数 $f(x)$ 的定义,使 $f(x)$ 拓广成以 2π 为周期的函数 $F(x)$(此过程称为**周期延拓**),然后将 $F(x)$ 展开为傅里叶级数,最后将限制 x 在 $(-\pi,\pi)$ 范围内,此时 $F(x) \equiv f(x)$.这样就得到 $f(x)$ 的傅里叶级数,在区间端点 $x=\pm\pi$ 处,级数收敛于 $\dfrac{f(-\pi+0)+f(\pi-0)}{2}$.

例4 设 $f(x)$ 是周期为 2π 的周期函数,试将

$$f(x)=\begin{cases}-x, & -\pi\leqslant x<0 \\ x, & 0\leqslant x\leqslant \pi\end{cases}$$

展开为傅里叶级数.

解 函数 $f(x)$ 在 $[-\pi,\pi]$ 上满足收敛定理条件,以 2π 为周期作周期延拓得到的函数,在点 $x=k\pi(k=0,\pm 1,\pm 2,\cdots)$ 处连续,从而在 $(-\infty,+\infty)$ 上连续,其曲线如图 12-8 所示,故它的傅里叶级数在 $[-\pi,\pi]$ 上收敛于 $f(x)$.

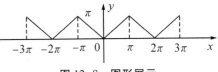

图 12-8 图形展示

由于 $f(x)$ 是偶函数,利用公式(12-50)和公式(12-51),便得

$$b_n=\frac{1}{\pi}\int_{-\pi}^{\pi}f(x)\sin nx \mathrm{d}x=0 \quad (n=1,2,\cdots)$$

$$a_0=\frac{2}{\pi}\int_{0}^{\pi}f(x)\mathrm{d}x=\frac{2}{\pi}\int_{0}^{\pi}x\mathrm{d}x=\pi$$

$$a_n=\frac{1}{\pi}\int_{-\pi}^{\pi}f(x)\cos nx \mathrm{d}x=\frac{2}{\pi}\int_{0}^{\pi}x\cos nx \mathrm{d}x=\frac{2}{\pi}\left[\frac{x\sin nx}{n}+\frac{\cos nx}{n^2}\right]_{0}^{\pi}$$

$$=\frac{1}{n^2\pi}(\cos n\pi-1)=\begin{cases}-\dfrac{4}{n^2\pi}, & n=1,3,5,\cdots \\ 0, & n=2,4,6,\cdots\end{cases}$$

将系数 a_n,b_n 代入公式(12-47),$f(x)$ 的傅里叶级数为

$$f(x)=\frac{\pi}{2}-\frac{4}{\pi}\left[\cos x+\frac{1}{3^2}\cos 3x+\cdots+\frac{1}{(2k-1)^2}\cos(2k-1)x+\cdots\right]$$

$$(-\infty<x<+\infty, x\neq(2k+1)\pi, k=0,\pm 1,\pm 2,\cdots)$$

在实际应用中,有时需要把定义在区间 $[0,\pi]$ 上的函数 $f(x)$ 展成正弦级数或余弦级数.若定义在 $[0,\pi]$ 上的函数 $f(x)$ 满足傅里叶级数的条件,则补充函数 $f(x)$ 在区间 $(-\pi,0)$ 内的定义,得到定义在 $(-\pi,\pi]$ 上的函数 $F(x)$,使它成为 $(-\pi,\pi)$ 内的奇函数或偶函数.按照这种方式拓广函数定义域的过程称为**奇延拓**或**偶延拓**,然后将延拓后的函数 $F(x)$ 展开成傅里叶级数,这个级数为正弦级数或余弦级数.然后将 x 限制在 $(0,\pi]$ 上,有 $F(x)=f(x)$,从而得到 $f(x)$ 的正弦级数或余弦级数展开式.特别地,在进行奇延拓时,若 $f(0)\neq 0$,根据奇函数的要求,规定 $F(0)=0$.由奇函数、偶函数的定义可得

$f(x)$ 在进行奇延拓时,$F(x)=\begin{cases}-f(-x), & -\pi<x<0 \\ 0, & x=0 \\ f(x), & 0\leqslant x\leqslant \pi\end{cases}$;

$f(x)$ 进行偶延拓时,$F(x)=\begin{cases}f(-x), & -\pi<x<0 \\ f(x), & 0\leqslant x\leqslant \pi\end{cases}$.

例5 将函数 $f(x)=1+x(0\leqslant x\leqslant \pi)$ 分别展开为正弦级数和余弦级数.

解 (1)展开为正弦级数.将 $f(x)$ 作奇延拓,令

$$F(x)=\begin{cases}-f(-x), & -\pi<x<0 \\ 0, & x=0 \\ f(x), & 0\leqslant x\leqslant \pi\end{cases}$$

如图 12-9 所示.再对函数 $F(x)$ 进行周期延拓.于是

$$a_0 = \frac{1}{\pi}\int_{-\pi}^{\pi} f(x)\mathrm{d}x = 0$$

$$a_n = \frac{1}{\pi}\int_{-\pi}^{\pi} f(x)\cos nx\mathrm{d}x = 0(n=1,2,\cdots)$$

$$b_n = \frac{2}{\pi}\int_0^{\pi} f(x)\sin nx\mathrm{d}x = \frac{2}{\pi}\int_0^{\pi}(1+x)\sin nx\mathrm{d}x$$

$$= \frac{2}{\pi}\Big[\int_0^{\pi}\sin nx\mathrm{d}x + \int_0^{\pi} x\sin nx\mathrm{d}x\Big]$$

$$= \begin{cases} \dfrac{2}{\pi}\cdot\dfrac{\pi+2}{n}, & n=1,3,5,\cdots \\[2mm] -\dfrac{2}{n}, & n=2,4,6,\cdots \end{cases}$$

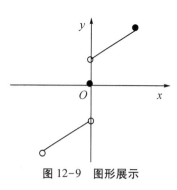

图 12-9　图形展示

将系数 a_n,b_n 代入公式(12-47),$f(x)=1+x$ 展开为正弦级数

$$1+x = \frac{2}{\pi}\Big[(\pi+2)\sin x - \frac{\pi}{2}\sin 2x + \frac{1}{3}(\pi+2)\sin 3x - \frac{\pi}{4}\sin 4x + \cdots\Big](0\leqslant x\leqslant\pi)$$

在端点 $x=0,x=\pi$ 处,级数的和显然为零(级数收敛于 0),但它不表示原来函数 $f(x)$ 的值.

(2)展开为余弦级数.将函数 $f(x)$ 做偶延拓.令

$$F(x) = \begin{cases} -x+1, & -\pi<x<0 \\ x+1, & 0\leqslant x\leqslant\pi \end{cases}$$

如图 12-10 所示.再对函数 $F(x)$ 进行周期延拓.
于是

$$b_n = 0(n=1,2,\cdots)$$

$$a_0 = \frac{2}{\pi}\int_0^{\pi} f(x)\mathrm{d}x = \frac{2}{\pi}\int_0^{\pi}(1+x)\mathrm{d}x = 2+\pi$$

$$a_n = \frac{2}{\pi}\int_0^{\pi} f(x)\cos nx\mathrm{d}x = \frac{2}{\pi}\int_0^{\pi}(1+x)\cos nx\mathrm{d}x$$

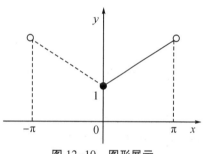

图 12-10　图形展示

$$= \frac{2}{\pi}\Big[\int_0^{\pi} x\cos nx\mathrm{d}x + \int_0^{\pi} x\cos nx\mathrm{d}x\Big] = \begin{cases} -\dfrac{4}{n^2\pi}, & n=1,3,5,\cdots \\[2mm] 0, & n=2,4,6,\cdots \end{cases}$$

将系数 a_n,b_n 代入公式(12-47),$f(x)=1+x$ 展开为余弦级数

$$1+x = \Big(1+\frac{\pi}{2}\Big) - \frac{4}{\pi}\Big[\cos x + \frac{1}{3^2}\cos 3x + \frac{1}{5^2}\cos 5x + \cdots\Big](0\leqslant x\leqslant\pi)$$

注　定义在 $[0,\pi]$ 上的函数展开为正弦级数或余弦级数时,可以不写出延拓后的函数,只要按正余弦级数系数公式计算系数代入正、余弦级即可.

例 6　求函数 $f(x)=x^2+x(-\pi<x<\pi)$ 的傅里叶级数.

解　将 $f(x)$ 作周期为 2π 的延拓,根据奇、偶函数定积分的性质,可得

$$a_0 = \frac{1}{\pi}\int_{-\pi}^{\pi} x^2+x\mathrm{d}x = \frac{1}{\pi}\int_{-\pi}^{\pi} x^2\mathrm{d}x = \frac{2}{3}\pi^2$$

$$a_n = \frac{1}{\pi}\int_{-\pi}^{\pi} f(x)\cos nx \mathrm{d}x = \frac{1}{\pi}\int_{-\pi}^{\pi} (x^2+x)\cos nx \mathrm{d}x$$

$$= \frac{2}{\pi}\int_0^{\pi} x^2\cos nx \mathrm{d}x = \frac{2}{\pi}\left[\frac{x^2\sin nx}{n}\right]_0^{\pi} - \frac{4}{n\pi}\int_0^{\pi} x\sin nx \mathrm{d}x$$

$$= -\frac{4}{n\pi}\left[-\frac{x\cos nx}{n}+\frac{\sin nx}{n^2}\right]_0^{\pi} = (-1)^n\frac{4}{n^2}(n=1,2,\cdots)$$

$$b_n = \frac{1}{\pi}\int_{-\pi}^{\pi} f(x)\sin nx \mathrm{d}x = \frac{1}{\pi}\int_{-\pi}^{\pi} (x^2+x)\sin nx \mathrm{d}x$$

$$= \frac{2}{\pi}\int_0^{\pi} x\sin nx \mathrm{d}x = \frac{2}{\pi}\left[\frac{-x\cos nx}{n}-\frac{\sin nx}{n^2}\right]_0^{\pi} = (-1)^{n+1}\frac{2}{n}(n=1,2,\cdots)$$

根据收敛定理,当 $x \in (-\pi,\pi)$ 时,$f(x)$ 傅里叶级数

$$x^2+x = \frac{\pi^2}{3} + \sum_{n=1}^{\infty}(-1)^n\frac{4}{n^2}\cos nx + \sum_{n=1}^{\infty}(-1)^{n+1}\frac{2}{n}\sin nx$$

当 $x=\pm\pi$ 时,傅里叶级数收敛于

$$\frac{f(\pi+0)+f(-\pi-0)}{2} = \pi^2$$

本题取 $x=\pi$,可得一个重要级数:

$$\pi^2 = \frac{\pi^2}{3} + \sum_{n=1}^{\infty}\frac{4}{n^2},\text{ 即 } \sum_{n=1}^{\infty}\frac{1}{n^2} = \frac{\pi^2}{6}$$

四、周期为 $2l$ 的函数展开成傅里叶级数

在实际中,不仅周期为 2π 的周期函数可以展开为傅里叶级数,而且周期为 $2l$ 的周期函数也可展为傅里叶级数.

设 $f(x)$ 是周期为 $2l$ 的周期函数,并且满足傅里叶级数收敛的条件.作变量代换,令 $x = \frac{l}{\pi}t$,则 $t = \frac{\pi}{l}x$. 由 $-l \leqslant x \leqslant l$,可知 $-\pi \leqslant t \leqslant \pi$,得

$$F(t) = f\left(\frac{l}{\pi}t\right) = f(x)$$

并且

$$F(t+2\pi) = f\left[\frac{l}{\pi}(t+2\pi)\right] = f\left[\frac{l}{\pi}t+2l\right] = f(x+2l) = f(x) = F(t)$$

因而将周期为 $2l$ 的函数 $f(x)$ 变成了周期为 2π 的函数 $F(t)$,且满足傅里叶级数收敛的条件,$F(t)$ 在连续点处的傅里叶级数为

$$F(t) = \frac{a_0}{2} + \sum_{n=1}^{\infty}(a_n\cos nt + b_n\sin nt)$$

其中

$$a_n = \frac{1}{\pi}\int_{-\pi}^{\pi} F(t)\cos nt \mathrm{d}t (n=0,1,2,\cdots)$$

$$b_n = \frac{1}{\pi}\int_{-\pi}^{\pi} F(t)\sin nt\,\mathrm{d}t\,(n=1,2,\cdots)$$

将变量 t 代换 x,即 $t=\dfrac{\pi}{l}x$ 代入上式,注意 $f(x)=F(t)$,即得 $f(x)$ 在连续点处的傅里叶级数

$$f(x)=\frac{a_0}{2}+\sum_{n=1}^{\infty}\left(a_n\cos\frac{n\pi x}{l}+b_n\sin\frac{n\pi x}{l}\right) \tag{12-52}$$

其中

$$a_n=\frac{1}{l}\int_{-l}^{l}f(x)\cos\frac{n\pi x}{l}\mathrm{d}x\,(n=0,1,2,\cdots)$$

$$b_n=\frac{1}{l}\int_{-l}^{l}f(x)\sin\frac{n\pi x}{l}\mathrm{d}x\,(n=1,2,\cdots) \tag{12-53}$$

这就是周期为 $2l$ 的周期函数 $f(x)$ 在连续点处的傅里叶级数及其傅里叶系数的计算公式.

同理,若 $f(x)$ 是为 $2l$ 为周期的奇函数,则它的傅里叶级数是**正弦级数**

$$f(x)=\sum_{n=1}^{\infty}b_n\sin\frac{n\pi x}{l}$$

其中

$$b_n=\frac{2}{l}\int_0^{l}f(x)\sin\frac{n\pi x}{l}\mathrm{d}x\,(n=1,2,\cdots) \tag{12-54}$$

若 $f(x)$ 是以 $2l$ 为周期的偶函数,则它的傅里叶级数是**余弦级数**.

$$f(x)=\frac{a_0}{2}+\sum_{n=1}^{\infty}a_n\cos\frac{n\pi x}{l}$$

其中

$$a_n=\frac{2}{l}\int_0^{l}f(x)\cos\frac{n\pi x}{l}\mathrm{d}x\,(n=0,1,2,\cdots) \tag{12-55}$$

另外,若 x 是函数 $f(x)$ 的间断点,则 $f(x)$ 的傅里叶级数收敛于 $\dfrac{f(x-0)+f(x+0)}{2}$.

对于定义在 $[-l,l]$ 上的函数 $f(x)$ 可进行周期延拓,展开为傅里叶级数.如果定义在 $[0,l]$ 上的函数 $f(x)$ 需要进行奇延拓或偶延拓,那么就展开为正弦级数或余弦级数.

例7 设 $f(x)$ 是以 4 为周期的函数,在 $[-2,2]$ 上的表达式为

$$f(x)=\begin{cases}0,-2\leqslant x<0\\ M,0\leqslant x<2\end{cases}$$

将函数 $f(x)$ 展开为傅里叶级数.

解 函数 $f(x)$ 的图形如图 12-11 所示,满足收敛定理的条件,且 $l=2$,利用公式(10-53)计算傅里叶系数,则

$$a_0=\frac{1}{2}\int_{-2}^{2}f(x)\,\mathrm{d}x=\frac{1}{2}\int_0^2 M\mathrm{d}x=M$$

$$a_n=\frac{1}{2}\int_{-2}^{2}f(x)\cos\frac{n\pi x}{2}\mathrm{d}x=\frac{1}{2}\int_0^2 M\cos\frac{n\pi x}{2}\mathrm{d}x$$

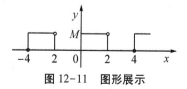

图 12-11 图形展示

$$= \left[\frac{M}{n\pi} \sin \frac{n\pi x}{2} \right] \Big|_0^2 = 0 (n = 1, 2, \cdots)$$

$$b_n = \frac{1}{2} \int_{-2}^{2} f(x) \sin \frac{n\pi}{2} x \mathrm{d}x = \frac{1}{2} \int_0^2 M \sin \frac{n\pi x}{2} \mathrm{d}x$$

$$= \begin{cases} \dfrac{2M}{n\pi}, n = 1, 3, 5, \cdots \\ 0, \quad n = 2, 4, 6, \cdots \end{cases}$$

将求得的系数 a_n, b_n 代入公式(9)，$f(x)$ 的傅里叶级数为

$$f(x) = \frac{M}{2} + \frac{2M}{\pi} \sum_{k=1}^{\infty} \frac{1}{2k-1} \sin \frac{(2k-1)\pi x}{2}$$

$$(-\infty < x < +\infty, x \neq 0, \pm 2, \pm 4, \cdots)$$

例 8 如图 12-12 所示的函数

$$M(x) = \begin{cases} \dfrac{px}{2}, & 0 \leqslant x < \dfrac{l}{2} \\ \dfrac{p(l-x)}{2}, & \dfrac{l}{2} \leqslant x \leqslant l \end{cases}$$

展开为正弦级数和余弦函数.

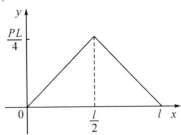

图 12-12 图形展示

解 $M(x)$ 是定义在 $[0, l]$ 上的函数，要将它展开为正弦级数，进行奇延拓，利用公式(12-54)计算傅里叶系数，

$$b_n = \frac{2}{l} \int_0^l M(x) \sin \frac{n\pi x}{l} \mathrm{d}x$$

$$= \frac{2}{l} \left[\int_0^{\frac{l}{2}} \frac{px}{2} \sin \frac{n\pi x}{l} \mathrm{d}x + \int_{\frac{l}{2}}^{l} \frac{p(l-x)}{2} \sin \frac{n\pi x}{l} \mathrm{d}x \right]$$

在上式右端的第二项中，令 $t = l - x$，则有

$$b_n = \frac{2}{l} \left[\int_0^{\frac{l}{2}} \frac{px}{2} \sin \frac{n\pi x}{l} \mathrm{d}x + \int_{\frac{l}{2}}^{0} \frac{pt}{2} \sin \frac{n\pi(l-t)}{l} (-\mathrm{d}t) \right]$$

$$= \frac{2}{l} \left[\int_0^{\frac{l}{2}} \frac{px}{2} \sin \frac{n\pi x}{l} \mathrm{d}x + (-1)^{n+1} \int_0^{\frac{l}{2}} \frac{pt}{2} \sin \frac{n\pi t}{l} \mathrm{d}t \right]$$

当 $n = 2k$ 为偶数时，$b_{2k} = 0$；当 $n = 2k-1$ 为奇数时，有

$$b_{2k-1} = \frac{4p}{2l} \left[\int_0^{\frac{l}{2}} x \sin \frac{(2k-1)\pi x}{l} \mathrm{d}x \right] = \frac{2pl}{(2k-1)^2 \pi^2} \sin \frac{(2k-1)\pi}{2} = \frac{2pl}{(2k-1)^2 \pi^2} \frac{(-1)^{k-1}}{}$$

将求得的系数 b_n 代入公式，便得函数 $M(x)$ 的正弦级数为

$$M(x) = \frac{2pl}{\pi^2} \sum_{k=1}^{\infty} \frac{(-1)^{k-1}}{(2k-1)^2} \sin \frac{(2k-1)\pi x}{l} (0 \leqslant x \leqslant l).$$

再求函数 $M(x)$ 的余弦级数展开式. 对 $M(x)$ 进行偶延拓，再做周期延拓，延拓后是周期为 l 的周期函数. 利用公式(12-55)计算傅里叶系数，可得

$$a_n = \frac{4}{l} \int_0^{\frac{l}{2}} M(x) \cos \frac{2n\pi x}{l} \mathrm{d}x = \frac{4}{l} \int_0^{\frac{l}{2}} \frac{px}{2} \cos \frac{2n\pi x}{l} \mathrm{d}x$$

$$= \frac{2p}{l} \left[\frac{lx}{2n\pi} \sin \frac{2n\pi x}{l} + \left(\frac{l}{2n\pi} \right)^2 \cos \frac{2n\pi x}{l} \right]_0^{\frac{l}{2}}$$

$$= \frac{pl}{2n^2\pi^2} (\cos n\pi - 1) = \begin{cases} -\dfrac{pl}{n^2\pi^2}, & n = 1,3,5,\cdots \\ 0, & n = 2,4,6,\cdots \end{cases}$$

$$a_0 = \frac{4}{l} \int_0^{\frac{l}{2}} \frac{px}{2} \mathrm{d}x = \frac{pl}{4}$$

将求得的系数 a_n 代入公式,便得函数 $M(x)$ 的余弦级数为

$$M(x) = \frac{pl}{8} - \frac{pl}{\pi^2} \sum_{k=1}^{\infty} \frac{1}{(2k-1)^2} \cos \frac{2(2k-1)\pi x}{l} (0 \leqslant x \leqslant l)$$

五、傅里叶级数的复数形式

傅里叶级数还可以用复数形式表示,在研究交流电对电路或周期力对机械等系统所产生的效应时,经常用到这种形式.

设周期为 $2l$ 的函数 $f(x)$ 满足傅里叶级数收敛的条件,则 $f(x)$ 在连续点处的傅里叶级数为

$$f(x) = \frac{a_0}{2} + \sum_{n=1}^{\infty} \left(a_n \cos \frac{n\pi x}{l} + b_n \sin \frac{n\pi x}{l} \right)$$

其中

$$a_n = \frac{1}{l} \int_{-l}^{l} f(x) \cos \frac{n\pi x}{l} \mathrm{d}x (n = 0,1,2,\cdots), \quad b_n = \frac{1}{l} \int_{-l}^{l} f(x) \sin \frac{n\pi x}{l} \mathrm{d}x (n = 1,2,\cdots)$$

由欧拉公式 $\mathrm{e}^{ix} = \cos x + i \sin x$,可得

$$\begin{cases} \cos \dfrac{n\pi x}{l} = \dfrac{\mathrm{e}^{i\frac{n\pi x}{l}} + \mathrm{e}^{-i\frac{n\pi x}{l}}}{2} \\ \sin \dfrac{n\pi x}{l} = \dfrac{\mathrm{e}^{i\frac{n\pi x}{l}} - \mathrm{e}^{-i\frac{n\pi x}{l}}}{2i} \end{cases}$$

从而有

$$f(x) = \frac{a_0}{2} + \sum_{n=1}^{\infty} \left(a_n \frac{\mathrm{e}^{i\frac{n\pi x}{l}} + \mathrm{e}^{-i\frac{n\pi x}{l}}}{2} + b_n \frac{\mathrm{e}^{i\frac{n\pi x}{l}} - \mathrm{e}^{-i\frac{n\pi x}{l}}}{2i} \right) = \frac{a_0}{2} + \sum_{n=1}^{\infty} \left(\frac{a_n - ib_n}{2} \mathrm{e}^{i\frac{n\pi x}{l}} + \frac{a_n + ib_n}{2} \mathrm{e}^{-i\frac{n\pi x}{l}} \right)$$

令

$$\frac{a_0}{2} = c_0, \quad \frac{a_n - ib_n}{2} = c_n, \quad \frac{a_n + ib_n}{2} = \bar{c}_n (n = 1,2,\cdots)$$

其中 c_n 与 $\bar{c}_n$ 为共轭复数.因此,上式可表示为

$$f(x) = c_0 + \sum_{n=1}^{\infty} (c_n \mathrm{e}^{i\frac{n\pi x}{l}} + \bar{c}_n \mathrm{e}^{-i\frac{n\pi x}{l}})$$

其中

$$c_0 = \frac{a_0}{2} = \frac{1}{2l} \int_{-l}^{l} f(x) \mathrm{d}x$$

$$c_n = \frac{a_n - ib_n}{2} = \frac{1}{2}\left[\frac{1}{l}\int_{-l}^{l} f(x)\cos\frac{n\pi x}{l}dx - \frac{i}{l}\int_{-l}^{l} f(x)\sin\frac{n\pi x}{l}dx\right]$$

$$= \frac{1}{2l}\int_{-l}^{l} f(x)\left(\cos\frac{n\pi x}{l} - i\sin\frac{n\pi x}{l}\right)dx = \frac{1}{2l}\int_{-l}^{l} f(x)e^{-i\frac{n\pi x}{l}}dx \quad (n = 1, 2, \cdots)$$

$$\bar{c}_n = \frac{a_n + ib_n}{2} = \frac{1}{2l}\int_{-l}^{l} f(x)e^{i\frac{n\pi x}{l}}dx \quad (n = 1, 2, \cdots)$$

若记 $c_{-n} = \frac{1}{2l}\int_{-l}^{l} f(x)e^{i\frac{n\pi x}{l}}dx \ (n = 1, 2, \cdots)$，显然 $\bar{c}_n = c_{-n}$，c_{-n} 相当于 c_n 中 n 取 $-1, -2, \cdots$ 等负整数的情况，于是有

$$f(x) = c_0 + \sum_{n=1}^{\infty}\left(c_n e^{i\frac{n\pi x}{l}} + c_{-n}e^{-i\frac{(-n)\pi x}{l}}\right) = c_0 e^{i\frac{0\pi}{l}} + \sum_{n=1}^{\infty} c_n e^{i\frac{n\pi x}{l}} + \sum_{n=-1}^{-\infty} c_n e^{i\frac{n\pi x}{l}} = \sum_{n=-\infty}^{+\infty} c_n e^{i\frac{n\pi x}{l}}$$

即

$$f(x) = \sum_{n=-\infty}^{+\infty} c_n e^{i\frac{n\pi x}{l}} \tag{12-56}$$

上式称为函数 $f(x)$ 的**傅里叶级数的复数形式**，其中

$$c_n = \frac{1}{2l}\int_{-l}^{l} f(x)e^{-i\frac{n\pi x}{l}}dx \quad (n = 0, \pm 1, \pm 2, \cdots). \tag{12-57}$$

傅里叶级数的复数形式比三角式简洁，只用一个算式计算系数，但无论所遇函数 $f(x)$ 是奇函数还是偶函数，它们都是同一种形式，存在不能再简化的缺点.

例 9 把宽为 τ，高为 h，周期为 T 的矩形波，如图 12-13 所示，展开为复数形式的傅里叶级数.

解 在一个周期 $\left[-\frac{T}{2}, \frac{T}{2}\right)$ 内矩形波的函数表达式

$$\lambda(t) = \begin{cases} 0, & -\dfrac{T}{2} \leqslant t < -\dfrac{\tau}{2} \\ h, & -\dfrac{\tau}{2} \leqslant t < \dfrac{\tau}{2} \ (\tau \leqslant T) \\ 0, & \dfrac{\tau}{2} \leqslant t < \dfrac{T}{2} \end{cases}$$

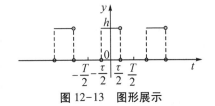

图 12-13　图形展示

利用公式 (12-55) 可得

$$c_0 = \frac{1}{T}\int_{-\frac{T}{2}}^{\frac{T}{2}} \lambda(t)dt = \frac{1}{T}\int_{-\frac{\tau}{2}}^{\frac{\tau}{2}} h\,dt = \frac{h\tau}{T}$$

$$c_n = \frac{1}{T}\int_{-\frac{T}{2}}^{\frac{T}{2}} \lambda(t)e^{-i\frac{2n\pi t}{T}}dt = \frac{1}{T}\int_{-\frac{\tau}{2}}^{\frac{\tau}{2}} he^{-i\frac{2n\pi t}{T}}dt = \frac{h}{n\pi}\sin\frac{n\pi\tau}{T} \quad (n = \pm 1, \pm 2, \cdots)$$

把所求得的系数 c_n 代入公式 (12-54)，可得

$$\lambda(t) = \frac{h\tau}{T} + \frac{h}{\pi}\sum_{n=-\infty, \ n\neq 0}^{\infty} \frac{1}{n}\sin\frac{n\pi\tau}{T}e^{i\frac{2n\pi t}{T}}$$

$$\left(-\infty < t < +\infty; t \neq nT \pm \frac{\tau}{2}, n = 0, \pm 1, \pm 2, \cdots\right)$$

习题 12-6

1. 下列函数 $f(x)$ 是周期为 2π 的周期函数,它们在区间 $[-\pi,\pi)$ 上的表达式如下,试将各函数展为傅里叶级数.

$(1)f(x)=3x^2+1$; $\qquad(2)f(x)=e^{2x}$.

2. 设 $f(x)$ 是周期为 2π 的函数,它在 $[0,2\pi)$ 上的表达式为

$$f(x)=\begin{cases}x,0\leqslant x\leqslant\pi\\\pi,\pi<x<2\pi\end{cases}$$

将 $f(x)$ 展为傅里叶级数.

3. 将函数 $f(x)=\begin{cases}x,&x\in[0,\pi)\\2,&x\in[-\pi,0]\end{cases}$ 展开为傅里叶级数.

4. 将函数 $f(x)=\begin{cases}1,&x\in[0,\dfrac{\pi}{2}]\\[2mm]0,&x\in(\dfrac{\pi}{2},\pi]\end{cases}$ 展开为正弦级数.

5. 将函数 $f(x)=x+\cos x(0\leqslant x\leqslant\pi)$ 展开为余弦级数.

6. 将下列各周期函数展为傅里叶级数.

$(1)f(x)=-x^2+1\left(-\dfrac{1}{2}\leqslant x\leqslant\dfrac{1}{2}\right)$; $\qquad(2)f(x)=\begin{cases}x,-1\leqslant x<0\\x+1,0<x\leqslant1\end{cases}$.

7. 将函数

$$f(x)=\begin{cases}x,&x\in[0,\dfrac{l}{2})\\[2mm]l-x,&x\in[\dfrac{l}{2},l]\end{cases}$$

展开为正弦级数和余弦级数.

学习要点

一、基本概念

1.级数、级数收敛及发散

级数:如果给定一个数列 $u_1,u_2,\cdots,u_n,\cdots$,那么表达式

$$u_1+u_2+\cdots+u_n+\cdots$$

叫作(常数项)**无穷级数**,简称(常数项)**级数**,记作 $\displaystyle\sum_{n=1}^{\infty}u_n$,即

$$\sum_{n=1}^{\infty}u_n=u_1+u_2+\cdots+u_n+\cdots$$

级数的部分和:级数 $\displaystyle\sum_{n=1}^{\infty}u_n$ 的前 n 项的和叫作**级数的部分和**,记为 s_n,即

$$s_n = u_1 + u_2 + \cdots + u_n = \sum_{k=1}^{n} u_k$$

级数收敛:若级数 $\sum\limits_{n=1}^{\infty} u_n$ 的部分和数列 $\{s_n\}$ 有极限 s,即

$$\lim_{n \to \infty} s_n = \lim_{n \to \infty} (u_1 + u_2 + \cdots + u_n) = s$$

则称**无穷级数** $\sum\limits_{n=1}^{\infty} u_n$ **收敛**,其极限值 s 叫作**级数和**,并写成 $s = \sum\limits_{n=1}^{\infty} u_n$;若级数的部分和数列 $\{s_n\}$ 极限不存在,则称**无穷级数** $\sum\limits_{n=1}^{\infty} u_n$ **发散**.

2.条件收敛与级数绝对收敛

绝对收敛:如果级数 $\sum\limits_{n=1}^{\infty} u_n$ 各项的绝对值所构成的正项级数 $\sum\limits_{n=1}^{\infty} |u_n|$ 收敛,则称级数 $\sum\limits_{n=1}^{\infty} u_n$ 是**绝对收敛**;

条件收敛:如果级数 $\sum\limits_{n=1}^{\infty} u_n$ 收敛,而级数 $\sum\limits_{n=1}^{\infty} |u_n|$ 发散,则称级数 $\sum\limits_{n=1}^{\infty} u_n$ 是**条件收敛**.

3.函数项级数与幂级数

函数项级数:若定义在区间 I 上的函数列 $u_1(x), u_2(x), \cdots, u_n(x), \cdots$,则由这函数列构成的表达式

$$u_1(x) + u_2(x) + \cdots + u_n(x) + \cdots$$

叫作定义在区间 I 上的(**函数项**)**无穷级数**,简称**函数项级数**,记作 $\sum\limits_{n=1}^{\infty} u_n(x)$.

幂级数:函数项级数

$$a_0 + a_1(x - x_0) + a_2(x - x_0)^2 + \cdots + a_n(x - x_0)^n + \cdots$$

称为 $x - x_0$ 的**幂级数**,记作 $\sum\limits_{n=0}^{\infty} a_n(x - x_0)^n$,其中 $a_0, a_1, a_2, \cdots, a_n, \cdots$ 为常数,称为**幂级数的系数**.特别地,当 $x_0 = 0$ 时,上式变为 $a_0 + a_1 x + a_2 x^2 + \cdots + a_n x^n + \cdots$,称为 x 的幂级数,记作 $\sum\limits_{n=0}^{\infty} a_n x^n$.

4.泰勒级数与傅里叶级数

泰勒级数:若函数 $f(x)$ 在点 x_0 的某邻域内有定义,且具有任意阶导数,则幂级数

$$f(x_0) + f'(x_0)(x - x_0) + \frac{f''(x_0)}{2!}(x - x_0)^2 + \cdots + \frac{f^{(n)}(x_0)}{n!}(x - x_0)^n + \cdots$$

称为函数 $f(x)$ 在点 x_0 处的**泰勒级数**.幂级数

$$f(0) + f'(0)x + \frac{f''(0)}{2!}x^2 + \cdots + \frac{f^{(n)}(0)}{n!}x^n + \cdots$$

称为函数 $f(x)$ **马克劳林级数**,即函数 $f(x)$ 在 $x_0 = 0$ 的泰勒级数称为马克劳林级数.

傅里叶级数:三角级数 $\dfrac{a_0}{2} + \sum\limits_{n=1}^{\infty} (a_n \cos nx + b_n \sin nx)$,其中

$$a_n = \frac{1}{\pi} \int_{-\pi}^{\pi} f(x) \cos nx \, dx \, (n = 0, 1, 2, \cdots), b_n = \frac{1}{\pi} \int_{-\pi}^{\pi} f(x) \sin nx \, dx \, (n = 1, 2, \cdots)$$

称为函数 $f(x)$ 的 **傅里叶(Fourier)系数**. 系数 $a_0, a_1, b_1, \cdots$ 称为函数 $f(x)$ 的 **傅里叶 (Fourier)系数**.

二、基本定理

1.级数收敛的必要条件

如果级数 $\sum_{n=1}^{\infty} u_n$ 收敛, 则一般项 u_n 极限为零, 即 $\lim\limits_{n\to\infty} u_n = 0$.

推论 若 $\lim\limits_{n\to\infty} u_n \neq 0$, 则级数 $\sum\limits_{n=1}^{\infty} u_n$ 一定发散.

2.级数收敛的性质

(1) 如果级数 $\sum\limits_{n=1}^{\infty} u_n$ 与 $\sum\limits_{n=1}^{\infty} v_n$ 收敛于和 s 与 σ, 则级数 $\sum\limits_{n=1}^{\infty} (\alpha u_n \pm \beta v_n)$ 也收敛, 其和 $\alpha s \pm \beta \sigma$, 其中 α 与 β 为常数.

(2) 在级数中去掉、加上或改变有限项, 不会改变级数的敛散性; 但通常情况下其和会发生变化.

(3) 如果级数 $\sum\limits_{n=1}^{\infty} u_n$ 收敛, 则对该级数的项依次任意添加括号后所形成的级数

$$(u_1 + u_2 + \cdots + u_{n_1}) + (u_{n_1+1} + u_{k_1+2} + \cdots + u_{n_2}) + \cdots + (u_{n_{k-1}+1} + u_{n_{k-1}+2} + \cdots + u_{n_k}) + \cdots$$

仍收敛, 其和不变.

3.级数收敛的判定理

(1) 如果级数 $\sum\limits_{n=1}^{\infty} u_n$ 部分和数列有界, 且 $\lim\limits_{n\to\infty} u_n = 0$, 则该级数收敛.

(2) 如果级数 $\sum\limits_{n=1}^{\infty} u_n$ 的项添加括号后所成的级数收敛, 且 $\lim\limits_{n\to\infty} u_n = 0$, 则该级数收敛.

(3) 交错级数收敛的判定理(莱布尼兹审敛法): 如果交错级数 $\sum\limits_{n=1}^{\infty} (-1)^{n-1} u_n$ 满足条件:

①$u_n \geq u_{n+1} > 0 (n = 1, 2, \cdots)$; ②$\lim\limits_{n\to\infty} u_n = 0$.

则级数收敛.

(4) 柯西审敛定理 级数 $\sum\limits_{n=1}^{\infty} u_n$ 收敛的充要条件为对于任意给定的正数 ε, 总存在正整数 N 使得当 $n > N$ 时, 对于任意的正整数 p, 都有 $|u_{n+1} + u_{n+2} + \cdots + u_{n+p}| < \varepsilon$ 成立.

4.幂级数收敛的判定理

定理1(阿贝尔(Abel)定理) 如果幂级数 $\sum\limits_{n=0}^{\infty} a_n x^n$ 在 $x = x_0 (x_0 \neq 0)$ 处收敛, 那么对所有满足 $|x| < |x_0|$ 的一切 x 使此幂级数都绝对收敛; 如果幂级数 $\sum\limits_{n=0}^{\infty} a_n x^n$ 在 $x = x_0$ 处发散, 那么对所有满足 $|x| > |x_0|$ 的一切 x 使此幂级数都发散.

推论 如果幂级数 $\sum\limits_{n=0}^{\infty} a_n x^n$ 不仅在 $x = 0$ 一点收敛, 也不是在整个数轴上收敛, 那么一

定存在一个确定的正数 R,使得当 $|x|<R$ 时幂级数绝对收敛.

当 $|x|>R$ 时,幂级数发散.

当 $x=R$ 或 $x=-R$ 时,幂级数可能收敛也可能发散.

这也就是说,收敛的幂级数存在收敛的最大区间 $(-R,R)$,通常称正数 R 为幂级数的收敛半径.

定理 2 设 a_n 与 a_{n+1} 是幂级数 $\sum\limits_{n=0}^{\infty} a_n x^n (a_n \neq 0)$ 的相邻两项系数.如果 $\lim\limits_{n \to \infty}\left|\dfrac{a_{n+1}}{a_n}\right|=\rho$,

则幂级数的收敛半径:当 $\rho=0$ 时,$R=+\infty$;当 $0<\rho<+\infty$ 时,$R=\dfrac{1}{\rho}$;当 $\rho=+\infty$ 时,$R=0$.

定理(泰勒收敛定理) 若函数 $f(x)$ 在点 x_0 的某邻域 $U(x_0)$ 内有任意阶导数,则函数 $f(x)$ 的泰勒级数(12-23)在该邻域内收敛于 $f(x)$ 的充分必要条件是泰勒公式的余项 $R_n(x)$ 当 $n \to \infty$ 时的极限为零,即

$$\lim\limits_{n \to \infty} R_n(x)=0, x \in U(x_0)$$

5.幂级数和函数有性质

性质 1 幂级数 $\sum\limits_{n=0}^{\infty} a_n x^n$ 的和函数 $s(x)$ 在收敛域 I 上一定连续.

性质 2 幂级数 $\sum\limits_{n=0}^{\infty} a_n x^n$ 的和函数 $s(x)$ 在收敛域 I 上可积,有逐项积分公式

$$\int_0^x s(x) \,\mathrm{d}x = \int_0^x \left(\sum\limits_{n=0}^{\infty} a_n x^n \right) \mathrm{d}x = \sum\limits_{n=0}^{\infty} \int_0^x a_n x^n \mathrm{d}x = \sum\limits_{n=0}^{\infty} \frac{a_n}{n+1} x^{n+1} \ (x \in I)$$

并且幂级数逐项积分后所得的幂级数与原级数有相同的收敛半径.

性质 3 幂级数 $\sum\limits_{n=0}^{\infty} a_n x^n$ 的和函数 $s(x)$ 在收敛区间 $(-R,R)$ 内可导,有逐项求导公式

$$s'(x) = \left(\sum\limits_{n=0}^{\infty} a_n x^n \right)' = \sum\limits_{n=0}^{\infty} (a_n x^n)' = \sum\limits_{n=0}^{\infty} n a_n x^{n-1} \ (|x|<R)$$

并且幂级数在其收敛区间内逐项求导后所得的幂级数与原级数有相同的收敛半径.

复习题十二

1.填空.

(1)对于级数 $\sum\limits_{n=1}^{\infty} u_n$,$\lim\limits_{n \to \infty} u_n = 0$ 是它收敛的_____条件,不是它收敛的_____条件;

(2)部分和数列 $\{s_n\}$ 有界是正项级数 $\sum\limits_{n=1}^{\infty} u_n$ 收敛的_____条件;

(3)若级数 $\sum\limits_{n=1}^{\infty} u_n$ 绝对收敛,则级数 $\sum\limits_{n=1}^{\infty} u_n$ 必定_____;若级数 $\sum\limits_{n=1}^{\infty} u_n$ 条件收敛,则级数 $\sum\limits_{n=1}^{\infty} |u_n|$ 必定_____;

(4)幂级数 $\sum\limits_{n=0}^{\infty} a_n x^n$ 的收敛半径 R 为_____,当_____时,此幂级数收敛;当

_____时,此幂级数发散;

(5)若级数 $\sum\limits_{n=1}^{\infty} (-1)^n \sqrt{n} \sin \dfrac{1}{n^\alpha}$ 绝对收敛,级数 $\sum\limits_{n=1}^{\infty} \dfrac{(-1)^n}{n^{2-\alpha}}$ 条件收敛,则有_____.

2.判定下列级数的敛散性.

(1) $\sum\limits_{n=1}^{\infty} \dfrac{1}{n \sqrt[n]{n}}$;

(2) $\sum\limits_{n=1}^{\infty} \dfrac{|a|^n n!}{n^n}$;

(3) $\sum\limits_{n=1}^{\infty} \dfrac{n}{3^n} \sin^2 \dfrac{n\pi}{4}$;

(4) $\sum\limits_{n=1}^{\infty} \left(\dfrac{1}{n} - \dfrac{\ln(1+n)}{n} \right)$.

3.讨论下列级数的绝对收敛性与条件收敛性.

(1) $\sum\limits_{n=1}^{\infty} (-1)^n \dfrac{1}{n^p}$;

(2) $\sum\limits_{n=1}^{\infty} (-1)^n \dfrac{\tan \dfrac{\pi}{n}}{\pi^n}$;

(3) $\sum\limits_{n=1}^{\infty} (-1)^n \dfrac{\ln(1+n)}{n}$.

4.设 $a_n \geqslant 1$,证明级数 $\sum\limits_{n=1}^{\infty} \dfrac{a_n}{(1+a_1)(1+a_2)\cdots(1+a_n)}$ 收敛.

5.设 $a_n > 0$,且 $\lim\limits_{n\to\infty} \dfrac{\ln a_n}{\ln n} = -q$,证明 当 $q > 1$ 时,级数 $\sum\limits_{n=1}^{\infty} a_n$ 收敛;当 $q < 1$ 时,级数 $\sum\limits_{n=1}^{\infty} a_n$

发散.

6.求下列幂级数的区间.

(1) $\sum\limits_{n=0}^{\infty} \dfrac{1}{\sqrt{n+1}} x^n$;

(2) $\sum\limits_{n=1}^{\infty} \dfrac{2^n + 5^n}{n^2} x^n$;

(3) $\sum\limits_{n=1}^{\infty} \dfrac{e^n - (-1)^n}{n^2} x^n$;

(4) $\sum\limits_{n=1}^{\infty} \left(1 - \dfrac{1}{n} \right)^{n^2} x^n$.

7.求下列幂级数的和函数.

(1) $\sum\limits_{n=1}^{\infty} (-1)^{n-1} \dfrac{2n+1}{n} x^{2n}$;

(2) $\sum\limits_{n=1}^{\infty} n^2 x^{n-1}$;

(3) $\sum\limits_{n=1}^{\infty} n(x-1)^n$.

8.利用幂级数的和函数,求级数 $\sum\limits_{n=0}^{\infty} \dfrac{e^{-n}}{n+1}$ 的和.

9.将函数 $f(x) = \dfrac{1}{x^2 - 5x + 6}$ 展开成 $x+5$ 的幂级数.

10.设 $f(x)$ 是周期为 2π 的函数,在区间 $[-\pi, \pi]$ 上的表达式为

$$f(x) = \begin{cases} e^x, & -\pi \leqslant x < 0 \\ 1, & 0 \leqslant x \leqslant \pi \end{cases}$$

试将 $f(x)$ 展为傅里叶级数.

11.将函数

$$f(x) = \begin{cases} 1, & 0 \leqslant x \leqslant h \\ 0, & h \leqslant x \leqslant \pi \end{cases}$$

分别展为正弦函数和余弦函数.

12.设函数 $f(x) = \sum\limits_{n=1}^{\infty} \dfrac{x^n}{n^2}$ 定义在 $[0,1]$ 上,证明它在区间 $(0,1)$ 上满足

$$f(x) + f(1-x) + \ln x \ln(1-x) = f(1)$$

13.设正数列 $\{u_n\}$.(1) $\lim\limits_{n\to\infty}\left(\dfrac{u_n}{u_{n+1}}\right)^n = a.$ ①当 $b>1$ 时,正项级数 $\sum\limits_{n=1}^{\infty} u_n$ 收敛;②当 $b<1$ 时,

级数 $\sum\limits_{n=1}^{\infty} u_n$ 发散;③当 $a=e$ 时,级数 $\sum\limits_{n=1}^{\infty} u_n$ 的敛散性不能确定.(2) $\lim\limits_{n\to\infty} n\ln\left(\dfrac{u_n}{u_{n+1}}\right) = b.$ ①当

$b>1$ 时,正项级数 $\sum\limits_{n=1}^{\infty} u_n$ 收敛;②当 $b>1$ 时,级数 $\sum\limits_{n=1}^{\infty} u_n$ 发散.

习题与参考答案

第八章 空间解析几何与向量代数

【习题 8-1】

1. $20\vec{a}-36\vec{b}-28\vec{c}$.

2. 略.

3. A 属于一卦限，B 属于三卦限，C 属于七卦限，D 属于 x 轴，E 属于 xOy 面.

4. $(0,3,-10),(4,0,-10),(4,3,0),(4,0,0),(0,3,0),(0,0,-10)$.

5. 重心 $\left(\dfrac{10}{3},\dfrac{1}{3},4\right)$.

6. $AB/\!/CD$，$|AB|=|CD|$.

7. $|AB|=2\sqrt{5}$，$\left(0,-\dfrac{2\sqrt{5}}{5},\dfrac{\sqrt{5}}{5}\right)$.

8. $(-5,-2\sqrt{5},\pm5)$.

9. $-8,-9,3$.

10. $\left(-\dfrac{1}{2},\dfrac{1}{2},0\right)$.

11. $|abc|$，$\dfrac{|a|}{\sqrt{a^2+b^2+c^2}}$，$\dfrac{|b|}{\sqrt{a^2+b^2+c^2}}$，$\dfrac{|c|}{\sqrt{a^2+b^2+c^2}}$.

12. $\vec{a}+\vec{b}$ 与 $\vec{a}-\vec{b}$ 或 $\vec{b}-\vec{a},\vec{e}_a+\vec{e}_b$.

【习题 8-2】

1. （1）$-32,-12(2\vec{i}-\vec{j}+3\vec{k})$；（2）$-320,72(2\vec{i}-\vec{j}+3\vec{k})$；（3）$26,(-39\vec{i}+9\vec{j}-13\vec{k})$；

（4）$-\dfrac{8}{\sqrt{190}}$.

2. $\dfrac{92}{7}$.

3. $\pm\left(\dfrac{1}{\sqrt{6}},-\dfrac{1}{\sqrt{6}},-\dfrac{1}{\sqrt{6}}\right)$.

4. $\lambda+2\mu=0$.

5. $\dfrac{3}{2}\sqrt{5}$.

6. $5\sqrt{2}$.

7. 28 000.

8. $-\dfrac{3}{2}$.

9. $\arccos\dfrac{5}{\sqrt{39}}$.

10~13. 略.

【习题 8-3】

1. $4x+3y-2z=0$.

2. $3x+5y-2z-51=0$.

3. $16x+20y-8z-52=0$.

4. $y-3=0$.

5. (1) yOz 平面;(2)平行 xOy 平面;(3)平行 y 轴;(4)经过原点,平行 z 轴;(5)经过原点;(6)在 x,y,z 轴上的截距分别为 $1,3,2$.

6. $\dfrac{\pi}{3}$.

7. $-15x+y+6z+18=0$.

8. $\left(\dfrac{7}{2},\dfrac{3}{2},\dfrac{-11}{2}\right)$.

9. $\dfrac{11\sqrt{6}}{3}$.

10. $9x+2y+z-26=0,8x-4y+z=0$.

11. 略.

【习题 8-4】

1. $\dfrac{x-2}{3}=\dfrac{y-1}{1}=\dfrac{z-5}{2}$.

2. $\dfrac{x-4}{4}=\dfrac{y-3}{3}=\dfrac{z-1}{-2}$.

3. (1) $\dfrac{x}{2}=\dfrac{y-4}{4}=\dfrac{z-\dfrac{7}{2}}{-3},x=2t,y=4+4t,z=\dfrac{7}{2}-3t$;

(2) $\dfrac{x}{7}=\dfrac{y+\dfrac{5}{7}}{1}=\dfrac{z-\dfrac{8}{7}}{-10},x=7t,y=-\dfrac{5}{7}+t,z=\dfrac{8}{7}-10t$.

4. $\dfrac{x-2}{-1}=\dfrac{y}{1}=\dfrac{z-5}{1}$.

5. $\dfrac{\sqrt{7}}{2\sqrt{13}}$.

6. 0.

7. $\dfrac{5}{\sqrt{102}}$.

8. 不共面.

9. $x+5y+3z-17=0$.

10. $(1,1,-5)$.

11. 略.

12. $\dfrac{x-\dfrac{14}{9}}{5}=\dfrac{y-\dfrac{23}{9}}{11}=\dfrac{z}{6}$.

【习题 8-5】

1. 球心为 $(-3,-2,1)$ 半径为 $\sqrt{13}$ 的球面.

2. $x^2+y^2+z^2-x-2y-3z=0$,球心 $\left(\dfrac{1}{2},1,\dfrac{3}{2}\right)$,半径 $\dfrac{\sqrt{14}}{2}$.

3. $(2\pm\sqrt{3})x-y-(1\mp\sqrt{3})z\pm2\sqrt{3}=0$.

4. $x^2=\pm4\sqrt{y^2+z^2}$,$x^2+y^2=4z$.

5. $x^2+2(y^2+z^2)=1$,$x^2+2y^2+z^2=1$.

6. $x^2-y^2-z^2=4$,$x^2-y^2+z^2=4$.

7. (1)抛物柱面;(2)圆柱面;(3)圆锥面;(4)双曲柱面;(5)椭圆抛物面;(6)椭球面;(7)长方体柱面.

8. (1)由 $x=y^2$ 绕 y 轴形成的旋转抛物面;(2)由 $x^2-z^2=9$ 绕 x 轴形成的旋转双叶双曲面;(3)由 $z=\dfrac{1}{4}x$ 绕 z 轴形成的圆锥面;(4)由 $\dfrac{x^2}{4}+y^2=1$ 绕 y 轴形成的旋转椭球面.

9. (1)顶点为 $(0,0,1)$,开口下的旋转抛物面,与平面 $z=0$ 围成的类似于球缺的立体;(2)第一卦限内的抛物面柱面,与平面 $x=2$ 围成的柱体.

【习题 8-6】

1. 略.

2. (1)在平面解析几何中表示直线,在空间解析几何中表示平面;(2)在平面解析几何中表示椭圆,在空间解析几何中表示椭圆柱面;(3)在平面解析几何中表示二值线的交点,在空间解析几何中表示二平面的交线;(4)在平面解析几何中表示直线与圆的二个交点,在空间解析几何中表示圆柱面的截平面.

3. (1) $x=\sqrt{6}\cos\theta,y=\sqrt{2}\sin\theta,z=4-\sqrt{6}\cos\theta+2\sqrt{2}\sin\theta$;(2) $x=1+\sqrt{3}\cos\theta,y=\sqrt{3}\sin\theta,z=1$.

4. $\begin{cases}x^2+y^2=a^2\\z=0\end{cases}$;$\begin{cases}y=a\sin\dfrac{z}{b}\\x=0\end{cases}$;$\begin{cases}x=a\cos\dfrac{z}{b}\\y=0\end{cases}$.

5.（1）平行于 x 轴的投影柱面与投影曲线分别是 $\dfrac{y+1}{2}=z$ 和 $\begin{cases}\dfrac{y+1}{2}=z\\x=0\end{cases}$，平行于 z 轴的投

影柱面与投影曲线分别是 $\dfrac{x-2}{3}=\dfrac{y+1}{2}$ 和 $\begin{cases}\dfrac{x-2}{3}=\dfrac{y+1}{2}\\z=0\end{cases}$；（2）平行于 x 轴的投影柱面与投影曲线

分别是 $4y^2+(z^2+z-3)^2-4z=0$ 和 $\begin{cases}4y^2+(z^2+z-3)^2-4z=0\\x=0\end{cases}$，平行于 z 轴的投影柱面与投影曲

线分别是 $(x-1)^2+y^2+(x^2+y^2)^2=4$ 和 $\begin{cases}(x-1)^2+y^2+(x^2+y^2)^2=4\\z=0\end{cases}$.

6.在 xOy 坐标面上的圆面 $x^2+y^2\leqslant16$.

7.在 xOy 坐标面上区域 $x^2+\dfrac{y^2}{2}\leqslant5$，在 xOz 坐标面上区域 $x^2\leqslant z\leqslant5$，在 yOz 坐标面上区

域 $\dfrac{y^2}{2}\leqslant z\leqslant5$.

【复习题八】

1.（1）$\lambda\vec{a}$，$\dfrac{b_x}{a_x}=\dfrac{b_y}{a_y}=\dfrac{b_z}{a_z}$；$\vec{a}\cdot\vec{b}$，$a_xb_x+a_yb_y+a_zb_z=0$；

（2）$A(x-x_0)+B(y-y_0)+C(z-z_0)=0$，$Ax+By+Cz+D=0$；

（3）$\dfrac{x-x_0}{m}=\dfrac{y-y_0}{n}=\dfrac{z-z_0}{p}$，$x=x_0+mt$，$y=y_0+nt$，$z=z_0+pt$；

（4）12.

2.$x+2y+1=0$.

3.略.

4.$-1,9$.

5.$-\dfrac{5\sqrt{13}}{26}$.

6.30.

7.（1）$-\dfrac{1}{2}$；（2）1；（3）不能重合.

8.$3x-13y-14z-15=0$.

9.$\dfrac{x-1}{1}=\dfrac{y-2}{-2}=\dfrac{z-1}{1}$.

10.$C(0,0,3)$，$\triangle ABC$ 面积最小值为值 $\dfrac{1}{2}\sqrt{10}$.

11.$(2x-6)^2=9(y^2+z^2)$，$\dfrac{104}{27}\pi$.

12.（1）$z=1-x^2$，z 轴；（2）$z=\sqrt{2}x(x\geqslant0)$，z 轴；（3）$\dfrac{x^2}{5}+y^2=1$，y 轴；（4）$x^2-\dfrac{y^2}{2}=1$，x 轴.

13.略.

14. $z=0,(x-1)^2+y^2 \leqslant 1 \, (x \geqslant 0); x=0, \left(\dfrac{z^2}{2}-1\right)^2+y^2 \leqslant 1, z \geqslant 0; y=0, x \leqslant z \leqslant \sqrt{2x} \, (x \geqslant 0).$

第九章　多元函数微分学

【习题 9-1】

1.（1）为有界集,导集为 $\{(x,y) \mid 0 \leqslant x^2+y^2 \leqslant 4\}$,边界为 $\{(0,0)\} \cup \{(x,y) \mid x^2+y^2=4\}$;（2）为开集、区域、无界集,导集为 $\{(x,y) \mid x \geqslant 1+y^2\}$,边界为 $\{(x,y) \mid x=1+y^2\}$;（3）为闭集、有界集,导集为 $\{(x,y) \mid 0 \leqslant x+y \leqslant 1\}$,边界为 $\{(x,y) \mid x+y=0\} \cup \{(x,y) \mid x+y=1\}$;（4）为闭集、有界集,导集为 $\{(x,y) \mid 0 \leqslant x+y \leqslant 1\}$,边界为 $\{(x,y) \mid x+y=0\} \cup \{(x,y) \mid x+y=1\}$;（5）为闭集、有界集,导集为它自身,边界为 $\{(x,y) \mid (x-1)^2+y^2=4\} \cap \{(x,y) \mid (x-2)^2+(y+1)^2=1\}$.

2.（1）与（3）为单连通区域,（2）与（4）是复连通区域.

3. 函数值为 $9,25,17,25$;关于平面 yOz 与 xOz 为对称.

4. $f(tx,ty)=t^2x^2+t^4xy^3+\sin(t^2xy), f(x+3,xy)=(x+3)(x+3+x^3y^3)+\sin(x+3)xy.$

5.（1）$\{(x,y) \mid x+y+2 \geqslant 0\}$;（2）$\{(x,y) \mid x^2>y\}$;（3）$\{(x,y) \mid \begin{cases} x \geqslant 2 \\ y>2x \end{cases}\}$;

（4）$\{(x,y) \mid \begin{cases} x^2+y^2+z^2 \leqslant 4 \\ y>x \end{cases}\}$;（5）$\{(x,y) \mid \begin{cases} |z| \leqslant \sqrt{y^2-x}, \\ y^2>x. \end{cases}\}$.

6.（1）$-\dfrac{4}{3}$;（2）$-\ln 3$;（3）$\dfrac{1}{4}$;（4）9;（5）1;（6）0.

7. $\{(x,y) \mid x=\pm y\}$.

8~10. 略.

【习题 9-2】

1.（1）$z_x=12x^2y^2, z_y=8x^3y-3y^2$;

（2）$z_x=\dfrac{2y}{(x+y)^2}, z_y=\dfrac{-2x}{(x+y)^2}$;

（3）$w_u=v^2\cos(uv^2+3), w_v=2uv\cos(uv^2+3)$;

（4）$s_u=\dfrac{2u}{u^2+v^2}, s_v=\dfrac{2v}{u^2+v^2}$;

（5）$z_x=\dfrac{y(y^2-x^2)}{(x^2+y^2)^2}, z_y=\dfrac{x(x^2-y^2)}{(x^2+y^2)^2}$;

（6）$z_x=4\tan(2x+y)\sec^2(2x+y), z_y=2\tan(2x+y)\sec^2(2x+y)$;

（7）$u_x=2xy\mathrm{e}^{1+x^2y}, u_y=x^2\mathrm{e}^{1+x^2y}$;

（8）$z_x=\dfrac{y^2}{\sqrt{1-x^2y^4}}, z_y=\dfrac{2xy}{\sqrt{1-x^2y^4}}$;

（9）$z_x=(x-y^2)^x\left[\ln(x-y^2)+\dfrac{x}{(x-y^2)}\right], z_y=-2xy(x-y^2)^{x-1}$;

（10）$u_x=\dfrac{z}{y}(1+x)^{\frac{z}{y}-1}, u_y=-\dfrac{z}{y^2}(1+x)^{\frac{z}{y}}\ln(1+x), u_z=\dfrac{1}{y}(1+x)^{\frac{z}{y}}\ln(1+x)$;

$(11) u_x = \dfrac{yz(xy)^{z-1}}{1+(xy)^{2z}}, u_y = \dfrac{xz(xy)^{z-1}}{1+(xy)^{2z}}, u_z = \dfrac{(xy)^z \ln(xy)}{1+(xy)^{2z}}.$

2. $f_x(1,2) = 6, f_y(-1,3) = 3.$

3. 略.

4. $\dfrac{\pi}{2}.$

5. $f_{xx}(1,2,1) = 8, f_{xy}(1,0,1) = -1, f_{xz}(1,2,1) = -2, f_{xyz}(-1,3,2) = 1.$

6. $(1) z_{xx} = 6(x-y), z_{xy} = -6x, z_{yy} = 6y,$

$(2) z_{xx} = 2\cos(x^2+y^2) - 4x\sin(x^2+y^2), z_{xy} = -4xy\sin(x^2+y^2), z_{yy} = 2\cos(x^2+y^2)$

$-4y\sin(x^2+y^2);$

$(3) z_{xx} = \dfrac{2y(x^2-y^2)(3x^2+y^2)}{(x^2-y^2)^4}, z_{xy} = \dfrac{-2x(x^2-y^2)(x^2+3y^2)}{(x^2-y^2)^4}, z_{yy} = \dfrac{y(x^2-y^2)(y^2-2x^2)}{(x^2-y^2)^4};$

$(4) z_{xx} = \dfrac{-16xy}{(4x^2+y^2)^2}, z_{xy} = \dfrac{2(4x^2-y^2)}{(4x^2+y^2)^2}, z_{yy} = \dfrac{4xy}{(4x^2+y^2)^2};$

$(5) z_{xx} = \dfrac{2y^2}{(2x^2y+y^2)^{\frac{3}{2}}}, z_{xy} = \dfrac{x^3 y}{(2x^2y+y^2)^{\frac{3}{2}}}, z_{yy} = \dfrac{-x^4}{(2x^2y+y^2)^{\frac{3}{2}}}.$

7. 略.

【习题 9-3】

1. $(1) (y^2-4x^3)dx+xdy; (2) [(1+y)dx+xdy]e^{x+xy}; (3) -\sin[2(x+y^2)](dx+2ydy);$

$(4) \dfrac{1}{x^2+y^2}\left[\dfrac{y^2-x^2}{x}dx-2ydy\right]; (5) \dfrac{2dx+3dy}{\sqrt{1-(2x+3y)^2}};$

$(6) \dfrac{(x^3y)^{\frac{z}{y}}}{xy^2}\{3zdx+xz[1-\ln(x^3y)dy]+xy\ln(x^3y)dz\}.$

2. $54\ln3dy.$

3. $\Delta z = 0.09, dz = 0.$

4. $0.08.$

5. $(3) \Rightarrow (4) \Rightarrow (1), (4) \Rightarrow (2).$

6. $1.08.$

7. $-0.05.$

8. $1.2\pi.$

【习题 9-4】

1. $2(3t+2\sin2t)e^{3t^2-2\cos2t}.$

2. $\dfrac{2}{2t-1}.$

3. $\dfrac{-2(\cos t+\sin t)}{5-4\sin2t}.$

4. $e^{mu}\sin u.$

5. $\dfrac{\partial z}{\partial x} = 6(x+y), \dfrac{\partial z}{\partial y} = 6x.$

6. $\dfrac{\partial z}{\partial x}=y^3\cos(xy^3),\dfrac{\partial z}{\partial y}=3xy^2\cos(xy^3)$.

7. $\dfrac{\partial z}{\partial x}=\dfrac{2x(x^2-y^2)}{\sqrt{x^4-2x^2y^2+2y^4}},\dfrac{\partial z}{\partial y}=\dfrac{2y(2y^2-x^2)}{\sqrt{x^4-2x^2y^2+2y^4}}$.

8. $\dfrac{\partial z}{\partial x}=\dfrac{y+\cos2y}{\sqrt{1-x^2(y+\cos2y)^2}},\dfrac{\partial z}{\partial y}=\dfrac{x(1-2\sin2y)}{\sqrt{1-x^2(y+\cos2y)^2}}$.

9. (1) $u_x=f'_1+f'_2,u_y=3f'_1-f'_2$;

(2) $u_x=2xf'_1+yf'_2,u_y=2yf'_1+xf'_2$;$u_x=2xf'_1+yf'_2,u_y=2yf'_1+xf'_2$;

(3) $u_x=\dfrac{1}{y}f'_1,u_y=-\dfrac{x}{y^2}f'_1+z^2f'_2,u_z=2yzf'_2$;

(4) $u_x=f'_1+yf'_2+yzf'_3,u_y=xf'_2+xzf'_3,u_z=xyf'_3$.

10~12. 略.

13. (1) $z_{xx}=2f'+4x^2f'',z_{xy}=-4xyf'',z_{yy}=-2f'+4y^2f''$;

(2) $z_{xx}=a^2f''_{11}+2af''_{12}+f''_{22},z_{xy}=abf''_{11}+bf''_{12},z_{yy}=b^2f''_{11}$;

(3) $z_{xx}=2yf'_1+4x^2y^2f''_{11}+4xyf''_{12}+f''_{22},z_{xy}=2xf'_1+2x^3yf''_{11}+(x^2-2xy)f''_{12}-f''_{22},z_{yy}=x^4f''_{11}-2x^2f''_{12}+f''_{22}$;

(4) $z_{xx}=f''_{11}+\dfrac{2}{y}f''_{12}+\dfrac{1}{y^2}f''_{22},z_{xy}=-\dfrac{1}{y^2}f'_2-\dfrac{x}{y^2}\left(f''_{12}+\dfrac{1}{y}f''_{22}\right),z_{yy}=\dfrac{2x}{y^3}f'_2+\dfrac{x^2}{y^4}f''_{22}$;

(5) $z_{xx}=\mathrm{e}^{x+y}(f'_3+2\cos xf''_{13})-\sin xf'_1+\cos^2xf''_{11}+\mathrm{e}^{2(x+y)}f''_{33},z_{xy}=\mathrm{e}^{x+y}(f'_3+\cos xf''_{13}-\sin yf''_{32})-\cos x\sin yf''_{12}+\mathrm{e}^{2(x+y)}f''_{33},z_{yy}=\mathrm{e}^{x+y}(f'_3-2\sin yf''_{23})-\cos yf'_2+\sin^2yf''_{22}+\mathrm{e}^{2(x+y)}f''_{33}$.

14. 3.

15. 略.

【习题 9-5】

1. $y'=-\dfrac{x+2y}{2x+y},y'(1,-2+\sqrt{3})=-2+\sqrt{3},y''=\dfrac{3x^2+12xy+3y^2}{(2x+y)^3}$.

2. $y'=-\dfrac{2\cos(2x+y)-y^2}{\cos(2x+y)-2xy}$.

3. $y'=\dfrac{x+y}{x-y}$.

4. $z'_x=\dfrac{z-2xyz^2}{x+2yz^3},z'_y=-\dfrac{z^2(x^2+z^2)}{x+2yz^3}$.

5. $\dfrac{\partial z}{\partial x}=-\dfrac{\sin2x}{\sin2z},\dfrac{\partial z}{\partial x}=-\dfrac{\sin2y}{\sin2z}$.

6. -2.

7. (1) $y'=-\dfrac{x}{y},z'=\dfrac{3}{2}(y\neq0)$；(2) $y'=\dfrac{x-z}{z-y},z'=\dfrac{y-x}{z-y}(y\neq z)$；(3) $y'=-\dfrac{x}{y},z'=0(y\neq0)$；

(4) $y'=\dfrac{f'_1-f'_2g'_1}{1-f'_2-f'_2g'_2},z'=\dfrac{g'_1-f'_1g'_2-f'_2g'_1}{1-f'_2-f'_2g'_2}(1-f'_2-f'_2g'_2\neq0)$.

8. $z'_x=\dfrac{\varphi(u)f'(u)}{1-x\varphi'(u)},z'_y=\dfrac{f'(u)}{1-x\varphi'(u)}$.

9~11.略.

12. (1) $u'_x = -2 - \dfrac{u}{x}$, $u'_y = 0$, $v'_x = \dfrac{2-v}{x} + \dfrac{u}{x^2}$, $v'_y = -\dfrac{2y}{x}$ $(x \neq 0)$;

(2) $u'_x = -\dfrac{2(xu+vy^2)}{2x^2+y^2}$, $u'_y = -\dfrac{4xyv}{2x^2+y^2}$, $v'_x = \dfrac{u-2xv}{2x^2+y^2}$, $v'_y = \dfrac{2yv}{2x^2+y^2}$ $(x^2+y^2 \neq 0)$;

(3) $u'_x = \dfrac{bf'_2 g'_1 - uf'_1 + 2uvyf'_1 g'_2}{f'_2 g'_1 - (1-xf'_1)(1-2yvg'_2)}$, $u'_y = \dfrac{af'_2 + (v^2-2avy)f'_2 g'_2}{f'_2 g'_1 - (1-xf'_1)(1-2yvg'_2)}$, $v'_x = \dfrac{bg'_1 - (bx+u)f'_1 g'_1}{f'_2 g'_1 - (1-xf'_1)(1-2yvg'_2)}$, $v'_y = \dfrac{af'_2 g'_1 + v^2 g'_2 - xv^2 f'_1 g'_2}{f'_2 g'_1 - (1-xf'_1)(1-2yvg'_2)}$ $(f'_2 g'_1 - (1-xf'_1)(1-2yvg'_2) \neq 0)$.

【习题 9-6】

1. 切线方程 $\begin{cases} \dfrac{x-3}{1} = \dfrac{y-1}{1} \\ z-2 = 0 \end{cases}$, 法平面方程 $x+y-4=0$.

2. 切线方程 $\dfrac{x-1}{\sqrt{3}} = \dfrac{y-\sqrt{3}}{2} = \dfrac{z-\pi^2}{-6\pi}$, 法平面方程 $\sqrt{3}x + 2y - 6\pi z - 3\sqrt{3} + 6\pi^3 = 0$.

3. 切线方程 $\dfrac{x-\ln 2}{1} = \dfrac{y-\pi}{2} = \dfrac{z-1}{3}$, 法平面方程 $x+2y+3z-3-\ln 2-2\pi=0$, 切向量的方向余弦 $\left(\dfrac{1}{\sqrt{14}}, \dfrac{2}{\sqrt{14}}, \dfrac{3}{\sqrt{14}} \right)$.

4. $\dfrac{\sqrt{6}}{3}$.

5. 切线方程 $\begin{cases} x+2y-z-4=0 \\ x-z-4=0 \end{cases}$, 法平面方程 $x+z=0$.

6. 法线方程 $\dfrac{x+1}{2} = \dfrac{y+1}{4} = \dfrac{z-3}{1}$, 切平面方程 $2x+4y+z-3=0$.

7. 切平面方程 $x-y+2z \pm \dfrac{1}{2}\sqrt{22} = 0$.

8. 法线方程 $\dfrac{x-x_0}{ax_0} = \dfrac{y-y_0}{by_0} = \dfrac{z-z_0}{cz_0}$, 切平面方程 $ax_0 x + by_0 y + cz_0 z = 1$.

9. $9x+y-z+27=0$, 或 $-9x-17y+17z-27=0$.

10-13. 略.

【习题 9-7】

1. $\dfrac{4}{\sqrt{5}}$.

2. $\dfrac{\sqrt{10}}{3} + \dfrac{\ln 3}{\sqrt{10}}$.

3. $-\dfrac{1}{\sqrt{2}}$.

4. $(3+2\sqrt{2})e^4$.

5. $-\dfrac{2}{\sqrt{5}}\sec^2 1$.

6. $\dfrac{2}{\sqrt{13}}$.

7. $2\sqrt{2}$.

8. 切平面 $x+y+2z-6=0$,法线 $\dfrac{x-1}{1}=\dfrac{y-1}{1}=\dfrac{z-2}{2}$.

9. 方向 $\dfrac{5}{36}(4,5)$ 的方向导数最大,最大值为 $\dfrac{5}{36}\sqrt{41}$;方向 $-\dfrac{5}{36}(4,5)$ 的方向导数最小,

最小值为 $-\dfrac{5}{36}\sqrt{41}$;方向 $\dfrac{5}{36}(-5,4)$ 的方向导数为零.

10. $-2\vec{i}+6\vec{j}+2\vec{k}$,$-2\vec{i}+10\vec{j}+2\vec{k}$,$-6\vec{i}+\dfrac{97}{4}\vec{j}+7\vec{k}$.

11. 略.

【习题 9-8】

1. 极大值 $f(-\sqrt{2},2)=4(1+\sqrt{2})$,极小值 $f(\sqrt{2},0)=-4\sqrt{2}$.

2. 极大值 $f(3,2)=36$.

3. 极大值 $f(2k\pi,0)=2(k=0,\pm 1,\pm 2,\cdots)$.

4. 极小值 $f\left(\dfrac{1}{e},0\right)=-\dfrac{1}{e}$.

5. 极大值 $f\left(\dfrac{1}{2},\dfrac{1}{2}\right)=\dfrac{1}{4}$.

6. 最大值 $f\left(\dfrac{a}{3},\dfrac{a}{3},\dfrac{a}{3}\right)=\dfrac{a^3}{27}$.

7. 最小值 $f\left(\dfrac{ab^2}{a^2+b^2},\dfrac{a^2b}{a^2+b^2}\right)=\dfrac{a^2b^2}{a^2+b^2}$.

8. (1) $x=1.5$,$y=1$;(2) $x=0.9$,$y=0.6$.

9. 最小值 -17,最大值 $25+\dfrac{170}{\sqrt{17}}$.

10. $(16,6)$.

11. 当长和宽都是 $\sqrt[3]{2a}$,而高为 $\dfrac{1}{2}\sqrt[3]{2a}$ 时,材料最省.

12. 当 $R=\sqrt{\dfrac{a}{3\pi}}$,$H=2\sqrt{\dfrac{a}{3\pi}}$ 时,容积最大.

13. 在点 $\left(\dfrac{a}{\sqrt{3}},\dfrac{b}{\sqrt{3}},\dfrac{c}{\sqrt{3}}\right)$ 体积取得最大值 $\dfrac{8abc}{3\sqrt{3}}$.

14. 圆接正三角形面积最大,最大值 $\dfrac{3\sqrt{3}}{4}a^2$.

15. 当 $x_i = y_i = \sqrt{\dfrac{1}{n}}$, $i = 1, 2, \cdots, n$ 时, 取得最大值 1.

16. 当 $\cos\theta = \dfrac{\sqrt{6}}{3}$, $\sin\theta = \dfrac{\sqrt{3}}{3}$ 时, 取得最大值 $\dfrac{2}{3}$.

17. 略.

【复习题九】

1. (1) 连续, 偏导数; (2) $\dfrac{\partial z}{\partial x} = -\dfrac{F_x}{F_z}$, $\dfrac{\partial z}{\partial y} = -\dfrac{F_y}{F_z}$.

2. (1) $z_x = \dfrac{x}{x^2 - y^2}$, $z_y = \dfrac{-y}{x^2 - y^2}$, $z_{xx} = \dfrac{-(x^2 + y^2)}{(x^2 - y^2)^2} = z_{yy}$, $z_{xy} = \dfrac{2xy}{(x^2 - y^2)^2}$;

(2) $z_x = \dfrac{-y}{x^2 + y^2}$, $z_y = \dfrac{x}{x^2 + y^2}$, $z_{xx} = \dfrac{2xy}{(x^2 + y^2)^2}$, $z_{xy} = \dfrac{y^2 - x^2}{(x^2 + y^2)^2}$, $z_{yy} = \dfrac{-2xy}{(x^2 + y^2)^2}$;

(3) $z_x = \dfrac{xy(x - 2y^2)}{(x - y^2)^2}$, $z_y = \dfrac{x^3 + x^2 y^2}{(x - y^2)^2}$, $z_{xx} = \dfrac{2y^5}{(x - y^2)^3}$, $z_{xy} = \dfrac{x(x^2 + xy^2 - 10y^4)}{(x - y^2)^3}$,

$z_{yy} = \dfrac{2y(5x^3 + 3x^2 y^2)}{(x - y^2)^3}$.

3. (1) 连续, (2) 不可微.

4. $\dfrac{\mathrm{d}z}{\mathrm{d}t} = yx^{y-1} \cdot \varphi'(t) + x^y \ln x \cdot \phi'(t)$.

5. $-\mathrm{d}x + 2\mathrm{d}y$.

6. $z_x = af'_1 + f'_2 + af'_3$, $z_y = -f'_1 + bf'_2 + bf'_3$.

7. $z_{xx} = -y^2 \sin xy + f''_{uu} + \dfrac{2}{y} f''_{uv} + \dfrac{1}{y^2} f''_{vv}$, $z_{xy} = \cos xy - xy \sin xy - \dfrac{1}{y^2} f'_v - \dfrac{x}{y^2} f''_{uv} - \dfrac{x}{y^3} f''_{vv}$, $z_{yy} =$

$-x^2 \sin xy + \dfrac{2x}{y^3} f''_{vv}$.

8. 略.

9. $a = -2, b = -\dfrac{2}{5}$ 或 $a = -\dfrac{2}{5}, b = -2$.

10. $\dfrac{\partial w}{\partial n} = \dfrac{2}{\sqrt{\dfrac{x_0^2}{a^4} + \dfrac{y_0^2}{b^4} + \dfrac{z_0^2}{c^4}}}$.

11. 根据几何意义, 在点 $(1, 0)$ 取得极小值 1.

12. 在点 $\left(\dfrac{2}{\sqrt{5}}, \dfrac{1}{\sqrt{5}}\right)$ 取得最大值 $1 + \sqrt{5}$, 在点 $\left(-\dfrac{2}{\sqrt{5}}, -\dfrac{1}{\sqrt{5}}\right)$ 取得最大值 $1 - \sqrt{5}$.

13. 在点 $\left(-\dfrac{2}{3}, -\dfrac{2}{3}, -\dfrac{1}{6}\right)$ 取得最大值 $d_{\max} = \dfrac{3\sqrt{3}}{2}$, 在点 $\left(\dfrac{2}{3}, \dfrac{2}{3}, \dfrac{1}{6}\right)$ 取得最小值 $d_{\min} = \dfrac{\sqrt{3}}{2}$.

14. 在点 $(9, 3)$ 取得极小值 3, 在点 $(-9, -3)$ 取得极大值 -3.

15. 根据几何意义, 切平面 $\sqrt{6}(x + y) + 2z - 20 = 0$, 或 $\sqrt{14}(x + y) + 3z - 20 = 0$.

16. $a=\dfrac{1}{4}$，$b=3$，切线 $\begin{cases} 4x+y-2z-2=0 \\ x+y+2z-2=0 \end{cases}$.

17. $\left(\dfrac{2\sqrt{6}}{3},\dfrac{\sqrt{3}}{3}\right)$，距离为 1.

18. 略.

第十章　重积分

【习题 10-1】

1. 约为 0.625.

2. 略.

3. (1) $\displaystyle\iint\limits_{D}(x+2y)^2\mathrm{d}\sigma \geqslant \iint\limits_{D}(x+2y)^3\mathrm{d}\sigma$；

(2) $\displaystyle\iint\limits_{D}\sin\sqrt{x^2+y^2}\,\mathrm{d}\sigma \geqslant \iint\limits_{D}\sin(x^2+y^2)\mathrm{d}\sigma$；

(3) $\displaystyle\iint\limits_{D}\ln(x+y)\mathrm{d}\sigma \leqslant \iint\limits_{D}\ln^2(x+y)\mathrm{d}\sigma$；

(4) $\displaystyle\iint\limits_{D}(x-y)^2\mathrm{d}\sigma \leqslant \iint\limits_{D}(x-y)^3\mathrm{d}\sigma$.

4. (1) $[0,8\pi^2]$；(2) $\left[0,\dfrac{125}{2}\pi\right]$；(3) $[4\pi,14\pi]$.

5~6. 略.

【习题 10-2】

1. 略.

2. (1) 10；(2) $\dfrac{4}{3}$；(3) $2+\dfrac{24}{5}\sqrt{2}$；(4) $\dfrac{26}{5}-\ln 2$；(5) $\dfrac{27}{224}$；(6) $\dfrac{8}{7}\sqrt[4]{27}$；(7) $\dfrac{5}{6}\pi$；(8) $\dfrac{1}{2}$.

3. (1) $\displaystyle\int_0^2 \mathrm{d}x\int_{-\sqrt{4-x^2}}^{\sqrt{4-x^2}}f(x,y)\mathrm{d}y$ 或 $\displaystyle\int_{-2}^2 \mathrm{d}y\int_0^{\sqrt{4-y^2}}f(x,y)\mathrm{d}x$；

(2) $\displaystyle\int_0^2 \mathrm{d}x\int_0^2 f(x,y)\mathrm{d}y+\int_2^4 \mathrm{d}x\int_0^{4-x}f(x,y)\mathrm{d}y$ 或 $\displaystyle\int_0^2 \mathrm{d}y\int_0^{4-y}f(x,y)\mathrm{d}x$；

(3) $\displaystyle\int_{-2}^2 \mathrm{d}x\int_{x^4}^{16}f(x,y)\mathrm{d}y$ 或 $\displaystyle\int_0^{16}\mathrm{d}y\int_{-\sqrt[4]{y}}^{\sqrt[4]{y}}f(x,y)\mathrm{d}x$；

(4) $\displaystyle\int_{-\sqrt5}^{-1}\mathrm{d}x\int_{\sqrt{1+y^2}}^2 f(x,y)\mathrm{d}y+\int_{-1}^1 \mathrm{d}x\int_0^2 f(x,y)\mathrm{d}y+\int_1^{\sqrt5}\mathrm{d}x\int_{\sqrt{1+y^2}}^2 f(x,y)\mathrm{d}y$ 或 $\displaystyle\int_0^2 \mathrm{d}y\int_{-\sqrt{1+y^2}}^{\sqrt{1+y^2}}f(x,y)\mathrm{d}x$.

4. (1) $\displaystyle\int_0^1 \mathrm{d}x\int_0^{1-x}f(x,y)\mathrm{d}y$；(2) $\displaystyle\int_0^1 \mathrm{d}x\int_x^{\sqrt{x}}f(x,y)\mathrm{d}y$；(3) $\displaystyle\int_1^2 \mathrm{d}x\int_{2-x}^{\sqrt{2x-x^2}}f(x,y)\mathrm{d}y$；

(4) $\displaystyle\int_{e^{-2}}^1 \mathrm{d}y\int_{-\ln y}^2 f(x,y)\mathrm{d}x+\int_1^{e^2}\mathrm{d}y\int_{\ln y}^2 f(x,y)\mathrm{d}x$；

(5) $\displaystyle\int_0^{\frac{1}{4}}\mathrm{d}y\int_y^{\sqrt{y}}f(x,y)\mathrm{d}x+\int_{\frac{1}{4}}^{\frac{1}{2}}\mathrm{d}y\int_y^{\frac{1}{2}}f(x,y)\mathrm{d}x$；

$(6) \int_0^1 dy \int_{\pi-\arcsin y}^{\pi} f(x,y)dx; (7) \int_1^9 dy \int_{\frac{1}{y}}^{\sqrt{y}} f(x,y)dx.$

5.略.

$6. \dfrac{64}{15\sqrt{2}}(2\sqrt{2}-1).$

7.1.

8.2.

$9. \dfrac{16}{3}a^3.$

$10. \dfrac{67}{630}.$

$11.(1) \dfrac{416}{3}; (2) \dfrac{1}{24}(4\pi-3\sqrt{3}); (3) -\dfrac{2}{3}; (4) \dfrac{ab^2}{30}; (5) e+e^{-1}.$

【习题 10-3】

$1.(1) 4\pi; (2) \dfrac{\pi}{2}(e-1); (3) -\dfrac{\pi}{8}\ln\cos 9; (4) \dfrac{1}{6}[\sqrt{2}+\ln(\sqrt{2}+1)]; (5)\sqrt{2}-1; (6) \dfrac{15}{64}\pi^2.$

$2.(1) \int_0^{2\pi} d\theta \int_0^a f(\rho\cos\theta,\rho\sin\theta)\rho d\rho; (2) \int_0^{2\pi} d\theta \int_a^b f(\rho\cos\theta,\rho\sin\theta)\rho d\rho;$

$(3) \int_{-\frac{\pi}{2}}^{\frac{\pi}{2}} d\theta \int_0^{4a\cos\theta} f(\rho\cos\theta,\rho\sin\theta)\rho d\rho; (4) \int_0^{\frac{\pi}{4}} d\theta \int_0^{\sec\theta} f(\rho\cos\theta,\rho\sin\theta)\rho d\rho;$

$(5) \int_0^{\arctan 2} d\theta \int_0^{\sqrt{\frac{\sin\theta}{\cos^3\theta}}} f(\rho\cos\theta,\rho\sin\theta)\rho d\rho;$

$(6) \int_0^{\frac{\pi}{4}} d\theta \int_0^{4\sec\theta} f(\rho\cos\theta,\rho\sin\theta)\rho d\rho + \int_{\frac{\pi}{4}}^{\frac{\pi}{2}} d\theta \int_0^{2\csc\theta} f(\rho\cos\theta,\rho\sin\theta)\rho d\rho.$

$3. \dfrac{3}{2}\pi.$

$4. \dfrac{16}{3}\pi.$

$5. \dfrac{2}{9}a^3(3\pi-4).$

$6. \dfrac{1}{3}a^3\arctan k.$

$7. \dfrac{\pi}{2}(a^2+b^2)^2.$

$8.(1) \dfrac{1}{8}(e^2+3e^{-2}); (2) \dfrac{\pi}{2}\left(\ln 2-\dfrac{1}{2}\right); (3) \dfrac{\pi}{4}-\dfrac{1}{3}; (4) \dfrac{\pi}{4}-\dfrac{2}{5}.$

【习题 10-4】

$1. \dfrac{13}{3}\pi.$

$2. 2\pi a^2-\sqrt{2}\pi a\sqrt{2a^2+1-\sqrt{4a^2+1}}.$

3.$2a^2(\pi-2)$.

4.$4\sqrt{2}\pi$.

5.(1)$\left(\dfrac{9}{5},\dfrac{9}{8}\right)$；(2)$\left(\dfrac{25}{21},\dfrac{20}{21}\right)$；(3)$\left(\dfrac{27}{5\pi},0\right)$；(4)$\left(0,\dfrac{4b}{3\pi}\right)$.

6.$\left(\dfrac{91}{135},\dfrac{91}{171}\right)$.

7.(1)$I_x=6,I_y=\dfrac{19}{2}$；(2)$I_x=\dfrac{2^{16}}{13},I_y=\dfrac{2^{10}}{21}$；(3)$I_x=\dfrac{9}{4}\left[6\sqrt{3}+\ln(2+\sqrt{3})\right],I_y=\dfrac{3}{4}\left[14\sqrt{3}-\ln(2+\sqrt{3})\right]$.

8.$I_x=\dfrac{1}{240},I_y=\dfrac{1}{130}$.

【习题 10-5】

1.(1)$\displaystyle\int_0^{\frac{1}{3}}\mathrm{d}x\int_0^{2-6x}\mathrm{d}y\int_0^{2-6x-y}f(x,y,z)\mathrm{d}z$；(2)$\displaystyle\int_{-2}^2\mathrm{d}x\int_{-\sqrt{4-x^2}}^{\sqrt{4-x^2}}\mathrm{d}y\int_0^{4-x^2-y^2}f(x,y,z)\mathrm{d}z$；

(3)$\displaystyle\int_{-\sqrt{2}}^{\sqrt{2}}\mathrm{d}x\int_{-\sqrt{4-2x^2}}^{\sqrt{4-2x^2}}\mathrm{d}y\int_{x^2+y^2}^{4-x^2}f(x,y,z)\mathrm{d}z$；(4)$\displaystyle\int_0^2\mathrm{d}x\int_0^{4-2x}\mathrm{d}y\int_0^{xy}f(x,y,z)\mathrm{d}z$.

2.(1)$\dfrac{ab}{2c^2}\displaystyle\int_0^c f(z)(c-z)^2\mathrm{d}z$；(2)$\dfrac{\pi ab}{c^2}\displaystyle\int_{-c}^c f(z)(c^2-z^2)\mathrm{d}z$.

3.(1)$\dfrac{11}{12}$；(2)$\dfrac{3}{8}-\dfrac{\ln2}{2}$；(3)$\dfrac{128}{21}\sqrt{2}$；(4)0.

4.(1)$\dfrac{1}{32}\pi$；(2)$\dfrac{1-\cos4}{2}\pi$；(3)$\dfrac{20\pi\sqrt{2}}{3}$.

5.(1)$\dfrac{4}{5}\pi$；(2)$\dfrac{7}{6}\pi a^4$；(3)$\dfrac{4\pi}{15}(b^5-a^5)$.

6.$\dfrac{abc}{2}(ab^2+2c)$.

7.$\dfrac{2}{3}\pi$.

8.$\dfrac{1}{6}\pi(3a^4-4a^3)$.

9.$4\pi-\dfrac{32}{9}$.

10.$\left(0,0,\dfrac{3}{4}\right)$.

11.$\dfrac{1}{2}a^2M(M=\pi a^2$ 为圆柱体的质量$)$.

12.$F_x=F_y=0,F_z=-2\pi G\rho\left[\sqrt{2}R-\sqrt{R^2+(R+h)^2}+h\right]$.

【复习题十】

1.(1)$ab\pi$；(2)$\geqslant$；(3)$\rho\mathrm{d}\rho\mathrm{d}\theta,\sqrt{1+f_x^2+f_y^2}\mathrm{d}x\mathrm{d}y,\rho\mathrm{d}\rho\mathrm{d}\theta\mathrm{d}z$；(4)$f(0,0)$.

2.(1)D；(2)C.

3.（1）$\pi^2-\dfrac{40}{9}$；（2）$-\dfrac{8}{3}$；（3）$\ln(1+\sqrt2)+\dfrac{13}{5}\sqrt2$；（4）$\dfrac{16}{9}(3\pi-2)$；（5）$\dfrac{\sqrt3}{16}\left(\dfrac{\pi}{2}-1\right)$.

4.（1）$\dfrac{1}{2}\sqrt{a^2b^2+b^2c^2+c^2a^2}$；$2\left(\sec2-\sec1+\ln\dfrac{\csc2-\cot2}{\csc1-\cot1}\right)$.

5.（1）$\dfrac{104}{15}\pi$；（2）$\dfrac{1}{6}$；（3）$\dfrac{\pi}{20}$.

6.$\dfrac{\pi}{32}(a^2+b^2+4c)^2$.

7.$\dfrac{\pi}{2}(1+2z_0-4x_0)$，$\dfrac{\pi}{2}$，$2x-z=0$.

8.$\dfrac{1}{6}(2h-r^2)$.

9.$f(x,y)=\sqrt{1-x^2-y^2}+\dfrac{8}{9\pi}-\dfrac{2}{3}$.

10.$f(x)=\dfrac{4}{(2-x)^2}(0\le x\le1)$.

第十一章　曲线积分与曲面积分

【习题 11-1】

1.（1）$\dfrac{1}{12}(5\sqrt5-1)$；（2）$2\sqrt2$；（3）$\dfrac{1}{12}(5\sqrt5+6\sqrt2-1)$；（4）$\dfrac{\pi}{4}a^3$；（5）$(a+2)e^a-2$.

2.（1）0；（2）$\dfrac{17}{6}\sqrt5$；（3）$\dfrac{2\sqrt3}{3}(e^4-1)$；（4）$2\pi^2a^3(1+2\pi^2)$.

3.$\dfrac{2b}{3(a+b)}(a^2+ab+b^2)$.

4.略.

5.（1）$\bar x=\dfrac{6ak^2}{3a^2+4\pi^2k^2}$，$\bar y=\dfrac{-6\pi ak^2}{3a^2+4\pi^2k^2}$，$\bar z=\dfrac{3k(\pi a^2+2\pi^3k^2)}{3a^2+4\pi^2k^2}$；

（2）$I_z=\dfrac{2}{3}\pi a^2\sqrt{a^2+k^2}(3a^2+4\pi^2k^2)$.

【习题 11-2】

1.略.

2.略.

3.（1）$\dfrac{4}{5}$；（2）$\dfrac{14}{3}$；（3）16；（4）$-\dfrac{\pi}{2}a^3$；（5）0；（6）$2\pi ab$；（7）-1；（8）$\dfrac{76}{105}$；（9）$\dfrac{17}{2}$.

4.（1）8；（2）8；（3）8.

5.（1）$\displaystyle\int_1^2\dfrac{P(x,x^2+2x)+2(x+1)Q(x,x^2+2x)}{\sqrt{4x^2+8x+5}}ds$；

（2）$\displaystyle\int_{\frac{\pi}{2}}^{\pi}(1+\cos t)P(1+\cos t,\sin t)+\sin tQ(1+\cos t,\sin t)ds$.

6. $\int_0^1 \dfrac{2P(x,y,z)+2tQ(x,y,z)+3t^2R(x,y,z)}{\sqrt{9t^4+4t^2+4}}\mathrm{d}s.$

7. $a\,|\vec{F}|.$

【习题 11-3】

1. (1)0;(2)2.

2. (1)-6;(2)$\dfrac{8a^3}{3}$;(3)$\dfrac{\pi}{10}-\dfrac{3}{4}$.

3. (1)$\dfrac{\pi}{4}$;(2)$\dfrac{3}{8}\pi a^2$;(3)$\dfrac{1}{2}$.

4. (1)是;(2)是;(3)是.

5. (1)$\dfrac{71}{6}$;(2)228;(3)612.

6. (1)$2x^2+xy-\dfrac{y^2}{2}$;(2)x^5y^4;(3)$-\dfrac{1}{2}\cos2x\cos4y$;(4)$\dfrac{\mathrm{e}^y}{1+x^2}$.

7. $\pm\pi$.

8. (1)利用格林公式计算函数$\dfrac{\partial Q}{\partial x}-\dfrac{\partial P}{\partial y}$在闭区域上的二重积分;(2)构造简单的封闭曲线积分,再按照(1)计算;(3)πa^2.

【习题 11-4】

1. 曲面积分$\displaystyle\iint_\Sigma f(x,y,z)\mathrm{d}S$就是二重积分.

2. (1)$\dfrac{\pi}{6}(17\sqrt{17}-1)$;(2)$\dfrac{\pi}{4}\ln17$;(3)0;(4)$\dfrac{2\pi}{3}(17\sqrt{17}-1)+\dfrac{\pi}{60}\left[\dfrac{41}{(\sqrt{17})^5}-1\right]$.

3. (1)$4\sqrt{2}\pi$;(2)$32\pi(\sqrt{5}+1)$.

4. (1)$\dfrac{3}{2}$;(2)$\pi R(R^2-h^2)$;(3)$\dfrac{64}{15}\sqrt{2}a^4$.

5. $\dfrac{1}{48}(65\sqrt{65}-1)$.

6. $\dfrac{4}{3}\mu_0\pi R^4$.

【习题 11-5】

1. 略.

2. 对坐标的曲面积分就是二重积分.

3. (1)4;(2)$\dfrac{2}{3}$;(3)$\dfrac{4}{3}\pi R^3$;(4)$\dfrac{1}{8}$.

4. (1)$\dfrac{1}{7}\displaystyle\iint_\Sigma(-2P-3Q+6R)\mathrm{d}S$;(2)$\dfrac{1}{\sqrt{1+4x^2+4y^2}}\displaystyle\iint_\Sigma(2xP+2yQ-R)\mathrm{d}S$.

5. $-\dfrac{1}{2}\pi$.

【习题 11-6】

1.（1）$\dfrac{1}{2}abc(a+b+c)$；（2）96π；（3）54；（4）$\dfrac{5}{24}$；（5）$\dfrac{2}{5}\pi a^5$；（6）$-\dfrac{1}{2}\pi h^4$.

2.（1）0；（2）$\dfrac{8}{3}\pi$.

3.（1）$y^2+xz+3yz^2$；（2）$3x^2$；（3）$y\cos(xy)+3zy^2\sec^2(zy^3)+\dfrac{x}{y^2+xz}$.

4.略.

【习题 11-7】

1.（1）$-\dfrac{3}{4}\pi$；（2）$-\pi$.

2.（1）$\dfrac{2\sqrt{3}}{3}\pi$；（2）-3；（3）-3π.

3.（1）$(x+6y)\vec{i}-2\vec{j}-z\vec{k}$；（2）$[6yz-x\sin(xz+y)]\vec{i}+3x\cos 3z\,\vec{j}-z\sin(xz+y)\vec{k}$.

4.（1）4π；（2）2π.

【复习题十一】

1.（1）单调，$\displaystyle\int_{\alpha}^{\beta}\{P[\phi(t),\psi(t)]\phi'(t)+Q[\phi(t),\psi(t)]\psi'(t)\}\mathrm{d}t$，起点，终点；

（2）$\displaystyle\iint_{D_{xy}}f[x,y,z(x,y)]\sqrt{1+z_x^2+z_y^2}\,\mathrm{d}x\mathrm{d}y$；

（3）$\displaystyle\int_{\Gamma}(P\cos\alpha+Q\cos\beta+R\cos\gamma)\mathrm{d}s$；

（4）$\displaystyle\iint_{\Sigma}(P\cos\alpha+Q\cos\beta+R\cos\gamma)\mathrm{d}S$；

（5）$\displaystyle\iint_{D}\left(\dfrac{\partial Q}{\partial x}-\dfrac{\partial P}{\partial y}\right)\mathrm{d}x\mathrm{d}y$.

2.（1）D；（2）C.

3.（1）$\dfrac{a^2}{2}(3\pi-4)$；（2）$4a$；（3）$\dfrac{2\sqrt{2}}{3}\pi(3+4\pi^2)$；（4）$\dfrac{1}{35}$；（5）$\pi$.

4.（1）$2\pi\arctan\dfrac{h}{a}$；（2）$\dfrac{2\pi}{15}R^5$；（3）4π；（4）$-\dfrac{\pi}{4}h^2$.

5.$\sqrt{x^2+y^2}$.

6.4π.

7.略.

8.-6.

第十二章　无穷级数

【习题 12-1】

1.（1）$u_n=-\dfrac{1}{n^2-3n+2}$，$s=1$；（2）$u_n=-\arctan\dfrac{1}{n^2+n+1}$，$s=0$；

2.(1)不一定,$k=0$ 时级数 $\sum\limits_{n=1}^{\infty} ku_n$ 收敛,$k \neq 0$ 时级数 $\sum\limits_{n=1}^{\infty} ku_n$ 发散;

(2)级数 $\sum\limits_{n=1}^{\infty} (a_n + b_n)$ 是发散;

(3)不一定,如级数 $\sum\limits_{n=1}^{\infty} (-1)^n$ 与 $\sum\limits_{n=1}^{\infty} (-1)^{n+1}$ 都发散,但 $\sum\limits_{n=1}^{\infty} [(-1)^n + (-1)^{n+1}] = 0$ 收敛;

(4)不一定,如级数 $\sum\limits_{n=1}^{\infty} (-1)^{2n+1}$ 与 $\sum\limits_{n=1}^{\infty} (-1)^{2n}$,有 $\sum\limits_{n=1}^{\infty} [(-1)^{2n} + (-1)^{2n+1}] = 0$ 收敛,但级数 $\sum\limits_{n=1}^{\infty} (-1)^{2n+1}$ 与 $\sum\limits_{n=1}^{\infty} (-1)^{2n}$ 都发散.

3.(1)(3)(4)(6)正确;(2)(5)错误.

4.(1)发散;(2)收敛;(3)发散;(4)收敛;(5)发散.

5.(1)发散;(2)收敛,和为 $\dfrac{5}{4}$;(3)收敛,和为 $\dfrac{1}{4}$;(4)发散;(5)当 $-1 < a \leqslant 0$ 时发散;当 $a > 0$ 时收敛;(6)发散.

6~8.略.

【习题 12-2】

1.(1)发散;(2)收敛;(3)发散;(4)收敛;(5)当 $0 < a \leqslant 1$ 时发散;当 $a > 1$ 时收敛;(6)发散.

2.(1)收敛;(2)收敛;(3)收敛;(4)发散.

3.(1)收敛;(2)收敛;(3)发散;(4)发散.

4~8.略.

【习题 12-3】

1.(1)收敛;(2)发散;(3)收敛;(4)收敛.

2.(1)绝对收敛;(2)绝对收敛;(3)条件收敛.

3.(1)发散;(2)绝对收敛;(3)当 $|x| \leqslant 1$ 时绝对收敛;当 $|x| > 1$ 时发散;(4)条件收敛;(5)发散;(6)发散.

4.(1)收敛;(2)收敛;(3)收敛;(4)发散.

5.(1)(3)正确;(2)(4)错误.

6.略.

【习题 12-4】

1.(1)$(-1,1)$;(2)$(-3,3)$;(3)$(-\infty,+\infty)$;(4)$(-3,5)$;(5)0;(6)$\left(-\dfrac{1}{2}, \dfrac{1}{2}\right)$;

(7)$\left(-\dfrac{1}{5}, \dfrac{1}{5}\right)$;(8)$(-4,-2)$.

2.(1)$s(x) = \dfrac{1}{(1+x)^2}$ $(-1 < x < 1)$;

(2)$s(0) = 0$,$s(x) = -1 - \dfrac{1}{x}\ln(1-x)$ $(-1 \leqslant x < 0) \cup (0 < x < 1)$;

(3) $s(x) = -x^2\ln(1-x^2)(-1<x<1)$;

(4) $s(x) = \dfrac{2x(x^2-3x+3)}{(1-x)^3}(-1<x<1)$;

(5) $s(0) = 0, s(x) = \dfrac{1}{2x}\ln(1+x^2)\ (-1\leqslant x<0)\cup(0<x\leqslant 1), s\left(\dfrac{3}{4}\right) = \dfrac{4}{3}\ln\dfrac{5}{4}$.

(6) $s(x) = -\dfrac{1}{4}\ln(1-x^4)(-1<x<1), s\left(\sqrt{\dfrac{1}{2}}\right) = -\dfrac{1}{4}\ln\dfrac{3}{4}$.

3. 略.

【习题 12-5】

1.(1) $\displaystyle\sum_{n=0}^{\infty} \dfrac{(\ln 2)^n}{n!}x^n(-\infty<x<+\infty)$;

(2) $\ln a + \displaystyle\sum_{n=0}^{\infty} \dfrac{(-1)^{n-1}}{na^n}x^n(-1<x\leqslant 1)$;

(3) $\displaystyle\sum_{n=0}^{\infty} \dfrac{(-1)^n}{2n+1}x^{2n+1}(x\in(-1,1))$;

(4) $\dfrac{1}{2} + \dfrac{1}{2}\displaystyle\sum_{n=0}^{\infty} \dfrac{(-1)^n}{(2n)!}(2x)^{2n}(-\infty<x<+\infty)$;

(5) $\displaystyle\sum_{n=0}^{\infty} \dfrac{1}{n!}x^{2n+2}(-\infty<x<+\infty)$.

2. $1+4(x-1)+6(x-1)^2+4(x-1)^3+(x-1)^4$.

3. $\dfrac{1}{7}\displaystyle\sum_{n=0}^{\infty} \left(-\dfrac{2}{7}\right)^n(x-4)^n\left(\dfrac{1}{2}<x<\dfrac{15}{2}\right)$.

4. $\dfrac{1}{2}\displaystyle\sum_{n=0}^{\infty} (-1)^n\left[\dfrac{1}{(2n)^n} + \dfrac{\sqrt{3}\left(x+\dfrac{\pi}{3}\right)}{(2n+1)^n}\right]\left(x+\dfrac{\pi}{3}\right)^{2n}(-\infty<x<+\infty)$.

5.(1) 2.992 6;(2)1.098 6;(3)0.999 4.

6.(1)0.494 0;(2)0.520 5.

7. $\displaystyle\sum_{n=0}^{\infty} 2^{\frac{n}{2}}\cos\dfrac{n\pi}{4}\cdot\dfrac{1}{n!}x^n(-\infty<x<+\infty)$. 提示 $e^x\cos x = \mathrm{Re}\,e^{(1+i)x} = \mathrm{Re}\,e^{\sqrt{2}\left(\cos\frac{\pi}{4}+i\sin\frac{\pi}{4}\right)x}$.

8. 略.

【习题 12-6】

1.(1) $\pi^2 + 1 + 12\displaystyle\sum_{n=0}^{\infty} \dfrac{(-1)^n}{n^2}\cos nx$;

(2) $\dfrac{e^{2\pi} - e^{-2\pi}}{\pi}\left[\dfrac{1}{4} + \displaystyle\sum_{n=0}^{\infty} \dfrac{(-1)^n}{n^2+4}(2\cos nx - n\sin nx)\right](x\neq(2n+1)\pi, n=0, \pm 1, \pm 2,\cdots)$.

2. $\dfrac{3\pi}{4} - \dfrac{2}{\pi}\displaystyle\sum_{k=1}^{\infty} \dfrac{1}{(2k-1)^2}\cos(2k-1)x - \displaystyle\sum_{n=1}^{\infty} \dfrac{1}{n}\sin nx(x\neq 0, \pm\pi, \pm 2\pi,\cdots)$.

3. $1 + \dfrac{\pi}{4} + \displaystyle\sum_{n=1}^{\infty} \left\{\dfrac{1}{\pi n^2}[(-1)^n - 1]\cos nx + \left[\dfrac{1}{\pi n}(-1)^n(2-\pi) - \dfrac{2}{\pi}\right]\sin nx\right\}(x\neq 0,$

$\pm\pi, \pm 2\pi, \cdots$).

4. $\displaystyle\sum_{n=1}^{\infty} \frac{2}{\pi n}\left(1-\cos\frac{n}{2}\pi\right)\sin nx (x\neq 0, \pm\pi, \pm 2\pi, \cdots)$

5. $\displaystyle\frac{\pi}{2}+\left(1-\frac{4}{\pi}\right)\cos x+\sum_{n=2}^{\infty}\frac{2}{\pi n^2}[(-1)^n-1]\cos nx(x\neq(2n+1)\pi, n=0, \pm 1,$
$\pm 2, \cdots)$.

6. (1) $\displaystyle\frac{11}{12}+\frac{1}{\pi^2}\sum_{n=1}^{\infty}\frac{(-1)^{n+1}}{n^2}\cos 2n\pi x$;

(2) $\displaystyle\frac{1}{2}+\frac{1}{\pi}\sum_{n=1}^{\infty}\frac{1}{n}[1-3(-1)^n]\sin nx(x\neq 0, \pm\pi, \pm 2\pi, \cdots)$.

7. $\displaystyle\frac{4l}{\pi^2}\sum_{k=1}^{\infty}\frac{(-1)^{k-1}}{(2k-1)^2}\sin\frac{(2k-1)}{l}\pi x, [0,l]; \frac{l}{4}-\frac{2l}{\pi^2}\sum_{k=1}^{\infty}\frac{1}{(2k-1)^2}\cos\frac{2(2k-1)}{l}\pi x,$
$[0,l]$.

【复习题十二】

1. (1) 必要,充分;(2) 充分必要;(3) 收敛,发散;(4) $\displaystyle\lim_{n\to\infty}\frac{|a_n|}{|a_{n+1}|}, R<1, R>1$;

(5) $\displaystyle\frac{3}{2}<\alpha<2$.

2. (1) 发散;(2) 当 $|a|<e$ 时,收敛,当 $|a|\geqslant e$ 时,发散;(3) 收敛;(4) 收敛.

3. (1) 当 $P>1$ 时,绝对收敛,当 $0<p\leqslant 1$ 时,条件收敛,当 $p\leqslant 0$ 时发散;(2) 绝对收敛;
(3) 条件收敛.

4~5 略.

6. (1) $(-1,1)$;(2) $\left(-\dfrac{1}{5},\dfrac{1}{5}\right)$;(3) $\left(-\dfrac{1}{e},\dfrac{1}{e}\right)$;(4) $(-e,e)$.

7. (1) $\ln(1+x^2)+\dfrac{2x^2}{1+x^2}(-1<x<1)$;(2) $\dfrac{1+x}{(1-x)^3}(-1<x<1)$;(3) $\dfrac{x-1}{(2-x)^2}(0<x<2)$.

8. $e[1-\ln(e-1)]$.

9. $\displaystyle\sum_{n=0}^{\infty}\left(\frac{1}{7^{n+1}}-\frac{1}{8^{n+1}}\right)(x+5)^5(-12<x<2)$.

10. $\displaystyle\frac{1+\pi-e^{-\pi}}{2\pi}+\frac{1}{\pi}\sum_{n=1}^{\infty}\left\{\frac{1-(-1)^n e^{-\pi}}{1+n^2}\cos nx+\left[\frac{-n+(-1)^n ne^{-\pi}}{1+n^2}+\frac{1-(-1)^n}{n}\right]\sin nx\right\}(-\pi<x<\pi)$.

11. $\displaystyle\frac{2}{\pi}\sum_{n=1}^{\infty}\frac{1-\cos nh}{n}\sin nx, x\in(0,h)\cup(h,\pi]; \frac{h}{\pi}+\frac{2}{\pi}\sum_{n=1}^{\infty}\frac{\sin nh}{n}\cos nx, x\in(0,h)\cup(h,\pi]$.

12. 略.

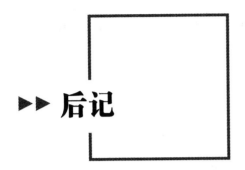

►► 后记

时光流逝,转眼已过五载,《高等数学》终于出版了。

进入 21 世纪,大学已从精英教育来到普及教育。数学的抽象性与符号化决定了数学难学与难教。为了让更多学生理解《高等数学》以及喜欢《高等数学》,让一部分学生能够顺利过关,结合三十年多的教学、教改经验,众多大学教师教案,我们编写了这套书。

我们首先感谢昌吉学院的祝丽萍教授提供了三位教师的优秀教案和宝贵教学经验,以及一些大学教师提供到网上的教案,参考了同类型优秀教材,对各位同仁表示感激;其次感谢学院领导的鼓励、鞭策,感谢同事的帮助、支持;最后感谢西南财经大学出版社的大力支持。

编者

2024 年 6 月